AF822399

# ACERO LAMINADO

## PRONTUARIO

*CONSTRUCCIONES METÁLICAS*

# ACERO LAMINADO

## PRONTUARIO

*CONSTRUCCIONES METÁLICAS*

NICOLAS LARBURU ARRIZABALAGA

THOMSON
PARANINFO

Australia • Canadá • México • Singapur • España • Reino Unido • Estados Unidos

THOMSON
PARANINFO

**Acero laminado. Prontuario**
© Nicolás Larburu Arrizabalaga
Bilbao - Vizcaya (España)

**Gerente Editorial Área Técnico-Vocacional:**
Olga Mª Vicente Crespo

**Editoras de Producción:**
Clara Mª de la Fuente Rojo
Consuelo García Asensio

MAGISTER
Ingeniero Técnico Facultativo de Minas.
Exjefe de Sala de la Sección de Proyectos y Equipos Industriales de Altos Hornos de Vizcaya.
Cofundador. Exdirector y Profesor del Instituto Politécnico Nacional de Baracaldo (Vizcaya).
Fundador y Exdirector del Instituto Politécnico Nacional "Minas" de Baracaldo (Vizcaya).
Exjefe del Gabinete de Material Didáctico de Formación Profesional del Ministerio de Educación y Ciencia.

**Impresión:**
Closas Orcoyen, S.L.
Polígono Igarsa
nave 21, 22, 23 y 24
Paracuellos de Jarama
(Madrid)

COPYRIGHT © 2005 International Thomson Editores Spain Paraninfo, S.A.
1ª edición, 2ª reimpresión, 2004

Magallanes, 25; 28015 Madrid
ESPAÑA
Teléfono: 91 4463350
Fax: 91 4456218
clientes@paraninfo.es
www.paraninfo.es

Impreso en España
Printed in Spain

ISBN: 84-283-1980-4
Depósito Legal: M-40.368-2004

(091/74/71)

Reservados los derechos para todos los países de lengua española. De conformidad con lo dispuesto en el artículo 270 del Código Penal vigente, podrán ser castigados con penas de multa y privación de libertad quienes reprodujeren o plagiaren, en todo o en parte, una obra literaria, artística o científica fijada en cualquier tipo de soporte sin la preceptiva autorización. Ninguna parte de esta publicación, incluido el diseño de la cubierta, puede ser reproducida, almacenada o transmitida de ninguna forma, ni por ningún medio, sea éste electrónico, químico, mecánico, electro-óptico, grabación, fotocopia o cualquier otro, sin la previa autorización escrita por parte de la Editorial.

**Otras delegaciones:**

México y Centroamérica
Tel. (525) 281-29-06
Fax (525) 281-26-56
clientes@mail.internet.com.mx
clientes@thomsonlearning.com.mx
México, D.F.

Puerto Rico
Tel. (787) 758-75-80 y 81
Fax (787) 758-75-73
thomson@coqui.net
Hato Rey

Chile
Tel. (562) 531-26-47
Fax (562) 524-46-88
devoregr@netexpress.cl
Santiago

Costa Rica
EDISA
Tel./Fax (506) 235-89-55
edisacr@sol.racsa.co.cr
San José

Colombia
Tel. (571) 340-94-70
Fax (571) 340-94-75
clithomson@andinet.com
Bogotá

Cono Sur
Pasaje Santa Rosa, 5141
C.P. 141 - Ciudad de Buenos Aires
Tel. 4833-3838/3883 - 4831-0764
thomson@thomsonlearning.com.ar
Buenos aires (Argentina)

República Dominicana
Caribbean Marketing Services
Tel. (809) 533-26-27
Fax (809) 533-18-82
cms@codetel.net.do

Bolivia
Librerías Asociadas, S.R.L.
Tel./Fax (591) 2244-53-09
libras@datacom-bo.net
La Paz

Venezuela
Ediciones Ramville
Tel. (582) 793-20-92 y 782-29-21
Fax (582) 793-65-66
tclibros@attglobal.net
Caracas

El Salvador
The Bookshop, S.A. de C.V.
Tel. (503) 243-70-17
Fax (503) 243-12-90
amorales@sal.gbm.net
San Salvador

Guatemala
Textos, S.A.
Tel. (502) 368-01-48
Fax (502) 368-15-70
textos@infovia.com.gt
Guatemala

# INTRODUCCIÓN O PRÓLOGO

*Ante un proyecto para una edificación a base de perfiles laminados de acero, necesariamente han de conocerse estos medios o laminados, a cuyo efecto las empresas siderúrgicas que los fabrican dan a conocer sus perfiles por medio de catálogos, en los que figuran elementos con sus dimensiones, términos de sección y valores estáticos, o, cuando más, por medio de un prontuario en el que, además de los valores de sus fabricados, presentan otros perfiles compuestos, que, asimismo, son presentados con sus dimensiones y valores estáticos, no siendo frecuentes estas obras.*

*Para facilitar la labor de los proyectistas y la de los talleres de construcciones metálicas, se presenta esta obra, «ACERO LAMINADO.—PRONTUARIO. CONSTRUCCIONES METÁLICAS», en la que se han seguido las disposiciones vigentes dictadas para la utilización o empleo del acero laminado en estructuras metálicas, como se expresa a continuación:*

*1.º Establecida la obra en dos grupos, en la Primera Parte, del Grupo Primero, se exponen las «Acciones en la edificación», y siguiendo las prescripciones de la Norma Básica, MV-101 ACCIONES EN LA EDIFICACIÓN, se especifican las acciones que actúan sobre las edificaciones, como son las gravitatorias, la nieve, el viento, etc., con expresión de sus valores, en 12 tablas (AE-1 a AE-10).*

*2.º En la Segunda Parte, y siguiendo las especificaciones de la Norma MV-102, Acero laminado para estructura de edificación, se expone, después de las características de los aceros, el «Acero laminado para estructuras metálicas, PRONTUARIO», en las que se dan a conocer los elementos o perfiles de acero laminado, vigas doble T y U, angulares, simple T, redondos, cuadrados, rectangulares, y chapa, seguido de los perfiles huecos para estructuras de edificación especificados en la Norma MV-108, tubos redondos, cuadrados y rectangulares (sin soldadura), exponiendo las características, dimensiones y valores estáticos de estos elementos (25 tablas, AL-1 a AL-$17_8$), y a continuación las características, dimensiones y valores estáticos de otros perfiles compuestos de los simples anteriores (85 tablas, AL-$18_1$ a AL-39), comprendiendo este PRONTUARIO 110 tablas, expuestas en las páginas 31 a 144 de la obra.*

*3.º En la Tercera Parte, «Cálculo de estructuras metálicas de acero. Disposiciones básicas. Tensiones», considerando las «Acciones en la edificación», de la Primera Parte, y los productos de acero laminado que se especifican en la Segunda Parte, de acuerdo con las cuales el proyectista fijará en su proyecto la disposición conveniente (y económica) de estos medios como «reacción» contra aquellas «acciones», para conseguir no solamente el equilibrio entre ambas (principio de Mecánica) sino para que esta reacción sea superior a la acción con cierto grado de seguridad, siguiendo las oportunas disposiciones de la Norma MV-103, que se recogen en la obra, expuestas como sigue:*

a) *Disposiciones básicas, «coeficientes de ponderación» (que fijan el grado de seguridad), tensiones simples y compuestas e hipótesis de tensiones (una tabla, EA-1).*

b) *Piezas o perfiles de directriz recta sometidas a esfuerzos de tracción.—Se establece la disposición de estas piezas y se fija la relación o fórmula para determinar el trabajo o fatiga unitaria del material (acero) sometido a aquel esfuerzo de tracción por la actuación de las acciones a que está expuesto; para facilitar el cálculo de barras, simples y compuestas, sometidas a esfuerzos de tracción, se incluyen 15 tablas ($EA_t$-1 a $EA_t$-15) en las que se expone la resistencia máxima de aquellas barras hasta su límite de agotamiento elástico.*

c) *Piezas o perfiles de directriz recta sometidas a esfuerzos de compresión.—La resolución de la fatiga de las barras sometidas a esfuerzos de compresión es un tanto más prolija que la de las sometidas a tracción; la misma Norma MV-103, después de establecer las condiciones que han de cumplir las barras comprimidas, fija la relación o fórmula que determinará la fatiga a que están sometidas estas barras comprimidas, fórmula en la que interviene su rigidez mecánica o pandeo, variable para cada perfil de acuerdo con su longitud de pandeo.*
*En el texto se incluyen 34 tablas ($EA_c$-1 a $EA_c$-34) en las que se expresa el esfuerzo máximo que por agotamiento elástico pueden soportar diversas barras o perfiles (simples y compuestos) de directriz recta sometidos a esfuerzos de compresión.*

d) *Piezas a barras de directriz recta sometidas a esfuerzos de flexión.—Esta solicitud se refiere a piezas o barras apoyadas o empotradas sometidas a esfuerzos o cargas generalmente perpendiculares a su eje longitudinal. Como piezas o barras sometidas a esfuerzos de flexión se utilizan vigas de acero laminado (dobles T y formas U), así como otras piezas compuestas, generalmente en forma de doble T, U o de cajón, construidas con almas y platabandas, utilizando para su unión, de modo generalizado, la soldadura eléctrica.*

*La Norma MV-103 establece la relación o fórmula para determinar la fatiga máxima que por flexión soportan las vigas sometidas a estas cargas, y también las expresiones que fijan las deformaciones o flechas que sufren las barras flexadas, para las que se señalan los límites convenientes según los casos, límites que a veces obligan a considerar secciones de vigas superiores a las resultantes por fatiga del material. En el texto se incluyen 36 tablas ($EA_t$-1 a $EA_t$-36) en las que se expresa la carga máxima por agotamiento elástico que pueden soportar vigas laminadas, doble T y U, empotradas y apoyadas, sometidas a cargas uniformemente repartidas, o puntuales centradas.*

e) *Piezas o barras de directriz recta sometidas a esfuerzos de torsión.—De acuerdo con la Norma MV-103, en el texto se incluyen las disposiciones para el cálculo de estas barras o piezas, con la inclusión de la tabla $EA_T$-1, que facilita este cálculo.*

f) *Medios de unión en estructuras metálicas de acero.—Como medios de unión utilizados en la construcción de estructuras metálicas de acero, son los roblones (raramente), los tornillos, medios de unión propios de montaje, y la soldadura (eléctrica), medio generalizado en el taller y habitual en el montaje. Siguiendo las prescripciones de la Norma MV-103, en el texto figuran las fórmulas utilizadas en cada tipo de unión, así como 7 tablas ($EA_u$-1 a $EA_u$-6) que facilitan los cálculos de las expresadas uniones.*

*El Grupo Segundo de esta obra, en su Primera Parte, está dedicado a CONSTRUCCIONES METÁLICAS, y se refiere al cálculo de una «Nave industrial de 21,6 m de luz y 12 m de altura de columnas»; este cálculo tiene por objeto la aplicación: de acciones en la edificación, del PRONTUARIO para el empleo del acero laminado en estructuras, de las disposiciones básicas y coeficientes de ponderación, del cálculo de barras o piezas tendidas, comprimidas y flexadas, y de medios de unión en las estructuras de acero; en esta Parte Primera también se exponen 8 tablas y una gráfica, no comprendidas en relaciones anteriores.*

*La Segunda Parte, de este Grupo Segundo, se refiere a acciones de las grúas puente sobre las vigas carriles de las naves industriales (no especificadas en «Acciones de la edificación»), y a las disposiciones para el cálculo de columnas metálicas para estas naves, y las de cimentaciones y anclajes para las mismas, con aplicación a la nave calculada en la Primera Parte, haciendo uso de relaciones o fórmulas no consideradas en el estudio anterior.*

*En determinadas secciones del texto se hacen alusión a la obra «Estructuras Metálicas del Acero», de la Editorial PARANINFO, en la que pueden verse estudios que complementan a la presente obra.*

*Como guía para mejor utilización de esta obra, se inicia la misma con un sumario general, que servirá como índice rápido, sumario en el que se exponen las diversas secciones de la obra, y se hace referencia a los números de las páginas en las que figuran las diversas y numerosas tablas incluidas en la misma.*

Baracaldo, Vizcaya, 1992

Nicolás Larburu

# SUMARIO GENERAL

## GRUPO PRIMERO

## PRONTUARIO PARA EL EMPLEO DEL ACERO LAMINADO

### PRIMERA PARTE

### ACCIONES EN LA EDIFICACIÓN



### SEGUNDA PARTE

### ACERO LAMINADO PARA ESTRUCTURAS METÁLICAS

Página

SECCIÓN CUARTA



TERCERA PARTE

## CÁLCULO DE ESTRUCTURAS METÁLICAS DE ACERO
## DISPOSICIONES BÁSICAS
## TENSIONES

SECCIONES



SECCIÓN PRIMERA

Página

SECCIÓN SEGUNDA



SECCIÓN TERCERA



SECCIÓN CUARTA



SECCIÓN QUINTA



SECCIÓN SEXTA



SECCIÓN SÉPTIMA



SECCIÓN OCTAVA



SECCIÓN NOVENA



SEGUNDA PARTE

**VIGAS CARRILES Y COLUMNAS. ESPECIFICACIONES**

SECCIONES



SECCIÓN PRIMERA



SECCIÓN SEGUNDA



SECCIÓN TERCERA



SECCIÓN CUARTA



SECCIÓN QUINTA

GRUPO PRIMERO

# PRONTUARIO

## PARA EL EMPLEO DEL ACERO LAMINADO

PRIMERA PARTE

**ACCIONES EN LA EDIFICACIÓN.**
**NORMAS**

SEGUNDA PARTE

**ACERO LAMINADO PARA ESTRUCTURAS METÁLICAS.**
**PRONTUARIO**

TERCERA PARTE

**CÁLCULO DE ESTRUCTURAS METÁLICAS.**
**DISPOSICIONES BÁSICAS. TENSIONES**

# RELACIÓN DE TABLAS

Página



# RELACIÓN DE CUADROS



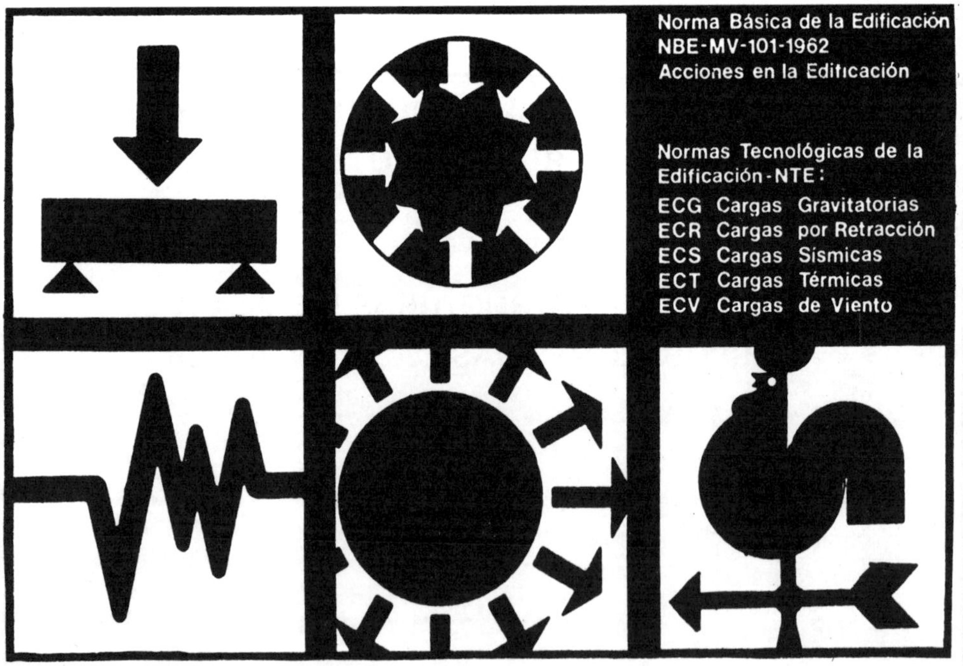

PRIMERA PARTE

# ACCIONES EN LA EDIFICACIÓN

**SECCIONES:**

1.ª GENERALIDADES.
2.ª ACCIONES GRAVITATORIAS EN LA EDIFICACIÓN.
3.ª ACCIÓN DE LA NIEVE.
4.ª ACCIONES DEL VIENTO.
5.ª ACCIONES TÉRMICAS.
6.ª ACCIONES SÍSMICAS.
7.ª PRESIONES EN EL TERRENO DE CIMENTACIÓN.
8.ª EMPUJE DE MATERIAS ALMACENADAS.

ACCIONES EN LA EDIFICACIÓN

# NORMA BÁSICA PARA LA EDIFICACIÓN

## SECCIÓN PRIMERA

## GENERALIDADES

### 1.1. Aplicación de la Norma

La Norma MV-101 del Ministerio de la Vivienda estableció, con carácter de obligada observancia, las disposiciones a seguir en todos los proyectos de edificaciones públicas o privadas, cualquiera que fuese su clase y destino.

Señaló que en la Memoria de todo proyecto de edificación figurase un apartado con el título «Acciones adoptadas para el cálculo», en el que se detallarán con todos los valores aplicados en el cálculo, con la obligación de que, aprobado el proyecto, durante la ejecución de la obra no se rebasasen aquellos valores.

### 2.1. Clasificación de las acciones en la edificación

Las acciones que generalmente actúan sobre las edificaciones se enumeran a continuación, pudiendo, en casos especiales, tener en cuenta acciones de otra clase; las acciones que se consideran son las siguientes:

a) *Acción gravitatoria.* Es la producida por el peso de los elementos constructivos, objetos que puedan actuar por razón de uso, y por el peso de la nieve caída sobre las cubiertas; pueden ir acompañadas de impactos o vibraciones.
b) *Acción del viento.* Es la producida por las presiones y succiones que el viento origina sobre las superficies de las cubiertas y muros o paredes.
c) *Acción térmica.* Es la producida por las deformaciones debidas a los cambios de temperatura.
d) *Acción reológica.* Es la producida por las deformaciones que sufren los materiales en el transcurso del tiempo por retracción, fluencia bajo las cargas, y por otras causas.
e) *Acción sísmica.* Es la producida por las aceleraciones de las sacudidas sísmicas.
f) *Acción del terreno.* Es la producida por el empuje activo o pasivo, del terreno sobre las superficies en contacto con él.

### 3.1. Simultaneidad de las acciones

*Caso I*

Concargas.
Sobrecargas de uso, con sus hipótesis de alternancias.
Sobrecargas de nieve.
Asientos de apoyo (si deben considerarse).
Empujes del terreno.

*Caso II*

Todas las acciones del caso I con los valores que, combinanos con los que siguen, produzcan los efectos más desfavorables:

— Acciones del viento.
— Acciones térmicas y reológicas.

*Caso III*

Concargas, sobrecargas de uso y de nieve y asientos de apoyo, con los valores que, combinados con los siguientes, produzcan los efectos más desfavorables:

— Empujes del terreno, aumentados en un 25 %.
— Acciones del viento, reducidas en un 50 %.
— Acciones térmicas y reológicas reducidas en el 50 %.
— Acciones sísmicas.

Las tensiones admisibles y/o los coeficientes de seguridad aplicables en cada uno de los tres casos, serán los que se exponen en las Normas para el cálculo de las estructuras.

## PESO ESPECÍFICO DE MATERIALES DE CONSTRUCCIÓN

| Material | Peso específico aparente kg/m³ |
|---|---|
| **A. Rocas** | |
| Arenisca | 2.600 |
| Arenista porosa y caliza porosa | 2.400 |
| Basalto, diorita | 3.000 |
| Calizas compactas y mármoles | 2.800 |
| Granito, sienita, diabasa, pórfido | 2.800 |
| Gneis | 3.000 |
| Pizarra de tejados | 2.800 |
| **B. Piedras artificiales** | |
| Adobe | 1.600 |
| Amiantocemento | 2.000 |
| Baldosa de cerámica | 1.800 |
| Baldosa de gres | 1.900 |
| Baldosa hidráulica | 2.100 |
| Hormigón ordinario | 2.200 |
| Ladrillo cerámico macizo (0 a 10 % de huecos) | 1.800 |
| Ladrillo cerámico perforado (20 a 30 % de huecos) | 1.400 |
| Ladrillo cerámico hueco (40 a 50 % de huecos) | 1.000 |
| Ladrillo de escorias | 1.400 |
| Ladrillo silicocalcáreo | 1.900 |
| **C. Maderas** | |
| *Maderas resinosas:* | |
| Pino, pinabete, abeto | 600 |
| Pino tea, pino melis | 800 |
| *Maderas frondosas:* | |
| Castaño, roble, nogal | 800 |
| **D. Metales** | |
| Acero | 7.850 |
| Aluminio | 2.700 |
| Bronce | 8.500 |
| Cobre | 8.900 |
| Estaño | 7.400 |
| Latón | 8.500 |
| Plomo | 11.400 |
| Zinc | 7.200 |
| **E. Materiales diversos** | |
| Alquitrán | 1.200 |
| Asfalto | 1.300 |
| Caucho en plancha | 1.700 |
| Linóleo en plancha | 1.200 |
| Papel | 1.100 |
| Plástico en plancha | 2.100 |
| Vidrio plano | 2.600 |

## CARACTERÍSTICAS DE MATERIAS ALMACENABLES

| Material | Peso específico aparente kg/m³ | Ángulo de rozamiento interno |
|---|---|---|
| **A. Materiales de construcción** | | |
| Arena | 1.500 | 30° |
| Arena de pómez | 700 | 35° |
| Cal en polvo | 1.000 | 25° |
| Cal en terrón | 1.000 | 45° |
| Cascote o polvo de ladrillo | 1.300 | 35° |
| Cemento en sacos | 1.600 | — |
| Cemento en polvo | 1.200 | 25° |
| Cenizas de coque | 700 | 25° |
| Clinker de cemento | 1.500 | 30° |
| Escoria de Altos Hornos (granulada) | 1.100 | 25° |
| Escoria de Altos Hornos (troceada) | 1.500 | 40° |
| Grava | 1.700 | 40° |
| Yeso y escayola | 1.250 | 25° |
| **B. Combustibles** | | |
| Briquetas de lignito, amontonadas | 800 | 30° |
| Briquetas de lignito, apiladas | 1.300 | — |
| Carbón de leña en trozos | 400 | 45° |
| Coque de hulla | 500 | 45° |
| Hulla en bruto, con humedad de mina | 1.000 | 45° |
| Hulla pulverizada | 700 | 25° |
| Hulla en residuos de lavadero | 1.200 | 0° |
| Hulla en otras formas | 850 | 30° |
| Leña en astillas | 200 | 45° |
| Leña troceada | 400 | 45° |
| Lignito | 700 | 35° |
| Serrín de madera asentado | 250 | 45° |
| Serrín de madera suelto | 150 | 45° |
| **C. Productos agrícolas** | | |
| Avena | 450 | 30° |
| Azúcar | 750 | 35° |
| Cebada | 650 | 25° |
| Centeno | 800 | 35° |
| Guisantes | 800 | 25° |
| Harina y salvado | 500 | 45° |
| Heno prensado | 170 | — |
| Judías | 750 | 30° |
| Maíz | 750 | 25° |
| Malta triturada | 400 | 45° |
| Patatas | 750 | 30° |
| Remolacha azucarera desecada y cortada | 300 | 40° |
| Remolacha, nabos o zanahorias | 750 | 30° |
| Sémola | 550 | 30° |
| Trigo | 750 | 25° |
| **D. Otras materias** | | |
| Abonos artificiales | 1.200 | 40° |
| Carburo | 900 | 30° |
| Estiércol apelmazado | 1.800 | 45° |
| Estiércol suelto | 1.200 | 45° |
| Harina de pescado | 800 | 45° |
| Hielo | 900 | 30° |
| Mineral de hierro | 3.000 | 40° |
| Pirita | 2.700 | 45° |
| Pirita tostada | 1.400 | 45° |
| Sal común | 1.200 | 40° |

## PESO ESPECÍFICO DE LÍQUIDOS

| Material | Peso específico kg/m³ |
|---|---|
| Aceite de creosota | 1.100 |
| Aceite de linaza | 940 |
| Aceite de oliva | 920 |
| Aceite de ricino | 970 |
| Aceite mineral | 930 |
| Acetona | 790 |
| Ácido clorhídrico al 40 % | 1.200 |
| Ácido nítrico al 40 % | 1.250 |
| Ácido sulfúrico al 50 % | 1.400 |
| Agua | 1.000 |
| Alcohol etílico | 800 |
| Anilina | 1.040 |
| Bencina | 700 |
| Benzol | 900 |
| Cerveza | 1.030 |
| Gasolina | 750 |
| Leche | 1.030 |
| Petróleo | 800 |
| Sulfuro de carbono | 1.290 |
| Vino | 1.000 |

## PESO DE FÁBRICAS Y MACIZOS

| Elemento | Peso kg/m³ |
|---|---|
| **A. Sillería** | |
| De basalto | 3.000 |
| De granito | 2.800 |
| De caliza compacta o mármol | 2.800 |
| De arenisca | 2.600 |
| De arenisca porosa o caliza porosa | 2.400 |
| **B. Mampostería con mortero** | |
| De arenisca | 2.400 |
| De basalto | 2.700 |
| De caliza compacta | 2.600 |
| De granito | 2.600 |
| **C. Fábrica de ladrillo** | |
| Cerámica macizo | 1.800 |
| Cerámico perforado | 1.500 |
| Cerámico hueco | 1.200 |
| Silicocalcáreo mazico | 2.000 |
| **D. Fábrica de bloques** | |
| Bloque hueco de mortero (pesado) | 1.600 |
| Bloque hueco de mortero (ligero) | 1.300 |
| Bloque hueco de yeso | 1.000 |
| **E. Hormigones** | |
| De grava, armado | 2.400 |
| De grava en masa | 2.200 |
| De cascote de ladrillo | 1.900 |
| De escoria | 1.600 |

## PESO DE ELEMENTOS CONSTRUCTIVOS

| Material | Peso kg/m³ |
|---|---|
| **A. Tabiques** (sin revestir) | |
| Tabique de rasilla (3 cm) | 40 |
| Tabique de ladrillo hueco (4,5 cm) | 60 |
| Tabicón de ladrillo hueco (9 cm) | 100 |
| Tabicón de ladrillo hueco (12 cm) | 140 |
| **B. Revestimientos** (por cm de grueso) | |
| Enfoscado o revoco de cemento | 20 |
| Revoco de cal, estuco | 16 |
| Guarnecido de yeso | 12 |
| **C. Pavimentos** | |
| Baldosa hidráulica o cerámica: | |
| Grueso total, incluso relleno: 3 cm | 50 |
| Grueso total, incluso relleno: 5 cm | 80 |
| Grueso total, incluso relleno: 7 cm | 100 |
| Tarima de 2 cm sobre rastrel recibido con yeso | 30 |
| Parquet sobre tarima de 2 cm y rastrel | 40 |
| Corcho aglomerado sobre tarima de 2 cm con rastrel | 40 |
| Terrazo sobre mortero (5 cm de espesor total) | 80 |
| Linóleo o losetas de goma sobre capa de mortero de 2 cm | 50 |
| **D. Forjados de cubierta** | |
| Enlistonado | 5 |
| Tablero de madera de 2,5 cm | 15 |
| Tablero de rasilla (1 hoja) | 40 |
| Tablero de rasilla (2 hojas) | 100 |
| Tablero de rasilla (1 hoja), tendido de yeso | 50 |
| **E. Materiales de cobertura** | |
| Una capa de cartón embreado | 5 |
| Dos capas de cartón embreado | 15 |
| Pizarra (1/2 vista) | 20 |
| Pizarra (1/3 vista) | 30 |
| Plancha ondulada de fibroasfalto | 5 |
| Plancha ondulada de fibrocemento | 15 |
| Plancha de plomo (1,5 mm) | 18 |
| Plancha de zinc (1 a 1,2 mm) | 10 |
| Teja curva ligera (1,6 kg por pieza) | 40 |
| Teja curva corriente (2,0 kg por pieza) | 50 |
| Teja curva pesada (2,4 kg por pieza) | 60 |
| Teja plana ligera (2,4 kg por pieza) | 30 |
| Teja plana corriente (3,0 kg por pieza) | 40 |
| Teja plana pesada (3,6 kg por pieza) | 50 |

| Acciones gravitatorias | *FORJADOS, FALDONES Y AZOTEAS* | TABLA AE-2 |
|---|---|---|

## FORJADOS DE VIGUETAS DE HORMIGON. Kg/m²

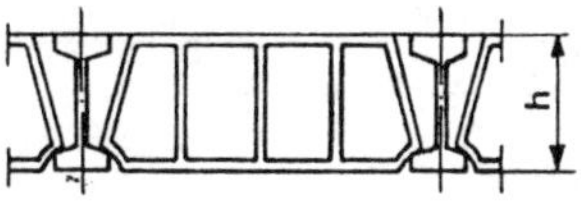


| Entrevigado | *ALTURA TOTAL h DEL FORJADO EN cm.* 16 | 20 | 24 |
|---|---|---|---|
| Bloques cerámicos | 100 | 130 | 160 |
| Bloques de hormigón | 120 | 150 | 180 |

## FORJADOS DE VIGUETAS DE ACERO. Kg/m²

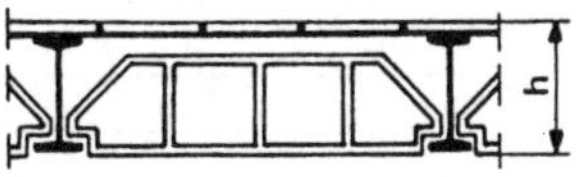


| Entrevigado | *ALTURA TOTAL h DEL FORJADO EN cm.* 12 | 14 | 16 | 18 | 20 | 22 | 24 | 26 | 28 | 30 | 32 |
|---|---|---|---|---|---|---|---|---|---|---|---|
| Bloques cerámicos | 130 | 145 | 160 | 175 | 190 | 210 | 230 | 250 | 270 | 290 | 310 |

## FORJADOS DE HORMIGON. Kg/m²

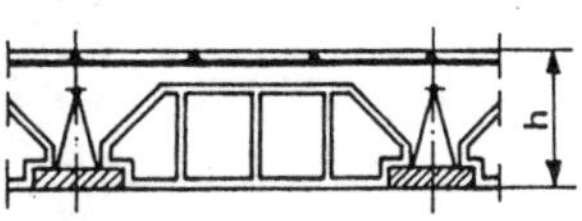


| Entrevigado | *ALTURA TOTAL h DEL FORJADO EN cm.* 15 | 18 | 20 | 23 | 25 | 28 | 30 | 33 | 35 |
|---|---|---|---|---|---|---|---|---|---|
| Bloques cerámicos | 170 | 180 | 200 | 230 | 260 | 270 | 290 | 310 | 330 |
| Bloques de hormigón | 190 | 220 | 250 | 280 | 300 | 330 | 350 | 380 | 400 |
| Sin bloques | 150 | 170 | 190 | 200 | 220 | 230 | 250 | 260 | 280 |

## FALDONES DE CUBIERTAS

| *TIPO DE FALDON* | *PENDIENTE O INCLINACION, Kg/m²* | | | | | | | | | |
|---|---|---|---|---|---|---|---|---|---|---|
| | 0 % | 30 % | 50 % | 60 % | 70 % | 85 % | 100 % | 120 | 150 % | 175 % |
| | 0° | 17° | 26° | 30° | 35° | 40° | 45° | 50° | 55° | 60° |
| Teja curva, incluido tablero | 170 | 180 | 190 | | | | | | | |
| Teja plana, incluido tablero | 160 | | 180 | 190 | 200 | 210 | 230 | 270 | 300 | 350 |
| Pizarra clavada a enlistonado incluido tablero | 150 | | | 180 | 190 | 200 | 220 | 240 | 270 | 300 |
| Pizarra clavada en yeso, incluido tablero y 4 cm. de yeso | 190 | | | 220 | 230 | 250 | 270 | 300 | 330 | 380 |
| Zinc, incluido tablero y acabado de 3 cm. de mortero | 170 | 180 | 190 | 200 | 210 | 220 | 240 | 270 | 300 | 340 |
| Placa ondulada o curvada, incluidos accesorios de fijación (Sin incluir correas u otro tipo de soporte) | 20 | | 30 | | 40 | | 50 | | 60 | |
| Lámina impermeabilizante, incluido tablero | 140 | | 150 | 160 | 170 | 180 | 200 | 220 | 250 | 280 |

## AZOTEAS

| *TIPO DE AZOTEA* | | *TERMINACION* | | | | *Kg/m²* |
|---|---|---|---|---|---|---|
| No transitable | | Membrana autoprotegida | | | | 70 |
| No transitable | | Protección pesada | | | | 240 |
| Transitable | | Baldosín catalán | | | | 280 |
| Ajardinada | | Capa de tierra vegetal | | | | |
| Ajardinada | cm. | 20 | 30 | 50 | 70 | 100 |
| Ajardinada | Kg | 700 | 850 | 1.200 | 1.550 | 2.100 |

| Sobrecargas de uso | SOBRECARGAS DE USO EN ELEMENTOS RESISTENTES | TABLA AE-3 |
|---|---|---|

**SOBRECARGAS DE USO LINEAL**

| *ELEMENTO* | *SITUACION DE LA SOBRECARGA* | *Kg/m²* |
|---|---|---|
| Balcones volados | Verticales en su borde frontal | 200 |
| Barandillas en locales de uso público | Horizontales en su borde superior | 100 |
| Barandillas en viviendas y edificios de uso privado | Horizontales en su borde superior | 50 |
| Barandillas en graderías | Horizontales en su borde superior | 25 n > 100 |

Siendo n el número de gradas que afectan a las barandillas

**SOBRECARGAS DE USO PREFERENTE**

| *EDIFICIO* | *LOCAL* | *Kg/m²* |
|---|---|---|
| Viviendas | Habitaciones | 200 |
| | Escuelas y accesos públicos | 300 |
| Hoteles<br>Hospitales | Dormitorios | 200 |
| | Escuelas y accesos públicos | 300 |
| | Locales de reunión | 500 |
| Iglesias<br>Espectáculos | Con asientos fijos | 300 |
| | Sin asientos fijos | 500 |
| | Tribunas y escaleras | 500 |
| Oficinas<br>Comercios | Locales privados | 200 |
| | Oficinas públicas y tiendas | 300 |
| | Galerías comerciales | 300 |
| | Escaleras y accesos | 400 |
| Docentes | Aulas, despachos y comedores | 300 |
| | Escaleras y accesos | 400 |
| Todo tipo de edificios | Azoteas para conservación | 100 |
| | Azoteas privadas | 150 |
| | Calzadas y garajes para automóviles | 400 |
| | Calzadas y garajes para camiones, autocares, etc. | 1.000 |

*NOTA.— Las sobrecargas para azoteas accesibles al público se exponen en la Tabla 6.*

**SOBRECARGAS DE USO PUNTUAL**

| *ELEMENTO* | *SITUACION DE LA CARGA* | *Kg* |
|---|---|---|
| Viguetas, cabios, correas | En la posición más desfavorable | 100 |

*NOTA.— En calzadas, rampas y forjados de garajes se considera la carga puntual originada por las ruedas de los vehículos más pesados en la posición más desfavorable.*

**SOBRECARGAS DE TABIQUERIA**

| Sobrecarga de uso | < 300 | 300 a 400 | > 400 |
|---|---|---|---|
| Kg/m² | 100 | 50 | 0 |

*NOTA.— En esta sobrecarga de tabiquería se incluyen solamente tabiques cuyo peso por m²., incluidos revestimientos, no sea superior a 120 kg/m².*

**REDUCCION DE LAS SOBRECARGAS DE USO EN LOS EDIFICIOS**

| *NUMERO DE PLANTAS QUE ACTUAN SOBRE EL ELEMENTO* | *EDIFICIOS DE OFICINAS, RESIDENCIAS Y COMERCIALES* | | *ALMACENES* | | *EDIFICIOS RESTANTES* | |
|---|---|---|---|---|---|---|
| < 3 | Coeficiente c | 1,00 | Coeficiente c | 1,00 | Coeficiente c | 1,00 |
| 4 | | 0,95 | | 0,98 | | 1,00 |
| 5 | | 0,90 | | 0,95 | | 1,00 |
| 6 | | 0,80 | | 0,90 | | 1,00 |
| > 6 | | 0,70 | | 0,85 | | 1,00 |

*NOTA.— El coeficiente c se multiplicará por las sobrecargas de uso en aquellos elementos que las reciban de otros superiores, en función del número de plantas, incluida la cubierta, que le transmiten su carga.*

Se consideran actuando simultáneamente sobrecargas de uso lineales y superficiales. Las sobrecargas de uso puntuales se considerarán independientemente. La cubierta se considera como un piso.

## SECCIÓN SEGUNDA

## ACCIONES GRAVITATORIAS

### 1.2. Clasificación de las cargas

La carga producida por los pesos que gravitan sobre un elemento resistente, o una estructura, se descomponen en concargas y sobrecargas.

a) *Concarga.*—Es la carga cuya magnitud y posición es constante a lo largo del tiempo (salvo en el caso de reforma del edificio). Se descompone en peso propio y carga permanente.

b) *Peso propio.*—Es la carga debida al peso del elemento resistente (constituye parte de las concarga); el peso propio puede determinarse utilizando tablas y datos de otras construcciones semejantes.

c) *Carga permanente.*—Es la debida al peso de todos los elementos constructivos, intalaciones fijas, etc. que soporta el elemento (constituye parte de la concarga); en las tablas AE-$1_1$, $1_2$ y 2 se exponen valores de cargas permanentes.

d) *Sobrecarga de uso.*—Es la sobrecarga de uso en un elemento resistente, que comprende el peso de todos los objetos que puedan gravitar sobre él por razón de su uso: personas, muebles, instalaciones amóviles, materias almacenadas, vehículos, etc.; se especifican en la tabla AE-3.

### 2.2. Acciones dinámicas

El elemento de una estructura que soporta directamente una sobrecarga que actúa con impacto; se calcularán con esta sobrecarga multiplicada por un coeficiente de impacto; en el cálculo de los elementos que soportan directamente la sobrecarga, el coeficiente de impacto se reduce o anula. Las sobrecargas de la tabla AE-3 llevan incluido el efecto del impacto, salvo en el caso en que se prevean causas extraordinarias.

En las calzadas con tráfico, el coeficiente de impacto es de 1,4 para los vehículos; la sobrecarga de máquinas que producen vibraciones se calcularán teniendo en cuenta su influencia en las estructuras.

## SECCIÓN TERCERA

## ACCIÓN DE LA NIEVE

### 1.3. Sobrecarga de nieve

Es la sobrecarga debida al peso de la nieve caída sobre la superficie de la cubierta, considerando esta superficie horizontal o inclinada. La sobrecarga sobre la superficie horizontal se supone uniformemente repartida, y su valor en cada localidad puede fijarse con datos estadísticos locales, y cuando éstos no sean de garantía, con los de la tabla AE-4.

| Acciones de la nieve | *SOBRECARGAS DE NIEVE* | TABLA AE-4 |
|---|---|---|

El valor de la sobrecarga de nieve en kg/m² sobre la proyección horizontal de una superficie plana que permita su deslizamiento, se obtendrá en función de la altitud topográfica H en metros y de la pendiente o inclinación de la superficie.

**SOBRECARGA DE NIEVE EN Kg/m² DE PROYECCION HORIZONTAL**

| *ALTITUD TOPOGRAFICA H EN METROS* | *PENDIENTE O INCLINACION* | | | | | | |
|---|---|---|---|---|---|---|---|
| | *0 %* | *50 %* | *70 %* | *100 %* | *130 %* | *175 %* | *> 175 %* |
| | *0°* | *26°* | *35°* | *45°* | *52°* | *60°* | *> 60°* |
| 0 a 200 | 40 | 40 | 40 | 30 | 30 | 20 | 0 |
| 201 a 400 | 50 | 50 | 40 | 40 | 30 | 30 | 0 |
| 401 a 600 | 60 | 60 | 50 | 50 | 40 | 30 | 0 |
| 601 a 800 | 80 | 70 | 70 | 60 | 50 | 40 | 0 |
| 801 a 1.000 | 100 | 90 | 80 | 70 | 60 | 50 | 0 |
| 1.001 a 1.200 | 120 | 110 | 100 | 90 | 70 | 60 | 0 |
| > 1.200 | 0,1 H | 0,09 H | 0,08 H | 0,07 H | 0,06 H | 0,05 H | 0 |

Cuando existan resaltos y otros obstáculos que impidan el libre deslizamiento de la nieve, se considerará una acumulación de nieve hasta su enrase con la horizontal. La sobrecarga en estas zonas se obtiene sumándole a la sobrecarga uniforme para pendiente nula el peso de la que se puede acumular; se tendrá en cuenta las densidades aparentes siguientes:

| | |
|---|---|
| Nieve recien caída | $\gamma$ 120 kg/m³ |
| Nieve prensada o aplastada | $\gamma$ 200 kg/m³ |
| Nieve mezclada con granizo | $\gamma$ 400 kg/m³ |
| Hielo | $\gamma$ 900 kg/m³ |

Cuando existan diferencias entre los valores de la sobrecarga de nieve en distintas partes de una cubierta, se aumentarán los valores menores de modo que la diferencia con el valor mayor no exceda de 30 kg/m².

# SECCIÓN CUARTA
## ACCIONES DEL VIENTO

### 1.4. Dirección del viento

Se admite que el viento actúa según la dirección horizontal y en cualquier sentido, tomándose para éste, en cada caso, el más desfavorable. Las estructuras metálicas se estudiarán, ordinariamente bajo la acción del viento actuando en dirección perpendicular a sus ejes principales y en ambos sentidos; se estudiarán además en direcciones sesgadas que resulten más desfavorables.

En casos especiales que lo requieran, se considerará la dirección del viento formando un ángulo de ± 10° con la horizontal.

### 2.4. Presión dinámica del viento

El viento de velocidad v (m/s) en los puntos en que se anula produce una presión dinámica w (kg/m²) de valor

$$w = \frac{v^2}{16}$$

La presión dinámica en el cálculo de un edificio se considerará en función de la altura de su coronación y de su situación topográfica, según se expone en el cuadro 1.

**CUADRO 1**
**PRESIÓN DINÁMICA DEL VIENTO**

| *Altura de coronación del edificio sobre el terreno en m, cuando la situación topográfica es* | | *Velocidd del viento v* | | *Presión dinámica w* |
|---|---|---|---|---|
| *Normal* | *Expuesta* | *m/s* | *km/h* | *kg/m²* |
| De 0 a 10 | — | 28 | 102 | 50 |
| De 11 a 30 | — | 34 | 125 | 75 |
| De 31 a 100 | De 0 a 30 | 40 | 144 | 100 |
| Mayor de 100 | De 31 a 100 | 45 | 161 | 125 |
| — | Mayor de 100 | 49 | 176 | 150 |

Se considera como situación topográfica expuesta: la de las costas, las crestas topográficas, los valles estrechos, los bordes de las mesetas, etc.

Como situación topográfica muy expuesta se considera la de alta montaña, los desfiladeros, los acantilados, etc. que pueden requerir mayores valores, que se determinarán mediante estudios especial.

### 3.4. Sobrecarga del viento sobre un elemento

El viento produce sobre cada elemento de una estructura tanto orientada a barlovento como a sotavento una presión unitaria en dirección normal, de valor:

$$p = w \cdot c$$

siendo w la presión dináimca del viento y c un coeficiente eólico, positivo para la presión y negativo para la succión.

La sobrecarga total del viento sobre una construcción es la resultante de las sobrecargas locales respecto del total de las superficies. En casos ordinarios puede calcularse directamente esta sobrecarga admitiendo una presión uniforme sobre el área de proyección de la edificación sobre un plano normal al del viento, con el coeficiente eólico del cuadro 2. En banderas sueltas se compuntará el 25 % del área de la tela.

**CUADRO 2**
**COEFICIENTE EÓLICO DE SOBRECARGA TOTAL EN UNA CONSTRUCCIÓN**

| *Clase de construcción* | *Coeficiente eólico c* |
|---|---|
| **Construcciones prismáticas** | |
| De planta rectangular o combinación de rectángulos ........................... | 1,2 |
| De planta octogonal o análoga ......... | 1,0 |
| **Construcciones cilíndricas** | |
| De superficie rugosa o nervada ......... | 0,8 |
| De superficie muy lisa .................. | 0,6 |
| **Construcciones esféricas** | |
| Esferas o semiesferas .................. | 0,4 |
| Casquetes esféricos de relación altura: diámetro ≤ 1:4 ................ | 0,2 |

**CUADRO 3**
**FACTOR EÓLICO DE ESBELTEZ**

| Esbeltez: $\frac{h}{b}$ si $h > b$ ; $\frac{b}{h}$ si $b > h$ | 1 a 5 | 10 | 60 o mayor |
|---|---|---|---|
| Factor eólico de esbeltez $k$ | 1 | 1,25 | 1,50 |
| Valores intermedios pueden interpolarse linealmente. | | | |

### 4.4. Influencia de la esbeltez

La acción del viento es mayor en los edificios cuya esbeltez es grande; en función de la altura H y la anchura b de la construcción, en el plano normal al viento los coeficientes eólicos se multiplicarán por el factor de esbeltez k que figura en el cuadro 3. En las construcciones metálicas abiertas se aplicará el factor eólico k que corresponde a la esbeltez k media de sus barras, si este es mayor que el general de la esbeltez.

Presiones del viento sobre los edificios cerrados y abiertos, se exponen en la Tabla AE-5.

| Acciones del viento | *PRESIONES DEL VIENTO* | TABLA AE-5 |
|---|---|---|

## CARGA DE VIENTO SOBRE EDIFICIOS

Para edificios de planta rectangular o de combinación de rectángulos se considerará una presión p a barlovento y una succión s a sotavento, sobre cada metro cuadrado de la fachada del edificio, cuya suma q se obtiene en función de la altura H sobre el nivel del suelo, de la zona eólica y de la situación topográfica del emplazamiento del edificio. Se considera situación topográfica expuesta: las costas, cumbres de montaña, desfiladeros, bordes de meseta y aquellos lugares en los que puedan preverse vientos locales de importancia excepcional.

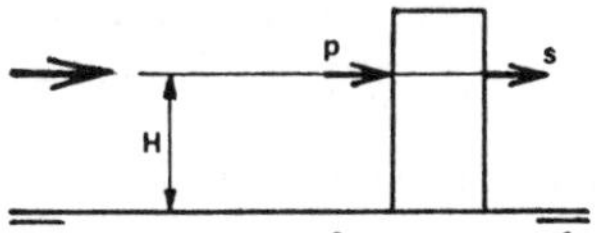


$q = p + s \qquad p = \frac{2}{3}q \qquad s = \frac{1}{3}q$

| Zona eólica | W | | X | | Y | | Z | |
|---|---|---|---|---|---|---|---|---|
| Situación topográfica / Altura H en m sobre el nivel del suelo | Normal | Expuesta | Normal | Expuesta | Normal | Expuesta | Normal | Expuesta |
| 60 | 100 | 110 | 111 | 122 | 123 | 135 | 136 | 149 |
| 57 | 99 | 109 | 110 | 121 | 122 | 134 | 135 | 148 |
| 54 | 98 | 108 | 109 | 120 | 121 | 133 | 134 | 147 |
| 51 | 97 | 107 | 108 | 119 | 120 | 132 | 132 | 146 |
| 48 | 96 | 106 | 107 | 118 | 119 | 131 | 131 | 144 |
| 45 | 95 | 105 | 106 | 117 | 118 | 129 | 130 | 143 |
| 42 | 94 | 104 | 105 | 116 | 116 | 128 | 128 | 141 |
| 39 | 92 | 102 | 103 | 114 | 114 | 126 | 126 | 138 |
| 36 | 91 | 100 | 102 | 112 | 113 | 124 | 124 | 137 |
| 33 | 90 | 99 | 101 | 111 | 112 | 123 | 123 | 135 |
| 30 | 89 | 98 | 100 | 110 | 110 | 121 | 122 | 134 |
| 27 | 88 | 96 | 98 | 107 | 109 | 119 | 120 | 131 |
| 24 | 86 | 95 | 96 | 106 | 107 | 117 | 118 | 129 |
| 21 | 84 | 92 | 93 | 103 | 104 | 114 | 114 | 125 |
| 18 | 81 | 89 | 90 | 99 | 100 | 110 | 110 | 121 |
| 15 | 76 | 83 | 84 | 93 | 94 | 103 | 103 | 114 |
| 12 | 71 | 78 | 79 | 87 | 88 | 96 | 97 | 106 |
| 9 | 65 | 72 | 73 | 80 | 81 | 89 | 89 | 97 |
| 6 | 60 | 66 | 67 | 74 | 74 | 82 | 82 | 90 |
| 3 | 53 | 59 | 60 | 66 | 66 | 73 | 73 | 80 |

## CARGA DE VIENTO EN Kg/m² SOBRE LOS PLANOS DE CUBIERTA EN EDIFICACION CERRADA

m Carga a barlovento
n Carga a sotavento

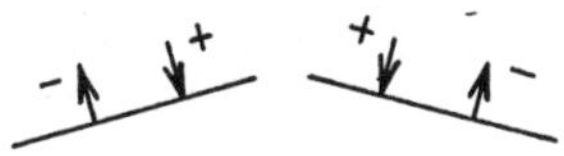


Sin huecos

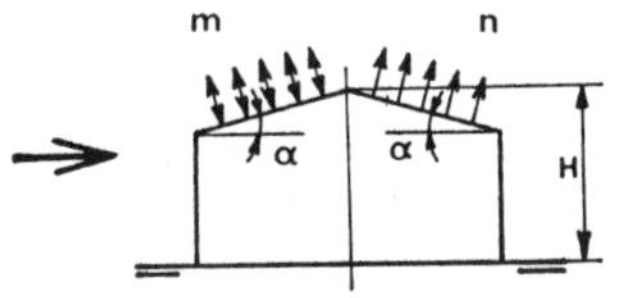


| Zona eólica | Situación topográfica | Altura H en m sobre el nivel del suelo | | | | | | | | |
|---|---|---|---|---|---|---|---|---|---|---|
| W | Normal | 3 | 9 | 23 | 57 | 60 | | | | |
| | Expuesta | → | 6 | 15 | 28 | 60 | | | | |
| X | Normal | → | 6 | 14 | 24 | 55 | 60 | | | |
| | Expuesta | → | 3 | 9 | 16 | 28 | 53 | 60 | | |
| Y | Normal | → | 3 | 9 | 15 | 25 | 50 | 60 | | |
| | Expuesta | → | → | 6 | 9 | 15 | 24 | 40 | 60 | |
| Z | Normal | → | → | 6 | 9 | 15 | 24 | 40 | 60 | |
| | Expuesta | → | → | 3 | 7 | 11 | 15 | 20 | 30 | 60 |
| m | α° 0 | −21 | − 26 | −31 | − 35 | − 39 | − 43 | − 46 | − 49 | − 53 |
| | 10 | −10 | − 13 | −16 | − 18 | − 20 | − 22 | − 23 | − 24 | − 27 |
| | 20 | 0 | 0 | 0 | 0 | 0 | 0 | 0 | 0 | 0 |
| | 30 | +10 | + 13 | +16 | + 18 | + 20 | + 22 | + 23 | + 24 | + 27 |
| | 40 | +21 | + 26 | +31 | + 35 | + 39 | + 43 | + 46 | + 49 | + 53 |
| | 50 | +31 | + 38 | +47 | + 53 | + 59 | + 65 | + 69 | + 73 | + 80 |
| | 60 | +41 | + 51 | +63 | + 71 | + 79 | + 86 | + 92 | + 98 | +106 |
| | 90 | +41 | + 51 | +63 | + 71 | + 79 | + 86 | + 92 | + 98 | +106 |
| n | | −21 | − 26 | −31 | − 35 | − 39 | − 43 | − 46 | − 49 | − 53 |

## CARGA DE VIENTO EN Kg/m² SOBRE LOS PLANOS DE CUBIERTA EN EDIFICACION ABIERTA

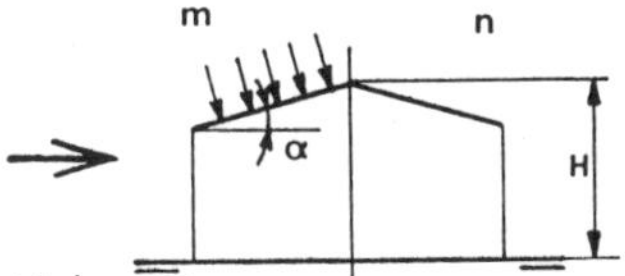


Hipótesis A

| | α° | | | | | | | | | |
|---|---|---|---|---|---|---|---|---|---|---|
| m | 0 | 0 | 0 | 0 | 0 | 0 | 0 | 0 | 0 | 0 |
| | 10 | +41 | + 51 | + 63 | + 71 | + 79 | + 86 | + 92 | + 98 | + 106 |
| | 20 | +52 | + 64 | + 79 | + 89 | + 99 | + 108 | +116 | +122 | + 133 |
| | 30 | +62 | + 77 | + 94 | +106 | +118 | + 130 | +139 | +147 | + 160 |
| | 90 | +62 | + 77 | + 94 | +106 | +118 | + 130 | +139 | +147 | + 160 |
| n | | 0 | 0 | 0 | 0 | 0 | 0 | 0 | 0 | 0 |

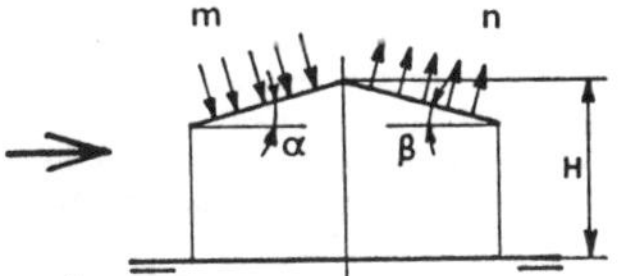


Hipótesis B

| | α° | | | | | | | | | |
|---|---|---|---|---|---|---|---|---|---|---|
| m | 0 | 0 | 0 | 0 | 0 | 0 | 0 | 0 | 0 | 0 |
| | 10 | 0 | 0 | 0 | 0 | 0 | 0 | 0 | 0 | 0 |
| | 20 | +10 | + 13 | + 16 | + 18 | + 20 | + 22 | + 23 | + 24 | + 27 |
| | 30 | +21 | + 26 | + 31 | + 35 | + 39 | + 43 | + 46 | + 49 | + 53 |
| | 40 | +21 | + 26 | + 31 | + 35 | + 39 | + 43 | + 46 | + 49 | + 53 |
| | 50 | +31 | + 38 | + 47 | + 53 | + 59 | + 65 | + 69 | + 73 | + 80 |
| | 60 | +41 | + 51 | + 63 | + 71 | + 79 | + 86 | + 92 | + 98 | + 106 |
| | 90 | +41 | + 51 | + 63 | + 71 | + 79 | + 86 | + 92 | + 98 | + 106 |
| n | β° 0 | 0 | 0 | 0 | 0 | 0 | 0 | 0 | 0 | 0 |
| | 10 | −41 | − 51 | − 63 | − 71 | − 79 | − 86 | − 92 | − 98 | − 106 |
| | 40 | −41 | − 51 | − 63 | − 71 | − 79 | − 86 | − 92 | − 98 | − 106 |
| | 50 | −31 | − 38 | − 47 | − 53 | − 59 | − 65 | − 69 | − 73 | − 80 |
| | 60 | −21 | − 26 | − 31 | − 35 | − 39 | − 43 | − 46 | − 49 | − 53 |
| | 90 | −21 | − 26 | − 31 | − 35 | − 39 | − 43 | − 46 | − 49 | − 53 |

El signo + indica que la componente vertical de la carga tiene el sentido de una acción gravitatoria y el signo − el sentido contrario. En los casos en los que figuran dos hipótesis de carga, se obtendrán los esfuerzos derivados de ambas para cada dirección del viento y se dimensionará cada elemento estructural con el que resulte más desfavorable. En la Norma MV-101 se exponen más casos de cargas de vientos sobre cubiertas de edificación.

## SECCIÓN QUINTA

## ACCIONES TÉRMICAS Y REOLÓGICAS

### 1.5. Estructuras afectadas por las acciones térmicas y reológicas

Los efectos producidos por las deformaciones debidas a las variaciones de temperatura, y por las que experimentan los materiales en el transcurso del tiempo por otras causas, deben tenerse en cuenta en las estructuras hiperestáticas, arcos, bóvedas, o estructuras semejantes, salvo en las estructuras formadas por pilares y vigas cuando se disponen juntas de dilatación a distancia adecuada, que en estructuras de acero y hormigón no debe sobrepasar los 40 m, aumentándose esta distancia a 50 m cuando los pilares son de pequeña rigidez, y reduciéndose a 30 m cuando lo son de gran rigidez.

### 2.5. Variación de temperatura

Los valores de variación de temperatura que deben adoptarse en el cálculo, serán los determinados directamente en las localidades en las que se ubicarán las estructuras, y cuando estas variaciones no sean conocidas se tomarán los valores siguientes:

Para estructuras situadas a la intemperie y expuestas directamente a la radiación solar ....... $\delta \pm 30$ °C.

Para estructuras situadas a la intemperie, en los demás casos ....................................... $\delta \pm 20$ °C.

En estructuras revestidas o interiores con variaciones de temperatura no superiores a los 10 °C, puede prescindirse el considerar las acciones térmicas.

En el cálculo de las deformaciones por variación de temperatura, se adoptarán los coeficientes de dilatación térmica siguientes:

Para acero laminado .................................... 0,000012 mm por °C.

Para hormigón ........................................... 0,000011 mm por °C.

### 3.5. Acciones reológicas

Las acciones reológicas que en el transcurso del tiempo producen deformaciones debidas a la retracción, fluencia bajo las cargas o a otras causas, generalmente no se consideran en los materiales metálicos.

En las Normas Técnicas de la Norma MV-101, se fijan a nivel operativo el valor de las acciones térmicas y reológicas y el modo de aplicarlas.

## SECCIÓN SEXTA

## ACCIONES SÍSMICAS

### 1.6. Estructuras afectadas

Como estructuras afectadas por las acciones sísmicas, principalmente se consideran las reticulares de nudos rígidos, planta con doble eje de simetría o equiparable, pilares y vigas continuas de extremo a extremo, pórticos, alturas de pisos y cargas aproximadamente iguales. Las acciones sísmicas no se consideran para los grados sísmicos 4 ° y 5 °; su cálculo se realiza a partir de las cargas que reciben de la planta a la que pertenecen los nudos de la estructura, o de la carga de ménsulas.

Las cargas por acciones sísmicas se contemplan en las Normas Técnicas de la MV-101.

## SECCIÓN SÉPTIMA

## PRESIONES EN EL TERRENO DE CIMENTACIÓN

### 1.7. Clasificación de los terrenos de cimentación

En consideración a su comportamientos frente a las cargas de cimentación, los terrenos de cimentación se clasifican en: rocas, terrenos sin cohesión, terrenos coherentes y terrenos deficientes.

a) Rocas.—Son de formaciones geológicas sólidas con notables resistencia a la compresión, como rocas isótropas sin visible estratificación (granitos, dioritas, etc.), y rocas estratificadas (como pizarras, esquistos, etc.).

b) Terrenos sin cohesión.—Formados principalmente por áridos (grava, arena, limo inorgánico), pudiendo contener arcilla en cantidad moderada, predominando en ellos la resistencia debida al rozamiento interno, considerándose los terrenos de graveras, los arenosos gruesos y los arenosos finos.

c) Terrenos coherentes.—Son terrenos formados fundamentalmente por arcillas, que pueden contener áridos en cantidad moderada, considerándose los terrenos arcillosos duros, los arcillosos semiduros, los arcillosos blandos y los arcillosos fluidos.

d) Terrenos deficientes.—Son terrenos en general no aptos para la cimentación, figurando entre ellos los fangos inorgánicos, los terrenos orgánicos con proporción notable de esta materia, los terrenos de relleno o echables de naturaleza artificial, como escombreras sin consolidar.

La variedad y dificultad de clasificación de los terrenos, sólo permite fijar valores de la presión admisible a título de orientación; en la Tabla AE-6 figuran valores de las presiones que se consideran admisibles para cada clase de terreno, pudiendo comprobar el autor del proyecto dichos valores actuando directamente en el lugar de ubicación de la obra.

| TABLA AE-6<br>PRESIONES ADMISIBLES EN EL TERRENO<br>DE CIMENTACION | | | | | |
|---|---|---|---|---|---|
| Naturaleza del terreno | Presión admisible en kg/cm², para profundidad de cimentación en m de: | | | | |
| | 0 | 0,5 | 1 | 2 | ≤3 |
| 1 **Rocas** (1) | | | | | |
| No estratificadas | 30 | 40 | 50 | 60 | 60 |
| Estratificados | 10 | 12 | 16 | 20 | 20 |
| 2 **Terrenos sin cohesión (2)** | | | | | |
| Graveras | — | 4 | 5 | 6,3 | 8 |
| Arenosos gruesos | — | 2,5 | 3,2 | 4 | 5 |
| Arenosos finos | — | 1,6 | 2 | 2,5 | 3,2 |
| 3 **Terrenos coherentes** | | | | | |
| Arcillosos duros | — | — | 4 | 4 | 4 |
| Arcillosos semiduros | — | — | 2 | 2 | 2 |
| Arcillosos blandos | — | — | 1 | 1 | 1 |
| Arcillosos fluidos | — | — | 0,5 | 0,5 | 0,5 |
| 4 **Terrenos deficientes**<br>Fangos<br>Terrenos orgánicos<br>Rellenos sin consolidar | En general resistencia nula, salvo que se determine experimentalmente el valor admisible. | | | | |

**Observaciones:**

(1) a) Los valores que se indican corresponden a rocas sanas, pudiendo tener alguna grieta.
b) Para rocas meteorizadas o muy agrietadas las tensiones se reducirán prudencialmente.

(2) a) Los valores indicados se refieren a terrenos consolidados que requieren el uso del pico para removerlos.
Para terrenos de consolidación media en que la pala penetra con dificultad, los valores anteriores se multiplican por 0,8.
Para terrenos sueltos, que se remueven fácilmente con la pala, los valores indicados se multiplicarán por 0,5.
b) Los valores indicados corresponden a una anchura de cimiento igual o superior a 1 m. En caso de anchuras inferiores, la presión se multiplicará por la anchura del cimiento expresada en metros.
c) Cuando el nivel freático diste de la superficie de apoyo menos de su anchura, los valores de la Tabla se multiplicarán por 0,8.

### 2.7. Presiones en las capas profundas

Cuando el terreno que soporta un cimiento descansa sobre otro cuya presión admisible es inferior al suyo, se comprobará que la presión resultante sobre el segundo no excede de la que le corresponde. Para el cálculo de la presión sobre el terreno inferior, puede suponerse uniforme en cada capa del terreno, considerando que la superficie de estas capas está limitada por sus intersecciones con planos que se hacen pasar por los bordes de la cimentación formando un ángulo de 30 ° con la vertical. En el caso de cimentaciones próximas, si los planos a 30 ° contiguos se cortan, se tomará el plano vertical que pase por la línea de intersección. En el caso de terrenos coherentes, además se comprobará que la carga total de cada cuerpo de edificación, disminuye en el peso del terreno excavado y dividida por la superficie que ocupa en planta, no exceda de la mitad de la presión que corresponde al terreno (según la tabla AE-7).

### 3.7. Cargas excéntricas

Cuando la actuación de cargas sobre el cimiento por su excentricidad produzca presiones no uniformes sobre el terreno, se admitirá en los bordes un aumento del 25 % en la presión admisible expuesta en la tabla AE-6, siempre que la presión en el centro de gravedad de la superficie de apoyo, no exceda de la presión admisible.

### 4.7. Seguridad al deslizamiento

El terreno de cimentación deberá ser capaz de equilibrar la componente horizontal de las fuerzas oblicuas que son transmitidas por la cimentanción o de las horizontales que actúan directamente sobre la misma, multiplicadas por 1,5; el equilibrio se consigue por el rozamiento entre el cimiento y terreno, pudiendo considerarse el empuje pasivo en los casos que el terreno no pueda desaparecer.

En el cálculo de las presiones sobre el terreno se considerarán las condiciones más desfavorables de las concargas, incluyendo el peso propio del cimiento, sobrecargas de uso, nieve, viento, etc., con sus reducciones admisibles.

No contemplado en la Norma MV-101, también se considera como coeficiente de rozamiento:

En obra de fábrica sobre tierra vegetal seca .......................... $\delta = 0{,}50$
En obra de fábrica sobre tierra vegetal húmeda ...................... $\delta = 0{,}30$

# SECCIÓN OCTAVA
## EMPUJE DE MATERIAS ALMACENADAS

### 1.8. Empuje sobre paredes de depósitos

El empuje de las materias almacenadas sobre las paredes de los depósitos o silos, se calcularán en función del peso específico aparente $\gamma$ y del ángulo de rozamiento interno $\varphi$ del material almacenado, que se determinará experimentalmente cuando sea preciso, o utilizando los valores de la tabla AE-7.

| Acciones gravitatorias | *EMPUJES SOBRE PAREDES DE DEPÓSITOS* | TABLA AE-7 |
|---|---|---|

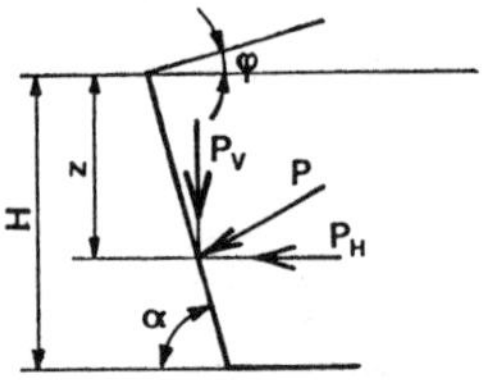


Los materiales almacenados producen sobre las paredes de los depósitos que los contienen una presión unitaria de componentes horizontales y verticales $P_H$ y $P_V$ cuyos valores en kg/m², en función de la profundidad $z$ en m, del peso específico aparente $\gamma$ en kg/m³ y de los coeficientes $K_H$ y $K_V$, son:

$$P_H = \gamma \cdot z \cdot K_H \qquad P_V = \gamma \cdot z \cdot K_V$$

La resultante de las presiones unitarias está aplicada en el punto $z = 2H/3$ y sus componentes valen

$$R_H = \gamma \frac{H^2}{2} K_H \qquad R_V = \gamma \frac{H^2}{2} K_V$$

## MATERIALES, PESOS ESPECIFICOS Y ANGULOS DE ROZAMIENTO INTERNO

| *MATERIAL* | *Peso específico* $\gamma$ *kg/m³* | *Angulo de rozamiento interno* $\varphi$ |
|---|---|---|
| MATERIALES DE CONSTRUCCION | | |
| Arena | 1.500 | 30° |
| Arena de pómez | 700 | 35° |
| Cal en polvo | 1.000 | 25° |
| Cal en terrón | | 45° |
| Cascote o polvo de ladrillo | 1.300 | 35° |
| Cemento en sacos | 1.600 | — |
| Cemento en polvo | 1.200 | 25° |
| Cenizas de coque | 700 | 25° |
| Clinker de cemento | 1.500 | 30° |
| Escoria de Alto Horno (granulada) | 1.100 | 25° |
| Escoria de Alto Horno (troceada) | 1.500 | 40° |
| Grava | 1.700 | 40° |
| Yeso y escayola | 1.250 | 25° |
| COMBUSTIBLES | | |
| Briquetas de lignito, amontonadas | 800 | 30° |
| Briquetas de lignito, apiladas | 1.300 | — |
| Carbón de leña en trozos | 400 | 45° |
| Coque de hulla | 500 | 45° |
| Hulla en bruto, con humedad de mina | 1.000 | 45° |
| Hulla pulverizada | 700 | 25° |
| Hulla en residuos de lavadero | 1.200 | 0° |
| Hulla en otras formas | 850 | 30° |

| *MATERIAL* | *Peso específico* $\gamma$ *kg/m³* | *Angulo de rozamiento interno* $\varphi$ |
|---|---|---|
| Leña en astillas | 200 | 45° |
| Leña troceada | 400 | 45° |
| Lignito | 700 | 35° |
| Serrín de madera asentado | 250 | 45° |
| Serrín de madera suelto | 150 | 45° |
| PRODUCTOS AGRICOLAS | | |
| Avena | 450 | 30° |
| Azúcar | 750 | 35° |
| Cebada | 650 | 25° |
| Centeno | 800 | 35° |
| Guisantes | 800 | 25° |
| Harina y salvado | 500 | 45° |
| Heno prensado | 170 | — |
| Judías | 750 | 30° |
| Maíz | 750 | 25° |
| Malta triturada | 400 | 45° |
| Patatas | 750 | 30° |
| Remolacha azucarera desecada y cortada | 300 | 40° |
| Remolacha, nabos o zanahorias | 750 | 30° |
| Sémola | 550 | 30° |
| Trigo | 750 | 25° |
| LIQUIDOS | | |
| Aceite de creosota | 1.100 | 0° |
| Aceite de linaza | 940 | 0° |
| Aceite de oliva | 920 | 0° |

| *MATERIAL* | *Peso específico* $\gamma$ *kg/m³* | *Angulo de rozamiento interno* $\varphi$ |
|---|---|---|
| Aceite de ricino | 970 | 0° |
| Aceite mineral | 930 | 0° |
| Acetona | 790 | 0° |
| Acido clorhídrico al 40% | 1.200 | 0° |
| Acido nítrico al 40% | 1.250 | 0° |
| Acido sulfúrico al 50% | 1.400 | 0° |
| Agua | 1.000 | 0° |
| Alcohol etílico | 800 | 0° |
| Anilina | 1.040 | 0° |
| Bencina | 700 | 0° |
| Benzol | 900 | 0° |
| Cerveza | 1.030 | 0° |
| Gasolina | 750 | 0° |
| Leche | 1.030 | 0° |
| Petróleo | 800 | 0° |
| Sulfuro de carbono | 1.290 | 0° |
| Vino | 1.000 | 0° |
| OTRAS MATERIAS | | |
| Abonos artificiales | 1.200 | 40° |
| Carburo | 900 | 30° |
| Estiércol apelmazado | 1.800 | 45° |
| Estiércol suelto | 1.200 | 45° |
| Harina de pescado | 800 | 45° |
| Hielo | 900 | 30° |
| Mineral de hierro | 3.000 | 40° |
| Pirita | 2.700 | 45° |
| Pirita tostada | 1.400 | 45° |
| Sal común | 1.200 | 40° |
| Tierra vegetal | 1.700 | 25° |

## COEFICIENTES $K_H$ Y $K_V$

| *Angulo de rozamiento interno* $\varphi$ | *Coeficientes* | *Superficie muy lisa. Materiales húmedos y no sueltos* | | | | | | *Superficie muy rugosa. Materiales secos y sueltos* | | | | | |
|---|---|---|---|---|---|---|---|---|---|---|---|---|---|
| | | *Angulo de la pared* $\alpha$ | | | | | | *Angulo de la pared* $\alpha$ | | | | | |
| | | 50° | 60° | 70° | 80° | 90° | 100° | 50° | 60° | 70° | 80° | 90° | 100° |
| 25° | $K_H$ | 1,55 | 1,35 | 1,16 | 0,98 | 0,82 | 0,68 | 1,55 | 1,35 | 1,16 | 0,98 | 0,82 | 0,68 |
| | $K_V$ | 1,24 | 0,81 | 0,46 | 0,20 | 0 | 0,14 | 2,24 | 1,47 | 0,92 | 0,52 | 0,25 | 0,06 |
| 30° | $K_H$ | 1,60 | 1,36 | 1,14 | 0,93 | 0,75 | 0,59 | 1,20 | 1,36 | 1,14 | 0,93 | 0,75 | 0,59 |
| | $K_V$ | 1,28 | 0,82 | 0,45 | 0,19 | 0 | 0,12 | 2,63 | 1,68 | 1,02 | 0,57 | 0,27 | 0,09 |
| 35° | $K_H$ | 1,63 | 1,35 | 1,10 | 0,87 | 0,67 | 0,50 | 1,63 | 1,35 | 1,10 | 0,87 | 0,67 | 0,50 |
| | $K_V$ | 1,31 | 0,81 | 0,44 | 0,17 | 0 | 0,10 | 3,07 | 1,88 | 1,10 | 0,60 | 0,29 | 0,11 |
| 40° | $K_H$ | 1,64 | 1,32 | 1,05 | 0,80 | 0,59 | 0,41 | 1,64 | 1,32 | 1,05 | 0,80 | 0,59 | 0,41 |
| | $K_V$ | 1,31 | 0,79 | 0,42 | 0,16 | 0 | 0,08 | 3,57 | 2,08 | 1,19 | 0,62 | 0,30 | 0,11 |
| 45° | $K_H$ | 1,62 | 1,28 | 0,98 | 0,72 | 0,50 | 0,32 | 1,62 | 1,28 | 0,98 | 0,72 | 0,50 | 0,32 |
| | $K_V$ | 1,30 | 0,77 | 0,39 | 0,14 | 0 | 0,06 | 4,15 | 2,31 | 1,25 | 0,63 | 0,29 | 0,11 |

SEGUNDA PARTE

# ACERO LAMINADO PARA ESTRUCTURAS METÁLICAS

**SECCIONES:**

1.ª GENERALIDADES.

2.ª CARACTERÍSTICAS DEL ACERO LAMINADO.

3.ª PRODUCTOS LAMINADOS.

4.ª PRONTUARIO PARA EL EMPLEO DEL ACERO LAMINADO.

Un horno alto, complicado conjunto altamente mecanizado tanto en su servicio como en la de otras instalaciones que le sirven como base; es capaz de producir 3.000 toneladas diarias de arrabio (hierro de primera fusión), precisando:

4.500 toneladas de material conglutinado (o sinterin, procedente de 5.000 toneladas de mineral de hierro).
1.475 toneladas de coque (procedente de 1.800 toneladas de carbón).

# ACERO LAMINADO PARA ESTRUCTURAS DE EDIFICACIÓN

# CARACTERÍSTICAS Y PRODUCTOS LAMINADOS

## SECCIÓN PRIMERA

## GENERALIDADES

### 1.1. Alcance de la Norma MV-102

Por decreto ministerial se aprobó la Norma MV-102, que estableció las condiciones del «Acero laminado para estructuras de edificación», que se aplica a los productos de acero laminado en caliente para perfiles y chapas que se utilizan en las estructuras de edificación, cuya medida nominal sea superior a 3 mm.

La Norma MV-102 no es aplicable para armaduras de hormigón, aceros especiales, tubos, perfiles huecos, perfiles conformados en frío y productos trefilados.

### 2.1. Normas básicas complementarias

En el proyecto y ejecución de las estructuras de acero laminado en la edificación, son de aplicación las siguientes Normas básicas:

MV-103. Cálculo de las estructuras de acero laminado en la edificación.
MV-104. Ejecución de las estructuras de acero laminado en la edificación.
MV-105. Roblones de acero.
MV-106. Tornillos ordinarios y calibrados para estructuras de acero.
MV-107. Tornillos de alta resistencia para estructuras de acero.

## SECCIÓN SEGUNDA

## CARACTERÍSTICAS DEL ACERO LAMINADO

### 1.2. Fabricación del acero

Los aceros incluidos en la Norma MV-102 se podrán fabricar por cualquiera de los procedimientos usuales, como horno eléctrico, Martin Siemens, proceso LD, etc., para los cuales la Norma estableció sus características mecánicas (límite elástico, resistencia a la tracción, alargamiento de rotura, doblado, resilencia), así como también la composición química.

### 2.2. Clases de acero

La evolución técnica en la fabricación de los productos laminados de acero, tuvo como consecuencia la supresión del acero A 34, así como la eliminación del acero A 37, y por razones económicas se tomó como acero básico el A 42 a la vez que el A 52, que se definen por su tipo y grado, estableciéndose:

| *Tipo* | *Grado* | | |
|---|---|---|---|
| | *b* | *c* | *d* |
| A 42<br>A 52 | A 42 b<br>A 52 b | A 42 c<br>A 52 c | A 42 d<br>A 52 d |

El acero para chapas y perfiles es el de la clase A 42 b, y los aceros A 42 c y A 42 d tienen utilizaciones específicas en caso de exigencias especiales de alta soldadibilidad e insensibilidad a la rotura frágil.

Los aceros A 52 b se utilizan para casos de alta resistencia, y los A 52 c y A 52 d en los de alta exigencia de soldadibilidad o de insensibilidad a la rotura frágil.

La calidad de estos aceros tienen las siguientes características:

— Acero A 42, límite de fluencia mínima, 26 kg/mm$^2$
— Acero A 52, límite de fluencia mínima, 36 kg/mm$^2$

Como características comunes:

— Módulo de elasticidad .................... $E = 2.100.000$ kg/cm$^2$
— Módulo de rigidez .................... $G = 810.000$ kg/cm$^2$
— Coeficiente de Poisson .................... $\mu = 0{,}30$
— Coeficiente de dilatación lineal .................... $\alpha_t = 0{,}000012$ mm por 1 °C

## 3.2. El acero, su fabricación

El acero es un hierro aleado con una cantidad variable de otros elementos químicos, principalmente el carbono, el silicio, el manganeso, etc.; calentado a determinada temperatura y enfriado con cierta velocidad, adquiere por el temple gran elasticidad y dureza.

El carbono cuando está contenido en el acero en proporción conveniente, le confiere elasticidad, dureza y tenacidad, así como también lo hace el silicio; del mismo modo el manganeso aumenta la dureza y tenacidad. El azufre contenido en el acero en mínimas proporciones, lo hace frágil y poco soldable; el fósforo, también en mínimas proporciones lo hace frágil, aunque permite que el acero que lo contiene pueda trabajarse en caliente. El nitrógeno ($N_2$, procedente del aire en contacto con el arrabio durante su afino y de los productos de la combustión durante esta operación) contenido en proporciones mínimas en el acero, asimismo hace que éste sea duro y frágil.

## 4.2. Materiales empleados en la fabricación del acero

El arrabio o hierro de primera fusión, se obtiene en los hornos altos a partir de minerales de hierro cuyo contenido de este metal es el conveniente (beneficiable) para su tratamiento; la separación del hierro contenido en los minerales se realiza por la fusión de éstos en los hornos altos al someterlos a elevadas temperaturas, que se consiguen por la combustión del coque que se carga con ellos. También se cargan en los hornos altos fundentes, que facilitan la fusión de la ganga (parte no útil de los minerales) a la vez que escorifican las cenizas contenidas en el combustible (coque).

Las características del arrabio son su dureza y fragilidad, debidas a la gran proporción de carbono que contiene (hasta un 4 % o más) y a la de otros elementos, como el silicio y manganeso, etc.; la mayor parte de estos elementos, con el azufre y fósforo, serán eliminados durante la operación de afino del arrabio cuando éste se destina para la obtención del acero.

El acero se fabrica con el arrabio siguiendo procesos de afino en los hornos de acero (Siemens y eléctricos) y convertidores (Bessemer, Thomas y últimamente L D); además del arrabio suelen utilizarse pequeñas cantidades de minerales de hierro (óxidos) y fundentes, así como chatarra de acero en menor o mayor proporción, tratándose también solamente chatarras.

El proceso esquemático de la fabricación del acero a partir de las materias primas (minerales, combustible y fundentes) se expone en el diagrama de la página siguiente.

Los tipos de acero utilizados en la fabricación y chapas y perfiles laminados, empleados en la construcción de estructuras metálicas, son el A 42 y el A 52, cuyas características mecánicas se especifican a continuación.

**CARACTERISTICAS MECANICAS**

| Clase de acero | LIMITE ELASTICO $\sigma_e$ | | | Resistencia a tracción $\sigma_e$ (2) | ALARGAMIENTO DE ROTURA $\delta$ | | | | Doblado satisfactorio en espesor e, sobre mandril de diámetro | | RESILENCIA | |
|---|---|---|---|---|---|---|---|---|---|---|---|---|
| | | | | | En probeta longitudinal | | En probeta transversal | | | | | |
| | Espesor ≤16 mm. mín. kg/mm² | Espesor >16 mm. ≤40 mm. mín. kg/mm² | Espesor >40 mm. ≤63 mm. mín. kg/mm² | mín.-máx. kg/mm² | Espesor ≤40 mm. mín. % | Espesor >40 mm. ≤63 mm. mín. % | Espesor ≤40 mm. mín. % | Espesor >40 mm. ≤63 mm. mín. % | Probeta longitudinal | Probeta transversal | Energía absorbida ρ mín. kpm | Temperatura de ensayo °C |
| A 42 b | 26 | 25 | 24 | 42 - 53 | 24 | 23 | 22 | 21 | 2e | 2,5 e | 2,8 | + 20° |
| A 42 c | 26 | 25 | 24 | 42 - 50 | 24 | 23 | 22 | 21 | 2e | 2,5 e | 2,8 | 0° |
| A 42 d | 26 | 25 | 24 | 42 - 50 | 24 | 23 | 22 | 21 | 2e | 2,5 e | 2,8 | - 20° |
| A 52 b | 36 | 35 (1) | 34 (1) | 52 - 62 | 22 (1) | 21 (1) | 20 | 19 | 2,5 e | 3 e | 2,8 | + 20° |
| A 52 c | 36 | 35 | 34 | 52 - 62 | 22 | 21 | 20 | 19 | 2,5 e | 3 e | 2,8 | 0° |
| A 52 d | 36 | 35 | 34 | 52-- 62 | 22 | 21 | 20 | 19 | 2,5 e | 3 e | 2,8 | - 20° |

(1) En los aceros de tipo A52 el espesor límite de 40 mm. se sustituye por 36 mm.

(2) Salvo acuerdo en contrario, no será objeto de rechazo si en la resistencia a tracción se obtienen 2 k p/mm² de menos. Tampoco si en los aceros de grados c y d se obtienen 2 k p/mm² de más.

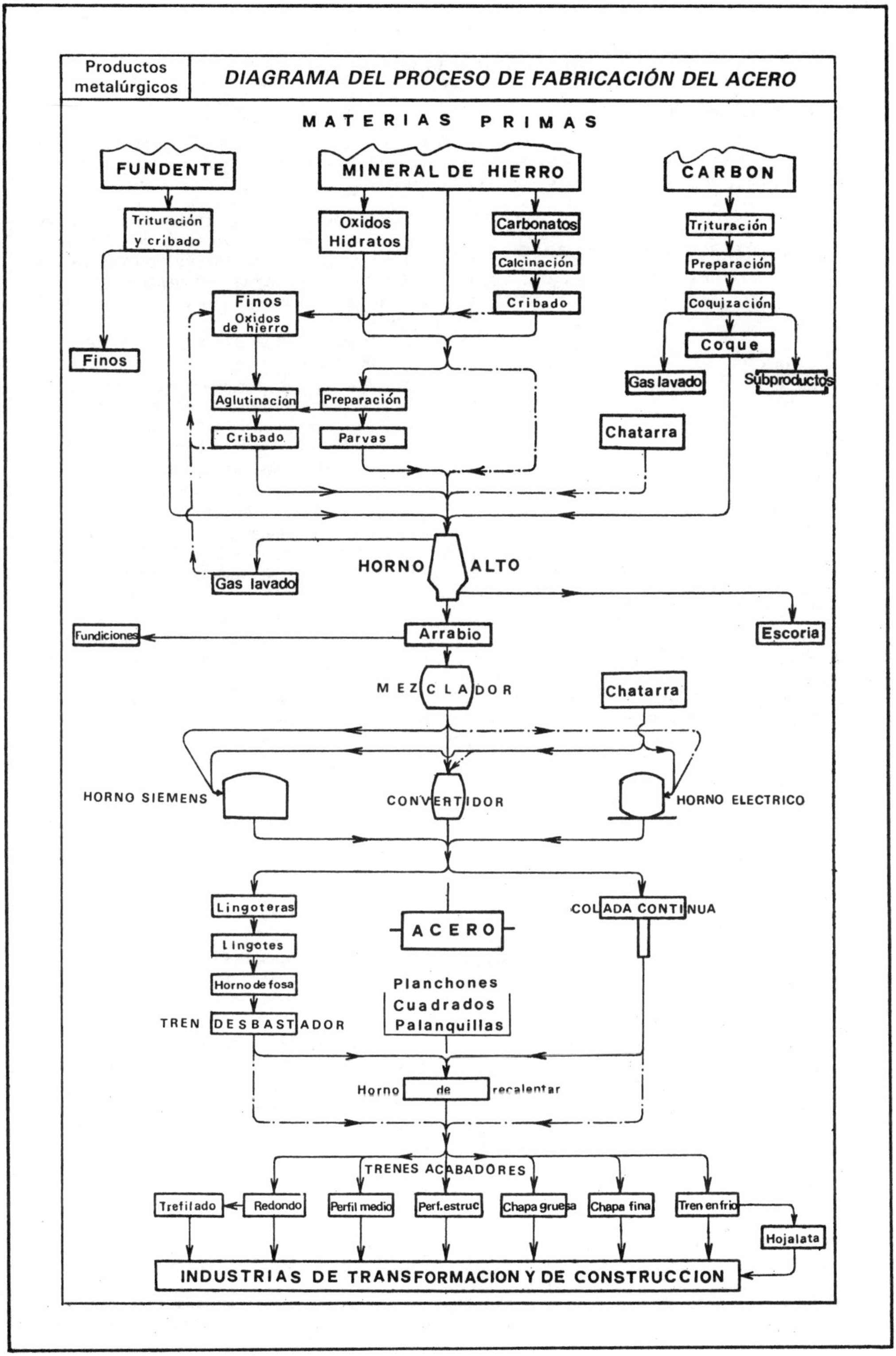
Productos metalúrgicos
DIAGRAMA DEL PROCESO DE FABRICACIÓN DEL ACERO
MATERIAS PRIMAS
FUNDENTE
MINERAL DE HIERRO
CARBON
Trituración y cribado
Oxidos Hidratos
Carbonatos
Trituración
Calcinación
Preparación
Cribado
Coquización
Finos Oxidos de hierro
Finos
Coque
Gas lavado
Subproductos
Aglutinacion
Preparación
Cribado
Parvas
Chatarra
HORNO ALTO
Gas lavado
Fundiciones
Arrabio
Escoria
MEZCLADOR
Chatarra
HORNO SIEMENS
CONVERTIDOR
HORNO ELECTRICO
Lingoteras
ACERO
COLADA CONTINUA
Lingotes
Horno de fosa
Planchones
Cuadrados
Palanquillas
TREN DESBASTADOR
Horno de recalentar
TRENES ACABADORES
Trefilado
Redondo
Perfil medio
Perf. estruc
Chapa gruesa
Chapa fina
Tren en frio
Hojalata
INDUSTRIAS DE TRANSFORMACION Y DE CONSTRUCCION

# SECCIÓN TERCERA
## PRODUCTOS LAMINADOS

### 1.3. Series de productos

Los productos de acero laminado en caliente se agrupan en series por las características geométricas de su sección, figurando estas series en el cuadro 1, en el que también se expresa la notación con la que estos productos se designarán en los planos de representación de estructuras metálicas.

CUADRO 1
SERIES DE PRODUCTOS LAMINADOS

| *Serie* | *Notación (en forma de ejemplo)* | |
|---|---|---|
| Perfil IPN | IPN | 340 |
| Perfil IPE | IPE | 500 |
| Perfil HEB | HEB | 180 |
| Perfil HEA | HEA | 220 |
| Perfil HEM | HEM | 280 |
| Perfil UPN | UPN | 200 |
| Perfil L | L | 40.4 |
| Perfil LD | L | 120.80.8 |
| Perfil T | T | 50.6 |
| Redondo | ∅ | 8 |
| Cuadrado | ≠ | 20 |
| Rectangular | ≠ | 100.20 |
| Chapa | ≠ | 1800.8.8000 |

### 2.3. Productos laminados utilizados

a) *Perfil IPN.*—Su sección tiene la forma de I (doble T). Las caras exteriores de las alas son perpendiculares al alma y las interiores dispuestas con una inclinación del 14 % con espesor decreciente hacia los bordes. Las uniones de las caras interiores de las alas son redondeadas así como su enlace con el alma.

Dimensiones y términos de sección en la tabla AL-1.

b) *Perfil IPE.*—Su sección tiene la forma de I (doble T). Las caras interiores y exteriores de las alas son paralelas, y perpendiculares al alma redondeado en su enlace; las aristas son vivas entre sí.

Dimensiones y términos de sección en la tabla AL-2.

c) *Perfiles HE.*—Su sección tiene la forma de I (doble T), su forma igual a la del perfil IPE, pero de mayores espesores.

Estos perfiles comprenden tres series, cuyas dimensiones y términos de sección figuran en las tablas correspondientes, que se indican:

Tabla AL-3, serie normal, HEB.
Tabla AL-4, serie pesada, HEM.
Tabla AL-5, serie pesada, HEM.

d) *Perfil UPN.*—Su sección tiene la forma de U. Las caras exteriores de las alas son perpendiculares al alma y las interiores presentan una inclinación del 8 % respecto de las exteriores, con disposición decreciente hacia los bordes superiores de las alas, donde se unen en forma redondeada en el interior así como con el alma, y en esquina viva en el borde exterior.

En la tabla AL-6 se exponen dimensiones y términos de sección.

e) *Perfil L.*—Su sección tiene la forma de un ángulo recto con las alas de igual longitud. Las caras de las alas son paralelas y la unión de las caras interiores es redondeada; el borde exterior está en arista viva y al interior redondeado.

f) *Perfil LD.*—Su sección tiene la forma de ángulo recto con las alas de distinta longitud. Las caras de las alas son parelelas y la unión de sus caras interiores es redondeada. Las alas tienen el borde exterior en arista viva y la interior redondeada.

Dimensiones y términos de sección en la tabla AL-8.

g) *Perfil ⊥.*—La sección tiene la forma de T. El extremo del ala (centro) es redondeada y sus caras inclinadas un 2 % también redondeadas en su enlace con el alma, que también está inclinada un 2 % respecto de eje central.

Dimensiones y términos de sección en la tabla AL-9.

h) *Perfil redondo.*—Su sección es circular, de diámetro comprendido entre 6 mm y 50 mm.

Dimensiones y términos de sección en la tabla AL-10.

i) *Perfil cuadrado.*—Su sección es cuadrada, de lado comprndido entre 6 mm y 50 mm.

Dimensiones y términos de sección en la tabla AL-11.

j) *Perfil rectangular.*—Producto plano de sección rectangular y de ancho no superior a 500 mm.

Dimensiones y términos de sección en la tabla AL-12.

k) *Chapa.*—Producto plano de ancho superior a 500 mm. Con espesor inferior a 3 mm es chapa fina, de 3 a 4,75 mm chapa media, y superior a 4,75 mm chapa gruesa.

Dimensiones y términos de sección en la tabla AL-13.

### 3.3. Otros productos laminados en caliente, y Prontuario

No comprendidos en la Norma MV-102 se dispone de otros perfiles laminados en caliente, como tubos (sin soldadura) de 40 a 200 mm ∅ y los tubos de sección cuadrada con aristas redondeadas de 40 a 170 mm de lado (en la tabla AL-14), los rectangulares de 60 × 40 a 200 × 150 mm (en la tabla AL-15), y los tubos cilíndricos de 30 mm ∅ a 1.016 mm ∅ (en la tabla AL-16).

Con todas las series de productos laminados citados y con composiciones formados con ellos, se ha dispuesto un «Prontuario para el empleo del acero laminado», que se especifica en la Sección Cuarta, que sigue.

# SECCIÓN CUARTA

## PRONTUARIO PARA EL EMPLEO DEL ACERO LAMINADO

### 1.4. Generalidades

En los capítulos anteriores y de acuerdo con las prescripciones de la Norma MV-102, se han establecido las calidades de los aceros en la fabricación de perfiles laminados en caliente, así como las formas geométricas, dimensiones, términos de sección y valores estáticos de aquellos perfiles laminados simples, trece en total, que se establecen en las tablas AL-1 a AL-13, que son utilizados en la construcción de estructuras metálicas de acero laminado, empleados como elementos resistentes independientes o formando parte de un conjunto, asimismo, resistente.

También, y según Normas, se fabrican otros perfiles de acero en caliente, como los tubos cilíndricos, y los cuadrados y rectangulares de aristas redondeadas, todos ellos sin soldadura, que se describen en las tablas AL-15, 16 y 17, y que pueden ser, como los anteriores, utilizados en la construcción de estructuras metálicas de acero laminado.

Por corte de algunos perfiles simples y por la combinación o agrupación de aquellos perfiles, se consigue otros perfiles compuestos, la mayoría de alto valor resistente, que se citan en las tablas AL-18 a AL-39.

Por la disposición de las tablas de perfiles simples con las de perfiles obtenidos por corte y por combinación, se forma un «Prontuario para el empleo del acero laminado», que se establece según las tablas que seguidamente se exponen.

### 2.4. Perfiles simples

## RELACIÓN DE LOS SÍMBOLOS UTILIZADOS

A = área de una sección.

C = centro de esfuerzos cortantes de una sección.

E = módulo de elasticidad.

G = módulo de rigidez.

I = momento de inercia de una sección.

$I_t$ = módulo de torsión.

$I_A$ = módulo de alabeo.

$S_x$ = momento estático de media sección del perfil.

Q = esfuerzo cortante.

U = perímetro de una sección.

W = módulo resistente de una sección referido a su borde más lejano.

$W_1$ = módulo resistente de una sección referido a su borde más cercano.

W' = incremento (o disminución) del módulo resistente W para cada milímetro de aumento (o disminución) del espesor del alma de un perfil compuesto soldado.

$W_n$ = módulo resistente neto (descontados los agujeros).

d = diámetro de los agujeros de un perfil.

i = radio de giro.

$l_k$ = longitud de pandeo.

p = peso por metro..

$s_x$ = $= \dfrac{I_x}{S_x}$ = distancia entre los centros de compresión y tracción.

$\alpha_t$ = coeficiente de dilatación térmica lineal (0,000012 por cada °C).

$\beta$ = coeficiente para la determinación de la longitud de pandeo.

$\delta$ = ángulo unitario de torsión.

$\varphi$ = ángulo unitario de flexión.

$\lambda$ = esbeltez.

$\sigma$ = tensión normal.

$\sigma_{ad}$ = tensión normal admisible.

$\sigma_t$ = tensión normal a una temperatura t.

$\tau$ = tensión tangencial.

$\tau_{ad}$ = tensión tangencial admisible.

$\tau_t$ = tensión tangencial a una temperatura t.

$\omega$ = coeficiente de pandeo.

**Nota.**—Los significados de los símbolos no comprendidos en esta relación, se deducen de las figuras que van en la parte superior de cada tabla.

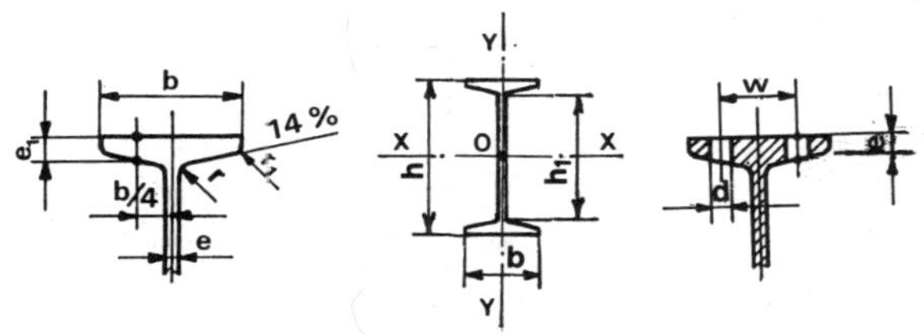


# DIMENSIONES, TÉRMINOS DE SECCIÓN Y VALORES ESTÁTICOS DE PERFILES IPN

| IPN | Dimensiones en mm. | | | | | Sección | Peso | Referido al eje | | | | | | $S_x$ | $s_x$ | Gramil y diámetro normal | | $h_1$ | $e_2$ | $I_t$ | $I_A$ | U | IPN |
|---|---|---|---|---|---|---|---|---|---|---|---|---|---|---|---|---|---|---|---|---|---|---|---|
| | | | | | | | | X — X | | | Y — Y | | | | | | | | | | | | |
| | h | b | e = r | $e_1$ | $r_1$ | A cm² | p kg/m | $I_x$ cm⁴ | $W_x$ cm³ | $i_x$ cm | $I_y$ cm⁴ | $W_y$ cm³ | $i_y$ cm | cm³ | cm | w mm | d mm | mm | mm | cm⁴ | cm⁶ | mm | |
| 80 | 80 | 42 | 3,9 | 5,9 | 2,3 | 7,57 | 5,94 | 77,8 | 19,5 | 3,20 | 6,29 | 3,00 | 0,91 | 11,4 | 6,84 | 22 | — | 59 | 4,43 | 0,93 | 87,5 | 304 | 80 |
| 100 | 100 | 50 | 4,5 | 6,8 | 2,7 | 10,6 | 8,34 | 171 | 34,2 | 4,01 | 12,2 | 4,88 | 1,07 | 19,9 | 8,57 | 28 | — | 75 | 5,05 | 1,72 | 268 | 370 | 100 |
| 120 | 120 | 58 | 5,1 | 7,7 | 3,1 | 14,2 | 11,1 | 328 | 54,7 | 4,81 | 21,5 | 7,41 | 1,23 | 31,8 | 10,3 | 32 | — | 92 | 5,67 | 2,92 | 685 | 439 | 120 |
| 140 | 140 | 66 | 5,7 | 8,6 | 3,4 | 18,2 | 14,3 | 573 | 81,9 | 5,61 | 35,2 | 10,7 | 1,40 | 47,7 | 12,0 | 34 | 11 | 109 | 6,29 | 4,66 | 1 540 | 502 | 140 |
| 160 | 160 | 74 | 6,3 | 9,5 | 3,8 | 22,8 | 17,9 | 935 | 117 | 6,40 | 54,7 | 14,8 | 1,55 | 68,0 | 13,7 | 40 | 11 | 125 | 6,91 | 7,08 | 3 138 | 575 | 160 |
| 180 | 180 | 82 | 6,9 | 10,4 | 4,1 | 27,9 | 21,9 | 1 450 | 161 | 7,20 | 81,3 | 19,8 | 1,71 | 93,4 | 15,5 | 44 | 13 | 142 | 7,53 | 10,3 | 5 924 | 640 | 180 |
| 200 | 200 | 90 | 7,5 | 11,3 | 4,5 | 33,4 | 26,2 | 2 140 | 214 | 8,00 | 117 | 26,0 | 1,87 | 125 | 17,2 | 48 | 13 | 159 | 8,15 | 14,6 | 10 520 | 709 | 200 |
| 220 | 220 | 98 | 8,1 | 12,2 | 4,9 | 39,5 | 31,1 | 3 060 | 278 | 8,80 | 162 | 33,1 | 2,02 | 162 | 18,9 | 52 | 13 | 176 | 8,77 | 20,1 | 17 760 | 775 | 220 |
| 240 | 240 | 106 | 8,7 | 13,1 | 5,2 | 46,1 | 36,2 | 4 250 | 354 | 9,59 | 221 | 41,7 | 2,20 | 206 | 20,6 | 56 | 17 | 192 | 9,39 | 27,0 | 28 730 | 844 | 240 |
| 260 | 260 | 113 | 9,4 | 14,1 | 5,6 | 53,3 | 41,9 | 5 740 | 442 | 10,4 | 288 | 51,0 | 2,32 | 257 | 22,3 | 60 | 17 | 208 | 10,15 | 36,1 | 44 070 | 906 | 260 |
| 280 | 280 | 119 | 10,1 | 15,2 | 6,1 | 61,0 | 47,9 | 7 590 | 542 | 11,1 | 364 | 61,2 | 2,45 | 316 | 24,0 | 62 | 17 | 225 | 11,04 | 47,8 | 64 580 | 966 | 280 |
| 300 | 300 | 125 | 10,8 | 16,2 | 6,5 | 69,0 | 54,2 | 9 800 | 653 | 11,9 | 451 | 72,2 | 2,56 | 381 | 25,7 | 64 | 21 | 241 | 11,83 | 61,2 | 91 850 | 1 030 | 300 |
| 320 | 320 | 131 | 11,5 | 17,3 | 6,9 | 77,7 | 61,0 | 12 510 | 782 | 12,7 | 555 | 84,7 | 2,67 | 457 | 27,4 | 70 | 21 | 258 | 12,72 | 78,2 | 128 800 | 1 090 | 320 |
| 340 | 340 | 137 | 12,2 | 18,3 | 7,3 | 86,7 | 68,0 | 15 700 | 923 | 13,5 | 674 | 98,4 | 2,80 | 540 | 29,1 | 74 | 21 | 274 | 13,51 | 97,5 | 176 300 | 1 150 | 340 |
| 360 | 360 | 143 | 13,0 | 19,5 | 7,8 | 97,0 | 76,1 | 19 610 | 1 090 | 14,2 | 818 | 114 | 2,90 | 638 | 30,7 | 76 | 23 | 290 | 14,50 | 123 | 240 100 | 1 210 | 360 |
| 380 | 380 | 149 | 13,7 | 20,5 | 8,2 | 107 | 84,0 | 24 010 | 1 260 | 15,0 | 975 | 131 | 3,02 | 741 | 32,4 | 82 | 23 | 306 | 15,29 | 150 | 318 700 | 1 270 | 380 |
| 400 | 400 | 155 | 14,4 | 21,6 | 8,6 | 118 | 92,4 | 29 210 | 1 460 | 15,7 | 1 160 | 149 | 3,13 | 857 | 34,1 | 86 | 23 | 323 | 16,18 | 183 | 419 600 | 1 330 | 400 |
| 450 | 450 | 170 | 16,2 | 24,3 | 9,7 | 147 | 115 | 45 850 | 2 040 | 17,7 | 1 730 | 203 | 3,43 | 1 200 | 38,3 | 94 | 25 | 363 | 18,35 | 288 | 791 100 | 1 478 | 450 |
| 500 | 500 | 185 | 18,0 | 27,0 | 10,8 | 179 | 141 | 68 740 | 2 750 | 19,6 | 2 480 | 268 | 3,72 | 1 620 | 42,4 | 100 | 28 | 404 | 20,53 | 449 | 1 403 000 | 1 626 | 500 |
| 550 | 550 | 200 | 19,0 | 30,0 | 11,9 | 212 | 166 | 99 180 | 3 610 | 21,6 | 3 490 | 349 | 4,02 | 2 120 | 46,8 | 110 | 28 | 445 | 23,00 | 618 | 2 389 000 | 1 787 | 550 |
| 600 | 600 | 215 | 21,6 | 32,4 | 13,0 | 254 | 199 | 139 000 | 4 630 | 23,4 | 4 670 | 434 | 4,30 | 2 730 | 50,9 | 120 | 28 | 485 | 24,88 | 875 | 3 821 000 | 1 924 | 600 |

AL-2

# DIMENSIONES, TÉRMINOS DE SECCIÓN Y VALORES ESTÁTICOS DE PERFILES IPE

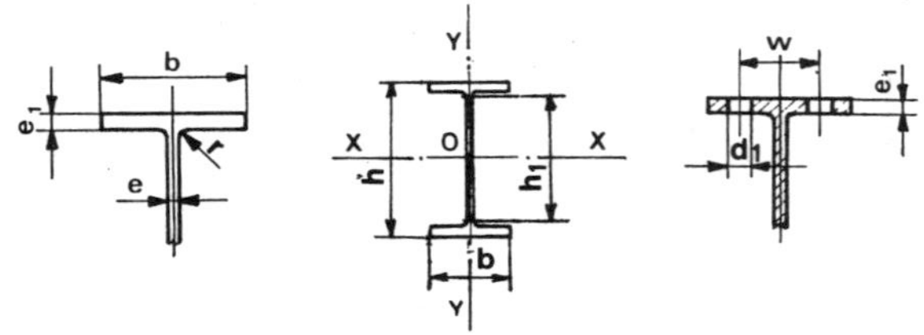


| IPE | Dimensiones en mm. | | | | | Sección | Peso | Referido al eje: X — X | | | Referido al eje: Y — Y | | | $S_x$ | $s_x$ | Gramil y diámetro normal | | $h_1$ | $e_1$ | $I_t$ | $I_A$ | U | IPE |
|---|---|---|---|---|---|---|---|---|---|---|---|---|---|---|---|---|---|---|---|---|---|---|---|
| | h | b | e | $e_1$ | r | A $cm^2$ | P kg/m | $I_x$ $cm^4$ | $W_x$ $cm^3$ | $i_x$ cm | $I_y$ $cm^4$ | $W_y$ $cm^3$ | $i_y$ cm | $cm^3$ | cm | w mm | $d_1$ mm | mm | mm | $cm^4$ | $cm^6$ | mm | |
| **80** | 80 | 46 | 3,8 | 5,2 | 5 | 7,64 | **6,00** | 80,1 | **20,0** | 3,24 | 8,49 | 3,69 | **1,05** | 11,6 | 6,90 | — | — | 60 | 5,2 | 0,721 | 118 | 328 | **80** |
| **100** | 100 | 55 | 4,1 | 5,7 | 7 | 10,3 | **8,10** | 171 | **34,2** | 4,07 | 15,9 | 5,79 | **1,24** | 19,7 | 8,68 | — | — | 75 | 5,7 | 1,14 | 351 | 400 | **100** |
| **120** | 120 | 64 | 4,4 | 6,3 | 7 | 13,2 | **10,4** | 318 | **53,0** | 4,90 | 27,7 | 8,65 | **1,45** | 30,4 | 10,5 | 35 | — | 93 | 6,3 | 1,77 | 890 | 475 | **120** |
| **140** | 140 | 73 | 4,7 | 6,9 | 7 | 16,4 | **12,9** | 541 | **77,3** | 5,74 | 44,9 | 12,3 | **1,65** | 44,2 | 12,3 | 40 | 11 | 112 | 6,9 | 2,63 | 1 981 | 551 | **140** |
| **160** | 160 | 82 | 5,0 | 7,4 | 9 | 20,1 | **15,8** | 869 | **109** | 6,58 | 68,3 | 16,7 | **1,84** | 61,9 | 14,0 | 44 | 13 | 127 | 7,4 | 3,64 | 3 959 | 623 | **160** |
| **180** | 180 | 91 | 5,3 | 8,0 | 9 | 23,9 | **18,8** | 1 320 | **146** | 7,42 | 101 | 22,2 | **2,05** | 83,2 | 15,8 | 48 | 13 | 146 | 8,0 | 5,06 | 7 431 | 698 | **180** |
| **200** | 200 | 100 | 5,6 | 8,5 | 12 | 28,5 | **22,4** | 1 940 | **194** | 8,26 | 142 | 28,5 | **2,24** | 110 | 17,6 | 52 | 13 | 159 | 8,5 | 6,67 | 12 990 | 768 | **200** |
| **220** | 220 | 110 | 5,9 | 9,2 | 12 | 33,4 | **26,2** | 2 770 | **252** | 9,11 | 205 | 37,3 | **2,48** | 143 | 19,4 | 58 | 17 | 178 | 9,2 | 9,15 | 22 670 | 848 | **220** |
| **240** | 240 | 120 | 6,2 | 9,8 | 15 | 39,1 | **30,7** | 3 890 | **324** | 9,97 | 284 | 47,3 | **2,69** | 183 | 21,2 | 65 | 17 | 190 | 9,8 | 12,0 | 37 390 | 922 | **240** |
| **270** | 270 | 135 | 6,6 | 10,2 | 15 | 45,9 | **36,1** | 5 790 | **429** | 11,2 | 420 | 62,2 | **3,02** | 242 | 23,9 | 72 | 21 | 220 | 10,2 | 15,4 | 70 580 | 1 040 | **270** |
| **300** | 300 | 150 | 7,1 | 10,7 | 15 | 53,8 | **42,2** | 8 360 | **557** | 12,5 | 604 | 80,5 | **3,35** | 314 | 26,6 | 80 | 23 | 249 | 10,7 | 20,1 | 125 900 | 1 160 | **300** |
| **330** | 330 | 160 | 7,5 | 11,5 | 18 | 62,6 | **49,1** | 11 770 | **713** | 13,7 | 788 | 98,5 | **3,55** | 402 | 29,3 | 85 | 25 | 271 | 11,5 | 26,5 | 199 100 | 1 250 | **330** |
| **360** | 360 | 170 | 8,0 | 12,7 | 18 | 72,7 | **57,1** | 16 270 | **904** | 15,0 | 1 040 | 123 | **3,79** | 510 | 31,9 | 90 | 25 | 299 | 12,7 | 37,3 | 313 600 | 1 350 | **360** |
| **400** | 400 | 180 | 8,6 | 13,5 | 21 | 84,5 | **66,3** | 23 130 | **1 160** | 16,5 | 1 320 | 146 | **3,95** | 654 | 35,4 | 95 | 28 | 331 | 13,5 | 48,3 | 490 000 | 1 470 | **400** |
| **450** | 450 | 190 | 9,4 | 14,6 | 21 | 98,8 | **77,6** | 33 740 | **1 500** | 18,5 | 1 680 | 176 | **4,12** | 851 | 39,7 | 100 | 28 | 379 | 14,6 | 65,9 | 791 000 | 1 610 | **450** |
| **500** | 500 | 200 | 10,2 | 16,0 | 21 | 116 | **90,7** | 48 200 | **1 930** | 20,4 | 2 140 | 214 | **4,31** | 1 100 | 43,9 | 110 | 28 | 426 | 16,0 | 91,8 | 1 249 000 | 1 740 | **500** |
| **550** | 550 | 210 | 11,1 | 17,2 | 24 | 134 | **106** | 67 120 | **2 440** | 22,3 | 2 670 | 254 | **4,45** | 1 390 | 48,2 | 115 | 28 | 468 | 17,2 | 122 | 1 884 000 | 1 880 | **550** |
| **600** | 600 | 220 | 12,0 | 19,0 | 24 | 156 | **122** | 92 080 | **3 070** | 24,3 | 3 390 | 308 | **4,66** | 1 760 | 52,4 | 120 | 28 | 514 | 19,0 | 172 | 2 846 000 | 2 010 | **600** |

AL-3

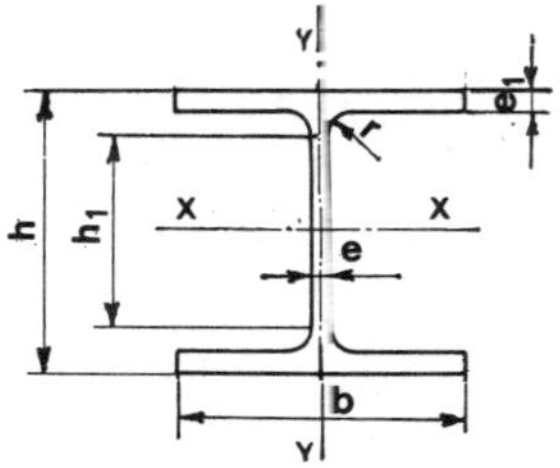


# DIMENSIONES, TÉRMINOS DE SECCIÓN Y VALORES ESTÁTICOS DE PERFILES HEB

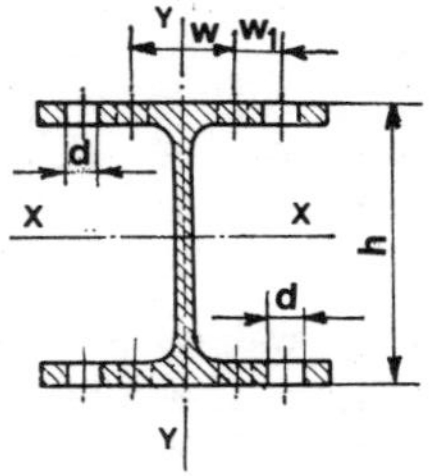


| HEB | Dimensiones en mm | | | | | Sección | Peso | Referido a los ejes | | | | | | $S_x$ | $s_x$ | Gramil y diámetro normal | | | $h_1$ | $e_1$ | $I_t$ | $I_A$ | U | HEB |
|---|---|---|---|---|---|---|---|---|---|---|---|---|---|---|---|---|---|---|---|---|---|---|---|---|
| | | | | | | | | X—X | | | Y—Y | | | | | | | | | | | | | |
| | h | b | e | $e_1$ | r | A $cm^2$ | p kg/m | $I_x$ $cm^4$ | $W_x$ $cm^3$ | $i_x$ cm | $I_y$ $cm^4$ | $W_y$ $cm^3$ | $i_y$ cm | $cm^3$ | cm | w mm | $w_1$ mm | d mm | mm | mm | $cm^4$ | $cm^6$ | mm | |
| **100** | 100 | 100 | 6 | 10 | 12 | 26,0 | **20,4** | 450 | **90** | 4,16 | 167 | 33 | **2,53** | 52,1 | 8,63 | 55 | — | 13 | 56 | 10 | 9,34 | 3 375 | 567 | **100** |
| **120** | 120 | 120 | 6,5 | 11 | 12 | 34,0 | **26,7** | 864 | **144** | 5,04 | 318 | 53 | **3,06** | 82,6 | 10,5 | 65 | — | 17 | 74 | 11 | 14,9 | 9 410 | 686 | **120** |
| **140** | 140 | 140 | 7 | 12 | 12 | 43,0 | **33,7** | 1 509 | **216** | 5,93 | 550 | 79 | **3,58** | 123 | 12,3 | 75 | — | 21 | 92 | 12 | 22,5 | 22 480 | 805 | **140** |
| **160** | 160 | 160 | 8 | 13 | 15 | 54,3 | **42,6** | 2 492 | **311** | 6,78 | 889 | 111 | **4,05** | 177 | 14,1 | 85 | — | 23 | 104 | 13 | 33,2 | 47 940 | 918 | **160** |
| **180** | 180 | 180 | 8,5 | 14 | 15 | 65,3 | **51,2** | 3 831 | **426** | 7,66 | 1 363 | 151 | **4,57** | 241 | 15,9 | 100 | — | 25 | 122 | 14 | 46,5 | 93 750 | 1 040 | **180** |
| **200** | 200 | 200 | 9 | 15 | 18 | 78,1 | **61,3** | 5 696 | **570** | 8,54 | 2 003 | 200 | **5,07** | 321 | 17,7 | 110 | — | 25 | 134 | 15 | 63,4 | 171 100 | 1 150 | **200** |
| **220** | 220 | 220 | 9,5 | 16 | 18 | 91,0 | **71,5** | 8 091 | **736** | 9,43 | 2 843 | 258 | **5,59** | 414 | 19,6 | 120 | — | 25 | 152 | 16 | 84,4 | 295 400 | 1 270 | **220** |
| **240** | 240 | 240 | 10 | 17 | 21 | 106,0 | **83,2** | 11 259 | **938** | 10,3 | 3 923 | 327 | **6,08** | 527 | 21,4 | 90 | 35 | 25 | 164 | 17 | 110 | 486 900 | 1 380 | **240** |
| **260** | 260 | 260 | 10 | 17,5 | 24 | 118,4 | **93,0** | 14 919 | **1 150** | 11,2 | 5 135 | 395 | **6,58** | 641 | 23,3 | 100 | 40 | 25 | 177 | 17,5 | 130 | 753 700 | 1 500 | **260** |
| **280** | 280 | 280 | 10,5 | 18 | 24 | 131,4 | **103** | 19 270 | **1 380** | 12,1 | 6 595 | 471 | **7,09** | 767 | 25,1 | 110 | 45 | 25 | 196 | 18 | 153 | 1 130 000 | 1 620 | **280** |
| **300** | 300 | 300 | 11 | 19 | 27 | 149,1 | **117** | 25 166 | **1 680** | 13,0 | 8 563 | 571 | **7,58** | 934 | 26,9 | 120 | 50 | 25 | 208 | 19 | 192 | 1 688 000 | 1 730 | **300** |
| **320** | 320 | 300 | 11,5 | 20,5 | 27 | 161,3 | **127** | 30 823 | **1 930** | 13,8 | 9 239 | 616 | **7,57** | 1 070 | 28,7 | 120 | 50 | 25 | 225 | 20,5 | 241 | 2 069 000 | 1 770 | **320** |
| **340** | 340 | 300 | 12 | 21,5 | 27 | 170,9 | **134** | 36 656 | **2 160** | 14,6 | 9 690 | 646 | **7,53** | 1 200 | 30,4 | 120 | 50 | 25 | 243 | 21,5 | 278 | 2 454 000 | 1 810 | **340** |
| **360** | 360 | 300 | 12,5 | 22,5 | 27 | 180,6 | **142** | 43 193 | **2 400** | 15,5 | 10 140 | 676 | **7,49** | 1 340 | 32,2 | 120 | 50 | 25 | 261 | 22,5 | 320 | 2 883 000 | 1 850 | **360** |
| **400** | 400 | 300 | 13,5 | 24 | 27 | 197,8 | **155** | 57 680 | **2 880** | 17,1 | 10 819 | 721 | **7,40** | 1 620 | 35,7 | 120 | 50 | 25 | 298 | 24 | 394 | 3 817 000 | 1 930 | **400** |
| **450** | 450 | 300 | 14 | 26 | 27 | 218,0 | **171** | 79 887 | **3 550** | 19,1 | 11 721 | 781 | **7,33** | 1 990 | 40,1 | 120 | 50 | 25 | 344 | 26 | 500 | 5 258 000 | 2 030 | **450** |
| **500** | 500 | 300 | 14,5 | 28 | 27 | 238,6 | **187** | 107 176 | **4 290** | 21,2 | 12 624 | 842 | **7,27** | 2 410 | 44,5 | 120 | 45 | 28 | 390 | 28 | 625 | 7 018 000 | 2 120 | **500** |
| **550** | 550 | 300 | 15 | 29 | 27 | 254,1 | **199** | 136 691 | **4 970** | 23,2 | 13 077 | 872 | **7,17** | 2 800 | 48,9 | 120 | 45 | 28 | 438 | 29 | 701 | 8 856 000 | 2 220 | **550** |
| **600** | 600 | 300 | 15,5 | 30 | 27 | 270,0 | **212** | 171 041 | **5 700** | 25,2 | 13 530 | 902 | **7,08** | 3 210 | 53,2 | 120 | 45 | 28 | 486 | 30 | 783 | 10 965 000 | 2 320 | **600** |

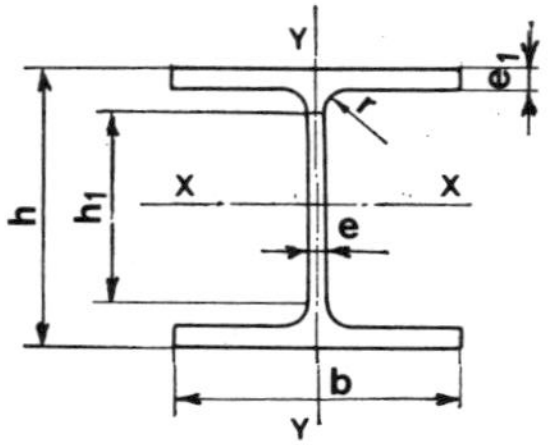


# DIMENSIONES, TÉRMINOS DE SECCIÓN Y VALORES ESTÁTICOS DE PERFILES HEA

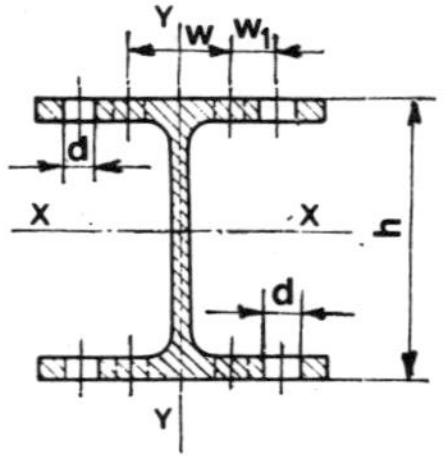


| HEA | Dimensiones en mm | | | | | Sección | Peso | Referido a los ejes | | | | | | $S_x$ | $s_x$ | Gramil y diámetro normal | | | $h_1$ | $e_1$ | $I_t$ | $I_A$ | U | HEA |
|---|---|---|---|---|---|---|---|---|---|---|---|---|---|---|---|---|---|---|---|---|---|---|---|---|
| | | | | | | | | X—X | | | Y—Y | | | | | | | | | | | | | |
| | h | b | e | $e_1$ | r | A cm² | p kg/m | $I_x$ cm⁴ | $W_x$ cm³ | $i_x$ cm | $I_y$ cm⁴ | $W_y$ cm³ | $i_y$ cm | cm³ | cm | w mm | $w_1$ mm | d mm | mm | mm | cm⁴ | cm⁶ | mm | |
| 100 | 96 | 100 | 5 | 8 | 12 | 21,2 | 16,7 | 349 | 73 | 4,06 | 134 | 27 | 2,51 | 41,5 | 8,40 | 55 | — | 13 | 56 | 8 | 4,83 | 2 581 | 561 | 100 |
| 120 | 114 | 120 | 5 | 8 | 12 | 25,3 | 19,9 | 606 | 106 | 4,89 | 231 | 38 | 3,02 | 59,7 | 10,1 | 65 | — | 17 | 74 | 8 | 5,81 | 6 472 | 677 | 120 |
| 140 | 133 | 140 | 5,5 | 8,5 | 12 | 31,4 | 24,7 | 1 033 | 155 | 5,73 | 389 | 56 | 3,52 | 86,7 | 11,9 | 75 | — | 21 | 92 | 8,5 | 8,22 | 15 060 | 794 | 140 |
| 160 | 152 | 160 | 6 | 9 | 15 | 38,8 | 30,4 | 1 673 | 220 | 6,57 | 616 | 77 | 3,98 | 123 | 13,6 | 85 | — | 23 | 104 | 9 | 11,3 | 31 410 | 906 | 160 |
| 180 | 171 | 180 | 6 | 9,5 | 15 | 45,3 | 35,5 | 2 510 | 294 | 7,45 | 925 | 103 | 4,52 | 162 | 15,5 | 100 | — | 25 | 122 | 9,5 | 14,7 | 60 210 | 1 020 | 180 |
| 200 | 190 | 200 | 6,5 | 10 | 18 | 53,8 | 42,3 | 3 692 | 389 | 8,28 | 1 336 | 134 | 4,98 | 215 | 17,2 | 110 | — | 25 | 134 | 10 | 19,2 | 108 000 | 1 140 | 200 |
| 220 | 210 | 220 | 7 | 11 | 18 | 64,3 | 50,5 | 5 410 | 515 | 9,17 | 1 955 | 178 | 5,51 | 284 | 19,0 | 120 | — | 25 | 152 | 11 | 28,0 | 193 300 | 1 260 | 220 |
| 240 | 230 | 240 | 7,5 | 12 | 21 | 76,8 | 60,3 | 7 763 | 675 | 10,1 | 2 769 | 231 | 6,00 | 372 | 20,9 | 90 | 35 | 25 | 164 | 12 | 39,4 | 328 500 | 1 370 | 240 |
| 260 | 250 | 260 | 7,5 | 12,5 | 24 | 86,8 | 68,2 | 10 455 | 836 | 11,0 | 3 668 | 282 | 6,50 | 460 | 22,7 | 100 | 40 | 25 | 177 | 12,5 | 47,8 | 516 400 | 1 480 | 260 |
| 280 | 270 | 280 | 8 | 13 | 24 | 97,3 | 76,4 | 13 673 | 1 010 | 11,9 | 4 763 | 340 | 7,00 | 556 | 24,6 | 110 | 45 | 25 | 196 | 13 | 58,3 | 785 400 | 1 600 | 280 |
| 300 | 290 | 300 | 8,5 | 14 | 27 | 112,5 | 88,3 | 18 263 | 1 260 | 12,7 | 6 310 | 421 | 7,49 | 692 | 26,4 | 120 | 50 | 25 | 208 | 14 | 77,7 | 1 200 000 | 1 720 | 300 |
| 320 | 310 | 300 | 9 | 15,5 | 27 | 124,4 | 97,6 | 22 928 | 1 480 | 13,6 | 6 985 | 466 | 7,49 | 814 | 28,2 | 120 | 50 | 25 | 225 | 15,5 | 105 | 1 512 000 | 1 760 | 320 |
| 340 | 330 | 300 | 9,5 | 16,5 | 27 | 133,5 | 105 | 27 693 | 1 680 | 14,4 | 7 436 | 496 | 7,46 | 925 | 29,9 | 120 | 50 | 25 | 243 | 16,5 | 127 | 1 824 000 | 1 790 | 340 |
| 360 | 350 | 300 | 10 | 17,5 | 27 | 142,8 | 112 | 33 090 | 1 890 | 15,2 | 7 887 | 526 | 7,43 | 1 040 | 31,7 | 120 | 50 | 25 | 261 | 17,5 | 152 | 2 177 000 | 1 830 | 360 |
| 400 | 390 | 300 | 11 | 19 | 27 | 159,0 | 125 | 45 069 | 2 310 | 16,8 | 8 564 | 571 | 7,34 | 1 280 | 35,2 | 120 | 50 | 25 | 298 | 19 | 197 | 2 942 000 | 1 910 | 400 |
| 450 | 440 | 300 | 11,5 | 21 | 27 | 178,0 | 140 | 63 722 | 2 900 | 18,9 | 9 465 | 631 | 7,29 | 1 610 | 39,6 | 120 | 50 | 25 | 344 | 21 | 265 | 4 148 000 | 2 010 | 450 |
| 500 | 490 | 300 | 12 | 23 | 27 | 197,5 | 155 | 86 975 | 3 550 | 21,0 | 10 367 | 691 | 7,24 | 1 970 | 44,1 | 120 | 45 | 28 | 390 | 23 | 347 | 5 643 000 | 2 110 | 500 |
| 550 | 540 | 300 | 12,5 | 24 | 27 | 211,8 | 166 | 111 932 | 4 150 | 23,0 | 10 819 | 721 | 7,15 | 2 310 | 48,4 | 120 | 45 | 28 | 438 | 24 | 398 | 7 189 000 | 2 210 | 550 |
| 600 | 590 | 300 | 13 | 25 | 27 | 226,5 | 178 | 141 208 | 4 790 | 25,0 | 11 271 | 751 | 7,05 | 2 680 | 52,8 | 120 | 45 | 28 | 486 | 25 | 454 | 8 978 000 | 2 310 | 600 |

AL-5

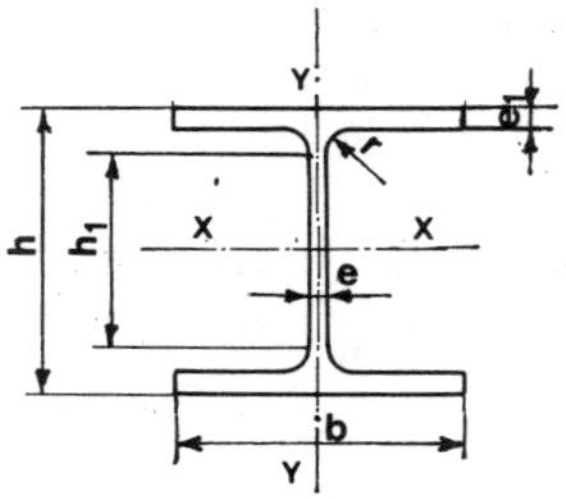


# DIMENSIONES, TÉRMINOS DE SECCIÓN Y VALORES ESTÁTICOS DE PERFILES HEM

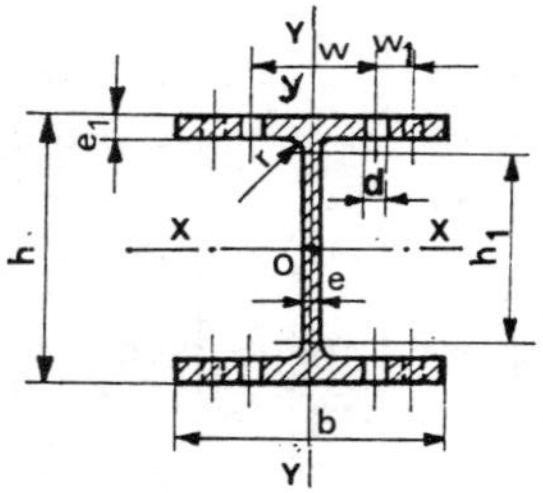


| HEM | Dimensiones en mm | | | | | Sección | Peso | Referido a los ejes | | | | | | $S_x$ | $s_x$ | Gramil y diámetro normal | | | $h_1$ | $e_1$ | $I_t$ | $I_A$ | U | HEM |
|---|---|---|---|---|---|---|---|---|---|---|---|---|---|---|---|---|---|---|---|---|---|---|---|---|
| | | | | | | | | X — X | | | Y — Y | | | | | | | | | | | | | |
| | h | b | e | $e_1$ | r | A $cm^2$ | P kg/m | $I_x$ $cm^4$ | $W_x$ $cm^3$ | $i_x$ cm | $I_y$ $cm^4$ | $W_y$ $cm^3$ | $i_y$ cm | $cm^3$ | cm | w mm | $w_1$ mm | d mm | mm | mm | $cm^4$ | $cm^6$ | mm | |
| **100** | 120 | 106 | 12 | 20 | 12 | 53,2 | **41,8** | 1 143 | **190** | 4,63 | 399 | 75 | **2,74** | 118 | 9,69 | 55 | — | 13 | 56 | 20 | 78,9 | 9 925 | 619 | **100** |
| **120** | 140 | 126 | 12,5 | 21 | 12 | 66,4 | **52,1** | 2 018 | **288** | 5,51 | 703 | 112 | **3,25** | 175 | 11,5 | 65 | — | 17 | 74 | 21 | 109 | 24 790 | 738 | **120** |
| **140** | 160 | 146 | 13 | 23 | 12 | 80,6 | **63,2** | 3 291 | **411** | 6,39 | 1 144 | 157 | **3,77** | 247 | 13,3 | 75 | — | 21 | 92 | 22 | 145 | 54 330 | 835 | **140** |
| **160** | 180 | 166 | 14 | 23 | 15 | 97,1 | **76,2** | 5 098 | **566** | 7,25 | 1 759 | 212 | **4,26** | 337 | 15,1 | 85 | — | 23 | 104 | 23 | 190 | 108 100 | 970 | **160** |
| **180** | 200 | 186 | 14,5 | 24 | 15 | 113,3 | **88,9** | 7 483 | **748** | 8,13 | 2 580 | 277 | **4,77** | 442 | 16,9 | 95 | — | 25 | 122 | 24 | 241 | 199 300 | 1 090 | **180** |
| **200** | 220 | 206 | 15 | 25 | 18 | 131,3 | **103** | 10 620 | **967** | 9,00 | 3 651 | 354 | **5,27** | 568 | 18,7 | 105 | — | 25 | 134 | 25 | 301 | 346 300 | 1 200 | **200** |
| **220** | 240 | 226 | 15,5 | 26 | 18 | 149,4 | **117** | 14 605 | **1 220** | 9,89 | 5 012 | 444 | **5,79** | 710 | 20,6 | 115 | — | 25 | 152 | 26 | 372 | 572 700 | 1 320 | **220** |
| **240** | 270 | 248 | 18 | 32 | 21 | 199,6 | **157** | 24 289 | **1 800** | 11,0 | 8 153 | 657 | **6,39** | 1 060 | 22,9 | 90 | 35 | 25 | 164 | 32 | 751 | 1 152 000 | 1 460 | **240** |
| **260** | 290 | 268 | 18 | 32,5 | 24 | 219,6 | **172** | 31 307 | **2 160** | 11,9 | 10 449 | 780 | **6,90** | 1 260 | 24,8 | 100 | 40 | 25 | 177 | 32,5 | 848 | 1 728 000 | 1 570 | **260** |
| **280** | 310 | 288 | 18,5 | 33 | 24 | 240,2 | **189** | 39 547 | **2 550** | 12,8 | 13 163 | 914 | **7,40** | 1 480 | 26,7 | 110 | 45 | 25 | 196 | 33 | 957 | 2 520 000 | 1 690 | **280** |
| **300 C** | 320 | 305 | 16 | 29 | 27 | 225,1 | **177** | 40 951 | **2 560** | 13,5 | 13 736 | 901 | **7,81** | 1 460 | 28,0 | 120 | 50 | 25 | 208 | 29 | 686 | 2 903 000 | 1 780 | **300 C** |
| **300** | 340 | 310 | 21 | 39 | 27 | 303,1 | **238** | 59 201 | **3 480** | 14,0 | 19 403 | 1 252 | **8,00** | 2 040 | 29,0 | 120 | 50 | 25 | 208 | 39 | 1 690 | 4 386 000 | 1 830 | **300** |
| **320** | 359 | 309 | 21 | 40 | 27 | 312,0 | **245** | 68 135 | **3 800** | 14,8 | 19 709 | 1 280 | **7,95** | 2 220 | 30,7 | 120 | 50 | 25 | 225 | 40 | 1 810 | 5 004 000 | 1 870 | **320** |
| **340** | 377 | 309 | 21 | 40 | 27 | 315,8 | **248** | 76 372 | **4 050** | 15,6 | 19 711 | 1 280 | **7,90** | 2 360 | 32,4 | 120 | 50 | 25 | 243 | 40 | 1 820 | 5 585 000 | 1 900 | **340** |
| **360** | 395 | 308 | 21 | 40 | 27 | 318,8 | **250** | 84 867 | **4 300** | 16,3 | 19 522 | 1 270 | **7,83** | 2 490 | 34,0 | 120 | 50 | 25 | 261 | 40 | 1 820 | 6 137 000 | 1 930 | **360** |
| **400** | 432 | 307 | 21 | 40 | 27 | 325,8 | **256** | 104 119 | **4 820** | 17,9 | 19 335 | 1 260 | **7,70** | 2 790 | 37,4 | 120 | 50 | 25 | 298 | 40 | 1 830 | 7 410 000 | 2 000 | **400** |
| **450** | 478 | 307 | 21 | 40 | 27 | 335,4 | **263** | 131 484 | **5 500** | 19,8 | 19 339 | 1 260 | **7,59** | 3 170 | 41,5 | 120 | 50 | 25 | 344 | 40 | 1 850 | 9 252 000 | 2 100 | **450** |
| **500** | 524 | 306 | 21 | 40 | 27 | 344,3 | **270** | 161 929 | **6 180** | 21,7 | 19 155 | 1 250 | **7,46** | 3 550 | 45,7 | 120 | 50 | 28 | 390 | 40 | 1 860 | 11 187 000 | 2 180 | **500** |
| **550** | 572 | 306 | 21 | 40 | 27 | 354,4 | **278** | 197 984 | **6 920** | 23,6 | 19 158 | 1 250 | **7,35** | 3 970 | 49,9 | 120 | 50 | 28 | 438 | 40 | 1 880 | 13 516 000 | 2 280 | **550** |
| **600** | 620 | 305 | 21 | 40 | 27 | 363,7 | **285** | 237 447 | **7 660** | 25,6 | 18 975 | 1 240 | **7,22** | 4 390 | 54,1 | 120 | 50 | 28 | 486 | 40 | 1 890 | 15 908 000 | 2 370 | **600** |

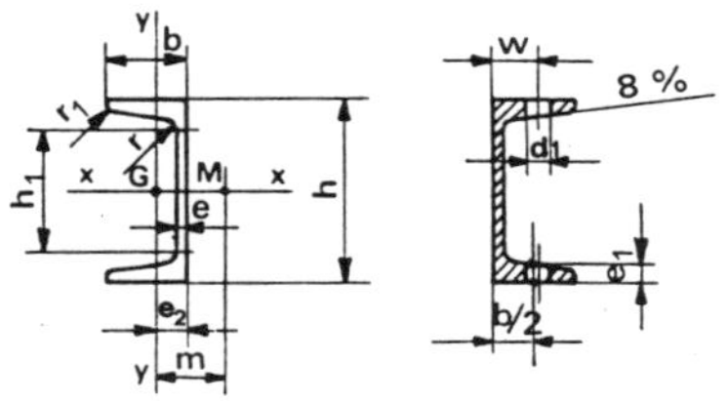


# DIMENSIONES, TÉRMINOS DE SECCIÓN Y VALORES ESTÁTICOS DE PERFILES UPN

| ⊏ | Dimensiones en mm | | | | | Sección | Peso | Referido al eje | | | | | | $S_x$ | $s_x$ | Posición del eje y — y | Gramil y diámetro normal | | $h_1$ | Espesores en el ala | | $I_t$ | Distancia al centro de esfuerzos cortantes | U | ⊏ |
|---|---|---|---|---|---|---|---|---|---|---|---|---|---|---|---|---|---|---|---|---|---|---|---|---|---|
| | | | | | | | | X — X | | | Y — Y | | | | | | | | | | | | | | |
| | h | b | e | $e_1 = r$ | $r_1$ | A cm² | P kg/m | $I_x$ cm⁴ | $W_x$ cm³ | $i_x$ cm | $I_y$ cm⁴ | $W_y$ cm³ | $i_y$ cm | cm³ | cm | $e_2$ cm | w mm | $d_1$ mm | mm | $t_1$ mm | $t_2$ mm | cm⁴ | $x_m$ cm | mm | |
| **80** | 80 | 45 | 6 | 8 | 4 | 11,0 | **8,64** | 106 | **26,5** | 3,10 | 19,4 | 6,36 | **1,33** | 15,9 | 6,65 | 1,45 | 25 | 13 | 46 | 6,20 | 9,80 | 2,24 | 2,67 | 312 | **80** |
| **100** | 100 | 50 | 6 | 8,5 | 4,5 | 13,5 | **10,6** | 206 | **41,2** | 3,91 | 29,3 | 8,49 | **1,47** | 24,5 | 8,42 | 1,55 | 30 | 13 | 64 | 6,50 | 10,5 | 2,96 | 2,93 | 372 | **100** |
| **120** | 120 | 55 | 7 | 9 | 4,5 | 17,0 | **13,4** | 364 | **60,7** | 4,62 | 43,2 | 11,1 | **1,59** | 36,3 | 10,0 | 1,60 | 30 | 17 | 82 | 6,80 | 11,2 | 4,30 | 3,03 | 434 | **120** |
| **140** | 140 | 60 | 7 | 10 | 5 | 20,4 | **16,0** | 605 | **86,4** | 5,45 | 62,7 | 14,8 | **1,75** | 51,4 | 11,8 | 1,75 | 35 | 17 | 98 | 7,60 | 12,4 | 6,02 | 3,37 | 489 | **140** |
| **160** | 160 | 65 | 7,5 | 10,5 | 5,5 | 24,0 | **18,8** | 925 | **116** | 6,21 | 85,3 | 18,3 | **1,89** | 68,8 | 13,3 | 1,84 | 35 | 21 | 115 | 7,90 | 13,1 | 7,81 | 3,56 | 546 | **160** |
| **180** | 180 | 70 | 8 | 11 | 5,5 | 28,0 | **22,0** | 1 350 | **150** | 6,95 | 114 | 22,4 | **2,02** | 89,6 | 15,1 | 1,92 | 40 | 21 | 133 | 8,20 | 13,8 | 9,98 | 3,75 | 611 | **180** |
| **200** | 200 | 75 | 8,5 | 11,5 | 6 | 32,2 | **25,3** | 1 910 | **191** | 7,70 | 148 | 27,0 | **2,14** | 114 | 16,8 | 2,01 | 40 | 23 | 151 | 8,50 | 14,5 | 12,6 | 3,94 | 661 | **200** |
| **220** | 220 | 80 | 9 | 12,5 | 6,5 | 37,4 | **29,4** | 2 690 | **245** | 8,48 | 197 | 33,6 | **2,30** | 146 | 18,5 | 2,14 | 45 | 23 | 167 | 9,30 | 15,7 | 17,0 | 4,20 | 718 | **220** |
| **240** | 240 | 85 | 9,5 | 13 | 6,5 | 42,3 | **33,2** | 3 600 | **300** | 9,22 | 248 | 39,6 | **2,42** | 179 | 20,1 | 2,23 | 45 | 25 | 184 | 9,60 | 16,4 | 20,8 | 4,39 | 775 | **240** |
| **260** | 260 | 90 | 10 | 14 | 7 | 48,3 | **37,9** | 4 820 | **371** | 9,99 | 317 | 47,7 | **2,56** | 221 | 21,8 | 2,36 | 50 | 25 | 200 | 10,4 | 17,6 | 23,7 | 4,66 | 834 | **260** |
| **280** | 280 | 95 | 10 | 15 | 7,5 | 53,3 | **41,8** | 6 280 | **448** | 10,9 | 399 | 57,2 | **2,74** | 266 | 23,6 | 2,53 | 50 | 25 | 216 | 11,2 | 18,8 | 33,2 | 5,02 | 890 | **280** |
| **300** | 300 | 100 | 10 | 16 | 8 | 58,8 | **46,2** | 8 030 | **535** | 11,7 | 495 | 67,8 | **2,90** | 316 | 25,4 | 2,70 | 55 | 25 | 232 | 12,0 | 20,0 | 40,6 | 5,41 | 950 | **300** |
| **320** | 320 | 100 | 14 | 17,5 | 8,75 | 75,8 | **59,5** | 10 870 | **679** | 12,1 | 597 | 80,6 | **2,81** | 413 | 26,3 | 2,60 | 55 | 25 | 246 | 15,4 | 20,4 | 69,2 | 4,82 | 982 | **320** |
| **350** | 350 | 100 | 14 | 16 | 8 | 77,3 | **60,6** | 12 840 | **734** | 12,9 | 570 | 75,0 | **2,72** | 459 | 28,6 | 2,40 | 55 | 25 | 282 | 13,9 | 18,9 | 63,2 | 4,45 | 1 050 | **350** |
| **380** | 380 | 102 | 13,5 | 16 | 8 | 80,4 | **63,1** | 15 760 | **829** | 14,0 | 615 | 78,7 | **2,77** | 507 | 31,1 | 2,38 | 60 | 25 | 312 | 14,5 | 18,0 | 62,1 | 4,58 | 1 110 | **380** |
| **400** | 400 | 110 | 14 | 18 | 9 | 91,5 | **71,8** | 20 350 | **1 020** | 14,9 | 846 | 102 | **3,04** | 618 | 32,9 | 2,65 | 60 | 25 | 324 | 15,6 | 21,1 | 85,2 | 5,11 | 1 180 | **400** |

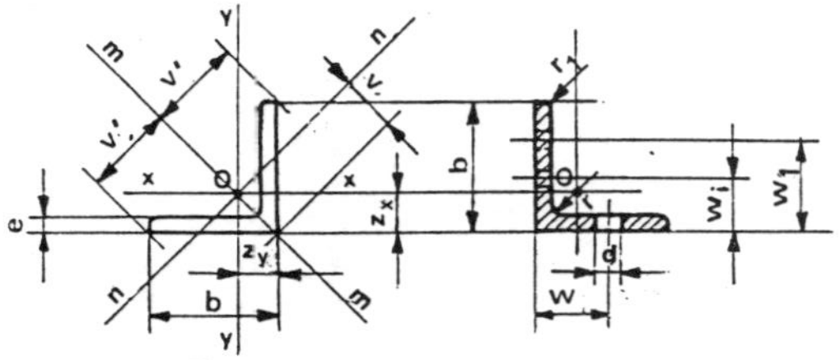


# DIMENSIONES, TÉRMINOS DE SECCIÓN Y VALORES ESTÁTICOS DE ANGULARES DE LADOS IGUALES

| L b·e | r | $r_1$ | Sección A | Peso p | Distancias a fibras extremas | | | Referido al eje | | | | | | | | Gramil y diámetro normal | | | $a_1$ | $I_{xy}$ | U | L b·e |
|---|---|---|---|---|---|---|---|---|---|---|---|---|---|---|---|---|---|---|---|---|---|---|
| | | | | | | | | X — X = Y — Y | | | m — m | | n — n | | | | | | | | | |
| mm | mm | mm | cm² | kg/m | $z_x = z_y$ cm | v' cm | v cm | $I_x = I_y$ cm⁴ | $W_x = W_y$ cm³ | $i_x = i_y$ cm | $I_m$ cm⁴ | $i_m$ cm | $I_n$ cm⁴ | $W_n$ cm³ | $i_n$ cm | w mm | $w_1$ mm | d mm | mm | cm⁴ | mm | mm |
| **25-3** | 3,5 | 2 | 1,42 | **1,11** | 0,73 | 1,77 | 1,02 | 0,80 | 0,45 | 0,75 | 1,26 | 0,94 | 0,33 | 0,32 | 0,48 | — | — | — | 16 | 0,48 | 97 | **25-3** |
| **30-3** | 5 | 2,5 | 1,74 | **1,36** | 0,84 | 2,12 | 1,18 | 1,40 | 0,65 | 0,90 | 2,23 | 1,13 | 0,58 | 0,49 | 0,58 | 17 | — | 8,5 | 19 | 0,84 | 116 | **30-3** |
| **30-5** | 5 | 2,5 | 2,78 | **2,18** | 0,92 | 2,12 | 1,30 | 2,16 | 1,04 | 0,88 | 3,41 | 1,11 | 0,92 | 0,70 | 0,57 | 17 | — | 8,5 | 17 | 1,25 | 116 | **30-5** |
| **35-4** | 5 | 2,5 | 2,67 | **2,09** | 1,00 | 2,47 | 1,42 | 2,95 | 1,18 | 1,05 | 4,68 | 1,33 | 1,23 | 0,86 | 0,68 | 20 | — | 11 | 23 | 1,72 | 136 | **35-4** |
| **35-6** | 5 | 2,5 | 3,87 | **3,04** | 1,08 | 2,47 | 1,53 | 4,14 | 1,71 | 1,04 | 6,50 | 1,30 | 1,77 | 1,16 | 0,68 | 20 | — | 11 | 21 | 2,37 | 136 | **35-6** |
| **40-4** | 6 | 3 | 3,08 | **2,42** | 1,12 | 2,83 | 1,58 | 4,47 | 1,55 | 1,21 | 7,09 | 1,52 | 1,85 | 1,17 | 0,78 | 22 | — | 11 | 27 | 2,62 | 155 | **40-4** |
| **40-6** | 6 | 3 | 4,48 | **3,52** | 1,20 | 2,83 | 1,70 | 6,31 | 2,26 | 1,19 | 9,98 | 1,49 | 2,65 | 1,56 | 0,77 | 22 | — | 11 | 25 | 3,66 | 155 | **40-6** |
| **45-5** | 7 | 3,5 | 4,30 | **3,38** | 1,28 | 3,18 | 1,81 | 7,84 | 2,43 | 1,35 | 12,4 | 1,70 | 3,25 | 1,80 | 0,87 | 25 | — | 11 | 29 | 4,58 | 174 | **45-5** |
| **45-7** | 7 | 3,5 | 5,86 | **4,60** | 1,36 | 3,18 | 1,92 | 10,4 | 3,31 | 1,33 | 16,4 | 1,67 | 4,39 | 2,29 | 0,87 | 25 | — | 11 | 27 | 6,01 | 174 | **45-7** |
| **50-5** | 7 | 3,5 | 4,80 | **3,77** | 1,40 | 3,54 | 1,99 | 11,0 | 3,05 | 1,51 | 17,4 | 1,90 | 4,54 | 2,29 | 0,97 | 30 | — | 13 | 34 | 6,41 | 194 | **50-5** |
| **50-7** | 7 | 3,5 | 6,56 | **5,15** | 1,49 | 3,54 | 2,10 | 14,6 | 4,15 | 1,49 | 23,1 | 1,88 | 6,10 | 2,91 | 0,96 | 30 | — | 13 | 32 | 8,58 | 194 | **50-7** |
| **55-6** | 8 | 4 | 6,31 | **4,95** | 1,56 | 3,89 | 2,21 | 17,3 | 4,40 | 1,66 | 27,4 | 2,08 | 7,24 | 3,28 | 1,07 | 30 | — | 17 | 37 | 10,1 | 213 | **55-6** |
| **55-8** | 8 | 4 | 8,23 | **6,46** | 1,64 | 3,89 | 2,32 | 22,1 | 5,72 | 1,64 | 34,8 | 2,06 | 9,35 | 4,03 | 1,07 | 30 | — | 17 | 35 | 12,7 | 213 | **55-8** |
| **55-10** | 8 | 4 | 10,1 | **7,90** | 1,72 | 3,89 | 2,43 | 26,3 | 6,97 | 1,62 | 41,4 | 2,02 | 11,3 | 4,65 | 1,06 | 30 | — | 17 | 33 | 15,0 | 213 | **55-10** |
| **60-6** | 8 | 4 | 6,91 | **5,42** | 1,69 | 4,24 | 2,39 | 22,8 | 5,29 | 1,82 | 36,2 | 2,29 | 9,43 | 3,95 | 1,17 | 35 | — | 17 | 42 | 13,4 | 223 | **60-6** |
| **60-8** | 8 | 4 | 9,03 | **7,09** | 1,77 | 4,24 | 2,50 | 29,2 | 6,89 | 1,80 | 46,2 | 2,26 | 12,1 | 4,86 | 1,16 | 35 | — | 17 | 40 | 17,0 | 223 | **60-8** |
| **60-10** | 8 | 4 | 11,1 | **8,69** | 1,85 | 4,24 | 2,61 | 34,9 | 8,41 | 1,78 | 55,1 | 2,23 | 14,8 | 5,67 | 1,16 | 35 | — | 17 | 38 | 20,3 | 223 | **60-10** |
| **65-7** | 9 | 4,5 | 8,70 | **6,83** | 1,85 | 4,60 | 2,62 | 33,4 | 7,18 | 1,96 | 53,0 | 2,47 | 13,8 | 5,27 | 1,26 | 35 | — | 17 | 44 | 19,6 | 252 | **65-7** |
| **65-9** | 9 | 4,5 | 11,0 | **8,62** | 1,93 | 4,60 | 2,73 | 41,3 | 9,04 | 1,94 | 65,4 | 2,44 | 17,2 | 6,30 | 1,25 | 35 | — | 21 | 42 | 24,1 | 252 | **65-9** |
| **65-11** | 9 | 4,5 | 13,2 | **10,3** | 2,00 | 4,60 | 2,83 | 48,8 | 10,8 | 1,91 | 76,8 | 2,42 | 20,7 | 7,31 | 1,25 | 35 | — | 21 | 40 | 28,1 | 252 | **65-11** |
| **70-7** | 9 | 4,5 | 9,40 | **7,38** | 1,97 | 4,95 | 2,79 | 42,3 | 8,41 | 2,12 | 67,1 | 2,67 | 17,5 | 6,27 | 1,36 | 40 | — | 17 | 49 | 24,8 | 272 | **70-7** |
| **70-9** | 9 | 4,5 | 11,9 | **9,34** | 2,05 | 4,95 | 2,90 | 52,6 | 10,6 | 2,10 | 83,1 | 2,64 | 22,0 | 7,59 | 1,36 | 40 | — | 21 | 47 | 30,6 | 272 | **70-9** |
| **70-11** | 9 | 4,5 | 14,3 | **11,2** | 2,13 | 4,95 | 3,01 | 61,8 | 12,7 | 2,08 | 97,6 | 2,61 | 26,0 | 8,64 | 1,35 | 40 | — | 21 | 45 | 35,8 | 272 | **70-11** |
| **75-8** | 10 | 5 | 11,5 | **9,03** | 2,13 | 5,30 | 3,01 | 58,9 | 11,0 | 2,26 | 93,3 | 2,85 | 24,4 | 8,11 | 1,46 | 40 | — | 21 | 52 | 34,5 | 291 | **75-8** |
| **75-10** | 10 | 5 | 14,1 | **11,1** | 2,21 | 5,30 | 3,12 | 71,4 | 13,5 | 2,25 | 113 | 2,83 | 29,8 | 9,55 | 1,45 | 40 | — | 21 | 50 | 41,6 | 291 | **75-10** |
| **80-8** | 10 | 5 | 12,3 | **9,63** | 2,26 | 5,66 | 3,19 | 72,2 | 12,6 | 2,43 | 115 | 3,06 | 29,8 | 9,36 | 1,55 | 45 | — | 21 | 57 | 42,7 | 311 | **80-8** |
| **80-10** | 10 | 5 | 15,1 | **11,9** | 2,34 | 5,66 | 3,30 | 87,5 | 15,4 | 2,41 | 139 | 3,03 | 36,3 | 11,0 | 1,55 | 45 | — | 21 | 55 | 51,6 | 311 | **80-10** |
| **80-12** | 10 | 5 | 17,9 | **14,0** | 2,41 | 5,66 | 3,41 | 102 | 18,2 | 2,39 | 161 | 3,00 | 42,7 | 12,5 | 1,55 | 45 | — | 21 | 53 | 59,0 | 311 | **80-12** |
| **90-9** | 11 | 5,5 | 15,5 | **12,2** | 2,54 | 6,36 | 3,59 | 116 | 18,0 | 2,74 | 184 | 3,45 | 47,8 | 13,3 | 1,76 | 50 | — | 21 | 64 | 68,2 | 351 | **90-9** |
| **90-11** | 11 | 5,5 | 18,7 | **14,7** | 2,62 | 6,36 | 3,70 | 138 | 21,6 | 2,72 | 218 | 3,41 | 57,1 | 15,4 | 1,75 | 50 | — | 21 | 62 | 80,9 | 351 | **90-11** |
| **90-13** | 11 | 5,5 | 21,8 | **17,1** | 2,70 | 6,36 | 3,81 | 158 | 25,1 | 2,69 | 250 | 3,39 | 65,9 | 17,3 | 1,74 | 50 | — | 25 | 60 | 92,1 | 351 | **90-13** |
| **100-10** | 12 | 6 | 19,2 | **15,0** | 2,82 | 7,07 | 3,99 | 177 | 24,6 | 3,04 | 280 | 3,83 | 72,9 | 18,3 | 1,95 | 55 | — | 21 | 72 | 104 | 390 | **100-10** |

AL-7₂

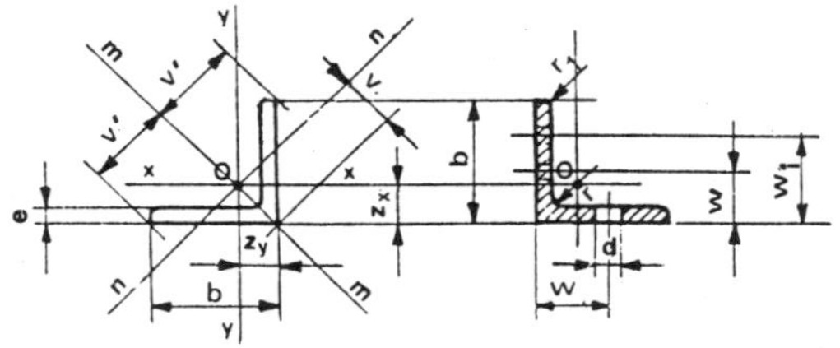

# DIMENSIONES, TÉRMINOS DE SECCIÓN Y VALORES ESTÁTICOS DE ANGULARES DE LADOS IGUALES

*(continuación)*

| L b · e | r | $r_1$ | Sección A | Peso P | Distancias a fibras extremas | | | Referido al eje | | | | | | | | Gramil y diámetro normal | | | $a_1$ | $I_{xy}$ | U | L b · e |
|---|---|---|---|---|---|---|---|---|---|---|---|---|---|---|---|---|---|---|---|---|---|---|
| | | | | | | | | X — X = Y — Y | | | m — m | | n — n | | | | | | | | | |
| mm | mm. | mm | cm² | kg/m | $z_x = z_y$ cm | v' cm | v cm | $I_x = I_y$ cm⁴ | $W_x = W_y$ cm³ | $i_x = i_y$ cm | $I_m$ cm⁴ | $i_m$ cm | $I_n$ cm⁴ | $W_n$ cm³ | $i_n$ cm | w mm | $w_1$ mm | d mm | mm | cm⁴ | mm | mm |
| **100·12** | 12 | 6 | 22,7 | **17,8** | 2,90 | 7,07 | 4,11 | 207 | 29,1 | 3,02 | 328 | 3,80 | 85,7 | 20,9 | 1,94 | 55 | — | 25 | 70 | 121 | 390 | **100·12** |
| **100·14** | 12 | 6 | 26,2 | **20,6** | 2,98 | 7,07 | 4,21 | 235 | 33,5 | 3,00 | 372 | 3,77 | 98,3 | 23,4 | 1,94 | 55 | — | 25 | 68 | 137 | 390 | **100·14** |
| **110·10** | 12 | 6 | 21,2 | **16,6** | 3,07 | 7,78 | 4,34 | 239 | 30,1 | 3,36 | 379 | 4,23 | 98,6 | 22,7 | 2,16 | 45 | 70 | 21 | 82 | 140 | 430 | **110·10** |
| **110·12** | 12 | 6 | 25,1 | **19,7** | 3,15 | 7,78 | 4,45 | 280 | 35,7 | 3,34 | 444 | 4,21 | 116 | 26,1 | 2,15 | 45 | 70 | 25 | 80 | 164 | 430 | **110·12** |
| **110·14** | 12 | 6 | 29,0 | **22,8** | 3,21 | 7,78 | 4,54 | 319 | 41,0 | 3,32 | 505 | 4,18 | 133 | 29,3 | 2,14 | 45 | 70 | 25 | 78 | 186 | 430 | **110·14** |
| **120·11** | 13 | 6,5 | 25,4 | **19,9** | 3,36 | 8,49 | 4,75 | 341 | 39,5 | 3,66 | 541 | 4,62 | 140 | 29,5 | 2,35 | 50 | 80 | 21 | 89 | 201 | 469 | **120·11** |
| **120·13** | 13 | 6,5 | 29,7 | **23,3** | 3,44 | 8,49 | 4,86 | 394 | 46,0 | 3,64 | 625 | 4,59 | 162 | 33,3 | 2,34 | 50 | 80 | 25 | 87 | 232 | 469 | **120·13** |
| **120·15** | 13 | 6,5 | 33,9 | **26,6** | 3,51 | 8,49 | 4,97 | 445 | 52,4 | 3,62 | 705 | 4,56 | 185 | 37,1 | 2,33 | 50 | 80 | 25 | 85 | 260 | 469 | **120·15** |
| **130·12** | 14 | 7 | 30,0 | **23,6** | 3,64 | 9,19 | 5,15 | 472 | 50,4 | 3,97 | 750 | 5,00 | 194 | 37,7 | 2,54 | 50 | 90 | 25 | 97 | 278 | 508 | **130·12** |
| **130·14** | 14 | 7 | 34,7 | **27,2** | 3,72 | 9,19 | 5,26 | 540 | 58,2 | 3,94 | 857 | 4,97 | 223 | 42,4 | 2,53 | 50 | 90 | 25 | 95 | 317 | 508 | **130·14** |
| **130·16** | 14 | 7 | 39,3 | **30,9** | 3,80 | 9,19 | 5,37 | 605 | 65,8 | 3,92 | 959 | 4,94 | 251 | 46,7 | 2,52 | 50 | 90 | 25 | 93 | 354 | 508 | **130·16** |
| **140·13** | 15 | 7,5 | 35,0 | **27,5** | 3,92 | 9,90 | 5,54 | 638 | 63,3 | 4,27 | 1 010 | 5,38 | 262 | 47,3 | 2,74 | 55 | 100 | 25 | 104 | 376 | 547 | **140·13** |
| **140·15** | 15 | 7,5 | 40,0 | **31,4** | 4,00 | 9,90 | 5,66 | 723 | 72,3 | 4,25 | 1 150 | 5,36 | 298 | 52,7 | 2,73 | 55 | 100 | 25 | 102 | 425 | 547 | **140·15** |
| **140·17** | 15 | 7,5 | 45,0 | **35,3** | 4,08 | 9,90 | 5,77 | 805 | 81,2 | 4,23 | 1 280 | 5,33 | 334 | 57,9 | 2,72 | 55 | 100 | 25 | 100 | 471 | 547 | **140·17** |
| **150·14** | 16 | 8 | 40,3 | **31,6** | 4,21 | 10,6 | 5,95 | 845 | 78,2 | 4,58 | 1 340 | 5,77 | 347 | 58,3 | 2,94 | 55 | 110 | 25 | 112 | 498 | 586 | **150·14** |
| **150·16** | 16 | 8 | 45,7 | **35,9** | 4,29 | 10,6 | 6,07 | 949 | 88,7 | 4,56 | 1 510 | 5,74 | 391 | 64,4 | 2,93 | 55 | 110 | 25 | 110 | 558 | 586 | **150·16** |
| **150·18** | 16 | 8 | 51,0 | **40,1** | 4,37 | 10,6 | 6,17 | 1 050 | 98,7 | 4,54 | 1 670 | 5,71 | 435 | 70,4 | 2,92 | 55 | 110 | 28 | 108 | 612 | 586 | **150·18** |
| **160·15** | 17 | 8,5 | 46,1 | **36,2** | 4,49 | 11,3 | 6,35 | 1 100 | 95,6 | 4,88 | 1 750 | 6,15 | 453 | 71,3 | 3,14 | 60 | 115 | 28 | 119 | 648 | 625 | **160·15** |
| **160·17** | 17 | 8,5 | 51,8 | **40,7** | 4,57 | 11,3 | 6,46 | 1 230 | 108 | 4,86 | 1 950 | 6,13 | 506 | 78,3 | 3,13 | 60 | 115 | 28 | 117 | 722 | 625 | **160·17** |
| **160·19** | 17 | 8,5 | 57,5 | **45,1** | 4,65 | 11,3 | 6,58 | 1 350 | 118 | 4,84 | 2 140 | 6,10 | 558 | 84,8 | 3,12 | 60 | 115 | 28 | 115 | 791 | 625 | **160·19** |
| **180·16** | 18 | 9 | 55,4 | **43,5** | 5,02 | 12,7 | 7,11 | 1 680 | 130 | 5,51 | 2 690 | 6,96 | 679 | 95,5 | 3,50 | 60 | 135 | 28 | 137 | 1 000 | 705 | **180·16** |
| **180·18** | 18 | 9 | 61,9 | **48,6** | 5,10 | 12,7 | 7,22 | 1 870 | 145 | 5,49 | 2 960 | 6,92 | 768 | 106 | 3,52 | 60 | 135 | 28 | 135 | 1 110 | 705 | **180·18** |
| **180·20** | 18 | 9 | 68,3 | **53,7** | 5,18 | 12,7 | 7,33 | 2 040 | 159 | 5,47 | 3 240 | 6,89 | 843 | 115 | 3,52 | 60 | 135 | 28 | 133 | 1 210 | 705 | **180·20** |
| **200·16** | 18 | 9 | 61,8 | **48,5** | 5,52 | 14,1 | 7,81 | 2 340 | 162 | 6,16 | 3 720 | 7,76 | 959 | 123 | 3,94 | 60 | 150 | 28 | 157 | 1 400 | 785 | **200·16** |
| **200·18** | 18 | 9 | 69,1 | **54,2** | 5,60 | 14,1 | 7,93 | 2 600 | 181 | 6,13 | 4 130 | 7,73 | 1 070 | 135 | 3,93 | 60 | 150 | 28 | 155 | 1 550 | 785 | **200·18** |
| **200·20** | 18 | 9 | 76,3 | **59,9** | 5,68 | 14,1 | 8,04 | 2 850 | 199 | 6,11 | 4 530 | 7,70 | 1 170 | 146 | 3,92 | 60 | 150 | 28 | 153 | 1 690 | 785 | **200·20** |

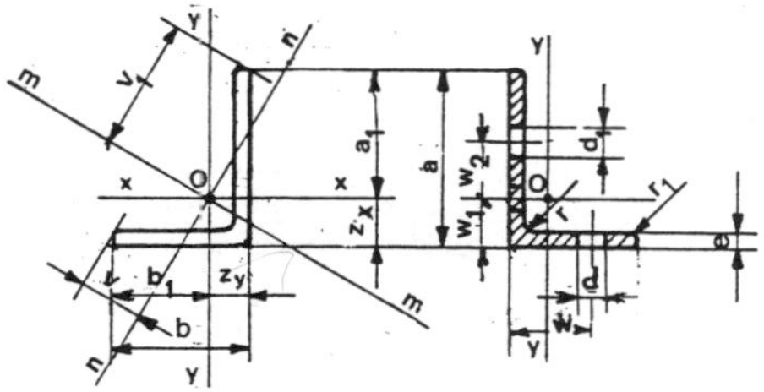

# DIMENSIONES, TÉRMINOS DE SECCIÓN Y VALORES ESTÁTICOS DE ANGULARES DE LADOS DESIGUALES

| L | r | $r_1$ | Sección | Peso | Distancia a fibras extremas | | | | Posición del eje n — n | Referido al eje | | | | | | | | | | Gramil y diámetro normal | | | | | $a_1$ | $b_1$ | $I_{xy}$ | U | L |
|---|---|---|---|---|---|---|---|---|---|---|---|---|---|---|---|---|---|---|---|---|---|---|---|---|---|---|---|---|---|
| | | | | | | | | | | X — X | | | Y — Y | | | m — m | | n — n | | | | | | | | | | | |
| a·b·e | r | $r_1$ | A | p | $z_x$ | $z_y$ | $v_1$ | v | tag α | $I_x$ | $W_x$ | $i_x$ | $I_y$ | $W_y$ | $i_y$ | $I_m$ | $i_m$ | $I_n$ | $i_n$ | w | $w_1$ | $w_2$ | d | $d_1$ | $a_1$ | $b_1$ | $I_{xy}$ | U | a·b·e |
| mm | mm | mm | cm² | kg/m | cm | cm | cm | cm | | cm⁴ | cm³ | cm | cm⁴ | cm³ | cm | cm⁴ | cm | cm⁴ | cm | mm | mm | mm | mm | mm | mm | mm | cm⁴ | mm | mm |
| 80·50·8 | 8 | 4 | 9,83 | 7,72 | 2,72 | 1,25 | 5,37 | 2,70 | 0,383 | 62,2 | 11,8 | 2,52 | 18,6 | 4,95 | 1,38 | 69,8 | 2,66 | 11,1 | 1,06 | 30 | 45 | — | 13 | 21 | 60,0 | 30,0 | 19,61 | 253 | 80·50·8 |
| 80·50·10 | 10 | 5 | 12,1 | 9,50 | 2,79 | 1,32 | 5,34 | 2,68 | 0,377 | 74,6 | 14,3 | 2,48 | 22,0 | 5,97 | 1,35 | 83,4 | 2,62 | 13,2 | 1,05 | 30 | 45 | — | 13 | 21 | 55,0 | 25,0 | 23,17 | 251 | 80·50·10 |
| 90·60·7 | 7 | 3,5 | 10,1 | 7,90 | 2,93 | 1,45 | 6,14 | 3,16 | 0,439 | 82,3 | 13,6 | 2,86 | 29,5 | 6,47 | 1,71 | 94,9 | 3,07 | 16,8 | 1,29 | 35 | 50 | — | 17 | 17 | 72,5 | 42,5 | 28,75 | 294 | 90·60·7 |
| 90·60·9 | 9 | 4,5 | 12,8 | 10,0 | 3,00 | 1,52 | 6,11 | 3,14 | 0,434 | 102 | 17,0 | 2,83 | 36,0 | 8,04 | 1,68 | 117 | 3,03 | 20,8 | 1,28 | 35 | 50 | — | 17 | 21 | 67,5 | 37,5 | 35,13 | 292 | 90·60·9 |
| 100·70·8 | 8 | 4 | 13,0 | 10,2 | 3,20 | 1,72 | 6,87 | 3,58 | 0,482 | 131 | 19,2 | 3,17 | 53,0 | 10,0 | 2,02 | 154 | 3,44 | 29,5 | 1,50 | 40 | 55 | — | 17 | 21 | 80,0 | 50,0 | 48,70 | 333 | 100·70·8 |
| 100·70·10 | 10 | 5 | 16,1 | 12,6 | 3,27 | 1,79 | 6,85 | 3,56 | 0,477 | 158 | 23,5 | 3,13 | 63,4 | 12,2 | 1,98 | 186 | 3,40 | 35,6 | 1,49 | 40 | 55 | — | 21 | 21 | 75,0 | 45,0 | 58,44 | 331 | 100·70·10 |
| 100·70·12 | 12 | 6 | 19,1 | 15,0 | 3,34 | 1,86 | 6,82 | 3,54 | 0,472 | 184 | 27,6 | 3,10 | 73,0 | 14,2 | 1,95 | 215 | 3,36 | 41,3 | 1,47 | 40 | 55 | — | 21 | 21 | 70,0 | 40,0 | 67,05 | 330 | 100·70·12 |
| 110·70·8 | 8 | 4 | 13,8 | 10,9 | 3,62 | 1,64 | 7,46 | 3,79 | 0,404 | 170 | 23,1 | 3,51 | 54,3 | 10,1 | 1,98 | 193 | 3,74 | 31,7 | 1,51 | 40 | 50 | 70 | 17 | 21 | 90,0 | 50,0 | 56,02 | 353 | 110·70·8 |
| 110·70·10 | 10 | 5 | 17,1 | 13,4 | 3,69 | 1,72 | 7,42 | 3,76 | 0,400 | 207 | 28,3 | 3,48 | 65,5 | 12,4 | 1,96 | 234 | 3,69 | 38,7 | 1,50 | 40 | 50 | 70 | 21 | 21 | 85,0 | 45,0 | 67,34 | 351 | 110·70·10 |
| 110·70·12 | 12 | 6 | 20,3 | 15,9 | 3,76 | 1,79 | 7,39 | 3,73 | 0,394 | 241 | 33,2 | 3,44 | 74,9 | 14,4 | 1,92 | 271 | 3,65 | 44,4 | 1,48 | 40 | 50 | 70 | 21 | 25 | 80,0 | 40,0 | 77,28 | 350 | 110·70·12 |
| 120·80·10 | 11 | 5 | 19,1 | 15,0 | 3,92 | 1,95 | 8,19 | 4,21 | 0,435 | 276 | 34,1 | 3,80 | 98,1 | 16,2 | 2,26 | 317 | 4,07 | 56,1 | 1,72 | 45 | 50 | 80 | 21 | 21 | 95,0 | 55,0 | 96,14 | 391 | 120·80·10 |
| 120·80·12 | 11 | 6 | 22,7 | 17,8 | 4,00 | 2,03 | 8,15 | 4,20 | 0,432 | 323 | 40,4 | 3,77 | 114 | 19,1 | 2,24 | 371 | 4,04 | 66,1 | 1,71 | 45 | 50 | 80 | 21 | 25 | 90,0 | 50,0 | 111,13 | 390 | 120·80·12 |
| 125·100·11 | 11 | 5,5 | 23,7 | 18,6 | 3,84 | 2,60 | 9,81 | 5,47 | 0,626 | 362 | 41,8 | 3,91 | 206 | 27,8 | 2,95 | 463 | 4,42 | 105 | 2,11 | 55 | 50 | 85 | 21 | 21 | 97,5 | 72,5 | 161,01 | 440 | 125·100·11 |
| 125·100·13 | 13 | 6,5 | 27,7 | 21,8 | 3,90 | 2,67 | 8,69 | 4,56 | 0,633 | 411 | 47,8 | 3,85 | 236 | 32,2 | 2,92 | 527 | 4,36 | 119 | 2,07 | 55 | 50 | 85 | 25 | 25 | 92,5 | 67,5 | 184,38 | 439 | 125·100·13 |
| 150·75·10 | 11 | 5 | 21,6 | 17,0 | 5,32 | 1,61 | 9,77 | 4,48 | 0,261 | 501 | 51,8 | 4,81 | 85,4 | 14,6 | 1,99 | 532 | 4,96 | 55,3 | 1,60 | 40 | 55 | 110 | 21 | 21 | 125,0 | 50,0 | 117,95 | 441 | 150·75·10 |
| 150·75·12 | 11 | 6 | 25,7 | 20,2 | 5,41 | 1,69 | 9,71 | 4,45 | 0,260 | 589 | 61,4 | 4,79 | 99,9 | 17,2 | 1,97 | 624 | 4,93 | 64,9 | 1,59 | 40 | 55 | 110 | 21 | 25 | 120,0 | 45,0 | 136,36 | 440 | 150·75·12 |
| 150·90·11 | 11 | 5,5 | 25,3 | 19,9 | 5,05 | 2,08 | 10,1 | 5,01 | 0,362 | 582 | 58,4 | 4,79 | 159 | 23,0 | 2,51 | 645 | 5,05 | 95,5 | 1,94 | 50 | 55 | 110 | 21 | 25 | 122,5 | 62,5 | 175,87 | 470 | 150·90·11 |
| 150·90·13 | 13 | 6,5 | 29,7 | 23,3 | 5,12 | 2,15 | 10,0 | 4,98 | 0,359 | 672 | 68,0 | 4,76 | 182 | 26,6 | 2,48 | 744 | 5,01 | 110 | 1,92 | 50 | 55 | 110 | 21 | 25 | 117,5 | 57,5 | 201,62 | 469 | 150·90·13 |

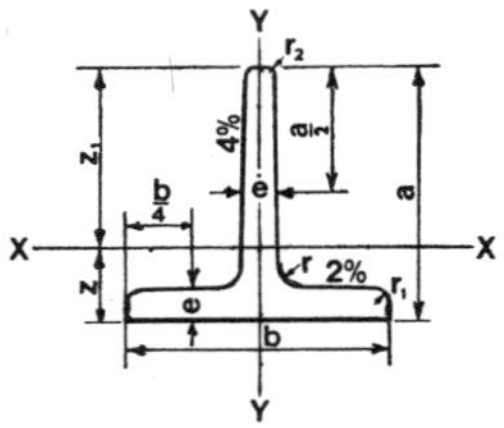

# DIMENSIONES, TÉRMINOS DE SECCIÓN Y VALORES ESTÁTICOS DE PERFILES EN T

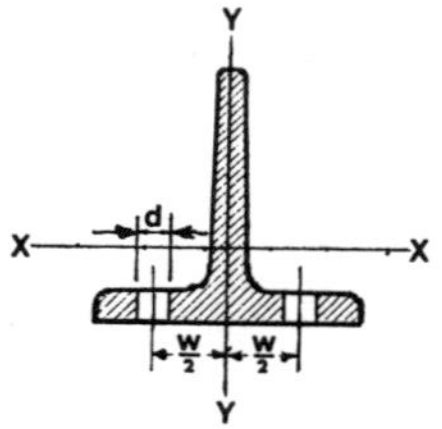

PERFILES T (a = b)

| ⊥ a·b·e mm | Dimensiones e = r mm | Dimensiones $r_1$ mm | Dimensiones $r_2$ mm | Sección A cm² | Peso P kg/m | Posición del centro de gravedad z cm | X—X $I_x$ cm⁴ | X—X $W_x$ cm³ | X—X $i_x$ cm | Y—Y $I_y$ cm⁴ | Y—Y $W_y$ cm³ | Y—Y $i_y$ cm | w mm | d mm | $e_1$ mm | $I_t$ cm⁴ | U mm | ⊥ a·b·e mm |
|---|---|---|---|---|---|---|---|---|---|---|---|---|---|---|---|---|---|---|
| 30·30·4 | 4 | 2 | 1 | 2,26 | **1,77** | 0,85 | 1,72 | 0,80 | 0,87 | 0,87 | 0,58 | 0,62 | — | — | 3,85 | 0,134 | 114 | 30·30·4 |
| 35·35·4,5 | 4,5 | 2,5 | 1 | 2,97 | **2,33** | 0,99 | 3,10 | 1,23 | 1,04 | 1,57 | 0,90 | 0,73 | — | — | 4,32 | 0,223 | 133 | 35·35·4,5 |
| 40·40·5 | 5 | 2,5 | 1 | 3,77 | **2,96** | 1,12 | 5,28 | 1,84 | 1,18 | 2,58 | 1,29 | 0,83 | 21 | 6,4 | 4,80 | 0,350 | 153 | 40·40·5 |
| 50·50·6 | 6 | 3 | 1,5 | 5,66 | **4,44** | 1,39 | 12,1 | 3,36 | 1,46 | 6,06 | 2,42 | 1,03 | 30 | 6,4 | 5,75 | 0,757 | 191 | 50·50·6 |
| 60·60·7 | 7 | 3,5 | 2 | 7,94 | **6,23** | 1,66 | 23,8 | 5,48 | 1,73 | 12,2 | 4,07 | 1,24 | 34 | 8,4 | 6,70 | 1,45 | 229 | 60·60·7 |
| 70·70·8 | 8 | 4 | 2 | 10,6 | **8,32** | 1,94 | 44,5 | 8,79 | 2,05 | 22,1 | 6,32 | 1,44 | 38 | 11 | 7,65 | 2,52 | 268 | 70·70·8 |
| 80·80·9 | 9 | 4,5 | 2 | 13,6 | **10,7** | 2,22 | 73,7 | 12,8 | 2,33 | 37,0 | 9,25 | 1,65 | 45 | 11 | 8,60 | 4,11 | 307 | 80·80·9 |
| 100·100·11 | 11 | 5,5 | 3 | 20,9 | **16,4** | 2,74 | 179 | 24,6 | 2,92 | 88,3 | 17,7 | 2,05 | 60 | 13 | 10,5 | 9,38 | 383 | 100·100·11 |

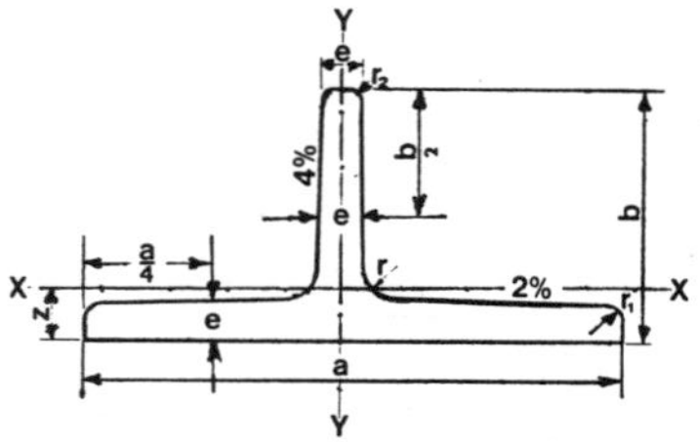

PERFILES T (a > b)

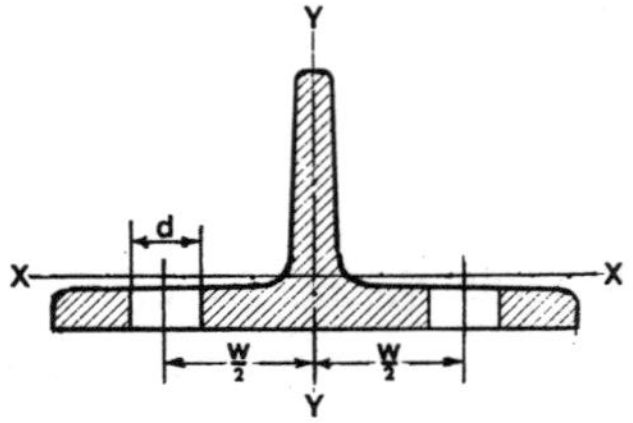

| ⊥ a·b·e mm | e = r mm | $r_1$ mm | $r_2$ mm | A cm² | P kg/m | z cm | $I_x$ cm⁴ | $W_x$ cm³ | $i_x$ cm | $I_y$ cm⁴ | $W_y$ cm³ | $i_y$ cm | w mm | d mm | $e_1$ mm | $I_t$ cm⁴ | U mm | ⊥ a·b·e mm |
|---|---|---|---|---|---|---|---|---|---|---|---|---|---|---|---|---|---|---|
| 100·60·8 | 8 | 4 | 2 | 12,0 | **9,43** | 1,37 | 21,4 | 4,63 | 1,33 | 48,0 | 9,60 | 2,00 | 60 | 13 | 7,5 | — | 308 | 100·60·8 |
| 100·75·8 | 8 | 4 | 2 | 13,2 | **10,4** | 1,70 | 63,8 | 11,0 | 2,20 | 88,0 | 17,6 | 2,58 | 60 | 13 | 7,5 | — | 338 | 100·75·8 |

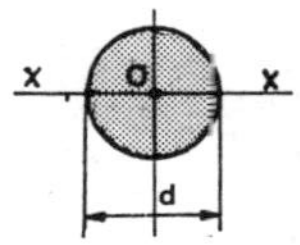


# VALORES ESTÁTICOS DE REDONDOS

| d | A | p | $I_x$ | $W_x$ | $i_x$ | d | A | p | $I_x$ | $W_x$ | $i_x$ | d | A | p | $I_x$ | $W_x$ | $i_x$ |
|---|---|---|---|---|---|---|---|---|---|---|---|---|---|---|---|---|---|
| mm | $cm^2$ | kg/m | $cm^4$ | $cm^3$ | cm | mm | $cm^2$ | kg/m | $cm^4$ | $cm^3$ | cm | mm | $cm^2$ | kg/m | $cm^4$ | $cm^3$ | cm |
| **5** | 0,196 | **0,154** | 0,003 | 0,012 | 0,125 | **45** | 15,9 | **12,5** | 20,2 | 8,95 | 1,12 | **85** | 56,7 | **44,5** | 256 | 60,3 | 2,12 |
| **6** | 0,283 | **0,222** | 0,006 | 0,021 | 0,150 | **46** | 16,6 | **13,0** | 22,0 | 9,56 | 1,15 | **86** | 58,1 | **45,6** | 269 | 62,4 | 2,15 |
| **7** | 0,385 | **0,302** | 0,012 | 0,034 | 0,175 | **47** | 17,3 | **13,6** | 24,0 | 10,2 | 1,17 | **87** | 59,4 | **46,6** | 281 | 64,6 | 2,17 |
| **8** | 0,503 | **0,395** | 0,020 | 0,050 | 0,200 | **48** | 18,1 | **14,2** | 26,1 | 10,9 | 1,20 | **88** | 60,8 | **47,7** | 294 | 66,9 | 2,20 |
| **9** | 0,636 | **0,499** | 0,032 | 0,072 | 0,225 | **49** | 18,9 | **14,8** | 28,3 | 11,6 | 1,22 | **89** | 62,2 | **48,8** | 309 | 69,2 | 2,22 |
| **10** | 0,785 | **0,617** | 0,049 | 0,098 | 0,250 | **50** | 19,6 | **15,4** | 30,7 | 12,3 | 1,25 | **90** | 63,6 | **49,9** | 322 | 71,6 | 2,25 |
| **11** | 0,950 | **0,746** | 0,072 | 0,131 | 0,275 | **51** | 20,4 | **16,0** | 33,2 | 13,0 | 1,27 | **91** | 65,0 | **51,0** | 337 | 74,0 | 2,27 |
| **12** | 1,13 | **0,888** | 0,102 | 0,170 | 0,300 | **52** | 21,2 | **16,7** | 35,9 | 13,8 | 1,30 | **92** | 66,5 | **52,2** | 352 | 76,4 | 2,30 |
| **13** | 1,33 | **1,04** | 0,140 | 0,216 | 0,325 | **53** | 22,1 | **17,3** | 38,7 | 14,6 | 1,32 | **93** | 67,9 | **53,3** | 367 | 79,0 | 2,32 |
| **14** | 1,54 | **1,21** | 0,189 | 0,269 | 0,350 | **54** | 22,9 | **18,0** | 41,7 | 15,5 | 1,35 | **94** | 69,4 | **54,5** | 383 | 81,5 | 2,35 |
| **15** | 1,77 | **1,39** | 0,249 | 0,331 | 0,375 | **55** | 23,8 | **18,7** | 44,9 | 16,3 | 1,37 | **95** | 70,9 | **55,6** | 400 | 84,2 | 2,37 |
| **16** | 2,01 | **1,58** | 0,322 | 0,402 | 0,400 | **56** | 24,6 | **19,3** | 48,3 | 17,2 | 1,40 | **96** | 72,4 | **56,8** | 417 | 86,9 | 2,40 |
| **17** | 2,27 | **1,78** | 0,410 | 0,482 | 0,425 | **57** | 25,5 | **20,0** | 51,8 | 18,2 | 1,42 | **97** | 73,9 | **58,0** | 435 | 89,6 | 2,42 |
| **18** | 2,55 | **2,00** | 0,515 | 0,573 | 0,450 | **58** | 26,4 | **20,7** | 55,5 | 19,2 | 1,45 | **98** | 75,4 | **59,2** | 453 | 92,4 | 2,45 |
| **19** | 2,84 | **2,23** | 0,640 | 0,673 | 0,475 | **59** | 27,3 | **21,5** | 59,5 | 20,2 | 1,47 | **99** | 77,0 | **60,4** | 472 | 95,3 | 2,47 |
| **20** | 3,14 | **2,47** | 0,785 | 0,785 | 0,500 | **60** | 28,3 | **22,2** | 63,6 | 21,2 | 1,50 | **100** | 78,5 | **61,7** | 491 | 98,2 | 2,50 |
| **21** | 3,46 | **2,72** | 0,955 | 0,909 | 0,525 | **61** | 29,2 | **22,9** | 68,0 | 22,3 | 1,52 | **105** | 86,6 | **68,0** | 597 | 114 | 2,62 |
| **22** | 3,80 | **2,98** | 1,15 | 1,05 | 0,550 | **62** | 30,2 | **23,7** | 72,5 | 23,4 | 1,55 | **110** | 95,0 | **74,6** | 719 | 131 | 2,75 |
| **23** | 4,15 | **3,26** | 1,37 | 1,19 | 0,575 | **63** | 31,2 | **24,5** | 77,3 | 24,5 | 1,57 | **115** | 104 | **81,5** | 859 | 149 | 2,87 |
| **24** | 4,52 | **3,55** | 1,63 | 1,36 | 0,600 | **64** | 32,2 | **25,3** | 82,4 | 25,7 | 1,60 | **120** | 113 | **88,8** | 1 020 | 170 | 3,00 |
| **25** | 4,91 | **3,85** | 1,92 | 1,53 | 0,625 | **65** | 33,2 | **26,0** | 87,6 | 26,9 | 1,62 | **125** | 123 | **96,3** | 1 200 | 192 | 3,12 |
| **26** | 5,31 | **4,17** | 2,24 | 1,73 | 0,650 | **66** | 34,2 | **26,9** | 93,2 | 28,2 | 1,65 | **130** | 133 | **104** | 1 400 | 216 | 3,25 |
| **27** | 5,73 | **4,49** | 2,61 | 1,93 | 0,675 | **67** | 35,3 | **27,7** | 98,9 | 29,5 | 1,67 | **135** | 143 | **112** | 1 630 | 242 | 3,37 |
| **28** | 6,16 | **4,83** | 3,02 | 2,16 | 0,700 | **68** | 36,3 | **28,5** | 105 | 30,9 | 1,70 | **140** | 154 | **121** | 1 890 | 269 | 3,50 |
| **29** | 6,61 | **5,19** | 3,47 | 2,39 | 0,725 | **69** | 37,4 | **29,4** | 111 | 32,3 | 1,72 | **150** | 177 | **139** | 2 490 | 331 | 3,75 |
| **30** | 7,07 | **5,55** | 3,98 | 2,65 | 0,750 | **70** | 38,5 | **30,2** | 118 | 33,7 | 1,75 | **160** | 201 | **158** | 3 220 | 402 | 4,00 |
| **31** | 7,55 | **5,92** | 4,53 | 2,92 | 0,775 | **71** | 39,6 | **31,1** | 125 | 35,1 | 1,77 | **170** | 227 | **178** | 4 100 | 482 | 4,25 |
| **32** | 8,04 | **6,31** | 5,15 | 3,22 | 0,800 | **72** | 40,7 | **32,0** | 132 | 36,6 | 1,80 | **180** | 255 | **200** | 5 150 | 573 | 4,50 |
| **33** | 8,55 | **6,71** | 5,82 | 3,53 | 0,825 | **73** | 41,9 | **32,9** | 139 | 38,2 | 1,82 | **190** | 284 | **223** | 6 400 | 673 | 4,75 |
| **34** | 9,08 | **7,13** | 6,56 | 3,86 | 0,850 | **74** | 43,0 | **33,8** | 147 | 39,8 | 1,85 | **200** | 314 | **247** | 7 850 | 785 | 5,00 |
| **35** | 9,62 | **7,55** | 7,37 | 4,21 | 0,875 | **75** | 44,2 | **34,7** | 155 | 41,4 | 1,87 | **210** | 346 | **272** | 9 550 | 909 | 5,25 |
| **36** | 10,2 | **7,99** | 8,24 | 4,58 | 0,900 | **76** | 45,4 | **35,6** | 164 | 43,1 | 1,90 | **220** | 380 | **298** | 11 500 | 1 050 | 5,50 |
| **37** | 10,8 | **8,44** | 9,20 | 4,97 | 0,925 | **77** | 46,5 | **36,6** | 173 | 44,8 | 1,92 | **230** | 415 | **326** | 13 740 | 1 190 | 5,75 |
| **38** | 11,3 | **8,90** | 10,2 | 5,39 | 0,950 | **78** | 47,8 | **37,5** | 182 | 46,6 | 1,95 | **240** | 452 | **355** | 16 290 | 1 360 | 6,00 |
| **39** | 11,9 | **9,38** | 11,4 | 5,82 | 0,975 | **79** | 49,0 | **38,5** | 191 | 48,4 | 1,97 | **250** | 491 | **385** | 19 180 | 1 530 | 6,25 |
| **40** | 12,6 | **9,86** | 12,6 | 6,28 | 1,00 | **80** | 50,3 | **39,5** | 201 | 50,3 | 2,00 | **260** | 531 | **417** | 22 440 | 1 730 | 6,50 |
| **41** | 13,2 | **10,4** | 13,9 | 6,77 | 1,02 | **81** | 51,5 | **40,5** | 211 | 52,2 | 2,02 | **270** | 573 | **450** | 26 090 | 1 930 | 6,75 |
| **42** | 13,9 | **10,9** | 15,3 | 7,27 | 1,05 | **82** | 52,8 | **41,5** | 222 | 54,1 | 2,05 | **280** | 616 | **484** | 30 180 | 2 160 | 7,00 |
| **43** | 14,5 | **11,4** | 16,8 | 7,81 | 1,07 | **83** | 54,1 | **42,5** | 233 | 56,1 | 2,07 | **290** | 661 | **519** | 34 730 | 2 390 | 7,25 |
| **44** | 15,2 | **11,9** | 18,4 | 8,36 | 1,10 | **84** | 55,4 | **43,5** | 244 | 58,2 | 2,10 | **300** | 707 | **555** | 39 770 | 2 650 | 7,50 |

AL-11

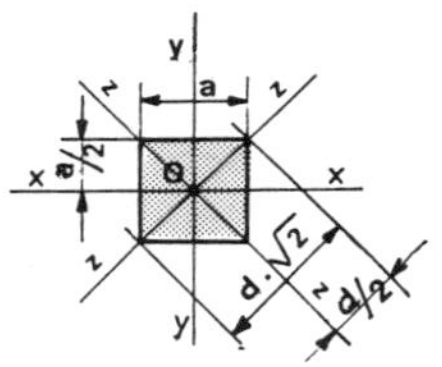


# VALORES ESTÁTICOS DE CUADRADOS

| Lado a mm | Sección A $cm^2$ | Peso p kg/m | $I_x = I_z$ $cm^4$ | $W_x$ $cm^3$ | $W_z$ $cm^3$ | i cm | $I_o$ $cm^4$ | $\frac{I_o}{d/2}$ $cm^3$ | U mm | Lado a mm |
|---|---|---|---|---|---|---|---|---|---|---|
| **6** | 0,360 | **0,283** | 0,01080 | 0,03600 | 0,02546 | 0,175 | 0,0216 | 0,0509 | 24 | **6** |
| **7** | 0,490 | **0,385** | 0,02001 | 0,05717 | 0,04042 | 0,202 | 0,0400 | 0,0808 | 28 | **7** |
| **8** | 0,640 | **0,502** | 0,03413 | 0,08533 | 0,06034 | 0,230 | 0,0683 | 0,1207 | 32 | **8** |
| **9** | 0,810 | **0,636** | 0,05468 | 0,12150 | 0,08591 | 0,258 | 0,1093 | 0,1718 | 36 | **9** |
| **10** | 1,00 | **0,785** | 0,08333 | 0,16667 | 0,11785 | 0,288 | 0,1666 | 0,2357 | 40 | **10** |
| **11** | 1,21 | **0,950** | 0,12201 | 0,22183 | 0,15686 | 0,318 | 0,2440 | 0,3137 | 44 | **11** |
| **12** | 1,44 | **1,13** | 0,17280 | 0,28800 | 0,20364 | 0,347 | 0,3456 | 0,4073 | 48 | **12** |
| **13** | 1,69 | **1,33** | 0,23801 | 0,36616 | 0,25892 | 0,375 | 0,4760 | 0,5178 | 52 | **13** |
| **14** | 1,96 | **1,54** | 0,32013 | 0,45733 | 0,32338 | 0,404 | 0,6403 | 0,6468 | 56 | **14** |
| **15** | 2,25 | **1,77** | 0,42187 | 0,56250 | 0,39774 | 0,433 | 0,8437 | 0,7955 | 60 | **15** |
| **16** | 2,56 | **2,01** | 0,54613 | 0,68267 | 0,48272 | 0,462 | 1,092 | 0,9654 | 64 | **16** |
| **17** | 2,89 | **2,27** | 0,69001 | 0,81883 | 0,57900 | 0,491 | 1,392 | 1,1580 | 68 | **17** |
| **18** | 3,24 | **2,54** | 0,87480 | 0,97200 | 0,68731 | 0,520 | 1,750 | 1,3746 | 72 | **18** |
| **19** | 3,61 | **2,83** | 1,0860 | 1,1432 | 0,80834 | 0,549 | 2,172 | 1,6167 | 76 | **19** |
| **20** | 4,00 | **3,14** | 1,3333 | 1,3333 | 0,94282 | 0,577 | 2,667 | 1,8856 | 80 | **20** |
| **21** | 4,41 | **3,46** | 1,6207 | 1,5435 | 1,0914 | 0,606 | 3,241 | 2,1828 | 84 | **21** |
| **22** | 4,84 | **3,80** | 1,9521 | 1,7747 | 1,2549 | 0,635 | 3,904 | 2,5097 | 88 | **22** |
| **23** | 5,29 | **4,15** | 2,3320 | 2,0278 | 1,4339 | 0,664 | 4,664 | 2,8678 | 92 | **23** |
| **24** | 5,76 | **4,52** | 2,7648 | 2,3040 | 1,6294 | 0,693 | 5,529 | 3,2581 | 96 | **24** |
| **25** | 6,25 | **4,91** | 3,2552 | 2,6042 | 1,8414 | 0,722 | 6,510 | 3,6828 | 100 | **25** |
| **26** | 6,76 | **5,31** | 3,8081 | 2,9293 | 2,0714 | 0,751 | 7,616 | 4,1427 | 104 | **26** |
| **27** | 7,29 | **5,72** | 4,4287 | 3,2805 | 2,3197 | 0,780 | 8,857 | 4,6393 | 108 | **27** |
| **28** | 7,84 | **6,15** | 5,1221 | 3,6587 | 2,5871 | 0,808 | 10,244 | 5,1741 | 112 | **28** |

| Lado a mm | Sección A $cm^2$ | Peso p kg/m | $I_x = I_z$ $cm^4$ | $W_x$ $cm^3$ | $W_z$ $cm^3$ | i cm | $I_o$ $cm^4$ | $\frac{I_o}{d/2}$ $cm^3$ | U mm | Lado a mm |
|---|---|---|---|---|---|---|---|---|---|---|
| **30** | 9,00 | **7,07** | 6,7500 | 4,5000 | 3,1820 | 0,866 | 13,500 | 6,3639 | 120 | **30** |
| **32** | 10,2 | **8,04** | 8,7381 | 5,4613 | 3,8618 | 0,926 | 17,476 | 7,7234 | 128 | **32** |
| **34** | 11,6 | **9,07** | 11,136 | 6,5507 | 4,6320 | 0,978 | 22,272 | 9,2639 | 136 | **34** |
| **35** | 12,3 | **9,62** | 12,505 | 7,1458 | 5,0526 | 1,01 | 25,010 | 10,106 | 140 | **35** |
| **36** | 13,0 | **10,2** | 13,997 | 7,7760 | 5,4986 | 1,04 | 27,994 | 10,997 | 144 | **36** |
| **37** | 13,7 | **10,8** | 15,618 | 8,4422 | 5,9695 | 1,07 | 31,236 | 11,939 | 148 | **37** |
| **38** | 14,4 | **11,3** | 17,376 | 9,1453 | 6,4667 | 1,10 | 34,752 | 12,933 | 152 | **38** |
| **40** | 16,0 | **12,6** | 21,333 | 10,667 | 7,5420 | 1,15 | 42,667 | 15,085 | 160 | **40** |
| **42** | 17,6 | **13,9** | 25,931 | 12,348 | 8,7310 | 1,21 | 51,862 | 17,462 | 168 | **42** |
| **43** | 18,5 | **14,5** | 28,490 | 13,251 | 9,3710 | 1,24 | 56,980 | 18,743 | 172 | **43** |
| **45** | 20,3 | **15,9** | 34,172 | 15,188 | 10,739 | 1,30 | 68,344 | 21,478 | 180 | **45** |
| **47** | 22,1 | **17,3** | 40,664 | 17,304 | 12,237 | 1,36 | 81,328 | 24,474 | 188 | **47** |
| **48** | 23,0 | **18,1** | 44,237 | 18,432 | 13,035 | 1,39 | 88,474 | 26,075 | 192 | **48** |
| **50** | 25,0 | **19,6** | 52,083 | 20,833 | 14,731 | 1,44 | 104,17 | 29,462 | 200 | **50** |
| **55** | 30,3 | **23,7** | 76,255 | 27,729 | 19,608 | 1,59 | 152,51 | 39,214 | 220 | **55** |
| **60** | 36,0 | **28,3** | 108,00 | 36,000 | 25,456 | 1,73 | 216,00 | 50,911 | 240 | **60** |
| **65** | 42,3 | **33,2** | 148,75 | 45,771 | 32,365 | 1,88 | 297,51 | 64,729 | 260 | **65** |
| **70** | 49,0 | **38,5** | 200,08 | 57,167 | 40,423 | 2,02 | 400,17 | 80,845 | 280 | **70** |
| **80** | 64,0 | **50,2** | 341,33 | 85,333 | 60,340 | 2,31 | 682,67 | 120,68 | 320 | **80** |
| **90** | 81,0 | **63,6** | 546,75 | 121,50 | 85,914 | 2,60 | 1 093,5 | 171,82 | 360 | **90** |
| **100** | 100 | **78,5** | 833,33 | 166,66 | 117,85 | 2,89 | 1 666,7 | 235,70 | 400 | **100** |
| **110** | 121 | **95,0** | 1 220,1 | 221,83 | 156,88 | 3,18 | 2 440,2 | 313,77 | 440 | **110** |
| **120** | 144 | **113** | 1 728,0 | 288,00 | 203,65 | 3,46 | 3 456,0 | 407,30 | 480 | **120** |
| **130** | 169 | **133** | 2 380,1 | 366,17 | 258,92 | 3,75 | 4 760,2 | 517,80 | 520 | **130** |

# RECTANGULARES

AL-12

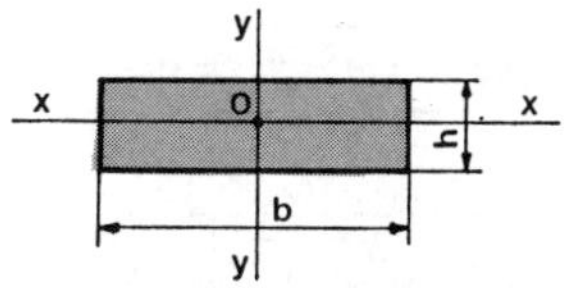


## DIMENSIONES, SECCIONES Y PESOS

| b. h mm | | A cm² | P kg/m | Sumin. |
|---|---|---|---|---|
| 20 | 4 | 0,80 | 0,628 | C |
| | 5 | 1,00 | 0,785 | C |
| | 6 | 1,20 | 0,942 | C |
| | 8 | 1,60 | 1,26 | C |
| | 10 | 2,00 | 1,57 | C |
| | 12 | 2,40 | 1,88 | C |
| | 15 | 3,00 | 2,36 | C |
| 25 | 4 | 1,00 | 0,785 | C |
| | 5 | 1,25 | 0,981 | C |
| | 6 | 1,50 | 1,18 | C |
| | 8 | 2,00 | 1,57 | C |
| | 10 | 2,50 | 1,96 | C |
| | 12 | 3,00 | 2,36 | C |
| | 15 | 3,75 | 2,94 | C |
| | 20 | 5,00 | 3,93 | C |
| 30 | 4 | 1,20 | 0,942 | P |
| | 5 | 1,50 | 1,18 | P |
| | 6 | 1,80 | 1,41 | P |
| | 8 | 2,40 | 1,88 | C |
| | 10 | 3,00 | 2,36 | C |
| | 12 | 3,60 | 2,83 | C |
| | 15 | 4,50 | 3,53 | C |
| | 20 | 6,00 | 4,71 | C |
| | 25 | 7,50 | 5,89 | C |
| 35 | 4 | 1,40 | 1,10 | C |
| | 5 | 1,75 | 1,37 | C |
| | 6 | 2,10 | 1,65 | C |
| | 8 | 2,80 | 2,20 | C |
| | 10 | 3,50 | 2,75 | C |
| | 12 | 4,20 | 3,30 | C |
| | 15 | 5,25 | 4,12 | C |
| | 20 | 7,00 | 5,50 | C |
| | 25 | 8,75 | 6,87 | C |
| | 30 | 10,5 | 8,24 | C |
| 40 | 4 | 1,60 | 1,26 | P |
| | 5 | 2,00 | 1,57 | P |
| | 6 | 2,40 | 1,88 | P |
| | 8 | 3,20 | 2,51 | P |
| | 10 | 4,00 | 3,14 | C |
| | 12 | 4,80 | 3,77 | C |
| | 15 | 6,00 | 4,71 | C |
| | 20 | 8,00 | 6,28 | C |
| | 25 | 10,0 | 7,85 | C |
| | 30 | 12,0 | 9,42 | C |
| | 35 | 14,0 | 11,0 | C |
| 45 | 4 | 1,80 | 1,41 | C |
| | 5 | 2,25 | 1,77 | C |
| | 6 | 2,70 | 2,12 | C |
| | 8 | 3,60 | 2,83 | C |
| | 10 | 4,50 | 3,53 | C |

| b. h mm | | A cm² | P kg/m | Sumin. |
|---|---|---|---|---|
| 45 | 12 | 5,40 | 4,24 | C |
| | 15 | 6,75 | 5,30 | C |
| | 20 | 9,00 | 7,07 | C |
| | 25 | 11,2 | 8,83 | C |
| | 30 | 13,5 | 10,6 | C |
| | 35 | 15,8 | 12,4 | C |
| | 40 | 18,0 | 14,1 | C |
| 50 | 4 | 2,00 | 1,57 | P |
| | 5 | 2,50 | 1,96 | P |
| | 6 | 3,00 | 2,36 | P |
| | 8 | 4,00 | 3,14 | P |
| | 10 | 5,00 | 3,93 | P |
| | 12 | 6,00 | 4,71 | C |
| | 15 | 7,50 | 5,89 | C |
| | 20 | 10,0 | 7,85 | C |
| | 25 | 12,5 | 9,81 | C |
| | 30 | 15,0 | 11,8 | C |
| | 35 | 17,5 | 13,7 | C |
| | 40 | 20,0 | 15,7 | C |
| 55 | 4 | 2,20 | 1,73 | C |
| | 5 | 2,75 | 2,16 | C |
| | 6 | 3,30 | 2,59 | C |
| | 8 | 4,40 | 3,45 | C |
| | 10 | 5,50 | 4,32 | C |
| | 12 | 6,60 | 5,18 | C |
| | 15 | 8,25 | 6,48 | C |
| | 20 | 11,0 | 8,64 | C |
| | 25 | 13,8 | 10,8 | C |
| | 30 | 16,5 | 13,0 | C |
| | 35 | 19,3 | 15,1 | C |
| | 40 | 22,0 | 17,3 | C |
| 60 | 4 | 2,40 | 1,88 | C |
| | 5 | 3,00 | 2,36 | P |
| | 6 | 3,60 | 2,83 | P |
| | 8 | 4,80 | 3,77 | P |
| | 10 | 6,00 | 4,71 | P |
| | 12 | 7,20 | 5,65 | P |
| | 15 | 9,00 | 7,07 | P |
| | 20 | 12,0 | 9,42 | P |
| | 25 | 15,0 | 11,8 | P |
| | 30 | 18,0 | 14,1 | C |
| | 35 | 21,0 | 16,5 | C |
| | 40 | 24,0 | 18,8 | C |
| 70 | 4 | 2,80 | 2,20 | C |
| | 5 | 3,50 | 2,75 | P |
| | 6 | 4,20 | 3,30 | P |
| | 8 | 5,60 | 4,40 | P |
| | 10 | 7,00 | 5,50 | P |
| | 12 | 8,40 | 6,59 | P |
| | 15 | 10,5 | 8,24 | P |

| b. h mm | | A cm² | P kg/m | Sumin. |
|---|---|---|---|---|
| 70 | 20 | 14,0 | 11,0 | P |
| | 25 | 17,5 | 13,7 | P |
| | 30 | 21,0 | 16,5 | C |
| | 35 | 24,5 | 19,2 | C |
| | 40 | 28,0 | 22,0 | C |
| 75 | 4 | 3,00 | 2,36 | C |
| | 5 | 3,75 | 2,94 | C |
| | 6 | 4,50 | 3,53 | C |
| | 8 | 6,00 | 4,71 | C |
| | 10 | 7,50 | 5,89 | C |
| | 12 | 9,00 | 7,07 | C |
| | 15 | 11,2 | 8,83 | C |
| | 20 | 15,0 | 11,8 | C |
| | 25 | 18,8 | 14,7 | C |
| | 30 | 22,5 | 17,7 | C |
| | 35 | 26,2 | 20,6 | C |
| | 40 | 30,0 | 23,6 | C |
| 80 | 4 | 3,20 | 2,51 | C |
| | 5 | 4,00 | 3,14 | C |
| | 6 | 4,80 | 3,77 | P |
| | 8 | 6,40 | 5,02 | P |
| | 10 | 8,00 | 6,28 | P |
| | 12 | 9,60 | 7,54 | P |
| | 15 | 12,0 | 9,42 | P |
| | 20 | 16,0 | 12,6 | P |
| | 25 | 20,0 | 15,7 | P |
| | 30 | 24,0 | 18,8 | C |
| | 35 | 28,0 | 22,0 | C |
| | 40 | 32,0 | 25,1 | C |
| 90 | 4 | 3,60 | 2,83 | C |
| | 5 | 4,50 | 3,53 | C |
| | 6 | 5,40 | 4,24 | C |
| | 8 | 7,20 | 5,65 | C |
| | 10 | 9,00 | 7,07 | C |
| | 12 | 10,8 | 8,48 | C |
| | 15 | 13,5 | 10,6 | C |
| | 20 | 18,0 | 12,1 | C |
| | 25 | 22,5 | 17,7 | C |
| | 30 | 27,0 | 21,2 | C |
| | 35 | 31,5 | 24,7 | C |
| | 40 | 36,0 | 28,3 | C |
| 100 | 4 | 4,00 | 3,14 | C |
| | 5 | 5,00 | 3,93 | C |
| | 6 | 6,00 | 4,71 | P |
| | 8 | 8,00 | 6,23 | P |
| | 10 | 10,0 | 7,85 | P |
| | 12 | 12,0 | 9,42 | P |
| | 15 | 15,0 | 11,8 | P |
| | 20 | 20,0 | 15,7 | P |
| | 25 | 25,0 | 19,6 | P |

| b. h mm | | A cm² | P kg/m | Sumin. |
|---|---|---|---|---|
| 100 | 30 | 30,0 | 23,6 | C |
| | 35 | 35,0 | 27,5 | C |
| | 40 | 40,0 | 31,4 | C |
| 110 | 4 | 4,40 | 3,45 | C |
| | 5 | 5,50 | 4,32 | C |
| | 6 | 6,60 | 5,18 | C |
| | 8 | 8,80 | 6,91 | C |
| | 10 | 11,0 | 8,64 | C |
| | 12 | 13,2 | 10,4 | C |
| | 15 | 16,5 | 13,0 | C |
| | 20 | 22,0 | 17,3 | C |
| | 25 | 27,5 | 21,6 | C |
| | 30 | 33,0 | 25,9 | C |
| | 35 | 38,5 | 30,2 | C |
| | 40 | 44,0 | 34,5 | C |
| 120 | 4 | 4,80 | 3,77 | C |
| | 5 | 6,00 | 4,71 | C |
| | 6 | 7,20 | 5,65 | C |
| | 8 | 9,60 | 7,54 | C |
| | 10 | 12,0 | 9,42 | P |
| | 12 | 14,4 | 11,3 | P |
| | 15 | 18,8 | 14,1 | P |
| | 20 | 24,0 | 18,8 | P |
| | 25 | 30,0 | 23,6 | P |
| | 30 | 36,0 | 28,3 | C |
| | 35 | 42,0 | 33,0 | C |
| | 40 | 48,0 | 37,7 | C |
| 140 | 8 | 11,2 | 8,79 | C |
| | 10 | 14,0 | 11,0 | C |
| | 12 | 16,8 | 13,2 | P |
| | 15 | 21,0 | 16,3 | P |
| | 20 | 28,0 | 22,0 | P |
| | 25 | 35,0 | 27,5 | P |
| | 30 | 42,0 | 33,0 | C |
| | 35 | 49,0 | 38,5 | C |
| | 40 | 56,0 | 44,0 | C |
| 150 | 8 | 12,0 | 9,42 | C |
| | 10 | 15,0 | 11,8 | C |
| | 12 | 18,0 | 14,1 | C |
| | 15 | 22,5 | 17,7 | C |
| | 20 | 30,0 | 23,6 | C |
| | 25 | 37,5 | 29,4 | C |
| | 30 | 45,0 | 35,3 | C |
| | 35 | 52,5 | 41,2 | C |
| | 40 | 60,0 | 47,1 | C |
| 160 | 8 | 12,8 | 10,0 | C |
| | 10 | 16,0 | 12,6 | C |
| | 12 | 19,2 | 15,1 | C |
| | 15 | 24,0 | 18,8 | C |
| | 20 | 32,0 | 25,1 | C |

| b. h mm | | A cm² | P kg/m | Sumin. |
|---|---|---|---|---|
| 160 | 25 | 40,0 | 31,4 | C |
| | 30 | 48,0 | 37,7 | C |
| | 35 | 56,0 | 44,0 | C |
| | 40 | 64,0 | 50,2 | C |
| 180 | 8 | 14,4 | 11,3 | C |
| | 10 | 18,0 | 14,1 | C |
| | 12 | 21,6 | 17,0 | C |
| | 15 | 27,0 | 21,2 | C |
| | 20 | 36,0 | 28,3 | C |
| | 25 | 45,0 | 35,3 | C |
| | 30 | 54,0 | 42,4 | C |
| | 35 | 63,0 | 49,5 | C |
| | 40 | 72,0 | 56,6 | C |
| 200 | 8 | 16,0 | 12,5 | C |
| | 10 | 20,0 | 15,7 | C |
| | 12 | 24,0 | 18,8 | C |
| | 15 | 30,0 | 23,6 | C |
| | 20 | 40,0 | 31,4 | C |
| | 25 | 50,0 | 39,2 | C |
| | 30 | 60,0 | 47,1 | C |
| | 35 | 70,0 | 55,0 | C |
| | 40 | 80,0 | 62,8 | C |
| 250 | 8 | 20,0 | 15,7 | C |
| | 10 | 25,0 | 19,6 | C |
| | 12 | 30,0 | 23,6 | C |
| | 15 | 37,5 | 29,4 | C |
| | 20 | 50,0 | 39,2 | C |
| | 25 | 62,5 | 49,1 | C |
| | 30 | 75,0 | 58,9 | C |
| | 35 | 87,5 | 68,7 | C |
| | 40 | 100 | 78,5 | C |
| 300 | 8 | 24,0 | 18,8 | C |
| | 10 | 30,0 | 23,6 | C |
| | 12 | 36,0 | 28,3 | C |
| | 15 | 45,0 | 35,3 | C |
| | 20 | 60,0 | 47,1 | C |
| | 25 | 75,0 | 58,9 | C |
| | 30 | 90,0 | 70,6 | C |
| | 35 | 105 | 82,4 | C |
| | 40 | 120 | 94,2 | C |
| 400 | 8 | 32,0 | 25,1 | C |
| | 10 | 40,0 | 31,4 | C |
| | 12 | 48,0 | 37,7 | C |
| | 15 | 60,0 | 47,1 | C |
| | 20 | 80,0 | 62,8 | C |
| | 25 | 100 | 78,5 | C |
| | 30 | 120 | 94,2 | C |
| | 35 | 140 | 110 | C |
| | 40 | 160 | 126 | C |

**Nota.** Para términos de sección de perfiles rectangulares, véase la Tabla AL-$34_1$.

# DIMENSIONES DE CHAPA MEDIANA Y GRUESA

LONGITUD DE LAS CHAPAS PARA ANCHOS DE... ... (mm)

| Espesor mm. | 1.000 | 1.100 | 1.200 | 1.300 | 1.400 | 1.500 | 1.600 | 1.700 | 1.800 | 1.900 | 2.000 | 2.100 | 2.200 | 2.300 | 2.400 | 2.500 | 2.600 | 2.700 | 2.800 | 3.000 | Espesor mm. |
|---|---|---|---|---|---|---|---|---|---|---|---|---|---|---|---|---|---|---|---|---|---|
| 6 | | | | | 18.000 | 18.000 | 18.000 | 18.000 | 18.000 | 18.000 | 18.000 | 18.000 | 18.000 | 18.000 | 18.000 | 18.000 | 18.000 | 18.000 | 18.000 | | 6 |
| 6,5 | | | | 18.000 | 18.000 | 18.000 | 18.000 | 18.000 | 18.000 | 18.000 | 18.000 | 18.000 | 18.000 | 18.000 | 18.000 | 18.000 | 18.000 | 18.000 | 18.000 | | 6,5 |
| 7 | | | 18.000 | 18.000 | 18.000 | 18.000 | 18.000 | 18.000 | 18.000 | 18.000 | 18.000 | 18.000 | 18.000 | 18.000 | 18.000 | 18.000 | 18.000 | 18.000 | 18.000 | | 7 |
| 7,5 | | 18.000 | 18.000 | 18.000 | 18.000 | 18.000 | 18.000 | 18.000 | 18.000 | 18.000 | 18.000 | 18.000 | 18.000 | 18.000 | 18.000 | 18.000 | 13.000 | 18.000 | 18.000 | | 7,5 |
| 8 | 18.000 | 18.000 | 18.000 | 18.000 | 18.000 | 18.000 | 18.000 | 18.000 | 18.000 | 18.000 | 18.000 | 18.000 | 18.000 | 18.000 | 18.000 | 18.000 | 18.000 | 18.000 | 18.000 | 18.000 | 8 |
| 8,5 | 18.000 | 18.000 | 18.000 | 18.000 | 18.000 | 18.000 | 18.000 | 18.000 | 18.000 | 18.000 | 18.000 | 18.000 | 18.000 | 18.000 | 18.000 | 18.000 | 18.000 | 18.000 | 18.000 | 18.000 | 8,5 |
| 9 | 18.000 | 18.000 | 18.000 | 18.000 | 18.000 | 18.000 | 18.000 | 18.000 | 18.000 | 18.000 | 18.000 | 18.000 | 18.000 | 18.000 | 18.000 | 18.000 | 18.000 | 18.000 | 18.000 | 18.000 | 9 |
| 9,5 | 18.000 | 18.000 | 18.000 | 18.000 | 18.000 | 18.000 | 18.000 | 18.000 | 18.000 | 18.000 | 18.000 | 18.000 | 18.000 | 18.000 | 18.000 | 18.000 | 18.000 | 18.000 | 18.000 | 18.000 | 9,5 |
| 10 | 18.000 | 18.000 | 18.000 | 18.000 | 18.000 | 18.000 | 18.000 | 18.000 | 18.000 | 18.000 | 18.000 | 18.000 | 18.000 | 18.000 | 18.000 | 18.000 | 18.000 | 18.000 | 18.000 | 18.000 | 10 |
| 11 | 18.000 | 18.000 | 18.000 | 18.000 | 18.000 | 18.000 | 18.000 | 18.000 | 18.000 | 18.000 | 18.000 | 18.000 | 18.000 | 18.000 | 18.000 | 18.000 | 18.000 | 18.000 | 18.000 | 18.000 | 11 |
| 12 | 18.000 | 18.000 | 18.000 | 18.000 | 18.000 | 18.000 | 18.000 | 18.000 | 18.000 | 18.000 | 18.000 | 18.000 | 18.000 | 18.000 | 18.000 | 18.000 | 18.000 | 18.000 | 18.000 | 18.000 | 12 |
| 13 | 18.000 | 18.000 | 18.000 | 18.000 | 18.000 | 18.000 | 18.000 | 18.000 | 18.000 | 18.000 | 18.000 | 18.000 | 18.000 | 18.000 | 18.000 | 18.000 | 18.000 | 18.000 | 18.000 | 18.000 | 13 |
| 14 | 18.000 | 18.000 | 18.000 | 18.000 | 18.000 | 18.000 | 18.000 | 18.000 | 18.000 | 18.000 | 18.000 | 18.000 | 18.000 | 18.000 | 18.000 | 18.000 | 18.000 | 18.000 | 18.000 | 18.000 | 14 |
| 15 | 18.000 | 18.000 | 18.000 | 18.000 | 18.000 | 18.000 | 18.000 | 18.000 | 18.000 | 18.000 | 18.000 | 18.000 | 18.000 | 18.000 | 18.000 | 18.000 | 18.000 | 18.000 | 18.000 | 17.200 | 15 |
| 16 | 18.000 | 18.000 | 18.000 | 18.000 | 18.000 | 18.000 | 18.000 | 18.000 | 18.000 | 18.000 | 18.000 | 18.000 | 18.000 | 18.000 | 18.000 | 18.000 | 18.000 | 18.000 | 17.500 | 16.300 | 16 |
| 17 | 18.000 | 18.000 | 18.000 | 18.000 | 18.000 | 18.000 | 18.000 | 18.000 | 18.000 | 18.000 | 18.000 | 18.000 | 18.000 | 18.000 | 18.000 | 18.000 | 17.550 | 16.900 | 16.300 | 15.200 | 17 |
| 18 | 18.000 | 18.000 | 18.000 | 18.000 | 18.000 | 18.000 | 18.000 | 18.000 | 18.000 | 18.000 | 18.000 | 18.000 | 18.000 | 18.000 | 17.950 | 17.200 | 16.560 | 15.950 | 15.350 | 14.350 | 18 |
| 19 | 18.000 | 18.000 | 18.000 | 18.000 | 18.000 | 18.000 | 18.000 | 18.000 | 18.000 | 18.000 | 18.000 | 18.000 | 18.000 | 17.750 | 17.000 | 16.300 | 15.700 | 15.100 | 14.550 | 13.600 | 19 |
| 20 | 18.000 | 18.000 | 18.000 | 18.000 | 18.000 | 18.000 | 18.000 | 18.000 | 18.000 | 18.000 | 18.000 | 18.000 | 17.600 | 16.850 | 16.150 | 15.500 | 14.900 | 14.350 | 13.850 | 12.900 | 20 |
| 21 | 18.000 | 18.000 | 18.000 | 18.000 | 18.000 | 18.000 | 18.000 | 18.000 | 18.000 | 18.000 | 18.000 | 17.550 | 16.750 | 16.050 | 15.350 | 14.750 | 14.200 | 13.650 | 13.150 | 12.300 | 21 |
| 22 | 18.000 | 18.000 | 18.000 | 18.000 | 18.000 | 18.000 | 18.000 | 18.000 | 18.000 | 18.000 | 17.200 | 16.400 | 15.650 | 14.950 | 14.350 | 13.750 | 13.250 | 12.750 | 12.300 | 11.450 | 22 |
| 23 | 18.000 | 18.000 | 18.000 | 18.000 | 18.000 | 18.000 | 18.000 | 18.000 | 18.000 | 17.300 | 16.450 | 15.650 | 14.800 | 14.300 | 13.700 | 13.150 | 12.650 | 12.200 | 11.750 | 10.950 | 23 |
| 24 | 18.000 | 18.000 | 18.000 | 18.000 | 18.000 | 18.000 | 18.000 | 18.000 | 17.500 | 16.600 | 15.750 | 15.000 | 14.150 | 13.700 | 13.150 | 12.600 | 12.100 | 11.650 | 11.250 | 10.500 | 24 |
| 25 | 18.000 | 18.000 | 18.000 | 18.000 | 18.000 | 18.000 | 18.000 | 17.600 | 16.600 | 15.750 | 15.150 | 14.250 | 13.600 | 13.150 | 12.600 | 12.100 | 11.650 | 11.200 | 10.800 | 10.100 | 25 |
| 26 | 18.000 | 18.000 | 18.000 | 18.000 | 18.000 | 18.000 | 18.000 | 16.900 | 16.000 | 15.150 | 14.550 | 13.700 | 13.050 | 12.500 | 12.100 | 11.650 | 11.200 | 10.650 | 10.300 | 9.600 | 26 |
| 27 | 18.000 | 18.000 | 18.000 | 18.000 | 18.000 | 18.000 | 17.300 | 16.300 | 15.400 | 14.600 | 14.000 | 13.350 | 12.750 | 12.200 | 11.650 | 11.200 | 10.750 | 10.350 | 10.000 | 9.350 | 27 |
| 28 | 18.000 | 18.000 | 18.000 | 18.000 | 17.450 | 17.800 | 16.700 | 15.700 | 14.850 | 14.050 | 13.350 | 12.700 | 12.300 | 11.600 | 11.250 | 10.700 | 10.400 | 10.000 | 9.550 | 9.000 | 28 |
| 29 | 18.000 | 18.000 | 18.000 | 17.950 | 16.850 | 17.200 | 16.100 | 15.150 | 14.350 | 13.550 | 12.900 | 12.250 | 11.700 | 11.200 | 10.750 | 10.300 | 10.050 | 9.550 | 9.200 | 8.600 | 29 |
| 30 | 18.000 | 18.000 | 18.000 | 17.350 | 16.300 | 16.600 | 15.400 | 14.500 | 13.850 | 13.100 | 12.450 | 11.850 | 11.350 | 10.850 | 10.400 | 9.950 | 9.600 | 9.200 | 8.900 | 8.300 | 30 |
| 31 | 18.000 | 18.000 | 18.000 | 17.000 | 15.750 | 16.100 | 15.100 | 14.200 | 13.550 | 12.850 | 12.200 | 11.600 | 11.100 | 10.600 | 10.150 | 9.750 | 9.400 | 9.050 | 8.700 | 8.150 | 31 |
| 32 | 18.000 | 18.000 | 17.600 | 16.450 | 15.250 | 15.600 | 14.600 | 13.750 | 13.150 | 12.450 | 11.800 | 11.250 | 10.750 | 10.250 | 9.850 | 9.450 | 9.100 | 8.650 | 8.450 | 7.800 | 32 |
| 33 | 18.000 | 18.000 | 17.100 | 15.950 | 14.800 | 15.100 | 14.150 | 13.350 | 12.600 | 12.050 | 11.450 | 10.800 | 10.400 | 9.850 | 9.550 | 9.150 | 8.700 | 8.400 | 8.200 | 7.550 | 33 |
| 34 | 18.000 | 18.000 | 16.600 | 15.500 | 14.400 | 14.650 | 13.750 | 12.950 | 12.200 | 11.550 | 11.100 | 10.450 | 10.100 | 9.550 | 9.250 | 8.800 | 8.450 | 8.150 | 7.850 | 7.300 | 34 |
| 35 | 18.000 | 17.350 | 16.100 | 15.050 | 13.950 | 14.250 | 13.350 | 12.550 | 11.850 | 11.250 | 10.650 | 10.150 | 9.700 | 9.300 | 9.000 | 8.550 | 8.200 | 7.900 | 7.600 | 7.100 | 35 |
| 36 | 18.000 | 16.850 | 15.650 | 14.450 | 13.600 | 13.850 | 13.000 | 12.200 | 11.550 | 10.950 | 10.400 | 9.900 | 9.450 | 9.000 | 8.650 | 8.300 | 8.000 | 7.700 | 7.400 | 6.850 | 36 |
| 37 | 18.000 | 16.400 | 15.250 | 14.050 | 13.200 | 13.450 | 12.500 | 11.900 | 11.250 | 10.650 | 10.100 | 9.600 | 9.200 | 8.800 | 8.400 | 8.050 | 7.750 | 7.500 | 7.200 | 6.650 | 37 |
| 38 | 17.350 | 16.000 | 14.850 | 13.700 | 12.700 | 13.100 | 12.150 | 11.550 | 10.950 | 10.350 | 9.850 | 9.350 | 8.850 | 8.550 | 8.200 | 7.750 | 7.550 | 7.300 | 7.000 | 6.450 | 38 |
| 39 | 16.900 | 15.550 | 14.450 | 13.350 | 12.400 | 12.650 | 11.850 | 11.250 | 10.650 | 10.100 | 9.600 | 9.100 | 8.600 | 8.350 | 8.000 | 7.550 | 7.350 | 7.100 | 6.750 | 6.300 | 39 |
| 40 | 16.500 | 15.200 | 14.100 | 13.000 | 12.050 | 12.300 | 11.550 | 11.000 | 10.400 | 9.700 | 9.350 | 8.800 | 8.400 | 8.100 | 7.700 | 7.400 | 7.150 | 6.850 | 6.600 | 6.150 | 40 |
| 41 | 16.100 | 14.800 | 13.550 | 12.700 | 11.750 | 12.000 | 11.250 | 10.600 | 10.150 | 9.500 | 9.100 | 8.550 | 8.200 | 7.850 | 7.500 | 7.200 | 7.000 | 6.650 | 6.400 | 6.000 | 41 |
| 42 | 15.700 | 14.450 | 13.250 | 12.400 | 11.500 | 11.750 | 11.000 | 10.350 | 9.750 | 9.250 | 8.800 | 8.350 | 8.000 | 7.650 | 7.300 | 7.050 | 6.650 | 6.500 | 6.250 | 5.700 | 42 |
| 43 | 15.350 | 14.100 | 12.950 | 12.100 | 11.250 | 11.450 | 10.750 | 10.100 | 9.550 | 9.050 | 8.600 | 8.150 | 7.800 | 7.450 | 7.150 | 6.800 | 6.500 | 6.350 | 6.100 | 5.600 | 43 |
| 44 | 15.000 | 13.800 | 12.650 | 11.800 | 10.950 | 11.200 | 10.500 | 9.850 | 9.300 | 8.850 | 8.400 | 8.000 | 7.600 | 7.300 | 7.000 | 6.600 | 6.350 | 6.200 | 6.000 | 5.450 | 44 |
| 45 | 14.650 | 13.500 | 12.350 | 11.550 | 10.750 | 10.800 | 10.250 | 9.650 | 9.100 | 8.650 | 8.200 | 7.700 | 7.450 | 7.150 | 6.750 | 6.500 | 6.250 | 6.050 | 5.700 | 5.350 | 45 |
| 46 | 14.350 | 13.200 | 12.100 | 11.300 | 10.500 | 10.600 | 10.050 | 9.450 | 8.800 | 8.450 | 8.000 | 7.550 | 7.300 | 6.900 | 6.600 | 6.350 | 6.100 | 5.800 | 5.600 | 5.200 | 46 |
| 47 | 14.050 | 12.750 | 11.850 | 11.050 | 10.250 | 10.350 | 9.700 | 9.250 | 8.600 | 8.250 | 7.750 | 7.400 | 7.150 | 6.750 | 6.450 | 6.200 | 5.900 | 5.650 | 5.450 | 5.100 | 47 |
| 48 | 13.750 | 12.500 | 11.600 | 10.700 | 10.050 | 10.150 | 9.500 | 9.050 | 8.450 | 8.100 | 7.600 | 7.250 | 7.000 | 6.600 | 6.300 | 6.050 | 5.750 | 5.550 | 5.350 | 5.000 | 48 |
| 49 | 13.450 | 12.250 | 11.350 | 10.500 | 9.750 | 9.950 | 9.300 | 8.750 | 8.250 | 7.850 | 7.450 | 7.100 | 6.750 | 6.450 | 6.200 | 5.850 | 5.650 | 5.450 | 5.250 | 4.900 | 49 |
| 50 | 13.200 | 12.000 | 11.150 | 10.250 | 9.550 | 9.750 | 9.100 | 8.600 | 8.100 | 7.650 | 7.300 | 6.850 | 6.600 | 6.350 | 6.050 | 5.750 | 5.550 | 5.350 | 5.150 | 4.900 | 50 |

# PESO DE PLANOS DE ACERO

*(Peso específico 7,85)*

| Espesor mm. | ANCHO EN MILÍMETROS 10 | 12 | 14 | 15 | 16 | 18 | 20 | 22 | 24 | 25 | 26 | 28 | 30 | 32 | 34 | 35 | Espesor mm. |
|---|---|---|---|---|---|---|---|---|---|---|---|---|---|---|---|---|---|
| 1 | 0,079 | 0,094 | 0,110 | 0,118 | 0,126 | 0,141 | 0,157 | 0,173 | 0,188 | 0,196 | 0,204 | 0,220 | 0,236 | 0,251 | 0,267 | 0,275 | 1 |
| 2 | 0,157 | 0,188 | 0,220 | 0,236 | 0,251 | 0,283 | 0,314 | 0,345 | 0,377 | 0,393 | 0,408 | 0,440 | 0,471 | 0,502 | 0,534 | 0,550 | 2 |
| 3 | 0,236 | 0,283 | 0,330 | 0,353 | 0,377 | 0,424 | 0,471 | 0,518 | 0,565 | 0,589 | 0,612 | 0,659 | 0,707 | 0,754 | 0,801 | 0,824 | 3 |
| 4 | 0,314 | 0,377 | 0,440 | 0,471 | 0,502 | 0,565 | 0,628 | 0,691 | 0,754 | 0,785 | 0,816 | 0,879 | 0,942 | 1,005 | 1,068 | 1,099 | 4 |
| 5 | 0,393 | 0,471 | 0,550 | 0,589 | 0,628 | 0,707 | 0,785 | 0,864 | 0,942 | 0,981 | 1,021 | 1,099 | 1,178 | 1,256 | 1,335 | 1,374 | 5 |
| 6 | 0,471 | 0,565 | 0,659 | 0,707 | 0,754 | 0,848 | 0,942 | 1,036 | 1,130 | 1,178 | 1,225 | 1,319 | 1,413 | 1,507 | 1,601 | 1,649 | 6 |
| 7 | 0,550 | 0,659 | 0,769 | 0,824 | 0,879 | 0,989 | 1,089 | 1,209 | 1,319 | 1,374 | 1,429 | 1,539 | 1,649 | 1,758 | 1,868 | 1,923 | 7 |
| 8 | 0,628 | 0,754 | 0,879 | 0,942 | 1,005 | 1,130 | 1,256 | 1,382 | 1,507 | 1,570 | 1,633 | 1,758 | 1,884 | 2,010 | 2,135 | 2,198 | 8 |
| 9 | 0,707 | 0,848 | 0,989 | 1,060 | 1,130 | 1,272 | 1,413 | 1,554 | 1,696 | 1,766 | 1,837 | 1,978 | 2,120 | 2,261 | 2,402 | 2,473 | 9 |
| 10 | 0,785 | 0,942 | 1,099 | 1,178 | 1,256 | 1,413 | 1,570 | 1,727 | 1,884 | 1,963 | 2,041 | 2,198 | 2,355 | 2,512 | 2,669 | 2,748 | 10 |
| 11 | 0,864 | 1,036 | 1,209 | 1,295 | 1,382 | 1,554 | 1,727 | 1,900 | 2,072 | 2,159 | 2,245 | 2,418 | 2,591 | 2,763 | 2,936 | 3,022 | 11 |
| 12 | 0,942 | 1,130 | 1,319 | 1,413 | 1,507 | 1,696 | 1,884 | 2,072 | 2,261 | 2,355 | 2,449 | 2,638 | 2,826 | 3,014 | 3,203 | 3,297 | 12 |
| 13 | 1,021 | 1,225 | 1,429 | 1,531 | 1,633 | 1,837 | 2,041 | 2,245 | 2,449 | 2,551 | 2,653 | 2,857 | 3,062 | 3,266 | 3,470 | 3,572 | 13 |
| 14 | 1,099 | 1,319 | 1,539 | 1,649 | 1,758 | 1,978 | 2,198 | 2,418 | 2,638 | 2,748 | 2,857 | 3,077 | 3,297 | 3,517 | 3,737 | 3,847 | 14 |
| 15 | 1,178 | 1,413 | 1,649 | 1,766 | 1,884 | 2,120 | 2,355 | 2,591 | 2,826 | 2,944 | 3,062 | 3,297 | 3,533 | 3,768 | 4,004 | 4,121 | 15 |
| 16 | 1,256 | 1,507 | 1,758 | 1,884 | 2,010 | 2,261 | 2,512 | 2,763 | 3,014 | 3,140 | 3,266 | 3,517 | 3,768 | 4,019 | 4,270 | 4,396 | 16 |
| 17 | 1,335 | 1,601 | 1,868 | 2,002 | 2,135 | 2,402 | 2,669 | 2,936 | 3,203 | 3,336 | 3,470 | 3,737 | 4,004 | 4,270 | 4,537 | 4,671 | 17 |
| 18 | 1,413 | 1,696 | 1,978 | 2,120 | 2,261 | 2,543 | 2,826 | 3,109 | 3,391 | 3,533 | 3,674 | 3,956 | 4,239 | 4,522 | 4,804 | 4,946 | 18 |
| 19 | 1,492 | 1,790 | 2,088 | 2,237 | 2,386 | 2,685 | 2,983 | 3,281 | 3,580 | 3,729 | 3,878 | 4,176 | 4,475 | 4,773 | 5,071 | 5,220 | 19 |
| 20 | 1,570 | 1,884 | 2,198 | 2,355 | 2,512 | 2,826 | 3,140 | 3,454 | 3,768 | 3,925 | 4,082 | 4,396 | 4,710 | 5,024 | 5,338 | 5,495 | 20 |
| 21 | 1,649 | 1,978 | 2,308 | 2,473 | 2,638 | 2,967 | 3,297 | 3,627 | 3,956 | 4,121 | 4,286 | 4,616 | 4,946 | 5,275 | 5,605 | 5,770 | 21 |
| 22 | 1,727 | 2,072 | 2,418 | 2,591 | 2,763 | 3,109 | 3,454 | 3,799 | 4,145 | 4,318 | 4,490 | 4,836 | 5,181 | 5,526 | 5,872 | 6,045 | 22 |
| 23 | 1,806 | 2,167 | 2,528 | 2,708 | 2,889 | 3,250 | 3,611 | 3,972 | 4,333 | 4,514 | 4,694 | 5,055 | 5,417 | 5,778 | 6,139 | 6,319 | 23 |
| 24 | 1,884 | 2,261 | 2,638 | 2,826 | 3,014 | 3,391 | 3,768 | 4,145 | 4,522 | 4,710 | 4,898 | 5,275 | 5,652 | 6,029 | 6,406 | 6,594 | 24 |
| 25 | 1,963 | 2,355 | 2,748 | 2,944 | 3,140 | 3,533 | 3,925 | 4,318 | 4,710 | 4,906 | 5,103 | 5,495 | 5,888 | 6,280 | 6,673 | 6,869 | 25 |
| 26 | 2,041 | 2,449 | 2,857 | 3,062 | 3,266 | 3,674 | 4,082 | 4,490 | 4,898 | 5,103 | 5,307 | 5,715 | 6,123 | 6,531 | 6,939 | 7,144 | 26 |
| 27 | 2,120 | 2,543 | 2,967 | 3,179 | 3,391 | 3,815 | 4,239 | 4,663 | 5,087 | 5,299 | 5,511 | 5,935 | 6,359 | 6,782 | 7,206 | 7,418 | 27 |
| 28 | 2,198 | 2,638 | 3,077 | 3,297 | 3,517 | 3,956 | 4,396 | 4,836 | 5,275 | 5,495 | 5,715 | 6,154 | 6,594 | 7,034 | 7,473 | 7,693 | 28 |
| 29 | 2,277 | 2,732 | 3,187 | 3,415 | 3,642 | 4,098 | 4,553 | 5,008 | 5,464 | 5,691 | 5,919 | 6,374 | 6,830 | 7,285 | 7,740 | 7,968 | 29 |
| 30 | 2,355 | 2,826 | 3,297 | 3,533 | 3,768 | 4,239 | 4,710 | 5,181 | 5,652 | 5,888 | 6,123 | 6,594 | 7,065 | 7,536 | 8,007 | 8,243 | 30 |
| 31 | 2,434 | 2,920 | 3,407 | 3,650 | 3,894 | 4,380 | 4,867 | 5,354 | 5,840 | 6,084 | 6,327 | 6,814 | 7,301 | 7,787 | 8,274 | 8,517 | 31 |
| 32 | 2,512 | 3,014 | 3,517 | 3,768 | 4,019 | 4,522 | 5,024 | 5,526 | 6,029 | 6,280 | 6,531 | 7,034 | 7,536 | 8,038 | 8,541 | 8,792 | 32 |
| 33 | 2,591 | 3,109 | 3,627 | 3,886 | 4,145 | 4,663 | 5,181 | 5,699 | 6,217 | 6,476 | 6,735 | 7,253 | 7,772 | 8,290 | 8,808 | 9,067 | 33 |
| 34 | 2,669 | 3,203 | 3,737 | 4,004 | 4,270 | 4,804 | 5,338 | 5,872 | 6,406 | 6,673 | 6,939 | 7,473 | 8,007 | 8,541 | 9,075 | 9,342 | 34 |
| 35 | 2,748 | 3,297 | 3,847 | 4,121 | 4,396 | 4,946 | 5,495 | 6,015 | 6,594 | 6,869 | 7,144 | 7,693 | 8,243 | 8,792 | 9,342 | 9,616 | 35 |
| 36 | 2,826 | 3,391 | 3,956 | 4,239 | 4,522 | 5,087 | 5,652 | 6,217 | 6,782 | 7,065 | 7,348 | 7,913 | 8,478 | 9,043 | 9,608 | 9,891 | 36 |

| Espesor mm. | 36 | 38 | 40 | 42 | 44 | 45 | 48 | 50 | 55 | 60 | 65 | 70 | 75 | 80 | 90 | 100 | Espesor mm. |
|---|---|---|---|---|---|---|---|---|---|---|---|---|---|---|---|---|---|
| 1 | 0,283 | 0,298 | 0,314 | 0,330 | 0,345 | 0,353 | 0,377 | 0,393 | 0,432 | 0,471 | 0,510 | 0,550 | 0,589 | 0,628 | 0,707 | 0,785 | 1 |
| 2 | 0,565 | 0,597 | 0,628 | 0,659 | 0,691 | 0,707 | 0,754 | 0,785 | 0,864 | 0,942 | 1,021 | 1,099 | 1,178 | 1,256 | 1,413 | 1,570 | 2 |
| 3 | 0,848 | 0,895 | 0,942 | 0,989 | 1,036 | 1,060 | 1,130 | 1,178 | 1,295 | 1,413 | 1,531 | 1,649 | 1,766 | 1,884 | 2,120 | 2,355 | 3 |
| 4 | 1,130 | 1,193 | 1,256 | 1,319 | 1,382 | 1,413 | 1,507 | 1,570 | 1,727 | 1,884 | 2,041 | 2,198 | 2,355 | 2,512 | 2,826 | 3,140 | 4 |
| 5 | 1,413 | 1,492 | 1,570 | 1,649 | 1,727 | 1,766 | 1,884 | 1,963 | 2,159 | 2,355 | 2,551 | 2,748 | 2,944 | 3,140 | 3,533 | 3,925 | 5 |
| 6 | 1,696 | 1,790 | 1,884 | 1,978 | 2,072 | 2,120 | 2,261 | 2,355 | 2,591 | 2,826 | 3,062 | 3,297 | 3,533 | 3,768 | 4,239 | 4,710 | 6 |
| 7 | 1,978 | 2,088 | 2,198 | 2,308 | 2,418 | 2,473 | 2,638 | 2,748 | 3,022 | 3,297 | 3,572 | 3,847 | 4,121 | 4,396 | 4,946 | 5,495 | 7 |
| 8 | 2,261 | 2,386 | 2,512 | 2,638 | 2,763 | 2,826 | 3,014 | 3,140 | 3,454 | 3,768 | 4,082 | 4,396 | 4,710 | 5,024 | 5,652 | 6,280 | 8 |
| 9 | 2,543 | 2,685 | 2,826 | 2,967 | 3,109 | 3,179 | 3,391 | 3,533 | 3,886 | 4,239 | 4,592 | 4,946 | 5,299 | 5,652 | 6,359 | 7,065 | 9 |
| 10 | 2,826 | 2,983 | 3,140 | 3,297 | 3,454 | 3,533 | 3.768 | 3,925 | 4,318 | 4,710 | 5,103 | 5,495 | 5,888 | 6,280 | 7,065 | 7,850 | 10 |
| 11 | 3,109 | 3,281 | 3,454 | 3,627 | 3,799 | 3,886 | 4,145 | 4,318 | 4,749 | 5,181 | 5,613 | 6,045 | 6,476 | 6,908 | 7,772 | 8,635 | 11 |
| 12 | 3,391 | 3,580 | 3,768 | 3,956 | 4,145 | 4,239 | 4,522 | 4,710 | 5,181 | 5,652 | 6,123 | 6,594 | 7,065 | 7,536 | 8,478 | 9,420 | 12 |
| 13 | 3,674 | 3,878 | 4,082 | 4,286 | 4,490 | 4,592 | 4,898 | 5,103 | 5,613 | 6,125 | 6,633 | 7,144 | 7,654 | 8,164 | 9,185 | 10,205 | 13 |
| 14 | 3,956 | 4,176 | 4,396 | 4,616 | 4,836 | 4,946 | 5,275 | 5,495 | 6,045 | 6,591 | 7,144 | 7,693 | 8,243 | 8,792 | 9,891 | 10,990 | 14 |
| 15 | 4,239 | 4,475 | 4,710 | 4,946 | 5,181 | 5,299 | 5,652 | 5,888 | 6,476 | 7,065 | 7,654 | 8,243 | 8,831 | 9,420 | 10,598 | 11,775 | 15 |
| 16 | 4,522 | 4,773 | 5,024 | 5,275 | 5,526 | 5,652 | 6,029 | 6,280 | 6,908 | 7,536 | 8,164 | 8,792 | 9,420 | 10,048 | 11,304 | 12,560 | 16 |
| 17 | 4,804 | 5,071 | 5,338 | 5,605 | 5,872 | 6,005 | 6,406 | 6,673 | 7,340 | 8,007 | 8,674 | 9,342 | 10,009 | 10,676 | 12,011 | 13,345 | 17 |
| 18 | 5,087 | 5,369 | 5,652 | 5,935 | 6,217 | 6,359 | 6,782 | 7,065 | 7,772 | 8,478 | 9,185 | 9,891 | 10,598 | 11,304 | 12,717 | 14,130 | 18 |
| 19 | 5,369 | 5,668 | 5,966 | 6,264 | 6,563 | 6,712 | 7,159 | 7,458 | 8,203 | 8,949 | 9,695 | 10,441 | 11,186 | 11,932 | 13,424 | 14,915 | 19 |
| 20 | 5,652 | 5,966 | 6,280 | 6,594 | 6,908 | 7,065 | 7,536 | 7,850 | 8,635 | 9,420 | 10,205 | 10,990 | 11,775 | 12,560 | 14,130 | 15,700 | 20 |
| 21 | 5,935 | 6,264 | 6,594 | 6,924 | 7,253 | 7,418 | 7,913 | 8,243 | 9,067 | 9,891 | 10,715 | 11,540 | 12,364 | 13,188 | 14,837 | 16,485 | 21 |
| 22 | 6,217 | 6,563 | 6,908 | 7,253 | 7,599 | 7,772 | 8,290 | 8,635 | 9,499 | 10,362 | 11,226 | 12,089 | 12,953 | 13,816 | 15,543 | 17,270 | 22 |
| 23 | 6,500 | 6,861 | 7,222 | 7,583 | 7,944 | 8,125 | 8,666 | 9,028 | 9,930 | 10,833 | 11,736 | 12,639 | 13,541 | 14,444 | 16,250 | 18,055 | 23 |
| 24 | 6,782 | 7,159 | 7,536 | 7,913 | 8,290 | 8,478 | 9,043 | 9,420 | 10,632 | 11,304 | 12,246 | 13,188 | 14,130 | 15,072 | 16,956 | 18,840 | 24 |
| 25 | 7,065 | 7,458 | 7,850 | 8,243 | 8,635 | 8,831 | 9,420 | 9,813 | 10,794 | 11,775 | 12,756 | 13,738 | 14,719 | 15,700 | 17,663 | 19,625 | 25 |
| 26 | 7,348 | 7,756 | 8,164 | 8,572 | 8,980 | 9,185 | 9,797 | 10,205 | 11,226 | 12,246 | 13,267 | 14,287 | 15,308 | 16,328 | 18,369 | 20,410 | 26 |
| 27 | 7,630 | 8,054 | 8,478 | 8,902 | 9,326 | 9,538 | 10,174 | 10,598 | 11,657 | 12,717 | 13,777 | 14,837 | 15,896 | 16,956 | 19,076 | 21,195 | 27 |
| 28 | 7,913 | 8,352 | 8,792 | 9,232 | 9,671 | 9,891 | 10,550 | 10,990 | 12,089 | 13,188 | 14,287 | 15,386 | 16,485 | 17,584 | 19,782 | 21,980 | 28 |
| 29 | 8,195 | 8,651 | 9,106 | 9,561 | 10,017 | 10,244 | 10,927 | 11,383 | 12,521 | 13,659 | 14,797 | 15,936 | 17,074 | 18,212 | 20,489 | 22,765 | 29 |
| 30 | 8,478 | 8,949 | 9,420 | 9,891 | 10,362 | 10,598 | 11,304 | 11,775 | 12,953 | 14,130 | 15,308 | 16,485 | 17,663 | 18,840 | 21,195 | 23,550 | 30 |
| 31 | 8,761 | 9,247 | 9,734 | 10,221 | 10,707 | 10,951 | 11,681 | 12,168 | 13,384 | 14,601 | 15,818 | 17,035 | 18,251 | 19,468 | 21,902 | 24,335 | 31 |
| 32 | 9,043 | 9,546 | 10,048 | 10,550 | 11,053 | 11,304 | 12,058 | 12,560 | 13,816 | 15,072 | 16,328 | 17,584 | 18,840 | 20,096 | 22,608 | 25,120 | 32 |
| 33 | 9,326 | 9,844 | 10,362 | 10,880 | 11,398 | 11,657 | 12,434 | 12,953 | 14,248 | 15,543 | 16,838 | 18,134 | 19,429 | 20,724 | 23,315 | 25,905 | 33 |
| 34 | 9,608 | 10,142 | 10,676 | 11,210 | 11,744 | 12,011 | 12,811 | 13,345 | 14,680 | 16,014 | 17,349 | 18,683 | 20,018 | 21,352 | 24,021 | 26,690 | 34 |
| 35 | 9,891 | 10,441 | 10,990 | 11,540 | 12,089 | 12,364 | 13,188 | 13,738 | 15,111 | 16,485 | 17,859 | 19,233 | 20,606 | 21,980 | 24,728 | 27,475 | 35 |
| 36 | 10,174 | 10,739 | 11,304 | 11,869 | 12,434 | 12,717 | 13,565 | 14,130 | 15,543 | 16,956 | 18,369 | 19,782 | 21,195 | 22,608 | 25,434 | 28,260 | 36 |

AL-15$_1$

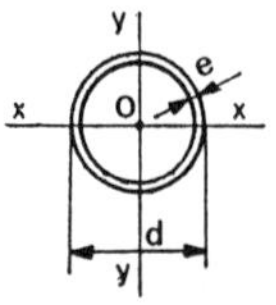


# DIMENSIONES Y VALORES ESTÁTICOS PARA PERFILES HUECOS REDONDOS

| Perfil ○ mm | | A cm² | P kg/m | Dimensiones d mm | e mm | u mm | Términos de sección $S_x$ cm³ | $I_t$ cm⁴ | $I_T$ cm⁴ | $W_x$ cm³ | $i_x$ cm | Suministro |
|---|---|---|---|---|---|---|---|---|---|---|---|---|
| 40 | 2 | 2,39 | 1,88 | 40 | 2 | 126 | 1,44 | 8,66 | 4,33 | 2,16 | 1,35 | P |
| | 3 | 3,49 | 2,74 | 40 | 3 | 126 | 2,05 | 12,0 | 6,01 | 3,00 | 1,31 | P |
| | 4 | 4,52 | 3,55 | 40 | 4 | 126 | 2,60 | 14,8 | 7,42 | 3,71 | 1,28 | C |
| 45 | 2 | 2,70 | 2,12 | 45 | 2 | 141 | 1,85 | 12,5 | 6,26 | 2,78 | 1,52 | P |
| | 3 | 3,96 | 3,11 | 45 | 3 | 141 | 2,65 | 17,5 | 8,77 | 3,90 | 1,49 | P |
| | 4 | 5,15 | 4,04 | 45 | 4 | 141 | 3,37 | 21,8 | 10,9 | 4,84 | 1,45 | C |
| 50 | 2 | 3,02 | 2,37 | 50 | 2 | 157 | 2,30 | 17,4 | 8,70 | 3,48 | 1,69 | P |
| | 3 | 4,43 | 3,47 | 50 | 3 | 157 | 3,31 | 24,5 | 12,2 | 4,91 | 1,66 | P |
| | 4 | 5,78 | 4,53 | 50 | 4 | 157 | 4,23 | 30,8 | 15,4 | 6,16 | 1,63 | P |
| 55 | 2 | 3,33 | 2,61 | 55 | 2 | 173 | 2,81 | 23,4 | 11,7 | 4,25 | 1,87 | C |
| | 3 | 4,90 | 3,85 | 55 | 3 | 173 | 4,06 | 33,2 | 16,6 | 6,04 | 1,84 | C |
| | 4 | 6,41 | 5,03 | 55 | 4 | 173 | 5,21 | 42,0 | 21,0 | 7,64 | 2,01 | C |
| 60 | 2 | 3,64 | 2,86 | 60 | 2 | 188 | 3,36 | 30,6 | 15,3 | 5,11 | 2,05 | P |
| | 3 | 5,37 | 4,21 | 60 | 3 | 188 | 4,87 | 43,7 | 21,8 | 7,29 | 2,01 | P |
| | 4 | 7,04 | 5,52 | 60 | 4 | 188 | 6,27 | 55,4 | 27,7 | 9,24 | 1,98 | P |
| 65 | 2 | 3,96 | 3,11 | 65 | 2 | 204 | 3,97 | 39,4 | 19,7 | 6,06 | 2,23 | C |
| | 3 | 5,84 | 4,58 | 65 | 3 | 204 | 5,78 | 56,2 | 28,1 | 8,65 | 2,19 | C |
| | 4 | 7,67 | 6,02 | 65 | 4 | 204 | 7,46 | 71,6 | 35,8 | 11,6 | 2,16 | C |
| 70 | 2 | 4,27 | 3,35 | 70 | 2 | 220 | 4,62 | 49,4 | 24,7 | 7,05 | 2,41 | P |
| | 3 | 6,31 | 4,95 | 70 | 3 | 220 | 6,73 | 71,0 | 35,5 | 10,1 | 2,37 | P |
| | 4 | 8,29 | 6,51 | 70 | 4 | 220 | 8,72 | 90,6 | 45,3 | 12,9 | 2,34 | C |
| 75 | 2 | 4,58 | 3,60 | 75 | 2 | 236 | 5,33 | 61,1 | 30,5 | 8,15 | 2,58 | P |
| | 3 | 6,78 | 5,32 | 75 | 3 | 236 | 7,78 | 88,0 | 44,0 | 11,7 | 2,54 | P |
| | 4 | 8,92 | 7,00 | 75 | 4 | 236 | 10,1 | 113 | 56,3 | 15,0 | 3,51 | P |

| Perfil ○ mm | | A cm² | P kg/m | Dimensiones d mm | e mm | u mm | Términos de sección $S_x$ cm³ | $I_t$ cm⁴ | $I_x$ cm⁴ | $W_x$ cm³ | $i_x$ cm | Suministro |
|---|---|---|---|---|---|---|---|---|---|---|---|---|
| 80 | 2 | 4,90 | 3,85 | 80 | 2 | 251 | 6,09 | 74,6 | 37,3 | 9,33 | 2,76 | C |
| | 3 | 7,26 | 5,70 | 80 | 3 | 251 | 8,90 | 108 | 53,9 | 13,5 | 2,72 | C |
| | 4 | 9,55 | 7,50 | 80 | 4 | 251 | 11,6 | 138 | 69,1 | 17,3 | 2,69 | C |
| 90 | 3 | 8,19 | 6,43 | 90 | 3 | 283 | 11,4 | 155 | 77,6 | 17,3 | 3,07 | P |
| | 4 | 10,8 | 8,48 | 90 | 4 | 283 | 14,8 | 200 | 100 | 22,3 | 3,04 | P |
| | 5 | 13,4 | 10,5 | 90 | 5 | 283 | 18,1 | 242 | 121 | 26,9 | 3,01 | P |
| 100 | 3 | 9,14 | 7,17 | 100 | 3 | 314 | 14,1 | 215 | 108 | 21,5 | 3,43 | P |
| | 4 | 12,1 | 9,47 | 100 | 4 | 314 | 18,4 | 278 | 139 | 27,8 | 3,39 | P |
| | 5 | 14,9 | 11,7 | 100 | 5 | 314 | 22,6 | 338 | 169 | 33,8 | 3,36 | P |
| | 6 | 17,7 | 13,9 | 100 | 6 | 314 | 26,5 | 393 | 196 | 39,3 | 3,33 | C |
| 125 | 4 | 15,2 | 11,9 | 125 | 4 | 393 | 29,3 | 557 | 279 | 44,6 | 4,28 | C |
| | 5 | 18,8 | 14,8 | 125 | 5 | 393 | 36,0 | 680 | 340 | 54,4 | 4,24 | C |
| | 6 | 22,4 | 17,6 | 125 | 6 | 393 | 42,5 | 796 | 398 | 63,7 | 4,21 | C |
| 155 | 5 | 23,6 | 18,5 | 155 | 5 | 487 | 56,2 | 1330 | 663 | 85,5 | 5,30 | C |
| | 6 | 28,1 | 22,1 | 155 | 6 | 487 | 66,6 | 1560 | 781 | 101 | 5,27 | C |
| | 8 | 36,9 | 29,0 | 155 | 8 | 487 | 86,5 | 2000 | 1000 | 129 | 5,21 | C |
| 175 | 5 | 26,7 | 21,0 | 175 | 5 | 550 | 72,3 | 1330 | 966 | 110 | 6,01 | C |
| | 6 | 31,9 | 25,0 | 175 | 6 | 550 | 85,7 | 2280 | 1140 | 130 | 5,98 | C |
| | 8 | 42,0 | 33,0 | 175 | 8 | 550 | 112 | 2940 | 1470 | 168 | 5,92 | C |
| 200 | 5 | 30,6 | 24,0 | 200 | 5 | 628 | 95,1 | 2920 | 1460 | 146 | 6,91 | C |
| | 6 | 36,6 | 28,7 | 200 | 6 | 628 | 113 | 3440 | 1720 | 172 | 6,86 | C |
| | 8 | 48,3 | 37,9 | 200 | 8 | 628 | 148 | 4460 | 2230 | 223 | 6,79 | C |

AL-15$_2$

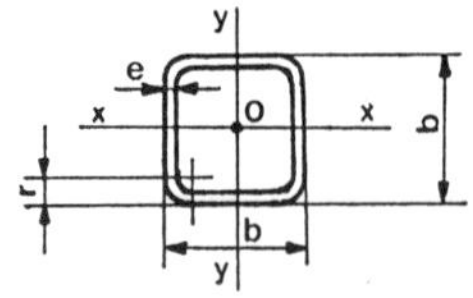


# DIMENSIONES Y VALORES ESTÁTICOS PARA PERFILES HUECOS CUADRADOS

| Perfil □ mm | | A cm² | P kg/m | Dimensiones b mm | e mm | r mm | u mm | Términos de sección $I_T$ cm⁴ | $S_x$ cm³ | $I_x$ cm⁴ | $W_x$ cm³ | $i_x$ cm | Suministro |
|---|---|---|---|---|---|---|---|---|---|---|---|---|---|
| 40 | 2 | 2,90 | 2,28 | 40 | 2 | 5 | 151 | 11,3 | 2,04 | 6,60 | 3,40 | 1,53 | P |
| | 3 | 4,13 | 3,24 | 40 | 3 | 8 | 147 | 15,6 | 2,80 | 9,01 | 4,51 | 1,48 | P |
| | 4 | 5,21 | 4,09 | 40 | 4 | 10 | 143 | 18,9 | 3,46 | 10,5 | 5,26 | 1,42 | P |
| 45 | 2 | 3,30 | 2,59 | 45 | 2 | 5 | 171 | 16,3 | 2,63 | 9,94 | 4,42 | 1,74 | C |
| | 3 | 4,73 | 3,71 | 45 | 3 | 8 | 167 | 22,9 | 3,65 | 13,4 | 5,95 | 1,68 | C |
| | 4 | 6,01 | 4,72 | 45 | 4 | 10 | 163 | 28,2 | 4,49 | 15,9 | 7,07 | 1,63 | C |
| 50 | 2 | 3,70 | 2,91 | 50 | 2 | 5 | 191 | 22,7 | 3,30 | 13,9 | 5,57 | 1,94 | P |
| | 3 | 5,33 | 4,18 | 50 | 3 | 8 | 187 | 32,0 | 4,62 | 19,0 | 7,59 | 1,89 | P |
| | 4 | 5,81 | 5,35 | 50 | 4 | 10 | 183 | 39,9 | 5,73 | 22,9 | 9,15 | 1,83 | P |
| 55 | 2 | 4,10 | 3,22 | 55 | 2 | 5 | 211 | 30,5 | 4,04 | 18,9 | 6,86 | 2,14 | C |
| | 3 | 5,93 | 4,66 | 55 | 3 | 8 | 207 | 43,4 | 5,70 | 25,9 | 9,43 | 2,09 | C |
| | 4 | 7,61 | 5,97 | 55 | 4 | 10 | 203 | 54,5 | 7,12 | 31,6 | 11,5 | 2,04 | C |
| 60 | 2 | 4,50 | 5,33 | 60 | 2 | 5 | 231 | 39,9 | 4,86 | 24,8 | 8,28 | 2,35 | P |
| | 3 | 6,53 | 5,13 | 60 | 3 | 8 | 227 | 57,1 | 6,89 | 34,4 | 11,5 | 2,30 | P |
| | 4 | 8,41 | 6,60 | 60 | 4 | 10 | 223 | 72,2 | 8,66 | 42,3 | 14,1 | 2,24 | P |
| | 5 | 10,1 | 7,96 | 60 | 5 | 13 | 219 | 85,2 | 10,2 | 48,5 | 16,2 | 2,19 | C |
| 70 | 2 | 5,30 | 4,16 | 70 | 2 | 5 | 271 | 64,1 | 6,71 | 40,3 | 11,5 | 2,76 | P |
| | 3 | 7,73 | 6,07 | 70 | 3 | 8 | 267 | 92,6 | 9,60 | 56,6 | 16,2 | 2,71 | P |
| | 4 | 10,0 | 7,86 | 70 | 4 | 10 | 263 | 118 | 12,2 | 70,4 | 20,1 | 2,65 | P |
| | 5 | 12,1 | 9,53 | 70 | 5 | 13 | 259 | 141 | 14,5 | 82,0 | 23,4 | 2,60 | P |

| Perfil □ mm | | A cm² | P kg/m | Dimensiones b cm² | e mm | r mm | u mm | Términos de sección $I_t$ cm⁴ | $S_x$ cm³ | $I_x$ cm⁴ | $W_x$ cm³ | $i_x$ cm | Suministro |
|---|---|---|---|---|---|---|---|---|---|---|---|---|---|
| 80 | 3 | 8,93 | 7,01 | 80 | 3 | 8 | 307 | 140 | 12,8 | 86,6 | 21,7 | 3,11 | P |
| | 4 | 11,6 | 9,11 | 80 | 4 | 10 | 303 | 180 | 16,3 | 109 | 27,2 | 3,06 | P |
| | 5 | 14,1 | 11,1 | 80 | 5 | 13 | 299 | 217 | 19,5 | 128 | 32,0 | 3,01 | P |
| | 6 | 16,5 | 13,0 | 80 | 6 | 15 | 294 | 250 | 22,4 | 144 | 36,0 | 2,95 | C |
| 90 | 3 | 10,1 | 7,95 | 90 | 3 | 8 | 347 | 202 | 16,4 | 126 | 37,9 | 3,52 | P |
| | 4 | 13,2 | 10,4 | 90 | 4 | 10 | 343 | 281 | 21,1 | 159 | 35,4 | 3,47 | P |
| | 5 | 16,1 | 12,7 | 90 | 5 | 13 | 339 | 316 | 25,3 | 189 | 41,9 | 3,42 | P |
| | 6 | 18,9 | 14,9 | 90 | 6 | 15 | 334 | 366 | 29,2 | 214 | 47,6 | 3,36 | P |
| 100 | 3 | 11,3 | 8,89 | 100 | 3 | 8 | 387 | 279 | 20,1 | 175 | 35,0 | 3,93 | P |
| | 4 | 14,8 | 11,6 | 100 | 4 | 10 | 383 | 363 | 26,4 | 223 | 44,6 | 3,88 | P |
| | 5 | 18,1 | 14,2 | 100 | 5 | 13 | 379 | 440 | 31,9 | 266 | 53,1 | 3,83 | P |
| | 6 | 21,3 | 16,7 | 100 | 6 | 15 | 374 | 513 | 37,0 | 304 | 60,7 | 3,77 | P |
| 120 | 4 | 18,0 | 14,1 | 120 | 4 | 10 | 463 | 638 | 38,9 | 397 | 66,2 | 4,70 | P |
| | 5 | 22,1 | 17,4 | 120 | 5 | 13 | 459 | 780 | 47,2 | 478 | 79,6 | 4,64 | P |
| | 6 | 26,1 | 20,5 | 120 | 6 | 15 | 454 | 913 | 55,1 | 551 | 91,8 | 4,59 | C |
| 140 | 5 | 26,1 | 20,5 | 140 | 5 | 13 | 539 | 260 | 65,6 | 780 | 111 | 5,46 | P |
| | 6 | 30,9 | 24,3 | 140 | 6 | 15 | 534 | 480 | 76,8 | 905 | 129 | 5,41 | P |
| | 8 | 40,0 | 31,4 | 140 | 8 | 20 | 526 | 890 | 97,5 | 1130 | 161 | 5,30 | P |
| 160 | 5 | 30,1 | 23,7 | 160 | 5 | 13 | 619 | 1901 | 86,9 | 1190 | 149 | 6,29 | P |
| | 6 | 35,7 | 28,0 | 160 | 6 | 15 | 614 | 2240 | 102 | 1390 | 178 | 6,23 | P |
| | 8 | 46,4 | 36,5 | 160 | 8 | 20 | 609 | 2890 | 131 | 1740 | 218 | 6,12 | P |
| 170 | 5 | 32,1 | 25,2 | 170 | 5 | 13 | 659 | 2290 | 98,7 | 1440 | 169 | 6,69 | C |
| | 6 | 38,1 | 29,9 | 170 | 6 | 15 | 654 | 2710 | 116 | 1680 | 198 | 6,64 | C |
| | 8 | 49,6 | 39,0 | 170 | 8 | 20 | 646 | 3410 | 149 | 2120 | 249 | 6,53 | P |

AL-16

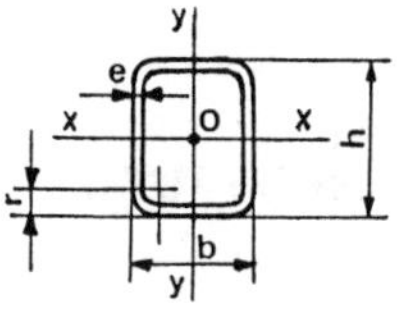


# DIMENSIONES Y VALORES ESTÁTICOS PARA PERFILES HUECOS RECTANGULARES

| Perfil □ mm | | A $cm^2$ | P kg/m | Dimensiones b mm | h mm | e mm | r mm | u mm | Términos de sección $I_T$ $cm^4$ | $S_x$ $cm^3$ | $S_y$ $cm^3$ | $I_x$ $cm^4$ | $W_x$ $cm^3$ | $i_x$ cm | $I_y$ $cm^4$ | $W_y$ $cm^3$ | $i_y$ cm | Suministro | Perfil □ mm | |
|---|---|---|---|---|---|---|---|---|---|---|---|---|---|---|---|---|---|---|---|---|
| | 2 | 3,70 | 2,91 | 40 | 60 | 2 | 5 | 191 | 20,7 | 3,70 | 2,80 | 18,1 | 6,03 | 2,21 | 9,69 | 4,85 | 1,62 | P | 2 | |
| 60,40 | 3 | 5,33 | 4,18 | 40 | 60 | 3 | 8 | 187 | 29,2 | 5,18 | 3,91 | 24,7 | 8,23 | 2,15 | 13,1 | 6,56 | 1,57 | P | 3 | 60.40 |
| | 4 | 6,81 | 5,35 | 40 | 60 | 4 | 10 | 183 | 36,1 | 6,42 | 4,84 | 29,7 | 9,91 | 2,09 | 15,7 | 7,86 | 1,52 | P | 4 | |
| | 2 | 4,10 | 3,22 | 40 | 70 | 2 | 5 | 211 | 25,8 | 4,67 | 3,18 | 26,4 | 7,55 | 2,54 | 11,1 | 5,57 | 1,65 | C | 2 | |
| 70.40 | 3 | 5,93 | 4,66 | 40 | 70 | 3 | 8 | 207 | 36,4 | 6,59 | 4,47 | 36,4 | 10,4 | 2,48 | 15,2 | 7,59 | 1,60 | C | 3 | 70.40 |
| | 4 | 7,61 | 5,97 | 40 | 70 | 4 | 10 | 203 | 45,3 | 8,23 | 5,56 | 44,3 | 12,6 | 2,41 | 18,3 | 9,16 | 1,55 | C | 4 | |
| | 2 | 4,50 | 3,53 | 50 | 70 | 2 | 5 | 231 | 37,5 | 5,35 | 4,26 | 31,1 | 8,87 | 2,63 | 18,5 | 7,42 | 2,03 | C | 2 | |
| 70.50 | 3 | 6,53 | 5,13 | 50 | 70 | 3 | 8 | 227 | 53,6 | 7,59 | 6,03 | 43,1 | 12,3 | 2,57 | 25,6 | 10,3 | 1,98 | C | 3 | 70.50 |
| | 4 | 8,41 | 6,60 | 50 | 70 | 4 | 10 | 223 | 67,6 | 9,55 | 7,57 | 53,0 | 15,1 | 2,51 | 31,4 | 12,5 | 1,93 | C | 4 | |
| | 3 | 6,53 | 5,13 | 40 | 80 | 3 | 8 | 227 | 43,8 | 8,15 | 5,02 | 51,0 | 12,8 | 2,79 | 17,2 | 8,62 | 1,62 | P | 3 | |
| 80.40 | 4 | 8,41 | 6,60 | 40 | 80 | 4 | 10 | 223 | 54,7 | 10,2 | 6,28 | 62,6 | 15,6 | 2,73 | 20,9 | 10,5 | 1,58 | P | 4 | 80.40 |
| | 5 | 10,14 | 7,96 | 40 | 80 | 5 | 13 | 219 | 63,6 | 12,0 | 7,33 | 71,6 | 17,9 | 2,66 | 23,7 | 11,9 | 1,53 | C | 5 | |
| | 3 | 7,73 | 6,07 | 60 | 80 | 3 | 8 | 267 | 88,6 | 10,5 | 8,60 | 68,8 | 17,2 | 2,98 | 44,2 | 14,7 | 2,39 | P | 3 | |
| 80.60 | 4 | 10,0 | 7,86 | 60 | 80 | 4 | 10 | 263 | 113 | 13,3 | 10,9 | 85,7 | 21,4 | 2,93 | 54,9 | 18,3 | 2,34 | P | 4 | 80.60 |
| | 5 | 12,1 | 9,53 | 60 | 80 | 5 | 13 | 259 | 134 | 15,8 | 12,9 | 99,8 | 25,0 | 2,87 | 63,7 | 21,2 | 2,29 | P | 5 | |
| | 3 | 8,33 | 6,54 | 50 | 100 | 3 | 8 | 287 | 88,6 | 13,1 | 8,13 | 105 | 20,9 | 3,54 | 35,6 | 14,2 | 2,07 | P | 3 | |
| 100.50 | 4 | 10,8 | 8,49 | 50 | 100 | 4 | 10 | 283 | 113 | 16,8 | 10,3 | 131 | 26,1 | 3,48 | 44,1 | 17,6 | 2,02 | P | 4 | 100.50 |
| | 5 | 13,1 | 10,31 | 50 | 100 | 5 | 13 | 279 | 134 | 20,0 | 12,2 | 153 | 30,6 | 3,41 | 51,1 | 20,4 | 1,97 | P | 5 | |
| | 6 | 15,3 | 12,03 | 50 | 100 | 6 | 15 | 274 | 151 | 22,9 | 13,9 | 171 | 34,2 | 3,34 | 56,7 | 22,7 | 1,92 | C | 6 | |
| | 4 | 11,6 | 9,11 | 60 | 100 | 4 | 10 | 303 | 156 | 18,7 | 13,1 | 149 | 29,8 | 3,58 | 67,4 | 22,5 | 2,41 | P | 4 | |
| 100.60 | 5 | 14,1 | 11,10 | 60 | 100 | 5 | 13 | 299 | 187 | 22,4 | 15,7 | 175 | 35,1 | 3,52 | 78,9 | 26,3 | 2,36 | C | 5 | 100.60 |
| | 6 | 16,5 | 12,97 | 60 | 100 | 6 | 15 | 294 | 214 | 25,7 | 17,9 | 197 | 39,5 | 3,46 | 88,4 | 29,5 | 2,31 | C | 6 | |
| | 4 | 13,2 | 10,37 | 80 | 100 | 4 | 10 | 343 | 254 | 22,6 | 19,4 | 186 | 37,2 | 3,75 | 132 | 33,0 | 3,16 | P | 4 | |
| 100.80 | 5 | 16,1 | 12,67 | 80 | 100 | 5 | 13 | 339 | 307 | 27,1 | 23,3 | 221 | 44,1 | 3,70 | 156 | 39,0 | 3,11 | P | 5 | 100.80 |
| | 6 | 18,9 | 14,85 | 80 | 100 | 6 | 15 | 334 | 355 | 31,3 | 26,9 | 251 | 50,1 | 3,64 | 177 | 44,3 | 3,06 | P | 6 | |
| | 4 | 13,2 | 10,37 | 60 | 120 | 4 | 10 | 343 | 201 | 24,9 | 15,4 | 236 | 39,3 | 4,22 | 80,0 | 26,7 | 2,46 | P | 4 | |
| 120.60 | 5 | 16,1 | 12,67 | 60 | 120 | 5 | 13 | 339 | 241 | 30,0 | 18,4 | 279 | 46,5 | 4,16 | 94,0 | 31,4 | 2,41 | P | 5 | 120.60 |
| | 6 | 18,9 | 14,85 | 60 | 120 | 6 | 15 | 334 | 277 | 34,6 | 21,2 | 317 | 52,8 | 4,09 | 106 | 35,3 | 2,37 | P | 6 | |
| | 4 | 14,8 | 11,63 | 80 | 120 | 4 | 10 | 383 | 332 | 29,6 | 22,4 | 290 | 48,3 | 4,42 | 155 | 38,8 | 3,24 | C | 4 | |
| 120.80 | 5 | 18,1 | 14,24 | 80 | 120 | 5 | 13 | 379 | 402 | 35,7 | 27,0 | 345 | 57,6 | 4,36 | 184 | 46,1 | 3,19 | P | 5 | 120.80 |
| | 6 | 21,3 | 16,74 | 80 | 120 | 6 | 15 | 374 | 467 | 41,4 | 31,3 | 395 | 65,8 | 4,30 | 210 | 52,5 | 3,14 | P | 6 | |
| | 4 | 16,4 | 12,88 | 100 | 120 | 4 | 10 | 423 | 479 | 34,2 | 30,2 | 343 | 57,2 | 4,57 | 260 | 57,0 | 3,98 | P | 4 | |
| 120.100 | 5 | 20,1 | 15,81 | 100 | 120 | 5 | 13 | 419 | 583 | 41,5 | 36,6 | 412 | 68,6 | 4,52 | 311 | 62,2 | 3,93 | C | 5 | 120.100 |
| | 6 | 23,7 | 16,62 | 100 | 120 | 6 | 15 | 414 | 681 | 48,3 | 42,6 | 473 | 78,8 | 4,46 | 357 | 71,4 | 3,88 | C | 6 | |
| | 4 | 14,8 | 11,63 | 60 | 140 | 4 | 10 | 383 | 247 | 32,0 | 17,6 | 349 | 49,8 | 4,85 | 92,6 | 30,9 | 2,50 | C | 4 | |
| 140.60 | 5 | 18,1 | 14,24 | 60 | 140 | 5 | 13 | 379 | 297 | 38,6 | 21,2 | 415 | 59,3 | 4,78 | 109 | 36,4 | 2,45 | C | 5 | 140.60 |
| | 6 | 21,3 | 16,74 | 60 | 140 | 6 | 15 | 374 | 342 | 44,7 | 24,4 | 474 | 67,7 | 4,71 | 124 | 41,2 | 2,41 | C | 6 | |
| | 4 | 16,4 | 12,88 | 80 | 140 | 4 | 10 | 423 | 412 | 37,4 | 25,4 | 423 | 60,4 | 5,08 | 178 | 44,6 | 3,30 | P | 4 | |
| 140.80 | 5 | 20,1 | 15,81 | 80 | 140 | 5 | 13 | 419 | 500 | 45,3 | 30,8 | 506 | 72,4 | 5,01 | 212 | 53,1 | 3,25 | P | 5 | 140.80 |
| | 6 | 23,7 | 18,62 | 80 | 140 | 6 | 15 | 414 | 582 | 52,7 | 35,7 | 582 | 83,1 | 4,95 | 243 | 60,7 | 3,20 | P | 6 | |
| | 4 | 18,0 | 14,14 | 100 | 140 | 4 | 10 | 463 | 601 | 42,8 | 34,1 | 497 | 71,0 | 5,25 | 297 | 59,3 | 4,06 | P | 4 | |
| 140.100 | 5 | 22,1 | 17,38 | 100 | 140 | 5 | 13 | 459 | 733 | 52,1 | 41,4 | 598 | 85,4 | 5,20 | 356 | 71,2 | 4,01 | P | 5 | 140.100 |
| | 6 | 26,1 | 20,51 | 100 | 140 | 6 | 15 | 454 | 858 | 60,8 | 48,2 | 690 | 98,5 | 5,14 | 410 | 82,0 | 3,96 | C | 6 | |
| | 4 | 18,0 | 14,14 | 80 | 160 | 4 | 10 | 463 | 495 | 46,0 | 28,5 | 589 | 73,6 | 5,72 | 201 | 50,3 | 3,34 | C | 4 | |
| 140.100 | 5 | 22,1 | 17,38 | 80 | 160 | 5 | 13 | 459 | 601 | 55,9 | 34,5 | 708 | 88,5 | 5,65 | 241 | 60,2 | 3,30 | P | 5 | 160.80 |
| | 6 | 26,1 | 20,51 | 80 | 160 | 6 | 15 | 454 | 700 | 65,2 | 40,2 | 816 | 102 | 5,59 | 276 | 69,0 | 3,25 | C | 6 | |
| | 5 | 26,1 | 20,52 | 120 | 160 | 5 | 13 | 539 | 1200 | 71,4 | 58,7 | 948 | 119 | 6,02 | 610 | 102 | 4,83 | P | 5 | |
| 160.120 | 6 | 30,9 | 24,27 | 120 | 160 | 6 | 15 | 534 | 1420 | 83,7 | 68,8 | 1100 | 138 | 5,97 | 707 | 118 | 4,78 | P | 6 | 160.120 |
| | 8 | 40,0 | 31,43 | 120 | 160 | 8 | 20 | 526 | 1810 | 106 | 87,2 | 1370 | 171 | 5,85 | 878 | 146 | 4,68 | C | 8 | |
| | 5 | 26,1 | 20,52 | 100 | 180 | 5 | 13 | 539 | 1050 | 76,3 | 50,9 | 1110 | 123 | 6,51 | 446 | 89,3 | 4,13 | P | 5 | |
| 180.100 | 6 | 30,9 | 24,27 | 100 | 180 | 6 | 15 | 534 | 1230 | 89,4 | 59,5 | 1280 | 143 | 6,44 | 516 | 103 | 4,09 | P | 6 | 180.100 |
| | 8 | 40,0 | 31,43 | 100 | 180 | 8 | 20 | 526 | 1560 | 113 | 75,3 | 1600 | 178 | 6,32 | 637 | 127 | 3,99 | P | 8 | |
| | 5 | 30,1 | 23,76 | 140 | 180 | 5 | 13 | 619 | 1840 | 93,8 | 79,1 | 1410 | 157 | 6,85 | 962 | 137 | 5,65 | C | 5 | |
| 180.140 | 6 | 35,7 | 28,04 | 140 | 180 | 6 | 15 | 614 | 2170 | 110 | 92,9 | 1650 | 183 | 6,79 | 1120 | 160 | 5,60 | C | 6 | 180.140 |
| | 8 | 46,4 | 36,45 | 140 | 180 | 8 | 20 | 606 | 2790 | 141 | 119 | 2070 | 230 | 6,68 | 1410 | 201 | 5,50 | C | 8 | |
| | 5 | 26,1 | 20,52 | 80 | 200 | 5 | 13 | 539 | 810 | 80,1 | 42,0 | 1250 | 125 | 6,91 | 297 | 74,2 | 3,37 | P | 5 | |
| 200.80 | 6 | 30,9 | 24,27 | 80 | 200 | 6 | 15 | 534 | 943 | 93,8 | 49,1 | 1450 | 145 | 6,84 | 342 | 85,4 | 3,32 | P | 6 | 200.80 |
| | 8 | 40,0 | 31,43 | 80 | 200 | 8 | 20 | 526 | 1180 | 119 | 61,7 | 1800 | 180 | 6,70 | 418 | 105 | 3,23 | P | 8 | |
| | 5 | 30,1 | 23,66 | 120 | 200 | 5 | 13 | 619 | 1660 | 99,6 | 70,2 | 1630 | 163 | 7,35 | 742 | 124 | 4,96 | P | 5 | |
| 200.120 | 6 | 35,7 | 28,04 | 120 | 200 | 6 | 15 | 614 | 1950 | 117 | 82,5 | 1900 | 190 | 7,29 | 863 | 144 | 4,92 | C | 6 | 200.120 |
| | 8 | 46,4 | 36,45 | 120 | 200 | 8 | 20 | 606 | 2500 | 150 | 105 | 2390 | 239 | 7,17 | 1080 | 180 | 4,82 | P | 8 | |
| | 5 | 33,1 | 26,01 | 150 | 200 | 5 | 13 | 679 | 2400 | 114 | 94,0 | 1910 | 191 | 7,60 | 1230 | 164 | 6,10 | C | 5 | |
| 200.150 | 6 | 39,3 | 30,87 | 150 | 200 | 6 | 15 | 674 | 2830 | 135 | 111 | 2240 | 224 | 7,54 | 1440 | 192 | 6,05 | C | 6 | 200.150 |
| | 8 | 51,2 | 40,22 | 150 | 200 | 8 | 20 | 666 | 3650 | 173 | 142 | 2830 | 283 | 7,43 | 1820 | 242 | 5,95 | P | 8 | |

# DIMENSIONES Y VALORES ESTÁTICOS DE TUBOS

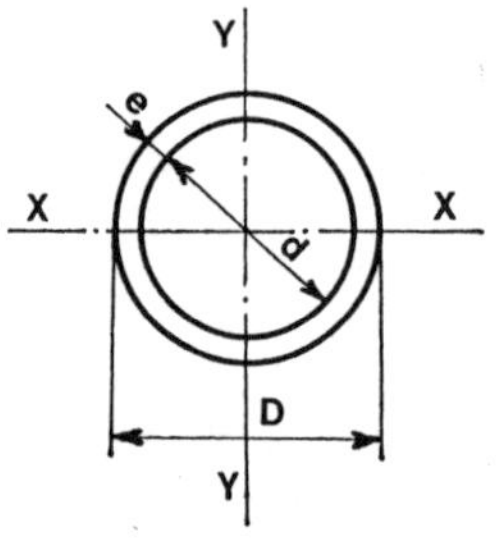


Area : $A = \frac{\pi}{4}\left(D^2 - d^2\right)$

Módulo resistente : $W_x = W_y = \frac{\pi}{32}\,\frac{D^4 - d^4}{D}$

Momento de Inercia : $I_x = I_y = \frac{\pi}{64}(D^4 - d^4)$

Radio de giro : $I = \sqrt{\frac{I}{A}}$

| D mm (pulg.) | e mm | e pulg. | p kg/m | d mm | A cm² | I cm⁴ | W cm³ | i cm |
|---|---|---|---|---|---|---|---|---|
| | 1,4 | 0,056 | 1,27 | 35,2 | 1,61 | 2,70 | 1,42 | 1,29 |
| | 1,6 | 0,064 | 1,45 | 34,8 | 1,83 | 3,04 | 1,60 | 1,29 |
| | 1,8 | 0,072 | 1,62 | 34,4 | 2,05 | 3,36 | 1,77 | 1,28 |
| | 2 | 0,080 | 1,79 | 34 | 2,26 | 3,68 | 1,93 | 1,27 |
| | 2,3 | 0,092 | 2,04 | 33,4 | 2,58 | 4,13 | 2,17 | 1,26 |
| | 2,6 | 0,104 | 2,29 | 32,8 | 2,89 | 4,55 | 2,40 | 1,25 |
| | 2,9 | 0,116 | 2,53 | 32,2 | 3,20 | 4,96 | 2,61 | 1,25 |
| 38 | 3,2 | 0,128 | 2,77 | 31,6 | 3,50 | 5,34 | 2,81 | 1,24 |
| | 3,6 | 0,144 | 3,08 | 30,8 | 3,89 | 5,82 | 3,06 | 1,22 |
| (1 1/2") | 4 | 0,160 | 3,38 | 30 | 4,27 | 6,26 | 3,29 | 1,21 |
| | 4,5 | 0,176 | 3,71 | 29 | 4,74 | 6,76 | 3,56 | 1,20 |
| | 5 | 0,192 | 4,07 | 28 | 5,18 | 7,22 | 3,80 | 1,18 |
| | 5,6 | 0,219 | 4,47 | 26,8 | 5,70 | 7,70 | 4,05 | 1,16 |
| | 6,3 | 1/4 | 4,95 | 25,4 | 6,27 | 8,19 | 4,31 | 1 14 |
| | 7,1 | 9/32 | 5,43 | 23,8 | 6,89 | 8,66 | 4,56 | 1,12 |
| | 8 | 5/16 | 5,91 | 22 | 7,54 | 9,09 | 4,78 | 1,10 |
| | 8,8 | 11/32 | 6,33 | 20,4 | 8,07 | 9,39 | 4,94 | 1,08 |
| | 10 | — | 6,91 | 18 | 8,80 | 9,72 | 5,12 | 1,05 |
| | 1,4 | 0,056 | 1,43 | 39,6 | 1,80 | 3,79 | 1,79 | 1,45 |
| | 1,6 | 0,064 | 1,62 | 39,2 | 2,05 | 4,27 | 2,02 | 1,44 |
| | 1,8 | 0,072 | 1.82 | 38,8 | 2,30 | 4,74 | 2,24 | 1,44 |
| | 2 | 0,080 | 2,01 | 38,4 | 2,54 | 5 19 | 2,45 | 1,43 |
| | 2,3 | 0,092 | 2,29 | 37,8 | 2,90 | 5 84 | 2,76 | 1,42 |
| | 2,6 | 0,104 | 2,57 | 37,2 | 3,25 | 6,46 | 3,05 | 1,41 |
| | 2,9 | 0,116 | 2,84 | 36,6 | 3,60 | 7,06 | 3,33 | 1,40 |
| | 3,2 | 0,128 | 3,11 | 36 | 3,94 | 7,62 | 3,59 | 1,39 |
| 42,4 | 3,6 | 0,144 | 3,47 | 35,2 | 4,39 | 8,33 | 3,93 | 1,38 |
| | 4 | 0,160 | 3,81 | 34,4 | 4,83 | 8,99 | 4,24 | 1,36 |
| (1 11/16") | 4,5 | 0,176 | 4,19 | 33,4 | 5,36 | 9,76 | 4,60 | 1,35 |
| | 5 | 0,192 | 4,61 | 32,4 | 5,87 | 10,5 | 4,93 | 1,33 |
| | 5,6 | 0,219 | 5,07 | 31,2 | 6,47 | 11,2 | 5,29 | 1,32 |
| | 6,3 | 1/4 | 5,62 | 29,8 | 7,14 | 12,0 | 5,66 | 1,30 |
| | 7,1 | 9/32 | 6,19 | 28,2 | 7,87 | 12,8 | 6,02 | 1,27 |
| | 8 | 5/16 | 6,76 | 26,4 | 8,65 | 13,5 | 6,36 | 1,25 |
| | 8,8 | 11/32 | 7,27 | 24,8 | 9,29 | 14,0 | 6,61 | 1,23 |
| | 10 | — | 7,99 | 22,4 | 10,2 | 14,6 | 6,90 | 1,20 |
| | 11 | 7/16 | 8,54 | 20,4 | 10,9 | 15,0 | 7,08 | 1,18 |
| | 1,4 | 0,056 | 1,50 | 41,7 | 1,90 | 4,41 | 1,98 | 1,52 |
| | 1,6 | 0,064 | 1,70 | 41,3 | 2,16 | 4,97 | 2,23 | 1,52 |
| | 1,8 | 0,072 | 1,91 | 40,9 | 2,41 | 5,51 | 2,48 | 1,51 |
| | 2 | 0,080 | 2,11 | 40,5 | 2,67 | 6,04 | 2,72 | 1,50 |
| | 2,3 | 0,092 | 2,41 | 39,9 | 3,05 | 6,81 | 3,06 | 1,49 |
| | 2,6 | 0,104 | 2,70 | 39,3 | 3,42 | 7,54 | 3,39 | 1,48 |
| | 2,9 | 0,116 | 2,99 | 38,7 | 3,79 | 8,24 | 3,70 | 1,47 |
| | 3,2 | 0,128 | 3,28 | 38,1 | 4,15 | 8,91 | 4,00 | 1,46 |
| 44,5 | 3,6 | 0,144 | 3,65 | 37,3 | 4,63 | 9,75 | 4,38 | 1,45 |
| | 4 | 0,160 | 4,02 | 36,5 | 5,09 | 10,5 | 4,74 | 1,44 |
| (1 3/4") | 4,5 | 0,176 | 4,42 | 35,5 | 5,65 | 11,5 | 5,15 | 1,42 |
| | 5 | 0,192 | 4,87 | 34,5 | 6,20 | 12,3 | 5,53 | 1,41 |
| | 5,6 | 0,219 | 5,35 | 33,3 | 6,84 | 13,2 | 5,94 | 1,39 |
| | 6,3 | 1/4 | 5,95 | 31,9 | 7,56 | 14,2 | 6,37 | 1,37 |
| | 7,1 | 9/32 | 6,56 | 30,3 | 8,34 | 15,1 | 6,79 | 1,35 |
| | 8 | 5/16 | 7,17 | 28,5 | 9,17 | 16,0 | 7,20 | 1,32 |
| | 8,8 | 11/32 | 7,72 | 26,9 | 9,87 | 16,7 | 7,50 | 1,30 |
| | 10 | — | 8,51 | 24,5 | 10,8 | 17,5 | 7,86 | 1,27 |
| | 11 | 7/16 | 9,11 | 22,5 | 11,6 | 18,0 | 8,09 | 1,25 |
| | 12,5 | 1/2 | 9,90 | 19,5 | 12,6 | 18,5 | 8,33 | 1,21 |
| | 1,4 | 0,056 | 1,63 | 45,5 | 2,06 | 5,68 | 2,35 | 1,66 |
| | 1,6 | 0,064 | 1,86 | 45,1 | 2,35 | 6,41 | 2,65 | 1,65 |
| | 1,8 | 0,072 | 2,08 | 44,7 | 2,63 | 7,12 | 2,95 | 1,65 |
| | 2 | 0,080 | 2,30 | 44,3 | 2,91 | 7,81 | 3,23 | 1,64 |
| | 2,3 | 0,092 | 2,63 | 43,7 | 3,32 | 8,81 | 3,65 | 1,63 |
| | 2,6 | 0,104 | 2,95 | 43,1 | 3,73 | 9,78 | 4,05 | 1,62 |
| | 2,9 | 0,116 | 3,27 | 42,5 | 4,14 | 10,7 | 4,43 | 1,61 |
| | 3,2 | 0,128 | 3,59 | 41,9 | 4,53 | 11,6 | 4,80 | 1,60 |
| 48,3 | 3,6 | 0,144 | 4,00 | 41,1 | 5,06 | 12,7 | 5,26 | 1,59 |
| | 4 | 0,160 | 4,41 | 40,3 | 5,57 | 13,8 | 5,70 | 1,57 |
| (1 29/32") | 4,5 | 0,176 | 4,85 | 39,3 | 6,19 | 15,0 | 6,21 | 1,56 |
| | 5 | 0,192 | 5,34 | 38,3 | 6,80 | 16,2 | 6,69 | 1,54 |
| | 5,6 | 0,219 | 5,89 | 37,1 | 7,51 | 17,4 | 7,21 | 1,52 |
| | 6,3 | 1/4 | 6,55 | 35,7 | 8,31 | 18,7 | 7,76 | 1,50 |
| | 7,1 | 9/32 | 7,24 | 34,1 | 9,19 | 20,1 | 8,31 | 1,48 |
| | 8 | 5/16 | 7,93 | 32,3 | 10,1 | 21,4 | 8,85 | 1,45 |
| | 8,8 | 11/32 | 8,56 | 30,7 | 10,9 | 22,4 | 9,26 | 1,43 |
| | 10 | — | 9,45 | 28,3 | 12,0 | 23,6 | 9,76 | 1,40 |
| | 11 | 7/16 | 10,2 | 26,3 | 12,9 | 24,4 | 10,1 | 1,37 |
| | 12,5 | 1/2 | 11,1 | 23,3 | 14,1 | 25,3 | 10,5 | 1,34 |

# *VALORES ESTÁTICOS DE TUBOS*

AL-$17_2$

| D mm (pulg.) | e mm | e pulg. | p kg/m | d mm | A cm² | I cm⁴ | W cm³ | i cm |
|---|---|---|---|---|---|---|---|---|
| | 1,4 | 0,056 | 1,72 | 48,2 | 2,18 | 6,71 | 2,63 | 1,75 |
| | 1,6 | 0,064 | 1,96 | 47,8 | 2,48 | 7,58 | 2,97 | 1,75 |
| | 1,8 | 0,072 | 2,30 | 47,4 | 2,78 | 8,43 | 3,31 | 1,74 |
| | 2 | 0,080 | 2,43 | 47 | 3,08 | 9,26 | 3,63 | 1,73 |
| | 2,3 | 0,092 | 2,78 | 46,4 | 3,52 | 10,5 | 4,10 | 1,72 |
| | 2,6 | 0,104 | 3,12 | 45,8 | 3,95 | 11,6 | 4,55 | 1,71 |
| | 2,9 | 0,116 | 3,46 | 45,2 | 4,38 | 12,7 | 4,99 | 1,70 |
| | 3,2 | 0,128 | 3,79 | 44,6 | 4,81 | 13,8 | 5,41 | 1,69 |
| | 3,6 | 0,144 | 4,23 | 43,8 | 5,36 | 15,1 | 5,94 | 1,68 |
| 51 | 4 | 0,160 | 4,66 | 43 | 5,91 | 16,4 | 6,44 | 1,67 |
| | 4,5 | 0,176 | 5,13 | 42 | 6,57 | 17,9 | 7,03 | 1,65 |
| (2") | 5 | 0,192 | 5,67 | 41 | 7,23 | 19,3 | 7,58 | 1,64 |
| | 5,6 | 0,219 | 6,24 | 39,8 | 7,99 | 20,9 | 8,19 | 1,62 |
| | 6,3 | 1/4 | 6,95 | 38,4 | 8,85 | 22,5 | 8,84 | 1,60 |
| | 7,1 | 9/32 | 7,69 | 36,8 | 9,79 | 24,2 | 9,49 | 1,57 |
| | 8 | 5/16 | 8,43 | 35 | 10,8 | 25,8 | 10,1 | 1,55 |
| | 8,8 | 11/32 | 9,10 | 33,4 | 11,7 | 27,1 | 10,6 | 1,52 |
| | 10 | — | 10,1 | 31 | 12,9 | 28,7 | 11,2 | 1,49 |
| | 11 | 7/16 | 10,9 | 29 | 13,8 | 29,7 | 11,7 | 1,47 |
| | 12,5 | 1/2 | 11,9 | 26 | 15,1 | 31,0 | 12,1 | 1,43 |
| | 14,2 | 9/16 | 12,9 | 22,6 | 16,4 | 31,9 | 12,5 | 1,39 |
| | 1,4 | 0,056 | 1,94 | 54,2 | 2,45 | 9,46 | 3,32 | 1,97 |
| | 1,6 | 0,064 | 2,20 | 53,8 | 2,78 | 10,7 | 3,75 | 1,96 |
| | 1,8 | 0,072 | 2,47 | 53,4 | 3,12 | 11,9 | 4,18 | 1,95 |
| | 2 | 0,080 | 2,74 | 53 | 3,46 | 13,1 | 4,59 | 1,95 |
| | 2,3 | 0,092 | 3,13 | 52,4 | 3,95 | 14,8 | 5,20 | 1,94 |
| | 2,6 | 0,104 | 3,52 | 51,8 | 4,44 | 16,5 | 5,78 | 1,93 |
| | 2,9 | 0,116 | 3,90 | 51,2 | 4,93 | 18,1 | 6,35 | 1,92 |
| | 3,2 | 0,128 | 4,28 | 50,6 | 5,41 | 19,6 | 6,89 | 1,91 |
| | 3,6 | 0,144 | 4,78 | 49,8 | 6,04 | 21,6 | 7,59 | 1,89 |
| | 4 | 0,160 | 5,27 | 49 | 6,66 | 23,5 | 8,25 | 1,88 |
| 57 | 4,5 | 0,176 | 5,81 | 48 | 7,42 | 25,8 | 9,04 | 1,86 |
| | 5 | 0,192 | 6,41 | 47 | 8,17 | 27,9 | 9,78 | 1,85 |
| (2 1/4") | 5,6 | 0,219 | 7,08 | 45,8 | 9,04 | 30,2 | 10,6 | 1,83 |
| | 6,3 | 1/4 | 7,91 | 44,4 | 10,0 | 32,7 | 11,5 | 1,81 |
| | 7,1 | 9/32 | 8,77 | 42,8 | 11,1 | 35,3 | 12,4 | 1,78 |
| | 8 | 5/16 | 9,65 | 41 | 12,3 | 37,9 | 13,3 | 1,76 |
| | 8,8 | 11/32 | 10,4 | 39,4 | 13,3 | 40,0 | 14,0 | 1,73 |
| | 10 | — | 11,6 | 37 | 14,8 | 42,6 | 15,0 | 1,70 |
| | 11 | 7/16 | 12,5 | 35 | 15,9 | 44,5 | 15,6 | 1,67 |
| | 12,5 | 1/2 | 13,8 | 32 | 17,5 | 46,7 | 16,4 | 1,63 |
| | 14,2 | 9/16 | 15,0 | 28,6 | 19,1 | 48,5 | 17,0 | 1,59 |
| | 16 | 5/8 | 16,2 | 25 | 20,6 | 49,9 | 17,5 | 1,56 |
| | 1,4 | 0,056 | 2,05 | 57,5 | 2,59 | 11,2 | 3,73 | 2,08 |
| | 1,6 | 0,064 | 2,33 | 57,1 | 2,95 | 12,7 | 4,22 | 2,08 |
| | 1,8 | 0,072 | 2,62 | 56,7 | 3,31 | 14,2 | 4,70 | 2,07 |
| | 2 | 0,080 | 2,90 | 56,3 | 3,66 | 15,6 | 5,17 | 2,06 |
| | 2,3 | 0,092 | 3,31 | 55,7 | 4,19 | 17,7 | 5,85 | 2,05 |
| | 2,6 | 0,104 | 3,73 | 55,1 | 4,71 | 19,7 | 6,52 | 2,04 |
| | 2,9 | 0,116 | 4,14 | 54,5 | 5,23 | 21,6 | 7,16 | 2,03 |
| | 3,2 | 0,128 | 4,54 | 53,9 | 5,74 | 23,5 | 7,78 | 2,02 |
| | 3,6 | 0,144 | 5,07 | 53,1 | 6,41 | 25,9 | 8,58 | 2,01 |
| 60,3 | 4 | 0,160 | 5,59 | 52,3 | 7,07 | 28,2 | 9,34 | 2,00 |
| | 4,5 | 0,176 | 6,17 | 51,3 | 7,89 | 30,9 | 10,2 | 1,98 |
| (2 3/8") | 5 | 0,192 | 6,82 | 50,3 | 8,69 | 33,5 | 11,1 | 1,96 |
| | 5,6 | 0,219 | 7,53 | 49,1 | 9,62 | 36,4 | 12,1 | 1,94 |
| | 6,3 | 1/4 | 8,42 | 47,7 | 10,7 | 39,5 | 13,1 | 1,92 |
| | 7,1 | 9/32 | 9,34 | 46,1 | 11,9 | 42,7 | 14,2 | 1,90 |
| | 8 | 5/16 | 10,3 | 44,3 | 13,1 | 46,0 | 15,3 | 1,87 |
| | 8,8 | 11/32 | 11,1 | 42,7 | 14,2 | 48,6 | 16,1 | 1,85 |
| | 10 | — | 12,4 | 40,3 | 15,8 | 52,0 | 17,2 | 1,81 |
| | 11 | 7/16 | 13,4 | 38,3 | 17,0 | 54,3 | 18,0 | 1,79 |
| | 12,5 | 1/2 | 14,8 | 35,3 | 18,8 | 57,3 | 19,0 | 1,75 |
| | 14,2 | 9/16 | 16,2 | 31,9 | 20,6 | 59,8 | 19,8 | 1,71 |
| | 16 | 5/8 | 17,4 | 28,3 | 22,3 | 61,8 | 20,5 | 1,67 |
| | 1,6 | 0,064 | 2,46 | 60,3 | 3,11 | 14,9 | 4,70 | 2,19 |
| | 1,8 | 0,072 | 2,76 | 59,9 | 3,49 | 16,6 | 5,23 | 2,18 |
| | 2 | 0,080 | 3,06 | 59,5 | 3,86 | 18,3 | 5,76 | 2,18 |
| | 2,3 | 0,092 | 3,50 | 58,9 | 4,42 | 20,7 | 6,53 | 2,17 |
| | 2,6 | 0,104 | 3,93 | 58,3 | 4,97 | 23,1 | 7,28 | 2,16 |
| | 2,9 | 0,116 | 4,36 | 57,7 | 5,52 | 25,4 | 8,00 | 2,14 |
| | 3,2 | 0,128 | 4,79 | 57,1 | 6,06 | 27,6 | 8,70 | 2,13 |
| | 3,6 | 0,144 | 5,36 | 56,3 | 6,77 | 30,5 | 9,60 | 2,12 |
| | 4 | 0,160 | 5,91 | 55,5 | 7,48 | 33,2 | 10,5 | 2,11 |
| 63,5 | 4,5 | 0,176 | 6,52 | 54,5 | 8,34 | 36,5 | 11,5 | 2,09 |
| | 5 | 0,192 | 7,21 | 53,5 | 9,19 | 39,6 | 12,5 | 2,08 |
| (2 1/2") | 5,6 | 0,219 | 7,97 | 52,3 | 10,2 | 43,1 | 13,6 | 2,06 |
| | 6,3 | 1/4 | 8,91 | 50,9 | 11,3 | 46,9 | 14,8 | 2,03 |
| | 7,1 | 9/32 | 9,90 | 49,3 | 12,6 | 50,8 | 16,0 | 2,01 |
| | 8 | 5/16 | 10,9 | 47,5 | 13,9 | 54,8 | 17,3 | 1,98 |
| | 8,8 | 11/32 | 11,8 | 45,9 | 15,1 | 58,0 | 18,3 | 1,96 |
| | 10 | — | 13,2 | 43,5 | 16,8 | 62,2 | 19,6 | 1,92 |
| | 11 | 7/16 | 14,3 | 41,5 | 18,1 | 65,3 | 20,6 | 1,90 |
| | 12,5 | 1/2 | 15,8 | 38,5 | 20,0 | 69,0 | 21,7 | 1,86 |
| | 14,2 | 9/16 | 17,3 | 35,1 | 22,0 | 72,4 | 22,8 | 1,81 |
| | 16 | 5/8 | 18,7 | 31,5 | 23,9 | 75,0 | 23,6 | 1,77 |
| | 1,6 | 0,064 | 2,72 | 66,8 | 3,44 | 20,1 | 5,75 | 2,42 |
| | 1,8 | 0,072 | 3,05 | 66,4 | 3,86 | 22,4 | 6,41 | 2,41 |
| | 2 | 0,080 | 3,37 | 66 | 4,27 | 24,7 | 7,06 | 2,41 |
| | 2,3 | 0,092 | 3,86 | 65,4 | 4,89 | 28,1 | 8,02 | 2,39 |
| | 2,6 | 0,104 | 4,35 | 64,8 | 5,51 | 31,3 | 8,95 | 2,38 |
| | 2,9 | 0,116 | 4,83 | 64,2 | 6,11 | 34,5 | 9,85 | 2,37 |
| | 3,2 | 0,128 | 5,30 | 63,6 | 6,72 | 37,5 | 10,7 | 2,36 |
| | 3,6 | 0,144 | 5,93 | 62,8 | 7,51 | 41,5 | 11,9 | 2,35 |
| | 4 | 0,160 | 6,55 | 62 | 8,29 | 45,3 | 13,0 | 2,34 |
| 70 | 4,5 | 0,176 | 7,24 | 61 | 9,26 | 49,9 | 14,3 | 2,32 |
| | 5 | 0,192 | 8,01 | 60 | 10,2 | 54,2 | 15,5 | 2,30 |
| (2 3/4") | 5,6 | 0,219 | 8,85 | 58,8 | 11,3 | 59,2 | 16,9 | 2,29 |
| | 6,3 | 1/4 | 9,92 | 57,4 | 12,6 | 64,6 | 18,4 | 2,26 |
| | 7,1 | 9/32 | 11,0 | 55,8 | 14,0 | 70,3 | 20,1 | 2,24 |
| | 8 | 5/16 | 12,2 | 54 | 15,6 | 76,1 | 21,7 | 2,21 |
| | 8,8 | 11/32 | 13,2 | 52,4 | 16,9 | 80,9 | 23,1 | 2,19 |
| | 10 | — | 14,8 | 50 | 18,8 | 87,2 | 24,9 | 2,15 |
| | 11 | 7/16 | 16,0 | 48 | 20,4 | 91,8 | 26,2 | 2,12 |
| | 12,5 | 1/2 | 17,8 | 45 | 22,6 | 97,7 | 27,9 | 2,08 |
| | 14,2 | 9/16 | 19,6 | 41,6 | 24,9 | 103 | 29,5 | 2,04 |
| | 16 | 5/8 | 21,2 | 38 | 27,1 | 108 | 30,7 | 1,99 |
| | 17,5 | 11/16 | 22,6 | 35 | 28,9 | 110 | 31,6 | 1,96 |
| | 1,6 | 0,064 | 2,96 | 72,9 | 3,74 | 26,0 | 6,83 | 2,63 |
| | 1,8 | 0,072 | 3,32 | 72,5 | 4,20 | 29,0 | 7,62 | 2,63 |
| | 2 | 0,080 | 3,68 | 72,1 | 4,66 | 32,0 | 8,40 | 2,62 |
| | 2,3 | 0,092 | 4,22 | 71,5 | 5,33 | 36,3 | 9,55 | 2,61 |
| | 2,6 | 0,104 | 4,75 | 70,9 | 6,00 | 40,6 | 10,7 | 2,60 |
| | 2,9 | 0,116 | 5,28 | 70,3 | 6,67 | 44,7 | 11,8 | 2,59 |
| | 3,2 | 0,128 | 5,80 | 69,7 | 7,33 | 48,8 | 12,8 | 2,58 |
| | 3,6 | 0,144 | 6,49 | 68,9 | 8,20 | 54,0 | 14,2 | 2,57 |
| | 4 | 0,160 | 7,17 | 68,1 | 9,06 | 59,1 | 15,5 | 2,55 |
| | 4,5 | 0,176 | 7,92 | 67,1 | 10,1 | 65,1 | 17,1 | 2,54 |
| 76,1 | 5 | 0,192 | 8,77 | 66,1 | 11,2 | 70,9 | 18,6 | 2,52 |
| | 5,6 | 0,219 | 9,71 | 64,9 | 12,4 | 77,5 | 20,4 | 2,50 |
| (3") | 6,3 | 1/4 | 10,9 | 63,5 | 13,8 | 84,8 | 22,3 | 2,48 |
| | 7,1 | 9/32 | 12,1 | 61,9 | 15,4 | 92,6 | 24,3 | 2,45 |
| | 8 | 5/16 | 13,4 | 60,1 | 17,1 | 101 | 26,4 | 2,42 |
| | 8,8 | 11/32 | 14,6 | 58,5 | 18,6 | 107 | 28,2 | 2,40 |
| | 10 | — | 16,3 | 56,1 | 20,8 | 116 | 30,5 | 2,36 |
| | 11 | 7/16 | 17,7 | 54,1 | 22,5 | 123 | 32,2 | 2,33 |
| | 12,5 | 1/2 | 19,7 | 51,1 | 25,0 | 131 | 34,5 | 2,29 |
| | 14,2 | 9/16 | 21,7 | 47,7 | 27,6 | 139 | 36,6 | 2,25 |
| | 16 | 5/8 | 23,7 | 44,1 | 30,2 | 146 | 38,4 | 2,20 |
| | 17,5 | 11/16 | 25,3 | 41,1 | 32,2 | 151 | 39,6 | 2,16 |
| | 20 | — | 27,7 | 36,1 | 35,2 | 156 | 41,1 | 2,11 |

# VALORES ESTÁTICOS DE TUBOS



| D mm (pulg.) | e mm | e pulg. | p kg/m | d mm | A $cm^2$ | I $cm^4$ | W $cm^3$ | i cm |
|---|---|---|---|---|---|---|---|---|
| | 2,3 | 0,092 | 4,58 | 77,9 | 5,79 | 46,6 | 11,3 | 2,84 |
| | 2,6 | 0,104 | 5,16 | 77,3 | 6,53 | 52,1 | 12,6 | 2,83 |
| | 2,9 | 0,116 | 5,74 | 76,7 | 7,25 | 57,5 | 13,9 | 2,82 |
| | 3,2 | 0,128 | 6,31 | 76,1 | 7,97 | 62,8 | 15,2 | 2,81 |
| | 3,6 | 0,144 | 7,06 | 75,3 | 8,92 | 69,6 | 16,9 | 2,79 |
| | 4 | 0,160 | 7,80 | 74,5 | 9,86 | 76,2 | 18,5 | 2,78 |
| | 4,5 | 0,176 | 8,63 | 73,5 | 11,0 | 84,1 | 20,4 | 2,76 |
| | 5 | 0,192 | 9,56 | 72,5 | 12,2 | 91,8 | 22,2 | 2,75 |
| | 5,6 | 0,219 | 10,6 | 71,3 | 13,5 | 101 | 24,4 | 2,73 |
| 82,5 | 6,3 | 1/4 | 11,9 | 69,9 | 15,1 | 110 | 26,7 | 2,70 |
| | 7,1 | 9/32 | 13,2 | 68,3 | 16,8 | 121 | 29,2 | 2,68 |
| (3 1/4") | 8 | 5/16 | 14,6 | 66,5 | 18,7 | 131 | 31,9 | 2,65 |
| | 8,8 | 11/32 | 15,9 | 64,9 | 20,4 | 140 | 34,0 | 2,62 |
| | 10 | — | 17,9 | 62,5 | 22,8 | 152 | 37,0 | 2,59 |
| | 11 | 7/16 | 19,5 | 60,5 | 24,7 | 162 | 39,2 | 2,56 |
| | 12,5 | 1/2 | 21,7 | 57,5 | 27,5 | 174 | 42,1 | 2,51 |
| | 14,2 | 9/16 | 24,0 | 54,1 | 30,5 | 185 | 44,9 | 2,47 |
| | 16 | 5/8 | 26,2 | 50,5 | 33,4 | 195 | 47,4 | 2,42 |
| | 17,5 | 11/16 | 28,0 | 47,5 | 35,7 | 202 | 49,1 | 2,38 |
| | 20 | — | 30,8 | 42,5 | 39,3 | 211 | 51,2 | 2,32 |
| | 22 | 7/8 | 33,0 | 38,1 | 42,1 | 217 | 52,6 | 2,27 |
| | 2,3 | 0,092 | 4,95 | 84,3 | 6,26 | 58,7 | 13,2 | 3,06 |
| | 2,6 | 0,104 | 5,57 | 83,7 | 7,05 | 65,7 | 14,8 | 3,05 |
| | 2,9 | 0,116 | 6,20 | 83,1 | 7,84 | 72,5 | 16,3 | 3,04 |
| | 3,2 | 0,128 | 6,81 | 82,5 | 8,62 | 79,2 | 17,8 | 3,03 |
| | 3,6 | 0,144 | 7,63 | 81,7 | 9,65 | 87,9 | 19,8 | 3,02 |
| | 4 | 0,160 | 8,43 | 80,9 | 10,7 | 96,3 | 21,7 | 3,00 |
| | 4,5 | 0,176 | 9,33 | 79,9 | 11,9 | 107 | 24,0 | 2,99 |
| | 5 | 0,192 | 10,3 | 78,9 | 13,2 | 116 | 26,2 | 2,97 |
| | 5,6 | 0,219 | 11,5 | 77,7 | 14,7 | 128 | 28,7 | 2,95 |
| 88,9 | 6,3 | 1/4 | 12,9 | 76,3 | 16,3 | 140 | 31,5 | 2,93 |
| | 7,1 | 9/32 | 14,4 | 74,7 | 18,2 | 154 | 34,6 | 2,90 |
| (3 1/2") | 8 | 5/16 | 15,9 | 72,9 | 20,3 | 168 | 37,8 | 2,87 |
| | 8,8 | 11/32 | 17,3 | 71,3 | 22,1 | 180 | 40,4 | 2,85 |
| | 10 | — | 19,5 | 68,9 | 24,8 | 196 | 44,1 | 2,81 |
| | 11 | 7/16 | 21,2 | 66,9 | 26,9 | 208 | 46,9 | 2,78 |
| | 12,5 | 1/2 | 23,7 | 63,9 | 30,0 | 225 | 50,6 | 2,74 |
| | 14,2 | 9/16 | 26,2 | 60,5 | 33,3 | 241 | 54,2 | 2,69 |
| | 16 | 5/8 | 28,7 | 56,9 | 36,6 | 255 | 57,4 | 2,64 |
| | 17,5 | 11/16 | 30,8 | 53,9 | 39,3 | 265 | 59,7 | 2,60 |
| | 20 | — | 34,0 | 48,9 | 43,3 | 279 | 62,7 | 2,54 |
| | 22,2 | 7/8 | 36,5 | 44,5 | 46,5 | 287 | 64,6 | 2,49 |
| | 2,3 | 0,092 | 6,40 | 109,7 | 8,09 | 127 | 22,2 | 3,96 |
| | 2,6 | 0,104 | 7,21 | 109,1 | 9,12 | 142 | 24,9 | 3,95 |
| | 2,9 | 0,116 | 8,03 | 108,5 | 10,1 | 158 | 27,6 | 3,94 |
| | 3,2 | 0,128 | 8,83 | 107,9 | 11,2 | 172 | 30,2 | 3,93 |
| | 3,6 | 0,144 | 9,90 | 107,1 | 12,5 | 192 | 33,6 | 3,92 |
| | 4 | 0,160 | 11 | 106,3 | 13,9 | 211 | 36,9 | 3,90 |
| | 4,5 | 0,176 | 12,1 | 105,3 | 15,5 | 334 | 41,0 | 3,89 |
| | 5 | 0,192 | 13,5 | 104,3 | 17,2 | 257 | 45,0 | 3,87 |
| | 5,6 | 0,219 | 15,0 | 103,1 | 19,1 | 283 | 49,6 | 3,85 |
| 114,3 | 6,3 | 1/4 | 16,8 | 101,7 | 21,4 | 313 | 54,7 | 3,82 |
| | 7,1 | 9/32 | 18,8 | 100,1 | 23,9 | 345 | 60,4 | 3,80 |
| (4 1/2") | 8 | 5/16 | 20,9 | 98,3 | 26,7 | 379 | 66,4 | 3,77 |
| | 8,8 | 11/32 | 22,8 | 96,7 | 29,2 | 409 | 71,5 | 3,74 |
| | 10 | — | 25,7 | 94,3 | 32,8 | 450 | 78,7 | 3,70 |
| | 11 | 7/16 | 28,1 | 92,3 | 35,7 | 482 | 84,3 | 3,67 |
| | 12,5 | 1/2 | 31,6 | 89,3 | 40,0 | 526 | 92,0 | 3,63 |
| | 14,2 | 9/16 | 35,1 | 85,9 | 44,7 | 571 | 99,8 | 3,57 |
| | 16 | 5/8 | 38,6 | 82,3 | 49,4 | 613 | 107 | 3,52 |
| | 17,5 | 11/16 | 41,7 | 79,3 | 53,2 | 644 | 113 | 3,48 |
| | 20 | — | 46,5 | 74,3 | 59,3 | 688 | 120 | 3,41 |
| | 22,2 | 7/8 | 50,4 | 69,9 | 64,2 | 721 | 126 | 3,35 |
| | 25 | 1 | 55,3 | 64,3 | 70,1 | 754 | 132 | 3,28 |
| | 2,3 | 0,092 | 5,67 | 97 | 7,18 | 88,5 | 17,4 | 3,51 |
| | 2,6 | 0,104 | 6,39 | 96,4 | 8,09 | 99,1 | 19,5 | 3,50 |
| | 2,9 | 0,116 | 7,11 | 95,8 | 8,99 | 110 | 21,6 | 3,49 |
| | 3,2 | 0,128 | 7,82 | 95,2 | 9,89 | 120 | 23,6 | 3,48 |
| | 3,6 | 0,144 | 8,76 | 94,4 | 11,1 | 133 | 26,2 | 3,47 |
| | 4 | 0,160 | 9,70 | 93,6 | 12,3 | 146 | 28,8 | 3,45 |
| | 4,5 | 0,176 | 10,7 | 92,6 | 13,7 | 162 | 31,9 | 3,44 |
| | 5 | 0,192 | 11,9 | 91,6 | 15,2 | 177 | 34,9 | 3,42 |
| | 5,6 | 0,219 | 13,2 | 90,4 | 16,9 | 195 | 38,4 | 3,40 |
| 101,6 | 6,3 | 1/4 | 14,9 | 89 | 18,9 | 215 | 42,3 | 3,38 |
| | 7,1 | 9/32 | 16,6 | 87,4 | 21,1 | 237 | 46,6 | 3,35 |
| (4") | 8 | 5/16 | 18,4 | 85,6 | 23,5 | 260 | 51,1 | 3,32 |
| | 8,8 | 11/32 | 20,1 | 84 | 25,7 | 279 | 54,9 | 3,30 |
| | 10 | — | 22,6 | 81,6 | 28,8 | 305 | 60,1 | 3,26 |
| | 11 | 7/16 | 24,7 | 79,6 | 31,3 | 326 | 64,2 | 3,23 |
| | 12,5 | 1/2 | 27,6 | 76,6 | 35,0 | 354 | 69,7 | 3,18 |
| | 14,2 | 9/16 | 30,7 | 73,2 | 39,0 | 382 | 75,2 | 3,13 |
| | 16 | 5/8 | 33,7 | 69,6 | 43,0 | 408 | 80,3 | 3,08 |
| | 17,5 | 11/16 | 36,2 | 66,6 | 46,2 | 426 | 84,0 | 3,07 |
| | 20 | — | 40,2 | 61,6 | 51,3 | 452 | 89,0 | 2,97 |
| | 22,2 | 7/8 | 43,5 | 57,2 | 55,4 | 471 | 92,6 | 2,91 |
| | 25 | 1 | 47,5 | 51,6 | 60,2 | 488 | 96,1 | 2,85 |
| | 2,3 | 0,092 | 6,04 | 103,4 | 7,64 | 107 | 19,8 | 3,74 |
| | 2,6 | 0,104 | 6,81 | 102,8 | 8,61 | 120 | 22,2 | 3,73 |
| | 2,9 | 0,116 | 7,57 | 102,2 | 9,58 | 132 | 24,5 | 3,72 |
| | 3,2 | 0,128 | 8,33 | 101,6 | 10,5 | 145 | 26,8 | 3,71 |
| | 3,6 | 0,144 | 9,33 | 100,8 | 11,8 | 161 | 29,8 | 3,69 |
| | 4 | 0,160 | 10,3 | 100 | 13,1 | 177 | 32,8 | 3,68 |
| | 4,5 | 0,176 | 11,4 | 99 | 14,6 | 196 | 36,4 | 3,66 |
| | 5 | 0,192 | 12,7 | 98 | 16,2 | 215 | 39,8 | 3,65 |
| | 5,6 | 0,219 | 14,1 | 96,8 | 18,0 | 237 | 43,9 | 3,63 |
| 108 | 6,3 | 1/4 | 15,8 | 95,4 | 20,1 | 261 | 48,4 | 3,60 |
| | 7,1 | 9/32 | 17,7 | 93,8 | 22,5 | 288 | 53,3 | 3,58 |
| (4 1/4") | 8 | 5/16 | 19,6 | 92 | 25,1 | 316 | 58,6 | 3,55 |
| | 8,8 | 11/32 | 21,4 | 90,4 | 27,4 | 340 | 63,0 | 3,52 |
| | 10 | — | 24,2 | 88 | 30,8 | 373 | 69,2 | 3,48 |
| | 11 | 7/16 | 26,4 | 86 | 33,5 | 399 | 73,9 | 3,45 |
| | 12,5 | 1/2 | 29,6 | 83 | 37,5 | 435 | 80,5 | 3,41 |
| | 14,2 | 9/16 | 32,9 | 79,6 | 41,8 | 471 | 87,2 | 3,35 |
| | 16 | 5/8 | 36,2 | 76 | 46,2 | 504 | 93,3 | 3,30 |
| | 17,5 | 11/16 | 39,0 | 73 | 49,8 | 528 | 97,9 | 3,26 |
| | 20 | — | 43,4 | 68 | 55,3 | 563 | 104 | 3,19 |
| | 22,2 | 7/8 | 47,0 | 63,6 | 59,8 | 588 | 109 | 3,13 |
| | 25 | 1 | 51,4 | 58 | 65,2 | 612 | 113 | 3,06 |
| | 3,2 | 0,128 | 10,9 | 133,3 | 13,7 | 320 | 45,8 | 4,83 |
| | 3,6 | 0,144 | 12,2 | 132,5 | 15,4 | 357 | 51,1 | 4,81 |
| | 4 | 0,160 | 13,5 | 131,7 | 17,1 | 393 | 56,2 | 4,80 |
| | 4,5 | 0,176 | 14,9 | 130,7 | 19,1 | 437 | 62,6 | 4,78 |
| | 5 | 0,192 | 16,6 | 129,7 | 21,2 | 481 | 68,8 | 4,77 |
| | 5,6 | 0,219 | 18,5 | 128,5 | 23,6 | 531 | 76,1 | 4,75 |
| | 6,3 | 1/4 | 20,8 | 127,1 | 26,4 | 589 | 84,3 | 4,72 |
| | 7,1 | 9/32 | 23,3 | 125,5 | 29,6 | 652 | 93,3 | 4,69 |
| 139,7 | 8 | 5/16 | 25,9 | 123,7 | 33,1 | 720 | 103 | 4,66 |
| | 8,8 | 11/32 | 28,3 | 122,1 | 36,2 | 779 | 111 | 4,64 |
| (5 1/2") | 10 | — | 32,0 | 119,7 | 40,7 | 862 | 123 | 4,60 |
| | 11 | 7/16 | 35,1 | 117,7 | 44,5 | 928 | 133 | 4,57 |
| | 12,5 | 1/2 | 39,5 | 114,7 | 50,0 | 1 020 | 146 | 4,52 |
| | 14,2 | 9/16 | 44,0 | 111,3 | 56,0 | 1 116 | 160 | 4,47 |
| | 16 | 5/8 | 48,6 | 107,7 | 62,2 | 1 209 | 173 | 4,41 |
| | 17,5 | 11/16 | 52,7 | 104,7 | 67,2 | 1 280 | 183 | 4,36 |
| | 20 | — | 59,0 | 99,7 | 75,2 | 1 385 | 198 | 4,29 |
| | 22,2 | 7/8 | 64,3 | 95,3 | 81,9 | 1 465 | 210 | 4,23 |
| | 25 | 1 | 71,1 | 89,7 | 90,1 | 1 552 | 222 | 4,15 |

# VALORES ESTÁTICOS DE TUBOS

AL-17₄

| D mm (pulg.) | e mm | e pulg. | p kg/m | d mm | A cm² | I cm⁴ | W cm³ | i cm |
|---|---|---|---|---|---|---|---|---|
| | 2,3 | 0,092 | 7,13 | 122,4 | 9,01 | 175 | 27,6 | 4,41 |
| | 2,6 | 0,104 | 8,04 | 121,8 | 10,2 | 197 | 31,0 | 4,40 |
| | 2,9 | 0,116 | 8,94 | 121,2 | 11,3 | 218 | 34,3 | 4,39 |
| | 3,2 | 0,128 | 9,84 | 120,6 | 12,4 | 239 | 37,6 | 4,38 |
| | 3,6 | 0,144 | 11,0 | 119,8 | 14,0 | 266 | 41,9 | 4,36 |
| | 4 | 0,160 | 12,2 | 119 | 15,5 | 293 | 46,1 | 4,35 |
| | 4,5 | 0,176 | 13,5 | 118 | 17,3 | 325 | 51,2 | 4,33 |
| | 5 | 0,192 | 15,0 | 117 | 19,2 | 357 | 56,2 | 4,32 |
| | 5,6 | 0,219 | 16,7 | 115,8 | 21,4 | 394 | 62,1 | 4,30 |
| | 6,3 | 1/4 | 18,8 | 114,4 | 23,9 | 436 | 68,7 | 4,27 |
| 127 | 7,1 | 9/32 | 21,0 | 112,8 | 26,7 | 482 | 75,9 | 4,25 |
| | 8 | 5/16 | 23,4 | 111 | 29,9 | 532 | 83,7 | 4,22 |
| (5") | 8,8 | 11/32 | 25,5 | 109,4 | 32,7 | 574 | 90,4 | 4,19 |
| | 10 | — | 28,9 | 107 | 36,8 | 634 | 99,8 | 4,15 |
| | 11 | 7/16 | 31,6 | 105 | 40,1 | 680 | 107 | 4,12 |
| | 12,5 | 1/2 | 35,5 | 102 | 45,0 | 746 | 117 | 4,07 |
| | 14,2 | 9/16 | 39,6 | 98,6 | 50,3 | 813 | 128 | 4,02 |
| | 16 | 5/8 | 43,6 | 95 | 55,8 | 877 | 138 | 3,97 |
| | 17,5 | 11/16 | 47,2 | 92 | 60,2 | 925 | 146 | 3,92 |
| | 20 | — | 52,8 | 87 | 67,2 | 996 | 157 | 3,85 |
| | 22,2 | 7/8 | 57,4 | 82,6 | 73,1 | 1 048 | 165 | 3,79 |
| | 25 | 1 | 63,2 | 77 | 80,1 | 1 104 | 174 | 3,71 |
| | 2,3 | 0,092 | 7,48 | 128,4 | 9,44 | 202 | 30,3 | 4,62 |
| | 2,6 | 0,104 | 8,43 | 127,8 | 10,7 | 226 | 34,1 | 4,61 |
| | 2,9 | 0,116 | 9,39 | 127,2 | 11,9 | 251 | 37,7 | 4,60 |
| | 3,2 | 0,128 | 10,3 | 126,6 | 13,0 | 275 | 41,4 | 4,59 |
| | 3,6 | 0,144 | 11,6 | 125,8 | 14,6 | 307 | 46,1 | 4,58 |
| | 4 | 0,160 | 12,8 | 125 | 16,2 | 338 | 50,8 | 4,56 |
| | 4,5 | 0,176 | 14,2 | 124 | 18,2 | 375 | 56,5 | 4,55 |
| | 5 | 0,192 | 15,8 | 123 | 20,1 | 412 | 62,0 | 4,53 |
| | 5,6 | 0,219 | 17,6 | 121,8 | 22,4 | 456 | 68,5 | 4,51 |
| 133 | 6,3 | 1/4 | 19,8 | 120,4 | 25,1 | 504 | 75,9 | 4,49 |
| | 7,1 | 9/32 | 22,1 | 118,8 | 28,1 | 558 | 83,9 | 4,46 |
| (5 1/4") | 8 | 5/16 | 24,6 | 117 | 31,4 | 616 | 92,6 | 4,43 |
| | 8,8 | 11/32 | 26,9 | 115,4 | 34,3 | 665 | 100 | 4,40 |
| | 10 | — | 30,3 | 113 | 38,6 | 736 | 111 | 4,36 |
| | 11 | 7/16 | 33,3 | 111 | 42,2 | 791 | 119 | 4,33 |
| | 12,5 | 1/2 | 37,4 | 108 | 47,3 | 868 | 131 | 4,28 |
| | 14,2 | 9/16 | 41,8 | 104,6 | 53,0 | 948 | 143 | 4,23 |
| | 16 | 5/8 | 46,1 | 101 | 58,8 | 1 025 | 154 | 4,18 |
| | 17,5 | 11/16 | 49,9 | 98 | 63,5 | 1 083 | 163 | 4,13 |
| | 20 | — | 55,7 | 93 | 71,0 | 1 169 | 176 | 4,06 |
| | 22,2 | 7/8 | 60,8 | 88,6 | 77,3 | 1 233 | 185 | 4,00 |
| | 25 | 1 | 67,1 | 83 | 84,8 | 1 303 | 196 | 3,92 |
| | 3,2 | 0,128 | 12,9 | 158,7 | 16,3 | 533 | 64,6 | 5,73 |
| | 3,6 | 0,144 | 14,4 | 157,9 | 18,3 | 596 | 72,2 | 5,71 |
| | 4 | 0,160 | 16,0 | 157,1 | 20,2 | 657 | 79,6 | 5,70 |
| | 4,5 | 0,176 | 17,8 | 156,1 | 22,7 | 733 | 88,7 | 5,68 |
| | 5 | 0,192 | 19,7 | 155,1 | 25,1 | 807 | 97,7 | 5,66 |
| | 5,6 | 0,219 | 21,9 | 153,9 | 28,1 | 893 | 108 | 5,64 |
| | 6,3 | 1/4 | 24,8 | 152,5 | 31,4 | 992 | 120 | 5,62 |
| | 7,1 | 9/32 | 27,7 | 150,9 | 35,2 | 1 102 | 133 | 5,59 |
| 165,1 | 8 | 5/16 | 30,9 | 149,1 | 39,5 | 1 221 | 148 | 5,56 |
| | 8,8 | 11/32 | 33,8 | 147,5 | 43,2 | 1 324 | 160 | 5,53 |
| (6 1/2") | 10 | — | 38,2 | 145,1 | 48,7 | 1 471 | 178 | 5,49 |
| | 11 | 7/16 | 42,0 | 143,1 | 53,3 | 1 589 | 192 | 5,46 |
| | 12,5 | 1/2 | 47,4 | 140,1 | 59,9 | 1 756 | 213 | 5,41 |
| | 14,2 | 9/16 | 53,0 | 136,7 | 67,3 | 1 933 | 234 | 5,36 |
| | 16 | 5/8 | 58,6 | 133,1 | 74,9 | 2 107 | 255 | 5,30 |
| | 17,5 | 11/16 | 63,6 | 130,1 | 81,1 | 2 241 | 271 | 5,25 |
| | 20 | — | 71,6 | 125,1 | 91,2 | 2 445 | 296 | 5,18 |
| | 22,2 | 7/8 | 78,2 | 120,7 | 99,7 | 2 605 | 316 | 5,11 |
| | 25 | 1 | 86,9 | 115,1 | 110 | 2 786 | 337 | 5,03 |
| | 3,2 | 0,128 | 11,9 | 146 | 15,0 | 418 | 54,8 | 5,28 |
| | 3,6 | 0,144 | 13,3 | 145,2 | 16,8 | 466 | 61,2 | 5,26 |
| | 4 | 0,160 | 14,7 | 144,4 | 18,6 | 514 | 67,4 | 5,25 |
| | 4,5 | 0,176 | 16,4 | 143,4 | 20,9 | 572 | 75,1 | 5,23 |
| | 5 | 0,192 | 18,2 | 142,4 | 23,2 | 630 | 82,6 | 5,21 |
| | 5,6 | 0,219 | 20,2 | 141,2 | 25,8 | 697 | 91,4 | 5,19 |
| | 6,3 | 1/4 | 22,8 | 139,8 | 28,9 | 773 | 101 | 5,17 |
| | 7,1 | 9/32 | 25,5 | 138,2 | 32,4 | 857 | 113 | 5,14 |
| 152,4 | 8 | 5/16 | 28,4 | 136,4 | 36,3 | 949 | 125 | 5,11 |
| | 8,8 | 11/32 | 31,0 | 134,8 | 39,7 | 1 027 | 135 | 5,09 |
| (6") | 10 | — | 35,1 | 132,4 | 44,7 | 1 140 | 150 | 5,05 |
| | 11 | 7/16 | 38,5 | 130 | 48,9 | 1 229 | 161 | 5,01 |
| | 12,5 | 1/2 | 43,4 | 127,4 | 54,9 | 1 355 | 178 | 4,97 |
| | 14,2 | 9/16 | 48,5 | 124 | 61,7 | 1 487 | 195 | 4,91 |
| | 16 | 5/8 | 53,6 | 120,4 | 68,6 | 1 616 | 212 | 4,86 |
| | 17,5 | 11/16 | 58,1 | 117,4 | 74,2 | 1 715 | 225 | 4,81 |
| | 20 | — | 65,3 | 112,4 | 83,2 | 1 864 | 245 | 4,73 |
| | 22,2 | 7/8 | 71,3 | 108 | 90,8 | 1 980 | 260 | 4,67 |
| | 25 | 1 | 79,0 | 102,4 | 100 | 2 108 | 277 | 4,59 |
| | 3,2 | 0,128 | 12,4 | 152,6 | 15,7 | 475 | 59,8 | 5,51 |
| | 3,6 | 0,144 | 13,9 | 151,8 | 17,6 | 531 | 66,8 | 5,50 |
| | 4 | 0,160 | 15,4 | 151 | 19,5 | 585 | 73,6 | 5,48 |
| | 4,5 | 0,176 | 17,1 | 150 | 21,8 | 652 | 82,0 | 5,46 |
| | 5 | 0,192 | 19,0 | 149 | 24,2 | 718 | 90,3 | 5,45 |
| | 5,6 | 0,219 | 21,1 | 147,8 | 27,0 | 795 | 100 | 5,43 |
| | 6,3 | 1/4 | 23,8 | 146,4 | 30,2 | 882 | 111 | 5,40 |
| | 7,1 | 9/32 | 26,6 | 144,8 | 33,9 | 979 | 123 | 5,38 |
| 159 | 8 | 5/16 | 29,6 | 143 | 38,0 | 1 085 | 136 | 5,35 |
| | 8,8 | 11/32 | 32,4 | 141,4 | 41,5 | 1 175 | 148 | 5,32 |
| (6 1/4") | 10 | — | 36,7 | 139 | 46,8 | 1 305 | 164 | 5,28 |
| | 11 | 7/16 | 40,3 | 137 | 51,1 | 1 408 | 177 | 5,25 |
| | 12,5 | 1/2 | 45,4 | 134 | 57,5 | 1 555 | 196 | 5,20 |
| | 14,2 | 9/16 | 50,8 | 130,6 | 64,6 | 1 709 | 215 | 5,14 |
| | 16 | 5/8 | 56,2 | 127 | 71,9 | 1 860 | 234 | 5,09 |
| | 17,5 | 11/16 | 60,9 | 124 | 77,8 | 1 977 | 249 | 5,04 |
| | 20 | — | 68,6 | 119 | 87,3 | 2 153 | 271 | 4,97 |
| | 22,2 | 7/8 | 74,8 | 114,6 | 95,4 | 2 291 | 288 | 4,90 |
| | 25 | 1 | 83,0 | 109 | 105 | 2 444 | 307 | 4,82 |
| | 3,2 | 0,128 | 13,9 | 171,4 | 17,6 | 669 | 75,3 | 6,17 |
| | 3,6 | 0,144 | 15,6 | 170,6 | 19,7 | 748 | 84,1 | 6,16 |
| | 4 | 0,160 | 17,3 | 169,8 | 21,8 | 825 | 92,8 | 6,15 |
| | 4,5 | 0,176 | 19,2 | 168,8 | 24,5 | 920 | 104 | 6,13 |
| | 5 | 0,192 | 21,3 | 167,8 | 27,1 | 1 014 | 114 | 6,11 |
| | 5,6 | 0,219 | 23,7 | 166,6 | 30,3 | 1 124 | 126 | 6,09 |
| | 6,3 | 1/4 | 26,7 | 165,2 | 33,9 | 1 250 | 141 | 6,07 |
| | 7,1 | 9/32 | 30,0 | 163,6 | 38,1 | 1 389 | 156 | 6,04 |
| 177,8 | 8 | 5/16 | 33,4 | 161,8 | 42,7 | 1 541 | 173 | 6,01 |
| | 8,8 | 11/32 | 36,5 | 160,2 | 46,7 | 1 673 | 188 | 5,98 |
| (7") | 10 | — | 41,4 | 157,8 | 52,7 | 1 862 | 209 | 5,94 |
| | 11 | 7/16 | 45,4 | 155,8 | 57,6 | 2 013 | 226 | 5,91 |
| | 12,5 | 1/2 | 51,3 | 152,8 | 64,9 | 2 230 | 251 | 5,86 |
| | 14,2 | 9/16 | 57,4 | 149,4 | 73,0 | 2 460 | 277 | 5,81 |
| | 16 | 5/8 | 63,6 | 145,8 | 81,3 | 2 687 | 302 | 5,75 |
| | 17,5 | 11/16 | 69,1 | 142,8 | 88,1 | 2 864 | 322 | 5,70 |
| | 20 | — | 77,8 | 137,8 | 99,1 | 3 136 | 353 | 5,62 |
| | 22,2 | 7/8 | 85,2 | 133,4 | 109 | 3 351 | 377 | 5,56 |
| | 25 | 1 | 94,8 | 127,8 | 120 | 3 596 | 405 | 5,47 |

# VALORES ESTÁTICOS DE TUBOS



| D mm (pulg.) | e mm | e pulg. | p kg/m | d mm | A cm² | I cm⁴ | W cm³ | i cm |
|---|---|---|---|---|---|---|---|---|
| | 3,2 | 0,128 | 13,1 | 161,9 | 16,6 | 566 | 67,2 | 5,84 |
| | 3,6 | 0,144 | 14,7 | 161,1 | 18,6 | 632 | 75,1 | 5,82 |
| | 4 | 0,160 | 16,3 | 160,3 | 20,6 | 697 | 82,8 | 5,81 |
| | 4,5 | 0,176 | 18,1 | 159,3 | 23,2 | 777 | 92,4 | 5,79 |
| | 5 | 0,192 | 20,1 | 158,3 | 25,7 | 856 | 102 | 5,78 |
| | 5,6 | 0,219 | 22,4 | 157,1 | 28,6 | 948 | 113 | 5,76 |
| | 6,3 | 1/4 | 25,3 | 155,7 | 32,1 | 1 053 | 125 | 5,73 |
| | 7,1 | 9/32 | 28,3 | 154,1 | 36,0 | 1 170 | 139 | 5,70 |
| **168,3** | 8 | 5/16 | 31,5 | 152,3 | 40,3 | 1 297 | 154 | 5,67 |
| | 8,8 | 11/32 | 34,5 | 150,7 | 44,1 | 1 407 | 167 | 5,65 |
| (6 5/8") | 10 | — | 39,0 | 148,3 | 49,7 | 1 564 | 186 | 5,61 |
| | 11 | 7/16 | 42,9 | 146,3 | 54,4 | 1 689 | 201 | 5,57 |
| | 12,5 | 1/2 | 48,4 | 143,3 | 61,2 | 1 868 | 222 | 5,53 |
| | 14,2 | 9/16 | 54,1 | 139,9 | 68,7 | 2 058 | 245 | 5,47 |
| | 16 | 5/8 | 59,9 | 136,3 | 76,6 | 2 244 | 267 | 5,41 |
| | 17,5 | 11/16 | 65,0 | 133,3 | 82,9 | 2 388 | 284 | 5,37 |
| | 20 | — | 73,1 | 128,3 | 93,2 | 2 608 | 310 | 5,29 |
| | 22,2 | 7/8 | 80,0 | 123,9 | 102 | 2 781 | 331 | 5,22 |
| | 25 | 1 | 88,9 | 118,3 | 113 | 2 977 | 354 | 5,14 |
| | 3,2 | 0,128 | 17,2 | 212,7 | 21,7 | 1 265 | 115 | 7,63 |
| | 3,6 | 0,144 | 19,3 | 211,9 | 24,4 | 1 415 | 129 | 7,62 |
| | 4 | 0,160 | 21,4 | 211,1 | 27,0 | 1 564 | 143 | 7,61 |
| | 4,5 | 0,176 | 23,7 | 210,1 | 30,3 | 1 747 | 159 | 7,59 |
| | 5 | 0,192 | 26,4 | 209,1 | 33,6 | 1 928 | 176 | 7,57 |
| | 5,6 | 0,219 | 29,4 | 207,9 | 37,6 | 2 142 | 195 | 7,55 |
| | 5,9 | 0,232 | 31,0 | 207,3 | 39,5 | 2 247 | 205 | 7,54 |
| | 6,3 | 1/4 | 33,2 | 206,5 | 42,1 | 2 386 | 218 | 7,53 |
| **219,1** | 7,1 | 9/32 | 37,2 | 204,9 | 47,3 | 2 660 | 243 | 7,50 |
| | 8 | 5/16 | 41,5 | 203,1 | 53,1 | 2 960 | 270 | 7,47 |
| (8 5/8") | 8,8 | 11/32 | 45,4 | 201,5 | 58,1 | 3 220 | 294 | 7,44 |
| | 10 | — | 51,6 | 199,1 | 65,7 | 3 598 | 328 | 7,40 |
| | 11 | 7/16 | 56,7 | 197,1 | 71,9 | 3 904 | 356 | 7,37 |
| | 12,5 | 1/2 | 64,1 | 194,1 | 81,1 | 4 345 | 397 | 7,32 |
| | 14,2 | 9/16 | 71,9 | 190,7 | 91,4 | 4 820 | 440 | 7,26 |
| | 16 | 5/8 | 79,8 | 187,1 | 102 | 5 297 | 483 | 7,20 |
| | 17,5 | 11/16 | 86,9 | 184,1 | 111 | 5 673 | 518 | 7,15 |
| | 20 | — | 98,2 | 179,1 | 125 | 6 261 | 572 | 7,07 |
| | 22,2 | 7/8 | 108 | 174,7 | 137 | 6 740 | 615 | 7,01 |
| | 25 | 1 | 120 | 169,1 | 152 | 7 298 | 666 | 6,92 |
| | 3,2 | 0,128 | 19,2 | 238,1 | 24,3 | 1 766 | 144 | 8,53 |
| | 3,6 | 0,144 | 21,5 | 237,3 | 27,2 | 1 977 | 162 | 8,52 |
| | 4 | 0,160 | 23,9 | 236,5 | 30,2 | 2 186 | 179 | 8,50 |
| | 4,5 | 0,176 | 26,5 | 235,5 | 33,9 | 2 444 | 200 | 8,49 |
| | 5 | 0,192 | 29,5 | 234,5 | 37,6 | 2 699 | 221 | 8,47 |
| | 5,6 | 0,219 | 32,9 | 233,3 | 42,0 | 3 000 | 245 | 8,45 |
| | 6,3 | 1/4 | 37,1 | 231,9 | 47,1 | 3 346 | 274 | 8,42 |
| | 7,1 | 9/32 | 41,7 | 230,3 | 53,0 | 3 734 | 305 | 8,40 |
| **244,5** | 8 | 5/16 | 46,5 | 228,5 | 59,4 | 4 160 | 340 | 8,37 |
| | 8,8 | 11/32 | 50,9 | 226,9 | 65,2 | 4 531 | 371 | 8,34 |
| (9 5/8") | 10 | — | 57,8 | 224,5 | 73,7 | 5 073 | 415 | 8,30 |
| | 11 | 7/16 | 63,6 | 222,5 | 80,7 | 5 512 | 451 | 8,26 |
| | 12,5 | 1/2 | 72,0 | 219,5 | 91,1 | 6 147 | 503 | 8,21 |
| | 14,2 | 9/16 | 80,8 | 216,1 | 103 | 6 837 | 559 | 8,16 |
| | 16 | 5/8 | 89,8 | 212,5 | 115 | 7 533 | 616 | 8,10 |
| | 17,5 | 11/16 | 97,8 | 209,5 | 125 | 8 086 | 661 | 8,05 |
| | 20 | — | 111 | 204,5 | 141 | 8 957 | 733 | 7,97 |
| | 22,2 | 7/8 | 122 | 200,1 | 155 | 9 673 | 791 | 7,90 |
| | 25 | 1 | 136 | 194,5 | 172 | 10 520 | 860 | 7,81 |

| D mm (pulg.) | e mm | e pulg. | p kg/m | d mm | A cm² | I cm⁴ | W cm³ | i cm |
|---|---|---|---|---|---|---|---|---|
| | 3,2 | 0,128 | 15,1 | 187,3 | 19,2 | 869 | 89,7 | 6,74 |
| | 3,6 | 0,144 | 17,0 | 186,5 | 21,5 | 972 | 100 | 6,72 |
| | 4 | 0,160 | 18,8 | 185,7 | 23,8 | 1 073 | 111 | 6,71 |
| | 4,5 | 0,176 | 20,9 | 184,7 | 26,7 | 1 198 | 124 | 6,69 |
| | 5 | 0,192 | 23,3 | 183,7 | 29,6 | 1 320 | 136 | 6,67 |
| | 5,6 | 0,219 | 25,9 | 182,5 | 31,9 | 1 417 | 146 | 6,66 |
| | 6,3 | 1/4 | 29,2 | 181,1 | 37,1 | 1 630 | 168 | 6,63 |
| | 7,1 | 9/32 | 32,8 | 179,5 | 41,6 | 1 814 | 187 | 6,60 |
| **193,7** | 8 | 5/16 | 36,5 | 177,7 | 46,7 | 2 016 | 208 | 6,57 |
| | 8,8 | 11/32 | 40,0 | 176,1 | 51,1 | 2 189 | 226 | 6,54 |
| (7 5/8") | 10 | — | 45,3 | 173,7 | 57,7 | 2 442 | 252 | 6,50 |
| | 11 | 7/16 | 49,8 | 171,7 | 63,1 | 2 644 | 273 | 6,47 |
| | 12,5 | 1/2 | 56,2 | 168,7 | 71,2 | 2 934 | 303 | 6,42 |
| | 14,2 | 9/16 | 63,0 | 165,3 | 80,1 | 3 245 | 335 | 6,37 |
| | 16 | 5/8 | 69,8 | 161,7 | 89,3 | 3 554 | 367 | 6,31 |
| | 17,5 | 11/16 | 75,9 | 158,7 | 96,9 | 3 796 | 392 | 6,26 |
| | 20 | — | 85,7 | 153,7 | 109 | 4 171 | 431 | 6,18 |
| | 22,2 | 7/8 | 93,9 | 149,3 | 120 | 4 471 | 462 | 6,11 |
| | 25 | 1 | 105 | 143,7 | 132 | 4 817 | 497 | 6,03 |
| | 3,2 | 0,128 | 21,5 | 266,6 | 27,1 | 2 468 | 181 | 9,54 |
| | 3,6 | 0,144 | 24,1 | 265,8 | 30,5 | 2 765 | 203 | 9,53 |
| | 4 | 0,160 | 26,7 | 265 | 33,8 | 3 058 | 224 | 9,51 |
| | 4,5 | 0,176 | 29,7 | 264 | 38,0 | 3 422 | 251 | 9,49 |
| | 5 | 0,192 | 33,0 | 263 | 42,1 | 3 781 | 277 | 9,48 |
| | 5,6 | 0,219 | 36,8 | 261,8 | 47,0 | 4 207 | 308 | 9,46 |
| | 6,3 | 1/4 | 41,6 | 260,4 | 52,8 | 4 696 | 344 | 9,43 |
| | 7,1 | 9/32 | 46,7 | 258,8 | 59,3 | 5 245 | 384 | 9,40 |
| **273** | 8 | 5/16 | 52,1 | 257 | 66,6 | 5 852 | 429 | 9,37 |
| | 8,8 | 11/32 | 57,1 | 255,4 | 73,0 | 6 380 | 467 | 9,35 |
| (10 3/4") | 10 | — | 64,9 | 253 | 82,6 | 7 154 | 524 | 9,31 |
| | 11 | 7/16 | 71,4 | 251 | 90,5 | 7 783 | 570 | 9,27 |
| | 12,5 | 1/2 | 80,9 | 248 | 102 | 8 697 | 637 | 9,22 |
| | 14,2 | 9/16 | 90,9 | 244,6 | 115 | 9 695 | 710 | 9,16 |
| | 16 | 5/8 | 101 | 241 | 129 | 10 710 | 784 | 9,10 |
| | 17,5 | 11/16 | 110 | 238 | 140 | 11 520 | 844 | 9,05 |
| | 20 | — | 125 | 233 | 159 | 12 800 | 938 | 8,97 |
| | 22,2 | 7/8 | 137 | 228,6 | 175 | 13 860 | 1 020 | 8,90 |
| | 25 | 1 | 154 | 223 | 195 | 15 130 | 1 110 | 8,81 |
| | 3,2 | 0,128 | 23,5 | 292,1 | 29,7 | 3 236 | 217 | 10,4 |
| | 3,6 | 0,144 | 26,4 | 291,3 | 33,4 | 3 626 | 243 | 10,4 |
| | 4 | 0,160 | 29,3 | 290,5 | 37,0 | 4 013 | 269 | 10,4 |
| | 4,5 | 0,176 | 32,5 | 289,5 | 41,6 | 4 492 | 301 | 10,4 |
| | 5 | 0,192 | 36,2 | 288,5 | 46,1 | 4 966 | 333 | 10,4 |
| | 5,6 | 0,219 | 40,3 | 287,3 | 51,5 | 5 528 | 370 | 10,4 |
| | 6,3 | 1/4 | 45,5 | 285,9 | 57,8 | 6 175 | 414 | 10,3 |
| | 7,1 | 9/32 | 51,1 | 284,3 | 65,0 | 6 903 | 463 | 10,3 |
| **298,5** | 8 | 5/16 | 57,1 | 282,5 | 73,0 | 7 708 | 516 | 10,3 |
| (11 3/4") | 8,8 | 11/32 | 62,6 | 280,9 | 80,1 | 8 410 | 563 | 10,2 |
| | 10 | — | 71,1 | 278,5 | 90,6 | 9 441 | 633 | 10,2 |
| | 11 | 7/16 | 78,3 | 276,5 | 99,4 | 10 280 | 689 | 10,2 |
| | 12,5 | 1/2 | 88,8 | 273,5 | 112 | 11 510 | 771 | 10,1 |
| | 14,2 | 9/16 | 99,8 | 270,1 | 127 | 12 850 | 861 | 10,1 |
| | 16 | 5/8 | 111 | 266,5 | 142 | 14 210 | 952 | 10,0 |
| | 17,5 | 11/16 | 121 | 263,5 | 154 | 15 310 | 1 030 | 9,95 |
| | 20 | — | 137 | 258,5 | 175 | 17 050 | 1 140 | 9,87 |
| | 22,2 | 7/8 | 151 | 254,1 | 193 | 18 510 | 1 240 | 9,80 |
| | 25 | 1 | 170 | 248,5 | 215 | 20 250 | 1 360 | 9,71 |

# VALORES ESTÁTICOS DE TUBOS



| D mm (pulg.) | e mm | e pulg. | p kg/m | d mm | A cm² | I cm⁴ | W cm³ | i cm |
|---|---|---|---|---|---|---|---|---|
| | 3,2 | 0,128 | 21,0 | 260,6 | 26,5 | 2 307 | 173 | 9,33 |
| | 3,6 | 0,144 | 23,5 | 259,8 | 29,8 | 2 584 | 194 | 9,31 |
| | 4 | 0,160 | 26,1 | 259 | 33,0 | 2 858 | 214 | 9,30 |
| | 4,5 | 0,176 | 29,0 | 258 | 37,1 | 3 197 | 240 | 9,28 |
| | 5 | 0,192 | 32,3 | 257 | 41,2 | 3 533 | 265 | 9,26 |
| | 5,6 | 0,219 | 35,9 | 255,8 | 46,0 | 3 930 | 294 | 9,24 |
| | 6,3 | 1/4 | 40,6 | 254,4 | 51,6 | 4 386 | 329 | 9,22 |
| | 7,1 | 9/32 | 45,6 | 252,8 | 58,0 | 4 898 | 367 | 9,19 |
| 267 | 8 | 5/16 | 50,9 | 251 | 65,1 | 5 463 | 409 | 9,16 |
| | 8,8 | 11/32 | 55,8 | 249,4 | 71,4 | 5 955 | 446 | 9,13 |
| (10 1/2") | 10 | — | 63,4 | 247 | 80,7 | 6 676 | 500 | 9,09 |
| | 11 | 7/16 | 69,7 | 245 | 88,5 | 7 261 | 544 | 9,06 |
| | 12,5 | 1/2 | 79,0 | 242 | 99,9 | 8 111 | 608 | 9,01 |
| | 14,2 | 9/16 | 88,7 | 238,6 | 113 | 9 037 | 677 | 8,95 |
| | 16 | 5/8 | 98,6 | 235 | 126 | 9 976 | 747 | 8,89 |
| | 17,5 | 11/16 | 107 | 232 | 137 | 10 730 | 803 | 8,84 |
| | 20 | — | 122 | 227 | 155 | 11 910 | 892 | 8,76 |
| | 22,2 | 7/8 | 134 | 222,6 | 171 | 12 890 | 966 | 8,69 |
| | 25 | 1 | 150 | 217 | 190 | 14 060 | 1 050 | 8,60 |
| | 3,2 | 0,128 | 28,0 | 349,2 | 35,4 | 5 500 | 309 | 12,5 |
| | 3,6 | 0,144 | 31,5 | 348,4 | 39,8 | 6 166 | 347 | 12,4 |
| | 4 | 0,160 | 34,9 | 347,6 | 44,2 | 6 828 | 384 | 12,4 |
| | 4,5 | 0,176 | 38,8 | 346,6 | 49,6 | 7 650 | 430 | 12,4 |
| | 5 | 0,192 | 43,2 | 345,6 | 55,1 | 8 464 | 476 | 12,4 |
| | 5,6 | 0,219 | 48,2 | 344,4 | 61,6 | 9 431 | 530 | 12,4 |
| | 6,3 | 1/4 | 54,5 | 343 | 69,1 | 10 550 | 593 | 12,4 |
| | 7,1 | 9/32 | 61,2 | 341,4 | 77,7 | 11 810 | 664 | 12,3 |
| 355,6 | 8 | 5/16 | 68,3 | 339,6 | 87,4 | 13 200 | 742 | 12,3 |
| | 8,8 | 11/32 | 74,9 | 338 | 95,9 | 14 420 | 811 | 12,3 |
| (14") | 10 | — | 85,2 | 335,6 | 109 | 16 220 | 912 | 12,2 |
| | 11 | 7/16 | 93,9 | 333,6 | 119 | 17 690 | 995 | 12,2 |
| | 12,5 | 1/2 | 107 | 330,6 | 135 | 19 850 | 1 120 | 12,1 |
| | 14,2 | 9/16 | 120 | 327,2 | 152 | 22 230 | 1 250 | 12,1 |
| | 16 | 5/8 | 133 | 323,6 | 171 | 24 660 | 1 390 | 12,0 |
| | 17,5 | 11/16 | 146 | 320,6 | 186 | 26 630 | 1 500 | 12,0 |
| | 20 | — | 166 | 315,6 | 211 | 29 790 | 1 680 | 11,9 |
| | 22,2 | 7/8 | 183 | 311,2 | 233 | 32 450 | 1 830 | 11,8 |
| | 25 | 1 | 205 | 305,6 | 260 | 35 680 | 2 010 | 11,7 |
| | 3,2 | 0,128 | 29,0 | 361,6 | 36,7 | 6 101 | 332 | 12,9 |
| | 3,6 | 0,144 | 32,6 | 360,8 | 41,2 | 6 841 | 372 | 12,9 |
| | 4 | 0,160 | 36,2 | 360 | 45,7 | 7 577 | 412 | 12,9 |
| | 4,5 | 0,176 | 40,2 | 359 | 51,4 | 8 489 | 461 | 12,9 |
| | 5 | 0,192 | 44,8 | 358 | 57,0 | 9 394 | 511 | 12,8 |
| | 5,6 | 0,219 | 49,9 | 356,8 | 63,8 | 10 470 | 569 | 12,8 |
| | 6,3 | 1/4 | 56,4 | 355,4 | 71,6 | 11 710 | 636 | 12,8 |
| | 7,1 | 9/32 | 63,4 | 353,8 | 80,5 | 13 110 | 713 | 12,8 |
| 368 | 8 | 5/16 | 70,8 | 352 | 90,5 | 14 660 | 797 | 12,7 |
| | 8,8 | 11/32 | 77,7 | 350,4 | 99,3 | 16 030 | 871 | 12,7 |
| (14 1/2") | 10 | — | 88,3 | 348 | 112 | 18 030 | 980 | 12,7 |
| | 11 | 7/16 | 97,3 | 346 | 123 | 19 670 | 1 070 | 12,6 |
| | 12,5 | 1/2 | 110 | 343 | 140 | 22 080 | 1 200 | 12,6 |
| | 14,2 | 9/16 | 124 | 339,6 | 158 | 24 740 | 1 340 | 12,5 |
| | 16 | 5/8 | 138 | 336 | 177 | 27 460 | 1 490 | 12,5 |
| | 17,5 | 11/16 | 151 | 333 | 193 | 29 660 | 1 610 | 12,4 |
| | 20 | — | 172 | 328 | 219 | 33 210 | 1 800 | 12,3 |
| | 22,2 | 7/8 | 189 | 323,6 | 241 | 36 200 | 1 970 | 12,3 |
| | 25 | 1 | 218 | 313 | 269 | 39 830 | 2 160 | 12,2 |

| D mm (pulg.) | e mm | e pulg. | p kg/m | d mm | A cm² | I cm⁴ | W cm³ | i cm |
|---|---|---|---|---|---|---|---|---|
| | 3,2 | 0,128 | 25,5 | 317,5 | 32,2 | 4 145 | 256 | 11,3 |
| | 3,6 | 0,144 | 28,6 | 316,7 | 36,2 | 4 646 | 287 | 11,3 |
| | 4 | 0,160 | 31,8 | 315,9 | 40,2 | 5 143 | 318 | 11,3 |
| | 4,5 | 0,176 | 35,3 | 314,9 | 45,2 | 5 759 | 356 | 11,3 |
| | 5 | 0,192 | 39,3 | 313,9 | 50,1 | 6 369 | 393 | 11,3 |
| | 5,6 | 0,219 | 43,8 | 312,7 | 56,0 | 7 094 | 438 | 11,3 |
| | 6,3 | 1/4 | 49,5 | 311,3 | 62,9 | 7 929 | 490 | 11,2 |
| 323,9 | 7,1 | 9/32 | 55,6 | 309,7 | 70,7 | 8 869 | 548 | 11,2 |
| (12 3/4") | 8 | 5/16 | 62,1 | 307,9 | 79,4 | 9 910 | 612 | 11,2 |
| | 8,8 | 11/32 | 68,1 | 306,3 | 87,1 | 10 820 | 668 | 11,1 |
| | 10 | — | 77,4 | 303,9 | 98,6 | 12 160 | 751 | 11,1 |
| | 11 | 7/16 | 85,3 | 301,9 | 108 | 13 250 | 818 | 11,1 |
| | 12,5 | 1/2 | 96,7 | 298,9 | 122 | 14 850 | 917 | 11,0 |
| | 14,2 | 9/16 | 109 | 295,5 | 138 | 16 600 | 1 020 | 11,0 |
| | 16 | 5/8 | 121 | 291,9 | 155 | 18 390 | 1 140 | 10,9 |
| | 17,5 | 11/16 | 132 | 288,9 | 168 | 19 830 | 1 220 | 10,9 |
| | 20 | — | 150 | 283,9 | 191 | 22 140 | 1 370 | 10,8 |
| | 22,2 | 7/8 | 165 | 279,5 | 210 | 24 070 | 1 490 | 10,7 |
| | 25 | 1 | 186 | 273,9 | 235 | 26 400 | 1 630 | 10,6 |
| | 3,2 | 0,128 | 32,1 | 400 | 40,5 | 8 238 | 405 | 14,3 |
| | 3,6 | 0,144 | 36,0 | 399,2 | 45,6 | 9 240 | 455 | 14,2 |
| | 4 | 0,160 | 40,0 | 398,4 | 50,6 | 10 240 | 504 | 14,2 |
| | 4,5 | 0,176 | 44,4 | 397,4 | 56,8 | 11 470 | 565 | 14,2 |
| | 5 | 0,192 | 49,5 | 396,4 | 63,1 | 12 700 | 625 | 14,2 |
| | 5,6 | 0,219 | 55,1 | 395,2 | 70,5 | 14 160 | 697 | 14,2 |
| | 6,3 | 1/4 | 62,4 | 393,8 | 79,2 | 15 850 | 780 | 14,1 |
| | 7,1 | 9/32 | 70,1 | 392,2 | 89,1 | 17 760 | 874 | 14,1 |
| 406,4 | 8 | 5/16 | 78,3 | 390,4 | 100 | 19 870 | 978 | 14,1 |
| (16") | 8,8 | 11/32 | 85,9 | 388,8 | 110 | 21 730 | 1 070 | 14,1 |
| | 10 | — | 97,8 | 386,4 | 125 | 24 480 | 1 200 | 14,0 |
| | 11 | 7/16 | 108 | 384,4 | 137 | 26 720 | 1 320 | 14,0 |
| | 12,5 | 1/2 | 122 | 381,4 | 155 | 30 030 | 1 480 | 13,9 |
| | 14,2 | 9/16 | 138 | 378 | 175 | 33 690 | 1 660 | 13,9 |
| | 16 | 5/8 | 153 | 374,4 | 196 | 37 450 | 1 840 | 13,8 |
| | 17,5 | 11/16 | 168 | 371,4 | 214 | 40 500 | 1 990 | 13,8 |
| | 20 | — | 191 | 366,4 | 243 | 45 430 | 2 240 | 13,7 |
| | 22,2 | 7/8 | 210 | 362 | 268 | 49 610 | 2 440 | 13,6 |
| | 25 | 1 | 237 | 356,4 | 300 | 54 700 | 2 690 | 13,5 |
| | 3,6 | 0,144 | 37,2 | 411,8 | 47,0 | 10 130 | 484 | 14,7 |
| | 4 | 0,160 | 41,2 | 411 | 52,2 | 11 230 | 536 | 14,7 |
| | 4,5 | 0,176 | 45,8 | 410 | 58,6 | 12 590 | 601 | 14,7 |
| | 5 | 0,192 | 51,0 | 409 | 65,0 | 13 930 | 665 | 14,6 |
| | 5,6 | 0,219 | 56,9 | 407,8 | 72,7 | 15 540 | 742 | 14,6 |
| | 6,3 | 1/4 | 64,3 | 406,4 | 81,7 | 17 390 | 830 | 14,6 |
| | 7,1 | 9/32 | 72,3 | 404,8 | 91,9 | 19 490 | 930 | 14,6 |
| 419 | 8 | 5/16 | 80,7 | 403 | 103 | 21 820 | 1 040 | 14,5 |
| | 8,8 | 11/32 | 88,7 | 401,4 | 113 | 23 860 | 1 140 | 14,5 |
| (16 1/2") | 10 | — | 101 | 399 | 128 | 26 880 | 1 280 | 14,5 |
| | 11 | 7/16 | 111 | 397 | 141 | 29 360 | 1 400 | 14,4 |
| | 12,5 | 1/2 | 126 | 394 | 160 | 33 000 | 1 580 | 14,4 |
| | 14,2 | 9/16 | 142 | 390,6 | 181 | 37 030 | 1 770 | 14,3 |
| | 16 | 5/8 | 158 | 387 | 203 | 41 190 | 1 970 | 14,3 |
| | 17,5 | 11/16 | 173 | 384 | 221 | 44 560 | 2 130 | 14,2 |
| | 20 | — | 197 | 379 | 251 | 50 010 | 2 390 | 14,1 |
| | 22,2 | 7/8 | 217 | 374,6 | 277 | 54 640 | 2 610 | 14,1 |
| | 25 | 1 | 245 | 369 | 309 | 60 290 | 2 880 | 14,0 |

# VALORES ESTÁTICOS DE TUBOS

AL-17$_7$

| D mm (pulg.) | e mm | e pulg. | p kg/m | d mm | A cm² | I cm⁴ | W cm³ | i cm |
|---|---|---|---|---|---|---|---|---|
| | 3,6 | 0,144 | 40,6 | 450 | 51,3 | 13 200 | 577 | 16,0 |
| | 4 | 0,160 | 45,0 | 449,2 | 57,0 | 14 620 | 640 | 16,0 |
| | 4,5 | 0,176 | 50,1 | 448,2 | 64,0 | 16 400 | 717 | 16,0 |
| | 5 | 0,192 | 55,8 | 447,2 | 71,0 | 18 160 | 794 | 16,0 |
| | 5,6 | 0,219 | 62,1 | 446 | 79,4 | 20 260 | 886 | 16,0 |
| | 6,3 | 1/4 | 70,3 | 444,6 | 89,2 | 22 680 | 992 | 15,9 |
| | 7,1 | 9/32 | 79,0 | 443 | 100 | 25 430 | 1 110 | 15,9 |
| | 8 | 5/16 | 88,2 | 441,2 | 113 | 28 480 | 1 250 | 15,9 |
| **457,2** | 8,8 | 11/32 | 96,9 | 439,6 | 124 | 31 170 | 1 360 | 15,9 |
| | 10 | — | 110 | 437,2 | 140 | 35 140 | 1 540 | 15,8 |
| (18") | 11 | 7/16 | 122 | 435,2 | 154 | 38 400 | 1 680 | 15,8 |
| | 12,5 | 1/2 | 138 | 432,2 | 175 | 43 200 | 1 890 | 15,7 |
| | 14,2 | 9/16 | 156 | 428,8 | 198 | 48 530 | 2 120 | 15,7 |
| | 16 | 5/8 | 173 | 425,2 | 222 | 54 030 | 2 360 | 15,6 |
| | 17,5 | 11/16 | 189 | 422,2 | 242 | 58 510 | 2 560 | 15,6 |
| | 20 | — | 216 | 417,2 | 275 | 65 770 | 2 880 | 15,5 |
| | 22,2 | 7/8 | 238 | 412,8 | 303 | 71 950 | 3 150 | 15,4 |
| | 25 | 1 | 268 | 407,2 | 339 | 79 530 | 3 480 | 15,3 |
| | 3,6 | 0,144 | 45,1 | 500,8 | 57,0 | 18 140 | 714 | 17,8 |
| | 4 | 0,160 | 50,1 | 500 | 63,3 | 20 110 | 792 | 17,8 |
| | 4,5 | 0,176 | 55,7 | 499 | 71,2 | 22 560 | 888 | 17,8 |
| | 5 | 0,192 | 62,0 | 498 | 79,0 | 24 990 | 984 | 17,8 |
| | 5,6 | 0,219 | 69,1 | 496,8 | 88,4 | 27 890 | 1 100 | 17,8 |
| | 6,3 | 1/4 | 78,2 | 495,4 | 99,3 | 31 250 | 1 230 | 17,7 |
| | 7,1 | 9/32 | 87,9 | 493,8 | 112 | 35 050 | 1 380 | 17,7 |
| **508** | 8 | 5/16 | 98,2 | 492 | 126 | 39 280 | 1 550 | 17,7 |
| | 8,8 | 11/32 | 108 | 490,4 | 138 | 43 000 | 1 690 | 17,7 |
| (20") | 10 | — | 123 | 488 | 156 | 48 520 | 1 910 | 17,6 |
| | 11 | 7/16 | 135 | 486 | 172 | 53 060 | 2 090 | 17,6 |
| | 12,5 | 1/2 | 154 | 483 | 195 | 59 760 | 2 350 | 17,5 |
| | 14,2 | 9/16 | 173 | 479,6 | 220 | 67 200 | 2 650 | 17,5 |
| | 16 | 5/8 | 193 | 476 | 247 | 74 910 | 2 950 | 17,4 |
| | 17,5 | 11/16 | 211 | 473 | 270 | 81 200 | 3 200 | 17,4 |
| | 20 | — | 241 | 468 | 307 | 91 430 | 3 600 | 17,3 |
| | 22,2 | 7/8 | 266 | 463,6 | 339 | 100 200 | 3 940 | 17,2 |
| | 25 | 1 | 300 | 458 | 379 | 110 900 | 4 370 | 17,1 |
| | 4,5 | 0,176 | 61,3 | 549,8 | 78,4 | 30 100 | 1 080 | 19,6 |
| | 5 | 0,192 | 68,3 | 548,8 | 87,0 | 33 350 | 1 190 | 19,6 |
| | 5,6 | 0,219 | 76,1 | 547,6 | 97,3 | 37 230 | 1 330 | 19,6 |
| | 6,3 | 1/4 | 86,1 | 546,2 | 109 | 41 730 | 1 490 | 19,5 |
| | 7,1 | 9/32 | 96,9 | 544,6 | 123 | 46 830 | 1 680 | 19,5 |
| | 8 | 5/16 | 108 | 542,8 | 138 | 52 510 | 1 880 | 19,5 |
| **558,8** | 8,8 | 11/32 | 119 | 541,2 | 152 | 57 510 | 2 060 | 19,4 |
| | 10 | — | 135 | 538,8 | 172 | 64 930 | 2 320 | 19,4 |
| (22") | 11 | 7/16 | 149 | 536,8 | 189 | 71 040 | 2 540 | 19,4 |
| | 12,5 | 1/2 | 170 | 533,8 | 215 | 80 070 | 2 870 | 19,3 |
| | 14,2 | 9/16 | 191 | 530,4 | 243 | 90 130 | 3 230 | 19,3 |
| | 16 | 5/8 | 213 | 526,8 | 273 | 100 600 | 3 600 | 19,2 |
| | 17,5 | 11/16 | 233 | 523,8 | 298 | 109 100 | 3 910 | 19,1 |
| | 20 | — | 266 | 518,8 | 339 | 123 000 | 4 400 | 19,1 |
| | 22,2 | 7/8 | 294 | 514,4 | 374 | 134 900 | 4 830 | 19,0 |
| | 25 | 1 | 331 | 508,8 | 419 | 149 700 | 5 360 | 18,9 |
| | 4,5 | 0,176 | 66,9 | 600,6 | 85,5 | 39 150 | 1 280 | 21,4 |
| | 5 | 0,192 | 74,6 | 599,6 | 95,0 | 43 400 | 1 420 | 21,4 |
| | 5,6 | 0,219 | 83,1 | 598,4 | 106 | 48 460 | 1 590 | 21,4 |
| | 6,3 | 1/4 | 94,1 | 597 | 119 | 54 330 | 1 780 | 21,3 |
| | 7,1 | 9/32 | 106 | 595,4 | 134 | 60 990 | 2 000 | 21,3 |
| **609,6** | 8 | 5/16 | 118 | 593,6 | 151 | 68 410 | 2 240 | 21,3 |
| | 8,8 | 11/32 | 130 | 592 | 166 | 74 960 | 2 460 | 21,2 |
| (24") | 10 | — | 148 | 589,6 | 188 | 84 680 | 2 780 | 21,2 |
| | 11 | 7/16 | 163 | 587,6 | 207 | 92 680 | 3 040 | 21,2 |
| | 12,5 | 1/2 | 185 | 584,6 | 234 | 104 500 | 3 430 | 21,1 |
| | 14,2 | 9/16 | 209 | 581,2 | 266 | 117 800 | 3 860 | 21,1 |
| | 16 | 5/8 | 233 | 577,6 | 298 | 131 500 | 4 310 | 21,0 |
| | 17,5 | 11/16 | 255 | 574,6 | 326 | 142 800 | 4 680 | 20,9 |
| | 20 | — | 291 | 569,6 | 370 | 161 200 | 5 290 | 20,9 |
| | 4,5 | 0,176 | 68,5 | 613 | 87,3 | 41 610 | 1 340 | 21,8 |
| | 5 | 0,192 | 76,1 | 612 | 96,9 | 46 120 | 1 480 | 21,8 |
| | 5,6 | 0,219 | 85,1 | 610,8 | 108 | 51 510 | 1 660 | 21,8 |
| | 6,3 | 1/4 | 95,6 | 609,4 | 122 | 57 750 | 1 860 | 21,8 |
| | 7,1 | 9/32 | 108 | 607,8 | 137 | 64 830 | 2 080 | 21,7 |
| | 8 | 5/16 | 121 | 606 | 154 | 72 730 | 2 340 | 21,7 |
| **622** | 8,8 | 11/32 | 133 | 604,4 | 170 | 79 700 | 2 560 | 21,7 |
| | 10 | — | 151 | 602 | 192 | 90 040 | 2 900 | 21,6 |
| (24 1/2") | 11 | 7/16 | 166 | 600 | 211 | 98 560 | 3 170 | 21,6 |
| | 12,5 | 1/2 | 188 | 597 | 239 | 111 200 | 3 580 | 21,6 |
| | 14,2 | 9/16 | 213 | 593,6 | 271 | 125 300 | 4 030 | 21,5 |
| | 16 | 5/8 | 239 | 590 | 305 | 139 900 | 4 500 | 21,4 |
| | 17,5 | 11/16 | 261 | 587 | 332 | 151 900 | 4 890 | 21,4 |
| | 20 | — | 297 | 582 | 378 | 171 500 | 5 520 | 21,3 |
| | 22 | 7/8 | 328 | 577,6 | 418 | 188 400 | 6 060 | 21,2 |
| | 25 | 1 | 368 | 572 | 469 | 209 300 | 6 730 | 21,1 |
| | 4,5 | 0,176 | 72,5 | 651,4 | 92,7 | 49 870 | 1 510 | 23,2 |
| | 5 | 0,192 | 80,8 | 650,4 | 103 | 55 280 | 1 670 | 23,2 |
| | 5,6 | 0,219 | 90,1 | 649,2 | 115 | 61 750 | 1 870 | 23,2 |
| | 6,3 | 1/4 | 102 | 647,8 | 129 | 69 240 | 2 100 | 23,1 |
| | 7,1 | 9/32 | 115 | 646,2 | 146 | 77 750 | 2 350 | 23,1 |
| | 8 | 5/16 | 128 | 644,4 | 164 | 87 250 | 2 640 | 23,1 |
| **660,4** | 8,8 | 11/32 | 141 | 642,8 | 180 | 95 620 | 2 900 | 23,0 |
| | 10 | — | 160 | 640,4 | 204 | 108 100 | 3 270 | 23,0 |
| (26") | 11 | 7/16 | 177 | 638,4 | 224 | 118 300 | 3 580 | 23,0 |
| | 12,5 | 1/2 | 201 | 635,4 | 254 | 133 600 | 4 040 | 22,9 |
| | 14,2 | 9/16 | 227 | 632 | 288 | 150 500 | 4 560 | 22,9 |
| | 16 | 5/8 | 253 | 628,4 | 324 | 168 200 | 5 090 | 22,8 |
| | 17,2 | 11/16 | 277 | 625,4 | 353 | 182 700 | 5 530 | 22,7 |
| | 20 | — | 316 | 620,4 | 402 | 206 500 | 6 250 | 22,7 |
| | 22,2 | 7/8 | 349 | 616 | 445 | 226 900 | 6 870 | 22,6 |
| | 25 | 1 | 395 | 610,4 | 499 | 252 200 | 7 640 | 22,5 |

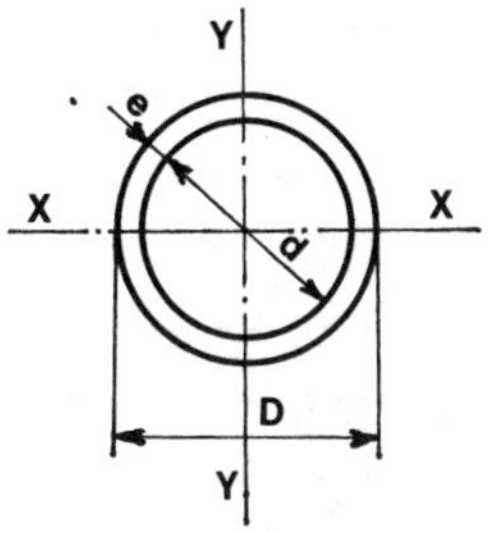


# DIMENSIONES Y VALORES ESTÁTICOS DE TUBOS

Area : $A = \frac{\pi}{4}\left(D^2 - d^2\right)$

Módulo resistente : $W_x = W_y = \frac{\pi}{32}\,\frac{D^4 - d^4}{D}$

Momento de Inercia : $I_x = I_y = \frac{\pi}{64}\left(D^4 - d^4\right)$

Radio de giro : $i = \sqrt{\frac{I}{A}}$

| D mm (pulg.) | e mm | e pulg. | p kg/m | d mm | A cm² | I cm⁴ | W cm³ | i cm |
|---|---|---|---|---|---|---|---|---|
| | 4,5 | 0,176 | 78,1 | 702,2 | 99,9 | 62 370 | 1 750 | 25,0 |
| | 5 | 0,192 | 87,1 | 701,2 | 111 | 69 160 | 1 940 | 25,0 |
| | 5,6 | 0,219 | 97,1 | 700 | 124 | 77 260 | 2 170 | 24,9 |
| | 6,3 | 1/4 | 110 | 698,6 | 140 | 86 660 | 2 440 | 24,9 |
| | 7,1 | 9/32 | 124 | 697 | 157 | 97 330 | 2 740 | 24,9 |
| | 8 | 5/16 | 138 | 695,2 | 177 | 109 300 | 3 070 | 24,9 |
| | 8,8 | 11/32 | 152 | 693,6 | 194 | 119 800 | 3 370 | 24,8 |
| **711,2** | 10 | — | 173 | 691,2 | 220 | 135 400 | 3 810 | 24,8 |
| (28") | 11 | 7/16 | 191 | 689,2 | 242 | 148 300 | 4 170 | 24,8 |
| | 12,5 | 1/2 | 217 | 686,2 | 274 | 167 500 | 4 710 | 24,7 |
| | 14,2 | 9/16 | 245 | 682,8 | 311 | 188 900 | 5 310 | 24,6 |
| | 16 | 5/8 | 273 | 679,2 | 349 | 211 200 | 5 940 | 24,6 |
| | 17,5 | 11/16 | 299 | 676,2 | 381 | 229 600 | 6 460 | 24,5 |
| | 20 | — | 341 | 671,2 | 434 | 259 600 | 7 300 | 24,4 |
| | 22,2 | 7/8 | 377 | 666,8 | 480 | 285 400 | 8 030 | 24,4 |
| | 25 | 1 | 426 | 661,2 | 539 | 317 600 | 8 930 | 24,3 |
| | 4,5 | 0,176 | 83,8 | 753 | 107 | 76 810 | 2 020 | 26,8 |
| | 5 | 0,192 | 93,3 | 752 | 119 | 85 180 | 2 240 | 26,8 |
| | 5,6 | 0,219 | 104 | 750,8 | 133 | 95 180 | 2 500 | 26,7 |
| | 6,3 | 1/4 | 118 | 749,4 | 150 | 106 800 | 2 800 | 26,7 |
| | 7,1 | 9/32 | 133 | 747,8 | 168 | 120 000 | 3 150 | 26,7 |
| | 8 | 5/16 | 148 | 746 | 190 | 134 700 | 3 530 | 26,7 |
| | 8,8 | 11/32 | 163 | 744,4 | 208 | 147 700 | 3 880 | 26,6 |
| **762** | 10 | — | 185 | 742 | 236 | 167 000 | 4 380 | 26,6 |
| (30") | 11 | 7/16 | 205 | 740 | 260 | 183 000 | 4 800 | 26,6 |
| | 12,5 | 1/2 | 233 | 737 | 294 | 206 700 | 5 430 | 26,5 |
| | 14,2 | 9/16 | 263 | 733,6 | 334 | 233 300 | 6 120 | 26,4 |
| | 16 | 5/8 | 293 | 730 | 375 | 261 000 | 6 850 | 26,4 |
| | 17,5 | 11/16 | 321 | 727 | 409 | 283 700 | 7 450 | 26,3 |
| | 20 | — | 366 | 722 | 466 | 321 100 | 8 430 | 26,2 |
| | 22,2 | 7/8 | 405 | 717,6 | 516 | 353 300 | 9 270 | 26,2 |
| | 25 | 1 | 458 | 712 | 579 | 393 500 | 10 330 | 26,1 |
| | 4,5 | 0,176 | 89,4 | 803,8 | 114 | 93 330 | 2 300 | 28,6 |
| | 5 | 0,192 | 99,6 | 802,8 | 127 | 103 500 | 2 550 | 28,6 |
| | 5,6 | 0,219 | 111 | 801,6 | 142 | 115 700 | 2 850 | 28,5 |
| | 6,3 | 1/4 | 126 | 800,2 | 160 | 129 800 | 3 190 | 28,5 |
| | 7,1 | 9/32 | 141 | 798,6 | 180 | 145 800 | 3 590 | 28,5 |
| | 8 | 5/16 | 158 | 796,8 | 202 | 163 800 | 4 030 | 28,5 |
| | 8,8 | 11/32 | 174 | 795,2 | 222 | 179 600 | 4 420 | 28,4 |
| **812,8** | 10 | — | 198 | 792,8 | 252 | 203 200 | 5 000 | 28,4 |
| (32") | 11 | 7/16 | 219 | 790,8 | 277 | 222 700 | 5 480 | 28,4 |
| | 12,5 | 1/2 | 249 | 787,8 | 314 | 251 700 | 6 190 | 28,3 |
| | 14,2 | 9/16 | 280 | 784,4 | 356 | 284 100 | 6 990 | 28,2 |
| | 16 | 5/8 | 313 | 780,8 | 401 | 318 000 | 7 820 | 28,2 |
| | 17,5 | 11/16 | 343 | 777,8 | 437 | 345 900 | 8 510 | 28,1 |
| | 20 | — | 391 | 772,8 | 498 | 391 600 | 9 640 | 28,0 |
| | 22,2 | 7/8 | 433 | 768,4 | 551 | 431 100 | 10 610 | 28,0 |
| | 25 | 1 | 489 | 762,8 | 619 | 480 500 | 11 820 | 27,9 |
| | 4,5 | 0,176 | 95,0 | 854,6 | 121 | 112 100 | 2 590 | 30,4 |
| | 5 | 0,192 | 106 | 853,6 | 135 | 124 300 | 2 880 | 30,4 |
| | 5,6 | 0,219 | 118 | 852,4 | 151 | 138 900 | 3 220 | 30,3 |
| | 6,3 | 1/4 | 134 | 851 | 170 | 155 900 | 3 610 | 30,3 |
| | 7,1 | 9/32 | 150 | 849,4 | 191 | 175 200 | 4 060 | 30,3 |
| | 8 | 5/16 | 168 | 847,6 | 215 | 196 800 | 4 560 | 30,3 |
| | 8,8 | 11/16 | 185 | 846 | 236 | 215 900 | 5 000 | 30,2 |
| **863,6** | 10 | — | 211 | 843,6 | 268 | 244 300 | 5 660 | 30,2 |
| (34") | 11 | 7/16 | 232 | 841,6 | 295 | 267 800 | 6 200 | 30,1 |
| | 12,5 | 1/2 | 264 | 838,6 | 334 | 302 700 | 7 010 | 30,1 |
| | 14,2 | 9/16 | 298 | 835,2 | 379 | 341 800 | 7 920 | 30,0 |
| | 16 | 5/8 | 333 | 831,6 | 426 | 382 700 | 8 860 | 30,0 |
| | 17,5 | 11/16 | 365 | 828,6 | 465 | 416 400 | 9 640 | 29,9 |
| | 20 | — | 416 | 823,6 | 530 | 471 800 | 10 930 | 29,8 |
| | 22,2 | 7/8 | 461 | 819,2 | 587 | 519 700 | 12 030 | 29,8 |
| | 25 | 1 | 521 | 813,6 | 659 | 579 500 | 13 420 | 29,7 |
| | 4,5 | 0,176 | 101 | 905,4 | 129 | 133 100 | 2 910 | 32,2 |
| | 5 | 0,192 | 112 | 904,4 | 143 | 147 700 | 3 230 | 32,2 |
| | 5,6 | 0,219 | 125 | 903,2 | 160 | 165 100 | 3 610 | 32,1 |
| | 6,3 | 1/4 | 142 | 901,8 | 180 | 185 300 | 4 050 | 32,1 |
| | 7,1 | 9/32 | 159 | 900,2 | 202 | 208 300 | 4 560 | 32,1 |
| | 8 | 5/16 | 178 | 898,4 | 228 | 234 000 | 5 120 | 32,0 |
| | 8,8 | 11/32 | 196 | 896,8 | 250 | 256 700 | 5 610 | 32,0 |
| **914,4** | 10 | — | 223 | 894,4 | 284 | 290 500 | 6 350 | 32,0 |
| (36") | 11 | 7/16 | 246 | 892,4 | 312 | 318 500 | 6 970 | 31,9 |
| | 12,5 | 1/2 | 280 | 889,4 | 354 | 360 200 | 7 880 | 31,9 |
| | 14,2 | 9/16 | 316 | 886 | 402 | 406 900 | 8 900 | 31,8 |
| | 16 | 5/8 | 353 | 882,4 | 452 | 455 700 | 9 970 | 31,8 |
| | 17,5 | 11/16 | 386 | 879,4 | 493 | 496 000 | 10 850 | 31,7 |
| | 20 | — | 441 | 874,4 | 562 | 562 200 | 12 300 | 31,6 |
| | 22,2 | 7/8 | 489 | 870 | 622 | 619 500 | 13 550 | 31,5 |
| | 25 | 1 | 552 | 864,4 | 699 | 691 200 | 15 120 | 31,5 |
| | 4,5 | 0,176 | 112 | 1 007 | 143 | 182 900 | 3 600 | 35,8 |
| | 5 | 0,192 | 125 | 1 006 | 159 | 202 900 | 3 990 | 35,7 |
| | 5,6 | 0,219 | 139 | 1 004,8 | 178 | 226 800 | 4 470 | 35,7 |
| | 6,3 | 1/4 | 151 | 1 003,4 | 200 | 254 700 | 5 010 | 35,7 |
| | 7,1 | 9/32 | 177 | 1 001,8 | 225 | 286 300 | 5 640 | 35,7 |
| | 8 | 5/16 | 198 | 1 000 | 253 | 321 800 | 6 330 | 35,6 |
| | 8,8 | 11/32 | 218 | 998,4 | 278 | 353 100 | 6 950 | 35,6 |
| **1 016** | 10 | — | 248 | 996 | 316 | 399 800 | 7 870 | 35,6 |
| (40") | 11 | 7/16 | 274 | 994 | 347 | 438 500 | 8 630 | 35,5 |
| | 12,5 | 1/2 | 312 | 991 | 394 | 496 100 | 9 770 | 35,5 |
| | 14,2 | 9/16 | 352 | 987,6 | 447 | 560 800 | 11 040 | 35,4 |
| | 16 | 5/8 | 393 | 984 | 503 | 628 500 | 12 370 | 35,4 |
| | 17,5 | 11/16 | 430 | 981 | 549 | 684 300 | 13 470 | 35,3 |
| | 20 | — | 491 | 976 | 626 | 776 300 | 15 280 | 35,2 |
| | 22,2 | 7/8 | 544 | 971,6 | 693 | 856 100 | 16 850 | 35,1 |
| | 25 | 1 | 615 | 966 | 778 | 956 100 | 18 820 | 35,0 |

AL-18₁

# VALORES ESTÁTICOS DE UN PERFIL T OBTENIDO MEDIANTE EL CORTE DE UN PERFIL IPN A LA MITAD DEL ALMA

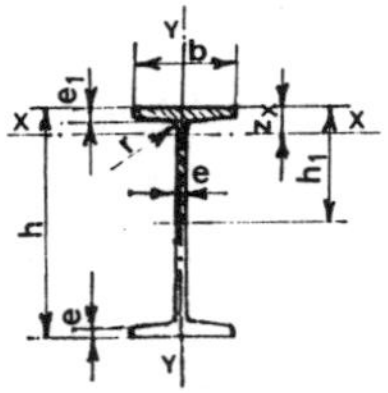


| IPN | Dimensiones en mm | | | | | Sección | Peso | Referido al eje | | | | | | $z_x$ | U | |
|---|---|---|---|---|---|---|---|---|---|---|---|---|---|---|---|---|
| | | | | | | | | X — X | | | Y — Y | | | | | |
| | $h_1$ | b | e | $e_1$ | r | A $cm^2$ | P kg/m | $I_x$ $cm^4$ | $W_x$ $cm^3$ | $i_x$ cm | $I_y$ $cm^4$ | $W_y$ $cm^3$ | $i_y$ cm | cm | mm | |
| **80** | 40 | 42 | 3,9 | 5,9 | 2,3 | 3,79 | **2,98** | 4,56 | 1,52 | 1,10 | 3,15 | 1,50 | **0,91** | 1,00 | 156 | **80** |
| **100** | 50 | 50 | 4,5 | 6,8 | 2,7 | 5,30 | **4,16** | 10,8 | 2,87 | 1,42 | 6,10 | 2,44 | **1,07** | 1,25 | 190 | **100** |
| **120** | 60 | 58 | 5,1 | 7,7 | 3,1 | 7,10 | **5,60** | 21,2 | 4,74 | 1,73 | 10,8 | 3,71 | **1,23** | 1,52 | 225 | **120** |
| **140** | 70 | 66 | 5,7 | 8,6 | 3,4 | 9,15 | **7,20** | 37,8 | 7,26 | 2,03 | 17,6 | 5,35 | **1,40** | 1,79 | 257 | **140** |
| **160** | 80 | 74 | 6,3 | 9,5 | 3,8 | 11,4 | **8,95** | 62,2 | 10,4 | 2,34 | 27,4 | 7,40 | **1,55** | 2,04 | 294 | **160** |
| **180** | 90 | 82 | 6,9 | 10,4 | 4,1 | 14,0 | **11,0** | 99,7 | 14,9 | 2,65 | 40,6 | 9,90 | **1,71** | 2,30 | 327 | **180** |
| **200** | 100 | 90 | 7,5 | 11,3 | 4,5 | 16,7 | **13,1** | 144 | 19,4 | 2,93 | 58,5 | 13,0 | **1,87** | 2,57 | 362 | **200** |
| **220** | 110 | 98 | 8,1 | 12,2 | 4,9 | 19,8 | **15,5** | 204 | 25,0 | 3,21 | 81,0 | 16,6 | **2,02** | 2,82 | 396 | **220** |
| **240** | 120 | 106 | 8,7 | 13,1 | 5,2 | 23,0 | **18,1** | 289 | 32,5 | 3,54 | 110 | 20,9 | **2,20** | 3,09 | 431 | **240** |
| **260** | 130 | 113 | 9,4 | 14,1 | 5,6 | 26,7 | **20,9** | 396 | 41,2 | 3,85 | 144 | 25,5 | **2,32** | 3,37 | 463 | **260** |
| **280** | 140 | 119 | 10,1 | 15,2 | 6,1 | 30,5 | **24,0** | 528 | 51,1 | 4,16 | 182 | 30,6 | **2,45** | 3,67 | 493 | **280** |
| **300** | 150 | 125 | 10,8 | 16,2 | 6,5 | 34,5 | **27,1** | 699 | 63,4 | 4,50 | 225 | 36,1 | **2,56** | 3,97 | 526 | **300** |
| **320** | 160 | 131 | 11,5 | 17,3 | 6,9 | 38,9 | **30,6** | 888 | 75,7 | 4,77 | 277 | 42,4 | **2,67** | 4,27 | 557 | **320** |
| **340** | 170 | 137 | 12,2 | 18,3 | 7,3 | 43,4 | **34,0** | 1 130 | 90,9 | 5,10 | 337 | 49,2 | **2,80** | 4,56 | 589 | **340** |
| **360** | 180 | 143 | 13,0 | 19,5 | 7,8 | 48,5 | **38,1** | 1 420 | 108 | 5,40 | 409 | 57,0 | **2,90** | 4,87 | 617 | **360** |
| **380** | 190 | 149 | 13,7 | 20,5 | 8,2 | 53,5 | **42,0** | 1 740 | 126 | 5,71 | 488 | 65,5 | **3,02** | 5,15 | 647 | **380** |
| **400** | 200 | 155 | 14,4 | 21,6 | 8,6 | 58,9 | **46,2** | 2 150 | 148 | 6,04 | 580 | 74,5 | **3,13** | 5,47 | 680 | **400** |
| **450** | 225 | 170 | 16,2 | 24,3 | 9,7 | 73,4 | **57,6** | 3 350 | 205 | 6,75 | 865 | 101 | **3,43** | 6,17 | 756 | **450** |
| **500** | 250 | 185 | 18,0 | 27,0 | 10,8 | 89,7 | **70,4** | 5 210 | 289 | 7,61 | 1 240 | 134 | **3,72** | 7,00 | 831 | **500** |
| **550** | 275 | 200 | 19,0 | 30,0 | 11,9 | 106 | **83,3** | 7 390 | 371 | 8,33 | 1 740 | 174 | **4,02** | 7,55 | 918 | **550** |
| **600** | 300 | 215 | 21,6 | 32,4 | 13,0 | 127 | **99,6** | 10 820 | 503 | 9,23 | 2 340 | 217 | **4,30** | 8,50 | 984 | **600** |

# VALORES ESTÁTICOS DE UN PERFIL T OBTENIDO MEDIANTE EL CORTE DE UN PERFIL IPN A UNA ALTURA MÁXIMA DEL ALMA, $h_1$

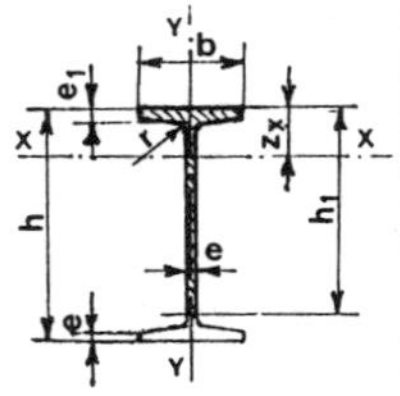


| IPN | $h_1$ | b | e | $e_1$ | r | A $cm^2$ | P kg/m | $I_x$ $cm^4$ | $W_x$ $cm^3$ | $i_x$ cm | $I_y$ $cm^4$ | $W_y$ $cm^3$ | $i_y$ cm | $z_x$ cm | U mm | |
|---|---|---|---|---|---|---|---|---|---|---|---|---|---|---|---|---|
| **80** | 70 | 42 | 3,9 | 5,9 | 2,3 | 4,96 | **3,89** | 23,8 | 4,81 | 2,19 | 3,16 | 1,50 | **0,80** | 2,06 | 216 | 80 |
| **100** | 85 | 50 | 4,5 | 6,8 | 2,7 | 6,89 | **5,41** | 48,9 | 8,17 | 2,66 | 6,10 | 2,44 | **0,94** | 2,52 | 260 | 100 |
| **120** | 105 | 58 | 5,1 | 7,7 | 3,1 | 9,38 | **7,37** | 104 | 14,1 | 3,32 | 10,8 | 3,71 | **1,07** | 3,17 | 315 | 120 |
| **140** | 120 | 66 | 5,7 | 8,6 | 3,4 | 12,0 | **9,40** | 173 | 20,6 | 3,80 | 17,7 | 5,35 | **1,21** | 3,62 | 357 | 140 |
| **160** | 140 | 74 | 6,3 | 9,5 | 3,8 | 15,2 | **11,9** | 311 | 32,0 | 4,53 | 27,4 | 7,41 | **1,34** | 4,27 | 414 | 160 |
| **180** | 160 | 82 | 6,9 | 10,4 | 4,1 | 19,0 | **14,9** | 494 | 44,4 | 5,10 | 41,8 | 10,2 | **1,48** | 4,88 | 467 | 180 |
| **200** | 175 | 90 | 7,5 | 11,3 | 4,5 | 22,3 | **17,5** | 697 | 57,5 | 5,59 | 58,5 | 13,0 | **1,62** | 5,38 | 512 | 200 |
| **220** | 195 | 98 | 8,1 | 12,2 | 4,9 | 26,6 | **20,9** | 1 040 | 77,0 | 6,24 | 82,2 | 16,8 | **1,76** | 6,04 | 566 | 220 |
| **240** | 215 | 106 | 8,7 | 13,1 | 5,2 | 31,3 | **24,6** | 1 490 | 100 | 6,89 | 111 | 20,9 | **1,88** | 6,70 | 621 | 240 |
| **260** | 230 | 113 | 9,4 | 14,1 | 5,6 | 36,1 | **28,3** | 1 960 | 124 | 7,37 | 144 | 25,6 | **2,00** | 7,19 | 662 | 260 |
| **280** | 250 | 119 | 10,1 | 15,2 | 6,1 | 41,6 | **32,7** | 2 680 | 157 | 8,03 | 183 | 30,7 | **2,09** | 7,89 | 713 | 280 |
| **300** | 270 | 125 | 10,8 | 16,2 | 6,5 | 47,5 | **37,3** | 3 580 | 195 | 8,69 | 226 | 36,2 | **2,18** | 8,62 | 766 | 300 |
| **320** | 285 | 131 | 11,5 | 17,3 | 6,9 | 53,2 | **41,8** | 4 470 | 231 | 9,17 | 279 | 42,6 | **2,29** | 9,12 | 807 | 320 |
| **340** | 305 | 137 | 12,2 | 18,3 | 7,3 | 59,8 | **47,0** | 5 770 | 279 | 9,82 | 338 | 49,4 | **2,38** | 9,84 | 858 | 340 |
| **360** | 320 | 143 | 13,0 | 19,5 | 7,8 | 66,7 | **52,4** | 7 080 | 327 | 10.3 | 411 | 57,5 | **2,48** | 10,4 | 897 | 360 |
| **380** | 340 | 149 | 13,7 | 20,5 | 8,2 | 74,0 | **58,1** | 8 890 | 388 | 11,0 | 490 | 65,7 | **2,57** | 11,1 | 947 | 380 |
| **400** | 360 | 155 | 14,4 | 21,6 | 8,6 | 81,9 | **64,3** | 11 040 | 456 | 11,6 | 582 | 75,1 | **2,67** | 11,8 | 999 | 400 |
| **450** | 405 | 170 | 16,2 | 24,3 | 9,7 | 103 | **80,5** | 17 510 | 646 | 13,1 | 868 | 102 | **2,91** | 13,4 | 1 115 | 450 |
| **500** | 450 | 185 | 18,0 | 27,0 | 10,8 | 126 | **98,7** | 26 540 | 885 | 14,5 | 1 250 | 135 | **3,15** | 15,0 | 1 231 | 500 |
| **550** | 495 | 200 | 19,0 | 30,0 | 11,9 | 148 | **116** | 37 700 | 1 140 | 16,0 | 1 750 | 175 | **3,44** | 16,3 | 1 358 | 550 |
| **600** | 540 | 215 | 21,6 | 32,4 | 13,0 | 179 | **140** | 54 430 | 1 520 | 17,5 | 2 360 | 220 | **3,63** | 18,2 | 1 464 | 600 |

El radio de giro mínimo de la sección está indicado en letra **negrita**.

## VALORES ESTÁTICOS DE UN PERFIL T OBTENIDO MEDIANTE EL CORTE DE UN PERFIL IPE A LA MITAD DEL ALMA

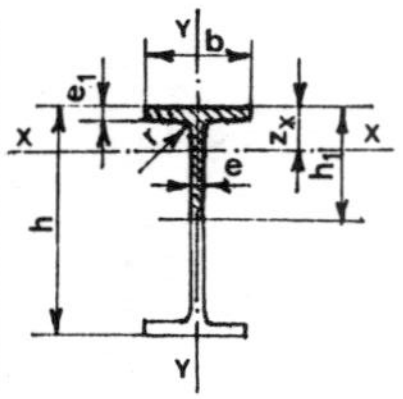


| IPE | Dimensiones en mm $h_1$ | b | e | $e_1$ | r | Sección A $cm^2$ | Peso p kg/m | Referido al eje X—X $I_x$ $cm^4$ | X—X $W_x$ $cm^3$ | X—X $i_x$ cm | Y—Y $I_y$ $cm^4$ | Y—Y $W_y$ $cm^3$ | Y—Y $i_y$ cm | $z_x$ cm | ·U mm | IPE |
|---|---|---|---|---|---|---|---|---|---|---|---|---|---|---|---|---|
| 80 | 40 | 46 | 3,8 | 5,2 | 5 | 3,82 | **3,00** | 4,81 | 1,58 | 1,12 | 4,25 | 1,85 | **1,05** | 0,963 | 168 | 80 |
| 100 | 50 | 55 | 4,1 | 5,7 | 7 | 5,15 | **4,05** | 10,3 | 2,70 | 1,41 | 7,95 | 2,90 | **1,24** | 1,19 | 205 | 100 |
| 120 | 60 | 64 | 4,4 | 6,3 | 7 | 6,60 | **5,20** | 19,3 | 4,20 | 1,71 | 13,9 | 4,33 | **1,45** | 1,40 | 241 | 120 |
| 140 | 70 | 73 | 4,7 | 6,9 | 7 | 8,20 | **6,45** | 33,2 | 6,14 | 2,01 | 22,5 | 6,15 | **1,65** | 1,62 | 280 | 140 |
| 160 | 80 | 82 | 5,0 | 7,4 | 9 | 10,1 | **7,90** | 52,9 | 8,57 | 2,29 | 34,2 | 8,35 | **1,84** | 1,83 | 316 | 160 |
| 180 | 90 | 91 | 5,3 | 8,0 | 9 | 12,0 | **9,40** | 80,2 | 11,6 | 2,59 | 50,5 | 11,1 | **2,05** | 2,05 | 354 | 180 |
| 200 | 100 | 100 | 5,6 | 8,5 | 12 | 14,2 | **11,2** | 117 | 15,1 | 2,86 | 71,3 | 14,2 | **2,24** | 2,25 | 390 | 200 |
| 220 | 110 | 110 | 5,9 | 9,2 | 12 | 16,7 | **13,1** | 165 | 19,3 | 3,14 | 103 | 18,7 | **2,48** | 2,45 | 430 | 220 |
| 240 | 120 | 120 | 6,2 | 9,8 | 15 | 19,6 | **15,4** | 227 | 24,2 | 3,40 | 142 | 23,7 | **2,69** | 2,62 | 467 | 240 |
| 270 | 135 | 135 | 6,6 | 10,2 | 15 | 23,0 | **18,1** | 345 | 32,8 | 3,87 | 210 | 31,1 | **3,02** | 2,97 | 527 | 270 |
| 300 | 150 | 150 | 7,1 | 10,7 | 15 | 26,9 | **21,1** | 509 | 43,6 | 4,35 | 302 | 40,3 | **3,35** | 3,32 | 587 | 300 |
| 330 | 165 | 160 | 7,5 | 11,5 | 18 | 31,3 | **24,6** | 717 | 55,8 | 4,79 | 394 | 49,3 | **3,55** | 3,65 | 633 | 330 |
| 360 | 180 | 170 | 8,0 | 12,7 | 18 | 36,4 | **28,6** | 993 | 70,8 | 5,22 | 521 | 61,5 | **3,79** | 3,98 | 683 | 360 |
| 400 | 200 | 180 | 8,6 | 13,5 | 21 | 42,3 | **33,2** | 1 450 | 93,7 | 5,85 | 660 | 73,0 | **3,95** | 4,52 | 744 | 400 |
| 450 | 225 | 190 | 9,4 | 14,6 | 21 | 49,4 | **38,8** | 2 220 | 129 | 6,70 | 840 | 88,0 | **4,12** | 5,28 | 814 | 450 |
| 500 | 250 | 200 | 10,2 | 16,0 | 21 | 57,8 | **45,4** | 3 260 | 172 | 7,52 | 1 073 | 107 | **4,31** | 6,01 | 880 | 500 |
| 550 | 275 | 210 | 11,1 | 17,2 | 24 | 67,2 | **52,8** | 4 670 | 225 | 8,33 | 1 335 | 127 | **4,45** | 6,78 | 951 | 550 |
| 600 | 300 | 220 | 12,0 | 19,0 | 24 | 78,0 | **61,2** | 6 500 | 288 | 9,13 | 1 695 | 154 | **4,66** | 7,48 | 1 022 | 600 |

## VALORES ESTÁTICOS DE UN PERFIL T OBTENIDO MEDIANTE EL CORTE DE UN PERFIL IPE A UNA ALTURA MÁXIMA DEL ALMA, $h_1$

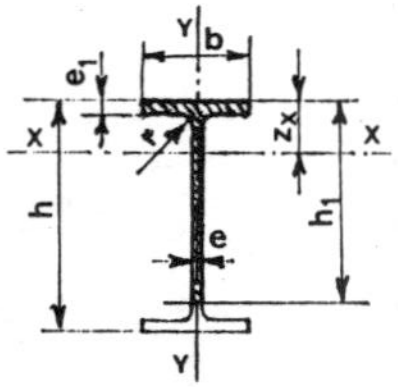


| IPE | $h_1$ | b | e | $e_1$ | r | A $cm^2$ | p kg/m | $I_x$ $cm^4$ | $W_x$ $cm^3$ | $i_x$ cm | $I_y$ $cm^4$ | $W_y$ $cm^3$ | $i_y$ cm | $z_x$ cm | ·U mm | IPE |
|---|---|---|---|---|---|---|---|---|---|---|---|---|---|---|---|---|
| 140 | 125 | 73 | 4,7 | 6,9 | 7 | 10,8 | **8,48** | 169 | 19,0 | 3,96 | 22,5 | 6,16 | **1,44** | 3,57 | 390 | 140 |
| 160 | 140 | 82 | 5,0 | 7,4 | 9 | 13,0 | **10,2** | 256 | 25,4 | 4,43 | 34,2 | 8,34 | **1,62** | 3,94 | 436 | 160 |
| 180 | 160 | 91 | 5,3 | 8,0 | 9 | 15,7 | **12,3** | 405 | 35,3 | 5,08 | 50,5 | 11,1 | **1,79** | 4,52 | 494 | 180 |
| 200 | 175 | 100 | 5,6 | 8,5 | 12 | 18,4 | **14,5** | 565 | 44,8 | 5,54 | 71,3 | 14,2 | **1,97** | 4,87 | 540 | 200 |
| 220 | 195 | 110 | 5,9 | 9,2 | 12 | 21,7 | **17,0** | 828 | 58,7 | 6,18 | 103 | 18,7 | **2,17** | 5,41 | 600 | 220 |
| 240 | 215 | 120 | 6,2 | 9,8 | 15 | 25,4 | **20,0** | 1 170 | 75,3 | 6,79 | 142 | 23,7 | **2,36** | 5,90 | 657 | 240 |
| 270 | 240 | 135 | 6,6 | 10,2 | 15 | 29,9 | **23,5** | 1 740 | 99,9 | 7,62 | 210 | 31,1 | **2,65** | 6,62 | 737 | 270 |
| 300 | 270 | 150 | 7,1 | 10,7 | 15 | 35,4 | **27,8** | 2 630 | 136 | 8,62 | 302 | 40,3 | **2,92** | 7,57 | 827 | 300 |
| 330 | 300 | 160 | 7,5 | 11,5 | 18 | 41,4 | **32,5** | 3 810 | 177 | 9,59 | 395 | 49,3 | **3,09** | 8,44 | 903 | 330 |
| 360 | 325 | 170 | 8,0 | 12,7 | 18 | 48,0 | **37,7** | 5 170 | 221 | 10,4 | 522 | 61,4 | **3,30** | 9,13 | 973 | 360 |
| 400 | 365 | 180 | 8,6 | 13,5 | 21 | 56,4 | **44,3** | 7 750 | 298 | 11,7 | 660 | 73,3 | **3,42** | 10,5 | 1 074 | 400 |
| 450 | 410 | 190 | 9,4 | 14,6 | 21 | 66,8 | **52,4** | 11 730 | 407 | 13,2 | 839 | 88,3 | **3,54** | 12,2 | 1 184 | 450 |
| 500 | 460 | 200 | 10,2 | 16,0 | 21 | 79,2 | **62,2** | 17 640 | 551 | 14,9 | 1 073 | 107 | **3,68** | 14,0 | 1 300 | 500 |
| 550 | 505 | 210 | 11,1 | 17,2 | 24 | 92,7 | **72,8** | 25 010 | 718 | 16,4 | 1 336 | 127 | **3,80** | 15,6 | 1 411 | 550 |
| 600 | 555 | 220 | 12,0 | 19,0 | 24 | 109 | **85,2** | 35 490 | 932 | 18,1 | 1 697 | 154 | **3,95** | 17,4 | 1 532 | 600 |

El radio de giro mínimo de la sección está indicado en letra **negrita**.

# VALORES ESTÁTICOS DE UN PERFIL T OBTENIDO MEDIANTE EL CORTE DE UN PERFIL HEB A LA MITAD DEL ALMA

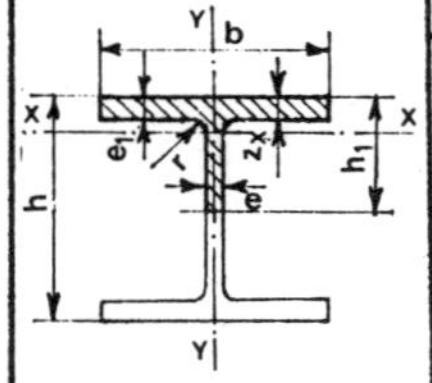


| HEB | Dimensiones en mm: $h_1$ | b | e | $e_1$ | r | Sección A $cm^2$ | Peso p kg/m | Referido al eje X—X: $I_x$ $cm^4$ | $W_x$ $cm^3$ | $i_x$ cm | Y—Y: $I_y$ $cm^4$ | $W_y$ $cm^3$ | $i_y$ cm | $z_x$ cm | U mm | HEB |
|---|---|---|---|---|---|---|---|---|---|---|---|---|---|---|---|---|
| 100 | 50 | 100 | 6 | 10 | 12 | 13,0 | 10,2 | 16 | 4,00 | **1,12** | 84 | 16,8 | 2,53 | 1,00 | 290 | 100 |
| 120 | 60 | 120 | 6,5 | 11 | 12 | 17,0 | 13,3 | 31 | 6,38 | **1,35** | 159 | 26,5 | 3,06 | 1,14 | 350 | 120 |
| 140 | 70 | 140 | 7 | 12 | 12 | 21,5 | 16,9 | 54 | 9,46 | **1,58** | 275 | 39,3 | 3,58 | 1,29 | 410 | 140 |
| 160 | 80 | 160 | 8 | 13 | 15 | 27,2 | 21,3 | 91 | 14,0 | **1,83** | 445 | 55,6 | 4,05 | 1,48 | 466 | 160 |
| 130 | 90 | 180 | 8,5 | 14 | 15 | 32,7 | 25,6 | 139 | 18,8 | **2,07** | 681 | 75,7 | 4,57 | 1,62 | 524 | 180 |
| 200 | 100 | 200 | 9 | 15 | 18 | 39,1 | 30,6 | 204 | 24,8 | **2,29** | 1 002 | 100 | 5,07 | 1,77 | 584 | 200 |
| 220 | 110 | 220 | 9,5 | 16 | 18 | 45,5 | 35,7 | 289 | 31,8 | **2,52** | 1 422 | 129 | 5,59 | 1,92 | 645 | 220 |
| 240 | 120 | 240 | 10 | 17 | 21 | 53,0 | 41,6 | 397 | 39,9 | **2,74** | 1 961 | 163 | 6,08 | 2,06 | 700 | 240 |
| 260 | 130 | 260 | 10 | 17,5 | 24 | 59,2 | 46,5 | 512 | 47,3 | **2,94** | 2 567 | 197 | 6,58 | 2,17 | 760 | 260 |
| 280 | 140 | 280 | 10,5 | 18 | 24 | 65,7 | 51,6 | 673 | 57,6 | **3,20** | 3 297 | 236 | 7,09 | 2,32 | 821 | 280 |
| 300 | 150 | 300 | 11 | 19 | 27 | 74,6 | 58,5 | 871 | 69,4 | **3,42** | 4 281 | 285 | 7,58 | 2,46 | 876 | 300 |
| 320 | 160 | 300 | 11,5 | 20,5 | 27 | 80,7 | 63,3 | 1 097 | 82,3 | **3,69** | 4 619 | 308 | 7,57 | 2,68 | 897 | 320 |
| 340 | 170 | 300 | 12 | 21,5 | 27 | 85,5 | 67,1 | 1 362 | 96,7 | **3,99** | 4 845 | 323 | 7,53 | 2,91 | 917 | 340 |
| 360 | 180 | 300 | 12,5 | 22,5 | 27 | 90,3 | 70,9 | 1 671 | 112 | **4,30** | 5 071 | 338 | 7,49 | 3,15 | 938 | 360 |
| 400 | 200 | 300 | 13,5 | 24 | 27 | 98,9 | 77,6 | 2 437 | 149 | **4,96** | 5 410 | 361 | 7,40 | 3,66 | 979 | 400 |
| 450 | 225 | 300 | 14 | 26 | 27 | 109 | 85,6 | 3 566 | 195 | 5,72 | 5 861 | 391 | 7,33 | 4,23 | 1 009 | 450 |
| 500 | 250 | 300 | 14,5 | 28 | 27 | 119 | 93,7 | 5 020 | 249 | 6,49 | 6 312 | 421 | 7,27 | 4,82 | 1 075 | 500 |
| 550 | 275 | 300 | 15 | 29 | 27 | 127 | 99,7 | 6 834 | 310 | 7,33 | 6 583 | 436 | **7,17** | 5,49 | 1 125 | 550 |
| 600 | 300 | 300 | 15,5 | 30 | 27 | 135 | 106 | 9 060 | 381 | 8,19 | 6 765 | 451 | **7,08** | 6,20 | 1 176 | 600 |

# VALORES ESTÁTICOS DE UN PERFIL T OBTENIDO MEDIANTE EL CORTE DE UN PERFIL HEB A UNA ALTURA MÁXIMA DEL ALMA, $h_1$

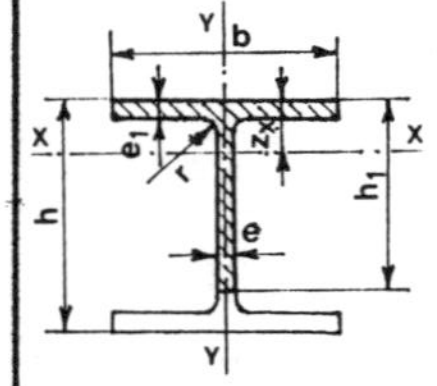


| HEB | $h_1$ | b | e | $e_1$ | r | A $cm^2$ | p kg/m | $I_x$ $cm^4$ | $W_x$ $cm^3$ | $i_x$ cm | $I_y$ $cm^4$ | $W_y$ $cm^3$ | $i_y$ cm | $z_x$ cm | U mm | HEB |
|---|---|---|---|---|---|---|---|---|---|---|---|---|---|---|---|---|
| 100 | 78 | 100 | 6 | 10 | 12 | 14,7 | 11,5 | 60,7 | 9,82 | **2,03** | 84 | 16,8 | 2,39 | 1,61 | 346 | 100 |
| 120 | 97 | 120 | 6,5 | 11 | 12 | 19,4 | 15,2 | 128 | 16,6 | **2,57** | 159 | 26,5 | 2,86 | 1,97 | 424 | 120 |
| 140 | 116 | 140 | 7 | 12 | 12 | 24,7 | 19,4 | 239 | 25,8 | **3,11** | 275 | 39,3 | 3,34 | 2,33 | 502 | 140 |
| 160 | 132 | 160 | 8 | 13 | 15 | 31,3 | 24,6 | 401 | 38,1 | **3,58** | 445 | 55,6 | 3,77 | 2,69 | 570 | 160 |
| 180 | 151 | 180 | 8,5 | 14 | 15 | 37,8 | 29,7 | 642 | 52,3 | **4,12** | 681 | 75,7 | 4,25 | 3,05 | 646 | 180 |
| 200 | 167 | 200 | 9 | 15 | 18 | 45,1 | 35,4 | 927 | 69,3 | **4,54** | 1 002 | 100 | 4,72 | 3,32 | 718 | 200 |
| 220 | 186 | 220 | 9,5 | 16 | 18 | 52,7 | 41,4 | 1 360 | 91,0 | **5,07** | 1 422 | 129 | 5,19 | 3,68 | 797 | 220 |
| 240 | 202 | 240 | 10 | 17 | 21 | 61,2 | 48,0 | 1 840 | 113 | **5,49** | 1 961 | 163 | 5,66 | 3,94 | 864 | 240 |
| 260 | 218,5 | 260 | 10 | 17,5 | 24 | 68,1 | 53,4 | 2 360 | 133 | **5,89** | 2 570 | 197 | 6,14 | 4,15 | 937 | 260 |
| 280 | 238 | 280 | 10,5 | 18 | 24 | 76,0 | 59,6 | 3 200 | 166 | **6,49** | 3 300 | 236 | 6,59 | 4,57 | 1 017 | 280 |
| 300 | 254 | 300 | 11 | 19 | 27 | 86,0 | 67,5 | 4 090 | 199 | **6,90** | 4 281 | 285 | 7,06 | 4,82 | 1 084 | 300 |
| 320 | 272,5 | 300 | 11,5 | 20,5 | 27 | 93,6 | 73,5 | 5 240 | 238 | 7,48 | 4 620 | 308 | **7,03** | 5,30 | 1 122 | 320 |
| 340 | 291,5 | 300 | 12 | 21,5 | 27 | 100 | 78,5 | 6 610 | 284 | 8,13 | 4 850 | 323 | **6,96** | 5,85 | 1 160 | 340 |
| 360 | 310,5 | 300 | 12,5 | 22,5 | 27 | 107 | 83,7 | 8 220 | 334 | 8,78 | 5 071 | 338 | **6,90** | 6,42 | 1 199 | 360 |
| 400 | 349 | 300 | 13,5 | 24 | 27 | 119 | 93,4 | 12 270 | 451 | 10,2 | 5 410 | 361 | **6,74** | 7,68 | 1 277 | 400 |
| 450 | 397 | 300 | 14 | 26 | 27 | 133 | 104 | 18 400 | 601 | 11,8 | 5 861 | 391 | **6,64** | 9,09 | 1 353 | 450 |
| 500 | 445 | 300 | 14,5 | 28 | 27 | 148 | 116 | 26 390 | 777 | 13,4 | 6 320 | 421 | **6,54** | 10,6 | 1 465 | 500 |
| 550 | 494 | 300 | 15 | 29 | 27 | 160 | 126 | 36 490 | 983 | 15,1 | 6 540 | 436 | **6,40** | 12,3 | 1 563 | 550 |
| 600 | 543 | 300 | 15,5 | 30 | 27 | 173 | 136 | 48 970 | 1 220 | 16,8 | 6 770 | 451 | **6,26** | 14,0 | 1 662 | 600 |

El radio de giro mínimo de la sección está indicado en letra **negrita**.

## VALORES ESTÁTICOS DE UN PERFIL T OBTENIDO MEDIANTE EL CORTE DE UN PERFIL HEA A LA MITAD DEL ALMA

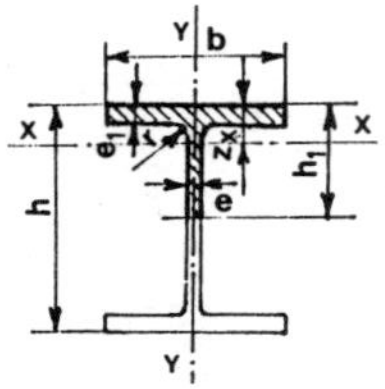


| HEA | Dimensiones en mm | | | | | Sección | Peso | Referido al eje | | | | | | $z_x$ | U | HEA |
|---|---|---|---|---|---|---|---|---|---|---|---|---|---|---|---|---|
| | | | | | | | | X — X | | | Y — Y | | | | | |
| | $h_1$ | b | e | $e_1$ | r | A cm² | P kg/m | $I_x$ cm⁴ | $W_x$ cm³ | $i_x$ cm | $I_y$ cm⁴ | $W_y$ cm³ | $i_y$ cm | cm | mm | |
| **100** | 48 | 100 | 5 | 8 | 12 | 10,6 | **8,3** | 12 | 3,16 | **1,08** | 66,9 | 13,4 | 2,51 | 0,89 | 286 | **100** |
| **120** | 57 | 120 | 5 | 8 | 12 | 12,7 | **9,9** | 21 | 4,52 | **1,30** | 115 | 19,2 | 3,02 | 0,98 | 344 | **120** |
| **140** | 66,5 | 140 | 5,5 | 8,5 | 12 | 15,7 | **12,3** | 37 | 6,79 | **1,55** | 195 | 27,8 | 3,52 | 1,13 | 403 | **140** |
| **160** | 76 | 160 | 6 | 9 | 15 | 19,4 | **15,2** | 61 | 9,72 | **1,78** | 308 | 38,5 | 3,98 | 1,28 | 459 | **160** |
| **180** | 85,5 | 180 | 6 | 9,5 | 15 | 22,7 | **17,8** | 89 | 12,4 | **1,98** | 462 | 51,4 | 4,52 | 1,37 | 516 | **180** |
| **200** | 95 | 200 | 6,5 | 10 | 18 | 26,9 | **21,1** | 133 | 16,6 | **2,22** | 668 | 66,8 | 4,98 | 1,52 | 577 | **200** |
| **220** | 105 | 220 | 7 | 11 | 18 | 32,2 | **25,3** | 194 | 21,9 | **2,45** | 977 | 88,8 | 5,51 | 1,66 | 637 | **220** |
| **240** | 115 | 240 | 7,5 | 12 | 21 | 38,4 | **30,2** | 273 | 28,2 | **2,67** | 1 380 | 115 | 6,00 | 1,81 | 693 | **240** |
| **260** | 125 | 260 | 7,5 | 12,5 | 24 | 43,4 | **34,1** | 355 | 33,5 | **2,86** | 1 830 | 141 | 6,50 | 1,91 | 748 | **260** |
| **280** | 135 | 280 | 8 | 13 | 24 | 48,7 | **38,2** | 477 | 41,8 | **3,13** | 2 380 | 170 | 7,00 | 2,06 | 808 | **280** |
| **300** | 145 | 300 | 8,5 | 14 | 27 | 56,3 | **44,2** | 630 | 51,2 | **3,35** | 3 155 | 210 | 7,49 | 2,20 | 869 | **300** |
| **320** | 155 | 300 | 9 | 15,5 | 27 | 62,2 | **48,8** | 808 | 61,7 | **3,60** | 3 490 | 232 | 7,49 | 2,41 | 898 | **320** |
| **340** | 165 | 300 | 9,5 | 16,5 | 27 | 66,8 | **52,4** | 1 019 | 73,5 | **3,91** | 3 720 | 248 | 7,46 | 2,64 | 905 | **340** |
| **360** | 175 | 300 | 10 | 17,5 | 27 | 71,4 | **56,0** | 1 268 | 86,7 | **4,22** | 3 940 | 263 | 7,43 | 2,87 | 925 | **360** |
| **400** | 195 | 300 | 11 | 19 | 27 | 79,5 | **62,4** | 1 884 | 118 | **4,88** | 4 280 | 285 | 7,34 | 3,39 | 966 | **400** |
| **450** | 220 | 300 | 11,5 | 21 | 27 | 89,0 | **69,9** | 2 815 | 156 | **5,62** | 4 730 | 315 | 7,29 | 3,94 | 1 017 | **450** |
| **500** | 245 | 300 | 12 | 23 | 27 | 98,8 | **77,5** | 4 018 | 201 | **6,38** | 5 185 | 345 | 7,24 | 4,51 | 1 067 | **500** |
| **550** | 270 | 300 | 12,5 | 24 | 27 | 106 | **83,1** | 5 528 | 253 | 7,23 | 5 410 | 361 | **7,15** | 5,17 | 1 118 | **550** |
| **600** | 295 | 300 | 13 | 25 | 27 | 113 | **88,9** | 7 399 | 313 | 8,08 | 5 635 | 376 | **7,05** | 5,87 | 1 168 | **600** |

## VALORES ESTÁTICOS DE UN PERFIL T OBTENIDO MEDIANTE EL CORTE DE UN PERFIL HEA A UNA ALTURA MÁXIMA DEL ALMA, $h_1$

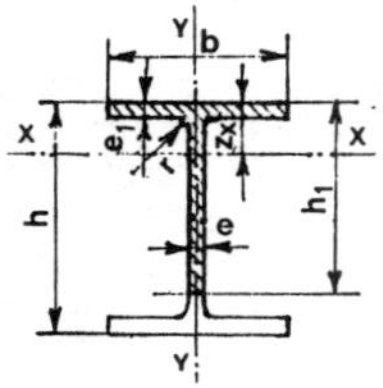


| HEA | $h_1$ | b | e | $e_1$ | r | A cm² | P kg/m | $I_x$ cm⁴ | $W_x$ cm³ | $i_x$ cm | $I_y$ cm⁴ | $W_y$ cm³ | $i_y$ cm | $z_x$ cm | U mm | HEA |
|---|---|---|---|---|---|---|---|---|---|---|---|---|---|---|---|---|
| **100** | 76 | 100 | 5 | 8 | 12 | 12,0 | **9,43** | 48,1 | 7,90 | **2,00** | 66,9 | 13,4 | 2,36 | 1,51 | 341 | **100** |
| **120** | 94 | 120 | 5 | 8 | 12 | 14,5 | **11,4** | 93,0 | 12,3 | **2,53** | 115 | 19,2 | 2,82 | 1,82 | 418 | **120** |
| **140** | 112,5 | 140 | 5,5 | 8,5 | 12 | 18,2 | **14,3** | 175 | 19,4 | **3,10** | 195 | 27,8 | 3,27 | 2,21 | 496 | **140** |
| **160** | 128 | 160 | 6 | 9 | 15 | 22,5 | **17,7** | 282 | 27,5 | **3,54** | 308 | 38,5 | 3,70 | 2,51 | 563 | **160** |
| **180** | 146,5 | 180 | 6 | 9,5 | 15 | 26,3 | **20,6** | 430 | 36,3 | **4,04** | 462 | 51,4 | 4,19 | 2,80 | 639 | **180** |
| **200** | 162 | 200 | 6,5 | 10 | 18 | 31,3 | **24,5** | 630 | 48,1 | **4,49** | 668 | 66,8 | 4,62 | 3,10 | 711 | **200** |
| **220** | 181 | 220 | 7 | 11 | 18 | 37,5 | **29,4** | 948 | 64,7 | **5,03** | 977 | 88,8 | 5,11 | 3,46 | 789 | **220** |
| **240** | 197 | 240 | 7,5 | 12 | 21 | 44,6 | **35,0** | 1 320 | 82,3 | **5,43** | 1 380 | 115 | 5,57 | 3,71 | 857 | **240** |
| **260** | 213,5 | 260 | 7,5 | 12,5 | 24 | 50,0 | **39,3** | 1 700 | 97,3 | **5,82** | 1 830 | 141 | 6,05 | 3,90 | 925 | **260** |
| **280** | 233 | 280 | 8 | 13 | 24 | 56,5 | **44,3** | 2 340 | 123 | **6,44** | 2 380 | 170 | 6,49 | 4,33 | 1 004 | **280** |
| **300** | 249 | 300 | 8,5 | 14 | 27 | 65,1 | **51,1** | 3 050 | 150 | **6,84** | 3 160 | 210 | 6,96 | 4,58 | 1 077 | **300** |
| **320** | 267,5 | 300 | 9 | 15,5 | 27 | 72,3 | **56,8** | 3 960 | 183 | 7,40 | 3 490 | 232 | **6,95** | 5,03 | 1 123 | **320** |
| **340** | 286,5 | 300 | 9,5 | 16,5 | 27 | 78,3 | **61,4** | 5 070 | 220 | 8,05 | 3 720 | 248 | **6,89** | 5,58 | 1 148 | **340** |
| **360** | 305,5 | 300 | 10 | 17,5 | 27 | 84,4 | **66,3** | 6 390 | 262 | 8,70 | 3 940 | 263 | **6,84** | 6,14 | 1 186 | **360** |
| **400** | 344 | 300 | 11 | 19 | 27 | 95,9 | **75,3** | 9 740 | 361 | 10,1 | 4 280 | 285 | **6,68** | 7,41 | 1 264 | **400** |
| **450** | 392 | 300 | 11,5 | 21 | 27 | 109 | **85,4** | 14 810 | 487 | 11,7 | 4 730 | 315 | **6,69** | 8,78 | 1 361 | **450** |
| **500** | 440 | 300 | 12 | 23 | 27 | 122 | **95,9** | 21 490 | 636 | 13,3 | 5 190 | 345 | **6,52** | 10,2 | 1 457 | **500** |
| **550** | 489 | 300 | 12,5 | 24 | 27 | 133 | **105** | 29 990 | 811 | 15,0 | 5 410 | 361 | **6,37** | 11,9 | 1 556 | **550** |
| **600** | 538 | 300 | 13 | 25 | 27 | 145 | **114** | 40 570 | 1 010 | 16,7 | 5 640 | 376 | **6,24** | 13,7 | 1 654 | **600** |

El radio de giro mínimo de la sección está indicado en letra **negrita**.

# VALORES ESTÁTICOS DE PERFILES ⊥ FORMADOS POR CHAPAS SOLDADAS

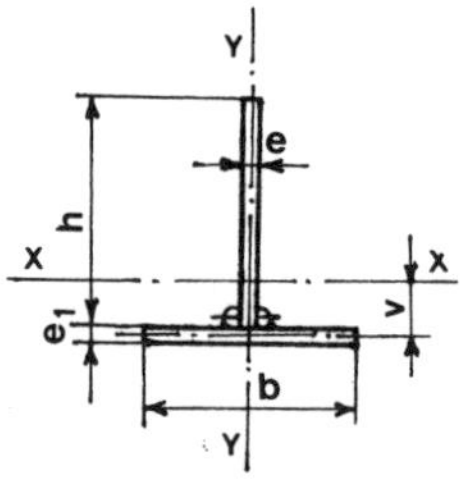


Distancia al centro de gravedad: $v = \dfrac{b\dfrac{e_1^2}{2} + h\,e\left(e_1 + \dfrac{h}{2}\right)}{b\,e_1 + h\,e}$ ;

Momento de inercia: $I_x = \dfrac{e\,h^3}{12} + e\,h\,v_2^2 + \dfrac{b\,e_1^3}{12} + b\,e_1\,v_1^2$;

$v_1 = v - \dfrac{e_1}{2}$;

$v_2 = \dfrac{h}{2} + e_1 - v$.

| Dimensiones en mm | | | | $v$ | $A$ | $p$ | Referido al eje | | | | | |
|---|---|---|---|---|---|---|---|---|---|---|---|---|
| Alma | | Platabanda | | | | | $x-x$ | | | $y-y$ | | |
| $h$ | $e$ | $b$ | $e_1$ | cm | cm² | kg/m | $I_x$ cm⁴ | $W_x$ cm³ | $i_x$ cm | $I_y$ cm⁴ | $W_y$ cm³ | $i_y$ cm |
| 200 | 8 | 120 | 8 | 6,90 | 25,6 | 20,1 | 1 180 | 85,1 | 6,80 | 116 | 19,3 | 2,13 |
| | 10 | | 10 | 7,06 | 32,0 | 25,1 | 1 490 | 107 | 6,83 | 146 | 24,3 | 2,13 |
| 200 | 8 | 150 | 8 | 6,34 | 28,0 | 22,0 | 1 280 | 88,2 | 6,75 | 226 | 30,1 | 2,84 |
| | 10 | | 10 | 6,50 | 35,0 | 27,5 | 1 610 | 111 | 6,79 | 283 | 37,7 | 2,84 |
| 200 | 8 | 180 | 8 | 5,87 | 30,4 | 23,9 | 1 350 | 90,6 | 6,67 | 390 | 43,3 | 3,58 |
| | 10 | | 10 | 6,03 | 38,0 | 29,8 | 1 710 | 114 | 6,71 | 488 | 54,2 | 3,58 |
| 200 | 8 | 180 | 10 | 5,44 | 34,0 | 26,7 | 1 470 | 94,4 | 6,57 | 487 | 54,1 | 3,78 |
| | 10 | | 12 | 5,70 | 41,6 | 32,7 | 1 840 | 118 | 6,64 | 585 | 65,0 | 3,75 |
| 250 | 8 | 150 | 8 | 8,46 | 32,0 | 25,1 | 2 290 | 132 | 8,46 | 226 | 30,1 | 2,66 |
| | 10 | | 10 | 8,63 | 40,0 | 31,4 | 2 890 | 166 | 8,50 | 283 | 37,8 | 2,66 |
| | 12 | | 12 | 8,79 | 48,0 | 37,7 | 3 500 | 201 | 8,53 | 341 | 45,5 | 2,67 |
| 250 | 8 | 180 | 8 | 7,90 | 34,4 | 27,0 | 2 440 | 136 | 8,42 | 390 | 43,3 | 3,37 |
| | 10 | | 10 | 8,06 | 43,0 | 33,8 | 3 070 | 171 | 8,45 | 488 | 54,2 | 3,37 |
| | 12 | | 12 | 8,22 | 51,6 | 40,5 | 3 720 | 207 | 8,49 | 587 | 65,2 | 3,37 |
| 250 | 8 | 200 | 8 | 7,57 | 36,0 | 28,3 | 2 520 | 138 | 8,37 | 534 | 53,4 | 3,85 |
| | 10 | | 10 | 7,72 | 45,0 | 35,3 | 3 180 | 174 | 8,41 | 669 | 66,9 | 3,86 |
| | 12 | | 12 | 7,88 | 54,0 | 42,4 | 3 850 | 210 | 8,45 | 804 | 80,4 | 3,86 |
| 250 | 8 | 200 | 10 | 7,00 | 40,0 | 31,4 | 2 730 | 144 | 8,27 | 668 | 66,8 | 4,09 |
| | 10 | | 12 | 7,28 | 49,0 | 38,5 | 3 410 | 180 | 8,34 | 802 | 80,2 | 4,05 |
| | 12 | | 15 | 7,38 | 60,0 | 47,1 | 4 200 | 220 | 8,37 | 1 000 | 100 | 4,08 |
| 300 | 8 | 150 | 8 | 10,7 | 36,0 | 28,3 | 3 700 | 184 | 10,1 | 226 | 30,2 | 2,51 |
| | 10 | | 10 | 10,8 | 45,0 | 35,3 | 4 650 | 230 | 10,2 | 284 | 37,8 | 2,51 |
| | 12 | | 12 | 11,0 | 54,0 | 42,4 | 5 620 | 278 | 10,2 | 342 | 45,6 | 2,52 |
| 300 | 8 | 200 | 8 | 9,64 | 40,0 | 31,4 | 4 080 | 193 | 10,1 | 535 | 53,5 | 3,66 |
| | 10 | | 10 | 9,80 | 50,0 | 39,3 | 5 130 | 242 | 10,1 | 669 | 66,9 | 3,66 |
| | 12 | | 12 | 9,96 | 60,0 | 47,1 | 6 210 | 292 | 10,2 | 804 | 80,4 | 3,66 |
| 300 | 8 | 250 | 8 | 8,80 | 44,0 | 34,5 | 4 390 | 199 | 9,99 | 1 040 | 83,5 | 4,87 |
| | 10 | | 10 | 8,95 | 55,0 | 43,2 | 5 530 | 251 | 10,0 | 1 300 | 104 | 4,87 |
| | 12 | | 12 | 9,11 | 66,0 | 51,8 | 6 690 | 303 | 10,1 | 1 570 | 125 | 4,87 |
| 300 | 8 | 250 | 10 | 8,09 | 49,0 | 38,5 | 4 740 | 207 | 9,84 | 1 300 | 104 | 5,16 |
| | 10 | | 12 | 8,40 | 60,0 | 47,1 | 5 900 | 259 | 9,92 | 1 560 | 125 | 5,11 |
| | 12 | | 15 | 8,46 | 73,5 | 57,7 | 7 260 | 315 | 9,94 | 1 960 | 157 | 5,16 |
| 350 | 8 | 200 | 8 | 11,8 | 44,0 | 34,5 | 6 120 | 255 | 11,8 | 535 | 53,5 | 3,49 |
| | 10 | | 10 | 12,0 | 55,0 | 43,2 | 7 700 | 320 | 11,8 | 670 | 67,0 | 3,49 |
| | 12 | | 12 | 12,1 | 66,0 | 51,8 | 9 290 | 386 | 11,9 | 805 | 80,5 | 3,49 |
| 350 | 8 | 250 | 8 | 10,8 | 48,0 | 37,7 | 6 600 | 264 | 11,7 | 1 040 | 83,5 | 4,66 |
| | 10 | | 10 | 11,0 | 60,0 | 47,1 | 8 300 | 332 | 11,8 | 1 300 | 104 | 4,66 |
| | 12 | | 12 | 11,2 | 72,0 | 56,5 | 10 020 | 400 | 11,8 | 1 570 | 125 | 4,67 |
| 350 | 8 | 300 | 8 | 10,0 | 52,0 | 40,8 | 7 000 | 272 | 11,6 | 1 800 | 120 | 5,89 |
| | 10 | | 10 | 10,2 | 65,0 | 51,0 | 8 810 | 341 | 11,6 | 2 250 | 150 | 5,89 |
| | 12 | | 12 | 10,3 | 78,0 | 61,2 | 10 640 | 412 | 11,7 | 2 710 | 180 | 5,89 |
| 350 | 8 | 300 | 10 | 9,19 | 58,0 | 45,5 | 7 550 | 282 | 11,4 | 2 250 | 150 | 6,23 |
| | 10 | | 12 | 9,52 | 71,0 | 55,7 | 9 390 | 352 | 11,5 | 2 700 | 180 | 6,17 |
| | 12 | | 15 | 9,56 | 87,0 | 68,3 | 11 530 | 428 | 11,5 | 3 380 | 225 | 6,23 |
| 400 | 10 | 250 | 10 | 13,1 | 65,0 | 51,0 | 11 800 | 423 | 13,5 | 1 310 | 104 | 4,48 |
| | 12 | | 12 | 13,3 | 78,0 | 61,2 | 14 240 | 510 | 13,5 | 1 570 | 125 | 4,48 |
| | 15 | | 15 | 13,5 | 97,5 | 76,5 | 17 940 | 641 | 13,6 | 1 960 | 157 | 4,49 |
| 400 | 10 | 300 | 10 | 12,2 | 70,0 | 55,0 | 12 540 | 436 | 13,4 | 2 250 | 150 | 5,67 |
| | 12 | | 12 | 12,4 | 84,0 | 65,9 | 15 130 | 525 | 13,4 | 2 710 | 180 | 5,68 |
| | 15 | | 15 | 12,6 | 105 | 82,4 | 19 080 | 660 | 13,5 | 3 390 | 226 | 5,68 |
| 400 | 10 | 350 | 10 | 11,4 | 75,0 | 58,9 | 13 180 | 446 | 13,3 | 3 580 | 204 | 6,91 |
| | 12 | | 12 | 11,6 | 90,0 | 70,7 | 15 910 | 537 | 13,3 | 4 290 | 245 | 6,91 |
| | 15 | | 15 | 11,8 | 113 | 88,3 | 20 070 | 676 | 13,4 | 5 370 | 307 | 6,91 |
| 400 | 10 | 350 | 12 | 10,6 | 82,0 | 64,4 | 14 030 | 459 | 13,1 | 4 290 | 245 | 7,23 |
| | 12 | | 15 | 10,7 | 101 | 78,9 | 17 210 | 558 | 13,1 | 5 370 | 307 | 7,31 |
| | 15 | | 20 | 10,7 | 130 | 102 | 22 270 | 711 | 13,1 | 7 160 | 409 | 7,42 |

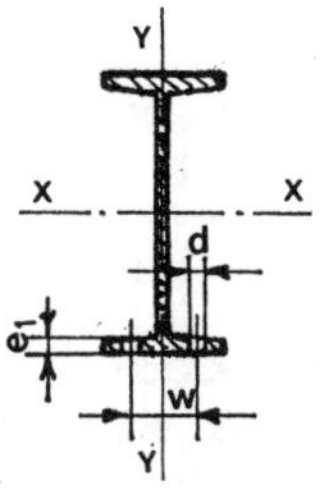


# VALORES ESTÁTICOS NETOS DE PERFILES IPN

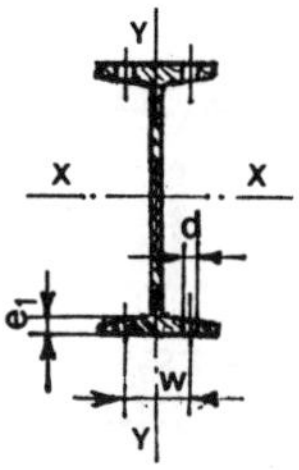


| IPN | $e_1$ mm | d mm | Deducidos 2 agujeros: Sección neta cm² | $I_{x_n}$ cm⁴ | $W_{x_n}$ cm³ | $I_{y_n}$ cm⁴ | $W_{y_n}$ cm³ | Deducidos 4 agujeros: Sección neta cm² | $I_{x_n}$ cm⁴ | $W_{x_n}$ cm³ | $I_{y_n}$ cm⁴ | $W_{y_n}$ cm³ | IPN |
|---|---|---|---|---|---|---|---|---|---|---|---|---|---|
| 140 | 8,53 | 11 | 16,4 | 492 | 70,2 | 29,6 | 8,97 | 14,5 | 411 | 58,6 | 24,0 | 7,27 | 140 |
| | | 13 | 16,1 | 477 | 68,1 | 28,5 | 8,63 | 13,9 | 381 | 54,4 | 21,8 | 6,59 | |
| 160 | 9,29 | 11 | 20,8 | 819 | 102 | 46,3 | 12,5 | 18,7 | 703 | 87,8 | 37,9 | 10,3 | 160 |
| | | 13 | 20,4 | 798 | 99,7 | 44,7 | 12,1 | 18,0 | 660 | 82,5 | 34,7 | 9,38 | |
| 180 | 10,19 | 11 | 25,7 | 1 290 | 143 | 70,2 | 17,1 | 23,4 | 1 130 | 125 | 59,1 | 14,4 | 180 |
| | | 13 | 25,3 | 1 260 | 140 | 68,1 | 16,6 | 22,6 | 1 070 | 119 | 54,9 | 13,4 | |
| | | 17 | 24,4 | 1 200 | 133 | 63,7 | 15,5 | 21,0 | 950 | 106 | 46,1 | 11,2 | |
| 200 | 11,09 | 11 | 31,1 | 1 920 | 192 | 103 | 22,8 | 28,6 | 1 700 | 170 | 88,4 | 19,6 | 200 |
| | | 13 | 30,6 | 1 880 | 188 | 100 | 22,2 | 27,7 | 1 620 | 162 | 83,0 | 18,4 | |
| | | 17 | 29,7 | 1 800 | 180 | 94,4 | 21,0 | 26,0 | 1 410 | 147 | 71,7 | 15,9 | |
| 220 | 11,99 | 13 | 36,5 | 2 720 | 247 | 140 | 28,7 | 33,4 | 2 380 | 217 | 119 | 24,3 | 220 |
| | | 17 | 35,5 | 2 620 | 238 | 133 | 27,2 | 31,4 | 2 180 | 198 | 105 | 21,4 | |
| 240 | 12,89 | 13 | 42,7 | 3 820 | 318 | 194 | 36,7 | 39,4 | 3 380 | 282 | 168 | 31,6 | 240 |
| | | 17 | 41,7 | 3 680 | 307 | 186 | 35,0 | 37,3 | 3 120 | 260 | 150 | 28,3 | |
| | | 21 | 40,7 | 3 550 | 296 | 177 | 33,3 | 35,3 | 2 850 | 238 | 132 | 24,9 | |
| 260 | 13,86 | 13 | 49,8 | 5 190 | 400 | 255 | 45,1 | 46,2 | 4 650 | 357 | 222 | 39,3 | 260 |
| | | 17 | 48,7 | 5 030 | 387 | 244 | 43,3 | 44,0 | 4 310 | 332 | 201 | 35,6 | |
| | | 21 | 47,6 | 4 860 | 374 | 233 | 41,3 | 41,8 | 3 970 | 306 | 179 | 31,7 | |
| 280 | 15,03 | 13 | 57,2 | 6 900 | 493 | 326 | 54,8 | 53,3 | 6 220 | 444 | 288 | 48,4 | 280 |
| | | 17 | 56,0 | 6 690 | 478 | 314 | 52,7 | 50,9 | 5 790 | 414 | 263 | 44,3 | |
| | | 21 | 54,8 | 6 480 | 463 | 301 | 50,6 | 48,5 | 5 370 | 384 | 238 | 40,0 | |
| 300 | 16,10 | 17 | 63,6 | 8 700 | 580 | 394 | 63,0 | 58,2 | 7 590 | 506 | 336 | 53,8 | 300 |
| | | 21 | 62,3 | 8 440 | 562 | 379 | 60,7 | 55,6 | 7 070 | 471 | 308 | 49,2 | |
| | | 23 | 61,7 | 8 310 | 554 | 372 | 59,5 | 54,3 | 6 810 | 454 | 293 | 46,8 | |
| 320 | 16,99 | 17 | 72,0 | 11 180 | 699 | 483 | 73,7 | 66,2 | 9 860 | 616 | 411 | 62,7 | 320 |
| | | 21 | 70,7 | 10 870 | 679 | 465 | 71,0 | 63,5 | 9 230 | 577 | 375 | 57,2 | |
| | | 23 | 70,0 | 10 710 | 670 | 456 | 69,6 | 62,2 | 8 920 | 557 | 357 | 54,4 | |
| 340 | 17,92 | 17 | 80,7 | 14 120 | 830 | 589 | 86,0 | 74,6 | 12 540 | 737 | 504 | 73,6 | 340 |
| | | 21 | 79,3 | 13 750 | 809 | 568 | 82,9 | 71,7 | 11 790 | 694 | 462 | 67,5 | |
| | | 23 | 78,6 | 13 560 | 798 | 558 | 81,4 | 70,3 | 11 420 | 672 | 441 | 64,4 | |
| 360 | 19,19 | 21 | 89,0 | 17 270 | 959 | 699 | 97,7 | 81,0 | 14 920 | 829 | 579 | 81,0 | 360 |
| | | 23 | 88,3 | 17 040 | 947 | 687 | 96,0 | 79,4 | 14 480 | 804 | 555 | 77,7 | |
| | | 25 | 87,5 | 16 820 | 934 | 674 | 94,3 | 77,9 | 14 030 | 780 | 531 | 74,3 | |
| 380 | 19,98 | 21 | 98,6 | 21 290 | 1 120 | 831 | 112 | 90,2 | 18 570 | 977 | 687 | 92,2 | 380 |
| | | 23 | 97,8 | 21 030 | 1 110 | 816 | 110 | 88,6 | 18 050 | 950 | 658 | 88,3 | |
| | | 25 | 97,0 | 20 770 | 1 090 | 802 | 108 | 87,0 | 17 530 | 923 | 629 | 84,4 | |
| 400 | 21,01 | 21 | 109 | 26 040 | 1 300 | 994 | 128 | 100 | 22 070 | 1 110 | 827 | 107 | 400 |
| | | 23 | 108 | 25 740 | 1 290 | 977 | 126 | 98,7 | 22 260 | 1 110 | 794 | 102 | |
| | | 25 | 107 | 25 430 | 1 270 | 960 | 124 | 97,0 | 21 660 | 1 080 | 761 | 98,1 | |
| 450 | 23,67 | 23 | 136 | 40 900 | 1 820 | 1 480 | 175 | 125 | 35 940 | 1 600 | 1 240 | 146 | 450 |
| | | 25 | 135 | 40 470 | 1 800 | 1 460 | 172 | 123 | 35 080 | 1 560 | 1 190 | 141 | |
| | | 28 | 134 | 39 820 | 1 770 | 1 430 | 168 | 120 | 33 790 | 1 500 | 1 130 | 133 | |
| 500 | 26,48 | 23 | 168 | 61 900 | 2 480 | 2 170 | 235 | 156 | 55 070 | 2 200 | 1 860 | 201 | 500 |
| | | 25 | 167 | 61 310 | 2 450 | 2 140 | 232 | 154 | 53 880 | 2 160 | 1 800 | 195 | |
| | | 28 | 165 | 60 420 | 2 420 | 2 100 | 227 | 150 | 52 100 | 2 080 | 1 720 | 186 | |
| 550 | 29,30 | 25 | 198 | 89 240 | 3 250 | 3 040 | 304 | 184 | 79 300 | 2 880 | 2 590 | 259 | 550 |
| | | 28 | 197 | 88 050 | 3 200 | 2 980 | 298 | 180 | 76 910 | 2 800 | 2 480 | 248 | |
| 600 | 31,53 | 25 | 238 | 126 300 | 4 210 | 4 090 | 381 | 222 | 113 500 | 3 780 | 3 520 | 327 | 600 |
| | | 28 | 236 | 124 700 | 4 160 | 4 020 | 374 | 219 | 110 400 | 3 680 | 3 380 | 314 | |

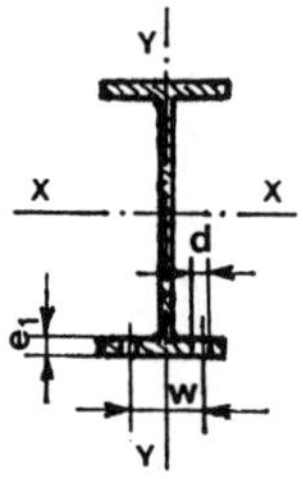


# VALORES ESTÁTICOS NETOS DE PERFILES IPE

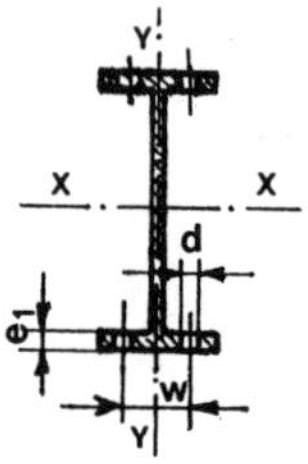


| IPE | $e_1$ mm | d mm | Deducidos 2 agujeros: Sección neta cm² | $I_{x_n}$ cm⁴ | $W_{x_n}$ cm³ | $I_{y_n}$ cm⁴ | $W_{y_n}$ cm³ | Deducidos 4 agujeros: Sección neta cm² | $I_{x_n}$ cm⁴ | $W_{x_n}$ cm³ | $I_{y_n}$ cm⁴ | $W_{y_n}$ cm³ | IPE |
|---|---|---|---|---|---|---|---|---|---|---|---|---|---|
| 140 | 6,9 | 11 | 14,9 | 474 | 67,7 | 38,7 | 10,6 | 13,4 | 406 | 58,1 | 32,4 | 8,89 | 140 |
| | | 13 | 14,6 | 461 | 65,9 | 37,5 | 10,3 | 12,8 | 382 | 54,6 | 30,3 | 8,23 | |
| 160 | 7,4 | 11 | 18,5 | 774 | 96,8 | 60,3 | 14,7 | 16,8 | 679 | 84,9 | 52,2 | 12,7 | 160 |
| | | 13 | 18,2 | 757 | 94,6 | 58,7 | 14,3 | 16,3 | 645 | 80,6 | 49,1 | 12,0 | |
| 180 | 8,0 | 11 | 22,1 | 1 190 | 132 | 90,7 | 19,9 | 20,4 | 1 060 | 118 | 80,4 | 17,7 | 180 |
| | | 13 | 21,8 | 1 170 | 130 | 88,7 | 19,5 | 19,7 | 1 010 | 112 | 76,5 | 16,8 | |
| | | 17 | 21,2 | 1 120 | 124 | 84,7 | 18,6 | 18,5 | 917 | 102 | 68,4 | 15,0 | |
| 200 | 8,5 | 11 | 26,6 | 1 770 | 177 | 129 | 25,8 | 24,8 | 1 600 | 160 | 116 | 23,3 | 200 |
| | | 13 | 26,3 | 1 740 | 174 | 127 | 25,4 | 24,1 | 1 530 | 153 | 111 | 22,3 | |
| | | 17 | 25,6 | 1 680 | 168 | 122 | 24,4 | 22,7 | 1 410 | 141 | 102 | 20,3 | |
| 220 | 9,2 | 13 | 31,0 | 2 500 | 228 | 185 | 33,6 | 28,6 | 2 240 | 203 | 164 | 29,8 | 220 |
| | | 17 | 30,3 | 2 420 | 220 | 178 | 32,4 | 27,1 | 2 070 | 189 | 151 | 27,4 | |
| 240 | 9,8 | 13 | 36,6 | 3 550 | 296 | 257 | 42,8 | 34,0 | 3 210 | 268 | 229 | 38,2 | 240 |
| | | 17 | 35,8 | 3 450 | 287 | 248 | 41,3 | 32,4 | 3 010 | 251 | 212 | 35,3 | |
| | | 21 | 35,0 | 3 340 | 279 | 239 | 39,8 | 30,9 | 2 800 | 233 | 194 | 32,3 | |
| 270 | 10,2 | 17 | 42,4 | 5 200 | 386 | 374 | 55,4 | 39,0 | 4 620 | 342 | 328 | 48,7 | 270 |
| | | 21 | 41,6 | 5 070 | 375 | 363 | 53,8 | 37,3 | 4 340 | 322 | 306 | 45,3 | |
| | | 23 | 41,2 | 5 000 | 370 | 357 | 52,9 | 36,5 | 4 210 | 312 | 294 | 43,6 | |
| 300 | 10,7 | 21 | 49,3 | 7 420 | 495 | 530 | 70,7 | 44,8 | 6 480 | 432 | 457 | 60,9 | 300 |
| | | 23 | 48,9 | 7 330 | 489 | 523 | 69,7 | 44,0 | 6 300 | 420 | 442 | 59,0 | |
| | | 25 | 48,5 | 7 240 | 483 | 516 | 68,7 | 43,1 | 6 120 | 408 | 427 | 57,0 | |
| 330 | 11,5 | 21 | 57,8 | 10 540 | 639 | 699 | 87,4 | 52,9 | 9 320 | 565 | 610 | 76,2 | 330 |
| | | 23 | 57,3 | 10 430 | 632 | 690 | 86,3 | 52,0 | 9 090 | 551 | 592 | 74,0 | |
| | | 25 | 56,9 | 10 310 | 625 | 681 | 85,1 | 51,1 | 8 850 | 537 | 574 | 71,8 | |
| 360 | 12,7 | 21 | 67,4 | 14 660 | 814 | 930 | 109 | 62,0 | 13 050 | 725 | 820 | 96,5 | 340 |
| | | 23 | 66,9 | 14 510 | 806 | 919 | 108 | 61,0 | 12 750 | 708 | 798 | 93,9 | |
| | | 25 | 66,4 | 14 350 | 797 | 908 | 107 | 60,0 | 12 440 | 691 | 776 | 91,3 | |
| 400 | 13,5 | 23 | 78,3 | 20 810 | 1 040 | 1 180 | 131 | 72,1 | 18 490 | 924 | 1 030 | 115 | 400 |
| | | 25 | 77,8 | 20 610 | 1 030 | 1 160 | 129 | 71,0 | 18 090 | 904 | 1 010 | 112 | |
| | | 28 | 76,9 | 20 310 | 1 020 | 1 140 | 127 | 69,4 | 17 480 | 874 | 969 | 108 | |
| 450 | 14,6 | 23 | 92,1 | 30 560 | 1 360 | 1 510 | 159 | 85,4 | 27 370 | 1 220 | 1 340 | 141 | 450 |
| | | 25 | 91,5 | 30 280 | 1 350 | 1 490 | 157 | 84,2 | 26 820 | 1 190 | 1 310 | 138 | |
| | | 28 | 90,6 | 29 860 | 1 330 | 1 470 | 155 | 82,4 | 25 990 | 1 150 | 1 260 | 133 | |
| 500 | 16,0 | 23 | 109 | 43 890 | 1 760 | 1 910 | 191 | 101 | 39 580 | 1 580 | 1 690 | 169 | 500 |
| | | 25 | 108 | 43 510 | 1 740 | 1 890 | 189 | 100 | 38 830 | 1 550 | 1 650 | 165 | |
| | | 28 | 107 | 42 950 | 1 720 | 1 860 | 186 | 98,1 | 37 700 | 1 510 | 1 590 | 159 | |
| 550 | 17,2 | 25 | 125 | 61 010 | 2 220 | 2 380 | 227 | 117 | 54 910 | 2 000 | 2 090 | 199 | 550 |
| | | 28 | 124 | 60 280 | 2 190 | 2 350 | 223 | 115 | 53 440 | 1 940 | 2 020 | 192 | |
| 600 | 19,0 | 25 | 147 | 84 060 | 2 800 | 3 040 | 277 | 137 | 76 040 | 2 530 | 2 700 | 245 | 600 |
| | | 28 | 145 | 83 100 | 2 770 | 3 000 | 273 | 135 | 74 120 | 2 470 | 2 610 | 237 | |

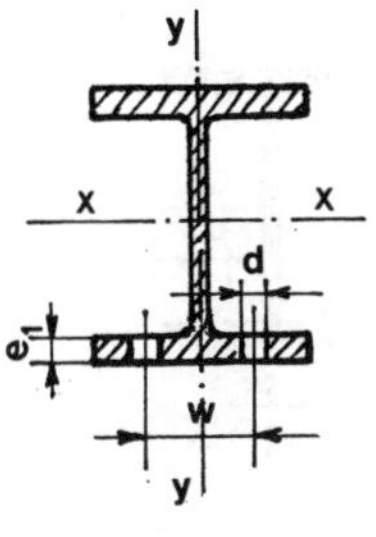


# *VALORES ESTÁTICOS NETOS DE PERFILES HEB*

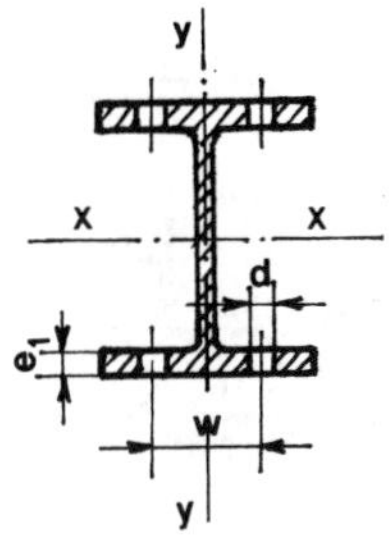


| HEB | $e_1$ | d | Deducidos 2 agujeros | | | | | Deducidos 4 agujeros | | | | | HEB |
|---|---|---|---|---|---|---|---|---|---|---|---|---|---|
| | mm | mm | Sección neta cm² | $I_{x_n}$ cm⁴ | $W_{x_n}$ cm³ | $I_{y_n}$ cm⁴ | $W_{y_n}$ cm³ | Sección neta cm² | $I_{x_n}$ cm⁴ | $W_{x_n}$ cm³ | $I_{y_n}$ cm⁴ | $W_{y_n}$ cm³ | |
| **100** | 10 | **13** | 23,4 | 397 | 79,4 | 147 | 29,4 | 20,8 | 344 | 68,9 | 127 | 25,4 | **100** |
| | | 17 | 22,6 | 381 | 76,2 | 140 | 28,1 | 19,2 | 312 | 62,3 | 114 | 22,8 | |
| **120** | 11 | 13 | 31,1 | 779 | 130 | 287 | 47,9 | 28,3 | 694 | 116 | 257 | 42,8 | **120** |
| | | **17** | 30,3 | 753 | 125 | 278 | 46,3 | 26,5 | 641 | 107 | 237 | 39,5 | |
| | | 21 | 29,4 | 726 | 121 | 268 | 44,6 | 24,8 | 589 | 98,1 | 217 | 36,2 | |
| **140** | 12 | 17 | 38,9 | 1 340 | 192 | 492 | 70,2 | 34,8 | 1 170 | 168 | 433 | 61,9 | **140** |
| | | **21** | 38,0 | 1 300 | 186 | 477 | 68,2 | 32,9 | 1 100 | 157 | 405 | 57,8 | |
| | | 23 | 37,5 | 1 280 | 183 | 470 | 67,1 | 32,0 | 1 060 | 151 | 390 | 55,7 | |
| **160** | 13 | 21 | 48,8 | 2 190 | 274 | 788 | 98,5 | 43,4 | 1 900 | 237 | 688 | 86,0 | **160** |
| | | **23** | 48,3 | 2 170 | 271 | 778 | 97,3 | 42,3 | 1 840 | 230 | 668 | 83,5 | |
| | | 25 | 47,8 | 2 140 | 267 | 768 | 96,0 | 41,3 | 1 790 | 223 | 647 | 80,9 | |
| **180** | 14 | 21 | 59,4 | 3 420 | 380 | 1 210 | 135 | 53,5 | 3 020 | 335 | 1 060 | 118 | **180** |
| | | 23 | 58,9 | 3 390 | 376 | 1 200 | 133 | 52,4 | 2 940 | 327 | 1 030 | 115 | |
| | | **25** | 58,3 | 3 350 | 372 | 1 180 | 131 | 51,3 | 2 860 | 318 | 1 000 | 111 | |
| **200** | 15 | 21 | 71,8 | 5 160 | 516 | 1 810 | 181 | 65,5 | 4 620 | 462 | 1 610 | 161 | **200** |
| | | 23 | 71,2 | 5 110 | 511 | 1 790 | 179 | 64,3 | 4 520 | 452 | 1 580 | 158 | |
| | | **25** | 70,6 | 5 060 | 506 | 1 770 | 177 | 63,1 | 4 410 | 441 | 1 540 | 154 | |
| **220** | 16 | 21 | 84,3 | 7 390 | 672 | 2 600 | 236 | 77,6 | 6 690 | 608 | 2 350 | 214 | **220** |
| | | 23 | 83,6 | 7 320 | 666 | 2 570 | 234 | 76,3 | 6 560 | 596 | 2 300 | 209 | |
| | | **25** | 83,0 | 7 260 | 660 | 2 550 | 232 | 75,0 | 6 420 | 584 | 2 260 | 205 | |
| **240** | 17 | 21 | 98,9 | 10 370 | 864 | 3 460 | 288 | 91,7 | 9 480 | 790 | 3 000 | 250 | **240** |
| | | 23 | 98,2 | 10 290 | 857 | 3 420 | 285 | 90,4 | 9 310 | 776 | 2 910 | 243 | |
| | | **25** | 97,5 | 10 200 | 850 | 3 370 | 281 | 89,0 | 9 140 | 762 | 2 820 | 235 | |
| **260** | 17,5 | 21 | 111 | 13 840 | 1 060 | 4 530 | 349 | 103 | 12 760 | 981 | 3 930 | 303 | **260** |
| | | 23 | 110 | 13 730 | 1 060 | 4 470 | 344 | 102 | 12 550 | 965 | 3 820 | 294 | |
| | | **25** | 109 | 13 630 | 1 050 | 4 420 | 340 | 101 | 12 340 | 949 | 3 700 | 285 | |
| **280** | 18 | 21 | 123 | 17 970 | 1 280 | 5 830 | 417 | 116 | 16 670 | 1 190 | 5 070 | 362 | **280** |
| | | 23 | 123 | 17 850 | 1 270 | 5 760 | 411 | 114 | 16 420 | 1 170 | 4 930 | 352 | |
| | | **25** | 122 | 17 720 | 1 270 | 5 690 | 406 | 113 | 16 180 | 1 160 | 4 780 | 341 | |
| **300** | 19 | 23 | 140 | 23 440 | 1 560 | 7 500 | 500 | 132 | 21 710 | 1 450 | 6 440 | 429 | **300** |
| | | **25** | 140 | 23 290 | 1 550 | 7 410 | 494 | 130 | 21 410 | 1 430 | 6 250 | 417 | |
| | | 28 | 138 | 23 070 | 1 540 | 7 270 | 484 | 128 | 20 960 | 1 400 | 5 970 | 398 | |
| **320** | 20,5 | 23 | 152 | 28 700 | 1 790 | 8 090 | 540 | 142 | 26 580 | 1 660 | 6 950 | 463 | **320** |
| | | **25** | 151 | 28 520 | 1 780 | 7 990 | 533 | 141 | 26 220 | 1 640 | 6 750 | 450 | |
| | | 28 | 150 | 28 240 | 1 770 | 7 840 | 523 | 138 | 25 660 | 1 600 | 6 450 | 430 | |
| **340** | 21,5 | 23 | 161 | 34 150 | 2 010 | 8 490 | 566 | 151 | 31 640 | 1 860 | 7 290 | 486 | **340** |
| | | **25** | 160 | 33 930 | 2 000 | 8 380 | 559 | 150 | 31 200 | 1 840 | 7 080 | 472 | |
| | | 28 | 159 | 33 600 | 1 980 | 8 230 | 548 | 147 | 30 540 | 1 800 | 6 760 | 451 | |
| **360** | 22,5 | 23 | 171 | 40 240 | 2 240 | 8 880 | 592 | 160 | 37 290 | 2 070 | 7 630 | 508 | **360** |
| | | **25** | 170 | 39 980 | 2 220 | 8 770 | 585 | 159 | 36 770 | 2 040 | 7 410 | 494 | |
| | | 28 | 168 | 39 600 | 2 200 | 8 610 | 574 | 156 | 36 000 | 2 000 | 7 070 | 472 | |
| **400** | - 24 | 23 | 187 | 53 770 | 2 690 | 9 480 | 632 | 176 | 49 870 | 2 490 | 8 140 | 543 | **400** |
| | | **25** | 186 | 53 430 | 2 670 | 9 360 | 624 | 174 | 49 190 | 2 460 | 7 900 | 527 | |
| | | 28 | 185 | 52 920 | 2 650 | 9 180 | 612 | 171 | 48 170 | 2 410 | 7 550 | 503 | |
| **450** | 26 | **25** | 205 | 74 040 | 3 290 | 10 140 | 676 | 192 | 68 190 | 3 030 | 8 560 | 571 | **450** |
| | | 28 | 203 | 73 340 | 3 260 | 9 950 | 663 | 189 | 66 790 | 2 970 | 8 180 | 545 | |
| **500** | 28 | 25 | 225 | 99 390 | 3 980 | 11 070 | 738 | 211 | 91 590 | 3 660 | 9 520 | 635 | **500** |
| | | **28** | 223 | 98 460 | 3 940 | 10 880 | 725 | 208 | 89 710 | 3 590 | 9 140 | 609 | |
| **550** | 29 | 25 | 240 | 126 900 | 4 610 | 11 470 | 765 | 225 | 117 000 | 4 250 | 9 870 | 658 | **550** |
| | | **28** | 238 | 125 700 | 4 570 | 11 280 | 752 | 222 | 114 600 | 4 170 | 9 480 | 632 | |
| **600** | 30 | 25 | 255 | 158 800 | 5 290 | 11 870 | 791 | 240 | 146 600 | 4 890 | 10 210 | 680 | **600** |
| | | **28** | 253 | 157 300 | 5 240 | 11 670 | 778 | 236 | 143 700 | 4 790 | 9 800 | 654 | |

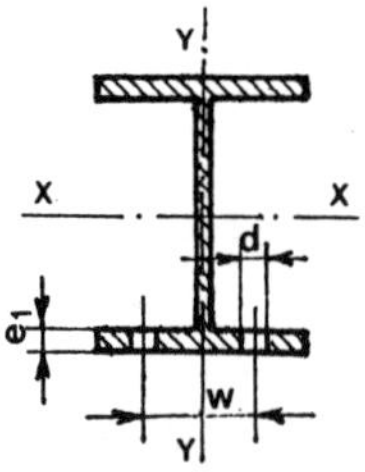


# VALORES ESTÁTICOS NETOS DE PERFILES HEA

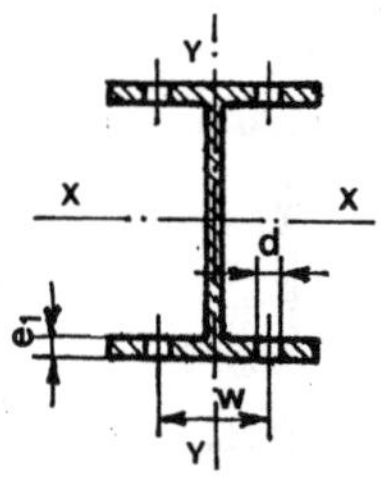


| HEA | $e_1$ (mm) | d (mm) | Deducidos 2 agujeros: Sección neta ($cm^2$) | Deducidos 2 agujeros: $I_{x_n}$ ($cm^4$) | Deducidos 2 agujeros: $W_{x_n}$ ($cm^3$) | Deducidos 2 agujeros: $I_{y_n}$ ($cm^4$) | Deducidos 2 agujeros: $W_{y_n}$ ($cm^3$) | Deducidos 4 agujeros: Sección neta ($cm^2$) | Deducidos 4 agujeros: $I_{x_n}$ ($cm^4$) | Deducidos 4 agujeros: $W_{x_n}$ ($cm^3$) | Deducidos 4 agujeros: $I_{y_n}$ ($cm^4$) | Deducidos 4 agujeros: $W_{y_n}$ ($cm^3$) | HEA |
|---|---|---|---|---|---|---|---|---|---|---|---|---|---|
| 100 | 8 | 13 | 19,1 | 309 | 64,3 | 118 | 23,6 | 17,0 | 268 | 55,9 | 102 | 20,4 | 100 |
| | | 17 | 18,5 | 296 | 61,7 | 113 | 22,6 | 15,8 | 243 | 50,7 | 91,5 | 18,3 | |
| 120 | 8 | 13 | 23,2 | 547 | 96,0 | 209 | 34,8 | 21,1 | 489 | 85,8 | 186 | 31,1 | 120 |
| | | 17 | 22,6 | 529 | 92,9 | 202 | 33,6 | 19,9 | 453 | 79,5 | 172 | 28,7 | |
| | | 21 | 21,9 | 511 | 89,7 | 194 | 32,4 | 18,6 | 417 | 73,1 | 158 | 26,3 | |
| 140 | 8,5 | 17 | 28,5 | 918 | 138 | 348 | 49,7 | 25,6 | 806 | 121 | 306 | 43,8 | 140 |
| | | 21 | 27,8 | 891 | 134 | 337 | 48,2 | 24,3 | 753 | 113 | 286 | 40,9 | |
| | | 23 | 27,5 | 878 | 132 | 332 | 47,5 | 23,6 | 726 | 109 | 276 | 39,4 | |
| 160 | 9 | 21 | 35,0 | 1 480 | 194 | 546 | 68,3 | 31,2 | 1 280 | 169 | 477 | 59,6 | 160 |
| | | 23 | 34,7 | 1 460 | 192 | 539 | 67,4 | 30,5 | 1 250 | 164 | 463 | 57,8 | |
| | | 25 | 34,3 | 1 440 | 189 | 532 | 66,5 | 29,8 | 1 210 | 159 | 449 | 56,1 | |
| 180 | 9,5 | 21 | 41,3 | 2 250 | 263 | 824 | 91,5 | 37,3 | 1 990 | 233 | 723 | 80,3 | 180 |
| | | 23 | 40,9 | 2 220 | 260 | 814 | 90,4 | 36,6 | 1 940 | 227 | 703 | 78,1 | |
| | | 25 | 40,6 | 2 200 | 257 | 804 | 89,3 | 35,8 | 1 890 | 221 | 683 | 75,8 | |
| 200 | 10 | 21 | 49,6 | 3 350 | 353 | 1 210 | 121 | 45,4 | 3 010 | 317 | 1 080 | 108 | 200 |
| | | 23 | 49,2 | 3 320 | 349 | 1 200 | 120 | 44,6 | 2 940 | 310 | 1 060 | 106 | |
| | | 25 | 48,8 | 3 280 | 346 | 1 190 | 119 | 43,8 | 2 880 | 303 | 1 030 | 103 | |
| 220 | 11 | 21 | 59,7 | 4 950 | 472 | 1 780 | 162 | 55,1 | 4 490 | 428 | 1 610 | 147 | 220 |
| | | 23 | 59,2 | 4 910 | 467 | 1 770 | 161 | 54,2 | 4 410 | 420 | 1 580 | 144 | |
| | | 25 | 58,8 | 4 860 | 463 | 1 750 | 159 | 53,3 | 4 320 | 411 | 1 550 | 141 | |
| 240 | 12 | 21 | 71,8 | 7 160 | 623 | 2 450 | 204 | 66,7 | 6 560 | 571 | 2 120 | 177 | 240 |
| | | 23 | 71,3 | 7 100 | 618 | 2 410 | 201 | 65,8 | 6 450 | 561 | 2 060 | 172 | |
| | | 25 | 70,8 | 7 050 | 613 | 2 380 | 199 | 64,8 | 6 330 | 551 | 2 000 | 166 | |
| 260 | 12,5 | 21 | 81,6 | 9 710 | 777 | 3 240 | 249 | 76,3 | 8 970 | 717 | 2 820 | 217 | 260 |
| | | 23 | 81,1 | 9 640 | 771 | 3 200 | 246 | 75,3 | 8 830 | 706 | 2 730 | 210 | |
| | | 25 | 80,6 | 9 570 | 765 | 3 160 | 243 | 74,3 | 8 690 | 695 | 2 650 | 204 | |
| 280 | 13 | 21 | 91,8 | 12 770 | 946 | 4 210 | 301 | 86,4 | 11 870 | 879 | 3 660 | 262 | 280 |
| | | 23 | 91,3 | 12 680 | 939 | 4 160 | 297 | 85,3 | 11 690 | 866 | 3 560 | 254 | |
| | | 25 | 90,8 | 12 600 | 933 | 4 110 | 293 | 84,3 | 11 520 | 853 | 3 450 | 247 | |
| 300 | 14 | 23 | 106 | 17 030 | 1 170 | 5 530 | 369 | 99,1 | 15 810 | 1 090 | 4 750 | 316 | 300 |
| | | 25 | 105 | 16 930 | 1 170 | 5 460 | 364 | 98,0 | 15 590 | 1 080 | 4 610 | 307 | |
| | | 28 | 104 | 16 770 | 1 160 | 5 360 | 357 | 96,3 | 15 270 | 1 050 | 4 400 | 293 | |
| 320 | 15,5 | 23 | 117 | 21 380 | 1 380 | 6 120 | 408 | 110 | 19 840 | 1 280 | 5 260 | 351 | 320 |
| | | 25 | 116 | 21 250 | 1 370 | 6 050 | 403 | 109 | 19 570 | 1 260 | 5 110 | 340 | |
| | | 28 | 115 | 21 050 | 1 360 | 5 930 | 396 | 107 | 19 160 | 1 240 | 4 880 | 325 | |
| 340 | 16,5 | 23 | 125 | 25 820 | 1 570 | 6 520 | 435 | 118 | 23 960 | 1 450 | 5 600 | 373 | 340 |
| | | 25 | 125 | 25 660 | 1 560 | 6 440 | 429 | 117 | 23 630 | 1 430 | 5 430 | 362 | |
| | | 28 | 124 | 25 420 | 1 540 | 6 320 | 421 | 115 | 23 150 | 1 400 | 5 190 | 346 | |
| 360 | 17,5 | 23 | 135 | 30 860 | 1 760 | 6 910 | 461 | 127 | 28 640 | 1 640 | 5 930 | 396 | 360 |
| | | 25 | 134 | 30 670 | 1 750 | 6 830 | 455 | 126 | 28 250 | 1 610 | 5 760 | 384 | |
| | | 28 | 133 | 30 380 | 1 740 | 6 700 | 447 | 123 | 27 670 | 1 580 | 5 510 | 367 | |
| 400 | 19 | 23 | 150 | 42 060 | 2 160 | 7 500 | 500 | 142 | 39 050 | 2 000 | 6 440 | 429 | 400 |
| | | 25 | 150 | 41 800 | 2 140 | 7 410 | 494 | 140 | 38 530 | 1 980 | 6 250 | 417 | |
| | | 28 | 148 | 41 410 | 2 120 | 7 270 | 484 | 138 | 37 740 | 1 940 | 5 970 | 398 | |
| 450 | 21 | 25 | 168 | 59 110 | 2 690 | 8 190 | 546 | 157 | 54 500 | 2 480 | 6 920 | 461 | 450 |
| | | 28 | 166 | 58 550 | 2 660 | 8 040 | 536 | 154 | 53 390 | 2 430 | 6 610 | 441 | |
| 500 | 23 | 25 | 187 | 80 690 | 3 290 | 9 100 | 606 | 175 | 74 420 | 3 040 | 7 820 | 521 | 500 |
| | | 28 | 185 | 79 940 | 3 260 | 8 940 | 596 | 172 | 72 910 | 2 980 | 7 510 | 501 | |
| 550 | 24 | 25 | 200 | 103 900 | 3 850 | 9 490 | 633 | 188 | 95 910 | 3 550 | 8 160 | 544 | 550 |
| | | 28 | 199 | 102 900 | 3 810 | 9 330 | 622 | 185 | 93 990 | 3 480 | 7 840 | 523 | |
| 600 | 25 | 25 | 214 | 131 200 | 4 450 | 9 890 | 659 | 201 | 121 200 | 4 110 | 8 500 | 567 | 600 |
| | | 28 | 212 | 130 000 | 4 410 | 9 720 | 648 | 198 | 118 800 | 4 030 | 8 160 | 544 | |

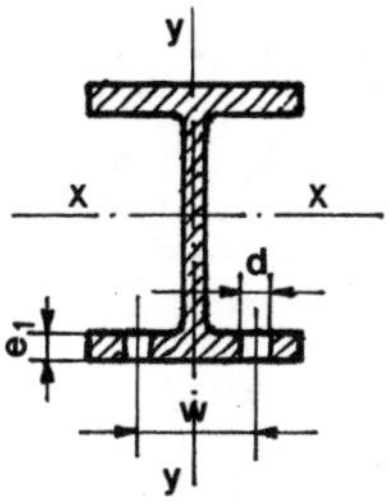


# *VALORES ESTÁTICOS NETOS DE PERFILES HEM*

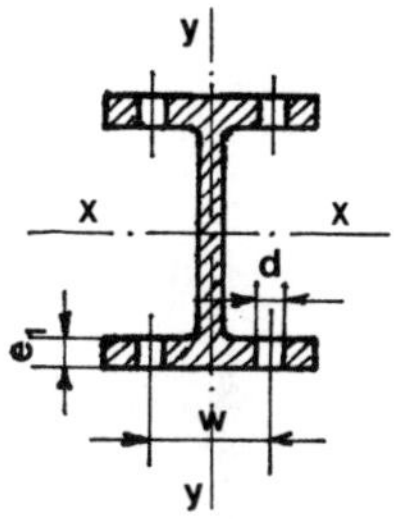


| HEM | $e_1$ | d | Deducidos 2 agujeros | | | | | Deducidos 4 agujeros | | | | | HEM |
|---|---|---|---|---|---|---|---|---|---|---|---|---|---|
| | | | Sección neta | $I_{x_n}$ | $W_{x_n}$ | $I_{y_n}$ | $W_{y_n}$ | Sección neta | $I_{x_n}$ | $W_{x_n}$ | $I_{y_n}$ | $W_{y_n}$ | |
| | mm | mm | $cm^2$ | $cm^4$ | $cm^3$ | $cm^4$ | $cm^3$ | $cm^2$ | $cm^4$ | $cm^3$ | $cm^4$ | $cm^3$ | |
| **100** | 20 | **13** | 48,0 | 1 010 | 168 | 359 | 67,7 | 42,8 | 877 | 146 | 319 | 60,2 | **100** |
| | | 17 | 46,4 | 968 | 161 | 346 | 65,3 | 39,6 | 795 | 133 | 293 | 55,3 | |
| **120** | 21 | 13 | 60,9 | 1 820 | 261 | 645 | 102 | 55,5 | 1 630 | 233 | 586 | 93,0 | **120** |
| | | **17** | 59,3 | 1 760 | 252 | 626 | 99,3 | 52,1 | 1 510 | 216 | 549 | 87,1 | |
| | | 21 | 57,6 | 1 700 | 244 | 607 | 96,3 | 48,8 | 1 390 | 198 | 510 | 81,0 | |
| **140** | 22 | 17 | 73,1 | 2 930 | 366 | 1 030 | 142 | 65,6 | 2 570 | 321 | 926 | 127 | **140** |
| | | **21** | 71,4 | 2 850 | 356 | 1 010 | 138 | 62,1 | 2 400 | 300 | 873 | 120 | |
| | | 23 | 70,5 | 2 800 | 351 | 993 | 136 | 60,4 | 2 320 | 290 | 846 | 116 | |
| **160** | 23 | 21 | 87,4 | 4 500 | 500 | 1 580 | 191 | 77,8 | 3 900 | 433 | 1 400 | 169 | **160** |
| | | **23** | 86,5 | 4 440 | 494 | 1 560 | 188 | 75,9 | 3 790 | 421 | 1 370 | 165 | |
| | | 25 | 85,6 | 4 390 | 487 | 1 550 | 186 | 74,1 | 3 670 | 408 | 1 330 | 161 | |
| **180** | 24 | 21 | 103 | 6 690 | 669 | 2 350 | 253 | 92,8 | 5 910 | 591 | 2 120 | 228 | **180** |
| | | 23 | 102 | 6 620 | 662 | 2 330 | 250 | 90,9 | 5 760 | 576 | 2 070 | 223 | |
| | | **25** | 101 | 6 540 | 654 | 2 300 | 248 | 89,0 | 5 610 | 561 | 2 030 | 218 | |
| **200** | 25 | 21 | 121 | 9 640 | 876 | 3 360 | 326 | 110 | 8 630 | 785 | 3 060 | 297 | **200** |
| | | 23 | 120 | 9 540 | 867 | 3 330 | 323 | 108 | 8 440 | 767 | 3 010 | 292 | |
| | | **25** | 119 | 9 450 | 859 | 3 300 | 320 | 106 | 8 250 | 750 | 2 950 | 286 | |
| **220** | 26 | 21 | 138 | 13 340 | 1 110 | 4 640 | 411 | 127 | 12 090 | 1 010 | 4 280 | 379 | **220** |
| | | 23 | 137 | 13 220 | 1 100 | 4 610 | 408 | 125 | 11 850 | 987 | 4 210 | 372 | |
| | | **25** | 136 | 13 100 | 1 090 | 4 570 | 405 | 123 | 11 610 | 967 | 4 140 | 366 | |
| **240** | 32 | 21 | 187 | 22 380 | 1 660 | 7 280 | 587 | 173 | 20 460 | 1 520 | 6 420 | 518 | **240** |
| | | 23 | 185 | 22 190 | 1 640 | 7 200 | 581 | 171 | 20 100 | 1 490 | 6 250 | 504 | |
| | | **25** | 184 | 22 010 | 1 630 | 7 120 | 574 | 168 | 19 730 | 1 460 | 6 090 | 491 | |
| **260** | 32,5 | 21 | 206 | 29 040 | 2 000 | 9 340 | 697 | 193 | 26 760 | 1 850 | 8 230 | 614 | **260** |
| | | 23 | 205 | 28 820 | 1 990 | 9 230 | 689 | 190 | 26 330 | 1 820 | 8 010 | 598 | |
| | | **25** | 204 | 28 600 | 1 970 | 9 130 | 681 | 188 | 25 890 | 1 790 | 7 800 | 582 | |
| **280** | 33 | 21 | 226 | 36 880 | 2 380 | 11 770 | 817 | 212 | 34 210 | 2 210 | 10 380 | 721 | **280** |
| | | 23 | 225 | 36 620 | 2 360 | 11 640 | 808 | 210 | 33 700 | 2 170 | 10 110 | 702 | |
| | | **25** | 224 | 36 370 | 2 350 | 11 500 | 799 | 207 | 33 190 | 2 140 | 9 840 | 684 | |
| **300** | 39 | 23 | 285 | 55 110 | 3 240 | 17 220 | 1 110 | 267 | 51 030 | 3 000 | 15 040 | 970 | **300** |
| | | **25** | 284 | 54 760 | 3 220 | 17 030 | 1 100 | 264 | 50 320 | 2 960 | 14 660 | 946 | |
| | | 28 | 281 | 54 230 | 3 190 | 16 740 | 1 080 | 259 | 49 250 | 2 900 | 14 090 | 909 | |
| **320/305** | 29 | 23 | 212 | 38 120 | 2 380 | 12 120 | 795 | 198 | 35 280 | 2 210 | 10 500 | 689 | **320/305** |
| | | **25** | 211 | 37 870 | 2 370 | 11 980 | 785 | 196 | 34 790 | 2 170 | 10 220 | 670 | |
| | | 28 | 209 | 37 500 | 2 340 | 11 760 | 771 | 193 | 34 050 | 2 130 | 9 790 | 642 | |
| **320** | 40 | 23 | 294 | 63 420 | 3 530 | 17 480 | 1 130 | 275 | 58 720 | 3 270 | 15 240 | 986 | **320** |
| | | **25** | 292 | 63 020 | 3 510 | 17 280 | 1 120 | 272 | 57 900 | 3 230 | 14 850 | 961 | |
| | | 28 | 290 | 62 400 | 3 480 | 16 980 | 1 100 | 267 | 56 670 | 3 160 | 14 260 | 923 | |
| **340** | 40 | 23 | 298 | 71 120 | 3 770 | 17 480 | 1 130 | 279 | 65 870 | 3 490 | 15 240 | 986 | **340** |
| | | **25** | 296 | 70 660 | 3 750 | 17 280 | 1 120 | 276 | 64 960 | 3 450 | 14 850 | 961 | |
| | | **28** | 294 | 69 900 | 3 710 | 16 980 | 1 100 | 271 | 63 590 | 3 370 | 14 260 | 923 | |
| **360** | 40 | 23 | 301 | 79 050 | 4 000 | 17 290 | 1 120 | 282 | 73 230 | 3 710 | 15 050 | 977 | **360** |
| | | **25** | 299 | 78 540 | 3 980 | 17 090 | 1 110 | 279 | 72 210 | 3 660 | 14 660 | 952 | |
| | | 28 | 297 | 77 780 | 3 940 | 16 790 | 1 090 | 274 | 70 700 | 3 580 | 14 070 | 914 | |
| **400** | 40 | 23 | 308 | 97 010 | 4 490 | 17 100 | 1 110 | 289 | 89 910 | 4 160 | 14 860 | 968 | **400** |
| | | **25** | 306 | 96 390 | 4 460 | 16 900 | 1 100 | 286 | 88 680 | 4 110 | 14 470 | 943 | |
| | | 28 | 304 | 95 460 | 4 420 | 16 600 | 1 080 | 281 | 86 830 | 4 020 | 13 880 | 904 | |
| **450** | 40 | **25** | 315 | 121 900 | 5 100 | 16 910 | 1 100 | 295 | 112 300 | 4 700 | 14 480 | 943 | **450** |
| | | 28 | 313 | 120 700 | 5 050 | 16 610 | 1 080 | 290 | 110 000 | 4 600 | 13 890 | 905 | |
| **500** | 40 | 25 | 324 | 150 200 | 5 730 | 16 720 | 1 090 | 304 | 138 400 | 5 280 | 14 290 | 934 | **500** |
| | | **28** | 322 | 148 800 | 5 680 | 16 420 | 1 070 | 299 | 135 600 | 5 180 | 13 700 | 895 | |
| **550** | 40 | 25 | 334 | 183 800 | 6 430 | 16 730 | 1 090 | 314 | 169 600 | 5 930 | 14 300 | 935 | **550** |
| | | **28** | 332 | 182 100 | 6 370 | 16 430 | 1 070 | 309 | 166 200 | 5 810 | 13 710 | 896 | |
| **600** | 40 | 25 | 344 | 220 600 | 7 110 | 16 540 | 1 080 | 324 | 203 700 | 6 570 | 14 110 | 925 | **600** |
| | | **28** | 342 | 218 500 | 7 050 | 16 240 | 1 070 | 319 | 199 700 | 6 440 | 13 520 | 887 | |

**AL-21₁**

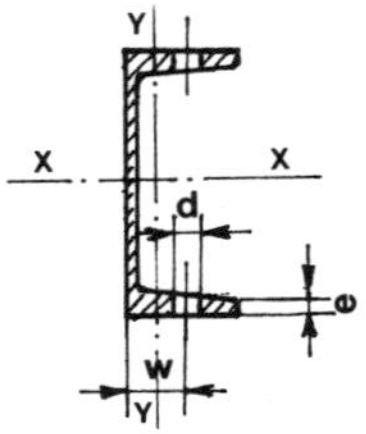


# VALORES ESTÁTICOS NETOS DE PERFILES UPN

*(con taladros en las alas)*

| UPN | e | d | Valores para una [ con taladros normalizados | | | Sección neta $A_n$ con taladros de diámetro **d** = | | | | | Momento de inercia neto $I_{x_n}$ con taladros de diámetro **d** = | | | | | Módulo resistente neto $W_{x_n}$ con taladros de diámetro **d** = | | | | | UPN |
|---|---|---|---|---|---|---|---|---|---|---|---|---|---|---|---|---|---|---|---|---|---|
| | mm | mm | $A_n$ cm² | $I_{x_n}$ cm⁴ | $W_{x_n}$ cm³ | 11 | 13 | 17 | 21 | 23 | 11 | 13 | 17 | 21 | 23 | 11 | 13 | 17 | 21 | 23 | |
| **100** | 8,10 | 13 | 11,4 | 184 | 36,7 | 11,7 | **11,4** | — | — | — | 187 | **184** | — | — | — | 37,4 | **36,7** | — | — | — | **100** |
| **120** | 8,80 | 17 | 14,0 | 318 | 52,9 | 15,1 | 14,7 | **14,0** | — | — | 334 | 329 | **318** | — | — | 55,7 | 54,8 | **52,9** | — | — | **120** |
| **140** | 9,60 | 17 | 17,1 | 535 | 76,5 | 18,3 | 17,9 | **17,1** | — | — | 560 | 552 | **535** | — | — | 80,0 | 78,8 | **76,5** | — | — | **140** |
| **160** | 10,3 | 21 | 19,7 | 804 | 100 | — | 21,3 | 20,5 | **19,7** | — | — | 850 | 827 | **804** | — | — | 106 | 103 | **100** | — | **160** |
| **180** | 10,6 | 21 | 13,5 | 1 190 | 132 | — | 25,2 | 24,4 | **23,5** | — | — | 1 250 | 1 220 | **1 190** | — | — | 139 | 136 | **132** | — | **180** |
| **200** | 11,3 | 23 | 27,0 | 1 680 | 168 | — | — | 28,4 | 27,5 | **27,0** | — | — | 1 740 | 1 700 | **1 680** | — | — | 174 | 170 | **168** | **200** |
| **220** | 12,1 | 23 | 31,8 | 2 390 | 217 | — | — | 33,3 | 32,3 | **31,8** | — | — | 2 470 | 2 420 | **2 390** | — | — | 224 | 220 | **217** | **220** |
| **240** | 12,8 | 25 | 35,9 | 3 190 | 266 | — | — | — | 36,9 | 36,4 | — | — | — | 3 250 | 3 220 | — | — | — | 271 | 268 | **240** |
| **260** | 13,6 | 25 | 41,5 | 4 300 | 331 | — | — | — | 42,6 | 42,0 | — | — | — | 4 390 | 4 340 | — | — | — | 337 | 334 | **260** |
| **280** | 14,8 | 25 | 45,9 | 5 630 | 402 | — | — | — | 47,1 | 46,5 | — | — | — | 5 730 | 5 680 | — | — | — | 409 | 406 | **280** |
| **300** | 15,6 | 25 | 51,0 | 7 240 | 483 | — | — | — | 52,2 | 51,6 | — | — | — | 7 370 | 7 300 | — | — | — | 491 | 487 | **300** |
| **320** | 17,6 | 25 | 67,0 | 9 860 | 616 | — | — | — | 68,4 | 67,7 | — | — | — | 10 020 | 9 940 | — | — | — | 627 | 621 | **320** |
| **350** | 16,1 | 25 | 69,3 | 11 720 | 670 | — | — | — | 70,5 | 69,9 | — | — | — | 11 900 | 11 810 | — | — | — | 680 | 675 | **350** |
| **380** | 15,9 | 25 | 72,5 | 14 440 | 760 | — | — | — | 73,7 | 73,1 | — | — | — | 14 650 | 14 550 | — | — | — | 771 | 766 | **380** |
| **400** | 18,1 | 25 | 82,5 | 18 700 | 935 | — | — | — | 83,9 | 83,2 | — | — | — | 18 960 | 18 830 | — | — | — | 948 | 942 | **400** |

# VALORES DE SECCIONES NETAS DE UN PERFIL UPN

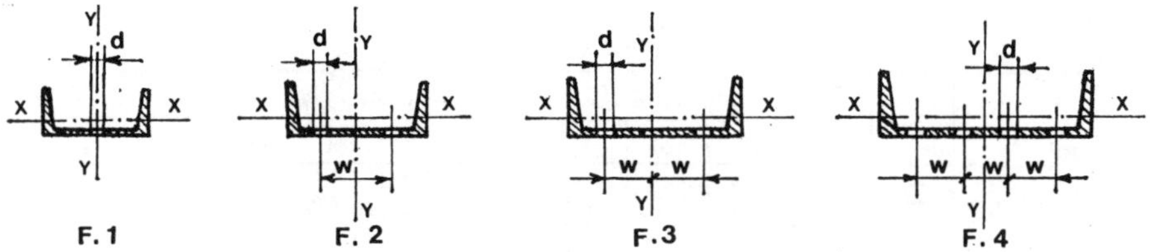


F. 1 F. 2 F. 3 F. 4

*(con taladros en el alma)*

| UPN | Espesor del alma mm | Según Figura n.° | Secciones netas $A_n$ en cm² para un diámetro de agujeros d en mm | | | | | | | Según Figura n.° | UPN |
|---|---|---|---|---|---|---|---|---|---|---|---|
| | | | 11 | 13 | 17 | 21 | 23 | 25 | 28 | | |
| 80 | 6 | 1 | 10,3 | 10,2 | 9,98 | 9,74 | — | — | — | | 80 |
| 100 | 6 | | 12,2 | 12,7 | 12,5 | 12,2 | 12,1 | — | — | | 100 |
| 120 | 7 | 2 | 15,5 | 15,2 | 15,8 | 15,5 | 15,4 | 15,3 | — | 1 | 120 |
| 140 | 7 | | 18,1 | 18,6 | 18,0 | 18,9 | 18,8 | 18,7 | — | | 140 |
| 160 | 7,5 | | — | 21,1 | 21,5 | 20,9 | 22,3 | 22,1 | 21,9 | | 160 |
| 180 | 8 | 3 | — | 24,9 | 25,3 | 24,6 | 24,3 | 24,0 | 25,8 | | 180 |
| 200 | 8,5 | | — | — | 27,9 | 28,6 | 28,3 | 28,0 | 27,4 | | 200 |
| 220 | 9 | | — | — | 32,8 | 33,6 | 33,3 | 32,9 | 32,4 | | 220 |
| 240 | 9,5 | | — | — | 37,5 | 36,3 | 37,9 | 37,6 | 37,0 | 2 | 240 |
| 260 | 10 | | — | — | 41,5 | 42,0 | 41,4 | 43,3 | 42,7 | | 260 |
| 280 | 10 | | — | — | 46,5 | 47,0 | 46,4 | 45,8 | 47,7 | | 280 |
| 300 | 10 | | — | — | 52,0 | 52,5 | 51,9 | 51,3 | 50,4 | | 300 |
| 320 | 14 | 4 | — | — | 66,3 | 64,0 | 66,1 | 65,3 | 64,0 | 3 | 320 |
| 350 | 14 | | — | — | 67,8 | 65,5 | 64,4 | 66,8 | 65,5 | | 350 |
| 380 | 13,5 | | — | — | 71,2 | 69,1 | 68,0 | 66,9 | 65,3 | | 380 |
| 400 | 14 | | — | — | 82,0 | 79,7 | 78,6 | 77,5 | 75,8 | 4 | 400 |

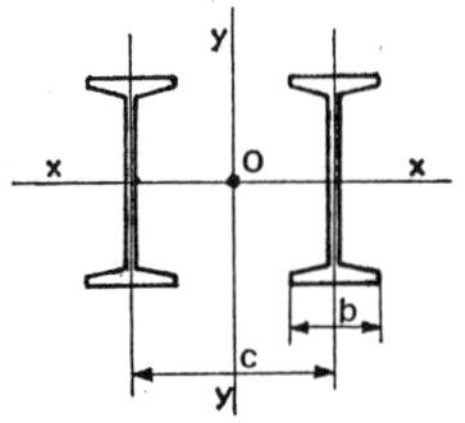


# VALORES ESTÁTICOS PARA DOS IPN CON SEPARACIÓN VARIABLE ENTRE EJES

I, $cm^4$
W, $cm^3$
i, cm

| Perfil II PN | A $cm^2$ | $i_{y1}$ cm | Términos de sección | Eje x - x | Valores correspondientes al eje y-y para una separación c en mm = b | 200 | 300 | 400 | 500 | 600 | 800 | 1000 | 1200 | Perfil II PN |
|---|---|---|---|---|---|---|---|---|---|---|---|---|---|---|
| 12 | 28,4 | 1,23 | I | 660 | 282 | 2880 | 6430 | 11400 | 17790 | 25600 | | | | 12 |
| | | | W | 109 | 49 | 223 | 359 | 498 | 638 | 778 | | | | |
| | | | i | 4,81 | 3,15 | 10,1 | 15,1 | 20,0 | 25,0 | 30,0 | | | | |
| 14 | 36,6 | 1,40 | I | 1150 | 468 | 3730 | 8310 | 14710 | 22950 | 33010 | | | | 14 |
| | | | W | 164 | 71 | 280 | 454 | 631 | 810 | 991 | | | | |
| | | | i | 5,61 | 3,58 | 10,1 | 15,1 | 20,4 | 25,0 | 30,0 | | | | |
| 16 | 45,6 | 1,55 | I | 1870 | 733 | 4670 | 10370 | 18350 | 28610 | 41150 | | | | 16 |
| | | | W | 234 | 99 | 341 | 555 | 774 | 997 | 1220 | | | | |
| | | | i | 6,40 | 4,01 | 10,1 | 15,1 | 20,1 | 25,0 | 30,0 | | | | |
| 18 | 55,8 | 1,71 | I | 2900 | 1100 | 5740 | 12720 | 22480 | 35040 | 50380 | | | | 18 |
| | | | W | 322 | 134 | 407 | 666 | 933 | 1204 | 1477 | | | | |
| | | | i | 7,20 | 4,44 | 10,1 | 15,1 | 20,1 | 25,1 | 30,0 | | | | |
| 20 | 67,0 | 1,87 | I | 4280 | 1590 | 6930 | 15310 | 27030 | 42110 | 60530 | | | | 20 |
| | | | W | 428 | 177 | 478 | 785 | 1103 | 1427 | 1750 | | | | |
| | | | i | 8,00 | 4,87 | 10,2 | 15,1 | 20,1 | 25,1 | 30,1 | | | | |
| 22 | 79,2 | 2,02 | I | 6120 | 2230 | | 18140 | 32000 | 49820 | 71600 | 127040 | | | 22 |
| | | | W | 556 | 227 | | 912 | 1285 | 1666 | 2050 | 2830 | | | |
| | | | i | 8,80 | 5,30 | | 15,1 | 20,1 | 25,1 | 30,1 | 40,1 | | | |
| 24 | 92,2 | 2,20 | I | 8500 | 3030 | | 21190 | 37320 | 58060 | 83420 | 147860 | | | 24 |
| | | | W | 708 | 286 | | 1040 | 1475 | 1916 | 2365 | 3265 | | | |
| | | | i | 9,59 | 5,73 | | 15,2 | 20,1 | 25,1 | 30,1 | 40,0 | | | |
| 26 | 107 | 2,32 | I | 11480 | 3990 | | 24610 | 43300 | 67320 | 96700 | 171450 | | | 26 |
| | | | W | 884 | 353 | | 1190 | 1688 | 2196 | 2710 | 3755 | | | |
| | | | i | 10,4 | 6,11 | | 15,2 | 20,1 | 25,1 | 30,1 | 40,0 | | | |
| 28 | 122 | 2,45 | I | 15180 | 5050 | | 28220 | 49610 | 77100 | 110700 | 196250 | | | 28 |
| | | | W | 1080 | 425 | | 1350 | 1912 | 2491 | 3080 | 4270 | | | |
| | | | i | 11,1 | 6,43 | | 15,2 | 20,1 | 25,1 | 30,1 | 40,1 | | | |
| 30 | 138 | 2,56 | I | 19600 | 6300 | | 32000 | 56180 | 87270 | 125280 | 222000 | | | 30 |
| | | | W | 1310 | 504 | | 1510 | 2140 | 2792 | 3456 | 4800 | | | |
| | | | i | 11,9 | 6,75 | | 15,2 | 20,1 | 25,1 | 30,1 | 40,1 | | | |
| 32 | 155 | 2,67 | I | 25020 | 7790 | | | 63050 | 98360 | 141150 | 250070 | 390100 | | 32 |
| | | | W | 1560 | 594 | | | 2386 | 3118 | 3860 | 5370 | 6900 | | |
| | | | i | 12,7 | 7,07 | | | 20,2 | 25,1 | 30,1 | 40,0 | 50,0 | | |
| 34 | 174 | 2,80 | I | 31400 | 9490 | | | 70790 | 109850 | 157600 | 279100 | 435350 | | 34 |
| | | | W | 1850 | 693 | | | 2640 | 3450 | 4277 | 5960 | 7660 | | |
| | | | i | 13,5 | 7,39 | | | 20,2 | 25,2 | 30,1 | 40,1 | 50,0 | | |
| 36 | 194 | 2,90 | I | 39220 | 11560 | | | 79320 | 123100 | 176400 | 312350 | 487150 | | 36 |
| | | | W | 2180 | 809 | | | 2920 | 3830 | 4750 | 6625 | 8525 | | |
| | | | i | 14,2 | 7,72 | | | 20,2 | 25,2 | 30,1 | 40,1 | 50,1 | | |
| 38 | 214 | 3,02 | I | 48020 | 13820 | | | 87550 | 135700 | 194550 | 344350 | 536950 | | 38 |
| | | | W | 2520 | 928 | | | 3190 | 4180 | 5195 | 7260 | 9345 | | |
| | | | i | 15,0 | 8,04 | | | 20,2 | 25,2 | 30,2 | 40,1 | 50,1 | | |
| 40 | 236 | 3,13 | I | 58420 | 16490 | | | 96720 | 149820 | 214720 | 379900 | 592300 | | 40 |
| | | | W | 2920 | 1060 | | | 3490 | 4575 | 5687 | 7960 | 10260 | | |
| | | | i | 15,7 | 8,36 | | | 20,2 | 25,2 | 30,2 | 40,1 | 50,1 | | |
| 45 | 294 | 3,43 | I | 91700 | 24700 | | | | 187200 | 268100 | 473850 | 738450 | 1061850 | 45 |
| | | | W | 4080 | 1450 | | | | 5590 | 6960 | 9770 | 12625 | 15500 | |
| | | | i | 17,7 | 9,17 | | | | 25,2 | 30,2 | 40,1 | 50,1 | 60,1 | |
| 50 | 360 | 3,72 | I | 137480 | 35760 | | | | 230000 | 329000 | 580950 | 904950 | 1300950 | 50 |
| | | | W | 5500 | 1930 | | | | 6720 | 8380 | 11800 | 15275 | 18790 | |
| | | | i | 19,6 | 9,97 | | | | 25,3 | 30,2 | 40,2 | 50,1 | 60,1 | |
| 55 | 426 | 4,02 | I | 198360 | 49580 | | | | 273200 | 390400 | 688600 | 1071950 | 1540550 | 55 |
| | | | W | 7720 | 2480 | | | | 7810 | 9670 | 13770 | 17865 | 22000 | |
| | | | i | 21,6 | 1080 | | | | 25,3 | 30,3 | 40,2 | 50,2 | 60,1 | |
| 60 | 508 | 4,30 | I | 278000 | 68040 | | | | 326800 | 466500 | 822150 | 1279350 | 1838150 | 60 |
| | | | W | 9260 | 3170 | | | | 9140 | 11450 | 16200 | 21060 | 25980 | |
| | | | i | 23,4 | 11,57 | | | | 25,4 | 30,3 | 40,2 | 50,2 | 60,2 | |

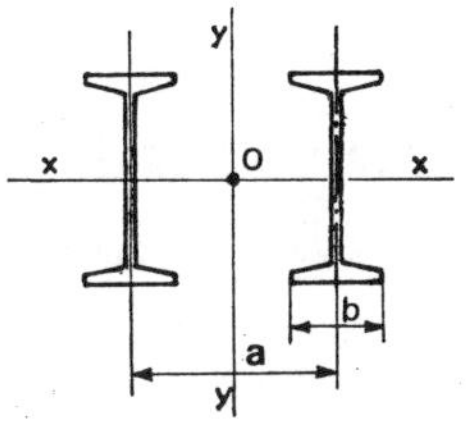


AL-22$_2$

# VALORES ESTÁTICOS DE 2 IPN, CON SEPARACIÓN a VARIABLE

Valores: A en cm$^2$; I en cm$^4$; W en cm$^3$; i en cm; p en kg/m = 0,785 × A

| IPN | II 140 A = 36,6 | | | II 160 A = 45,6 | | | II 180 A = 55,8 | | | II 200 A = 67,0 | | | II 220 A = 79,2 | | | II 240 A = 92,2 | | | IPN |
|---|---|---|---|---|---|---|---|---|---|---|---|---|---|---|---|---|---|---|---|
| a | $I_x$ = 1 150; $W_x$ = 164; $i_x$ = 5,61; $i_1$ = 1,40 | | | $I_x$ = 1 870; $W_x$ = 234; $i_x$ = 6,40; $i_1$ = 1,55 | | | $I_x$ = 2 900; $W_x$ = 322; $i_x$ = 7,20; $i_1$ = 1,71 | | | $I_x$ = 4 280; $W_x$ = 428; $i_x$ = 8,00; $i_1$ = 1,87 | | | $I_x$ = 6 120; $W_x$ = 556; $i_x$ = 8,80; $i_1$ = 2,02 | | | $I_x$ = 8 500; $W_x$ = 708; $i_x$ = 9,59; $i_1$ = 2,20 | | | a |
| mm | $I_y$ | $W_y$ | $i_y$ | $I_y$ | $W_y$ | $i_y$ | $I_y$ | $W_y$ | $i_y$ | $I_y$ | $W_y$ | $i_y$ | $I_y$ | $W_y$ | $i_y$ | $I_y$ | $W_y$ | $i_y$ | mm |
| b | 468 | 71 | *3,58* | 733 | 99 | *4,01* | 1 100 | 134 | *4,44* | 1 590 | 177 | *4,87* | 2 230 | 227 | *5,30* | 3 030 | 286 | *5,73* | b |
| 80 | 656 | 90 | *4,24* | 839 | 109 | *4,29* | — | — | — | — | — | — | — | — | — | — | — | — | 80 |
| 90 | 812 | 104 | *4,71* | 1 030 | 126 | *4,75* | 1 290 | 150 | *4,81* | — | — | — | — | — | — | — | — | — | 90 |
| 100 | 985 | 119 | *5,19* | 1 250 | 144 | *5,24* | 1 560 | 171 | *5,29* | 1 910 | 201 | *5,34* | 2 300 | 232 | *5,39* | — | — | — | 100 |
| 110 | 1 180 | 134 | 5,68 | 1 490 | 162 | *5,72* | 1 850 | 193 | *5,76* | 2 260 | 226 | *5,81* | 2 720 | 262 | *5,86* | — | — | — | 110 |
| 120 | 1 390 | 149 | 6,16 | 1 750 | 180 | *6,19* | 2 170 | 215 | *6,24* | 2 650 | 252 | *6,29* | 3 170 | 291 | *6,33* | — | — | — | 120 |
| 130 | 1 620 | 165 | 6,65 | 2 040 | 200 | 6,69 | 2 520 | 238 | *6,72* | 3 060 | 278 | *6,76* | 3 670 | 322 | *6,81* | 4 340 | 368 | *6,86* | 130 |
| 140 | **1 860** | 181 | 7,13 | 2 340 | 219 | 7,16 | 2 900 | 260 | 7,20 | 3 520 | 306 | *7,25* | 4 200 | 353 | *7,28* | 4 960 | 403 | *7,33* | 140 |
| 150 | 2 130 | 197 | 7,63 | 2 670 | 238 | 7,65 | 3 300 | 284 | 7,69 | 4 000 | 333 | *7,73* | 4 780 | 385 | *7,77* | 5 630 | 440 | *7,81* | 150 |
| 160 | 2 410 | 213 | 8,11 | **3 030** | 259 | 8,15 | 3 730 | 308 | 8,18 | 4 520 | 362 | 8,21 | 5 390 | 418 | *8,25* | 6 340 | 477 | *8,29* | 160 |
| 170 | 2 710 | 230 | 8,60 | 3 400 | 279 | 8,63 | 4 190 | 333 | 8,67 | 5 070 | 390 | 8,70 | 6 050 | 451 | *8,74* | 7 100 | 514 | *8,77* | 170 |
| 180 | 3 030 | 246 | 9,10 | 3 800 | 299 | 9,13 | **4 680** | 357 | 9,16 | 5 660 | 419 | 9,19 | 6 740 | 485 | 9,23 | 7 910 | 553 | *9,26* | 180 |
| 190 | 3 370 | 263 | 9,60 | 4 220 | 320 | 9,62 | 5 200 | 382 | 9,65 | 6 280 | 449 | 9,68 | 7 470 | 519 | 9,71 | 8 760 | 592 | 9,75 | 190 |
| 200 | 3 730 | 280 | 10,1 | 4 670 | 341 | 10,1 | 5 740 | 407 | 10,1 | **6 930** | 478 | 10,2 | 8 240 | 553 | 10,2 | 9 660 | 631 | 10,2 | 200 |
| 210 | 4 110 | 298 | 10,6 | 5 140 | 362 | 10,6 | 6 310 | 432 | 10,6 | 7 620 | 508 | 10,7 | 9 060 | 588 | 10,7 | 10 610 | 672 | 10,7 | 210 |
| 220 | 4 500 | 315 | 11,1 | 5 630 | 383 | 11,1 | 6 910 | 458 | 11,1 | 8 340 | 538 | 11,2 | **9 910** | 623 | 11,2 | 11 600 | 712 | 11,2 | 220 |
| 230 | 4 910 | 332 | 11,6 | 6 140 | 404 | 11,6 | 7 540 | 483 | 11,6 | 9 090 | 568 | 11,7 | 10 800 | 659 | 11,7 | 12 640 | 752 | 11,7 | 230 |
| 240 | 5 340 | 349 | 12,1 | 6 680 | 425 | 12,1 | 8 200 | 509 | 12,1 | 9 880 | 599 | 12,1 | 11 730 | 694 | 12,2 | **13 720** | 793 | 12,2 | 240 |
| 250 | 5 790 | 366 | 12,6 | 7 230 | 446 | 12,6 | 8 880 | 535 | 12,6 | 10 700 | 629 | 12,6 | 12 700 | 730 | 12,7 | 14 850 | 834 | 12,7 | 250 |
| 260 | 6 260 | 384 | 13,1 | 7 820 | 468 | 13,1 | 9 590 | 561 | 13,1 | 11 560 | 661 | 13,1 | 13 710 | 766 | 13,2 | 16 020 | 875 | 13,2 | 260 |
| 280 | 7 240 | 419 | 14,1 | 9 050 | 511 | 14,1 | 11 100 | 613 | 14,1 | 13 370 | 723 | 14,1 | 15 850 | 839 | 14,1 | 18 510 | 959 | 14,2 | 280 |
| 300 | 8 310 | 454 | 15,1 | 10 370 | 555 | 15,1 | 12 720 | 666 | 15,1 | 15 310 | 785 | 15,1 | 18 140 | 912 | 15,1 | 21 190 | 1 040 | 15,2 | 300 |

| IPN | II 260 A = 107 | | | II 280 A = 122 | | | II 300 A = 138 | | | II 320 A = 156 | | | II 340 A = 174 | | | II 360 A = 194 | | | IPN |
|---|---|---|---|---|---|---|---|---|---|---|---|---|---|---|---|---|---|---|---|
| a | $I_x$ = 11 480; $W_x$ = 884; $i_x$ = 10,4; $i_1$ = 2,32 | | | $I_x$ = 15 180; $W_x$ = 1 080; $i_x$ = 11,1; $i_1$ = 2,45 | | | $I_x$ = 19 600; $W_x$ = 1 310; $i_x$ = 11,9; $i_1$ = 2,56 | | | $I_x$ = 25 020; $W_x$ = 1 560; $i_x$ = 12,7; $i_1$ = 2,67 | | | $I_x$ = 31 400; $W_x$ = 1 850; $i_x$ = 13,5; $i_1$ = 2,80 | | | $I_x$ = 39 220; $W_x$ = 2 180; $i_x$ = 14,2; $i_1$ = 2,90 | | | a |
| mm | $I_y$ | $W_y$ | $i_y$ | $I_y$ | $W_y$ | $i_y$ | $I_y$ | $W_y$ | $i_y$ | $I_y$ | $W_y$ | $i_y$ | $I_y$ | $W_y$ | $i_y$ | $I_y$ | $W_y$ | $i_y$ | mm |
| b | 3 990 | 353 | *6,11* | 5 050 | 425 | *6,43* | 6 300 | 504 | *6,75* | 7 790 | 594 | *7,07* | 9 490 | 693 | *7,39* | 11 560 | 809 | *7,72* | b |
| 130 | 5 090 | 419 | *6,90* | 5 890 | 473 | *6,95* | 6 740 | 529 | *6,99* | — | — | — | — | — | — | — | — | — | 130 |
| 140 | 5 810 | 459 | *7,37* | 6 720 | 519 | *7,42* | 7 670 | 579 | *7,45* | 8 730 | 644 | *7,48* | — | — | — | — | — | — | 140 |
| 150 | 6 580 | 500 | *7,84* | 7 600 | 565 | *7,89* | 8 680 | 631 | *7,93* | 9 860 | 703 | *7,95* | 11 110 | 774 | *7,99* | 12 560 | 857 | *8,05* | 150 |
| 160 | 7 410 | 543 | *8,32* | 8 550 | 613 | *8,37* | 9 750 | 684 | *8,41* | 11 070 | 763 | *8,42* | 12 460 | 839 | *8,46* | 14 060 | 928 | *8,51* | 160 |
| 170 | 8 290 | 586 | *8,80* | 9 560 | 662 | *8,85* | 10 890 | 738 | *8,89* | 12 350 | 822 | *8,90* | 13 890 | 905 | *8,94* | 15 670 | 1 000 | *8,99* | 170 |
| 180 | 9 230 | 630 | *9,29* | 10 630 | 711 | *9,34* | 12 100 | 793 | *9,36* | 13 710 | 883 | *9,37* | 15 410 | 972 | *9,41* | 17 370 | 1 080 | *9,46* | 180 |
| 190 | 10 210 | 674 | *9,77* | 11 760 | 761 | *9,82* | 13 370 | 849 | *9,84* | 15 150 | 946 | *9,85* | 17 010 | 1 040 | *9,89* | 19 160 | 1 150 | *9,94* | 190 |
| 200 | 11 260 | 719 | *10,3* | 12 950 | 812 | *10,3* | 14 720 | 906 | *10,3* | 16 670 | 1 010 | *10,3* | 18 710 | 1 110 | *10,4* | 21 060 | 1 230 | *10,4* | 200 |
| 210 | 12 350 | 765 | 10,7 | 14 200 | 863 | *10,8* | 16 140 | 964 | *10,8* | 18 260 | 1 070 | *10,8* | 20 490 | 1 180 | *10,9* | 23 050 | 1 310 | *10,9* | 210 |
| 220 | 13 500 | 811 | 11,2 | 15 510 | 915 | 11,3 | 17 620 | 1 020 | *11,3* | 19 940 | 1 140 | *11,3* | 22 350 | 1 250 | *11,3* | 25 130 | 1 380 | *11,4* | 220 |
| 230 | 14 700 | 857 | 11,7 | 16 890 | 968 | 11,8 | 19 180 | 1 080 | *11,8* | 21 690 | 1 200 | *11,8* | 24 310 | 1 320 | *11,8* | 27 320 | 1 460 | *11,9* | 230 |
| 240 | 15 950 | 904 | 12,2 | 18 320 | 1 020 | 12,3 | 20 800 | 1 140 | 12,3 | 23 520 | 1 270 | *12,3* | 26 350 | 1 400 | *12,3* | 29 600 | 1 550 | *12,4* | 240 |
| 250 | 17 260 | 951 | 12,7 | 19 820 | 1 070 | 12,8 | 22 500 | 1 200 | 12,8 | 25 420 | 1 340 | 12,8 | 28 470 | 1 470 | *12,8* | 31 980 | 1 630 | *12,8* | 250 |
| 260 | **18 630** | 999 | 13,2 | 21 380 | 1 130 | 13,2 | 24 260 | 1 260 | 13,3 | 27 410 | 1 400 | 13,3 | 30 690 | 1 550 | *13,3* | 34 460 | 1 710 | *13,3* | 260 |
| 280 | 21 510 | 1 090 | 14,2 | **24 680** | 1 240 | 14,2 | 27 990 | 1 380 | 14,2 | 31 610 | 1 540 | 14,2 | 35 370 | 1 700 | 14,3 | 39 700 | 1 880 | 14,3 | 280 |
| 300 | 24 610 | 1 190 | 15,2 | 28 220 | 1 350 | 15,2 | **32 000** | 1 510 | 15,2 | 36 120 | 1 680 | 15,2 | 40 410 | 1 850 | 15,2 | 45 330 | 2 050 | 15,3 | 300 |
| 320 | 27 920 | 1 290 | 16,2 | 32 010 | 1 460 | 16,2 | 36 280 | 1 630 | 16,2 | **40 940** | 1 820 | 16,2 | 45 790 | 2 000 | 16,2 | 51 350 | 2 220 | 16,3 | 320 |
| 340 | 31 440 | 1 390 | 17,2 | 36 040 | 1 570 | 17,2 | 40 840 | 1 760 | 17,2 | 46 080 | 1 960 | 17,2 | **51 520** | 2 160 | 17,2 | 57 760 | 2 390 | 17,3 | 340 |
| 350 | 33 280 | 1 440 | 17,7 | 38 150 | 1 630 | 17,7 | 43 230 | 1 820 | 17,7 | 48 760 | 2 030 | 17,7 | 54 510 | 2 240 | 17,7 | 61 110 | 2 480 | 17,7 | 350 |
| 360 | — | — | — | — | — | — | — | — | — | — | — | — | 57 590 | 2 320 | 18,2 | **64 560** | 2 570 | 18,2 | 360 |
| 380 | — | — | — | — | — | — | — | — | — | — | — | — | 64 020 | 2 480 | 19,2 | 71 740 | 2 740 | 19,2 | 380 |
| 400 | — | — | — | — | — | — | — | — | — | — | — | — | 70 790 | 2 640 | 20,2 | 79 320 | 2 920 | 20,2 | 400 |
| 425 | — | — | — | — | — | — | — | — | — | — | — | — | 79 740 | 2 840 | 21,4 | 89 330 | 3 150 | 21,4 | 425 |

| IPN | II 380 A = 214 | | | II 400 A = 236 | | | II 450 A = 294 | | | II 500 A = 360 | | | II 550 A = 426 | | | II 600 A = 508 | | | IPN |
|---|---|---|---|---|---|---|---|---|---|---|---|---|---|---|---|---|---|---|---|
| a | $I_x$ = 48 020; $W_x$ = 2 520; $i_x$ = 15,0; $i_1$ = 3,02 | | | $I_x$ = 58 420; $W_x$ = 2 920; $i_x$ = 15,7; $i_1$ = 3,13 | | | $I_x$ = 91 700; $W_x$ = 4 080; $i_x$ = 17,7; $i_1$ = 3,43 | | | $I_x$ = 137 500; $W_x$ = 5 500; $i_x$ = 19,6; $i_1$ = 3,72 | | | $I_x$ = 198 400; $W_x$ = 7 220; $i_x$ = 21,6; $i_1$ = 4,02 | | | $I_x$ = 278 000; $W_x$ = 9 260; $i_x$ = 23,4; $i_1$ = 4,30 | | | a |
| mm | $I_y$ | $W_y$ | $i_y$ | $I_y$ | $W_y$ | $i_y$ | $I_y$ | $W_y$ | $i_y$ | $I_y$ | $W_y$ | $i_y$ | $I_y$ | $W_y$ | $i_y$ | $I_y$ | $W_y$ | $i_y$ | mm |
| b | 13 830 | 928 | *8,04* | 16 490 | 1 060 | *8,36* | 24 700 | 1 450 | *9,17* | 35 760 | 1 930 | *9,97* | 49 580 | 2 480 | *10,8* | 68 040 | 3 170 | *11,6* | b |
| 160 | 15 650 | 1 010 | *8,55* | 17 420 | 1 110 | *8,59* | — | — | — | — | — | — | — | — | — | — | — | — | 160 |
| 170 | 17 410 | 1 090 | *9,02* | 19 370 | 1 190 | *9,06* | — | — | — | — | — | — | — | — | — | — | — | — | 170 |
| 180 | 19 280 | 1 170 | *9,49* | 21 430 | 1 280 | *9,53* | 27 260 | 1 560 | *9,63* | — | — | — | — | — | — | — | — | — | 180 |
| 190 | 21 260 | 1 250 | *9,97* | 23 610 | 1 370 | *10,0* | 29 980 | 1 670 | *10,1* | 37 450 | 2 000 | *10,2* | — | — | — | — | — | — | 190 |
| 200 | 23 350 | 1 340 | *10,4* | 25 920 | 1 460 | *10,5* | 32 850 | 1 780 | *10,6* | 40 960 | 2 130 | *10,7* | — | — | — | — | — | — | 200 |
| 210 | 25 540 | 1 420 | *10,9* | 28 340 | 1 330 | *11,0* | 35 070 | 1 090 | *11,0* | 11 650 | 2 260 | *11,1* | 53 950 | 2 620 | *11,2* | — | — | — | 210 |
| 220 | 27 840 | 1 510 | *11,4* | 30 870 | 1 650 | *11,4* | 39 020 | 2 000 | *11,5* | 48 520 | 2 400 | *11,6* | 58 520 | 2 790 | *11,7* | 70 800 | 3 260 | *11,8* | 220 |
| 230 | 30 250 | 1 600 | *11,9* | 33 530 | 1 740 | *11,9* | 42 340 | 2 120 | *12,0* | 52 570 | 2 530 | *12,1* | 63 320 | 2 950 | *12,2* | 76 520 | 3 440 | *12,3* | 230 |
| 240 | 32 770 | 1 680 | *12,4* | 36 300 | 1 840 | *12,4* | 45 790 | 2 230 | *12,5* | 56 800 | 2 670 | *12,6* | 68 320 | 3 110 | *12,7* | 82 490 | 3 630 | *12,7* | 240 |
| 250 | 35 390 | 1 770 | *12,8* | 39 190 | 1 940 | *12,9* | 49 390 | 2 350 | *13,0* | 61 210 | 2 810 | *13,0* | 73 540 | 3 270 | *13,1* | 88 710 | 3 820 | *13,2* | 250 |
| 260 | 38 120 | 1 860 | *13,3* | 42 200 | 2 030 | *13,4* | 53 150 | 2 470 | *13,4* | 65 800 | 2 960 | *13,5* | 78 970 | 3 430 | *13,6* | 95 190 | 4 010 | *13,7* | 260 |
| 280 | 43 890 | 2 050 | *14,3* | 48 570 | 2 230 | *14,3* | 61 070 | 2 710 | *14,4* | 75 520 | 3 250 | *14,5* | 90 470 | 3 770 | *14,6* | 108 900 | 4 400 | *14,6* | 280 |
| 300 | 50 100 | 2 230 | 15,3 | 55 420 | 2 440 | *15,3* | 69 600 | 2 960 | *15,4* | 85 960 | 3 540 | *15,5* | 102 800 | 4 110 | *15,5* | 123 600 | 4 800 | *15,6* | 300 |
| 320 | 53 360 | 2 330 | 15,8 | 59 020 | 2 540 | 15,8 | 78 710 | 3 210 | *16,4* | 97 120 | 3 850 | *16,4* | 116 000 | 4 460 | *16,5* | 139 400 | 5 210 | *16,6* | 320 |
| 340 | 56 730 | 2 420 | 16,3 | 62 730 | 2 640 | 16,3 | 88 430 | 3 470 | *17,3* | 109 000 | 4 150 | *17,4* | 130 100 | 4 820 | *17,5* | 156 200 | 5 630 | *17,5* | 340 |
| 350 | 60 210 | 2 510 | 16,8 | **66 570** | 2 750 | 16,8 | 93 490 | 3 600 | 17,8 | 115 200 | 4 310 | *17,9* | 137 400 | 5 000 | *18,0* | 164 900 | 5 840 | *18,0* | 350 |
| 360 | 63 800 | 2 610 | 17,3 | 70 520 | 2 850 | 17,3 | 98 720 | 3 730 | 18,3 | 121 600 | 4 460 | *18,4* | 145 000 | 5 180 | *18,4* | 173 900 | 6 050 | *18,5* | 360 |
| 370 | 67 490 | 2 710 | 17,8 | 74 590 | 2 950 | 17,8 | 104 100 | 3 850 | 18,8 | 128 200 | 4 620 | *18,9* | 152 800 | 5 360 | *18,9* | 183 200 | 6 260 | *19,0* | 370 |
| 380 | 71 290 | 2 800 | 18,3 | 78 780 | 3 060 | 18,3 | 109 600 | 3 990 | 19,3 | 134 900 | 4 780 | *19,4* | 160 800 | 5 540 | *19,4* | 192 700 | 6 480 | *19,5* | 380 |
| 390 | **79 200** | 2 990 | 19,3 | 87 510 | 3 270 | 19,3 | 115 300 | 4 120 | 19,8 | 141 900 | 4 930 | 19,9 | 169 000 | 5 730 | *19,9* | 202 500 | 6 690 | *20,0* | 390 |
| 400 | 87 550 | 3 190 | 20,2 | **96 720** | 3 490 | 20,2 | 121 100 | 4 250 | 20,3 | 149 000 | 5 090 | 20,3 | 177 400 | 5 910 | *20,4* | 212 500 | 6 910 | *20,5* | 400 |
| 425 | 98 580 | 3 430 | 21,5 | 108 900 | 3 750 | 21,5 | 136 200 | 4 580 | 21,5 | 167 500 | 5 490 | 21,6 | 199 300 | 6 380 | 21,6 | 238 700 | 7 460 | *21,7* | 425 |
| 450 | — | — | — | — | — | — | **152 300** | 4 910 | 22,8 | 187 200 | 5 900 | 22,8 | 222 600 | 6 850 | 22,9 | 266 500 | 8 020 | *22,9* | 450 |
| 475 | — | — | — | — | — | — | 169 300 | 5 250 | 24,0 | 208 000 | 6 300 | 24,0 | 247 300 | 7 330 | 24,1 | 295 900 | 8 580 | 24,1 | 475 |
| 500 | — | — | — | — | — | — | 187 200 | 5 590 | 25,2 | **230 000** | 6 720 | 25,3 | 273 200 | 7 810 | 25,3 | 326 800 | 9 140 | 25,4 | 500 |
| 550 | — | — | — | — | — | — | 225 800 | 6 270 | 27,7 | 277 200 | 7 540 | 27,7 | **329 100** | 8 780 | 27,8 | 393 500 | 10 290 | 27,8 | 550 |
| 600 | — | — | — | — | — | — | 268 100 | 6 960 | 30,2 | 329 000 | 8 380 | 30,2 | 390 400 | 9 760 | 30,3 | **466 500** | 11 450 | 30,3 | 600 |

Los momentos de inercia indicados en **negrita** corresponden a un valor a igual a la altura h del perfil simple. Los radios de giro impresos en *cursiva* indican que $i_y < i_x$.

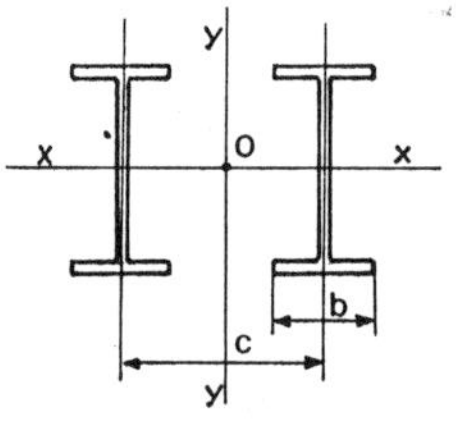


# VALORES ESTÁTICOS PARA DOS IPE CON SEPARACIÓN VARIABLE ENTRE EJES

I, cm$^4$
W, cm$^3$
i, cm

| Perfil II PE | A | $i_{y1}$ | Términos de sección | Eje | Valores correspondientes al eje y-y para una separación c en mm = | | | | | | | | | Perfil II PE |
|---|---|---|---|---|---|---|---|---|---|---|---|---|---|---|
| | cm$^2$ | cm | | x · x | b | 200 | 300 | 400 | 500 | 600 | 800 | 1000 | 1200 | |
| | | | I | 636 | 326 | 2690 | 5995 | 10615 | 16555 | | | | | |
| 12 | 26,4 | 1,45 | W | 106 | 45 | 204 | 330 | 458 | 587 | | | | | 12 |
| | | | i | 4,90 | 3,51 | 10,1 | 15,1 | 20,1 | 25,0 | | | | | |
| | | | I | 1082 | 527 | 3370 | 7470 | 13210 | 20590 | | | | | |
| 14 | 32,8 | 1,65 | W | 155 | 72 | 247 | 401 | 560 | 720 | | | | | 14 |
| | | | i | 5,74 | 4,00 | 10,1 | 15,1 | 20,1 | 25,1 | | | | | |
| | | | I | 1738 | 812 | 4157 | 9182 | 16217 | 25260 | 36315 | | | | |
| 16 | 40,2 | 1,84 | W | 218 | 99 | 295 | 481 | 673 | 868 | 1065 | | | | 16 |
| | | | i | 6,58 | 4,50 | 10,1 | 15,1 | 20,1 | 25,1 | 30,1 | | | | |
| | | | I | 2640 | 1192 | 4982 | 10957 | 19332 | 30080 | 43220 | | | | |
| 18 | 47,8 | 2,05 | W | 292 | 131 | 342 | 560 | 787 | 1018 | 1250 | | | | 18 |
| | | | i | 7,42 | 4,99 | 10,2 | 15,1 | 20,1 | 25,1 | 30,1 | | | | |
| | | | I | 3880 | 1709 | 5984 | 13109 | 23084 | 35910 | 51585 | | | | |
| 20 | 57,0 | 2,24 | W | 388 | 171 | 399 | 655 | 923 | 1197 | 1475 | | | | 20 |
| | | | i | 8,26 | 5,47 | 10,2 | 15,1 | 20,1 | 25,1 | 30,1 | | | | |
| | | | I | 5540 | 2431 | | 15440 | 27130 | 42160 | 60530 | 107290 | | | |
| 22 | 66,8 | 2,48 | W | 504 | 221 | | 753 | 1064 | 1382 | 1705 | 2360 | | | 22 |
| | | | i | 9,11 | 6,03 | | 15,2 | 20,2 | 25,1 | 30,1 | 40,1 | | | |
| | | | I | 7780 | 3383 | | 18163 | 31848 | 49440 | 70950 | 125690 | | | |
| 24 | 78,2 | 2,69 | W | 648 | 282 | | 865 | 1225 | 1595 | 1970 | 2733 | | | 24 |
| | | | i | 9,97 | 6,58 | | 15,2 | 20,2 | 25,1 | 30,1 | 40,1 | | | |
| | | | I | 11580 | 5023 | | 21495 | 37560 | 58215 | 83460 | 147720 | | | |
| 27 | 91,8 | 3,02 | W | 858 | 372 | | 988 | 1404 | 1833 | 2270 | 3160 | | | 27 |
| | | | i | 11,2 | 7,40 | | 15,3 | 20,2 | 25,2 | 30,2 | 40,1 | | | |
| | | | I | 16710 | 7260 | | 25418 | 44248 | 68458 | 98050 | 173370 | | | |
| 30 | 107 | 3,35 | W | 1114 | 484 | | 1130 | 1609 | 2106 | 2535 | 3650 | | | 30 |
| | | | i | 12,5 | 8,20 | | 15,4 | 20,3 | 25,2 | 30,2 | 40,1 | | | |
| | | | I | 23540 | 9589 | | | 51656 | 79826 | 114250 | 201900 | 314575 | | |
| 33 | 125 | 3,55 | W | 1426 | 599 | | | 1845 | 2419 | 3005 | 4205 | 5425 | | 33 |
| | | | i | 13,7 | 8,75 | | | 20,3 | 25,3 | 30,2 | 40,2 | 50,1 | | |
| | | | I | 32540 | 12585 | | | 60246 | 92961 | 132940 | 234720 | 365580 | | |
| 36 | 145 | 3,79 | W | 1808 | 741 | | | 2113 | 2775 | 3455 | 4840 | 6250 | | 36 |
| | | | i | 15,0 | 9,30 | | | 20,4 | 25,3 | 30,2 | 40,2 | 50,1 | | |
| | | | I | 46260 | 16330 | | | 70236 | 108261 | 154740 | 273040 | 425140 | | |
| 40 | 169 | 3,95 | W | 2320 | 907 | | | 2422 | 3184 | 3968 | 5572 | 7205 | | 40 |
| | | | i | 16,5 | 9,83 | | | 20,4 | 25,3 | 30,3 | 40,2 | 50,2 | | |
| | | | I | 67480 | 21190 | | | | 126852 | 181190 | 319520 | 497360 | 714720 | |
| 45 | 197 | 4,12 | W | 3000 | 1115 | | | | 3677 | 4587 | 6455 | 8360 | 10285 | 45 |
| | | | i | 18,5 | 10,36 | | | | 25,3 | 30,3 | 40,2 | 50,2 | 60,1 | |
| | | | I | 96400 | 27480 | | | | 149284 | 213085 | 375480 | 584280 | 839480 | |
| 50 | 232 | 4,31 | W | 3860 | 1370 | | | | 4265 | 5327 | 7510 | 9740 | 11995 | 50 |
| | | | i | 20,4 | 10,90 | | | | 25,4 | 30,3 | 40,2 | 50,2 | 60,2 | |
| | | | I | 134240 | 34885 | | | | 172836 | 246535 | 434140 | 675340 | 970140 | |
| 55 | 268 | 4,45 | W | 4880 | 1661 | | | | 4869 | 6087 | 8596 | 11165 | 13760 | 55 |
| | | | i | 22,3 | 11,40 | | | | 25,4 | 30,3 | 40,2 | 50,2 | 60,2 | |
| | | | I | 184160 | 44530 | | | | 201774 | 287575 | 502780 | 781780 | 1122780 | |
| 60 | 312 | 4,66 | W | 6140 | 2024 | | | | 5605 | 7014 | 9860 | 12815 | 15815 | 60 |
| | | | i | 24,3 | 11,95 | | | | 25,4 | 30,4 | 40,1 | 50,1 | 60,0 | |

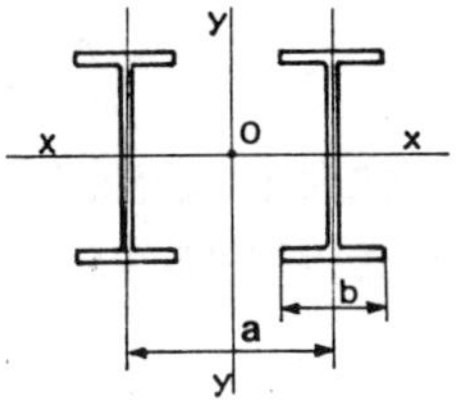


# VALORES ESTÁTICOS DE 2 IPE CON SEPARACIÓN a VARIABLE

AL-22$_4$

I, cm$^4$
W, cm$^3$
i, cm

| IPE<br>a | II 140 A = 32,8<br>$I_x$ = 1 082<br>$W_x$ = 155<br>$i_x$ = 5,74; $i_1$ = 1,65 | | | II 160 A = 40,2<br>$I_x$ = 1 738<br>$W_x$ = 218<br>$i_x$ = 6,58; $i_1$ = 1,84 | | | II 180 A = 47,8<br>$I_x$ = 2 634<br>$W_x$ = 292<br>$i_x$ = 7,42; $i_1$ = 2,05 | | | II 200 A = 57<br>$I_x$ = 3 886<br>$W_x$ = 388<br>$i_x$ = 8,26; $i_1$ = 2,24 | | | II 220 A = 66,8<br>$I_x$ = 5 544<br>$W_x$ = 504<br>$i_x$ = 9,11; $i_1$ = 2,48 | | | IPE<br>a |
|---|---|---|---|---|---|---|---|---|---|---|---|---|---|---|---|---|
| mm | $I_y$ | $W_y$ | $i_y$ | $I_y$ | $W_y$ | $i_y$ | $I_y$ | $W_y$ | $i_y$ | $I_y$ | $W_y$ | $i_y$ | $I_y$ | $W_y$ | $i_y$ | mm |
| b | 527 | 72,1 | *4,00* | 812 | 99,0 | *4,50* | 1 192 | 131 | *4,99* | 1 709 | 171 | *5,48* | 2 431 | 221 | *6,03* | b |
| 80 | 615 | 80,3 | *4,33* | — | — | — | — | — | — | — | — | — | — | — | — | 80 |
| 90 | 754 | 92,5 | *4,80* | 951 | 111 | *4,86* | — | — | — | — | — | — | — | — | — | 90 |
| 100 | 909 | 105 | *5,26* | 1 142 | 125 | *5,33* | 1 397 | 146 | *5,40* | — | — | — | — | — | — | 100 |
| 110 | 1 082 | 118 | 5,74 | 1 353 | 141 | *5,80* | 1 648 | 164 | *5,87* | 2 008 | 191 | *5,94* | — | — | — | 110 |
| 120 | 1 271 | 132 | 6,22 | 1 584 | 157 | *6,28* | 1 923 | 182 | 6,34 | 2 336 | 212 | *6,40* | 2 815 | 245 | *6,50* | 120 |
| 130 | 1 476 | 145 | 6,71 | 1 835 | 173 | 6,76 | 2 222 | 201 | 6,82 | 2 692 | 234 | *6,87* | 3 232 | 269 | *6,96* | 130 |
| 140 | **1 697** | 159 | 7,19 | 2 106 | 190 | 7,24 | 2 544 | 220 | 7,30 | 3 077 | 256 | *7,35* | 3 683 | 295 | *7,42* | 140 |
| 150 | 1 935 | 174 | 7,68 | 2 398 | 207 | 7,72 | 2 891 | 240 | 7,78 | 3 490 | 279 | *7,82* | 4 167 | 321 | *7,90* | 150 |
| 160 | 2 189 | 188 | 8,17 | **2 709** | 224 | 8,21 | 3 261 | 260 | 8,26 | 3 932 | 302 | 8,31 | 4 685 | 347 | *8,37* | 160 |
| 170 | 2 460 | 202 | 8,66 | 3 041 | 241 | 8,70 | 3 656 | 280 | 8,75 | 4 402 | 326 | 8,79 | 5 236 | 374 | *8,85* | 170 |
| 180 | 2 746 | 217 | 9,15 | 3 393 | 259 | 9,19 | **4 074** | 300 | 9,23 | 4 901 | 350 | 9,27 | 5 821 | 401 | 9,33 | 180 |
| 190 | 3 050 | 232 | 9,64 | 3 765 | 277 | 9,68 | 4 516 | 321 | 9,72 | 5 428 | 374 | 9,76 | 6 439 | 429 | 9,82 | 190 |
| 200 | 3 370 | 247 | 10,1 | 4 157 | 295 | 10,1 | 4 982 | 342 | 10,2 | **5 984** | 399 | 10,2 | 7 090 | 457 | 10,3 | 200 |
| 210 | 3 706 | 262 | 10,6 | 4 569 | 313 | 10,6 | 5 472 | 363 | 10,7 | 6 568 | 424 | 10,7 | 7 775 | 486 | 10,8 | 210 |
| 220 | 4 058 | 277 | 11,1 | 5 001 | 331 | 11,1 | 5 986 | 384 | 11,2 | 7 181 | 449 | 11,2 | **8 493** | 515 | 11,3 | 220 |
| 240 | 4 813 | 308 | 12,1 | 5 925 | 368 | 12,1 | 7 085 | 428 | 12,2 | 8 492 | 500 | 12,2 | 10 029 | 573 | 12,3 | 240 |
| 260 | 5 633 | 338 | 13,1 | 6 930 | 405 | 13,1 | 8 280 | 472 | 13,2 | 9 917 | 551 | 13,2 | 11 699 | 632 | 13,2 | 260 |
| 280 | 6 518 | 369 | 14,1 | 8 016 | 443 | 14,1 | 9 571 | 516 | 14,2 | 11 456 | 603 | 14,2 | 13 503 | 692 | 14,2 | 280 |
| 300 | 7 470 | 401 | 15,1 | 9 182 | 481 | 15,1 | 10 957 | 560 | 15,1 | 13 109 | 655 | 15,1 | 15 440 | 753 | 15,2 | 300 |
| 320 | — | — | — | 10 428 | 519 | 16,1 | 12 439 | 605 | 16,1 | 14 876 | 708 | 16,1 | 17 511 | 814 | 16,2 | 320 |
| 340 | — | — | — | 11 754 | 557 | 17,1 | 14 016 | 650 | 17,1 | 16 757 | 762 | 17,1 | 19 715 | 876 | 17,2 | 340 |
| 360 | — | — | — | 13 161 | 595 | 18,1 | 15 689 | 696 | 18,1 | 18 752 | 815 | 18,1 | 22 053 | 938 | 18,2 | 360 |
| 380 | — | — | — | 14 649 | 634 | 19,1 | 17 458 | 741 | 19,1 | 20 861 | 869 | 19,1 | 24 525 | 1 001 | 19,2 | 380 |
| 400 | — | — | — | 16 217 | 673 | 20,1 | 19 322 | 787 | 20,1 | 23 084 | 923 | 20,1 | 27 130 | 1 064 | 20,2 | 400 |

| IPE<br>a | II 240 A = 78,2<br>$I_x$ = 7 784<br>$W_x$ = 648<br>$i_x$ = 9,97; $i_1$ = 2,69 | | | II 270 A = 91,8<br>$I_x$ = 11 580<br>$W_x$ = 858<br>$i_x$ = 11,2; $i_1$ = 3,02 | | | II 300 A = 108<br>$I_x$ = 16 712<br>$W_x$ = 1 114<br>$i_x$ = 12,5; $i_1$ = 3,35 | | | II 330 A = 125<br>$I_x$ = 23 540<br>$W_x$ = 1 426<br>$i_x$ = 13,7; $i_1$ = 3,55 | | | II 360 A = 145<br>$I_x$ = 32 540<br>$W_x$ = 1 808<br>$i_x$ = 15; $i_1$ = 3,79 | | | IPE<br>a |
|---|---|---|---|---|---|---|---|---|---|---|---|---|---|---|---|---|
| mm | $I_y$ | $W_y$ | $i_y$ | $I_y$ | $W_y$ | $i_y$ | $I_y$ | $W_y$ | $i_y$ | $I_y$ | $W_y$ | $i_y$ | $I_y$ | $W_y$ | $i_y$ | mm |
| b | 3 383 | 282 | *6,58* | 5 023 | 372 | *7,40* | 7 261 | 484 | *8,21* | 9 589 | 599 | *8,75* | 12 591 | 741 | *9,30* | b |
| 130 | 3 872 | 310 | *7,04* | — | — | — | — | — | — | — | — | — | — | — | — | 130 |
| 140 | 4 400 | 338 | *7,50* | 5 338 | 388 | *7,62* | — | — | — | — | — | — | — | — | — | 140 |
| 150 | 4 967 | 368 | *7,97* | 6 004 | 421 | *8,09* | — | — | — | — | — | — | — | — | — | 150 |
| 160 | 5 573 | 398 | *8,44* | 6 715 | 455 | *8,55* | 8 094 | 522 | *8,67* | — | — | — | — | — | — | 160 |
| 170 | 6 218 | 429 | *8,92* | 7 472 | 490 | *9,03* | 8 982 | 561 | *9,14* | 10 622 | 644 | *9,21* | — | — | — | 170 |
| 180 | 6 902 | 460 | *9,40* | 8 276 | 525 | *9,50* | 9 924 | 601 | *9,60* | 11 717 | 689 | *9,67* | 13 863 | 792 | *9,76* | 180 |
| 190 | 7 625 | 492 | *9,87* | 9 125 | 562 | *9,97* | 10 919 | 642 | *10,0* | 12 875 | 736 | *10,1* | 15 208 | 845 | *10,2* | 190 |
| 200 | 8 388 | 524 | 10,3 | 10 020 | 598 | *10,4* | 11 968 | 684 | *10,5* | 14 096 | 783 | *10,6* | 16 626 | 899 | *10,7* | 200 |
| 210 | 9 190 | 557 | 10,8 | 10 961 | 635 | *10,9* | 13 071 | 726 | *11,0* | 15 379 | 831 | *11,1* | 18 116 | 953 | *11,1* | 210 |
| 220 | 10 030 | 590 | 11,3 | 11 948 | 673 | 11,4 | 14 228 | 769 | *11,5* | 16 725 | 880 | *11,6* | 19 679 | 1 009 | *11,6* | 220 |
| 240 | **11 829** | 657 | 12,3 | 14 059 | 750 | 12,4 | 16 702 | 857 | *12,4* | 19 605 | 980 | *12,5* | 23 024 | 1 123 | *12,6* | 240 |
| 260 | 13 784 | 725 | 13,3 | 16 354 | 828 | 13,3 | 19 392 | 946 | 13,4 | 22 735 | 1 083 | *13,5* | 26 659 | 1 240 | *13,5* | 260 |
| 280 | 15 895 | 795 | 14,3 | 18 833 | 908 | 14,3 | 22 298 | 1 037 | 14,4 | 26 115 | 1 187 | 14,4 | 30 584 | 1 359 | *14,5* | 280 |
| 300 | 18 163 | 865 | 15,2 | 21 495 | 988 | 15,3 | **25 418** | 1 130 | 15,4 | 29 746 | 1 293 | 15,5 | 34 801 | 1 481 | 15,4 | 300 |
| 320 | 20 587 | 936 | 16,2 | 24 341 | 1 070 | 16,3 | 28 754 | 1 224 | 16,3 | 33 627 | 1 401 | 16,4 | 39 308 | 1 604 | 16,4 | 320 |
| 340 | 23 168 | 1 007 | 17,2 | 27 370 | 1 152 | 17,3 | 32 304 | 1 319 | 17,3 | 37 759 | 1 510 | 17,4 | 44 107 | 1 730 | 17,4 | 340 |
| 360 | 25 905 | 1 079 | 18,2 | 30 583 | 1 236 | 18,3 | 36 070 | 1 415 | 18,3 | 42 141 | 1 621 | 18,3 | **49 196** | 1 856 | 18,4 | 360 |
| 380 | 28 798 | 1 152 | 19,2 | 33 980 | 1 320 | 19,2 | 40 052 | 1 511 | 19,3 | 46 773 | 1 732 | 19,3 | 54 575 | 1 985 | 19,4 | 380 |
| 400 | 31 848 | 1 225 | 20,2 | 37 560 | 1 404 | 20,2 | 44 248 | 1 609 | 20,3 | 51 656 | 1 845 | 20,3 | 60 246 | 2 113 | 20,4 | 400 |
| 420 | 35 054 | 1 298 | 21,2 | 41 324 | 1 489 | 21,2 | 48 660 | 1 707 | 21,3 | 56 789 | 1 958 | 21,3 | 66 207 | 2 244 | 21,3 | 420 |
| 440 | 38 417 | 1 372 | 22,2 | 45 271 | 1 575 | 22,2 | 53 286 | 1 806 | 22,3 | 62 173 | 2 072 | 22,3 | 72 460 | 2 376 | 22,3 | 440 |
| 460 | 41 936 | 1 446 | 23,2 | 49 402 | 1 660 | 23,2 | 58 128 | 1 906 | 23,2 | 67 807 | 2 187 | 23,3 | 79 003 | 2 508 | 23,3 | 460 |
| 500 | 49 443 | 1 595 | 25,1 | 58 215 | 1 833 | 25,2 | 68 458 | 2 106 | 25,2 | 79 826 | 2 419 | 25,3 | 92 961 | 2 775 | 25,3 | 500 |

| IPE<br>a | II 400 A = 169<br>$I_x$ = 46 260<br>$W_x$ = 2 320<br>$i_x$ = 16,5; $i_1$ = 3,95 | | | II 450 A = 198<br>$I_x$ = 67 480<br>$W_x$ = 3 000<br>$i_x$ = 18,5; $i_1$ = 4,12 | | | II 500 A = 232<br>$I_x$ = 96 400<br>$W_x$ = 3 860<br>$i_x$ = 20,4; $i_1$ = 4,31 | | | II 550 A = 268<br>$I_x$ = 134 240<br>$W_x$ = 4 880<br>$i_x$ = 22,3; $i_1$ = 4,45 | | | II 600 A = 312<br>$I_x$ = 184 160<br>$W_x$ = 6 140<br>$i_x$ = 24,3; $i_1$ = 4,66 | | | IPE<br>a |
|---|---|---|---|---|---|---|---|---|---|---|---|---|---|---|---|---|
| mm | $I_y$ | $W_y$ | $i_y$ | $I_y$ | $W_y$ | $i_y$ | $I_y$ | $W_y$ | $i_y$ | $I_y$ | $W_y$ | $i_y$ | $I_y$ | $W_y$ | $i_y$ | mm |
| b | 16 325 | 907 | *9,83* | 21 185 | 1 115 | *10,4* | 27 484 | 1 374 | *10,9* | 34 883 | 1 661 | *11,4* | 44 526 | 2 024 | *11,9* | b |
| 190 | 17 888 | 967 | *10,3* | — | — | — | — | — | — | — | — | — | — | — | — | 190 |
| 200 | 19 536 | 1 028 | *10,7* | 23 112 | 1 185 | *10,8* | — | — | — | — | — | — | — | — | — | 200 |
| 210 | 21 268 | 1 091 | *11,2* | 25 137 | 1 257 | *11,3* | 29 862 | 1 457 | *11,3* | — | — | — | — | — | — | 210 |
| 220 | 23 085 | 1 154 | *11,7* | 27 262 | 1 330 | *11,7* | 32 356 | 1 541 | *11,8* | 37 764 | 1 756 | *11,9* | — | — | — | 220 |
| 240 | 26 972 | 1 284 | *12,6* | 31 806 | 1 479 | *12,7* | 37 692 | 1 713 | *12,7* | 43 928 | 1 952 | *12,8* | 51 702 | 2 248 | *12,9* | 240 |
| 260 | 31 197 | 1 418 | *13,6* | 36 746 | 1 633 | *13,6* | 43 492 | 1 891 | *13,7* | 50 628 | 2 154 | *13,7* | 59 502 | 2 479 | *13,8* | 260 |
| 280 | 35 760 | 1 555 | *14,5* | 42 082 | 1 791 | *14,6* | 49 756 | 2 073 | *14,6* | 57 864 | 2 362 | *14,7* | 67 926 | 2 717 | *14,8* | 280 |
| 300 | 40 661 | 1 694 | *15,5* | 47 812 | 1 952 | *15,5* | 56 484 | 2 259 | *15,6* | 65 636 | 2 574 | *15,6* | 76 974 | 2 961 | *15,7* | 300 |
| 320 | 45 900 | 1 836 | 16,5 | 53 938 | 2 115 | *16,5* | 63 676 | 2 449 | *16,6* | 73 944 | 2 790 | *16,6* | 86 646 | 3 209 | *16,7* | 320 |
| 340 | 51 477 | 1 980 | 17,4 | 60 458 | 2 281 | *17,5* | 71 332 | 2 642 | *17,5* | 82 788 | 3 010 | *17,6* | 96 942 | 3 462 | *17,6* | 340 |
| 360 | 57 392 | 2 126 | 18,4 | 67 374 | 2 450 | 18,5 | 79 452 | 2 838 | *18,5* | 92 168 | 3 234 | *18,5* | 107 862 | 3 719 | *18,6* | 360 |
| 380 | 63 645 | 2 273 | 19,4 | 74 686 | 2 621 | 19,4 | 88 036 | 3 036 | *19,5* | 102 084 | 3 460 | *19,5* | 119 406 | 3 980 | *19,6* | 380 |
| 400 | **70 236** | 2 422 | 20,4 | 82 392 | 2 793 | 20,4 | 97 084 | 3 236 | 20,5 | 112 536 | 3 690 | *20,5* | 131 574 | 4 244 | *20,5* | 400 |
| 420 | 77 165 | 2 572 | 21,4 | 90 494 | 2 967 | 21,4 | 106 596 | 3 439 | 21,4 | 123 524 | 3 921 | *21,5* | 144 366 | 4 511 | *21,5* | 420 |
| 440 | 84 432 | 2 724 | 22,3 | 98 990 | 3 143 | 22,4 | 116 572 | 3 643 | 22,4 | 135 048 | 4 155 | 22,4 | 157 782 | 4 781 | *22,5* | 440 |
| 460 | 92 037 | 2 876 | 23,3 | 107 882 | 3 319 | 23,4 | 127 012 | 3 849 | 23,4 | 147 108 | 4 391 | 23,4 | 171 822 | 5 054 | *23,5* | 460 |
| 480 | 99 980 | 3 030 | 24,3 | 117 170 | 3 498 | 24,3 | 137 916 | 4 056 | 24,4 | 159 704 | 4 629 | 24,4 | 186 486 | 5 328 | 24,5 | 480 |
| 500 | 108 261 | 3 184 | 25,3 | 126 852 | 3 677 | 25,3 | **149 284** | 4 265 | 25,4 | 172 836 | 4 869 | 25,4 | 201 774 | 5 605 | 25,4 | 500 |
| 520 | 116 880 | 3 339 | 26,3 | 136 930 | 3 857 | 26,3 | 161 116 | 4 475 | 26,4 | 186 504 | 5 110 | 26,4 | 217 686 | 5 883 | 26,4 | 520 |
| 540 | 125 837 | 3 495 | 27,3 | 147 402 | 4 038 | 27,3 | 173 412 | 4 687 | 27,3 | 200 708 | 5 352 | 27,4 | 234 222 | 6 164 | 27,4 | 540 |
| 560 | 135 132 | 3 652 | 28,3 | 158 270 | 4 220 | 28,3 | 186 172 | 4 899 | 28,3 | 215 448 | 5 596 | 28,4 | 251 382 | 6 446 | 28,4 | 560 |
| 580 | 144 765 | 3 810 | 29,3 | 169 534 | 4 403 | 29,3 | 199 396 | 5 113 | 29,3 | 230 724 | 5 841 | 29,3 | 269 166 | 6 729 | 29,4 | 580 |
| 600 | 154 736 | 3 968 | 30,3 | 181 192 | 4 587 | 30,3 | 213 084 | 5 327 | 30,3 | 246 536 | 6 087 | 30,3 | **287 574** | 7 014 | 30,4 | 600 |

Los momentos de inercia indicados en **negrita** corresponden a un valor *a* igual a la altura *h* del perfil simple. Los radios de giro impresos en *cursiva* indican que $i_y < i_x$.

AL-22$_5$

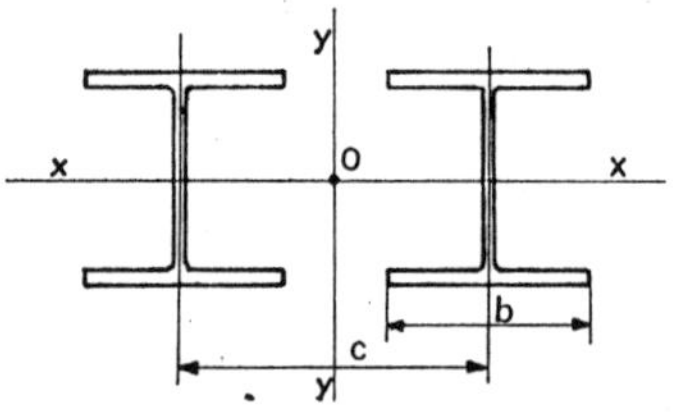


# VALORES ESTÁTICOS PARA DOS HEB CON SEPARACIÓN VARIABLE ENTRE EJES

I, cm$^4$
W, cm$^3$
i, cm

| Perfil II HEB | A cm$^2$ | $i_{y1}$ cm | Términos de sección | Eje x - x | Valores correspondientes al eje y-y para una separación c en mm = b | 200 | 300 | 400 | 500 | 600 | 800 | 1000 | 1200 | Perfil II HEB |
|---|---|---|---|---|---|---|---|---|---|---|---|---|---|---|
| | | | I | 1730 | 3080 | 7440 | 15940 | 27840 | | | | | | |
| 12 | 68 | 3,06 | W | 288 | 257 | 465 | 759 | 1070 | | | | | | 12 |
| | | | i | 5,04 | 6,73 | 10,5 | 15,3 | 20,2 | | | | | | |
| | | | I | 3020 | 5310 | 9700 | 20450 | 35500 | | | | | | |
| 14 | 86 | 3,58 | W | 432 | 380 | 571 | 930 | 1310 | | | | | | 14 |
| | | | i | 5,93 | 7,86 | 10,6 | 15,4 | 20,3 | | | | | | |
| | | | I | 4980 | 8750 | 12640 | 26210 | 45220 | | | | | | |
| 16 | 108 | 4,05 | W | 622 | 546 | 702 | 1140 | 1610 | | | | | | 16 |
| | | | i | 6,78 | 8,97 | 10,8 | 15,5 | 20,4 | | | | | | |
| | | | I | 7660 | 13300 | 15780 | 32110 | 54960 | | | | | | |
| 18 | 130 | 4,57 | W | 852 | 739 | 831 | 1340 | 1900 | | | | | | 18 |
| | | | i | 7,66 | 10,1 | 11,0 | 15,7 | 20,5 | | | | | | |
| | | | I | 11390 | 19620 | | 39150 | 66480 | 101600 | 144600 | | | | |
| 20 | 156 | 5,07 | W | 1140 | 981 | | 1570 | 2220 | 2900 | 3615 | | | | 20 |
| | | | i | 8,54 | 11,2 | | 15,8 | 20,6 | 25,5 | 30,4 | | | | |
| | | | I | 16180 | 27700 | | 46630 | 78480 | 119400 | 169500 | | | | |
| 22 | 182 | 5,59 | W | 1474 | 1260 | | 1790 | 2530 | 3320 | 4130 | | | | 22 |
| | | | i | 9,43 | 12,3 | | 16,0 | 20,8 | 25,6 | 30,5 | | | | |
| | | | I | 22520 | 38370 | | 55540 | 92640 | 140300 | 198600 | | | | |
| 24 | 212 | 6,08 | W | 1880 | 1600 | | 2060 | 2900 | 3790 | 4730 | | | | 24 |
| | | | i | 10,3 | 13,5 | | 16,2 | 20,9 | 25,7 | 30,6 | | | | |
| | | | I | 29840 | 50160 | | | 104700 | 158250 | 223400 | 389150 | | | |
| 26 | 237 | 6,58 | W | 2300 | 1930 | | | 3170 | 4165 | 5195 | 7340 | | | 26 |
| | | | i | 11,2 | 14,6 | | | 21,1 | 25,9 | 30,7 | 40,5 | | | |
| | | | I | 38540 | 64550 | | | 118000 | 177400 | 249700 | 433700 | | | |
| 28 | 263 | 7,09 | W | 2760 | 2310 | | | 3470 | 4550 | 5675 | 8030 | | | 28 |
| | | | i | 12,1 | 15,7 | | | 21,2 | 26,0 | 30,8 | 40,6 | | | |
| | | | I | 50330 | 84170 | | | 136300 | 203500 | 285500 | 494200 | | | |
| 30 | 298 | 7,58 | W | 3360 | 2810 | | | 3890 | 5085 | 6345 | 8985 | | | 30 |
| | | | i | 13,0 | 16,8 | | | 21,4 | 26,1 | 30,9 | 40,7 | | | |
| | | | I | 61640 | 90930 | | | | 220100 | 308800 | 534600 | 824900 | | |
| 32 | 322 | 7,57 | W | 3860 | 3030 | | | | 5500 | 6860 | 9720 | 12690 | | 32 |
| | | | i | 13,8 | 16,8 | | | | 26,1 | 30,9 | 40,7 | 50,6 | | |
| | | | I | 73320 | 96330 | | | | 233000 | 327000 | 566200 | 873900 | | |
| 34 | 342 | 7,53 | W | 4320 | 3210 | | | | 5825 | 7270 | 10300 | 13450 | | 34 |
| | | | i | 14,6 | 16,8 | | | | 26,1 | 30,9 | 40,7 | 50,6 | | |
| | | | I | 86380 | 101700 | | | | 246000 | 345300 | 598200 | 923300 | | |
| 36 | 361 | 7,49 | W | 4800 | 3390 | | | | 6150 | 7675 | 10880 | 14200 | | 36 |
| | | | i | 15,5 | 16,8 | | | | 26,1 | 30,9 | 40,7 | 50,6 | | |
| | | | I | 115360 | 110700 | | | | 268900 | 377700 | 654600 | 1010600 | | |
| 40 | 395 | 7,40 | W | 5760 | 3690 | | | | 6720 | 8395 | 11900 | 15550 | | 40 |
| | | | i | 17,1 | 16,7 | | | | 26,1 | 30,9 | 40,7 | 50,5 | | |
| | | | I | 159780 | 121500 | | | | | 415800 | 721000 | 1113400 | 1593000 | |
| 45 | 436 | 7,33 | W | 7100 | 4050 | | | | | 9240 | 13110 | 17130 | 21240 | 45 |
| | | | i | 19,1 | 16,7 | | | | | 30,9 | 40,7 | 50,5 | 60,4 | |
| | | | I | 214350 | 132800 | | | | | 454700 | 788700 | 1218200 | 1743000 | |
| 50 | 477 | 7,27 | W | 8580 | 4430 | | | | | 10104 | 14340 | 18740 | 23240 | 50 |
| | | | i | 21,2 | 16,7 | | | | | 30,9 | 40,7 | 50,5 | 60,4 | |
| | | | I | 273380 | 140500 | | | | | 483500 | 839200 | 1296800 | 1855600 | |
| 55 | 508 | 7,17 | W | 9940 | 4680 | | | | | 10740 | 15260 | 19950 | 24740 | 55 |
| | | | i | 23,2 | 16,6 | | | | | 30,8 | 40,6 | 50,5 | 60,4 | |
| | | | I | 342080 | 148600 | | | | | 513100 | 891100 | 1377000 | 1971000 | |
| 60 | 540 | 7,08 | W | 11400 | 4950 | | | | | 11400 | 16200 | 21185 | 26280 | 60 |
| | | | i | 25,2 | 16,6 | | | | | 30,8 | 40,6 | 50,5 | 60,4 | |

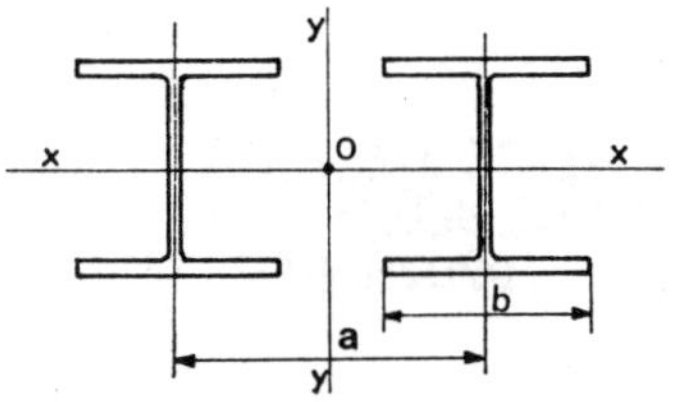


# VALORES ESTÁTICOS DE 2 HEB, CON SEPARACIÓN a VARIABLE

I, cm⁴
W, cm³
i, cm

| HEB | II 100 A = 52,0 | | | II 120 A = 68,0 | | | II 140 A = 86,0 | | | II 160 A = 109 | | | II 180 A = 131 | | | HEB |
|---|---|---|---|---|---|---|---|---|---|---|---|---|---|---|---|---|
| a | $I_x$ = 900; $W_x$ = 180; $i_x$ = 4,16; $i_1$ = 2,53 | | | $I_x$ = 1 730; $W_x$ = 288; $i_x$ = 5,04; $i_1$ = 3,06 | | | $I_x$ = 3 020; $W_x$ = 432; $i_x$ = 5,93; $i_1$ = 3,58 | | | $I_x$ = 4 980; $W_x$ = 622; $i_x$ = 6,78; $i_1$ = 4,05 | | | $I_x$ = 7 660; $W_x$ = 852; $i_x$ = 7,66; $i_1$ = 4,57 | | | a |
| mm | $I_y$ | $W_y$ | $i_y$ | $I_y$ | $W_y$ | $i_y$ | $I_y$ | $W_y$ | $i_y$ | $I_y$ | $W_y$ | $i_y$ | $I_y$ | $W_y$ | $i_y$ | mm |
| b | 1 630 | 163 | 5,61 | 3 080 | 257 | 6,73 | 5 310 | 380 | 7,86 | 8 730 | 546 | 8,97 | 13 300 | 739 | 10,1 | b |
| 120 | 2 210 | 201 | 6,51 | — | — | — | — | — | — | — | — | — | — | — | — | 120 |
| 140 | 2 880 | 240 | 7,44 | 3 970 | 305 | 7,64 | — | — | — | — | — | — | — | — | — | 140 |
| 150 | 3 260 | 261 | 7,92 | 4 460 | 330 | 8,10 | 5 940 | 409 | 8,31 | — | — | — | — | — | — | 150 |
| 160 | 3 660 | 282 | 8,39 | 4 990 | 356 | 8,56 | 6 600 | 440 | 8,76 | — | — | — | — | — | — | 160 |
| 180 | 4 550 | 325 | 9,35 | 6 140 | 410 | 9,51 | 8 070 | 504 | 9,68 | 10 570 | 622 | 9,87 | — | — | — | 180 |
| 200 | 5 530 | 369 | 10,3 | 7 440 | 465 | 10,5 | 9 700 | 571 | 10,6 | 12 640 | 702 | 10,8 | 15 780 | 831 | 11,0 | 200 |
| 250 | 8 460 | 483 | 12,8 | 11 260 | 609 | 12,9 | 14 540 | 746 | 13,0 | 18 750 | 914 | 13,1 | 23 130 | 1 080 | 13,3 | 250 |
| 300 | 12 030 | 602 | 15,2 | 15 940 | 759 | 15,3 | 20 450 | 930 | 15,4 | 26 210 | 1 140 | 15,5 | 32 110 | 1 340 | 15,7 | 300 |
| 350 | 16 260 | 723 | 17,7 | 21 460 | 913 | 17,8 | 27 440 | 1 120 | 17,9 | 35 040 | 1 370 | 18,0 | 42 720 | 1 610 | 18,1 | 350 |
| 400 | 21 130 | 845 | 20,2 | 27 840 | 1 070 | 20,2 | 35 500 | 1 310 | 20,3 | 45 220 | 1 610 | 20,4 | 54 960 | 1 900 | 20,5 | 400 |

| HEB | II 200 A = 156 | | | II 220 A = 182 | | | II 240 A = 212 | | | II 260 A = 236 | | | II 280 A = 262 | | | HEB |
|---|---|---|---|---|---|---|---|---|---|---|---|---|---|---|---|---|
| a | $I_x$ = 11 400; $W_x$ = 1 140; $i_x$ = 8,54; $i_1$ = 5,07 | | | $I_x$ = 16 180; $W_x$ = 1 470; $i_x$ = 9,43; $i_1$ = 5,59 | | | $I_x$ = 22 520; $W_x$ = 1 880; $i_x$ = 10,3; $i_1$ = 6,08 | | | $I_x$ = 29 840; $W_x$ = 2 300; $i_x$ = 11,2; $i_1$ = 6,58 | | | $I_x$ = 38 540; $W_x$ = 2 760; $i_x$ = 12,1; $i_1$ = 7,09 | | | a |
| mm | $I_y$ | $W_y$ | $i_y$ | $I_y$ | $W_y$ | $i_y$ | $I_y$ | $W_y$ | $i_y$ | $I_y$ | $W_y$ | $i_y$ | $I_y$ | $W_y$ | $i_y$ | mm |
| b | 19 620 | 981 | 11,2 | 27 700 | 1 260 | 12,3 | 38 370 | 1 600 | 13,5 | 50 160 | 1 930 | 14,6 | 64 550 | 2 310 | 15,7 | b |
| 250 | 28 410 | 1 260 | 13,5 | 34 120 | 1 450 | 13,7 | 40 970 | 1 670 | 13,9 | — | — | — | — | — | — | 250 |
| 300 | 39 150 | 1 570 | 15,8 | 46 630 | 1 790 | 16,0 | 55 540 | 2 060 | 16,2 | 63 360 | 2 260 | 16,4 | 72 130 | 2 490 | 16,6 | 300 |
| 350 | 51 840 | 1 880 | 18,2 | 61 420 | 2 160 | 18,4 | 72 770 | 2 470 | 18,5 | 82 540 | 2 710 | 18,7 | 93 420 | 2 970 | 18,9 | 350 |
| 400 | 66 480 | 2 220 | 20,6 | 78 480 | 2 530 | 20,8 | 92 640 | 2 900 | 20,9 | 104 700 | 3 170 | 21,1 | 118 000 | 3 470 | 21,2 | 400 |
| 450 | 83 080 | 2 560 | 23,1 | 97 820 | 2 920 | 23,2 | 115 200 | 3 340 | 23,3 | 129 700 | 3 650 | 23,4 | 145 800 | 4 000 | 23,6 | 450 |
| 500 | 101 600 | 2 900 | 25,5 | 119 400 | 3 320 | 25,6 | 140 300 | 3 790 | 25,7 | 157 800 | 4 150 | 25,9 | 176 900 | 4 540 | 26,0 | 500 |
| 550 | 122 100 | 3 260 | 28,0 | 143 300 | 3 720 | 28,1 | 168 200 | 4 260 | 28,2 | 188 700 | 4 660 | 28,3 | 211 300 | 5 090 | 28,4 | 550 |
| 600 | 144 600 | 3 610 | 30,4 | 169 500 | 4 130 | 30,5 | 198 600 | 4 730 | 30,6 | 222 700 | 5 180 | 30,7 | 249 000 | 5 660 | 30,8 | 600 |
| 650 | 169 000 | 3 980 | 32,9 | 197 900 | 4 550 | 33,0 | 231 800 | 5 210 | 33,1 | 259 500 | 5 700 | 33,2 | 289 900 | 6 230 | 33,3 | 650 |
| 700 | 195 300 | 4 340 | 35,4 | 228 600 | 4 970 | 35,4 | 267 500 | 5 690 | 35,5 | 299 400 | 6 240 | 35,6 | 334 100 | 6 820 | 35,7 | 700 |
| 750 | 223 700 | 4 710 | 37,8 | 261 600 | 5 390 | 37,9 | 306 000 | 6 180 | 33,0 | 342 100 | 6 770 | 38,1 | 381 600 | 7 410 | 38,2 | 750 |

| HEB | II 300 A = 298 | | | II 320 A = 322 | | | II 340 A = 342 | | | II 360 A = 362 | | | II 400 A = 396 | | | HEB |
|---|---|---|---|---|---|---|---|---|---|---|---|---|---|---|---|---|
| a | $I_x$ = 50 340; $W_x$ = 3 360; $i_x$ = 13,0; $i_1$ = 7,58 | | | $I_x$ = 61 640; $W_x$ = 3 860; $i_x$ = 13,8; $i_1$ = 7,57 | | | $I_x$ = 73 320; $W_x$ = 4 320; $i_x$ = 14,6; $i_1$ = 7,53 | | | $I_x$ = 86 380; $W_x$ = 4 800; $i_x$ = 15,5; $i_1$ = 7,49 | | | $I_x$ = 115 400; $W_x$ = 5 760; $i_x$ = 17,1; $i_1$ = 7,40 | | | a |
| mm | $I_y$ | $W_y$ | $i_y$ | $I_y$ | $W_y$ | $i_y$ | $I_y$ | $W_y$ | $i_y$ | $I_y$ | $W_y$ | $i_y$ | $I_y$ | $W_y$ | $i_y$ | mm |
| b | 84 170 | 2 810 | 16,8 | 90 930 | 3 030 | 16,8 | 96 330 | 3 210 | 16,8 | 101 700 | 3 390 | 16,8 | 110 700 | 3 690 | *16,7* | b |
| 350 | 108 400 | 3 330 | 19,1 | 117 100 | 3 600 | 19,1 | 124 100 | 3 820 | 19,1 | 131 100 | 4 040 | 19,0 | 142 900 | 4 400 | 19,0 | 350 |
| 400 | 136 300 | 3 890 | 21,4 | 147 300 | 4 210 | 21,4 | 156 200 | 4 460 | 21,4 | 165 100 | 4 720 | 21,4 | 180 000 | 5 140 | 21,3 | 400 |
| 450 | 168 000 | 4 480 | 23,7 | 181 500 | 4 840 | 23,7 | 192 500 | 5 130 | 23,7 | 203 500 | 5 430 | 23,7 | 222 100 | 5 920 | 23,7 | 450 |
| 500 | 203 400 | 5 080 | 26,1 | 219 700 | 5 490 | 26,1 | 233 100 | 5 830 | 26,1 | 246 500 | 6 160 | 26,1 | 269 100 | 6 730 | 26,1 | 500 |
| 600 | 285 300 | 6 340 | 30,9 | 308 300 | 6 850 | 30,9 | 327 200 | 7 270 | 30,9 | 346 100 | 7 690 | 30,9 | 378 000 | 8 400 | 30,9 | 600 |
| 700 | 382 200 | 7 640 | 35,8 | 412 900 | 8 260 | 35,8 | 438 300 | 8 770 | 35 8 | 463 700 | 9 270 | 35,8 | 506 700 | 10 130 | 35,8 | 700 |
| 750 | 436 200 | 8 310 | 38,3 | 471 300 | 8 980 | 38,3 | 500 300 | 9 530 | 38,2 | 529 300 | 10 080 | 38,2 | 578 500 | 11 020 | 38,2 | 750 |
| 800 | 493 900 | 8 980 | 40,7 | 533 700 | 9 700 | 40,7 | 566 600 | 10 300 | 40,7 | 599 500 | 10 900 | 40,7 | 655 200 | 11 910 | 40,7 | 800 |
| 900 | 620 600 | 10 340 | 45,6 | 670 500 | 11 180 | 45,6 | 711 900 | 11 870 | 45,6 | 753 300 | 12 560 | 45,6 | 823 500 | 13 730 | 45,6 | 900 |
| 1 000 | 762 100 | 11 720 | 50,6 | 823 500 | 12 670 | 50,6 | 874 400 | 13 450 | 50,6 | 925 300 | 14 240 | 50,6 | 1 012 000 | 15 560 | 50,5 | 1 000 |

| HEB | II 450 A = 436 | | | II 500 A = 478 | | | II 550 A = 508 | | | II 600 A = 540 | | | HEB |
|---|---|---|---|---|---|---|---|---|---|---|---|---|---|
| a | $I_x$ = 159 800; $W_x$ = 7 100; $i_x$ = 19,1; $i_1$ = 7,33 | | | $I_x$ = 214 400; $W_x$ = 8 580; $i_x$ = 21,2; $i_1$ = 7,27 | | | $I_x$ = 273 400; $W_x$ = 9 940; $i_x$ = 23,2; $i_1$ = 7,17 | | | $I_x$ = 342 000; $W_x$ = 11 400; $i_x$ = 25,2; $i_1$ = 7,08 | | | a |
| mm | $I_y$ | $W_y$ | $i_y$ | $I_y$ | $W_y$ | $i_y$ | $I_y$ | $W_y$ | $i_y$ | $I_y$ | $W_y$ | $i_y$ | mm |
| b | 121 500 | 4 050 | *16,7* | 132 800 | 4 430 | *16,7* | 140 500 | 4 680 | *16,6* | 148 600 | 4 950 | *16,6* | b |
| 350 | 157 000 | 4 830 | *19,0* | 171 600 | 5 280 | *18,9* | 181 700 | 5 590 | *18,9* | 192 400 | 5 920 | *18,9* | 350 |
| 400 | 197 800 | 5 650 | 21,3 | 216 400 | 6 180 | 21,3 | 229 400 | 6 550 | *21,2* | 243 100 | 6 940 | *21,2* | 400 |
| 450 | 244 200 | 6 510 | 23,7 | 267 200 | 7 130 | 23,6 | 283 300 | 7 560 | 23,6 | 300 400 | 8 010 | *23,6* | 450 |
| 500 | 295 900 | 7 400 | 26,1 | 324 000 | 8 100 | 26,0 | 343 700 | 8 590 | 26,0 | 364 600 | 9 110 | 26,0 | 500 |
| 600 | 415 800 | 9 240 | 30,9 | 455 400 | 10 120 | 30,9 | 483 400 | 10 740 | 30,8 | 513 100 | 11 400 | 30,8 | 600 |
| 700 | 557 500 | 11 150 | 35,8 | 610 800 | 12 220 | 35,7 | 648 500 | 12 970 | 35,7 | 688 600 | 13 770 | 35,7 | 700 |
| 750 | 636 600 | 12 130 | 38,2 | 697 400 | 13 280 | 38,2 | 740 500 | 14 110 | 38,2 | 786 400 | 14 980 | 38,2 | 750 |
| 800 | 721 000 | 13 110 | 40,7 | 790 000 | 14 360 | 40,7 | 839 000 | 15 250 | 40,6 | 891 100 | 16 200 | 40,6 | 800 |
| 900 | 906 300 | 15 110 | 45,6 | 993 200 | 16 550 | 45,6 | 1 055 000 | 17 580 | 45,6 | 1 121 000 | 18 680 | 45,6 | 900 |
| 1 000 | 1 113 000 | 17 130 | 50,5 | 1 220 000 | 18 770 | 50,5 | 1 296 000 | 19 940 | 50,5 | 1 377 000 | 21 190 | 50,5 | 1 000 |

Los radios de giro impresos en *cursiva* indican que $i_y < i_x$.

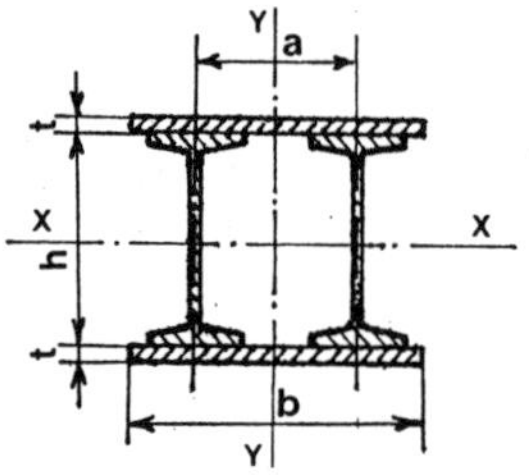




# VALORES ESTÁTICOS DE 2 IPN CON PLATABANDAS SOLDADAS Y SEPARACIÓN a VARIABLE

| II | Dimensiones | Platabanda | | Para la sección total | | Referido al eje | | | | | | Espesor de la garganta de soldadura | II |
|---|---|---|---|---|---|---|---|---|---|---|---|---|---|
| | a | b × | t | A | p | X — X | | | Y — Y | | | | |
| | mm | mm | mm | cm² | kg/m | $I_x$ cm⁴ | $W_x$ cm³ | $i_x$ cm | $I_y$ cm⁴ | $W_y$ cm³ | $i_y$ cm | cm | |
| | | | 8 | 104 | 81,5 | 7 140 | 729 | **8,29** | 9 340 | 623 | 9,49 | | |
| | 200 | 300 | 10 | 116 | 90,9 | 8 310 | 831 | **8,47** | 10 240 | 683 | 9,40 | | |
| | | | 12 | 128 | 100 | 9 540 | 935 | **8,64** | 11 140 | 743 | 9,34 | | |
| | | | 8 | 112 | 87,8 | 7 840 | 800 | **8,38** | 14 600 | 834 | 11,4 | | |
| | 250 | 350 | 10 | 126 | 98,8 | 9 220 | 922 | **8,56** | 16 030 | 916 | 11,3 | | |
| | | | 12 | 140 | 110 | 10 640 | 1 040 | **8,72** | 17 460 | 998 | 11,2 | | |
| | | | 8 | 120 | 94,0 | 8 550 | 872 | **8,45** | 21 250 | 1 060 | 13,3 | | |
| 180 | 300 | 400 | 10 | 136 | 107 | 10 120 | 1 010 | **8,63** | 23 380 | 1 170 | 13,1 | 0,50 | 180 |
| | | | 12 | 152 | 120 | 11 750 | 1 150 | **8,80** | 25 520 | 1 280 | 13,0 | | |
| | | | 8 | 128 | 100 | 9 260 | 945 | **8,51** | 29 400 | 1 310 | 15,2 | | |
| | 350 | 450 | 10 | 146 | 114 | 11 020 | 1 100 | **8,69** | 32 440 | 1 440 | 14,9 | | |
| | | | 12 | 164 | 129 | 12 860 | 1 260 | **8,86** | 35 480 | 1 580 | 14,7 | | |
| | | | 8 | 136 | 107 | 9 970 | 1 020 | **8,57** | 39 150 | 1 570 | 17,0 | | |
| | 400 | 500 | 10 | 156 | 122 | 11 930 | 1 190 | **8,75** | 43 320 | 1 730 | 16,7 | | |
| | | | 12 | 176 | 138 | 13 970 | 1 370 | **8,91** | 47 480 | 1 900 | 16,4 | | |
| | | | 8 | 115 | 90,3 | 9 480 | 878 | **9,08** | 10 530 | 70[illegible] | 9,57 | | |
| | 200 | 300 | 10 | 127 | 99,7 | 10 900 | 991 | **9,26** | 11 430 | 762 | 9,49 | | |
| | | | 12 | 139 | 109 | 12 380 | 1 110 | 9,44 | 12 330 | 822 | **9,42** | | |
| | | | 8 | 123 | 96,6 | 10 340 | 957 | **9,17** | 16 420 | 938 | 11,6 | | |
| | 250 | 350 | 10 | 137 | 108 | 12 010 | 1 090 | **9,36** | 17 850 | 1 020 | 11,4 | | |
| | | | 12 | 151 | 119 | 13 700 | 1 220 | **9,52** | 19 280 | 1 100 | 11,3 | | |
| | | | 8 | 131 | 103 | 11 210 | 1 040 | **9,25** | 23 840 | 1 190 | 13,5 | | |
| 200 | 300 | 400 | 10 | 147 | 115 | 13 110 | 1 190 | **9,44** | 25 980 | 1 300 | 13,3 | 0,55 | 200 |
| | | | 12 | 163 | 128 | 15 050 | 1 340 | **9,61** | 28 110 | 1 410 | 13,1 | | |
| | | | 8 | 139 | 109 | 12 080 | 1 120 | **9,37** | 32 900 | 1 460 | 15,4 | | |
| | 350 | 450 | 10 | 157 | 123 | 14 210 | 1 290 | **9,52** | 35 910 | 1 600 | 15,1 | | |
| | | | 12 | 175 | 137 | 16 390 | 1 460 | **9,68** | 38 950 | 1 730 | 14,9 | | |
| | | | 8 | 147 | 115 | 12 940 | 1 200 | **9,38** | 43 700 | 1 750 | 17,2 | | |
| | 400 | 500 | 10 | 167 | 131 | 15 320 | 1 390 | **9,58** | 47 870 | 1 910 | 16,9 | | |
| | | | 12 | 187 | 147 | 17 740 | 1 580 | **9,74** | 52 030 | 2 080 | 16,7 | | |
| | | | 8 | 130 | 102 | 12 780 | 1 080 | 9,89 | 12 610 | 788 | **9,83** | 0,55 | |
| | 200 | 320 | 10 | 143 | 112 | 14 590 | 1 220 | 10,1 | 13 710 | 857 | **9,78** | 0,65 | |
| | | | 12 | 156 | 122 | 16 640 | 1 360 | 10,3 | 14 800 | 925 | **9,74** | 0,65 | |
| | | | 8 | 140 | 110 | 14 030 | 1 190 | **10,1** | 20 020 | 1 050 | 12,0 | 0,55 | |
| | 250 | 380 | 10 | 155 | 122 | 16 180 | 1 350 | **10,2** | 21 840 | 1 150 | 11,9 | 0,65 | |
| | | | 12 | 170 | 134 | 18 620 | 1 530 | **10,5** | 23 670 | 1 250 | 11,8 | 0,65 | |
| | | | 8 | 146 | 115 | 14 860 | 1 260 | **10,1** | 28 020 | 1 330 | 13,8 | 0,55 | |
| 220 | 300 | 420 | 10 | 163 | 128 | 17 240 | 1 440 | **10,3** | 30 490 | 1 450 | 13,7 | 0,65 | 220 |
| | | | 12 | 180 | 141 | 19 930 | 1 630 | **10,5** | 32 960 | 1 570 | 13,5 | 0,65 | |
| | | | 8 | 156 | 122 | 16 110 | 1 370 | **10,2** | 39 330 | 1 640 | 15,9 | 0,55 | |
| | 350 | 480 | 10 | 175 | 138 | 18 820 | 1 570 | **10,4** | 43 010 | 1 790 | 15,7 | 0,65 | |
| | | | 12 | 194 | 153 | 21 900 | 1 800 | **10,6** | 46 700 | 1 950 | 15,5 | 0,65 | |
| | | | 8 | 167 | 131 | 17 560 | 1 490 | **10,3** | 54 190 | 1 970 | 18,0 | 0,55 | |
| | 400 | 550 | 10 | 189 | 149 | 20 680 | 1 720 | **10,5** | 59 730 | 2 170 | 17,8 | 0,65 | |
| | | | 12 | 211 | 166 | 24 210 | 1 980 | **10,7** | 65 280 | 2 370 | 17,6 | 0,65 | |
| | | | 8 | 143 | 113 | 16 380 | 1 280 | 10,7 | 14 030 | 877 | **9,89** | 0,55 | |
| | 200 | 320 | 10 | 156 | 123 | 18 510 | 1 420 | 10,9 | 15 120 | 945 | **9,84** | 0,65 | |
| | | | 12 | 169 | 133 | 20 700 | 1 570 | 11,1 | 16 220 | 1 010 | **9,79** | 0,65 | |
| | | | 8 | 153 | 120 | 17 840 | 1 390 | **10,8** | 22 160 | 1 170 | 12,0 | 0,55 | |
| | 250 | 380 | 10 | 168 | 132 | 20 370 | 1 570 | **11,0** | 23 990 | 1 260 | 11,9 | 0,65 | |
| | | | 12 | 183 | 144 | 22 980 | 1 740 | **11,2** | 25 820 | 1 360 | 11,9 | 0,65 | |
| | | | 8 | 159 | 125 | 18 830 | 1 470 | **10,9** | 31 070 | 1 480 | 14,0 | 0,55 | |
| 240 | 300 | 420 | 10 | 176 | 138 | 21 620 | 1 660 | **11,1** | 33 540 | 1 600 | 13,8 | 0,65 | 240 |
| | | | 12 | 193 | 151 | 24 510 | 1 860 | **11,3** | 36 010 | 1 710 | 13,7 | 0,65 | |
| | | | 8 | 169 | 133 | 20 310 | 1 590 | **11,0** | 43 420 | 1 810 | 16,0 | 0,55 | |
| | 350 | 480 | 10 | 188 | 148 | 23 500 | 1 810 | **11,2** | 47 110 | 1 960 | 15,8 | 0,65 | |
| | | | 12 | 207 | 163 | 26 800 | 2 030 | **11,4** | 50 800 | 2 120 | 15,7 | 0,65 | |
| | | | 8 | 180 | 141 | 22 030 | 1 720 | **11,1** | 59 510 | 2 160 | 18,2 | 0,55 | |
| | 400 | 550 | 10 | 202 | 159 | 25 690 | 1 980 | **11,3** | 65 050 | 2 370 | 17,9 | 0,65 | |
| | | | 12 | 224 | 176 | 29 460 | 2 230 | **11,5** | 70 600 | 2 570 | 17,7 | 0,65 | |

El radio de giro mínimo de la sección está indicado en letra **negrita**.

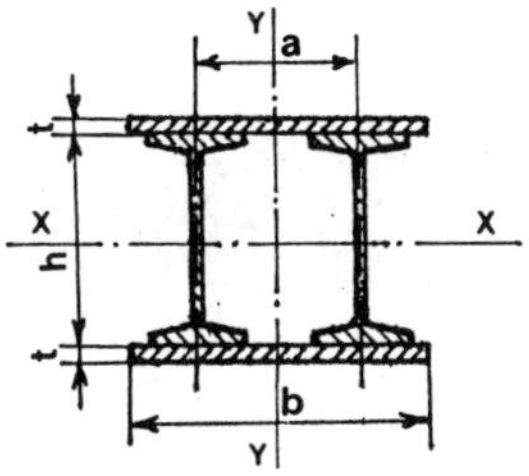


# VALORES ESTÁTICOS DE 2 IPN CON PLATABANDAS SOLDADAS Y SEPARACIÓN a VARIABLE

*(continuación)*

| II | Dimensiones | | | Para la sección total | | Referido al eje | | | | | | Espesor de la garganta de soldadura | II |
|---|---|---|---|---|---|---|---|---|---|---|---|---|---|
| | a | Platabanda | | | | X — X | | | Y — Y | | | | |
| | mm | b mm | t mm | A cm² | p kg/m | $I_x$ cm⁴ | $W_x$ cm³ | $i_x$ cm | $I_y$ cm⁴ | $W_y$ cm³ | $i_y$ cm | cm | |
| | | | 8 | **158** | 124 | 20 680 | 1 500 | 11,4 | 15 630 | 977 | **9,95** | 0,55 | |
| | 200 | 320 | 10 | **171** | 134 | 22 990 | 1 640 | 11,6 | 16 720 | 1 050 | **9,90** | 0,70 | |
| | | | 12 | **184** | 144 | 25 290 | 1 780 | 11,7 | 17 810 | 1 110 | **9,85** | 0,70 | |
| | | | 8 | **168** | 132 | 22 410 | 1 620 | **11,6** | 24 580 | 1 290 | 12,1 | 0,55 | |
| | 250 | 380 | 10 | **183** | 144 | 25 140 | 1 800 | **11,7** | 26 410 | 1 390 | 12,0 | 0,70 | |
| | | | 12 | **198** | 155 | 27 880 | 1 960 | **11,9** | 28 240 | 1 490 | 11,9 | 0,70 | |
| | | | 8 | **174** | 137 | 23 560 | 1 710 | **11,6** | 34 480 | 1 640 | 14,1 | 0,55 | |
| 260 | 300 | 420 | 10 | **191** | 150 | 26 580 | 1 900 | **11,8** | 36 950 | 1 760 | 13,9 | 0,70 | 260 |
| | | | 12 | **208** | 163 | 29 600 | 2 080 | **11,9** | 39 420 | 1 880 | 13,8 | 0,70 | |
| | | | 8 | **184** | 144 | 25 280 | 1 830 | **11,7** | 48 030 | 2 000 | 16,2 | 0,55 | |
| | 350 | 480 | 10 | **203** | 159 | 28 730 | 2 050 | **11,9** | 51 720 | 2 160 | 16,0 | 0,70 | |
| | | | 12 | **222** | 174 | 32 190 | 2 270 | **12,0** | 55 400 | 2 310 | 15,8 | 0,70 | |
| | | | 8 | **195** | 153 | 27 290 | 1 980 | **11,8** | 65 480 | 2 380 | 18,3 | 0,55 | |
| | 400 | 550 | 10 | **217** | 170 | 31 250 | 2 230 | **12,0** | 71 030 | 2 580 | 18,1 | 0,70 | |
| | | | 12 | **239** | 187 | 35 210 | 2 480 | **12,1** | 76 570 | 2 780 | 17,9 | 0,70 | |
| | | | 8 | **178** | 140 | 26 800 | 1 810 | 12,3 | 18 660 | 1 070 | **10,2** | 0,55 | |
| | 200 | 350 | 10 | **192** | 151 | 29 900 | 1 990 | 12,5 | 20 090 | 1 150 | **10,2** | 0,70 | |
| | | | 12 | **206** | 162 | 33 100 | 2 180 | 12,7 | 22 520 | 1 290 | **10,2** | 0,80 | |
| | | | 8 | **186** | 146 | 28 450 | 1 920 | 12,4 | 28 360 | 1 420 | **12,3** | 0,55 | |
| | 250 | 400 | 10 | **202** | 159 | 31 770 | 2 120 | 12,5 | 30 490 | 1 520 | **12,3** | 0,70 | |
| | | | 12 | **218** | 171 | 35 090 | 2 310 | 12,7 | 32 620 | 1 630 | **12,2** | 0,80 | |
| | | | 8 | **194** | 152 | 30 110 | 2 030 | **12,5** | 40 370 | 1 790 | 14,4 | 0,55 | |
| 280 | 300 | 450 | 10 | **212** | 167 | 33 840 | 2 260 | **12,6** | 43 410 | 1 930 | 14,3 | 0,70 | 280 |
| | | | 12 | **230** | 181 | 37 580 | 2 470 | **12,8** | 46 450 | 2 060 | 14,2 | 0,80 | |
| | | | 8 | **202** | 159 | 31 770 | 2 150 | **12,5** | 54 820 | 2 190 | 16,5 | 0,55 | |
| | 350 | 500 | 10 | **222** | 174 | 35 920 | 2 390 | **12,7** | 58 990 | 2 360 | 16,3 | 0,70 | |
| | | | 12 | **242** | 190 | 40 070 | 2 640 | **12,9** | 63 150 | 2 530 | 16,1 | 0,80 | |
| | | | 8 | **210** | 165 | 33 430 | 2 260 | **12,6** | 71 790 | 2 610 | 18,5 | 0,55 | |
| | 400 | 550 | 10 | **232** | 182 | 37 990 | 2 530 | **12,8** | 77 340 | 2 810 | 18,3 | 0,70 | |
| | | | 12 | **254** | 200 | 42 560 | 2 800 | **12,9** | 82 880 | 3 010 | 18,1 | 0,80 | |
| | | | 8 | **194** | 152 | 32 880 | 2 080 | 13,0 | 20 900 | 1 190 | **10,4** | 0,55 | |
| | 200 | 350 | 10 | **208** | 163 | 36 420 | 2 280 | 13,2 | 22 450 | 1 280 | **10,4** | 0,70 | |
| | | | 12 | **222** | 175 | 40 050 | 2 470 | 13,4 | 24 000 | 1 370 | **10,4** | 0,80 | |
| | | | 8 | **202** | 159 | 34 780 | 2 200 | 13,1 | 31 030 | 1 550 | **12,4** | 0,55 | |
| | 250 | 400 | 10 | **218** | 171 | 38 830 | 2 430 | 13,3 | 33 160 | 1 660 | **12,3** | 0,70 | |
| | | | 12 | **234** | 184 | 42 970 | 2 650 | 13,5 | 35 300 | 1 770 | **12,3** | 0,80 | |
| | | | 8 | **210** | 165 | 36 680 | 2 320 | **13,2** | 44 150 | 1 960 | 14,5 | 0,55 | |
| 300 | 300 | 450 | 10 | **228** | 179 | 41 230 | 2 580 | **13,4** | 47 180 | 2 100 | 14,4 | 0,70 | 300 |
| | | | 12 | **246** | 193 | 45 900 | 2 830 | **13,7** | 50 220 | 2 230 | 14,3 | 0,80 | |
| | | | 8 | **218** | 171 | 38 580 | 2 440 | **13,3** | 59 890 | 2 400 | 16,6 | 0,55 | |
| | 350 | 500 | 10 | **238** | 187 | 43 630 | 2 730 | **13,5** | 64 060 | 2 560 | 16,4 | 0,70 | |
| | | | 12 | **258** | 203 | 48 820 | 3 010 | **13,7** | 68 230 | 2 730 | 16,3 | 0,80 | |
| | | | 8 | **226** | 178 | 40 470 | 2 560 | **13,4** | 78 370 | 2 850 | 18,6 | 0,55 | |
| | 400 | 550 | 10 | **248** | 195 | 46 040 | 2 880 | **13,6** | 83 910 | 3 050 | 18,4 | 0,70 | |
| | | | 12 | **270** | 212 | 51 740 | 3 190 | **13,8** | 89 460 | 3 250 | 18,2 | 0,80 | |
| | | | 10 | **236** | 185 | 46 810 | 2 750 | 14,1 | 36 090 | 1 800 | **12,4** | 0,70 | |
| | 250 | 400 | 12 | **252** | 198 | 51 490 | 2 990 | 14,3 | 38 220 | 1 910 | **12,3** | 0,85 | |
| | | | 15 | **276** | 216 | 50 710 | 3 350 | 14,6 | 41 420 | 2 070 | **12,3** | 0,85 | |
| | | | 10 | **246** | 193 | 49 530 | 2 910 | **14,2** | 51 700 | 2 300 | 14,5 | 0,70 | |
| | 300 | 450 | 12 | **264** | 207 | 54 790 | 3 190 | 14,4 | 54 350 | 2 420 | **14,4** | 0,85 | |
| | | | 15 | **291** | 228 | 62 920 | 3 600 | 14,7 | 58 900 | 2 620 | **14,2** | 0,85 | |
| | | | 10 | **256** | 201 | 52 250 | 3 070 | **14,3** | 69 600 | 2 780 | 16,5 | 0,70 | |
| 320 | 350 | 500 | 12 | **276** | 216 | 58 100 | 3 380 | **14,5** | 73 760 | 2 950 | 16,4 | 0,85 | 320 |
| | | | 15 | **306** | 240 | 67 130 | 3 840 | **14,8** | 80 010 | 3 200 | 16,2 | 0,85 | |
| | | | 10 | **266** | 209 | 54 980 | 3 230 | **14,4** | 91 000 | 3 310 | 18,5 | 0,70 | |
| | 400 | 550 | 12 | **288** | 226 | 61 410 | 3 570 | **14,6** | 96 630 | 3 510 | 18,3 | 0,85 | |
| | | | 15 | **321** | 252 | 71 340 | 4 080 | **14,9** | 104 900 | 3 810 | 18,1 | 0,85 | |
| | | | 10 | **276** | 216 | 57 700 | 3 390 | **14,5** | 115 900 | 3 860 | 20,5 | 0,70 | |
| | 450 | 600 | 12 | **300** | 235 | 64 720 | 3 760 | **14,7** | 123 100 | 4 100 | 20,3 | 0,85 | |
| | | | 15 | **336** | 263 | 75 550 | 4 320 | **15,0** | 133 900 | 4 460 | 20,0 | 0,85 | |

El radio de giro mínimo de la sección está indicado en letra **negrita**.

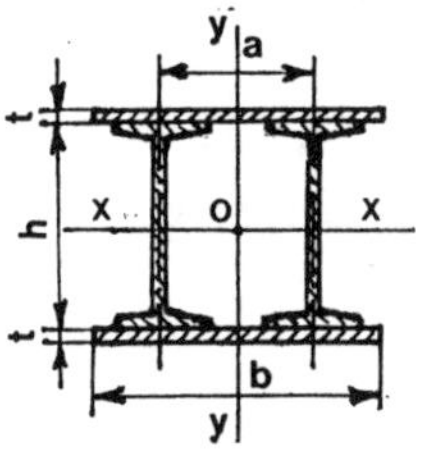


# VALORES ESTÁTICOS DE 2 IPN CON PLATABANDAS SOLDADAS Y SEPARACIÓN a VARIABLE

*(continuación)*

| II | Dimensiones a | Platabanda b × | t | Para la sección total A | p | Referido al eje X—X $I_x$ | $W_x$ | $i_x$ | Y—Y $I_y$ | $W_y$ | $i_y$ | Espesor de la garganta de soldadura | II |
|---|---|---|---|---|---|---|---|---|---|---|---|---|---|
| | mm | mm | mm | $cm^2$ | kg/m | $cm^4$ | $cm^3$ | cm | $cm^4$ | $cm^3$ | cm | cm | |
| | | | 10 | 254 | 199 | 55 900 | 3 110 | 14,8 | 39 140 | 1 960 | **12,4** | 0,70 | |
| | 250 | 400 | 12 | 270 | 212 | 61 140 | 3 360 | 15,1 | 41 270 | 2 060 | **12,4** | 0,85 | |
| | | | 15 | 294 | 230 | 69 220 | 3 740 | 15,3 | 44 470 | 2 220 | **12,3** | 0,95 | |
| | | | 10 | 264 | 207 | 58 960 | 3 280 | 14,9 | 55 600 | 2 470 | **14,5** | 0,70 | |
| | 300 | 450 | 12 | 282 | 221 | 64 860 | 3 560 | 15,2 | 58 630 | 2 610 | **14,4** | 0,85 | |
| | | | 15 | 309 | 242 | 73 950 | 4 000 | 15,5 | 63 190 | 2 810 | **14,3** | 0,95 | |
| | | | 10 | 274 | 215 | 62 020 | 3 450 | **15,1** | 75 350 | 3 010 | 16,6 | 0,70 | |
| 340 | 350 | 500 | 12 | 294 | 230 | 68 580 | 3 770 | **15,3** | 79 510 | 3 180 | 16,5 | 0,85 | 340 |
| | | | 15 | 324 | 254 | 78 680 | 4 250 | **15,6** | 85 760 | 3 430 | 16,3 | 0,95 | |
| | | | 10 | 284 | 220 | 65 090 | 3 620 | **15,2** | 98 520 | 3 580 | 18,6 | 0,70 | |
| | 400 | 550 | 12 | 306 | 240 | 72 290 | 3 970 | **15,4** | 104 100 | 3 790 | 18,5 | 0,85 | |
| | | | 15 | 339 | 266 | 83 410 | 4 510 | **15,7** | 112 400 | 4 090 | 18,2 | 0,95 | |
| | | | 10 | 294 | 230 | 68 150 | 3 790 | **15,2** | 125 200 | 4 170 | 20,6 | 0,70 | |
| | 450 | 600 | 12 | 318 | 249 | 76 010 | 4 180 | **15,5** | 132 400 | 4 410 | 20,4 | 0,85 | |
| | | | 15 | 354 | 278 | 88 140 | 4 760 | **15,8** | 143 200 | 4 770 | 20,1 | 0,95 | |
| | | | 10 | 284 | 223 | 70 020 | 3 690 | 15,7 | 60 520 | 2 690 | **14,6** | 0,70 | |
| | 300 | 450 | 12 | 302 | 237 | 76 590 | 3 990 | 15,9 | 63 560 | 2 820 | **14,5** | 0,85 | |
| | | | 15 | 329 | 258 | 86 710 | 4 450 | 16,2 | 68 110 | 3 030 | **14,4** | 1,00 | |
| | | | 10 | 294 | 231 | 73 440 | 3 870 | **15,8** | 81 940 | 3 280 | 16,7 | 0,70 | |
| | 350 | 500 | 12 | 314 | 247 | 80 740 | 4 210 | **16,0** | 86 110 | 3 440 | 16,6 | 0,85 | |
| | | | 15 | 344 | 270 | 91 970 | 4 720 | **16,4** | 92 360 | 3 690 | 16,4 | 1,00 | |
| | | | 10 | 304 | 239 | 76 870 | 4 050 | **15,9** | 107 000 | 3 890 | 18,8 | 0,70 | |
| 360 | 400 | 550 | 12 | 326 | 256 | 84 890 | 4 420 | **16,1** | 112 600 | 4 090 | 18,6 | 0,85 | 360 |
| | | | 15 | 359 | 282 | 97 250 | 4 990 | **16,5** | 120 900 | 4 400 | 18,3 | 1,00 | |
| | | | 10 | 314 | 247 | 80 290 | 4 230 | **16,0** | 135 600 | 4 520 | 20,8 | 0,70 | |
| | 450 | 600 | 12 | 338 | 265 | 89 050 | 4 640 | **16,2** | 143 200 | 4 770 | 20,6 | 0,85 | |
| | | | 15 | 374 | 294 | 102 500 | 5 260 | **16,6** | 154 000 | 5 130 | 20,3 | 1,00 | |
| | | | 10 | 324 | 255 | 83 710 | 4 410 | **16,1** | 168 800 | 5 190 | 22,8 | 0,70 | |
| | 500 | 650 | 12 | 350 | 275 | 93 200 | 4 850 | **16,3** | 177 900 | 5 470 | 22,5 | 0,85 | |
| | | | 15 | 389 | 306 | 107 800 | 5 530 | **16,6** | 191 700 | 5 900 | 22,2 | 1,00 | |
| | | | 10 | 314 | 247 | 86 060 | 4 300 | 16,6 | 70 930 | 2 840 | **15,0** | 0,70 | |
| | 300 | 500 | 12 | 334 | 262 | 94 140 | 4 660 | 16,8 | 75 100 | 3 000 | **15,0** | 0,85 | |
| | | | 15 | 364 | 280 | 106 600 | 5 200 | 17,1 | 81 350 | 3 250 | **15,0** | 1,05 | |
| | | | 10 | 324 | 254 | 89 860 | 4 490 | **16,7** | 95 220 | 3 460 | 17,1 | 0,70 | |
| | 350 | 550 | 12 | 346 | 272 | 98 750 | 4 890 | **16,9** | 100 800 | 3 670 | 17,1 | 0,85 | |
| | | | 15 | 379 | 298 | 112 400 | 5 480 | 17,2 | 109 100 | 3 970 | **17,0** | 1,05 | |
| | | | 10 | 334 | 262 | 93 660 | 4 680 | **16,8** | 123 200 | 4 110 | 19,2 | 0,70 | |
| 380 | 400 | 600 | 12 | 358 | 281 | 103 400 | 5 120 | **17,0** | 130 800 | 4 360 | 19,1 | 0,85 | 380 |
| | | | 15 | 394 | 309 | 118 300 | 5 770 | **17,3** | 141 600 | 4 720 | 19,0 | 1,05 | |
| | | | 10 | 344 | 270 | 97 470 | 4 870 | **16,8** | 156 100 | 4 800 | 21,3 | 0,70 | |
| | 450 | 650 | 12 | 370 | 290 | 108 000 | 5 350 | **17,1** | 165 200 | 5 080 | 21,1 | 0,85 | |
| | | | 15 | 409 | 321 | 124 100 | 6 050 | **17,4** | 178 900 | 5 500 | 20,9 | 1,05 | |
| | | | 10 | 354 | 278 | 101 300 | 5 070 | **16,9** | 192 900 | 5 510 | 23,3 | 0,70 | |
| | 500 | 700 | 12 | 382 | 300 | 112 600 | 5 570 | **17,2** | 204 300 | 5 840 | 23,1 | 0,85 | |
| | | | 15 | 424 | 333 | 130 000 | 6 340 | **17,5** | 221 500 | 6 330 | 22,9 | 1,05 | |
| | | | 10 | 336 | 264 | 100 500 | 4 790 | 17,3 | 76 250 | 3 050 | **15,1** | 0,70 | |
| | 300 | 500 | 12 | 356 | 279 | 109 400 | 5 160 | 17,5 | 80 420 | 3 220 | **15,0** | 0,85 | |
| | | | 15 | 386 | 303 | 123 000 | 5 720 | 17,9 | 86 670 | 3 470 | **15,0** | 1,05 | |
| | | | 10 | 346 | 272 | 104 700 | 4 990 | 17,4 | 102 300 | 3 720 | **17,2** | 0,70 | |
| | 350 | 550 | 12 | 368 | 289 | 114 500 | 5 400 | 17,6 | 107 900 | 3 920 | **17,1** | 0,85 | |
| | | | 15 | 401 | 315 | 129 500 | 6 020 | 18,0 | 116 200 | 4 230 | **17,0** | 1,05 | |
| | | | 10 | 356 | 279 | 108 900 | 5 190 | **17,5** | 132 300 | 4 410 | 19,3 | 0,70 | |
| 400 | 400 | 600 | 12 | 380 | 298 | 119 600 | 5 640 | **17,7** | 139 900 | 4 660 | 19,2 | 0,85 | 400 |
| | | | 15 | 416 | 327 | 136 000 | 6 330 | **18,1** | 150 700 | 5 020 | 19,0 | 1,05 | |
| | | | 10 | 366 | 287 | 113 100 | 5 390 | **17,6** | 167 600 | 5 160 | 21,4 | 0,70 | |
| | 450 | 650 | 12 | 392 | 308 | 124 600 | 5 880 | **17,8** | 176 700 | 5 440 | 21,2 | 0,85 | |
| | | | 15 | 431 | 338 | 142 400 | 6 620 | **18,2** | 190 400 | 5 860 | 21,0 | 1,05 | |
| | | | 10 | 376 | 295 | 117 300 | 5 590 | **17,7** | 207 000 | 5 910 | 23,5 | 0,70 | |
| | 500 | 700 | 12 | 404 | 317 | 128 700 | 6 120 | **17,9** | 218 400 | 6 240 | 23,3 | 0,85 | |
| | | | 15 | 446 | 350 | 148 900 | 6 930 | **18,3** | 235 600 | 6 730 | 23,0 | 1,05 | |

El radio de giro mínimo de la sección está indicado en letra **negrita**.

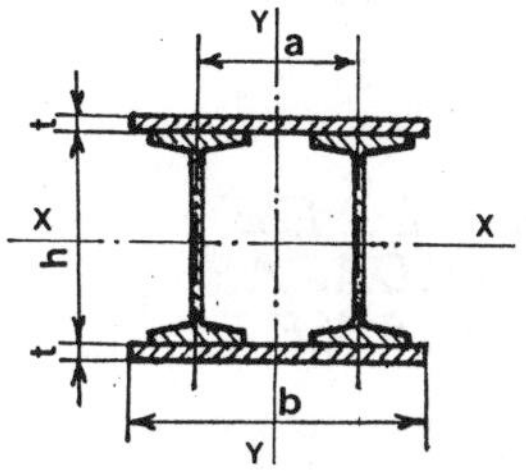




# VALORES ESTÁTICOS DE 2 IPN CON PLATABANDAS SOLDADAS Y SEPARACIÓN a VARIABLE

*(continuación)*

| II | Dimensiones | | | Para la sección total | | Referido al eje | | | | | | Espesor de la garganta de soldadura | II |
|---|---|---|---|---|---|---|---|---|---|---|---|---|---|
| | a | Platabanda | | | | X — X | | | Y — Y | | | | |
| | | b × t | | A | p | $I_x$ | $W_x$ | $i_x$ | $I_y$ | $W_y$ | $i_y$ | | |
| | mm | mm | mm | $cm^2$ | kg/m | $cm^4$ | $cm^3$ | cm | $cm^4$ | $cm^3$ | cm | cm | |
| | | | 10 | 394 | 309 | 144 600 | 6 150 | 19,2 | 90 430 | 3 620 | **15,1** | 0,70 | |
| | 300 | 500 | 12 | 414 | 325 | 155 800 | 6 570 | 19,4 | 94 600 | 3 780 | **15,1** | 0,85 | |
| | | | 15 | 444 | 349 | 172 800 | 7 200 | 19,7 | 100 900 | 4 040 | **15,1** | 1,05 | |
| | | | 10 | 404 | 317 | 149 900 | 6 380 | 19,3 | 121 200 | 4 410 | **17,3** | 0,70 | |
| | 350 | 550 | 12 | 426 | 334 | 162 200 | 6 840 | 19,5 | 126 800 | 4 610 | **17,3** | 0,85 | |
| | | | 15 | 459 | 360 | 180 900 | 7 540 | 19,9 | 135 100 | 4 910 | **17,2** | 1,05 | |
| | | | 10 | 414 | 325 | 155 200 | 6 600 | **19,3** | 156 700 | 5 220 | 19,5 | 0,70 | |
| 450 | 400 | 600 | 12 | 438 | 344 | 168 600 | 7 110 | 19,5 | 164 300 | 5 480 | **19,4** | 0,85 | 450 |
| | | | 15 | 474 | 372 | 189 000 | 7 880 | 20,0 | 175 100 | 5 840 | **19,2** | 1,05 | |
| | | | 10 | 424 | 333 | 160 500 | 6 830 | **19,5** | 198 100 | 6 100 | 21,6 | 0,70 | |
| | 450 | 650 | 12 | 450 | 353 | 175 000 | 7 380 | **19,7** | 207 200 | 6 380 | 21,5 | 0,85 | |
| | | | 15 | 489 | 384 | 197 200 | 8 220 | **20,1** | 220 900 | 6 800 | 21,3 | 1,05 | |
| | | | 10 | 434 | 341 | 165 800 | 7 060 | **19,5** | 244 300 | 6 980 | 23,7 | 0,70 | |
| | 500 | 700 | 12 | 462 | 363 | 181 400 | 7 650 | **19,8** | 255 800 | 7 310 | 23,5 | 0,85 | |
| | | | 15 | 504 | 396 | 205 300 | 8 550 | **20,2** | 273 000 | 7 800 | 23,3 | 1,05 | |
| | | | 10 | 470 | 369 | 209 000 | 8 040 | 21,1 | 113 700 | 4 130 | **15,6** | 0,70 | |
| | 300 | 550 | 12 | 492 | 386 | 224 000 | 8 550 | 21,3 | 119 200 | 4 330 | **15,6** | 0,85 | |
| | | | 15 | 525 | 412 | 246 900 | 9 320 | 21,7 | 127 600 | 4 640 | **15,6** | 1,05 | |
| | | | 10 | 480 | 377 | 215 500 | 8 290 | 21,2 | 151 200 | 5 040 | **17,8** | 0,70 | |
| | 350 | 600 | 12 | 504 | 396 | 231 900 | 8 850 | 21,5 | 158 400 | 5 280 | **17,7** | 0,85 | |
| | | | 15 | 540 | 424 | 256 900 | 9 690 | 21,8 | 169 200 | 5 640 | **17,7** | 1,05 | |
| | | | 10 | 490 | 385 | 222 000 | 8 540 | 21,3 | 194 700 | 5 990 | **19,9** | 0,70 | |
| 500 | 400 | 650 | 12 | 516 | 405 | 239 700 | 9 150 | 21,6 | 203 900 | 6 270 | **19,9** | 0,85 | 500 |
| | | | 15 | 555 | 436 | 266 800 | 10 070 | 21,9 | 217 600 | 6 700 | **19,8** | 1,05 | |
| | | | 10 | 500 | 393 | 228 500 | 8 790 | **21,4** | 244 400 | 6 980 | 22,1 | 0,70 | |
| | 450 | 700 | 12 | 528 | 414 | 247 600 | 9 450 | **21,7** | 255 800 | 7 310 | 22,0 | 0,85 | |
| | | | 15 | 570 | 447 | 276 800 | 10 450 | 22,0 | 273 000 | 7 800 | **21,9** | 1,05 | |
| | | | 10 | 510 | 400 | 235 000 | 9 040 | **21,5** | 300 300 | 8 010 | 24,3 | 0,70 | |
| | 500 | 750 | 12 | 540 | 424 | 255 500 | 9 750 | **21,8** | 314 300 | 8 380 | 24,1 | 0,85 | |
| | | | 15 | 585 | 459 | 286 700 | 10820 | **22,1** | 335 400 | 8 940 | 23,9 | 1,05 | |
| | | | 10 | 546 | 429 | 292 500 | 10 260 | 23,1 | 173 400 | 5 780 | **17,8** | 0,70 | |
| | 350 | 600 | 12 | 570 | 447 | 312 100 | 10 870 | 23,4 | 180 600 | 6 020 | **17,8** | 0,85 | |
| | | | 15 | 606 | 476 | 342 000 | 11 800 | 28,8 | 191 400 | 6 380 | **17,8** | 1,05 | |
| | | | 10 | 556 | 436 | 300 300 | 10 540 | 23,2 | 223 100 | 6 860 | **20,0** | 0,70 | |
| | 400 | 650 | 12 | 582 | 457 | 321 600 | 11 210 | 23,5 | 232 300 | 7 150 | **20,0** | 0,85 | |
| | | | 15 | 621 | 487 | 354 000 | 12 210 | 23,9 | 246 000 | 7 570 | **19,9** | 1,05 | |
| | | | 10 | 566 | 444 | 308 100 | 10 810 | 23,3 | 279 800 | 7 990 | **22,2** | 0,70 | |
| 550 | 450 | 700 | 12 | 594 | 466 | 331 000 | 11 530 | 23,6 | 291 200 | 8 320 | **22,2** | 0,85 | 550 |
| | | | 15 | 636 | 499 | 366 000 | 12 620 | 24,0 | 308 400 | 8 810 | **22,0** | 1,05 | |
| | | | 10 | 576 | 452 | 316 000 | 11 090 | **23,4** | 343 500 | 9 160 | 24,4 | 0,70 | |
| | 500 | 750 | 12 | 606 | 476 | 340 500 | 11 860 | **23,7** | 357 600 | 9 540 | 24,3 | 0,85 | |
| | | | 15 | 651 | 511 | 378 000 | 13 030 | **24,1** | 378 600 | 10 100 | **24,1** | 1,05 | |
| | | | 10 | 586 | 460 | 323 800 | 11 360 | **23,5** | 371 800 | 9 290 | 25,2 | 0,70 | |
| | 550 | 800 | 12 | 618 | 485 | 350 000 | 12 190 | **23,8** | 380 000 | 9 510 | 24,8 | 0,85 | |
| | | | 15 | 666 | 523 | 389 900 | 13 450 | **24,2** | 393 000 | 9 830 | 24,3 | 1,05 | |
| | | | 10 | 648 | 509 | 408 200 | 13 170 | 25,1 | 269 700 | 7 710 | **20,4** | 0,70 | |
| | 400 | 700 | 12 | 676 | 531 | 435 200 | 13 950 | 25,4 | 281 100 | 8 030 | **20,4** | 0,85 | |
| | | | 15 | 718 | 564 | 476 500 | 15 130 | 25,8 | 298 300 | 8 520 | **20,4** | 1,05 | |
| | | | 10 | 658 | 517 | 417 600 | 13 470 | 25,2 | 336 800 | 8 980 | **22,6** | 0,70 | |
| | 450 | 750 | 12 | 688 | 540 | 446 600 | 14 310 | 25,5 | 350 900 | 9 360 | **22,6** | 0,85 | |
| | | | 15 | 733 | 575 | 490 800 | 15 580 | 25,9 | 372 000 | 9 920 | **22,5** | 1,05 | |
| | | | 10 | 668 | 524 | 426 800 | 13 770 | 25,3 | 412 200 | 10 310 | **24,8** | 0,70 | |
| 600 | 500 | 800 | 12 | 700 | 550 | 457 700 | 14 670 | 25,6 | 429 200 | 10 730 | **24,8** | 0,85 | 600 |
| | | | 15 | 748 | 587 | 504 900 | 16 030 | 26,0 | 454 800 | 11 370 | **24,7** | 1,05 | |
| | | | 10 | 678 | 532 | 436 200 | 14 070 | **25,4** | 444 700 | 10 460 | 25,6 | 0,70 | |
| | 550 | 850 | 12 | 712 | 559 | 469 000 | 15 030 | 25,7 | 454 900 | 10 700 | **25,3** | 0,85 | |
| | | | 15 | 763 | 599 | 519 200 | 16 480 | 26,1 | 470 300 | 11 070 | **24,8** | 1,05 | |
| | | | 10 | 688 | 540 | 445 500 | 14 370 | **25,5** | 527 300 | 11 720 | 27,7 | 0,70 | |
| | 600 | 900 | 12 | 724 | 568 | 480 300 | 15 390 | **25,8** | 539 400 | 11 990 | 27,7 | 0,85 | |
| | | | 15 | 778 | 611 | 533 400 | 16 930 | **26,2** | 557 600 | 12 390 | 26,8 | 1,05 | |

El radio de giro mínimo de la sección está indicado en letra **negrita**.

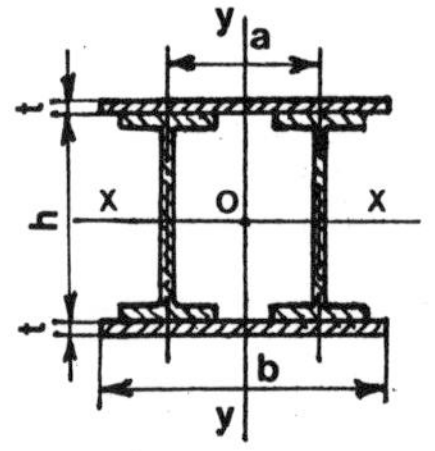


# VALORES ESTÁTICOS DE 2 IPE CON PLATABANDAS SOLDADAS Y SEPARACIÓN a VARIABLE

| II | Dimensiones a (mm) | Platabanda b (mm) | Platabanda t (mm) | Para la sección total A ($cm^2$) | Para la sección total p (kg/m) | Referido al eje X—X $I_x$ ($cm^4$) | X—X $W_x$ ($cm^3$) | X—X $i_x$ (cm) | Referido al eje Y—Y $I_y$ ($cm^4$) | Y—Y $W_y$ ($cm^3$) | Y—Y $i_y$ (cm) | Espesor de la garganta de soldadura (cm) | II |
|---|---|---|---|---|---|---|---|---|---|---|---|---|---|
| 140 | 100 | 200 | 8 | 64,8 | 50,9 | 2 840 | 364 | 6,62 | 1 980 | 198 | **5,52** | 0,45 | 140 |
| | | | 10 | 72,8 | 57,1 | 3 340 | 417 | 6,77 | 2 240 | 224 | **5,55** | | |
| | 150 | 250 | 8 | 72,8 | 57,1 | 3 270 | 420 | **6,71** | 4 020 | 321 | 7,43 | | |
| | | | 10 | 82,8 | 65,0 | 3 900 | 487 | **6,86** | 4 540 | 363 | 7,40 | | |
| | 200 | 300 | 8 | 80,8 | 63,4 | 3 710 | 476 | **6,78** | 6 970 | 465 | 9,29 | | |
| | | | 10 | 92,8 | 72,8 | 4 460 | 558 | **6,93** | 7 870 | 525 | 9,21 | | |
| | 250 | 350 | 8 | 88,8 | 69,7 | 4 150 | 532 | **6,84** | 10 930 | 625 | 11,1 | | |
| | | | 10 | 103 | 80,7 | 5 030 | 628 | **6,99** | 12 360 | 706 | 11,0 | | |
| | 300 | 400 | 8 | 96,8 | 76,0 | 4 590 | 589 | **6,89** | 16 000 | 800 | 12,9 | | |
| | | | 10 | 113 | 88,5 | 5 590 | 699 | **7,04** | 18 140 | 907 | 12,7 | | |
| 160 | 100 | 200 | 8 | 72,2 | 56,7 | 4 000 | 454 | 7,44 | 2 210 | 221 | **5,53** | 0,50 | 160 |
| | | | 10 | 80,2 | 63,0 | 4 630 | 515 | 7,60 | 2 470 | 247 | **5,56** | | |
| | 150 | 250 | 8 | 80,2 | 63,0 | 4 560 | 518 | 7,54 | 4 480 | 358 | **7,47** | | |
| | | | 10 | 90,2 | 70,8 | 5 350 | 595 | 7,70 | 5 000 | 400 | **7,45** | | |
| | 200 | 300 | 8 | 88,2 | 69,2 | 5 130 | 583 | **7,62** | 7 760 | 517 | 9,38 | | |
| | | | 10 | 100 | 78,7 | 6 080 | 675 | **7,79** | 8 660 | 577 | 9,29 | | |
| | 250 | 350 | 8 | 96,2 | 75,5 | 5 690 | 647 | **7,69** | 12 130 | 693 | 11,2 | | |
| | | | 10 | 110 | 86,5 | 6 800 | 756 | **7,86** | 13 560 | 775 | 11,1 | | |
| | 300 | 400 | 8 | 104 | 81,8 | 6 260 | 711 | **7,75** | 17 710 | 886 | 13,0 | | |
| | | | 10 | 120 | 94,4 | 7 520 | 836 | **7,91** | 19 850 | 992 | 12,9 | | |
| 180 | 100 | 250 | 8 | 87,8 | 68,9 | 6 180 | 630 | 8.39 | 3 480 | 278 | **6,30** | 0,55 | 180 |
| | | | 10 | 97,8 | 76,8 | 7 160 | 716 | 8,55 | 4 000 | 320 | **6,40** | | |
| | 150 | 300 | 8 | 95,8 | 75,2 | 6 880 | 702 | 8,48 | 6 490 | 433 | **8,23** | | |
| | | | 10 | 108 | 84,6 | 8 060 | 806 | 8,65 | 7 390 | 493 | **8,28** | | |
| | 200 | 350 | 8 | 104 | 81,5 | 7 590 | 775 | **8,55** | 10 700 | 611 | 10,2 | | |
| | | | 10 | 118 | 92,5 | 8 960 | 896 | **8,72** | 12 130 | 693 | 10,1 | | |
| | 250 | 400 | 8 | 112 | 87,8 | 8 300 | 847 | **8,62** | 16 200 | 810 | 12,0 | | |
| | | | 10 | 128 | 100 | 9 870 | 987 | **8,79** | 18 340 | 917 | 12,0 | | |
| | 300 | 450 | 8 | 120 | 94,0 | 9 010 | 919 | **8,67** | 23 110 | 1 030 | 13,9 | | |
| | | | 10 | 138 | 108 | 10 770 | 1 080 | **8,84** | 26 140 | 1 160 | 13,8 | | |
| 200 | 150 | 300 | 8 | 105 | 82,4 | 9 070 | 840 | 9,30 | 7 090 | 473 | **8,22** | 0,55 | 200 |
| | | | 10 | 117 | 91,8 | 10 500 | 955 | 9,47 | 7 990 | 533 | **8,26** | | |
| | 200 | 350 | 8 | 113 | 88,7 | 9 940 | 920 | **9,38** | 11 700 | 669 | 10,2 | | |
| | | | 10 | 127 | 99,7 | 11 600 | 1 050 | **9,56** | 13 130 | 750 | 10,2 | | |
| | 250 | 400 | 8 | 121 | 95,0 | 10 810 | 1 000 | **9,45** | 17 720 | 886 | 12,1 | | |
| | | | 10 | 137 | 108 | 12 710 | 1 160 | **9,63** | 19 860 | 993 | 12,0 | | |
| | 300 | 450 | 8 | 129 | 101 | 11 670 | 1 080 | **9,51** | 25 260 | 1 120 | 14,0 | | |
| | | | 10 | 147 | 115 | 13 810 | 1 260 | **9,69** | 28 300 | 1 260 | 13,9 | | |
| | 350 | 500 | 8 | 137 | 108 | 12 540 | 1 160 | **9,57** | 34 410 | 1 380 | 15,8 | | |
| | | | 10 | 157 | 123 | 14 910 | 1 360 | **9,75** | 38 570 | 1 540 | 15,7 | | |
| 220 | 150 | 300 | 8 | 115 | 90,1 | 11 780 | 998 | 10,1 | 7 760 | 518 | **8,23** | 0,55 | 220 |
| | | | 10 | 127 | 99,5 | 13 480 | 1 120 | 10,3 | 8 670 | 578 | **8,27** | 0,60 | |
| | 200 | 350 | 8 | 123 | 96,4 | 12 820 | 1 090 | **10,2** | 12 810 | 732 | **10,2** | 0,55 | |
| | | | 10 | 137 | 107 | 14 800 | 1 230 | 10,4 | 14 240 | 813 | **10,2** | 0,60 | |
| | 250 | 400 | 8 | 131 | 103 | 13 860 | 1 170 | **10,3** | 19 380 | 969 | 12,2 | 0,55 | |
| | | | 10 | 147 | 115 | 16 130 | 1 340 | **10,5** | 21 510 | 1 080 | 12,1 | 0,60 | |
| | 300 | 450 | 8 | 139 | 109 | 14 900 | 1 260 | **10,4** | 27 590 | 1 230 | 14,1 | 0,55 | |
| | | | 10 | 157 | 123 | 17 450 | 1 450 | **10,5** | 30 630 | 1 360 | 14,0 | 0,60 | |
| | 350 | 500 | 8 | 147 | 115 | 15 940 | 1 350 | **10,4** | 37 530 | 1 500 | 16,0 | 0,55 | |
| | | | 10 | 167 | 131 | 18 770 | 1 560 | **10,6** | 41 700 | 1 670 | 15,8 | 0,60 | |
| 240 | 150 | 300 | 8 | 126 | 99,1 | 15 160 | 1 180 | 11,0 | 8 570 | 571 | **8,24** | 0,55 | 240 |
| | | | 10 | 138 | 108 | 17 160 | 1 320 | 11,1 | 9 470 | 631 | **8,28** | 0,65 | |
| | 200 | 350 | 8 | 134 | 105 | 16 390 | 1 280 | 11,1 | 14 100 | 806 | **10,3** | 0,55 | |
| | | | 10 | 148 | 116 | 18 720 | 1 440 | 11,2 | 15 530 | 888 | **10,2** | 0,65 | |
| | 250 | 400 | 8 | 142 | 112 | 17 620 | 1 380 | **11,1** | 21 320 | 1 070 | 12,2 | 0,55 | |
| | | | 10 | 158 | 124 | 20 290 | 1 560 | **11,3** | 23 450 | 1 170 | 12,2 | 0,65 | |
| | 300 | 450 | 8 | 150 | 118 | 18 850 | 1 470 | **11,2** | 30 310 | 1 350 | 14,2 | 0,55 | |
| | | | 10 | 168 | 132 | 21 850 | 1 680 | **11,4** | 33 350 | 1 480 | 14,1 | 0,65 | |
| | 350 | 500 | 8 | 158 | 124 | 20 090 | 1 570 | **11,3** | 41 180 | 1 650 | 16,1 | 0,55 | |
| | | | 10 | 178 | 140 | 23 410 | 1 800 | **11,5** | 45 350 | 1 810 | 16,0 | 0,65 | |
| 270 | 200 | 350 | 10 | 162 | 127 | 25 310 | 1 750 | 12,5 | 17 170 | 981 | **10,3** | 0,70 | 270 |
| | | | 12 | 176 | 138 | 28 290 | 1 920 | 12,7 | 18 600 | 1 060 | **10,3** | | |
| | 250 | 400 | 10 | 172 | 135 | 27 270 | 1 880 | 12,6 | 25 850 | 1 290 | **12,3** | | |
| | | | 12 | 188 | 147 | 30 680 | 2 090 | 12,8 | 27 980 | 1 400 | **12,2** | | |
| | 300 | 450 | 10 | 182 | 143 | 29 230 | 2 020 | **12,7** | 36 680 | 1 630 | 14,2 | | |
| | | | 12 | 200 | 157 | 33 060 | 2 250 | **12,9** | 39 720 | 1 770 | 14,1 | | |
| | 350 | 500 | 10 | 192 | 151 | 31 190 | 2 150 | **12,8** | 49 790 | 1 990 | 16,1 | | |
| | | | 12 | 212 | 166 | 35 450 | 2 410 | **12,9** | 53 950 | 2 160 | 15,9 | | |
| | 400 | 550 | 10 | 202 | 158 | 33 150 | 2 290 | **12,8** | 65 290 | 2 370 | 18,0 | | |
| | | | 12 | 224 | 176 | 37 840 | 2 570 | **13,0** | 70 840 | 2 580 | 17,8 | | |

El radio de giro mínimo de la sección está indicado en letra **negrita**.

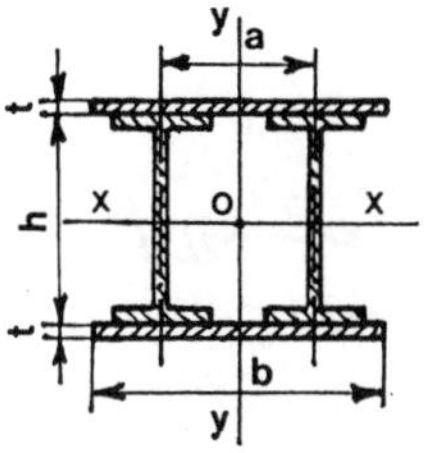




# VALORES ESTÁTICOS DE 2 IPE CON PLATABANDAS SOLDADAS Y SEPARACIÓN a VARIABLE

*(continuación)*

| II | Dimensiones: a (mm) | Platabanda b (mm) | × t (mm) | Para la sección total: A (cm²) | p (kg/m) | Referido al eje X — X: $I_x$ (cm⁴) | $W_x$ (cm³) | $i_x$ (cm) | Referido al eje Y — Y: $I_y$ (cm⁴) | $W_y$ (cm³) | $i_y$ (cm) | Espesor de la garganta de soldadura (cm) | II |
|---|---|---|---|---|---|---|---|---|---|---|---|---|---|
| **300** | 200 | 400 | 10 | **188** | 147 | 35 950 | 2 250 | 13,8 | 22 630 | 1 130 | **11,0** | 0,70 | **300** |
| | | | 12 | **204** | 160 | 40 090 | 2 470 | 14,0 | 24 770 | 1 240 | **11,0** | | |
| | 250 | 450 | 10 | **198** | 155 | 38 350 | 2 400 | 13,9 | 33 210 | 1 480 | **13,0** | | |
| | | | 12 | **216** | 169 | 43 020 | 2 660 | 14,1 | 36 250 | 1 610 | **13,0** | | |
| | 300 | 500 | 10 | **208** | 163 | 40 750 | 2 550 | **14,0** | 46 250 | 1 850 | 14,9 | | |
| | | | 12 | **228** | 179 | 45 940 | 2 840 | **14,2** | 50 420 | 2 020 | 14,9 | | |
| | 350 | 550 | 10 | **218** | 171 | 43 160 | 2 700 | **14,1** | 61 890 | 2 250 | 16,9 | | |
| | | | 12 | **240** | 188 | 48 860 | 3 020 | **14,3** | 67 440 | 2 450 | 16,8 | | |
| | 400 | 600 | 10 | **228** | 179 | 45 560 | 2 850 | **14,1** | 80 250 | 2 670 | 18,8 | | |
| | | | 12 | **252** | 198 | 51 780 | 3 200 | **14,3** | 87 450 | 2 910 | 18,6 | | |
| **330** | 200 | 400 | 10 | **205** | 161 | 46 670 | 2 670 | 15,1 | 24 760 | 1 240 | **11,0** | 0,70 | **330** |
| | | | 12 | **221** | 174 | 51 620 | 2 920 | 15,3 | 26 900 | 1 340 | **11,0** | 0,80 | |
| | 250 | 450 | 10 | **215** | 169 | 49 560 | 2 830 | 15,2 | 36 330 | 1 610 | **13,0** | 0,70 | |
| | | | 12 | **233** | 183 | 55 130 | 3 110 | 15,4 | 39 360 | 1 750 | **13,0** | 0,80 | |
| | 300 | 500 | 10 | **225** | 177 | 52 450 | 3 000 | 15,3 | 50 580 | 2 020 | **15,0** | 0,70 | |
| | | | 12 | **245** | 192 | 58 640 | 3 310 | 15,5 | 54 750 | 2 190 | **14,9** | 0,80 | |
| | 350 | 550 | 10 | **235** | 185 | 55 340 | 3 160 | **15,3** | 67 650 | 2 460 | 17,0 | 0,70 | |
| | | | 12 | **257** | 202 | 62 150 | 3 510 | **15,5** | 73 190 | 2 660 | 16,9 | 0,80 | |
| | 400 | 600 | 10 | **245** | 192 | 58 230 | 3 330 | **15,4** | 87 660 | 2 920 | 18,9 | 0,70 | |
| | | | 12 | **269** | 211 | 65 660 | 3 710 | **15,6** | 94 860 | 3 160 | 18,8 | 0,80 | |
| **360** | 250 | 450 | 10 | **235** | 185 | 63 350 | 3 330 | 16,4 | 39 990 | 1 780 | **13,0** | 0,70 | **360** |
| | | | 12 | **253** | 199 | 69 920 | 3 640 | 16,6 | 43 020 | 1 910 | **13,0** | 0,80 | |
| | 300 | 500 | 10 | **245** | 193 | 66 770 | 3 510 | 16,5 | 55 630 | 2 230 | **15,1** | 0,70 | |
| | | | 12 | **265** | 208 | 74 070 | 3 860 | 16,7 | 59 800 | 2 390 | **15,0** | 0,80 | |
| | 350 | 550 | 10 | **255** | 200 | 70 200 | 3 690 | **16,6** | 74 340 | 2 700 | 17,1 | 0,70 | |
| | | | 12 | **277** | 218 | 78 220 | 4 070 | **16,8** | 79 880 | 2 900 | 17,0 | 0,80 | |
| | 400 | 600 | 10 | **265** | 208 | 73 620 | 3 870 | **16,7** | 96 240 | 3 210 | 19,0 | 0,70 | |
| | | | 12 | **289** | 227 | 82 380 | 4 290 | **16,9** | 103 400 | 3 450 | 18,9 | 0,80 | |
| | 450 | 650 | 10 | **275** | 216 | 77 040 | 4 050 | **16,7** | 121 500 | 3 740 | 21,0 | 0,70 | |
| | | | 12 | **301** | 237 | 86 530 | 4 510 | **16,9** | 130 600 | 4 020 | 20,8 | 0,80 | |
| **400** | 250 | 450 | 12 | **277** | 217 | 92 100 | 4 340 | 18,2 | 47 270 | 2 100 | **13,1** | 0,80 | **400** |
| | | | 15 | **304** | 239 | 104 400 | 4 860 | 18,5 | 51 830 | 2 300 | **13,1** | 0,90 | |
| | 300 | 500 | 12 | **289** | 227 | 97 200 | 4 580 | 18,3 | 65 670 | 2 630 | **15,1** | 0,80 | |
| | | | 15 | **319** | 250 | 110 900 | 5 160 | 18,6 | 71 920 | 2 880 | **15,0** | 0,90 | |
| | 350 | 550 | 12 | **301** | 236 | 102 300 | 4 830 | 18,4 | 87 670 | 3 190 | **17,1** | 0,80 | |
| | | | 15 | **334** | 262 | 117 300 | 5 460 | 18,7 | 95 990 | 3 490 | **17,0** | 0,90 | |
| | 400 | 600 | 12 | **313** | 246 | 107 400 | 5 070 | **18,5** | 113 400 | 3 780 | 19,0 | 0,80 | |
| | | | 15 | **349** | 274 | 123 800 | 5 760 | **18,8** | 124 200 | 4 140 | 18,9 | 0,90 | |
| | 450 | 650 | 12 | **325** | 255 | 112 500 | 5 310 | **18,6** | 143 100 | 4 400 | 21,0 | 0,80 | |
| | | | 15 | **364** | 286 | 130 300 | 6 060 | **18,9** | 156 900 | 4 830 | 20,8 | 0,90 | |
| **450** | 300 | 550 | 12 | **330** | 259 | 137 900 | 5 820 | 20,5 | 81 100 | 2 950 | **15,7** | 0,80 | **450** |
| | | | 15 | **363** | 285 | 156 700 | 6 530 | 20,8 | 89 410 | 3 250 | **15,7** | 1,00 | |
| | 350 | 600 | 12 | **342** | 268 | 144 300 | 6 090 | 20,6 | 107 100 | 3 570 | **17,7** | 0,80 | |
| | | | 15 | **378** | 296 | 164 800 | 6 870 | 20,9 | 117 900 | 3 930 | **17,7** | 1,00 | |
| | 400 | 650 | 12 | **354** | 278 | 150 700 | 6 360 | 20,6 | 137 300 | 4 230 | **19,7** | 0,80 | |
| | | | 15 | **393** | 308 | 172 900 | 7 210 | 21,0 | 151 100 | 4 650 | **19,6** | 1,00 | |
| | 450 | 700 | 12 | **366** | 287 | 157 100 | 6 630 | **20,7** | 172 000 | 4 910 | 21,7 | 0,80 | |
| | | | 15 | **408** | 320 | 181 000 | 7 540 | **21,1** | 189 100 | 5 400 | 21,5 | 1,00 | |
| | 500 | 750 | 12 | **378** | 296 | 163 600 | 6 900 | **20,8** | 211 200 | 5 630 | 23,7 | 0,80 | |
| | | | 15 | **423** | 332 | 189 100 | 7 880 | **21,2** | 232 300 | 6 200 | 23,4 | 1,00 | |
| **500** | 300 | 550 | 12 | **364** | 286 | 182 900 | 6 980 | 22,4 | 89 760 | 3 260 | **15,7** | 0,80 | **500** |
| | | | 15 | **397** | 312 | 205 800 | 7 770 | 22,8 | 98 070 | 3 570 | **15,7** | 1,05 | |
| | 350 | 600 | 12 | **376** | 295 | 190 800 | 7 280 | 22,5 | 118 500 | 3 950 | **17,8** | 0,80 | |
| | | | 15 | **412** | 323 | 215 800 | 8 140 | 22,9 | 129 300 | 4 310 | **17,7** | 1,05 | |
| | 400 | 650 | 12 | **388** | 305 | 198 700 | 7 580 | 22,6 | 152 000 | 4 680 | **19,8** | 0,80 | |
| | | | 15 | **427** | 335 | 225 700 | 8 520 | 23,0 | 165 700 | 5 100 | **19,7** | 1,05 | |
| | 450 | 700 | 12 | **400** | 314 | 206 500 | 7 880 | 22,7 | 190 300 | 5 440 | **21,8** | 0,80 | |
| | | | 15 | **442** | 347 | 235 700 | 8 890 | 23,1 | 207 500 | 5 930 | **21,7** | 1,05 | |
| | 500 | 750 | 12 | **412** | 323 | 214 400 | 8 180 | **22,8** | 233 700 | 6 230 | 23,8 | 0,80 | |
| | | | 15 | **457** | 359 | 245 600 | 9 270 | **23,2** | 254 700 | 6 790 | 23,6 | 1,05 | |
| **550** | 350 | 600 | 12 | **412** | 323 | 248 000 | 8 640 | 24,5 | 130 600 | 4 350 | **17,8** | 0,80 | **550** |
| | | | 15 | **448** | 352 | 277 900 | 9 580 | 24,9 | 141 400 | 4 710 | **17,8** | 1,05 | |
| | 400 | 650 | 12 | **424** | 333 | 257 400 | 8 970 | 24,6 | 167 500 | 5 150 | **19,9** | 0,80 | |
| | | | 15 | **463** | 363 | 289 900 | 10 000 | 25,0 | 181 200 | 5 580 | **19,8** | 1,05 | |
| | 450 | 700 | 12 | **436** | 342 | 266 900 | 9 300 | 24,7 | 209 600 | 5 990 | **21,9** | 0,80 | |
| | | | 15 | **478** | 375 | 301 900 | 10 410 | 25,1 | 226 800 | 6 480 | **21,8** | 1,05 | |
| | 500 | 750 | 12 | **448** | 352 | 276 400 | 9 630 | 24,8 | 257 200 | 6 860 | **24,0** | 0,80 | |
| | | | 15 | **493** | 387 | 313 800 | 10 820 | 25,2 | 278 300 | 7 420 | **23,8** | 1,05 | |
| **600** | 350 | 600 | 12 | **456** | 358 | 319 000 | 10 220 | 26,4 | 145 500 | 4 850 | **17,9** | 0,80 | **600** |
| | | | 15 | **492** | 386 | 354 400 | 11 250 | 26,8 | 156 300 | 5 210 | **17,8** | 1,05 | |
| | 400 | 650 | 12 | **468** | 367 | 330 300 | 10 580 | 26,6 | 186 500 | 5 740 | **20,0** | 0,80 | |
| | | | 15 | **507** | 398 | 368 600 | 11 700 | 27,0 | 200 200 | 6 160 | **19,9** | 1,05 | |
| | 450 | 700 | 12 | **480** | 377 | 341 500 | 10 950 | 26,7 | 233 300 | 6 670 | **22,0** | 0,80 | |
| | | | 15 | **522** | 410 | 382 800 | 12 150 | 27,1 | 250 500 | 7 160 | **21,9** | 1,05 | |
| | 500 | 750 | 12 | **492** | 386 | 352 700 | 11 310 | 26,8 | 286 200 | 7 630 | **24,1** | 0,80 | |
| | | | 15 | **537** | 422 | 397 000 | 12 600 | 27,2 | 307 200 | 8 190 | **23,9** | 1,05 | |

El radio de giro mínimo de la sección está indicado en letra **negrita**.

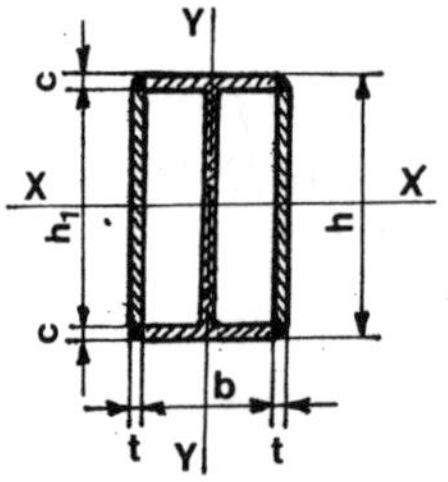


# *VALORES ESTÁTICOS DE UN PERFIL I CON PLATABANDAS LATERALES*

**PERFILES IPE**

| IPE | Dimensiones en mm | | | | A | p | Referido al eje | | | | | |
|---|---|---|---|---|---|---|---|---|---|---|---|---|
| | | | | | | | X — X | | | Y — Y | | |
| | b | c | $h_1$ | t | $cm^2$ | kg/m | $I_x$ $cm^4$ | $W_x$ $cm^3$ | $i_x$ cm | $I_y$ $cm^4$ | $W_y$ $cm^3$ | $i_y$ cm |
| 120 | 64 | 5 | 110 | 8 | 30,8 | 24,2 | 495 | 82,6 | 4,01 | 257 | 64,2 | **2,89** |
| 140 | 73 | 5 | 130 | 8 | 37,2 | 29,2 | 834 | 119 | 4,73 | 387 | 87,0 | **3,23** |
| 160 | 82 | 5 | 150 | 8 | 44,1 | 34,6 | 1 320 | 165 | 5,47 | 556 | 113 | **3,55** |
| 180 | 91 | 6 | 168 | 10 | 57,5 | 45,1 | 2 110 | 234 | 6,06 | 961 | 173 | **4,09** |
| 200 | 100 | 6 | 188 | 10 | 66,1 | 51,9 | 3 050 | 305 | 6,79 | 1 280 | 214 | **4,40** |
| 220 | 110 | 6 | 208 | 10 | 75,0 | 58,9 | 4 270 | 388 | 7,55 | 1 710 | 262 | **4,77** |
| 240 | 120 | 8 | 224 | 12 | 92,9 | 72,9 | 6 140 | 511 | 8,13 | 2 630 | 366 | **5,32** |
| 270 | 135 | 8 | 254 | 12 | 107 | 83,9 | 9 070 | 672 | 9,21 | 3 720 | 468 | **5,90** |
| 300 | 150 | 8 | 284 | 12 | 122 | 95,7 | 12 940 | 863 | 10,3 | 5 080 | 584 | **6,46** |
| 330 | 160 | 8 | 314 | 12 | 138 | 108 | 17 960 | 1 090 | 11,4 | 6 370 | 692 | **6,80** |
| 360 | 170 | 10 | 340 | 15 | 175 | 137 | 26 100 | 1 450 | 12,2 | 9 790 | 979 | **7,48** |
| 400 | 180 | 10 | 380 | 15 | 199 | 156 | 36 850 | 1 840 | 13,6 | 12 180 | 1 160 | **7,83** |
| 450 | 190 | 10 | 430 | 15 | 228 | 179 | 53 620 | 2 380 | 15,3 | 15 260 | 1 390 | **8,18** |
| 500 | 200 | 10 | 480 | 20 | 308 | 242 | 85 060 | 3 400 | 16,6 | 25 440 | 2 120 | **9,09** |
| 550 | 210 | 10 | 530 | 20 | 346 | 272 | 116 700 | 4 250 | 18,4 | 30 780 | 2 460 | **9,43** |
| 600 | 220 | 10 | 580 | 20 | 388 | 305 | 157 100 | 5 240 | 20,1 | 36 880 | 2 840 | **9,75** |

**2.2.3.2.—PERFILES HEA**

| HEA | Dimensiones en mm | | | | A | p | Referido al eje | | | | | |
|---|---|---|---|---|---|---|---|---|---|---|---|---|
| | | | | | | | X — X | | | Y — Y | | |
| | b | c | $h_1$ | t | $cm^2$ | kg/m | $I_x$ $cm^4$ | $W_x$ $cm^3$ | $i_x$ cm | $I_y$ cm | $W_y$ $cm^3$ | $i_y$ cm |
| 100 | 100 | 4 | 88 | 6 | 31,8 | 24,9 | 417 | 86,9 | **3,62** | 431 | 77,0 | 3,68 |
| 120 | 120 | 5 | 104 | 6 | 37,8 | 29,7 | 718 | 126 | **4,36** | 727 | 110 | 4,39 |
| 140 | 140 | 5 | 123 | 8 | 51,1 | 40,1 | 1 280 | 192 | **5,00** | 1 470 | 188 | 5,36 |
| 160 | 160 | 6 | 140 | 8 | 61,2 | 48,0 | 2 040 | 268 | **5,77** | 2 200 | 250 | 5,99 |
| 180 | 180 | 5,5 | 160 | 8 | 70,9 | 55,7 | 3 060 | 357 | **6,57** | 3 190 | 325 | 6,71 |
| 200 | 200 | 5 | 180 | 10 | 89,8 | 70,5 | 4 660 | 491 | **7,21** | 5 310 | 483 | 7,69 |
| 220 | 220 | 5 | 200 | 10 | 104 | 81,9 | 6 740 | 642 | **8,04** | 7 240 | 604 | 8,33 |
| 240 | 240 | 5 | 220 | 12 | 130 | 102 | 9 890 | 860 | **8,74** | 11 160 | 845 | 9,28 |
| 260 | 260 | 5 | 240 | 12 | 144 | 113 | 13 210 | 1 060 | **9,57** | 14 330 | 1 010 | 9,96 |
| 280 | 280 | 5 | 260 | 12 | 160 | 125 | 17 190 | 1 270 | **10,4** | 18 070 | 1 190 | 10,6 |
| 300 | 300 | 5 | 280 | 12 | 180 | 141 | 22 650 | 1 560 | **11,2** | 22 670 | 1 400 | **11,2** |
| 320 | 300 | 5 | 300 | 15 | 214 | 168 | 29 680 | 1 910 | 11,8 | 29 330 | 1 780 | **11,7** |
| 340 | 300 | 5 | 320 | 15 | 229 | 180 | 35 880 | 2 170 | 12,5 | 31 270 | 1 900 | **11,7** |
| 360 | 300 | 5 | 340 | 15 | 245 | 192 | 42 920 | 2 450 | 13,2 | 33 210 | 2 010 | **11,6** |
| 400 | 300 | 5 | 380 | 15 | 273 | 214 | 58 790 | 3 010 | 14,7 | 36 860 | 2 230 | **11,6** |
| 450 | 300 | 10 | 420 | 20 | 346 | 272 | 88 420 | 4 020 | 16,0 | 52 530 | 3 090 | **12,3** |
| 500 | 300 | 10 | 470 | 20 | 386 | 303 | 121 600 | 4 960 | 17,7 | 58 560 | 3 440 | **12,3** |
| 550 | 300 | 10 | 520 | 20 | 420 | 330 | 158 800 | 5 880 | 19,4 | 64 140 | 3 770 | **12,4** |
| 600 | 300 | 10 | 570 | 20 | 454 | 356 | 202 900 | 6 880 | 21,1 | 69 710 | 4 100 | **12,4** |

**2.2.3.3.—PERFILES HEB**

| HEB | Dimensiones en mm | | | | A | p | Referido al eje | | | | | |
|---|---|---|---|---|---|---|---|---|---|---|---|---|
| | | | | | | | X — X | | | Y — Y | | |
| | b | c | $h_1$ | t | $cm^2$ | kg/m | $I_x$ $cm^4$ | $W_x$ $cm^3$ | $i_x$ cm | $I_y$ $cm^4$ | $W_y$ $cm^3$ | $i_y$ cm |
| 100 | 100 | 5 | 90 | 6 | 36,8 | 28,9 | 523 | 105 | 3,77 | 471 | 84,1 | **3,58** |
| 120 | 120 | 8 | 104 | 8 | 50,6 | 39,8 | 1 010 | 169 | 4,47 | 1 000 | 147 | **4,44** |
| 140 | 140 | 8 | 124 | 8 | 62,8 | 49,3 | 1 760 | 252 | 5,30 | 1 640 | 210 | **5,10** |
| 160 | 160 | 10 | 140 | 10 | 82,3 | 64,6 | 2 950 | 368 | 5,98 | 2 910 | 324 | **5,95** |
| 180 | 180 | 10 | 160 | 10 | 97,3 | 76,4 | 4 510 | 501 | 6,81 | 4 250 | 425 | **6,61** |
| 200 | 200 | 10 | 180 | 12 | 121 | 95,2 | 6 870 | 687 | 7,52 | 6 860 | 612 | **7,52** |
| 220 | 220 | 10 | 200 | 12 | 139 | 109 | 9 690 | 881 | 8,35 | 9 300 | 763 | **8,18** |
| 240 | 240 | 10 | 220 | 15 | 172 | 135 | 13 920 | 1 160 | **9,00** | 14 660 | 1 090 | 9,23 |
| 260 | 260 | 10 | 240 | 15 | 190 | 149 | 18 380 | 1 410 | **9,83** | 18 760 | 1 290 | 9,94 |
| 280 | 280 | 10 | 260 | 15 | 209 | 164 | 23 660 | 1 690 | **10,6** | 23 570 | 1 520 | **10,6** |
| 300 | 300 | 10 | 280 | 15 | 233 | 183 | 30 660 | 2 040 | 11,5 | 29 410 | 1 780 | **11,2** |
| 320 | 300 | 10 | 300 | 20 | 281 | 221 | 39 820 | 2 490 | **11,9** | 40 000 | 2 350 | **11,9** |
| 340 | 300 | 10 | 320 | 20 | 299 | 235 | 47 580 | 2 800 | 12,6 | 42 500 | 2 500 | **11,9** |
| 360 | 300 | 10 | 340 | 20 | 317 | 249 | 56 290 | 3 130 | 13,3 | 45 000 | 2 650 | **11,9** |
| 400 | 300 | 10 | 380 | 20 | 350 | 275 | 75 970 | 3 800 | 14,7 | 49 780 | 2 930 | **11,9** |
| 450 | 300 | 15 | 420 | 24 | 420 | 329 | 109 500 | 4 870 | 16,2 | 64 720 | 3 720 | **12,4** |
| 500 | 300 | 15 | 470 | 24 | 465 | 365 | 148 700 | 5 950 | 17,9 | 71 930 | 4 130 | **12,4** |
| 550 | 300 | 15 | 520 | 24 | 504 | 395 | 192 900 | 7 020 | 19,6 | 78 700 | 4 520 | **12,5** |
| 600 | 300 | 15 | 570 | 24 | 544 | 427 | 245 100 | 8 170 | 21,2 | 85 460 | 4 910 | **12,5** |

El radio de giro mínimo de la sección está indicado en letra **negrita**.

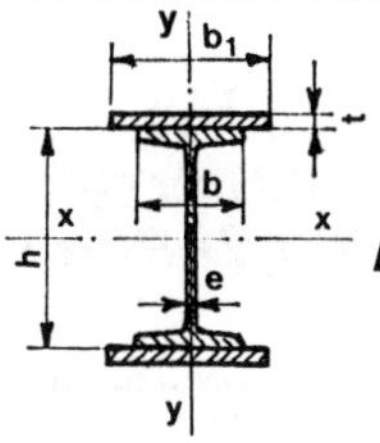




# VALORES ESTÁTICOS DE UN PERFIL IPN CON PLATABANDAS SOLDADAS DE ESPESOR t VARIABLE

| Dimensiones del perfil y platabandas mm | t mm | A $cm^2$ | p kg/m | $I_x$ $cm^4$ | $W_x$ $cm^3$ | $i_x$ cm | $I_y$ $cm^4$ | $i_y$ cm | $S_x$ $cm^3$ |
|---|---|---|---|---|---|---|---|---|---|
| I 160 | 10 | 42,8 | 33,6 | 2 380 | 264 | 7,46 | 221 | 2,27 | 153 |
| $b_1$ = 100 | 12 | 46,8 | 36,7 | 2 710 | 295 | 7,61 | 255 | 2,33 | 171 |
| h = 160; b = 74 | 15 | 52,8 | 41,4 | 3 240 | 341 | 7,83 | 305 | 2,40 | 199 |
| e = 6,3; $h_1$ = 125 | 20 | 62,8 | 49,3 | 4 190 | 419 | 8,17 | 388 | 2,49 | 248 |
| | 24 | 70,8 | 55,6 | 5 020 | 483 | 8,42 | 455 | 2,53 | 289 |
| | 30 | 82,8 | 65,0 | 6 400 | 582 | 8,79 | 555 | 2,59 | 353 |
| I 180 | 10 | 51,9 | 40,7 | 3 620 | 362 | 8,35 | 369 | 2,67 | 207 |
| $b_1$ = 120 | 12 | 56,7 | 44,5 | 4 110 | 403 | 8,51 | 427 | 2,74 | 232 |
| h = 180; b = 82 | 15 | 63,9 | 50,2 | 4 880 | 465 | 8,74 | 513 | 2,83 | 269 |
| e = 6,9; $h_1$ = 142 | 20 | 75,9 | 59,6 | 6 270 | 570 | 9,09 | 657 | 2,94 | 333 |
| | 24 | 85,5 | 67,1 | 7 470 | 655 | 9,35 | 773 | 3,01 | 387 |
| | 30 | 99,9 | 78,4 | 9 440 | 787 | 9,72 | 945 | 3,08 | 471 |
| I 200 | 10 | 57,5 | 45,1 | 4 790 | 435 | 9,13 | 405 | 2,65 | 251 |
| $b_1$ = 120 | 12 | 62,3 | 48,9 | 5 380 | 480 | 9,29 | 463 | 2,72 | 278 |
| h = 200; b = 90 | 15 | 69,5 | 54,6 | 6 310 | 549 | 9,53 | 549 | 2,81 | 319 |
| e = 7,5; $h_1$ = 159 | 20 | 81,5 | 64,0 | 7 960 | 663 | 9,89 | 693 | 2,92 | 389 |
| | 24 | 91,1 | 71,5 | 9 390 | 757 | 10,2 | 808 | 2,98 | 448 |
| | 30 | 106 | 82,8 | 11 720 | 902 | 10,5 | 981 | 3,05 | 539 |
| I 220 | 10 | 65,6 | 51,5 | 6 500 | 542 | 9,95 | 528 | 2,84 | 312 |
| $b_1$ = 130 | 12 | 70,8 | 55,6 | 7 260 | 595 | 10,1 | 601 | 2,91 | 343 |
| h = 220; b = 98 | 15 | 78,6 | 61,7 | 8 450 | 676 | 10,4 | 711 | 3,01 | 391 |
| e = 8,1; $h_1$ = 176 | 20 | 91,6 | 71,9 | 10 570 | 813 | 10,7 | 894 | 3,12 | 474 |
| | 24 | 102 | 80,1 | 12 380 | 924 | 11,0 | 1 040 | 3,19 | 543 |
| | 30 | 118 | 92,3 | 15 310 | 1 090 | 11,4 | 1 260 | 3,27 | 650 |
| I 240 | 10 | 76,1 | 59,7 | 8 940 | 688 | 10,8 | 784 | 3,21 | 394 |
| $b_1$ = 150 | 12 | 82,1 | 64,4 | 9 970 | 755 | 11,0 | 896 | 3,30 | 433 |
| h = 240; b = 106 | 15 | 91,1 | 71,5 | 11 570 | 857 | 11,3 | 1 060 | 3,42 | 493 |
| e = 8,7; $h_1$ = 192 | 20 | 106 | 83,3 | 14 410 | 1 030 | 11,7 | 1 350 | 3,56 | 596 |
| | 24 | 118 | 92,7 | 16 830 | 1 170 | 11,9 | 1 570 | 3,65 | 681 |
| | 30 | 136 | 107 | 20 720 | 1 380 | 12,3 | 1 910 | 3,74 | 814 |
| I 260 | 10 | 85,4 | 67,0 | 11 570 | 826 | 11,6 | 972 | 3,37 | 473 |
| $b_1$ = 160 | 12 | 91,8 | 72,1 | 12 850 | 905 | 11,8 | 1 110 | 3,47 | 518 |
| h = 260; b = 113 | 15 | 101 | 79,6 | 14 820 | 1 020 | 12,1 | 1 310 | 3,60 | 587 |
| e = 9,4; $h_1$ = 208 | 20 | 117 | 92,2 | 18 310 | 1 220 | 12,5 | 1 660 | 3,75 | 705 |
| | 24 | 130 | 102 | 21 260 | 1 380 | 12,8 | 1 930 | 3,85 | 802 |
| | 30 | 149 | 117 | 26 000 | 1 630 | 13,2 | 2 340 | 3,95 | 953 |
| I 280 | 10 | 97,0 | 76,0 | 15 160 | 1 010 | 12,5 | 1 340 | 3,71 | 563 |
| $b_1$ = 180 | 12 | 104 | 82,0 | 16 800 | 1 110 | 12,7 | 1 530 | 3,84 | 614 |
| h = 280; b = 119 | 15 | 115 | 90,0 | 19 350 | 1 250 | 13,0 | 1 820 | 3,98 | 692 |
| e = 10,1; $h_1$ = 225 | 20 | 133 | 104 | 23 810 | 1 490 | 13,4 | 2 310 | 4,17 | 826 |
| | 24 | 147 | 116 | 27 590 | 1 680 | 13,7 | 2 700 | 4,29 | 937 |
| | 30 | 169 | 133 | 33 610 | 1 980 | 14,1 | 3 280 | 4,41 | 1 107 |
| I 300 | 10 | 109 | 86,0 | 19 410 | 1 210 | 13,3 | 1 780 | 4,04 | 692 |
| $b_1$ = 200 | 12 | 117 | 92,0 | 21 490 | 1 330 | 13,6 | 2 050 | 4,19 | 756 |
| h = 300; b = 125 | 15 | 129 | 101 | 24 690 | 1 500 | 13,8 | 2 450 | 4,36 | 854 |
| e = 10,8; $h_1$ = 241 | 20 | 149 | 117 | 30 310 | 1 780 | 14,3 | 3 120 | 4,58 | 1 021 |
| | 24 | 165 | 130 | 35 040 | 2 010 | 14,6 | 3 650 | 4,70 | 1 159 |
| | 30 | 189 | 149 | 42 560 | 2 360 | 15,0 | 4 450 | 4,85 | 1 370 |

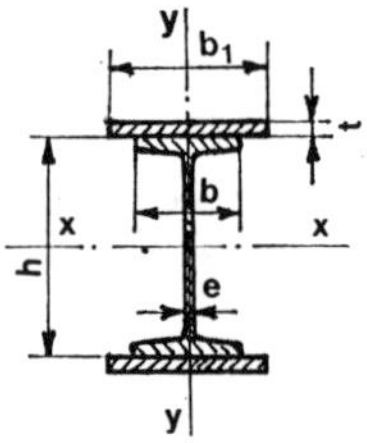


AL-25₂

## *VALORES ESTÁTICOS DE UN PERFIL IPN CON PLATABANDAS SOLDADAS DE ESPESOR t VARIABLE*

*(continuación)*

| Dimensiones del perfil y platabandas mm | t mm | A cm² | p kg/m | $I_x$ cm⁴ | $W_x$ cm³ | $i_x$ cm | $I_y$ cm⁴ | $i_y$ cm | $S_x$ cm³ |
|---|---|---|---|---|---|---|---|---|---|
| I 320 | 10 | 118 | 92 | 23 400 | 1 380 | 14,1 | 1 890 | 4,00 | 788 |
| $b_1 = 200$ | 12 | 126 | 99 | 25 740 | 1 500 | 14,3 | 2 150 | 4,13 | 855 |
| $h = 320$; $b = 131$ | 15 | 138 | 108 | 29 350 | 1 680 | 14,6 | 2 560 | 4,30 | 959 |
| $e = 11{,}5$; $h_1 = 258$ | 20 | 158 | 124 | 35 660 | 1 980 | 15,0 | 3 220 | 4,51 | 1 134 |
| | 24 | 174 | 136 | 40 960 | 2 230 | 15,4 | 3 750 | 4,64 | 1 281 |
| | 30 | 198 | 155 | 49 350 | 2 600 | 15,8 | 4 560 | 4,79 | 1 503 |
| I 340 | 10 | 127 | 99 | 27 950 | 1 550 | 14,8 | 2 010 | 3,98 | 890 |
| $b_1 = 200$ | 12 | 135 | 106 | 30 570 | 1 680 | 15,1 | 2 270 | 4,10 | 962 |
| $h = 340$; $b = 137$ | 15 | 147 | 115 | 34 620 | 1 870 | 15,4 | 2 670 | 4,26 | 1 070 |
| $e = 12{,}2$; $h_1 = 274$ | 20 | 167 | 131 | 41 650 | 2 190 | 15,8 | 3 340 | 4,47 | 1 260 |
| | 24 | 183 | 143 | 47 550 | 2 450 | 16,1 | 3 870 | 4,60 | 1 410 |
| | 30 | 207 | 162 | 56 860 | 2 840 | 16,6 | 4 670 | 4,75 | 1 650 |
| I 360 | 10 | 141 | 111 | 34 670 | 1 820 | 15,7 | 2 590 | 4,29 | 1 049 |
| $b_1 = 220$ | 12 | 150 | 118 | 37 880 | 1 970 | 15,9 | 2 950 | 4,43 | 1 132 |
| $h = 360$; $b = 143$ | 15 | 163 | 128 | 42 820 | 2 200 | 16,2 | 3 480 | 4,62 | 1 258 |
| $e = 13{,}0$; $h_1 = 290$ | 20 | 185 | 145 | 51 400 | 2 570 | 16,7 | 4 370 | 4,86 | 1 478 |
| | 24 | 203 | 159 | 58 580 | 2 870 | 17,0 | 5 080 | 5,00 | 1 656 |
| | 30 | 229 | 180 | 69 900 | 3 330 | 17,5 | 6 140 | 5,18 | 1 929 |
| I 380 | 12 | 160 | 125 | 44 300 | 2 190 | 16,6 | 3 100 | 4,41 | 1 260 |
| $b_1 = 220$ | 15 | 173 | 136 | 49 770 | 2 430 | 17,0 | 3 460 | 4,59 | 1 390 |
| $h = 380$; $b = 149$ | 20 | 195 | 153 | 59 240 | 2 820 | 17,4 | 4 520 | 4,82 | 1 620 |
| $e = 13{,}7$; $h_1 = 306$ | 24 | 213 | 167 | 67 150 | 3 140 | 17,8 | 5 230 | 4,96 | 1 810 |
| | 30 | 239 | 188 | 79 580 | 3 620 | 18,2 | 6 300 | 5,13 | 2 090 |
| I 400 | 12 | 171 | 134 | 51 620 | 2 430 | 17,4 | 3 290 | 4,39 | 1 400 |
| $b_1 = 220$ | 15 | 184 | 144 | 57 640 | 2 680 | 17,7 | 3 820 | 4,56 | 1 540 |
| $h = 400$; $b = 155$ | 20 | 206 | 162 | 68 100 | 3 090 | 18,2 | 4 710 | 4,78 | 1 780 |
| $e = 14{,}4$; $h_1 = 323$ | 24 | 224 | 176 | 76 720 | 3 430 | 18,5 | 5 420 | 4,92 | 1 980 |
| | 30 | 250 | 196 | 90 330 | 3 930 | 19,0 | 6 480 | 5,09 | 2 280 |
| I 450 | 12 | 207 | 163 | 77 870 | 3 290 | 19,4 | 4 860 | 4,85 | 1 896 |
| $b_1 = 250$ | 15 | 222 | 174 | 86 410 | 3 600 | 19,7 | 5 630 | 5,04 | 2 070 |
| $h = 450$; $b = 170$ | 20 | 247 | 194 | 101 100 | 4 130 | 20,2 | 6 930 | 5,30 | 2 374 |
| $e = 16{,}2$; $h_1 = 363$ | 24 | 267 | 209 | 113 300 | 4 550 | 20,6 | 7 980 | 5,47 | 2 624 |
| | 30 | 297 | 233 | 132 400 | 5 190 | 21,1 | 9 540 | 5,67 | 3 004 |
| I 500 | 12 | 240 | 188 | 108 100 | 4 130 | 21,2 | 5 610 | 4,83 | 2 391 |
| $b_1 = 250$ | 15 | 255 | 200 | 118 500 | 4 470 | 21,6 | 6 390 | 5,01 | 2 589 |
| $h = 500$; $b = 185$ | 20 | 280 | 220 | 136 400 | 5 050 | 22,1 | 7 690 | 5,24 | 2 922 |
| $e = 18{,}0$; $h_1 = 404$ | 24 | 300 | 235 | 151 200 | 5 520 | 22,5 | 8 730 | 5,39 | 3 193 |
| | 30 | 330 | 259 | 174 200 | 6 220 | 23,6 | 10 290 | 5,58 | 3 610 |
| I 550 | 12 | 285 | 224 | 156 000 | 5 440 | 23,4 | 8 890 | 5,59 | 3 129 |
| $b_1 = 300$ | 15 | 303 | 238 | 171 000 | 5 900 | 23,8 | 10 240 | 5,81 | 3 392 |
| $h = 550$; $b = 200$ | 20 | 333 | 261 | 196 700 | 6 670 | 24,3 | 12 490 | 6,12 | 3 835 |
| $e = 19{,}0$; $h_1 = 445$ | 24 | 357 | 280 | 217 900 | 7 290 | 24,7 | 14 290 | 6,33 | 4 185 |
| | 30 | 393 | 309 | 250 700 | 8 220 | 25,3 | 16 990 | 6,58 | 4 735 |
| I 600 | 12 | 326 | 256 | 206 400 | 6 620 | 25,2 | 10 070 | 5,56 | 3 834 |
| $b_1 = 300$ | 15 | 344 | 270 | 224 000 | 7 110 | 25,5 | 11 420 | 5,76 | 4 111 |
| $h = 600$; $b = 215$ | 20 | 374 | 294 | 254 000 | 7 950 | 26,1 | 13 670 | 6,05 | 4 590 |
| $e = 21{,}6$; $h_1 = 485$ | 24 | 398 | 312 | 279 200 | 8 620 | 26,5 | 15 470 | 6,23 | 4 975 |
| | 30 | 434 | 341 | 317 800 | 9 630 | 27,1 | 18 170 | 6,47 | 5 563 |

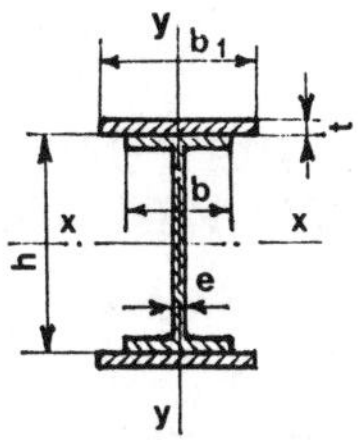




# VALORES ESTÁTICOS DE UN PERFIL IPE CON PLATABANDAS SOLDADAS DE ESPESOR t VARIABLE

| Dimensiones del perfil y platabandas mm | t mm | A $cm^2$ | p kg/m | $I_x$ $cm^4$ | $W_x$ $cm^3$ | $i_x$ cm | $I_y$ $cm^4$ | $i_y$ cm | $S_x$ $cm^3$ |
|---|---|---|---|---|---|---|---|---|---|
| I 140 | 10 | 36,4 | 28,6 | 1 670 | 209 | 6,77 | 212 | 2,41 | 119 |
| $b_1$ = 100 | 12 | 40,4 | 31,7 | 1 930 | 235 | 6,91 | 245 | 2,46 | 135 |
| h = 140; b = 73 | 15 | 46,4 | 36,4 | 2 350 | 276 | 7,11 | 295 | 2,52 | 160 |
| e = 4,7; $h_1$ = 112 | 20 | 56,4 | 44,3 | 3 110 | 346 | 7,43 | 378 | 2,59 | 204 |
| | 24 | 64,4 | 50,6 | 3 790 | 403 | 7,67 | 445 | 2,63 | 241 |
| | 30 | 76,4 | 60,0 | 4 920 | 492 | 8,03 | 545 | 2,67 | 299 |
| I 160 | 10 | 44,1 | 34,6 | 2 610 | 290 | 7,69 | 356 | 2,84 | 164 |
| $b_1$ = 120 | 12 | 48,9 | 38,4 | 3 000 | 326 | 7,84 | 414 | 2,91 | 186 |
| h = 160; b = 82 | 15 | 56,1 | 44,0 | 3 630 | 382 | 8,05 | 500 | 2,99 | 219 |
| e = 5,0; $h_1$ = 127 | 20 | 68,1 | 53,5 | 4 770 | 477 | 8,37 | 644 | 3,08 | 278 |
| | 24 | 77,7 | 61,0 | 5 770 | 555 | 8,62 | 760 | 3,13 | 327 |
| | 30 | 92,1 | 72,3 | 7 420 | 675 | 8,98 | 932 | 3,18 | 404 |
| I 180 | 10 | 47,9 | 37,6 | 3 490 | 349 | 8,53 | 389 | 2,85 | 197 |
| $b_1$ = 120 | 12 | 52,7 | 41,4 | 3 980 | 390 | 8,69 | 447 | 2,91 | 221 |
| h = 180; b = 91 | 15 | 59,9 | 47,0 | 4 750 | 452 | 8,90 | 533 | 2,98 | 259 |
| e = 5,3; $h_1$ = 146 | 20 | 71,9 | 56,4 | 6 140 | 558 | 9,24 | 677 | 3,07 | 323 |
| | 24 | 81,5 | 64,0 | 7 340 | 644 | 9,49 | 792 | 3,12 | 377 |
| | 30 | 95,9 | 75,3 | 9 310 | 776 | 9,85 | 965 | 3,17 | 461 |
| I 200 | 10 | 54,5 | 42,8 | 4 810 | 437 | 9,39 | 508 | 3,05 | 247 |
| $b_1$ = 130 | 12 | 59,7 | 46,9 | 5 450 | 487 | 9,55 | 581 | 3,12 | 275 |
| h = 200; b = 100 | 15 | 67,5 | 53,0 | 6 450 | 561 | 9,78 | 691 | 3,20 | 320 |
| e = 5,6; $h_1$ = 159 | 20 | 80,5 | 63,2 | 8 250 | 688 | 10,1 | 874 | 3,30 | 396 |
| | 24 | 90,9 | 71,4 | 9 800 | 790 | 10,4 | 1 020 | 3,35 | 459 |
| | 30 | 107 | 83,6 | 12 310 | 947 | 10,8 | 1 240 | 3,41 | 559 |
| I 220 | 10 | 65,4 | 51,3 | 7 000 | 583 | 10,3 | 888 | 3,68 | 327 |
| $b_1$ = 160 | 12 | 71,8 | 56,4 | 7 940 | 651 | 10,5 | 1 020 | 3,78 | 366 |
| h = 220; b = 110 | 15 | 81,4 | 63,9 | 9 410 | 753 | 10,7 | 1 230 | 3,89 | 425 |
| e = 5,9; $h_1$ = 177 | 20 | 97,4 | 76,5 | 12 010 | 924 | 11,1 | 1 570 | 4,02 | 527 |
| | 24 | 110 | 86,5 | 14 240 | 1 060 | 11,4 | 1 840 | 4,09 | 611 |
| | 30 | 129 | 102 | 17 840 | 1 270 | 11,7 | 2 250 | 4,17 | 743 |
| I 240 | 10 | 71,1 | 55,8 | 8 890 | 684 | 11,2 | 967 | 3,69 | 383 |
| $b_1$ = 160 | 12 | 77,5 | 60,8 | 9 990 | 757 | 11,4 | 1 100 | 3,77 | 425 |
| h = 240; b = 120 | 15 | 87,1 | 68,4 | 11 700 | 867 | 11,6 | 1 310 | 3,88 | 489 |
| e = 6,2; $h_1$ = 190 | 20 | 103 | 80,9 | 14 730 | 1 050 | 12,0 | 1 650 | 4,00 | 599 |
| | 24 | 116 | 91,0 | 17 310 | 1 200 | 12,2 | 1 920 | 4,07 | 690 |
| | 30 | 135 | 106 | 21 460 | 1 430 | 12,6 | 2 330 | 4,15 | 831 |
| I 270 | 10 | 83,9 | 65,9 | 13 240 | 913 | 12,6 | 1 560 | 4,32 | 508 |
| $b_1$ = 190 | 12 | 91,5 | 71,8 | 14 860 | 1 010 | 12,7 | 1 790 | 4,43 | 563 |
| h = 270; b = 135 | 15 | 103 | 80,8 | 17 380 | 1 160 | 13,0 | 2 130 | 4,55 | 648 |
| e = 6,6; $h_1$ = 219 | 20 | 122 | 95,7 | 21 790 | 1 410 | 13,4 | 2 710 | 4,71 | 793 |
| | 24 | 137 | 108 | 25 540 | 1 610 | 13,6 | 3 160 | 4,80 | 912 |
| | 30 | 160 | 126 | 31 530 | 1 910 | 14,0 | 3 850 | 4,91 | 1 100 |
| I 300 | 10 | 95,8 | 75,2 | 18 450 | 1 150 | 13,9 | 2 150 | 4,73 | 640 |
| $b_1$ = 210 | 12 | 104 | 81,8 | 20 630 | 1 270 | 14,1 | 2 460 | 4,86 | 707 |
| h = 300; b = 150 | 15 | 117 | 91,7 | 24 000 | 1 450 | 14,3 | 2 920 | 5,00 | 810 |
| e = 7,1; $h_1$ = 248 | 20 | 138 | 108 | 29 890 | 1 760 | 14,7 | 3 690 | 5,18 | 986 |
| | 24 | 155 | 121 | 34 860 | 2 000 | 15,0 | 4 310 | 5,28 | 1 130 |
| | 30 | 180 | 141 | 42 760 | 2 380 | 15,4 | 5 230 | 5,40 | 1 350 |

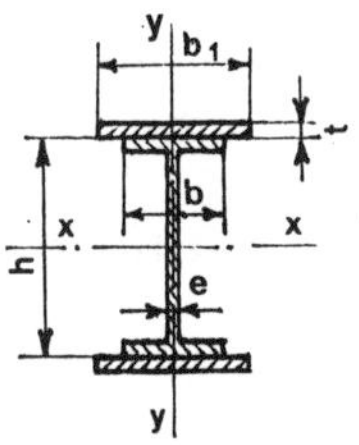


# VALORES ESTÁTICOS DE UN PERFIL IPE CON PLATABANDAS SOLDADAS DE ESPESOR t VARIABLE

*(continuación)*

| Dimensiones del perfil y platabandas mm | t mm | A $cm^2$ | p kg/m | $I_x$ $cm^4$ | $W_x$ $cm^3$ | $i_x$ cm | $I_y$ $cm^4$ | $i_y$ cm | $S_x$ $cm^3$ |
|---|---|---|---|---|---|---|---|---|---|
| | 10 | 107 | 83,7 | 24 490 | 1 400 | 15,2 | 2 560 | 4,90 | 776 |
| I 330 | 12 | 115 | 90,6 | 27 220 | 1 540 | 15,4 | 2 920 | 5,03 | 853 |
| $b_1 = 220$ | 15 | 129 | 101 | 31 420 | 1 750 | 15,6 | 3 450 | 5,18 | 971 |
| h = 330; b = 160 | 20 | 151 | 118 | 38 750 | 2 090 | 16,0 | 4 340 | 5,37 | 1 170 |
| e = 7,5; $h_1$ = 271 | 24 | 168 | 132 | 44 900 | 2 380 | 16,3 | 5 050 | 5,48 | 1 340 |
| | 30 | 195 | 153 | 54 640 | 2 800 | 16,8 | 6 110 | 5,60 | 1 590 |
| | 10 | 119 | 93,2 | 32 020 | 1 690 | 16,4 | 3 070 | 5,08 | 936 |
| I 360 | 12 | 128 | 100 | 35 370 | 1 840 | 16,6 | 3 470 | 5,21 | 1 020 |
| $b_1 = 230$ | 15 | 142 | 111 | 40 540 | 2 080 | 16,9 | 4 080 | 5,37 | 1 160 |
| h = 360; b = 170 | 20 | 165 | 129 | 49 510 | 2 480 | 17,3 | 5 100 | 5,56 | 1 380 |
| e = 8,0; $h_1$ = 298 | 24 | 183 | 144 | 57 020 | 2 800 | 17,6 | 5 910 | 5,68 | 1 570 |
| | 30 | 211 | 165 | 68 850 | 3 280 | 18,1 | 7 120 | 5,81 | 1 860 |
| | 10 | 131 | 102 | 42 470 | 2 020 | 18,0 | 3 350 | 5,06 | 1 130 |
| I 400 | 12 | 140 | 110 | 46 560 | 2 200 | 18,3 | 3 750 | 5,18 | 1 220 |
| $b_1 = 230$ | 15 | 154 | 120 | 52 850 | 2 460 | 18,6 | 4 360 | 5,33 | 1 370 |
| h = 400; b = 180 | 20 | 177 | 139 | 63 730 | 2 900 | 19,0 | 5 380 | 5,52 | 1 620 |
| e = 8,6; $h_1$ = 331 | 24 | 195 | 153 | 72 800 | 3 250 | 19,3 | 6 190 | 5,63 | 1 820 |
| | 30 | 223 | 175 | 87 020 | 3 780 | 19,8 | 7 400 | 5,77 | 2 140 |
| | 10 | 147 | 115 | 59 140 | 2 520 | 20,1 | 3 980 | 5,21 | 1 400 |
| I 450 | 12 | 156 | 123 | 64 480 | 2 720 | 20,3 | 4 440 | 5,33 | 1 520 |
| $b_1 = 240$ | 15 | 171 | 134 | 72 670 | 3 030 | 20,6 | 5 140 | 5,48 | 1 690 |
| h = 450; b = 190 | 20 | 195 | 153 | 86 790 | 3 540 | 21,1 | 6 290 | 5,68 | 1 980 |
| e = 9,4; $h_1$ = 378 | 24 | 214 | 168 | 98 500 | 3 960 | 21,5 | 7 210 | 5,80 | 2 220 |
| | 30 | 243 | 191 | 116 800 | 4 580 | 21,9 | 8 590 | 5,95 | 2 580 |
| | 10 | 166 | 130 | 80 720 | 3 100 | 22,1 | 4 740 | 5,35 | 1 740 |
| I 500 | 12 | 176 | 138 | 87 530 | 3 340 | 22,3 | 5 270 | 5,47 | 1 870 |
| $b_1 = 250$ | 15 | 191 | 150 | 97 940 | 3 700 | 22,6 | 6 050 | 5,63 | 2 070 |
| h = 500; b = 200 | 20 | 216 | 170 | 115 800 | 4 290 | 23,2 | 7 350 | 5,83 | 2 400 |
| e = 10,2; $h_1$ = 426 | 24 | 236 | 185 | 130 600 | 4 770 | 23,5 | 8 390 | 5,96 | 2 670 |
| | 30 | 266 | 209 | 153 700 | 5 490 | 24,0 | 9 950 | 6,12 | 3 090 |
| | 10 | 184 | 144 | 106 300 | 3 730 | 24,0 | 5 270 | 5,35 | 2 090 |
| I 550 | 12 | 194 | 152 | 114 500 | 3 990 | 24,3 | 5 800 | 5,47 | 2 230 |
| $b_1 = 250$ | 15 | 209 | 164 | 127 000 | 4 380 | 24,6 | 6 580 | 5,61 | 2 450 |
| h = 550; b = 210 | 20 | 234 | 184 | 148 400 | 5 030 | 25,2 | 7 880 | 5,80 | 2 820 |
| e = 11,1; $h_1$ = 467 | 24 | 254 | 199 | 166 000 | 5 550 | 25,6 | 8 920 | 5,93 | 3 110 |
| | 30 | 284 | 223 | 193 400 | 6 340 | 26,1 | 10 480 | 6,08 | 3 570 |
| | 10 | 206 | 162 | 138 600 | 4 470 | 25,9 | 5 990 | 5,39 | 2 520 |
| I 600 | 12 | 216 | 170 | 148 300 | 4 750 | 26,2 | 6 520 | 5,49 | 2 680 |
| $b_1 = 250$ | 15 | 231 | 181 | 163 000 | 5 170 | 26,6 | 7 300 | 5,62 | 2 910 |
| h = 600; b = 220 | 20 | 256 | 201 | 188 200 | 5 880 | 27,1 | 8 600 | 5,80 | 3 310 |
| e = 12,0; $h_1$ = 514 | 24 | 276 | 217 | 209 000 | 6 450 | 27,5 | 9 640 | 5,91 | 3 630 |
| | 30 | 306 | 240 | 241 000 | 7 300 | 28,1 | 11 200 | 6,05 | 4 120 |

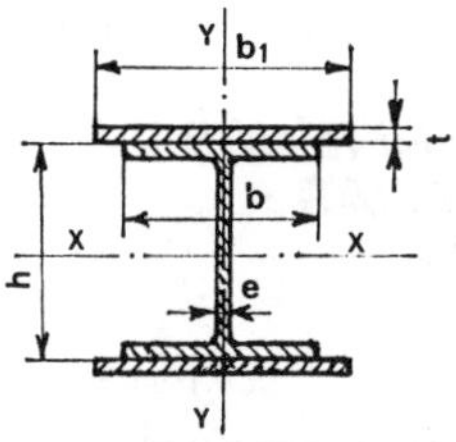




# VALORES ESTÁTICOS DE UN PERFIL HEB CON PLATABANDAS SOLDADAS DE ESPESOR t VARIABLE

| Dimensiones del perfil y platabandas mm | t mm | A cm² | P kg/m | $I_x$ cm⁴ | $W_x$ cm³ | $i_x$ cm | $I_y$ cm⁴ | $i_y$ cm | $S_x$ cm³ |
|---|---|---|---|---|---|---|---|---|---|
| **I 100** | 10 | 52,0 | 40,8 | 1 240 | 207 | 4,88 | 533 | 3,20 | 124 |
| $b_1$ = 130 | 12 | 57,2 | 44,9 | 1 430 | 231 | 5,00 | 606 | 3,26 | 139 |
| h = 100; b = 100 | 15 | 65,0 | 51,0 | 1 750 | 269 | 5,18 | 716 | 3,32 | 164 |
| e = 6; $h_1$ = 56 | 20 | 78,0 | 61,2 | 2 340 | 334 | 5,48 | 899 | 3,40 | 208 |
| | 24 | 88,4 | 69,4 | 2 880 | 389 | 5,71 | 1 050 | 3,44 | 246 |
| **I 120** | 10 | 66,0 | 51,8 | 2 220 | 317 | 5,80 | 1 000 | 3,89 | 187 |
| $b_1$ = 160 | 12 | 72,4 | 56,8 | 2 540 | 353 | 5,92 | 1 140 | 3,96 | 209 |
| h = 120; b = 120 | 15 | 82,0 | 64,4 | 3 060 | 408 | 6,11 | 1 340 | 4,05 | 245 |
| e = 6,5; $h_1$ = 74 | 20 | 98,0 | 76,9 | 4 000 | 500 | 6,39 | 1 680 | 4,14 | 307 |
| | 24 | 111 | 87,0 | 4 880 | 581 | 6,64 | 1 960 | 4,20 | 359 |
| **I 140** | 10 | 83,0 | 65,2 | 3 760 | 470 | 6,73 | 1 880 | 4,76 | 273 |
| $b_1$ = 200 | 12 | 91,0 | 71,4 | 4 290 | 523 | 6,86 | 2 150 | 4,86 | 305 |
| h = 140; b = 140 | 15 | 103 | 80,9 | 5 130 | 604 | 7,05 | 2 550 | 4,98 | 355 |
| e = 7; $h_1$ = 92 | 20 | 123 | 96,6 | 6 660 | 740 | 7,36 | 3 220 | 5,11 | 443 |
| | 24 | 139 | 109 | 8 010 | 852 | 7,59 | 3 750 | 5,19 | 517 |
| | 30 | 163 | 128 | 10 270 | 1 030 | 7,94 | 4 550 | 5,28 | 633 |
| **I 160** | 10 | 98,3 | 77,2 | 5 670 | 630 | 7,60 | 2 660 | 5,21 | 364 |
| $b_1$ = 220 | 12 | 107 | 84,1 | 6 400 | 696 | 7,73 | 3 020 | 5,31 | 404 |
| h = 160; b = 160 | 15 | 120 | 94,4 | 7 560 | 796 | 7,92 | 3 550 | 5,43 | 466 |
| e = 8; $h_1$ = 104 | 20 | 142 | 112 | 9 650 | 965 | 8,23 | 4 440 | 5,58 | 573 |
| | 24 | 160 | 126 | 11 480 | 1 100 | 8,47 | 5 150 | 5,67 | 663 |
| | 30 | 186 | 146 | 14 500 | 1 320 | 8,82 | 6 210 | 5,77 | 804 |
| **I 180** | 10 | 113 | 88,9 | 8 170 | 817 | 8,49 | 3 660 | 5,69 | 469 |
| $b_1$ = 240 | 12 | [illegible] | 96,5 | 9 150 | 897 | 8,63 | 4 120 | 5,79 | 518 |
| h = 180; b = 180 | 15 | 137 | 108 | 10 690 | 1 020 | 8,82 | 4 820 | 5,92 | 592 |
| e = 8,5; $h_1$ = 122 | 20 | 161 | 127 | 13 460 | 1 220 | 9,14 | 5 970 | 6,08 | 721 |
| | 24 | 181 | 142 | 15 870 | 1 390 | 9,38 | 6 890 | 6,18 | 829 |
| | 30 | 209 | 164 | 19 810 | 1 650 | 9,73 | 8 270 | 6,29 | 997 |
| **I 200** | 10 | 128 | 101 | 11 220 | 1 020 | 9,36 | 4 600 | 6,00 | 584 |
| $b_1$ = 250 | 12 | 138 | 108 | 12 450 | 1 110 | 9,49 | 5 130 | 6,09 | 639 |
| h = 200; b = 200 | 15 | 153 | 120 | 14 380 | 1 250 | 9,69 | 5 910 | 6,21 | 724 |
| e = 9; $h_1$ = 134 | 20 | 178 | 140 | 17 830 | 1 490 | 10,0 | 7 210 | 6,36 | 871 |
| | 24 | 198 | 156 | 20 810 | 1 680 | 10,2 | 8 250 | 6,45 | 993 |
| | 30 | 228 | 179 | 25 650 | 1 970 | 10,6 | 9 810 | 6,56 | 1 180 |
| **I 220** | 10 | 141 | 111 | 14 710 | 1 230 | 10,2 | 5 440 | 6,21 | 702 |
| $b_1$ = 250 | 12 | 151 | 119 | 16 170 | 1 330 | 10,3 | 5 970 | 6,29 | 762 |
| h = 220; b = 220 | 15 | 166 | 130 | 18 460 | 1 480 | 10,5 | 6 750 | 6,37 | 855 |
| e = 9,5; $h_1$ = 152 | 20 | 191 | 150 | 22 520 | 1 730 | 10,9 | 8 050 | 6,49 | 1 010 |
| | 24 | 211 | 166 | 26 010 | 1 940 | 11,1 | 9 090 | 6,56 | 1 150 |
| | 30 | 241 | 189 | 31 640 | 2 260 | 11,5 | 10 650 | 6,65 | 1 350 |
| **I 240** | 10 | 166 | 130 | 20 640 | 1 590 | 11,2 | 8 420 | 7,12 | 902 |
| $b_1$ = 300 | [illegible] | 178 | 140 | 22 700 | 1 720 | 11,3 | 9 320 | 7,24 | 981 |
| h = 240; b = 240 | 15 | 196 | 154 | 25 910 | 1 920 | 11,5 | 10 670 | 7,38 | 1 100 |
| e = 10; $h_1$ = 164 | 20 | 226 | 177 | 31 580 | 2 260 | 11,8 | 12 920 | 7,56 | 1 310 |
| | 24 | 250 | 196 | 36 420 | 2 530 | 12,1 | 14 720 | 7,67 | 1 480 |
| | 30 | 286 | 225 | 44 200 | 2 950 | 12,4 | 17 420 | 7,80 | 1 740 |
| **I 260** | 10 | 178 | 140 | 25 860 | 1 850 | 12,1 | 9 630 | 7,36 | 1 050 |
| $b_1$ = 300 | 12 | 190 | 149 | 28 250 | 1 990 | 12,2 | 10 530 | 7,44 | 1 130 |
| h = 260; b = 260 | 15 | 208 | 163 | 31 950 | 2 200 | 12,4 | 11 880 | 7,56 | 1 260 |
| e = 10; $h_1$ = 177 | 20 | 238 | 187 | 38 480 | 2 570 | 12,7 | 14 130 | 7,71 | 1 480 |
| | 24 | 262 | 206 | 44 030 | 2 860 | 13,0 | 15 930 | 7,80 | 1 660 |
| | 30 | 298 | 234 | 52 900 | 3 310 | 13,3 | 18 630 | 7,91 | 1 950 |

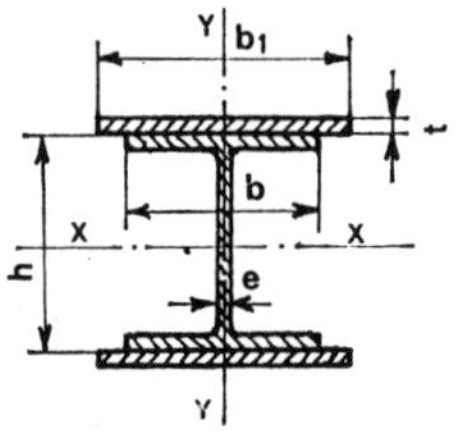




# VALORES ESTÁTICOS DE UN PERFIL HEB CON PLATABANDAS SOLDADAS DE ESPESOR t VARIABLE

*(continuación)*

| Dimensiones del perfil y platabandas mm | t mm | A $cm^2$ | p kg/m | $I_x$ $cm^4$ | $W_x$ $cm^3$ | $i_x$ cm | $I_y$ $cm^4$ | $i_y$ cm | $S_x$ $cm^3$ |
|---|---|---|---|---|---|---|---|---|---|
| **I 280** | 15 | 229 | 179 | 40 500 | **2 610** | 13,3 | 15 170 | 8,15 | 1 490 |
| $b_1$ = 325 | 20 | 261 | 205 | 48 560 | **3 040** | 13,6 | 18 030 | 8,31 | 1 740 |
| h = 280; b = 280 | 24 | 287 | 225 | 55 390 | **3 380** | 13,9 | 20 320 | 8,41 | 1 950 |
| e = 10,5; $h_1$ = 196 | 30 | 326 | 256 | 66 270 | **3 900** | 14,3 | 23 750 | 8,54 | 2 280 |
| **I 300** | 15 | 254 | 199 | 51 240 | **3 110** | 14,2 | 19 280 | 8,71 | 1 760 |
| $b_1$ = 350 | 20 | 289 | 227 | 61 060 | **3 590** | 14,5 | 22 850 | 8,89 | 2 050 |
| h = 300; b = 300 | 24 | 317 | 249 | 69 340 | **3 990** | 14,8 | 25 710 | 9,01 | 2 290 |
| e = 11; $h_1$ = 208 | 30 | 359 | 282 | 82 500 | **4 580** | 15,2 | 30 000 | 9,14 | 2 670 |
| **I 320** | 15 | 266 | 209 | 60 300 | **3 450** | 15,1 | 19 960 | 8,66 | 1 950 |
| $b_1$ = 350 | 20 | 301 | 236 | 71 330 | **3 960** | 15,4 | 23 530 | 8,84 | 2 260 |
| h = 320; b = 300 | 24 | 329 | 258 | 80 600 | **4 380** | 15,7 | 26 390 | 8,96 | 2 510 |
| e = 11,5; $h_1$ = 225 | 30 | 371 | 291 | 95 290 | **5 020** | 16,0 | 30 680 | 9,09 | 2 910 |
| **I 340** | 15 | 276 | 217 | 69 760 | **3 770** | 15,9 | 20 410 | 8,60 | 2 130 |
| $b_1$ = 350 | 20 | 311 | 244 | 82 070 | **4 320** | 16,2 | 23 980 | 8,78 | 2 460 |
| h = 340; b = 300 | 24 | 339 | 266 | 92 390 | **4 760** | 16,5 | 26 840 | 8,90 | 2 730 |
| e = 12; $h_1$ = 243 | 30 | 381 | 299 | 108 700 | **5 440** | 16,9 | 31 130 | 9,04 | 3 140 |
| **I 360** | 15 | 286 | 225 | 80 120 | **4 110** | 16,7 | 20 860 | 8,54 | 2 320 |
| $b_1$ = 350 | 20 | 321 | 252 | 93 780 | **4 690** | 17,1 | 24 430 | 8,72 | 2 670 |
| h = 360; b = 300 | 24 | 349 | 274 | 105 200 | **5 160** | 17,4 | 27 290 | 8,84 | 2 950 |
| e = 12,5; $h_1$ = 261 | 30 | 391 | 307 | 123 200 | **5 870** | 17,8 | 31 580 | 8,99 | 3 390 |
| **I 400** | 15 | 303 | 238 | 102 900 | **4 790** | 18,4 | 21 540 | 8,43 | 2 710 |
| $b_1$ = 350 | 20 | 338 | 265 | 119 500 | **5 430** | 18,8 | 25 110 | 8,62 | 3 090 |
| h = 400; b = 300 | 24 | 366 | 287 | 133 300 | **5 950** | 19,1 | 27 970 | 8,74 | 3 400 |
| e = 13,5; $h_1$ = 298 | 30 | 408 | 320 | 154 900 | **6 730** | 19,5 | 32 260 | 8,89 | 3 880 |
| **I 450** | 15 | 323 | 254 | 136 700 | **5 700** | 20,6 | 22 440 | 8,33 | 3 210 |
| $b_1$ = 350 | 20 | 358 | 281 | 157 300 | **6 420** | 21,0 | 26 010 | 8,52 | 3 640 |
| h = 450; b = 300 | 24 | 386 | 303 | 174 300 | **7 000** | 21,3 | 28 870 | 8,65 | 3 980 |
| e = 14; $h_1$ = 344 | 30 | 428 | 336 | 201 000 | **7 880** | 21,7 | 33 160 | 8,80 | 4 510 |
| **I 500** | 15 | 344 | 270 | 176 800 | **6 670** | 22,7 | 23 340 | 8,24 | 3 760 |
| $b_1$ = 350 | 20 | 379 | 298 | 201 900 | **7 480** | 23,1 | 26 910 | 8,43 | 4 230 |
| h = 500; b = 300 | 24 | 407 | 319 | 222 600 | **8 120** | 23,4 | 29 770 | 8,55 | 4 610 |
| e = 14,5; $h_1$ = 390 | 30 | 449 | 352 | 254 800 | **9 100** | 23,8 | 34 060 | 8,71 | 5 190 |
| **I 550** | 15 | 359 | 282 | 220 500 | **7 600** | 24,8 | 23 800 | 8,14 | 4 280 |
| $b_1$ = 350 | 20 | 394 | 309 | 250 500 | **8 490** | 25,2 | 27 370 | 8,33 | 4 800 |
| h = 550; b = 300 | 24 | 422 | 331 | 275 200 | **9 200** | 25,5 | 30 230 | 8,46 | 5 210 |
| e = 15; $h_1$ = 438 | 30 | 464 | 364 | 313 500 | **10 280** | 26,0 | 34 520 | 8,63 | 5 850 |
| **I 600** | 15 | 375 | 294 | 270 300 | **8 580** | 26,8 | 24 250 | 8,04 | 4 820 |
| $b_1$ = 350 | 20 | 410 | 322 | 305 600 | **9 550** | 27,3 | 27 820 | 8,24 | 5 380 |
| h = 600; b = 300 | 24 | 438 | 344 | 334 600 | **10 330** | 27,6 | 30 680 | 8,37 | 5 830 |
| e = 15,5; $h_1$ = 486 | 30 | 480 | 377 | 379 500 | **11 500** | 28,1 | 34 970 | 8,54 | 6 520 |

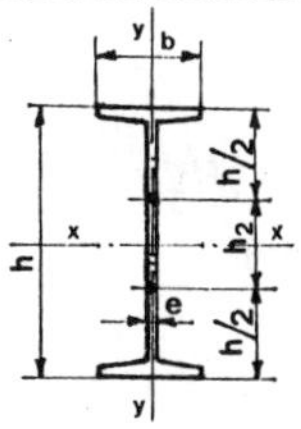


AL-26₁

# VALORES ESTÁTICOS DE UN PERFIL IPN PERALTADO

| IPN | $h_2$ | e | h | A | p | Referido al eje | | | | | |
|---|---|---|---|---|---|---|---|---|---|---|---|
| | | | | | | X — X | | | Y — Y | | |
| | mm | mm | mm | $cm^2$ | kg/m | $I_x$ $cm^4$ | $W_x$ $cm^3$ | $i_x$ cm | $I_y$ $cm^4$ | $W_y$ $cm^3$ | $i_y$ cm |
| 240 | 260 | 9 | 500 | 69,5 | 54,6 | 23 980 | 959 | 18,6 | 222 | 41,9 | 1,79 |
| | 360 | | 600 | 78,5 | 61,6 | 37 390 | 1 246 | 21,8 | 222 | 41,9 | 1,69 |
| | 460 | | 700 | 87,5 | 68,7 | 54 720 | 1 563 | 25,0 | 223 | 42,1 | 1,60 |
| 280 | 320 | 10 | 600 | 93,1 | 73,1 | 46 110 | 1 540 | 22,3 | 367 | 61,6 | 1,98 |
| | 420 | | 700 | 103 | 80,9 | 67 140 | 1 920 | 25,5 | 368 | 61,8 | 1,89 |
| | 520 | | 800 | 113 | 88,7 | 93 330 | 2 330 | 28,7 | 368 | 61,9 | 1,81 |
| 300 | 300 | 11 | 600 | 102 | 80,1 | 50 640 | 1 688 | 22,4 | 453 | 72,4 | 2,12 |
| | 400 | | 700 | 113 | 88,7 | 72 370 | 2 068 | 25,3 | 454 | 72,6 | 2,01 |
| | 500 | | 800 | 124 | 97,4 | 102 460 | 2 561 | 28,8 | 455 | 72,8 | 1,93 |
| 340 | 260 | 12 | 600 | 118 | 92,5 | 60 060 | 2 002 | 22,6 | 676 | 98,7 | 2,40 |
| | 360 | | 700 | 130 | 102 | 87 170 | 2 490 | 25,9 | 677 | 98,8 | 2,29 |
| | 460 | | 800 | 142 | 111 | 120 800 | 3 020 | 29,2 | 679 | 99,1 | 2,19 |
| | 560 | | 900 | 154 | 121 | 161 400 | 3 586 | 32,4 | 680 | 99,3 | 2,10 |
| 400 | 300 | 15 | 700 | 163 | 128 | 110 400 | 3 154 | 26,0 | 1 166 | 150 | 2,68 |
| | 400 | | 800 | 178 | 140 | 152 800 | 3 820 | 29,3 | 1 169 | 151 | 2,56 |
| | 500 | | 900 | 193 | 151 | 204 100 | 4 535 | 32,5 | 1 172 | 151 | 2,46 |
| | 600 | | 1 000 | 208 | 163 | 265 000 | 5 300 | 35,7 | 1 175 | 152 | 2,38 |
| 450 | 350 | 16 | 800 | 203 | 159 | 180 100 | 4 502 | 29,8 | 1 736 | 204 | 2,92 |
| | 450 | | 900 | 219 | 171 | 239 800 | 5 328 | 33,0 | 1 740 | 205 | 2,82 |
| | 550 | | 1 000 | 235 | 184 | 310 500 | 6 210 | 36,4 | 1 744 | 205 | 2,72 |
| | 650 | | 1 100 | 251 | 197 | 392 900 | 7 143 | 39,7 | 1 749 | 206 | 2,64 |
| 500 | 400 | 18 | 900 | 251 | 197 | 279 500 | 6 211 | 33,4 | 2 493 | 269 | 3,16 |
| | 500 | | 1 000 | 269 | 212 | 361 400 | 7 228 | 36,7 | 2 498 | 270 | 3,05 |
| | 600 | | 1 100 | 287 | 226 | 456 700 | 8 303 | 39,9 | 2 503 | 270 | 2,96 |
| | 700 | | 1 200 | 305 | 240 | 566 400 | 9 440 | 43,1 | 2 508 | 271 | 2,87 |
| 600 | 400 | 22 | 1 000 | 342 | 268 | 470 900 | 9 418 | 37,1 | 4 714 | 438 | 3,70 |
| | 500 | | 1 100 | 364 | 285 | 594 000 | 10 800 | 40,4 | 4 723 | 439 | 3,60 |
| | 600 | | 1 200 | 386 | 303 | 735 200 | 12 250 | 43,7 | 4 732 | 440 | 3,50 |
| | 700 | | 1 300 | 408 | 320 | 895 700 | 13 780 | 46,8 | 4 741 | 441 | 3,40 |

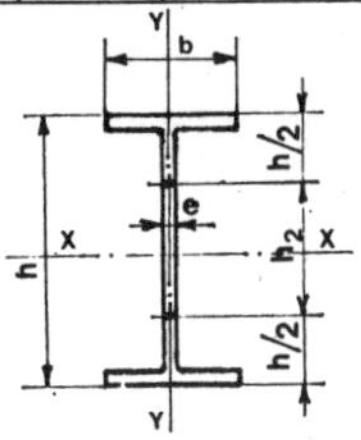


AL-26₂

# VALORES ESTÁTICOS DE UN PERFIL HEA PERALTADO

| HEA | $h_2$ | e | h | A | p | Referido al eje | | | | | |
|---|---|---|---|---|---|---|---|---|---|---|---|
| | | | | | | X — X | | | Y — Y | | |
| | mm | mm | mm | $cm^2$ | kg/m | $I_x$ $cm^4$ | $W_x$ $cm^3$ | $i_x$ cm | $I_y$ $cm^4$ | $W_y$ $cm^3$ | $i_y$ cm |
| 240 | 270 | 8 | 500 | 98,4 | 77,2 | 43 100 | 1 724 | 20,8 | 2 770 | 231 | 5,30 |
| | 370 | | 600 | 106 | 83,5 | 64 900 | 2 163 | 24,8 | 2 770 | 231 | 5,12 |
| | 470 | | 700 | 114 | 89,8 | 92 100 | 2 628 | 28,4 | 2 771 | 231 | 4,93 |
| | 570 | | 800 | 122 | 96,1 | 124 900 | 3 122 | 32,0 | 2 771 | 231 | 4,77 |
| 300 | 310 | 9 | 600 | 140 | 110 | 90 400 | 3 013 | 25,4 | 6 312 | 421 | 6,71 |
| | 410 | | 700 | 149 | 118 | 127 500 | 3 642 | 29,3 | 6 312 | 421 | 6,50 |
| | 510 | | 800 | 158 | 124 | 171 900 | 4 297 | 33,0 | 6 313 | 421 | 6,30 |
| | 610 | | 900 | 167 | 131 | 224 300 | 4 984 | 36,6 | 6 314 | 421 | 6,15 |
| 340 | 370 | 10 | 700 | 170 | 134 | 146 000 | 4 170 | 29,3 | 7 439 | 496 | 6,64 |
| | 470 | | 800 | 180 | 142 | 197 000 | 4 920 | 33,1 | 7 440 | 496 | 6,45 |
| | 570 | | 900 | 190 | 150 | 257 000 | 5 710 | 36,7 | 7 441 | 496 | 6,28 |
| | 670 | | 1 000 | 200 | 157 | 326 500 | 6 530 | 40,5 | 7 442 | 496 | 6,12 |
| 400 | 410 | 11 | 800 | 204 | 160 | 223 200 | 5 580 | 33,2 | 8 568 | 571 | 6,47 |
| | 510 | | 900 | 215 | 169 | 291 200 | 6 471 | 36,3 | 8 570 | 571 | 6,30 |
| | 610 | | 1 000 | 226 | 178 | 370 000 | 7 400 | 40,5 | 8 572 | 571 | 6,15 |
| | 710 | | 1 100 | 237 | 186 | 460 100 | 8 365 | 44,8 | 8 573 | 571 | 6,01 |
| 450 | 460 | 12 | 900 | 233 | 183 | 315 400 | 7 008 | 36,8 | 9 472 | 631 | 6,38 |
| | 560 | | 1 000 | 245 | 193 | 400 800 | 8 016 | 40,5 | 9 473 | 631 | 6,22 |
| | 660 | | 1 100 | 257 | 202 | 498 400 | 9 062 | 44,1 | 9 474 | 632 | 6,09 |
| | 760 | | 1 200 | 269 | 211 | 608 900 | 10 150 | 47,6 | 9 476 | 632 | 5,93 |
| | 860 | | 1 300 | 281 | 221 | 732 900 | 11 270 | 51,0 | 9 477 | 632 | 5,80 |
| 500 | 610 | 12 | 1 100 | 271 | 212 | 534 500 | 9 718 | 44,5 | 10 380 | 692 | 6,20 |
| | 710 | | 1 200 | 283 | 222 | 652 300 | 10 870 | 48,0 | 10 380 | 692 | 6,07 |
| | 810 | | 1 300 | 295 | 231 | 784 200 | 12 060 | 51,6 | 10 380 | 692 | 5,93 |
| | 910 | | 1 400 | 307 | 241 | 930 900 | 13 300 | 55,0 | 10 380 | 692 | 5,83 |
| | 1 010 | | 1 500 | 319 | 250 | 1 093 000 | 14 570 | 58,5 | 10 380 | 692 | 5,70 |
| 600 | 710 | 13 | 1 300 | 319 | 250 | 843 700 | 12 980 | 51,5 | 11 280 | 752 | 5,97 |
| | 810 | | 1 400 | 332 | 261 | 1 002 000 | 14 310 | 55,0 | 11 290 | 752 | 5,85 |
| | 910 | | 1 500 | 345 | 271 | 1 176 000 | 15 680 | 58,5 | 11 290 | 752 | 5,74 |
| | 1 010 | | 1 600 | 358 | 281 | 1 368 000 | 17 100 | 61,8 | 11 290 | 752 | 5,61 |
| | 1 110 | | 1 700 | 371 | 290 | 1 578 000 | 18 560 | 65,3 | 11 290 | 752 | 5,52 |

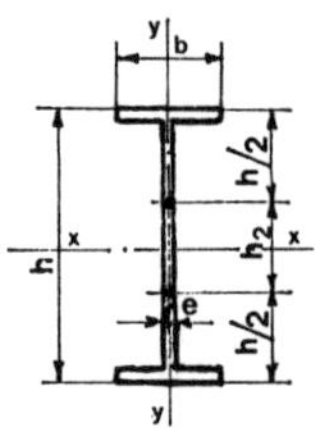


# *VALORES ESTÁTICOS DE UN PERFIL IPE PERALTADO*

| IPE | $h_2$ | e | h | A | p | Referido al eje | | | | | |
|---|---|---|---|---|---|---|---|---|---|---|---|
| | | | | | | X — X | | | Y — Y | | |
| | | | | | | $I_x$ | $W_x$ | $i_x$ | $I_y$ | $W_y$ | $i_y$ |
| | mm | mm | mm | cm² | kg/m | cm⁴ | cm³ | cm | cm⁴ | cm³ | cm |
| 240 | 260 | 6 | 500 | 54,7 | 43,0 | 20 910 | 837 | 19,6 | 284 | 47,4 | 2,28 |
| | 360 | | 600 | 60,7 | 47,7 | 32 100 | 1 070 | 23,0 | 284 | 47,4 | 2,16 |
| | 460 | | 700 | 66,7 | 52,4 | 46 320 | 1 320 | 26,3 | 284 | 47,4 | 2,06 |
| | 560 | | 800 | 72,7 | 57,1 | 63 870 | 1 600 | 29,6 | 285 | 47,4 | 1,98 |
| 270 | 230 | 6 | 500 | 59,7 | 46,9 | 23 610 | 944 | 19,9 | 420 | 62,3 | 2,65 |
| | 330 | | 600 | 65,7 | 51,6 | 36 070 | 1 200 | 23,4 | 420 | 62,3 | 2,53 |
| | 430 | | 700 | 71,7 | 56,3 | 51 820 | 1 480 | 26,9 | 421 | 62,3 | 2,42 |
| | 530 | | 800 | 77,7 | 61,0 | 71 150 | 1 780 | 30,3 | 421 | 62,3 | 2,33 |
| 300 | 200 | 7 | 500 | 67,8 | 53,2 | 26 770 | 1 070 | 19,9 | 604 | 80,6 | 2,99 |
| | 300 | | 600 | 74,8 | 58,7 | 40 890 | 1 360 | 23,4 | 605 | 80,6 | 2,84 |
| | 400 | | 700 | 81,8 | 64,2 | 58 750 | 1 680 | 26,8 | 605 | 80,7 | 2,72 |
| | 500 | | 800 | 88,8 | 69,7 | 80 700 | 2 020 | 30,1 | 605 | 80,7 | 2,61 |
| 330 | 270 | 7 | 600 | 81,5 | 64,0 | 46 040 | 1 530 | 23,8 | 789 | 98,6 | 3,11 |
| | 370 | | 700 | 88,5 | 69,5 | 65 910 | 1 880 | 27,3 | 789 | 98,7 | 2,99 |
| | 470 | | 800 | 95,5 | 75,0 | 90 200 | 2 260 | 30,7 | 789 | 98,7 | 2,88 |
| | 570 | | 900 | 103 | 80,5 | 119 300 | 2 650 | 34,1 | 790 | 98,7 | 2,78 |
| 360 | 240 | 8 | 600 | 91,9 | 72,2 | 52 120 | 1 740 | 23,8 | 1 040 | 123 | 3,37 |
| | 340 | | 700 | 99,9 | 78,4 | 74 560 | 2 130 | 27,3 | 1 040 | 123 | 3,23 |
| | 440 | | 800 | 108 | 84,7 | 102 000 | 2 550 | 30,7 | 1 050 | 123 | 3,11 |
| | 540 | | 900 | 116 | 91,0 | 134 800 | 3 000 | 34,1 | 1 050 | 123 | 3,00 |
| 400 | 200 | 8 | 600 | 100 | 78,9 | 58 250 | 1 940 | 24,1 | 1 320 | 147 | 3,62 |
| | 300 | | 700 | 108 | 85,1 | 83 150 | 2 380 | 27,7 | 1 320 | 147 | 3,49 |
| | 400 | | 800 | 116 | 91,4 | 113 500 | 2 840 | 31,2 | 1 320 | 147 | 3,37 |
| | 500 | | 900 | 124 | 97,7 | 149 600 | 3 320 | 34,7 | 1 320 | 147 | 3,26 |
| 450 | 150 | 10 | 600 | 112 | 88,2 | 65 080 | 2 170 | 24,1 | 1 680 | 177 | 3,86 |
| | 250 | | 700 | 121 | 95,1 | 92 900 | 2 650 | 27,7 | 1 680 | 177 | 3,72 |
| | 350 | | 800 | 130 | 102 | 126 800 | 3 170 | 31,2 | 1 680 | 177 | 3,59 |
| | 450 | | 900 | 139 | 109 | 167 200 | 3 720 | 34,6 | 1 680 | 177 | 3,47 |
| | 550 | | 1 000 | 148 | 116 | 214 600 | 4 290 | 38,0 | 1 680 | 177 | 3,36 |
| 500 | 200 | 10 | 700 | 136 | 106 | 104 300 | 2 980 | 27,7 | 2 140 | 214 | 3,98 |
| | 300 | | 800 | 146 | 114 | 142 300 | 3 560 | 31,3 | 2 140 | 214 | 3,84 |
| | 400 | | 900 | 156 | 122 | 187 500 | 4 170 | 34,7 | 2 150 | 215 | 3,71 |
| | 500 | | 1 000 | 166 | 130 | 240 500 | 4 810 | 38,1 | 2 150 | 215 | 3,60 |
| | 600 | | 1 100 | 176 | 138 | 301 800 | 5 490 | 41,5 | 2 150 | 215 | 3,50 |
| 550 | 150 | 11 | 700 | 151 | 118 | 116 800 | 3 340 | 27,8 | 2 670 | 254 | 4,21 |
| | 250 | | 800 | 162 | 127 | 159 200 | 3 980 | 31,4 | 2 670 | 254 | 4,06 |
| | 350 | | 900 | 173 | 136 | 209 800 | 4 660 | 34,8 | 2 670 | 254 | 3,93 |
| | 450 | | 1 000 | 184 | 144 | 268 900 | 5 380 | 38,2 | 2 670 | 255 | 3,81 |
| | 550 | | 1 100 | 195 | 153 | 337 300 | 6 130 | 41,6 | 2 670 | 255 | 3,70 |
| 600 | 200 | 12 | 800 | 180 | 141 | 178 700 | 4 470 | 31,5 | 3 390 | 308 | 4,34 |
| | 300 | | 900 | 192 | 151 | 235 300 | 5 230 | 35,0 | 3 390 | 308 | 4,20 |
| | 400 | | 1 000 | 204 | 160 | 301 400 | 6 030 | 38,4 | 3 390 | 308 | 4,08 |
| | 500 | | 1 100 | 216 | 170 | 377 700 | 6 870 | 41,8 | 3 390 | 309 | 3,96 |
| | 600 | | 1 200 | 228 | 179 | 464 800 | 7 750 | 45,2 | 3 400 | 309 | 3,86 |

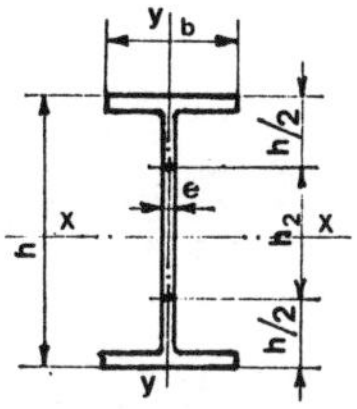


AL-26₄

# VALORES ESTÁTICOS DE UN PERFIL HEB PERALTADO

| HEB | $h_2$ mm | e mm | h mm | A $cm^2$ | p kg/m | Referido al eje X—X: $I_x$ $cm^4$ | X—X: $W_x$ $cm^3$ | X—X: $i_x$ cm | Y—Y: $I_y$ $cm^4$ | Y—Y: $W_y$ $cm^3$ | Y—Y: $i_y$ cm |
|---|---|---|---|---|---|---|---|---|---|---|---|
| 200 | 300 | 9 | 500 | 105 | 82,5 | 44 580 | 1 780 | 20,6 | 2 000 | 200 | 4,36 |
| | 400 | | 600 | 114 | 89,6 | 67 450 | 2 250 | 24,3 | 2 000 | 200 | 4,19 |
| | 500 | | 700 | 123 | 96,6 | 96 020 | 2 740 | 27,9 | 2 000 | 200 | 4,03 |
| | 600 | | 800 | 132 | 104 | 130 800 | 3 270 | 31,5 | 2 000 | 200 | 3,89 |
| | 700 | | 900 | 141 | 111 | 172 100 | 3 820 | 34,9 | 2 000 | 200 | 3,77 |
| | 800 | | 1 000 | 150 | 118 | 220 500 | 4 410 | 38,3 | 2 000 | 200 | 3,65 |
| 220 | 280 | 9 | 500 | 116 | 91,2 | 50 700 | 2 030 | 20,9 | 2 840 | 258 | 4,95 |
| | 380 | | 600 | 125 | 98,3 | 76 450 | 2 550 | 24,7 | 2 840 | 258 | 4,76 |
| | 488 | | 700 | 134 | 105 | 108 500 | 3 100 | 28,4 | 2 840 | 258 | 4,60 |
| | 580 | | 800 | 143 | 112 | 147 200 | 3 680 | 32,1 | 2 840 | 259 | 4,46 |
| | 680 | | 900 | 152 | 119 | 193 000 | 4 290 | 35,6 | 2 840 | 259 | 4,32 |
| | 780 | | 1 000 | 161 | 127 | 246 500 | 4 930 | 39,1 | 2 840 | 259 | 4,20 |
| 240 | 260 | 10 | 500 | 132 | 104 | 58 040 | 2 320 | 21,0 | 3 920 | 327 | 5,45 |
| | 360 | | 600 | 142 | 111 | 87 430 | 2 910 | 24,8 | 3 920 | 327 | 5,26 |
| | 460 | | 700 | 152 | 119 | 123 900 | 3 540 | 28,6 | 3 920 | 327 | 5,08 |
| | 560 | | 800 | 162 | 127 | 168 000 | 4 200 | 32,2 | 3 920 | 327 | 4,92 |
| | 660 | | 900 | 172 | 135 | 220 200 | 4 890 | 35,8 | 3 930 | 327 | 4,78 |
| | 760 | | 1 000 | 182 | 143 | 281 000 | 5 620 | 39,3 | 3 930 | 327 | 4,64 |
| | 860 | | 1 100 | 192 | 151 | 350 900 | 6 380 | 42,7 | 3 930 | 327 | 4,52 |
| 260 | 240 | 10 | 500 | 142 | 111 | 63 680 | 2 550 | 21,2 | 5 130 | 395 | 6,01 |
| | 340 | | 600 | 152 | 119 | 95 690 | 3 190 | 25,1 | 5 130 | 395 | 5,81 |
| | 440 | | 700 | 162 | 127 | 135 300 | 3 870 | 28,9 | 5 130 | 395 | 5,63 |
| | 540 | | 800 | 172 | 135 | 183 000 | 4 580 | 32,6 | 5 130 | 395 | 5,46 |
| | 640 | | 900 | 182 | 143 | 239 300 | 5 320 | 36,3 | 5 140 | 395 | 5,31 |
| | 740 | | 1 000 | 192 | 151 | 304 700 | 6 090 | 39,8 | 5 140 | 395 | 5,17 |
| | 840 | | 1 100 | 202 | 159 | 379 800 | 6 900 | 43,4 | 5 140 | 395 | 5,04 |
| 280 | 320 | 10 | 600 | 163 | 128 | 104 400 | 3 480 | 25,3 | 6 590 | 471 | 6,36 |
| | 420 | | 700 | 173 | 136 | 147 400 | 4 210 | 29,2 | 6 590 | 471 | 6,17 |
| | 520 | | 800 | 183 | 144 | 199 100 | 4 980 | 33,0 | 6 590 | 471 | 6,00 |
| | 620 | | 900 | 193 | 152 | 259 800 | 5 770 | 36,7 | 6 600 | 471 | 5,85 |
| | 720 | | 1 000 | 203 | 159 | 330 300 | 6 610 | 40,3 | 6 600 | 471 | 5,70 |
| | 820 | | 1 100 | 213 | 167 | 410 800 | 7 470 | 43,9 | 6 600 | 471 | 5,57 |
| | 920 | | 1 200 | 223 | 175 | 502 100 | 8 370 | 47,4 | 6 600 | 471 | 5,44 |
| 300 | 300 | 11 | 600 | 182 | 143 | 117 100 | 3 900 | 25,4 | 8 560 | 571 | 6,86 |
| | 400 | | 700 | 193 | 152 | 165 300 | 4 720 | 29,3 | 8 560 | 571 | 6,66 |
| | 500 | | 800 | 204 | 160 | 223 100 | 5 580 | 33,1 | 8 570 | 571 | 6,48 |
| | 600 | | 900 | 215 | 169 | 291 100 | 6 470 | 36,8 | 8 570 | 571 | 6,31 |
| | 700 | | 1 000 | 226 | 177 | 369 800 | 7 400 | 40,5 | 8 570 | 571 | 6,16 |
| | 800 | | 1 100 | 237 | 186 | 459 800 | 8 360 | 44,0 | 8 570 | 571 | 6,01 |
| | 900 | | 1 200 | 248 | 195 | 561 700 | 9 360 | 47,6 | 8 570 | 571 | 5,88 |
| 320 | 380 | 11 | 700 | 203 | 159 | 175 400 | 5 010 | 29,4 | 9 940 | 616 | 6,75 |
| | 480 | | 800 | 214 | 168 | 236 600 | 5 910 | 33,3 | 9 250 | 616 | 6,58 |
| | 580 | | 900 | 225 | 176 | 308 400 | 6 850 | 37,0 | 9 250 | 616 | 6,41 |
| | 680 | | 1 000 | 236 | 185 | 391 500 | 7 830 | 40,7 | 9 250 | 617 | 6,26 |
| | 780 | | 1 100 | 247 | 194 | 486 400 | 8 840 | 44,4 | 9 250 | 617 | 6,12 |
| | 880 | | 1 200 | 258 | 202 | 593 600 | 9 890 | 48,0 | 9 250 | 617 | 5,99 |
| | 980 | | 1 300 | 269 | 211 | 713 800 | 10 980 | 51,5 | 9 250 | 617 | 5,87 |
| 340 | 360 | 12 | 700 | 214 | 168 | 183 500 | 5 240 | 29,3 | 9 700 | 646 | 6,73 |
| | 460 | | 800 | 226 | 178 | 247 700 | 6 190 | 33,1 | 9 700 | 646 | 6,55 |
| | 560 | | 900 | 238 | 187 | 323 200 | 7 180 | 36,8 | 9 700 | 647 | 6,38 |
| | 660 | | 1 000 | 250 | 196 | 410 700 | 8 210 | 40,5 | 9 700 | 647 | 6,23 |
| | 760 | | 1 100 | 262 | 206 | 510 600 | 9 280 | 44,1 | 9 700 | 647 | 6,08 |
| | 860 | | 1 200 | 274 | 215 | 623 700 | 10 390 | 47,7 | 9 700 | 647 | 5,95 |
| | 960 | | 1 300 | 286 | 225 | 750 400 | 11 550 | 51,2 | 9 700 | 647 | 5,82 |
| 360 | 440 | 12 | 800 | 234 | 184 | 257 800 | 6 440 | 33,2 | 10 150 | 676 | 6,59 |
| | 540 | | 900 | 246 | 193 | 336 200 | 7 470 | 37,0 | 10 150 | 677 | 6,43 |
| | 640 | | 1 000 | 258 | 202 | 427 000 | 8 540 | 40,7 | 10 150 | 677 | 6,27 |
| | 740 | | 1 100 | 270 | 212 | 530 700 | 9 650 | 44,3 | 10 150 | 677 | 6,13 |
| | 840 | | 1 200 | 282 | 221 | 647 800 | 10 800 | 47,9 | 10 150 | 677 | 6,00 |
| | 940 | | 1 300 | 294 | 231 | 779 000 | 11 980 | 51,5 | 10 150 | 677 | 5,88 |
| | 1 040 | | 1 400 | 306 | 240 | 924 900 | 13 210 | 55,0 | 10 150 | 677 | 5,76 |
| 400 | 500 | 13 | 900 | 262 | 206 | 355 100 | 7 890 | 36,8 | 10 830 | 722 | 6,43 |
| | 600 | | 1 000 | 275 | 216 | 451 300 | 9 030 | 40,5 | 10 830 | 722 | 6,28 |
| | 700 | | 1 100 | 288 | 226 | 561 300 | 10 210 | 44,1 | 10 830 | 722 | 6,13 |
| | 800 | | 1 200 | 301 | 236 | 685 700 | 11 430 | 47,7 | 10 830 | 722 | 6,00 |
| | 900 | | 1 300 | 314 | 246 | 825 100 | 12 690 | 51,3 | 10 840 | 722 | 5,87 |
| | 1 000 | | 1 400 | 327 | 257 | 980 200 | 14 000 | 54,8 | 10 840 | 723 | 5,76 |
| | 1 100 | | 1 500 | 340 | 267 | 1 132 000 | 15 360 | 58,2 | 10 840 | 723 | 5,65 |
| 450 | 450 | 14 | 900 | 281 | 221 | 380 100 | 8 450 | 36,8 | 11 730 | 782 | 6,46 |
| | 550 | | 1 000 | 295 | 232 | 483 200 | 9 660 | 40,5 | 11 730 | 782 | 6,31 |
| | 650 | | 1 100 | 309 | 243 | 601 100 | 10 930 | 44,1 | 11 730 | 782 | 6,16 |
| | 750 | | 1 200 | 323 | 254 | 734 400 | 12 240 | 47,7 | 11 740 | 782 | 6,03 |
| | 850 | | 1 300 | 337 | 265 | 883 900 | 13 600 | 51,2 | 11 740 | 783 | 5,90 |
| | 950 | | 1 400 | 351 | 276 | 1 050 000 | 15 000 | 54,7 | 11 740 | 783 | 5,78 |
| | 1 050 | | 1 500 | 365 | 287 | 1 234 000 | 16 450 | 58,1 | 11 740 | 783 | 5,67 |
| 500 | 500 | 14 | 1 000 | 309 | 243 | 512 500 | 10 250 | 40,7 | 12 630 | 842 | 6,39 |
| | 600 | | 1 100 | 323 | 254 | 637 000 | 11 580 | 44,4 | 12 630 | 842 | 6,25 |
| | 700 | | 1 200 | 337 | 265 | 777 800 | 12 960 | 48,0 | 12 640 | 842 | 6,12 |
| | 800 | | 1 300 | 351 | 276 | 935 300 | 14 390 | 51,6 | 12 640 | 843 | 6,00 |
| | 900 | | 1 400 | 365 | 287 | 1 110 000 | 15 860 | 55,2 | 12 640 | 843 | 5,88 |
| | 1 000 | | 1 500 | 379 | 298 | 1 304 000 | 17 380 | 58,7 | 12 640 | 843 | 5,78 |
| 600 | 400 | 15 | 1 000 | 330 | 259 | 544 100 | 10 880 | 40,6 | 13 540 | 903 | 6,41 |
| | 500 | | 1 100 | 345 | 271 | 676 700 | 12 300 | 44,3 | 13 540 | 903 | 6,27 |
| | 600 | | 1 200 | 360 | 283 | 826 600 | 13 780 | 47,9 | 13 550 | 903 | 6,13 |
| | 700 | | 1 300 | 375 | 294 | 994 500 | 15 300 | 51,5 | 13 550 | 903 | 6,01 |
| | 800 | | 1 400 | 390 | 306 | 1 181 000 | 16 870 | 55,0 | 13 550 | 904 | 5,89 |
| | 900 | | 1 500 | 405 | 318 | 1 387 000 | 18 500 | 58,5 | 13 560 | 904 | 5,79 |

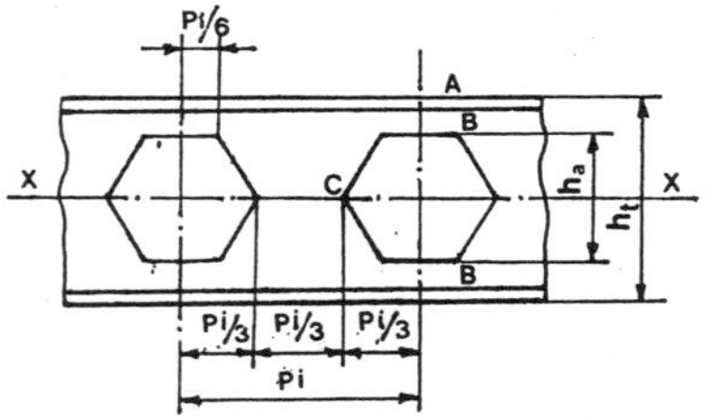


# VALORES ESTÁTICOS DE UN PERFIL IPN ALVEOLADO

| Perfil original | Dimensiones totales | Dimensiones | | | | Peso | Referido al eje (1) | | | | Posiciones de los ejes | |
|---|---|---|---|---|---|---|---|---|---|---|---|---|
| | | Espesor del alma | Altura del ½ perfil | Paso del alveolo | Sección del ½ perfil | | X' — X' | | C — C | | Del eje baricéntrico | Distancia entre X' — X' y C — C |
| IPN | $h_t \times b$ mm | e mm | $h_i$ mm | Pi mm | $A_c$ (3) cm² | p kg/m | $I_{x'}$ cm⁴ | $W_{x'}$ cm³ | $I_c$ cm⁴ | $W_c$ cm³ | $e_c$ (2) cm | a mm |
| 140 | 210 × 66 | 5,7 | 35 | 250 | 7,17 | 14,3 | 1 358 | 129 | 4,59 | 1,70 | 0,799 | 97,0 |
| 160 | 230 × 74 | 6,3 | 45 | 250 | 9,27 | 17,9 | 2 066 | 179 | 10,9 | 3,14 | 1,02 | 105 |
| 180 | 260 × 82 | 6,9 | 50 | 250 | 11,3 | 21,9 | 3 199 | 246 | 15,2 | 3,92 | 1,13 | 119 |
| 200 | 280 × 90 | 7,5 | 60 | 360 | 13,7 | 26,2 | 4 428 | 316 | 32,7 | 7,04 | 1,35 | 126 |
| 220 | 320 × 98 | 8,1 | 60 | 360 | 15,7 | 31,0 | 6 809 | 426 | 33,8 | 7,25 | 1,34 | 147 |
| 240 | 320 × 106 | 8,7 | 80 | 414 | 19,6 | 36,2 | 7 988 | 499 | 87,2 | 14,1 | 1,84 | 142 |
| 260 | 360 × 113 | 9,4 | 80 | 414 | 22,0 | 41,9 | 11 660 | 648 | 93,7 | 15,2 | 1,83 | 162 |
| 280 | 400 × 119 | 10,1 | 80 | 414 | 24,5 | 47,9 | 16 340 | 817 | 99,9 | 16,2 | 1,82 | 182 |
| 300 | 420 × 125 | 10,8 | 90 | 504 | 28,1 | 54,2 | 20 350 | 968 | 144 | 20,9 | 2,09 | 189 |
| 320 | 460 × 131 | 11,5 | 90 | 504 | 30,8 | 61,0 | 27 260 | 1 182 | 161 | 23,2 | 2,08 | 209 |
| 340 | 500 × 137 | 12,2 | 90 | 504 | 33,6 | 68,0 | 35 550 | 1 420 | 169 | 24,4 | 2,09 | 229 |
| 360 | 500 × 143 | 13,0 | 110 | 630 | 39,4 | 76,1 | 40 160 | 1 608 | 330 | 39,4 | 2,61 | 224 |
| 380 | 540 × 149 | 13,7 | 110 | 630 | 42,5 | 84,0 | 51 230 | 1 897 | 347 | 41,3 | 2,60 | 244 |
| 400 | 580 × 155 | 14,4 | 110 | 630 | 46,0 | 92,5 | 64 580 | 2 225 | 362 | 43,0 | 2,60 | 264 |
| 450 | 650 × 170 | 16,2 | 125 | 630 | 57,3 | 115 | 100 600 | 3 081 | 592 | 62,2 | 2,98 | 295 |
| 500 | 700 × 185 | 18,0 | 150 | 837 | 72,0 | 141 | 143 100 | 4 088 | 1 144 | 101 | 3,65 | 313 |
| 550 | 750 × 200 | 19,0 | 175 | 837 | 87,6 | 166 | 197 400 | 5 265 | 1 929 | 146 | 4,26 | 332 |
| 600 | 800 × 215 | 21,6 | 200 | 837 | 105 | 199 | 263 300 | 6 578 | 3 226 | 216 | 5,05 | 349 |

(1) Los valores estáticos para el eje X' — X', se refieren al perfil completo; los indicados para el eje C — C, se refieren a la semisección del perfil alveolar, que corresponde al aligeramiento máximo, respecto a su propio eje baricéntrico.

(2) $e_c$ determina la posición del eje baricéntrico de la semisección del perfil, que corresponde al aligeramiento máximo.

(3) Los valores tabulados son los de la semisección del perfil, que corresponde al aligeramiento máximo.

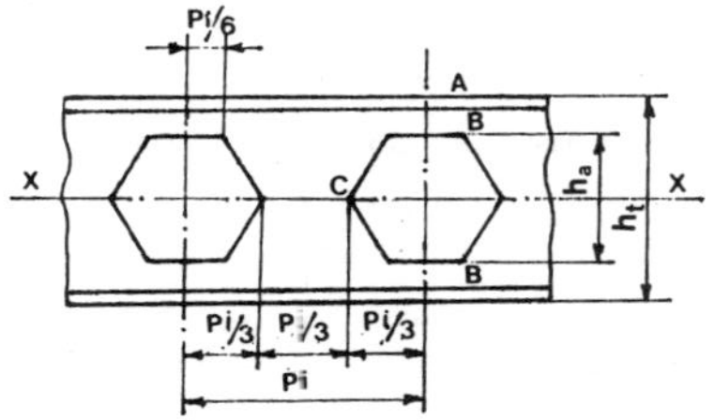


# VALORES ESTÁTICOS DE UN PERFIL IPE ALVEOLADO

| Perfil original | Dimensiones totales | Dimensiones | | | | Peso | Referido al eje (1) | | | | Posiciones de los ejes | |
|---|---|---|---|---|---|---|---|---|---|---|---|---|
| | | Espesor del alma | Altura del ½ perfil | Paso del alveolo | Sección del ½ perfil | | X' — X' | | C — C | | Del eje baricéntrico | Distancia entre X' — X' y C — C |
| IPE | $h_t \times b$ mm | e mm | $h_i$ mm | Pi mm | $A_c$ (3) $cm^2$ | p kg/m | $I_{x'}$ $cm^4$ | $W_{x'}$ $cm^3$ | $I_c$ $cm^4$ | $W_c$ $cm^3$ | $e_c$ (2) cm | a mm |
| 140 | 210 × 73 | 4,7 | 35 | 250 | 6,36 | 12,9 | 1 220 | 116 | 4,07 | 1,46 | 0,710 | 97,9 |
| 160 | 230 × 82 | 5,0 | 45 | 250 | 8,57 | 15,8 | 1 921 | 167 | 10,6 | 2,99 | 0,970 | 105 |
| 180 | 260 × 91 | 5,3 | 50 | 250 | 9,51 | 18,8 | 2 772 | 213 | 14,4 | 3,58 | 0,990 | 120 |
| 200 | 280 × 100 | 5,6 | 60 | 360 | 11,4 | 22,4 | 3 796 | 271 | 26,3 | 5,45 | 1,18 | 128 |
| 220 | 320 × 110 | 5,9 | 60 | 360 | 13,1 | 26,2 | 5 857 | 366 | 28,2 | 5,80 | 1,14 | 149 |
| 240 | 320 × 120 | 6,2 | 80 | 414 | 16,1 | 30,7 | 6 859 | 429 | 69,6 | 10,7 | 1,57 | 144 |
| 260 | 380 × 135 | 6,6 | 80 | 414 | 18,4 | 36,1 | 11 400 | 600 | 75,1 | 11,6 | 1,51 | 175 |
| 300 | 420 × 150 | 7,1 | 90 | 504 | 21,7 | 42,2 | 16 390 | 780 | 116 | 15,8 | 1,70 | 193 |
| 330 | 480 × 160 | 7,5 | 90 | 504 | 24,3 | 49,1 | 24 440 | 1 018 | 123 | 16,7 | 1,67 | 223 |
| 360 | 500 × 170 | 8,0 | 110 | 630 | 29,4 | 57,1 | 31 280 | 1 251 | 237 | 26,6 | 2,09 | 229 |
| 400 | 580 × 180 | 8,6 | 110 | 630 | 32,6 | 66,3 | 47 760 | 1 647 | 255 | 28,3 | 2,08 | 269 |
| 450 | 650 × 190 | 9,4 | 125 | 630 | 38,1 | 77,6 | 69 750 | 2 146 | 405 | 40,2 | 2,43 | 301 |
| 500 | 700 × 200 | 10,2 | 150 | 837 | 45,7 | 90,7 | 94 800 | 2 708 | 750 | 62,7 | 3,04 | 320 |
| 550 | 750 × 210 | 11,1 | 175 | 837 | 53,6 | 106 | 124 900 | 3 330 | 1 268 | 92,0 | 3,72 | 338 |
| 600 | 800 × 220 | 12,0 | 200 | 837 | 63,5 | 122 | 165 300 | 4 134 | 2 035 | 130 | 4,37 | 356 |

(1) Los valores estáticos para el eje X' — X', se refieren al perfil completo; los indicados para el eje C — C, se refieren a la semisección del perfil alveolar, que corresponde al aligeramiento máximo, respecto a su propio eje baricéntrico.

(2) $e_c$ determina la posición del eje baricéntrico de la semisección del perfil, que corresponde al aligeramiento máximo.

(3) Los valores tabulados son los de la semisección del perfil, que corresponde al aligeramiento máximo.

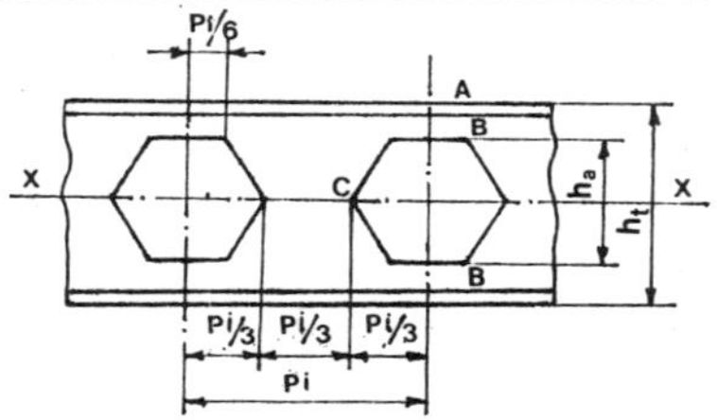


# VALORES ESTÁTICOS DE UN PERFIL HEB ALVEOLADO

| Perfil Original | Dimensiones totales | Dimensiones | | | | Peso | Referido al eje (1) | | | | Posiciones de los ejes | |
|---|---|---|---|---|---|---|---|---|---|---|---|---|
| | | | | | | | X' — X' | | C — C | | | |
| HEB | $h_t \times b$ mm | Espesor del alma e mm | Altura del ½ perfil $h_i$ mm | Paso del alveolo $p_i$ mm | Sección del ½ perfil $A_c$ (3) cm² | p kg/m | $I_{x'}$ cm⁴ | $W_{x'}$ cm³ | $I_c$ cm⁴ | $W_c$ cm³ | Del eje baricéntrico $e_c$ (2) cm | Distancia entre X' — X' y C — C a mm |
| **140** | 210 × 140 | 7 | 35 | 250 | 18,4 | **33,7** | 3 510 | **334** | 5,20 | 1,89 | 0,751 | 97,5 |
| **160** | 230 × 160 | 8 | 45 | 250 | 23,4 | **42,6** | 5 260 | **457** | 13,7 | 3,79 | 0,895 | 106 |
| **180** | 260 × 180 | 8,5 | 50 | 250 | 28,3 | **51,2** | 8 280 | **637** | 20,3 | 5,05 | 0,970 | 120 |
| **200** | 280 × 200 | 9 | 60 | 360 | 34,0 | **61,3** | 11 400 | **815** | 38,8 | 7,93 | 1,10 | 129 |
| **220** | 320 × 220 | 9,5 | 60 | 360 | 39,4 | **71,5** | 17 500 | **1 092** | 40,3 | 8,26 | 1,12 | 149 |
| **240** | 320 × 240 | 10 | 80 | 414 | 47,1 | **83,2** | 20 300 | **1 269** | 107 | 16,1 | 1,38 | 146 |
| **260** | 360 × 260 | 10 | 80 | 414 | 51,7 | **93,0** | 28 700 | **1 594** | 108 | 16,2 | 1,36 | 166 |
| **280** | 400 × 280 | 10,5 | 80 | 414 | 56,9 | **103** | 39 700 | **1 985** | 113 | 17,1 | 1,36 | 186 |
| **300** | 420 × 300 | 11 | 90 | 504 | 64,8 | **117** | 49 800 | **2 372** | 171 | 22,8 | 1,49 | 195 |
| **320** | 460 × 300 | 11,5 | 90 | 504 | 69,5 | **127** | 64 800 | **2 820** | 177 | 24,2 | 1,49 | 215 |
| **340** | 500 × 300 | 12 | 90 | 504 | 72,7 | **134** | 80 500 | **3 220** | 180 | 24,2 | 1,58 | 234 |
| **360** | 500 × 300 | 12,5 | 110 | 630 | 78,4 | **142** | 84 000 | **3 360** | 354 | 38,9 | 1,89 | 231 |
| **400** | 580 × 300 | 13,5 | 110 | 630 | 83,6 | **155** | 123 000 | **4 241** | 373 | 41,3 | 1,96 | 270 |
| **450** | 650 × 300 | 14 | 125 | 630 | 91,8 | **171** | 169 300 | **5 209** | 572 | 55,7 | 2,24 | 303 |
| **500** | 700 × 300 | 14,5 | 150 | 837 | 102 | **187** | 214 300 | **6 122** | 1 043 | 84,8 | 2,70 | 323 |
| **550** | 750 × 300 | 15 | 175 | 837 | 109 | **199** | 259 000 | **6 900** | 1 726 | 121 | 3,22 | 343 |
| **600** | 800 × 300 | 15,5 | 200 | 837 | 116 | **212** | 311 000 | **7 775** | 2 674 | 164 | 3,76 | 362 |

(1) Los valores estáticos para el eje X' — X', se refieren al perfil completo; los indicados para el eje C — C, se refieren a la semisección del perfil alveolar, que corresponde al aligeramiento máximo, respecto a su propio eje baricéntrico.

(2) $e_c$ determina la posición del eje baricéntrico de la semisección del perfil, que corresponde al aligeramiento máximo.

(3) Los valores tabulados son los de la semisección del perfil, que corresponde al aligeramiento máximo.

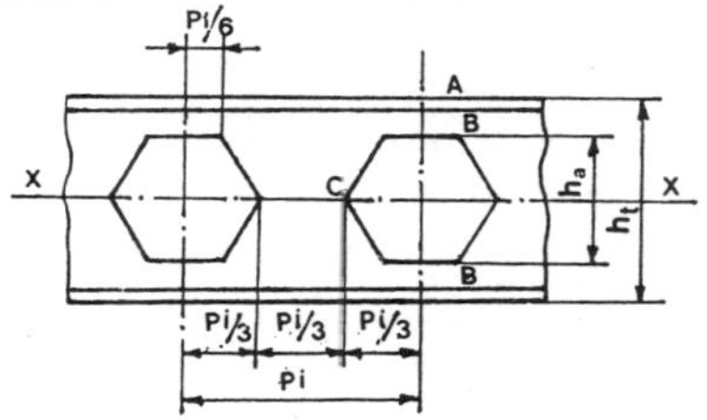


# VALORES ESTÁTICOS DE UN PERFIL HEA ALVEOLADO

| Perfil Original | Dimensiones totales | Dimensiones | | | | Peso | Referido al eje (1) | | | | Posiciones de los ejes | |
|---|---|---|---|---|---|---|---|---|---|---|---|---|
| | | Espesor del alma | Altura del ½ perfil | Paso del alveolo | Sección del ½ perfil | | X' — X' | | C — C | | Del eje baricéntrico | Distancia entre X' — X' y C — C |
| HEA | $h_t \times b$ mm | e mm | $h_i$ mm | $p_i$ mm | $A_c$ (3) cm² | p kg/m | $I_x$ cm⁴ | $W_{x'}$ cm³ | $I_c$ cm⁴ | $W_c$ cm³ | $e_c$ (2) cm | a mm |
| **200** | 280 × 200 | 6 5 | 50 | 360 | 22,6 | **42,3** | 7 924 | **565** | 17,8 | 4,24 | 0,790 | 132 |
| **220** | 320 × 220 | 7 | 50 | 360 | 26,9 | **50,5** | 12 520 | **782** | 18,8 | 4,48 | 0,810 | 152 |
| **240** | 320 × 240 | 7,5 | 70 | 414 | 33,1 | **60,3** | 15 040 | **940** | 43,9 | 7,30 | 0,980 | 150 |
| **260** | 360 × 260 | 7,5 | 70 | 414 | 36,8 | **68,2** | 21 230 | **1 180** | 58,4 | 9,80 | 1,03 | 170 |
| **280** | 400 × 280 | 8 | 70 | 414 | 41,0 | **76,4** | 29 630 | **1 482** | 62,0 | 10,4 | 1,04 | 190 |
| **300** | 420 × 300 | 8,5 | 80 | 504 | 47,6 | **88,3** | 37 600 | **1 790** | 77,8 | 11,4 | 1,17 | 198 |
| **320** | 460 × 300 | 9 | 80 | 504 | 52,3 | **97,6** | 49 870 | **2 169** | 103 | 15,1 | 1,22 | 218 |
| **340** | 500 × 300 | 9,5 | 80 | 504 | 55,4 | **105** | 62 700 | **2 509** | 109 | 16,2 | 1,26 | 237 |
| **360** | 500 × 300 | 10 | 100 | 630 | 60,7 | **112** | 67 250 | **2 690** | 225 | 26,6 | 1,55 | 234 |
| **400** | 580 × 300 | 11 | 100 | 630 | 65,9 | **125** | 99 570 | **2 431** | 241 | 28,8 | 1,63 | 274 |
| **450** | 650 × 300 | 11,5 | 115 | 630 | 73,8 | **140** | 138 900 | **4 270** | 363 | 37,8 | 1,89 | 306 |
| **500** | 700 × 300 | 12 | 140 | 837 | 83,1 | **155** | 181 400 | **5 182** | 738 | 62,0 | 2,10 | 329 |
| **550** | 750 × 300 | 12,5 | 165 | 837 | 89,6 | **166** | 220 400 | **5 870** | 996 | 71,6 | 2,59 | 349 |
| **600** | 800 × 300 | 13 | 190 | 837 | 96,4 | **178** | 262 800 | **6 570** | 1 990 | 127 | 3,36 | 366 |

(1) Los valores estáticos para el eje X' — X', se refieren al perfil completo; los indicados para el eje C — C, se refieren a la semisección del perfil alveolar, que corresponde al aligeramiento máximo, respecto a su propio eje baricéntrico.

(2) $e_c$ determina la posición del eje baricéntrico de la semisección del perfil, que corresponde al aligeramiento máximo.

(3) Los valores tabulados son los de la semisección del perfil, que corresponde al aligeramiento máximo.

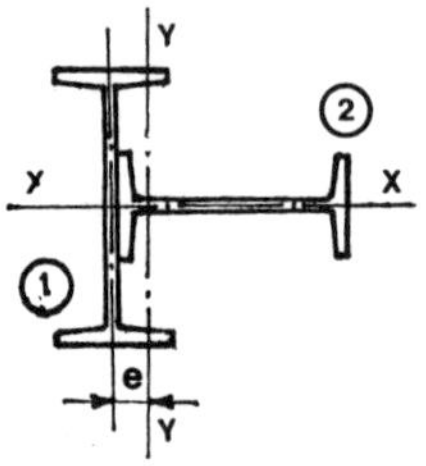


# *VALORES ESTÁTICOS DE DOS PERFILES IPN A 90°*

| Perfil 1 | Perfil 2 | A cm² | p kg/m | $I_x$ cm⁴ | $W_{x_1}$ cm³ | $W_{x_2}$ cm³ | $i_x$ cm | e cm | $I_y$ cm⁴ | $W_{y_1}$ cm³ | $W_{y_2}$ cm³ | $i_y$ cm |
|---|---|---|---|---|---|---|---|---|---|---|---|---|
| **400** | 300 | 187 | 147 | 29 660 | **1 480** | 4 750 | 12,6 | 5,80 | 21 730 | 1 600 | **872** | **10,8** |
| | 320 | 196 | 154 | 29 760 | **1 490** | 4 540 | 12,3 | 6,64 | 26 780 | 1 860 | **1 030** | **11,7** |
| | 340 | 205 | 161 | 29 880 | **1 490** | 4 360 | **12,1** | 7,51 | 32 560 | 2 130 | **1 200** | 12,6 |
| | 360 | 215 | 169 | 30 030 | **1 500** | 4 200 | **11,8** | 8,45 | 39 440 | 2 430 | **1 400** | 13,5 |
| | 380 | 225 | 177 | 30 180 | **1 510** | 4 050 | **11,6** | 9,38 | 46 990 | 2 740 | **1 600** | 14,5 |
| | 400 | 236 | 185 | 30 370 | **1 520** | 3 920 | **11,3** | 10,4 | 55 700 | 3 080 | **1 830** | 15,4 |
| | 450 | 265 | 208 | 30 940 | **1 550** | 3 640 | **10,8** | 12,9 | 82 300 | 3 990 | **2 510** | 17,6 |
| | 500 | 298 | 234 | 31 690 | **1 580** | 3 430 | **10,3** | 15,5 | 117 000 | 5 030 | **3 330** | 19,8 |
| | 550 | 331 | 260 | 32 700 | **1 640** | 3 270 | **9,93** | 18,2 | 160 800 | 6 540 | **4 280** | 22,0 |
| | 600 | 372 | 292 | 33 880 | **1 690** | 3 150 | **9,54** | 21,0 | 216 200 | 7 530 | **5 440** | 24,1 |
| **450** | 300 | 216 | 170 | 46 300 | **2 060** | 7 410 | 14,6 | 5,06 | 23 280 | 1 720 | **904** | **10,4** |
| | 320 | 225 | 176 | 46 400 | **2 060** | 7 080 | 14,4 | 5,82 | 28 620 | 2 000 | **1 060** | **11,3** |
| | 340 | 234 | 184 | 46 520 | **2 070** | 6 790 | 14,1 | 6,61 | 34 740 | 2 300 | **1 230** | **12,2** |
| | 360 | 244 | 192 | 46 670 | **2 070** | 6 530 | 13,8 | 7,48 | 42 030 | 2 630 | **1 430** | **13,1** |
| | 380 | 254 | 199 | 46 820 | **2 080** | 6 290 | **13,6** | 8,34 | 50 040 | 2 970 | **1 640** | 14,0 |
| | 400 | 265 | 208 | 47 010 | **2 090** | 6 070 | **13,3** | 9,27 | 59 290 | 3 340 | **1 880** | 15,0 |
| | 450 | 294 | 231 | 47 580 | **2 110** | 5 600 | **12,7** | 11,7 | 87 480 | 4 340 | **2 560** | 17,2 |
| | 500 | 327 | 257 | 48 330 | **2 150** | 5 220 | **12,2** | 14,2 | 124 400 | 5 480 | **3 400** | 19,5 |
| | 550 | 360 | 283 | 49 340 | **2 190** | 4 930 | **11,7** | 16,8 | 170 600 | 6 760 | **4 370** | 21,8 |
| | 600 | 401 | 315 | 50 520 | **2 250** | 4 700 | **11,2** | 19,5 | 229 100 | 8 180 | **5 550** | 23,9 |
| **500** | 300 | 249 | 196 | 69 190 | **2 770** | 11 070 | 16,7 | 4,41 | 24 900 | 1 820 | **940** | **10,0** |
| | 320 | 258 | 202 | 69 290 | **2 770** | 10 580 | 16,4 | 5,10 | 30 500 | 2 130 | **1 100** | **10,9** |
| | 340 | 267 | 209 | 69 410 | **2 780** | 10 130 | 16,1 | 5,82 | 36 940 | 2 450 | **1 270** | **11,8** |
| | 360 | 277 | 218 | 69 560 | **2 780** | 9 730 | 15,8 | 6,62 | 44 620 | 2 810 | **1 470** | **12,7** |
| | 380 | 287 | 225 | 69 710 | **2 790** | 9 360 | 15,6 | 7,42 | 53 070 | 3 180 | **1 690** | **13,6** |
| | 400 | 298 | 234 | 69 900 | **2 800** | 9 020 | 15,3 | 8,27 | 62 820 | 3 580 | **1 950** | **14,5** |
| | 450 | 327 | 257 | 70 470 | **2 820** | 8 290 | **14,7** | 10,5 | 92 640 | 4 690 | **2 620** | 16,8 |
| | 500 | 360 | 283 | 71 220 | **2 850** | 7 700 | **14,1** | 13,0 | 131 600 | 5 930 | **3 470** | 19,1 |
| | 550 | 393 | 309 | 72 230 | **2 890** | 7 220 | **13,6** | 15,4 | 180 300 | 7 320 | **4 450** | 21,4 |
| | 600 | 434 | 341 | 73 410 | **2 940** | 6 830 | **13,0** | 18,1 | 242 100 | 8 860 | **5 650** | 23,6 |
| **550** | 300 | 282 | 221 | 99 630 | **3 620** | 15 940 | 18,8 | 3,91 | 26 560 | 1 910 | **982** | **9,70** |
| | 320 | 291 | 228 | 99 730 | **3 630** | 15 230 | 18,5 | 4,53 | 32 370 | 2 230 | **1 140** | **10,6** |
| | 340 | 300 | 235 | 99 850 | **3 630** | 14 580 | 18,3 | 5,20 | 39 060 | 2 570 | **1 310** | **11,4** |
| | 360 | 310 | 243 | 100 000 | **3 640** | 13 990 | 18,0 | 5,93 | 47 050 | 2 950 | **1 520** | **12,3** |
| | 380 | 320 | 251 | 100 150 | **3 640** | 13 440 | 17,7 | 6,67 | 55 850 | 3 350 | **1 730** | **13,2** |
| | 400 | 331 | 260 | 100 350 | **3 650** | 12 950 | 17,4 | 7,47 | 66 030 | 3 780 | **1 970** | **14,1** |
| | 450 | 360 | 283 | 100 900 | **3 670** | 11 870 | 16,7 | 9,58 | 94 280 | 4 820 | **2 590** | **16,2** |
| | 500 | 393 | 309 | 101 650 | **3 700** | 10 990 | **16,1** | 11,9 | 147 900 | 6 760 | **3 790** | 19,4 |
| | 550 | 426 | 334 | 102 650 | **3 730** | 10 270 | **15,5** | 14,2 | 188 800 | 7 800 | **4 530** | 21,1 |
| | 600 | 467 | 367 | 103 850 | **3 780** | 9 660 | **14,9** | 16,8 | 253 500 | 9 450 | **5 740** | 23,3 |
| **600** | 300 | 323 | 254 | 139 450 | **4 650** | 22 310 | 20,8 | 3,44 | 28 520 | 2 010 | **1 030** | **9,39** |
| | 320 | 332 | 260 | 139 550 | **4 650** | 21 310 | 20,5 | 4,00 | 34 740 | 2 360 | **1 200** | **10,2** |
| | 340 | 341 | 268 | 139 650 | **4 660** | 20 390 | 20,2 | 4,60 | 41 520 | 2 700 | **1 360** | **11,0** |
| | 360 | 351 | 276 | 139 800 | **4 660** | 19 550 | 20,0 | 5,27 | 49 850 | 3 110 | **1 570** | **11,9** |
| | 380 | 361 | 283 | 139 950 | **4 670** | 18 790 | 19,7 | 5,95 | 59 040 | 3 540 | **1 780** | **12,8** |
| | 400 | 372 | 292 | 140 150 | **4 670** | 18 090 | 19,4 | 6,69 | 69 680 | 4 000 | **2 030** | **13,7** |
| | 450 | 401 | 315 | 140 750 | **4 690** | 16 560 | 18,7 | 8,64 | 102 300 | 5 280 | **2 730** | **16,0** |
| | 500 | 434 | 341 | 141 500 | **4 720** | 15 300 | **18,1** | 10,8 | 145 100 | 6 730 | **3 600** | 18,3 |
| | 550 | 467 | 367 | 142 500 | **4 750** | 14 250 | **17,5** | 13,0 | 198 500 | 8 340 | **4 610** | 20,6 |
| | 600 | 508 | 399 | 143 650 | **4 790** | 13 360 | **16,8** | 15,6 | 266 300 | 10 130 | **5 850** | 22,9 |

El radio de giro mínimo de la sección está indicado en letra **negrita**.
Los módulos resistentes mínimos de la sección a ambos ejes, están indicados en **negrita**.

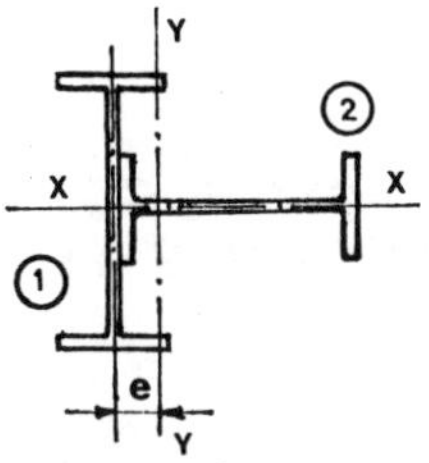


# *VALORES ESTÁTICOS DE DOS PERFILES IPE A 90°*

| Perfil | | A | P | $I_x$ | $W_{x_1}$ | $W_{x_2}$ | $i_x$ | e | $I_y$ | $W_{y_1}$ | $W_{y_2}$ | $i_y$ |
|---|---|---|---|---|---|---|---|---|---|---|---|---|
| 1 | 2 | cm² | kg/m | cm⁴ | cm³ | cm³ | cm | cm | cm⁴ | cm³ | cm³ | cm |
| 400 | 300 | 138 | 109 | 23 730 | **1 190** | 3 160 | 13,1 | 6,00 | 17 510 | 1 170 | **717** | **11,3** |
| | 330 | 147 | 115 | 23 920 | **1 200** | 2 990 | 12,8 | 7,20 | 23 400 | 1 440 | **892** | **12,6** |
| | 360 | 157 | 123 | 24 170 | **1 210** | 2 840 | **12,4** | 8,52 | 30 860 | 1 760 | **1 110** | 14,0 |
| | 400 | 169 | 133 | 24 450 | **1 220** | 2 720 | **12,0** | 10,2 | 42 080 | 2 190 | **1 390** | 15,8 |
| | 450 | 183 | 144 | 24 810 | **1 240** | 2 610 | **11,6** | 12,4 | 59 010 | 2 760 | **1 780** | 17,9 |
| | 500 | 201 | 157 | 25 270 | **1 260** | 2 530 | **11,2** | 14,7 | 81 130 | 3 420 | **2 270** | 20,1 |
| | 550 | 219 | 172 | 25 800 | **1 290** | 2 460 | **10,9** | 17,1 | 108 900 | 4 170 | **2 840** | 22,3 |
| | 600 | 241 | 189 | 26 520 | **1 330** | 2 410 | **10,5** | 19,7 | 144 200 | 5 020 | **3 540** | 24,5 |
| 450 | 300 | 153 | 120 | 34 340 | **1 530** | 4 580 | 15,0 | 5,45 | 18 380 | 1 230 | **735** | **11,0** |
| | 330 | 161 | 127 | 34 530 | **1 530** | 4 320 | 14,6 | 6,58 | 24 490 | 1 520 | **911** | **12,3** |
| | 360 | 172 | 135 | 34 780 | **1 550** | 4 090 | 14,2 | 7,83 | 32 240 | 1 860 | **1 130** | **13,7** |
| | 400 | 183 | 144 | 35 060 | **1 560** | 3 900 | **13,8** | 9,44 | 43 890 | 2 320 | **1 410** | 15,5 |
| | 450 | 198 | 155 | 35 420 | **1 570** | 3 730 | **13,4** | 11,5 | 61 480 | 2 930 | **1 810** | 17,6 |
| | 500 | 215 | 169 | 35 880 | **1 590** | 3 590 | **12,9** | 13,8 | 84 490 | 3 630 | **2 300** | 19,8 |
| | 550 | 233 | 183 | 36 410 | **1 620** | 3 470 | **12,5** | 16,1 | 113 300 | 4 430 | **2 880** | 22,1 |
| | 600 | 255 | 200 | 37 130 | **1 650** | 3 380 | **12,1** | 18,7 | 149 900 | 5 320 | **3 590** | 24,3 |
| 500 | 300 | 170 | 133 | 48 800 | **1 950** | 6 510 | 17,0 | 4,91 | 19 340 | 1 300 | **756** | **10,7** |
| | 330 | 179 | 140 | 48 990 | **1 960** | 6 120 | 16,6 | 5,96 | 25 670 | 1 610 | **932** | **12,0** |
| | 360 | 189 | 148 | 49 240 | **1 970** | 5 790 | 16,2 | 7,13 | 33 720 | 1 970 | **1 150** | **13,4** |
| | 400 | 201 | 157 | 49 520 | **1 980** | 5 500 | 15,7 | 8,64 | 45 840 | 2 460 | **1 440** | **15,1** |
| | 450 | 215 | 169 | 49 880 | **2 000** | 5 250 | **15,2** | 10,6 | 64 130 | 3 120 | **1 840** | 17,3 |
| | 500 | 232 | 182 | 50 340 | **2 010** | 5 030 | **14,7** | 12,8 | 88 080 | 3 870 | **2 330** | 19,5 |
| | 550 | 250 | 196 | 50 870 | **2 030** | 4 840 | **14,3** | 15,0 | 118 000 | 4 720 | **2 910** | 21,7 |
| | 600 | 271 | 214 | 51 590 | **2 060** | 4 690 | **13,8** | 17,5 | 156 100 | 5 680 | **3 630** | 24,0 |
| 550 | 300 | 188 | 147 | 67 720 | **2 460** | 9 030 | 19,0 | 4,46 | 20 320 | 1 360 | **779** | **10,4** |
| | 330 | 197 | 154 | 67 910 | **2 470** | 8 490 | 18,6 | 5,43 | 26 850 | 1 690 | **955** | **11,7** |
| | 360 | 207 | 162 | 68 160 | **2 480** | 8 020 | 18,2 | 6,53 | 35 170 | 2 070 | **1 170** | **13,0** |
| | 400 | 219 | 172 | 68 440 | **2 490** | 7 600 | 17,7 | 7,95 | 47 700 | 2 590 | **1 460** | **14,8** |
| | 450 | 233 | 183 | 68 800 | **2 500** | 7 240 | 17,2 | 9,78 | 66 640 | 3 290 | **1 860** | **16,9** |
| | 500 | 250 | 196 | 69 260 | **2 520** | 6 930 | **16,6** | 11,9 | 91 470 | 4 090 | **2 360** | 19,1 |
| | 550 | 268 | 210 | 69 790 | **2 540** | 6 650 | **16,1** | 14,0 | 122 500 | 5 000 | **2 950** | 21,4 |
| | 600 | 290 | 228 | 70 510 | **2 560** | 6 410 | **15,6** | 16,4 | 162 000 | 6 020 | **3 670** | 23,6 |
| 600 | 300 | 210 | 165 | 92 680 | **3 090** | 12 360 | 21,0 | 4,00 | 21 490 | 1 430 | **808** | **10,1** |
| | 330 | 219 | 172 | 92 870 | **3 100** | 11 610 | 20,6 | 4,90 | 28 220 | 1 780 | **983** | **11,4** |
| | 360 | 229 | 180 | 93 120 | **3 100** | 10 960 | 20,2 | 5,91 | 36 820 | 2 180 | **1 200** | **12,7** |
| | 400 | 241 | 189 | 93 400 | **3 110** | 10 380 | 19,7 | 7,24 | 49 780 | 2 730 | **1 490** | **14,4** |
| | 450 | 255 | 200 | 93 760 | **3 130** | 9 870 | 19,2 | 8,96 | 69 410 | 3 480 | **1 890** | **16,5** |
| | 500 | 272 | 214 | 94 220 | **3 140** | 9 420 | **18,6** | 10,9 | 95 190 | 4 340 | **2 400** | 18,7 |
| | 550 | 290 | 228 | 94 750 | **3 160** | 9 020 | **18,1** | 13,0 | 127 400 | 5 310 | **2 990** | 21,0 |
| | 600 | 312 | 245 | 95 470 | **3 180** | 8 680 | **17,5** | 15,3 | 168 500 | 6 410 | **3 720** | 23,2 |

El radio de giro mínimo de la sección está indicado en letra **negrita**.
Los módulos resistentes mínimos de la sección respecto a ambos ejes, están indicados en **negrita**.

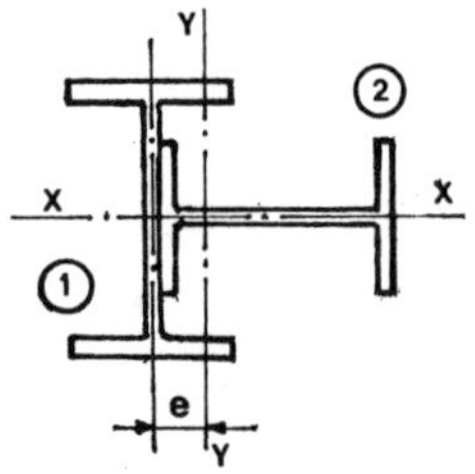


# *VALORES ESTÁTICOS DE DOS PERFILES HEB A 90°*

| Perfil 1 | Perfil 2 | A cm² | p kg/m | $I_x$ cm⁴ | $W_{x_1}$ cm³ | $W_{x_2}$ cm³ | $i_x$ cm | e cm | $I_y$ cm⁴ | $W_{y_1}$ cm³ | $W_{y_2}$ cm³ | $i_y$ cm |
|---|---|---|---|---|---|---|---|---|---|---|---|---|
| **400** | 300 | 347 | 272 | 66 240 | **3 310** | 4 420 | 13,8 | 6,73 | 56 880 | 2 620 | **2 380** | **12,8** |
| | 320 | 359 | 282 | 66 920 | **3 350** | 4 460 | 13,7 | 7,48 | 66 330 | 2 950 | **2 630** | **13,6** |
| | 340 | 369 | 290 | 67 370 | **3 370** | 4 490 | **13,5** | 8,19 | 76 150 | 3 280 | **2 880** | 14,4 |
| | 360 | 379 | 298 | 67 820 | **3 390** | 4 520 | **13,4** | 8,92 | 86 990 | 3 640 | **3 130** | 15,1 |
| | 400 | 396 | 311 | 68 500 | **3 430** | 4 570 | **13,2** | 10,3 | 110 800 | 4 370 | **3 650** | 16,7 |
| | 450 | 416 | 327 | 69 400 | **3 470** | 4 630 | **12,9** | 12,1 | 146 400 | 5 390 | **4 370** | 18,8 |
| | 500 | 437 | 343 | 70 300 | **3 520** | 4 690 | **12,7** | 14,0 | 189 400 | 6 520 | **5 170** | 20,8 |
| | 550 | 452 | 355 | 70 760 | **3 540** | 4 720 | **12,5** | 15,8 | 235 800 | 7 650 | **5 920** | 22,8 |
| | 600 | 468 | 367 | 71 210 | **3 560** | 4 750 | **12,3** | 17,7 | 289 300 | 8 850 | **6 730** | 24,9 |
| **450** | 300 | 367 | 288 | 88 450 | **3 930** | 5 900 | 15,5 | 6,37 | 58 710 | 2 750 | **2 410** | **12,6** |
| | 320 | 379 | 298 | 89 130 | **3 960** | 5 940 | 15,3 | 7,09 | 68 370 | 3 090 | **2 670** | **13,4** |
| | 340 | 389 | 305 | 89 580 | **3 980** | 5 970 | 15,2 | 7,78 | 78 400 | 3 440 | **2 910** | **14,2** |
| | 360 | 399 | 313 | 90 030 | **4 000** | 6 000 | 15,0 | 8,48 | 89 490 | 3 810 | **3 170** | **15,0** |
| | 400 | 416 | 327 | 90 710 | **4 030** | 6 050 | **14,8** | 9,85 | 113 900 | 4 580 | **3 690** | 16,5 |
| | 450 | 436 | 342 | 91 610 | **4 070** | 6 110 | **14,5** | 11,6 | 150 300 | 5 650 | **4 410** | 18,6 |
| | 500 | 457 | 359 | 92 510 | **4 110** | 6 170 | **14,2** | 13,4 | 194 200 | 6 830 | **5 210** | 20,6 |
| | 550 | 472 | 371 | 92 970 | **4 130** | 6 200 | **14,0** | 15,2 | 241 700 | 8 010 | **5 960** | 22,6 |
| | 600 | 488 | 383 | 93 420 | **4 150** | 6 230 | **13,8** | 17,0 | 296 400 | 9 270 | **6 780** | 24,6 |
| **500** | 300 | 388 | 305 | 115 800 | **4 630** | 7 720 | 17,3 | 6,04 | 60 490 | 2 870 | **2 450** | 12,5 |
| | 320 | 400 | 314 | 116 400 | **4 660** | 7 760 | 17,1 | 6,73 | 70 350 | 3 240 | **2 710** | 13,3 |
| | 340 | 410 | 322 | 116 900 | **4 680** | 7 790 | 16,9 | 7,39 | 80 600 | 3 600 | **2 950** | 14,0 |
| | 360 | 420 | 330 | 117 300 | **4 690** | 7 820 | 16,7 | 8,07 | 91 920 | 3 980 | **3 210** | 14,8 |
| | 400 | 437 | 343 | 118 000 | **4 720** | 7 870 | 16,4 | 9,39 | 116 800 | 4 790 | **3 730** | 16,3 |
| | 450 | 457 | 359 | 118 900 | **4 760** | 7 930 | **16,1** | 11,1 | 154 000 | 5 910 | **4 450** | 18,4 |
| | 500 | 478 | 375 | 119 800 | **4 790** | 7 990 | **15,8** | 12,9 | 198 900 | 7 140 | **5 250** | 20,4 |
| | 550 | 493 | 387 | 120 300 | **4 810** | 8 020 | **15,6** | 14,5 | 247 400 | 8 380 | **6 010** | 22,4 |
| | 600 | 509 | 400 | 120 700 | **4 830** | 8 050 | **15,4** | 16,3 | 303 300 | 9 690 | **6 830** | 24,4 |
| **550** | 300 | 403 | 316 | 145 300 | **5 280** | 9 680 | 19,0 | 5,82 | 61 550 | 2 960 | **2 470** | **12,4** |
| | 320 | 415 | 326 | 145 900 | **5 310** | 9 730 | 18,8 | 6,50 | 71 550 | 3 330 | **2 730** | **13,1** |
| | 340 | 425 | 334 | 146 400 | **5 320** | 9 760 | 18,6 | 7,14 | 81 940 | 3 700 | **2 970** | **13,9** |
| | 360 | 435 | 341 | 146 800 | **5 340** | 9 790 | 18,4 | 7,80 | 93 430 | 4 100 | **3 230** | **14,7** |
| | 400 | 452 | 355 | 147 500 | **5 360** | 9 830 | 18,1 | 9,09 | 118 700 | 4 930 | **3 750** | **16,2** |
| | 450 | 472 | 371 | 148 400 | **5 400** | 9 890 | **17,7** | 10,7 | 156 400 | 6 080 | **4 470** | 18,2 |
| | 500 | 493 | 387 | 149 300 | **5 430** | 9 950 | **17,4** | 12,5 | 201 900 | 7 350 | **5 280** | 20,2 |
| | 550 | 508 | 399 | 149 800 | **5 450** | 9 990 | **17,2** | 14,1 | 251 100 | 8 620 | **6 030** | 22,2 |
| | 600 | 524 | 411 | 150 200 | **5 460** | 10 020 | **16,9** | 15,8 | 307 800 | 9 980 | **6 860** | 24,2 |
| **600** | 300 | 419 | 329 | 179 600 | **5 990** | 11 970 | 20,7 | 5,61 | 62 590 | 3 040 | **2 490** | **12,2** |
| | 320 | 431 | 338 | 180 200 | **6 010** | 12 020 | 20,4 | 6,27 | 72 730 | 3 420 | **2 740** | **13,0** |
| | 340 | 441 | 346 | 180 700 | **6 020** | 12 050 | 20,2 | 6,89 | 83 270 | 3 800 | **2 990** | **13,7** |
| | 360 | 451 | 354 | 181 100 | **6 040** | 12 080 | 20,0 | 7,53 | 94 920 | 4 210 | **3 250** | **14,5** |
| | 400 | 468 | 367 | 181 800 | **6 060** | 12 120 | 19,7 | 8,79 | 120 500 | 5 070 | **3 770** | **16,0** |
| | 450 | 488 | 383 | 182 700 | **6 090** | 12 180 | 19,4 | 10,4 | 158 800 | 6 250 | **4 490** | **18,0** |
| | 500 | 509 | 400 | 183 600 | **6 120** | 12 240 | **19,0** | 12,1 | 205 000 | 7 560 | **5 300** | 20,1 |
| | 550 | 524 | 411 | 184 100 | **6 140** | 12 270 | **18,7** | 13,7 | 254 900 | 8 880 | **6 060** | 22,1 |
| | 600 | 540 | 424 | 184 500 | **6 150** | 12 300 | **18,5** | 15,4 | 312 400 | 10 280 | **6 880** | 24,1 |

El radio de giro mínimo de la sección está indicado en letra **negrita**.
Los módulos resistentes de la sección respecto a ambos ejes, están indicados en **negrita**.

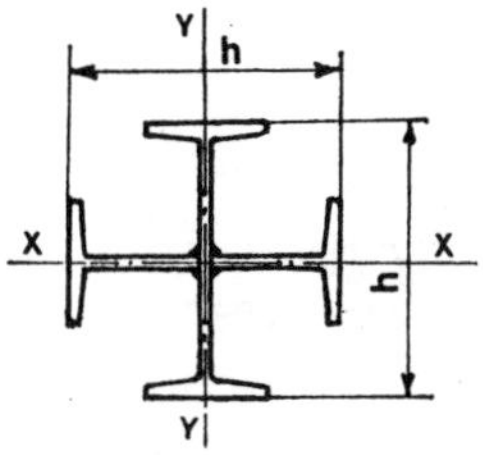

AL-28₄

## VALORES ESTÁTICOS DE SECCIONES COMPUESTAS POR DOS PERFILES IPN EN CRUZ

| IPN | h<br>mm | Sección<br>A<br>cm² | Peso<br>p<br>kg/m | $I_x = I_y$<br>cm⁴ | $W_x = W_y$<br>cm³ | $i_x = i_y$<br>cm |
|---|---|---|---|---|---|---|
| **120** | 120 | 28,1 | 22,1 | 349 | 58,2 | **3,52** |
| **140** | 140 | 36,3 | 28,5 | 608 | 86,9 | **4,09** |
| **160** | 160 | 45,2 | 35,5 | 990 | 124 | **4,68** |
| **180** | 180 | 55,3 | 43,4 | 1 530 | 170 | **5,26** |
| **200** | 200 | 66,4 | 52,2 | 2 260 | 226 | **5,82** |
| **220** | 220 | 78,5 | 61,7 | 3 220 | 293 | **6,40** |
| **240** | 240 | 91,4 | 71,8 | 4 470 | 373 | **6,99** |
| **260** | 260 | 106 | 83,1 | 6 030 | 464 | **7,54** |
| **280** | 280 | 121 | 95,1 | 7 950 | 568 | **8,10** |
| **300** | 300 | 137 | 108 | 10 250 | 683 | **8,65** |
| **320** | 320 | 154 | 121 | 13 060 | 817 | **9,20** |
| **340** | 340 | 172 | 135 | 16 370 | 963 | **9,75** |
| **360** | 360 | 193 | 151 | 20 430 | 1 130 | **10,3** |
| **380** | 380 | 212 | 167 | 24 980 | 1 310 | **10,8** |
| **400** | 400 | 234 | 184 | 30 370 | 1 520 | **11,5** |
| **450** | 450 | 291 | 229 | 47 580 | 2 110 | **12,8** |
| **500** | 500 | 357 | 280 | 71 220 | 2 850 | **14,1** |
| **550** | 550 | 422 | 332 | 102 670 | 3 730 | **15,6** |
| **600** | 600 | 503 | 395 | 143 670 | 4 790 | **16,9** |

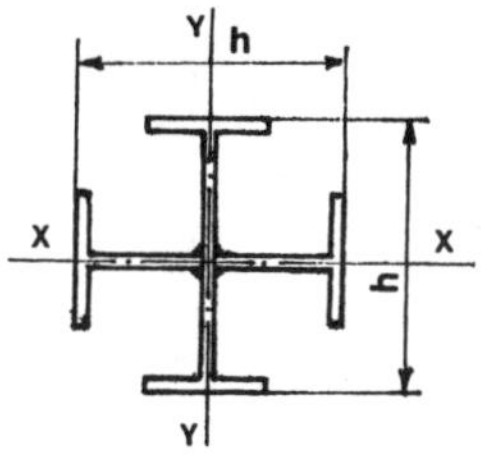

AL-28₅

## VALORES ESTÁTICOS DE SECCIONES COMPUESTAS POR DOS PERFILES IPE EN CRUZ

| IPE | h<br>mm | Sección<br>A<br>cm² | Peso<br>p<br>kg/m | $I_x = I_y$<br>cm⁴ | $W_x = W_y$<br>cm³ | $i_x = i_y$<br>cm |
|---|---|---|---|---|---|---|
| **120** | 120 | 26,2 | 20,6 | 346 | 57,7 | **3,63** |
| **140** | 140 | 32,6 | 25,6 | 586 | 83,7 | **4,24** |
| **160** | 160 | 40,0 | 31,4 | 937 | 117 | **4,84** |
| **180** | 180 | 47,5 | 37,3 | 1 420 | 158 | **5,47** |
| **200** | 200 | 56,7 | 44,5 | 2 080 | 208 | **6,06** |
| **220** | 220 | 66,5 | 52,2 | 2 970 | 270 | **6,69** |
| **240** | 240 | 77,8 | 61,1 | 4 170 | 348 | **7,32** |
| **270** | 270 | 91,4 | 71,7 | 6 210 | 460 | **8,24** |
| **300** | 300 | 107 | 84,0 | 8 960 | 598 | **9,15** |
| **330** | 330 | 125 | 97,8 | 12 560 | 761 | **10,0** |
| **360** | 360 | 145 | 114 | 17 310 | 962 | **10,9** |
| **400** | 400 | 168 | 132 | 24 450 | 1 220 | **12,1** |
| **450** | 450 | 197 | 154 | 35 420 | 1 570 | **13,4** |
| **500** | 500 | 231 | 181 | 50 340 | 2 010 | **14,8** |
| **550** | 550 | 267 | 210 | 69 790 | 2 540 | **16,2** |
| **600** | 600 | 311 | 244 | 95 470 | 3 180 | **17,5** |

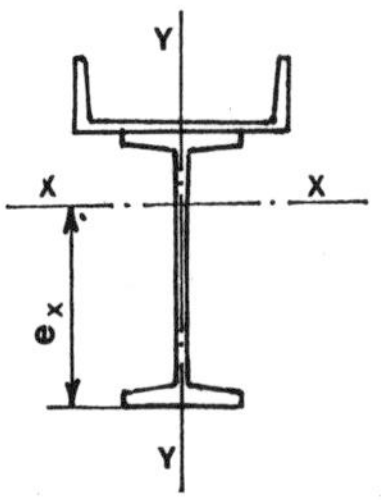


# VALORES ESTÁTICOS DE SECCIONES COMPUESTAS POR UN IPN Y UN UPN.— DISPOSICIÓN 1

| Perfiles I | Perfiles U | Sección A cm² | Peso p kg/m | $e_x$ cm | $I_x$ cm | $W_x$ cm³ | $i_x$ cm | $I_y$ cm⁴ | $W_y$ cm³ | $i_y$ cm |
|---|---|---|---|---|---|---|---|---|---|---|
| 140 | 140 | 38,7 | 30,3 | 11,6 | 1 370 | 118 | 5,96 | 640 | 91,4 | **4,07** |
| 160 | | 43,2 | 33,9 | 12,6 | 2 020 | 160 | 6,84 | 660 | 94,3 | **3,91** |
| 180 | | 48,3 | 37,9 | 13,5 | 2 870 | 212 | 7,71 | 686 | 98,0 | **3,77** |
| 200 | | 53,9 | 42,2 | 14,4 | 3 950 | 274 | 8,56 | 722 | 103 | **3,66** |
| 220 | | 60,0 | 47,1 | 15,3 | 5 310 | 346 | 9,41 | 767 | 110 | **3,58** |
| 240 | | 66,5 | 52,2 | 16,2 | 6 990 | 431 | 10,3 | 826 | 118 | **3,52** |
| 260 | | 73,8 | 57,9 | 17,1 | 9 010 | 528 | 11,1 | 893 | 128 | **3,48** |
| 280 | | 81,5 | 63,9 | 17,9 | 11 450 | 638 | 11,9 | 969 | 138 | **3,45** |
| 300 | | 89,5 | 70,2 | 18,8 | 14 280 | 759 | 12,6 | 1 060 | 151 | **3,44** |
| 160 | 160 | 46,8 | 36,7 | 13,0 | 2 150 | 165 | 6,78 | 980 | 122 | **4,58** |
| 180 | | 51,9 | 40,7 | 14,0 | 3 050 | 218 | 7,67 | 1 010 | 126 | **4,40** |
| 200 | | 57,5 | 45,0 | 14,9 | 4 190 | 280 | 8,53 | 1 040 | 130 | **4,26** |
| 220 | | 63,6 | 49,9 | 15,8 | 5 610 | 354 | 9,39 | 1 090 | 136 | **4,14** |
| 240 | | 70,1 | 55,0 | 16,7 | 7 360 | 440 | 10,2 | 1 150 | 143 | **4,04** |
| 260 | | 77,4 | 60,7 | 17,6 | 9 470 | 538 | 11,1 | 1 210 | 152 | **3,96** |
| 280 | | 85,1 | 66,7 | 18,5 | 12 000 | 650 | 11,9 | 1 290 | 161 | **3,89** |
| 300 | | 93,1 | 73,0 | 19,3 | 14 940 | 772 | 12,7 | 1 380 | 172 | **3,85** |
| 300 | 200 | 101 | 79,5 | 20,4 | 16 300 | 799 | 12,7 | 2 360 | 236 | **4,83** |
| 320 | | 110 | 86,3 | 21,3 | 20 050 | 942 | 13,5 | 2 470 | 247 | **4,74** |
| 340 | | 119 | 93,3 | 22,1 | 24 340 | 1 100 | 14,3 | 2 580 | 258 | **4,66** |
| 360 | | 129 | 101,4 | 23,0 | 29 440 | 1 280 | 15,1 | 2 730 | 273 | **4,59** |
| 380 | | 139 | 109,3 | 23,9 | 35 080 | 1 470 | 15,9 | 2 890 | 289 | **4,55** |
| 400 | | 150 | 117,7 | 24,7 | 41 610 | 1 680 | 16,6 | 3 070 | 307 | **4,52** |
| 450 | | 179 | 140,3 | 26,9 | 61 870 | 2 300 | 18,6 | 3 640 | 364 | **4,51** |
| 500 | | 212 | 166,3 | 29,1 | 88 810 | 3 050 | 20,5 | 4 390 | 439 | **4,55** |
| 300 | 260 | 117 | 92,1 | 22,1 | 18 680 | 844 | 12,6 | 5 270 | 405 | **6,70** |
| 320 | | 126 | 98,9 | 23,0 | 22 870 | 993 | 13,5 | 5 380 | 413 | **6,53** |
| 340 | | 135 | 105,9 | 24,0 | 27 650 | 1 150 | 14,3 | 5 490 | 423 | **6,39** |
| 360 | | 145 | 114,0 | 24,8 | 33 300 | 1 340 | 15,1 | 5 640 | 434 | **6,23** |
| 380 | | 155 | 121,9 | 25,6 | 39 510 | 1 540 | 16,0 | 5 800 | 446 | **6,11** |
| 400 | | 166 | 130,3 | 26,5 | 46 660 | 1 760 | 16,8 | 5 980 | 460 | **6,00** |
| 450 | | 195 | 158,9 | 28,6 | 68 640 | 2 400 | 18,7 | 6 550 | 504 | **5,79** |
| 500 | | 228 | 178,9 | 30,8 | 97 560 | 3 170 | 20,7 | 7 300 | 562 | **5,66** |
| 550 | | 261 | 203,9 | 33,0 | 134 600 | 4 080 | 22,7 | 8 310 | 637 | **5,64** |
| 600 | | 302 | 236,9 | 35,2 | 181 800 | 5 170 | 24,5 | 9 490 | 730 | **5,60** |

Los radio de giro mínimos de la sección están indicados en letra **negrita**.

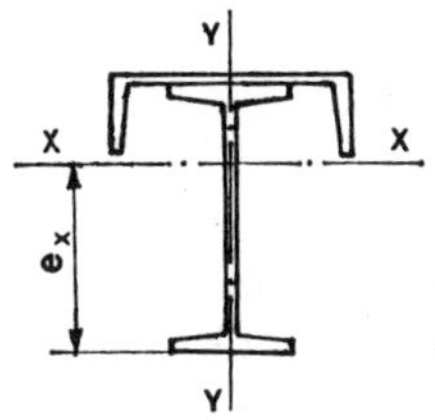


# *VALORES ESTÁTICOS DE SECCIONES COMPUESTAS POR UN IPN Y UN UPN.— DISPOSICIÓN 2*

| Perfiles | | A | P | $e_x$ | $I_x$ | $W_x$ | $i_x$ | $I_y$ | $W_y$ | $i_y$ |
|---|---|---|---|---|---|---|---|---|---|---|
| I | ⊔ | $cm^2$ | kg/m | cm | $cm^4$ | $cm^3$ | cm | $cm^4$ | $cm^3$ | cm |
| 100 | 100 | 24,1 | 18,9 | 7,27 | 298 | 41,0 | 3,51 | 218 | 43,6 | **3,01** |
| 120 | | 27,7 | 21,7 | 8,46 | 534 | 63,1 | 4,39 | 228 | 45,5 | **2,87** |
| 140 | | 31,8 | 24,9 | 9,57 | 887 | 92,7 | 5,28 | 241 | 48,2 | **2,75** |
| 120 | 120 | 31,2 | 24,5 | 8,78 | 572 | 65,2 | 4,28 | 386 | 64,3 | **3,52** |
| 140 | | 35,3 | 27,7 | 9,94 | 944 | 95,0 | 5,17 | 399 | 66,5 | **3,36** |
| 160 | | 39,8 | 31,3 | 11,0 | 1 470 | 133 | 6,08 | 419 | 69,8 | **3,24** |
| 180 | | 44,9 | 35,3 | 12,1 | 2 190 | 181 | 6,98 | 445 | 74,2 | **3,15** |
| 140 | 140 | 38,7 | 30,3 | 10,1 | 977 | 96,4 | 5,03 | 640 | 91,5 | **4,07** |
| 160 | | 43,2 | 33,9 | 11,3 | 1 520 | 135 | 5,93 | 660 | 94,2 | **3,91** |
| 180 | | 48,3 | 37,9 | 12,4 | 2 260 | 183 | 6,84 | 686 | 98,0 | **3,77** |
| 200 | | 53,9 | 42,2 | 13,4 | 3 220 | 240 | 7,73 | 722 | 103 | **3,66** |
| 220 | | 60,0 | 47,1 | 14,4 | 4 460 | 310 | 8,62 | 767 | 110 | **3,58** |
| 160 | 160 | 46,8 | 36,7 | 11,5 | 1 580 | 137 | 5,81 | 980 | 122 | **4,58** |
| 180 | | 51,9 | 40,7 | 12,7 | 2 340 | 185 | 6,72 | 1 010 | 126 | **4,40** |
| 200 | | 57,5 | 45,0 | 13,7 | 3 340 | 243 | 7,62 | 1 040 | 130 | **4,26** |
| 220 | | 63,6 | 49,9 | 14,7 | 4 610 | 313 | 8,52 | 1 090 | 136 | **4,14** |
| 240 | | 70,1 | 55,0 | 15,7 | 6 220 | 395 | 9,42 | 1 150 | 143 | **4,04** |
| 260 | | 77,4 | 60,7 | 16,7 | 8 170 | 490 | 10,3 | 1 210 | 152 | **3,96** |
| 180 | 180 | 55,9 | 43,9 | 12,9 | 2 430 | 188 | 6,60 | 1 430 | 159 | **5,06** |
| 200 | | 61,5 | 48,2 | 14,0 | 3 460 | 246 | 7,50 | 1 470 | 163 | **4,88** |
| 220 | | 67,6 | 53,1 | 15,1 | 4 780 | 316 | 8,41 | 1 510 | 168 | **4,73** |
| 240 | | 74,1 | 58,2 | 16,1 | 6 430 | 399 | 9,31 | 1 570 | 175 | **4,60** |
| 260 | | 81,4 | 63,9 | 17,1 | 8 450 | 494 | 10,2 | 1 640 | 182 | **4,49** |
| 280 | | 89,1 | 69,9 | 18,0 | 10 890 | 603 | 11,1 | 1 710 | 190 | **4,39** |
| 300 | | 97,1 | 76,2 | 19,0 | 13 750 | 724 | 11,9 | 1 800 | 200 | **4,31** |
| 320 | | 106 | 83,0 | 19,9 | 17 180 | 862 | 12,8 | 1 910 | 212 | **4,24** |
| 200 | 200 | 65,7 | 51,5 | 14,3 | 3 570 | 249 | 7,37 | 2 030 | 203 | **5,55** |
| 220 | | 71,8 | 56,4 | 15,4 | 4 930 | 320 | 8,28 | 2 070 | 207 | **5,37** |
| 240 | | 78,3 | 61,5 | 16,5 | 6 630 | 403 | 9,20 | 2 130 | 213 | **5,22** |
| 260 | | 85,6 | 67,2 | 17,5 | 8 700 | 499 | 10,1 | 2 200 | 220 | **5,07** |
| 280 | | 93,3 | 73,2 | 18,4 | 11 210 | 608 | 11,0 | 2 270 | 227 | **4,94** |
| 300 | | 101 | 79,5 | 19,4 | 14 160 | 730 | 11,8 | 2 360 | 236 | **4,83** |
| 320 | | 110 | 86,3 | 20,3 | 17 670 | 869 | 12,7 | 2 470 | 247 | **4,73** |
| 340 | | 119 | 93,3 | 21,3 | 21 740 | 1 020 | 13,5 | 2 580 | 258 | **4,66** |
| 360 | | 129 | 101,4 | 22,2 | 26 620 | 1 200 | 14,4 | 2 730 | 273 | **4,59** |
| 380 | | 139 | 109,3 | 23,1 | 32 040 | 1 390 | 15,2 | 2 890 | 289 | **4,55** |
| 400 | | 150 | 117,7 | 24,0 | 38 340 | 1 590 | 16,0 | 3 070 | 307 | **4,52** |
| 320 | 220 | 115 | 90,4 | 20,8 | 18 260 | 878 | 12,6 | 3 240 | 295 | **5,30** |
| 340 | | 124 | 97,4 | 21,7 | 22 930 | 1 050 | 13,5 | 3 360 | 305 | **5,19** |
| 360 | | 134 | 105,5 | 22,7 | 27 250 | 1 200 | 14,8 | 3 500 | 318 | **5,10** |
| 380 | | 144 | 113,4 | 23,6 | 33 050 | 1 400 | 15,1 | 3 660 | 332 | **5,03** |
| 400 | | 155 | 121,9 | 24,5 | 39 630 | 1 610 | 15,9 | 3 850 | 350 | **4,97** |

Los radio de giro mínimos de la sección están indicados en letra **negrita**.

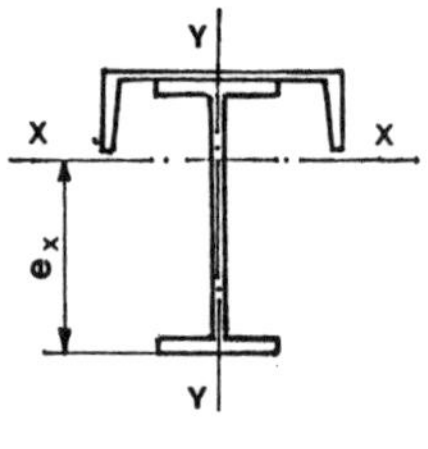


# *VALORES ESTÁTICOS DE SECCIONES COMPUESTAS POR UN IPE Y UN UPN.— DISPOSICIÓN 2*

*(continuación)*

| Perfiles | | Sección A | Peso P | $e_x$ | $I_x$ | $W_x$ | $i_x$ | $I_y$ | $W_y$ | $i_y$ |
|---|---|---|---|---|---|---|---|---|---|---|
| I | ⊓ | $cm^2$ | kg/m | cm | cm | $cm^3$ | cm | $cm^4$ | $cm^3$ | cm |
| **200** | | 52,5 | 41,3 | 14,1 | 3 060 | **217** | 7,63 | 1 067 | 133 | **4,51** |
| **220** | **160** | 57,4 | 45,1 | 15,1 | 4 230 | **280** | 8,58 | 1 130 | 141 | **4,44** |
| **240** | | 63,1 | 49,6 | 16,1 | 5 750 | **357** | 9,55 | 1 209 | 151 | **4,38** |
| **200** | | 60,7 | 47,7 | 14,7 | 3 270 | **222** | 7,34 | 2 053 | 205 | **5,82** |
| **220** | | 65,6 | 51,5 | 15,8 | 4 500 | **285** | 8,28 | 2 116 | 212 | **5,68** |
| **240** | | 71,3 | 56,0 | 16,9 | 6 100 | **361** | 9,25 | 2 195 | 219 | **5,55** |
| **270** | **200** | 78,1 | 61,4 | 18,6 | 8 820 | **474** | 10,6 | 2 331 | 233 | **5,46** |
| **300** | | 86,0 | 67,5 | 20,2 | 12 340 | **611** | 12,0 | 2 515 | 251 | **5,41** |
| **330** | | 94,8 | 74,4 | 21,7 | 16 910 | **779** | 13,4 | 2 699 | 270 | **5,34** |
| **360** | | 105 | 82,4 | 23,2 | 22 740 | **980** | 14,7 | 2 954 | 295 | **5,30** |
| **270** | | 88,2 | 69,3 | 19,3 | 9 310 | **482** | 10,3 | 4 019 | 335 | **6,75** |
| **300** | | 96,1 | 75,4 | 21,0 | 13 060 | **622** | 11,7 | 4 203 | 350 | **6,61** |
| **330** | | 105 | 82,3 | 22,6 | 17 840 | **789** | 13,0 | 4 387 | 365 | **6,46** |
| **360** | | 115 | 90,3 | 24,1 | 23 970 | **995** | 14,4 | 4 642 | 387 | **6,35** |
| **400** | **240** | 127 | 99,5 | 26,2 | 33 240 | **1 269** | 16,2 | 4 917 | 410 | **6,22** |
| **450** | | 141 | 111 | 28,9 | 47 300 | **1 637** | 18,3 | 5 275 | 439 | **6,12** |
| **500** | | 158 | 124 | 31,3 | 65 870 | **2 104** | 20,4 | 5 741 | 478 | **6,03** |
| **550** | | 176 | 139 | 33,8 | 89 490 | **2 648** | 22,6 | 6 267 | 522 | **5,97** |
| **650** | | 198 | 155 | 36,1 | 119 700 | **3 316** | 24,6 | 6 986 | 582 | **5,94** |
| **400** | | 143 | 112 | 27,5 | 35 220 | **1 281** | 15,7 | 9 346 | 623 | **8,09** |
| **450** | | 158 | 124 | 30,3 | 50 150 | **1 655** | 17,8 | 9 704 | 647 | **7,84** |
| **500** | **300** | 175 | 137 | 32,8 | 69 870 | **2 130** | 20,0 | 10 170 | 678 | **7,62** |
| **550** | | 193 | 152 | 35,4 | 94 770 | **2 677** | 22,2 | 10 700 | 713 | **7,45** |
| **600** | | 215 | 168 | 37,7 | 126 800 | **3 363** | 24,3 | 11 420 | 761 | **7,29** |

Los radio de giro mínimos de la sección están indicados en letra **negrita**.

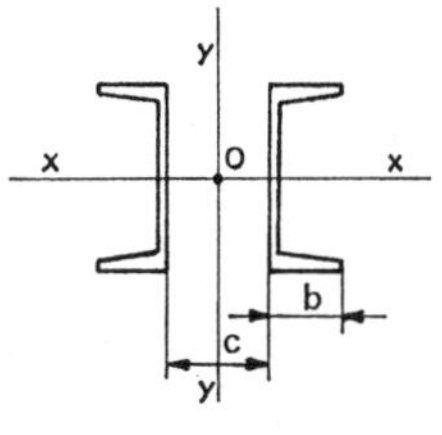


# VALORES ESTÁTICOS PARA DOS ][ PN CON SEPARACIÓN VARIABLE ENTRE ALMAS

I, $cm^4$
W, $cm^3$
i, cm

| *Perfil* ][ *PN* | *A* *$cm^2$* | *$i_{y1}$* *cm* | *Términos de sección* | *Eje* *x-x* | *Valores correspondientes al eje y-y para una separación c en mm =* 0,0 | 50 | 100 | 150 | 200 | 300 | 400 | 500 | 600 | *Perfil* ][ PN |
|---|---|---|---|---|---|---|---|---|---|---|---|---|---|---|
| 8 | 22 | 1,33 | I | 212 | 85 | 382 | 954 | 1800 | 2920 | 5990 | 10160 | 15430 | 21800 | 8 |
| | | | W | 53 | 19 | 54 | 100 | 150 | 202 | 307 | 415 | 523 | 632 | |
| | | | i | 3,10 | 1,96 | 4,17 | 6,58 | 9,05 | 11,5 | 16,5 | 21,5 | 26,5 | 31,5 | |
| 10 | 27 | 1,47 | I | 412 | 123 | 501 | 1220 | 2270 | 3660 | 7450 | 12600 | 19090 | 26930 | 10 |
| | | | W | 82 | 24 | 67 | 122 | 182 | 244 | 373 | 504 | 636 | 769 | |
| | | | i | 3,91 | 2,13 | 4,31 | 6,72 | 9,17 | 11,6 | 16,6 | 21,6 | 26,5 | 31,6 | |
| 12 | 34 | 1,59 | I | 728 | 173 | 658 | 1570 | 2900 | 4660 | 9460 | 15950 | 24140 | 34040 | 12 |
| | | | W | 121 | 31 | 82 | 150 | 223 | 301 | 461 | 625 | 791 | 959 | |
| | | | i | 4,62 | 2,26 | 4,40 | 6,79 | 9,24 | 11,7 | 16,7 | 21,7 | 26,7 | 31,6 | |
| 14 | 40,8 | 1,75 | I | 1210 | 250 | 862 | 1980 | 3620 | 5760 | 11570 | 19430 | 29320 | 41250 | 14 |
| | | | W | 173 | 42 | 101 | 180 | 268 | 360 | 551 | 747 | 946 | 1150 | |
| | | | i | 5,45 | 2,47 | 4,60 | 6,97 | 9,42 | 11,9 | 16,8 | 21,8 | 26,8 | 31,8 | |
| 16 | 48 | 1,89 | I | 1850 | 334 | 1070 | 2420 | 4360 | 6900 | 13780 | 23070 | 34750 | 48830 | 16 |
| | | | W | 232 | 51 | 119 | 210 | 311 | 418 | 641 | 871 | 1100 | 1340 | |
| | | | i | 6,21 | 2,63 | 4,73 | 7,10 | 9,53 | 12,0 | 16,9 | 21,9 | 26,9 | 31,9 | |
| 18 | 56 | 2,02 | I | 2700 | 434 | 1320 | 2910 | 5200 | 8180 | 16260 | 27140 | 40810 | 57290 | 18 |
| | | | W | 300 | 62 | 139 | 243 | 359 | 481 | 739 | 1010 | 1280 | 1550 | |
| | | | i | 3,95 | 2,78 | 4,86 | 7,21 | 9,64 | 12,1 | 17,0 | 22,0 | 27,0 | 32,0 | |

| Perfil ][ *PN* | *A* *$cm^2$* | *$i_{y1}$* *cm* | *Términos de sección* | *Eje* *x-x* | *Valores correspondientes al eje y-y para una separación c en mm =* 0,0 | 100 | 200 | 400 | 500 | 600 | 800 | 1000 | 1200 | *Perfil* ][ *PN* |
|---|---|---|---|---|---|---|---|---|---|---|---|---|---|---|
| 20 | 64,4 | 2,14 | I | 3820 | 556 | 3460 | 9580 | 31490 | 47340 | 66280 | 113950 | 174500 | 247930 | 20 |
| | | | W | 382 | 74 | 277 | 547 | 1150 | 1460 | 1770 | 2400 | 3030 | 3670 | |
| | | | i | 7,70 | 2,94 | 7,33 | 12,2 | 22,1 | 27,1 | 32,1 | 42,1 | 52,1 | 62,0 | |
| 22 | 74,8 | 2,30 | I | 5380 | 736 | 4210 | 11420 | 37060 | 55490 | 77660 | 133220 | 203740 | 289220 | 22 |
| | | | W | 490 | 92 | 324 | 634 | 1320 | 1680 | 2040 | 2780 | 3510 | 4250 | |
| | | | i | 8,48 | 3,16 | 7,50 | 12,4 | 22,3 | 27,2 | 32,2 | 42,2 | 52,2 | 62,2 | |
| 24 | 84,6 | 2,42 | I | 7200 | 916 | 4920 | 13150 | 42300 | 63220 | 88380 | 151370 | 231280 | 328110 | 24 |
| | | | W | 600 | 108 | 364 | 711 | 1480 | 1890 | 2300 | 3120 | 3950 | 4790 | |
| | | | i | 9,22 | 3,29 | 7,62 | 12,5 | 22,4 | 27,3 | 32,3 | 42,3 | 52,3 | 62,3 | |
| 26 | 96,6 | 2,56 | I | 9640 | 1170 | 5870 | 15390 | 48930 | 72950 | 101800 | 173970 | 265470 | 376290 | 26 |
| | | | W | 742 | 130 | 419 | 810 | 1690 | 2150 | 2610 | 3550 | 4500 | 5450 | |
| | | | i | 9,99 | 3,48 | 7,79 | 12,6 | 22,5 | 27,5 | 32,5 | 42,4 | 52,4 | 62,4 | |
| 28 | 106,6 | 2,74 | I | 12560 | 1480 | 6840 | 17530 | 54910 | 81590 | 113600 | 193610 | 294950 | 417600 | 28 |
| | | | W | 896 | 156 | 472 | 899 | 1860 | 2340 | 2880 | 3910 | 4950 | 6010 | |
| | | | i | 10,9 | 3,72 | 8,01 | 12,8 | 22,7 | 27,6 | 32,6 | 42,6 | 52,6 | 62,6 | |
| 30 | 117,6 | 2,90 | I | 16060 | 1850 | 7960 | 19960 | 61590 | 91220 | 126700 | 215400 | 327600 | 463300 | 30 |
| | | | W | 1070 | 185 | 531 | 998 | 2050 | 2610 | 3170 | 4300 | 5460 | 6610 | |
| | | | i | 11,7 | 3,97 | 8,23 | 13,0 | 22,8 | 27,8 | 32,8 | 42,8 | 52,8 | 62,8 | |
| 32 | 151,6 | 2,81 | I | 21700 | 2220 | 9950 | 25260 | 78630 | 116700 | 162300 | 276310 | 420630 | 595280 | 32 |
| | | | W | 1360 | 222 | 663 | 1260 | 2620 | 3330 | 4060 | 5520 | 7010 | 8500 | |
| | | | i | 12,1 | 3,82 | 8,09 | 12,9 | 22,7 | 27,7 | 32,7 | 42,7 | 52,7 | 62,7 | |
| 35 | 155 | 2,72 | I | 25680 | 2030 | 9610 | 24910 | 78710 | 117200 | 163400 | 279070 | 425630 | 603110 | 35 |
| | | | W | 1470 | 203 | 641 | 1250 | 2620 | 3350 | 4090 | 5580 | 7090 | 8610 | |
| | | | i | 12,9 | 3,62 | 7,87 | 12,7 | 22,5 | 27,5 | 32,5 | 42,5 | 52,5 | 62,5 | |
| 38 | 160,8 | 2,77 | I | 31520 | 2140 | 10.000 | 25910 | 81870 | 121900 | 170000 | 290030 | 442410 | 626940 | 38 |
| | | | W | 1660 | 210 | 658 | 1280 | 2710 | 3460 | 4230 | 5770 | 7350 | 8930 | |
| | | | i | 14,0 | 3,65 | 7,88 | 12,7 | 22,6 | 27,5 | 32,5 | 42,5 | 52,5 | 62,5 | |
| 40 | 183 | 3,04 | I | 40700 | 2980 | 12400 | 30980 | 95580 | 141600 | 196800 | 334570 | 508970 | 719970 | 40 |
| | | | W | 2040 | 271 | 775 | 1480 | 3080 | 3930 | 4800 | 6560 | 8340 | 10140 | |
| | | | i | 14,9 | 4,04 | 8,23 | 13,0 | 22,9 | 27,8 | 32,8 | 42,8 | 52,7 | 62,7 | |

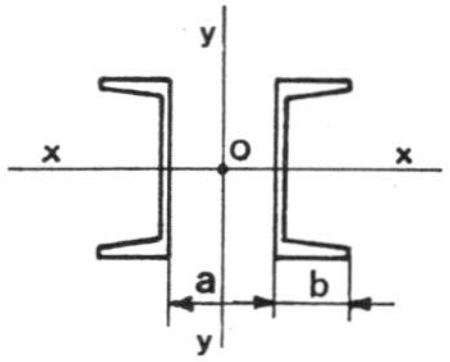




# *VALORES ESTÁTICOS DE SECCIONES COMPUESTAS POR 2 UPN CON SEPARACIÓN a VARIABLE*

Valores: A en $cm^2$, I en $cm^4$, W en $cm^3$, i en cm y p en kg/m = 0,785 × A

| UPN a | ][ 80 A = 22,0 $I_x$ = 212 $W_x$ = 53,0 $i_x$ = 3,10 $i_1$ = 1,33 | | | ][ 100 A = 27,0 $I_x$ = 412 $W_x$ = 82,4 $i_x$ = 3,91 $i_1$ = 1,47 | | | ][ 120 A = 34,0 $I_x$ = 728 $W_x$ = 121 $i_x$ = 4,62 $i_1$ = 1,59 | | | ][ 140 A = 40,8 $I_x$ = 1 210 $W_x$ = 173 $i_x$ = 5,45 $i_1$ = 1,75 | | | ][ 160 A = 48,0 $I_x$ = 1 850 $W_x$ = 232 $i_x$ = 6,21 $i_1$ = 1,89 | | | ][ 180 A = 56,0 $I_x$ = 2 700 $W_x$ = 300 $i_x$ = 6,95 $i_1$ = 2,02 | | | UPN a |
|---|---|---|---|---|---|---|---|---|---|---|---|---|---|---|---|---|---|---|---|
| mm | $I_y$ | $W_y$ | $i_y$ | $I_y$ | $W_y$ | $i_y$ | $I_y$ | $W_y$ | $i_y$ | $I_y$ | $W_y$ | $i_y$ | $I_y$ | $W_y$ | $i_y$ | $I_y$ | $W_y$ | $i_y$ | mm |
| 0 | 85 | 18,9 | *1,96* | 123 | 24,6 | *2,13* | 173 | 31,5 | *2,26* | 250 | 41,7 | *2,47* | 334 | 51,4 | *2,63* | 434 | 62,0 | *2,78* | 0 |
| 8 | 114 | 23,3 | *2,28* | 161 | 29,8 | *2,44* | 222 | 37,6 | *2,56* | 314 | 49,1 | *2,77* | 411 | 59,6 | *2,92* | 530 | 71,6 | *3,07* | 8 |
| 10 | 122 | 24,4 | *2,35* | 172 | 31,3 | *2,52* | 236 | 39,3 | *2,64* | 332 | 51,5 | *2,85* | 433 | 61,9 | *3,00* | 555 | 74,0 | *3,14* | 10 |
| 12 | 131 | 25,7 | *2,43* | 183 | 32,7 | *2,60* | 251 | 41,1 | *2,72* | 350 | 53,0 | *2,93* | 456 | 64,2 | *3,08* | 584 | 76,8 | *3,23* | 12 |
| 15 | 145 | 27,6 | *2,57* | 201 | 35,0 | *2,72* | 274 | 43,8 | *2,84* | 380 | 56,3 | *3,05* | 493 | 68,0 | *3,20* | 627 | 80,9 | *3,34* | 15 |
| 20 | 171 | 31,1 | *2,79* | 234 | 39,0 | *2,94* | 316 | 48,6 | *3,05* | 434 | 62,0 | *3,26* | 558 | 74,4 | *3,40* | 705 | 88,1 | *3,55* | 20 |
| 25 | 199 | 34,6 | *3,01* | 270 | 43,2 | *3,16* | 362 | 53,6 | *3,26* | 493 | 68,0 | *3,48* | 630 | 81,3 | *3,62* | 791 | 95,9 | *3,76* | 25 |
| 30 | 230 | 38,3 | 3,23 | 310 | 47,7 | *3,39* | 413 | 59,0 | *3,48* | 556 | 74,1 | *3,69* | 706 | 88,3 | *3,83* | 883 | 104 | *3,97* | 30 |
| 35 | 264 | 42,2 | 3,47 | 353 | 52,3 | *3,62* | 468 | 64,6 | *3,71* | 625 | 80,6 | *3,92* | 789 | 95,6 | *4,06* | 982 | 112 | *4,19* | 35 |
| 40 | 301 | 46,3 | 3,70 | 399 | 57,0 | *3,84* | 527 | 70,3 | *3,93* | 700 | 87,5 | *4,14* | 878 | 103 | *4,27* | 1 090 | 121 | *4,41* | 40 |
| 45 | 340 | 50,4 | 3,93 | 449 | 61,9 | 4,08 | 590 | 76,1 | *4,17* | 778 | 94,3 | *4,37* | 974 | 111 | *4,43* | 1 200 | 130 | *4,63* | 45 |
| 50 | **382** | 54,6 | 4,17 | 501 | 66,8 | 4,31 | 658 | 82,3 | *4,40* | 862 | 101 | *4,60* | 1 070 | 119 | *4,73* | 1 320 | 139 | *4,86* | 50 |
| 55 | 427 | 58,9 | 4,41 | 558 | 72,0 | 4,55 | 730 | 88,5 | 4,63 | 952 | 109 | *4,83* | 1 180 | 128 | *4,96* | 1 450 | 149 | *5,09* | 55 |
| 60 | 474 | 63,2 | 4,64 | 618 | 77,3 | 4,78 | 806 | 94,8 | 4,87 | 1 050 | 117 | *5,06* | 1 290 | 136 | *5,19* | 1 580 | 158 | *5,32* | 60 |
| 65 | 525 | 67,7 | 4,88 | 681 | 82,5 | 5,02 | 886 | 101 | 5,11 | 1 150 | 124 | *5,31* | 1 410 | 145 | *5,42* | 1 720 | 168 | *5,54* | 65 |
| 70 | 578 | 72,3 | 5,13 | **747** | 87,9 | 5,26 | 971 | 108 | 5,34 | 1 250 | 132 | 5,54 | 1 540 | 154 | *5,67* | 1 870 | 178 | *5,79* | 70 |
| 75 | 634 | 76,8 | 5,37 | 817 | 93,4 | 5,50 | 1 060 | 115 | 5,58 | 1 360 | 139 | 5,77 | 1 670 | 163 | *5,90* | 2 030 | 189 | *6,02* | 75 |
| 80 | 692 | 81,4 | 5,61 | 890 | 98,9 | 5,74 | 1 150 | 121 | 5,82 | 1 470 | 147 | 6,00 | 1 810 | 172 | *6,14* | 2 190 | 199 | *6,25* | 80 |
| 90 | 818 | 90,9 | 6,10 | 1 050 | 111 | 6,23 | **1 350** | 135 | 6,30 | 1 720 | 164 | 6,49 | 2 100 | 191 | 6,61 | 2 540 | 221 | *6,73* | 90 |
| 100 | 954 | 100 | 6,58 | 1 220 | 122 | 6,72 | 1 570 | 150 | 6,79 | **1 980** | 180 | 6,97 | 2 420 | 210 | 7,10 | 2 910 | 243 | 7,21 | 100 |
| 110 | 1 100 | 110 | 7,08 | 1 400 | 133 | 7,20 | 1 800 | 164 | 7,28 | 2 270 | 197 | 7,46 | 2 760 | 230 | 7,58 | 3 310 | 265 | 7,69 | 110 |
| 120 | 1 260 | 120 | 7,57 | 1 600 | 145 | 7,70 | 2 050 | 178 | 7,76 | 2 580 | 215 | 7,95 | **3 120** | 250 | 8,06 | 3 740 | 288 | 8,17 | 120 |
| 130 | 1 430 | 130 | 8,06 | 1 810 | 157 | 8,19 | 2 320 | 193 | 8,26 | 2 900 | 232 | 8,43 | 3 510 | 270 | 8,55 | 4 200 | 311 | 8,66 | 130 |
| 140 | 1 610 | 140 | 8,55 | 2 030 | 169 | 8,67 | 2 600 | 208 | 8,75 | 3 250 | 250 | 8,93 | 3 920 | 290 | 9,04 | **4 680** | 334 | 9,14 | 140 |
| 150 | 1 800 | 150 | 9,05 | 2 270 | 182 | 9,17 | 2 900 | 223 | 9,24 | 3 620 | 268 | 9,42 | 4 360 | 311 | 9,53 | 5 200 | 359 | 9,64 | 150 |
| 160 | 2 000 | 160 | 9,54 | 2 520 | 194 | 9,66 | 3 220 | 239 | 9,73 | 4 000 | 286 | 9,90 | 4 820 | 332 | 10,0 | 5 740 | 383 | 10,1 | 160 |
| 180 | 2 440 | 181 | 10,5 | 3 060 | 219 | 10,6 | 3 910 | 270 | 10,7 | 4 840 | 323 | 10,9 | 5 810 | 375 | 11,0 | 6 910 | 432 | 11,1 | 180 |
| 200 | 2 920 | 202 | 11,5 | 3 660 | 244 | 11,6 | 4 660 | 301 | 11,7 | 5 760 | 360 | 11,9 | 6 900 | 418 | 12,0 | 8 180 | 481 | 12,1 | 200 |
| 220 | 3 450 | 223 | 12,5 | 4 310 | 269 | 12,6 | 5 480 | 332 | 12,7 | 6 760 | 398 | 12,9 | 8 080 | 462 | 13,0 | 9 580 | 532 | 13,1 | 220 |
| 240 | 4 020 | 244 | 13,5 | 5 020 | 295 | 13,6 | 6 380 | 365 | 13,7 | 7 840 | 436 | 13,9 | 9 360 | 506 | 14,0 | 11 080 | 583 | 14,1 | 240 |
| 250 | 4 320 | 254 | 14,0 | 5 390 | 308 | 14,1 | 6 850 | 381 | 14,2 | 8 410 | 455 | 14,4 | 10 040 | 528 | 14,5 | 11 870 | 609 | 14,6 | 250 |
| 260 | 4 630 | 265 | 14,5 | 5 770 | 321 | 14,6 | 7 330 | 396 | 14,7 | 9 000 | 474 | 14,9 | 10 740 | 551 | 15,0 | 12 690 | 635 | 15,1 | 260 |
| 280 | 5 290 | 286 | 15,5 | 6 590 | 347 | 15,6 | 8 360 | 429 | 15,7 | 10 250 | 513 | 15,9 | 12 210 | 596 | 16,0 | 14 420 | 687 | 16,0 | 280 |
| 300 | 5 990 | 307 | 16,5 | 7 450 | 373 | 16,6 | 9 460 | 461 | 16,7 | 11 570 | 551 | 16,8 | 13 780 | 641 | 16,9 | 16 260 | 739 | 17,0 | 300 |
| 320 | 6 740 | 329 | 17,5 | 8 370 | 399 | 17,6 | 10 620 | 494 | 17,7 | 12 980 | 590 | 17,8 | 15 450 | 687 | 17,9 | 18 210 | 792 | 18,0 | 320 |
| 340 | 7 530 | 350 | 18,5 | 9 350 | 425 | 18,6 | 11 850 | 527 | 18,7 | 14 470 | 629 | 18,8 | 17 210 | 732 | 18,9 | 20 270 | 845 | 19,0 | 340 |
| 350 | 7 940 | 361 | 19,0 | 9 860 | 438 | 19,1 | 12 490 | 543 | 19,2 | 15 240 | 649 | 19,3 | 18 120 | 755 | 19,4 | 21 350 | 871 | 19,5 | 350 |
| 360 | 8 360 | 372 | 19,5 | 10 380 | 451 | 19,6 | 13 150 | 560 | 19,7 | 16 040 | 668 | 19,8 | 19 060 | 778 | 19,9 | 22 450 | 989 | 20,0 | 360 |
| 380 | 9 240 | 393 | 20,5 | 11 460 | 478 | 20,6 | 14 510 | 592 | 20,7 | 17 690 | 708 | 20,8 | 21 020 | 824 | 20,9 | 24 740 | 952 | 21,0 | 380 |
| 400 | 10 160 | 415 | 21,5 | 12 600 | 504 | 21,6 | 15 950 | 625 | 21,7 | 19 430 | 747 | 21,8 | 23 070 | 871 | 21,9 | 27 140 | 1 010 | 22,0 | 400 |
| 420 | 11 130 | 436 | 22,5 | 13 790 | 530 | 22,6 | 17 450 | 658 | 22,7 | 21 240 | 787 | 22,8 | 25 210 | 917 | 22,9 | 29 650 | 1 060 | 23,0 | 420 |
| 450 | 12 660 | 469 | 24,0 | 15 680 | 570 | 24,1 | 19 830 | 708 | 24,2 | 24 120 | 846 | 24,3 | 28 610 | 987 | 24,4 | 33 620 | 1 140 | 24,5 | 450 |
| 480 | 14 290 | 501 | 25,5 | 17 680 | 610 | 25,6 | 22 370 | 758 | 25,7 | 27 180 | 906 | 25,8 | 32 220 | 1 060 | 25,9 | 37 850 | 1 220 | 26,0 | 480 |
| 500 | 15 430 | 523 | 26,5 | 19 090 | 636 | 26,5 | 24 140 | 791 | 26,7 | 29 320 | 946 | 26,8 | 34 750 | 1 100 | 26,9 | 40 810 | 1 280 | 27,0 | 500 |
| 550 | 18 480 | 577 | 29,0 | 22 840 | 703 | 29,1 | 28 880 | 875 | 29,1 | 35 030 | 1 050 | 29,3 | 41 490 | 1 220 | 29,4 | 48 700 | 1 410 | 29,5 | 550 |
| 600 | 21 800 | 632 | 31,5 | 26 930 | 769 | 31,6 | 34 040 | 959 | 31,6 | 41 250 | 1 150 | 31,8 | 48 830 | 1 340 | 31,9 | 57 290 | 1 550 | 32,0 | 600 |

Los valores de $I_y$ indicados en **negrita** son los correspondientes a valores de **a** para los cuales la separación entre ejes de gravedad de los perfiles es aproximadamente igual a la altura **h** del perfil simple.
Los valores de los radio de giro impresos en *cursiva* indican que $i_y < i_x$.

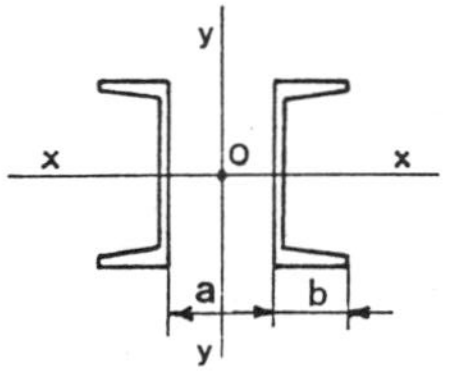


# VALORES ESTÁTICOS DE SECCIONES COMPUESTAS POR 2 UPN CON SEPARACIÓN a VARIABLE

*(continuación)*

Valores: A en $cm^2$, I en $cm^4$, W en $cm^3$, i en cm y p en kg/m = 0,785 × A

| UPN | ][ 200 | A = 64,4 | | ][ 220 | A = 74,8 | | ][ 240 | A = 84,6 | | ][ 260 | A = 96,6 | | ][ 280 | A = 107 | | ][ 300 | A = 118 | | UPN |
|---|---|---|---|---|---|---|---|---|---|---|---|---|---|---|---|---|---|---|---|
| a | $I_x$ = 3 820<br>$W_x$ = 382<br>$i_x$ = 7,70<br>$i_1$ = 2,14 | | | $I_x$ = 5 380<br>$W_x$ = 490<br>$i_x$ = 8,48<br>$i_1$ = 2,30 | | | $I_x$ = 7 200<br>$W_x$ = 600<br>$i_x$ = 9,22<br>$i_1$ = 2,42 | | | $I_x$ = 9 640<br>$W_x$ = 742<br>$i_x$ = 9,99<br>$i_1$ = 2,56 | | | $I_x$ = 12 560<br>$W_x$ = 896<br>$i_x$ = 10,9<br>$i_1$ = 2,74 | | | $I_x$ = 16 060<br>$W_x$ = 1 070<br>$i_x$ = 11,7<br>$i_1$ = 2,90 | | | a |
| mm | $I_y$ | $W_y$ | $i_y$ | $I_y$ | $W_y$ | $i_y$ | $I_y$ | $W_y$ | $i_y$ | $I_y$ | $W_y$ | $i_y$ | $I_y$ | $W_y$ | $i_y$ | $I_y$ | $W_y$ | $i_y$ | mm |
| 0 | 556 | 74,1 | [illegible] | 736 | 92,0 | *3,16* | 916 | 108 | *3,29* | 1 170 | 130 | *3,48* | 1 480 | 156 | *3,72* | 1 850 | 185 | *3,97* | 0 |
| 8 | 670 | 84,8 | *3,23* | 877 | 104 | *3,43* | 1 080 | 121 | *3,57* | 1 370 | 146 | *3,76* | 1 710 | 173 | *4,01* | 2 120 | 204 | *4,25* | 8 |
| 10 | 702 | 87,8 | *3,32* | 915 | 108 | *3,50* | 1 130 | 126 | *3,65* | 1 420 | 149 | *3,84* | 1 780 | 178 | *4,07* | 2 190 | 209 | *4,32* | 10 |
| 12 | 735 | 90,7 | *3,38* | 956 | 111 | *3,57* | 1 170 | 129 | *3,73* | 1 480 | 154 | *3,91* | 1 840 | 182 | *4,15* | 2 270 | 214 | *4,40* | 12 |
| 15 | 787 | 95,4 | *3,51* | 1 020 | 117 | *3,69* | 1 250 | 135 | *3,84* | 1 570 | 161 | *4,03* | 1 940 | 189 | *4,27* | 2 390 | 222 | *4,51* | 15 |
| 20 | 880 | 104 | *3,70* | 1 130 | 126 | *3,89* | 1 380 | 145 | *4,04* | 1 720 | 172 | *4,23* | 2 120 | 202 | *4,47* | 2 600 | 236 | *4,70* | 20 |
| 25 | 981 | 112 | [illegible] | 1 250 | 135 | *4,09* | 1 520 | 156 | *4,24* | 1 890 | 184 | *4,43* | 2 320 | 216 | *4,67* | 2 820 | 251 | *4,90* | 25 |
| 30 | 1 090 | 121 | [illegible] | 1 380 | 145 | *4,31* | 1 670 | 167 | *4,45* | 2 070 | 197 | *4,63* | 2 530 | 230 | *4,87* | 3 060 | 266 | *5,11* | 30 |
| 35 | 1 210 | 131 | *4,33* | 1 530 | 157 | *4,52* | 1 840 | 180 | *4,66* | 2 270 | 211 | *4,84* | 2 750 | 244 | *5,08* | 3 320 | 283 | *5,31* | 35 |
| 40 | 1 330 | 140 | *4,55* | 1 680 | 168 | *4,74* | 2 010 | 191 | *4,88* | 2 470 | 225 | *5,06* | 2 980 | 259 | *5,29* | 3 590 | 299 | *5,53* | 40 |
| 45 | 1 460 | 150 | *4,77* | 1 830 | 179 | *4,95* | 2 190 | 204 | *5,09* | 2 690 | 239 | *5,28* | 3 230 | 275 | *5,51* | 3 870 | 316 | *5,74* | 45 |
| 50 | 1 600 | 160 | [illegible] | 2 000 | 190 | *5,18* | 2 390 | 217 | *5,31* | 2 910 | 253 | *5,50* | 3 490 | 291 | *5,72* | 4 170 | 334 | *5,96* | 50 |
| 55 | 1 760 | 172 | *5,23* | 2 180 | 203 | *5,40* | 2 590 | 230 | *5,53* | 3 160 | 269 | *5,72* | 3 770 | 308 | *5,94* | 4 480 | 351 | *6,16* | 55 |
| 60 | 1 910 | 182 | *5,45* | 2 370 | 215 | *5,63* | 2 810 | 244 | *5,76* | 3 410 | 284 | *5,94* | 4 060 | 325 | *6,17* | 4 810 | 370 | *6,40* | 60 |
| 65 | 2 080 | 193 | [illegible] | 2 570 | 228 | *5,86* | 3 040 | 259 | *5,99* | 3 670 | 300 | *6,19* | 4 360 | 342 | *6,38* | 5 150 | 389 | *6,61* | 65 |
| 70 | 2 250 | 205 | [illegible] | 2 770 | 241 | *6,09* | 3 270 | 273 | *6,22* | 3 950 | 316 | *6,40* | 4 670 | 359 | *6,62* | 5 510 | 408 | *6,85* | 70 |
| 75 | 2 430 | 216 | [illegible] | 2 990 | 254 | *6,32* | 3 530 | 287 | *6,45* | 4 240 | 333 | *6,63* | 5 000 | 377 | *6,84* | 5 880 | 428 | *7,06* | 75 |
| 80 | 2 620 | 228 | *6,38* | 3 210 | 268 | *6,56* | 3 780 | 302 | *6,69* | 4 540 | 349 | *6,86* | 5 340 | 396 | *7,08* | 6 270 | 448 | *7,30* | 80 |
| 90 | 3 030 | 253 | [illegible] | 3 690 | 295 | *7,03* | 4 330 | 333 | *7,15* | 5 180 | 384 | *7,32* | 6 070 | 434 | *7,54* | 7 090 | 489 | *7,76* | 90 |
| 100 | 3 460 | 277 | *7,33* | 4 210 | 324 | *7,50* | 4 920 | 364 | *7,62* | 5 870 | 419 | *7,79* | 6 840 | 472 | *8,01* | 7 960 | 531 | *8,23* | 100 |
| 110 | 3 930 | 302 | [illegible] | 4 760 | 353 | *7,98* | 5 550 | 396 | *8,10* | 6 600 | 455 | *8,27* | 7 670 | 511 | *8,48* | 8 900 | 574 | *8,70* | 110 |
| 120 | 4 430 | 328 | 8,29 | 5 350 | 382 | *8,46* | 6 230 | 430 | *8,58* | 7 390 | 493 | *8,75* | 8 550 | 552 | *8,96* | 9 890 | 618 | *9,17* | 120 |
| 130 | 4 960 | 354 | 8,78 | 5 980 | 412 | 8,94 | 6 940 | 463 | *9,06* | 8 220 | 530 | *9,22* | 9 490 | 593 | *9,43* | 10 940 | 663 | *9,65* | 130 |
| 140 | 5 520 | 381 | 9,26 | 6 640 | 443 | 9,42 | 7 700 | 497 | 9,54 | 9 100 | 569 | *9,70* | 10 480 | 635 | *9,92* | 12 050 | 709 | *10,1* | 140 |
| 150 | 6 120 | 408 | 9,75 | 7 340 | 474 | 9,91 | 8 500 | 531 | 10,0 | 10 020 | 607 | 10,2 | 11 320 | 678 | *10,4* | 13 220 | 755 | *10,6* | 150 |
| 160 | **6 750** | 435 | 10,2 | 8 080 | 505 | 10,4 | 9 350 | 567 | 10,5 | 11 000 | 647 | 10,7 | 12 620 | 721 | 10,9 | 14 450 | 803 | *11,1* | 160 |
| 180 | 8 100 | 491 | 11,2 | **9 680** | 569 | 11,4 | 11 160 | 638 | 11,5 | 13 100 | 728 | 11,6 | 14 970 | 809 | 11,8 | 17 090 | 899 | 12,0 | 180 |
| 200 | 9 580 | 547 | 12,2 | 11 420 | 634 | 12,4 | **13 150** | 711 | 12,5 | 15 390 | 810 | 12,6 | 17 530 | 899 | 12,8 | 19 960 | 998 | 13,0 | 200 |
| 220 | 11 200 | 605 | 13,2 | 13 310 | 701 | 13,3 | 15 300 | 785 | 13,4 | **17 880** | 894 | 13,6 | 20 310 | 991 | 13,8 | 23 060 | 1 100 | 14,0 | 220 |
| 240 | 12 940 | 664 | 14,2 | 15 350 | 768 | 14,3 | 17 630 | 860 | 14,4 | 20 550 | 979 | 14,6 | **23 300** | 1 080 | 14,8 | 26 400 | 1 200 | 15,0 | 240 |
| 250 | 13 860 | 693 | 14,7 | 16 430 | 801 | 14,8 | 18 850 | 898 | 14,9 | 21 960 | 1 020 | 15,1 | 24 880 | 1 130 | 15,2 | **28 160** | 1 250 | 15,5 | 250 |
| 260 | 14 810 | 722 | 15,2 | 17 540 | 835 | 15,3 | 20 120 | 936 | 15,4 | 23 420 | 1 060 | 15,6 | 26 510 | 1 180 | 15,7 | 30 000 | 1 300 | 15,9 | 260 |
| 280 | 16 800 | 781 | 16,2 | 19 880 | 904 | 16,3 | 22 780 | 1 010 | 16,4 | 26 490 | 1 150 | 16,6 | 29 930 | 1 270 | 16,7 | 33 790 | 1 410 | 16,9 | 280 |
| 300 | 18 930 | 841 | [illegible] | 22 370 | 973 | 17,3 | 25 610 | 1 090 | 17,4 | 29 750 | 1 240 | 17,6 | 33 560 | 1 370 | 17,7 | 37 830 | 1 510 | 17,9 | 300 |
| 320 | 21 180 | 901 | [illegible] | 25 010 | 1 040 | 18,3 | 28 610 | 1 170 | 18,4 | 33 200 | 1 330 | 18,5 | 37 400 | 1 470 | 18,7 | 42 110 | 1 620 | 18,9 | 320 |
| 340 | 23 570 | 962 | [illegible] | 27 800 | 1 110 | 19,3 | 31 780 | 1 250 | 19,4 | 36 840 | 1 420 | 19,5 | 41 460 | 1 560 | 19,7 | 46 630 | 1 730 | 19,9 | 340 |
| 350 | 24 810 | 992 | 19,6 | 29 250 | 1 150 | 19,8 | 33 430 | 1 290 | 19,9 | 38 730 | 1 460 | 20,0 | 43 570 | 1 610 | 20,2 | 48 980 | 1 780 | 20,4 | 350 |
| 360 | 26 080 | 1 020 | [illegible] | 30 730 | 1 180 | 20,3 | 35 120 | 1 330 | 20,4 | 40 680 | 1 510 | 20,5 | 45 730 | 1 660 | 20,7 | 51 380 | 1 840 | 20,9 | 360 |
| 380 | 28 720 | 1 080 | [illegible] | 33 820 | 1 250 | 21,3 | 38 630 | 1 400 | 21,4 | 44 710 | 1 590 | 21,5 | 50 210 | 1 760 | 21,7 | 56 370 | 1 940 | 21,9 | 380 |
| 400 | 31 490 | 1 150 | [illegible] | 37 060 | 1 320 | 22,3 | 42 300 | 1 480 | 22,4 | 48 930 | 1 690 | 22,5 | 54 910 | 1 860 | 22,7 | 61 590 | 2 050 | 22,8 | 400 |
| 420 | 34 460 | 1 210 | [illegible] | 40 450 | 1 390 | 23,3 | 46 150 | 1 560 | 23,4 | 53 350 | 1 780 | 23,5 | 59 820 | 1 960 | 23,6 | 67 040 | 2 160 | 23,8 | 420 |
| 450 | 38 980 | 1 300 | 24,6 | 45 810 | 1 500 | 24,7 | 52 240 | 1 690 | 24,9 | 60 340 | 1 920 | 25,0 | 67 580 | 2 110 | 25,1 | 75 670 | 2 330 | 25,3 | 450 |
| 480 | 43 860 | 1 390 | [illegible] | 51 500 | 1 610 | 26,2 | 58 700 | 1 810 | 26,3 | 67 760 | 2 050 | 26,5 | 75 830 | 2 260 | 26,6 | 84 830 | 2 500 | 26,8 | 480 |
| 500 | 47 340 | 1 460 | [illegible] | 55 490 | 1 680 | 27,2 | 63 220 | 1 890 | 27,3 | 72 950 | 2 150 | 27,5 | 81 590 | 2 340 | 27,6 | 91 220 | 2 610 | 27,8 | 500 |
| 550 | 56 380 | 1 610 | 29,6 | 66 110 | 1 860 | 29,7 | 75 270 | 2 090 | 29,8 | 86 760 | 2 380 | 30,0 | 96 930 | 2 620 | 30,1 | 108 200 | 2 890 | 30,3 | 550 |
| 600 | 66 280 | 1 770 | [illegible] | 77 660 | 2 040 | 32,2 | 88 380 | 2 300 | 32,3 | 101 800 | 2 610 | 32,5 | 113 600 | 2 880 | 32,6 | 126 700 | 3 170 | 32,8 | 600 |

Los valores de $I_y$ indicados en **negrita** son los correspondientes a valores de **a** para los cuales la separación entre ejes de gravedad de los perfiles es aproximadamente igual a la altura **h** del perfil simple.
Los valores de los radio de giro impresos en *cursiva* indican que $i_y < i_x$.

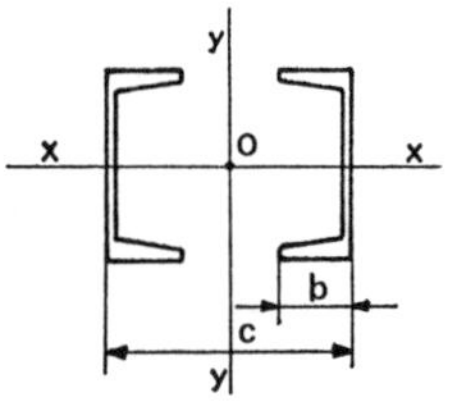


# VALORES ESTÁTICOS PARA DOS [ ] PN CON SEPARACIÓN VARIABLE ENTRE BORDES DE ALAS

I, $cm^4$
W, $cm^3$
i, cm

| Perfil [ ] PN | A $cm^2$ | $i_{y1}$ cm | Términos de sección | Eje x-x | Valores correspondientes al eje y-y para una separación c en mm = | | | | | | | | | Perfil [ ] PN |
|---|---|---|---|---|---|---|---|---|---|---|---|---|---|---|
| | | | | | 2-b | 150 | 200 | 250 | 300 | 350 | 400 | 500 | 600 | |
| 8 | 22 | 1,33 | I | 212 | 243 | 844 | 1650 | 2720 | 4080 | 5710 | 7630 | 12240 | 17970 | 8 |
| | | | W | 53 | 54 | 113 | 165 | 218 | 272 | 326 | 382 | 490 | 599 | |
| | | | i | 3,10 | 3,33 | 6,19 | 8,66 | 11,1 | 13,6 | 16,1 | 18,6 | 23,6 | 28,6 | |
| 10 | 27 | 1,47 | I | 412 | 380 | 1010 | 1990 | 3300 | 4940 | 6930 | 9250 | 14910 | 21910 | 10 |
| | | | W | 82 | 76 | 135 | 199 | 264 | 330 | 396 | 465 | 596 | 730 | |
| | | | i | 3,91 | 3,75 | 6,12 | 8,58 | 11,1 | 13,5 | 16,0 | 18,5 | 23,5 | 28,5 | |
| 12 | 34 | 1,59 | I | 728 | 604 | 1270 | 2490 | 4130 | 6190 | 8680 | 11600 | 18700 | 27470 | 12 |
| | | | W | 121 | 110 | 169 | 249 | 330 | 413 | 496 | 580 | 748 | 916 | |
| | | | i | 4,62 | 4,21 | 6,11 | 8,56 | 11,0 | 13,5 | 16,0 | 18,5 | 23,5 | 28,4 | |
| 14 | 40,8 | 1,75 | I | 1210 | 862 | 1470 | 2900 | 4840 | 7290 | 10250 | 13710 | 22180 | 32690 | 14 |
| | | | W | 173 | 144 | 196 | 290 | 387 | 486 | 585 | 686 | 887 | 1090 | |
| | | | i | 5,45 | 4,59 | 6,00 | 8,43 | 10,9 | 13,4 | 15,9 | 18,3 | 23,3 | 28,3 | |
| 16 | 48 | 1,89 | I | 1850 | 1210 | 1710 | 3370 | 5620 | 8480 | 11940 | 16000 | 25920 | 38230 | 16 |
| | | | W | 232 | 187 | 228 | 337 | 450 | 566 | 682 | 800 | 1040 | 1270 | |
| | | | i | 6,21 | 5,03 | 5,97 | 8,38 | 10,8 | 13,3 | 15,8 | 18,3 | 23,2 | 28,2 | |
| 18 | 56 | 2,02 | I | 2700 | 1670 | 1970 | 3880 | 6500 | 9810 | 13820 | 18530 | 30060 | 44380 | 18 |
| | | | W | 300 | 239 | 263 | 388 | 520 | 654 | 790 | 927 | 1200 | 1480 | |
| | | | i | 6,95 | 5,47 | 5,93 | 8,32 | 10,8 | 13,2 | 15,7 | 18,2 | 23,2 | 28,2 | |

| Perfil [ ] PN | A $cm^2$ | $i_{y1}$ cm | Términos de sección | Eje x-x | Valores correspondientes al eje y-y para una separación c en mm = | | | | | | | | | Perfil [ ] PN |
|---|---|---|---|---|---|---|---|---|---|---|---|---|---|---|
| | | | | | 2-b | 200 | 300 | 400 | 500 | 600 | 800 | 1000 | 1200 | |
| 20 | 64,4 | 2,14 | I | 3820 | 2240 | 4410 | 11160 | 21140 | 34330 | 50750 | 93240 | 148600 | 216860 | 20 |
| | | | W | 382 | 298 | 441 | 744 | 1060 | 1370 | 1690 | 2330 | 2970 | 3610 | |
| | | | i | 7,70 | 5,89 | 8,27 | 13,2 | 18,1 | 23,1 | 28,1 | 38,1 | 48,0 | 58,0 | |
| 22 | 74,8 | 2,30 | I | 5380 | 2960 | 5020 | 12760 | 24250 | 39480 | 58450 | 107600 | 171700 | 250800 | 22 |
| | | | W | 490 | 370 | 502 | 851 | 1210 | 1580 | 1950 | 2690 | 3440 | 4180 | |
| | | | i | 8,48 | 6,29 | 8,19 | 13,1 | 18,0 | 23,0 | 28,0 | 37,9 | 47,9 | 57,9 | |
| 24 | 84,6 | 2,42 | I | 7200 | 3820 | 5600 | 14290 | 27210 | 44360 | 65740 | 121200 | 193600 | 282840 | 24 |
| | | | W | 600 | 450 | 560 | 953 | 1360 | 1770 | 2190 | 3030 | 3870 | 4710 | |
| | | | i | 9,22 | 6,72 | 8,14 | 13,0 | 17,9 | 22,9 | 27,9 | 37,9 | 47,8 | 57,8 | |
| 26 | 96,6 | 2,56 | I | 9640 | 4890 | 6270 | 16070 | 30690 | 50150 | 74430 | 137500 | 220000 | 321570 | 26 |
| | | | W | 742 | 544 | 627 | 1070 | 1530 | 2010 | 2480 | 3440 | 4400 | 5360 | |
| | | | i | 9,99 | 7,12 | 8,06 | 12,9 | 17,8 | 22,8 | 27,8 | 37,7 | 47,7 | 57,7 | |
| 28 | 106,6 | 2,74 | I | 12560 | 5980 | 6750 | 17370 | 33330 | 54620 | 81240 | 150800 | 241000 | 352870 | 28 |
| | | | W | 896 | 629 | 675 | 1160 | 1670 | 2180 | 2710 | 3770 | 4820 | 5880 | |
| | | | i | 10,9 | 7,49 | 7,96 | 12,7 | 17,6 | 22,6 | 27,6 | 37,5 | 47,5 | 57,5 | |
| 30 | 117,6 | 2,90 | I | 16060 | 7260 | 7260 | 18780 | 36190 | 59470 | 88640 | 164600 | 264100 | 387100 | 30 |
| | | | W | 1070 | 726 | 726 | 1250 | 1810 | 2380 | 2950 | 4110 | 5280 | 6540 | |
| | | | i | 11,7 | 7,86 | 7,86 | 12,6 | 17,5 | 22,4 | 27,4 | 37,7 | 47,3 | 57,4 | |
| 32 | 151,6 | 2,81 | I | 21700 | 9500 | | 24500 | 47090 | 77260 | 115000 | 213200 | 341800 | 500680 | 32 |
| | | | W | 1360 | 950 | | 1630 | 2350 | 3090 | 3820 | 5330 | 6840 | 8340 | |
| | | | i | 12,1 | 7,91 | | 12,7 | 17,6 | 22,5 | 27,5 | 37,5 | 47,4 | 57,4 | |
| 35 | 155 | 2,72 | I | 25680 | 10070 | | 25680 | 49030 | 80100 | 118900 | 219700 | 351400 | 514060 | 35 |
| | | | W | 1470 | 1010 | | 1710 | 2450 | 3200 | 3960 | 5490 | 7030 | 8560 | |
| | | | i | 12,9 | 8,07 | | 12,9 | 17,8 | 22,7 | 27,8 | 37,6 | 47,6 | 57,7 | |
| 38 | 160,8 | 2,77 | I | 31520 | 11060 | | 26840 | 51150 | 83500 | 123900 | 228800 | 365870 | 535100 | 38 |
| | | | W | 1160 | 1085 | | 1790 | 2560 | 3340 | 4130 | 5720 | 7320 | 8920 | |
| | | | i | 14,0 | 8,30 | | 12,9 | 17,8 | 22,8 | 27,8 | 37,7 | 47,7 | 57,7 | |
| 40 | 183 | 3,04 | I | 40700 | 14450 | | 29600 | 56780 | 93100 | 138600 | 257000 | 412000 | 603580 | 40 |
| | | | W | 2040 | 1310 | | 1970 | 2840 | 3720 | 4620 | 6430 | 8240 | 10060 | |
| | | | i | 14,9 | 8,89 | | 12,7 | 17,6 | 22,6 | 27,5 | 37,5 | 47,4 | 57,4 | |

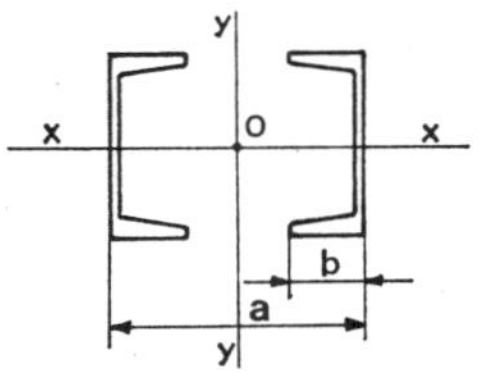


# *VALORES ESTÁTICOS DE SECCIONES COMPUESTAS POR 2 UPN CON SEPARACIÓN a VARIABLE*

Los valores de la tabla para a = 2 veces el ancho del ala, son válidos para las secciones en las que la separación entre bordes interiores es nula (soldadura)

| ⊏⊐ | A cm² | $i_1$ cm | Referido al eje x — x | Valores | Referidos al eje y — y para una separación **a** en mm, I en cm⁴, W en cm³ e i en cm | | | | | | | | | | | | | | | | | | | | | | | | ⊏⊐ |
|---|---|---|---|---|---|---|---|---|---|---|---|---|---|---|---|---|---|---|---|---|---|---|---|---|---|---|---|---|
| | | | | | **2b** | **150** | **160** | **180** | **200** | **220** | **240** | **250** | **260** | **280** | **300** | **350** | **400** | **450** | **500** | **550** | **600** | **650** | **700** | **750** | **800** | **850** | **900** | **1 000** | |
| | | | $I_x$ = 212 | $I_y$ = | 243 | 844 | 983 | 1 290 | 1 650 | 2 050 | 2 490 | 2 720 | 2 970 | 3 500 | 4 080 | 5 710 | 7 630 | 9 790 | 12 240 | 14 970 | 17 970 | 21 250 | 24 800 | 28 630 | 32 730 | 37 110 | 41 760 | 51 900 | |
| **80** | 22,0 | 1,33 | $W_x$ = 53,0 | $W_y$ = | 54,1 | 113 | 123 | 143 | 165 | 186 | 208 | 218 | 228 | 250 | 272 | 326 | 382 | 435 | 490 | 544 | 599 | 654 | 709 | 763 | 818 | 873 | 928 | 1 040 | **80** |
| | | | $i_x$ = 3,10 | $i_y$ = | 3,33 | 6,19 | 6,68 | 7,66 | 8,66 | 9,65 | 10,6 | 11,1 | 11,6 | 12,6 | 13,6 | 16,1 | 18,6 | 21,1 | 23,6 | 26,1 | 28,6 | 31,1 | 33,6 | 36,1 | 38,6 | 41,1 | 43,6 | 48,6 | |
| | | | $I_x$ = 412 | $I_y$ = | 380 | 1 010 | 1 180 | 1 560 | 1 990 | 2 470 | 3 010 | 3 300 | 3 600 | 4 240 | 4 940 | 6 930 | 9 250 | 11 910 | 14 910 | 18 240 | 21 910 | 25 920 | 30 270 | 34 950 | 39 980 | 45 330 | 51 030 | 63 440 | |
| **100** | 27,0 | 1,47 | $W_x$ = 82,4 | $W_y$ = | 76,0 | 135 | 148 | 173 | 199 | 225 | 251 | 264 | 277 | 303 | 330 | 396 | 465 | 529 | 596 | 663 | 730 | 798 | 865 | 932 | 1 000 | 1 070 | 1 130 | 1 270 | **100** |
| | | | $i_x$ = 3,91 | $i_y$ = | *3,75* | 6,12 | 6,61 | 7,60 | 8,58 | 9,56 | 10,6 | 11,1 | 11,5 | 12,5 | 13,5 | 16,0 | 18,5 | 21,0 | 23,5 | 26,0 | 28,5 | 31,0 | 33,5 | 36,0 | 38,5 | 41,0 | 43,5 | 48,5 | |
| | | | $I_x$ = 728 | $I_y$ = | 604 | **1 270** | 1 480 | 1 950 | 2 490 | 3 090 | 3 760 | 4 130 | 4 510 | 5 310 | 6 190 | 8 680 | 11 600 | 14 940 | 18 700 | 22 890 | 27 470 | 32 550 | 38 010 | 43 910 | 50 220 | 56 960 | 64 130 | 79 730 | |
| **120** | 34,0 | 1,59 | $W_x$ = 121 | $W_y$ = | 110 | 169 | 185 | 217 | 249 | 281 | 313 | 330 | 347 | 379 | 413 | 496 | 580 | 664 | 748 | 833 | 916 | 1 000 | 1 090 | 1 170 | 1 260 | 1 340 | 1 430 | 1 590 | **120** |
| | | | $i_x$ = 4,62 | $i_y$ = | *4,21* | 6,11 | 6,60 | 7,57 | 8,56 | 9,53 | 10,5 | 11,0 | 11,5 | 12,5 | 13,5 | 16,0 | 18,5 | 21,0 | 23,5 | 25,9 | 28,4 | 30,9 | 33,4 | 35,9 | 38,4 | 40,9 | 43,4 | 48,4 | |
| | | | $I_x$ = 1 210 | $I_y$ = | 862 | 1 470 | 1 720 | **2 270** | 2 900 | 3 620 | 4 410 | 4 840 | 5 290 | 6 250 | 7 290 | 10 250 | 13 710 | 17 690 | 22 180 | 27 180 | 32 690 | 38 700 | 45 230 | 52 270 | 59 820 | 67 880 | 76 440 | 95 110 | |
| **140** | 40,8 | 1,75 | $W_x$ = 173 | $W_y$ = | 144 | 196 | 215 | 252 | 290 | 329 | 368 | 387 | 407 | 446 | 486 | 585 | 686 | 786 | 887 | 988 | 1 090 | 1 190 | 1 290 | 1 390 | 1 500 | 1 600 | 1 700 | 1 900 | **140** |
| | | | $i_x$ = 5,45 | $i_y$ = | *4,59* | 6,00 | 6,49 | 7,46 | 8,43 | 9,42 | 10,4 | 10,9 | 11,4 | 12,4 | 13,4 | 15,9 | 18,3 | 20,8 | 23,3 | 25,8 | 28,3 | 30,8 | 33,3 | 35,8 | 38,3 | 40,8 | 43,3 | 48,3 | |
| | | | $I_x$ = 1 850 | $I_y$ = | 1 210 | 1 710 | 1 990 | 2 630 | **3 370** | 4 200 | 5 130 | 5 620 | 6 150 | 7 270 | 8 480 | 11 940 | 16 000 | 20 660 | 25 920 | 31 780 | 38 230 | 45 290 | 52 950 | 61 210 | 70 070 | 79 530 | 89 580 | 111 500 | |
| **160** | 48,0 | 1,89 | $W_x$ = 232 | $W_y$ = | 187 | 228 | 249 | 292 | 337 | 382 | 428 | 450 | 473 | 519 | 566 | 682 | 800 | 918 | 1 040 | 1 160 | 1 270 | 1 390 | 1 510 | 1 630 | 1 750 | 1 870 | 1 990 | 2 230 | **160** |
| | | | $i_x$ = 6,21 | $i_y$ = | *5,03* | *5,97* | 6,44 | 7,40 | 8,38 | 9,35 | 10,3 | 10,8 | 11,3 | 12,3 | 13,3 | 15,8 | 18,3 | 20,7 | 23,2 | 25,7 | 28,2 | 30,7 | 33,2 | 35,7 | 38,2 | 40,7 | 43,2 | 48,2 | |
| | | | $I_x$ = 2 700 | $I_y$ = | 1 670 | 1 970 | 2 300 | 3 040 | 3 880 | **4 840** | 5 920 | 6 500 | 7 100 | 8 400 | 9 810 | 13 820 | 18 530 | 23 950 | 30 060 | 36 870 | 44 380 | 52 600 | 61 510 | 71 120 | 81 430 | 92 440 | 104 200 | 129 700 | |
| **180** | 56,0 | 2,02 | $W_x$ = 300 | $W_y$ = | 239 | 263 | 288 | 338 | 388 | 440 | 493 | 520 | 546 | 600 | 654 | 790 | 927 | 1 060 | 1 200 | 1 340 | 1 480 | 1 620 | 1 760 | 1 900 | 2 040 | 2 170 | 2 320 | 2 590 | **180** |
| | | | $i_x$ = 6,95 | $i_y$ = | *5,47* | *5,93* | *6,41* | 7,37 | 8,32 | 9,30 | 10,3 | 10,8 | 11,3 | 12,3 | 13,2 | 15,7 | 18,2 | 20,7 | 23,2 | 25,7 | 28,2 | 30,6 | 33,1 | 35,6 | 38,1 | 40,6 | 43,1 | 48,1 | |
| | | | $I_x$ = 3 820 | $I_y$ = | 2 240 | 2 240 | 2 610 | 3 440 | 4 410 | 5 500 | **6 720** | 7 380 | 8 070 | 9 550 | 11 160 | 15 750 | 21 140 | 27 330 | 34 330 | 42 140 | 50 750 | 60 160 | 70 380 | 81 410 | 93 240 | 105 900 | 119 300 | 148 600 | |
| **200** | 64,4 | 2,14 | $W_x$ = 382 | $W_y$ = | 298 | 298 | 326 | 382 | 441 | 500 | 560 | 591 | 621 | 682 | 744 | 900 | 1 060 | 1 210 | 1 370 | 1 530 | 1 690 | 1 850 | 2 010 | 2 170 | 2 330 | 2 490 | 2 650 | 2 970 | **200** |
| | | | $i_x$ = 7,70 | $i_y$ = | *5,89* | *5,89* | *6,36* | *7,31* | 8,27 | 9,24 | 10,2 | 10,7 | 11,2 | 12,2 | 13,2 | 15,6 | 18,1 | 20,6 | 23,1 | 25,6 | 28,1 | 30,6 | 33,1 | 35,6 | 38,1 | 40,6 | 43,0 | 48,0 | |
| | | | $I_x$ = 5 380 | $I_y$ = | 2 960 | | 2 960 | 3 910 | 5 020 | 6 270 | 7 670 | 8 420 | **9 220** | 10 920 | 12 760 | 18 040 | 24 250 | 31 400 | 39 480 | 48 500 | 58 450 | 69 340 | 81 160 | 93 920 | 107 600 | 122 200 | 137 800 | 171 700 | |
| **220** | 74,8 | 2,30 | $W_x$ = 490 | $W_y$ = | 370 | — | 370 | 434 | 502 | 570 | 639 | 674 | 702 | 780 | 851 | 1 030 | 1 210 | 1 400 | 1 580 | 1 760 | 1 950 | 2 130 | 2 320 | 2 500 | 2 690 | 2 880 | 3 060 | 3 440 | **220** |
| | | | $i_x$ = 8,48 | $i_y$ = | *6,29* | | *6,29* | *7,23* | *8,19* | 9,16 | 10,1 | 10,6 | 11,1 | 12,1 | 13,1 | 15,5 | 18,0 | 20,5 | 23,0 | 25,5 | 28,0 | 30,4 | 32,9 | 35,4 | 37,9 | 40,4 | 42,9 | 47,9 | |
| | | | $I_x$ = 7 200 | $I_y$ = | 3 820 | | | 4 370 | 5 600 | 7 000 | 8 570 | 9 420 | 10 310 | **12 220** | 14 290 | 20 220 | 27 210 | 35 260 | 44 360 | 54 520 | 65 740 | 78 010 | 91 350 | 105 700 | 121 200 | 137 700 | 155 300 | 193 600 | |
| **240** | 84,6 | 2,42 | $W_x$ = 600 | $W_y$ = | 450 | — | — | 486 | 560 | 636 | 714 | 754 | 793 | 873 | 953 | 1 160 | 1 360 | 1 570 | 1 770 | 1 980 | 2 190 | 2 400 | 2 610 | 2 820 | 3 030 | 3 240 | 3 450 | 3 870 | **240** |
| | | | $i_x$ = 9,22 | $i_y$ = | *6,72* | | | *7,19* | *8,14* | *9,10* | 10,1 | 10,6 | 11,0 | 12,0 | 13,0 | 15,5 | 17,9 | 20,4 | 22,9 | 25,4 | 27,9 | 30,4 | 32,9 | 35,3 | 37,9 | 40,3 | 42,8 | 47,8 | |
| | | | $I_x$ = 9 640 | $I_y$ = | 4 890 | | | 4 890 | 6 270 | 7 850 | 9 610 | 10 570 | 11 570 | 13 720 | **16 070** | 22 780 | 30 690 | 39 820 | 50 150 | 61 690 | 74 430 | 88 390 | 103 500 | 119 900 | 137 500 | 156 300 | 176 300 | 220 000 | |
| **260** | 96,6 | 2,56 | $W_x$ = 742 | $W_y$ = | 544 | — | — | 544 | 627 | 714 | 801 | 845 | 890 | 980 | 1 070 | 1 300 | 1 530 | 1 770 | 2 010 | 2 240 | 2 480 | 2 720 | 2 960 | 3 200 | 3 440 | 3 680 | 3 920 | 4 400 | **260** |
| | | | $i_x$ = 9,99 | $i_y$ = | *7,12* | | | *7,12* | *8,06* | *9,01* | *9,97* | 10,5 | 10,9 | 11,9 | 12,9 | 15,4 | 17,8 | 20,3 | 22,8 | 25,3 | 27,8 | 30,2 | 32,7 | 35,2 | 37,7 | 40,2 | 42,7 | 47,7 | |
| | | | $I_x$ = 12 560 | $I_y$ = | 5 980 | | | | 6 750 | 8 450 | 10 360 | 11 390 | 12 470 | 14 820 | 17 370 | 24 690 | 33 330 | 43 310 | 54 620 | 67 260 | 81 240 | 96 550 | 113 200 | 131 200 | 150 800 | 171 100 | 193 100 | 241 000 | |
| **280** | 107 | 2,74 | $W_x$ = 896 | $W_y$ = | 629 | — | — | — | 675 | 768 | 863 | 911 | 959 | 1 060 | 1 160 | 1 410 | 1 670 | 1 920 | 2 180 | 2 450 | 2 710 | 2 970 | 3 230 | 3 500 | 3 770 | 4 030 | 4 290 | 4 820 | **280** |
| | | | $i_x$ = 10,9 | $i_y$ = | *7,49* | | | | *7,96* | *8,89* | *9,84* | *10,3* | *10,8* | 11,8 | 12,7 | 15,2 | 17,6 | 20,1 | 22,6 | 25,1 | 27,6 | 30,0 | 32,5 | 35,0 | 37,5 | 40,0 | 42,5 | 47,5 | |
| | | | $I_x$ = 16 060 | $I_y$ = | 7 260 | | | | 7 260 | 9 090 | 11 160 | 12 280 | 13 470 | 16 010 | 18 780 | **26 750** | 36 190 | 47 090 | 59 470 | 73 320 | 88 640 | 105 400 | 123 700 | 143 400 | 164 600 | 187 300 | 211 400 | 264 100 | |
| **300** | 118 | 2,90 | $W_x$ = 1 070 | $W_y$ = | 726 | — | — | — | 726 | 826 | 930 | 982 | 1 040 | 1 140 | 1 250 | 1 530 | 1 810 | 2 090 | 2 380 | 2 670 | 2 950 | 3 240 | 3 530 | 3 820 | 4 110 | 4 410 | 4 700 | 5 280 | **300** |
| | | | $i_x$ = 11,7 | $i_y$ = | *7,86* | | | | *7,86* | *8,78* | *9,74* | *10,2* | *10,7* | *11,6* | 12,6 | 15,1 | 17,5 | 20,0 | 22,4 | 25,0 | 27,4 | 29,9 | 32,4 | 34,9 | 37,3 | 39,9 | 42,3 | 47,3 | |

Los valores de $I_y$ indicados en **negrita** son los correspondientes a valores de **a** para los cuales la separación entre ejes de gravedad de los perfiles es aproximadamente igual a la altura **h** del perfil simple.
Los valores de los radio de giro impresos en *cursiva* indican que $i_y < i_x$.

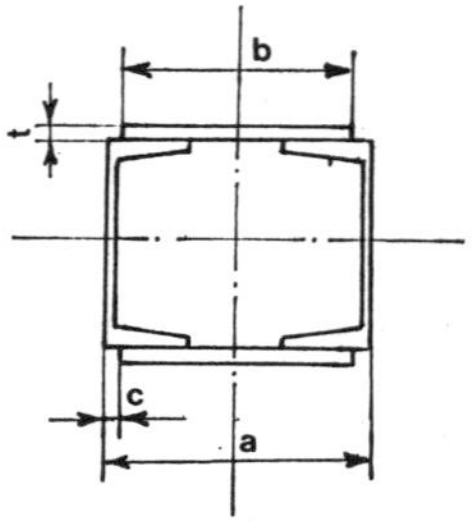


# VALORES ESTÁTICOS DE SECCIONES COMPUESTAS POR 2 UPN CON PLATABANDAS

| Perfiles [ ] | Dimensiones en mm | | | | A | P | Referidos al eje | | | | | | U | Perfiles [ ] |
|---|---|---|---|---|---|---|---|---|---|---|---|---|---|---|
| | | | | | | | X — X | | | Y — Y | | | | |
| | b × t | B | h | c | $cm^2$ | kg/m | $I_x$ $cm^4$ | $W_x$ $cm^3$ | $i_x$ cm | $I_y$ $cm^4$ | $W_y$ $cm^3$ | $i_y$ cm | mm | |
| 100 | 110 × 8 | 130 | 100 | 10 | 44,6 | **35,0** | 925 | 160 | 4,55 | 897 | 138 | **4,49** | 492 | 100 |
| 120 | 130 × 8 | 150 | 120 | 10 | 54,8 | **43,0** | 1 580 | 232 | 5,37 | 1 560 | 209 | **5,34** | 572 | 120 |
| 140 | 160 × 10 | 180 | 140 | 10 | 72,8 | **57,1** | 3 010 | 376 | 6,43 | 2 950 | 328 | **6,37** | 680 | 140 |
| 160 | 180 × 10 | 200 | 160 | 10 | 84,0 | **65,9** | 4 450 | 495 | 7,28 | 4 340 | 434 | **7,19** | 760 | 160 |
| 180 | 200 × 10 | 220 | 180 | 10 | 96,0 | **75,4** | 6 310 | 631 | 8,11 | 6 180 | 562 | **8,02** | 840 | 180 |
| 200 | 220 × 10 | 240 | 200 | 10 | 108 | **85,1** | 8 670 | 788 | 8,94 | 8 500 | 708 | **8,85** | 920 | 200 |
| 220 | 240 × 10 | 260 | 220 | 10 | 123 | **96,4** | 11 730 | 977 | 9,77 | 11 520 | 886 | **9,69** | 1 000 | 220 |
| 240 | 250 × 10 | 280 | 240 | 15 | 135 | **106** | 15 010 | 1 150 | 10,6 | 14 820 | 1 060 | **10,5** | 1 080 | 240 |
| 260 | 280 × 10 | 300 | 260 | 10 | 153 | **120** | 19 850 | 1 420 | **11,4** | 19 730 | 1 320 | **11,4** | 1 160 | 260 |
| 280 | 300 × 10 | 325 | 280 | 12,5 | 167 | **131** | 25 170 | 1 680 | **12,3** | 25 360 | 1 560 | **12,3** | 1 250 | 280 |
| 300 | 320 × 12 | 350 | 300 | 15 | 194 | **153** | 34 760 | 2 150 | 13,4 | 33 300 | 1 900 | **13,1** | 1 350 | 300 |

El radio de giro mínimo de la sección está indicado en letra **negrita**.

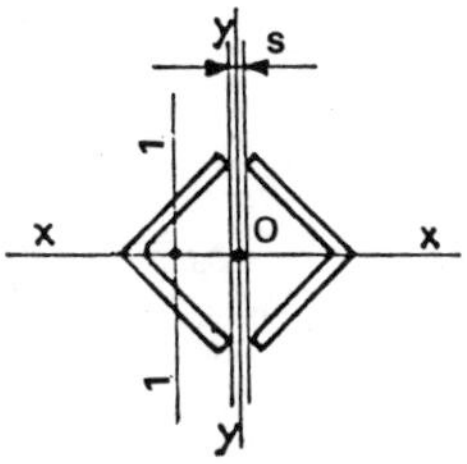


# VALORES ESTÁTICOS DE 2 L EN CAJÓN

| L (mm) | A (cm²) | $I_x$ (cm⁴) | $i_x$ (min) (cm) | $i_1$ (cm) | $I_x$ en cm⁴ / $i_x$ en cm para las separaciones S en mm: 0 | 8 | 10 | 12 | 15 |
|---|---|---|---|---|---|---|---|---|---|
| 40 × 4◊ | 6,16 | 14,2 | **1,52** | 0,78 | 16,0 | 23,9 | 26,2 | 28,6 | 32,5 |
| | | | | | 1,61 | 1,97 | 2,06 | 2,15 | 2,30 |
| 40 × 6◊ | 8,96 | 20,0 | **1,49** | 0,77 | 23,7 | 35,3 | 38,7 | 42,3 | 47,9 |
| | | | | | 1,63 | 1,99 | 2,08 | 2,17 | 2,31 |
| 45 × 5◊ | 8,60 | 24,8 | **1,70** | 0,87 | 28,0 | 40,2 | 43,7 | 47,4 | 53,2 |
| | | | | | 1,80 | 2,16 | 2,25 | 2,35 | 2,49 |
| 45 × 7 | 11,7 | 32,8 | **1,67** | 0,87 | 39,2 | 56,1 | 61,0 | 66,0 | 74,1 |
| | | | | | 1,83 | 2,19 | 2,28 | 2,38 | 2,52 |
| 50 × 5◊ | 9,60 | 34,8 | **1,90** | 0,98 | 38,9 | 54,0 | 58,2 | 62,6 | 69,7 |
| | | | | | 2,01 | 2,37 | 2,47 | 2,56 | 2,69 |
| 50 × 7◊ | 13,1 | 46,2 | **1,88** | 0,96 | 53,6 | 74,4 | 80,2 | 86,4 | 96,0 |
| | | | | | 2,02 | 2,38 | 2,48 | 2,57 | 2,71 |
| 50 × 9 | 16,5 | 56,2 | **1,85** | 0,97 | 69,9 | 96,6 | 104 | 112 | 124 |
| | | | | | 2,06 | 2,42 | 2,51 | 2,61 | 2,75 |
| 55 × 6 | 12,6 | 54,8 | **2,08** | 1,07 | 62,0 | 83,6 | 89,6 | 95,9 | 106 |
| | | | | | 2,22 | 2,58 | 2,67 | 2,76 | 2,90 |
| 55 × 8 | 16,5 | 69,6 | **2,06** | 1,07 | 82,6 | 111 | 119 | 127 | 140 |
| | | | | | 2,24 | 2,60 | 2,69 | 2,78 | 2,92 |
| 55 × 10 | 20,2 | 82,8 | **2,02** | 1,06 | 103 | 139 | 149 | 159 | 175 |
| | | | | | 2,26 | 2,62 | 2,71 | 2,81 | 2,95 |
| 60 × 6◊ | 13,8 | 72,2 | **2,29** | 1,17 | 80,4 | 106 | 113 | 120 | 132 |
| | | | | | 2,41 | 2,77 | 2,86 | 2,95 | 3,09 |
| 60 × 8◊ | 18,1 | 92,2 | **2,26** | 1,16 | 107 | 141 | 150 | 160 | 175 |
| | | | | | 2,43 | 2,79 | 2,88 | 2,97 | 3,11 |
| 60 × 10◊ | 22,2 | 110 | **2,23** | 1,15 | 134 | 176 | 187 | 200 | 218 |
| | | | | | 2,45 | 2,81 | 2,91 | 3,00 | 3,14 |
| 65 × 7 | 17,4 | 106 | **2,47** | 1,26 | 119 | 154 | 163 | 173 | 188 |
| | | | | | 2,62 | 2,97 | 3,06 | 3,15 | 3,29 |
| 65 × 9 | 22,0 | 131 | **2,44** | 1,25 | 1,53 | 197 | 209 | 222 | 242 |
| | | | | | 2,64 | 2,99 | 3,08 | 3,17 | 3,32 |
| 65 × 11 | 26,4 | 154 | **2,42** | 1,25 | 188 | 243 | 257 | 273 | 297 |
| | | | | | 2,67 | 3,03 | 3,12 | 3,21 | 3,35 |
| 70 × 7◊ | 18,8 | 134 | **2,67** | 1,37 | 150 | 190 | 201 | 212 | 230 |
| | | | | | 2,83 | 3,18 | 3,27 | 3,36 | 3,50 |
| 70 × 9 | 23,0 | 166 | **2,64** | 1,36 | 193 | 244 | 258 | 273 | 295 |
| | | | | | 2,90 | 3,26 | 3,35 | 3,45 | 3,58 |
| 70 × 11 | 28,6 | 195 | **2,61** | 1,35 | 235 | 298 | 315 | 332 | 360 |
| | | | | | 2,87 | 3,23 | 3,32 | 3,41 | 3,55 |
| 75 × 8 | 23,0 | 187 | **2,85** | 1,46 | 210 | 263 | 277 | 292 | 315 |
| | | | | | 3,02 | 3,38 | 3,47 | 3,56 | 3,70 |
| 75 × 10 | 28,2 | 226 | **2,83** | 1,45 | 262 | 327 | 345 | 363 | 391 |
| | | | | | 3,05 | 3,40 | 3,50 | 3,59 | 3,72 |
| 75 × 12 | 33,4 | 260 | **2,79** | 1,44 | 315 | 392 | 414 | 435 | 469 |
| | | | | | 3,07 | 3,43 | 3,52 | 3,61 | 3,75 |
| 80 × 8◊ | 24,6 | 230 | **3,06** | 1,55 | 255 | 314 | 330 | 347 | 373 |
| | | | | | 3,22 | 3,57 | 3,67 | 3,75 | 3,90 |
| 80 × 10◊ | 30,2 | 278 | **3,03** | 1,54 | 317 | 391 | 411 | 431 | 463 |
| | | | | | 3,24 | 3,60 | 3,69 | 3,78 | 3,92 |
| 80 × 12◊ | 35,8 | 322 | **3,00** | 1,53 | 385 | 473 | 497 | 522 | 560 |
| | | | | | 3,28 | 3,63 | 3,72 | 3,82 | 3,95 |

| L (mm) | A (cm²) | $I_x$ (cm⁴) | $i_x$ (min) (cm) | $i_1$ (cm) | $I_x$ en cm⁴ / $i_x$ en cm para las separaciones S en mm: 0 | 10 | 12 | 15 | 20 |
|---|---|---|---|---|---|---|---|---|---|
| 90 × 9◊ | 31,0 | 368 | **3,45** | 1,76 | 409 | 515 | 539 | 574 | 683 |
| | | | | | 3,63 | 4,07 | 4,17 | 4,30 | 4,53 |
| 90 × 11 | 37,4 | 436 | **3,41** | 1,75 | 500 | 629 | 657 | 701 | 777 |
| | | | | | 3,66 | 4,10 | 4,19 | 4,33 | 4,56 |
| 90 × 13 | 43,6 | 500 | **3,39** | 1,74 | 590 | 742 | 775 | 826 | 916 |
| | | | | | 3,68 | 4,12 | 4,22 | 4,35 | 4,58 |
| 100 × 10◊ | 38,4 | 560 | **3,82** | 1,95 | 628 | 773 | 805 | 853 | 938 |
| | | | | | 4,04 | 4,48 | 4,57 | 4,72 | 4,94 |
| 100 × 12◊ | 45,4 | 656 | **3,80** | 1,95 | 751 | 924 | 962 | 1 020 | 1 120 |
| | | | | | 4,07 | 4,51 | 4,61 | 4,74 | 4,97 |
| 100 × 14 | 52,4 | 744 | **3,77** | 1,94 | 876 | 1 080 | 1 120 | 1 190 | 1 310 |
| | | | | | 4,09 | 4,53 | 4,63 | 4,76 | 4,99 |
| 110 × 10 | 42,4 | 758 | **4,23** | 2,16 | 842 | 1 020 | 1 060 | 1 110 | 1 220 |
| | | | | | 4,45 | 4,90 | 5,00 | 5,12 | 5,36 |
| 110 × 12 | 50,2 | 888 | **4,21** | 2,15 | 1 010 | 1 220 | 1 260 | 1 330 | 1 450 |
| | | | | | 4,48 | 4,92 | 5,01 | 5,14 | 5,37 |
| 110 × 14 | 58,0 | 1 010 | **4,18** | 2,14 | 1 180 | 1 430 | 1 480 | 1 560 | 1 700 |
| | | | | | 4,52 | 4,97 | 5,06 | 5,19 | 5,42 |
| 120 × 11 | 50,8 | 1 080 | **4,62** | 2,35 | 1 190 | 1 420 | 1 470 | 1 540 | 1 670 |
| | | | | | 4,84 | 5,29 | 5,38 | 5,50 | 5,73 |
| 120 × 13 | 59,4 | 1 250 | **4,59** | 2,34 | 1 410 | 1 680 | 1 740 | 1 830 | 1 980 |
| | | | | | 4,87 | 5,32 | 5,41 | 5,55 | 5,77 |
| 120 × 15◊ | 67,8 | 1 410 | **4,56** | 2,34 | 1 630 | 1 940 | 2 010 | 2 110 | 2 280 |
| | | | | | 4,91 | 5,35 | 5,44 | 5,58 | 5,80 |
| 130 × 12 | 60,0 | 1 500 | **5,00** | 2,54 | 1 660 | 1 950 | 2 010 | 2 110 | 2 270 |
| | | | | | 5,25 | 5,70 | 5,78 | 5,92 | 6,14 |
| 130 × 14 | 69,4 | 1 710 | **4,97** | 2,53 | 1 930 | 2 270 | 2 340 | 2 450 | 2 650 |
| | | | | | 5,27 | 5,72 | 5,81 | 5,94 | 6,18 |
| 130 × 16 | 78,6 | 1 920 | **4,94** | 2,52 | 2 210 | 2 590 | 2 680 | 2 800 | 3 020 |
| | | | | | 5,30 | 5,75 | 5,84 | 5,97 | 6,20 |
| 140 × 13 | 70,0 | 2 020 | **5,38** | 2,74 | 2 250 | 2 620 | 2 700 | 2 810 | 3 020 |
| | | | | | 5,67 | 6,11 | 6,21 | 6,33 | 6,56 |
| 140 × 15 | 80,0 | 2 300 | **5,36** | 2,73 | 2 590 | 3 010 | 3 100 | 3 230 | 3 470 |
| | | | | | 5,69 | 6,13 | 6,22 | 6,35 | 6,58 |
| 140 × 17 | 90,0 | 2 560 | **5,33** | 2,72 | 2 936 | 3 410 | 3 510 | 3 664 | 3 935 |
| | | | | | 5,71 | 6,16 | 6,25 | 6,38 | 6,60 |
| 150 × 14 | 80,6 | 2 680 | **5,77** | 2,94 | 2 980 | 3 420 | 3 520 | 3 660 | 3 910 |
| | | | | | 6,09 | 6,51 | 6,60 | 6,73 | 6,96 |
| 150 × 16 | 91,4 | 3 020 | **5,74** | 2,93 | 3 390 | 3 900 | 4 010 | 4 170 | 4 460 |
| | | | | | 6,10 | 6,53 | 6,62 | 6,74 | 6,98 |
| 150 × 18◊ | 102 | 3 340 | **5,70** | 2,93 | 3 830 | 4 400 | 4 520 | 4 710 | 5 030 |
| | | | | | 6,13 | 6,57 | 6,66 | 6,79 | 7,02 |

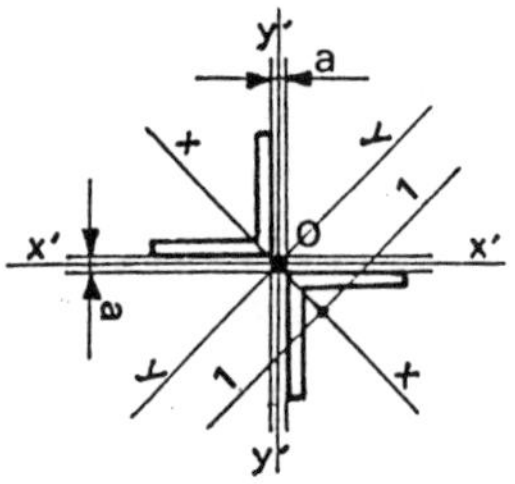


# VALORES ESTÁTICOS DE 2 L EN ESTRELLA

| L | A | $i_1$ | $I_x$ | $i_x$ (min) | Momentos de inercia y radios de giro para una separación a en mm = | | | | | | | | | | | |
|---|---|---|---|---|---|---|---|---|---|---|---|---|---|---|---|---|
| | | | | | 0 | | 8 | | 10 | | 12 | | 15 | | 20 | |
| mm | $cm^2$ | cm | $cm^4$ | cm | $I_y$ $cm^4$ | $i_y$ cm | $I_y$ $cm^4$ | $i_y$ cm | $I_y$ $cm^4$ | $i_y$ cm | $I_y$ $cm^4$ | $i_y$ cm | $I_y$ $cm^4$ | $i_y$ cm | $I_y$ $cm^4$ | $i_y$ cm |
| **35 × 4** | **5,34** | 0,68 | 9,36 | **1,33** | 13,1 | 1,57 | 23,4 | 2,09 | 26,5 | 2,23 | 29,8 | 2,36 | 35,1 | 2,56 | 44,9 | 2,90 |
| **35 × 6** | **7,74** | 0,68 | 13,0 | **1,30** | 21,7 | 1,67 | 37,7 | 2,21 | 42,4 | 2,34 | 47,4 | 2,47 | 55,5 | 2,68 | 70,4 | 3,02 |
| **40 × 4** | **6,16** | 0,78 | 14,2 | **1,52** | 19,1 | 1,76 | 32,2 | 2,29 | 36,0 | 2,42 | 40,1 | 2,55 | 46,7 | 2,75 | 58,8 | 3,09 |
| **40 × 6** | **8,96** | 0,77 | 20,0 | **1,49** | 31,2 | 1,87 | 51,5 | 2,40 | 57,4 | 2,53 | 63,6 | 2,67 | 73,6 | 2,87 | 92,0 | 3,20 |
| **45 × 5** | **8,60** | 0,87 | 24,8 | **1,70** | 34,7 | 2,01 | 55,2 | 2,53 | 61,1 | 2,67 | 67,4 | 2,80 | 77,3 | 3,00 | 95,7 | 3,34 |
| **45 × 7** | **11,7** | 0,87 | 32,8 | **1,67** | 52,0 | 2,11 | 81,4 | 2,64 | 89,8 | 2,77 | 98,7 | 2,90 | 113 | 3,10 | 139 | 3,44 |
| **50 × 5** | **9,60** | 0,98 | 34,8 | **1,90** | 46,8 | 2,21 | 71,6 | 2,73 | 78,6 | 2,86 | 86,1 | 2,99 | 97,9 | 3,19 | 119 | 3,53 |
| **50 × 7** | **13,1** | 0,96 | 46,2 | **1,88** | 70,5 | 2,32 | 106 | 2,85 | 116 | 2,98 | 127 | 3,11 | 144 | 3,31 | 175 | 3,65 |
| **50 × 9** | **16,5** | 0,97 | 56,2 | **1,85** | 95,8 | 2,41 | 143 | 2,94 | 156 | 3,08 | 170 | 3,21 | 192 | 3,41 | 231 | 3,77 |
| **55 × 6** | **12,6** | 1,07 | 54,8 | **2,08** | 76,1 | 2,46 | 112 | 2,98 | 122 | 3,11 | 133 | 3,24 | 149 | 3,44 | 180 | 3,78 |
| **55 × 8** | **16,5** | 1,07 | 69,6 | **2,06** | 107 | 2,55 | 156 | 3,08 | 170 | 3,21 | 184 | 3,35 | 207 | 3,54 | 248 | 3,88 |
| **55 × 10** | **20,2** | 1,06 | 82,8 | **2,02** | 142 | 2,65 | 204 | 3,18 | 222 | 3,31 | 240 | 3,45 | 269 | 3,65 | 320 | 3,98 |
| **60 × 6** | **13,8** | 1,17 | 72,2 | **2,29** | 97,8 | 2,66 | 140 | 3,18 | 152 | 3,31 | 164 | 3,44 | 183 | 3,64 | 218 | 3,98 |
| **60 × 8** | **18,1** | 1,16 | 92,2 | **2,26** | 137 | 2,75 | 194 | 3,28 | 210 | 3,42 | 227 | 3,55 | 253 | 3,74 | 300 | 4,08 |
| **60 × 10** | **22,2** | 1,15 | 110 | **2,23** | 182 | 2,86 | 255 | 3,39 | 275 | 3,52 | 296 | 3,66 | 330 | 3,86 | 390 | 4,19 |
| **65 × 7** | **17,4** | 1,26 | 106 | **2,47** | 147 | 2,91 | 205 | 3,43 | 221 | 3,56 | 237 | 3,69 | 263 | 3,89 | 310 | 4,22 |
| **65 × 9** | **22,0** | 1,25 | 131 | **2,44** | 198 | 3,00 | 274 | 3,53 | 295 | 3;66 | 316 | 3,79 | 350 | 3,99 | 411 | 4,33 |
| **65 × 11** | **26,4** | 1,25 | 154 | **2,42** | 253 | 3,09 | 347 | 3,62 | 372 | 3,76 | 399 | 3,89 | 441 | 4,09 | 516 | 4,42 |
| **70 × 7** | **18,8** | 1,37 | 134 | **2,67** | 182 | 3,11 | 247 | 3,63 | 265 | 3,76 | 284 | 3,89 | 314 | 4,09 | 367 | 4,42 |
| **70 × 9** | **23,8** | 1,36 | 166 | **2,64** | 244 | 3,20 | 331 | 3,73 | 354 | 3,86 | 379 | 3,99 | 417 | 4,19 | 486 | 4,52 |
| **70 × 11** | **28,6** | 1,35 | 195 | **2,61** | 311 | 3,30 | 419 | 3,83 | 448 | 3,96 | 478 | 4,09 | 526 | 4,29 | 611 | 4,62 |
| **75 × 8** | **23,0** | 1,46 | 187 | **2,85** | 257 | 3,34 | 344 | 3,87 | 367 | 4,00 | 391 | 4,13 | 430 | 4,32 | 498 | 4,65 |
| **75 × 10** | **28,2** | 1,45 | 226 | **2,83** | 334 | 3,44 | 444 | 3,97 | 473 | 4,10 | 504 | 4,23 | 552 | 4,43 | 638 | 4,76 |
| **75 × 12** | **33,4** | 1,44 | 260 | **2,79** | 420 | 3,55 | 554 | 4,07 | 591 | 4,21 | 628 | 4,34 | 687 | 4,54 | 792 | 4,87 |
| **80 × 8** | **24,6** | 1,55 | 230 | **3,06** | 311 | 3,56 | 409 | 4,08 | 435 | 4,21 | 463 | 4,34 | 506 | 4,53 | 582 | 4,86 |
| **80 × 10** | **30,2** | 1,54 | 278 | **3,03** | 403 | 3,65 | 526 | 4,18 | 560 | 4,31 | 594 | 4,44 | 649 | 4,63 | 745 | 4,97 |
| **80 × 12** | **35,8** | 1,53 | 322 | **3,00** | 502 | 3,75 | 653 | 4,27 | 694 | 4,40 | 736 | 4,53 | 801 | 4,73 | 918 | 5,06 |
| **90 × 9** | **31,0** | 1,76 | 368 | **3,45** | 495 | 4,00 | 632 | 4,52 | 669 | 4,65 | 707 | 4,78 | 766 | 4,97 | 871 | 5,30 |
| **90 × 11** | **37,4** | 1,75 | 436 | **3,41** | 626 | 4,09 | 796 | 4,61 | 842 | 4,74 | 888 | 4,87 | 962 | 5,07 | 1 090 | 5,40 |
| **90 × 13** | **43,6** | 1,74 | 500 | **3,39** | 765 | 4,19 | 968 | 4,71 | 1 020 | 4,84 | 1 080 | 4,97 | 1 170 | 5,17 | 1 320 | 5,50 |
| **100 × 10** | **38,4** | 1,95 | 560 | **3,82** | 758 | 4,44 | 945 | 4,96 | 995 | 5,09 | 1 050 | 5,22 | 1 130 | 5,42 | 1 270 | 5,74 |
| **100 × 12** | **45,4** | 1,95 | 656 | **3,80** | 936 | 4,54 | 1 160 | 5,06 | 1 220 | 5,19 | 1 280 | 5,32 | 1 380 | 5,52 | 1 550 | 5,84 |
| **100 × 14** | **52,4** | 1,94 | 744 | **3,77** | 1 130 | 4,63 | 1 390 | 5,16 | 1 460 | 5,29 | 1 540 | 5,42 | 1 650 | 5,62 | 1 850 | 5,94 |
| **110 × 10** | **42,4** | 2,16 | 758 | **4,23** | 996 | 4,85 | 1 220 | 5,36 | 1 280 | 5,49 | 1 340 | 5,62 | 1 430 | 5,82 | 1 600 | 6,14 |
| **110 × 12** | **50,2** | 2,15 | 888 | **4,21** | 1 230 | 4,94 | 1 500 | 5,46 | 1 570 | 5,59 | 1 640 | 5,72 | 1 760 | 5,92 | 1 960 | 6,24 |
| **110 × 14** | **58,0** | 2,14 | 1 010 | **4,18** | 1 460 | 5,02 | 1 780 | 5,54 | 1 860 | 5,67 | 1 950 | 5,80 | 2 080 | 6,00 | 2 320 | 6,32 |
| **120 × 11** | **50,8** | 2,35 | 1 080 | **4,62** | 1 430 | 5,30 | 1 720 | 5,82 | 1 790 | 5,94 | 1 870 | 6,07 | 1 990 | 6,27 | 2 210 | 6,59 |
| **120 × 13** | **59,4** | 2,34 | 1 250 | **4,59** | 1 730 | 5,39 | 2 080 | 5,91 | 2 170 | 6,04 | 2 260 | 6,17 | 2 410 | 6,36 | 2 660 | 6,69 |
| **120 × 15** | **67,8** | 2,34 | 1 410 | **4,56** | 2 040 | 5,49 | 2 450 | 6,01 | 2 550 | 6,14 | 2 660 | 6,26 | 2 830 | 6,46 | 3 120 | 6,79 |
| **130 × 12** | **60,0** | 2,54 | 1 500 | **5,00** | 1 980 | 5,74 | 2 350 | 6,26 | 2 450 | 6,39 | 2 550 | 6,52 | 2 700 | 6,71 | 2 970 | 7,04 |
| **130 × 14** | **69,4** | 2,53 | 1 710 | **4,97** | 2 370 | 5,84 | 2 800 | 6,36 | 2 920 | 6,49 | 3 040 | 6,62 | 3 220 | 6,81 | 3 530 | 7,14 |
| **130 × 16** | **78,6** | 2,52 | 1 920 | **4,94** | 2 770 | 5,93 | 3 280 | 6,46 | 3 410 | 6,58 | 3 540 | 6,71 | 3 750 | 6,91 | 4 120 | 7,24 |
| **140 × 13** | **70,0** | 2,74 | 2 020 | **5,38** | 2 670 | 6,18 | 3 140 | 6,69 | 3 260 | 6,82 | 3 380 | 6,95 | 3 570 | 7,14 | 3 910 | 7,47 |
| **140 × 15** | **80,0** | 2,73 | 2 300 | **5,36** | 3 160 | 6,28 | 3 700 | 6,80 | 3 840 | 6,93 | 3 990 | 7,06 | 4 210 | 7,25 | 4 590 | 7,58 |
| **140 × 17** | **90,0** | 2,72 | 2 560 | **5,33** | 3 660 | 6,38 | 4 290 | 6,90 | 4 450 | 7,03 | 4 610 | 7,16 | 4 870 | 7,35 | 5 310 | 7,68 |
| **150 × 14** | **80,6** | 2,94 | 2 680 | **5,77** | 3 550 | 6,63 | 4 120 | 7,15 | 4 270 | 7,28 | 4 420 | 7,41 | 4 650 | 7,60 | 5 060 | 7,92 |
| **150 × 16** | **91,4** | 2,93 | 3 020 | **5,74** | 4 150 | 6,74 | 4 810 | 7,26 | 4 980 | 7,38 | 5 160 | 7,51 | 5 430 | 7,71 | 5 900 | 8,03 |
| **150 × 18** | **102** | 2,93 | 3 340 | **5,70** | 4 760 | 6,83 | 5 510 | 7,35 | 5 700 | 7,48 | 5 900 | 7,61 | 6 210 | 7,80 | 6 740 | 8,13 |

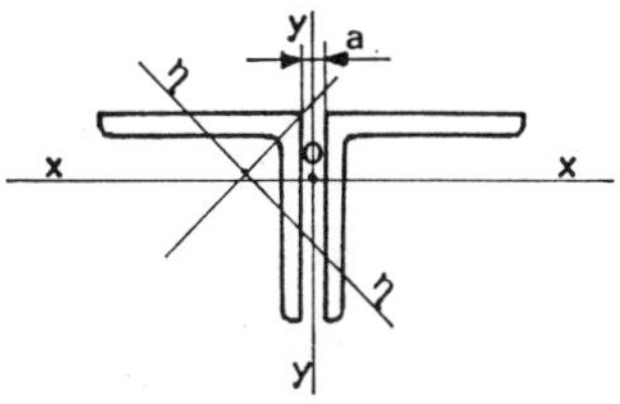


# VALORES ESTÁTICOS DE 2 ∟ PAREADOS A DISTANCIA a VARIABLE

| ∟ | A | $i_1$ | $I_x$ | $i_x$ | Momentos de inercia y radios de giro para una separación a en mm = | | | | | | | | | | | |
|---|---|---|---|---|---|---|---|---|---|---|---|---|---|---|---|---|
| | | | | | 0 | | 8 | | 10 | | 12 | | 15 | | 20 | |
| mm | cm² | cm | cm⁴ | cm | $I_y$ cm⁴ | $i_y$ cm | $I_y$ cm⁴ | $i_y$ cm | $I_y$ cm⁴ | $i_y$ cm | $I_y$ cm⁴ | $i_y$ cm | $I_y$ cm⁴ | $i_y$ cm | $I_y$ cm⁴ | $i_y$ cm |
| 35 × 4 | **5,34** | 0,680 | 5,90 | **1,05** | 11,3 | 1,45 | 16,4 | 1,75 | 17,9 | 1,83 | 19,6 | 1,92 | 22,3 | 2,04 | 27,3 | 2,26 |
| 35 × 6 | **7,74** | 0,670 | 8,26 | **1,03** | 17,3 | 1,50 | 25,3 | 1,81 | 27,6 | 1,89 | 30,2 | 1,97 | 34,2 | 2,10 | 41,8 | 2,32 |
| 40 × 4 | **6,16** | 0,780 | 8,94 | **1,21** | 16,7 | 1,65 | 23,2 | 1,94 | 25,2 | 2,02 | 27,2 | 2,10 | 30,5 | 2,23 | 36,7 | 2,44 |
| 40 × 6 | **8,96** | 0,770 | 12,6 | **1,19** | 25,6 | 1,69 | 35,6 | 1,99 | 38,6 | 2,07 | 41,7 | 2,16 | 46,8 | 2,28 | 56,1 | 2,50 |
| 45 × 5 | **8,60** | 0,870 | 15,7 | **1,35** | 29,8 | 1,86 | 40,0 | 2,16 | 42,8 | 2,23 | 46,0 | 2,31 | 51,2 | 2,44 | 60,4 | 2,65 |
| 45 × 7 | **11,7** | 0,860 | 20,8 | **1,33** | 42,6 | 1,90 | 57,1 | 2,21 | 61,4 | 2,29 | 65,8 | 2,37 | 73,2 | 2,50 | 86,0 | 2,71 |
| 50 × 5 | **9,60** | 0,970 | 22,0 | **1,51** | 40,7 | 2,06 | 53,0 | 2,35 | 56,7 | 2,43 | 60,5 | 2,51 | 66,3 | 2,63 | 77,4 | 2,84 |
| 50 × 7 | **13,1** | 0,960 | 29,2 | **1,49** | 58,3 | 2,11 | 76,0 | 2,41 | 80,6 | 2,48 | 86,5 | 2,57 | 94,7 | 2,69 | 110 | 2,90 |
| 50 × 9 | **16,5** | 0,960 | 35,8 | **1,47** | 76,2 | 2,15 | 99,0 | 2,45 | 106 | 2,53 | 113 | 2,61 | 123 | 2,73 | 144 | 2,95 |
| 55 × 6 | **12,6** | 1,07 | 34,6 | **1,66** | 65,4 | 2,28 | 72,9 | 2,56 | 87,7 | 2,64 | 93,1 | 2,72 | 102 | 2,84 | 117 | 3,05 |
| 55 × 8 | **16,5** | 1,06 | 44,0 | **1,64** | 88,8 | 2,32 | 112 | 2,61 | 119 | 2,69 | 127 | 2,78 | 139 | 2,90 | 160 | 3,11 |
| 55 × 10 | **20,2** | 1,06 | 52,6 | **1,62** | 113 | 2,36 | 144 | 2,66 | 152 | 2,75 | 162 | 2,83 | 176 | 2,96 | 202 | 3,16 |
| 60 × 6 | **13,8** | 1,17 | 45,6 | **1,82** | 84,9 | 2,48 | 106 | 2,77 | 112 | 2,85 | 118 | 2,92 | 128 | 3,04 | 145 | 3,24 |
| 60 × 8 | **18,1** | 1,16 | 58,4 | **1,80** | 115 | 2,52 | 144 | 2,82 | 152 | 2,90 | 160 | 2,97 | 174 | 3,10 | 197 | 3,30 |
| 60 × 10 | **22,2** | 1,16 | 69,8 | **1,78** | 145 | 2,56 | 183 | 2,87 | 192 | 2,94 | 202 | 3,02 | 220 | 3,15 | 250 | 3,36 |
| 65 × 7 | **17,4** | 1,26 | 66,8 | **1,96** | 127 | 2,70 | 155 | 2,98 | 163 | 3,06 | 170 | 3,13 | 185 | 3,26 | 208 | 3,46 |
| 65 × 9 | **22,0** | 1,26 | 82,8 | **1,94** | 165 | 2,74 | 202 | 3,03 | 213 | 3,11 | 224 | 3,19 | 241 | 3,31 | 271 | 3,51 |
| 65 × 11 | **26,4** | 1,25 | 97,6 | **1,91** | 203 | 2,78 | 250 | 3,08 | 263 | 3,16 | 276 | 3,23 | 297 | 3,36 | 335 | 3,56 |
| 70 × 7 | **18,8** | 1,36 | 84,6 | **2,12** | 158 | 2,90 | 190 | 3,18 | 200 | 3,26 | 208 | 3,33 | 224 | 3,45 | 250 | 3,65 |
| 70 × 9 | **23,8** | 1,36 | 105 | **2,10** | 204 | 2,93 | 248 | 3,23 | 261 | 3,31 | 272 | 3,38 | 292 | 3,50 | 326 | 3,70 |
| 70 × 11 | **28,6** | 1,35 | 123 | **2,08** | 254 | 2,98 | 306 | 3,27 | 321 | 3,35 | 336 | 3,43 | 360 | 3,55 | 404 | 3,76 |
| 75 × 8 | **23,0** | 1,46 | 117 | **2,26** | 222 | 3,11 | 264 | 3,39 | 277 | 3,47 | 288 | 3,54 | 308 | 3,66 | 342 | 3,86 |
| 75 × 10 | **28,2** | 1,45 | 142 | **2,25** | 280 | 3,15 | 336 | 3,45 | 349 | 3,52 | 366 | 3,60 | 390 | 3,72 | 433 | 3,92 |
| 75 × 12 | **33,4** | 1,45 | 165 | **2,23** | 340 | 3,19 | 407 | 3,49 | 426 | 3,57 | 445 | 3,65 | 454 | 3,68 | 526 | 3,97 |
| 80 × 8 | **24,6** | 1,56 | 144 | **2,42** | 269 | 3,31 | 319 | 3,60 | 331 | 3,67 | 346 | 3,75 | 368 | 3,87 | 405 | 4,06 |
| 80 × 10 | **30,2** | 1,55 | 175 | **2,41** | 341 | 3,36 | 402 | 3,65 | 418 | 3,72 | 436 | 3,80 | 464 | 3,92 | 513 | 4,12 |
| 80 × 12 | **35,8** | 1,55 | 204 | **2,39** | 411 | 3,39 | 487 | 3,69 | 506 | 3,76 | 528 | 3,84 | 561 | 3,96 | 619 | 4,16 |
| 90 × 9 | **31,0** | 1,76 | 232 | **2,73** | 431 | 3,73 | 501 | 4,02 | 518 | 4,09 | 536 | 4,16 | 568 | 4,28 | 619 | 4,47 |
| 90 × 11 | **37,4** | 1,75 | 276 | **2,71** | 531 | 3,77 | 616 | 4,06 | 641 | 4,14 | 663 | 4,21 | 701 | 4,33 | 767 | 4,53 |
| 90 × 13 | **43,6** | 1,74 | 316 | **2,69** | 633 | 3,81 | 736 | 4,11 | 762 | 4,18 | 791 | 4,26 | 836 | 4,38 | 914 | 4,58 |
| 100 × 10 | **38,4** | 1,95 | 354 | **3,04** | 658 | 4,14 | 753 | 4,43 | 778 | 4,50 | 802 | 4,57 | 844 | 4,69 | 914 | 4,88 |
| 100 × 12 | **45,4** | 1,94 | 414 | **3,02** | 770 | 4,19 | 907 | 4,47 | 940 | 4,55 | 969 | 4,62 | 1 020 | 4,74 | 1 103 | 4,93 |
| 100 × 14 | **52,4** | 1,94 | 470 | **3,00** | 937 | 4,23 | 1 071 | 4,52 | 1 104 | 4,59 | 1 142 | 4,67 | 1 197 | 4,78 | 1 300 | 4,98 |
| 110 × 10 | **42,4** | 2,16 | 478 | **3,36** | 878 | 4,55 | 989 | 4,83 | 1 018 | 4,90 | 1 047 | 4,97 | 1 098 | 5,09 | 1 182 | 5,28 |
| 110 × 12 | **50,2** | 2,15 | 560 | **3,34** | 1 057 | 4,59 | 1 190 | 4,87 | 1 230 | 4,95 | 1 265 | 5,02 | 1 321 | 5,13 | 1 426 | 5,33 |
| 110 × 14 | **58,0** | 2,14 | 638 | **3,32** | 1 238 | 4,62 | 1 393 | 4,90 | 1 438 | 4,98 | 1 480 | 5,05 | 1 550 | 5,17 | 1 666 | 5,36 |
| 120 × 11 | **50,8** | 2,35 | 682 | **3,66** | 1 255 | 4,97 | 1 400 | 5,25 | 1 438 | 5,32 | 1 476 | 5,39 | 1 542 | 5,51 | 1 644 | 5,69 |
| 120 × 13 | **59,4** | 2,34 | 788 | **3,64** | 1 491 | 5,01 | 1 662 | 5,29 | 1 713 | 5,37 | 1 758 | 5,44 | 1 830 | 5,55 | 1 957 | 5,74 |
| 120 × 15 | **67,8** | 2,33 | 890 | **3,62** | 1 730 | 5,05 | 1 926 | 5,33 | 1 984 | 5,41 | 2 036 | 5,48 | 2 126 | 5,60 | 2 273 | 5,79 |
| 130 × 12 | **60,0** | 2,55 | 944 | **3,97** | 1 736 | 5,38 | 1 922 | 5,66 | 1 970 | 5,73 | 2 025 | 5,81 | 2 103 | 5,92 | 2 233 | 6,10 |
| 130 × 14 | **69,4** | 2,54 | 1 080 | **3,95** | 2 038 | 5,42 | 2 255 | 5,70 | 2 318 | 5,78 | 2 375 | 5,85 | 2 465 | 5,96 | 2 625 | 6,15 |
| 130 × 16 | **78,6** | 2,53 | 1 210 | **3,93** | 2 343 | 5,46 | 2 599 | 5,75 | 2 662 | 5,82 | 2 736 | 5,90 | 2 840 | 6,01 | 3 021 | 6,20 |
| 140 × 13 | **70,0** | 2,74 | 1 278 | **4,27** | 2 355 | 5,80 | 2 580 | 6,07 | 2 648 | 6,15 | 2 708 | 6,22 | 2 804 | 6,33 | 2 967 | 6,51 |
| 140 × 15 | **80,0** | 2,73 | 1 446 | **4,25** | 2 728 | 5,84 | 2 996 | 6,12 | 3 065 | 6,19 | 3 134 | 6,26 | 3 246 | 6,37 | 3 442 | 6,56 |
| 140 × 17 | **90,0** | 2,72 | 1 610 | **4,23** | 3 111 | 5,88 | 3 415 | 6,16 | 3 493 | 6,23 | 3 583 | 6,31 | 3 709 | 6,42 | 3 932 | 6,61 |
| 150 × 14 | **80,6** | 2,94 | 1 690 | **4,58** | 3 128 | 6,23 | 3 405 | 6,50 | 3 479 | 6,57 | 3 553 | 6,64 | 3 683 | 6,76 | 3 882 | 6,94 |
| 150 × 16 | **91,4** | 2,93 | 1 900 | **4,56** | 3 581 | 6,26 | 3 909 | 6,54 | 3 993 | 6,61 | 4 078 | 6,68 | 4 214 | 6,79 | 4 453 | 6,98 |
| 150 × 18 | **102** | 2,92 | 2 100 | **4,54** | 4 035 | 6,29 | 4 416 | 6,58 | 4 511 | 6,65 | 4 605 | 6,72 | 4 772 | 6,84 | 5 027 | 7,02 |

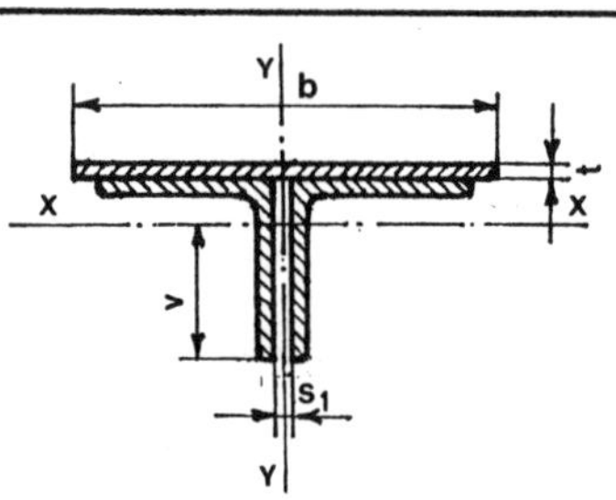




# VALORES ESTÁTICOS DE ANGULARES DE LADOS IGUALES 2 ∟ CON PLATABANDA

| Dimensiones | | Para la sección total | | | Referido al eje | | | | | | | | |
|---|---|---|---|---|---|---|---|---|---|---|---|---|---|
| | | | | | X — X | | | Y — Y | | | | | |
| | | | | | | | | Para la separación $S_1$ en mm = | | | | | |
| ┬┬ | Platabanda b × t | A | p | v | $i_x$ | $I_x$ | $W_x$ (min) | 10 | | 12 | | 15 | |
| mm | mm | $cm^2$ | kg/m | cm | cm | $cm^4$ | $cm^3$ | $I_y$ $cm^4$ | $i_y$ cm | $I_y$ $cm^4$ | $i_y$ cm | $I_y$ $cm^4$ | $i_y$ cm |
| 65 × 7 | 150 × 8 | **29,4** | 23,1 | 5,57 | **1,87** | 103 | 18,5 | 388 | 3,63 | 396 | 3,67 | 409 | 3,73 |
| | 150 × 10 | **32,4** | 25,5 | 5,74 | **1,87** | 113 | 19,7 | 445 | 3,71 | 453 | 3,74 | 466 | 3,79 |
| 70 × 7 | 160 × 8 | **31,6** | 24,8 | 5,99 | **2,01** | 128 | 21,4 | 473 | 3,87 | 482 | 3,91 | 497 | 3,97 |
| | 160 × 10 | **34,8** | 27,4 | 6,17 | **2,00** | 139 | 22,5 | 542 | 3,95 | 551 | 3,98 | 566 | 4,03 |
| 75 × 8 | 180 × 8 | **37,4** | 29,4 | 6,34 | **2,16** | 175 | 27,6 | 666 | 4,22 | 678 | 4,26 | 697 | 4,32 |
| | 180 × 10 | **41,0** | 32,2 | 6,52 | **2,15** | 189 | 29,0 | 763 | 4,31 | 755 | 4,35 | 794 | 4,40 |
| 80 × 8 | 200 × 8 | **40,6** | 31,9 | 6,79 | **2,30** | 214 | 31,5 | 865 | 4,62 | 879 | 4,65 | 900 | 4,71 |
| | 200 × 10 | **44,6** | 35,0 | 6,98 | **2,27** | 230 | 33,0 | 999 | 4,73 | 1 010 | 4,77 | 1 030 | 4,82 |
| 80 × 10 | 200 × 10 | **50,2** | 39,5 | 6,79 | **2,34** | 274 | 40,4 | 1 080 | 4,65 | 1 100 | 4,69 | 1 130 | 4,75 |
| | 200 × 12 | **54,2** | 42,6 | 6,96 | **2,33** | 294 | 42,2 | 1 220 | 4,74 | 1 240 | 4,78 | 1 260 | 4,83 |
| 90 × 9 | 220 × 10 | **53,0** | 41,6 | 7,72 | **2,58** | 353 | 45,7 | 1 400 | 5,15 | 1 420 | 5,18 | 1 460 | 5,24 |
| | 220 × 12 | **57,4** | 45,1 | 7,90 | **2,56** | 376 | 47,6 | 1 580 | 5,25 | 1 600 | 5,28 | 1 630 | 5,34 |
| 90 × 11 | 220 × 10 | **59,4** | 46,7 | 7,54 | **2,64** | 413 | 54,8 | 1 530 | 5,07 | 1 550 | 5,11 | 1 590 | 5,17 |
| | 220 × 12 | **63,8** | 50,1 | 7,71 | **2,63** | 440 | 57,1 | 1 700 | 5,17 | 1 730 | 5,21 | 1 760 | 5,26 |
| 100 × 10 | 250 × 10 | **63,4** | 49,8 | 8,49 | **2,90** | 533 | 62,8 | 2 080 | 5,73 | 2 100 | 5,76 | 2 150 | 5,82 |
| | 250 × 12 | **68,4** | 53,7 | 8,68 | **2,85** | 555 | 63,9 | 2 340 | 5,85 | 2 370 | 5,88 | 2 410 | 5,93 |
| 100 × 12 | 250 × 10 | **70,4** | 55,2 | 8,31 | **2,92** | 602 | 72,4 | 2 240 | 5,64 | 2 270 | 5,68 | 2 320 | 5,74 |
| | 250 × 12 | **75,4** | 59,2 | 8,49 | **2,91** | 639 | 75,3 | 2 500 | 5,76 | 2 530 | 5,80 | 2 580 | 5,85 |
| 110 × 10 | 250 × 10 | **67,4** | 52,8 | 9,25 | **3,18** | 680 | 73,5 | 2 320 | 5,87 | 2 350 | 5,91 | 2 400 | 5,96 |
| | 250 × 12 | **72,4** | 56,8 | 9,45 | **3,15** | 718 | 76,0 | 2 580 | 5,97 | 2 610 | 6,01 | 2 660 | 6,06 |
| 110 × 12 | 250 × 10 | **75,2** | 59,0 | 9,06 | **3,23** | 784 | 86,5 | 2 530 | 5,80 | 2 570 | 5,84 | 2 620 | 5,91 |
| | 250 × 12 | **80,2** | 63,0 | 9,25 | **3,21** | 827 | 89,4 | 2 790 | 5,90 | 2 830 | 5,94 | 2 890 | 6,00 |
| | | | | | | | | 12 | | 15 | | 20 | |
| 120 × 11 | 280 × 10 | **78,8** | 61,8 | 10,0 | **3,48** | 953 | 95,3 | 3 310 | 6,48 | 3 370 | 6,54 | 3 480 | 6,64 |
| | 280 × 12 | **84,4** | 66,2 | 10,2 | **3,45** | 1 000 | 98,0 | 3 670 | 6,60 | 3 730 | 6,65 | 3 840 | 6,75 |
| 120 × 13 | 280 × 10 | **87,4** | 68,6 | 9,82 | **3,52** | 1 080 | 110 | 3 590 | 6,41 | 3 660 | 6,47 | 3 790 | 6,58 |
| | 280 × 12 | **93,0** | 73,0 | 10,0 | **3,50** | 1 140 | 114 | 3 950 | 6,52 | 4 030 | 6,58 | 4 150 | 6,68 |
| 130 × 12 | 300 × 10 | **90,0** | 70,8 | 10,7 | **3,78** | 1 290 | 121 | 4 270 | 6,89 | 4 350 | 6,95 | 4 480 | 7,06 |
| | 300 × 12 | **96,0** | 75,5 | 11,0 | **3,75** | 1 350 | 123 | 4 720 | 7,01 | 4 800 | 7,07 | 4 930 | 7,17 |
| 130 × 14 | 300 × 12 | **105** | 82,7 | 10,8 | **3,81** | 1 530 | 142 | 5 070 | 6,94 | 5 170 | 7,00 | 5 320 | 7,11 |
| | 300 × 15 | **114** | 89,8 | 11,0 | **3,78** | 1 630 | 148 | 5 750 | 7,09 | 5 840 | 7,15 | 6 000 | 7,24 |
| 140 × 13 | 300 × 12 | **106** | 83,3 | 11,6 | **4,08** | 1 770 | 153 | 5 400 | 7,14 | 5 500 | 7,21 | 5 670 | 7,31 |
| | 300 × 15 | **115** | 90,3 | 11,9 | **4,05** | 1 880 | 158 | 6 080 | 7,27 | 6 180 | 7,33 | 6 340 | 7,43 |
| 140 × 15 | 300 × 12 | **116** | 91,1 | 11,4 | **4,13** | 1 980 | 174 | 5 840 | 7,10 | 5 950 | 7,16 | 6 140 | 7,28 |
| | 300 × 15 | **125** | 98,1 | 11,7 | **4,10** | 2 100 | 179 | 6 510 | 7,22 | 6 610 | 7,27 | 6 820 | 7,39 |
| 150 × 14 | 320 × 12 | **119** | 93,3 | 12,3 | **4,39** | 2 300 | 187 | 6 830 | 7,58 | 6 950 | 7,64 | 7 160 | 7,76 |
| | 320 × 15 | **129** | 101 | 12,6 | **4,35** | 2 440 | 194 | 7 650 | 7,71 | 7 770 | 7,77 | 7 980 | 7,88 |
| 150 × 16 | 320 × 12 | **130** | 102 | 12,2 | **4,43** | 2 550 | 209 | 7 360 | 7,53 | 7 500 | 7,60 | 7 730 | 7,72 |
| | 320 × 15 | **139** | 110 | 12,4 | **4,41** | 2 710 | 219 | 8 180 | 7,66 | 8 320 | 7,72 | 8 550 | 7,83 |

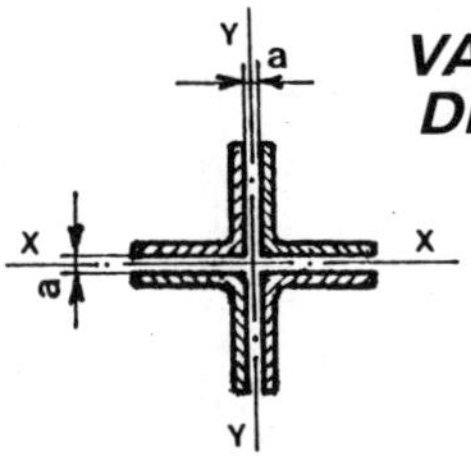


# VALORES ESTÁTICOS DE 4 ANGULARES DE LADOS IGUALES CON SEPARACIÓN a VARIABLE

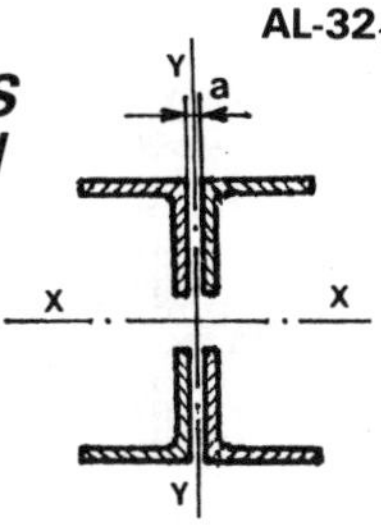


$I_x$ = radio de giro mínimo

| L mm | A cm² | $i_1$ cm | Valores | Valores de { I = cm⁴ ; i = cm } para distintas separaciones a en mm: 0 | 8 | 10 | 12 | 15 | 20 | 30 | 40 | 50 | 60 | 70 | 80 | 90 | 100 |
|---|---|---|---|---|---|---|---|---|---|---|---|---|---|---|---|---|---|
| 35 × 4 | 10,7 | 0,68 | I = | 22,5 | 32,8 | 35,9 | 39,2 | 44,6 | 54,6 | 78,6 | 108 | 143 | 183 | 228 | 279 | 335 | 396 |
| | | | i = | 1,45 | 1,75 | 1,83 | 1,92 | 2,04 | 2,26 | 2,71 | 3,18 | 3,65 | 4,14 | 4,62 | 5,11 | 5,60 | 6,09 |
| 40 × 4 | 12,3 | 0,78 | I = | 33,4 | 46,4 | 50,3 | 54,4 | 61,0 | 73,3 | 102 | 138 | 179 | 227 | 281 | 341 | 407 | 479 |
| | | | i = | 1,65 | 1,94 | 2,02 | 2,10 | 2,23 | 2,44 | 2,88 | 3,35 | 3,82 | 4,29 | 4,77 | 5,26 | 5,75 | 6,24 |
| 40 × 6 | 17,9 | 0,77 | I = | 51,1 | 71,2 | 77,1 | 83,4 | 93,5 | 112 | 156 | 209 | 271 | 341 | 421 | 510 | 608 | 714 |
| | | | i = | 1,69 | 1,99 | 2,07 | 2,16 | 2,28 | 2,50 | 2,95 | 3,41 | 3,89 | 4,37 | 4,85 | 5,33 | 5,82 | 6,31 |
| 45 × 5 | 17,2 | 0,87 | I = | 59,5 | 79,9 | 85,8 | 9,21 | 102 | 121 | 164 | 216 | 277 | 346 | 424 | 511 | 606 | 710 |
| | | | i = | 1,86 | 2,16 | 2,23 | 2,31 | 2,44 | 2,65 | 3,09 | 3,54 | 4,01 | 4,49 | 4,97 | 5,45 | 5,94 | 6,43 |
| 45 × 7 | 23,4 | 0,87 | I = | 85,0 | 114 | 123 | 132 | 146 | 172 | 233 | 306 | 391 | 487 | 595 | 715 | 847 | 990 |
| | | | i = | 1,90 | 2,21 | 2,29 | 2,37 | 2,50 | 2,71 | 3,16 | 3,62 | 4,09 | 4,56 | 5,04 | 5,53 | 6,02 | 6,51 |
| 50 × 5 | 19,2 | 0,98 | I = | 81,6 | 106 | 113 | 121 | 133 | 155 | 205 | 266 | 336 | 416 | 505 | 604 | 712 | 830 |
| | | | i = | 2,06 | 2,35 | 2,43 | 2,51 | 2,63 | 2,84 | 3,27 | 3,72 | 4,19 | 4,65 | 5,13 | 5,61 | 6,09 | 6,57 |
| 50 × 7 | 26,2 | 0,96 | I = | 117 | 152 | 162 | 173 | 190 | 221 | 293 | 378 | 476 | 587 | 712 | 849 | 1 000 | 1 160 |
| | | | i = | 2,11 | 2,41 | 2,48 | 2,57 | 2,69 | 2,90 | 3,34 | 3,80 | 4,26 | 4,73 | 5,21 | 5,69 | 6,18 | 6,66 |
| 55 × 6 | 25,2 | 1,07 | I = | 131 | 166 | 176 | 187 | 204 | 235 | 305 | 389 | 485 | 594 | 715 | 849 | 996 | 1 160 |
| | | | i = | 2,28 | 2,56 | 2,64 | 2,72 | 2,84 | 3,05 | 3,47 | 3,89 | 4,38 | 4,85 | 5,33 | 5,80 | 6,29 | 6,77 |
| 55 × 8 | 32,9 | 1,07 | I = | 177 | 225 | 239 | 254 | 276 | 318 | 413 | 525 | 653 | 797 | 958 | 1 140 | 1 330 | 1 540 |
| | | | i = | 2,32 | 2,61 | 2,69 | 2,78 | 2,90 | 3,11 | 3,54 | 3,99 | 4,46 | 4,92 | 5,40 | 5,87 | 6,36 | 6,84 |
| 55 × 10 | 40,4 | 1,06 | I = | 225 | 287 | 304 | 323 | 352 | 404 | 524 | 664 | 825 | 1 010 | 1 210 | 1 430 | 1 670 | 1 930 |
| | | | i = | 2,36 | 2,66 | 2,75 | 2,83 | 2,96 | 3,16 | 3,61 | 4,05 | 4,52 | 5,00 | 5,47 | 5,95 | 6,43 | 6,91 |
| 60 × 6 | 27,6 | 1,17 | I = | 170 | 212 | 224 | 236 | 256 | 291 | 372 | 468 | 576 | 699 | 836 | 986 | 1 150 | 1 330 |
| | | | i = | 2,48 | 2,77 | 2,85 | 2,92 | 3,04 | 3,24 | 3,67 | 4,11 | 4,56 | 5,03 | 5,50 | 5,98 | 6,46 | 6,94 |
| 60 × 8 | 36,1 | 1,16 | I = | 230 | 287 | 303 | 319 | 346 | 394 | 503 | 630 | 775 | 938 | 1 120 | 1 320 | 1 540 | 1 770 |
| | | | i = | 2,52 | 2,82 | 2,90 | 2,97 | 3,10 | 3,30 | 3,73 | 4,18 | 4,63 | 5,10 | 5,57 | 6,05 | 6,53 | 7,00 |
| 60 × 10 | 44,4 | 1,15 | I = | 292 | 364 | 385 | 406 | 440 | 500 | 638 | 798 | 980 | 1 180 | 1 410 | 1 660 | 1 930 | 2 220 |
| | | | i = | 2,56 | 2,87 | 2,94 | 3,02 | 3,15 | 3,36 | 3,79 | 4,24 | 4,69 | 5,16 | 5,64 | 6,11 | 6,59 | 7,07 |
| 65 × 7 | 34,8 | 1,26 | I = | 253 | 310 | 326 | 342 | 369 | 416 | 524 | 649 | 792 | 952 | 1 130 | 1 320 | 1 540 | 1 770 |
| | | | i = | 2,70 | 2,98 | 3,06 | 3,13 | 3,26 | 3,46 | 3,88 | 4,32 | 4,77 | 5,23 | 5,70 | 6,16 | 6,65 | 7,13 |
| 65 × 9 | 44,0 | 1,25 | I = | 329 | 404 | 425 | 446 | 481 | 542 | 683 | 845 | 1 030 | 1 230 | 1 460 | 1 710 | 1 980 | 2 280 |
| | | | i = | 2,74 | 3,03 | 3,11 | 3,19 | 3,31 | 3,51 | 3,94 | 4,38 | 4,85 | 5,29 | 5,76 | 6,23 | 6,71 | 7,20 |
| 65 × 11 | 52,8 | 1,25 | I = | 406 | 499 | 525 | 551 | 594 | 670 | 842 | 1 040 | 1 260 | 1 520 | 1 790 | 2 100 | 2 410 | 2 780 |
| | | | i = | 2,78 | 3,08 | 3,16 | 3,23 | 3,36 | 3,56 | 4,00 | 4,45 | 4,88 | 5,36 | 5,82 | 6,31 | 6,76 | 7,26 |
| 70 × 7 | 37,6 | 1,37 | I = | 316 | 381 | 399 | 418 | 448 | 501 | 622 | 762 | 921 | 1 100 | 1 290 | 1 510 | 1 740 | 2 000 |
| | | | i = | 2,90 | 3,18 | 3,26 | 3,33 | 3,45 | 3,65 | 4,07 | 4,50 | 4,95 | 5,40 | 5,86 | 6,34 | 6,80 | 7,29 |
| 70 × 9 | 47,6 | 1,36 | I = | 410 | 496 | 520 | 545 | 584 | 653 | 810 | 991 | 1 200 | 1 420 | 1 680 | 1 950 | 2 250 | 2 580 |
| | | | i = | 2,93 | 3,23 | 3,31 | 3,38 | 3,50 | 3,70 | 4,13 | 4,56 | 5,01 | 5,47 | 5,94 | 6,40 | 6,87 | 7,36 |
| 70 × 11 | 57,2 | 1,35 | I = | 507 | 613 | 643 | 674 | 722 | 808 | 1 000 | 1 220 | 1 470 | 1 750 | 2 060 | 2 400 | 2 760 | 3 160 |
| | | | i = | 2,98 | 3,27 | 3,35 | 3,43 | 3,55 | 3,76 | 4,18 | 4,62 | 5,07 | 5,54 | 6,00 | 6,48 | 6,95 | 7,43 |
| 75 × 8 | 46,0 | 1,46 | I = | 444 | 530 | 554 | 578 | 617 | 686 | 842 | 1 020 | 1 220 | 1 450 | 1 690 | 1 960 | 2 260 | 2 570 |
| | | | i = | 3,11 | 3,39 | 3,47 | 3,54 | 3,66 | 3,86 | 4,28 | 4,71 | 5,15 | 5,61 | 6,06 | 6,53 | 7,01 | 7,47 |
| 75 × 10 | 56,4 | 1,45 | I = | 561 | 670 | 700 | 731 | 780 | 867 | 1 060 | 1 290 | 1 540 | 1 820 | 2 120 | 2 460 | 2 820 | 3 220 |
| | | | i = | 3,15 | 3,45 | 3,52 | 3,60 | 3,72 | 3,92 | 4,34 | 4,77 | 5,22 | 5,68 | 6,13 | 6,60 | 7,07 | 7,56 |
| 75 × 12 | 66,8 | 1,44 | I = | 680 | 813 | 850 | 886 | 946 | 1 050 | 1 290 | 1 560 | 1 860 | 2 200 | 2 570 | 2 970 | 3 410 | 3 880 |
| | | | i = | 3,19 | 3,49 | 3,57 | 3,64 | 3,76 | 3,97 | 4,39 | 4,83 | 5,28 | 5,74 | 6,20 | 6,67 | 7,14 | 7,62 |

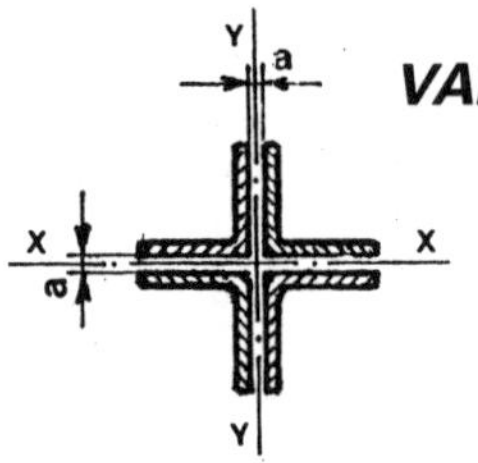


# VALORES ESTÁTICOS DE 4 ANGULARES DE LADOS IGUALES CON SEPARACIÓN a VARIABLE

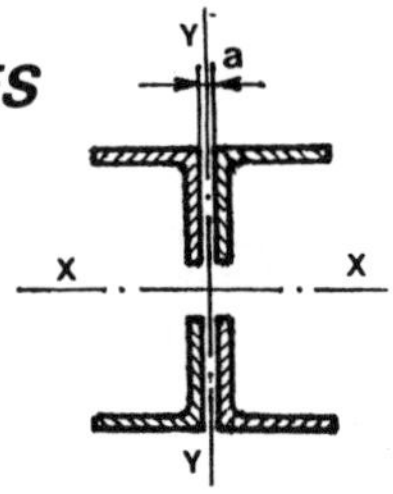


*(continuación)*

| L mm | | A cm² | $i_1$ cm | Valores | Valores de { I = cm⁴ ; i = cm } para distintas separaciones a en mm = 0 | 8 | 10 | 12 | 15 | 20 | 30 | 40 | 50 | 60 | 70 |
|---|---|---|---|---|---|---|---|---|---|---|---|---|---|---|---|
| 80 × | 8 | 49,2 | 1,55 | I = | 540 | 637 | 664 | 692 | 735 | 812 | 985 | 1 180 | 1 400 | 1 650 | 1 920 |
| | | | | i = | 3,31 | 3,60 | 3,67 | 3,75 | 3,87 | 4,06 | 4,47 | 4,90 | 5,34 | 5,79 | 6,25 |
| | 10 | 60,4 | 1,54 | I = | 681 | 803 | 837 | 872 | 927 | 1 020 | 1 240 | 1 490 | 1 770 | 2 070 | 2 410 |
| | | | | i = | 3,36 | 3,65 | 3,72 | 3,80 | 3,92 | 4,12 | 4,53 | 4,96 | 5,41 | 5,86 | 6,32 |
| | 12 | 71,6 | 1,53 | I = | 824 | 973 | 1 010 | 1 060 | 1 120 | 1 240 | 1 500 | 1 800 | 2 130 | 2 500 | 2 910 |
| | | | | i = | 3,39 | 3,69 | 3,76 | 3,84 | 3,96 | 4,16 | 4,58 | 5,01 | 5,46 | 5,92 | 6,37 |
| 90 × | 9 | 62,0 | 1,76 | I = | 864 | 1 000 | 1 040 | 1 080 | 1 140 | 1 240 | 1 480 | 1 740 | 2 040 | 2 370 | 2 730 |
| | | | | i = | 3,73 | 4,02 | 4,09 | 4,16 | 4,28 | 4,47 | 4,88 | 5,30 | 5,73 | 6,18 | 6,63 |
| | 11 | 74,8 | 1,75 | I = | 1 070 | 1 230 | 1 280 | 1 330 | 1 400 | 1 530 | 1 820 | 2 150 | 2 510 | 2 920 | 3 350 |
| | | | | i = | 3,77 | 4,06 | 4,14 | 4,21 | 4,33 | 4,53 | 4,94 | 5,36 | 5,80 | 6,24 | 6,70 |
| | 13 | 87,2 | 1,74 | I = | 1 270 | 1 470 | 1 530 | 1 580 | 1 670 | 1 830 | 2 170 | 2 560 | 2 990 | 3 470 | 3 980 |
| | | | | i = | 3,81 | 4,11 | 4,18 | 4,26 | 4,38 | 4,58 | 4,99 | 5,42 | 5,86 | 6,30 | 6,76 |
| 100 × | 10 | 76,8 | 1,95 | I = | 1 320 | 1 500 | 1 560 | 1 610 | 1 690 | 1 830 | 2 140 | 2 490 | 2 880 | 3 310 | 3 780 |
| | | | | i = | 4,14 | 4,43 | 4,50 | 4,57 | 4,69 | 4,88 | 5,28 | 5,70 | 6,13 | 6,56 | 7,01 |
| | 12 | 90,8 | 1,95 | I = | 1 590 | 1 820 | 1 880 | 1 940 | 2 040 | 2 210 | 2 590 | 3 010 | 3 480 | 3 990 | 4 550 |
| | | | | i = | 4,19 | 4,47 | 4,55 | 4,62 | 4,74 | 4,93 | 5,34 | 5,76 | 6,19 | 6,63 | 7,07 |
| | 14 | 105 | 1,94 | I = | 1 870 | 2 140 | 2 210 | 2 280 | 2 400 | 2 600 | 3 040 | 3 540 | 4 090 | 4 690 | 5 340 |
| | | | | i = | 4,23 | 4,52 | 4,59 | 4,67 | 4,78 | 4,98 | 5,39 | 5,81 | 6,24 | 6,69 | 7,14 |
| 110 × | 10 | 84,8 | 2,16 | I = | 1 760 | 1 980 | 2 040 | 2 100 | 2 190 | 2 360 | 2 730 | 3 140 | 3 590 | 4 080 | 4 620 |
| | | | | i = | 4,55 | 4,83 | 4,90 | 4,97 | 5,09 | 5,28 | 5,67 | 6,08 | 6,50 | 6,94 | 7,38 |
| | 12 | 100 | 2,15 | I = | 2 120 | 2 390 | 2 460 | 2 530 | 2 650 | 2 850 | 3 290 | 3 780 | 4 330 | 4 920 | 5 560 |
| | | | | i = | 4,59 | 4,87 | 4,95 | 5,02 | 5,13 | 5,33 | 5,73 | 6,14 | 6,56 | 7,00 | 7,44 |
| | 14 | 116 | 2,14 | I = | 2 470 | 2 790 | 2 870 | 2 960 | 3 100 | 3 330 | 3 850 | 4 420 | 5 060 | 5 750 | 6 500 |
| | | | | i = | 4,62 | 4,90 | 4,98 | 5,05 | 5,17 | 5,36 | 5,76 | 6,18 | 6,60 | 7,04 | 7,48 |
| 120 × | 11 | 102 | 2,35 | I = | 2 510 | 2 800 | 2 880 | 2 960 | 3 080 | 3 300 | 3 760 | 4 280 | 4 850 | 5 470 | 6 150 |
| | | | | i = | 4,97 | 5,25 | 5,32 | 5,39 | 5,51 | 5,69 | 6,09 | 6,49 | 6,91 | 7,34 | 7,78 |
| | 13 | 119 | 2,34 | I = | 2 980 | 3 330 | 3 420 | 3 520 | 3 660 | 3 920 | 4 480 | 5 090 | 5 770 | 6 500 | 7 300 |
| | | | | i = | 5,01 | 5,29 | 5,37 | 5,44 | 5,55 | 5,74 | 6,14 | 6,55 | 6,97 | 7,40 | 7,84 |
| | 15 | 136 | 2,34 | I = | 3 450 | 3 860 | 3 960 | 4 070 | 4 240 | 4 540 | 5 190 | 5 900 | 6 680 | 7 530 | 8 450 |
| | | | | i = | 5,05 | 5,33 | 5,41 | 5,48 | 5,60 | 5,79 | 6,19 | 6,60 | 7,02 | 7,45 | 7,89 |
| 130 × | 12 | 120 | 2,54 | I = | 3 480 | 3 850 | 3 940 | 4 050 | 4 200 | 4 470 | 5 060 | 5 710 | 6 410 | 7 180 | 8 010 |
| | | | | i = | 5,38 | 5,66 | 5,73 | 5,81 | 5,92 | 6,10 | 6,49 | 6,90 | 7,31 | 7,73 | 8,17 |
| | 14 | 139 | 2,53 | I = | 4 080 | 4 520 | 4 630 | 4 750 | 4 930 | 5 250 | 5 940 | 6 700 | 7 530 | 8 430 | 9 400 |
| | | | | i = | 5,42 | 5,70 | 5,78 | 5,85 | 5,96 | 6,15 | 6,54 | 6,95 | 7,37 | 7,79 | 8,23 |
| | 16 | 157 | 2,52 | I = | 4 690 | 5 190 | 5 330 | 5 460 | 5 670 | 6 040 | 6 840 | 7 710 | 8 660 | 9 690 | 10 800 |
| | | | | i = | 5,46 | 5,75 | 5,82 | 5,90 | 6,01 | 6,20 | 6,59 | 7,00 | 7,42 | 7,85 | 8,29 |
| 140 × | 13 | 140 | 2,74 | I = | 4 700 | 5 160 | 5 290 | 5 410 | 5 610 | 5 940 | 6 660 | 7 460 | 8 320 | 9 260 | 10 260 |
| | | | | i = | 5,80 | 6,07 | 6,15 | 6,22 | 6,33 | 6,51 | 6,90 | 7,30 | 7,71 | 8,13 | 8,56 |
| | 15 | 160 | 2,73 | I = | 5 450 | 5 990 | 6 130 | 6 280 | 6 500 | 6 890 | 7 730 | 8 650 | 9 650 | 10 730 | 11 890 |
| | | | | i = | 5,84 | 6,12 | 6,19 | 6,26 | 6,37 | 6,56 | 6,95 | 7,35 | 7,77 | 8,19 | 8,62 |
| | 17 | 180 | 2,72 | I = | 6 220 | 6 830 | 7 000 | 7 160 | 7 420 | 7 870 | 8 830 | 9 870 | 11 010 | 12 240 | 13 560 |
| | | | | i = | 5,88 | 6,16 | 6,23 | 6,31 | 6,42 | 6,61 | 7,00 | 7,41 | 7,82 | 8,25 | 8,68 |
| 150 × | 14 | 161 | 2,94 | I = | 6 240 | 6 810 | 6 960 | 7 110 | 7 350 | 7 760 | 8 640 | 9 600 | 10 640 | 11 760 | 12 960 |
| | | | | i = | 6,23 | 6,50 | 6,57 | 6,64 | 6,76 | 6,94 | 7,32 | 7,72 | 8,13 | 8,55 | 8,97 |
| | 16 | 183 | 2,93 | I = | 7 160 | 7 820 | 7 990 | 8 170 | 8 440 | 8 910 | 9 920 | 11 030 | 12 220 | 13 510 | 14 890 |
| | | | | i = | 6,26 | 6,54 | 6,61 | 6,68 | 6,79 | 6,98 | 7,36 | 7,76 | 8,17 | 8,60 | 9,02 |
| | 18 | 204 | 2,93 | J = | 8 080 | 8 820 | 9 020 | 9 220 | 9 530 | 10 060 | 11 210 | 12 450 | 13 800 | 15 250 | 16 800 |
| | | | | I = | 6,29 | 6,58 | 6,65 | 6,72 | 6,84 | 7,02 | 7,41 | 7,81 | 8,23 | 8,65 | 9,07 |

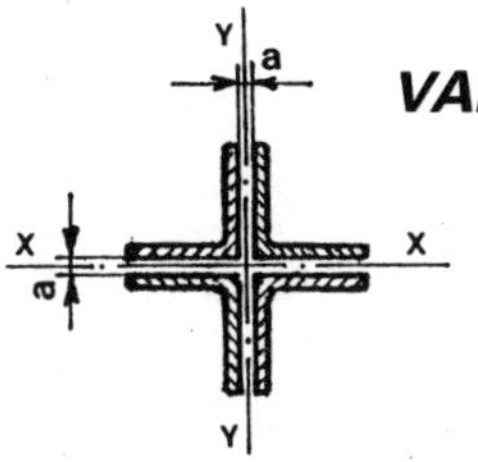


# *VALORES ESTÁTICOS DE 4 ANGULARES DE LADOS IGUALES CON SEPARACIÓN a VARIABLE*

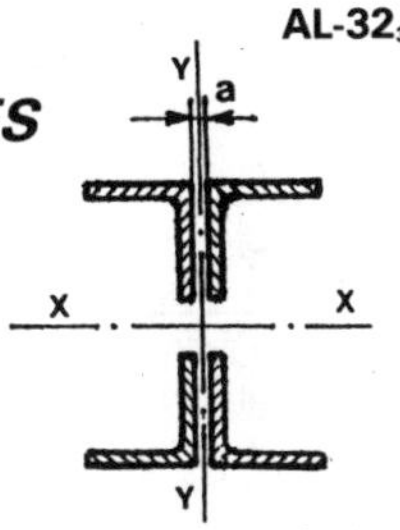


*(continuación)*

| L mm | | Valores | Valeres de { I = $cm^4$ ; i = cm } para distintas separaciones a en mm = | | | | | | | | | | |
|---|---|---|---|---|---|---|---|---|---|---|---|---|---|
| | | | 80 | 90 | 100 | 110 | 120 | 130 | 140 | 150 | 160 | 180 | 200 |
| 80 × | 8 | I = | 2 200 | 2 540 | 2 880 | 3 250 | 3 650 | 4 060 | 4 510 | 4 980 | 5 470 | 6 530 | 7 680 |
| | | i = | 6,71 | 7,19 | 7,65 | 8,13 | 8,61 | 9,08 | 9,57 | 10,1 | 10,5 | 11,5 | 12,5 |
| | 10 | I = | 2 780 | 3 180 | 3 600 | 4 060 | 4 550 | 5 070 | 5 620 | 6 200 | 6 810 | 8 120 | 9 550 |
| | | i = | 6,79 | 7,26 | 7,72 | 8,20 | 8,68 | 9,16 | 9,64 | 10,1 | 10,6 | 11,6 | 12,6 |
| | 12 | I = | 3 350 | 3 830 | 4 340 | 4 890 | 5 470 | 6 090 | 6 750 | 7 440 | 8 170 | 9 730 | 11 430 |
| | | i = | 6,84 | 7,31 | 7,79 | 8,26 | 8,74 | 9,22 | 9,71 | 10,2 | 10,7 | 11,7 | 12,6 |
| 90 × | 9 | I = | 3 120 | 3 540 | 3 990 | 4 480 | 4 990 | 5 530 | 6 110 | 6 710 | 7 350 | 8 720 | 10 210 |
| | | i = | 7,09 | 7,56 | 8,02 | 8,50 | 8,97 | 9,44 | 9,93 | 10,4 | 10,9 | 11,9 | 12,8 |
| | 11 | I = | 3 830 | 4 340 | 4 900 | 5 480 | 6 110 | 6 770 | 7 490 | 8 210 | 8 990 | 10 650 | 12 460 |
| | | i = | 7,16 | 7,62 | 8,09 | 8,56 | 9,04 | 9,51 | 10,0 | 10,5 | 11,0 | 12,0 | 12,9 |
| | 13 | I = | 4 550 | 5 150 | 5 800 | 6 500 | 7 230 | 8 010 | 8 840 | 9 700 | 10 620 | 12 570 | 14 700 |
| | | i = | 7,22 | 7,68 | 8,16 | 8,63 | 9,11 | 9,58 | 10,1 | 10,5 | 11,0 | 12,0 | 13,0 |
| 100 × | 10 | I = | 4 280 | 4 820 | 5 410 | 6 020 | 6 680 | 7 380 | 8 110 | 8 890 | 9 700 | 11 440 | 13 330 |
| | | i = | 7,46 | 7,92 | 8,39 | 8,85 | 9,33 | 9,80 | 10,3 | 10,8 | 11,2 | 12,2 | 13,2 |
| | 12 | I = | 5 150 | 5 800 | 6 490 | 7 230 | 8 020 | 8 850 | 9 730 | 10 650 | 11 620 | 13 690 | 15 940 |
| | | i = | 7,53 | 7,99 | 8,46 | 8,92 | 9,40 | 9,87 | 10,4 | 10,8 | 11,3 | 12,2 | 13,2 |
| | 14 | I = | 6 050 | 6 800 | 7 610 | 8 480 | 9 390 | 10 360 | 11 380 | 12 450 | 13 570 | 15 980 | 18 600 |
| | | i = | 7,60 | 8,06 | 8,52 | 9,00 | 9,46 | 9,93 | 10,4 | 10,9 | 11,4 | 12,3 | 13,3 |
| 110 × | 10 | I = | 5 200 | 5 820 | 6 480 | 7 180 | 7 930 | 8 720 | 9 560 | 10 430 | 11 350 | 13 310 | 15 440 |
| | | i = | 7,83 | 8,28 | 8,74 | 9,20 | 9,67 | 10,1 | 10,6 | 11,1 | 11,6 | 12,5 | 13,5 |
| | 12 | I = | 6 250 | 7 000 | 7 790 | 8 630 | 9 530 | 10 470 | 11 460 | 12 510 | 13 600 | 15 940 | 18 840 |
| | | i = | 7,89 | 8,35 | 8,81 | 9,29 | 9,76 | 10,2 | 10,7 | 11,2 | 11,7 | 12,6 | 13,6 |
| | 14 | I = | 7 310 | 8 170 | 9 090 | 10 080 | 11 120 | 12 210 | 13 370 | 14 580 | 15 850 | 18 570 | 21 520 |
| | | i = | 7,94 | 8,40 | 8,85 | 9,32 | 9,79 | 10,3 | 10,7 | 11,2 | 11,7 | 12,7 | 13,6 |
| 120 × | 11 | I = | 6 870 | 7 640 | 8 460 | 9 340 | 10 270 | 11 240 | 12 270 | 13 350 | 14 480 | 16 890 | 19 500 |
| | | i = | 8,22 | 8,67 | 9,13 | 9,57 | 10,0 | 10,5 | 11,0 | 11,4 | 11,9 | 12,9 | 13,8 |
| | 13 | I = | 8 150 | 9 070 | 10 040 | 11 070 | 12 160 | 13 310 | 14 520 | 15 790 | 17 120 | 19 960 | 23 040 |
| | | i = | 8,29 | 8,74 | 9,20 | 9,64 | 10,1 | 10,6 | 11,1 | 11,5 | 12,0 | 13,0 | 13,9 |
| | 15 | I = | 9 430 | 10 480 | 11 600 | 12 790 | 14 050 | 15 370 | 16 760 | 18 220 | 19 750 | 23 010 | 26 530 |
| | | i = | 8,34 | 8,79 | 9,25 | 9,70 | 10,2 | 10,6 | 11,1 | 11,6 | 12,1 | 13,0 | 14,0 |
| 130 × | 12 | I = | 8 890 | 9 840 | 10 850 | 11 910 | 13 040 | 14 230 | 15 470 | 16 780 | 18 150 | 21 060 | 24 210 |
| | | i = | 8,61 | 9,06 | 9,50 | 9,96 | 10,4 | 10,9 | 11,4 | 11,8 | 12,3 | 13,3 | 14,2 |
| | 14 | I = | 10 430 | 11 540 | 12 710 | 13 960 | 15 270 | 16 660 | 18 110 | 19 630 | 21 230 | 24 620 | 28 290 |
| | | i = | 8,67 | 9,12 | 9,57 | 10,0 | 10,5 | 11,0 | 11,4 | 11,9 | 12,4 | 13,3 | 14,3 |
| | 16 | I = | 11 980 | 13 250 | 14 590 | 16 020 | 17 520 | 19 100 | 20 760 | 22 490 | 24 310 | 28 180 | 32 360 |
| | | i = | 8,73 | 9,18 | 9,61 | 10,1 | 10,6 | 11,0 | 11,5 | 12,0 | 12,4 | 13,4 | 14,4 |
| 140 × | 13 | I = | 11 330 | 12 480 | 13 690 | 14 980 | 16 330 | 17 750 | 19 250 | 20 810 | 22 440 | 25 920 | 26 680 |
| | | i = | 8,99 | 9,44 | 9,89 | 10,3 | 10,8 | 11,3 | 11,7 | 12,2 | 12,7 | 13,6 | 14,6 |
| | 15 | I = | 13 130 | 14 450 | 15 850 | 17 330 | 18 890 | 20 530 | 22 250 | 24 050 | 25 930 | 29 930 | 34 250 |
| | | i = | 9,06 | 9,50 | 9,95 | 10,4 | 10,9 | 11,3 | 11,8 | 12,3 | 12,7 | 13,7 | 14,6 |
| | 17 | I = | 14 970 | 16 470 | 18 060 | 19 730 | 21 510 | 23 370 | 25 320 | 27 360 | 29 490 | 34 020 | 38 900 |
| | | i = | 9,12 | 9,57 | 10,0 | 10,5 | 10,9 | 11,4 | 11,9 | 12,3 | 12,8 | 13,8 | 14,7 |
| 150 × | 14 | I = | 14 250 | 15 610 | 17 050 | 18 580 | 20 180 | 21 870 | 23 640 | 25 480 | 27 410 | 31 510 | 35 930 |
| | | i = | 9,41 | 9,84 | 10,3 | 10,7 | 11,2 | 11,7 | 12,1 | 12,6 | 13,1 | 14,0 | 14,9 |
| | 16 | I = | 16 360 | 17 920 | 19 570 | 21 320 | 23 150 | 25 080 | 27 100 | 29 210 | 31 410 | 36 080 | 41 120 |
| | | i = | 9,45 | 9,89 | 10,3 | 10,8 | 11,3 | 11,7 | 12,2 | 12,6 | 13,1 | 14,0 | 15,0 |
| | 18 | I = | 18 460 | 20 210 | 22 070 | 24 030 | 26 100 | 28 260 | 30 530 | 32 890 | 35 360 | 40 610 | 46 270 |
| | | i = | 9,51 | 9,95 | 10,4 | 10,9 | 11,3 | 11,8 | 12,2 | 12,7 | 13,2 | 14.1 | 15,1 |

AL-33₁

# VALORES ESTÁTICOS DE 4 ANGULARES DE LADOS IGUALES, PARA DISTINTAS ALTURAS h

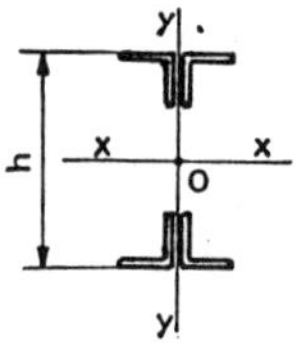


$I_x > I_y$

I, $cm^4$
W, $cm^3$
i, cm

$I_x = I_y$

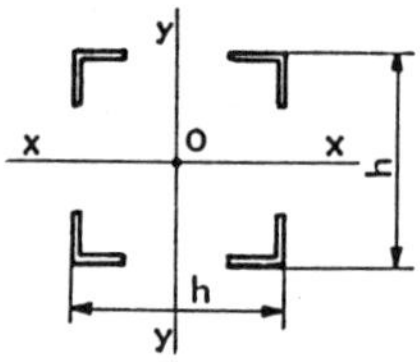


| L mm | A $cm^2$ | $i_1$ cm | Valores | Para una altura h en mm = 200 | 220 | 250 | 280 | 300 | 320 | 350 | 380 | 400 | 420 | 450 | 480 |
|---|---|---|---|---|---|---|---|---|---|---|---|---|---|---|---|
| 45 × 5 | 17,2 | 0,87 | I = | 1 340 | 1 660 | 2 200 | 2 810 | 3 270 | 3 760 | 4 560 | 5 430 | 6 060 | 6 720 | 7 780 | 8 910 |
| | | | W = | *134* | *151* | *176* | *202* | *218* | *235* | *260* | *286* | *303* | *320* | *348* | *371* |
| | | | i = | 8,83 | 9,82 | 11,3 | 12,8 | 13,8 | 14,8 | 16,3 | 17,8 | 18,8 | 19,8 | 21,3 | 22,8 |
| 45 × 7 | 23,4 | 0,87 | I = | 1 790 | 2 220 | 2 950 | 3 790 | 4 400 | 5 070 | 6 150 | 7 340 | 8 190 | 9 080 | 10 520 | 12 060 |
| | | | W = | *179* | *202* | *236* | *271* | *294* | *317* | *351* | *386* | *409* | *433* | *467* | *502* |
| | | | i = | 8,75 | 9,74 | 11,2 | 12,7 | 13,7 | 14,7 | 16,2 | 17,7 | 18,7 | 19,7 | 21,2 | 22,6 |
| 50 × 5 | 19,2 | 0,98 | I = | 1 460 | 1 810 | 2 410 | 3 090 | 3 590 | 4 140 | 5 020 | 5 990 | 6 690 | 7 420 | 8 590 | 9 850 |
| | | | W = | *146* | *165* | *193* | *221* | *240* | *259* | *287* | *315* | *334* | *353* | *382* | *410* |
| | | | i = | 8,72 | 9,71 | 11,2 | 12,7 | 13,7 | 14,7 | 16,2 | 17,7 | 18,7 | 19,7 | 21,2 | 22,6 |
| 50 × 7 | 26,2 | 0,96 | I = | 1 960 | 2 430 | 3 240 | 4 160 | 4 850 | 5 580 | 6 780 | 8 100 | 9 050 | 10 050 | 11 640 | 13 350 |
| | | | W = | *196* | *221* | *259* | *297* | *323* | *349* | *388* | *427* | *452* | *478* | *517* | *556* |
| | | | i = | 8,64 | 9,63 | 11,1 | 12,6 | 13,6 | 14,6 | 16,1 | 17,6 | 18,6 | 19,6 | 21,1 | 22,6 |
| 55 × 6 | 25,2 | 1,07 | I = | 1 870 | 2 320 | 3 090 | 3 980 | 4 630 | 5 330 | 6 480 | 7 750 | 8 650 | 9 610 | 11 140 | 12 780 |
| | | | W = | *187* | *211* | *247* | *284* | *309* | *333* | *370* | *408* | *433* | *458* | *495* | *532* |
| | | | i = | 8,61 | 9,59 | 11,1 | 12,6 | 13,6 | 14,5 | 16,0 | 17,5 | 18,5 | 19,5 | 21,0 | 22,5 |
| 55 × 8 | 32,9 | 1,07 | I = | 2 390 | 2 970 | 3 970 | 5 120 | 5 960 | 6 880 | 8 370 | 10 010 | 11 180 | 12 430 | 14 410 | 16 550 |
| | | | W = | *239* | *270* | *318* | *366* | *398* | *430* | *478* | *527* | *559* | *592* | *641* | *689* |
| | | | i = | 8,52 | 9,50 | 11,0 | 12,5 | 13,5 | 14,5 | 16,0 | 17,4 | 18,4 | 19,4 | 20,9 | 22,4 |
| 55 × 10 | 40,4 | 1,06 | I = | 2 870 | 3 580 | 4 790 | 6 200 | 7 210 | 8 320 | 10 130 | 12 130 | 13 560 | 15 080 | 17 500 | 20 100 |
| | | | W = | *287* | *325* | *383* | *443* | *481* | *520* | *579* | *639* | *678* | *718* | *778* | *838* |
| | | | i = | 8,44 | 9,43 | 10,9 | 12,4 | 13,4 | 14,4 | 15,9 | 17,4 | 18,3 | 19,3 | 20,9 | 22,3 |
| 60 × 6 | 27,6 | 1,17 | I = | 2 000 | 2 490 | 3 320 | 4 280 | 4 990 | 5 750 | 7 000 | 8 370 | 9 360 | 10 400 | 12 060 | 13 850 |
| | | | W = | *200* | *226* | *266* | *306* | *333* | *359* | *400* | *441* | *468* | *495* | *536* | *577* |
| | | | i = | 8,51 | 9,50 | 11,0 | 12,5 | 13,4 | 14,4 | 15,9 | 17,4 | 18,4 | 19,4 | 20,9 | 22,4 |
| 60 × 8 | 36,1 | 1,16 | I = | 2 560 | 3 190 | 4 270 | 5 520 | 6 440 | 7 430 | 9 050 | 10 840 | 12 120 | 13 470 | 15 640 | 17 970 |
| | | | W = | *256* | *290* | *342* | *394* | *429* | *464* | *518* | *570* | *606* | *642* | *695* | *749* |
| | | | i = | 8,42 | 9,40 | 10,9 | 12,4 | 13,4 | 14,3 | 15,8 | 17,3 | 18,3 | 19,3 | 20,8 | 22,3 |
| 60 × 10 | 44,4 | 1,15 | I = | 3 080 | 3 860 | 5 160 | 6 690 | 7 820 | 9 030 | 11 010 | 13 200 | 14 770 | 16 380 | 19 070 | 21 860 |
| | | | W = | *308* | *351* | *413* | *478* | *520* | *563* | *628* | *693* | *736* | *780* | *845* | *911* |
| | | | i = | 8,34 | 9,33 | 10,8 | 12,3 | 13,3 | 14,3 | 15,7 | 17,2 | 18,2 | 19,2 | 20,7 | 22,2 |
| 65 × 7 | 34,8 | 1,26 | I = | 2 450 | 3 050 | 4 080 | 5 270 | 6 150 | 7 100 | 8 660 | 10 370 | 11 600 | 12 900 | 14 970 | 17 210 |
| | | | W = | *245* | *277* | *326* | *376* | *410* | *444* | *495* | *546* | *580* | *614* | *665* | *717* |
| | | | i = | 8,39 | 9,36 | 10,8 | 12,3 | 13,3 | 14,3 | 15,8 | 17,3 | 18,3 | 19,3 | 20,7 | 22,2 |
| 65 × 9 | 44,0 | 1,25 | I = | 3 030 | 3 780 | 5 070 | 6 580 | 7 670 | 8 880 | 10 830 | 12 990 | 14 510 | 16 140 | 18 780 | 21 560 |
| | | | W = | *303* | *344* | *406* | *470* | *511* | *554* | *618* | *682* | *725* | *768* | *833* | *898* |
| | | | i = | 8,30 | 9,28 | 10,7 | 12,2 | 13,2 | 14,2 | 15,7 | 17,2 | 18,2 | 19,2 | 20,7 | 22,2 |
| 65 × 11 | 52,8 | 1,25 | I = | 3 570 | 4 470 | 6 000 | 7 800 | 9 100 | 10 520 | 12 850 | 15 420 | 17 260 | 19 210 | 22 330 | 25 690 |
| | | | W = | *357* | *406* | *480* | *557* | *607* | *658* | *734* | *812* | *863* | *915* | *993* | *1 070* |
| | | | i = | 8,23 | 9,21 | 10,7 | 12,2 | 13,2 | 14,2 | 15,7 | 17,2 | 18,1 | 19,1 | 20,6 | 22,1 |
| 70 × 7 | 37,6 | 1,37 | I = | 2 590 | 3 240 | 4 340 | 5 610 | 6 550 | 7 570 | 9 240 | 11 070 | 12 390 | 13 780 | 16 020 | 18 420 |
| | | | W = | *259* | *295* | *347* | *401* | *437* | *473* | *528* | *583* | *620* | *656* | *712* | *767* |
| | | | i = | 8,30 | 9,28 | 10,7 | 12,2 | 13,2 | 14,2 | 15,7 | 17,2 | 18,2 | 19,1 | 20,6 | 22,1 |
| 70 × 9 | 47,6 | 1,36 | I = | 3 220 | 4 020 | 5 410 | 7 010 | 8 190 | 9 470 | 11 570 | 13 890 | 15 550 | 17 300 | 20 120 | 23 140 |
| | | | W = | *322* | *365* | *433* | *501* | *546* | *592* | *661* | *731* | *777* | *824* | *894* | *964* |
| | | | i = | 8,22 | 9,19 | 10,7 | 12,1 | 13,1 | 14,1 | 15,6 | 17,1 | 18,1 | 19,1 | 20,6 | 22,0 |
| 70 × 11 | 57,2 | 1,35 | I = | 3 790 | 4 750 | 6 400 | 8 310 | 9 720 | 11 250 | 13 760 | 16 530 | 18 510 | 20 610 | 23 980 | 27 360 |
| | | | W = | *379* | *432* | *512* | *594* | *648* | *703* | *786* | *870* | *926* | *982* | *1 070* | *1 140* |
| | | | i = | 8,14 | 9,11 | 10,6 | 12,1 | 13,0 | 14,0 | 15,5 | 17,0 | 18,0 | 19,0 | 20,5 | 21,9 |

AL-33₂

# *VALORES ESTÁTICOS DE 4 ANGULARES DE LADOS IGUALES, PARA DISTINTAS ALTURAS h*

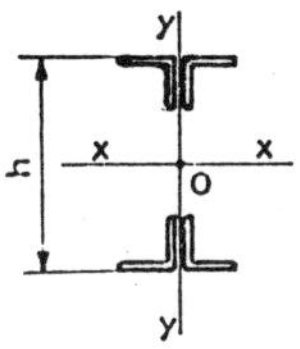


$I_x > I_y$

I, cm⁴
W, cm³
i, cm

$I_x = I_y$

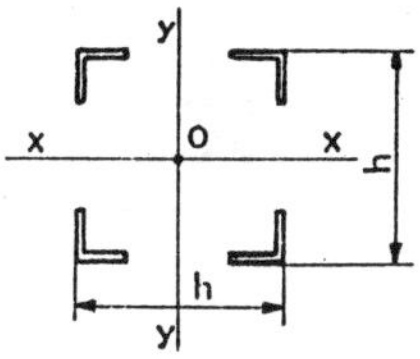


***(continuación)***

| L mm | | A cm² | i₁ cm | Valores | Para una altura h en mm = 500 | 550 | 600 | 650 | 700 | 750 | 800 | 850 | 900 | 950 | 1 000 |
|---|---|---|---|---|---|---|---|---|---|---|---|---|---|---|---|
| | | | | I = | 9 710 | 11 860 | 14 220 | — | — | — | — | — | — | — | — |
| | 5 | 17,2 | 0,87 | W = | *388* | *431* | *474* | — | — | — | — | — | — | — | — |
| | | | | i = | 23,8 | 26,3 | 28,8 | — | — | — | — | — | — | — | — |
| 45 × | | | | I = | 13 140 | 16 060 | 19 720 | — | — | — | — | — | — | — | — |
| | 7 | 23,4 | 0,87 | W = | *526* | *584* | *642* | — | — | — | — | — | — | — | — |
| | | | | i = | 23,7 | 26,2 | 28,7 | — | — | — | — | — | — | — | — |
| | | | | I = | 10 740 | 13 120 | 15 750 | 18 610 | 21 720 | 25 070 | — | — | — | — | — |
| | 5 | 19,2 | 0,98 | W = | *430* | *477* | *525* | *573* | *621* | *668* | — | — | — | — | — |
| | | | | i = | 23,7 | 26,1 | 28,6 | 31,1 | 33,6 | 36,1 | — | — | — | — | — |
| 50 × | | | | I = | 14 560 | 17 810 | 21 390 | 25 290 | 29 520 | 34 080 | — | — | — | — | — |
| | 7 | 26,2 | 0,96 | W = | *582* | *648* | *713* | *778* | *844* | *909* | — | — | — | — | — |
| | | | | i = | 23,6 | 26,1 | 28,6 | 31,1 | 33,5 | 36,0 | — | — | — | — | — |
| | | | | I = | 13 940 | 17 050 | 20 480 | 24 230 | 28 290 | 32 670 | 37 360 | 42 370 | 47 700 | — | — |
| | 6 | 25,2 | 1,07 | W = | *557* | *620* | *683* | *746* | *808* | *871* | *934* | *997* | *1 060* | — | — |
| | | | | i = | 23,5 | 26,0 | 28,5 | 31,0 | 33,5 | 36,0 | 38,5 | 41,0 | 43,5 | — | — |
| | | | | I = | 18 050 | 22 100 | 26 570 | 31 440 | 36 720 | 42 420 | 48 530 | 55 050 | 61 980 | — | — |
| 55 × | 8 | 32,9 | 1,07 | W = | *722* | *804* | *886* | *967* | *1 050* | *1 130* | *1 210* | *1 300* | *1 380* | — | — |
| | | | | i = | 23,4 | 25,9 | 28,4 | 30,9 | 33,4 | 35,9 | 38,4 | 40,9 | 43,4 | — | — |
| | | | | I = | 21 930 | 26 880 | 32 320 | 38 270 | 44 720 | 51 670 | 59 310 | 67 290 | 75 780 | — | — |
| | 10 | 40,4 | 1,06 | W = | *877* | *977* | *1 080* | *1 180* | *1 280* | *1 380* | *1 480* | *1 580* | *1 680* | — | — |
| | | | | i = | 23,4 | 25,9 | 28,4 | 30,9 | 33,4 | 35,9 | 38,4 | 40,9 | 43,3 | — | — |
| | | | | I = | 15 110 | 18 500 | 22 240 | 26 330 | 30 760 | 35 540 | 40 660 | 46 120 | 51 940 | 58 100 | 64 600 |
| | 6 | 27,6 | 1,17 | W = | *604* | *673* | *741* | *810* | *879* | *948* | *1 020* | *1 090* | *1 150* | *1 220* | *1 290* |
| | | | | i = | 23,4 | 25,9 | 28,4 | 30,9 | 33,4 | 35,9 | 38,4 | 40,9 | 43,3 | 45,9 | 48,3 |
| | | | | I = | 19 610 | 24 030 | 28 900 | 34 230 | 40 000 | 46 230 | 52 910 | 60 040 | 67 620 | 76 650 | 84 140 |
| 60 × | 8 | 36,1 | 1,16 | W = | *784* | *874* | *963* | *1 050* | *1 140* | *1 230* | *1 320* | *1 410* | *1 500* | *1 590* | *1 680* |
| | | | | i = | 23,3 | 25,8 | 28,3 | 30,8 | 33,3 | 35,8 | 38,3 | 40,8 | 43,3 | 45,8 | 48,3 |
| | | | | I = | 23 870 | 29 350 | 35 320 | 41 850 | 48 930 | 56 570 | 64 760 | 73 510 | 82 810 | 92 670 | 103 100 |
| | 10 | 44,4 | 1,15 | W = | *935* | *1 060* | *1 170* | *1 280* | *1 390* | *1 500* | *1 620* | *1 730* | *1 840* | *1 950* | *2 060* |
| | | | | i = | 23,2 | 25,7 | 28,2 | 30,7 | 33,2 | 35,7 | 38,2 | 40,7 | 43,2 | 45,7 | 48,2 |
| | | | | I = | 18 780 | 23 030 | 27 710 | 32 830 | 38 380 | 44 360 | 50 780 | 57 640 | 64 930 | 72 650 | 80 810 |
| | 7 | 34,8 | 1,26 | W = | *751* | *837* | *924* | *1 010* | *1 100* | *1 180* | *1 270* | *1 360* | *1 440* | *1 530* | *1 620* |
| | | | | i = | 23,2 | 25,7 | 28,2 | 30,7 | 33,2 | 35,7 | 38,2 | 40,7 | 43,2 | 45,7 | 48,2 |
| | | | | I = | 23 540 | 28 930 | 34 830 | 41 280 | 48 280 | 55 840 | 63 940 | 72 590 | 81 790 | 91 540 | 101 800 |
| 65 × | 9 | 44,0 | 1,26 | W = | *942* | *1 050* | *1 160* | *1 270* | *1 380* | *1 490* | *1 600* | *1 700* | *1 820* | *1 930* | *2 040* |
| | | | | i = | 23,2 | 25,6 | 28,1 | 30,6 | 33,1 | 35,6 | 38,1 | 40,6 | 43,1 | 45,6 | 48,1 |
| | | | | I = | 28 060 | 34 450 | 41 500 | 49 200 | 57 560 | 66 580 | 76 260 | 86 600 | 97 820 | 109 500 | 121 800 |
| | 11 | 52,8 | 1,25 | W = | *1 120* | *1 250* | *1 380* | *1 510* | *1 640* | *1 780* | *1 910* | *2 040* | *2 170* | *2 310* | *2 440* |
| | | | | i = | 23,1 | 25,6 | 28,1 | 30,6 | 33,1 | 35,6 | 38,1 | 40,6 | 43,1 | 45,6 | 48,1 |
| | | | | I = | 20 110 | 24 680 | 29 710 | 35 220 | 41 190 | 47 630 | 54 550 | 61 930 | 69 790 | 78 110 | 86 910 |
| | 7 | 37,6 | 1,37 | W = | *804* | *897* | *990* | *1 080* | *1 180* | *1 270* | *1 360* | *1 460* | *1 550* | *1 640* | *1 740* |
| | | | | i = | 23,1 | 25,6 | 28,1 | 30,6 | 33,1 | 35,6 | 38,1 | 40,6 | 43,1 | 45,6 | 48,1 |
| | | | | I = | 25 280 | 31 040 | 37 400 | 44 340 | 51 890 | 60 030 | 68 760 | 78 090 | 88 020 | 98 540 | 109 700 |
| 70 × | 9 | 47,6 | 1,36 | W = | *1 010* | *1 130* | *1 250* | *1 360* | *1 480* | *1 600* | *1 720* | *1 840* | *1 960* | *2 070* | *2 190* |
| | | | | i = | 23,0 | 25,5 | 28,0 | 30,5 | 33,0 | 35,5 | 38,0 | 40,5 | 43,0 | 45,5 | 48,0 |
| | | | | I = | 30 160 | 37 060 | 44 680 | 53 000 | 62 050 | 71 810 | 82 280 | 93 470 | 105 400 | 118 000 | 131 300 |
| | 11 | 57,2 | 1,35 | W = | *1 210* | *1 350* | *1 490* | *1 630* | *1 770* | *1 910* | *2 060* | *2 200* | *2 340* | *2 480* | *2 630* |
| | | | | i = | 23,0 | 25,5 | 27,9 | 30,4 | 32,9 | 35,4 | 37,9 | 40,4 | 42,9 | 45,4 | 47,9 |

# VALORES ESTÁTICOS DE 4 ANGULARES DE LADOS IGUALES, PARA DISTINTAS ALTURAS h

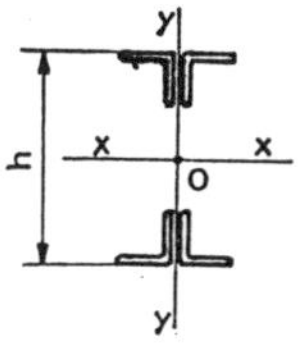


$I_x > I_y$

I, $cm^4$
W, $cm^3$
i, cm

*(continuación)*

$I_x = I_y$

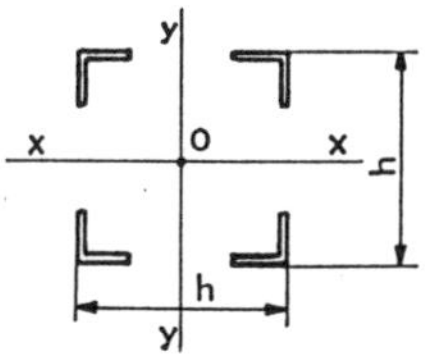


| L mm | A $cm^2$ | $i_1$ cm | Valores | Para una altura h en mm = 300 | 320 | 350 | 380 | 400 | 420 | 450 | 480 | 500 | 550 | 600 |
|---|---|---|---|---|---|---|---|---|---|---|---|---|---|---|
| | | | I = | 7 850 | 9 090 | 11 100 | 13 330 | 14 920 | 16 610 | 19 320 | 22 240 | 24 290 | 29 840 | 35 960 |
| 8 | 46,0 | 1,46 | W = | 524 | 568 | 634 | 701 | 746 | 791 | 859 | 927 | 972 | 1 080 | 1 200 |
| | | | i = | 13,1 | 14,1 | 15,5 | 17,0 | 18,0 | 19,0 | 20,5 | 22,0 | 23,0 | 25,5 | 28,0 |
| | | | I = | 9 510 | 11 010 | 13 470 | 16 180 | 18 130 | 20 200 | 23 500 | 27 060 | 29 580 | 36 360 | 43 840 |
| 75 × 10 | 56,4 | 1,45 | W = | 634 | 688 | 770 | 852 | 907 | 962 | 1 040 | 1 130 | 1 180 | 1 320 | 1 460 |
| | | | i = | 13,0 | 14,0 | 15,5 | 16,9 | 17,9 | 18,9 | 20,4 | 21,9 | 22,9 | 25,4 | 27,9 |
| | | | I = | 11 120 | 12 890 | 15 780 | 18 990 | 21 280 | 23 720 | 27 610 | 31 820 | 34 780 | 42 780 | 51 620 |
| 12 | 66,8 | 1,44 | W = | 741 | 805 | 902 | 1 000 | 1 060 | 1 130 | 1 230 | 1 330 | 1 390 | 1 560 | 1 720 |
| | | | i = | 12,9 | 13,9 | 15,4 | 16,9 | 17,8 | 18,8 | 20,3 | 21,8 | 22,8 | 25,3 | 27,8 |
| | | | I = | 8 270 | 9 580 | 11 720 | 14 080 | 15 810 | 17 570 | 20 440 | 23 540 | 25 730 | 31 630 | 38 150 |
| 8 | 49,2 | 1,55 | W = | 552 | 599 | 669 | 741 | 789 | 837 | 909 | 981 | 1 030 | 1 150 | 1 270 |
| | | | i = | 13,0 | 14,0 | 15,4 | 16,9 | 17,9 | 18,9 | 20,4 | 21,9 | 22,9 | 25,4 | 27,8 |
| | | | I = | 10 030 | 11 620 | 14 230 | 17 110 | 19 190 | 21 380 | 24 900 | 28 690 | 31 340 | 38 580 | 46 560 |
| 80 × 10 | 60,4 | 1,54 | W = | 669 | 726 | 813 | 901 | 959 | 1 020 | 1 110 | 1 200 | 1 250 | 1 400 | 1 550 |
| | | | i = | 12,9 | 13,9 | 15,3 | 16,8 | 17,8 | 18,8 | 20,3 | 21,8 | 22,8 | 25,3 | 27,8 |
| | | | I = | 11 760 | 13 630 | 16 710 | 20 110 | 22 560 | 25 150 | 29 310 | 33 780 | 36 950 | 45 480 | 54 910 |
| 12 | 71,6 | 1,53 | W = | 784 | 852 | 955 | 1 060 | 1 130 | 1 200 | 1 300 | 1 410 | 1 480 | 1 650 | 1 830 |
| | | | i = | 12,8 | 13,8 | 15,3 | 16,8 | 17,8 | 18,7 | 20,2 | 21,7 | 22,7 | 25,2 | 27,7 |
| | | | I = | 10 090 | 11 700 | 14 340 | 17 180 | 19 360 | 21 590 | 25 160 | 29 020 | 31 740 | 39 090 | 47 210 |
| 9 | 62,0 | 1,76 | W = | 673 | 731 | 819 | 904 | 968 | 1 030 | 1 120 | 1 210 | 1 270 | 1 420 | 1 570 |
| | | | i = | 12,8 | 13,7 | 15,2 | 16,7 | 17,7 | 18,7 | 20,1 | 21,6 | 22,6 | 25,1 | 27,6 |
| | | | I = | 12 020 | 13 940 | 17 110 | 20 620 | 23 150 | 25 800 | 30 110 | 34 740 | 38 020 | 46 850 | 56 630 |
| 90 × 11 | 74,8 | 1,75 | W = | 801 | 871 | 978 | 1 080 | 1 160 | 1 230 | 1 340 | 1 450 | 1 520 | 1 700 | 1 890 |
| | | | i = | 12,7 | 13,7 | 15,1 | 16,6 | 17,6 | 18,6 | 20,1 | 21,6 | 22,5 | 25,0 | 27,5 |
| | | | I = | 13 820 | 16 060 | 19 730 | 23 800 | 26 730 | 29 830 | 34 820 | 40 190 | 44 000 | 54 260 | 65 620 |
| 13 | 87,2 | 1,74 | W = | 922 | 1 000 | 1 130 | 1 250 | 1 340 | 1 420 | 1 550 | 1 670 | 1 760 | 1 970 | 2 190 |
| | | | i = | 12,6 | 13,6 | 15,0 | 16,5 | 17,5 | 18,5 | 20,0 | 21,5 | 22,5 | 24,9 | 27,4 |
| | | | I = | 12 100 | 14 050 | 17 260 | 20 810 | 23 380 | 26 090 | 30 450 | 35 160 | 38 490 | 47 490 | 57 440 |
| 10 | 76,8 | 1,95 | W = | 807 | 878 | 986 | 1 090 | 1 170 | 1 240 | 1 350 | 1 460 | 1 540 | 1 730 | 1 910 |
| | | | i = | 12,6 | 13,5 | 15,0 | 16,5 | 17,4 | 18,4 | 19,9 | 21,4 | 22,4 | 24,9 | 27,3 |
| | | | I = | 14 120 | 16 410 | 20 180 | 24 360 | 27 380 | 30 570 | 35 710 | 41 250 | 45 180 | 55 780 | 67 510 |
| 100 × 12 | 90,8 | 1,95 | W = | 941 | 1 030 | 1 150 | 1 280 | 1 370 | 1 460 | 1 590 | 1 720 | 1 810 | 2 030 | 2 250 |
| | | | i = | 12,5 | 13,4 | 14,9 | 16,4 | 17,4 | 18,3 | 19,8 | 21,3 | 22,3 | 24,8 | 27,3 |
| | | | I = | 16 080 | 18 710 | 23 030 | 27 840 | 31 300 | 34 970 | 40 870 | 47 240 | 51 750 | 63 950 | 77 450 |
| 14 | 105 | 1,94 | W = | 1 070 | 1 170 | 1 320 | 1 470 | 1 560 | 1 670 | 1 820 | 1 970 | 2 070 | 2 330 | 2 580 |
| | | | i = | 12,4 | 13,3 | 14,8 | 16,3 | 17,3 | 18,2 | 19,7 | 21,2 | 22,2 | 24,7 | 27,2 |
| | | | I = | 13 020 | 15 130 | 18 610 | 22 470 | 25 260 | 28 220 | 32 970 | 38 100 | 41 740 | 51 570 | 62 460 |
| 10 | 84,8 | 2,16 | W = | 868 | 946 | 1 060 | 1 180 | 1 260 | 1 340 | 1 470 | 1 590 | 1 670 | 1 880 | 2 080 |
| | | | i = | 12,4 | 13,4 | 14,8 | 16,3 | 17,3 | 18,2 | 19,7 | 21,2 | 22,2 | 24,7 | 27,1 |
| | | | I = | 15 220 | 17 700 | 21 790 | 26 340 | 29 630 | 33 110 | 38 710 | 44 770 | 49 050 | 60 650 | 73 500 |
| 110 × 12 | 100 | 2,15 | W = | 1 010 | 1 110 | 1 240 | 1 390 | 1 480 | 1 580 | 1 720 | 1 870 | 1 960 | 2 210 | 2 450 |
| | | | i = | 12,3 | 13,3 | 14,8 | 16,2 | 17,2 | 18,2 | 19,7 | 21,2 | 22,1 | 24,6 | 27,1 |
| | | | I = | 17 400 | 20 250 | 24 960 | 30 200 | 33 980 | 37 990 | 44 440 | 51 410 | 56 350 | 69 720 | 84 530 |
| 14 | 116 | 2,14 | W = | 1 160 | 1 270 | 1 430 | 1 590 | 1 700 | 1 810 | 1 980 | 2 140 | 2 250 | 2 540 | 2 820 |
| | | | i = | 12,2 | 13,2 | 14,7 | 16,1 | 17,1 | 18,1 | 19,6 | 21,1 | 22,0 | 24,5 | 27,0 |
| | | | I = | 15 130 | 17 600 | 21 680 | 26 220 | 29 500 | 32 980 | 38 580 | 44 650 | 48 940 | 60 570 | 73 470 |
| 11 | 102 | 2,35 | W = | 1 010 | 1 100 | 1 240 | 1 380 | 1 470 | 1 570 | 1 710 | 1 860 | 1 960 | 2 200 | 2 450 |
| | | | i = | 12,2 | 13,1 | 14,6 | 16,0 | 17,0 | 18,0 | 19,4 | 20,9 | 21,9 | 24,4 | 26,8 |
| | | | I = | 17 450 | 20 320 | 25 060 | 30 340 | 34 150 | 38 210 | 44 730 | 51 790 | 56 800 | 70 350 | 85 380 |
| 120 × 13 | 119 | 2,34 | W = | 1 160 | 1 270 | 1 430 | 1 600 | 1 710 | 1 820 | 1 990 | 2 160 | 2 270 | 2 560 | 2 850 |
| | | | i = | 12,1 | 13,1 | 14,5 | 16,0 | 16,9 | 17,9 | 19,4 | 20,9 | 21,8 | 24,3 | 26,8 |
| | | | I = | 19 690 | 22 940 | 28 320 | 34 320 | 38 660 | 43 260 | 50 680 | 58 710 | 64 410 | 79 820 | 96 940 |
| 15 | 136 | 2,34 | W = | 1 310 | 1 430 | 1 620 | 1 810 | 1 930 | 2 060 | 2 250 | 2 450 | 2 580 | 2 900 | 3 230 |
| | | | i = | 12,0 | 13,0 | 14,4 | 15,9 | 16,9 | 17,8 | 19,3 | 20,8 | 21,8 | 24,2 | 26,7 |

# VALORES ESTÁTICOS DE 4 ANGULARES DE LADOS IGUALES, PARA DISTINTAS ALTURAS h



I, cm$^4$
W, cm$^3$
i, cm

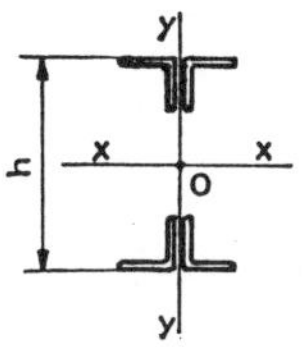


$I_x > I_y$

*(continuación)*

$I_x = I_y$

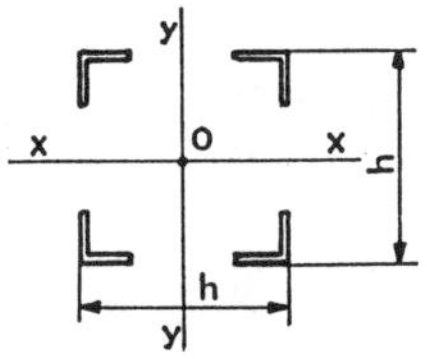


| L mm | A cm² | $i_1$ cm | Valores | Para una altura h en mm = 650 | 700 | 750 | 800 | 850 | 900 | 950 | 1 000 | 1 100 | 1 200 |
|---|---|---|---|---|---|---|---|---|---|---|---|---|---|
| | | | I = | 42 660 | 49 940 | 57 780 | 66 210 | 75 200 | 84 780 | 94 920 | 105 600 | 128 800 | 154 300 |
| 8 | 46,0 | 1,46 | W = | *1 310* | *1 430* | *1 540* | *1 660* | *1 770* | *1 880* | *2 000* | *2 110* | *2 340* | *2 570* |
| | | | i = | 30,5 | 32,9 | 35,4 | 37,9 | 40,4 | 42,9 | 45,4 | 47,9 | 52,9 | 57,9 |
| | | | I = | 52 030 | 60 930 | 70 520 | 80 830 | 91 840 | 103 600 | 116 000 | 129 100 | 157 500 | 188 600 |
| 75 × 10 | 56,4 | 1,45 | W = | *1 600* | *1 740* | *1 880* | *2 020* | *2 160* | *2 300* | *2 440* | *2 580* | *2 860* | *3 140* |
| | | | i = | 30,4 | 32,9 | 35,4 | 37,9 | 40,4 | 42,9 | 45,4 | 47,8 | 52,8 | 57,8 |
| | | | I = | 61 290 | 71 800 | 83 140 | 95 330 | 108 300 | 122 200 | 136 900 | 152 400 | 185 900 | 222 800 |
| 12 | 66,8 | 1,44 | W = | *1 890* | *2 050* | *2 220* | *2 380* | *2 550* | *2 720* | *2 880* | *3 050* | *3 380* | *3 710* |
| | | | i = | 30,3 | 32,8 | 35,3 | 37,8 | 40,3 | 42,8 | 45,3 | 47,8 | 52,8 | 57,8 |
| | | | I = | 45 280 | 53 030 | 61 390 | 70 360 | 79 960 | 90 160 | 101 000 | 112 400 | 137 100 | 164 300 |
| 8 | 49,2 | 1,55 | W = | *1 390* | *1 510* | *1 640* | *1 760* | *1 880* | *2 000* | *2 130* | *2 250* | *2 490* | *2 740* |
| | | | i = | 30,3 | 32,8 | 35,3 | 37,8 | 40,3 | 42,8 | 45,3 | 47,8 | 52,8 | 57,8 |
| | | | I = | 55 290 | 64 780 | 75 020 | 86 010 | 97 760 | 110 300 | 123 500 | 137 500 | 167 800 | 201 200 |
| 80 × 10 | 60,4 | 1,54 | W = | *1 700* | *1 850* | *2 000* | *2 150* | *2 300* | *2 450* | *2 600* | *2 750* | *3 050* | *3 350* |
| | | | i = | 30,3 | 32,7 | 35,2 | 37,7 | 40,2 | 42,7 | 45,2 | 47,7 | 52,7 | 57,7 |
| | | | I = | 65 230 | 76 450 | 88 570 | 101 600 | 115 500 | 130 300 | 146 000 | 162 600 | 198 400 | 237 900 |
| 12 | 71,6 | 1,53 | W = | *2 010* | *2 180* | *2 360* | *2 540* | *2 720* | *2 900* | *3 070* | *3 250* | *3 610* | *3 970* |
| | | | i = | 30,2 | 32,7 | 35,2 | 37,7 | 40,2 | 42,7 | 45,2 | 47,7 | 52,6 | 57,6 |
| | | | I = | 56 110 | 65 790 | 76 240 | 87 470 | 99 470 | 112 200 | 125 800 | 140 100 | 171 100 | 205 200 |
| 9 | 62,0 | 1,76 | W = | *1 730* | *1 880* | *2 030* | *2 190* | *2 340* | *2 490* | *2 650* | *2 800* | *3 110* | *3 420* |
| | | | i = | 30,1 | 32,6 | 35,1 | 37,6 | 40,1 | 42,5 | 45,0 | 47,5 | 52,5 | 57,5 |
| | | | I = | 67 330 | 78 980 | 91 550 | 105 100 | 119 500 | 134 900 | 151 200 | 168 500 | 205 800 | 246 800 |
| 90 × 11 | 74,8 | 1,75 | W = | *2 070* | *2 260* | *2 440* | *2 630* | *2 810* | *3 000* | *3 180* | *3 370* | *3 740* | *4 110* |
| | | | i = | 30,0 | 32,5 | 35,0 | 37,5 | 40,0 | 42,5 | 45,0 | 47,5 | 52,5 | 57,4 |
| | | | I = | 78 070 | 91 610 | 106 200 | 122 000 | 138 800 | 156 700 | 175 600 | 195 700 | 239 100 | 286 900 |
| 13 | 87,2 | 1,74 | W = | *2 400* | *2 620* | *2 830* | *3 050* | *3 270* | *3 480* | *3 700* | *3 910* | *4 350* | *4 780* |
| | | | i = | 29,9 | 32,4 | 34,9 | 37,4 | 39,8 | 42,4 | 44,9 | 47,4 | 52,4 | 57,4 |
| | | | I = | 68 360 | 80 240 | 93 080 | 106 900 | 121 600 | 137 300 | 154 000 | 171 700 | 209 800 | 251 800 |
| 10 | 76,8 | 1,95 | W = | *2 100* | *2 290* | *2 480* | *2 670* | *2 860* | *3 050* | *3 240* | *3 430* | *3 810* | *4 200* |
| | | | i = | 29,8 | 32,3 | 34,8 | 37,3 | 39,8 | 42,3 | 44,8 | 47,3 | 52,3 | 57,3 |
| | | | I = | 80 380 | 94 390 | 109 500 | 125 800 | 143 200 | 161 800 | 181 400 | 202 300 | 247 300 | 296 900 |
| 100 × 12 | 90,8 | 1,95 | W = | *2 470* | *2 700* | *2 920* | *3 140* | *3 370* | *3 600* | *3 820* | *4 050* | *4 500* | *4 950* |
| | | | i = | 29,8 | 32,2 | 34,7 | 37,2 | 39,7 | 42,4 | 44,7 | 47,2 | 52,2 | 57,2 |
| | | | I = | 92 270 | 108 400 | 125 800 | 144 600 | 164 600 | 186 000 | 208 700 | 232 600 | 284 500 | 341 700 |
| 14 | 105 | 1,94 | W = | *2 840* | *3 100* | *3 350* | *3 610* | *3 870* | *4 130* | *4 390* | *4 650* | *5 170* | *5 690* |
| | | | i = | 29,6 | 32,1 | 34,6 | 37,1 | 39,6 | 42,1 | 44,6 | 47,1 | 52,1 | 57,0 |
| | | | I = | 74 400 | 87 410 | 101 500 | 116 600 | 132 800 | 150 000 | 168 400 | 187 700 | 229 600 | 275 800 |
| 10 | 84,8 | 2,16 | W = | *2 290* | *2 500* | *2 710* | *2 920* | *3 120* | *3 330* | *3 540* | *3 750* | *4 170* | *4 600* |
| | | | i = | 29,6 | 32,1 | 34,6 | 37,1 | 39,6 | 42,1 | 44,6 | 47,0 | 52,0 | 57,0 |
| | | | I = | 87 610 | 103 000 | 119 600 | 137 500 | 156 600 | 177 000 | 198 600 | 221 500 | 271 000 | 325 600 |
| 110 × 12 | 100 | 2,15 | W = | *2 700* | *2 940* | *3 190* | *3 440* | *3 680* | *3 930* | *4 180* | *4 430* | *4 930* | *5 430* |
| | | | i = | 29,6 | 32,1 | 34,6 | 37,1 | 39,6 | 42,1 | 44,6 | 47,1 | 52,1 | 57,1 |
| | | | I = | 100 800 | 118 500 | 137 700 | 158 300 | 180 300 | 203 900 | 228 800 | 255 200 | 312 400 | 375 400 |
| 14 | 116 | 2,14 | W = | *3 100* | *3 390* | *3 670* | *3 960* | *4 240* | *4 530* | *4 820* | *5 100* | *5 680* | *6 260* |
| | | | i = | 29,5 | 32,0 | 34,5 | 36,9 | 39,4 | 41,9 | 44,4 | 46,9 | 51,9 | 56,9 |
| | | | I = | 87 640 | 103 100 | 119 800 | 137 800 | 157 000 | 177 500 | 199 300 | 222 400 | 272 300 | 327 300 |
| 11 | 102 | 2,35 | W = | *2 700* | *2 950* | *3 190* | *3 440* | *3 690* | *3 940* | *4 200* | *4 450* | *4 950* | *5 450* |
| | | | i = | 29,3 | 31,8 | 34,3 | 36,8 | 39,2 | 41,7 | 44,2 | 46,7 | 51,7 | 56,6 |
| | | | I = | 101 900 | 119 900 | 139 400 | 160 400 | 182 800 | 206 800 | 232 200 | 259 100 | 317 400 | 381 600 |
| 120 × 13 | 119 | 2,34 | W = | *3 140* | *3 430* | *3 720* | *4 010* | *4 300* | *4 600* | *4 890* | *5 180* | *5 770* | *6 360* |
| | | | i = | 29,3 | 31,7 | 34,2 | 36,7 | 39,2 | 41,7 | 44,2 | 46,7 | 51,6 | 56,6 |
| | | | I = | 115 700 | 136 200 | 158 400 | 182 300 | 207 900 | 235 200 | 264 200 | 294 900 | 361 300 | 434 500 |
| 15 | 136 | 2,34 | W = | *3 560* | *3 890* | *4 220* | *4 560* | *4 890* | *5 230* | *5 560* | *5 900* | *6 570* | *7 240* |
| | | | i = | 29,2 | 31,6 | 34,1 | 36,6 | 39,1 | 41,6 | 44,1 | 46,6 | 51,5 | 56,5 |

# VALORES ESTÁTICOS DE 4 ANGULARES DE LADOS IGUALES, PARA DISTINTAS ALTURAS h

AL-$33_5$

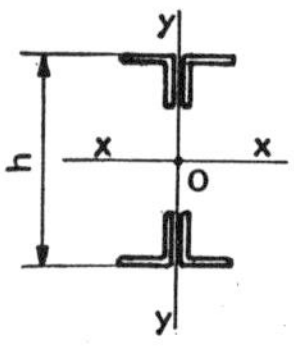


$I_x > I_y$

I, $cm^4$
W, $cm^3$
i, cm

*(continuación)*

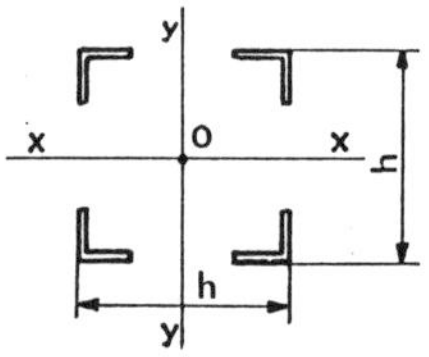


$I_x = I_y$

| L mm | A $cm^2$ | $i_1$ cm | Valores | 300 | 320 | 350 | 380 | 400 | 420 | 450 | 480 | 500 | 550 |
|---|---|---|---|---|---|---|---|---|---|---|---|---|---|
| | | | Para una altura h en mm = | | | | | | | | | | |
| | | | I = | 17 370 | 20 220 | 24 940 | 30 200 | 34 010 | 38 050 | 44 570 | 51 630 | 56 640 | 70 200 |
| 12 | 120 | 2,54 | W = | *1 160* | *1 260* | *1 420* | *1 590* | *1 700* | *1 810* | *1 980* | *2 150* | *2 270* | *2 550* |
| | | | i = | 12,0 | 13,0 | 14,4 | 15,9 | 16,8 | 17,8 | 19,3 | 20,7 | 21,7 | 24,2 |
| | | | I = | 19 820 | 23 090 | 28 520 | 34 570 | 38 950 | 43 610 | 51 110 | 59 250 | 65 010 | 80 650 |
| 130 × 14 | 139 | 2,53 | W = | *1 320* | *1 440* | *1 630* | *1 820* | *1 950* | *2 080* | *2 270* | *2 470* | *2 600* | *2 930* |
| | | | i = | 11,9 | 12,9 | 14,3 | 15,8 | 16,7 | 17,7 | 19,2 | 20,6 | 21,6 | 24,1 |
| | | | I = | 22 140 | 25 820 | 31 920 | 38 740 | 43 680 | 48 930 | 57 390 | 66 560 | 73 070 | 90 720 |
| 16 | 157 | 2,52 | W = | *1 480* | *1 610* | *1 820* | *2 040* | *2 180* | *2 330* | *2 550* | *2 770* | *2 920* | *3 300* |
| | | | i = | 11,8 | 12,8 | 14,3 | 15,7 | 16,7 | 17,7 | 19,1 | 20,6 | 21,6 | 24,0 |
| | | | I = | 19 740 | 22 980 | 28 370 | 34 390 | 38 750 | 43 390 | 50 880 | 59 000 | 64 760 | 80 390 |
| 13 | 140 | 2,74 | W = | *1 320* | *1 440* | *1 620* | *1 810* | *1 940* | *2 070* | *2 260* | *2 460* | *2 590* | *2 920* |
| | | | i = | 11,9 | 12,8 | 14,2 | 15,7 | 16,6 | 17,6 | 19,1 | 20,5 | 21,5 | 24,0 |
| | | | I = | 22 250 | 25 930 | 32 050 | 38 890 | 43 850 | 49 130 | 57 650 | 66 890 | 73 450 | 91 250 |
| 140 × 15 | 160 | 2,73 | W = | *1 480* | *1 620* | *1 830* | *2 050* | *2 190* | *2 340* | *2 560* | *2 790* | *2 940* | *3 320* |
| | | | i = | 11,8 | 12,7 | 14,2 | 15,6 | 16,6 | 17,5 | 19,0 | 20,4 | 21,4 | 23,9 |
| | | | I = | 24 680 | 28 800 | 35 640 | 43 290 | 48 840 | 54 750 | 64 290 | 74 640 | 82 000 | 101 900 |
| 17 | 180 | 2,72 | W = | *1 650* | *1 800* | *2 040* | *2 270* | *2 440* | *2 610* | *2 860* | *3 110* | *3 280* | *3 710* |
| | | | i = | 11,7 | 12,6 | 14,1 | 15,5 | 16,5 | 17,4 | 18,9 | 20,4 | 21,3 | 23,8 |
| | | | I = | 22 150 | 25 790 | 31 850 | 38 640 | 43 570 | 48 820 | 57 310 | 66 510 | 73 050 | 90 820 |
| 14 | 161 | 2,94 | W = | *1 480* | *1 610* | *1 820* | *2 030* | *2 180* | *2 320* | *2 550* | *2 770* | *2 920* | *3 300* |
| | | | i = | 11,7 | 12,6 | 14,1 | 15,4 | 16,4 | 17,4 | 18,8 | 20,3 | 21,2 | 23,7 |
| | | | I = | 24 760 | 28 860 | 35 700 | 43 350 | 48 910 | 54 840 | 64 410 | 74 810 | 82 200 | 102 300 |
| 150 × 16 | 183 | 2,93 | W = | *1 650* | *1 800* | *2 040* | *2 280* | *2 450* | *2 610* | *2 860* | *3 120* | *3 290* | *3 720* |
| | | | i = | 11,6 | 12,6 | 14,0 | 15,4 | 16,3 | 17,3 | 18,8 | 20,2 | 21,2 | 23,6 |
| | | | I = | 27 290 | 31 840 | 39 420 | 47 920 | 54 100 | 60 690 | 71 330 | 82 890 | 91 110 | 113 400 |
| 18 | 204 | 2,93 | W = | *1 820* | *1 990* | *2 250* | *2 520* | *2 700* | *2 890* | *3 170* | *3 450* | *3 640* | *4 120* |
| | | | i = | 11,6 | 12,5 | 13,9 | 15,3 | 16,3 | 17,2 | 18,7 | 20,2 | 21,1 | 23,6 |

| L mm | A $cm^2$ | $i_1$ cm | Valores | 600 | 650 | 700 | 750 | 800 | 850 | 900 | 950 | 1 000 | 1 100 |
|---|---|---|---|---|---|---|---|---|---|---|---|---|---|
| | | | I = | 85 270 | 101 800 | 119 900 | 139 500 | 160 500 | 183 100 | 207 200 | 232 700 | 259 800 | 318 400 |
| 12 | 120 | 2,54 | W = | *2 840* | *3 130* | *3 430* | *3 720* | *4 010* | *4 310* | *4 600* | *4 900* | *5 200* | *5 790* |
| | | | i = | 26,7 | 29,1 | 31,6 | 34,1 | 36,6 | 39,1 | 41,6 | 44,0 | 46,5 | 51,5 |
| | | | I = | 98 020 | 117 100 | 138 000 | 160 500 | 184 900 | 210 900 | 238 700 | 268 200 | 299 400 | 367 200 |
| 130 × 14 | 139 | 2,53 | W = | *3 270* | *3 600* | *3 940* | *4 280* | *4 620* | *4 960* | *5 300* | *5 650* | *5 990* | *6 680* |
| | | | i = | 26,6 | 29,0 | 31,5 | 34,0 | 36,5 | 39,0 | 41,4 | 43,9 | 46,4 | 51,4 |
| | | | I = | 110 300 | 131 900 | 155 400 | 180 900 | 208 400 | 237 900 | 269 300 | 302 600 | 338 000 | 414 500 |
| 16 | 157 | 2,52 | W = | *3 680* | *4 060* | *4 440* | *4 820* | *5 210* | *5 600* | *5 980* | *6 370* | *6 760* | *7 540* |
| | | | i = | 26,5 | 29,0 | 31,5 | 33,9 | 36,4 | 38,9 | 41,4 | 43,9 | 46,4 | 51,4 |
| | | | I = | 97 770 | 116 900 | 137 800 | 160 400 | 184 800 | 210 900 | 238 800 | 268 400 | 299 800 | 367 800 |
| 13 | 140 | 2,74 | W = | *3 260* | *3 600* | *3 940* | *4 280* | *4 620* | *4 960* | *5 310* | *5 650* | *6 000* | *6 690* |
| | | | i = | 26,4 | 28,9 | 31,4 | 33,8 | 36,3 | 38,8 | 41,3 | 43,8 | 46,3 | 51,3 |
| | | | I = | 111 100 | 132 900 | 156 700 | 182 500 | 210 300 | 240 100 | 271 900 | 305 700 | 341 500 | 419 100 |
| 140 × 15 | 160 | 2,73 | W = | *3 700* | *4 090* | *4 480* | *4 870* | *5 260* | *5 650* | *6 040* | *6 440* | *6 830* | *7 620* |
| | | | i = | 26,4 | 28,8 | 31,3 | 33,8 | 36,3 | 38,7 | 41,2 | 43,7 | 46,2 | 51,2 |
| | | | I = | 124 200 | 148 600 | 175 300 | 204 300 | 235 500 | 268 900 | 304 600 | 342 600 | 382 800 | 469 900 |
| 17 | 180 | 2,72 | W = | *4 140* | *4 570* | *5 010* | *5 450* | *5 890* | *6 330* | *6 770* | *7 210* | *7 660* | *8 540* |
| | | | i = | 26,3 | 28,7 | 31,3 | 33,7 | 36,2 | 38,7 | 41,1 | 43,6 | 46,1 | 51,1 |
| | | | I = | 110 600 | 132 400 | 156 200 | 182 000 | 209 900 | 239 700 | 271 600 | 305 500 | 341 400 | 419 200 |
| 14 | 161 | 2,94 | W = | *3 690* | *4 070* | *4 460* | *4 850* | *5 250* | *5 640* | *6 040* | *6 430* | *6 830* | *7 620* |
| | | | i = | 26,1 | 28,6 | 31,1 | 33,5 | 36,0 | 38,5 | 40,9 | 43,4 | 45,9 | 50,9 |
| | | | I = | 124 600 | 149 300 | 176 200 | 205 400 | 236 900 | 270 700 | 306 800 | 345 100 | 385 700 | 473 900 |
| 150 × 16 | 183 | 2,94 | W = | *4 150* | *4 590* | *5 030* | *5 480* | *5 920* | *6 370* | *6 820* | *7 270* | *7 710* | *8 620* |
| | | | i = | 26,1 | 28,6 | 31,0 | 33,5 | 36,0 | 38,5 | 40,9 | 43,4 | 45,9 | 50,9 |
| | | | I = | 138 300 | 165 700 | 195 700 | 228 200 | 263 300 | 301 000 | 341 100 | 383 900 | 429 100 | 527 300 |
| 18 | 204 | 2,93 | W = | *4 610* | *5 100* | *5 590* | *6 090* | *6 580* | *7 080* | *7 580* | *8 080* | *8 580* | *9 590* |
| | | | i = | 26,0 | 28,5 | 31,0 | 33,4 | 35,9 | 38,4 | 40,9 | 43,4 | 45,9 | 50,8 |

# VALORES ESTÁTICOS DE 4 ANGULARES DE LADOS IGUALES, PARA DISTINTAS ALTURAS h

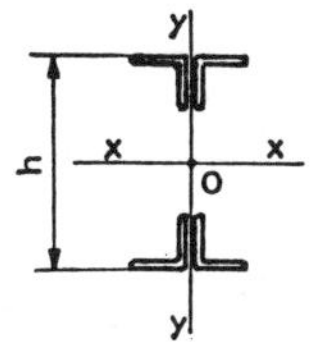


$I_x > I_y$

I, $cm^4$
W, $cm^3$
i, cm

$I_x = I_y$

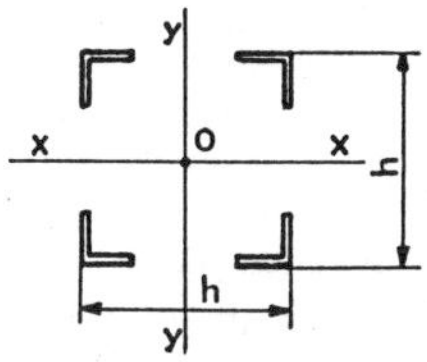


*(continuación)*

| L mm | A cm² | $i_y$ cm | Valores | 1 200 | 1 250 | 1 300 | 1 400 | 1 500 | 1 600 | 1 700 | 1 750 | 1 800 |
|---|---|---|---|---|---|---|---|---|---|---|---|---|
| | | | | **Para una altura h en mm =** | | | | | | | | |
| | | | I = | 383 100 | 417 600 | 453 700 | 530 300 | 613 000 | 701 600 | 796 200 | 845 800 | 896 900 |
| 12 | 120 | 2,54 | W = | *6 380* | *6 680* | *6 980* | *7 580* | *8 170* | *8 770* | *9 370* | *9 670* | *9 970* |
| | | | i = | 56,5 | 59,0 | 61,5 | 66,5 | 71,5 | 76,5 | 81,5 | 84,0 | 86,5 |
| | | | I = | 441 800 | 481 700 | 523 400 | 611 900 | 707 400 | 809 800 | 919 100 | 976 400 | 1 035 000 |
| 130 × 14 | 139 | 2,53 | W = | *7 360* | *7 710* | *8 050* | *8 740* | *9 430* | *10 120* | *10 810* | *11 160* | *11 150* |
| | | | i = | 56,4 | 58,9 | 61,4 | 66,3 | 71,3 | 76,4 | 81,4 | 83,9 | 86,4 |
| | | | I = | 498 900 | 544 100 | 591 200 | 691 300 | 799 300 | 915 200 | 1 039 000 | 1 104000 | 1 170 000 |
| 16 | 157 | 2,52 | W = | *8 310* | *8 710* | *9 100* | *9 880* | *10 660* | *11 440* | *12 220* | *12 610* | *13 010* |
| | | | i = | 56,4 | 58,9 | 61,4 | 66,4 | 71,4 | 76,3 | 81,3 | 83,8 | 86,3 |
| | | | I = | 442 800 | 483 000 | 524 900 | 613 900 | 709 900 | 812 900 | 922 900 | 980 500 | 1 040 000 |
| 13 | 140 | 2,74 | W = | *7 380* | *7 730* | *8 080* | *8 770* | *9 470* | *10 160* | *10 860* | *11 210* | *11 560* |
| | | | i = | 56,2 | 58,7 | 61,2 | 66,2 | 71,2 | 76,2 | 81,2 | 83,6 | 86,2 |
| | | | I = | 504 700 | 550 500 | 598 300 | 699 900 | 809 500 | 927 100 | 1 053 000 | 1 118 000 | 1 186 000 |
| 140 × 15 | 160 | 2,73 | W = | *8 410* | *8 810* | *9 200* | *10 000* | *10 790* | *11 590* | *12 380* | *12 780* | *13 180* |
| | | | i = | 56,2 | 58,7 | 61,2 | 66,1 | 71,1 | 76,1 | 81,1 | 83,6 | 86,1 |
| | | | I = | 566 100 | 617 500 | 671 200 | 785 400 | 908 600 | 1 041 000 | 1 182 000 | 1 256 000 | 1 332 000 |
| 17 | 180 | 2,72 | W = | *9 440* | *9 808* | *10 330* | *11 220* | *12 110* | *13 010* | *13 900* | *14 350* | *14 800* |
| | | | i = | 56,1 | 58,6 | 61,1 | 66,1 | 71,0 | 76,1 | 81,1 | 83,6 | 86,1 |
| | | | I = | 505 100 | 551 100 | 599 100 | 701 100 | 811 200 | 929 300 | 1 056 000 | 1 122 000 | 1 190 000 |
| 14 | 161 | 2,94 | W = | *8 420* | *8 820* | *9 220* | *10 020* | *10 820* | *11 620* | *12 420* | *12 820* | *13 220* |
| | | | i = | 55,8 | 58,3 | 60,8 | 65,8 | 70,8 | 76,0 | 81,0 | 83,4 | 86,0 |
| | | | I = | 571 100 | 623 200 | 677 500 | 793 100 | 917 800 | 1 052 000 | 1 195 000 | 1 269 000 | 1 347 000 |
| 150 × 16 | 183 | 2,94 | W = | *9 520* | *9 970* | *10 420* | *11 330* | *12 240* | *13 150* | *14 050* | *14 510* | *14 960* |
| | | | i = | 55,9 | 58,3 | 60,8 | 65,8 | 70,8 | 75,9 | 80,9 | 83,4 | 85,9 |
| | | | I = | 635 700 | 693 800 | 754 400 | 883 200 | 1 022 000 | 1 171 000 | 1 331 000 | 1 414 000 | 1 500 000 |
| 18 | 204 | 2,93 | W = | *10 590* | *11 100* | *11 610* | *12 620* | *13 630* | *14 640* | *15 660* | *16 160* | *16 670* |
| | | | i = | 55,8 | 58,3 | 60,8 | 65,8 | 70,8 | 75,8 | 80,7 | 83,3 | 85,8 |

| L mm | A cm² | $i_y$ cm | Valores | 1 900 | 2 000 | 2 100 | 2 200 | 2 250 | 2 300 | 2 400 | 2 500 |
|---|---|---|---|---|---|---|---|---|---|---|---|
| | | | I = | 1 033 000 | 1 116 000 | 1 235 000 | 1 359 000 | 1 424 000 | 1 490 000 | 1 627 000 | 1 769 000 |
| 12 | 120 | 2,54 | W = | *10 560* | *11 160* | *11 760* | *12 360* | *12 660* | *12 960* | *13 560* | *14 150* |
| | | | i = | 91,4 | 96,4 | 101 | 106 | 109 | 111 | 116 | 121 |
| | | | I = | 1 159 000 | 1 289 000 | 1 426 000 | 1 570 000 | 1 645 000 | 1 721 000 | 1 879 000 | 2 044 000 |
| 130 × 14 | 139 | 2,53 | W = | *12 200* | *12 890* | *13 580* | *14 270* | *14 620* | *14 970* | *15 660* | *16 350* |
| | | | i = | 91,4 | 96,4 | 101 | 106 | 108 | 111 | 116 | 121 |
| | | | I = | 1 310 000 | 1 457 000 | 1 612 000 | 1 775 000 | 1 860 000 | 1 946 000 | 2 125 000 | 2 312 000 |
| 16 | 157 | 2,52 | W = | *13 790* | *14 570* | *15 360* | *16 140* | *16 530* | *16 920* | *17 710* | *18 490* |
| | | | i = | 91,3 | 96,3 | 101 | 106 | 109 | 111 | 116 | 121 |
| | | | I = | 1 164 000 | 1 295 000 | 1 433 000 | 1 578 000 | 1 653 000 | 1 730 000 | 1 889 000 | 2 055 000 |
| 13 | 140 | 2,74 | W = | *12 250* | *12 950* | *13 650* | *14 350* | *14 690* | *15 040* | *15 740* | *16 440* |
| | | | i = | 91,2 | 96,2 | 101 | 106 | 109 | 111 | 116 | 121 |
| | | | I = | 1 328 000 | 1 477 000 | 1 635 000 | 1 801 000 | 1 886 000 | 1 974 000 | 2 156 000 | 2 345 000 |
| 140 × 15 | 160 | 2,73 | W = | *13 980* | *14 780* | *15 570* | *16 370* | *16 770* | *17 170* | *17 970* | *18 760* |
| | | | i = | 91,1 | 96,1 | 101 | 106 | 109 | 111 | 116 | 121 |
| | | | I = | 1 491 000 | 1 659 000 | 1 836 000 | 2 023 000 | 2 119 000 | 2 218 000 | 2 422 000 | 2 635 000 |
| 17 | 180 | 2,72 | W = | *15 700* | *16 590* | *17 490* | *18 390* | *18 840* | *19 290* | *20 180* | *21 080* |
| | | | i = | 91,1 | 96,1 | 101 | 106 | 109 | 111 | 116 | 121 |
| | | | I = | 1 332 000 | 1 483 000 | 1 641 000 | 1 807 000 | 1 894 000 | 1 982 000 | 2 165 000 | 2 355 000 |
| 14 | 161 | 2,94 | W = | *14 020* | *14 830* | *15 630* | *16 430* | *16 830* | *17 240* | *18 040* | *18 840* |
| | | | i = | 91,0 | 96,0 | 101 | 106 | 108 | 111 | 116 | 121 |
| | | | = | 1 508 000 | 1 678 000 | 1 858 000 | 2 047 000 | 2 144 000 | 2 244 000 | 2 451 000 | 2 667 000 |
| 150 × 16 | 183 | 2,94 | W = | *15 870* | *16 780* | *17 690* | *18 610* | *19 060* | *19 520* | *20 430* | *21 340* |
| | | | i = | 90,9 | 95,9 | 101 | 106 | 108 | 111 | 116 | 121 |
| | | | I = | 1 680 000 | 1 870 000 | 2 070 000 | 2 281 000 | 2 390 000 | 2 501 000 | 2 732 000 | 2 973 000 |
| 18 | 204 | 2,93 | W = | *17 690* | *18 700* | *19 720* | *20 740* | *21 240* | *21 750* | *22 770* | *23 790* |
| | | | i = | 90,8 | 95,8 | 101 | 106 | 108 | 111 | 116 | 121 |

# VALORES ESTÁTICOS DE 4 ANGULARES DE LADOS IGUALES, PARA DISTINTAS ALTURAS h

AL-33₇

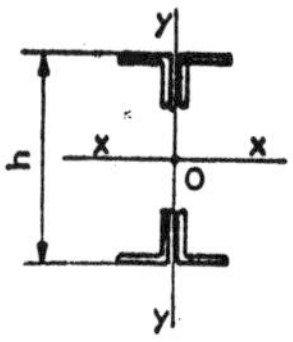


$I_x > I_y$

I, cm⁴
W, cm³
i, cm

$I_x = I_y$

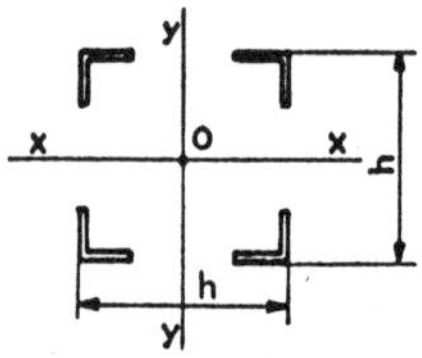


*(continuación)*

| L mm | A cm² | $i_1$ cm | Valores | 1 250 | 1 300 | 1 400 | 1 500 | 1 750 | 1 800 | 1 900 | 2 000 | 2 250 | 2 500 |
|---|---|---|---|---|---|---|---|---|---|---|---|---|---|
| | | | | Para una altura h en mm = | | | | | | | | | |
| | | | I = | 167 900 | 182 100 | 212 100 | 244 500 | 335 500 | 355 400 | 397 000 | 440 800 | 560 600 | 694 700 |
| 8 | 46,0 | 1,46 | W = | *2 690* | *2 800* | *3 030* | *3 260* | *3 830* | *3 950* | *4 180* | *4 410* | *4 980* | *5 560* |
| | | | i = | 60,4 | 62,9 | 67,9 | 72,9 | 85,4 | 87,9 | 92,9 | 97,9 | 111 | 123 |
| | | | I = | 205 300 | 222 600 | 259 500 | 299 100 | 410 600 | 435 000 | 485 900 | 539 600 | 686 300 | 850 700 |
| 75 × 10 | 56,4 | 1,45 | W = | *3 280* | *3 430* | *3 710* | *3 990* | *4 690* | *4 830* | *5 110* | *5 400* | *6 100* | *6 810* |
| | | | i = | 60,3 | 62,8 | 67,8 | 72,8 | 85,3 | 87,8 | 92,8 | 97,8 | 110 | 123 |
| | | | I = | 242 500 | 263 000 | 306 600 | 353 500 | 485 300 | 514 200 | 574 500 | 638 100 | 811 700 | 1 006 000 |
| 12 | 66,8 | 1,44 | W = | *3 880* | *4 050* | *4 380* | *4 710* | *5 550* | *5 710* | *6 050* | *6 380* | *7 220* | *8 050* |
| | | | i = | 60,3 | 62,8 | 67,7 | 72,7 | 85,2 | 87,7 | 92,7 | 97,7 | 110 | 123 |
| | | | I = | 178 800 | 194 000 | 226 100 | 260 600 | 357 800 | 379 000 | 423 400 | 470 300 | 598 200 | 741 500 |
| 8 | 49,2 | 1,55 | W = | *2 860* | *2 980* | *3 230* | *3 470* | *4 090* | *4 210* | *4 460* | *4 700* | *5 320* | *5 930* |
| | | | i = | 60,3 | 62,8 | 67,8 | 72,8 | 85,5 | 87,8 | 92,8 | 97,8 | 110 | 123 |
| | | | I = | 219 000 | 237 500 | 276 900 | 319 200 | 438 400 | 464 500 | 518 900 | 576 400 | 733 300 | 909 100 |
| 80 × 10 | 60,4 | 1,54 | W = | *3 500* | *3 650* | *3 960* | *4 260* | *5 010* | *5 160* | *5 460* | *5 760* | *6 520* | *7 270* |
| | | | i = | 60,2 | 62,7 | 67,7 | 72,7 | 85,2 | 87,7 | 92,7 | 97,7 | 110 | 123 |
| | | | I = | 258 900 | 280 900 | 327 500 | 377 700 | 518 800 | 549 700 | 614 200 | 682 300 | 868 200 | 1 076 000 |
| 12 | 71,6 | 1,53 | W = | *4 140* | *4 320* | *4 680* | *5 040* | *5 930* | *6 110* | *6 470* | *6 820* | *7 720* | *8 610* |
| | | | i = | 60,1 | 62,6 | 67,6 | 72,6 | 85,1 | 87,6 | 92,6 | 97,6 | 110 | 123 |
| | | | I = | 223 400 | 242 300 | 282 600 | 326 000 | 448 000 | 474 700 | 530 500 | 589 400 | 750 100 | 930 200 |
| 9 | 62,0 | 1,76 | W = | *3 570* | *3 730* | *4 040* | *4 350* | *5 120* | *5 270* | *5 580* | *5 890* | *6 670* | *7 440* |
| | | | i = | 60,0 | 62,5 | 67,5 | 72,5 | 85,0 | 87,5 | 92,5 | 97,5 | 110 | 122 |
| | | | I = | 268 800 | 291 600 | 340 100 | 392 400 | 539 500 | 571 700 | 638 900 | 709 900 | 903 700 | 1 121 000 |
| 90 × 11 | 74,8 | 1,75 | W = | *4 300* | *4 490* | *4 860* | *5 230* | *6 170* | *6 350* | *6 730* | *7 100* | *8 030* | *8 970* |
| | | | i = | 59,9 | 62,4 | 67,4 | 72,4 | 84,9 | 87,4 | 92,4 | 97,4 | 110 | 122 |
| | | | I = | 312 500 | 339 100 | 395 600 | 456 500 | 627 700 | 665 200 | 743 500 | 826 200 | 1 052 000 | 1 305 000 |
| 13 | 87,2 | 1,74 | W = | *5 000* | *5 220* | *5 650* | *6 090* | *7 170* | *7 390* | *7 830* | *8 260* | *9 350* | *10 440* |
| | | | i = | 59,9 | 62,4 | 67,4 | 72,4 | 84,8 | 87,3 | 92,3 | 97,3 | 110 | 122 |
| | | | i = | 274 200 | 297 600 | 347 300 | 400 800 | 551 400 | 584 400 | 653 300 | 726 000 | 924 600 | 1 147 000 |
| 10 | 76,8 | 1,95 | W = | *4 390* | *4 580* | *4 960* | *5 340* | *6 300* | *6 490* | *6 880* | *7 260* | *8 220* | *9 180* |
| | | | i = | 59,8 | 62,2 | 67,2 | 72,2 | 84,7 | 87,2 | 92,2 | 97,2 | 110 | 122 |
| | | | I = | 323 400 | 351 000 | 409 600 | 472 800 | 650 700 | 689 700 | 771 000 | 856 900 | 1 092 000 | 1 355 000 |
| 100 × 12 | 90,8 | 1,95 | W = | *5 170* | *5 400* | *5 850* | *6 300* | *7 440* | *7 660* | *8 120* | *8 570* | *9 700* | *10 840* |
| | | | i = | 59,7 | 62,2 | 67,2 | 72,2 | 84,7 | 87,2 | 92,1 | 97,1 | 110 | 122 |
| | | | I = | 372 200 | 404 100 | 471 700 | 544 500 | 749 600 | 794 500 | 888 400 | 987 400 | 1 258 000 | 1 561 000 |
| 14 | 105 | 1,94 | W = | *5 960* | *6 220* | *6 740* | *7 260* | *8 570* | *8 830* | *9 350* | *9 870* | *11 180* | *12 490* |
| | | | i = | 59,5 | 62,0 | 67,0 | 72,0 | 84,5 | 87,1 | 92,1 | 97,1 | 110 | 122 |
| | | | I = | 300 500 | 326 200 | 380 800 | 439 700 | 605 400 | 641 800 | 717 600 | 797 700 | 1 016 000 | 1 262 000 |
| 10 | 84,8 | 2,16 | W = | *4 810* | *5 020* | *5 440* | *5 860* | *6 920* | *7 130* | *7 550* | *7 980* | *9 030* | *10 090* |
| | | | i = | 59,5 | 62,0 | 67,0 | 72,0 | 84,6 | 87,0 | 92,0 | 97,0 | 109 | 122 |
| | | | I = | 354 800 | 385 200 | 449 800 | 519 400 | 715 500 | 758 400 | 848 100 | 942 900 | 1 202 000 | 1 492 000 |
| 110 × 12 | 100 | 2,15 | W = | *5 680* | *5 930* | *6 430* | *6 930* | *8 180* | *8 430* | *8 930* | *9 430* | *10 680* | *11 930* |
| | | | i = | 59,6 | 62,1 | 67,1 | 72,1 | 84,6 | 87,1 | 92,1 | 97,1 | 109 | 122 |
| | | | I = | 409 100 | 444 200 | 518 700 | 599 100 | 825 400 | 875 000 | 978 600 | 1 088 000 | 1 387 000 | 1 722 000 |
| 14 | 116 | 2,14 | W = | *6 550* | *6 830* | *7 410* | *7 990* | *9 430* | *9 720* | *10 300* | *10 880* | *12 330* | *13 780* |
| | | | i = | 59,4 | 61,9 | 66,9 | 71,9 | 84,4 | 86,8 | 91,8 | 96,8 | 109 | 122 |
| | | | I = | 356 700 | 387 400 | 452 600 | 522 800 | 720 600 | 764 000 | 854 600 | 950 200 | 1 212 000 | 1 505 000 |
| 11 | 102 | 2,35 | W = | *5 710* | *5 960* | *6 470* | *6 970* | *8 240* | *8 490* | *9 000* | *9 500* | *10 770* | *12 040* |
| | | | i = | 59,1 | 61,6 | 66,6 | 71,6 | 84,2 | 86,7 | 91,7 | 96,7 | 109 | 122 |
| | | | I = | 416 000 | 451 800 | 527 900 | 609 900 | 841 000 | 891 700 | 997 500 | 1 109 000 | 1 415 000 | 1 757 000 |
| 120 × 13 | 119 | 2,34 | W = | *6 660* | *6 950* | *7 540* | *8 130* | *9 610* | *9 910* | *10 500* | *11 090* | *12 580* | *14 060* |
| | | | i = | 59,1 | 61,6 | 66,6 | 71,6 | 84,1 | 86,6 | 91,6 | 96,6 | 109 | 122 |
| | | | I = | 473 600 | 514 500 | 601 300 | 694 800 | 958 400 | 016 000 | 1 137 000 | 1 264 000 | 1 613 000 | 2 003 000 |
| 15 | 136 | 2,34 | W = | *7 580* | *7 920* | *8 590* | *9 260* | *10 950* | *11 290* | *11 970* | *12 640* | *14 330* | *16 030* |
| | | | i = | 59,0 | 61,5 | 66,5 | 71,5 | 84,1 | 86,6 | 91,6 | 96,6 | 109 | 122 |

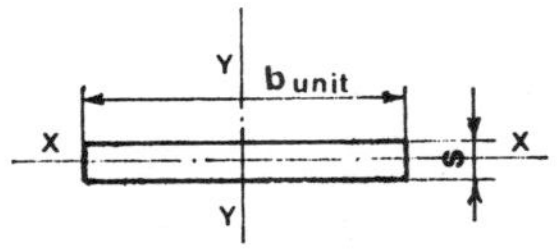


# MOMENTOS DE INERCIA DE RECTÁNGULOS HORIZONTALES

con espesor **s** de 3 a 200 mm y con ancho **b** unitario (1 cm)

Para obtener los valores de $I_x$ para los rectángulos con un ancho cualquiera b′, se multiplican los valores de la Tabla por b′ expresado en cm

**Ejemplo:** para el rectángulo de 300 × 25 mm; $I_x = 30 \times 1{,}302 = 39{,}06$ cm$^4$

| s mm | $I_x$ cm$^4$ | s mm | $I_x$ cm$^4$ | s mm | $I_x$ cm$^4$ | s mm | $I_x$ cm$^4$ |
|---|---|---|---|---|---|---|---|
| 5 | 0,01042 | **30** | 2,250 | **60** | 18,00 | **90** | 60,75 |
| 5,5 | 0,01386 | 31 | 2,483 | 61 | 18,91 | 91 | 62,80 |
| 6 | 0,01800 | 32 | 2,731 | 62 | 19,86 | 92 | 64,89 |
| 6,5 | 0,02288 | 33 | 2,995 | 63 | 20,84 | 93 | 67,03 |
| 7 | 0,02858 | 34 | 3,275 | 64 | 21,84 | 94 | 69,21 |
| 7,5 | 0,03516 | 35 | 3,573 | 65 | 22,88 | 95 | 71,45 |
| 8 | 0,04267 | 36 | 3,888 | 66 | 23,96 | 96 | 73,73 |
| 8,5 | 0,05118 | 37 | 4,221 | 67 | 25,06 | 97 | 76,06 |
| 9 | 0,06075 | 38 | 4,573 | 68 | 26,20 | 98 | 78,43 |
| 9,5 | 0,07145 | 39 | 4,943 | 69 | 27,38 | 99 | 80,86 |
| **10** | 0,08333 | **40** | 5,333 | **70** | 28,58 | **100** | 83,33 |
| 11 | 0,1109 | 41 | 5,743 | 71 | 29,83 | 105 | 96,47 |
| 12 | 0,1440 | 42 | 6,174 | 72 | 31,10 | 110 | 110,92 |
| 13 | 0,1831 | 43 | 6,626 | 73 | 32,42 | 115 | 126,74 |
| 14 | 0,2287 | 44 | 7,099 | 74 | 33,77 | 120 | 144,00 |
| 15 | 0,2812 | 45 | 7,594 | 75 | 35,16 | 125 | 162,76 |
| 16 | 0,3413 | 46 | 8,111 | 76 | 36,58 | 130 | 183,08 |
| 17 | 0,4094 | 47 | 8,652 | 77 | 38,04 | 135 | 205,03 |
| 18 | 0,4860 | 48 | 9,216 | 78 | 39,55 | 140 | 228,67 |
| 19 | 0,5716 | 49 | 9,804 | 79 | 41,09 | 145 | 254,05 |
| **20** | 0,6667 | **50** | 10,42 | **80** | 42,67 | **150** | 281,25 |
| 21 | 0,7717 | 51 | 11,05 | 81 | 44,29 | 155 | 310,32 |
| 22 | 0,8873 | 52 | 11,72 | 82 | 45,95 | 160 | 341,33 |
| 23 | 1,014 | 53 | 12,41 | 83 | 47,65 | 165 | 374,34 |
| 24 | 1,152 | 54 | 13,12 | 84 | 49,39 | 170 | 409,42 |
| 25 | 1,302 | 55 | 13,86 | 85 | 51,18 | 175 | 446,61 |
| 26 | 1,465 | 56 | 14,63 | 86 | 53,00 | 180 | 486,00 |
| 27 | 1,640 | 57 | 15,43 | 87 | 54,87 | 185 | 527,63 |
| 28 | 1,829 | 58 | 16,26 | 88 | 56,79 | 190 | 571,58 |
| 29 | 2,032 | 59 | 17,11 | 89 | 58,75 | 195 | 617,91 |
| | | | | | | **200** | 666,67 |

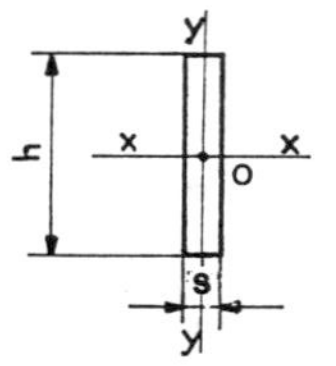


# *MOMENTOS DE INERCIA DE RECTÁNGULOS VERTICALES*



con altura **h** de 30 a 2500 mm y espesor **s** unitario (1 cm)

Para obtener los valores de $I_x$ de los rectángulos con un ancho cualquiera b', se multiplican los valores de la Tabla por b' expresado en cm

**Ejemplo:** para el rectángulo de $460 \times 8$; $I_x = 8111 \times 0{,}8 = 6488{,}8$ cm$^4$

| h mm | $I_x$ cm$^4$ | h mm | $I_x$ cm$^4$ | h mm | $I_x$ cm$^4$ | h mm | $I_x$ cm$^4$ | h mm | $I_x$ cm$^4$ |
|---|---|---|---|---|---|---|---|---|---|
| **30** | 2,250 | **70** | 28,58 | **200** | 666,7 | **600** | 18 000 | **1 000** | 83 333 |
| 31 | 2,483 | 71 | 29,83 | 210 | 771,7 | 610 | 18 915 | 1 050 | 96 469 |
| 32 | 2,731 | 72 | 31,10 | 220 | 887,3 | 620 | 19 861 | 1 100 | 110 917 |
| 33 | 2,995 | 73 | 32,42 | 230 | 1 014 | 630 | 20 837 | 1 150 | 126 740 |
| 34 | 3,275 | 74 | 33,77 | 240 | 1 152 | 640 | 21 845 | 1 200 | 144 000 |
| 35 | 3,573 | 75 | 35,16 | 250 | 1 302 | 650 | 22 885 | 1 250 | 162 760 |
| 36 | 3,888 | 76 | 36,58 | 260 | 1 465 | 660 | 23 958 | 1 300 | 183 083 |
| 37 | 4,221 | 77 | 38,04 | 270 | 1 640 | 670 | 25 064 | 1 350 | 205 031 |
| 38 | 4,573 | 78 | 39,55 | 280 | 1 829 | 680 | 26 203 | 1 400 | 228 667 |
| 39 | 4,943 | 79 | 41,09 | 290 | 2 032 | 690 | 27 376 | 1 450 | 254 052 |
| **40** | 5,333 | **80** | 42,67 | **300** | 2 250 | **700** | 28 583 | **1 500** | 281 250 |
| 41 | 5,743 | 81 | 44,29 | 310 | 2 483 | 710 | 29 826 | 1 550 | 310 323 |
| 42 | 6,174 | 82 | 45,95 | 320 | 2 731 | 720 | 31 104 | 1 600 | 341 333 |
| 43 | 6,626 | 83 | 47,65 | 330 | 2 995 | 730 | 32 418 | 1 650 | 374 344 |
| 44 | 7,099 | 84 | 49,39 | 340 | 3 275 | 740 | 33 769 | 1 700 | 409 417 |
| 45 | 7,594 | 85 | 51,18 | 350 | 3 573 | 750 | 35 156 | 1 750 | 446 615 |
| 46 | 8,111 | 86 | 53,00 | 360 | 3 888 | 760 | 36 581 | 1 800 | 486 000 |
| 47 | 8,652 | 87 | 54,87 | 370 | 4 221 | 770 | 38 044 | 1 850 | 527 635 |
| 48 | 9,216 | 88 | 56,79 | 380 | 4 573 | 780 | 39 546 | 1 900 | 571 583 |
| 49 | 9,804 | 89 | 58,75 | 390 | 4 943 | 790 | 41 087 | 1 950 | 617 906 |
| **50** | 10,42 | **90** | 60,75 | **400** | 5 333 | **800** | 42 667 | **2 000** | 666 667 |
| 51 | 11,05 | 91 | 62,80 | 410 | 5 743 | 810 | 44 287 | 2 050 | 717 927 |
| 52 | 11,72 | 92 | 64,89 | 420 | 6 174 | 820 | 45 947 | 2 100 | 771 750 |
| 53 | 12,41 | 93 | 67,03 | 430 | 6 626 | 830 | 47 649 | 2 150 | 828 198 |
| 54 | 13,12 | 94 | 69,21 | 440 | 7 099 | 840 | 49 392 | 2 200 | 887 333 |
| 55 | 13,86 | 95 | 71,45 | 450 | 7 594 | 850 | 51 177 | 2 250 | 949 193 |
| 56 | 14,63 | 96 | 73,73 | 460 | 8 111 | 860 | 53 005 | 2 300 | 1 013 917 |
| 57 | 15,43 | 97 | 76,06 | 470 | 8 652 | 870 | 54 875 | 2 350 | 1 081 489 |
| 58 | 16,26 | 98 | 78,43 | 480 | 9 216 | 880 | 56 789 | 2 400 | 1 152 000 |
| 59 | 17,11 | 99 | 80,86 | 490 | 9 804 | 890 | 58 747 | 2 450 | 1 225 510 |
| **60** | 18,00 | **100** | 83,33 | **500** | 10 417 | **900** | 60 750 | **2 500** | 1 302 083 |
| 61 | 18,91 | 110 | 110,9 | 510 | 11 054 | 910 | 62 798 | | |
| 62 | 19,86 | 120 | 144,0 | 520 | 11 717 | 920 | 64 891 | | |
| 63 | 20,84 | 130 | 183,1 | 530 | 12 406 | 930 | 67 030 | | |
| 64 | 21,84 | 140 | 228,7 | 540 | 13 122 | 940 | 69 215 | | |
| 65 | 22,88 | 150 | 281,2 | 550 | 13 865 | 950 | 71 448 | | |
| 66 | 23,96 | 160 | 341,3 | 560 | 14 635 | 960 | 73 728 | | |
| 67 | 25,06 | 170 | 409,4 | 570 | 15 433 | 970 | 76 056 | | |
| 68 | 26,20 | 180 | 486,0 | 580 | 16 259 | 980 | 78 433 | | |
| 69 | 27,38 | 190 | 571,6 | 590 | 17 115 | 990 | 80 858 | | |

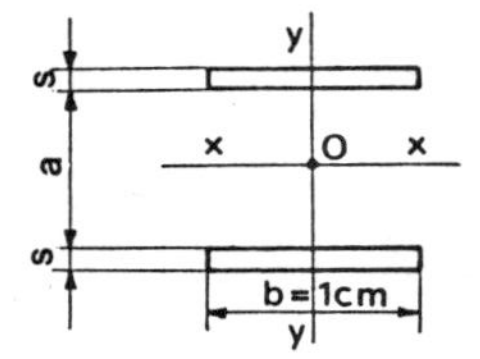


# MOMENTOS DE INERCIA DE UN PAR DE RECTÁNGULOS HORIZONTALES

con distancias **a** de 80 hasta 2500 mm, espesores **s** de hasta 60 mm, anchos **b** unitarios (1 cm).

Para obtener los valores de $I_x$ de dos rectángulos dispuestos como en la figura, y con cualquier valor de b′, se multiplica por b′, expresado en cm, los valores de la tabla

**Ejemplo:** para dos rectángulos con **b′** = 150 mm, **s** = 12 mm y la distancia **a** = 300 mm: $\mathbf{I_x} = 15 \times 584{,}35 = 8765{,}2\ cm^4$

| Distancia a mm | Momento de inercia $I_x$ en $cm^4$ para un espesor s en mm = 5 | 6 | 7 | 8 | 9 | 10 | 12 | 13 | 14 | 15 | 16 | 18 |
|---|---|---|---|---|---|---|---|---|---|---|---|---|
| **80** | 18,08 | 22,22 | 26,55 | 31,06 | 35,77 | 40,67 | 51,07 | 56,58 | 62,31 | 68,25 | 74,41 | 87,41 |
| 90 | 22,58 | 27,68 | 32,99 | 38,50 | 44,23 | 50,17 | 62,71 | 69,32 | 76,17 | 83,25 | 90,57 | 105,95 |
| **100** | 27,58 | 33,74 | 40,13 | 46,74 | 53,59 | 60,67 | 75,55 | 83,36 | 91,43 | 99,75 | 108,33 | 126,29 |
| 110 | 33,08 | 40,40 | 47,97 | 55,78 | 63,85 | 72,17 | 89,59 | 98,70 | 108,09 | 117,75 | 127,69 | 148,43 |
| 120 | 39,08 | 47,66 | 56,51 | 65,62 | 75,01 | 84,67 | 104,83 | 115,34 | 126,15 | 137,25 | 148,65 | 172,37 |
| 130 | 45,58 | 55,52 | 65,75 | 76,26 | 87,07 | 98,17 | 121,27 | 133,28 | 145,61 | 158,25 | 171,21 | 198,11 |
| 140 | 52,58 | 63,98 | 75,69 | 87,70 | 100,25 | 112,67 | 138,91 | 152,52 | 166,50 | 180,75 | 195,37 | 225,65 |
| 150 | 60,08 | 73,04 | 86,32 | 99,94 | 113,88 | 128,17 | 157,75 | 173,06 | 188,73 | 204,75 | 221,13 | 254,99 |
| 160 | 68,08 | 82,70 | 97,66 | 112,98 | 128,64 | 144,67 | 177,79 | 194,90 | 212,39 | 230,25 | 248,49 | 286,13 |
| 170 | 76,58 | 92,96 | 109,71 | 126,82 | 144,30 | 162,17 | 199,03 | 218,04 | 237,45 | 257,25 | 277,45 | 319,07 |
| 180 | 85,58 | 103,82 | 122,45 | 141,46 | 160,87 | 180,67 | 221,47 | 242,48 | 263,91 | 285,75 | 308,01 | 353,81 |
| 190 | 95,08 | 115,28 | 135,88 | 156,90 | 178,33 | 200,17 | 245,11 | 268,22 | 291,77 | 315,75 | 340,17 | 390,35 |
| **200** | 105,08 | 127,34 | 150,03 | 173,14 | 196,69 | 220,67 | 269,95 | 295,26 | 321,03 | 347,25 | 373,93 | 428,69 |
| 210 | 115,58 | 140,00 | 164,87 | 190,18 | 215,95 | 242,17 | 295,99 | 323,60 | 351,69 | 380,25 | 409,29 | 458,83 |
| 220 | 126,58 | 153,26 | 180,41 | 208,02 | 236,11 | 264,67 | 323,23 | 353,24 | 383,75 | 414,75 | 446,25 | 510,77 |
| 230 | 138,08 | 167,12 | 196,65 | 226,66 | 257,17 | 288,17 | 351,67 | 383,43 | 417,21 | 450,75 | 484,81 | 554,51 |
| 240 | 150,08 | 181,58 | 213,59 | 246,10 | 279,13 | 312,67 | 381,31 | 416,42 | 452,07 | 488,25 | 524,97 | 600,05 |
| 250 | 162,58 | 196,64 | 231,23 | 266,34 | 301,99 | 338,17 | 412,15 | 449,96 | 488,33 | 527,25 | 566,73 | 647,39 |
| 260 | 175,58 | 212,30 | 249,57 | 287,38 | 325,75 | 364,67 | 444,19 | 484,80 | 525,99 | 567,75 | 610,09 | 696,53 |
| 270 | 189,08 | 228,56 | 268,61 | 309,22 | 350,41 | 392,17 | 477,43 | 520,94 | 565,05 | 609,75 | 655,05 | 747,47 |
| 280 | 203,08 | 245,42 | 288,35 | 331,86 | 375,97 | 420,67 | 511,87 | 558,38 | 605,51 | 653,25 | 701,61 | 800,21 |
| 290 | 217,58 | 262,88 | 308,79 | 355,30 | 402,43 | 450,17 | 547,51 | 597,12 | 647,37 | 698,25 | 749,77 | 854,75 |
| **300** | 232,58 | 280,94 | 329,93 | 379,54 | 429,79 | 480,67 | 584,35 | 637,16 | 690,63 | 744,75 | 799,53 | 911,09 |
| 310 | 248,08 | 299,60 | 351,77 | 404,58 | 458,05 | 512,17 | 622,39 | 678,50 | 735,29 | 792,75 | 850,89 | 969,23 |
| 320 | 264,08 | 318,86 | 374,31 | 430,42 | 487,29 | 544,67 | 661,63 | 721,14 | 781,35 | 842,25 | 903,85 | 1 029,2 |
| 330 | 280,58 | 338,72 | 397,55 | 457,06 | 517,27 | 578,17 | 702,07 | 765,08 | 828,81 | 893,25 | 958,41 | 1 090,9 |
| 340 | 297,58 | 359,18 | 421,49 | 484,50 | 548,23 | 612,67 | 743,71 | 810,32 | 877,67 | 945,75 | 1 014,6 | 1 154,4 |
| 350 | 315,08 | 380,24 | 446,13 | 512,74 | 580,09 | 648,17 | 786,55 | 856,86 | 927,93 | 999,75 | 1 072,3 | 1 219,8 |
| 360 | 333,08 | 401,90 | 471,47 | 541,78 | 612,85 | 684,67 | 830,59 | 904,70 | 979,59 | 1 055,2 | 1 131,7 | 1 286,9 |
| 370 | 351,58 | 424,16 | 497,51 | 571,62 | 646,51 | 722,17 | 875,83 | 953,84 | 1 032,6 | 1 112,2 | 1 192,6 | 1 355,9 |
| 380 | 370,58 | 447,02 | 524,25 | 602,26 | 681,07 | 760,67 | 922,27 | 1 004,3 | 1 087,1 | 1 170,7 | 1 255,2 | 1 426,6 |
| 390 | 390,08 | 470,48 | 551,69 | 633,70 | 716,53 | 800,17 | 969,91 | 1 056,0 | 1 143,0 | 1 230,7 | 1 319,4 | 1 499,1 |
| **400** | 410,08 | 494,54 | 579,83 | 665,94 | 752,89 | 840,67 | 1 018,7 | 1 109,1 | 1 200,2 | 1 292,2 | 1 385,1 | 1 573,5 |
| 410 | 430,58 | 519,20 | 608,67 | 698,98 | 790,15 | 882,17 | 1 068,8 | 1 163,4 | 1 258,9 | 1 355,2 | 1 452,5 | 1 649,6 |
| 420 | 451,58 | 544,46 | 638,21 | 732,82 | 828,31 | 924,67 | 1 120,0 | 1 219,0 | 1 318,9 | 1 419,7 | 1 521,4 | 1 727,6 |
| 430 | 473,08 | 570,32 | 668,45 | 767,46 | 867,37 | 968,17 | 1 172,5 | 1 276,0 | 1 380,4 | 1 495,7 | 1 592,0 | 1 807,3 |
| 440 | 495,08 | 596,78 | 699,39 | 802,90 | 907,33 | 1 012,7 | 1 226,1 | 1 334,2 | 1 443,3 | 1 553,2 | 1 664,2 | 1 888,8 |
| 450 | 517,58 | 623,84 | 731,03 | 839,14 | 948,19 | 1 058,2 | 1 280,9 | 1 393,8 | 1 507,5 | 1 622,2 | 1 737,9 | 1 972,2 |
| 460 | 540,58 | 651,50 | 763,37 | 876,18 | 989,95 | 1 104,7 | 1 337,0 | 1 454,6 | 1 573,2 | 1 692,7 | 1 813,3 | 2 057,3 |
| 470 | 564,08 | 679,76 | 796,41 | 914,02 | 1 032,6 | 1 152,2 | 1 394,2 | 1 516,7 | 1 640,2 | 1 764,7 | 1 890,2 | 2 144,3 |
| 480 | 588,08 | 708,62 | 830,15 | 952,66 | 1 076,2 | 1 200,7 | 1 452,7 | 1 580,2 | 1 708,7 | 1 838,2 | 1 968,8 | 2 233,0 |
| 490 | 612,58 | 738,08 | 864,59 | 992,10 | 1 120,6 | 1 250,2 | 1 512,3 | 1 644,9 | 1 778,6 | 1 913,2 | 2 049,0 | 2 323,5 |

| 20 | 22 | 24 | 25 | 26 | 27 | 28 | 30 | 31 | 32 | 35 | 36 | 39 | 40 | Distancia a mm |
|---|---|---|---|---|---|---|---|---|---|---|---|---|---|---|
| 101,33 | 116,22 | 133,10 | 140,42 | 149,10 | 157,84 | 166,95 | 186,00 | — | — | — | — | — | — | **80** |
| 122,33 | 139,76 | 158,26 | 167,92 | 177,86 | 188,08 | 198,59 | 220,50 | — | — | — | — | — | — | 90 |
| 145,33 | 165,50 | 186,82 | 197,92 | 209,32 | 221,02 | 233,03 | 258,00 | — | — | — | — | — | — | **100** |
| 170,33 | 193,44 | 217,78 | 230,42 | 243,38 | 256,66 | 270,27 | 298,50 | — | — | — | — | — | — | 110 |
| 197,33 | 223,58 | 251,14 | 265,42 | 280,04 | 295,00 | 310,31 | 342,00 | — | — | — | — | — | — | 120 |
| 226,33 | 255,92 | 286,90 | 302,92 | 319,30 | 336,04 | 353,15 | 388,50 | — | — | — | — | — | — | 130 |
| 257,33 | 290,46 | 325,06 | 342,92 | 361,16 | 379,78 | 398,79 | 438,00 | — | — | — | — | — | — | 140 |
| 290,33 | 327,20 | 365,62 | 385,42 | 405,62 | 426,22 | 447,23 | 490,50 | — | — | — | — | — | — | 150 |
| 325,33 | 366,14 | 408,58 | 430,42 | 452,68 | 475,36 | 498,47 | 546,00 | — | — | — | — | — | — | 160 |
| 362,33 | 407,28 | 453,94 | 477,92 | 502,34 | 527,20 | 552,51 | 604,50 | — | — | — | — | — | — | 170 |
| 401,33 | 450,62 | 501,70 | 527,92 | 554,60 | 581,74 | 609,35 | 666,00 | — | — | — | — | — | — | 180 |
| 442,33 | 496,16 | 551,86 | 580,42 | 609,46 | 638,98 | 668,99 | 730,50 | — | — | — | — | — | — | 190 |
| 485,33 | 543,90 | 604,42 | 635,42 | 666,92 | 698,92 | 731,43 | 798,00 | 832,06 | 866,64 | — | — | — | — | **200** |
| 530,33 | 593,84 | 659,38 | 692,92 | 726,98 | 761,56 | 796,67 | 869,50 | 905,22 | 942,48 | — | — | — | — | 210 |
| 577,33 | 645,98 | 716,74 | 752,92 | 789,64 | 826,90 | 864,71 | 942,00 | 981,48 | 1 021,5 | — | — | — | — | 220 |
| 626,33 | 700,32 | 776,50 | 815,42 | 854,90 | 894,94 | 935,55 | 1 018,5 | 1 060,8 | 1 103,8 | — | — | — | — | 230 |
| 677,33 | 756,86 | 838,66 | 880,42 | 922,76 | 965,68 | 1 009,2 | 1 098,0 | 1 143,3 | 1 189,2 | — | — | — | — | 240 |
| 730,33 | 815,60 | 903,22 | 947,92 | 993,22 | 1 039,1 | 1 085,6 | 1 180,5 | 1 228,9 | 1 277,8 | — | — | — | — | 250 |
| 785,33 | 876,54 | 970,18 | 1 017,9 | 1 066,3 | 1 115,3 | 1 164,9 | 1 266,0 | 1 317,5 | 1 369,7 | — | — | — | — | 260 |
| 842,33 | 939,68 | 1 039,5 | 1 090,4 | 1 141,9 | 1 194,1 | 1 246,9 | 1 354,5 | 1 409,3 | 1 464,7 | — | — | — | — | 270 |
| 901,33 | 1 005,0 | 1 111,3 | 1 165,4 | 1 220,2 | 1 275,6 | 1 331,7 | 1 446,0 | 1 504,1 | 1 563,0 | — | — | — | — | 280 |
| 962,33 | 1 072,6 | 1 185,5 | 1 242,9 | 1 301,0 | 1 359,9 | 1 419,4 | 1 540,5 | 1 602,1 | 1 664,4 | — | — | — | — | 290 |
| 1 025,3 | 1 142,3 | 1 262,0 | 1 322,9 | 1 384,5 | 1 446,8 | 1 509,8 | 1 638,0 | 1 703,2 | 1 769,0 | 1 971,1 | 2 039,9 | — | — | **300** |
| 1 090,3 | 1 214,2 | 1 341,0 | 1 405,4 | 1 470,6 | 1 536,5 | 1 603,1 | 1 738,5 | 1 807,3 | 1 876,9 | 2 090,1 | 2 162,7 | — | — | 310 |
| 1 157,3 | 1 288,4 | 1 422,3 | 1 490,4 | 1 559,2 | 1 628,8 | 1 699,1 | 1 842,0 | 1 914,6 | 1 987,9 | 2 212,6 | 2 289,0 | — | — | 320 |
| 1 226,3 | 1 364,7 | 1 506,1 | 1 577,9 | 1 650,5 | 1 723,8 | 1 797,9 | 1 948,5 | 2 024,9 | 2 102,2 | 2 338,6 | 2 419,0 | — | — | 330 |
| 1 297,3 | 1 443,3 | 1 592,3 | 1 667,9 | 1 744,3 | 1 821,6 | 1 899,6 | 2 058,0 | 2 138,4 | 2 219,6 | 2 468,1 | 2 552,5 | — | — | 340 |
| 1 370,3 | 1 524,0 | 1 680,8 | 1 760,4 | 1 840,8 | 1 922,0 | 2 004,0 | 2 170,5 | 2 255,0 | 2 340,2 | 2 601,1 | 2 689,7 | — | — | 350 |
| 1 445,3 | 1 606,9 | 1 771,8 | 1 855,4 | 1 939,9 | 2 025,2 | 2 111,3 | 2 286,0 | 2 374,6 | 2 464,1 | 2 737,6 | 2 830,5 | — | — | 360 |
| 1 522,3 | 1 692,1 | 1 865,1 | 1 952,9 | 2 041,5 | 2 131,0 | 2 221,3 | 2 404,5 | 2 497,4 | 2 591,1 | 2 877,6 | 2 974,8 | — | — | 370 |
| 1 601,3 | 1 779,4 | 1 960,9 | 2 052,9 | 2 145,8 | 2 239,5 | 2 334,1 | 2 526,0 | 2 623,2 | 2 721,4 | 3 021,1 | 3 122,8 | — | — | 380 |
| 1 682,3 | 1 869,0 | 2 059,1 | 2 155,4 | 2 252,6 | 2 350,8 | 2 449,8 | 2 650,5 | 2 752,2 | 2 854,8 | 3 168,1 | 3 274,3 | — | — | 390 |
| 1 765,3 | 1 960,7 | 2 159,6 | 2 260,4 | 2 362,1 | 2 464,7 | 2 569,2 | 2 778,0 | 2 884,3 | 2 991,4 | 3 318,6 | 3 429,5 | 3 767,9 | 3 882,7 | **400** |
| 1 850,3 | 2 054,6 | 2 262,6 | 2 367,9 | 2 474,2 | 2 581,4 | 2 693,5 | 2 903,5 | 3 019,4 | 3 131,3 | 3 472,6 | 3 588,3 | 3 941,1 | 4 060,7 | 410 |
| 1 937,3 | 2 150,8 | 2 367,9 | 2 477,9 | 2 598,8 | 2 700,7 | 2 813,5 | 3 042,0 | 3 157,7 | 3 274,3 | 3 630,1 | 3 750,6 | 4 118,2 | 4 242,7 | 420 |
| 2 026,3 | 2 249,1 | 2 475,7 | 2 590,4 | 2 706,1 | 2 822,7 | 2 940,3 | 3 178,5 | 3 299,0 | 3 420,6 | 3 791,1 | 3 916,6 | 4 299,1 | 4 428,7 | 430 |
| 2 117,3 | 2 349,7 | 2 585,9 | 2 705,4 | 2 828,4 | 2 947,5 | 3 070,0 | 3 318,0 | 3 443,5 | 3 570,0 | 3 955,6 | 4 086,1 | 4 484,0 | 4 618,7 | 440 |
| 2 210,3 | 2 452,4 | 2 698,4 | 2 822,9 | 2 948,4 | 3 074,9 | 3 202,4 | 3 460,5 | 3 591,1 | 3 722,6 | 4 123,6 | 4 259,3 | 4 672,7 | 4 812,7 | 450 |
| 2 305,3 | 2 557,3 | 2 813,4 | 2 942,9 | 3 073,5 | 3 205,1 | 3 337,7 | 3 606,0 | 3 741,7 | 3 878,5 | 4 295,1 | 4 436,1 | 4 865,4 | 5 010,7 | 460 |
| 2 402,3 | 2 664,5 | 2 930,7 | 3 065,4 | 3 201,1 | 3 337,9 | 3 475,7 | 3 754,5 | 3 895,5 | 4 037,5 | 4 470,1 | 4 616,4 | 5 062,0 | 5 212,7 | 470 |
| 2 501,3 | 2 773,8 | 3 050,5 | 3 190,4 | 3 331,4 | 3 473,4 | 3 616,5 | 3 906,0 | 4 052,3 | 4 199,8 | 4 648,6 | 4 800,4 | 5 262,4 | 5 418,7 | 480 |
| 2 602,3 | 2 885,4 | 3 172,7 | 3 317,9 | 3 464,2 | 3 611,7 | 3 760,2 | 4 060,5 | 4 212,3 | 4 365,2 | 4 830,6 | 4 987,9 | 5 466,8 | 5 628,7 | 490 |

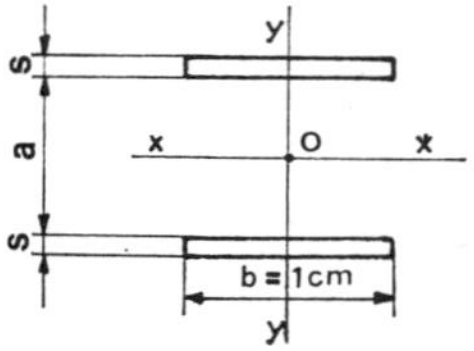


# MOMENTOS DE INERCIA DE UN PAR DE RECTÁNGULOS HORIZONTALES



con distancias **a** de 80 hasta 2500 mm, espesores **s** de hasta 60 mm, anchos **b** unitarios (1 cm).

Para obtener los valores de $I_x$ de dos rectángulos dispuestos como en la figura, y con cualquier valor de b', se multiplican por b', expresado en cm, los valores de la tabla

**(continuación)**

**Ejemplo:** para dos rectángulos con **b'** = 150 mm, **s** = 12 mm y la distancia **a** = 300 mm: $\mathbf{I_x} = 15 \times 584{,}35 = 8765{,}2\ cm^4$

| Distancia a mm | Momento de inercia $I_x$ en $cm^4$ para un espesor s en mm = | | | | | | | | | | | | | | | | | | | | | | | | | Distancia a mm |
|---|---|---|---|---|---|---|---|---|---|---|---|---|---|---|---|---|---|---|---|---|---|---|---|---|---|---|
| | 8 | 9 | 10 | 12 | 13 | 14 | 15 | 16 | 18 | 20 | 22 | 24 | 25 | 26 | 27 | 28 | 30 | 31 | 32 | 35 | 36 | 39 | 40 | 45 | 48 | 50 | |
| **500** | 1 032,3 | 1 166,0 | 1 300,7 | 1 573,1 | 1 711,0 | 1 849,8 | 1 989,7 | 2 130,7 | 2 415,9 | 2 705,3 | 2 999,1 | 3 297,2 | 3 447,9 | 3 599,7 | 3 752,6 | 3 906,6 | 4 218,0 | 4 375,4 | 4 533,8 | 5 016,1 | 5 179,1 | 5 675,0 | 5 842,7 | 6 698,3 | — | — | **500** |
| 510 | 1 073,4 | 1 212,2 | 1 352,2 | 1 635,2 | 1 778,3 | 1 922,5 | 2 067,7 | 2 214,1 | 2 510,0 | 2 810,3 | 3 115,0 | 3 424,2 | 3 580,4 | 3 737,8 | 3 896,3 | 4 055,9 | 4 378,5 | 4 541,5 | 4 705,7 | 5 205,1 | 5 373,9 | 5 887,2 | 6 060,7 | 6 945,8 | — | — | 510 |
| 520 | 1 115,2 | 1 259,4 | 1 404,7 | 1 698,4 | 1 846,9 | 1 996,5 | 2 147,2 | 2 299,0 | 2 606,0 | 2 917,3 | 3 233.2 | 3 553,5 | 3 715,4 | 3 878,4 | 4 042,6 | 4 207,9 | 4 542,0 | 4 710,8 | 4 880,7 | 5 397,6 | 5 572,2 | 6 103,3 | 6 282,7 | 7 197,8 | — | — | 520 |
| 530 | 1 157,9 | 1 307,5 | 1 458,2 | 1 762,9 | 1 916,9 | 2 072,0 | 2 228,2 | 2 385,6 | 2 703,7 | 3 026,3 | 3 353,6 | 3 685,3 | 3 852,9 | 4 021,7 | 4 191,6 | 4 362,7 | 4 708,5 | 4 883,1 | 5 059,0 | 5 593,6 | 5 774,2 | 6 323,2 | 6 508,7 | 7 454,3 | — | — | 530 |
| 540 | 1 201,3 | 1 356,4 | 1 512,7 | 1 828,5 | 1 988,1 | 2 148,9 | 2 310,7 | 2 473,8 | 2 803,2 | 3 137,3 | 3 476,1 | 3 819,5 | 3 992,9 | 4 167,5 | 4 343,4 | 4 520,4 | 4 878,0 | 5 058,6 | 5 240,4 | 5 793,1 | 5 979,7 | 6 547,1 | 6 738,7 | 7 715,3 | — | — | 540 |
| 550 | 1 245,5 | 1 406,3 | 1 568,2 | 1 895,3 | 2 060,7 | 2 227,1 | 2 394,7 | 2 563,5 | 2 904,6 | 3 250,3 | 3 600,8 | 3 956,0 | 4 135,4 | 4 316,0 | 4 497,8 | 4 680,8 | 5 050,0 | 5 237,2 | 5 425,0 | 5 996,1 | 6 188,9 | 6 774,8 | 6 972,7 | 7 980,8 | — | — | 550 |
| 560 | 1 290,6 | 1 457,0 | 1 624,7 | 1 963,4 | 2 134,5 | 2 306,8 | 2 480,2 | 2 654,9 | 3 007,7 | 3 365,3 | 3 727,7 | 4 095,0 | 4 280,4 | 4 467,1 | 4 655,0 | 4 844,1 | 5 226,0 | 5 418,8 | 5 612,9 | 6 202,6 | 6 401,7 | 7 006,5 | 7 210,7 | 8 250,8 | — | — | 560 |
| 570 | 1 336,4 | 1 508,7 | 1 682,2 | 2 032,6 | 2 209,6 | 2 387,8 | 2 567,2 | 2 747,8 | 3 112,7 | 3 482,3 | 3 856,9 | 4 236,3 | 4 427,9 | 4 620,7 | 4 814,8 | 5 010,1 | 5 404,5 | 5 603,6 | 5 803,9 | 6 412,6 | 6 618,0 | 7 242,1 | 7 452,7 | 8 525,3 | — | — | 570 |
| 580 | 1 383,1 | 1 561,3 | 1 740,7 | 2 103,1 | 2 286,1 | 2 470,3 | 2 655,7 | 2 842,4 | 3 219,4 | 3 601,3 | 3 988,2 | 4 380,1 | 4 577,9 | 4 777,0 | 4 977,3 | 5 178,9 | 5 586,0 | 5 791,4 | 5 998,1 | 6 626,1 | 6 838,0 | 7 481,5 | 7 698,7 | 8 804,3 | — | — | 580 |
| 590 | 1 430,5 | 1 614,7 | 1 800,2 | 2 174,7 | 2 363,8 | 2 554,2 | 2 745,7 | 2 938,6 | 3 327,9 | 3 722,3 | 4 121,8 | 4 526,3 | 4 730,4 | 4 935,8 | 5 142,6 | 5 350,6 | 5 770,5 | 5 982,4 | 6 195,6 | 6 843,1 | 7 061,5 | 7 724,9 | 7 948,7 | 9 087,8 | — | — | 590 |
| **600** | 1 478,7 | 1 669,1 | 1 867,7 | 2 247,5 | 2 442,9 | 2 639,4 | 2 837,2 | 3 036,3 | 3 438,3 | 3 845,3 | 4 257,5 | 4 674,8 | 4 885,4 | 5 097,3 | 5 310,5 | 5 525,0 | 5 958,0 | 6 176,5 | 6 396,2 | 7 063,6 | 7 288,7 | 7 972,1 | 8 202,7 | 9 375,8 | — | — | **600** |
| 610 | 1 527,8 | 1 724,3 | 1 922,2 | 2 321,6 | 2 523,2 | 2 726,1 | 2 930,2 | 3 135,7 | 3 550,4 | 3 970,3 | 4 395,4 | 4 825,8 | 5 042,9 | 5 261,4 | 5 481,2 | 5 702,3 | 6 148,5 | 6 373,6 | 6 600,1 | 7 287,6 | 7 519,5 | 8 223,3 | 8 460,7 | 9 668,3 | — | — | 610 |
| 620 | 1 577,6 | 1 780,5 | 1 984,7 | 2 396,8 | 2 604,8 | 2 814,1 | 3 024,7 | 3 236,6 | 3 664,4 | 4 097,3 | 4 535,6 | 4 979,1 | 5 202,9 | 5 428,0 | 5 654,5 | 5 882,3 | 6 342,0 | 6 573,9 | 6 807,1 | 7 515,1 | 7 753,8 | 8 478,4 | 8 722,7 | 9 965,3 | — | — | 620 |
| 630 | 1 628,3 | 1 837,6 | 2 048,2 | 2 473,3 | 2 687,8 | 2 903,6 | 3 120,7 | 3 339,2 | 3 780,1 | 4 226,3 | 4 677,9 | 5 134,9 | 5 365,4 | 5 597,3 | 5 830,5 | 6 065,1 | 6 538,5 | 6 777,2 | 7 017,4 | 7 746,1 | 7 991,8 | 8 737,3 | 8 988,7 | 10 267 | — | — | 630 |
| 640 | 1 679,7 | 1 895,5 | 2 112,7 | 2 550,9 | 2 772,0 | 2 994,5 | 3 218,2 | 3 443,4 | 3 897,6 | 4 357,3 | 4 822,5 | 5 293,1 | 5 530,4 | 5 769,1 | 6 009,3 | 6 250,8 | 6 738,0 | 6 983,7 | 7 354,7 | 7 980,6 | 8 233,3 | 9 000,2 | 9 258,7 | 10 573 | — | — | 640 |
| 650 | 1 731,9 | 1 954,4 | 2 178,2 | 2 629,7 | 2 857,6 | 3 086,7 | 3 317,2 | 3 549,1 | 4 017,0 | 4 490,3 | 4 969,2 | 5 453,6 | 5 697,9 | 5 943,6 | 6 190,7 | 6 439,2 | 6 940,5 | 7 193,3 | 7 447,4 | 8 218,6 | 8 478,5 | 9 266,9 | 9 532,7 | 10 883 | — | — | 650 |
| 660 | 1 785,0 | 2 014,1 | 2 244,7 | 2 709,8 | 2 944,4 | 3 180,4 | 3 417,7 | 3 656,5 | 4 138,1 | 4 625,3 | 5 118,1 | 5 616,6 | 5 867,9 | 6 120,7 | 6 374,9 | 6 630,5 | 7 146,0 | 7 405,9 | 7 667,3 | 8 460,1 | 8 727,3 | 9 537,6 | 9 810,7 | 11 198 | — | — | 660 |
| 670 | 1 838,8 | 2 074,8 | 2 312,2 | 2 791,0 | 3 032,5 | 3 275,4 | 3 519,7 | 3 765,4 | 4 261,1 | 4 762,3 | 5 269,3 | 5 781,9 | 6 040,4 | 6 300,3 | 6 561,7 | 6 824,5 | 7 354,5 | 7 621,7 | 7 890,3 | 8 705,1 | 8 979,6 | 9 812,2 | 10 093 | 11 518 | — | — | 670 |
| 680 | 1 893,5 | 2 136,4 | 2 380,7 | 2 873,5 | 3 122,0 | 3 371,9 | 3 623,2 | 3 876,0 | 4 385,8 | 4 901,3 | 5 422,6 | 5 949,7 | 6 215,4 | 6 482,6 | 6 751,2 | 7 021,3 | 7 566,0 | 7 840,5 | 8 116,6 | 8 953,6 | 9 235,6 | 10 091 | 10 379 | 11 842 | — | — | 680 |
| 690 | 1 948,9 | 2 198,8 | 2 450,2 | 2 957,1 | 3 212,7 | 3 469,8 | 3 728,2 | 3 988,2 | 4 512,3 | 5 042,3 | 5 578,2 | 6 119,9 | 6 392,9 | 6 667,4 | 6 943,5 | 7 221,0 | 7 780,5 | 8 062,5 | 8 346,0 | 9 205,6 | 9 495,1 | 10 373 | 10 669 | 12 170 | — | — | 690 |
| **700** | 2 005,1 | 2 262,2 | 2 520,7 | 3 041,9 | 3 304,8 | 3 569,0 | 3 834,7 | 4 101,9 | 4 640,7 | 5 185,3 | 5 735,9 | 6 292,4 | 6 572,9 | 6 854,9 | 7 138,4 | 7 423,4 | 7 998,0 | 8 287,6 | 8 578,6 | 9 461,1 | 9 758,3 | 10 659 | 10 963 | 12 503 | 13 446 | 14 083 | **700** |
| 710 | 2 062,2 | 2 326,4 | 2 592,2 | 3 128,0 | 3 398,1 | 3 669,7 | 3 942,7 | 4 217,3 | 4 770,8 | 5 330,3 | 5 895,8 | 6 467,4 | 6 755,4 | 7 045,0 | 7 336,1 | 7 628,7 | 8 218,5 | 8 515,7 | 8 814,5 | 9 720,1 | 10 025 | 10 949 | 11 261 | 12 841 | 13 808 | 14 461 | 710 |
| 720 | 2 120,0 | 2 391,6 | 2 664,7 | 3 215,2 | 3 492,7 | 3 771,7 | 4 052,2 | 4 334,2 | 4 902,8 | 4 577,3 | 6 058,0 | 6 644,7 | 6 940,4 | 7 237,6 | 7 536,4 | 7 836,7 | 8 442,0 | 8 747,0 | 9 053,5 | 9 982,6 | 10 295 | 11 243 | 11 563 | 13 183 | 14 174 | 14 843 | 720 |
| 730 | 2 178,7 | 2 457,7 | 2 738,2 | 3 303,7 | 3 588,7 | 3 875,2 | 4 163,2 | 4 452,8 | 5 036,5 | 5 626,3 | 6 222,3 | 6 824,5 | 7 127,9 | 7 432,9 | 7 739,4 | 8 047,5 | 8 668,5 | 8 981,3 | 9 295,8 | 10 249 | 10 569 | 11 541 | 11 869 | 13 529 | 14 545 | 15 230 | 730 |
| 740 | 2 238,1 | 2 524,6 | 2 812,7 | 3 393,3 | 3 685,9 | 3 980,0 | 4 275,7 | 4 573,0 | 5 172,0 | 5 477,3 | 6 388,9 | 7 006,7 | 7 317,9 | 7 630,7 | 7 945,2 | 8 261,2 | 8 898,0 | 9 218,8 | 9 541,2 | 10 518 | 10 847 | 11 843 | 12 179 | 13 880 | 14 921 | 15 623 | 740 |
| 750 | 2 298,3 | 2 592,5 | 2 888,2 | 3 484,1 | 3 784,5 | 4 086,3 | 4 389,7 | 4 694,7 | 5 309,4 | 5 930,3 | 6 557,6 | 7 191,2 | 7 510,4 | 7 831,2 | 8 153,6 | 8 477,6 | 9 130,5 | 9 459,4 | 9 789,8 | 10 791 | 11 128 | 12 149 | 12 493 | 14 236 | 15 302 | 16 021 | 750 |
| 760 | 2 359,4 | 2 661,2 | 2 964,7 | 3 576,2 | 3 884,3 | 4 194,0 | 4 505,2 | 4 818,1 | 5 448,5 | 6 085,3 | 6 728,5 | 7 378,2 | 7 705,4 | 8 034,3 | 8 364,8 | 8 696,9 | 9 366,0 | 9 703,0 | 10 042 | 11 068 | 11 413 | 12 459 | 12 811 | 14 596 | 15 687 | 16 423 | 760 |
| 770 | 2 421,2 | 2 730,9 | 3 042,2 | 3 669,4 | 3 985,4 | 4 303,0 | 4 622,2 | 4 943,0 | 5 589,5 | 6 242,3 | 6 901,7 | 7 567,5 | 7 902,9 | 8 239,9 | 8 578,6 | 8 918,9 | 9 604,5 | 9 949,8 | 10 297 | 11 348 | 11 701 | 12 772 | 13 133 | 14 960 | 16 077 | 16 831 | 770 |
| 780 | 2 483,9 | 2 801,5 | 3 120,7 | 3 763,9 | 4 087,9 | 4 413,5 | 4 740,7 | 5 069,6 | 5 732,2 | 6 401,3 | 7 077,0 | 7 759,3 | 8 102,9 | 8 448,2 | 8 795,1 | 9 143,7 | 9 846,0 | 10 200 | 10 555 | 11 631 | 11 993 | 13 090 | 13 459 | 15 329 | 16 472 | 17 243 | 780 |
| 790 | 2 547,3 | 2 872,9 | 3 200,2 | 3 859,5 | 4 191,6 | 4 525,4 | 4 860,7 | 5 197,8 | 5 876,7 | 6 562,3 | 7 254,6 | 7 953,5 | 8 305,4 | 8 659,0 | 9 014,4 | 9 371,4 | 10 090 | 10 453 | 10 816 | 11 918 | 12 289 | 13 411 | 13 789 | 15 703 | 16 872 | 17 661 | 790 |
| **800** | 2 611,5 | 2 945,3 | 3 280,7 | 3 956,3 | 4 296,7 | 4 638,6 | 4 982,2 | 5 327,5 | 6 023,1 | 6 725,3 | 7 434,3 | 8 150,0 | 8 510,4 | 8 872,5 | 9 236,3 | 9 601,8 | 10 338 | 10 709 | 11 081 | 12 208 | 12 588 | 13 736 | 14 123 | 16 081 | 17 277 | 18 083 | **800** |
| 810 | 2 676,6 | 3 018,5 | 3 362,2 | 4 054,4 | 4 403,0 | 4 753,3 | 5 105,2 | 5 458,9 | 6 171,2 | 6 890,3 | 7 616,2 | 8 349,0 | 8 717,9 | 9 088,6 | 9 461,0 | 9 835,1 | 10 588 | 10 968 | 11 349 | 12 502 | 12 891 | 14 065 | 14 461 | 16 464 | 17 686 | 18 511 | 810 |
| 820 | 2 742,4 | 3 092,7 | 3 444,7 | 4 153,6 | 4 510,6 | 4 869,3 | 5 229,7 | 5 591,8 | 6 321,2 | 7 057,3 | 7 800,4 | 8 550,3 | 8 927,9 | 9 307,2 | 9 688,3 | 10 071 | 10 842 | 11 230 | 11 620 | 12 800 | 13 197 | 14 398 | 14 803 | 16 850 | 18 101 | 18 943 | 820 |
| 830 | 2 809,1 | 3 167,8 | 3 528,2 | 4 254,1 | 4 619,6 | 4 986,8 | 5 355,7 | 5 726,4 | 6 472,9 | 7 226,3 | 7 986,7 | 8 754,1 | 9 140,4 | 9 528,5 | 9 918,3 | 10 310 | 11 098 | 11 245 | 11 894 | 13 101 | 13 507 | 14 735 | 15 149 | 17 242 | 18 520 | 19 381 | 830 |
| 840 | 2 876,5 | 3 243,7 | 3 612,7 | 4 355,7 | 4 729,8 | 5 105,7 | 5 483,2 | 5 862,6 | 6 626,4 | 7 397,3 | 8 175,3 | 8 960,3 | 9 355,4 | 9 752,3 | 10 151 | 10 551 | 11 358 | 11 764 | 12 172 | 13 405 | 13 821 | 15 076 | 15 499 | 17 638 | 18 943 | 19 823 | 840 |
| 850 | 2 944,7 | 3 320,6 | 3 698,2 | 4 458,5 | 4 841,4 | 5 225,9 | 5 612,2 | 6 000,3 | 6 781,8 | 7 570,3 | 8 366,0 | 9 168,8 | 9 572,9 | 9 978,8 | 10 387 | 10 796 | 11 620 | 12 035 | 12 452 | 13 713 | 14 138 | 15 421 | 15 853 | 18 038 | 19 372 | 20 271 | 850 |
| 860 | 3 013,8 | 3 398,3 | 3 784,7 | 4 562,6 | 4 954,2 | 5 347,6 | 5 742,7 | 6 139,7 | 6 938,9 | 7 745,3 | 8 558,9 | 9 379,8 | 9 792,9 | 10 208 | 10 625 | 11 043 | 11 886 | 12 310 | 12 736 | 14 025 | 14 458 | 15 770 | 16 211 | 18 443 | 19 806 | 20 723 | 860 |
| 870 | 3 083,6 | 3 477,0 | 3 872,2 | 4 667,8 | 5 068,3 | 5 470,6 | 5 874,7 | 6 280,6 | 7 097,9 | 7 922,3 | 8 754,1 | 9 593,1 | 10 015 | 10 439 | 10 866 | 11 293 | 12 154 | 12 588 | 13 023 | 14 340 | 14 783 | 16 122 | 16 573 | 18 853 | 20 244 | 21 181 | 870 |
| 880 | 3 154,3 | 3 556,6 | 3 960,7 | 4 774,3 | 5 183,8 | 5 595,1 | 6 008,2 | 6 423,2 | 7 258,6 | 8 101,3 | 8 951,4 | 9 808,9 | 10 240 | 10 674 | 11 105 | 11 546 | 12 426 | 12 869 | 13 313 | 14 658 | 15 111 | 16 479 | 16 939 | 19 267 | 20 687 | 21 643 | 880 |
| 890 | 3 225,7 | 3 637,0 | 4 050,2 | 4 881,9 | 5 300,5 | 5 721,0 | 6 143,2 | 6 567,4 | 7 421,1 | 8 282,3 | 9 151,0 | 10 027 | 10 468 | 10 911 | 11 355 | 11 802 | 12 700 | 13 153 | 13 607 | 14 980 | 15 442 | 16 839 | 17 309 | 19 855 | 21 135 | 22 111 | 890 |

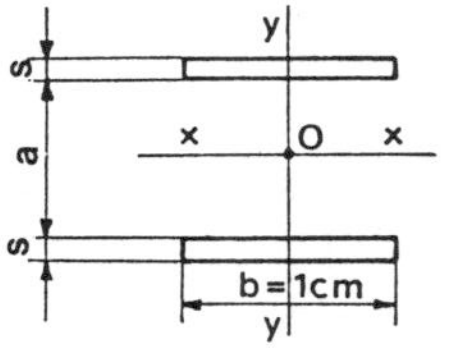


# MOMENTOS DE INERCIA DE UN PAR DE RECTÁNGULOS HORIZONTALES



con distancias **a** de 80 hasta 2500 mm, espesores **s** de hasta 60 mm, anchos **b** unitarios (1 cm).

Para obtener los valores de $I_x$ de dos rectángulos dispuestos como en la figura, y con cualquier valor de b', se multiplican por b', expresado en cm, los valores de la tabla

**(continuación)**

**Ejemplo:** para dos rectángulos con **b'** = 150 mm, **s** = 12 mm y la distancia **a** = 300 mm: $I_x = 15 \times 584{,}35 = 8765{,}2$ cm$^4$

Momento de inercia $I_x$ en cm$^4$ para un espesor **s** en mm =

| Distancia a mm | 10 | 12 | 13 | 14 | 15 | 16 | 18 | 20 | 22 | 24 | 25 | 26 | 27 |
|---|---|---|---|---|---|---|---|---|---|---|---|---|---|
| **900** | 4 140,7 | 4 990,7 | 5 418,6 | 5 848,2 | 6 279,7 | 6 713,1 | 7 585,5 | 8 465,3 | 9 352,7 | 10 248 | 10 698 | 11 150 | 11 604 |
| 910 | 4 232,2 | 5 100,8 | 5 537,9 | 5 976,9 | 6 417,7 | 6 860,5 | 7 751,6 | 8 650,3 | 9 556,6 | 10 471 | 10 930 | 11 392 | 11 856 |
| 920 | 4 324,7 | 5 212,0 | 5 658,5 | 6 106,9 | 6 557,2 | 7 009,4 | 7 919,6 | 8 837,3 | 9 762,8 | 10 696 | 11 165 | 11 637 | 12 110 |
| 930 | 4 418,2 | 5 324,5 | 5 780,5 | 6 238,4 | 6 698,2 | 7 160,0 | 8 089,3 | 9 026,3 | 9 971,1 | 10 924 | 11 403 | 11 884 | 12 367 |
| 940 | 4 512,7 | 5 438,1 | 5 903,7 | 6 371,3 | 6 840,7 | 7 312,2 | 8 260,8 | 9 217,3 | 10 182 | 11 154 | 11 643 | 12 134 | 12 627 |
| 950 | 4 608,2 | 5 552,9 | 6 028,3 | 6 505,5 | 6 984,7 | 7 465,9 | 8 434,2 | 9 410,3 | 10 394 | 11 386 | 11 885 | 12 386 | 12 889 |
| 960 | 4 704,7 | 5 669,0 | 6 154,1 | 6 641,2 | 7 130,2 | 7 621,3 | 8 609,3 | 9 605,3 | 10 609 | 11 621 | 12 130 | 12 641 | 13 155 |
| 970 | 4 802,2 | 5 786,2 | 6 281,2 | 6 778,2 | 7 277,2 | 7 778,2 | 8 786,3 | 9 802,3 | 10 826 | 11 859 | 12 378 | 12 899 | 13 422 |
| 980 | 4 900,7 | 5 904,7 | 6 409,7 | 6 916,7 | 7 425,7 | 7 936,8 | 8 965,0 | 10 001 | 11 046 | 12 098 | 12 628 | 13 159 | 13 693 |
| 990 | 5 000,2 | 6 024,3 | 6 539,4 | 7 056,6 | 7 575,7 | 8 097,0 | 9 145,6 | 10 202 | 11 267 | 12 341 | 12 880 | 13 422 | 13 966 |
| **1 000** | 5 100,7 | 6 145,1 | 6 670,5 | 7 197,8 | 7 727,2 | 8 258,7 | 9 327,9 | 10 405 | 11 491 | 12 585 | 13 135 | 13 688 | 14 242 |
| 1 050 | 5 618,2 | 6 767,3 | 7 345,2 | 7 925,1 | 8 507,2 | 9 091,5 | 10 266 | 11 450 | 12 643 | 13 844 | 14 448 | 15 054 | 15 662 |
| 1 100 | 6 160,7 | 7 419,5 | 8 052,4 | 8 687,4 | 9 324,7 | 9 964,3 | 11 250 | 12 545 | 13 849 | 15 163 | 15 823 | 16 485 | 17 150 |
| 1 150 | 6 728,2 | 8 101,7 | 8 792,1 | 9 484,7 | 10 180 | 10 877 | 12 279 | 13 690 | 15 111 | 16 542 | 17 260 | 17 982 | 18 705 |
| 1 200 | 7 320,7 | 8 813,9 | 9 564,3 | 10 317 | 11 072 | 11 830 | 13 353 | 14 885 | 16 428 | 17 980 | 18 760 | 19 543 | 20 328 |
| 1 250 | 7 938,2 | 9 556,1 | 10 369 | 11 184 | 12 002 | 12 823 | 14 471 | 16 130 | 17 800 | 19 479 | 20 323 | 21 169 | 22 018 |
| 1 300 | 8 580,7 | 10 328 | 11 206 | 12 086 | 12 970 | 13 855 | 15 635 | 17 425 | 19 226 | 21 038 | 21 948 | 22 860 | 23 776 |
| 1 350 | 9 248,2 | 11 130 | 12 076 | 13 024 | 13 975 | 14 928 | 16 844 | 18 770 | 20 708 | 22 657 | 23 635 | 24 617 | 25 601 |
| 1 400 | 9 940,7 | 11 963 | 12 978 | 13 996 | 15 017 | 16 041 | 18 097 | 20 165 | 22 245 | 24 336 | 25 385 | 26 438 | 27 494 |
| 1 450 | 10 658 | 12 825 | 13 913 | 15 004 | 16 097 | 17 194 | 19 396 | 21 610 | 23 836 | 26 074 | 27 198 | 28 324 | 29 454 |
| **1 500** | 11 401 | 13 717 | 14 880 | 16 046 | 17 215 | 18 387 | 20 740 | 23 105 | 25 483 | 27 873 | 29 073 | 30 276 | 31 482 |
| 1 550 | 12 168 | 14 639 | 15 880 | 17 123 | 18 370 | 19 619 | 22 127 | 24 650 | 27 185 | 29 732 | 31 010 | 32 292 | 33 577 |
| 1 600 | 12 961 | 15 591 | 16 912 | 18 235 | 19 562 | 20 892 | 23 563 | 26 245 | 28 941 | 31 651 | 33 010 | 34 373 | 35 739 |
| 1 650 | 13 778 | 16 574 | 17 976 | 19 383 | 20 792 | 22 205 | 25 041 | 27 890 | 30 753 | 33 630 | 35 073 | 36 520 | 37 970 |
| 1 700 | 14 621 | 17 586 | 19 074 | 20 565 | 22 060 | 23 558 | 26 565 | 29 585 | 32 620 | 35 668 | 37 198 | 38 731 | 40 267 |
| 1 750 | 15 488 | 18 628 | 20 203 | 21 782 | 23 365 | 24 951 | 28 133 | 31 330 | 34 542 | 37 767 | 39 385 | 41 007 | 42 633 |
| 1 800 | 16 381 | 19 700 | 21 366 | 23 035 | 24 707 | 26 383 | 29 747 | 33 125 | 36 518 | 39 926 | 41 635 | 43 348 | 45 065 |
| 1 850 | 17 298 | 20 802 | 22 560 | 24 322 | 26 087 | 27 856 | 31 406 | 34 970 | 38 550 | 42 145 | 43 948 | 45 755 | 47 565 |
| 1 900 | 18 241 | 21 935 | 23 787 | 25 644 | 27 505 | 29 369 | 33 109 | 36 865 | 41 077 | 44 424 | 46 323 | 48 226 | 50 133 |
| 1 950 | 19 208 | 23 097 | 25 047 | 27 002 | 28 960 | 30 822 | 34 858 | 38 810 | 42 778 | 46 762 | 48 760 | 50 762 | 52 768 |
| **2 000** | 20 201 | 24 289 | 26 339 | 28 394 | 30 452 | 32 515 | 36 652 | 40 805 | 44 975 | 49 161 | 51 260 | 53 364 | 55 471 |
| 2 050 | 21 218 | 25 511 | 27 664 | 29 821 | 31 982 | 34 148 | 38 491 | 42 850 | 47 227 | 51 620 | 53 823 | 56 030 | 58 241 |
| 2 100 | 22 261 | 26 763 | 29 021 | 31 283 | 33 550 | 35 820 | 41 458 | 44 945 | 49 533 | 54 139 | 56 448 | 58 761 | 61 079 |
| 2 150 | 23 328 | 28 046 | 30 411 | 32 781 | 35 155 | 37 533 | 42 303 | 47 090 | 51 895 | 56 718 | 59 135 | 61 558 | 63 984 |
| 2 200 | 24 421 | 29 358 | 31 833 | 34 313 | 36 797 | 39 286 | 44 277 | 49 285 | 54 312 | 59 356 | 61 885 | 64 419 | 66 957 |
| 2 250 | 25 538 | 30 700 | 33 288 | 35 880 | 38 477 | 41 079 | 46 295 | 51 530 | 56 784 | 62 055 | 64 698 | 67 345 | 69 997 |
| 2 300 | 26 681 | 32 072 | 34 775 | 37 483 | 40 195 | 42 911 | 48 359 | 53 825 | 59 310 | 64 814 | 67 573 | 70 336 | 73 105 |
| 2 350 | 27 848 | 33 475 | 36 295 | 39 120 | 41 950 | 44 784 | 50 468 | 56 170 | 61 892 | 67 633 | 70 510 | 73 393 | 76 280 |
| 2 400 | 29 041 | 34 907 | 37 847 | 40 792 | 43 742 | 46 697 | 52 621 | 58 565 | 64 529 | 70 512 | 73 510 | 76 514 | 79 523 |
| 2 450 | 30 258 | 36 369 | 39 432 | 42 499 | 45 572 | 48 650 | 54 820 | 61 010 | 67 220 | 73 450 | 76 573 | 79 700 | 82 833 |
| **2 500** | 31 501 | 37 861 | 41 049 | 44 242 | 47 440 | 50 643 | 57 064 | 63 505 | 69 967 | 76 449 | 79 698 | 82 952 | 86 211 |

| 28 | 30 | 31 | 32 | 35 | 36 | 39 | 40 | 45 | 48 | 50 | 55 | 60 | Distancia a mm |
|---|---|---|---|---|---|---|---|---|---|---|---|---|---|
| 12 060 | 12 978 | 13 440 | 13 903 | 15 306 | 15 777 | 17 203 | 17 683 | 20 108 | 21 587 | 22 583 | — | — | **900** |
| 12 321 | 13 258 | 13 730 | 14 203 | 15 635 | 16 116 | 17 572 | 18 061 | 20 536 | 22 045 | 23 061 | — | — | 910 |
| 12 586 | 13 542 | 14 023 | 14 506 | 15 967 | 16 459 | 17 944 | 18 443 | 20 968 | 22 507 | 23 543 | — | — | 920 |
| 12 852 | 13 828 | 14 319 | 14 813 | 16 303 | 16 805 | 18 319 | 18 829 | 21 404 | 22 974 | 24 031 | — | — | 930 |
| 13 122 | 14 118 | 14 619 | 15 122 | 16 643 | 17 154 | 18 699 | 19 219 | 21 845 | 23 446 | 24 523 | — | — | 940 |
| 13 394 | 14 410 | 14 921 | 15 435 | 16 986 | 17 507 | 19 083 | 19 613 | 22 290 | 23 923 | 25 021 | — | — | 950 |
| 13 670 | 14 706 | 15 227 | 15 750 | 17 332 | 17 864 | 19 471 | 20 011 | 22 741 | 24 404 | 25 523 | — | — | 960 |
| 13 948 | 15 004 | 15 536 | 16 070 | 17 682 | 18 224 | 19 862 | 20 413 | 23 195 | 24 890 | 26 031 | — | — | 970 |
| 14 229 | 15 306 | 15 848 | 16 392 | 18 036 | 18 588 | 20 257 | 20 819 | 23 654 | 25 381 | 26 543 | — | — | 980 |
| 14 512 | 15 610 | 16 163 | 16 717 | 18 393 | 18 956 | 20 657 | 21 229 | 24 118 | 25 877 | 27 061 | — | — | 990 |
| 14 799 | 15 918 | 16 481 | 17 046 | 18 753 | 19 327 | 21 061 | 21 643 | 24 586 | 26 378 | 27 583 | 30 636 | 33 744 | **1 000** |
| 16 273 | 17 500 | 18 118 | 18 737 | 20 608 | 21 237 | 23 135 | 23 773 | 26 993 | 28 953 | 30 271 | 33 606 | 36 999 | 1 050 |
| 17 817 | 19 158 | 19 832 | 20 508 | 22 551 | 23 237 | 25 308 | 26 003 | 29 513 | 31 648 | 33 083 | 36 713 | 40 404 | 1 100 |
| 19 431 | 20 890 | 21 624 | 22 359 | 24 581 | 25 326 | 27 577 | 28 333 | 32 146 | 34 463 | 36 021 | 39 958 | 43 959 | 1 150 |
| 21 115 | 22 698 | 23 493 | 24 291 | 26 698 | 27 506 | 29 945 | 30 763 | 34 891 | 37 398 | 39 083 | 43 341 | 47 664 | 1 200 |
| 22 870 | 24 580 | 25 440 | 26 302 | 28 903 | 29 776 | 32 410 | 33 293 | 37 748 | 40 454 | 42 271 | 46 861 | 51 519 | 1 250 |
| 24 694 | 26 538 | 27 464 | 28 393 | 31 196 | 32 136 | 34 972 | 35 923 | 40 718 | 43 629 | 45 583 | 50 518 | 55 524 | 1 300 |
| 26 588 | 28 570 | 29 566 | 30 564 | 33 576 | 34 586 | 37 632 | 38 653 | 43 801 | 46 924 | 49 021 | 54 313 | 59 679 | 1 350 |
| 28 552 | 30 678 | 31 745 | 32 815 | 36 043 | 37 125 | 40 389 | 41 483 | 46 996 | 50 339 | 52 583 | 58 246 | 63 984 | 1 400 |
| 30 586 | 32 860 | 34 002 | 35 147 | 38 598 | 39 755 | 43 244 | 44 413 | 50 303 | 53 874 | 56 271 | 62 316 | 68 439 | 1 450 |
| 32 690 | 35 118 | 36 336 | 37 558 | 41 241 | 42 475 | 46 196 | 47 442 | 53 723 | 57 530 | 60 083 | 66 523 | 73 044 | **1 500** |
| 34 865 | 37 450 | 38 748 | 40 049 | 43 971 | 45 285 | 49 246 | 50 573 | 57 256 | 61 305 | 64 021 | 70 868 | 77 799 | 1 550 |
| 37 109 | 39 858 | 41 237 | 42 620 | 46 788 | 48 185 | 52 393 | 53 802 | 60 901 | 65 200 | 68 083 | 75 351 | 82 704 | 1 600 |
| 39 423 | 42 340 | 43 804 | 45 271 | 49 693 | 51 174 | 55 638 | 57 133 | 64 658 | 69 215 | 72 271 | 79 971 | 87 759 | 1 650 |
| 41 807 | 44 898 | 46 448 | 48 003 | 52 686 | 54 254 | 58 980 | 60 562 | 68 528 | 73 350 | 76 583 | 84 728 | 92 964 | 1 700 |
| 44 262 | 47 530 | 49 170 | 50 814 | 55 766 | 57 424 | 62 240 | 64 093 | 72 511 | 77 606 | 81 021 | 89 623 | 98 319 | 1 750 |
| 46 786 | 50 238 | 51 970 | 53 705 | 58 933 | 60 684 | 65 957 | 67 722 | 76 606 | 81 981 | 85 583 | 94 656 | 103 824 | 1 800 |
| 49 380 | 53 020 | 54 846 | 56 676 | 62 188 | 64 034 | 69 592 | 71 453 | 80 813 | 86 476 | 90 271 | 99 826 | 109 479 | 1 850 |
| 52 044 | 55 878 | 57 801 | 59 727 | 65 531 | 67 473 | 73 324 | 75 282 | 85 133 | 91 091 | 95 083 | 105 133 | 115 284 | 1 900 |
| 54 778 | 58 810 | 60 832 | 62 859 | 68 961 | 71 003 | 77 154 | 79 213 | 89 566 | 95 826 | 100 021 | 110 578 | 121 239 | 1 950 |
| 57 583 | 61 818 | 63 942 | 66 070 | 72 478 | 74 623 | 81 081 | 83 242 | 94 111 | 100 682 | 105 083 | 116 161 | 127 344 | **2 000** |
| 60 457 | 64 900 | 67 129 | 69 361 | 76 083 | 78 333 | 85 106 | 87 373 | 98 768 | 105 657 | 110 271 | 121 881 | 133 599 | 2 050 |
| 63 401 | 68 058 | 70 393 | 72 732 | 79 775 | 82 133 | 89 229 | 91 602 | 103 538 | 110 752 | 115 583 | 127 738 | 140 004 | 2 100 |
| 66 415 | 71 290 | 73 735 | 76 183 | 83 556 | 86 022 | 93 448 | 95 933 | 108 421 | 115 967 | 121 021 | 133 733 | 146 559 | 2 150 |
| 69 499 | 74 598 | 77 154 | 79 715 | 87 423 | 90 002 | 97 766 | 100 362 | 113 416 | 121 302 | 126 583 | 139 866 | 153 264 | 2 200 |
| 72 654 | 77 980 | 80 651 | 83 326 | 91 378 | 94 072 | 102 180 | 104 893 | 118 523 | 126 758 | 132 271 | 146 136 | 160 119 | 2 250 |
| 75 878 | 81 438 | 84 225 | 87 017 | 95 421 | 98 232 | 106 693 | 109 522 | 123 743 | 132 333 | 138 083 | 152 543 | 167 124 | 2 300 |
| 79 172 | 84 970 | 87 877 | 90 788 | 99 551 | 102 482 | 111 303 | 114 253 | 129 076 | 138 028 | 144 021 | 159 088 | 174 279 | 2 350 |
| 82 536 | 88 578 | 91 606 | 94 639 | 103 768 | 106 821 | 116 010 | 119 082 | 134 521 | 143 843 | 150 083 | 165 771 | 181 584 | 2 400 |
| 85 970 | 92 260 | 95 413 | 98 571 | 108 073 | 111 251 | 120 815 | 124 013 | 140 078 | 149 778 | 156 271 | 172 591 | 189 039 | 2 450 |
| 89 475 | 96 018 | 99 297 | 102 582 | 112 466 | 115 771 | 125 717 | 129 042 | 145 748 | 155 834 | 162 583 | 179 548 | 196 644 | **2 500** |

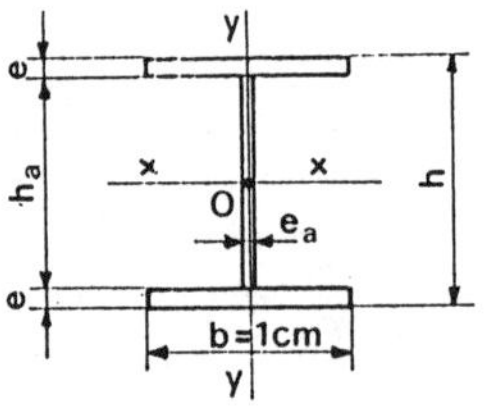


# VALORES ESTÁTICOS DE VIGAS SOLDADAS DE ALMA LLENA

| Dimensiones | | | | | A | P | Términos de sección | | | | | | | | Esbeltez del alma |
|---|---|---|---|---|---|---|---|---|---|---|---|---|---|---|---|
| Viga | Alma | | Platabanda | | | | | | | | | | | | |
| h x b | $h_a$ | $e_a$ | b | e | | | $I_x$ | $W_x$ | $i_x$ | $\Delta I_x$ | $\Delta W_x$ | $I_y$ | $W_y$ | $i_y$ | |
| mm | mm | mm | mm | mm | $cm^2$ | kg/m | $cm^4$ | $cm^3$ | cm | $cm^4$ | $cm^3$ | $cm^4$ | $cm^3$ | cm | $h_a/e_a$ |
| 500 | 480 | | | 10 | 78,4 | 61,5 | 31350 | 1255 | 20,0 | 1200 | 48 | 1330 | 133 | 4,1 | 60,0 |
| x | 470 | 8 | 200 | 15 | 97,6 | 76,6 | 42200 | 1685 | 20,8 | 1765 | 70 | 2000 | 200 | 4,5 | 58,7 |
| 200 | 460 | | | 20 | 117 | 91,7 | 52600 | 2105 | 21,2 | 2305 | 92 | 2670 | 267 | 4,8 | 57,5 |
| 600 | 580 | | | 10 | 86,4 | 67,8 | 47800 | 1595 | 23,5 | 1740 | 58 | 1330 | 133 | 3,9 | 72,5 |
| x | 570 | 8 | 200 | 15 | 106 | 82,9 | 63700 | 2120 | 24,5 | 2565 | 85 | 2000 | 200 | 4,3 | 71,2 |
| 200 | 560 | | | 20 | 125 | 98,0 | 79000 | 2635 | 25,1 | 3365 | 112 | 2670 | 267 | 4,6 | 70,0 |
| 700 | 680 | | | 10 | 94,4 | 74,1 | 68550 | 1960 | 26,9 | 2380 | 68 | 1330 | 133 | 3,7 | 85,0 |
| x | 670 | 8 | 200 | 15 | 114 | 88,7 | 90450 | 2585 | 28,3 | 3520 | 100 | 2000 | 200 | 4,2 | 83,7 |
| 200 | 660 | | | 20 | 133 | 104 | 111650 | 3190 | 29,0 | 4625 | 132 | 2670 | 267 | 4,5 | 82,5 |
| 800 | 780 | | | 10 | 102 | 80,4 | 94050 | 2350 | 30,1 | 3120 | 78 | 1330 | 133 | 3,6 | 97,5 |
| x | 770 | 8 | 200 | 15 | 121 | 95,4 | 122900 | 3070 | 31,8 | 4620 | 115 | 2000 | 200 | 4,0 | 96,2 |
| 200 | 760 | | | 20 | 141 | 111 | 150950 | 3775 | 32,7 | 6805 | 152 | 2670 | 267 | 4,3 | 95,0 |
| 1000 | 980 | | | 10 | 118 | 92,9 | 160750 | 3215 | 36,8 | 4900 | 98 | 1330 | 133 | 3,3 | 122,5 |
| x | 970 | 8 | 200 | 15 | 137 | 108 | 206400 | 4125 | 38,7 | 7275 | 145 | 2000 | 200 | 3,8 | 121,2 |
| 200 | 960 | | | 20 | 151 | 118 | 251100 | 5020 | 40,9 | 9605 | 192 | 2670 | 267 | 4,2 | 120,0 |
| 600 | 570 | | | 15 | 132 | 104 | 79600 | 2650 | 24,5 | 2565 | 85 | 3340 | 267 | 5,0 | 57,0 |
| x | 560 | 10 | 250 | 20 | 156 | 122 | 98750 | 3290 | 25,1 | 3365 | 112 | 5210 | 417 | 5,7 | 56,0 |
| 250 | 550 | | | 25 | 180 | 141 | 117250 | 3905 | 25,5 | 4135 | 138 | 6520 | 500 | 5,9 | 55,0 |
| 700 | 670 | | | 15 | 142 | 111 | 113050 | 3230 | 28,2 | 3520 | 100 | 3340 | 267 | 4,8 | 67,0 |
| x | 660 | 10 | 250 | 20 | 166 | 130 | 139600 | 3985 | 29,0 | 4625 | 132 | 5210 | 417 | 5,6 | 66,0 |
| 250 | 650 | | | 25 | 190 | 141 | 165300 | 4725 | 29,5 | 5695 | 163 | 6520 | 500 | 5,7 | 65,0 |
| 800 | 770 | | | 15 | 152 | 119 | 153600 | 3840 | 31,8 | 4620 | 115 | 3340 | 267 | 4,6 | 77,0 |
| x | 760 | 10 | 250 | 20 | 176 | 138 | 188700 | 4715 | 32,7 | 6085 | 152 | 5210 | 417 | 5,4 | 76,0 |
| 250 | 750 | | | 25 | 200 | 157 | 222900 | 5570 | 33,4 | 7510 | 187 | 6520 | 500 | 5,6 | 75,0 |
| 1000 | 970 | | | 15 | 172 | 127 | 257950 | 5160 | 38,7 | 7275 | 145 | 3340 | 267 | 4,4 | 97,0 |
| x | 960 | 10 | 250 | 20 | 196 | 154 | 313850 | 6275 | 40,0 | 9605 | 192 | 5210 | 417 | 5,1 | 96,0 |
| 250 | 950 | | | 25 | 220 | 173 | 368550 | 7370 | 40,9 | 11880 | 237 | 6520 | 500 | 5,3 | 95,0 |
| 1200 | 1170 | | | 15 | 192 | 151 | 396750 | 6610 | 45,4 | 10530 | 175 | 3340 | 267 | 4,1 | 117,0 |
| x | 1160 | 10 | 250 | 20 | 216 | 170 | 478200 | 7970 | 47,0 | 13925 | 232 | 5210 | 417 | 4,9 | 116,0 |
| 250 | 1150 | | | 25 | 240 | 188 | 558250 | 9305 | 48,2 | 17260 | 287 | 6520 | 500 | 5,1 | 115,0 |
| 700 | 660 | | | 20 | 199 | 156 | 167500 | 4785 | 29,0 | 4625 | 132 | 9010 | 600 | 6,7 | 55,0 |
| x | 650 | 12 | 300 | 25 | 228 | 179 | 198550 | 5675 | 29,5 | 5695 | 163 | 11260 | 750 | 7,0 | 54,1 |
| 300 | 640 | | | 30 | 257 | 202 | 228350 | 6525 | 29,8 | 6735 | 192 | 13510 | 900 | 7,2 | 53,3 |
| 800 | 760 | | | 20 | 211 | 166 | 226450 | 5660 | 32,7 | 6085 | 152 | 9010 | 600 | 6,5 | 63,3 |
| x | 750 | 12 | 300 | 25 | 240 | 188 | 267500 | 6685 | 33,4 | 7510 | 187 | 11260 | 750 | 6,8 | 62,5 |
| 300 | 740 | | | 30 | 269 | 211 | 307450 | 7685 | 33,8 | 8895 | 222 | 13510 | 900 | 7,1 | 61,6 |
| 1000 | 960 | | | 20 | 235 | 185 | 376600 | 7530 | 40,1 | 9605 | 192 | 9010 | 600 | 6,2 | 80,0 |
| x | 950 | 12 | 300 | 25 | 264 | 207 | 442250 | 8845 | 40,9 | 11885 | 237 | 11260 | 750 | 6,5 | 79,1 |
| 300 | 940 | | | 30 | 293 | 230 | 506600 | 10130 | 41,6 | 14115 | 282 | 13510 | 900 | 6,8 | 78,3 |
| 1200 | 1160 | | | 20 | 259 | 203 | 573850 | 9565 | 47,0 | 13925 | 232 | 9010 | 600 | 5,9 | 96,6 |
| x | 1150 | 12 | 300 | 25 | 288 | 226 | 669850 | 11165 | 48,2 | 17260 | 287 | 11260 | 750 | 6,2 | 95,8 |
| 300 | 1140 | | | 30 | 317 | 249 | 765500 | 12755 | 49,1 | 20575 | 343 | 13510 | 900 | 6,5 | 95,0 |
| 1500 | 1460 | | | 20 | 295 | 232 | 968400 | 12910 | 57,2 | 21900 | 292 | 9010 | 600 | 5,5 | 121,6 |
| x | 1450 | 12 | 300 | 25 | 324 | 254 | 1120800 | 14945 | 58,8 | 27200 | 362 | 11260 | 750 | 5,9 | 120,8 |
| 300 | 1440 | | | 30 | 353 | 277 | 1272300 | 16965 | 60,0 | 32450 | 432 | 13510 | 900 | 6,2 | 120,0 |

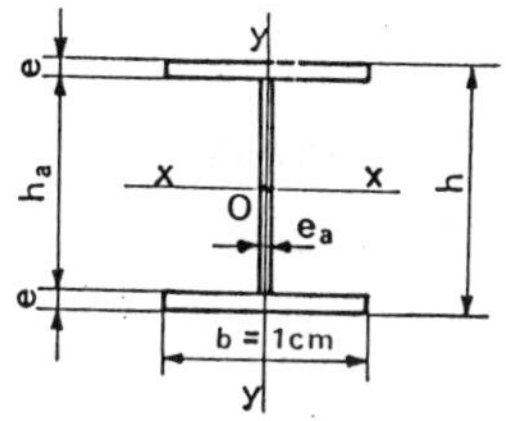


# VALORES ESTÁTICOS DE VIGAS SOLDADAS DE ALMA LLENA

**(continuación)**

| Dimensiones | | | | | $A$ | $P$ | Términos de sección | | | | | | | | Esbeltez del alma |
|---|---|---|---|---|---|---|---|---|---|---|---|---|---|---|---|
| Viga $h \times b$ | Alma | | Platabanda | | | | | | | | | | | | |
| | $h_a$ | $e_a$ | $b$ | $e$ | | | $I_x$ | $W_x$ | $i_x$ | $\Delta I_x$ | $\Delta W_x$ | $I_y$ | $W_y$ | $i_y$ | |
| mm | mm | mm | mm | mm | $cm^2$ | kg/m | $cm^4$ | $cm^3$ | cm | $cm^4$ | $cm^3$ | $cm^4$ | $cm^3$ | cm | $h_a/e_a$ |
| 800 | 750 | | | 25 | 287 | 225 | 315550 | 7890 | 33,1 | 7510 | 187 | 17890 | 1020 | 8,9 | 50,0 |
| x | 740 | 15 | 350 | 30 | 321 | 256 | 362050 | 9050 | 33,5 | 8890 | 222 | 21460 | 1220 | 9,1 | 49,3 |
| 350 | 730 | | | 35 | 354 | 278 | 407350 | 10180 | 33,9 | 10250 | 257 | 25030 | 1430 | 9,5 | 48,6 |
| 1000 | 950 | | | 25 | 317 | 249 | 523150 | 10460 | 40,6 | 11880 | 237 | 17890 | 1020 | 8,4 | 63,3 |
| x | 940 | 15 | 350 | 30 | 351 | 275 | 597950 | 11960 | 41,2 | 14110 | 282 | 21460 | 1220 | 8,8 | 62,6 |
| 350 | 930 | | | 35 | 384 | 302 | 671150 | 13420 | 41,7 | 16300 | 326 | 25030 | 1430 | 9,1 | 62,0 |
| 1200 | 1150 | | | 25 | 347 | 273 | 794200 | 13230 | 47,8 | 17260 | 287 | 17900 | 1020 | 8,1 | 76,6 |
| x | 1140 | 15 | 350 | 30 | 381 | 299 | 904000 | 15060 | 48,7 | 20530 | 342 | 21470 | 1220 | 8,4 | 76,0 |
| 350 | 1130 | | | 35 | 414 | 325 | 1011900 | 16860 | 49,4 | 23750 | 396 | 25040 | 1430 | 8,7 | 75,3 |
| 1500 | 1450 | | | 25 | 392 | 308 | 1333000 | 17770 | 58,2 | 27190 | 362 | 17900 | 1020 | 7,6 | 96,6 |
| x | 1440 | 15 | 350 | 30 | 426 | 334 | 1507850 | 20100 | 59,5 | 32410 | 432 | 21480 | 1220 | 8,0 | 96,0 |
| 350 | 1430 | | | 35 | 459 | 361 | 1680300 | 22400 | 60,4 | 37560 | 500 | 25050 | 1430 | 8,3 | 95,3 |
| 1750 | 1700 | | | 25 | 430 | 337 | 1916050 | 21890 | 66,7 | 37190 | 425 | 17910 | 1020 | 7,3 | 113,3 |
| x | 1690 | 15 | 350 | 30 | 463 | 364 | 2156650 | 24640 | 68,2 | 44380 | 507 | 21480 | 1220 | 7,7 | 112,6 |
| 350 | 1680 | | | 35 | 497 | 390 | 2394400 | 27360 | 69,4 | 51470 | 588 | 25060 | 1430 | 8,0 | 112,0 |
| 1000 | 940 | | | 30 | 409 | 321 | 689300 | 13760 | 40,0 | 14110 | 282 | 32040 | 1600 | 10,0 | 52,2 |
| x | 930 | 18 | 400 | 35 | 447 | 351 | 772700 | 15450 | 41,5 | 16300 | 326 | 37380 | 1870 | 10,3 | 51,6 |
| 400 | 920 | | | 40 | 485 | 381 | 854500 | 17090 | 41,9 | 18440 | 368 | 42710 | 2130 | 10,6 | 51,1 |
| 1200 | 1140 | | | 30 | 445 | 349 | 1043750 | 17390 | 48,2 | 20530 | 342 | 32050 | 1600 | 9,5 | 63,3 |
| x | 1130 | 18 | 400 | 35 | 483 | 379 | 1166750 | 19440 | 49,1 | 23750 | 396 | 37390 | 1870 | 9,9 | 62,7 |
| 400 | 1120 | | | 40 | 521 | 409 | 1287600 | 21460 | 49,6 | 26920 | 448 | 42720 | 2130 | 10,2 | 62,2 |
| 1500 | 1440 | | | 30 | 499 | 392 | 1744600 | 23260 | 59,1 | 32410 | 432 | 32070 | 1600 | 9,0 | 80,0 |
| x | 1430 | 18 | 400 | 35 | 537 | 422 | 1941250 | 25880 | 60,1 | 37560 | 500 | 37400 | 1870 | 9,4 | 79,4 |
| 400 | 1420 | | | 40 | 575 | 452 | 2135150 | 28470 | 60,9 | 42640 | 568 | 42730 | 2130 | 9,7 | 78,8 |
| 1750 | 1690 | | | 30 | 544 | 427 | 2499200 | 28560 | 67,7 | 44380 | 507 | 32080 | 1600 | 8,6 | 93,8 |
| x | 1680 | 18 | 400 | 35 | 582 | 457 | 2770350 | 31660 | 68,9 | 51470 | 588 | 37410 | 1870 | 9,0 | 93,3 |
| 400 | 1670 | | | 40 | 620 | 487 | 3038300 | 34720 | 69,9 | 58490 | 668 | 42750 | 2130 | 9,3 | 92,7 |
| 2000 | 1940 | | | 30 | 589 | 462 | 3423900 | 34240 | 76,2 | 58210 | 582 | 32090 | 1600 | 8,3 | 107,7 |
| x | 1930 | 18 | 400 | 35 | 627 | 492 | 3781400 | 37810 | 77,6 | 67570 | 675 | 37430 | 1870 | 8,7 | 107,2 |
| 400 | 1920 | | | 40 | 665 | 522 | 4135300 | 41350 | 78,8 | 76840 | 768 | 42760 | 2130 | 9,0 | 106,6 |
| 1200 | 1130 | | | 35 | 576 | 452 | 1428350 | 23800 | 49,8 | 23750 | 396 | 72990 | 2920 | 12,7 | 56,5 |
| x | 1120 | 20 | 500 | 40 | 624 | 490 | 1580300 | 26330 | 50,3 | 26920 | 448 | 83410 | 3330 | 13,0 | 56,0 |
| 500 | 1100 | | | 50 | 720 | 565 | 1875900 | 31260 | 51,0 | 33080 | 551 | 104240 | 4170 | 13,6 | 55,0 |
| 1500 | 1430 | | | 35 | 636 | 499 | 2365600 | 31540 | 61,0 | 37560 | 500 | 73010 | 2920 | 12,1 | 71,5 |
| x | 1420 | 20 | 500 | 40 | 684 | 537 | 2609300 | 34790 | 61,7 | 42640 | 568 | 83430 | 3330 | 12,4 | 71,0 |
| 500 | 1400 | | | 50 | 780 | 612 | 3086400 | 41150 | 62,9 | 52580 | 701 | 104260 | 4170 | 13,0 | 70,0 |
| 1750 | 1680 | | | 35 | 686 | 538 | 3364100 | 38440 | 70,0 | 51470 | 588 | 73030 | 2920 | 11,6 | 84,0 |
| x | 1670 | 20 | 500 | 40 | 734 | 576 | 3700900 | 42290 | 71,0 | 58490 | 668 | 83450 | 3330 | 12,0 | 83,5 |
| 500 | 1650 | | | 50 | 830 | 651 | 4362200 | 49850 | 72,5 | 72270 | 826 | 104270 | 4170 | 12,6 | 82,5 |
| 2000 | 1930 | | | 35 | 736 | 577 | 4577000 | 45770 | 78,8 | 67570 | 675 | 73050 | 2920 | 11,2 | 96,5 |
| x | 1920 | 20 | 500 | 40 | 784 | 615 | 5021800 | 50210 | 80,0 | 76840 | 768 | 83470 | 3330 | 11,6 | 96,0 |
| 500 | 1900 | | | 50 | 880 | 691 | 5897300 | 58970 | 81,8 | 95080 | 950 | 104290 | 4170 | 12,3 | 95,0 |
| 2500 | 2430 | | | 35 | 836 | 656 | 7708500 | 61660 | 96,0 | 106340 | 850 | 73070 | 2920 | 10,5 | 121,5 |
| x | 2420 | 20 | 500 | 40 | 884 | 694 | 8414200 | 67310 | 97,5 | 121040 | 968 | 83490 | 3330 | 10,9 | 121,0 |
| 500 | 2400 | | | 50 | 980 | 769 | 9808100 | 78460 | 100,0 | 150080 | 1200 | 104320 | 4170 | 11,6 | 120,0 |

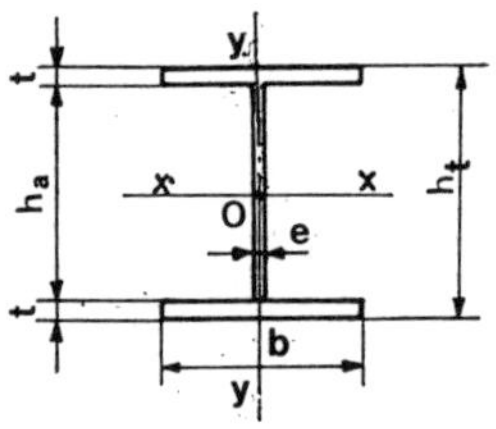


# *VALORES ESTÁTICOS DE VIGAS EN DOBLE T SOLDADAS*

| Elementos componentes: Alma $1 \neq h_a \cdot e$ (mm) | Elementos componentes: Platabandas $2 \neq b \cdot t$ (mm) | Dimensiones totales $h_t \cdot b$ (mm) | Area A ($cm^2$) | Peso p (kg/m) | Referidos al eje X—X: $I_x$ ($cm^4$) | X—X: $W_x$ ($cm^3$) | X—X: $W'_x$ (1) ($cm^3$) | X—X: $S_x$ (2) ($cm^3$) | Y—Y: $I_y$ ($cm^4$) | Y—Y: $i_y$ (cm) | Esbeltez del alma $h_a/e$ |
|---|---|---|---|---|---|---|---|---|---|---|---|
| 1 000 × 8 | 300 × 12 | 1 024 × 300 | 152 | **119** | 251 000 | **4 902** | 163 | 1 822 | 5 404 | 5,96 | 125 |
| | 14 | 1 028 | 164 | **129** | 282 600 | **5 498** | 162 | 2 129 | 6 304 | 6,20 | » |
| | 16 | 1 032 | 176 | **138** | 314 400 | **6 093** | 161 | 2 438 | 7 204 | 6,41 | » |
| | 18 | 1 036 | 188 | **147** | 346 500 | **6 689** | 161 | 2 749 | 8 104 | 6,57 | » |
| | 20 | 1 040 | 200 | **157** | 378 800 | **7 285** | 160 | 3 060 | 9 004 | 6,71 | » |
| | 22 | 1 044 | 212 | **166** | 411 400 | **7 881** | 160 | 3 373 | 9 904 | 6,83 | » |
| | 25 | 1 050 | 230 | **180** | 460 700 | **8 775** | 159 | 3 844 | 11 250 | 7,00 | » |
| | 350 × 12 | 1 024 × 350 | 164 | **129** | 281 700 | **5 503** | 163 | 2 125 | 8 579 | 7,23 | 125 |
| | 14 | 1 028 | 178 | **140** | 318 600 | **6 198** | 162 | 2 474 | 10 010 | 7,50 | » |
| | 16 | 1 032 | 192 | **151** | 355 700 | **6 893** | 161 | 2 845 | 11 440 | 7,67 | » |
| | 18 | 1 036 | 206 | **162** | 393 100 | **7 590** | 161 | 3 207 | 12 870 | 7,90 | » |
| | 20 | 1 040 | 220 | **173** | 430 800 | **8 285** | 160 | 3 570 | 14 300 | 8,06 | » |
| | 22 | 1 044 | 234 | **184** | 468 800 | **8 982** | 160 | 3 935 | 15 720 | 8,19 | » |
| | 25 | 1 050 | 255 | **200** | 526 400 | **10 030** | 159 | 4 484 | 17 870 | 8,37 | » |
| | 30 | 1 060 | 290 | **228** | 623 800 | **11 770** | 157 | 5 407 | 21 440 | 8,60 | » |
| 1 100 × 8 | 300 × 12 | 1 124 × 300 | 160 | **126** | 311 300 | **5 539** | 197 | 2 002 | 5 405 | 5,81 | 137 |
| | 14 | 1 128 | 172 | **135** | 349 300 | **6 193** | 197 | 2 339 | 6,305 | 6,05 | » |
| | 16 | 1 132 | 184 | **144** | 387 700 | **6 850** | 196 | 2 678 | 7 205 | 6,26 | » |
| | 18 | 1 136 | 196 | **154** | 426 200 | **7 503** | 196 | 3 019 | 8 105 | 6,43 | » |
| | 20 | 1 140 | 208 | **163** | 465 100 | **8 160** | 194 | 3 360 | 9 005 | 6,58 | » |
| | 22 | 1 144 | 220 | **173** | 504 200 | **8 815** | 194 | 3 703 | 9 905 | 6,72 | » |
| | 25 | 1 150 | 238 | **187** | 563 400 | **9 798** | 193 | 4 219 | 11 260 | 6,88 | » |
| | 400 × 14 | 1 128 × 400 | 200 | **157** | 436 200 | **7 734** | 197 | 3 119 | 14 940 | 8,64 | 137 |
| | 16 | 1 132 | 216 | **169** | 487 300 | **8 610** | 196 | 3 571 | 17 070 | 8,89 | » |
| | 18 | 1 136 | 232 | **182** | 538 700 | **9 485** | 196 | 4 025 | 19 200 | 9,11 | » |
| | 20 | 1 140 | 248 | **195** | 590 500 | **10 360** | 194 | 4 480 | 21 340 | 9,27 | » |
| | 22 | 1 144 | 264 | **207** | 642 700 | **11 240** | 194 | 4 937 | 23 470 | 9,43 | » |
| | 25 | 1 150 | 288 | **226** | 721 600 | **12 550** | 193 | 5 625 | 26 670 | 9,46 | » |
| | 30 | 1 160 | 328 | **257** | 855 000 | **14 740** | 191 | 6 780 | 32 000 | 9,66 | » |
| | 35 | 1 170 | 368 | **289** | 990 800 | **16 940** | 190 | 7 945 | 37 340 | 10,1 | » |
| 1 200 × 9 | 300 × 14 | 1 228 × 300 | 192 | **151** | 439 100 | **7 151** | 235 | 2 549 | 6 307 | 5,73 | 133 |
| | 16 | 1 232 | 204 | **160** | 484 500 | **7 865** | 234 | 2 918 | 7 207 | 5,94 | » |
| | 18 | 1 236 | 216 | **169** | 530 200 | **8 579** | 233 | 3 289 | 8 107 | 6,13 | » |
| | 20 | 1 240 | 228 | **179** | 576 100 | **9 292** | 232 | 3 660 | 9 007 | 6,29 | » |
| | 22 | 1 244 | 240 | **188** | 622 400 | **10 010** | 232 | 4 033 | 9 907 | 6,43 | » |
| | 25 | 1 250 | 258 | **202** | 692 400 | **11 080** | 230 | 4 594 | 11 260 | 6,62 | » |
| | 30 | 1 260 | 288 | **226** | 810 500 | **12 860** | 228 | 5 535 | 13 510 | 6,86 | » |
| | 400 × 14 | 1 228 × 400 | 220 | **173** | 542 300 | **8 832** | 235 | 3 399 | 14 940 | 8,25 | 133 |
| | 16 | 1 232 | 236 | **185** | 602 800 | **9 786** | 234 | 3 891 | 17 070 | 8,51 | » |
| | 18 | 1 236 | 252 | **198** | 663 700 | **10 740** | 233 | 4 385 | 19 210 | 8,72 | » |
| | 20 | 1 240 | 268 | **210** | 725 000 | **11 690** | 232 | 4 880 | 21 340 | 8,93 | » |
| | 22 | 1 244 | 284 | **223** | 786 700 | **12 650** | 231 | 5 377 | 23 470 | 9,08 | » |
| | 25 | 1 250 | 308 | **242** | 880 000 | **14 080** | 230 | 6 125 | 26 670 | 9,14 | » |
| | 30 | 1 260 | 348 | **273** | 1 037 000 | **16 460** | 228 | 7 380 | 32 010 | 9,60 | » |
| | 35 | 1 270 | 388 | **304** | 1 197 000 | **18 860** | 227 | 8 645 | 37 340 | 9,80 | » |

(1) Incremento (o disminución) del módulo resistente, $W_x$ para cada mm, de aumento (o disminución) del espesor del alma.
(2) Momento estático de una platabanda respecto al eje baricéntrico X − X.

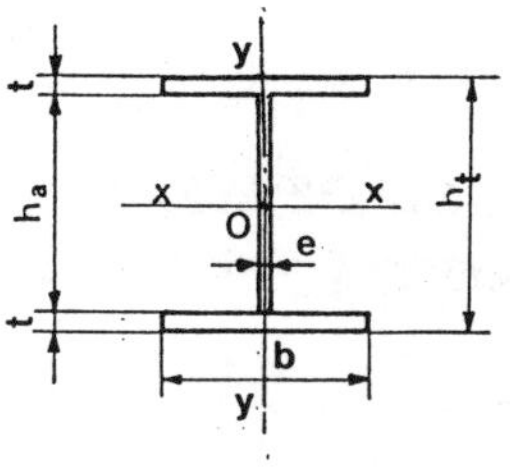


# *VALORES ESTÁTICOS DE VIGAS EN DOBLE T SOLDADAS*

**(continuación)**

| Elementos componentes | | Dimensiones totales | Area | Peso | Referidos al eje | | | | | | Esbeltez del alma |
|---|---|---|---|---|---|---|---|---|---|---|---|
| | | | | | X — X | | | | Y — Y | | |
| Alma $1 \perp h_a \cdot e$ mm | Platabandas $2 \perp b \cdot t$ mm | $h_t \cdot b$ mm | A $cm^2$ | p kg/m | $I_x$ $cm^4$ | $W_x$ $cm^3$ | $W'_x$ (1) $cm^3$ | $S_x$ (2) $cm^3$ | $I_y$ $cm^4$ | $i_y$ cm | $h_a/e$ |
| 1 300 × 10 | 350 × 14 | 1 328 × 350 | 228 | **179** | 606 100 | **9 128** | 276 | 3 219 | 10 020 | 6,63 | 130 |
| | 16 | 1 332 | 242 | **190** | 668 000 | **10 030** | 275 | 3 685 | 11 440 | 6,88 | » |
| | 18 | 1 336 | 256 | **201** | 730 300 | **10 930** | 274 | 4 152 | 12 870 | 7,11 | » |
| | 20 | 1 340 | 270 | **212** | 792 900 | **11 830** | 273 | 4 620 | 14 300 | 7,28 | » |
| | 22 | 1 344 | 284 | **223** | 856 000 | **12 740** | 272 | 5 090 | 15 730 | 7,44 | » |
| | 25 | 1 350 | 305 | **239** | 951 300 | **14 090** | 271 | 5 830 | 17 880 | 7,68 | » |
| | 30 | 1 360 | 340 | **267** | 1 112 000 | **16 350** | 269 | 6 982 | 21 450 | 7,94 | » |
| | 450 × 14 | 1 328 × 450 | 256 | **201** | 727 000 | **10 950** | 276 | 4 139 | 21 270 | 9,11 | 130 |
| | 16 | 1 332 | 274 | **215** | 806 500 | **12 110** | 275 | 4 738 | 24 310 | 9,42 | » |
| | 18 | 1 336 | 292 | **229** | 886 600 | **13 270** | 274 | 5 338 | 27 350 | 9,67 | » |
| | 20 | 1 340 | 310 | **243** | 967 200 | **14 440** | 273 | 5 940 | 30 390 | 9,89 | » |
| | 22 | 1 344 | 328 | **257** | 1 048 000 | **15 600** | 272 | 6 544 | 33 420 | 10,1 | » |
| | 25 | 1 350 | 355 | **279** | 1 171 000 | **17 340** | 271 | 7 453 | 37 980 | 10,4 | » |
| | 30 | 1 360 | 400 | **314** | 1 377 000 | **20 250** | 269 | 8 977 | 45 570 | 10,7 | » |
| | 35 | 1 370 | 445 | **349** | 1 587 000 | **23 170** | 267 | 10 513 | 53 170 | 10,9 | » |
| 1 400 × 11 | 350 × 16 | 1 432 × 350 | 266 | **209** | 813 000 | **11 350** | 319 | 3 965 | 11 450 | 6,56 | 127 |
| | 18 | 1 436 | 280 | **220** | 884 900 | **12 320** | 318 | 4 467 | 12 880 | 6,78 | » |
| | 20 | 1 440 | 294 | **231** | 957 300 | **13 290** | 318 | 4 970 | 14 310 | 6,97 | » |
| | 22 | 1 444 | 308 | **242** | 1 030 000 | **14 260** | 317 | 5 475 | 15 740 | 7,15 | » |
| | 25 | 1 450 | 329 | **258** | 1 140 000 | **15 720** | 315 | 6 270 | 17 880 | 7,38 | » |
| | 30 | 1 460 | 364 | **286** | 1 325 000 | **18 150** | 313 | 7 507 | 21 450 | 7,65 | » |
| | 35 | 1 470 | 399 | **313** | 1 513 000 | **20 580** | 311 | 8 825 | 25 030 | 7,89 | » |
| | 450 × 14 | 1 428 × 450 | 280 | **220** | 881 300 | **12 340** | 320 | 4 454 | 21 280 | 8,73 | 127 |
| | 16 | 1 432 | 298 | **234** | 973 400 | **13 590** | 319 | 5 098 | 24 320 | 9,03 | » |
| | 18 | 1 436 | 316 | **248** | 1 066 000 | **14 840** | 318 | 5 743 | 27 350 | 9,30 | » |
| | 20 | 1 440 | 334 | **262** | 1 159 000 | **16 100** | 318 | 6 390 | 30 390 | 9,49 | » |
| | 22 | 1 444 | 352 | **276** | 1 252 000 | **17 350** | 317 | 7 039 | 33 430 | 9,73 | » |
| | 25 | 1 450 | 379 | **297** | 1 394 000 | **19 220** | 315 | 8 016 | 37 980 | 9,90 | » |
| | 30 | 1 460 | 424 | **333** | 1 632 000 | **22 360** | 313 | 9 652 | 45 580 | 10,3 | » |
| | 35 | 1 470 | 469 | **368** | 1 873 000 | **25 490** | 311 | 11 300 | 53 170 | 10,6 | » |
| 1 500 × 11 | 400 × 16 | 1 532 × 400 | 293 | **230** | 1 045 000 | **13 640** | 367 | 4 851 | 17 080 | 7,65 | 136 |
| | 18 | 1 536 | 309 | **242** | 1 139 000 | **14 830** | 366 | 5 465 | 19 210 | 7,90 | » |
| | 20 | 1 540 | 325 | **255** | 1 233 000 | **16 010** | 365 | 6 080 | 21 350 | 8,11 | » |
| | 22 | 1 544 | 341 | **268** | 1 329 000 | **17 210** | 364 | 6 697 | 23 480 | 8,31 | » |
| | 25 | 1 550 | 365 | **286** | 1 472 000 | **18 990** | 363 | 7 625 | 26 680 | 8,58 | » |
| | 30 | 1 560 | 405 | **318** | 1 714 000 | **21 970** | 361 | 9 180 | 32 020 | 8,88 | » |
| | 35 | 1 570 | 445 | **349** | 1 959 000 | **24 950** | 359 | 10 740 | 37 350 | 9,19 | » |
| | 500 × 16 | 1 532 × 500 | 325 | **255** | 1 229 000 | **16 040** | 367 | 6 064 | 33 350 | 10,1 | 136 |
| | 18 | 1 536 | 345 | **271** | 1 346 000 | **17 530** | 366 | 6 831 | 37 520 | 10,4 | » |
| | 20 | 1 540 | 365 | **286** | 1 464 000 | **19 020** | 365 | 7 600 | 41 680 | 10,7 | » |
| | 22 | 1 544 | 385 | **302** | 1 583 000 | **20 510** | 364 | 8 371 | 45 850 | 10,9 | » |
| | 25 | 1 550 | 415 | **326** | 1 763 000 | **22 750** | 363 | 9 531 | 52 100 | 11,2 | » |
| | 30 | 1 560 | 465 | **365** | 2 065 000 | **26 480** | 361 | 11 470 | 62 520 | 11,6 | » |
| | 35 | 1 570 | 515 | **404** | 2 371 000 | **30 210** | 359 | 13 430 | 72 940 | 11,9 | » |
| | 40 | 1 580 | 565 | **434** | 2 681 000 | **33 940** | 356 | 15 400 | 83 350 | 12,2 | » |

(1) Incremento (o disminución) del módulo resistente, $W_x$ para cada mm, de aumento (o disminución) del espesor del alma.
(2) Momento estático de una platabanda respecto al eje baricéntrico X – X.

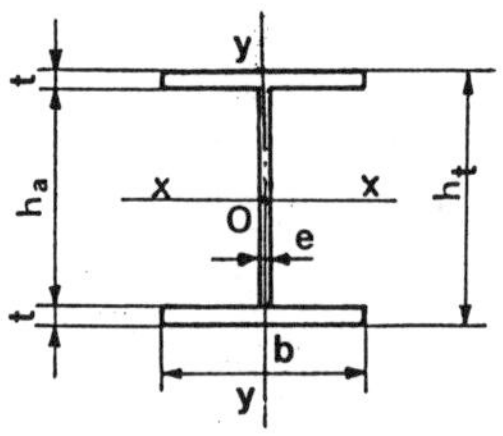


# *VALORES ESTÁTICOS DE VIGAS EN DOBLE T SOLDADAS*

**(continuación)**

| Elementos componentes | | Dimensiones totales | Area | Peso | Referidos al eje | | | | | | Esbeltez del alma |
|---|---|---|---|---|---|---|---|---|---|---|---|
| | | | | | X — X | | | | Y — Y | | |
| Alma 1 ≠ $h_a \cdot e$ | Platabandas 2 ≠ $b \cdot t$ | $h_t \cdot b$ | A | p | $I_x$ | $W_x$ | $W'_x$ (1) | $S_x$ (2) | $I_y$ | $i_y$ | $h_a/e$ |
| mm | mm | mm | $cm^2$ | kg/m | $cm^4$ | $cm^3$ | $cm^3$ | $cm^3$ | $cm^4$ | cm | |
| 1 600 x 12 | 400 x 16 | 1 632 x 400 | 320 | **251** | 1 245 000 | **15 260** | 418 | 5 171 | 17 090 | 7,30 | 133 |
| | 18 | 1 636 | 336 | **264** | 1 352 000 | **16 530** | 417 | 5 825 | 19 220 | 7,56 | » |
| | 20 | 1 640 | 352 | **276** | 1 459 000 | **17 790** | 416 | 6 480 | 21 340 | 7,78 | » |
| | 22 | 1 644 | 368 | **289** | 1 567 000 | **19 060** | 415 | 7 137 | 23 490 | 8,05 | » |
| | 25 | 1 650 | 392 | **308** | 1 730 000 | **20 970** | 414 | 8 125 | 26 690 | 8,25 | » |
| | 30 | 1 660 | 432 | **339** | 2 004 000 | **24 140** | 411 | 9 780 | 32 030 | 8,60 | » |
| | 35 | 1 670 | 472 | **370** | 2 281 000 | **27 320** | 409 | 11 440 | 37 360 | 8,89 | » |
| | 500 x 16 | 1 632 x 500 | 352 | **276** | 1 454 000 | **17 820** | 418 | 6 464 | 33 360 | 9,71 | 133 |
| | 18 | 1 636 | 372 | **292** | 1 588 000 | **19 410** | 417 | 7 281 | 37 520 | 10,1 | » |
| | 20 | 1 640 | 392 | **308** | 1 722 000 | **21 000** | 416 | 8 100 | 41 690 | 10,3 | » |
| | 22 | 1 644 | 412 | **323** | 1 857 000 | **22 590** | 415 | 8 921 | 45 860 | 10,5 | » |
| | 25 | 1 650 | 442 | **347** | 2 060 000 | **24 970** | 414 | 10 160 | 52 110 | 10,9 | » |
| | 30 | 1 660 | 492 | **386** | 2 402 000 | **28 940** | 411 | 12 220 | 62 520 | 11,3 | » |
| | 35 | 1 670 | 542 | **425** | 2 749 000 | **32 920** | 409 | 14 310 | 72 940 | 11,6 | » |
| | 40 | 1 680 | 592 | **465** | 3 100 000 | **36 900** | 406 | 16 400 | 83 360 | 12,0 | » |
| 1 700 x 13 | 450 x 18 | 1 736 x 450 | 383 | **301** | 1 728 000 | **19 910** | 472 | 6 958 | 27 370 | 8,46 | 131 |
| | 20 | 1 740 | 401 | **315** | 1 863 000 | **21 410** | 471 | 7 740 | 30 410 | 8,71 | » |
| | 22 | 1 744 | 419 | **329** | 2 000 000 | **22 930** | 470 | 8 524 | 33 450 | 8,93 | » |
| | 25 | 1 750 | 446 | **350** | 2 206 000 | **25 210** | 468 | 9 746 | 38 000 | 9,22 | » |
| | 30 | 1 760 | 491 | **385** | 2 553 000 | **29 010** | 465 | 11 680 | 45 600 | 9,64 | » |
| | 35 | 1 770 | 536 | **421** | 2 903 000 | **32 800** | 463 | 13 710 | 53 190 | 9,98 | » |
| | 40 | 1 780 | 581 | **456** | 3 257 000 | **36 590** | 460 | 15 660 | 60 780 | 10,8 | » |
| | 550 x 18 | 1 736 x 550 | 419 | **329** | 1 993 000 | **22 960** | 472 | 8 504 | 49 940 | 10,9 | 131 |
| | 20 | 1 740 | 441 | **346** | 2 159 000 | **24 820** | 471 | 9 460 | 55 490 | 11,2 | » |
| | 22 | 1 744 | 463 | **363** | 2 326 000 | **26 680** | 470 | 10 420 | 61 040 | 11,6 | » |
| | 25 | 1 750 | 496 | **389** | 2 578 000 | **29 460** | 468 | 11 860 | 69 360 | 11,9 | » |
| | 30 | 1 760 | 551 | **432** | 3 002 000 | **34 110** | 465 | 14 270 | 83 220 | 12,4 | » |
| | 35 | 1 770 | 606 | **476** | 3 430 000 | **38 760** | 463 | 16 700 | 97 090 | 12,7 | » |
| | 40 | 1 780 | 661 | **519** | 3 863 000 | **43 400** | 460 | 19 140 | 110 900 | 12,9 | » |
| | 45 | 1 790 | 716 | **562** | 4 301 000 | **48 060** | 457 | 21 590 | 124 800 | 13,2 | » |
| 1 800 x 14 | 450 x 18 | 1 836 x 450 | 414 | **325** | 2 019 000 | **21 990** | 529 | 7 363 | 27 380 | 8,20 | 128 |
| | 20 | 1 840 | 432 | **339** | 2 171 000 | **23 650** | 528 | 8 190 | 30 420 | 8,40 | » |
| | 22 | 1 844 | 450 | **353** | 2 324 000 | **25 260** | 527 | 9 019 | 33 460 | 8,58 | » |
| | 25 | 1 850 | 477 | **374** | 2 554 000 | **27 700** | 525 | 10 310 | 38 010 | 8,92 | » |
| | 30 | 1 860 | 522 | **410** | 2 941 000 | **31 790** | 523 | 12 350 | 45 610 | 9,35 | » |
| | 35 | 1 870 | 587 | **445** | 3 332 000 | **35 830** | 520 | 14 500 | 53 200 | 9,78 | » |
| | 40 | 1 880 | 612 | **480** | 3 728 000 | **39 870** | 517 | 16 560 | 60 790 | 9,95 | » |
| | 600 x 20 | 1 840 x 600 | 492 | **386** | 2 668 000 | **29 000** | 528 | 10 920 | 72 000 | 12,1 | 128 |
| | 22 | 1 844 | 516 | **405** | 2 871 000 | **31 140** | 527 | 12 020 | 79 200 | 12,4 | » |
| | 25 | 1 850 | 552 | **433** | 3 178 000 | **34 360** | 525 | 13 640 | 90 000 | 12,8 | » |
| | 30 | 1 860 | 612 | **480** | 3 695 000 | **39 730** | 523 | 16 470 | 108 000 | 13,3 | » |
| | 35 | 1 870 | 672 | **527** | 4 216 000 | **45 090** | 520 | 19 270 | 126 000 | 13,7 | » |
| | 40 | 1 880 | 732 | **575** | 4 744 000 | **50 460** | 517 | 22 080 | 144 000 | 14,0 | » |
| | 45 | 1 890 | 792 | **622** | 5 277 000 | **55 840** | 514 | 24 910 | 162 000 | 14,3 | » |
| | 50 | 1 900 | 852 | **669** | 5 815 000 | **61 210** | 512 | 27 750 | 180 000 | 14,6 | » |

(1) Incremento (o disminución) del módulo resistente, $W_x$ para cada mm, de aumento (o disminución) del espesor del alma.
(2) Momento estático de una platabanda respecto al eje baricéntrico X – X.

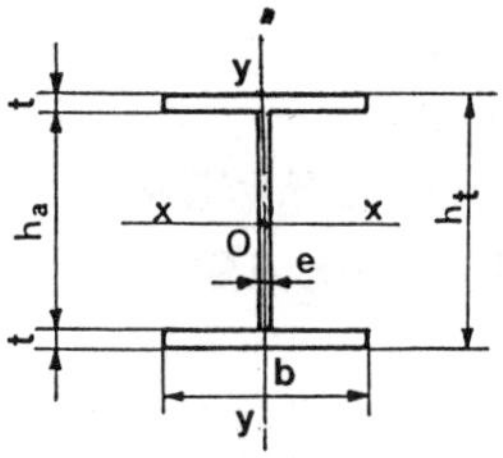


# *VALORES ESTÁTICOS DE VIGAS EN DOBLE T SOLDADAS*

**(continuación)**

| Elementos componentes | | Dimensiones totales | Area | Peso | Referidos al eje | | | | | | Esbeltez del alma |
|---|---|---|---|---|---|---|---|---|---|---|---|
| | | | | | X — X | | | | Y — Y | | |
| Alma $1 \neq h_a \cdot e$ mm | Platabandas $2 \neq b \cdot t$ mm | $h_t \cdot b$ mm | A $cm^2$ | p kg/m | $I_x$ $cm^4$ | $W_x$ $cm^3$ | $W'_x$ (1) $cm^3$ | $S_x$ (2) $cm^3$ | $I_y$ $cm^4$ | $i_y$ cm | $h_a/e$ |
| 1 900 × 15 | 450 × 20 | 1 940 × 450 | 465 | **365** | 2 516 000 | **25 940** | 589 | 8 640 | 30 430 | 8,10 | 127 |
| | 22 | 1 944 | 483 | **379** | 2 706 000 | **27 840** | 588 | 9 514 | 33 470 | 8,34 | » |
| | 25 | 1 950 | 510 | **400** | 2 942 000 | **30 170** | 586 | 10 880 | 38 020 | 8,63 | » |
| | 30 | 1 960 | 555 | **436** | 3 372 000 | **34 410** | 583 | 13 030 | 45 620 | 8,96 | » |
| | 35 | 1 970 | 600 | **471** | 3 806 000 | **38 640** | 580 | 15 290 | 53 210 | 9,41 | » |
| | 40 | 1 980 | 645 | **506** | 4 245 000 | **42 880** | 577 | 17 460 | 60 800 | 9,71 | » |
| | 45 | 1 990 | 690 | **542** | 4 688 000 | **47 110** | 574 | 19 640 | 68 400 | 9,96 | » |
| | 600 × 20 | 1 940 × 600 | 525 | **412** | 3 069 000 | **31 640** | 589 | 11 520 | 72 000 | 11,7 | 127 |
| | 22 | 1 944 | 549 | **431** | 3 322 000 | **34 180** | 588 | 12 680 | 79 200 | 12,0 | » |
| | 25 | 1 950 | 585 | **459** | 3 637 000 | **37 300** | 586 | 14 440 | 90 000 | 12,4 | » |
| | 30 | 1 960 | 645 | **506** | 4 210 000 | **42 960** | 583 | 17 370 | 108 000 | 13,0 | » |
| | 35 | 1 970 | 705 | **553** | 4 589 000 | **46 590** | 580 | 20 320 | 126 000 | 13,4 | » |
| | 40 | 1 980 | 765 | **600** | 5 374 000 | **54 290** | 577 | 23 280 | 144 000 | 13,7 | » |
| | 45 | 1 990 | 825 | **648** | 5 965 000 | **59 950** | 574 | 26 260 | 162 000 | 14,0 | » |
| | 50 | 2 000 | 885 | **695** | 6 562 000 | **65 620** | 571 | 29 250 | 180 000 | 14,4 | » |
| 2 000 × 15 | 500 × 20 | 2 040 × 500 | 500 | **392** | 3 040 000 | **29 800** | 654 | 10 100 | 41 720 | 9,13 | 133 |
| | 22 | 2 044 | 520 | **408** | 3 249 000 | **31 790** | 652 | 11 120 | 45 890 | 9,40 | » |
| | 25 | 2 050 | 550 | **432** | 3 563 000 | **34 760** | 650 | 12 660 | 52 140 | 9,73 | » |
| | 30 | 2 060 | 600 | **471** | 4 091 000 | **39 720** | 647 | 15 220 | 62 560 | 10,4 | » |
| | 35 | 2 070 | 650 | **510** | 4 624 000 | **44 680** | 644 | 17 810 | 72 980 | 10,7 | » |
| | 40 | 2 080 | 700 | **549** | 5 162 000 | **49 630** | 641 | 20 400 | 83 390 | 10,9 | » |
| | 45 | 2 090 | 750 | **589** | 5 705 000 | **54 590** | 638 | 23 010 | 93 810 | 11,2 | » |
| | 650 × 20 | 2 040 × 650 | 560 | **440** | 3 652 000 | **35 810** | 654 | 13 130 | 91 600 | 12,8 | 133 |
| | 22 | 2 044 | 586 | **460** | 3 923 000 | **38 390** | 652 | 14 460 | 100 700 | 13,1 | » |
| | 25 | 2 050 | 625 | **491** | 4 332 000 | **42 260** | 650 | 16 450 | 114 500 | 13,6 | » |
| | 30 | 2 060 | 690 | **542** | 5 018 000 | **48 720** | 647 | 19 790 | 137 400 | 14,1 | » |
| | 35 | 2 070 | 755 | **593** | 5 711 000 | **55 180** | 644 | 23 150 | 160 200 | 14,6 | » |
| | 40 | 2 080 | 820 | **644** | 6 411 000 | **61 640** | 641 | 26 520 | 183 100 | 15,0 | » |
| | 45 | 2 090 | 885 | **695** | 7 117 000 | **68 110** | 638 | 29 910 | 206 000 | 15,3 | » |
| | 50 | 2 100 | 950 | **746** | 7 830 000 | **74 570** | 635 | 33 310 | 228 900 | 15,5 | » |
| 2 100 × 16 | 500 × 22 | 2 144 × 500 | 556 | **436** | 3 711 000 | **34 620** | 720 | 11 670 | 45 910 | 9,08 | 131 |
| | 25 | 2 150 | 586 | **460** | 4 057 000 | **37 740** | 718 | 13 280 | 52 160 | 9,43 | » |
| | 30 | 2 160 | 636 | **499** | 4 638 000 | **42 940** | 715 | 15 970 | 62 580 | 9,92 | » |
| | 35 | 2 170 | 686 | **538** | 5 223 000 | **48 140** | 712 | 18 680 | 73 000 | 10,3 | » |
| | 40 | 2 180 | 736 | **578** | 5 815 000 | **53 350** | 709 | 21 400 | 83 410 | 10,6 | » |
| | 45 | 2 190 | 786 | **617** | 6 112 000 | **58 560** | 706 | 24 130 | 93 830 | 10,9 | » |
| | 50 | 2 200 | 836 | **656** | 7 014 000 | **63 760** | 703 | 26 870 | 104 200 | 11,2 | » |
| | 650 × 20 | 2 140 × 650 | 596 | **468** | 4 156 000 | **30 840** | 721 | 13 780 | 91 600 | 12,4 | 131 |
| | 22 | 2 144 | 622 | **488** | 4 454 000 | **41 550** | 720 | 15 170 | 100 800 | 12,7 | » |
| | 25 | 2 150 | 661 | **519** | 4 904 000 | **45 620** | 718 | 17 270 | 114 500 | 13,2 | » |
| | 30 | 2 160 | 726 | **570** | 5 658 000 | **52 390** | 715 | 20 770 | 137 400 | 13,8 | » |
| | 35 | 2 170 | 791 | **621** | 6 420 000 | **59 170** | 712 | 24 290 | 160 300 | 14,2 | » |
| | 40 | 2 180 | 856 | **672** | 7 189 000 | **65 950** | 709 | 27 820 | 183 100 | 14,6 | » |
| | 45 | 2 190 | 921 | **723** | 7 965 000 | **72 740** | 706 | 31 370 | 206 000 | 14,9 | » |
| | 50 | 2 200 | 986 | **774** | 8 748 000 | **79 520** | 703 | 34 940 | 228 900 | 15,3 | » |

(1) Incremento (o disminución) del módulo resistente, $W_x$ para cada mm, de aumento (o disminución) del espesor del alma.

(2) Momento estático de una platabanda respecto al eje baricéntrico X – X.

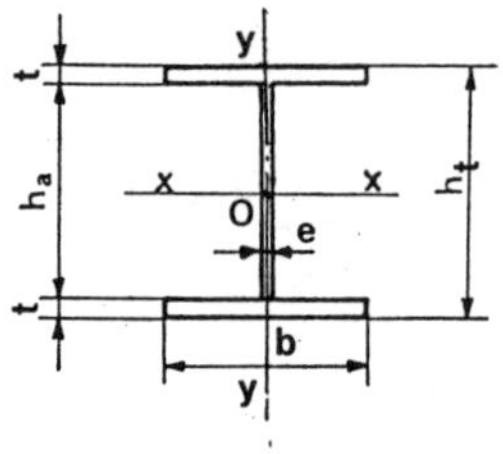


# *VALORES ESTÁTICOS DE VIGAS EN DOBLE T SOLDADAS*

**(continuación)**

| Elementos componentes: Alma $1 \neq h_a \cdot e$ mm | Elementos componentes: Platabandas $2 \neq b \cdot t$ mm | Dimensiones totales $h_t \cdot b$ mm | Area A $cm^2$ | Peso p kg/m | Referidos al eje X—X: $I_x$ $cm^4$ | X—X: $W_x$ $cm^3$ | X—X: $W'_x$ (1) $cm^3$ | X—X: $S_x$ (2) $cm^3$ | Y—Y: $I_y$ $cm^4$ | Y—Y: $i_y$ cm | Esbeltez del alma $h_a/e$ |
|---|---|---|---|---|---|---|---|---|---|---|---|
| 2 200 × 16 | 500 × 22 | 2 244 × 500 | 572 | **449** | 4 135 000 | **36 850** | 791 | 12 220 | 45 910 | 8,97 | 137 |
| | 25 | 2 250 | 602 | **472** | 4 514 000 | **40 120** | 789 | 13 910 | 52 160 | 9,32 | » |
| | 30 | 2 260 | 652 | **512** | 5 150 000 | **45 570** | 786 | 16 720 | 62 580 | 9,80 | » |
| | 35 | 2 270 | 702 | **551** | 5 791 000 | **51 020** | 783 | 19 560 | 73 000 | 10,2 | » |
| | 40 | 2 280 | 752 | **590** | 6 438 000 | **56 470** | 779 | 22 400 | 83 410 | 10,5 | » |
| | 45 | 2 290 | 802 | **629** | 7 090 000 | **61 920** | 775 | 25 260 | 93 830 | 10,8 | » |
| | 50 | 2 300 | 852 | **669** | 7 749 000 | **67 380** | 772 | 28 120 | 104 200 | 11,2 | » |
| | 700 × 22 | 2 244 × 700 | 660 | **518** | 5 221 000 | **46 540** | 791 | 17 110 | 125 800 | 13,8 | 137 |
| | 25 | 2 250 | 702 | **551** | 5 752 000 | **51 130** | 789 | 19 470 | 143 000 | 14,2 | » |
| | 30 | 2 260 | 772 | **606** | 6 641 000 | **58 770** | 786 | 23 410 | 171 600 | 14,9 | » |
| | 35 | 2 270 | 842 | **661** | 7 529 000 | **66 340** | 783 | 27 380 | 200 100 | 15,4 | » |
| | 40 | 2 280 | 912 | **716** | 8 445 000 | **74 080** | 779 | 31 360 | 228 700 | 15,9 | » |
| | 45 | 2 290 | 982 | **771** | 9 359 000 | **81 740** | 775 | 35 360 | 257 300 | 16,2 | » |
| | 50 | 2 300 | 1 052 | **826** | 10 280 000 | **89 400** | 772 | 39 370 | 285 900 | 16,5 | » |
| 2 300 × 18 | 550 × 25 | 2 350 × 550 | 689 | **541** | 5 541 000 | **47 160** | 863 | 15 930 | 69 440 | 10,1 | 128 |
| | 30 | 2 360 | 744 | **584** | 6 304 000 | **53 420** | 859 | 19 220 | 83 300 | 10,6 | » |
| | 35 | 2 370 | 799 | **627** | 7 073 000 | **59 690** | 856 | 22 420 | 97 170 | 11,0 | » |
| | 40 | 2 380 | 854 | **670** | 7 849 000 | **65 960** | 852 | 25 740 | 111 000 | 11,4 | » |
| | 45 | 2 390 | 909 | **713** | 8 631 000 | **72 220** | 849 | 28 960 | 124 900 | 11,7 | » |
| | 50 | 2 400 | 964 | **757** | 9 420 000 | **78 500** | 845 | 32 310 | 138 800 | 12,0 | » |
| | 700 × 22 | 2 344 × 700 | 722 | **567** | 5 977 000 | **51 000** | 865 | 17 880 | 125 900 | 13,2 | 128 |
| | 25 | 2 350 | 764 | **600** | 6 555 000 | **55 790** | 863 | 20 340 | 143 000 | 13,7 | » |
| | 30 | 2 360 | 834 | **655** | 7 526 000 | **63 780** | 859 | 24 460 | 171 600 | 14,3 | » |
| | 35 | 2 370 | 904 | **710** | 8 504 000 | **71 770** | 856 | 28 600 | 200 200 | 14,9 | » |
| | 40 | 2 380 | 974 | **764** | 9 491 000 | **79 760** | 852 | 32 760 | 228 800 | 15,3 | » |
| | 45 | 2 390 | 1 044 | **819** | 10 487 000 | **87 760** | 849 | 36 930 | 257 400 | 15,7 | » |
| | 50 | 2 400 | 1 114 | **874** | 11 491 000 | **95 760** | 845 | 41 120 | 285 900 | 16,0 | » |
| 2 400 × 18 | 550 × 25 | 2 450 × 550 | 707 | **555** | 6 117 000 | **49 930** | 940 | 16 610 | 69 440 | 9,91 | 133 |
| | 30 | 2 460 | 762 | **598** | 6 945 000 | **56 460** | 937 | 20 050 | 83 310 | 10,4 | » |
| | 35 | 2 470 | 817 | **641** | 7 781 000 | **63 000** | 933 | 23 380 | 97 170 | 10,9 | » |
| | 40 | 2 480 | 872 | **684** | 8 623 000 | **69 540** | 929 | 26 840 | 111 000 | 11,3 | » |
| | 45 | 2 490 | 927 | **728** | 9 472 000 | **76 080** | 925 | 30 190 | 124 900 | 11,6 | » |
| | 50 | 2 500 | 982 | **771** | 10 328 000 | **82 620** | 922 | 33 690 | 138 800 | 11,9 | » |
| | 750 × 25 | 2 450 × 750 | 807 | **633** | 7 587 000 | **61 930** | 940 | 22 730 | 175 900 | 14,8 | 133 |
| | 30 | 2 460 | 882 | **692** | 8 717 000 | **70 870** | 937 | 27 340 | 211 000 | 15,4 | » |
| | 35 | 2 470 | 957 | **751** | 9 856 000 | **79 810** | 933 | 31 960 | 246 200 | 16,0 | » |
| | 40 | 2 480 | 1 032 | **810** | 11 005 000 | **88 750** | 929 | 36 600 | 281 400 | 16,5 | » |
| | 45 | 2 490 | 1 107 | **869** | 12 163 000 | **97 690** | 925 | 41 260 | 316 500 | 16,9 | » |
| | 50 | 2 500 | 1 182 | **928** | 13 330 000 | **106 600** | 922 | 45 940 | 351 700 | 17,2 | » |
| 2 500 × 18 | 600 × 25 | 2 550 × 600 | 750 | **589** | 7 126 000 | **55 890** | 1 021 | 18 940 | 90 120 | 11,0 | 139 |
| | 30 | 2 560 | 810 | **636** | 8 105 000 | **63 320** | 1 017 | 22 770 | 108 100 | 11,5 | » |
| | 35 | 2 570 | 870 | **683** | 9 092 000 | **70 750** | 1 013 | 26 620 | 126 100 | 12,0 | » |
| | 40 | 2 580 | 930 | **730** | 10 086 000 | **78 190** | 1 009 | 30 480 | 144 100 | 12,5 | » |
| | 45 | 2 590 | 990 | **777** | 11 089 000 | **85 630** | 1 005 | 34 360 | 162 100 | 12,9 | » |
| | 50 | 2 600 | 1 050 | **824** | 12 099 000 | **93 070** | 1 002 | 38 250 | 180 100 | 13,2 | » |
| | 750 × 25 | 2 550 × 750 | 825 | **648** | 8 321 000 | **65 260** | 1 021 | 23 670 | 175 900 | 14,6 | 139 |
| | 30 | 2 560 | 900 | **706** | 9 545 000 | **74 570** | 1 017 | 28 460 | 211 000 | 15,3 | » |
| | 35 | 2 570 | 975 | **765** | 10 779 000 | **83 880** | 1 013 | 33 270 | 246 200 | 15,9 | » |
| | 40 | 2 580 | 1 050 | **824** | 12 022 000 | **93 190** | 1 009 | 38 100 | 281 400 | 16,4 | » |
| | 45 | 2 590 | 1 125 | **883** | 13 275 000 | **102 500** | 1 005 | 42 950 | 316 500 | 16,8 | » |
| | 50 | 2 600 | 1 200 | **942** | 14 537 000 | **111 800** | 1 002 | 47 810 | 351 700 | 17,2 | » |

(1) Incremento (o disminución) del módulo resistente, $W_x$ para cada mm, de aumento (o disminución) del espesor del alma.
(2) Momento estático de una platabanda respecto al eje baricéntrico X – X.

# VALORES ESTÁTICOS DE VIGAS REMACHADAS DE ALMA LLENA



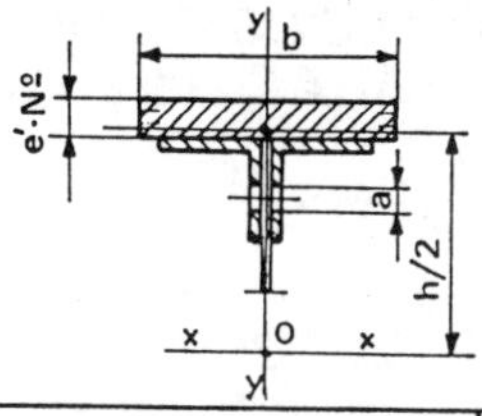


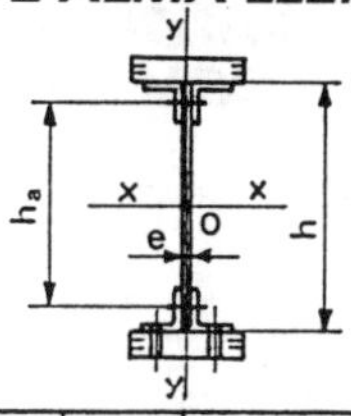


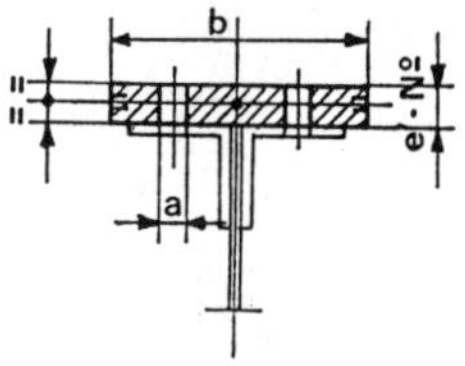


| Dimensiones | | | | | | Sección | Peso | Términos de sección | | | | | | Esbeltez del alma |
|---|---|---|---|---|---|---|---|---|---|---|---|---|---|---|
| Alma | | Angulares | Platabandas | | a | A | P | Viga | | | Cordón | | | |
| h | e | ⅂⌐ ⅃L | b · e' | Nº | φ | | | $I_x$ | $W_x$ | $I_y$ | $S_c$ | h'/2 | $S_p$ | |
| mm | mm | mm | mm | | mm | $cm^2$ | kg m/l | $cm^4$ | $cm^3$ | $cm^4$ | $cm^3$ | cm | $cm^3$ | $h_a/e$ |
| 700 | 8 | 80 · 80 · 8 | 200 · 10 | 0 | 21 | 105 | 82 | 75900 | 2165 | 640 | 805 | 32,7 | – | 76,2 |
| | | | | 1 | | 145 | 114 | 126300 | 3250 | 1970 | 1515 | 33,9 | 710 | |
| | | | | 2 | | 185 | 145 | 179600 | 4445 | 3300 | 2245 | 34,7 | 1440 | |
| | | | | 3 | | 225 | 176 | 235850 | 5655 | 4640 | 2995 | 35,4 | 2190 | |
| 800 | | | | 0 | | 113 | 89 | 104500 | 2610 | 640 | 925 | 37,7 | – | 88,7 |
| | | | | 1 | | 153 | 120 | 170100 | 3850 | 1970 | 1735 | 38,9 | 810 | |
| | | | | 2 | | 193 | 151 | 239000 | 5225 | 3300 | 2565 | 39,7 | 1640 | |
| | | | | 3 | | 233 | 183 | 311250 | 6610 | 4640 | 3415 | 40,4 | 2490 | |
| 900 | 10 | 100 · 100 · 10 | 250 · 10 | 0 | 23 | 167 | 131 | 198050 | 4400 | 1560 | 1620 | 42,2 | – | 79,0 |
| | | | | 1 | | 217 | 170 | 301600 | 6150 | 4160 | 2755 | 43,5 | 1135 | |
| | | | | 2 | | 267 | 209 | 409650 | 8105 | 6770 | 3920 | 44,3 | 2300 | |
| | | | | 3 | | 317 | 248 | 522500 | 10070 | 9370 | 5105 | 45,0 | 3480 | |
| 1000 | | | | 0 | | 177 | 139 | 255000 | 5100 | 1560 | 1810 | 47,2 | – | 89,0 |
| | | | | 1 | | 227 | 178 | 382550 | 7050 | 4160 | 3070 | 48,5 | 1260 | |
| | | | | 2 | | 277 | 217 | 515150 | 9230 | 6770 | 4360 | 49,3 | 2250 | |
| | | | | 3 | | 327 | 256 | 652950 | 11410 | 9370 | 5670 | 50,0 | 3860 | |
| 1100 | 10 | 120 · 120 · 12 | 300 · 12 | 0 | 25 | 220 | 172 | 405250 | 7360 | 3150 | 2835 | 51,6 | – | 94,0 |
| | | | | 1 | | 292 | 229 | 627850 | 10760 | 8550 | 4840 | 53,2 | 2000 | |
| | | | | 2 | | 364 | 285 | 860150 | 14010 | 13950 | 6880 | 54,2 | 4040 | |
| | | | | 3 | | 436 | 342 | 1102350 | 17510 | 19350 | 8970 | 55,0 | 6130 | |
| 1200 | | | | 0 | | 230 | 180 | 497850 | 8290 | 3150 | 3110 | 56,6 | – | 104,0 |
| | | | | 1 | | 302 | 237 | 762250 | 11750 | 8550 | 5290 | 58,2 | 2180 | |
| | | | | 2 | | 374 | 293 | 1037200 | 15570 | 13950 | 7515 | 59,2 | 4400 | |
| | | | | 3 | | 446 | 350 | 1323000 | 19380 | 19350 | 9785 | 60,0 | 6670 | |
| 1400 | 12 | 150 · 150 · 15 | 350 · 15 | 0 | 28 | 340 | 267 | 1021500 | 14590 | 7650 | 5650 | 65,7 | – | 99,1 |
| | | | | 1 | | 445 | 349 | 1547100 | 20480 | 18370 | 9365 | 67,6 | 3710 | |
| | | | | 2 | | 550 | 431 | 2095300 | 26970 | 29090 | 13160 | 68,9 | 7500 | |
| | | | | 3 | | 655 | 514 | 2666400 | 33480 | 39810 | 17030 | 69,9 | 11380 | |
| 1600 | | | | 0 | | 364 | 285 | 1400100 | 17500 | 7650 | 6510 | 75,7 | – | 115,8 |
| | | | | 1 | | 469 | 368 | 2084800 | 24260 | 18380 | 10750 | 77,6 | 4240 | |
| | | | | 2 | | 574 | 450 | 2795100 | 31690 | 29100 | 15070 | 78,9 | 8550 | |
| | | | | 3 | | 679 | 533 | 3531600 | 39030 | 39820 | 19460 | 79,9 | 12950 | |
| 1800 | 15 | 180 · 180 · 18 | 400 · 18 | 0 | 28 | 517 | 406 | 2521100 | 28010 | 16000 | 10510 | 84,9 | – | 102,0 |
| | | | | 1 | | 661 | 519 | 3710900 | 38240 | 35200 | 17050 | 87,1 | 6540 | |
| | | | | 2 | | 805 | 632 | 4948400 | 50190 | 54400 | 23730 | 88,6 | 13220 | |
| | | | | 3 | | 949 | 745 | 6234400 | 61780 | 73600 | 30530 | 89,8 | 20020 | |
| 2000 | | | | 0 | | 547 | 429 | 3237300 | 32370 | 16010 | 11740 | 94,9 | – | 115,0 |
| | | | | 1 | | 691 | 543 | 4703300 | 44230 | 35210 | 19010 | 97,1 | 7260 | |
| | | | | 2 | | 835 | 656 | 6222200 | 56770 | 54400 | 26400 | 98,6 | 14660 | |
| | | | | 3 | | 979 | 769 | 7794700 | 69980 | 73600 | 33930 | 99,8 | 22180 | |
| 2200 | 18 | 200 · 200 · 20 | 450 · 20 | 0 | 28 | 701 | 550 | 4929900 | 44810 | 24720 | 15920 | 104,3 | – | 105,0 |
| | | | | 1 | | 881 | 691 | 7147700 | 61390 | 55090 | 25900 | 106,8 | 9990 | |
| | | | | 2 | | 1061 | 833 | 9446100 | 86840 | 85470 | 36070 | 108,4 | 20160 | |
| | | | | 3 | | 1241 | 974 | 11826700 | 97610 | 115850 | 46420 | 109,8 | 30510 | |
| 2500 | | | | 0 | | 755 | 593 | 6700300 | 53600 | 24730 | 18200 | 119,3 | – | 122,2 |
| | | | | 1 | | 935 | 734 | 9558000 | 72500 | 55100 | 29540 | 121,8 | 11340 | |
| | | | | 2 | | 1115 | 875 | 12507200 | 92810 | 85480 | 41060 | 123,4 | 22860 | |
| | | | | 3 | | 1295 | 1016 | 15549300 | 113180 | 116860 | 52760 | 124,8 | 34560 | |

*NOTA.– Las dimensiones de las vigas que figuran en esta Tabla corresponden a las normalmente utilizadas en la construcción.*

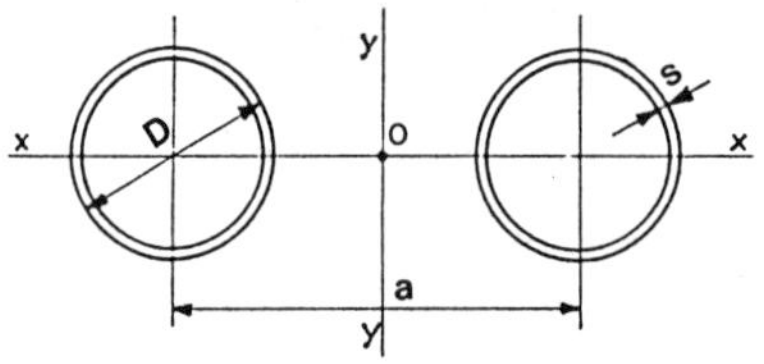


# VALORES ESTÁTICOS DE DOS TUBOS CON UNA SEPARACIÓN a VARIABLE

$$I_y = I_x + \frac{A}{4} a^2;\ i_y = \sqrt{\frac{I_y}{A}};\ W_y = \frac{2\,I_y}{a + D}$$

I, cm$^4$
W, cm$^3$
i, cm

| Perfil ○ mm | | A cm² | $i_{y1}$ cm | Términos de sección | Eje x-x | 300 | 400 | 500 | 600 | 700 | 800 | 1000 | 1200 | 1400 | Perfil ○ mm | |
|---|---|---|---|---|---|---|---|---|---|---|---|---|---|---|---|---|
| 50 | 3 | 8,86 | 1,66 | I | 24,4 | 2017 | 3568 | 5560 | 7998 | 10875 | 14200 | 22170 | | | 3 | 50 |
| | | | | W | 9,8 | 115 | 158 | 202 | 246 | 290 | 334 | 422 | | | | |
| | | | | i | 1,66 | 15,1 | 20,1 | 25,1 | 30,0 | 35,0 | 40,0 | 50,0 | | | | |
| | 4 | 11,56 | 1,63 | I | 30,8 | 2630 | 4654 | 7255 | 10435 | 14190 | 18525 | 28930 | | | 4 | |
| | | | | W | 12,3 | 150 | 206 | 264 | 321 | 378 | 435 | 551 | | | | |
| | | | | i | 1,63 | 15,1 | 20,1 | 25,1 | 30,0 | 35,0 | 40,0 | 50,0 | | | | |
| 60 | 3 | 10,74 | 2,01 | I | 43,6 | | 4340 | 6756 | 9710 | 13200 | 17230 | 26890 | 38700 | | 3 | 60 |
| | | | | W | 14,6 | | 188 | 241 | 294 | 347 | 400 | 507 | 614 | | | |
| | | | | i | 2,01 | | 20,1 | 25,1 | 30,1 | 35,1 | 40,1 | 50,0 | 60,0 | | | |
| | 4 | 14,08 | 1,98 | I | 54,8 | | 5688 | 8856 | 12730 | 17300 | 25580 | 35250 | 50690 | | 4 | |
| | | | | W | 18,5 | | 247 | 316 | 385 | 455 | 525 | 665 | 804 | | | |
| | | | | i | 1,98 | | 20,1 | 25,1 | 30,1 | 35,1 | 40,1 | 50,0 | 60,0 | | | |
| 70 | 3 | 12,62 | 2,37 | I | 71,0 | | | 7957 | 11430 | 15530 | 20265 | 31620 | 45500 | 61910 | 3 | 70 |
| | | | | W | 20,2 | | | 279 | 341 | 403 | 465 | 591 | 716 | 842 | | |
| | | | | i | 2,37 | | | 25,1 | 30,1 | 35,1 | 40,1 | 50,0 | 60,0 | 70,0 | | |
| | 4 | 16,58 | 2,34 | I | 90,6 | | | 10450 | 15010 | 20400 | 26620 | 41540 | 59770 | 81330 | 4 | |
| | | | | W | 25,8 | | | 366 | 448 | 530 | 612 | 776 | 941 | 1106 | | |
| | | | | i | 2,34 | | | 25,1 | 30,1 | 35,1 | 40,1 | 50,0 | 60,0 | 70,0 | | |
| 80 | 3 | 14,52 | 2,72 | I | 108 | | | | 13175 | 17895 | 23340 | 36400 | 52380 | 71250 | 3 | 80 |
| | | | | W | 27,0 | | | | 387 | 459 | 530 | 674 | 818 | 963 | | |
| | | | | i | 2,72 | | | | 30,1 | 35,1 | 40,1 | 50,0 | 60,1 | 70,1 | | |
| | 4 | 19,1 | 2,69 | I | 138 | | | | 17330 | 23535 | 30700 | 47880 | 68890 | 93730 | 4 | |
| | | | | W | 34,6 | | | | 509 | 603 | 697 | 886 | 1076 | 1266 | | |
| | | | | i | 2,69 | | | | 30,1 | 35,1 | 40,1 | 50,0 | 60,1 | 70,1 | | |
| 90 | 3 | 16,38 | 3,07 | I | 155 | | | | | 20265 | 26410 | 41150 | 59170 | 80460 | 3 | 90 |
| | | | | W | 34,6 | | | | | 513 | 593 | 755 | 917 | 1080 | | |
| | | | | i | 3,07 | | | | | 35,1 | 40,1 | 50,0 | 60,1 | 70,1 | | |
| | 5 | 26,8 | 3,01 | I | 242 | | | | | 33070 | 43120 | 67240 | 96720 | 131560 | 5 | |
| | | | | W | 53,8 | | | | | 837 | 969 | 1233 | 1500 | 1765 | | |
| | | | | i | 3,01 | | | | | 35,1 | 40,1 | 50,0 | 60,1 | 70,1 | | |

| Perfil ○ mm | | A cm² | $i_{y1}$ cm | Términos de sección | Eje x-x | 600 | 800 | 1000 | 1200 | 1400 | 1600 | 1800 | 2000 | 2500 | Perfil ○ mm | |
|---|---|---|---|---|---|---|---|---|---|---|---|---|---|---|---|---|
| 100 | 4 | 24,2 | 3,39 | I | 278 | 22120 | 39058 | 60840 | 87460 | 118910 | 155218 | 196360 | | | 4 | 100 |
| | | | | W | 55,6 | 632 | 868 | 1106 | 1345 | 1585 | 1825 | 2066 | | | | |
| | | | | i | 3,39 | 30,2 | 40,2 | 50,1 | 60,1 | 70,1 | 80,1 | 90,1 | | | | |
| | 6 | 35,4 | 3,33 | I | 393 | 31710 | 56070 | 87390 | 125650 | 170910 | 223110 | 282270 | | | 6 | |
| | | | | W | 78,6 | 906 | 1246 | 1590 | 1933 | 2280 | 2625 | 2970 | | | | |
| | | | | i | 3,33 | 30,2 | 40,1 | 50,1 | 60,1 | 70,1 | 80,1 | 90,1 | | | | |
| 125 | 4 | 30,4 | 2,28 | I | 558 | | 49200 | 76550 | 110000 | 149510 | 195110 | 246800 | 304560 | | 4 | 125 |
| | | | | W | 89,2 | | 1060 | 1360 | 1660 | 1960 | 2260 | 2560 | 2865 | | | |
| | | | | i | 4,28 | | 40,2 | 50,2 | 60,2 | 70,1 | 80,1 | 90,1 | 100,1 | | | |
| | 6 | 44,8 | 4,21 | I | 796 | | 72470 | 112790 | 162070 | 220310 | 287510 | 363670 | 448800 | | 6 | |
| | | | | W | 127,4 | | 1567 | 2005 | 2440 | 2890 | 3330 | 3780 | 4220 | | | |
| | | | | i | 4,21 | | 40,2 | 50,2 | 60,1 | 70,1 | 80,1 | 90,1 | 100,1 | | | |
| 155 | 5 | 47,2 | 5,30 | I | 1330 | | | 119325 | 171240 | 232600 | 303400 | 383640 | 473320 | 738826 | 5 | 155 |
| | | | | W | 171 | | | 2065 | 2525 | 2990 | 3450 | 3925 | 4390 | 5565 | | |
| | | | | i | 5,3 | | | 50,3 | 60,2 | 70,2 | 80,2 | 90,2 | 100,1 | 125,1 | | |
| | 8 | 73,8 | 5.21 | I | 2000 | | | 186500 | 267610 | 363600 | 474320 | 599780 | 740000 | 1155125 | 8 | |
| | | | | W | 258 | | | 3230 | 3950 | 4676 | 5405 | 6135 | 6860 | 8700 | | |
| | | | | i | 5,21 | | | 50,3 | 60,2 | 70,2 | 80,2 | 90,2 | 100,1 | 125,1 | | |
| 175 | 5 | 53,4 | 6,01 | I | 1930 | | | | 194172 | 263590 | 343700 | 434470 | 535930 | 836300 | 5 | 175 |
| | | | | W | 220 | | | | 2825 | 3345 | 3916 | 4400 | 4930 | 6250 | | |
| | | | | i | 6,01 | | | | 60,3 | 70,3 | 80,2 | 90,2 | 100,2 | 125,1 | | |
| | 8 | 84,0 | 5,92 | I | 2940 | | | | 305340 | 414540 | 540540 | 683340 | 842940 | 1315400 | 8 | |
| | | | | W | 336 | | | | 4440 | 5260 | 6090 | 6920 | 7750 | 9830 | | |
| | | | | i | 5,92 | | | | 60,3 | 70,3 | 80,2 | 90,2 | 100,2 | 125,1 | | |
| 200 | 5 | 61,2 | 6,91 | I | 2920 | | | | | 302800 | 394600 | 498640 | 614920 | 959170 | 5 | 200 |
| | | | | W | 292 | | | | | 3785 | 4385 | 4980 | 5590 | 7105 | | |
| | | | | i | 6,91 | | | | | 70,3 | 80,3 | 90,3 | 100,2 | 125,2 | | |
| | 8 | 96,6 | 6,79 | I | 4460 | | | | | 477800 | 622700 | 786900 | 970460 | 1513800 | 8 | |
| | | | | W | 446 | | | | | 5970 | 6920 | 7870 | 8820 | 11210 | | |
| | | | | i | 6,79 | | | | | 70,3 | 80,3 | 90,3 | 100,2 | 125,2 | | |

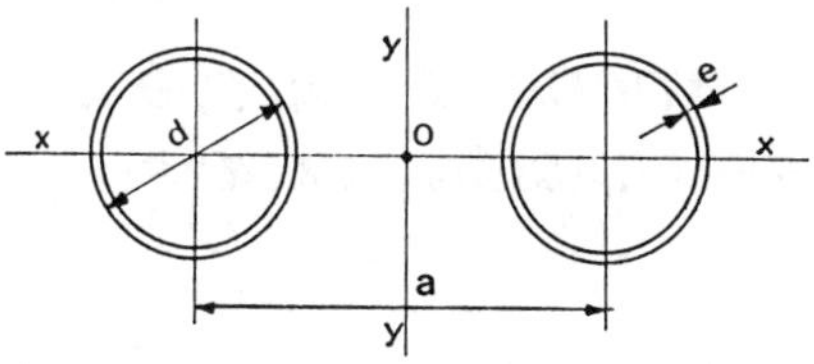


# VALORES ESTÁTICOS PARA DOS TUBOS SIN SOLDADURA CON SEPARACIÓN VARIABLE

I, $cm^4$
W, $cm^3$
i, cm

**(continuación)**

| Perfil ○ mm | | A $cm^2$ | $i_{y1}$ cm | Términos de sección | Eje x-x | Valores correspondientes al eje y-y para una separación c en mm = 400 | 500 | 600 | 800 | 1000 | 1250 | 1500 | 2000 | 2500 | Perfil ○ mm | |
|---|---|---|---|---|---|---|---|---|---|---|---|---|---|---|---|---|
| 51,0 | 3,2 | 9,62 | 1,69 | I | 27,6 | 3870 | 6040 | 8680 | 15420 | 24080 | | | | | 3,2 | 51,0 |
| | | | | W | 10,8 | 172 | 220 | 266 | 363 | 458 | | | | | | |
| | | | | i | 1,69 | 20,1 | 25,1 | 30,1 | 40,0 | 50,0 | | | | | | |
| | 5 | 14,46 | 1,64 | I | 38,6 | 5820 | 9070 | 13050 | 23170 | 36190 | | | | | 5 | |
| | | | | W | 15,2 | 258 | 330 | 400 | 545 | 690 | | | | | | |
| | | | | i | 1,64 | 20,1 | 25,1 | 30,1 | 40,0 | 50,0 | | | | | | |
| 76,1 | 4 | 18,1 | 2,55 | I | 118 | 7360 | 11430 | 16410 | 29080 | 45370 | | | | | 4 | 76,1 |
| | | | | W | 31,0 | 310 | 397 | 485 | 663 | 843 | | | | | | |
| | | | | i | 2,55 | 20,2 | 25,1 | 30,1 | 40,1 | 50,1 | | | | | | |
| | 6,3 | 27,6 | 2,48 | I | 170 | 11210 | 17420 | 25010 | 44330 | 69170 | | | | | 6,3 | |
| | | | | W | 44,6 | 470 | 605 | 740 | 1010 | 1285 | | | | | | |
| | | | | i | 2,48 | 20,2 | 25,1 | 30,1 | 40,1 | 50,1 | | | | | | |
| 101,6 | 5 | 30,4 | 3,42 | I | 354 | | 19350 | 27710 | 48990 | 76350 | 119100 | | | | 5 | 101,6 |
| | | | | W | 69,9 | | 640 | 790 | 1090 | 1385 | 1760 | | | | | |
| | | | | i | 3,42 | | 25,2 | 30,2 | 40,1 | 50,1 | 62,6 | | | | | |
| | 8 | 47,0 | 3,32 | I | 520 | | 29900 | 42820 | 75720 | 118020 | 184100 | | | | 8 | |
| | | | | W | 102 | | 994 | 1220 | 1680 | 2140 | 2720 | | | | | |
| | | | | i | 3,32 | | 25,2 | 30,2 | 40,1 | 50,1 | 62,6 | | | | | |
| 127 | 5 | 38,4 | 4,32 | I | 714 | | 24710 | 35270 | 62150 | 96700 | 150700 | | | | 5 | 127 |
| | | | | W | 112 | | 788 | 970 | 1340 | 1710 | 2190 | | | | | |
| | | | | i | 4,32 | | 25,4 | 30,3 | 40,2 | 50,2 | 62,6 | | | | | |
| | 8 | 59,8 | 4,22 | I | 1064 | | 38440 | 54880 | 96740 | 150560 | 234650 | | | | 8 | |
| | | | | W | 167 | | 1225 | 1510 | 2080 | 2670 | 3410 | | | | | |
| | | | | i | 4,22 | | 25,4 | 30,3 | 40,2 | 50,2 | 62,6 | | | | | |
| 152,4 | 6,3 | 57,8 | 5,17 | I | 1550 | | | 53560 | 94020 | 146060 | 227320 | 326670 | | | 6,3 | 152,4 |
| | | | | W | 202 | | | 1420 | 1974 | 2530 | 3240 | 4500 | | | | |
| | | | | i | 5,17 | | | 30,4 | 40,3 | 50,3 | 62,7 | 72,5 | | | | |
| | 10 | 89,4 | 5,05 | I | 2280 | | | 82740 | 145320 | 225780 | 351500 | 505100 | | | 10 | |
| | | | | W | 300 | | | 2200 | 3050 | 4740 | 5010 | 6110 | | | | |
| | | | | i | 5,05 | | | 30,4 | 40,3 | 50,3 | 62,7 | 75,2 | | | | |
| 193,7 | 6,3 | 74,2 | 6,63 | I | 3260 | | | 70040 | 121980 | 187780 | 293100 | 420600 | | | 6,3 | 193,7 |
| | | | | W | 336 | | | 1760 | 2450 | 3150 | 4060 | 4960 | | | | |
| | | | | i | 6,63 | | | 30,7 | 40,5 | 50,3 | 62,8 | 75,3 | | | | |
| | 10 | 115 | 6,50 | I | 4880 | | | 108380 | 188880 | 292380 | 454100 | 651700 | | | 10 | |
| | | | | W | 504 | | | 2730 | 3800 | 4900 | 6290 | 7700 | | | | |
| | | | | i | 6,50 | | | 30,7 | 40,5 | 50,4 | 62,8 | 75,3 | | | | |
| 244,5 | 8 | 119 | 8,37 | I | 8320 | | | | 198700 | 305820 | 473160 | 677700 | 1198300 | | 8 | 244,5 |
| | | | | W | 680 | | | | 3800 | 4910 | 6330 | 7770 | 10670 | | | |
| | | | | i | 8,37 | | | | 40,9 | 50,7 | 63,1 | 75,4 | 100,3 | | | |
| | 12,5 | 182 | 8,21 | I | 12290 | | | | 303500 | 467290 | 723200 | 1036000 | 1832200 | | 12,5 | |
| | | | | W | 1006 | | | | 5810 | 7510 | 9680 | 11880 | 16300 | | | |
| | | | | i | 8,21 | | | | 40,8 | 50,7 | 63,0 | 75,4 | 100,3 | | | |
| 298,5 | 8 | 146 | 10,3 | I | 15420 | | | | 249010 | 380410 | 585730 | 836660 | 1475400 | | 8 | 298,5 |
| | | | | W | 1032 | | | | 4530 | 5860 | 7560 | 10470 | 12830 | | | |
| | | | | i | 10,3 | | | | 41,3 | 51,0 | 63,3 | 75,7 | 100,5 | | | |
| | 12,5 | 224 | 10,1 | I | 23020 | | | | 381420 | 583020 | 898020 | 1283000 | 2263000 | | 12,5 | |
| | | | | W | 1540 | | | | 6940 | 9000 | 11600 | 14260 | 19690 | | | |
| | | | | i | 10,1 | | | | 41,3 | 51,0 | 63,3 | 75,7 | 100,5 | | | |
| 355,6 | 10 | 218 | 12,2 | I | 32440 | | | | | 577440 | 884000 | 1258700 | 2212400 | 3438700 | 10 | 355,6 |
| | | | | W | 1825 | | | | | 8520 | 11010 | 13560 | 18780 | 24080 | | |
| | | | | i | 12,2 | | | | | 51,2 | 63,8 | 76,0 | 100,7 | 125,6 | | |
| | 16 | 342 | 12,0 | I | 49320 | | | | | 904320 | 1385200 | 1973000 | 3469300 | 5393000 | 16 | |
| | | | | W | 2780 | | | | | 13340 | 17250 | 21260 | 29450 | 37770 | | |
| | | | | i | 12,0 | | | | | 51,4 | 63,6 | 76,0 | 100,7 | 125,6 | | |
| 406,4 | 10 | 250 | 14,0 | I | 48960 | | | | | 673960 | 1025500 | 1455200 | 2574900 | 3955200 | 10 | 406,4 |
| | | | | W | 2400 | | | | | 9580 | 12380 | 15260 | 21400 | 27200 | | |
| | | | | i | 14,0 | | | | | 51,9 | 64,0 | 76,3 | 101,5 | 125,8 | | |
| | 16 | 392 | 13,8 | I | 74900 | | | | | 1054900 | 1606100 | 2279900 | 3994900 | 6199900 | 16 | |
| | | | | W | 3680 | | | | | 15000 | 19400 | 23900 | 33200 | 42660 | | |
| | | | | i | 13,8 | | | | | 51,9 | 64,0 | 76,3 | 101,0 | 125,8 | | |
| 508 | 12,5 | 390 | 17,5 | I | 119500 | | | | | 1094500 | 1642900 | 2313200 | 4019500 | 6313200 | 12,5 | 508 |
| | | | | W | 4700 | | | | | 14510 | 18690 | 23040 | 32050 | 41310 | | |
| | | | | i | 17,5 | | | | | 53,0 | 64,9 | 77,0 | 101,5 | 126,2 | | |
| | 20 | 614 | 17,3 | I | 182860 | | | | | 1717800 | 2581000 | 3636600 | 6322800 | 9776600 | 20 | |
| | | | | W | 7200 | | | | | 22780 | 29360 | 36220 | 50420 | 65000 | | |
| | | | | i | 17,3 | | | | | 52,9 | 64,8 | 77,0 | 101,5 | 162,2 | | |

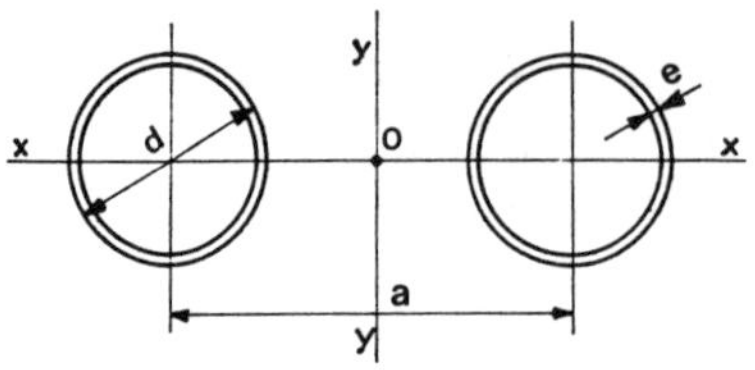


# VALORES ESTÁTICOS DE DOS TUBOS CON UNA SEPARACIÓN a VARIABLE

I, cm⁴
W, cm³
i, cm

$$I_y = I_x + \frac{A}{4} a^2; \; i_y = \sqrt{\frac{I_y}{A}}; \; W_y = \frac{2\, I_y}{a + D}$$

| Tubo | | Conjunto | | | Momento de inercia $I_y$ en cm⁴, para una separación a en mm | | | | | | | | | | |
|---|---|---|---|---|---|---|---|---|---|---|---|---|---|---|---|
| Diám. ext. D mm | Espesor s mm | A cm² | $I_x$ cm⁴ | $i_x$ (min) cm | 100 | 150 | 200 | 250 | 300 | 350 | 400 | 450 | 500 | 550 | 600 |
| | 2,6 | 6,50 | 12,9 | 1,41 | 175 | 379 | 663 | 1 030 | 1 480 | 2 000 | 2 610 | 3 300 | 4 080 | 4 930 | — |
| | 2,9 | 7,20 | 14,1 | 1,40 | 194 | 419 | 734 | 1 140 | 1 630 | 2 220 | 2 890 | 3 660 | 4 510 | 5 460 | — |
| 42,4 | 3,2 | 7,88 | 15,2 | 1,39 | 212 | 459 | 803 | 1 250 | 1 790 | 2 430 | 3 170 | 4 010 | 4 940 | 5 980 | — |
| | 3,6 | 8,78 | 16,7 | 1,38 | 236 | 510 | 894 | 1 390 | 1 990 | 2 700 | 3 530 | 4 460 | 5 500 | 6 650 | — |
| | 4,0 | 9,66 | 18,0 | 1,36 | 259 | 561 | 983 | 1 530 | 2 190 | 2 970 | 3 880 | 4 900 | 6 050 | 7 320 | — |
| | 2,6 | 7,46 | 19,6 | 1,62 | 206 | 439 | 766 | 1 190 | 1 700 | 2 310 | 3 010 | 3 800 | 4 690 | 5 670 | 6 740 |
| | 2,9 | 8,28 | 21,4 | 1,61 | 228 | 487 | 849 | 1 310 | 1 880 | 2 550 | 3 330 | 4 210 | 5 190 | 6 280 | 7 470 |
| | 3,2 | 9,06 | 23,2 | 1,60 | 250 | 533 | 930 | 1 440 | 2 060 | 2 800 | 3 650 | 4 610 | 5 690 | 6 880 | 8 180 |
| 48,3 | 3,6 | 10,1 | 25,4 | 1,59 | 278 | 594 | 1 040 | 1 610 | 2 300 | 3 120 | 4 070 | 5 140 | 6 340 | 7 670 | 9 130 |
| | 4,0 | 11,1 | 27,6 | 1,57 | 306 | 654 | 1 140 | 1 770 | 2 530 | 3 440 | 4 480 | 5 660 | 6 990 | 8 450 | 10 050 |
| | 4,5 | 12,4 | 30,0 | 1,56 | 340 | 727 | 1 270 | 1 970 | 2 820 | 3 820 | 4 980 | 6 300 | 7 770 | 9 400 | 11 180 |
| | 5,0 | 13,6 | 32,4 | 1,54 | 372 | 797 | 1 390 | 2 160 | 3 090 | 4 200 | 5 470 | 6 920 | 8 530 | 10 320 | 12 280 |
| | 2,9 | 10,5 | 43,2 | 2,03 | — | 632 | 1 090 | 1 680 | 2 400 | 3 250 | 4 230 | 5 340 | 6 580 | 7 950 | 9 460 |
| | 3,2 | 11,5 | 47,0 | 2,02 | — | 693 | 1 200 | 1 840 | 2 630 | 3 560 | 4 640 | 5 860 | 7 220 | 8 730 | 10 380 |
| 60,3 | 3,6 | 12,8 | 51,8 | 2,01 | — | 773 | 1 330 | 2 060 | 2 940 | 3 980 | 5 180 | 6 540 | 8 070 | 9 750 | 11 590 |
| | 4,0 | 14,1 | 56,4 | 2,00 | — | 852 | 1 470 | 2 270 | 3 240 | 4 390 | 5 720 | 7 220 | 8 900 | 10 760 | 12 790 |
| | 4,5 | 15,8 | 61,8 | 1,98 | — | 949 | 1 640 | 2 530 | 3 610 | 4 890 | 6 370 | 8 050 | 9 920 | 11 990 | 14 260 |
| | 5,0 | 17,4 | 67,0 | 1,96 | — | 1 040 | 1 800 | 2 780 | 3 980 | 5 390 | 7 020 | 8 860 | 10 930 | 13 210 | 15 700 |
| | | | | | 250 | 300 | 350 | 400 | 500 | 600 | 700 | 750 | 800 | 900 | 1 000 |
| | 2,9 | 13,3 | 89,4 | 2,59 | 2 170 | 3 090 | 4 170 | 5 420 | 8 430 | 12 090 | 16 430 | 18 850 | 21 430 | — | — |
| | 3,2 | 14,7 | 97,6 | 2,58 | 2 390 | 3 400 | 4 590 | 5 960 | 9 260 | 13 290 | 18 050 | 20 710 | 23 550 | — | — |
| | 3,6 | 16,4 | 108 | 2,57 | 2 670 | 3 800 | 5 130 | 6 670 | 10 360 | 14 870 | 20 200 | 23 170 | 26 350 | — | — |
| | 4,0 | 18,1 | 118 | 2,55 | 2 950 | 4 200 | 5 670 | 7 370 | 11 440 | 16 430 | 22 320 | 25 600 | 29 110 | — | — |
| 76,1 | 4,5 | 20,2 | 130 | 2,54 | 3 290 | 4 690 | 6 330 | 8 230 | 12 780 | 18 350 | 24 930 | 28 600 | 32 520 | — | — |
| | 5,0 | 22,4 | 142 | 2,52 | 3 630 | 5 170 | 6 980 | 9 080 | 14 100 | 20 240 | 27 500 | 31 550 | 35 880 | — | — |
| | *5,6* | 24,8 | 155 | 2,50 | 4 030 | 5 740 | 7 750 | 10 080 | 15 660 | 22 480 | 30 540 | 35 040 | 39 840 | — | — |
| | *6,3* | 27,6 | 170 | 2,48 | 4 490 | 6 390 | 8 630 | 11 220 | 17 440 | 25 040 | 34 020 | 39 020 | 44 380 | — | — |
| | *7,1* | 30,8 | 185 | 2,45 | 4 990 | 7 110 | 9 610 | 12 500 | 19 420 | 27 890 | 37 890 | 43 470 | 49 440 | — | — |
| | 3,2 | 17,2 | 158 | 3,03 | 2 850 | 4 040 | 5 440 | 7 050 | 10 930 | 15 670 | 21 270 | 24 390 | 27 730 | 35 050 | — |
| | 3,6 | 19,3 | 176 | 3,02 | 3 190 | 4 520 | 6 080 | 7 890 | 12 230 | 17 540 | 23 810 | 27 310 | 31 050 | 39 250 | — |
| | 4,0 | 21,4 | 193 | 3,00 | 3 530 | 4 990 | 6 730 | 8 730 | 13 530 | 19 400 | 26 330 | 30 200 | 34 330 | 43 400 | — |
| | 4,5 | 23,8 | 214 | 2,99 | 3 940 | 5 580 | 7 520 | 9 760 | 15 130 | 21 690 | 29 450 | 33 770 | 38 390 | 48 540 | — |
| | 5,0 | 26,4 | 232 | 2,97 | 4 350 | 6 160 | 8 300 | 10 780 | 16 710 | 23 950 | 32 520 | 37 300 | 42 410 | 53 610 | — |
| 88,9 | 5,6 | 29,4 | 256 | 2,95 | 4 840 | 6 850 | 9 230 | 11 980 | 18 570 | 26 630 | 36 160 | 41 470 | 47 150 | 59 610 | — |
| | *6,3* | 32,6 | 280 | 2,93 | 5 390 | 7 640 | 10 290 | 13 360 | 20 720 | 29 710 | 40 330 | 46 260 | 52 590 | 66 490 | — |
| | *7,1* | 36,4 | 308 | 2,90 | 6 010 | 8 520 | 11 480 | 14 900 | 23 110 | 33 150 | 45 010 | 51 620 | 58 690 | 74 200 | — |
| | *8,0* | 40,6 | 336 | 2,87 | 6 690 | 9 490 | 12 790 | 16 600 | 25 750 | 36 930 | 50 150 | 57 520 | 65 400 | 82 680 | — |
| | *8,8* | 44,2 | 360 | 2,85 | 7 280 | 10 320 | 13 920 | 18 080 | 28 040 | 40 220 | 54 610 | 62 640 | 71 220 | 90 040 | — |
| | 3,6 | 22,2 | 266 | 3,47 | 3 730 | 5 250 | 7 060 | 9 130 | 14 120 | 20 220 | 27 420 | 31 440 | 35 730 | 45 150 | 55 680 |
| | 4,0 | 24,6 | 292 | 3,45 | 4 130 | 5 810 | 7 800 | 10 100 | 15 620 | 22 370 | 30 340 | 34 790 | 39 540 | 49 960 | 61 620 |
| | 4,5 | 27,4 | 324 | 3,44 | 4 610 | 6 500 | 8 730 | 11 310 | 17 480 | 25 030 | 33 960 | 38 930 | 44 250 | 55 920 | 68 960 |
| | 5,0 | 30,4 | 354 | 3,42 | 5 100 | 7 180 | 9 650 | 12 490 | 19 320 | 27 670 | 37 530 | 43 030 | 48 910 | 61 810 | 76 220 |
| 101,6 | 5,6 | 33,8 | 390 | 3,40 | 5 670 | 7 990 | 10 740 | 13 900 | 21 500 | 30 790 | 41 770 | 47 890 | 54 440 | 68 790 | 84 840 |
| | 6,3 | 37,8 | 430 | 3,38 | 6 320 | 8 920 | 11 980 | 15 520 | 24 010 | 34 380 | 46 640 | 53 480 | 60 790 | 76 820 | 94 740 |
| | *7,1* | 42,2 | 474 | 3,35 | 7 060 | 9 960 | 13 380 | 17 340 | 26 820 | 38 410 | 52 120 | 59 760 | 67 920 | 85 840 | 105 900 |
| | *8,0* | 47,0 | 520 | 3,32 | 7 870 | 11 100 | 14 930 | 19 340 | 29 920 | 42 860 | 58 150 | 66 680 | 75 800 | 95 790 | 118 100 |
| | *8,8* | 51,4 | 558 | 3,30 | 8 570 | 12 100 | 16 270 | 21 080 | 32 630 | 46 740 | 63 410 | 72 710 | 82 660 | 104 500 | 128 800 |
| | *10,0* | 57,6 | 610 | 3,26 | 9 600 | 13 560 | 18 240 | 23 630 | 36 580 | 52 410 | 71 110 | 81 550 | 92 700 | 117 200 | 144 500 |

Los espesores s en *cursiva* indican los que no están comprendidos en la Norma DIN 2448.

AL-37₄

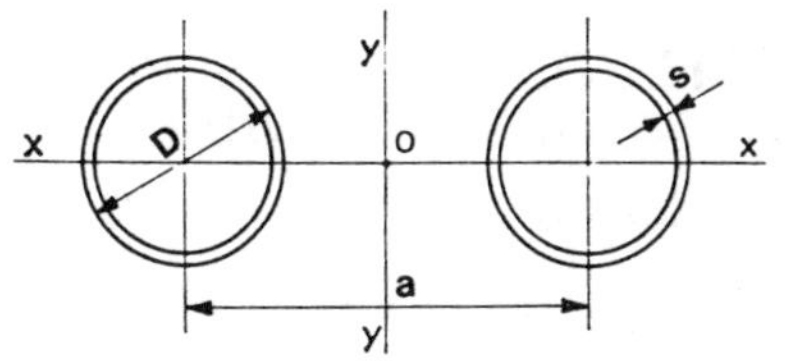


# VALORES ESTÁTICOS DE DOS TUBOS CON UNA SEPARACIÓN a VARIABLE

(continuación)

I, cm⁴
W, cm³
i, cm

$$I_y = I_x + \frac{A}{4} a^2; \; i_y = \sqrt{\frac{I_y}{A}}; \; W_y = \frac{2\, I_y}{a + D}$$

| Tubo: Diám. ext. D mm | Tubo: Espesor s mm | Conjunto: A cm² | Conjunto: $I_x$ cm⁴ | Conjunto: $i_x$ (min) cm | Momento de inercia $I_y$ en cm⁴, para una separación a en mm: 400 | 500 | 600 | 700 | 750 | 800 | 900 | 1 000 | 1 100 | 1 250 |
|---|---|---|---|---|---|---|---|---|---|---|---|---|---|---|
| 114,3 | 3,6 | 25,0 | 384 | 3,92 | 10 400 | 16 030 | 22 920 | 31 060 | 35 600 | 40 450 | 51 090 | 62 980 | 76 130 | 98 200 |
| | 4 | 27,8 | 422 | 3,90 | 11 510 | 17 750 | 25 370 | 34 380 | 39 410 | 44 780 | 56 560 | 69 730 | 84 280 | 108 700 |
| | 5 | 34,4 | 514 | 3,87 | 14 250 | 21 970 | 31 420 | 42 580 | 48 800 | 55 450 | 70 050 | 86 360 | 104 400 | 134 600 |
| | 6,3 | 42,8 | 626 | 3,82 | 17 730 | 27 340 | 39 100 | 53 000 | 60 740 | 69 030 | 87 200 | 107 500 | 129 900 | 167 600 |
| | *8* | 53,4 | 758 | 3,77 | 22 130 | 34 150 | 48 850 | 66 210 | 75 900 | 86 250 | 109 000 | 134 300 | 162 400 | 209 500 |
| | *10* | 65,6 | 900 | 3,70 | 27 110 | 41 860 | 59 880 | 81 180 | 93 060 | 105 800 | 133 600 | 164 700 | 199 100 | 256 900 |
| 139,7 | 4 | 34,2 | 786 | 4,80 | 14 430 | 22 100 | 31 480 | 42 560 | 48 750 | 55 350 | 69 850 | 86 050 | 104 000 | 134 000 |
| | 5 | 42,4 | 962 | 4,77 | 17 890 | 27 410 | 39 050 | 52 800 | 60 470 | 68 670 | 86 650 | 106 800 | 129 000 | 166 300 |
| | 6,3 | 52,8 | 1 180 | 4,72 | 22 300 | 34 180 | 48 700 | 65 860 | 75 430 | 85 670 | 108 100 | 133 200 | 160 900 | 207 400 |
| | *8* | 66,2 | 1 440 | 4,66 | 27 920 | 42 820 | 61 020 | 82 540 | 94 530 | 107 400 | 135 500 | 166 900 | 201 700 | 260 000 |
| | *10* | 81,4 | 1 720 | 4,60 | 34 320 | 52 660 | 75 070 | 101 600 | 116 300 | 132 100 | 166 700 | 205 500 | 248 200 | 320 100 |
| | *12,5* | 100 | 2 040 | 4,52 | 42 000 | 64 480 | 91 950 | 124 400 | 142 500 | 161 900 | 204 300 | 251 800 | 304 200 | 392 300 |
| 168,3 | 4,5 | 46,4 | 1 550 | 5,79 | 20 080 | 30 500 | 43 240 | 58 290 | 66 680 | 75 660 | 95 340 | 117 300 | 141 700 | 182 500 |
| | 5 | 51,4 | 1 710 | 5,78 | 22 230 | 33 780 | 47 880 | 64 560 | 73 860 | 83 800 | 105 600 | 130 000 | 156 900 | 202 100 |
| | 6,3 | 64,2 | 2 110 | 5,73 | 27 760 | 42 190 | 59 820 | 80 660 | 92 280 | 104 700 | 132 000 | 162 400 | 196 100 | 252 600 |
| | 8 | 80,6 | 2 590 | 5,67 | 34 820 | 52 950 | 75 110 | 101 300 | 115 900 | 131 500 | 165 800 | 204 000 | 246 300 | 317 300 |
| | *10* | 99,4 | 3 130 | 5,61 | 42 910 | 65 290 | 92 640 | 125 000 | 143 000 | 162 300 | 204 500 | 251 800 | 304 000 | 391 700 |
| | *12,5* | 122 | 3 740 | 5,53 | 52 680 | 80 210 | 113 900 | 153 600 | 175 800 | 199 500 | 251 500 | 309 600 | 373 900 | 481 700 |
| | | | | | **750** | **800** | **900** | **1 000** | **1 250** | **1 500** | **1 750** | **2 000** | **2 500** | **3 000** |
| 193,7 | *5,4* | 63,8 | 2 830 | 6,66 | 92 680 | 105 100 | 132 200 | 162 600 | 252 400 | 362 200 | 492 000 | 641 700 | 1 001 000 | — |
| | 6,3 | 74,2 | 3 260 | 6,63 | 107 600 | 121 900 | 153 500 | 188 700 | 293 000 | 420 500 | 571 200 | 745 100 | 1 162 000 | — |
| | 8 | 93,4 | 4 030 | 6,57 | 135 300 | 153 400 | 193 100 | 237 400 | 368 700 | 529 100 | 718 700 | 937 500 | 1 463 000 | — |
| | *10* | 115 | 4 880 | 6,50 | 167 200 | 189 600 | 238 600 | 293 400 | 455 800 | 654 100 | 888 600 | 1 159 000 | 1 808 000 | — |
| | *12,5* | 142 | 5 870 | 6,42 | 206 000 | 233 600 | 294 100 | 361 700 | 561 800 | 806 400 | 1 095 000 | 1 429 000 | 2 230 000 | — |
| 219,1 | *5,9* | 79,0 | 4 490 | 7,54 | 115 600 | 130 900 | 164 500 | 202 100 | 313 200 | 449 100 | 609 600 | 794 800 | 1 239 000 | — |
| | 10 | 131 | 7 200 | 7,40 | 192 000 | 217 400 | 273 200 | 335 700 | 520 400 | 746 200 | 1 013 000 | 1 321 000 | 2 060 000 | — |
| | 12,5 | 162 | 8 690 | 7,32 | 236 900 | 268 300 | 337 300 | 414 300 | 642 500 | 921 400 | 1 251 000 | 1 631 000 | 2 544 000 | — |
| | *16* | 204 | 10 590 | 7,20 | 297 700 | 337 300 | 424 100 | 521 000 | 808 200 | 1 159 000 | 1 574 000 | 2 052 000 | 3 201 000 | — |
| | *17,5* | 222 | 11 350 | 7,15 | 323 100 | 366 000 | 460 200 | 565 500 | 877 200 | 1 258 000 | 1 709 000 | 2 228 000 | 3 475 000 | — |
| | *20* | 250 | 12 520 | 7,07 | 364 400 | 412 800 | 519 200 | 638 000 | 989 900 | 1 420 000 | 1 928 000 | 2 514 000 | 3 922 000 | — |
| 244,5 | 6,3 | 94,2 | 6 690 | 8,42 | 139 300 | 157 600 | 197 600 | 242 400 | 375 000 | 537 100 | 728 600 | 949 600 | 1 480 000 | 2 128 000 |
| | 10 | 147 | 10 150 | 8,30 | 217 300 | 245 900 | 308 500 | 378 500 | 585 700 | 838 900 | 1 138 000 | 1 484 000 | 2 312 000 | 3 325 000 |
| | 12,5 | 182 | 12 290 | 8,21 | 268 500 | 303 800 | 381 300 | 467 800 | 724 100 | 1 037 000 | 1 407 000 | 1 834 000 | 2 859 000 | 4 112 000 |
| | *16* | 230 | 15 070 | 8,10 | 338 100 | 382 600 | 480 200 | 589 300 | 912 400 | 1 307 000 | 1 774 000 | 2 312 000 | 3 604 000 | 5 184 000 |
| | *17,5* | 250 | 16 170 | 8,05 | 367 200 | 415 500 | 521 600 | 640 200 | 991 200 | 1 420 000 | 1 927 000 | 2 512 000 | 3 916 000 | 5 632 000 |
| | *20* | 282 | 17 910 | 7,97 | 414 600 | 469 300 | 589 200 | 723 200 | 1 120 000 | 1 605 000 | 2 178 000 | 2 839 000 | 4 426 000 | 6 366 000 |
| 273 | 6,3 | 106 | 9 390 | 9,43 | 157 900 | 178 300 | 223 200 | 273 300 | 421 800 | 603 200 | 817 700 | 1 065 000 | 1 659 000 | 2 385 000 |
| | 10 | 165 | 14 310 | 9,31 | 246 700 | 278 700 | 348 900 | 427 400 | 659 800 | 943 800 | 1 279 000 | 1 667 000 | 2 596 000 | 3 732 000 |
| | 12,5 | 204 | 17 390 | 9,22 | 305 100 | 344 700 | 431 700 | 528 900 | 816 600 | 1 168 000 | 1 584 000 | 2 063 000 | 3 214 000 | 4 621 000 |
| | *16* | 258 | 21 420 | 9,10 | 384 700 | 434 800 | 544 600 | 667 300 | 1 031 000 | 1 475 000 | 2 000 000 | 2 605 000 | 4 058 000 | 5 835 000 |
| | *17,5* | 280 | 23 040 | 9,05 | 418 100 | 472 500 | 591 900 | 725 400 | 1 120 000 | 1 603 000 | 2 174 000 | 2 832 000 | 4 413 000 | 6 344 000 |
| | *20* | 318 | 25 600 | 8,97 | 472 700 | 534 300 | 669 400 | 820 400 | 1 268 000 | 1 814 000 | 2 460 000 | 3 205 000 | 4 993 000 | 7 179 000 |
| 323,9 | 7,1 | 141 | 17 740 | 11,2 | 216 500 | 243 900 | 303 900 | 371 100 | 569 800 | 812 700 | 1 100 000 | 1 431 000 | 2 226 000 | 3 198 000 |
| | 10 | 197 | 24 320 | 11,1 | 301 700 | 339 900 | 423 700 | 517 400 | 794 700 | 1 134 000 | 1 534 000 | 1 997 000 | 3 106 000 | 4 462 000 |
| | 12,5 | 244 | 29 700 | 11,0 | 373 600 | 421 000 | 525 000 | 641 100 | 985 100 | 1 405 000 | 1 902 000 | 2 475 000 | 3 851 000 | 5 533 000 |
| | *17,5* | 336 | 39 660 | 10,9 | 513 400 | 578 700 | 721 900 | 881 900 | 1 356 000 | 1 935 000 | 2 619 000 | 3 409 000 | 5 304 000 | 7 620 000 |
| | *20* | 382 | 44 280 | 10,8 | 581 300 | 655 300 | 817 600 | 999 000 | 1 536 000 | 2 192 000 | 2 968 000 | 3 863 000 | 6 011 000 | 8 637 000 |
| | *25* | 470 | 52 800 | 10,6 | 713 100 | 804 000 | 1 004 000 | 1 227 000 | 1 887 000 | 2 694 000 | 3 647 000 | 4 748 000 | 7 389 000 | 10 620 000 |
| 355,6 | 8 | 175 | 26 400 | 12,3 | 272 100 | 306 000 | 380 200 | 463 200 | 708 900 | 1 009 000 | 1 364 000 | 1 774 000 | 2 756 000 | 3 958 000 |
| | 10 | 218 | 32 440 | 12,2 | 337 800 | 379 900 | 472 200 | 575 500 | 880 700 | 1 254 000 | 1 695 000 | 2 204 000 | 3 425 000 | 4 918 000 |
| | 12,5 | 270 | 39 700 | 12,1 | 418 600 | 470 900 | 585 400 | 713 400 | 1 092 000 | 1 555 000 | 2 103 000 | 2 734 000 | 4 250 000 | 6 103 000 |
| | *17,5* | 372 | 53 260 | 12,0 | 576 100 | 648 100 | 806 100 | 982 700 | 1 505 000 | 2 144 000 | 2 900 000 | 3 771 000 | 5 862 000 | 8 418 000 |
| | *20* | 422 | 59 580 | 11,9 | 652 600 | 734 300 | 913 600 | 1 114 000 | 1 707 000 | 2 432 000 | 3 288 000 | 4 277 000 | 6 649 000 | 9 548 000 |
| | *25* | 520 | 71 360 | 11,7 | 801 600 | 902 200 | 1 123 000 | 1 370 000 | 2 100 000 | 2 992 000 | 4 047 000 | 5 264 000 | 8 186 000 | 11 760 000 |
| 406,4 | 8,8 | 220 | 43 460 | 14,1 | 352 600 | 395 200 | 488 600 | 593 100 | 902 200 | 1 280 000 | 1 727 000 | 2 242 000 | 3 478 000 | 4 990 000 |
| | 10 | 250 | 48 960 | 14,0 | 399 200 | 447 500 | 553 300 | 671 600 | 1 022 000 | 1 450 000 | 1 956 000 | 2 540 000 | 3 941 000 | 5 653 000 |
| | 12,5 | 310 | 60 060 | 13,9 | 495 100 | 555 100 | 686 500 | 833 500 | 1 269 000 | 1 800 000 | 2 429 000 | 3 154 000 | 4 894 000 | 7 021 000 |
| | *17,5* | 428 | 81 000 | 13,8 | 682 300 | 765 200 | 946 900 | 1 150 000 | 1 751 000 | 2 486 000 | 3 355 000 | 4 357 000 | 6 763 000 | 9 702 000 |
| | *20* | 486 | 90 860 | 13,7 | 773 700 | 867 800 | 1 074 000 | 1 305 000 | 1 988 000 | 2 822 000 | 3 808 000 | 4 947 000 | 7 678 000 | 11 020 000 |
| | *25* | 600 | 109 400 | 13,5 | 951 900 | 1 068 000 | 1 323 000 | 1 607 000 | 2 450 000 | 3 479 000 | 4 696 000 | 6 100 000 | 9 470 000 | 13 590 000 |
| 508 | 11 | 344 | 106 100 | 17,6 | 589 200 | 655 700 | 801 700 | 964 900 | 1 448 000 | 2 038 000 | 2 736 000 | 3 541 000 | 5 473 000 | 7 835 000 |
| | 12,5 | 390 | 119 500 | 17,5 | 666 800 | 742 200 | 907 600 | 1 092 000 | 1 640 000 | 2 309 000 | 3 099 000 | 4 011 000 | 6 200 000 | 8 876 000 |
| | *17,5* | 540 | 162 400 | 17,4 | 920 800 | 1 025 000 | 1 255 000 | 1 511 000 | 2 269 000 | 3 196 000 | 4 292 000 | 5 556 000 | 8 589 000 | 12 300 000 |
| | *20* | 614 | 182 900 | 17,3 | 1 045 000 | 1 164 000 | 1 425 000 | 1 716 000 | 2 578 000 | 3 632 000 | 4 878 000 | 6 315 000 | 9 765 000 | 13 980 000 |
| | *25* | 758 | 221 800 | 17,1 | 1 289 000 | 1 436 000 | 1 758 000 | 2 119 000 | 3 185 000 | 4 490 000 | 6 031 000 | 7 809 000 | 12 080 000 | 17 290 000 |

Los espesores s en *cursiva* indican los que no están comprendidos en la Norma DIN 2448.

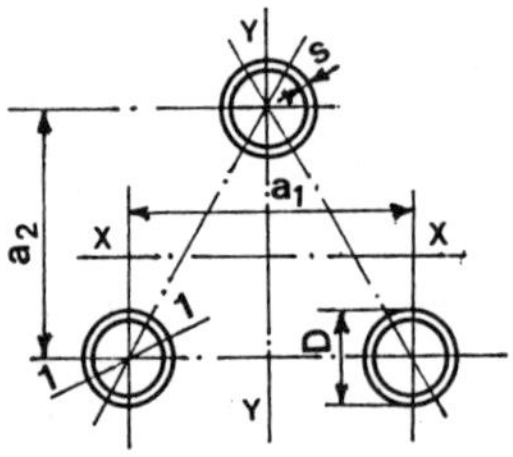


# VALORES ESTÁTICOS DE TRES TUBOS CON SEPARACIONES $a_2$ VARIABLES

$I_x = 3\,I_o + \frac{2}{9}A$; $I_y = I_y$ de la tabla AL-$37_3$ + $I_o$

$W_{x\,mín} = \frac{6\,I_x}{4\,a_2 + 3\,D}$; $a_1 = a$ de la tabla AL-$37_4$

**Ejemplo:** 3 tubos de 76,1 × 2,9 mm;
$a_1$ = 350 mm; $a_2$ = 700 mm;
$I_x$ = 21920; $I_y$ = 4170 + 44,7 = 4210 $mm^4$

| Tubo Diám. ext. D mm | Tubo Espesor s mm | Conjunto A $cm^2$ | Cada elemento $I_o$ $cm^4$ | Cada elemento i cm | Momentos de inercia $I_x$ en $cm^4$ para una separación $a_2$ en mm | | | | | | | | | | |
|---|---|---|---|---|---|---|---|---|---|---|---|---|---|---|---|
| | | | | | 100 | 150 | 200 | 250 | 300 | 350 | 400 | 450 | 500 | 550 | 600 |
| | 2,6 | 7,62 | 3,09 | 1,10 | 179 | 390 | 687 | 1 070 | 1 530 | 2 080 | 2 720 | 3 440 | — | — | — |
| | 2,9 | 8,43 | 3,36 | 1,09 | 197 | 431 | 758 | 1 180 | 1 690 | 2 300 | 3 000 | 3 800 | — | — | — |
| 33,7 | 3,2 | 9,21 | 3,60 | 1,08 | 215 | 471 | 828 | 1 290 | 1 850 | 2 510 | 3 280 | 4 150 | — | — | — |
| | 3,6 | 10,2 | 3,91 | 1,07 | 239 | 522 | 920 | 1 430 | 2 050 | 2 790 | 3 640 | 4 610 | — | — | — |
| | 4,0 | 11,2 | 4,19 | 1,06 | 261 | 572 | 1 010 | 1 570 | 2 250 | 3 060 | 3 990 | 5 050 | — | — | — |
| | 2,6 | 9,75 | 6,46 | 1,41 | 236 | 507 | 886 | 1 370 | 1 970 | 2 670 | 3 490 | 4 410 | 5 440 | 6 580 | — |
| | 2,9 | 10,8 | 7,06 | 1,40 | 261 | 561 | 981 | 1 520 | 2 180 | 2 960 | 3 860 | 4 880 | 6 020 | 7 280 | — |
| 42,4 | 3,2 | 11,8 | 7,62 | 1,39 | 286 | 614 | 1 070 | 1 660 | 2 390 | 3 240 | 4 230 | 5 340 | 6 590 | 7 970 | — |
| | 3,6 | 13,2 | 8,33 | 1,38 | 318 | 683 | 1 200 | 1 850 | 2 660 | 3 610 | 4 710 | 5 950 | 7 340 | 8 870 | — |
| | 4,0 | 14,5 | 8,99 | 1,36 | 349 | 751 | 1 310 | 2 040 | 2 920 | 3 970 | 5 170 | 6 540 | 8 070 | 9 760 | — |
| | 2,6 | 11,2 | 9,78 | 1,62 | 278 | 589 | 1 020 | 1 580 | 2 270 | 3 080 | 4 010 | 5 070 | 6 250 | 7 560 | 8 990 |
| | 2,9 | 12,4 | 10,7 | 1,61 | 308 | 653 | 1 140 | 1 760 | 2 510 | 3 410 | 4 440 | 5 620 | 6 930 | 8 370 | 9 960 |
| | 3,2 | 13,6 | 11,6 | 1,60 | 337 | 715 | 1 240 | 1 920 | 2 760 | 3 740 | 4 870 | 6 160 | 7 590 | 9 180 | 10 920 |
| 48,3 | 3,6 | 15,2 | 12,7 | 1,59 | 375 | 796 | 1 390 | 2 140 | 3 070 | 4 170 | 5 430 | 6 860 | 8 460 | 10 230 | 12 170 |
| | 4,0 | 16,7 | 13,8 | 1,57 | 412 | 876 | 1 530 | 2 360 | 3 380 | 4 590 | 5 980 | 7 560 | 9 320 | 11 270 | 13 400 |
| | 4,5 | 18,6 | 15,0 | 1,56 | 458 | 974 | 1 700 | 2 630 | 3 760 | 5 100 | 6 650 | 8 400 | 10 370 | 12 530 | 14 910 |
| | 5,0 | 20,4 | 16,2 | 1,54 | 502 | 1 070 | 1 860 | 2 880 | 4 130 | 5 600 | 7 300 | 9 230 | 11 380 | 13 760 | 16 370 |
| | 2,9 | 15,7 | 21,6 | 2,03 | — | 849 | 1 460 | 2 240 | 3 200 | 4 340 | 5 640 | 7 120 | 8 780 | 10 610 | 12 620 |
| | 3,2 | 17,2 | 23,5 | 2,02 | — | 931 | 1 600 | 2 460 | 3 510 | 4 760 | 6 190 | 7 820 | 9 640 | 11 650 | 13 850 |
| | 3,6 | 19,2 | 25,9 | 2,01 | — | 1 040 | 1 790 | 2 750 | 3 930 | 5 310 | 6 920 | 8 730 | 10 770 | 13 010 | 15 470 |
| 60,3 | 4,0 | 21,2 | 28,2 | 2,00 | — | 1 150 | 1 970 | 3 030 | 4 330 | 5 860 | 7 630 | 9 640 | 11 880 | 14 350 | 17 060 |
| | 4,5 | 23,7 | 30,9 | 1,98 | — | 1 280 | 2 200 | 3 380 | 4 830 | 6 540 | 8 510 | 10 740 | 13 240 | 16 000 | 19 030 |
| | 5,0 | 26,1 | 33,5 | 1,96 | — | 1 400 | 2 420 | 3 720 | 5 310 | 7 190 | 9 370 | 11 830 | 14 580 | 17 620 | 20 950 |
| | | | | | 250 | 300 | 350 | 400 | 500 | 600 | 700 | 750 | 800 | 900 | 1 000 |
| | 2,9 | 20,0 | 44,7 | 2,59 | 2 910 | 4 140 | 5 580 | 7 250 | 11 250 | 16 140 | 21 920 | 25 140 | 28 590 | — | — |
| | 3,2 | 22,0 | 48,8 | 2,58 | 3 200 | 4 540 | 6 130 | 7 960 | 12 360 | 17 740 | 24 090 | 27 630 | 31 420 | — | — |
| | 3,6 | 24,6 | 54,0 | 2,57 | 3 580 | 5 080 | 6 860 | 8 910 | 13 830 | 19 840 | 26 950 | 30 910 | 35 150 | — | — |
| | 4,0 | 27,2 | 59,1 | 2,55 | 3 950 | 5 610 | 7 580 | 9 840 | 15 280 | 21 920 | 29 770 | 34 150 | 38 830 | — | — |
| 76,1 | 4,5 | 30,3 | 65,1 | 2,54 | 4 410 | 6 270 | 8 460 | 10 990 | 17 070 | 24 490 | 33 260 | 38 150 | 43 380 | — | — |
| | 5,0 | 33,6 | 70,9 | 2,52 | 4 870 | 6 910 | 9 330 | 12 130 | 18 830 | 27 020 | 36 700 | 42 090 | 47 860 | — | — |
| | *5,6* | 37,2 | 77,5 | 2,50 | 5 400 | 7 670 | 10 360 | 13 460 | 20 900 | 30 000 | 40 750 | 46 740 | 53 150 | — | — |
| | *6,3* | 41,4 | 84,8 | 2,48 | 6 010 | 8 540 | 11 540 | 14 990 | 23 280 | 33 410 | 45 380 | 52 060 | 59 200 | — | — |
| | *7,1* | 46,2 | 92,6 | 2,45 | 6 690 | 9 510 | 12 850 | 16 690 | 25 930 | 37 220 | 50 550 | 57 990 | 65 940 | — | — |
| | 3,2 | 25,9 | 79,2 | 3,03 | 3 830 | 5 410 | 7 270 | 9 430 | 14 600 | 20 910 | 28 380 | 32 550 | 37 000 | 46 760 | — |
| | 3,6 | 29,0 | 87,9 | 3,02 | 4 280 | 6 050 | 8 140 | 10 550 | 16 340 | 23 420 | 31 780 | 36 440 | 41 430 | 52 360 | — |
| | 4,0 | 32,1 | 96,3 | 3,00 | 4 730 | 6 690 | 9 000 | 11 670 | 18 070 | 25 890 | 35 140 | 40 300 | 45 810 | 57 900 | — |
| | 4,5 | 35,7 | 107 | 2,99 | 5 290 | 7 480 | 10 060 | 13 050 | 20 210 | 28 960 | 39 300 | 45 060 | 51 230 | 64 750 | — |
| | 5,0 | 39,6 | 116 | 2,97 | 5 840 | 8 260 | 11 110 | 14 410 | 22 310 | 31 980 | 43 400 | 49 770 | 56 580 | 71 520 | — |
| 88,9 | 5,6 | 44,1 | 128 | 2,95 | 6 490 | 9 180 | 12 350 | 16 010 | 24 810 | 35 550 | 48 260 | 55 340 | 62 910 | 79 520 | — |
| | *6,3* | 48,9 | 140 | 2,93 | 7 230 | 10 230 | 13 770 | 17 860 | 27 670 | 39 660 | 53 820 | 61 730 | 70 170 | 88 700 | — |
| | *7,1* | 54,6 | 154 | 2,90 | 8 060 | 11 410 | 15 360 | 19 920 | 30 870 | 44 250 | 60 060 | 68 880 | 78 310 | 98 990 | — |
| | *8,0* | 60,9 | 168 | 2,87 | 8 980 | 12 700 | 17 110 | 22 190 | 34 390 | 49 300 | 66 920 | 76 750 | 87 260 | 110 300 | — |
| | *8,8* | 66,3 | 180 | 2,85 | 9 770 | 13 830 | 18 620 | 24 160 | 37 450 | 53 690 | 72 880 | 83 580 | 95 020 | 120 100 | — |
| | 3,6 | 33,3 | 133 | 3,47 | 5 020 | 7 050 | 9 450 | 12 220 | 18 870 | 27 000 | 36 610 | 41 960 | 47 690 | 60 250 | 74 290 |
| | 4,0 | 36,9 | 146 | 3,45 | 5 550 | 7 800 | 10 460 | 13 520 | 20 880 | 29 870 | 40 500 | 46 430 | 52 770 | 66 670 | 82 200 |
| | 4,5 | 41,1 | 162 | 3,44 | 6 210 | 8 720 | 11 700 | 15 130 | 23 370 | 33 430 | 45 330 | 51 960 | 59 060 | 74 610 | 92 000 |
| | 5,0 | 45,6 | 177 | 3,42 | 6 850 | 9 640 | 12 920 | 16 720 | 25 820 | 36 950 | 50 100 | 57 430 | 65 270 | 82 470 | 101 700 |
| | 5,6 | 50,7 | 195 | 3,40 | 7 620 | 10 720 | 14 380 | 18 600 | 28 730 | 41 120 | 55 760 | 63 920 | 72 650 | 91 790 | 113 200 |
| 101,6 | 6,3 | 56,7 | 215 | 3,38 | 8 500 | 11 960 | 16 050 | 20 760 | 32 080 | 45 910 | 62 260 | 71 380 | 81 120 | 102 500 | 126 400 |
| | *7,1* | 63,3 | 237 | 3,35 | 9 490 | 13 360 | 17 920 | 23 190 | 35 840 | 51 300 | 69 570 | 79 750 | 90 650 | 114 500 | 141 200 |
| | *8,0* | 70,5 | 260 | 3,32 | 10 580 | 14 890 | 19 990 | 25 870 | 39 990 | 57 240 | 77 620 | 88 990 | 101 100 | 127 800 | 157 600 |
| | *8,8* | 77,1 | 279 | 3,30 | 11 530 | 16 230 | 21 790 | 28 200 | 43 600 | 62 410 | 84 640 | 97 040 | 110 300 | 139 400 | 171 900 |
| | *10,0* | 86,4 | 305 | 3,26 | 12 910 | 18 180 | 24 420 | 31 610 | 48 880 | 69 980 | 94 920 | 108 800 | 123 700 | 156 300 | 192 800 |

Los espesores s en *cursiva* indican los que no están comprendidos en la Norma DIN 2248.

# VALORES ESTÁTICOS DE TRES TUBOS CON SEPARACIONES $a_2$ VARIABLES

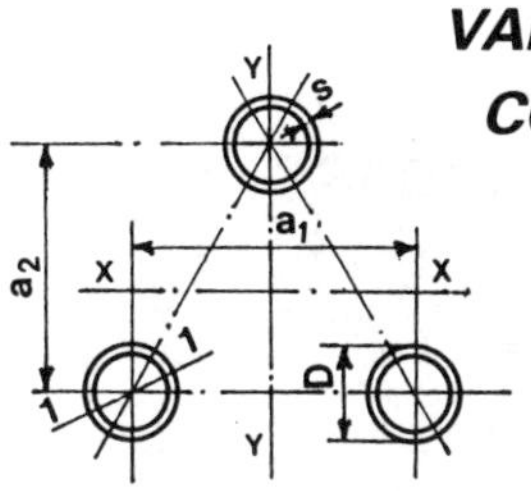


$$I_x = 3\,I_o + \frac{2}{9}\,A;\; I_y = I_y \text{ de la tabla AL-37}_3 + I_o$$

$$W_{x\,mín} = \frac{6\,I_x}{4\,a_2 + 3\,D};\; a_1 = a \text{ de la tabla AL-37}_4$$

**(continuación)**

**Ejemplo:** 3 tubos de 76,1 × 2,9 mm;
$a_1 = 350$ mm; $a_2 = 700$ mm;
$I_x = 21920$; $I_y = 4170 + 44,7 = 4210$ mm$^4$

| Tubo: Diám. ext. D (mm) | Tubo: Espesor s (mm) | Conjunto A (cm²) | Cada elemento: $I_o$ (cm⁴) | Cada elemento: i (cm) | Momentos de inercia $I_x$ en cm⁴ para una separación $a_2$ en mm: 400 | 500 | 600 | 700 | 750 | 800 | 900 | 1 000 | 1 100 | 1 250 |
|---|---|---|---|---|---|---|---|---|---|---|---|---|---|---|
| 114,3 | 3,6 | 37,5 | 192 | 3,92 | 13 930 | 21 440 | 30 620 | 41 470 | 47 530 | 53 990 | 68 180 | 84 040 | 101 600 | 131 000 |
| | 4 | 41,7 | 211 | 3,90 | 15 420 | 23 730 | 33 900 | 45 910 | 52 610 | 59 770 | 75 480 | 93 040 | 112 400 | 145 000 |
| | 5 | 51,6 | 257 | 3,87 | 19 080 | 29 390 | 41 980 | 56 860 | 65 150 | 74 020 | 93 480 | 115 200 | 139 300 | 179 600 |
| | 6,3 | 64,2 | 313 | 3,82 | 23 740 | 36 560 | 52 240 | 70 760 | 81 100 | 92 140 | 116 400 | 143 400 | 173 400 | 223 600 |
| | *8* | 80,1 | 379 | 3,77 | 29 640 | 45 670 | 65 260 | 88 410 | 101 300 | 115 100 | 145 400 | 179 200 | 216 600 | 279 400 |
| | *10* | 98,4 | 450 | 3,70 | 36 300 | 55 960 | 79 990 | 108 400 | 124 200 | 141 200 | 178 300 | 219 800 | 265 700 | 342 700 |
| 139,7 | 4 | 51,3 | 393 | 4,80 | 19 370 | 29 600 | 42 100 | 56 880 | 65 130 | 73 940 | 93 260 | 114 900 | 138 700 | 178 800 |
| | 5 | 63,6 | 481 | 4,77 | 24 010 | 36 710 | 52 220 | 70 560 | 80 790 | 91 720 | 115 700 | 142 500 | 172 100 | 221 800 |
| | 6,3 | 79,2 | 589 | 4,72 | 29 930 | 45 770 | 65 130 | 88 010 | 100 800 | 114 400 | 144 300 | 177 800 | 214 700 | 276 800 |
| | *8* | 99,3 | 720 | 4,66 | 37 470 | 57 330 | 81 600 | 110 300 | 126 300 | 143 400 | 180 900 | 222 800 | 269 200 | 347 000 |
| | *10* | 122 | 862 | 4,60 | 46 050 | 70 500 | 100 400 | 135 700 | 155 400 | 176 400 | 222 600 | 274 200 | 331 300 | 427 000 |
| | *12,5* | 150 | 1 020 | 4,52 | 56 340 | 86 310 | 122 900 | 166 200 | 190 400 | 216 200 | 272 800 | 336 100 | 406 000 | 523 400 |
| 168,3 | 4,5 | 69,6 | 777 | 5,79 | 27 030 | 40 930 | 57 910 | 77 980 | 89 170 | 101 100 | 127 400 | 156 700 | 189 100 | 243 500 |
| | 5 | 77,1 | 856 | 5,78 | 29 930 | 45 320 | 64 130 | 86 360 | 98 760 | 112 000 | 141 100 | 173 600 | 209 500 | 269 800 |
| | 6,3 | 96,3 | 1 053 | 5,73 | 37 360 | 56 600 | 80 110 | 107 900 | 123 400 | 140 000 | 176 300 | 216 900 | 261 800 | 337 200 |
| | *8* | 121 | 1 297 | 5,67 | 46 870 | 71 040 | 100 600 | 135 500 | 155 000 | 175 800 | 221 400 | 272 500 | 328 900 | 423 600 |
| | *10* | 149 | 1 564 | 5,61 | 57 740 | 87 580 | 124 000 | 167 100 | 191 200 | 216 900 | 273 200 | 336 200 | 405 900 | 522 700 |
| | *12,5* | 184 | 1 868 | 5,53 | 70 870 | 107 600 | 152 400 | 205 500 | 235 000 | 266 700 | 336 000 | 413 500 | 499 100 | 642 900 |
| | | | | | **750** | **800** | **900** | **1 000** | **1 250** | **1 500** | **1 750** | **2 000** | **2 500** | **3 000** |
| 193,7 | *5,4* | 95,7 | 1 417 | 6,66 | 124 000 | 140 500 | 176 800 | 217 200 | 337 000 | 483 400 | 656 400 | 856 100 | 1 335 000 | — |
| | 6,3 | 111 | 1 630 | 6,63 | 144 000 | 163 100 | 205 200 | 252 200 | 391 200 | 561 200 | 762 200 | 994 000 | 1 550 000 | — |
| | 8 | 140 | 2 016 | 6,57 | 181 100 | 205 200 | 258 100 | 317 200 | 492 200 | 706 100 | 958 900 | 1 251 000 | 1 951 000 | — |
| | *10* | 173 | 2 442 | 6,50 | 223 700 | 253 600 | 319 900 | 392 100 | 608 500 | 873 000 | 1 186 000 | 1 546 000 | 2 412 000 | — |
| | *12,5* | 214 | 2 934 | 6,42 | 275 600 | 312 400 | 393 100 | 483 200 | 750 000 | 1 076 000 | 1 462 000 | 1 906 000 | 2 974 000 | — |
| 219,1 | *5,9* | 119 | 2 247 | 7,54 | 154 900 | 175 300 | 220 100 | 270 200 | 418 400 | 599 500 | 813 600 | 1 061 000 | 1 653 000 | — |
| | 10 | 197 | 3 598 | 7,40 | 257 100 | 291 100 | 365 500 | 448 700 | 695 100 | 996 200 | 1 352 000 | 1 763 000 | 2 748 000 | — |
| | 112,5 | 243 | 4 345 | 7,32 | 317 300 | 359 200 | 451 100 | 553 900 | 858 200 | 1 230 000 | 1 669 000 | 2 177 000 | 3 394 000 | — |
| | *16* | 306 | 5 297 | 7,20 | 398 700 | 451 500 | 567 200 | 695 500 | 1 079 000 | 1 547 000 | 2 100 000 | 2 738 000 | 4 270 000 | — |
| | *17,5* | 333 | 5 673 | 7,15 | 432 700 | 489 900 | 615 500 | 755 900 | 1 172 000 | 1 680 000 | 2 280 000 | 2 973 000 | 4 635 000 | — |
| | *20* | 375 | 6 261 | 7,07 | 487 900 | 552 500 | 694 300 | 852 800 | 1 322 000 | 1 895 000 | 2 573 000 | 3 355 000 | 5 231 000 | — |
| 244,5 | 6,3 | 141 | 3 346 | 8,42 | 186 800 | 211 200 | 264 600 | 324 300 | 501 100 | 717 200 | 972 600 | 1 267 000 | 1 974 000 | 2 839 000 |
| | 10 | 221 | 5 073 | 8,30 | 291 500 | 329 500 | 413 000 | 506 400 | 782 600 | 1 120 000 | 1 519 000 | 1 980 000 | 3 085 000 | 4 435 000 |
| | 12,5 | 273 | 6 147 | 8,21 | 360 100 | 407 200 | 510 400 | 625 800 | 967 500 | 1 385 000 | 1 879 000 | 2 448 000 | 3 815 000 | 5 485 000 |
| | *16* | 345 | 7 533 | 8,10 | 453 300 | 512 700 | 642 800 | 788 300 | 1 219 000 | 1 745 000 | 2 368 000 | 3 085 000 | 4 808 000 | 6 914 000 |
| | *17,5* | 375 | 8 086 | 8,05 | 492 300 | 556 700 | 698 200 | 856 300 | 1 324 000 | 1 896 000 | 2 572 000 | 3 352 000 | 5 224 000 | 7 512 000 |
| | *20* | 423 | 8 957 | 7,97 | 555 800 | 628 700 | 788 600 | 967 300 | 1 496 000 | 2 143 000 | 2 907 000 | 3 788 000 | 5 904 000 | 8 490 000 |
| 273 | 6,3 | 158 | 4 696 | 9,43 | 212 000 | 239 300 | 299 100 | 366 000 | 564 000 | 805 900 | 1 092 000 | 1 422 000 | 2 213 000 | 3 181 000 |
| | 10 | 248 | 7 154 | 9,31 | 331 300 | 374 000 | 467 600 | 572 300 | 882 100 | 1 261 000 | 1 708 000 | 2 225 000 | 3 464 000 | 4 979 000 |
| | 12,5 | 306 | 8 697 | 9,22 | 409 700 | 462 600 | 578 500 | 708 100 | 1 092 000 | 1 561 000 | 2 115 000 | 2 754 000 | 4 289 000 | 6 164 000 |
| | *16* | 387 | 10 710 | 9,10 | 516 600 | 583 300 | 729 700 | 893 300 | 1 378 000 | 1 970 000 | 2 670 000 | 3 477 000 | 5 415 000 | 7 783 000 |
| | *17,5* | 420 | 11 520 | 9,05 | 561 300 | 633 900 | 793 100 | 971 000 | 1 498 000 | 2 142 000 | 2 902 000 | 3 780 000 | 5 887 000 | 8 463 000 |
| | *20* | 477 | 12 800 | 8,97 | 634 500 | 716 600 | 896 800 | 1 098 000 | 1 694 000 | 2 423 000 | 3 284 000 | 4 277 000 | 6 662 000 | 9 576 000 |
| 323,9 | 7,1 | 212 | 8 869 | 11,2 | 291 600 | 328 100 | 408 200 | 497 700 | 762 700 | 1 087 000 | 1 469 000 | 1 911 000 | 2 971 000 | 4 266 000 |
| | 10 | 296 | 12 160 | 11,1 | 406 300 | 457 200 | 569 000 | 693 900 | 1 064 000 | 1 516 000 | 2 050 000 | 2 666 000 | 4 145 000 | 5 953 000 |
| | 12,5 | 366 | 14 850 | 11,0 | 503 100 | 566 300 | 704 900 | 859 800 | 1 318 000 | 1 879 000 | 2 541 000 | 3 306 000 | 5 140 000 | 7 382 000 |
| | *17,5* | 504 | 19 830 | 10,9 | 691 200 | 778 200 | 969 100 | 1 183 000 | 1 814 000 | 2 586 000 | 3 499 000 | 4 552 000 | 7 078 000 | 10 170 000 |
| | *20* | 573 | 22 140 | 10,8 | 782 500 | 881 100 | 1 098 000 | 1 339 000 | 2 055 000 | 2 931 000 | 3 965 000 | 5 158 000 | 8 023 000 | 11 520 000 |
| | *25* | 705 | 26 400 | 10,6 | 959 500 | 1 081 000 | 1 347 000 | 1 644 000 | 2 525 000 | 3 601 000 | 4 872 000 | 6 339 000 | 9 861 000 | 14 160 000 |
| 355,6 | 8 | 262 | 13 200 | 12,3 | 367 200 | 412 300 | 511 400 | 622 000 | 949 600 | 1 350 000 | 1 823 000 | 2 369 000 | 3 680 000 | 5 281 000 |
| | 10 | 327 | 16 220 | 12,2 | 455 800 | 511 900 | 635 000 | 772 500 | 1 180 000 | 1 677 000 | 2 265 000 | 2 944 000 | 4 573 000 | 6 563 000 |
| | 12,5 | 405 | 19 850 | 12,1 | 564 800 | 634 400 | 787 100 | 957 800 | 1 463 000 | 2 001 000 | 2 810 000 | 3 652 000 | 5 674 000 | 8 144 000 |
| | *17,5* | 550 | 26 630 | 12,0 | 776 900 | 873 000 | 1 084 000 | 1 319 000 | 2 016 000 | 2 868 000 | 3 875 000 | 5 037 000 | 7 825 000 | 11 230 000 |
| | *20* | 633 | 29 790 | 11,9 | 880 100 | 989 100 | 1 228 000 | 1 495 000 | 2 286 000 | 3 252 000 | 4 395 000 | 5 712 000 | 8 875 000 | 12 740 000 |
| | *25* | 780 | 35 680 | 11,7 | 1 081 000 | 1 215 000 | 1 509 000 | 1 838 000 | 2 812 000 | 4 002 000 | 5 408 000 | 7 031 000 | 10 930 000 | 15 690 000 |
| 406,4 | 8,8 | 330 | 21 730 | 14,1 | 477 400 | 534 200 | 658 800 | 798 000 | 1 210 000 | 1 714 000 | 2 309 000 | 2 996 000 | 4 645 000 | 6 660 000 |
| | 10 | 375 | 24 480 | 14,0 | 540 400 | 604 800 | 745 900 | 903 600 | 1 371 000 | 1 941 000 | 2 616 000 | 3 394 000 | 5 262 000 | 7 545 000 |
| | 12,5 | 465 | 30 030 | 13,9 | 670 200 | 750 100 | 925 400 | 1 121 000 | 1 701 000 | 2 410 000 | 3 248 000 | 4 215 000 | 6 535 000 | 9 371 000 |
| | *17,5* | 642 | 40 500 | 13,8 | 923 300 | 1 034 000 | 1 276 000 | 1 547 000 | 2 349 000 | 3 329 000 | 4 487 000 | 5 823 000 | 9 030 000 | 12 950 000 |
| | *20* | 729 | 45 430 | 13,7 | 1 047 000 | 1 172 000 | 1 447 000 | 1 755 000 | 2 665 000 | 3 778 000 | 5 093 000 | 6 611 000 | 10 250 000 | 14 700 000 |
| | *25* | 900 | 54 700 | 13,5 | 1 287 000 | 1 442 000 | 1 782 000 | 2 161 000 | 3 284 000 | 4 657 000 | 6 280 000 | 8 152 000 | 12 650 000 | 18 140 000 |
| 508 | 11 | 516 | 53 060 | 17,6 | 803 200 | 892 000 | 1 087 000 | 1 304 000 | 1 948 000 | 2 735 000 | 3 666 000 | 4 739 000 | 7 315 000 | 10 460 000 |
| | 12,5 | 585 | 59 760 | 17,5 | 908 900 | 1 009 000 | 1 230 000 | 1 476 000 | 2 206 000 | 3 098 000 | 4 152 000 | 5 368 000 | 8 287 000 | 11 850 000 |
| | *17,5* | 810 | 81 200 | 17,4 | 1 255 000 | 1 394 000 | 1 700 000 | 2 041 000 | 3 053 000 | 4 289 000 | 5 749 000 | 7 435 000 | 11 480 000 | 16 420 000 |
| | *20* | 921 | 91 430 | 17,3 | 1 424 000 | 1 583 000 | 1 930 000 | 2 318 000 | 3 468 000 | 4 874 000 | 6 534 000 | 8 451 000 | 13 050 000 | 18 670 000 |
| | *25* | 1 140 | 110 900 | 17,1 | 1 755 000 | 1 951 000 | 2 381 000 | 2 862 000 | 4 284 000 | 6 023 000 | 8 078 000 | 10 450 000 | 16 140 000 | 23 090 000 |

Los espesores s en *cursiva* indican los que no están comprendidos en la Norma DIN 2248.

# *VALORES ESTÁTICOS DE CHAPAS ONDULADAS GALVANIZADAS*

**PERFIL Y DIMENSIONES**

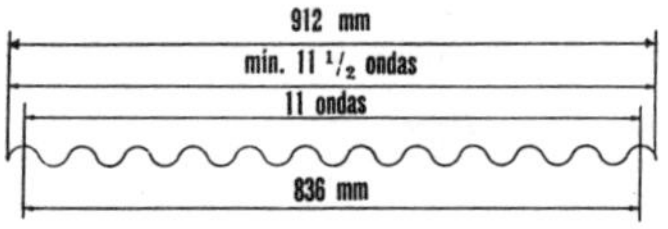


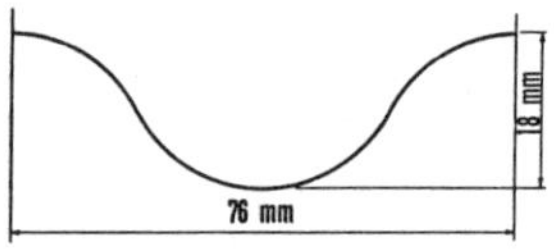


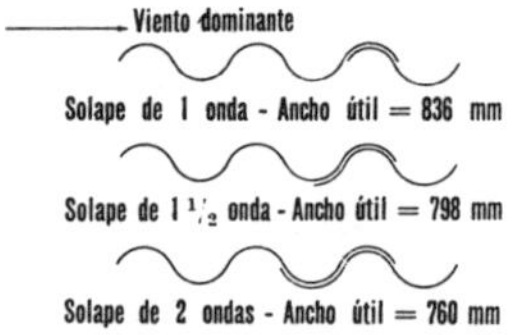


Número de ondas = Mínimo 11 ½

Altura de la onda = 18 mm.

Longitud de la onda = 76 mm.

Anchura total = 912 mm.

Longitud: Desde 2.000 hasta 5.080 mm.

Espesores: 0,30 - 0,35 - 0,40 - 0,45 - 0,50 - 0,60 - 0,70 - 0,80 - 0,90
1,00 - 1,10 - 1,20 - 1,30 - 1,40 - 1,50 - 1,75 - 2,00 - 2,25
2,50 - 2,75 - 3,00 mm.

Revestimiento normal = 381 gr/m² doble clara.

Longitudes inferiores a 2.000 mm, otros espesores y revestimientos previa consulta.

**PESO DE LA CHAPA ONDULADA**

| Espesor mm | Peso de una chapa de 2.000 mm de longitud Kgs | Peso de 1 m² de chapa útil Kgs | Espesor mm | Peso de una chapa de 2.000 mm de longitud Kgs | Peso de 1 m² de chapa útil Kgs |
|---|---|---|---|---|---|
| | | | 1,1 | 17,5 | 10,5 |
| 0,3 | 4,8 | 2,8 | 1,2 | 19,1 | 11,5 |
| 0,35 | 5,6 | 3,3 | 1,3 | 20,7 | 12,4 |
| 0,4 | 6,4 | 3,8 | 1,4 | 22,3 | 13,4 |
| 0,45 | 7,2 | 4,3 | 1,5 | 24,0 | 14,4 |
| 0,5 | 8,0 | 4,8 | 1,75 | 28,0 | 16,8 |
| 0,6 | 9,5 | 5,7 | 2,0 | 32,0 | 19,3 |
| 0,7 | 11,1 | 6,7 | 2,25 | 36,0 | 21,6 |
| 0,8 | 12,8 | 7,7 | 2,5 | 40,0 | 24,1 |
| 0,9 | 14,4 | 8,6 | 2,75 | 44,0 | 26,4 |
| 1,0 | 16,0 | 9,6 | 3,00 | 48,0 | 28,9 |

**CARACTERISTICAS MECANICAS**

| Espesor mm | Momento resistente para 1 m de anchura $W_x$/cm³ | Carga uniforme admisible, en Kg/m², para chapa, trabajando a 1.200 Kg/cm², para una distancia libre entre apoyos, en metros, de: | | | | | | | |
|---|---|---|---|---|---|---|---|---|---|
| | | 1,0 | 1,5 | 2,0 | 2,5 | 3,0 | 3,5 | 4,0 | 5,0 |
| 0,5 | 2,44 | 231 | 102 | 57 | 37 | 26 | 19 | 14 | 9 |
| 0,6 | 2,90 | 274 | 121 | 68 | 44 | 31 | 23 | 17 | 11 |
| 0,7 | 3,32 | 318 | 141 | 79 | 51 | 36 | 26 | 20 | 13 |
| 0,8 | 3,75 | 361 | 160 | 90 | 58 | 40 | 30 | 23 | 14 |
| 0,9 | 4,26 | 408 | 181 | 102 | 65 | 45 | 33 | 26 | 16 |
| 1,0 | 4,71 | 452 | 201 | 113 | 72 | 50 | 37 | 28 | 18 |
| 1,1 | 5,16 | 495 | 220 | 123 | 79 | 55 | 40 | 31 | 20 |
| 1,2 | 5,60 | 535 | 237 | 134 | 86 | 60 | 44 | 34 | 21 |
| 1,3 | 6,02 | 579 | 257 | 145 | 93 | 64 | 47 | 37 | 23 |
| 1,4 | 6,50 | 622 | 276 | 156 | 100 | 69 | 51 | 39 | 25 |
| 1,5 | 6,93 | 665 | 295 | 166 | 107 | 74 | 54 | 42 | 27 |
| 1,75 | 7,96 | 764 | 339 | 191 | 122 | 85 | 62 | 47 | 31 |
| 2,0 | 9,01 | 869 | 384 | 216 | 138 | 96 | 70 | 54 | 35 |
| 2,25 | 10,04 | 964 | 428 | 241 | 154 | 107 | 78 | 60 | 38 |
| 2,5 | 11,05 | 1.060 | 471 | 265 | 169 | 118 | 86 | 66 | 42 |
| 2,75 | 12,04 | 1.155 | 513 | 289 | 184 | 128 | 94 | 72 | 46 |
| 3,0 | 13,03 | 1.250 | 555 | 312 | 200 | 139 | 102 | 78 | 50 |

Aunque se puede fabricar chapa galvanizada ondulada en espesores inferiores a 0,5 mm, no se indican sus características en este cuadro por no ser normal su utilización. Para determinar las cargas admisibles de las chapas onduladas de acero A 42, los valores que se exponen en la tabla arriba representanda, se multiplicarán por 1,42 ($\sigma_{ad}$ = 1,73 t/cm²).

## TERCERA PARTE

# CÁLCULO DE ESTRUCTURAS METÁLICAS DE ACERO. DISPOSICIONES BÁSICAS. TENSIONES

**SECCIONES:**

1.ª DISPOSICIONES BÁSICAS.

2.ª TENSIONES SIMPLES (PURAS) Y COMPUESTAS.

3.ª PIEZAS O PERFILES DE DIRECTRIZ RECTA SOMETIDAS A TRACCIÓN.

4.ª TABLAS AUXILIARES PARA EL CÁLCULO DE PERFILES DE ACERO LAMINADO SOMETIDOS A ESFUERZO DE TRACCIÓN.

5.ª PIEZAS O PERFILES DE DIRECTRIZ RECTA SOMETIDAS A COMPRESIÓN.

6.ª TABLAS AUXILIARES PARA EL CÁLCULO DE PERFILES DE ACERO LAMINADO SOMETIDOS A ESFUERZOS DE COMPRESIÓN.

7.ª PIEZAS O PERFILES DE DIRECTRIZ RECTA SOMETIDAS A FLEXIÓN.

8.ª CÁLCULO NUMÉRICO Y GRÁFICO DE FLECHAS.

9.ª TABLAS AUXILIARES PARA EL CÁLCULO DE PERFILES DE ACERO LAMINADO SOMETIDOS A ESFUERZOS DE FLEXIÓN.

10.ª OTRAS VIGAS DE DIRECTRIZ RECTA SOMETIDAS A ESFUERZOS DE FLEXIÓN.

11.ª PIEZAS O PERFILES DE DIRECTRIZ RECTA SOMETIDAS A TORSIÓN.

12.ª MEDIOS DE UNIÓN EN ESTRUCTURAS DE ACERO LAMINADO.

# RELACIÓN DE TABLAS



ARMADURA SOLDADA DE 10 METROS DE LUZ

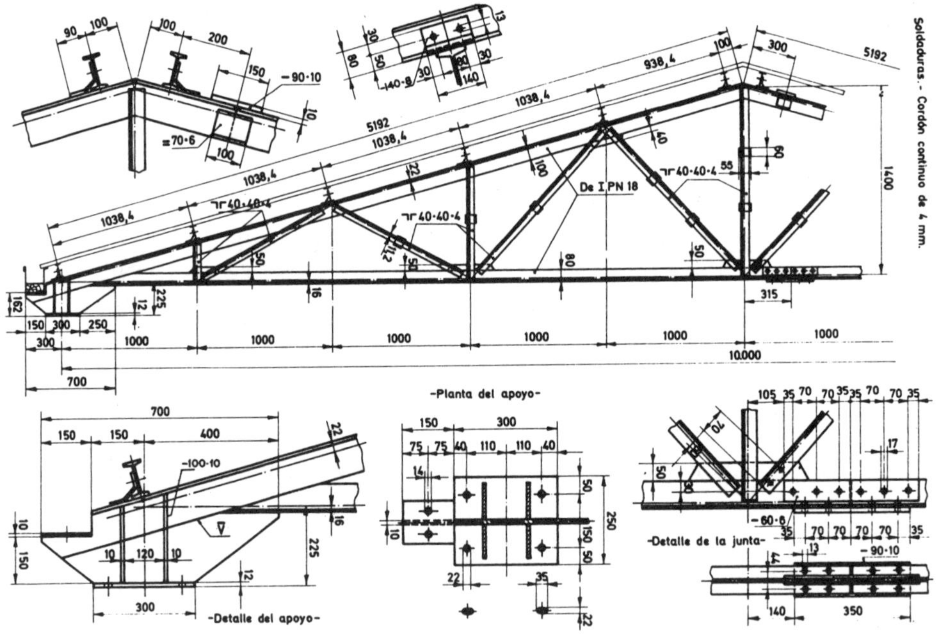


Construcciones metálicas

# CÁLCULO DE ESTRUCTURAS DE ACERO LAMINADO EN LA EDIFICACIÓN

# DISPOSICIONES BÁSICAS Y TENSIONES EN LOS PRODUCTOS LAMINADOS

## SECCIÓN PRIMERA

## DISPOSICIONES BÁSICAS

### 1.1. Generalidades

El Ministerio de la Vivienda aprobó la Norma MV-103 que es de aplicación en el proyecto de estructuras o elementos estructurales de acero de toda edificación, cualquiera que sea su clase y destino.

### 2.1. Datos del proyecto

Comprende:

*a)* La memoria en la que se justificará la solución de la estructura adoptada, los materiales que se emplearán, las acciones previstas sobre la edificación, condiciones de seguridad, métodos de cálculo e hipótesis utilizados, dimensiones de los distintos elementos, y proceso de ejecución previsto.

*b)* Los planos, en los que se representarán todos los elementos estructurales acotados en mm (sin que se puedan tomar a escala), los perfiles adoptados, las disposiciones de armado, y las diferentes uniones.

*c)* El pliego de condiciones con los artículos precisos, estableciendo las condiciones de los materiales y las ejecuciones, conformes con las Normas vigentes.

### 3.1. Bases de cálculo

La seguridad de la estructura se establece de modo que sometida a las combinaciones de las acciones ponderadas más desfavorables, las tensiones calculadas no sobrepasen las correspondientes a la condición de agotamiento del material utilizado.

Las acciones características que se tendrán en cuenta a los cálculos serán las previstas en la Norma MV-102 (especificadas en la Primera Parte de este libro), acciones que se mayorarán aplicándolas el coeficiente de ponderación que corresponda, a cuyo efecto se clasificarán como constantes las que actúan o puedan actuar en todo momento o durante largos períodos, con valor fijo en posición y magnitud, tales como las concargas y cargas permanentes, las sobrecargas de uso o de explotación; las de ejecución que pueden presentarse en los períodos de construcción y montaje, las acciones del viento y sobrecargas de nieve, las sísmicas, se clasificarán como variables.

### 4.1. Condiciones de agotamiento

En el estado de triple tensión del material, definido por las tensiones principales a que está sometido, la condición de agotamiento es:

$$\sigma_u = \sqrt{\frac{1}{2}\,[(\sigma_I - \sigma_{II})^2 + (\sigma_{II} - \sigma_{III})^2 + (\sigma_{III} - \sigma_I)^2}$$

y en el plano definido por sus tensiones principales:

$$\sigma_u = \sqrt{\sigma_I{}^2 + \sigma_{II}{}^2 - \sigma_I\,\sigma_{II}}$$

En el estado simple de tracción o compresión, la condición de agotamiento es:

$$\sigma_u = \sigma_e$$

y en el de cortadura simple ($\sigma_x = \sigma_y = 0$), esta condición de agotamiento, es:

$$\tau_u = \frac{\sigma_e}{\sqrt{3}} = 0{,}576\ \sigma_e$$

### 5.1. Resistencia de cálculo del acero

El límite elástico se tomará como base para establecer la resistencia de cálculo del acero para estructuras metálicas de edificación, haciendo:

| Tipo de Acero | Límite elástico $\sigma_e$ kg/cm² |
|---|---|
| Acero A 42 ............ | $\sigma_u = 2600$ kg/cm² |
| Acero A 52 ............ | $\sigma_u = 3600$ kg/cm² |

Para otros aceros sin límite garantizado se toma $\sigma_e = \sigma_m\,(1 - 2\delta)$, siendo m el valor medio, y $\delta$ la desviación cuadrática relativa a los resultados de los ensayos.

La resistencia está fijada por la expresión: $\sigma_u = \frac{\sigma_e}{\gamma}$,

siendo $\gamma = 1$ para los aceros A42 y A52, y $\gamma = 1,\ 1$ para los aceros no incluidos en la Norma MV-102.

| Disposiciones básicas | COEFICIENTES DE PONDERACIÓN | TABLA EA-1 |
|---|---|---|

| *CASO DE CARGA* | | *CLASE DE ACCION* | *Coeficiente de ponderación si el efecto de la acción es...* *Desfavorable* | | *Favorable* |
|---|---|---|---|---|---|
| CASO I | Ia | Acciones constantes | 1,33 | 1,33 | 1,00 |
| | | Sobrecarga | 1,33 | 1,50 | 0,00 |
| | | Viento | 1,50 | 1,33 | 0,00 |
| Acciones constantes y combinación de dos acciones variables independientes | Ib | Acciones constantes | 1,33 | | 1,00 |
| | | Sobrecarga | 1,50 | | 0,00 |
| | | Nieve | 1,50 | | 0,00 |
| | Ic | Acciones constantes | 1,33 | | 1,00 |
| | | Viento | 1,50 | | 0,00 |
| | | Nieve | 1,50 | | 0,00 |
| CASO II | | Acciones constantes | 1,33 | | 1,00 |
| Acciones constantes y combinación de tres acciones variables independientes | | Sobrecarga | 1,33 | | 0,00 |
| | | Viento | 1,33 | | 0,00 |
| | | Nieve | 1,33 | | 0,00 |
| CASO III | | Acciones constantes | 1,00 | | 1,00 |
| Acciones constantes y combinación de cuatro acciones variables independientes, incluso las acciones sísmicas | | Sobrecarga | r (1) | | 0,00 |
| | | Viento | 0,25 (2) | | 0,00 |
| | | Nieve | 0,50 (3) | | 0,00 |
| | | Acciones sísmicas | 1,00 | | 0,00 |

(1) r es el coeficiente reductor para las cargas de la Norma Sismorresistente, que indica:
Caso 1º. Azoteas, viviendas y hoteles (salvo locales de reunión): r = 0,50
Caso 2º. Oficinas, comercios, calzadas y garajes: r = 0,60
Caso 3º. Hospitales, cárceles, edificios docentes, iglesias, edificios de reunión y espectáculos y salas de reuniones de hoteles: r = 0,80

(2) Sólo se considerará en construcciones en situación topográfica expuesta o muy expuesta (Norma MV 101).

(3) En caso de lugares en los que la nieve permanece acumulada habitualmente más de treinta días, en el caso contrario el coeficiente es 0,0

**Consideraciones**

En los aceros A42 y A52 como el coeficiente de minoración del acero $\gamma_a = 1$, resulta que la resistencia del cálculo $\sigma_u$ es igual al límite elástico $\sigma_e$ respectivo, $\sigma_u = 2{,}6$ t/cm² para el acero A42 y $\sigma_u = 3{,}6$ t/cm² para el A52. Aplicando a estos valores los coeficientes de ponderación de las acciones $\gamma_s = 1{,}33$ para las constantes y $\gamma_s = 1{,}50$ para las variables, resultaría:

$$\text{Acero A42,}\quad \sigma_{e\,ad} = \frac{2.600}{1{,}33} = 1.955 \text{ kg/cm}^2 \quad \text{y} \quad \sigma_{v\,ad} = \frac{2.600}{1{,}5} = 1.733 \text{ kg/cm}^2$$

$$\text{Acero A52,}\quad \sigma_{e\,ad} = \frac{3.600}{1{,}33} = 2.706 \text{ kg/cm}^2 \quad \text{y} \quad \sigma_{v\,ad} = \frac{3.600}{1{,}5} = 2.400 \text{ kg/cm}^2$$

En el supuesto de actuar solamente acciones constantes, se puede fijar desde un principio los coeficientes de trabajo admisibles ($\sigma_{e\,ad}$), circunstancia que no es posible para el caso de acciones constantes combinadas con variables, y así, por ejemplo, para el caso Ib, resultaría:

Acción constante, $F_a$, tensión admisible $\sigma_{c\,ad} = F_a \cdot 1{,}33$
Sobrecarga, $F_s$, tensión admisible $\sigma_{s\,ad} = F_s \cdot 1{,}50$
Nieve, $F_n$, tensión admisible $\sigma_{n\,ad} = F_n \cdot 1{,}50$

$\Sigma F$ $\qquad$ $\Sigma F \cdot \gamma_s$

$$\text{Tensión máxima admisible,}\quad \sigma_{máx} = \frac{\Sigma F \cdot \gamma_s}{\Sigma F}$$

Esta tensión máxima admisible, estará comprendida entre 1.955 y 1.733 kg/cm² para el acero A42, y entre 2.706 y 2.400 kg/cm² para el A52, motivo por el cual los cálculos deben realizarse mayorando las acciones con ponderación y comprobando que la tensión máxima alcanzada no supera los valores:

$\sigma_{máx} \leq 2.600$ kg/cm² para el acero A42

$\sigma_{máx} \leq 3.600$ kg/cm² para el acero A 52

## COEFICIENTE DE SEGURIDAD

### 6.1. Grado o coeficiente de seguridad

El grado o coeficiente de seguridad es la relación entre la tensión límite y la máxima admisible de un cuerpo sometido a la acción de fuerzas externas.

$$\nu = \frac{\text{tensión límite}}{\text{tensión máxima admisible}} \geq 1$$

Como tensión límite suele tomarse la de rotura, $\sigma_R$, o la del límite de elasticidad (iniciación de las deformaciones permanentes) $\sigma_E$.

$$\text{Tensión máxima admisible, } \tau_{ad} = \frac{\text{tensión límite}}{\text{coeficiente de seguridad}}$$

La tensión máxima admisible será inferior al coeficiente de elasticidad, para evitar que las deformaciones sean permanente.

En construcciones metálicas, la Norma MV-103 (de obligada observancia en el proyecto de estructuras o de elementos estructurales de acero laminado) dispone las condiciones de seguridad de estas estructuras, y prescribe las acciones ponderadas correspondientes, estableciendo coeficientes de ponderación de valor superior a la unidad que se aplicarán a las cargas (Tabla EA-1). Con las cargas mayoradas por los coeficientes de ponderación, la tensión admisible puede alcanzar la del coeficiente de elasticidad $\sigma_e$, resultando así la barra o pieza calculada, con un grado de seguridad respecto del expresado coeficiente de elasticidad, igual al coeficiente de mayoración (de 1,33 a 1,50).

Los tipos de acero laminado, utilizados en la construcción de elementos o de estructuras metálicas de edificación, son el A 42 y A 52, con límites elásticos $\sigma_e = 2600$ kg/cm² y $\sigma_e = 3600$ kg/cm² respectivamente; para tipos de acero, no garantizados como los citados A 42 y A 52, la resistencia de cálculo se hará:

$$\sigma_u = \frac{\sigma_e}{1{,}1}$$

Las características mecánicas y químicas de los aceros de construcción se exponen en la Tabla 21.3.

En los cálculos, como constantes elásticas de los aceros de construcción, se tomará:

Módulo de elasticidad .................................. $E = 2.100.000$ kg/cm²
Módulo de elasticidad transversal .................... $G = 810.000$ kg/cm²
Coeficiente de Poisson ................................ $\mu = 0{,}33$

### 7.1. Tensión por variaciones térmicas

Al especificar las características comunes de los aceros (pág. 27) se expresó que el coeficiente de dilatación lineal, que se define como el alargamiento unitario de una barra o perfil de acero por variación de 1 °C de temperatura en aquel perfil; tiene por valor:

$$\alpha_t = 0{,}000012 \text{ mm (por cada grado centígrado),}$$

lo que hace que el incremento de la longitud $\ell$ de aquel perfil debido a una variación $\Delta_t$ de la temperatura, sea:

$$\Delta\ell = \alpha_t \cdot \Delta_t \cdot \ell, \text{ mm}$$

y cuando los extremos del perfil están fijos (inmovilizados), no pormitiendo su dilatación o contracción, la tensión de compresión o tracción, es:

$$\sigma_t = \alpha_t \cdot \Delta_t \cdot E, \text{ kg/cm}^2$$

estando $\sigma_t$ expresado en kg/cm², siendo $E = 2100000$ kg/cm².

La fuerza axial debida a la variación de temperatura que soporta el perfil fijo, para $\alpha_t$ es:

$$F = A \cdot \sigma_t,$$

siendo A la sección de la barra o perfil considerado.

# SECCIÓN SEGUNDA

## TENSIONES SIMPLES (PURAS) Y COMPUESTAS

### a) TENSIONES SIMPLES

### 1.2. Resistencias y tensiones simples

Según la disposición de las fuerzas exteriores actuando sobre un cuerpo, éste puede estar sometido a esfuerzos de tracción, de compresión, de flexión, de cortadura y de torsión.

Se dice que un cuerpo está sometido a tensión simple, cuando se considera que a las fuerzas o fuerza a que está sometido, solamente opone una de las resistencias citadas.

### 2.2. Tracción

Una barra recta de sección A, sometida a la acció de dos fuerzas F iguales, que actúan según su eje y en sentido opuesto dirigidas al exterior, se alarga o estira y sufre una tensión longitudinal uniforme de tracción, de valor:

$$\tau = \frac{F}{A}$$

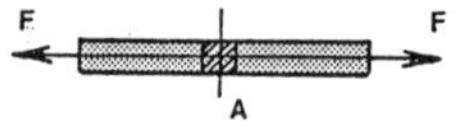


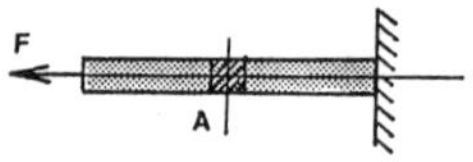


### 3.2. Compresión

Una barra recta de sección A, sometida a la acción de dos fuerzas F iguales, que actúan según su eje y en sentido opuesto dirigidas al interior, se contrae y sufre una tensión longitudinal uniforme de compresión, de valor:

$$\sigma = \frac{F}{A}$$

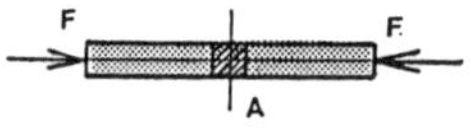


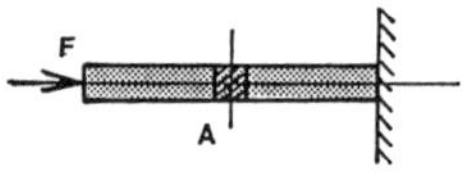


### 4.2. Flexión

Si una barra está sometida a la acción de una fuerza F, perpendicularmente a su eje, se dobla o flexa, y considerando la flexión pura, sufre una tensión longitudinal variable, de valor máximo:

$$\sigma_{máx} = \pm \frac{M}{W} \text{ (tracción y compresión)},$$

siendo M el momento flector, y W el momento resistente de la barra.

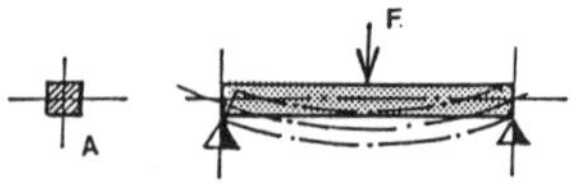


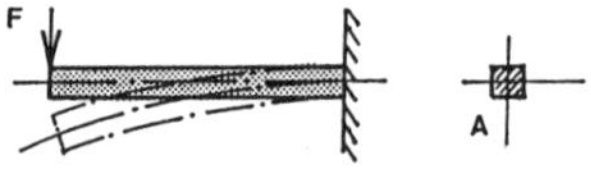


### 5.2. Cortadura

Una barra de sección A, sobre la que actúan dos fuerzas F iguales y dirigidas en sentido opuesto perpendicularmente a su eje en el mismo plano, que tienden a separar las dos porciones que hay a cada lado del plano de cortadura, sufre en este plano una tensión transversal uniforme, de valor:

$$\tau = \frac{F}{A}$$

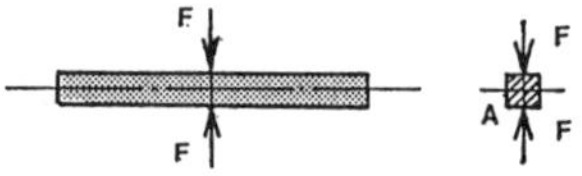


### 6.2. Torsión

Si sobre una barra de sección A, actúan dos pares de fuerzas F, en sentido opuesto y perpendicularmente al eje, éstos tienden a hacer girar cada sección transversal respecto a las demás, sometiendo a las secciones de la barra a una tensión transversal uniforme, de valor:

$$\tau = \frac{M_t}{W_t},$$

siendo $M_t$ el momento de torsión, y $W_t$ el módulo de torsión de la barra.

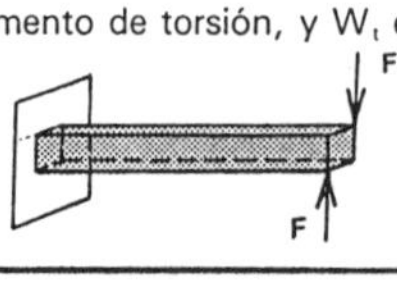


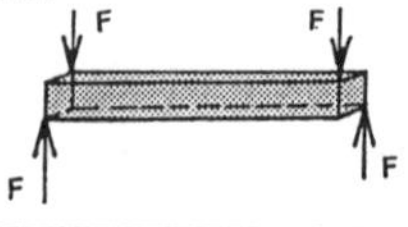

## b) TENSIONES COMPUESTAS: TRACCIÓN Y COMPRESIÓN CON FLEXIÓN, CORTADURA Y TORSIÓN

### 7.2. Tracción y flexión

La tensión normal suficiente por tracción, $\sigma = \frac{F}{A}$ debida a las fuerzas de tracción F, se sumará con la tensión normal por flexión $\sigma_f = \frac{M}{W}$ (máxima en la sección del mayor momento flector producida por la fuerza $F_f$, para obtener la tensión máxima:

$$\sigma_{máx} = \sigma + \sigma_f$$

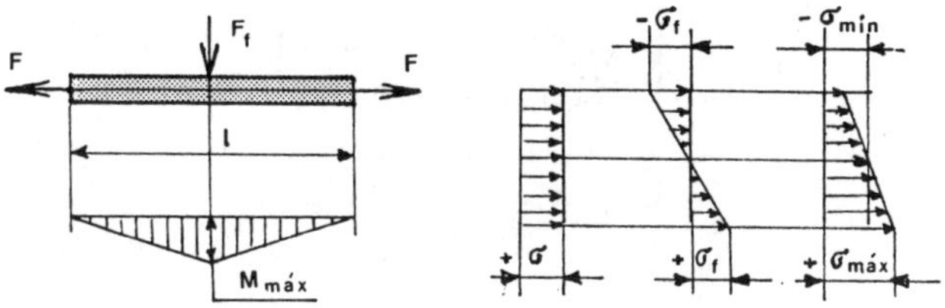


### 8.2. Compresión y flexión

Como en la tracción y flexión, la tensión uniforme por compresión $\sigma = \frac{F}{A}$ debida a las fuerzas de compresión F, se sumará a la tensión normal por flexión $\sigma_f = \frac{M}{W}$ (máxima en la sección correspondiente al mayor momento flector) producida por la fuerza $F_f$, para obtener la tensión máxima:

$$\sigma_{máx} = \sigma + \sigma_f$$

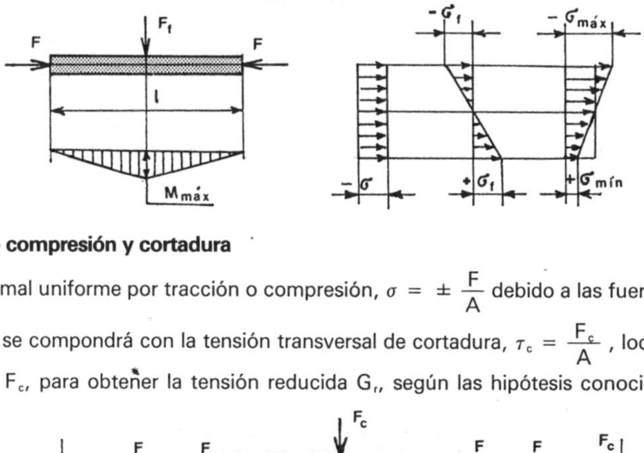


### 9.2. Tracción o compresión y cortadura

La tensión normal uniforme por tracción o compresión, $\sigma = \pm \frac{F}{A}$ debido a las fuerzas F de tracción o de compresión, se compondrá con la tensión transversal de cortadura, $\tau_c = \frac{F_c}{A}$, localizada en el plano de las fuerzas $F_c$, para obtener la tensión reducida $G_r$, según las hipótesis conocidas.

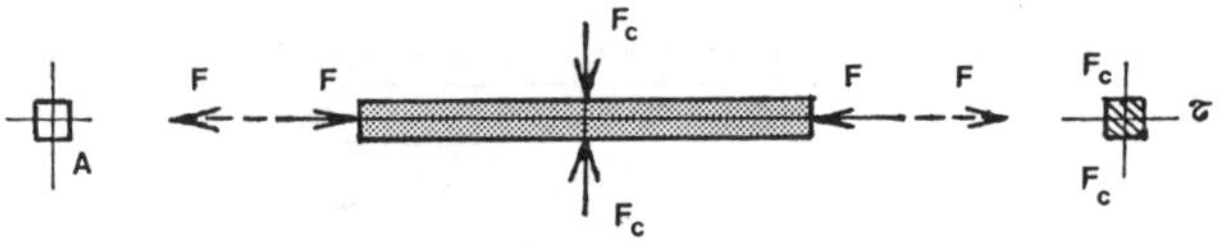


### 10.2. Tracción o compresión y torsión

Como en el caso de la tracción o compresión y cortadura, la tensión normal uniforme por tracción o compresión, $\sigma = \pm \frac{F}{A}$ debida a las fuerzas F, se compondrá con la tensión transversal uniforme de torsión $\tau_t = \frac{M_t}{W_t}$ debida al par de fuerzas $F_t$, para obtener la tensión reducida $\sigma_r$, según las hipótesis conocidas.

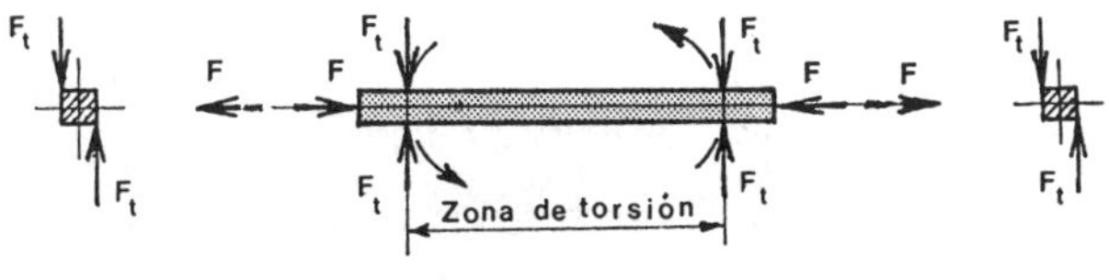

## FLEXIÓN CON TORSIÓN Y CORTADURA, Y CORTADURA CON TORSIÓN

### 11.2. Flexión y torsión

La tensión normal por flexión, $\sigma = \frac{M}{W}$ (máxima en la sección del mayor momento flector) producida por las fuerzas $F_f$, se compondrá con la tensión transversal uniforme de torsión, $\tau_t = \frac{M_t}{W_t}$ debida al par de fuerzas $F_t$, para obtener la tensión reducida $\sigma_r$, según las hipótesis conocidas.

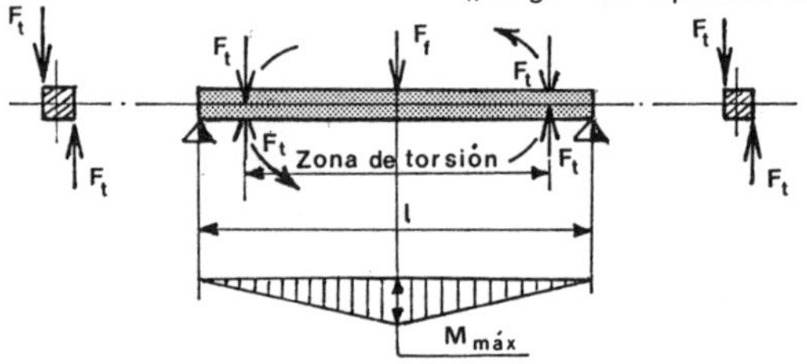


En el caso de barra cilíndrica, siendo $W = \frac{\pi d^3}{32}$, y $W_t = \frac{\pi d^3}{16} = 2\,W$, se hace

$$\tau_t = \frac{M_t}{W_t} = \frac{M_t}{2\,W}\text{, resultando:}$$

$$\sigma_r = \frac{0{,}35 \cdot M}{W} + 0{,}65\sqrt{\left(\frac{M}{W}\right)^2 + 4\left(\alpha \cdot \frac{M_t}{2\,W}\right)^2}\text{, de donde}$$

$$\sigma_r = \frac{M}{W}\,(0{,}35 + 0{,}65)\sqrt{1 + \left(\alpha \cdot \frac{M_t}{M}\right)^2}\text{, para la hipótesis del alargamiento.}$$

También, $\sigma_r = \sqrt{\left(\frac{M}{W}\right)^2 + 3\left(\alpha \cdot \frac{M_t}{2\,W}\right)^2}$, de donde:

$$\sigma_r = \frac{M}{W}\sqrt{1 + 0{,}75\left(\alpha \cdot \frac{M_t}{M}\right)^2}\text{, para la hipótesis del cambio de forma.}$$

### 12.2. Flexión y cortadura

La tensión normal por flexión, $\sigma = \frac{M}{W}$ (máxima en la sección del mayor momento flector), producido por las fuerzas $F_f$, se compondrá con la tensión transversal de cortadura, $\tau_c = \frac{F_c}{A}$ localizada en la sección correspondiente (en determinados casos, en los apoyos), para obtener la tensión reducida $\sigma_r$, según las hipótesis conocidas.

$F \cdot l_1 = T \cdot l_2$

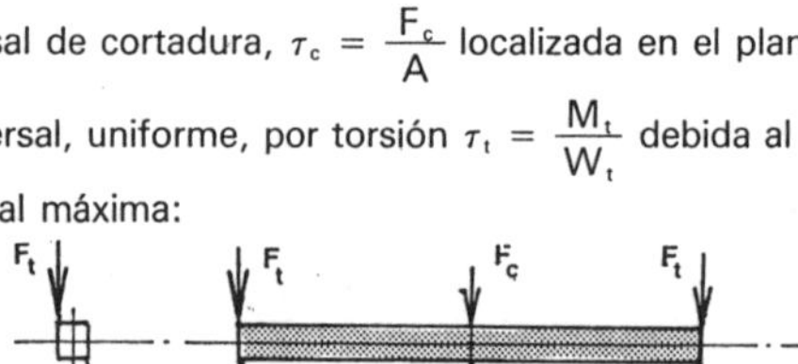


$F_c = R_A = F + T$

### 13.2. Cortadura y torsión

La tensión transversal de cortadura, $\tau_c = \frac{F_c}{A}$ localizada en el plano de fuerzas $F_c$, se sumará a la también tensión transversal, uniforme, por torsión $\tau_t = \frac{M_t}{W_t}$ debida al par de fuerzas $F_t$, para determinar la tensión transversal máxima:

$\tau_{máx} + \tau_c + \tau_t$, que corresponde a determinados puntos de la sección de cortadura.

## c) TENSIONES COMPUESTAS.—HIPÓTESIS

### 14.2. Relación entre tensiones normales y transversales

Si un cuerpo o barra está solicitado por la acción de fuerzas exteriores que producen tensiones normales $\sigma$ y transversales $\tau$, estas tensiones pueden ser sustituidas por otra $\sigma_r$, que no debe ser superior a la tensión admisible $\sigma_{ad}$.

Para determinar la tensión reducida $\sigma_r$, se han establecido diversas hipótesis, especificando las siguientes:

*a)* Tensión reducida, según la hipótesis del alargamiento o de Bach.

$$\sigma_t = 0{,}35\,\sigma \pm 0{,}65\sqrt{\sigma^2 + 4(\alpha \cdot \tau)^2} \leqq \sigma_{ad};\ \alpha = \frac{\sigma_{ad}}{1{,}3 \cdot \tau_{ad}}$$

*b)* Tensión reducida, según la hipótesis de la tensión transversal o de Mohr

$$\sigma_r = \sqrt{\sigma^2 + 4(\alpha \cdot \tau)^2} \leqq \sigma_{ad};\ \alpha = \frac{\sigma_{ad}}{2 \cdot \tau_{ad}}.$$

*c)* Tensión reducida, según la hipótesis de la invariabilidad de trabajo de cambio de forma.

$$\sigma_r = \sqrt{\sigma^2 + 3(\alpha \cdot \tau)^2} \leqq \sigma_{ad};\ \alpha = \frac{\sigma_{ad}}{1{,}73 \cdot \tau_{ad}}.$$

Para el acero, siendo $\sigma_{ad} = 0{,}8 \cdot \varrho_{ad}$, resulta:

*a)* Para la hipótesis del alargamiento:

$$\sigma_t = 0{,}35\,\sigma \pm 0{,}65\sqrt{\sigma^2 + 3{,}7 \cdot \tau^2}$$

*b)* Para la hipótesis de la tensión transversal:

$$\sigma_r = \sqrt{\sigma^2 + 1{,}56 \cdot \tau^2}$$

*c)* Para la hipótesis de la invariabilidad del trabajo de cambio de forma:

$$\sigma_r = \sqrt{\sigma^2 + 1{,}57 \cdot \tau^2}$$

La hipótesis del alargamiento no ha sido comprobada, y sí lo han sido la de la tensión transversal y la del cambio de forma, utilizándose normalmente esta última.

Ejemplo.—Tensión en un eje de acero de 90 mm ∅, sometido a un momento flector de 5050 kg cm, y de otro de torsión de 6500 kg cm.

$$\text{Módulo de flexión, } W = \frac{\pi \times 9^3}{32} = 71{,}6 \text{ cm}^3.$$

$$\text{Módulo de torsión, } W_t = \frac{\pi \cdot 9^3}{16} = 143{,}1 \text{ cm}^3.$$

$$\sigma = \frac{5050}{71{,}6} = 70{,}5 \text{ kg/cm}^2;\ \tau = \frac{6500}{143{,}1} = 45{,}4 \text{ kg/cm}^2.$$

Según la hipótesis del alargamiento:

$$\sigma_r = 0{,}35 \times 70{,}5 + 0{,}65\sqrt{70{,}5^2 + 3{,}7 \times 45{,}4^2} = 97{,}6 \text{ kg/cm}^2.$$

Según la hipótesis del cambio de forma:

$$\sigma_r = \sqrt{70{,}5^2 + 1{,}57 \times 45{,}4^2} = 90{,}6 \text{ kg/cm}^2.$$

# SECCION TERCERA

## PIEZAS O PERFILES DE DIRECTRIZ RECTA SOMETIDAS A TRACCION

### 1.3. Clases de piezas o perfiles

Las piezas o perfiles de directriz recta, según su constitución se clasifican en simples y compuestas.

Son piezas simples las constituidas:

*a)* Por un solo perfil (tablas de «acero laminado» AL-1 al AL-17 del «Prontuario», pág. 31).

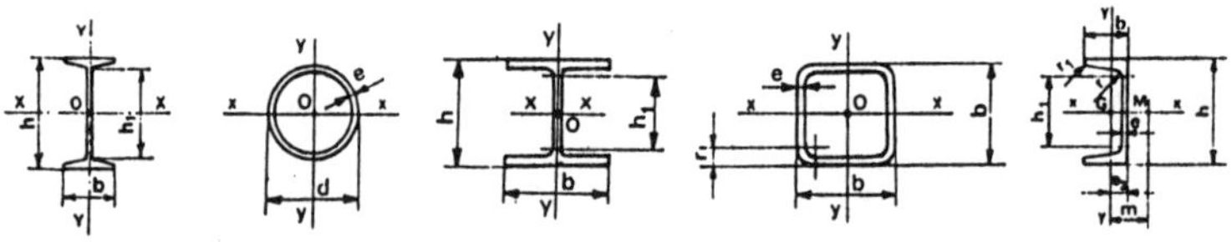

*b)* Por perfiles y/o barras yuxtapuestas unidas mediante tornillos o roblones, que cumplan:

$$S \leq 15 \cdot d \quad ; \quad S \leq 25 \cdot e,$$

siendo d el diámetro del agujero y e el espesor mínimo de las piezas unidas; en piezas unidas por medio de soldadura continua o discontinua, a separaciones S, se cumplirá:

$$S \leq 25 \cdot e \quad ; \quad S \leq 300 \text{ mm}$$

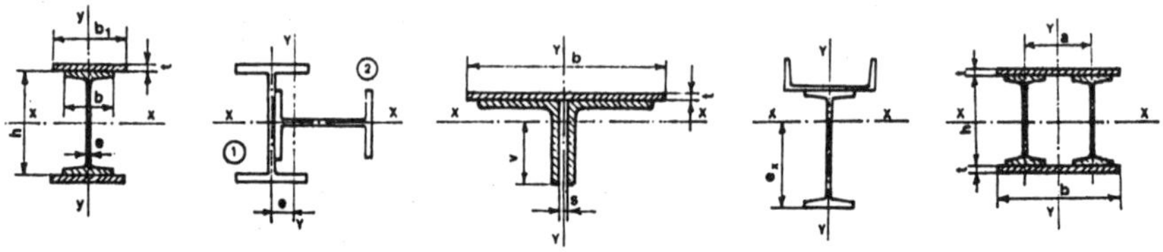

*c)* Perfiles con forro discontinuo de chapa, unidos por tornillos, roblones o soldadura, a separaciones:

$S \leq 50 \cdot i$, siendo i el radio de giro del perfil que lo tenga menor.

Son piezas compuestas las constituidas por dos o más cordones longitudinales formando cada uno de ellos por un perfil o pieza simple, enlazados entre sí por medio de presillas o celosía; este enlace es innecesario pero por práctica de construcción, la separación entre presillas no será superior a 200 veces el radio de giro mínimo de cada cordón, ni más de dos metros.

En las piezas solicitadas a tracción no se considerará su flexión por la acción del viento; la flexión por peso propio solamente se considerará cuando la proyección horizontal exceda de seis metros.

En las piezas con tracción excéntrica se cumplirán las disposiciones expuestas, considerando también que el número de tramos en los que se divide la pieza será igual o mayor que tres; siempre que sea posible los tramos serán constantes en toda la pieza, cumpliendo estos tramos la condición:

$l_1 \leq 50 \cdot i$, siendo i el radio de giro mínimo del cordón.

En las piezas con celosía, el ángulo formado por las diagonales con el eje de la pieza estará comprendido entre 30 ° y 60 °; en los extremos se dispondrán presillas o cartelas de nudo unidas rígidamente al cordón.

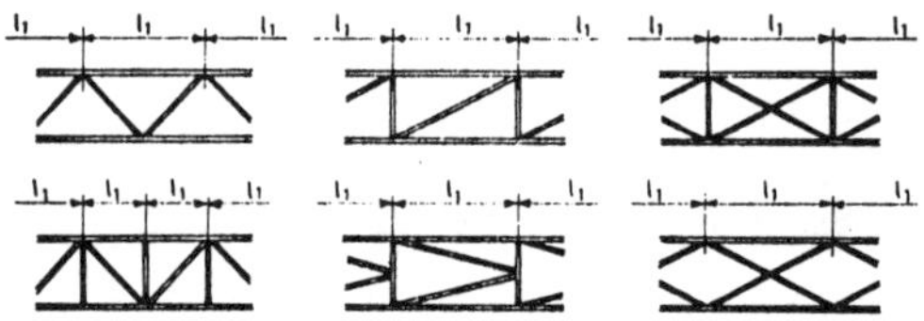

### 2.3. Esbeltez mecánica de las piezas

La esbeltez mecánica $\lambda$ de una pieza simple de sección constante, en un plano perpendicular al eje de inercia de la sección, tiene por valor:

$$\lambda = \frac{\ell}{i}$$

siendo $\ell$ la longitud de la barra, e i el radio de giro de la sección bruta de la pieza respecto del eje de inercia que se considere. Salvo justificación especial, la esbeltez mecánica de una barra solicitada a tracción, no excederá de 300 en todas las que forman parte de los elementos resistentes principales, pudiendo admitirse hasta 400 en elementos secundarios o de arriostramiento. Estas limitaciones no son aplicables a los tirantes (piezas de poca rigidez o flexión).

### 3.3. Términos de sección

En toda pieza se distinguen para el cálculo, según los casos, dos secciones:

*a)* Sección bruta o total, que es aquélla que no lleva agujeros para tornillos o roblones, y cuyo enlace se efectúa por medio de soldadura.

*b)* Sección neta, en la que se excluyen los agujeros, lleven o no tornillos o roblones, no solamente los que atraviesa una sección recta, sino eligiendo la sección oblicua o quebrada que dé área mínima.

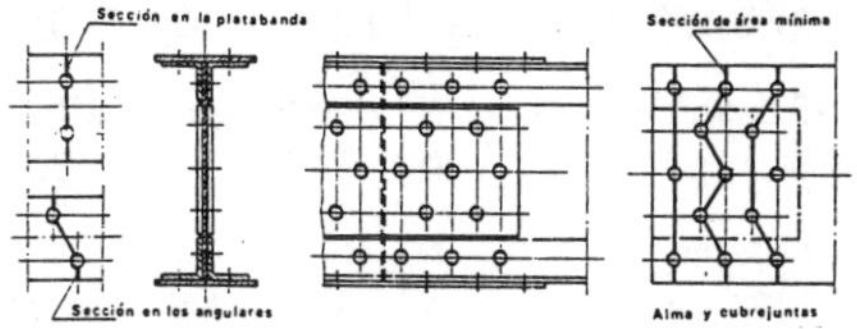


Los términos de sección: área, momento de inercia, módulo resistente, radio de giro, etc. se obtendrán de la sección bruta o neta según los casos. En la sección neta los términos de sección se referirán a los ejes de inercia de la sección bruta sin tener en cuenta posible variación por existencia de agujeros.

### 4.3. Cálculo de las piezas solicitadas a tracción centrada y excéntrica

En toda pieza simple o compuesta solicitada a tracción, se verificará:

$$\sigma^* = \frac{N^*}{A_n} \leq \sigma_u \; (N^* \leq \sigma_u \cdot A_n), \text{ siendo:}$$

$\sigma$ = La resistencia del acero
$N^*$ = El esfuerzo normal ponderado en la sección considerada
$A_n$ = Area de la sección neta.

En la tracción excéntrica, compuesta por un esfuerzo de tracción centrado y por un momento flector igual al esfuerzo centrado multiplicado por la distancia del eje de inercia (centro) al punto de aplicación de la carga (excentricidad), se verificará:

$$\sigma^* = \frac{N^*}{A_n} + \frac{M^*}{W_n} \leq \sigma_u, \text{ siendo:}$$

$M^*$ = El momento flector ponderado, en la sección considerada.
$W_n$ = El módulo resistente de la sección neta.

### 5.3. Barras constituidas por un solo perfil L o T

En toda pieza constituida por un angular enlazada por una de sus alas, o por un perfil T enlazado por su ala, sometidas a tracción, se podrá prescindir del momento debido a la excentricidad de la unión, si se verifica que:

$$\sigma^* = \frac{1{,}25 \cdot N^*}{A_n} \leq \sigma_u \; (N^* \leq 0{,}80 \cdot \sigma^* \cdot A_n)$$

### 6.3. Piezas unidas con tornillos de alta resistencia

En la unión de las piezas solicitadas a tracción centrada, se verificarán:

$$\sigma^* = \frac{N^*}{A} \leq \sigma_n \; ; \; \sigma^* = \frac{N^* - 4F}{A_n} \leq \sigma_u \; ,$$

y en la unión de las piezas solicitadas a tracción excéntrica, se verificarán:

$$\sigma^* = \frac{N^*}{A} + \frac{M^*}{W} \leq \sigma_u \; ; \; \sigma^* = \frac{N^* - 0{,}4\,F}{A_n} + \frac{M^*}{W_n} \leq \sigma_u, \text{ siendo:}$$

A = Área de la sección bruta.
W = Módulo resistente de la sección bruta del borde donde el momento origina tensiones de tracción.
F = Suma de los esfuerzos que transmiten los tornillos situados en la sección neta que se comprueba.

# SECCIÓN CUARTA

## TABLAS AUXILIARES PARA EL CÁLCULO DE PERFILES DE ACERO LAMINADO SOMETIDO A ESFUERZOS DE TRACCIÓN

### 1.4. Generalidades

En las tablas $EA_t - 1$ a $EA_t - 15$ (estructuras acero, tracción) se expresan los valores de los esfuerzos máximos admisibles que pueden soportar los perfiles de acero laminado del tipo A 42 (que se especifican en las Tablas AL-1 a AL-17 del «Prontuario»), haciendo que la resistencias de cálculo $\sigma_u = \sigma_e = 2600$ kg/cm² (pág. 147).

Se ha considerado el esfuerzo de tracción simple (puro) tomando secciones brutas y netas haciendo $N^* = 2{,}6 \times A$ (sección) en tracción centrada, y $N^* = 0{,}8 \cdot 2{,}6 \cdot A$ en tracción excéntrica.

Como justificación de las Tablas, se resuelven los ejemplos que siguen:

| | | | Página |
|---|---|---|---|
| Tabla $EA_t - 1$. IPN 20, $A = 33{,}4$ cm²; | $N^* = 33{,}4 \times 2{,}6 = 86{,}8$ t. | ........................ | 158 |
| $A_n = 27{,}7$ cm²; | $N^* = 27{,}7 \times 2{,}6 = 72{,}0$ t. | | |
| Tabla $EA_t - 2$. IPE 20, $A = 28{,}5$ cm²; | $N^* = 28{,}5 \times 2{,}6 = 74{,}1$ t. | ........................ | 158 |
| $A_n = 24{,}1$ cm²; | $N^* = 24{,}1 \times 2{,}6 = 62{,}6$ t. | | |
| Tabla $EA_t - 3$. HEA 20, $A = 53{,}8$ cm²; | $N^* = 53{,}8 \times 2{,}6 = 139{,}9$ t. | ........................ | 159 |
| $A_n = 43{,}8$ cm²; | $N^* = 43{,}8 \times 2{,}6 = 113{,}9$ t. | | |
| Tabla $EA_t - 4$. HEM 20, $A = 131{,}0$ cm²; | $N^* = 131{,}0 \times 2{,}6 = 340{,}6$ t. | ........................ | 159 |
| $A_n = 106$ cm²; | $N^* = 106{,}0 \times 2{,}6 = 275{,}6$ t. | | |
| Tabla $EA_t - 5$. HEB 20, $A = 78{,}1$ cm²; | $N^* = 78{,}1 \times 2{,}6 = 203{,}0$ t. | ........................ | 160 |
| $A_n = 63{,}1$ cm²; | $N^* = 63{,}1 \times 2{,}6 = 164{,}0$ t. | | |
| Tabla $EA_t - 6$. [PN 20, $A = 32{,}2$ cm²; | $N^* = 32{,}2 \times 2{,}6 = 83{,}7$ t. | ........................ | 160 |
| ][PN 20, $A_n = 54{,}0$ cm²; | $N_n^* = 54{,}0 \times 2{,}6 = 140{,}0$ t. | Agujeros en las alas | |
| $A_n = 56{,}6$ cm²; | $N_n^* = 56{,}6 \times 2{,}6 = 147{,}0$ t. | Agujeros en el alma | |
| Tabla $EA_t - 7$. L 100 · 100 · 10, $A = 19{,}2$ cm²; | $N^* = 19{,}2 \times 2{,}6 = 49{,}9$ t. | ........................ | 161 |
| | $N^* = 49{,}9 \times 0{,}8 = 39{,}9$ t. | Con excentricidad | |
| $A_n = 16{,}7$ cm²; | $N_n^* = 16{,}7 \times 2{,}6 = 43{,}2$ t. | Agujeros en las alas | |
| | $N_n^* = 43{,}2 \times 0{,}8 = 34{,}7$ t. | y con excentricidad | |
| Tabla $EA_t - 8$. L 100 · 75 · 10, $A = 20{,}9$ cm²; | $N^* = 16{,}6 \times 2{,}6 = 43{,}1$ t. | ........................ | 161 |
| | $N^* = 43{,}1 \times 0{,}8 = 35{,}5$ t. | Con excentricidad | |
| $A_n = 14{,}3$ cm²; | $N_n^* = 14{,}3 \times 2{,}6 = 37{,}2$ t. | Agujeros en las alas | |
| | $N_n^* = 37{,}2 \times 0{,}8 = 29{,}7$ t. | y con excentricidad | |
| Tabla $EA_t - 9$. T 100 · 100 · 11, $A = 20{,}9$ cm²; | $N^* = 20{,}9 \times 2{,}6 = 54{,}3$ t. | ........................ | 162 |
| | $N^* = 54{,}9 \times 0{,}8 = 43{,}4$ t. | Con excentricidad | |
| $A_n = 18{,}1$ cm²; | $N_n^* = 18{,}1 \times 2{,}6 = 47{,}0$ t. | Agujeros en las alas | |
| | $N_n^* = 47{,}0 \times 0{,}8 = 37{,}6$ t. | y con excentricidad | |
| Tabla $EA_t - 10$ ○ 100∅, $A = 78{,}5$ cm²; | $N^* = 78{,}5 \times 2{,}6 = 204{,}0$ t. | ........................ | 162 |
| Tabla $EA_t - 11$ □ 100⍁, $A = 100$ cm²; | $N^* = 100 \times 2{,}6 = 260{,}0$ t. | ........................ | 162 |
| Tabla $EA_t - 12$ ○ 100 · 5, $A = 14{,}9$ cm²; | $N^* = 14{,}9 \times 2{,}6 = 38{,}7$ t. | ........................ | 162 |
| Tabla $EA_t - 13$ □ 100 · 5, $A = 18{,}1$ cm²; | $N^* = 18{,}1 \times 2{,}6 = 47{,}0$ t. | ........................ | 163 |
| Tabla $EA_t - 14$ □ 100 · 50 · 5, $A = 13{,}1$ cm²; | $N^* = 13{,}1 \times 2{,}6 = 34{,}0$ t. | ........................ | 163 |
| Tabla $EA_t - 15$ □ 101,6 · 5, $A = 15{,}2$ cm²; | $N^* = 15{,}2 \times 2{,}6 = 39{,}5$ t. | ........................ | 163 |

## 2.4. Relación de las tablas para el cálculo de perfiles sometidos a tracción centrada:



ARMADURA REMACHADA DE 10 METROS DE LUZ

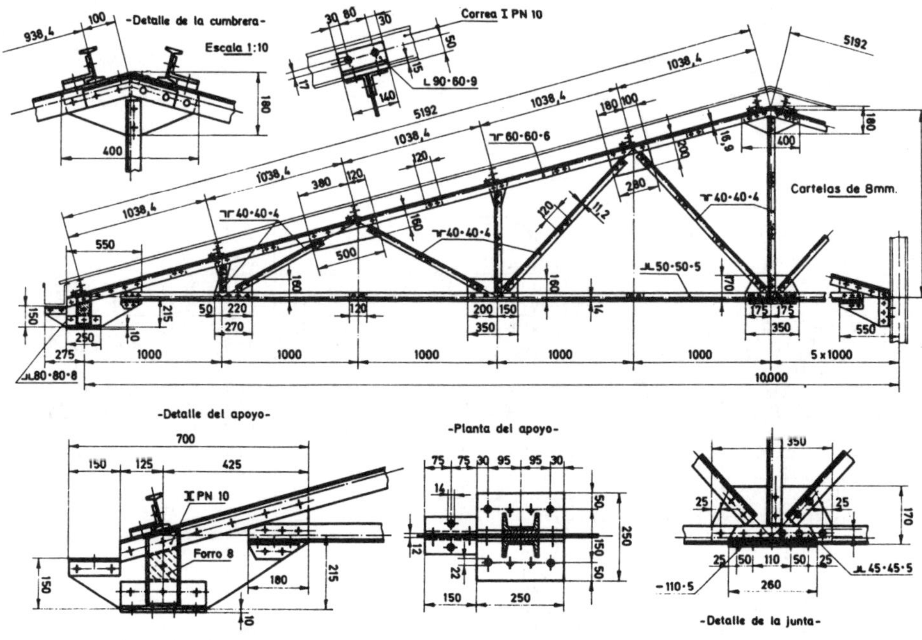


Construcciones metálicas

| La tracción en elementos estructurales | RESISTENCIA MÁXIMA PONDERADA N* A TRACCIÓN DE PERFILES I PN | TABLA $EA_t$ -1 |
|---|---|---|

Acero tipo A 42

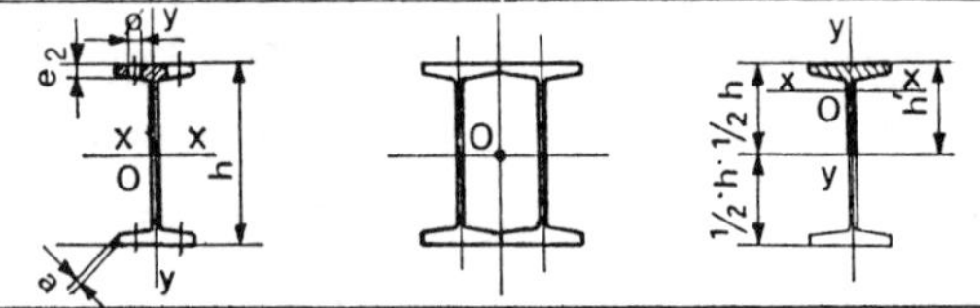


$\sigma_u$ = 2,6 t/cm²

| Perfil I PN | DIMENSIONES h mm. | $e_2$ mm. | $\phi$ mm. | a mm. | 1 PERFIL A cm² | N* tons. | $A_n$ cm² | $N_n^*$ tons. | 2 PERFILES A cm² | N* tons. | $A_n$ cm² | $N_n^*$ tons. | 1/2 PERFIL A cm² | N tons. | $A_n$ cm² | $N_n^*$ tons. | Perfil I PN |
|---|---|---|---|---|---|---|---|---|---|---|---|---|---|---|---|---|---|
| 8 | 80 | 5,83 | 6,4 | 3 | 7,58 | 19,7 | 6,09 | 15,8 | 15,1 | 39,4 | 12,2 | 31,6 | 3,79 | 9,85 | 3,04 | 7,91 | 8 |
| 10 | 100 | 6,59 | 6,4 | 3,5 | 10,6 | 27,5 | 8,91 | 23,1 | 21,2 | 55,1 | 17,8 | 46,3 | 5,30 | 13,7 | 4,45 | 11,6 | 10 |
| 12 | 120 | 7,49 | 8,4 | 4 | 14,2 | 36,9 | 11,7 | 30,4 | 28,4 | 73,8 | 23,4 | 60,8 | 7,10 | 18,4 | 5,85 | 15,2 | 12 |
| 14 | 140 | 8,53 | 11 | 4 | 18,3 | 47,6 | 14,5 | 37,7 | 36,6 | 95,1 | 29,0 | 75,4 | 9,15 | 23,8 | 7,25 | 18,8 | 14 |
| 16 | 160 | 9,29 | 11 | 4,5 | 22,8 | 59,3 | 18,7 | 48,6 | 45,6 | 118 | 37,4 | 97,2 | 11,4 | 29,6 | 9,35 | 24,3 | 16 |
| 18 | 180 | 10,19 | 13 | 5 | 27,9 | 72,5 | 22,6 | 58,7 | 55,8 | 145 | 45,2 | 117 | 13,9 | 36,2 | 11,3 | 29,4 | 18 |
| 20 | 200 | 11,09 | 13 | 5,5 | 33,5 | 87,1 | 27,7 | 72,0 | 67,0 | 174 | 55,4 | 144 | 16,7 | 43,5 | 13,8 | 36,0 | 20 |
| 22 | 220 | 11,99 | 13 | 6,5 | 39,6 | 103 | 33,4 | 86,8 | 79,2 | 206 | 66,8 | 173 | 19,8 | 51,5 | 16,7 | 43,2 | 22 |
| 24 | 240 | 12,89 | 17 | 6,5 | 46,1 | 120 | 37,3 | 97,0 | 92,2 | 239 | 74,6 | 194 | 23,0 | 59,9 | 18,6 | 48,5 | 24 |
| 26 | 260 | 13,86 | 17 | 7 | 53,4 | 139 | 44,0 | 114 | 107 | 277 | 88,0 | 229 | 26,7 | 69,4 | 22,0 | 57,2 | 26 |
| 28 | 280 | 15,03 | 21 | 8 | 61,1 | 159 | 50,9 | 132 | 122 | 317 | 102 | 264 | 30,5 | 79,4 | 25,4 | 66,1 | 28 |
| 30 | 300 | 16,10 | 21 | 8 | 69,1 | 179 | 55,6 | 144 | 138 | 359 | 111 | 289 | 34,5 | 89,8 | 27,8 | 72,2 | 30 |
| 32 | 320 | 16,99 | 21 | 8,5 | 77,8 | 202 | 63,5 | 165 | 155 | 404 | 127 | 330 | 38,9 | 101 | 31,7 | 82,5 | 32 |
| 34 | 340 | 17,92 | 21 | 9,5 | 86,8 | 225 | 71,7 | 186 | 173 | 451 | 143 | 373 | 43,4 | 113 | 35,8 | 93,2 | 34 |
| 36 | 360 | 19,19 | 23 | 10 | 97,1 | 252 | 79,4 | 206 | 194 | 505 | 159 | 413 | 48,5 | 126 | 39,7 | 103 | 36 |
| 38 | 380 | 19,98 | 23 | 10 | 107 | 278 | 88,6 | 230 | 214 | 556 | 177 | 460 | 53,5 | 139 | 44,3 | 115 | 38 |
| 40 | 400 | 21,01 | 23 | 11 | 118 | 307 | 98,7 | 256 | 236 | 613 | 197 | 513 | 59,0 | 153 | 49,3 | 128 | 40 |
| 45 | 450 | 23,67 | 25 | 13 | 147 | 382 | 123 | 320 | 294 | 764 | 246 | 639 | 73,5 | 191 | 61,5 | 160 | 45 |
| 50 | 500 | 26,48 | 28 | 14 | 180 | 468 | 150 | 390 | 360 | 936 | 300 | 780 | 90,0 | 234 | 75,0 | 195 | 50 |
| 55 | 550 | 29,30 | 28 | 15 | 213 | 554 | 180 | 468 | 426 | 1107 | 360 | 936 | 106 | 277 | 90,0 | 234 | 55 |
| 60 | 600 | 31,53 | 28 | 17 | 254 | 660 | 219 | 569 | 508 | 1321 | 438 | 1139 | 127 | 330 | 109 | 284 | 60 |

| La tracción en elementos estructurales | RESISTENCIA MAXIMA PONDERADA N* A TRACCION DE PERFILES I PE | TABLA $EA_t$ -2 |
|---|---|---|

Acero tipo A 42

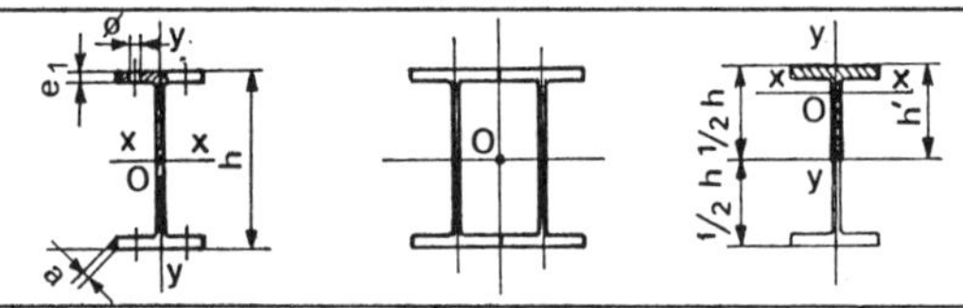


$\sigma_u$ = 2,6 t/cm²

| Perfil I PE | DIMENSIONES h mm. | $e_1$ mm. | $\phi$ mm. | a mm. | 1 PERFIL A cm² | N* tons. | $A_n$ cm² | $N_n^*$ tons. | 2 PERFILES A cm² | N* tons. | $A_n$ cm² | $N_n^*$ tons. | 1/2 PERFIL A cm² | N* tons. | $A_n$ cm² | $N_n^*$ tons. | Perfil I PE |
|---|---|---|---|---|---|---|---|---|---|---|---|---|---|---|---|---|---|
| 8 | 80 | 5,2 | 6,4 | 3,5 | 7,64 | 19,8 | 6,31 | 16,4 | 15,3 | 39,7 | 12,6 | 32,8 | 3,82 | 9,93 | 3,15 | 8,20 | 8 |
| 10 | 100 | 5,7 | 8,4 | 4 | 10,3 | 26,8 | 8,38 | 21,8 | 20,6 | 53,5 | 16,7 | 43,5 | 5,15 | 13,4 | 4,19 | 10,9 | 10 |
| 12 | 120 | 6,3 | 8,4 | 4 | 13,2 | 34,3 | 11,1 | 28,8 | 26,4 | 68,6 | 22,2 | 57,7 | 6,60 | 17,1 | 5,55 | 14,4 | 12 |
| 14 | 140 | 6,9 | 11 | 4,5 | 16,4 | 42,6 | 13,4 | 34,8 | 32,8 | 85,3 | 26,8 | 69,7 | 8,20 | 21,3 | 6,70 | 17,4 | 14 |
| 16 | 160 | 7,4 | 13 | 5 | 20,1 | 52,2 | 16,3 | 42,4 | 40,2 | 104 | 32,6 | 84,7 | 10,0 | 26,1 | 8,15 | 21,2 | 16 |
| 18 | 180 | 8,0 | 13 | 5,5 | 23,9 | 62,1 | 19,7 | 51,2 | 47,8 | 124 | 39,4 | 102 | 11,9 | 31,0 | 9,85 | 25,6 | 18 |
| 20 | 200 | 8,5 | 13 | 6 | 28,5 | 74,1 | 24,1 | 62,6 | 57,0 | 148 | 48,2 | 125 | 14,2 | 37,0 | 12,0 | 31,3 | 20 |
| 22 | 220 | 9,2 | 17 | 6,5 | 33,4 | 86,8 | 27,1 | 70,4 | 66,8 | 173 | 54,2 | 141 | 16,7 | 43,2 | 13,5 | 35,2 | 22 |
| 24 | 240 | 9,8 | 17 | 6,5 | 39,1 | 101 | 32,4 | 84,2 | 78,2 | 203 | 64,8 | 168 | 19,5 | 50,8 | 16,2 | 42,1 | 24 |
| 27 | 270 | 10,2 | 21 | 7 | 45,9 | 119 | 37,3 | 97,0 | 91,8 | 238 | 74,6 | 194 | 22,9 | 59,6 | 18,6 | 48,5 | 27 |
| 30 | 300 | 10,7 | 23 | 7,5 | 53,8 | 140 | 44,0 | 114 | 107 | 297 | 88,0 | 229 | 26,9 | 69,9 | 22,0 | 57,2 | 30 |
| 33 | 330 | 11,5 | 25 | 8 | 62,6 | 162 | 51,1 | 133 | 125 | 325 | 102 | 265 | 31,3 | 81,4 | 25,5 | 66,4 | 33 |
| 36 | 360 | 12,7 | 25 | 8,5 | 72,7 | 189 | 60,0 | 156 | 145 | 378 | 120 | 312 | 36,3 | 94,5 | 30,0 | 78,0 | 36 |
| 40 | 400 | 13,5 | 28 | 9,5 | 84,5 | 219 | 69,4 | 180 | 169 | 439 | 139 | 361 | 42,2 | 110 | 34,7 | 90,2 | 40 |
| 45 | 450 | 14,6 | 28 | 10 | 98,8 | 257 | 82,4 | 214 | 197 | 513 | 165 | 428 | 49,4 | 128 | 41,2 | 107 | 45 |
| 50 | 500 | 16,0 | 28 | 11 | 116 | 301 | 98,1 | 255 | 232 | 603 | 196 | 510 | 58,0 | 151 | 49,0 | 127 | 50 |
| 55 | 550 | 17,2 | 28 | 12 | 134 | 348 | 115 | 299 | 268 | 697 | 230 | 598 | 67,0 | 174 | 57,5 | 149 | 55 |
| 60 | 600 | 19,0 | 28 | 13 | 156 | 405 | 135 | 351 | 312 | 811 | 270 | 702 | 78,0 | 203 | 67,5 | 175 | 60 |

En los medios perfiles, si la unión se efectúa por medio del ala, la resistencia máxima se obtendrá haciendo $N_1^* = 0{,}8 \cdot N^*$ (en un 1/2, $N^*$ y $N_n^*$), calculando los medios de unión (roblones, tornillos o soldadura) para soportar el esfuerzo $N^*$ (unión de igual resistencia que el medio perfil).

| La tracción en elementos estructurales | **RESISTENCIA MÁXIMA PONDERADA N* A TRACCIÓN DE PERFILES HEA** | **TABLA $EA_t$-3** |
|---|---|---|

Acero tipo A 42

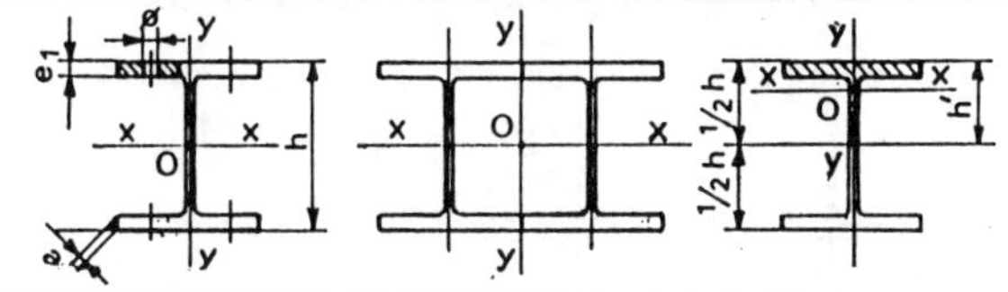


$\sigma_u = 2{,}6\ t/cm^2$

| Perfil HEA | DIMENSIONES h mm | e₁ mm | Ø mm | a mm | 1 PERFIL A cm² | N* tons. | Aₙ cm² | N*ₙ tons. | 2 PERFILES A cm² | N* tons. | Aₙ cm² | N*ₙ tons. | 1/2 PERFIL A cm² | N* tons. | Aₙ cm² | N*ₙ tons. | Perfil HEA |
|---|---|---|---|---|---|---|---|---|---|---|---|---|---|---|---|---|---|
| 12 | 120 | 8 | 17 | 5,5 | 25,3 | 65,8 | 19,9 | 51,7 | 50,6 | 131,6 | 39,8 | 103,5 | 12,7 | 33,0 | 10,0 | 26,0 | 12 |
| 14 | 140 | 8,5 | 21 | 6 | 31,4 | 81,6 | 24,3 | 63,2 | 62,8 | 163,2 | 48,6 | 126,4 | 15,7 | 40,8 | 12,1 | 31,5 | 14 |
| 16 | 160 | 9 | 23 | 6,5 | 38,8 | 100,9 | 30,5 | 79,3 | 77,6 | 201,8 | 61,0 | 158,6 | 19,4 | 50,4 | 15,2 | 39,5 | 16 |
| 18 | 180 | 9,5 | 25 | 6,5 | 45,3 | 117,8 | 35,8 | 93,1 | 90,6 | 235,8 | 71,6 | 186,2 | 22,6 | 58,8 | 17,9 | 46,5 | 18 |
| 20 | 200 | 10 | 25 | 7 | 53,8 | 139,9 | 43,8 | 113,9 | 107,6 | 279,8 | 87,6 | 227,8 | 26,9 | 69,9 | 21,9 | 56,9 | 20 |
| 22 | 220 | 11 | 25 | 7,5 | 64,3 | 167,2 | 53,3 | 138,6 | 128,6 | 334,4 | 106,6 | 277,2 | 32,2 | 83,7 | 26,6 | 69,2 | 22 |
| 24 | 240 | 12 | 25 | 8 | 76,8 | 199,7 | 64,8 | 168,5 | 153,6 | 399,4 | 129,6 | 337,0 | 38,4 | 99,8 | 32,4 | 84,2 | 24 |
| 26 | 260 | 12,5 | 25 | 8,5 | 86,8 | 225,7 | 74,3 | 193,2 | 173,6 | 451,4 | 148,6 | 386,4 | 43,4 | 112,8 | 37,1 | 96,5 | 26 |
| 28 | 280 | 13 | 25 | 9 | 97,3 | 253,0 | 84,3 | 219,2 | 194,6 | 506,0 | 168,6 | 438,4 | 48,6 | 126,4 | 42,1 | 109,5 | 28 |
| 30 | 300 | 14 | 25 | 9,5 | 113 | 293,8 | 99,0 | 257,4 | 226 | 587,6 | 198 | 514,8 | 56,7 | 147,4 | 49,0 | 127,4 | 30 |
| 32 | 320 | 15,5 | 25 | 10,5 | 124 | 322,4 | 108,5 | 282,1 | 248 | 644,8 | 217 | 564,2 | 62,2 | 161,7 | 54,5 | 141,7 | 32 |
| 34 | 340 | 16,5 | 25 | 11,5 | 133 | 345,8 | 116,5 | 302,9 | 266 | 691,6 | 233 | 605,8 | 66,7 | 173,4 | 58,5 | 152,1 | 34 |
| 36 | 360 | 17,5 | 25 | 12 | 143 | 371,8 | 125,5 | 326,3 | 286 | 743,6 | 251 | 652,6 | 71,4 | 185,6 | 63,0 | 163,8 | 36 |
| 40 | 400 | 19 | 25 | 13 | 159 | 413,4 | 140,0 | 364,0 | 318 | 827,2 | 280 | 728,0 | 79,5 | 206,7 | 70,0 | 182,0 | 40 |
| 45 | 450 | 21 | 25 | 14,5 | 178 | 462,8 | 157,0 | 408,2 | 356 | 925,6 | 314 | 816,4 | 89,0 | 231,4 | 78,5 | 204,1 | 45 |
| 50 | 500 | 23 | 28 | 16 | 198 | 514,8 | 172,2 | 447,7 | 396 | 1.029,6 | 344,4 | 895,4 | 98,8 | 256,9 | 86,0 | 223,6 | 50 |
| 55 | 550 | 24 | 28 | 16,5 | 212 | 551,2 | 185,1 | 481,3 | 424 | 1.102,4 | 370,2 | 962,5 | 106 | 275,6 | 92,5 | 240,5 | 55 |
| 60 | 600 | 25 | 28 | 17,5 | 226 | 587,6 | 198,0 | 514,8 | 452 | 1.175,2 | 396 | 1.029,6 | 113 | 293,8 | 99,0 | 257,4 | 60 |

| La tracción en elementos estructurales | **RESISTENCIA MÁXIMA PONDERADA N* A TRACCIÓN DE PERFILES HEM** | **TABLA $EA_t$-4** |
|---|---|---|

Acero tipo A 42

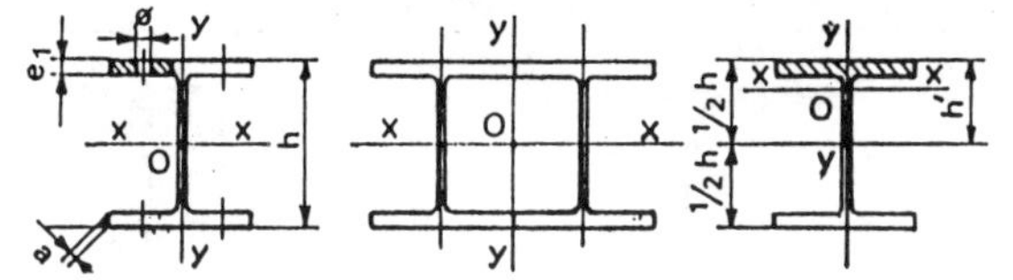


$\sigma_u = 2{,}6\ t/cm^2$

| Perfil HEM | DIMENSIONES h mm | e₁ mm | Ø mm | a mm | 1 PERFIL A cm² | N* tons. | Aₙ cm² | N*ₙ tons. | 2 PERFILES A cm² | N* tons. | Aₙ cm² | N*ₙ tons. | 1/2 PERFIL A cm² | N* tons. | Aₙ cm² | N*ₙ tons. | Perfil HEM |
|---|---|---|---|---|---|---|---|---|---|---|---|---|---|---|---|---|---|
| 12 | 120 | 21 | 17 | 14,5 | 66,4 | 172,6 | 52,1 | 135,5 | 132,8 | 345,2 | 104,2 | 271,0 | 33,2 | 86,3 | 26,0 | 67,6 | 12 |
| 14 | 140 | 22 | 21 | 15 | 80,6 | 209,6 | 61,2 | 161,5 | 161,2 | 419,2 | 122,4 | 323,0 | 40,3 | 104,8 | 31,0 | 80,6 | 14 |
| 16 | 160 | 23 | 23 | 16 | 97,1 | 252,5 | 75,9 | 197,3 | 194,2 | 505,0 | 151,8 | 394,6 | 48,5 | 126,1 | 37,9 | 98,5 | 16 |
| 18 | 180 | 24 | 25 | 16,5 | 113 | 293,8 | 89,0 | 231,4 | 226 | 587,6 | 178 | 462,8 | 56,5 | 146,9 | 44,5 | 115,7 | 18 |
| 20 | 200 | 25 | 25 | 17,5 | 131 | 340,0 | 106 | 275,6 | 262 | 680,0 | 212 | 551,2 | 65,5 | 170,0 | 53,0 | 137,8 | 20 |
| 22 | 220 | 26 | 25 | 18 | 149 | 387,4 | 123 | 319,8 | 298 | 774,8 | 246 | 639,6 | 74,5 | 193,7 | 61,5 | 159,9 | 22 |
| 24 | 240 | 32 | 25 | 22 | 200 | 520 | 168 | 436,8 | 400 | 1.040 | 336 | 873,6 | 99,8 | 259,5 | 84,0 | 218,4 | 24 |
| 26 | 260 | 32,5 | 25 | 22,5 | 220 | 572 | 187,5 | 487,5 | 440 | 1.144 | 375 | 975,0 | 110 | 286 | 93,7 | 243,6 | 26 |
| 28 | 280 | 33 | 25 | 23 | 240 | 624 | 207 | 538,2 | 480 | 1.248 | 414 | 1.076,4 | 120 | 312 | 103,5 | 260,1 | 28 |
| 30 | 300 | 39 | 25 | 27 | 303 | 788 | 264 | 686,4 | 606 | 1.576 | 528 | 1.372,8 | 151,5 | 394 | 132 | 343,2 | 30 |
| 32 | 320 | 40 | 25 | 28 | 312 | 811 | 272 | 707,2 | 624 | 1.622 | 544 | 1.414,4 | 156 | 405,6 | 136 | 353,6 | 32 |
| 34 | 340 | 40 | 25 | 28 | 316 | 822 | 276 | 717,6 | 632 | 1.644 | 552 | 1.435,2 | 158 | 411 | 138 | 358,8 | 34 |
| 36 | 360 | 40 | 25 | 28 | 319 | 829 | 279 | 725,4 | 638 | 1.658 | 558 | 1.450,8 | 159 | 415 | 139,5 | 362,7 | 36 |
| 40 | 400 | 40 | 25 | 28 | 326 | 848 | 286 | 743,6 | 652 | 1.696 | 572 | 1.487,2 | 163 | 424 | 143 | 371,8 | 40 |
| 45 | 450 | 40 | 25 | 28 | 335 | 871 | 295 | 767,0 | 670 | 1.742 | 590 | 1.534,0 | 167 | 435 | 147,5 | 383,5 | 45 |
| 50 | 500 | 40 | 28 | 28 | 344 | 894 | 299 | 777,9 | 688 | 1.788 | 598 | 1.555,8 | 172 | 447 | 149,6 | 389 | 50 |
| 55 | 550 | 40 | 28 | 28 | 354 | 920 | 309 | 804,0 | 708 | 1.840 | 618 | 1.608,0 | 177 | 460 | 154,6 | 402 | 55 |
| 60 | 600 | 40 | 28 | 28 | 364 | 946 | 319 | 830,0 | 728 | 1.892 | 638 | 1.660,0 | 182 | 473 | 159,6 | 415 | 60 |

En los medios perfiles, si la unión se efectúa por medio del ala, la resistencia máxima se obtendrá haciendo $N^*_1 = 0{,}8 \cdot N^*$ (en un 1/2, $N^*$ y $N^*_n$), calculando los medios de unión (roblones, tornillos o soldadura) para soportar el esfuerzo $N^*$ (unión de igual resistencia que el medio perfil).

| La tracción en elementos estructurales | RESISTENCIA MÁXIMA PONDERADA N* A TRACCIÓN DE PERFILES H EB | TABLA $EA_t$ -5 |
|---|---|---|

Acero tipo A 42

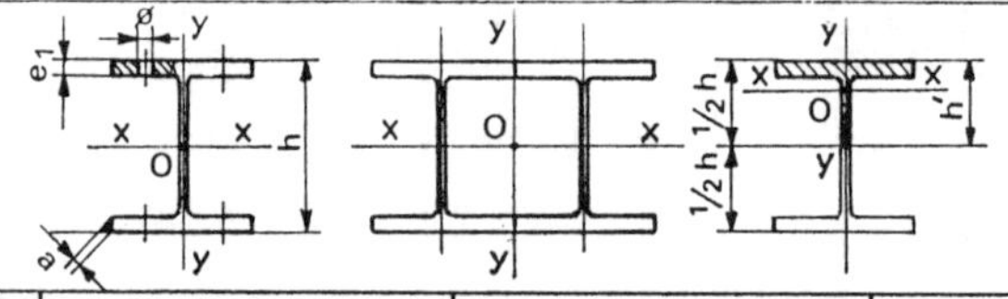

$\sigma_u$ = 2,6 t/cm²

| Perfil H EB | DIMENSIONES h mm. | $e_1$ mm. | $\phi$ mm. | a mm. | 1 PERFIL A cm² | N* tons. | $A_n$ cm² | $N_n^*$ tons. | 2 PERFILES A cm² | N* tons. | $A_n$ cm² | $N_n^*$ tons. | 1/2 PERFIL A cm² | N* tons. | $A_n$ cm² | $N_n^*$ tons. | Perfil H EB |
|---|---|---|---|---|---|---|---|---|---|---|---|---|---|---|---|---|---|
| 10 | 100 | 10 | 13 | 7 | 26,0 | 67,6 | 20,8 | 54,1 | 52,0 | 135 | 41,6 | 108 | 13,0 | 33,8 | 10,4 | 27,0 | 10 |
| 12 | 120 | 11 | 17 | 7,5 | 34,0 | 88,4 | 26,5 | 68,9 | 68,0 | 177 | 53,0 | 138 | 17,0 | 44,2 | 13,2 | 34,4 | 12 |
| 14 | 140 | 12 | 21 | 8 | 43,0 | 112 | 32,9 | 85,5 | 86,0 | 223 | 65,8 | 171 | 21,5 | 55,9 | 16,4 | 42,7 | 14 |
| 16 | 160 | 13 | 23 | 9 | 54,3 | 141 | 42,3 | 110 | 108 | 282 | 84,6 | 220 | 27,1 | 70,6 | 21,1 | 55,0 | 16 |
| 18 | 180 | 14 | 25 | 9,5 | 65,3 | 169 | 51,3 | 133 | 130 | 339 | 102 | 266 | 32,6 | 84,9 | 25,6 | 66,7 | 18 |
| 20 | 200 | 15 | 25 | 10 | 78,1 | 203 | 63,1 | 164 | 156 | 406 | 126 | 328 | 39,0 | 101 | 31,5 | 82,0 | 20 |
| 22 | 220 | 16 | 25 | 11 | 91,0 | 236 | 75,0 | 195 | 182 | 473 | 150 | 390 | 45,5 | 118 | 37,5 | 97,5 | 22 |
| 24 | 240 | 17 | 25 | 12 | 106 | 275 | 89,0 | 231 | 212 | 551 | 178 | 463 | 53,0 | 138 | 44,5 | 115 | 24 |
| 26 | 260 | 17,5 | 25 | 12 | 118,4 | 308 | 101 | 263 | 237 | 615 | 203 | 527 | 59,2 | 154 | 50,7 | 132 | 26 |
| 28 | 280 | 18 | 25 | 12 | 131,4 | 341 | 113 | 295 | 263 | 683 | 227 | 589 | 65,7 | 171 | 56,7 | 147 | 28 |
| 30 | 300 | 19 | 25 | 13 | 149,1 | 387 | 130 | 338 | 298 | 775 | 260 | 676 | 74,5 | 194 | 65,0 | 169 | 30 |
| 32 | 320 | 20,5 | 25 | 14 | 161,3 | 419 | 141 | 367 | 322 | 838 | 282 | 734 | 80,6 | 209 | 70,6 | 183 | 32 |
| 34 | 340 | 21,5 | 25 | 15 | 170,9 | 444 | 150 | 389 | 342 | 888 | 300 | 779 | 85,4 | 222 | 74,9 | 195 | 34 |
| 36 | 360 | 22,5 | 25 | 15 | 180,6 | 469 | 158 | 412 | 361 | 939 | 317 | 824 | 90,3 | 234 | 79,3 | 206 | 36 |
| 40 | 400 | 24 | 25 | 16 | 197,8 | 514 | 174 | 452 | 395 | 1028 | 347 | 903 | 98,9 | 257 | 86,9 | 226 | 40 |
| 45 | 450 | 26 | 25 | 17 | 218 | 567 | 192 | 499 | 436 | 1133 | 384 | 998 | 109 | 283 | 96,0 | 249 | 45 |
| 50 | 500 | 28 | 28 | 19 | 238,6 | 620 | 207 | 539 | 477 | 1240 | 415 | 1079 | 119 | 310 | 104 | 270 | 50 |
| 55 | 550 | 29 | 28 | 19 | 254,1 | 660 | 222 | 577 | 508 | 1321 | 444 | 1155 | 127 | 330 | 111 | 288 | 55 |
| 60 | 600 | 30 | 28 | 20 | 270 | 702 | 236 | 613 | 540 | 1404 | 472 | 1227 | 135 | 351 | 118 | 307 | 60 |

| La tracción en elementos estructurales | RESISTENCIA MAXIMA PONDERADA N* A TRACCION DE PERFILES [PN | TABLA $EA_t$ -6 |
|---|---|---|

Acero tipo A 42

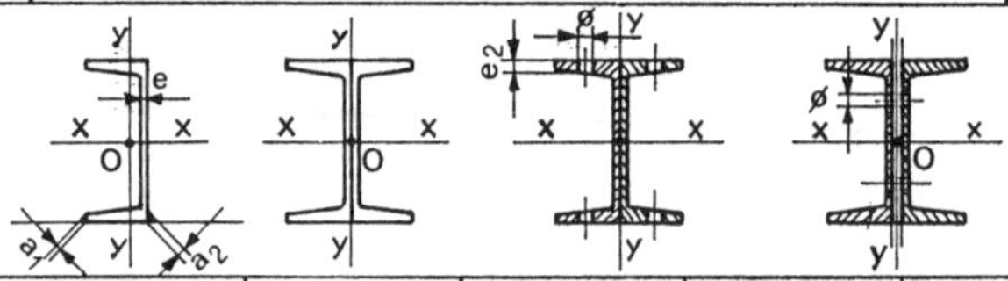

$\sigma_u$ = 2,6 t/cm²

| Perfil [ PN | DIMENSIONES e mm. | $e_2$ mm. | $\phi$ mm. | $a_1$ mm. | $a_2$ mm. | 1 PERFIL A cm² | N* tons. | 2 PERFILES A cm² | N* tons. | 2 Perfiles con agujeros en las alas $A_n$ cm² | $N_n^*$ tons. | 2 Perfiles con agujeros en el alma Nº de agujeros | $A_n$ cm² | $N_n^*$ tons. | Perfil [ PN |
|---|---|---|---|---|---|---|---|---|---|---|---|---|---|---|---|
| 8 | 6 | 7,8 | 13 | 4 | 6,5 | 11 | 28,6 | 22 | 57,2 | 17,9 | 46,5 | 2 | 20,4 | 53,0 | 8 |
| 10 | 6 | 8,1 | 13 | 4,5 | 7 | 13,5 | 35,1 | 27 | 70,2 | 22,8 | 59,3 | 4 | 23,9 | 62,1 | 10 |
| 12 | 7 | 8,8 | 17 | 4,5 | 7,5 | 17 | 44,2 | 34 | 88,4 | 28 | 72,8 | 4 | 29,2 | 75,9 | 12 |
| 14 | 7 | 9,6 | 17 | 5 | 8,5 | 20,4 | 53,0 | 40,8 | 106 | 34,3 | 89,2 | 4 | 36 | 93,6 | 14 |
| 16 | 7,5 | 10,3 | 21 | 5,5 | 9 | 24 | 62,4 | 48 | 125 | 39,3 | 102 | 4 | 41,7 | 108 | 16 |
| 18 | 8 | 10,6 | 21 | 5,5 | 9,5 | 28 | 72,8 | 56 | 145 | 47,1 | 122 | 4 | 49,3 | 128 | 18 |
| 20 | 8,5 | 11,3 | 23 | 6 | 10 | 32,2 | 83,7 | 64,4 | 167 | 54 | 140 | 4 | 56,6 | 147 | 20 |
| 22 | 9 | 12,1 | 23 | 6,5 | 11 | 37,4 | 97,2 | 74,8 | 194 | 63,7 | 165 | 4 | 66,5 | 173 | 22 |
| 24 | 9,5 | 12,8 | 25 | 6,5 | 11,5 | 42,3 | 110 | 84,6 | 220 | 71,8 | 186 | 4 | 75,1 | 195 | 24 |
| 26 | 10 | 13,6 | 25 | 7 | 12 | 48,3 | 125 | 96,6 | 251 | 83 | 216 | 6 | 81,6 | 212 | 26 |
| 28 | 10 | 14,8 | 25 | 7,5 | 13 | 53,3 | 138 | 106,6 | 277 | 91,4 | 237 | 6 | 91,2 | 237 | 28 |
| 30 | 10 | 15,6 | 25 | 8 | 14 | 58,8 | 153 | 117,6 | 305 | 101,6 | 264 | 6 | 102,6 | 266 | 30 |
| 32 | 14 | 17,6 | 25 | 10,5 | 14 | 75,8 | 197 | 151,6 | 394 | 133,6 | 347 | 6 | 130,6 | 339 | 32 |
| 35 | 14 | 16,1 | 25 | 9,5 | 13 | 77,3 | 201 | 154,6 | 402 | 138,6 | 360 | 8 | 126,6 | 329 | 35 |
| 38 | 13,5 | 15,9 | 25 | 9,5 | 13,5 | 80,4 | 209 | 160,8 | 418 | 144,8 | 376 | 8 | 133,8 | 348 | 38 |
| 40 | 14 | 18,1 | 25 | 10,5 | 14,5 | 91,5 | 238 | 183 | 476 | 165 | 429 | 8 | 155 | 403 | 40 |

En los medios perfiles, si la unión se efectúa por medio del ala, la resistencia máxima se obtendrá haciendo $N_1^* = 0{,}8 \cdot N^*$ (en un 1/2, N* y $N_n^*$), calculando los medios de unión (roblones, tornillos o soldadura) para soportar el esfuerzo N* (unión de igual resistencia que el medio perfil).

| La tracción en elementos estructurales | RESISTENCIA MÁXIMA PONDERADA N* A TRACCIÓN DE ÁNGULARES DE ALAS IGUALES | TABLA EA$_t$ -7 |
|---|---|---|

Acero tipo A 42

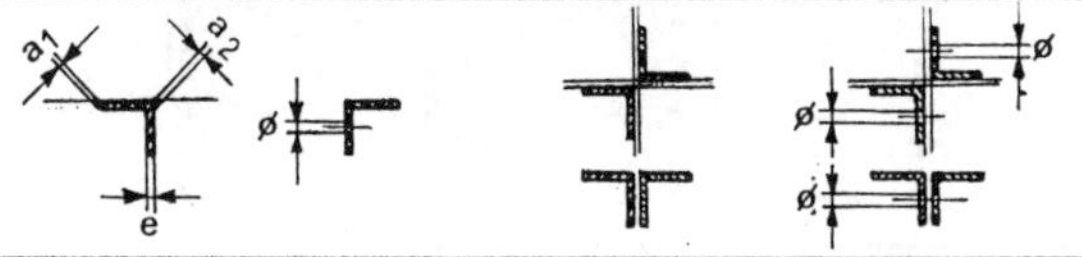


$\sigma_u = 2{,}6$ t/cm²

| Perfil | | Dimensiones | | | | | 1 Angular | | | 2 Angulares | | 1 Angular | | | 2 Angulares | | Perfil | |
|---|---|---|---|---|---|---|---|---|---|---|---|---|---|---|---|---|---|---|
| ∟ mm | | e mm | $\phi$ mm | $a_1$ mm | $a_2$ mm | Nº de agujs. | A cm² | N* tons. | 0,8·N* tons. | A cm² | N* tons. | $A_n$ cm² | $N_n^*$ tons. | $0{,}8 \cdot N_n^*$ tons. | $A_n$ cm² | $N_n^*$ tons. | ∟ mm | |
| 40.40 | 4 | 4 | 11 | 2,5 | 3 | 1 | 3,08 | 8,0 | 6,4 | 6,16 | 16,0 | 2,64 | 6,86 | 5,49 | 5,28 | 13,7 | 4 | 40.40 |
| | 6 | 6 | | 4 | 5 | | 4,48 | 11,6 | 9,3 | 8,96 | 23,3 | 3,82 | 9,93 | 7,94 | 7,64 | 19,8 | 6 | |
| 50.50 | 5 | 5 | 13 | 3,5 | 4 | 1 | 4,80 | 12,5 | 10,0 | 9,60 | 24,9 | 4,15 | 10,8 | 8,63 | 8,30 | 21,6 | 5 | 50.50 |
| | 7 | 7 | | 4,5 | 5,5 | | 6,56 | 17,0 | 13,6 | 13,1 | 34,1 | 5,65 | 14,7 | 11,7 | 11,3 | 29,4 | 7 | |
| 60.60 | 6 | 6 | 17 | 4 | 5 | 1 | 6,91 | 17,9 | 14,3 | 13,8 | 35,9 | 5,89 | 15,3 | 12,2 | 11,8 | 30,6 | 6 | 60.60 |
| | 8 | 8 | | 5,5 | 6,5 | | 9,03 | 23,4 | 18,8 | 18,0 | 46,9 | 7,67 | 19,9 | 15,9 | 15,3 | 39,9 | 8 | |
| 70.70 | 7 | 7 | 21 | 4,5 | 5,5 | 1 | 9,40 | 24,4 | 19,5 | 18,8 | 48,9 | 7,93 | 20,6 | 16,5 | 15,8 | 41,2 | 7 | 70,70 |
| | 8 | 8 | | 5,5 | 6,5 | | 10,6 | 27,5 | 22,0 | 21,2 | 55,1 | 8,92 | 23,2 | 18,5 | 17,8 | 46,4 | 8 | |
| 80.80 | 8 | 8 | 23 | 5,5 | 6,5 | 1 | 12,3 | 32,0 | 25,9 | 24,6 | 63,9 | 10,46 | 27,2 | 21,7 | 20,9 | 54,4 | 8 | 80.80 |
| | 10 | 10 | | 7 | 8 | | 15,1 | 39,2 | 31,4 | 30,2 | 78,5 | 12,8 | 33,3 | 26,2 | 25,6 | 66,5 | 10 | |
| 90.90 | 8 | 8 | 25 | 5,5 | 6,5 | 1 | 13,9 | 36,1 | 28,9 | 27,8 | 72,3 | 11,9 | 30,9 | 24,7 | 23,0 | 61,9 | 8 | 90.90 |
| | 10 | 10 | | 7 | 8 | | 17,1 | 44,4 | 35,5 | 34,2 | 88,9 | 14,6 | 37,9 | 30,3 | 29,2 | 75,9 | 10 | |
| 100.100 | 10 | 10 | 25 | 7 | 8 | 1 | 19,2 | 49,9 | 39,9 | 38,4 | 99,8 | 16,7 | 43,2 | 34,7 | 33,4 | 86,8 | 10 | 100.100 |
| | 12 | 12 | | 8 | 10 | | 22,7 | 59,0 | 47,2 | 45,4 | 118 | 19,7 | 51,2 | 40,9 | 39,4 | 102 | 12 | |
| 120.120 | 12 | 12 | 25 | 8 | 10 | 1 | 27,5 | 71,5 | 57,2 | 55,0 | 143 | 24,5 | 63,7 | 50,9 | 49,0 | 127 | 12 | 120.120 |
| | 15 | 15 | | 10 | 12 | | 33,9 | 88,1 | 70,5 | 67,8 | 176 | 30,15 | 78,4 | 62,7 | 60,3 | 156 | 15 | |
| 150.150 | 15 | 15 | 28 | 10 | 12 | 1 | 43,0 | 111 | 89,4 | 86,0 | 223 | 38,8 | 100 | 80,7 | 77,6 | 201 | 15 | 150.150 |
| | 18 | 18 | | 12 | 15 | | 51,0 | 132 | 106 | 102 | 265 | 45,96 | 119 | 95,6 | 91,9 | 239 | 18 | |
| 180.180 | 18 | 18 | 28 | 12 | 15 | 2 | 61,9 | 161 | 128 | 124 | 322 | 51,86 | 134 | 107 | 103 | 269 | 18 | 180.190 |
| | 20 | 20 | | 14 | 16 | | 68,3 | 177 | 142 | 136 | 355 | 57,1 | 148 | 118 | 114 | 297 | 20 | |
| 200.200 | 20 | 20 | 28 | 14 | 16 | 2 | 76,3 | 198 | 158 | 152 | 396 | 65,1 | 169 | 135 | 130 | 338 | 20 | 200.200 |
| | 24 | 24 | | 16 | 20 | | 90,6 | 235 | 188 | 181 | 471 | 77,15 | 200 | 160 | 154 | 401 | 24 | |

| La tracción en elementos estructurales | RESISTENCIA MAXIMA PONDERADA N* A TRACCION DE ANGULARES DE ALAS DESIGUALES | TABLA EA$_t$ -8 |
|---|---|---|

Acero tipo A 42

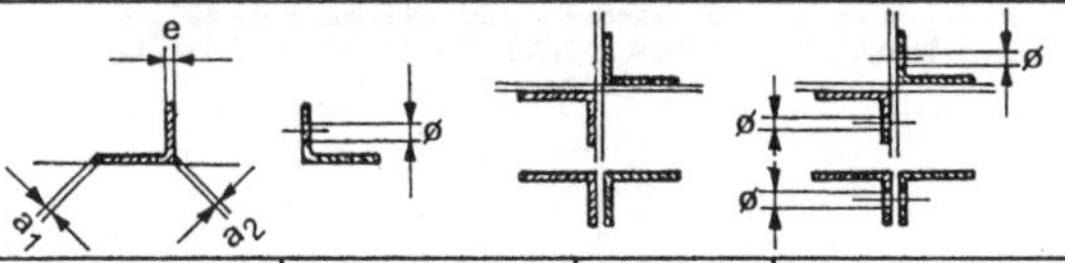


$\sigma_u = 2{,}6$ t/cm²

| Perfil | | Dimensiones | | | | | 1 Angular | | | 2 Angulares | | 1 Angular | | | 2 Angulares | | Perfil | |
|---|---|---|---|---|---|---|---|---|---|---|---|---|---|---|---|---|---|---|
| ∟ mm | | e mm | $\phi$ mm | $a_1$ mm | $a_2$ mm | Nº de agujs. | A cm² | N* tons. | 0,8·N* tons. | A cm² | N* tons. | $A_n$ cm² | $N_n^*$ tons. | $0{,}8 \cdot N_n^*$ tons. | $A_n$ cm² | $N_n^*$ tons. | ∟ mm | |
| 60.30 | 5 | 5 | 8,4 | 3,5 | 4 | 1 | 4,29 | 11,1 | 8,92 | 8,58 | 22,3 | 3,87 | 10,0 | 8,05 | 7,74 | 20,1 | 5 | 60.30 |
| | 6 | 6 | | 4 | 5 | | 5,08 | 13,2 | 10,5 | 10,1 | 26,4 | 4,57 | 11,9 | 9,50 | 9,14 | 23,7 | 6 | |
| 60.40 | 5 | 5 | 11 | 3,5 | 4 | 1 | 4,79 | 12,4 | 9,96 | 9,58 | 24,9 | 4,24 | 11,0 | 8,81 | 8,48 | 22,0 | 5 | 60.40 |
| | 6 | 6 | | 4 | 5 | | 5,68 | 14,7 | 11,8 | 11,3 | 29,5 | 5,02 | 13,0 | 10,4 | 10,0 | 26,1 | 6 | |
| 65.50 | 5 | 5 | 13 | 3,5 | 4 | 1 | 5,54 | 14,4 | 11,5 | 11,1 | 28,8 | 4,89 | 12,7 | 10,1 | 9,78 | 25,4 | 5 | 65.50 |
| | 7 | 7 | | 4,5 | 5,5 | | 7,60 | 19,7 | 15,8 | 15,2 | 39,5 | 6,69 | 17,4 | 13,9 | 13,4 | 34,8 | 7 | |
| 75.50 | 6 | 6 | 13 | 4 | 5 | 1 | 7,19 | 18,7 | 14,9 | 14,4 | 37,4 | 6,41 | 16,6 | 13,3 | 12,8 | 33,3 | 6 | 75.50 |
| | 8 | 8 | | 5,5 | 6,5 | | 9,41 | 24,4 | 19,5 | 18,8 | 48,9 | 8,37 | 21,7 | 17,4 | 16,7 | 43,5 | 8 | |
| 80.40 | 6 | 6 | 11 | 4 | 5 | 1 | 6,89 | 17,9 | 14,3 | 13,8 | 35,8 | 6,23 | 16,2 | 12,9 | 12,4 | 32,4 | 6 | 80.40 |
| | 8 | 8 | | 5,5 | 6,5 | | 9,01 | 23,4 | 18,7 | 18,0 | 46,8 | 8,13 | 21,1 | 16,9 | 16,2 | 42,2 | 8 | |
| 80.60 | 6 | 6 | 17 | 4 | 5 | 1 | 8,11 | 21,1 | 16,8 | 16,2 | 42,1 | 7,09 | 18,4 | 14,7 | 14,2 | 36,8 | 6 | 80.60 |
| | 8 | 8 | | 5,5 | 6,5 | | 10,6 | 27,5 | 22,0 | 21,2 | 55,1 | 9,24 | 24,0 | 19,2 | 18,5 | 48,0 | 8 | |
| 100.50 | 6 | 6 | 13 | 4 | 5 | 1 | 8,73 | 22,7 | 18,1 | 17,4 | 45,4 | 7,95 | 20,6 | 16,5 | 15,9 | 41,3 | 6 | 100.50 |
| | 8 | 8 | | 5,5 | 6,5 | | 11,4 | 29,6 | 23,7 | 22,8 | 59,3 | 10,4 | 20,8 | 16,6 | 20,8 | 41,6 | 8 | |
| 100.65 | 8 | 8 | 21 | 5,5 | 6,5 | 1 | 12,7 | 33,0 | 26,4 | 25,4 | 66,0 | 11,0 | [illegible] | 22,9 | 22,0 | 57,2 | 8 | 100.65 |
| | 10 | 10 | | 7 | 8 | | 15,6 | 40,5 | 32,4 | 31,2 | 81,1 | 13,5 | 35,1 | 28,1 | 27,0 | 70,2 | 10 | |
| 100.75 | 8 | 8 | 23 | 5,5 | 6,5 | 1 | 13,5 | 35,1 | 28,1 | 27,0 | 70,2 | 11,6 | 30,1 | 24,1 | 23,2 | 60,3 | 8 | 100.75 |
| | 10 | 10 | | 7 | 8 | | 16,6 | 43,1 | 34,5 | 33,2 | 86,3 | 14,3 | 37,2 | 29,7 | 28,6 | 74,3 | 10 | |
| 120.80 | 10 | 10 | 23 | 7 | 8 | 1 | 19,1 | 49,6 | 39,7 | 38,2 | 99,3 | 16,8 | 43,7 | 34,9 | 33,6 | 87,3 | 10 | 120.80 |
| | 12 | 12 | | 8 | 10 | | 22,7 | 59,0 | 47,2 | 45,4 | 118 | 19,9 | 51,7 | 41,4 | 40,0 | 103 | 12 | |
| 130.65 | 8 | 8 | 21 | 5,5 | 6,5 | 1 | 15,1 | 39,2 | 31,4 | 30,2 | 78,5 | 13,4 | 34,8 | 27,8 | 26,8 | 69,7 | 8 | 130.65 |
| | 10 | 10 | | 7 | 8 | | 18,6 | 48,3 | 38,7 | 37,2 | 96,7 | 16,5 | 42,9 | 34,3 | 33,0 | 85,8 | 10 | |
| 150.75 | 9 | 9 | 23 | 6 | 7,5 | 1 | 19,6 | 50,9 | 40,7 | 39,2 | 102 | 17,5 | 45,5 | 36,4 | 35,0 | 91,0 | 9 | 150.75 |
| | 10 | 10 | | 7 | 8 | | 21,6 | 56,1 | 44,9 | 43,2 | 112 | 19,3 | 50,2 | 40,1 | 38,6 | 100 | 10 | |
| 150.90 | 10 | 10 | 25 | 7 | 8 | 1 | 23,2 | 60,3 | 48,2 | 46,4 | 120 | 20,7 | 53,8 | 43,0 | 41,4 | 107 | 10 | 150.90 |
| | 12 | 12 | | 8 | 10 | | 27,5 | 71,5 | 57,2 | 55,0 | 143 | 24,5 | 63,7 | 50,9 | 49,0 | 127 | 12 | |
| 200.100 | 12 | 12 | 25 | 8 | 10 | 1 | 34,8 | 90,5 | 72,3 | 69,6 | 181 | 28,8 | 74,9 | 59,9 | 57,6 | 149 | 12 | 200.100 |
| | 15 | 15 | | 10 | 12 | | 43,0 | 119 | 89,4 | 86,0 | 223 | 39,2 | 102 | 81,5 | 78,4 | 204 | 15 | |
| 200.150 | 15 | 15 | 28 | 10 | 12 | 1 | 50,5 | 131 | 105 | 101 | 262 | 46,3 | 120 | 96,3 | 92,6 | 240 | 15 | 200.150 |
| | 18 | 18 | | 12 | 15 | | 60,0 | 156 | 125 | 120 | 312 | 54,9 | 142 | 114 | 109 | 285 | 18 | |

| La tracción en elementos estructurales | RESISTENCIA MÁXIMA PONDERADA N* A TRACCIÓN DE PERFILES T | TABLA EA$_t$ -9 |
|---|---|---|

Acero tipo A 42

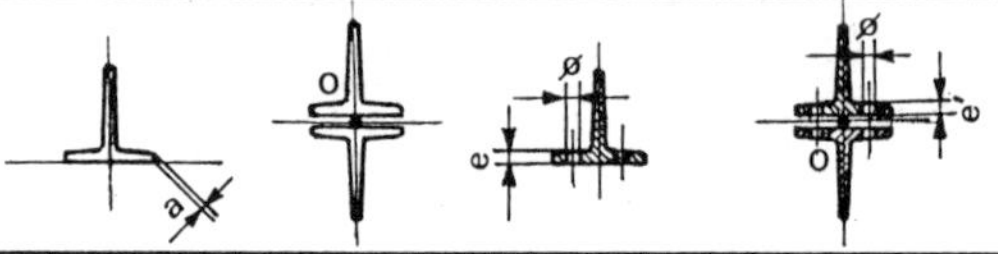


$\sigma_u$ = 2,6 t/cm$^2$

| Perfil | DIMENSIONES | | | 1 PERFIL | | | 2 PERFILES | | 1 PERFIL | | | 2 PERFILES | | Perfil |
|---|---|---|---|---|---|---|---|---|---|---|---|---|---|---|
| T mm. | e' mm | $\phi$ mm. | a mm. | A cm$^2$ | N* tons. | 0,8 N* tons. | A cm$^2$ | N* tons. | $A_n$ cm$^2$ | $N_n^*$ tons. | 0,8 N* tons. | $A_n$ cm$^2$ | $N_n^*$ tons. | T mm. |
| 40.5 | – | – | 3,5 | 3,77 | 9,80 | 7,84 | 7,54 | 19,6 | – | – | – | – | – | 40.5 |
| 50.6 | – | – | 4 | 5,66 | 14,7 | 11,7 | 11,32 | 29,4 | – | – | – | – | – | 50.6 |
| 60.7 | 6,96 | 8,4 | 4,5 | 7,94 | 20,6 | 16,5 | 15,88 | 41,3 | 6,77 | 17,6 | 14,1 | 13,54 | 35,2 | 60.7 |
| 70.8 | 7,97 | 11 | 5,5 | 10,6 | 27,5 | 22,0 | 21,2 | 55,1 | 8,85 | 23,0 | 18,4 | 17,70 | 46,0 | 70.8 |
| 80.9 | 8,95 | 11 | 6 | 13,6 | 35,3 | 28,2 | 27,2 | 70,7 | 11,6 | 30,1 | 24,1 | 23,20 | 60,3 | 80.9 |
| 100.11 | 10,9 | 13 | 7,5 | 20,9 | 54,3 | 43,4 | 41,8 | 108 | 18,1 | 47,0 | 37,6 | 36,20 | 94,1 | 100.11 |

| La tracción en elementos estructurales | RESISTENCIA MAXIMA PONDERADA N* A TRACCION DE REDONDOS | TABLA EA$_t$ -10 |
|---|---|---|

Acero tipo A 42

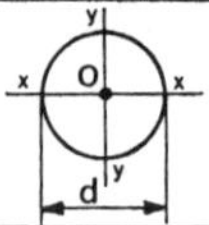


$\sigma_u$ = 2,6 t/cm$^2$

| d mm. | A cm$^2$ | N* tons. | d mm. | A cm$^2$ | N* tons. | d mm. | A cm$^2$ | N* tons. | d mm. | A cm$^2$ | N* tons. | d mm. | A cm$^2$ | N* tons. |
|---|---|---|---|---|---|---|---|---|---|---|---|---|---|---|
| 5 | 0,196 | 0,51 | 12 | 1,13 | 2,93 | 22 | 3,80 | 9,88 | 36 | 10,2 | 26,5 | 60 | 28,3 | 73,6 |
| 6 | 0,283 | 0,73 | 14 | 1,54 | 4,00 | 25 | 4,91 | 12,76 | 40 | 12,6 | 32,7 | 70 | 38,5 | 100 |
| 7 | 0,385 | 1,00 | 16 | 2,01 | 5,22 | 28 | 6,16 | 16,01 | 42 | 13,9 | 36,1 | 80 | 50,3 | 130 |
| 8 | 0,503 | 1,30 | 18 | 2,54 | 6,60 | 30 | 7,07 | 18,38 | 45 | 15,9 | 41,3 | 90 | 63,6 | 165 |
| 10 | 0,785 | 2,04 | 20 | 3,14 | 8,16 | 32 | 8,04 | 20,90 | 50 | 19,6 | 50,9 | 100 | 78,5 | 204 |

| La tracción en elementos estructurales | RESISTENCIA MAXIMA PONDERADA N* A TRACCION DE CUADRADOS | TABLA EA$_t$ -11 |
|---|---|---|

Acero tipo A 42

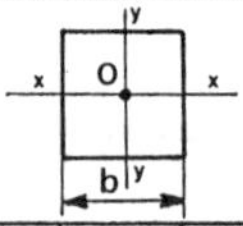


$\sigma_u$ = 2,6 t/cm$^2$

| b mm. | A cm$^2$ | N* tons. | b mm. | A cm$^2$ | N* tons. | b mm. | A cm$^2$ | N* tons. | b mm. | A cm$^2$ | N* tons. | d mm. | A cm$^2$ | N* tons. |
|---|---|---|---|---|---|---|---|---|---|---|---|---|---|---|
| 5 | 0,25 | 0,65 | 12 | 1,44 | 3,74 | 22 | 4,84 | 15,28 | 36 | 13,0 | 33,8 | 60 | 36,0 | 93,6 |
| 6 | 0,36 | 0,93 | 14 | 1,96 | 5,09 | 25 | 6,25 | 16,25 | 40 | 16,0 | 41,6 | 70 | 49,0 | 127 |
| 7 | 0,49 | 1,27 | 16 | 2,56 | 6,65 | 28 | 7,84 | 20,38 | 42 | 17,6 | 45,7 | 80 | 64,0 | 166 |
| 8 | 0,64 | 1,66 | 18 | 3,24 | 8,42 | 30 | 9,00 | 23,40 | 45 | 20,3 | 52,8 | 90 | 81,0 | 210 |
| 10 | 1,00 | 2,60 | 20 | 4,00 | 10,40 | 32 | 10,20 | 26,50 | 50 | 25,0 | 65,0 | 100 | 100 | 260 |

| La tracción en elementos estructurales | RESISTENCIA MAXIMA PONDERADA N* A TRACCION DE PERFILES HUECOS REDONDOS | TABLA EA$_t$ -12 |
|---|---|---|

Acero tipo A 42

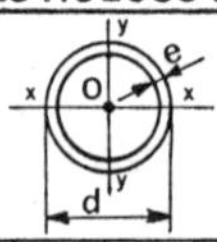


$\sigma_u$ = 2,6 t/cm$^2$

| d mm. | e mm. | A cm$^2$ | N* tons. | d mm. | e mm. | A cm$^2$ | N* tons. | d mm. | e mm. | A cm$^2$ | N* tons. | d mm. | e mm. | A cm$^2$ | N* tons. | d mm. | e mm. | A cm$^2$ | N* tons. |
|---|---|---|---|---|---|---|---|---|---|---|---|---|---|---|---|---|---|---|---|
| 40 | 2 | 2,39 | 6,21 | 55 | 2 | 3,33 | 8,65 | 70 | 2 | 4,27 | 11,1 | 90 | 3 | 8,19 | 21,3 | 155 | 5 | 23,6 | 61,3 |
| | 3 | 3,49 | 9,07 | | 3 | 4,90 | 12,7 | | 3 | 6,31 | 16,4 | | 4 | 10,8 | 28,1 | | 6 | 28,1 | 73,0 |
| | 4 | 4,52 | 11,7 | | 4 | 6,41 | 16,6 | | 4 | 8,29 | 21,5 | | 5 | 13,4 | 34,8 | | 8 | 36,9 | 95,9 |
| 45 | 2 | 2,70 | 7,02 | 60 | 2 | 3,64 | 9,46 | 75 | 2 | 4,58 | 11,9 | 100 | 4 | 12,1 | 31,4 | 175 | 5 | 26,7 | 69,4 |
| | 3 | 3,96 | 10,3 | | 3 | 5,37 | 13,9 | | 3 | 6,78 | 17,6 | | 5 | 14,9 | 38,7 | | 6 | 31,9 | 82,9 |
| | 4 | 5,15 | 13,4 | | 4 | 7,04 | 18,3 | | 4 | 8,92 | 23,2 | | 6 | 17,7 | 46,0 | | 8 | 42,0 | 109 |
| 50 | 2 | 3,02 | 7,85 | 65 | 2 | 3,96 | 10,3 | 80 | 2 | 4,90 | 12,7 | 125 | 4 | 15,2 | 39,5 | 200 | 5 | 30,6 | 79,5 |
| | 3 | 4,43 | 11,5 | | 3 | 5,84 | 15,2 | | 3 | 7,26 | 18,8 | | 5 | 18,8 | 48,9 | | 6 | 36,6 | 95,1 |
| | 4 | 5,78 | 15,0 | | 4 | 7,67 | 19,9 | | 4 | 9,55 | 24,8 | | 6 | 22,4 | 58,2 | | 8 | 48,3 | 125 |

| La tracción en elementos estructurales | *RESISTENCIA MÁXIMA PONDERADA N* A TRACCIÓN DE PERFILES HUECOS CUADRADOS* | **TABLA $EA_t$-13** |
|---|---|---|

Acero tipo A 42

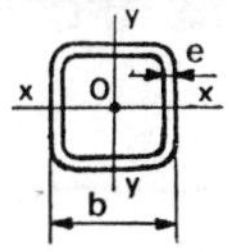


$\sigma_u = 2{,}6$ t/cm²

| *b* *mm.* | *e* *mm.* | *A* *cm²* | *N** *tons.* | *b* *mm.* | *e* *mm.* | *A* *cm²* | *N** *tons.* | *b* *mm.* | *e* *mm.* | *A* *cm²* | *N** *tons.* | *b* *mm.* | *e* *mm.* | *A* *cm²* | *N** *tons.* | *b* *mm.* | *e* *mm.* | *A* *cm²* | *N** *tons.* |
|---|---|---|---|---|---|---|---|---|---|---|---|---|---|---|---|---|---|---|---|
| | 2 | 2,90 | 7,54 | | 2 | 4,10 | 10,6 | 70 | 4 | 10,0 | 26,0 | 90 | 6 | 18,9 | 49,1 | 140 | 6 | 30,9 | 80,4 |
| 40 | 3 | 4,13 | 10,7 | 55 | 3 | 5,93 | 15,4 | | 5 | 12,1 | 31,4 | | 3 | 11,3 | 29,4 | | 8 | 40,0 | 104 |
| | 4 | 5,21 | 13,5 | | 4 | 7,61 | 19,8 | | 3 | 8,93 | 23,2 | 100 | 4 | 14,8 | 38,5 | | 5 | 30,1 | 78,2 |
| | 2 | 3,30 | 8,58 | | 2 | 4,50 | 11,7 | 80 | 4 | 11,6 | 30,1 | | 5 | 18,1 | 47,0 | 160 | 6 | 35,7 | 92,8 |
| 45 | 3 | 4,73 | 12,3 | | 3 | 6,53 | 16,9 | | 5 | 14,1 | 36,6 | | 6 | 21,3 | 55,4 | | 8 | 46,4 | 120 |
| | 4 | 6,01 | 15,6 | 60 | 4 | 8,41 | 21,8 | | 6 | 16,5 | 42,9 | | 4 | 18,0 | 46,8 | | 5 | 32,1 | 83,4 |
| | 2 | 3,70 | 9,62 | | 5 | 10,1 | 26,2 | | 3 | 10,1 | 26,2 | 120 | 5 | 22,1 | 57,4 | 170 | 6 | 38,1 | 99,0 |
| 50 | 3 | 5,33 | 13,8 | 70 | 2 | 5,30 | 13,8 | 90 | 4 | 13,2 | 34,3 | | 6 | 26,1 | 67,8 | | 8 | 49,6 | 129 |
| | 4 | 5,81 | 15,1 | | 3 | 7,73 | 20,1 | | 5 | 16,1 | 41,8 | 140 | 5 | 26,1 | 67,8 | | | | |

| La tracción en elementos estructurales | RESISTENCIA MAXIMA PONDERADA N* A TRACCION PERFILES HUECOS RECTANGULARES | **TABLA $EA_t$-14** |
|---|---|---|

Acero tipo A 42

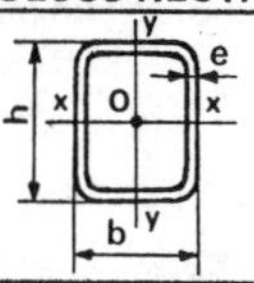


$\sigma_u = 2{,}6$ t/cm²

| *b.h* *mm.* | *e* *mm.* | *A* *cm²* | *N** *tons.* | *b.h* *mm.* | *e* *mm.* | *A* *cm²* | *N** *tons.* | *b.h* *mm.* | *e* *mm.* | *A* *cm²* | *N** *tons.* | *b.h* *mm.* | *e* *mm.* | *A* *cm²* | *N** *tons.* | *b.h* *mm.* | *e* *mm.* | *A* *cm²* | *N** *tons.* |
|---|---|---|---|---|---|---|---|---|---|---|---|---|---|---|---|---|---|---|---|
| | 2 | 3,70 | 9,62 | 80.60 | 4 | 10,0 | 26,0 | 120.60 | 5 | 16,1 | 41,8 | 140.80 | 6 | 23,7 | 61,2 | | 5 | 30,1 | 78,2 |
| 60.40 | 3 | 5,33 | 13,8 | | 5 | 12,1 | 31,4 | | 6 | 18,9 | 49,1 | | 4 | 18,0 | 46,8 | 180.140 | 6 | 35,7 | 98,8 |
| | 4 | 6,81 | 17,7 | | 3 | 8,33 | 21,6 | | 4 | 14,8 | 38,5 | 140.100 | 5 | 22,1 | 57,4 | | 8 | 46,4 | 120 |
| | 2 | 4,10 | 10,6 | | 4 | 10,8 | 28,1 | 120.80 | 5 | 18,1 | 47,0 | | 6 | 26,1 | 67,8 | | 5 | 26,1 | 67,8 |
| 70.40 | 3 | 5,93 | 15,4 | 100.50 | 5 | 13,1 | 34,0 | | 6 | 21,3 | 55,4 | | 4 | 18,0 | 46,8 | 200.80 | 6 | 30,9 | 80,3 |
| | 4 | 7,61 | 19,8 | | 6 | 15,3 | 39,8 | | 4 | 16,4 | 42,6 | 160.80 | 5 | 22,1 | 57,4 | | 8 | 40,0 | 104 |
| | 2 | 4,50 | 11,7 | | 4 | 11,6 | 30,1 | 120.100 | 5 | 20,1 | 52,2 | | 6 | 26,1 | 67,8 | | 5 | 30,1 | 78,2 |
| 70.50 | 3 | 6,53 | 16,9 | 100.60 | 5 | 14,1 | 36,6 | | 6 | 23,7 | 61,2 | | 5 | 26,1 | 67,8 | 200.120 | 6 | 35,7 | 98,8 |
| | 4 | 8,41 | 21,8 | | 6 | 16,5 | 42,9 | | 4 | 14,8 | 38,5 | 160.120 | 6 | 30,9 | 80,3 | | 8 | 46,4 | 120 |
| | 3 | 6,53 | 16,9 | | 4 | 13,2 | 34,3 | 140.60 | 5 | 18,1 | 47,0 | | 8 | 40,0 | 104 | | 5 | 33,1 | 86,0 |
| 80.40 | 4 | 8,41 | 21,8 | 100.80 | 5 | 16,1 | 41,8 | | 6 | 21,3 | 55,4 | | 5 | 26,1 | 67,8 | 200.150 | 6 | 39,6 | 102 |
| | 5 | 10,14 | 26,3 | | 6 | 18,9 | 49,1 | 140.80 | 4 | 16,4 | 42,6 | 180.100 | 6 | 30,9 | 80,3 | | 8 | 51,2 | 133 |
| 80.60 | 3 | 7,73 | 20,1 | 120.60 | 4 | 13,2 | 34,3 | | 5 | 20,1 | 52,2 | | 8 | 40,0 | 104 | | | | |

| La tracción en elementos estructurales | RESISTENCIA MAXIMA PONDERADA N* A TRACCION TUBOS SIN SOLDADURA | **TABLA $EA_t$-15** |
|---|---|---|

Acero tipo A 42

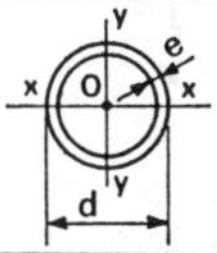


$\sigma_u = 2{,}6$ t/cm²

| *d* *mm.* | *e* *mm.* | *A* *cm²* | *N** *tons.* | *d* *mm.* | *e* *mm.* | *A* *cm²* | *N** *tons.* | *d* *mm.* | *e* *mm.* | *A* *cm²* | *N** *tons.* | *d* *mm.* | *e* *mm.* | *A* *cm²* | *N** *tons.* | *d* *mm.* | *e* *mm.* | *A* *cm²* | *N** *tons.* |
|---|---|---|---|---|---|---|---|---|---|---|---|---|---|---|---|---|---|---|---|
| | 2,6 | 2,54 | 6,60 | 76,1 | 5 | 11,2 | 29,1 | 127 | 8 | 29,9 | 77,7 | | 8 | 53,1 | 138 | 355,6 | 12,5 | 135 | 351 |
| 33,7 | 3,2 | 3,07 | 7,98 | | 6,3 | 13,8 | 35,9 | | 6,3 | 26,4 | 68,6 | 219,1 | 10 | 65,7 | 170 | | 16 | 171 | 446 |
| | 4 | 3,73 | 9,69 | | 4 | 10,7 | 27,8 | 139,7 | 8 | 33,1 | 86,0 | | 12,5 | 81,1 | 210 | | 10 | 125 | 325 |
| | 2,6 | 3,25 | 8,45 | 88,9 | 5 | 13,2 | 34,3 | | 10 | 40,7 | 105 | | 8 | 59,4 | 154 | 406,4 | 12,5 | 155 | 403 |
| 42,4 | 3,2 | 3,94 | 10,2 | | 6,3 | 16,3 | 42,4 | | 6,3 | 28,9 | 75,1 | 244,5 | 10 | 73,7 | 191 | | 16 | 196 | 509 |
| | 4 | 4,83 | 12,5 | | 5 | 15,2 | 39,5 | 152,4 | 8 | 36,3 | 94,4 | | 12,5 | 91,1 | 236 | | 12,5 | 175 | 455 |
| | 3,2 | 4,81 | 12,5 | 101,6 | 6,3 | 18,9 | 49,1 | | 10 | 44,7 | 116 | | 8 | 66,6 | 173 | 457,2 | 16 | 222 | 577 |
| 51,0 | 4 | 5,91 | 15,3 | | 8 | 23,8 | 61,9 | | 6,3 | 32,1 | 83,4 | 273 | 10 | 82,6 | 214 | | 20 | 275 | 715 |
| | 5 | 7,23 | 18,8 | | 5 | 17,2 | 44,7 | 168,3 | 8 | 40,3 | 104 | | 12,5 | 102 | 265 | | 12,5 | 195 | 507 |
| | 3,2 | 6,06 | 15,7 | 114,3 | 6,3 | 21,4 | 55,6 | | 10 | 49,7 | 129 | | 8 | 73,0 | 189 | 508 | 16 | 247 | 642 |
| 63,5 | 4 | 7,48 | 19,4 | | 8 | 26,7 | 69,4 | | 6,3 | 37,1 | 96,4 | 298,5 | 10 | 90,6 | 235 | | 20 | 307 | 798 |
| | 5 | 9,19 | 23,9 | 127 | 5 | 19,2 | 49,9 | 193,7 | 8 | 46,7 | 121 | | 12,5 | 112 | 291 | | | | |
| 76,1 | 4 | 9,06 | 23,5 | | 6,3 | 23,9 | 62,1 | | 10 | 57,7 | 150 | 355,6 | 10 | 109 | 283 | | | | |

# SECCIÓN QUINTA

# PIEZAS O PERFILES DE DIRECTRIZ RECTA SOMETIDAS A COMPRESIÓN

## 1.5. Clases de piezas o perfiles

Las piezas o perfiles de directriz recta, según su constitución se clasifican en simples y compuestas.

Son piezas simples las constituidas:

*a)* Por un solo perfil (tablas de «acero laminado» AL-1 al AL-17 del «Prontuario», pág. 31).

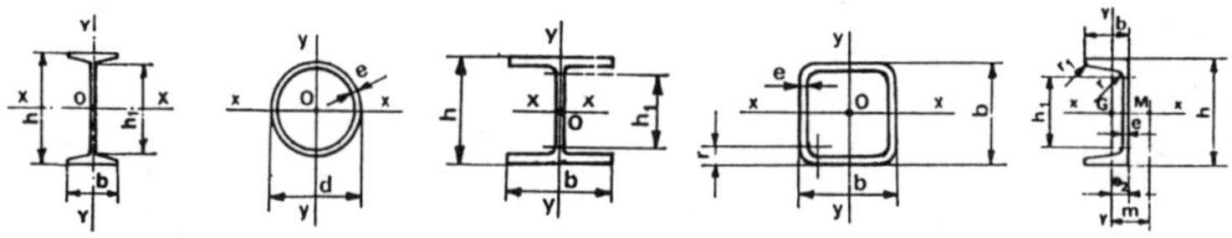

*b)* Por perfiles y/o barras yuxtapuestas unidas mediante tornillos o roblones, que cumplan:

$$S \leq 8 \cdot d \quad ; \quad S \leq 15 \cdot e,$$

siendo d el diámetro del agujero y e el espesor mínimo de las piezas unidas; en piezas unidas por medio de soldadura continua o discontinua, a separaciones S, se cumplirá:

$$S \leq 15 \cdot e \quad ; \quad S \leq 300 \text{ mm}$$

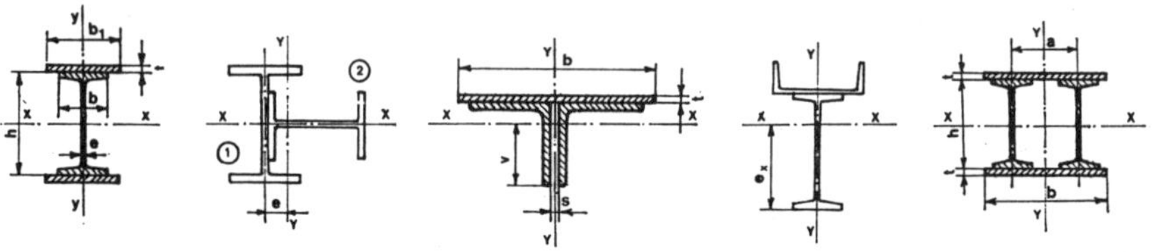

*c)* Perfiles con forro discontinuo de chapa, unidos por tornillos, roblones o soldadura, a separaciones:

$S \leq 15 \cdot i$, siendo i el radio de giro del perfil que lo tenga menor.

Son piezas compuestas las constituidas por dos o más cordones longitudinales formando cada uno de ellos por un perfil o pieza simple, enlazados entre sí por medio de presillas o celosía; este enlace es necesario por condicionamiento de cálculo, la separación entre presillas no será superior a 200 veces el radio de giro mínimo de cada cordón, ni más de dos metros.

En las piezas solicitadas a compresión no se considerará su flexión por la acción del viento; la flexión por peso propio solamente se consederará cuando la proyección horizontal exceda de seis metros.

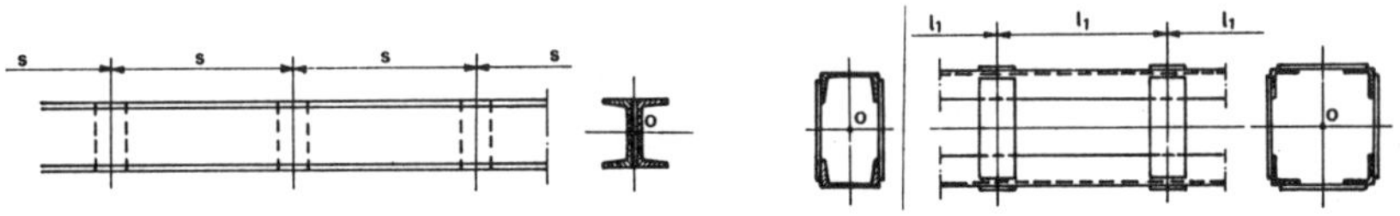

En las piezas con compresión excéntrica se cumplirán las disposiciones expuestas, considerando también que el número de tramos en los que se divide la pieza será igual o mayor que tres; siempre que sea posible los tramos serán constantes en toda la pieza, cumpliendo estos tramos la condición:

$l \leq 50 \cdot i$, siendo i el radio de giro mínimo del cordón.

En las piezas con celosía, el ángulo formado por las diagonales con el eje de la pieza estará comprendido entre 30 ° y 60 °; en los extremos se dispondrán presillas o cartelas de nudo unidas rígidamente al cordón.

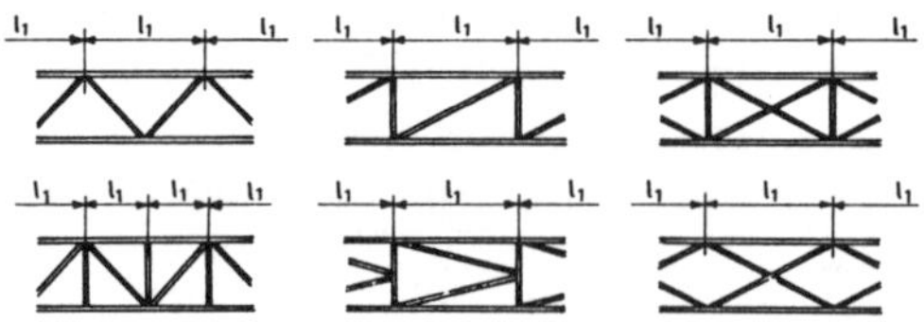

## 2.5. Esbeltez mecánica de las piezas:

La esbeltez mecánica $\lambda$ de una pieza simple de sección constante, en un plano perperdicular al eje de inercia de la sección, tiene por valor:

$$\lambda = \frac{\ell_k}{i}$$

siendo $\ell_k$ la longitud de pandeo, e i el radio de giro de la sección bruta de la pieza respecto del eje de inercia que se considere. Salvo justificación especial, la esbeltez mecánica de una barra solicitada a compresión no excederá de 200 en todas las que forman parte de los elementos resistentes principales, pudiendo admitirse hasta 250 en elementos secundarios o de arriostramiento. En estructuras sometidas a cargas dinámicas se rebajarán prudentemente los valores anteriores.

La esbeltez mecánica de una pieza compuesta de sección constante, en un plano perpendicular al eje de inercia material, tiene por valor:

$$\lambda = \frac{\ell_k}{i}, \text{ siendo:}$$

$\ell_k$ la longitud de pandeo e i el radio de giro de la sección bruta de la pieza compuesta respecto del eje de inercia considerado, siendo este eje el que pasa por el baricentro de todos los perfiles que forman la pieza. El eje que no cumple la consideración expresada se denomina eje de inercia libre con esbeltez mecánica ideal que tiene valores complementarios (1, pág. siguiente).

## 3.5. Términos de sección

En toda pieza se distinguen para el cálculo, según los casos, dos secciones:

*a)* Sección bruta o total, que es aquélla que no lleva agujeros para tornillos o roblones, y cuyo enlace se efectúa por medio de soldadura.

*b)* Sección neta, en la que se excluyen los agujeros, lleven o no tornillos o roblones, no solamente los que atraviesa una sección recta, sino eligiendo la sección oblicua o quebrada que dé área mínima.

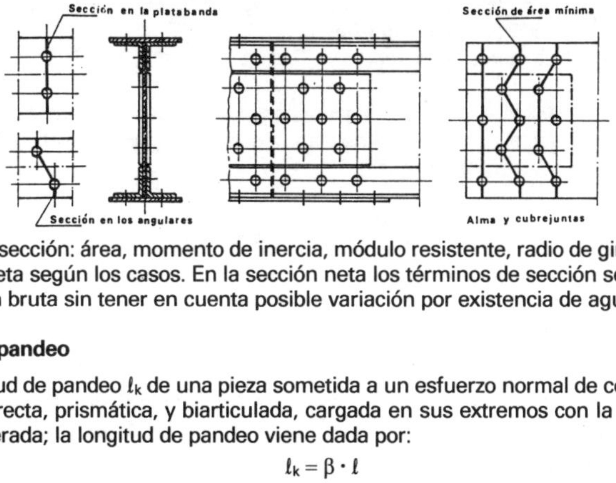


Los términos de sección: área, momento de inercia, módulo resistente, radio de giro, etc. se obtendrán de la sección bruta o neta según los casos. En la sección neta los términos de sección se referirán a los ejes de inercia de la sección bruta sin tener en cuenta posible variación por existencia de agujeros.

## 4.5. Longitud de pandeo

Se denomina longitud de pandeo $\ell_k$ de una pieza sometida a un esfuerzo normal de compresión a la longitud de otra pieza ideal, recta, prismática, y biarticulada, cargada en sus extremos con la misma carga crítica de la pieza real considerada; la longitud de pandeo viene dada por:

$$\ell_k = \beta \cdot \ell$$

siendo $\ell$ la longitud de la pieza, y $\beta$ un coeficiente cuyo valor para piezas de sección constante sometidas a compresión centrada, de expresa según los casos siguientes:

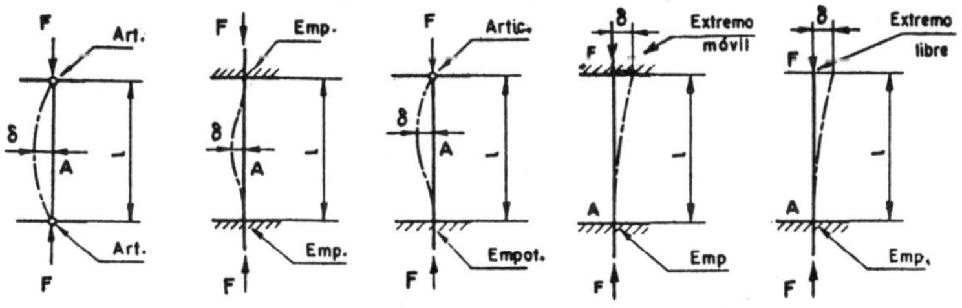


a) $\beta = 1$   b) $\beta = 0{,}5$   c) $\beta = 0{,}7$   d) $\beta = 1$   e) $\beta = 2$

*a)* Pieza biarticulada. Pieza en la que cada sección extrema tiene impedido el corrimiento, pero no el giro.

En este caso, $\beta = 1$

*b)* Pieza biempotrada. Piaza sin posibilidad de corrimiento de los extremos, normal a la directriz.

En éste caso, $\beta = 0{,}5$

*c)* Pieza empotrada en un extremo y articulada en el otro, sin posibilidad de corrimiento de estos.

Para este caso, $\beta = 0{,}7$

*d)* Pieza con un extremo libre y empotrado en el otro.

Para este caso, $\beta = 2$

No se considerará empotramiento a menos de que quede impedido el giro después de construido (2).

## 5.5. Cálculo a pandeo de las piezas rectas sometidas a compresión, centrada y excéntrica

En toda pieza sometida a compresión centrada, se verificará que:

$$\sigma^* = \frac{N^* \cdot \omega}{A} \leq \sigma_u, \text{ siendo:}$$

$\sigma_u$ = La resistencia de cálculo del acero.
$N^*$ = El esfuerzo normal ponderado de compresión.
A = La sección bruta de la pieza.
$\omega$ = El coeficiente de pandeo (Tabla $EA_c - 1$), función de la esbeltez mecánica y del tipo de acero (3).

En las piezas de sección constante solicitadas a compresión excéntrica acompañada de flexión, que equivale a un esfuerzo normal actuando excéntricamente, se verificará:

$$\sigma^* = \frac{N^*}{A} + \frac{M_x^* \cdot y}{I_x} + \frac{M_y^* \cdot x}{I_y} \leq \sigma_u, \text{ siendo:}$$

$N^*$ = El esfuerzo normal ponderado de compresión.
$M_x^*$ y $M_y^*$ = Los momentos flectores ponderados.

En las piezas de simetría sencilla o doble solicitadas por una compresión excéntrica contenida en el plano de simetría, pudiendo producirse el pandeo en dicho plano y estando impedido en el plano normal al anterior, debe comprobarse la resistencia verificando que:

$$\sigma^* = \frac{N^* \cdot \omega}{A} + 0{,}9 \cdot \frac{M^*}{W_c^*} \leq \sigma_u$$

En piezas de simetría sencilla, si el centro de gravedad está más próximo al borde comprimido que al traccionado, además, se comprobará que:

$$\sigma^* = \frac{N^* \cdot \omega}{A} + \frac{300 + 2\lambda}{1000} \cdot \frac{M^*}{W_T} \leq \sigma_u, \text{ siendo:}$$

A = El área de la sección.
$\lambda$ = La esbeltez mecánica en el plano del momento.
$\omega$ = El coeficiente de pandeo correspondiente a $\lambda$
$W_c$ y $W_T$ = Los módulos resistentes de la sección relativos a los bordes de compresión y de tracción.
$N^*$ y $M^*$ = El esfuerzo normal ponderado y el momento flector ponderado (en valor absoluto).

(1) Valores complementarios de esbeltez en eje de inercia libre, en piezas de sección variable, radio de giro, piezas simples con sección abierta de pequeño espesor, y éstas con doble simetría puntual, piezas abiertas de pequeño espesor con un solo eje de simetría.

(2) Longitud de pandeo para barras de estructuras triangulares situadas en el plano perpendicular al principal triangular, de soportes de estructuras porticadas de una altura, de pilares de edificios, de piezas de sección constante sometidas a compresión variable debida a cargas puntuales.

(3) Cálculo de enlace con presillas, de enlace con celosía, del espesor de los elementos planos de las piezas comprimidas para que no sufran abolladuras, cálculo de los enlaces en las piezas sometidas a compresión excéntrica, pandeo por flexión y torsión.

Todas las especificaciones de cálculo de cuanto se ha citado en los tres apartados anteriores se exponen en la Norma MV-103 y se manifiestan en la obra «Estructuras Metálicas de Acero» publicada por la EDITORIAL PARANINFO, S. A.

# SECCIÓN SEXTA

## TABLAS AUXILIARES PARA EL CÁLCULO DE PERFILES DE ACERO LAMINADO SOMETIDO A ESFUERZOS DE COMPRESIÓN

### 1.6. Generalidades

En las tablas $EA_c - 1$ a $EA_c - 34$ (estructuras acero, compresión), se expresan los valores de los esfuerzos máximos admisibles que pueden soportar los perfiles de acero laminado del tipo A 42 (que se especifican en las Tablas AL-1 a AL-17 del «Prontuario»), haciendo que la resistencia de cálculo $\sigma_u = \sigma_e = 2600$ kg/cm$^2$ (pág. 147).

Se ha considerado el esfuerzo de compresión simple (puro) tomando las secciones brutas haciendo $N^* = \dfrac{2{,}6 \cdot A}{\omega}$ en compresión centrada, con pandeo.

Como justificación de las Tablas, se resuelven los ejemplos que siguen:

Tabla $EA_c - 2$. I PN 20, $A = 33{,}4$ cm$^2$, $i_y = 1{,}87$ cm ($< i_x$), long. $\ell_k = 4{,}0$ m, $\dfrac{400}{1{,}87} = 214$, $\omega = 7{,}72$

$$N^* = \frac{2{,}6 \times 33{,}4}{7{,}72} = 11{,}3 \text{ t.}$$

Tabla $EA_c - 3$. II PN 20, $A = 67{,}8$ cm$^2$, $i_y = 4{,}87$ cm, $\ell_k = 4{,}0$ m, $\lambda_y = \dfrac{400}{4{,}87} = 82$, $\omega = 1{,}55$

$$N^* = \frac{2{,}6 \times 67{,}8}{1{,}55} = 113{,}7 \text{ t.}$$

Tabla $EA_c - 5$. + PN 24, $A = 91{,}4$ cm$^2$, $i_x = i_y = 6{,}99$ cm, $\ell_k = 5{,}0$ m, $\lambda = \dfrac{500}{6{,}99} = 71{,}5$, $\omega = 1{,}36$

$$N^* = \frac{2{,}6 \times 91{,}4}{1{,}36} = 174 \text{ t.}$$

Tabla $EA_c - 7$. II PE 24, $A = 78{,}2$ cm$^2$, $i_y = 6{,}58$ cm, $\ell_k = 5{,}0$ m, $\lambda = \dfrac{500}{6{,}58} = 76$, $\omega = 1{,}44$

$$N^* = \frac{2{,}6 \times 78{,}2}{1{,}44} = 141 \text{ t.}$$

Tabla $EA_c - 12$. ⊥ EB 24, $A = 53{,}0$ cm$^2$, $i_x = 2{,}74$ cm, $\ell_k = 5{,}0$ m, $\lambda = \dfrac{500}{2{,}74} = 182{,}3$, $\omega = 5{,}69$

$$N^* = \frac{2{,}6 \times 53{,}0}{5{,}69} = 24{,}2 \text{ t.}$$

Tabla $EA_c - 14$. ılı EB 18, $A = 97{,}3$ cm$^2$, $i_y = 6{,}61$ cm, $\ell_k = 6{,}5$ m, $\lambda = \dfrac{650}{6{,}61} = 98{,}3$, $\omega = 1{,}95$

$$N^* = \frac{2{,}6 \times 97{,}3}{1{,}95} = 130 \text{ t.}$$

Tabla $EA_c - 16$. ılı EA 30, $A = 180{,}0$ cm$^2$, $i_y = 11{,}2$ cm, $\ell_k = 3{,}75$ m, $\lambda = \dfrac{375}{11{,}2} = 33{,}5$, $\omega = 1{,}05$

$$N^* = \frac{2{,}6 \times 180}{1{,}05} = 446 \text{ t.}$$

Tabla $EA_c - 17$. I EM 50, $A = 344{,}3$ cm$^2$, $i_y = 7{,}46$ cm, $\ell_k = 9{,}0$ m, $\lambda = \dfrac{900}{7{,}46} = 120{,}6$, $\omega = 2{,}71$

$$N^* = \frac{2{,}6 \times 344{,}3}{2{,}71} = 330 \text{ t.}$$

Tabla $EA_c - 18$. ılı EM 20, $A = 188{,}0$ cm$^2$, $i_y = 7{,}52$ cm, $\ell_k = 4{,}0$ m, $\lambda = \dfrac{400}{7{,}52} = 53{,}2$, $\omega = 1{,}15$

$$N^* = \frac{2{,}6 \times 188{,}0}{1{,}15} = 425 \text{ t.}$$

Tabla $EA_c - 19$. [ PN 32, $A = 75{,}8$ cm$^2$, $i_y = 2{,}81$ cm, $\ell_k = 4{,}75$ m, $\lambda = \dfrac{475}{2{,}81} = 169$, $\omega = 4{,}93$

$$N^* = \frac{2{,}6 \times 75{,}8}{4{,}93} = 39{,}9 \text{ t.}$$

Tabla $EA_c - 23$. ][ PN 20, $A = 64{,}4$ cm$^2$, $i_x = 7{,}7$ cm, $\ell_k = 5{,}5$ m, $\lambda = \dfrac{550}{7{,}7} = 71{,}4$, $\omega = 1{,}36$

$$N^* = \frac{2{,}6 \times 64{,}4}{1{,}36} = 124 \text{ t.}$$

Tabla $EA_c - 26$. ⌐┌ 100 · 10, $A = 38{,}4$ cm$^2$, $i_x = 1{,}95$ cm, $\ell_k = 2{,}0$ m, $\lambda = \dfrac{200}{1{,}95} = 102{,}6$, $\omega = 2{,}07$

$$N^* = \frac{2{,}6 \times 38{,}4}{2{,}07} = 24 \text{ t.}$$

Tabla $EA_c - 30$. ○ 100 · 6, $A = 17{,}7$ cm$^2$, $i_x = 3{,}33$ cm, $\ell_k = 3{,}5$ m, $\lambda = \dfrac{350}{3{,}33} = 105{,}0$, $\omega = 2{,}16$

$$N^* = \frac{2{,}6 \times 17{,}7}{2{,}16} = 21{,}3 \text{ t.}$$

Tabla $EA_c - 32$. □ 180 · 100 · 6, $A = 30{,}9$ cm$^2$, $i_y = 4{,}09$ cm, $\ell_k = 5{,}5$ m, $\lambda = \dfrac{550}{4{,}09} = 134{,}5$, $\omega = 3{,}25$

$$N^* = \frac{2{,}6 \times 30{,}9}{3{,}25} = 24{,}7 \text{ t.}$$

**2.6. Relación de las tablas para el cálculo de perfiles sometidos a compresión centrada:**

| | | |
|---|---|---|
| 169. | Tabla $EA_c$ 1. | Coeficientes de pandeo del acero. |
| 170. | Tabla $EA_c$ 2. | Resistencia máxima ponderada N* a compresión de perfiles IPN. |
| 171. | Tabla $EA_c$ 3. | Resistencia máxima ponderada N* a compresión de dos perfiles IPN unidos por las alas. |
| 172. | Tabla $EA_c$ 4. | Resistencia máxima ponderada N* a compresión de dos perfiles IPN unidos por medio de presillas o diagonales. |
| 173. | Tabla $EA_c$ 5. | Resistencia máxima ponderada N* a compresión de dos perfiles IPN unidos en cruz. |
| 174. | Tabla $EA_c$ 6. | Resistencia máxima ponderada N* a compresión de perfiles IPE. |
| 175. | Tabla $EA_c$ 7. | Resistencia máxima ponderada N* a compresión de dos perfiles IPE unidos por las alas. |
| 176. | Tabla $EA_c$ 8. | Resistencia máxima ponderada N* a compresión de dos perfiles IPE unidos por medio de presillas o diagonales. |
| 177. | Tabla $EA_c$ 9. | Resistencia máxima ponderada N* a compresión de dos perfiles IPE unidos en cruz. |
| 178. | Tabla $EA_c$ 10. | Resistencia máxima ponderada N* a compresión de un perfil IPE con platabandas laterales. |
| 179. | Tabla $EA_c$ 11. | Resistencia máxima ponderada N* a compresión de perfiles HEB. |
| 180. | Tabla $EA_c$ 12. | Resistencia máxima ponderada N* a compresión de medios perfiles HEB. |
| 181. | Tabla $EA_c$ 13. | Resistencia máxima ponderada N* a compresión de dos perfiles HEB unidos por las alas. |
| 182. | Tabla $EA_c$ 14. | Resistencia máxima ponderada N* a compresión de perfiles HEB con platabandas laterales. |
| 183. | Tabla $EA_c$ 15. | Resistencia máxima ponderada N* a compresión de perfiles HEA. |
| 184. | Tabla $EA_c$ 16. | Resistencia máxima ponderada N* a compresión de un perfil HEA con platabandas laterales. |
| 185. | Tabla $EA_c$ 17. | Resistencia máxima ponderada N* a compresión de perfiles HEM. |
| 186. | Tabla $EA_c$ 18. | Resistencia máxima ponderada N* a compresión de un perfil HEM con platabandas laterales. |
| 187. | Tabla $EA_c$ 19. | Resistencia máxima ponderada N* a compresión de perfiles UPN. |
| 188. | Tabla $EA_c$ 20. | Resistencia máxima ponderada N* a compresión de dos perfiles U unidos por las alas. |
| 189. | Tabla $EA_c$ 21. | Resistencia máxima ponderada N* a compresión de perfiles UPN con separación de alas variable. |
| 190. | Tabla $EA_c$ 22. | Resistencia máxima ponderada N* a compresión de perfiles UPN unidos por las almas. |
| 191. | Tabla $EA_c$ 23. | Resistencia máxima ponderada N* a compresión de dos perfiles UPN unidos por medio de presillas o diagonales. |
| 192. | Tabla $EA_c$ 24. | Resistencia máxima ponderada N* a compresión de angulares de alas iguales. |
| 193. | Tabla $EA_c$ 25. | Resistencia máxima ponderada N* a compresión de angulares de alas iguales opuestamente dispuestas. |
| 194. | Tabla $EA_c$ 26. | Resistencia máxima ponderada N* a compresión de angulares de alas iguales dipuestos en cruz o en cuadrado. |
| 195. | Tabla $EA_c$ 27. | Resistencia máxima ponderada N* a compresión de perfiles T. |
| 195. | Tabla $EA_c$ 28. | Resistencia máxima ponderada N* a compresión de redondos. |
| 195. | Tabla $EA_c$ 29. | Resistencia máxima ponderada N* a compresión de cuadrados. |
| 196. | Tabla $EA_c$ 30. | Resistencia máxima ponderada N* a compresión de perfiles huecos redondos. |
| 197. | Tabla $EA_c$ 31. | Resistencia máxima ponderada N* a compresión de perfiles huecos cuadrados. |
| 198. | Tabla $EA_c$ 32. | Resistencia máxima ponderada N* a compresión de perfiles huecos rectangulares. |
| 199. | Tabla $EA_c$ 33. | Resistencia máxima ponderada N* a compresión para tubos sin soldadura. |
| 200. | Tabla $EA_c$ 34. | Presillas para columnas metálicas. |

**Nota.**—En las tablas figuran los valores de las resistencias máximas ponderadas N* para esbelteces mecánicas $\lambda < 250$, y se han separado por medio de una línea de trazos continuos escalonados los valores de aquellas resistencias que corresponden a esbelteces $\lambda > 200$ ($< 250$) situados en la parte superior de la línea escalonada, de los correspondientes a $\lambda < 200$ situados en la parte inferior de dicha línea.

# COEFICIENTE DE PANDEO DEL ACERO



| λ | Coeficiente de pandeo ω para acero tipo A 42 | | | | | | | | | | λ |
|---|---|---|---|---|---|---|---|---|---|---|---|
| | 0 | 1 | 2 | 3 | 4 | 5 | 6 | 7 | 8 | 9 | |
| 20 | 1,02 | 1,02 | 1,02 | 1,02 | 1,02 | 1,03 | 1,03 | 1,03 | 1,03 | 1,04 | 20 |
| 30 | 1,04 | 1,04 | 1,04 | 1,05 | 1,05 | 1,05 | 1,06 | 1,06 | 1,07 | 1,07 | 30 |
| 40 | 1,07 | 1,08 | 1,08 | 1,09 | 1,09 | 1,10 | 1,10 | 1,11 | 1,12 | 1,12 | 40 |
| 50 | 1,13 | 1,14 | 1,14 | 1,15 | 1,16 | 1,17 | 1,18 | 1,19 | 1,20 | 1,21 | 50 |
| 60 | 1,22 | 1,23 | 1,24 | 1,25 | 1,26 | 1,27 | 1,29 | 1,30 | 1,31 | 1,33 | 60 |
| 70 | 1,34 | 1,36 | 1,37 | 1,39 | 1,40 | 1,42 | 1,44 | 1,46 | 1,47 | 1,49 | 70 |
| 80 | 1,51 | 1,53 | 1,55 | 1,57 | 1,60 | 1,62 | 1,64 | 1,66 | 1,69 | 1,71 | 80 |
| 90 | 1,74 | 1,76 | 1,79 | 1,81 | 1,84 | 1,86 | 1,89 | 1,92 | 1,95 | 1,98 | 90 |
| 100 | 2,01 | 2,03 | 2,06 | 2,09 | 2,13 | 2,16 | 2,19 | 2,22 | 2,25 | 2,29 | 100 |
| 110 | 2,32 | 2,35 | 2,39 | 2,42 | 2,46 | 2,49 | 2,53 | 2,56 | 2,60 | 2,64 | 110 |
| 120 | 2,67 | 2,71 | 2,75 | 2,79 | 2,82 | 2,86 | 2,90 | 2,94 | 2,98 | 3,02 | 120 |
| 130 | 3,06 | 3,11 | 3,15 | 3,19 | 3,23 | 3,27 | 3,32 | 3,36 | 3,40 | 3,45 | 130 |
| 140 | 3,49 | 3,54 | 3,58 | 3,63 | 3,67 | 3,72 | 3,77 | 3,81 | 3,86 | 3,91 | 140 |
| 150 | 3,96 | 4,00 | 4,05 | 4,10 | 4,15 | 4,20 | 4,25 | 4,30 | 4,35 | 4,40 | 150 |
| 160 | 4,45 | 4,51 | 4,56 | 4,61 | 4,66 | 4,72 | 4,77 | 4,82 | 4,88 | 4,93 | 160 |
| 170 | 4,99 | 5,04 | 5,10 | 5,15 | 5,21 | 5,26 | 5,32 | 5,38 | 5,44 | 5,49 | 170 |
| 180 | 5,55 | 5,61 | 5,67 | 5,73 | 5,79 | 5,85 | 5,91 | 5,97 | 6,03 | 6,09 | 180 |
| 190 | 6,15 | 6,21 | 6,27 | 6,34 | 6,40 | 6,46 | 6,53 | 6,59 | 6,65 | 6,72 | 190 |
| 200 | 6,78 | 6,85 | 6,91 | 6,98 | 7,05 | 7,11 | 7,18 | 7,25 | 7,31 | 7,38 | 200 |
| 210 | 7,45 | 7,52 | 7,59 | 7,66 | 7,72 | 7,79 | 7,86 | 7,93 | 8,01 | 8,08 | 210 |
| 220 | 8,15 | 8,22 | 8,29 | 8,36 | 8,44 | 8,51 | 8,58 | 8,66 | 8,73 | 8,80 | 220 |
| 230 | 8,88 | 8,95 | 9,03 | 9,11 | 9,18 | 9,26 | 9,33 | 9,41 | 9,49 | 9,57 | 230 |
| 240 | 9,64 | 9,72 | 9,80 | 9,88 | 9,96 | 10,04 | 10,12 | 10,20 | 10,28 | 10,36 | 240 |
| 250 | 10,44 | | | | | | | | | | 250 |

| λ | Coeficiente de pandeo ω para acero tipo A 52 | | | | | | | | | | λ |
|---|---|---|---|---|---|---|---|---|---|---|---|
| | 0 | 1 | 2 | 3 | 4 | 5 | 6 | 7 | 8 | 9 | |
| 20 | 1,02 | 1,02 | 1,03 | 1,03 | 1,03 | 1,04 | 1,04 | 1,04 | 1,05 | 1,05 | 20 |
| 30 | 1,05 | 1,06 | 1,06 | 1,07 | 1,07 | 1,08 | 1,08 | 1,09 | 1,10 | 1,10 | 30 |
| 40 | 1,11 | 1,12 | 1,13 | 1,13 | 1,13 | 1,15 | 1,16 | 1,17 | 1,18 | 1,19 | 40 |
| 50 | 1,20 | 1,22 | 1,23 | 1,24 | 1,25 | 1,27 | 1,28 | 1,30 | 1,31 | 1,33 | 50 |
| 60 | 1,35 | 1,37 | 1,39 | 1,41 | 1,43 | 1,45 | 1,47 | 1,49 | 1,51 | 1,54 | 60 |
| 70 | 1,56 | 1,59 | 1,61 | 1,64 | 1,66 | 1,69 | 1,72 | 1,75 | 1,78 | 1,81 | 70 |
| 80 | 1,84 | 1,87 | 1,90 | 1,94 | 1,97 | 2,01 | 2,04 | 2,08 | 2,11 | 2,15 | 80 |
| 90 | 2,18 | 2,22 | 2,26 | 2,30 | 2,34 | 2,38 | 2,42 | 2,46 | 2,50 | 2,54 | 90 |
| 100 | 2,59 | 2,63 | 2,67 | 2,72 | 2,76 | 2,81 | 2,85 | 2,90 | 2,95 | 2,99 | 100 |
| 110 | 3,04 | 3,09 | 3,14 | 3,19 | 3,24 | 3,29 | 3,34 | 3,39 | 3,44 | 3,49 | 110 |
| 120 | 3,55 | 3,60 | 3,65 | 3,71 | 3,76 | 3,82 | 3,87 | 3,93 | 3,98 | 4,04 | 120 |
| 130 | 4,10 | 4,16 | 4,22 | 4,27 | 4,33 | 4,39 | 4,45 | 4,52 | 4,58 | 4,64 | 130 |
| 140 | 4,70 | 4,76 | 4,83 | 4,89 | 4,95 | 5,02 | 5,08 | 5,15 | 5,22 | 5,28 | 140 |
| 150 | 5,35 | 5,42 | 5,48 | 5,55 | 5,62 | 5,69 | 5,76 | 5,83 | 5,90 | 5,97 | 150 |
| 160 | 6,04 | 6,12 | 6,19 | 6,26 | 6,34 | 6,41 | 6,48 | 6,56 | 6,63 | 6,71 | 160 |
| 170 | 6,79 | 6,86 | 6,94 | 7,02 | 7,09 | 7,17 | 7,25 | 7,33 | 7,41 | 7,49 | 170 |
| 180 | 7,57 | 7,65 | 7,73 | 7,82 | 7,90 | 7,98 | 8,07 | 8,15 | 8,24 | 8,32 | 180 |
| 190 | 8,40 | 8,49 | 8,58 | 8,66 | 8,75 | 8,84 | 8,93 | 9,02 | 9,10 | 9,19 | 190 |
| 200 | 9,28 | 9,37 | 9,47 | 9,56 | 9,65 | 9,74 | 9,83 | 9,92 | 10,02 | 10,11 | 200 |
| 210 | 10,21 | 10,30 | 10,40 | 10,49 | 10,59 | 10,69 | 10,78 | 10,88 | 10,98 | 11,08 | 210 |
| 220 | 11,18 | 11,27 | 11,38 | 11,48 | 11,57 | 11,68 | 11,78 | 11,88 | 11,98 | 12,09 | 220 |
| 230 | 12,19 | 12,29 | 12,40 | 12,50 | 12,61 | 12,72 | 12,82 | 12,93 | 13,03 | 13,14 | 230 |
| 240 | 13,25 | 13,36 | 13,47 | 13,58 | 13,69 | 13,80 | 13,91 | 14,02 | 14,13 | 14,25 | 240 |
| 250 | 14,36 | | | | | | | | | | 250 |

Esbeltez $\lambda = \dfrac{l_k}{i}$

| La compresión en elementos estructurales | **RESISTENCIA MÁXIMA PONDERADA N* A COMPRESIÓN DE PERFILES I PN** | TABLA $EA_c$ -2 |
|---|---|---|

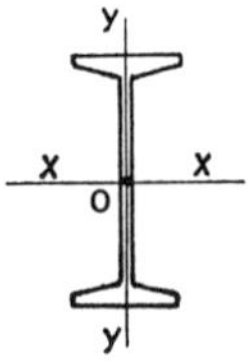


Acero tipo A 42 $\sigma_u = 2,6\ t/cm^2$

Eje de pandeo y-y ($i_x > i_y$)

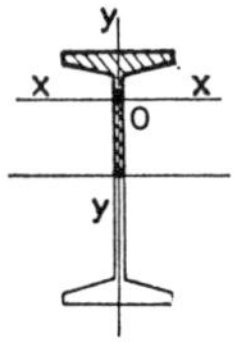


| Perfil | A | $i_y$ | $N^*_{máx.}$ en toneladas para una longitud libre de pandeo $l_k$ en m = | | | | | | | | | | | | | Perfil |
|---|---|---|---|---|---|---|---|---|---|---|---|---|---|---|---|---|
| I PN | cm² | cm. | 1,50 | 1,60 | 1,70 | 1,80 | 1,90 | 2,00 | 2,20 | 2,40 | 2,60 | 2,80 | 3,00 | 3,25 | 3,50 | I PN |
| 8 | 7,58 | 0,91 | 4,2 | 3,7 | 3,3 | 3,0 | 2,7 | 2,4 | 2,0 | – | | | | | | 8 |
| 10 | 10,6 | 1,07 | 7,9 | 7,0 | 6,3 | 5,6 | 5,0 | 4,6 | 3,8 | 3,2 | 2,8 | – | | | | 10 |
| 12 | 14,2 | 1,23 | 13,4 | 12,1 | 10,8 | 9,8 | 8,8 | 8,0 | 6,8 | 5,7 | 4,9 | 4,2 | 3,7 | – | | 12 |
| 14 | 18,3 | 1,40 | 21,3 | 19,2 | 17,4 | 15,8 | 14,4 | 13,1 | 11,1 | 9,4 | 8,0 | 7,0 | 6,1 | 5,3 | 4,5 | 14 |
| 16 | 22,8 | 1,55 | 31,2 | 28,2 | 25,6 | 23,4 | 21,4 | 19,6 | 16,6 | 14,1 | 12,1 | 10,6 | 9,3 | 8,0 | 6,9 | 16 |
| 18 | 27,9 | 1,71 | 42,3 | 39,6 | 36,3 | 33,4 | 30,8 | 28,3 | 24,3 | 20,8 | 17,9 | 15,6 | 13,8 | 11,8 | 10,3 | 18 |
| 20 | 33,5 | 1,87 | 57,7 | 53,4 | 49,5 | 45,8 | 42,9 | 39,2 | 34,0 | 29,2 | 25,2 | 22,0 | 19,6 | 16,7 | 14,6 | 20 |
| 22 | 39,6 | 2,0 | 73,5 | 69,1 | 64,3 | 60,2 | 55,9 | 52,0 | 45,0 | 39,0 | 34,1 | 30,2 | 26,7 | 22,8 | 20,0 | 22 |
| 24 | 46,1 | 2,20 | 91,5 | 86,8 | 82,1 | 77,3 | 73,0 | 68,1 | 59,6 | 52,3 | 46,1 | 40,7 | 36,1 | 31,1 | 27,2 | 24 |
| 26 | 53,4 | 2,32 | 109 | 104 | 99,0 | 94,6 | 89,6 | 84,6 | 74,6 | 66,4 | 58,1 | 52,0 | 46,0 | 39,8 | 34,7 | 26 |
| 28 | 61,1 | 2,45 | 129 | 124 | 119 | 114 | 109 | 104 | 91,3 | 81,5 | 72,5 | 64,5 | 58,7 | 50,4 | 43,7 | 28 |
| 30 | 69,1 | 2,56 | 148 | 144 | 139 | 134 | 128 | 122 | 110 | 98,0 | 88,5 | 78,4 | 70,2 | 61,1 | 53,5 | 30 |
| 32 | 77,8 | 2,67 | 171 | 166 | 160 | 155 | 149 | 142 | 130 | 116 | 105 | 94,0 | 84,6 | 73,5 | 65,0 | 32 |
| 34 | 86,8 | 2,80 | 195 | 189 | 183 | 178 | 172 | 166 | 152 | 138 | 125 | 112 | 102 | 89,2 | 78,9 | 34 |
| 36 | 97,1 | 2,90 | 221 | 216 | 210 | 204 | 198 | 190 | 175 | 161 | 147 | 134 | 120 | 106 | 94,5 | 36 |
| 38 | 107 | 3,02 | 246 | 242 | 236 | 230 | 223 | 215 | 200 | 186 | 170 | 155 | 140 | 125 | 110 | 38 |
| 40 | 118 | 3,13 | 274 | 269 | 264 | 258 | 250 | 243 | 229 | 213 | 196 | 179 | 161 | 144 | 128 | 40 |
| 45 | 147 | 3,43 | 351 | 346 | 341 | 335 | 327 | 318 | 302 | 284 | 265 | 248 | 230 | 205 | 185 | 45 |
| 50 | 180 | 3,72 | 437 | 431 | 425 | 418 | 410 | 403 | 387 | 370 | 349 | 329 | 310 | 282 | 254 | 50 |
| 55 | 213 | 4,02 | 522 | 517 | 512 | 506 | 499 | 491 | 473 | 453 | 438 | 416 | 395 | 362 | 333 | 55 |
| 60 | 254 | 4,30 | 629 | 623 | 617 | 611 | 605 | 599 | 579 | 560 | 541 | 521 | 492 | 465 | 432 | 60 |

| Perfil | $N^*_{máx}$ en toneladas para una longitud libre de pandeo $l_k$ en m. = | | | | | | | | | | | | | | | Perfil |
|---|---|---|---|---|---|---|---|---|---|---|---|---|---|---|---|---|
| I PN | 3,75 | 4,00 | 4,25 | 4,50 | 4,75 | 5,00 | 5,25 | 5,50 | 5,75 | 6,00 | 6,25 | 6,50 | 7,00 | 7,50 | 8,00 | I PN |
| 8 | | | | | | | | | | | | | | | | 8 |
| 10 | | | | | | | | | | | | | | | | 10 |
| 12 | | | | | | | | | | | | | | | | 12 |
| 14 | | | | | | | | | | | | | | | | 14 |
| 16 | 6,1 | – | | | | | | | | | | | | | | 16 |
| 18 | 9,0 | 7,9 | 7,1 | – | | | | | | | | | | | | 18 |
| 20 | 12,8 | 11,3 | 10,1 | 9,0 | – | | | | | | | | | | | 20 |
| 22 | 17,6 | 15,5 | 13,8 | 12,3 | 11,1 | 10,1 | – | | | | | | | | | 22 |
| 24 | 24,0 | 21,1 | 18,9 | 17,0 | 15,2 | 13,8 | 12,6 | 11,5 | – | | | | | | | 24 |
| 26 | 30,8 | 27,2 | 24,2 | 21,7 | 19,5 | 17,8 | 16,2 | 14,7 | 13,5 | – | | | | | | 26 |
| 28 | 38,7 | 34,4 | 30,8 | 27,7 | 24,8 | 22,5 | 20,6 | 18,8 | 17,3 | 15,8 | – | | | | | 28 |
| 30 | 47,6 | 42,3 | 37,6 | 33,8 | 30,7 | 27,8 | 25,3 | 23,0 | 21,3 | 19,6 | 18,0 | – | | | | 30 |
| 32 | 57,9 | 51,1 | 46,0 | 41,4 | 37,2 | 33,9 | 31,0 | 28,2 | 26,0 | 23,8 | 22,0 | 20,5 | – | | | 32 |
| 34 | 69,9 | 62,2 | 55,7 | 50,0 | 45,2 | 41,5 | 37,8 | 34,6 | 31,7 | 29,2 | 27,0 | 25,0 | 22,0 | – | | 34 |
| 36 | 83,6 | 74,2 | 67,0 | 60,1 | 54,2 | 49,5 | 45,0 | 41,4 | 38,0 | 34,8 | 32,4 | 29,9 | 26,0 | – | | 36 |
| 38 | 98,7 | 88,3 | 78,6 | 71,1 | 64,7 | 58,9 | 53,4 | 49,1 | 45,2 | 41,8 | 38,4 | 35,5 | 31,0 | 27,1 | – | 38 |
| 40 | 115 | 103 | 92,4 | 83,6 | 75,7 | 68,9 | 62,8 | 57,7 | 53,0 | 49,4 | 45,6 | 42,3 | 36,5 | 32,1 | – | 40 |
| 45 | 167 | 151 | 135 | 123 | 112 | 101 | 93,2 | 85,9 | 79,3 | 72,7 | 67,4 | 62,7 | 54,2 | 47,7 | 42,0 | 45 |
| 50 | 230 | 209 | 190 | 173 | 159 | 145 | 132 | 121 | 111 | 104 | 95,9 | 89,0 | 77,6 | 68,3 | 60,1 | 50 |
| 55 | 306 | 280 | 253 | 232 | 213 | 196 | 181 | 165 | 152 | 142 | 132 | 123 | 105 | 93,7 | 82,4 | 55 |
| 60 | 398 | 365 | 335 | 310 | 285 | 261 | 240 | 222 | 204 | 191 | 177 | 165 | 143 | 127 | 112 | 60 |

*NOTA.– La resistencia máxima ponderada N* de los medios perfiles obtenidos al cortar las viguetas por el alma a la mitad de su altura, es igual a un medio de los valores N* de los respectivos perfiles de la Tabla (el eje de pandeo es y-y para el mismo valor del radio de giro $i_y$).*

*En las casillas que no figuran valores, $\lambda y$ es mayor que 250.*

# RESISTENCIA MÁXIMA PONDERADA N* A COMPRESIÓN DE DOS PERFILES I PN UNIDOS POR LAS ALAS

**TABLA $EA_c$-3**

Acero tipo A 42

$x_u$ = 2,6 t/cm²

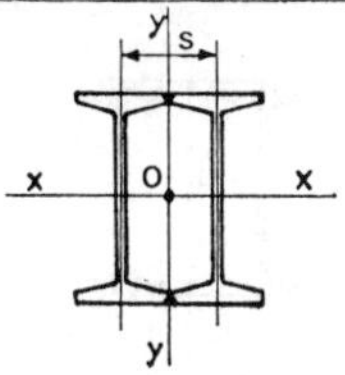


Eje de pandeo y-y

$(i_x > i_y)$

| Perfil II PN | A $cm^2$ | s cm | $I_y$ $cm^4$ | $i_y$ cm | $I_{y1}$ $cm^4$ | $i_{y1}$ cm | $N^*_{máx.}$ en toneladas para una longitud libre de pandeo $l_k$ en m = 2,50 | 2,75 | 3,00 | 3,25 | 3,50 | 3,75 | 4,00 | Perfil II PN |
|---|---|---|---|---|---|---|---|---|---|---|---|---|---|---|
| 8 | 15,1 | 4,2 | 79,4 | 2,26 | 6,29 | 0,91 | 16,8 | 14,3 | 12,2 | 10,7 | 9,4 | 8,2 | 7,3 | 8 |
| 10 | 21,2 | 5,0 | 157 | 2,72 | 12,2 | 1,07 | 30,8 | 27,2 | 23,7 | 20,8 | 18,3 | 16,2 | 14,4 | 10 |
| 12 | 28,4 | 5,8 | 282 | 3,15 | 21,5 | 1,23 | 49,2 | 44,2 | 39,7 | 35,3 | 31,4 | 28,0 | 25,1 | 12 |
| 14 | 36,6 | 6,6 | 469 | 3,58 | 35,2 | 1,40 | 71,0 | 65,2 | 59,8 | 54,1 | 49,1 | 44,3 | 40,0 | 14 |
| 16 | 45,6 | 7,4 | 733 | 4,01 | 54,7 | 1,55 | 95,6 | 89,8 | 83,5 | 77,5 | 71,0 | 65,1 | 59,3 | 16 |
| 18 | 55,8 | 8,2 | 1100 | 4,44 | 81,3 | 1,71 | 123 | 117 | 110 | 104 | 97,4 | 90,1 | 83,4 | 18 |
| 20 | 67,0 | 9,0 | 1591 | 4,87 | 117 | 1,87 | 153 | 147 | 140 | 134 | 127 | 119 | 112 | 20 |
| 22 | 79,2 | 9,8 | 2225 | 5,30 | 162 | 2,02 | 185 | 180 | 173 | 167 | 159 | 151 | 144 | 22 |
| 24 | 92,2 | 10,6 | 3032 | 5,73 | 221 | 2,20 | 220 | 215 | 210 | 202 | 195 | 187 | 179 | 24 |
| 26 | 107 | 11,3 | 3985 | 6,11 | 288 | 2,32 | 258 | 254 | 248 | 241 | 233 | 225 | 217 | 26 |
| 28 | 122 | 11,9 | 5054 | 6,43 | 364 | 2,45 | 297 | 291 | 285 | 278 | 271 | 264 | 256 | 28 |
| 30 | 138 | 12,5 | 6300 | 6,75 | 451 | 2,56 | 339 | 334 | 328 | 321 | 315 | 306 | 297 | 30 |
| 32 | 155 | 13,1 | 7785 | 7,07 | 555 | 2,67 | 385 | 379 | 374 | 367 | 359 | 351 | 341 | 32 |
| 34 | 173 | 13,7 | 9493 | 7,40 | 674 | 2,80 | 431 | 426 | 420 | 414 | 407 | 396 | 389 | 34 |
| 36 | 194 | 14,3 | 11564 | 7,72 | 818 | 2,90 | 484 | 477 | 473 | 467 | 459 | 451 | 443 | 36 |
| 38 | 214 | 14,9 | 13827 | 8,04 | 975 | 3,02 | 535 | 530 | 525 | 520 | 510 | 501 | 492 | 38 |
| 40 | 236 | 15,5 | 16494 | 8,36 | 1160 | 3,13 | 590 | 584 | 579 | 573 | 568 | 558 | 548 | 40 |
| 45 | 294 | 17,0 | 24701 | 9,17 | 1730 | 3,43 | 742 | 735 | 728 | 721 | 714 | 707 | 701 | 45 |
| 50 | 360 | 18,5 | 35762 | 9,97 | 2480 | 3,72 | 909 | 905 | 899 | 891 | 883 | 875 | 867 | 50 |
| 55 | 426 | 20,0 | 49580 | 10,8 | 3490 | 4,02 | 1085 | 1075 | 1070 | 1065 | 1060 | 1054 | 1045 | 55 |
| 60 | 508 | 21,5 | 68045 | 11,6 | 4670 | 4,30 | 1295 | 1290 | 1282 | 1276 | 1270 | 1264 | 1258 | 60 |

| Perfil II PN | $N^*_{máx.}$ en toneladas para una longitud libre de pandeo $l_k$ en m. = 4,25 | 4,50 | 4,75 | 5,00 | 5,25 | 5,50 | 5,75 | 6,00 | 6,25 | 6,50 | 7,00 | 7,50 | 8,00 | Perfil II PN |
|---|---|---|---|---|---|---|---|---|---|---|---|---|---|---|
| 8 | 6,5 | 5,8 | 5,3 | 4,8 | 4,3 | 4,0 | – | | | | | | | 8 |
| 10 | 12,9 | 11,6 | 10,5 | 9,6 | 8,7 | 8,0 | 7,3 | 6,7 | 6,2 | 5,7 | – | | | 10 |
| 12 | 22,6 | 20,4 | 18,5 | 16,9 | 15,4 | 14,1 | 12,9 | 11,9 | 11,0 | 10,2 | 8,9 | 7,8 | – | 12 |
| 14 | 36,2 | 32,9 | 29,9 | 27,3 | 25,1 | 23,0 | 21,2 | 19,6 | 18,2 | 16,9 | 14,7 | 12,8 | 11,3 | 14 |
| 16 | 54,1 | 49,4 | 45,3 | 41,6 | 38,2 | 35,2 | 32,5 | 30,7 | 27,9 | 26,0 | 22,6 | 19,9 | 17,6 | 16 |
| 18 | 77,2 | 71,1 | 65,4 | 60,2 | 55,6 | 51,4 | 47,7 | 44,4 | 41,1 | 38,3 | 33,5 | 29,5 | 26,1 | 18 |
| 20 | 104 | 96,8 | 90,2 | 83,5 | 77,8 | 71,9 | 67,0 | 62,4 | 58,2 | 54,2 | 47,6 | 41,9 | 37,2 | 20 |
| 22 | 136 | 127 | 119 | 111 | 104 | 97,1 | 90,7 | 84,7 | 79,2 | 74,3 | 65,4 | 57,8 | 51,5 | 22 |
| 24 | 171 | 162 | 152 | 143 | 135 | 127 | 119 | 111 | 104 | 98,2 | 86,8 | 77,3 | 69,1 | 24 |
| 26 | 208 | 198 | 189 | 179 | 169 | 159 | 151 | 142 | 134 | 126 | 112 | 99,9 | 89,6 | 26 |
| 28 | 246 | 236 | 226 | 216 | 206 | 195 | 184 | 174 | 165 | 156 | 138 | 124 | 112 | 28 |
| 30 | 287 | 276 | 266 | 255 | 244 | 233 | 222 | 210 | 199 | 189 | 169 | 153 | 137 | 30 |
| 32 | 331 | 321 | 311 | 300 | 289 | 275 | 264 | 250 | 238 | 226 | 204 | 185 | 167 | 32 |
| 34 | 379 | 368 | 357 | 344 | 332 | 320 | 307 | 295 | 280 | 267 | 244 | 221 | 200 | 34 |
| 36 | 431 | 419 | 407 | 396 | 385 | 371 | 357 | 343 | 330 | 315 | 287 | 263 | 239 | 36 |
| 38 | 484 | 471 | 460 | 449 | 434 | 421 | 406 | 394 | 378 | 364 | 335 | 306 | 278 | 38 |
| 40 | 538 | 529 | 516 | 502 | 491 | 476 | 461 | 448 | 432 | 417 | 383 | 354 | 326 | 40 |
| 45 | 695 | 682 | 670 | 653 | 642 | 626 | 611 | 597 | 583 | 562 | 527 | 493 | 460 | 45 |
| 50 | 859 | 850 | 835 | 828 | 814 | 800 | 780 | 767 | 749 | 737 | 698 | 659 | 620 | 50 |
| 55 | 1035 | 1025 | 1015 | 1005 | 988 | 971 | 955 | 938 | 923 | 908 | 872 | 826 | 791 | 55 |
| 60 | 1246 | 1234 | 1223 | 1212 | 1200 | 1179 | 1169 | 1158 | 1138 | 1119 | 1073 | 1048 | 993 | 60 |

*NOTA.— Los perfiles se enlazarán por medio de soldadura.*

| La compresión en elementos estructurales | RESISTENCIA MÁXIMA PONDERADA N* A COMPRESIÓN DE DOS PERFILES I PN UNIDOS POR MEDIO DE PRESILLAS O DIAGONALES | TABLA $EA_c$ -4 |
|---|---|---|

Acero tipo A 42

$\sigma_u = 2,6\ t/cm^2$

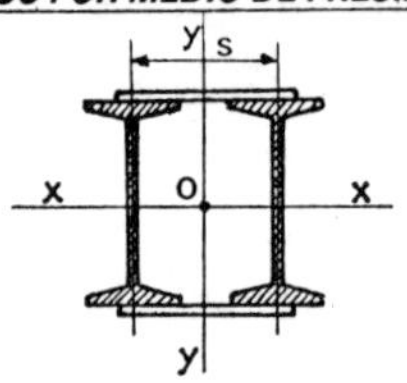


Eje de pandeo x-x

$(I_x < I_y)$

| Perfil II PN | A $cm^2$ | s cm | $I_x$ $cm^4$ | $i_x$ cm | $I_{y1}$ $cm^4$ | $i_{y1}$ cm | $N^*_{máx.}$ en toneladas para una longitud libre de pandeo $l_k$ en m = 2,50 | 2,75 | 3,00 | 3,25 | 3,50 | 3,75 | 4,00 | Perfil II PN |
|---|---|---|---|---|---|---|---|---|---|---|---|---|---|---|
| 8 | 15,1 | 8 | 156 | 3,20 | 6,29 | 0,91 | 26,8 | 24,0 | 21,4 | 19,2 | 17,1 | 15,3 | 13,8 | 8 |
| 10 | 21,2 | 10 | 342 | 4,01 | 12,2 | 1,07 | 44,4 | 41,8 | 38,8 | 36,0 | 33,0 | 30,3 | 27,6 | 10 |
| 12 | 28,4 | 12 | 656 | 4,81 | 21,5 | 1,23 | 64,8 | 62,0 | 59,5 | 56,3 | 53,1 | 50,2 | 46,7 | 12 |
| 14 | 36,6 | 14 | 1146 | 5,61 | 35,2 | 1,40 | 86,5 | 85,0 | 82,0 | 79,3 | 76,7 | 73,2 | 70,0 | 14 |
| 16 | 45,6 | 14 | 1870 | 6,40 | 54,7 | 1,55 | 110 | 108 | 106 | 104 | 101 | 98,0 | 94,8 | 16 |
| 18 | 55,8 | 16 | 2900 | 7,20 | 81,3 | 1,71 | 138 | 136 | 134 | 132 | 129 | 127 | 123 | 18 |
| 20 | 67,0 | 18 | 4280 | 8,00 | 117 | 1,87 | 167 | 166 | 164 | 161 | 159 | 157 | 154 | 20 |
| 22 | 79,2 | 20 | 6120 | 8,80 | 162 | 2,02 | 200 | 198 | 196 | 194 | 192 | 189 | 186 | 22 |
| 24 | 92,2 | 22 | 8500 | 9,59 | 221 | 2,20 | 233 | 233 | 230 | 228 | 226 | 224 | 222 | 24 |
| 26 | 107 | 24 | 11480 | 10,4 | 288 | 2,32 | 272 | 269 | 269 | 267 | 264 | 262 | 259 | 26 |
| 28 | 122 | 26 | 15180 | 11,1 | 364 | 2,45 | 311 | 308 | 308 | 305 | 305 | 302 | 300 | 28 |
| 30 | 138 | 28 | 19600 | 11,9 | 451 | 2,56 | 352 | 352 | 349 | 349 | 345 | 345 | 342 | 30 |
| 32 | 155 | 30 | 25020 | 12,7 | 555 | 2,67 | 404 | 396 | 396 | 393 | 393 | 389 | 389 | 32 |
| 34 | 173 | 32 | 31400 | 13,5 | 674 | 2,80 | 451 | 442 | 442 | 442 | 438 | 438 | 434 | 34 |
| 36 | 194 | 34 | 39220 | 14,2 | 818 | 2,90 | 510 | 510 | 495 | 495 | 490 | 490 | 490 | 36 |
| 38 | 214 | 36 | 48020 | 15,0 | 975 | 3,02 | 556 | 556 | 545 | 545 | 545 | 540 | 540 | 38 |
| 40 | 236 | 38 | 58420 | 15,7 | 1160 | 3,13 | 614 | 614 | 614 | 601 | 601 | 601 | 596 | 40 |
| 45 | 294 | 40 | 91700 | 17,7 | 1730 | 3,43 | 764 | 764 | 764 | 764 | 764 | 749 | 749 | 45 |
| 50 | 360 | 44 | 137480 | 19,6 | 2480 | 3,72 | 936 | 936 | 936 | 936 | 936 | 936 | 918 | 50 |
| 55 | 426 | 48 | 198360 | 21,6 | 3490 | 4,02 | 1108 | 1108 | 1108 | 1108 | 1108 | 1108 | 1108 | 55 |
| 60 | 508 | 52 | 278000 | 23,4 | 4670 | 4,30 | 1320 | 1320 | 1320 | 1320 | 1320 | 1320 | 1320 | 60 |

| Perfil II PN | $N^*_{máx.}$ en toneladas para una longitud libre de pandeo $l_k$ en m = 4,25 | 4,50 | 4,75 | 5,00 | 5,25 | 5,50 | 5,75 | 6,00 | 6,25 | 6,50 | 7,00 | 7,50 | 8,00 | Perfil II PN |
|---|---|---|---|---|---|---|---|---|---|---|---|---|---|---|
| 8 | 12,3 | 11,2 | 10,2 | 9,2 | 8,4 | 7,7 | 7,2 | 6,6 | 6,1 | 5,6 | 4,9 | 4,3 | 3,8 | 8 |
| 10 | 25,1 | 23,1 | 21,2 | 19,4 | 17,7 | 16,3 | 15,2 | 14,0 | 13,0 | 12,1 | 10,5 | 9,2 | 8,1 | 10 |
| 12 | 43,7 | 40,3 | 37,3 | 34,7 | 32,2 | 29,9 | 28,0 | 26,0 | 24,1 | 22,6 | 19,7 | 17,3 | 15,4 | 12 |
| 14 | 66,0 | 63,0 | 59,4 | 55,6 | 52,5 | 48,8 | 46,2 | 42,8 | 40,5 | 37,6 | 33,4 | 29,8 | 26,4 | 14 |
| 16 | 91,9 | 88,5 | 84,7 | 80,6 | 76,5 | 72,3 | 68,1 | 64,5 | 61,7 | 58,4 | 51,5 | 46,3 | 41,4 | 16 |
| 18 | 120 | 116 | 112 | 109 | 104 | 100 | 96,1 | 91,8 | 87,4 | 83,4 | 75,2 | 68,1 | 61,7 | 18 |
| 20 | 151 | 147 | 144 | 139 | 136 | 131 | 127 | 122 | 118 | 114 | 104 | 96,2 | 86,7 | 20 |
| 22 | 184 | 180 | 177 | 173 | 169 | 164 | 161 | 157 | 151 | 147 | 137 | 127 | 117 | 22 |
| 24 | 220 | 216 | 214 | 210 | 205 | 201 | 196 | 191 | 189 | 183 | 172 | 163 | 150 | 24 |
| 26 | 257 | 255 | 252 | 248 | 245 | 241 | 237 | 231 | 227 | 224 | 214 | 202 | 190 | 26 |
| 28 | 297 | 294 | 291 | 289 | 286 | 281 | 278 | 274 | 269 | 264 | 254 | 244 | 232 | 28 |
| 30 | 339 | 336 | 336 | 333 | 329 | 326 | 322 | 318 | 315 | 310 | 297 | 287 | 276 | 30 |
| 32 | 385 | 385 | 381 | 378 | 374 | 371 | 368 | 364 | 361 | 359 | 346 | 334 | 323 | 32 |
| 34 | 434 | 430 | 430 | 426 | 423 | 420 | 417 | 414 | 410 | 404 | 396 | 385 | 373 | 34 |
| 36 | 485 | 485 | 481 | 481 | 477 | 474 | 471 | 467 | 463 | 459 | 451 | 439 | 428 | 36 |
| 38 | 540 | 535 | 535 | 530 | 530 | 525 | 520 | 515 | 515 | 510 | 501 | 492 | 484 | 38 |
| 40 | 596 | 596 | 590 | 590 | 584 | 584 | 579 | 573 | 573 | 568 | 558 | 548 | 538 | 40 |
| 45 | 749 | 749 | 742 | 742 | 735 | 735 | 735 | 728 | 728 | 721 | 714 | 708 | 695 | 45 |
| 50 | 918 | 918 | 918 | 909 | 909 | 909 | 900 | 900 | 900 | 891 | 883 | 875 | 867 | 50 |
| 55 | 1108 | 1086 | 1086 | 1086 | 1075 | 1075 | 1075 | 1075 | 1065 | 1065 | 1065 | 1055 | 1045 | 55 |
| 60 | 1320 | 1320 | 1320 | 1295 | 1295 | 1295 | 1295 | 1282 | 1282 | 1282 | 1270 | 1270 | 1264 | 60 |

*NOTA.– La separación s entre los ejes de gravedad de las barras es la conveniente para conseguir que $\lambda_x > \lambda_{yi}$ con la distancia apropiada entre presillas, para lograr el máximo aprovechamiento de la resistencia de los perfiles, pudiendo aumentar aquella separación s sin variación de la resistencia (como en la unión por medio de diagonales).*

# RESISTENCIA MÁXIMA PONDERADA N* A COMPRESIÓN POR DOS PERFILES IPN EN CRUZ

**TABLA EA$_c$-5**

Acero tipo A 42

$\sigma_u = 2{,}6$ t/cm$^2$

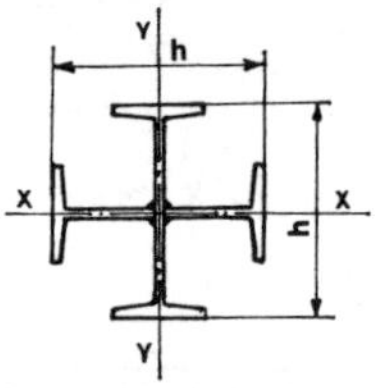


Eje de pandeo x – x, y – y

($i_x = i_y$)

| *Perfil IPN* | *A cm²* | *$i_x = i_y$ cm* | *N*$_{máx.}$ en toneladas para una longitud libre de pandeo $l_k$ en m =* | | | | | | | *Perfil IPN* |
|---|---|---|---|---|---|---|---|---|---|---|
| | | | *2,50* | *2,75* | *3,00* | *3,25* | *3,50* | *3,75* | *4,00* | |
| 14 | 36,3 | 4,09 | 76,7 | 72,6 | 67,9 | 62,5 | 57,5 | 52,7 | 48,4 | 14 |
| 16 | 45,2 | 4,68 | 102 | 97,1 | 93,2 | 87,7 | 82,7 | 77,8 | 71,6 | 16 |
| 18 | 55,3 | 5,26 | 128 | 126 | 121 | 116 | 110 | 106 | 99,8 | 18 |
| 20 | 66,4 | 5,82 | 158 | 155 | 151 | 146 | 141 | 136 | 130 | 20 |
| 22 | 78,5 | 6,40 | 191 | 187 | 184 | 179 | 174 | 168 | 163 | 22 |
| 24 | 91,4 | 6,99 | 224 | 222 | 218 | 216 | 210 | 205 | 200 | 24 |
| 26 | 106 | 7,54 | 262 | 260 | 258 | 253 | 250 | 244 | 239 | 26 |
| 28 | 121 | 8,10 | 302 | 299 | 297 | 294 | 288 | 286 | 281 | 28 |
| 30 | 137 | 8,65 | 342 | 342 | 339 | 333 | 330 | 327 | 324 | 30 |
| 32 | 154 | 9,20 | 389 | 385 | 381 | 381 | 374 | 371 | 367 | 32 |
| 34 | 172 | 9,75 | 434 | 434 | 430 | 426 | 422 | 418 | 414 | 34 |
| 36 | 193 | 10,3 | 492 | 487 | 482 | 482 | 478 | 473 | 469 | 36 |
| 38 | 212 | 10,8 | 540 | 535 | 535 | 530 | 530 | 525 | 520 | 38 |
| 40 | 234 | 11,5 | 596 | 596 | 590 | 590 | 585 | 579 | 579 | 40 |
| 45 | 291 | 12,8 | 742 | 742 | 742 | 734 | 734 | 727 | 727 | 45 |
| 50 | 357 | 14,1 | 928 | 910 | 910 | 910 | 901 | 901 | 901 | 50 |
| 55 | 422 | 15,6 | 1.097 | 1.097 | 1.097 | 1.075 | 1.075 | 1.075 | 1.065 | 55 |
| 60 | 503 | 16,9 | 1.309 | 1.309 | 1.309 | 1.309 | 1.282 | 1.282 | 1.282 | 60 |

| *Perfil IPN* | *N*$_{máx.}$ en toneladas para una longitud libre de pandeo $l_k$ en m =* | | | | | | | | | *Perfil IPN* |
|---|---|---|---|---|---|---|---|---|---|---|
| | *4,50* | *5,00* | *5,50* | *6,00* | *6,50* | *7,00* | *8,00* | *9,00* | *10,00* | |
| 14 | 40,6 | 34,3 | 28,8 | 24,7 | 21,4 | 18,7 | 14,4 | 11,5 | 9,4 | 14 |
| 16 | 62,1 | 52,9 | 45,2 | 39,4 | 34,0 | 29,6 | 23,3 | 18,7 | 15,2 | 16 |
| 18 | 87,6 | 77,3 | 66,5 | 58,4 | 50,9 | 45,0 | 35,5 | 28,5 | 23,3 | 18 |
| 20 | 118 | 105 | 92,8 | 82,6 | 72,2 | 64,6 | 50,7 | 41,1 | 33,8 | 20 |
| 22 | 152 | 139 | 124 | 111 | 99,0 | 89,1 | 71,3 | 57,6 | 48,0 | 22 |
| 24 | 188 | 174 | 159 | 145 | 131 | 118 | 95,4 | 80,8 | 65,4 | 24 |
| 26 | 226 | 213 | 198 | 182 | 168 | 152 | 126 | 104 | 86,3 | 26 |
| 28 | 266 | 254 | 240 | 225 | 208 | 189 | 157 | 139 | 111 | 28 |
| 30 | 312 | 297 | 283 | 268 | 251 | 233 | 197 | 167 | 141 | 30 |
| 32 | 357 | 345 | 328 | 315 | 294 | 278 | 241 | 205 | 175 | 32 |
| 34 | 406 | 392 | 379 | 360 | 344 | 326 | 288 | 250 | 214 | 34 |
| 36 | 460 | 448 | 436 | 418 | 401 | 383 | 341 | 302 | 261 | 36 |
| 38 | 510 | 501 | 483 | 467 | 452 | 434 | 394 | 351 | 304 | 38 |
| 40 | 568 | 558 | 543 | 533 | 511 | 495 | 454 | 414 | 366 | 40 |
| 45 | 720 | 707 | 694 | 681 | 663 | 646 | 605 | 564 | 514 | 45 |
| 50 | 892 | 875 | 867 | 851 | 844 | 821 | 780 | 736 | 682 | 50 |
| 55 | 1.055 | 1.055 | 1.045 | 1.025 | 1.016 | 997 | 962 | 914 | 871 | 55 |
| 60 | 1.270 | 1.257 | 1.245 | 1.234 | 1.222 | 1.211 | 1.178 | 1.137 | 1.081 | 60 |

**Nota.**—Los perfiles se enlazarán por medio de soldadura.

# RESISTENCIA MÁXIMA PONDERADA N* A COMPRESIÓN DE PERFILES I PE

**TABLA $EA_c$ -6**

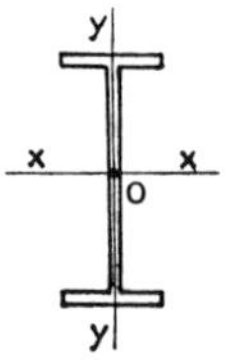


Acero tipo A 42 $\sigma_u = 2{,}6\ t/cm^2$

Eje de pandeo y-y ($i_x > i_y$)

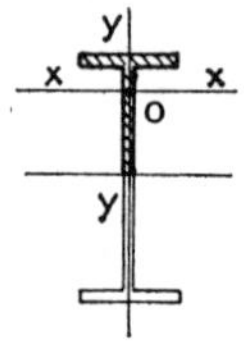


| Perfil | A | $i_y$ | $N^*_{máx}$ en toneladas para una longitud libre de pandeo $l_k$ en m. = | | | | | | | | | | | | | Perfil |
|---|---|---|---|---|---|---|---|---|---|---|---|---|---|---|---|---|
| I PE | $cm^2$ | cm. | 1,50 | 1,60 | 1,70 | 1,80 | 1,90 | 2,00 | 2,20 | 2,40 | 2,60 | 2,80 | 3,00 | 3,25 | 3,50 | I PE |
| 8 | 7,64 | 1,05 | 5,5 | 4,9 | 4,3 | 3,9 | 3,5 | 3,2 | 2,7 | 2,3 | 2,0 | – | | | | 8 |
| 10 | 10,3 | 1,24 | 9,9 | 8,9 | 8,0 | 7,2 | 6,5 | 5,9 | 5,0 | 4,2 | 3,6 | 3,2 | 2,7 | – | | 10 |
| 12 | 13,2 | 1,45 | 16,3 | 14,7 | 13,3 | 11,9 | 11,0 | 10,1 | 8,5 | 7,2 | 6,2 | 5,4 | 4,7 | 4,1 | 3,5 | 12 |
| 14 | 16,4 | 1,65 | 24,2 | 22,2 | 20,4 | 18,6 | 17,1 | 15,6 | 13,3 | 11,4 | 9,8 | 8,6 | 7,5 | 6,5 | 5,6 | 14 |
| 16 | 20,1 | 1,84 | 33,9 | 31,5 | 29,0 | 26,9 | 24,9 | 22,9 | 19,6 | 17,0 | 14,7 | 12,9 | 11,3 | 9,7 | 8,5 | 16 |
| 18 | 23,9 | 2,05 | 44,7 | 42,3 | 39,6 | 37,2 | 34,5 | 32,2 | 27,9 | 24,3 | 21,2 | 18,6 | 16,4 | 14,2 | 12,4 | 18 |
| 20 | 28,5 | 2,24 | 57,0 | 54,5 | 51,5 | 48,7 | 45,7 | 43,1 | 37,8 | 33,4 | 29,3 | 25,9 | 22,9 | 19,9 | 17,3 | 20 |
| 22 | 33,4 | 2,48 | 70,6 | 68,4 | 65,8 | 62,9 | 59,9 | 57,1 | 51,0 | 45,6 | 40,4 | 36,0 | 32,0 | 27,9 | 24,5 | 22 |
| 24 | 39,1 | 2,69 | 86,1 | 83,3 | 81,3 | 78,2 | 75,3 | 72,1 | 65,6 | 59,4 | 53,2 | 47,7 | 42,9 | 37,6 | 33,2 | 24 |
| 27 | 45,9 | 3,02 | 105 | 103 | 101 | 97,8 | 95,4 | 92,5 | 86,5 | 79,6 | 72,8 | 66,3 | 60,0 | 53,3 | 47,1 | 27 |
| 30 | 53,8 | 3,35 | 127 | 126 | 123 | 120 | 117 | 114 | 109 | 102 | 95,1 | 88,0 | 80,8 | 72,8 | 65,4 | 30 |
| 33 | 62,6 | 3,55 | 150 | 148 | 145 | 142 | 140 | 138 | 131 | 124 | 117 | 109 | 100 | 92,0 | 82,6 | 33 |
| 36 | 72,7 | 3,79 | 177 | 175 | 172 | 169 | 167 | 164 | 157 | 151 | 143 | 135 | 126 | 115 | 105 | 36 |
| 40 | 84,5 | 3,95 | 205 | 203 | 201 | 199 | 196 | 192 | 186 | 178 | 170 | 161 | 152 | 141 | 129 | 40 |
| 45 | 98,8 | 4,12 | 242 | 240 | 237 | 235 | 233 | 229 | 223 | 214 | 205 | 196 | 184 | 172 | 158 | 45 |
| 50 | 116 | 4,31 | 287 | 284 | 282 | 279 | 276 | 274 | 264 | 255 | 247 | 237 | 225 | 241 | 197 | 50 |
| 55 | 134 | 4,45 | 335 | 328 | 325 | 322 | 319 | 316 | 311 | 300 | 290 | 279 | 268 | 250 | 234 | 55 |
| 60 | 156 | 4,66 | 390 | 386 | 382 | 379 | 375 | 372 | 365 | 356 | 344 | 332 | 322 | 303 | 285 | 60 |

| Perfil | $N^*_{máx}$ en toneladas para una longitud libre de pandeo $l_k$ en m= | | | | | | | | | | | | | | | Perfil |
|---|---|---|---|---|---|---|---|---|---|---|---|---|---|---|---|---|
| I PE | 3,76 | 4,00 | 4,25 | 4,50 | 4,75 | 5,00 | 5,25 | 5,50 | 5,75 | 6,00 | 6,25 | 6,50 | 7,00 | 7,50 | 8,00 | I PE |
| 8 | | | | | | | | | | | | | | | | 8 |
| 10 | | | | | | | | | | | | | | | | 10 |
| 12 | – | | | | | | | | | | | | | | | 12 |
| 14 | 4,9 | 4,3 | – | | | | | | | | | | | | | 14 |
| 16 | 7,4 | 6,6 | 5,8 | 5,2 | – | | | | | | | | | | | 16 |
| 18 | 10,9 | 9,6 | 8,1 | 7,6 | 6,9 | 6,2 | – | | | | | | | | | 18 |
| 20 | 15,3 | 13,5 | 12,1 | 10,9 | 9,7 | 8,8 | 8,0 | 7,3 | – | | | | | | | 20 |
| 22 | 21,6 | 19,2 | 17,1 | 15,4 | 13,9 | 12,6 | 11,5 | 10,5 | 9,6 | 8,9 | – | | | | | 22 |
| 24 | 29,3 | 26,1 | 23,4 | 21,0 | 19,0 | 17,2 | 15,7 | 14,3 | 13,2 | 12,2 | 11,2 | 10,4 | – | | | 24 |
| 27 | 42,2 | 37,6 | 33,9 | 30,5 | 27,6 | 25,1 | 23,0 | 21,0 | 19,3 | 17,8 | 16,4 | 15,3 | 13,2 | 11,6 | – | 27 |
| 30 | 58,5 | 52,8 | 47,6 | 43,2 | 39,2 | 35,7 | 32,7 | 29,9 | 27,6 | 25,5 | 23,8 | 21,8 | 19,0 | 16,6 | 14,6 | 30 |
| 33 | 74,7 | 67,5 | 61,2 | 55,5 | 50,5 | 46,1 | 42,3 | 38,7 | 35,7 | 33,0 | 30,6 | 28,4 | 24,7 | 21,6 | 19,0 | 33 |
| 36 | 95,4 | 87,1 | 79,1 | 71,9 | 65,8 | 60,0 | 55,1 | 50,8 | 46,9 | 43,3 | 40,0 | 37,3 | 32,4 | 28,6 | 25,1 | 36 |
| 40 | 116 | 107 | 98,1 | 89,3 | 82,0 | 75,3 | 68,9 | 63,5 | 58,6 | 54,2 | 50,4 | 46,8 | 40,8 | 35,8 | 31,6 | 40 |
| 45 | 146 | 133 | 122 | 111 | 102 | 94,4 | 86,8 | 80,0 | 77,0 | 68,5 | 63,7 | 58,1 | 51,5 | 45,3 | 40,0 | 45 |
| 50 | 181 | 167 | 153 | 140 | 129 | 119 | 110 | 102 | 94,0 | 87,2 | 81,1 | 75,6 | 66,0 | 57,9 | 51,3 | 50 |
| 55 | 216 | 204 | 186 | 172 | 158 | 145 | 134 | 124 | 115 | 107 | 99,0 | 92,0 | 81,0 | 71,0 | 63,0 | 55 |
| 60 | 267 | 249 | 229 | 212 | 197 | 181 | 168 | 156 | 145 | 131 | 125 | 117 | 102 | 90,0 | 80,0 | 60 |

*NOTA.– La resistencia máxima ponderada N* de los medios perfiles obtenidos al cortar las viguetas por el alma a la mitad de su altura, es igual a un medio de los valores N* de los respectivos perfiles de la Tabla (el eje de pandeo es y-y para el mismo valor del radio de giro $i_y$).*

*En las casillas que no figuran valores, $\lambda y$ es mayor que 250.*

# RESISTENCIA MÁXIMA PONDERADA N* A COMPRESIÓN DE DOS PERFILES I PE UNIDOS POR LAS ALAS

**TABLA EA$_c$-7**

Acero tipo A 42

$\sigma_u$ = 2,6 t/cm²

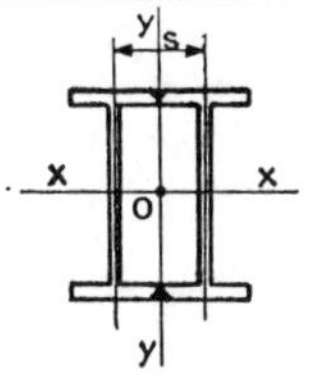


Eje de pandeo y - y

($i_x > i_y$)

| Perfil II PE | A cm² | s cm | $I_y$ cm⁴ | $i_y$ cm | $I_{y1}$ cm⁴ | $i_{y1}$ cm | $N^*_{máx}$ en toneladas para una longitud libre de pandel $l_k$ en m. = 2,50 | 2,75 | 3,00 | 3,25 | 3,50 | 3,75 | 4,00 | Perfil II PE |
|---|---|---|---|---|---|---|---|---|---|---|---|---|---|---|
| 8 | 15,3 | 4,6 | 97,8 | 2,53 | 8,49 | 1,05 | 20,2 | 17,4 | 15,2 | 13,3 | 11,6 | 10,3 | 9,1 | 8 |
| 10 | 20,6 | 5,5 | 187 | 3,01 | 15,9 | 1,24 | 34,1 | 30,4 | 26,8 | 23,8 | 21,1 | 19,0 | 16,8 | 10 |
| 12 | 26,4 | 6,4 | 326 | 3,51 | 27,7 | 1,45 | 50,5 | 46,7 | 42,1 | 38,3 | 34,3 | 30,9 | 27,9 | 12 |
| 14 | 32,8 | 7,3 | 527 | 4,00 | 44,9 | 1,65 | 68,8 | 64,1 | 60,0 | 55,7 | 51,1 | 46,3 | 42,4 | 14 |
| 16 | 40,2 | 8,2 | 812 | 4,49 | 68,3 | 1,84 | 88,6 | 85,0 | 80,4 | 76,3 | 71,1 | 67,5 | 61,1 | 16 |
| 18 | 47,8 | 9,1 | 1191 | 4,99 | 101 | 2,05 | 110 | 106 | 102 | 97,8 | 92,7 | 87,5 | 82,3 | 18 |
| 20 | 57,0 | 10,0 | 1709 | 5,47 | 142 | 2,24 | 134 | 130 | 126 | 122 | 117 | 112 | 106 | 20 |
| 22 | 66,8 | 11,0 | 2431 | 6,03 | 205 | 2,48 | 160 | 157 | 153 | 149 | 144 | 139 | 134 | 22 |
| 24 | 78,2 | 12,0 | 3383 | 6,58 | 284 | 2,69 | 190 | 187 | 184 | 180 | 176 | 171 | 165 | 24 |
| 27 | 91,8 | 13,5 | 5023 | 7,40 | 420 | 3,02 | 227 | 225 | 223 | 219 | 215 | 210 | 205 | 27 |
| 30 | 107 | 15,0 | 7260 | 8,20 | 604 | 3,35 | 269 | 266 | 264 | 260 | 257 | 253 | 250 | 30 |
| 33 | 125 | 16,0 | 9589 | 8,75 | 788 | 3,55 | 313 | 312 | 310 | 307 | 304 | 299 | 296 | 33 |
| 36 | 145 | 17,0 | 12585 | 9,30 | 1040 | 3,79 | 367 | 363 | 363 | 358 | 353 | 351 | 347 | 36 |
| 40 | 169 | 18,0 | 16329 | 9,83 | 1320 | 3,95 | 427 | 425 | 422 | 418 | 415 | 411 | 411 | 40 |
| 45 | 197 | 19,0 | 21193 | 10,36 | 1680 | 4,12 | 504 | 498 | 494 | 492 | 489 | 484 | 480 | 45 |
| 50 | 232 | 20,0 | 27480 | 10,88 | 2140 | 4,31 | 591 | 586 | 586 | 580 | 580 | 574 | 569 | 50 |
| 55 | 268 | 21,0 | 34887 | 11,41 | 2670 | 4,45 | 683 | 683 | 676 | 676 | 670 | 666 | 664 | 55 |
| 60 | 312 | 22,0 | 44532 | 11,95 | 3390 | 4,66 | 795 | 795 | 788 | 788 | 780 | 780 | 773 | 60 |

| Perfil II PE | $N^*_{máx.}$ en toneladas para una longitud libre de pandeo $l_k$ en m = 4,25 | 4,50 | 4,75 | 5,00 | 5,25 | 5,50 | 5,75 | 6,00 | 6,25 | 6,50 | 7,00 | 7,50 | 8,00 | Perfil II PE |
|---|---|---|---|---|---|---|---|---|---|---|---|---|---|---|
| 8 | 8,1 | 7,3 | 6,6 | 6,0 | 5,5 | 5,0 | 4,6 | 4,2 | 3,9 | – | | | | 8 |
| 10 | 15,1 | 13,6 | 12,3 | 11,2 | 10,2 | 9,4 | 8,6 | 7,9 | 7,4 | 6,8 | 5,9 | 5,1 | – | 10 |
| 12 | 25,3 | 23,0 | 21,0 | 19,1 | 17,5 | 16,0 | 14,7 | 13,6 | 12,6 | 11,7 | 10,2 | 8,9 | 7,9 | 12 |
| 14 | 38,9 | 35,4 | 32,3 | 29,8 | 27,4 | 25,2 | 23,2 | 21,5 | 20,0 | 18,7 | 16,2 | 14,3 | 12,6 | 14 |
| 16 | 56,8 | 52,0 | 47,7 | 44,1 | 40,8 | 37,7 | 35,3 | 32,6 | 30,3 | 28,0 | 24,6 | 21,6 | 19,2 | 16 |
| 18 | 76,7 | 71,4 | 66,8 | 61,8 | 57,5 | 53,6 | 49,9 | 46,4 | 43,4 | 40,6 | 36,3 | 31,4 | 27,8 | 18 |
| 20 | 101 | 95,6 | 89,2 | 83,7 | 78,4 | 73,4 | 68,6 | 64,1 | 60,2 | 56,1 | 49,7 | 44,1 | 39,2 | 20 |
| 22 | 129 | 122 | 116 | 110 | 104 | 98,7 | 93,3 | 87,3 | 83,1 | 77,2 | 68,6 | 61,6 | 54,6 | 22 |
| 24 | 161 | 154 | 148 | 141 | 134 | 128 | 122 | 115 | 109 | 102 | 92,4 | 82,6 | 74,5 | 24 |
| 27 | 200 | 194 | 189 | 182 | 176 | 170 | 162 | 156 | 149 | 141 | 129 | 117 | 106 | 27 |
| 30 | 244 | 239 | 232 | 227 | 220 | 215 | 207 | 201 | 193 | 186 | 172 | 158 | 144 | 30 |
| 33 | 200 | 285 | 280 | 273 | 266 | 260 | 252 | 245 | 239 | 232 | 216 | 198 | 184 | 33 |
| 36 | 342 | 337 | 331 | 326 | 319 | 312 | 304 | 298 | 290 | 281 | 266 | 249 | 230 | 36 |
| 40 | 403 | 399 | 392 | 385 | 380 | 372 | 365 | 357 | 350 | 340 | 323 | 305 | 285 | 40 |
| 45 | 474 | 471 | 465 | 459 | 453 | 447 | 438 | 428 | 420 | 410 | 392 | 374 | 352 | 45 |
| 50 | 563 | 558 | 553 | 548 | 539 | 534 | 524 | 515 | 506 | 494 | 479 | 453 | 431 | 50 |
| 55 | 657 | 645 | 645 | 639 | 632 | 622 | 615 | 606 | 595 | 585 | 566 | 540 | 520 | 55 |
| 60 | 773 | 758 | 758 | 751 | 744 | 737 | 725 | 718 | 710 | 699 | 670 | 649 | 624 | 60 |

*NOTA.— Los perfiles se enlazarán por medio de soldadura.*

La compresión en elementos estructurales

# RESISTENCIA MÁXIMA PONDERADA N* A COMPRESION DE DOS PERFILES I PE UNIDOS POR MEDIO DE PRESILLAS O DIAGONALES

**TABLA EA$_c$-8**

Acero tipo A 42

$\sigma_u$ = 2,6 t/cm²

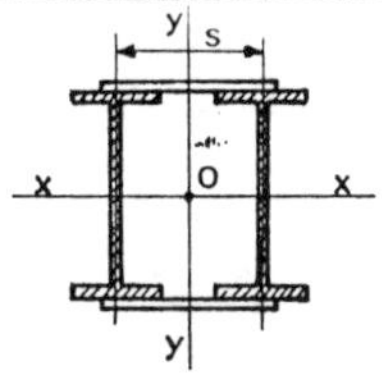


Eje deppandeo x-x)

($i_x < i_y$)

| Perfil II PE | A cm² | s cm | $I_x$ cm⁴ | $i_x$ cm | $I_{y1}$ cm⁴ | $i_{y1}$ cm | $N^*_{máx}$ en toneladas para una longitud libre de pandel $l_k$ en m = 2,50 | 2,75 | 3,00 | 3,25 | 3,50 | 3,75 | 4,00 | Perfil II PE |
|---|---|---|---|---|---|---|---|---|---|---|---|---|---|---|
| 8 | 15,3 | 8 | 160 | 3,24 | 8,49 | 1,05 | 27,2 | 24,5 | 22,1 | 19,8 | 17,6 | 16,0 | 14,1 | 8 |
| 10 | 20,6 | 10 | 342 | 4,07 | 15,9 | 1,24 | 43,5 | 41,2 | 38,3 | 35,4 | 32,7 | 29,9 | 27,6 | 10 |
| 12 | 26,4 | 12 | 636 | 4,90 | 27,7 | 1,45 | 60,2 | 58,1 | 55,8 | 53,2 | 50,5 | 47,6 | 44,6 | 12 |
| 14 | 32,8 | 14 | 1082 | 5,74 | 44,9 | 1,65 | 78,2 | 76,1 | 74,8 | 72,2 | 69,3 | 67,1 | 63,6 | 14 |
| 16 | 40,2 | 14 | 1738 | 6,58 | 68,3 | 1,84 | 97,7 | 96,7 | 95,0 | 93,3 | 90,9 | 87,8 | 85,0 | 16 |
| 18 | 47,8 | 16 | 2640 | 7,42 | 101 | 2,05 | 118 | 117 | 116 | 114 | 112 | 110 | 107 | 18 |
| 20 | 57,0 | 18 | 3880 | 8,26 | 142 | 2,24 | 143 | 141 | 140 | 138 | 137 | 134 | 132 | 20 |
| 22 | 66,8 | 20 | 5540 | 9,11 | 205 | 2,48 | 169 | 167 | 165 | 165 | 162 | 161 | 159 | 22 |
| 24 | 78,2 | 22 | 7780 | 9,97 | 284 | 2,69 | 197 | 197 | 195 | 195 | 193 | 192 | 190 | 24 |
| 27 | 91,8 | 25 | 11580 | 11,2 | 420 | 3,02 | 234 | 234 | 232 | 230 | 230 | 227 | 225 | 27 |
| 30 | 107 | 28 | 16720 | 12,5 | 604 | 3,35 | 274 | 274 | 274 | 272 | 272 | 269 | 269 | 30 |
| 33 | 125 | 30 | 23540 | 13,7 | 788 | 3,55 | 325 | 319 | 319 | 319 | 316 | 316 | 313 | 33 |
| 36 | 145 | 33 | 32540 | 15,0 | 1040 | 3,79 | 378 | 378 | 371 | 371 | 371 | 367 | 367 | 36 |
| 40 | 169 | 36 | 46260 | 16,5 | 1320 | 3,95 | 439 | 439 | 439 | 439 | 431 | 431 | 431 | 40 |
| 45 | 197 | 40 | 67480 | 18,5 | 1680 | 4,12 | 514 | 514 | 514 | 514 | 514 | 504 | 504 | 45 |
| 50 | 232 | 44 | 96400 | 20,4 | 2140 | 4,31 | 603 | 603 | 603 | 603 | 603 | 603 | 603 | 50 |
| 55 | 268 | 48 | 134240 | 22,3 | 2670 | 4,45 | 697 | 697 | 697 | 697 | 697 | 697 | 697 | 55 |
| 60 | 312 | 52 | 184160 | 24,3 | 3390 | 4,66 | 811 | 811 | 811 | 811 | 811 | 811 | 811 | 60 |

| Perfil II PE | $N^*_{máx.}$ en toneladas para una longitud libre de pandeo $l_k$ en m = 4,25 | 4,50 | 4,75 | 5,00 | 5,25 | 5,50 | 5,75 | 6,00 | 6,25 | 6,50 | 7,00 | 7,50 | 8,00 | Perfil II PE |
|---|---|---|---|---|---|---|---|---|---|---|---|---|---|---|
| 8 | 12,8 | 11,7 | 10,5 | 9,5 | 8,7 | 8,0 | 7,4 | 6,8 | 6,2 | 5,8 | 5,0 | 4,4 | 3,9 | 8 |
| 10 | 25,1 | 22,9 | 21,1 | 19,3 | 17,7 | 16,4 | 15,1 | 14,0 | 13,0 | 12,1 | 10,5 | 9,2 | 8,2 | 10 |
| 12 | 41,8 | 38,3 | 35,7 | 33,3 | 30,9 | 28,7 | 26,8 | 24,8 | 23,3 | 21,8 | 19,0 | 16,7 | 14,8 | 12 |
| 14 | 60,9 | 58,0 | 54,3 | 51,4 | 48,4 | 45,4 | 42,4 | 39,7 | 37,2 | 35,2 | 31,0 | 27,8 | 24,6 | 14 |
| 16 | 82,9 | 79,2 | 76,3 | 72,6 | 69,2 | 65,7 | 62,9 | 59,4 | 56,2 | 52,8 | 47,5 | 42,5 | 38,3 | 16 |
| 18 | 104 | 101 | 98,6 | 96,0 | 92,0 | 89,0 | 85,1 | 81,0 | 77,6 | 74,8 | 67,0 | 61,2 | 48,0 | 18 |
| 20 | 130 | 127 | 124 | 120 | 117 | 114 | 111 | 107 | 104 | 101 | 91,0 | 84,2 | 78,0 | 20 |
| 22 | 157 | 155 | 152 | 148 | 145 | 142 | 139 | 135 | 132 | 127 | 119 | 112 | 103 | 22 |
| 24 | 188 | 185 | 183 | 180 | 177 | 174 | 171 | 167 | 164 | 160 | 152 | 143 | 135 | 24 |
| 27 | 223 | 223 | 220 | 217 | 215 | 213 | 209 | 206 | 202 | 199 | 191 | 183 | 176 | 27 |
| 30 | 264 | 264 | 261 | 261 | 257 | 257 | 253 | 250 | 247 | 244 | 237 | 229 | 222 | 30 |
| 33 | 313 | 310 | 310 | 307 | 304 | 304 | 301 | 298 | 295 | 293 | 285 | 279 | 271 | 33 |
| 36 | 367 | 363 | 373 | 360 | 360 | 357 | 353 | 353 | 349 | 345 | 341 | 334 | 329 | 36 |
| 40 | 427 | 427 | 423 | 423 | 423 | 418 | 418 | 414 | 410 | 410 | 407 | 399 | 392 | 40 |
| 45 | 504 | 504 | 499 | 499 | 499 | 494 | 494 | 494 | 487 | 487 | 480 | 476 | 471 | 45 |
| 50 | 591 | 591 | 591 | 591 | 586 | 586 | 586 | 580 | 580 | 580 | 574 | 569 | 564 | 50 |
| 55 | 697 | 683 | 683 | 683 | 683 | 683 | 676 | 676 | 676 | 670 | 670 | 663 | 657 | 55 |
| 60 | 811 | 795 | 795 | 795 | 795 | 795 | 795 | 795 | 787 | 787 | 780 | 780 | 772 | 60 |

*NOTA.– La separación s entre los ejes de gravedad de las barras es la conveniente para conseguir que $\lambda_x > \lambda_{yi}$ con la distancia apropiada entre presillas, para lograr el máximo aprovechamiento de la resistencia de los perfiles, pudiendo aumentar aquella separación s sin variación de la resistencia (como en la unión de perfiles por medio de diagonales).*

# RESISTENCIA MÁXIMA PONDERADA $N^*$ A COMPRESIÓN POR DOS PERFILES IPE EN CRUZ

**TABLA $EA_c$-9**

Acero tipo A 42

$\sigma_u = 2{,}6\ t/cm^2$

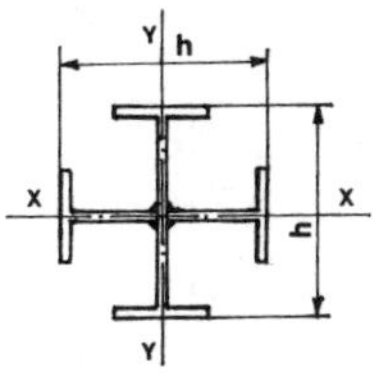


Eje de pandeo x − x, y − y

$(i_x = i_y)$

| *Perfil IPE* | *A* $cm^2$ | $i_x = i_y$ *cm* | $N^*_{máx.}$ *en toneladas para una longitud libre de pandeo* $l_k$ *en m =* 2,50 | 2,75 | 3,00 | 3,25 | 3,50 | 3,75 | 4,00 | *Perfil IPE* |
|---|---|---|---|---|---|---|---|---|---|---|
| 12 | 26,2 | 3,63 | 51,6 | 47,6 | 43,7 | 39,6 | 35,7 | 32,4 | 29,2 | 12 |
| 14 | 32,6 | 4,24 | 70,0 | 66,7 | 62,3 | 58,0 | 53,9 | 50,1 | 46,0 | 14 |
| 16 | 40,0 | 4,84 | 91,2 | 87,3 | 83,8 | 80,0 | 75,9 | 71,2 | 66,2 | 16 |
| 18 | 47,5 | 5,47 | 112 | 109 | 106 | 102 | 98,0 | 94,2 | 88,8 | 18 |
| 20 | 56,7 | 6,06 | 136 | 134 | 130 | 127 | 123 | 119 | 114 | 20 |
| | | | | | | | | | | |
| 22 | 66,5 | 6,69 | 163 | 160 | 157 | 154 | 151 | 146 | 142 | 22 |
| 24 | 77,8 | 7,32 | 192 | 189 | 187 | 185 | 180 | 177 | 173 | 24 |
| 27 | 91,4 | 8,24 | 228 | 226 | 224 | 222 | 220 | 216 | 212 | 27 |
| 30 | 107 | 9,15 | 270 | 267 | 265 | 262 | 260 | 259 | 255 | 30 |
| 33 | 125 | 10,0 | 315 | 315 | 312 | 309 | 309 | 304 | 304 | 33 |
| 36 | 145 | 10,9 | 369 | 366 | 366 | 362 | 362 | 359 | 355 | 36 |
| | | | | | | | | | | |
| 40 | 168 | 12,1 | 428 | 428 | 424 | 424 | 420 | 420 | 416 | 40 |
| 45 | 197 | 13,4 | 512 | 502 | 502 | 502 | 497 | 497 | 492 | 45 |
| 50 | 231 | 14,8 | 600 | 600 | 589 | 589 | 589 | 583 | 583 | 50 |
| 55 | 267 | 16,2 | 694 | 694 | 694 | 680 | 680 | 680 | 674 | 55 |
| 60 | 311 | 17,5 | 808 | 808 | 808 | 808 | 793 | 793 | 793 | 60 |

| *Perfil IPE* | $N^*_{máx.}$ *en toneladas para una longitud libre de pandeo* $l_k$ *en m =* 4,50 | 5,00 | 5,50 | 6,00 | 6,50 | 7,00 | 8,00 | 9,00 | 10,00 | *Perfil IPE* |
|---|---|---|---|---|---|---|---|---|---|---|
| 12 | 24,1 | 20,1 | 16,9 | 14,3 | 12,4 | 10,2 | 8,2 | 6,6 | | 12 |
| 14 | 38,7 | 32,6 | 27,7 | 23,6 | 20,6 | 17,9 | 13,9 | 11,1 | 9,0 | 14 |
| 16 | 57,4 | 49,7 | 42,2 | 36,8 | 32,2 | 27,9 | 22,0 | 17,6 | 14,3 | 16 |
| 18 | 79,6 | 70,1 | 61,4 | 53,9 | 47,5 | 42,0 | 33,2 | 26,7 | 22,0 | 18 |
| 20 | 105 | 93,9 | 83,7 | 74,4 | 66,4 | 58,2 | 46,8 | 37,7 | 31,2 | 20 |
| | | | | | | | | | | |
| 22 | 133 | 122 | 111 | 99,3 | 90,0 | 80,0 | 64,7 | 52,0 | 44,2 | 22 |
| 24 | 164 | 154 | 142 | 130 | 118 | 107 | 88,3 | 72,5 | 60,2 | 24 |
| 27 | 203 | 193 | 183 | 171 | 159 | 146 | 124 | 104 | 87,6 | 27 |
| 30 | 248 | 238 | 228 | 215 | 204 | 190 | 167 | 142 | 121 | 30 |
| 33 | 295 | 287 | 278 | 266 | 256 | 242 | 215 | 187 | 161 | 33 |
| 36 | 349 | 343 | 333 | 322 | 309 | 299 | 271 | 240 | 210 | 36 |
| | | | | | | | | | | |
| 40 | 412 | 404 | 397 | 386 | 376 | 364 | 338 | 312 | 278 | 40 |
| 45 | 488 | 483 | 474 | 465 | 457 | 449 | 420 | 394 | 361 | 45 |
| 50 | 577 | 572 | 566 | 556 | 551 | 541 | 517 | 488 | 458 | 50 |
| 55 | 674 | 667 | 661 | 655 | 649 | 637 | 620 | 588 | 560 | 55 |
| 60 | 785 | 777 | 771 | 770 | 763 | 756 | 735 | 709 | 679 | 60 |

**Nota.**—Los perfiles se enlazarán por medio de soldadura.

# RESISTENCIA MÁXIMA PONDERADA N* A COMPRESIÓN DE UN PERFIL IPE CON PLATABANDAS LATERALES

**TABLA $EA_c$-10**

Acero tipo A 42

$\sigma_u = 2{,}6\ t/cm^2$

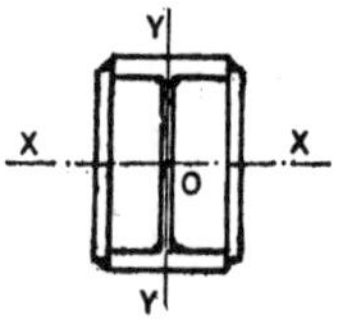


Eje de pandeo y · y

$(i_x > i_y)$

| *Perfil IPE* | *A cm²* | *$i_y$ cm* | *$N^*_{máx.}$ en toneladas para una longitud libre de pandeo $l_k$ en m =* 2,50 | 2,75 | 3,00 | 3,25 | 3,50 | 3,75 | 4,00 | *Platabanda* ▯ *mm* |
|---|---|---|---|---|---|---|---|---|---|---|
| 12 | 30,8 | 2,89 | 48,2 | 43,0 | 37,6 | 33,5 | 29,5 | 26,1 | 23,5 | 110 · 8 |
| 14 | 37,2 | 3,23 | 66,2 | 59,7 | 53,4 | 47,6 | 42,2 | 38,2 | 34,2 | 130 · 8 |
| 16 | 44,1 | 3,55 | 85,5 | 78,5 | 70,7 | 64,0 | 57,9 | 52,3 | 47,3 | 150 · 8 |
| 18 | 57,5 | 4,09 | 121 | 115 | 107 | 100 | 91,1 | 83,5 | 76,6 | 168 · 10 |
| 20 | 66,1 | 4,40 | 144 | 138 | 131 | 123 | 114 | 106 | 97,6 | 188 · 10 |
| | | | | | | | | | | |
| 22 | 75,0 | 4,77 | 165 | 257 | 150 | 140 | 132 | 122 | 114 | 208 · 10 |
| 24 | 92,9 | 5,32 | 217 | 212 | 204 | 196 | 187 | 180 | 170 | 224 · 10 |
| 27 | 107 | 5,90 | 257 | 250 | 244 | 238 | 230 | 221 | 212 | 254 · 12 |
| 30 | 122 | 6,46 | 299 | 291 | 288 | 281 | 273 | 264 | 256 | 284 · 12 |
| 33 | 138 | 6,80 | 338 | 335 | 329 | 320 | 315 | 306 | 296 | 314 · 12 |
| 36 | 175 | 7,48 | 433 | 429 | 425 | 417 | 410 | 402 | 396 | 340 · 15 |
| | | | | | | | | | | |
| 40 | 199 | 7,83 | 497 | 493 | 483 | 479 | 470 | 462 | 454 | 380 · 15 |
| 45 | 228 | 8,18 | 570 | 564 | 559 | 554 | 544 | 539 | 529 | 430 · 15 |
| 50 | 308 | 9,09 | 777 | 770 | 762 | 755 | 748 | 741 | 734 | 480 · 20 |
| 55 | 346 | 9,43 | 873 | 865 | 865 | 857 | 848 | 841 | 833 | 530 · 20 |
| 60 | 388 | 9,75 | 979 | 979 | 970 | 961 | 952 | 943 | 934 | 580 · 20 |

| *Perfil IPE* | *$N^*_{máx.}$ en toneladas para una longitud libre de pandeo $l_k$ en m =* 4,50 | 5,00 | 5,50 | 6,00 | 6,50 | 7,00 | 8,00 | 9,00 | 10,00 | *Platabanda* ▯ *mm* |
|---|---|---|---|---|---|---|---|---|---|---|
| 12 | 18,8 | 15,5 | 13,0 | 10,9 | 9,4 | 8,1 | | | | 110 · 8 |
| 14 | 28,0 | 23,0 | 19,3 | 14,6 | 14,1 | 12,1 | 9,4 | | | 130 · 8 |
| 16 | 39,0 | 32,3 | 27,3 | 23,2 | 20,0 | 17,4 | 13,4 | | | 150 · 8 |
| 18 | 64,4 | 54,3 | 46,2 | 39,2 | 33,9 | 29,6 | 22,8 | 18,3 | 15,0 | 168 · 10 |
| 20 | 83,4 | 69,8 | 60,0 | 51,7 | 44,5 | 39,0 | 30,3 | 24,1 | 19,8 | 188 · 10 |
| | | | | | | | | | | |
| 22 | 96,0 | 81,5 | 69,8 | 60,3 | 52,4 | 45,3 | 35,5 | 28,4 | 23,1 | 208 · 10 |
| 24 | 149 | 131 | 115 | 99,8 | 87,8 | 76,7 | 60,9 | 48,9 | 40,0 | 224 · 12 |
| 27 | 193 | 172 | 154 | 135 | 120 | 105 | 83,8 | 67,8 | 56,4 | 254 · 12 |
| 30 | 237 | 217 | 197 | 175 | 156 | 141 | 112 | 91,9 | 75,5 | 284 · 12 |
| 33 | 278 | 256 | 234 | 212 | 190 | 171 | 138 | 114 | 94,1 | 314 · 12 |
| 36 | 373 | 350 | 325 | 301 | 274 | 247 | 205 | 170 | 141 | 340 · 15 |
| | | | | | | | | | | |
| 40 | 435 | 410 | 386 | 354 | 329 | 302 | 251 | 208 | 173 | 380 · 15 |
| 45 | 506 | 482 | 456 | 426 | 398 | 361 | 304 | 255 | 215 | 430 · 15 |
| 50 | 708 | 684 | 651 | 621 | 584 | 548 | 474 | 404 | 345 | 480 · 20 |
| 55 | 803 | 782 | 749 | 714 | 676 | 642 | 555 | 483 | 411 | 530 · 20 |
| 60 | 917 | 885 | 855 | 813 | 776 | 736 | 651 | 563 | 482 | 580 · 20 |

**Nota.**—La resistencia máxima de los perfiles se expone en la tabla $EA_c$-6.

# RESISTENCIA MÁXIMA PONDERADA N* A COMPRESIÓN DE PERFILES H EB

**TABLA EA$_c$-11**

Acero tipo A 42

$\sigma_u$ = 2,6 t/cm²

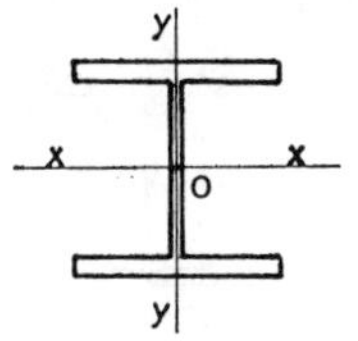


Eje de pandeo y-y

($i_x > i_y$)

| Perfil H EB | A cm² | $i_y$ cm | $N^*_{máx.}$ en toneladas para una longitud libre de pandeo $l_k$ en m. = 2,50 | 2,75 | 3,00 | 3,25 | 3,50 | 3,75 | 4,00 | 4,25 | 4,50 | Perfil H EB |
|---|---|---|---|---|---|---|---|---|---|---|---|---|
| 10 | 26,0 | 2,53 | 34,3 | 29,6 | 25,6 | 22,5 | 19,8 | 17,5 | 15,5 | 13,9 | 12,4 | 10 |
| 12 | 34,0 | 3,06 | 57,4 | 50,8 | 45,3 | 40,2 | 35,8 | 31,9 | 28,6 | 25,6 | 23,2 | 12 |
| 14 | 43,0 | 3,58 | 83,4 | 77,1 | 70,3 | 63,5 | 57,6 | 52,0 | 47,0 | 42,5 | 38,7 | 14 |
| 16 | 54,3 | 4,05 | 113 | 107 | 100 | 93,5 | 85,6 | 78,4 | 71,3 | 65,4 | 60,1 | 16 |
| 18 | 65,3 | 4,57 | 145 | 139 | 132 | 124 | 117 | 109 | 101 | 93,8 | 86,2 | 18 |
| 20 | 78,1 | 5,07 | 181 | 175 | 167 | 161 | 152 | 145 | 136 | 127 | 118 | 20 |
| 22 | 91,0 | 5,59 | 215 | 211 | 204 | 197 | 189 | 182 | 172 | 164 | 155 | 22 |
| 24 | 106 | 6,08 | 255 | 250 | 246 | 239 | 229 | 222 | 213 | 205 | 197 | 24 |
| 26 | 118,4 | 6,58 | 287 | 285 | 279 | 275 | 268 | 258 | 250 | 242 | 233 | 26 |
| 28 | 131,4 | 7,09 | 325 | 319 | 316 | 310 | 305 | 297 | 289 | 280 | 271 | 28 |
| 30 | 149,1 | 7,58 | 369 | 365 | 362 | 355 | 352 | 346 | 337 | 328 | 320 | 30 |
| 32 | 161,3 | 7,57 | 399 | 395 | 392 | 384 | 381 | 374 | 364 | 355 | 346 | 32 |
| 34 | 170,9 | 7,53 | 423 | 419 | 415 | 407 | 400 | 396 | 386 | 376 | 364 | 34 |
| 36 | 180,6 | 7,49 | 447 | 443 | 438 | 430 | 423 | 415 | 408 | 394 | 385 | 36 |
| 40 | 197,8 | 7,40 | 489 | 485 | 480 | 471 | 463 | 451 | 443 | 432 | 418 | 40 |
| 45 | 218 | 7,33 | 539 | 529 | 524 | 520 | 506 | 497 | 484 | 472 | 460 | 45 |
| 50 | 238,6 | 7,27 | 590 | 579 | 574 | 564 | 554 | 544 | 530 | 512 | 500 | 50 |
| 55 | 254,1 | 7,17 | 629 | 617 | 611 | 600 | 590 | 579 | 560 | 541 | 528 | 55 |
| 60 | 270 | 7,08 | 668 | 656 | 650 | 638 | 626 | 605 | 590 | 575 | 557 | 60 |

| Perfil H EB | $N^*_{máx.}$ en toneladas para una longitud libre de pandeo $l_k$ en m. = 4,75 | 5,00 | 5,25 | 5,50 | 5,75 | 6,00 | 6,25 | 6,50 | 7,00 | 7,50 | 8,00 | Perfil H EB |
|---|---|---|---|---|---|---|---|---|---|---|---|---|
| 10 | 11,2 | 10,2 | 9,3 | 8,5 | 7,8 | 7,2 | 6,6 | – | | | | 10 |
| 12 | 21,0 | 19,1 | 17,4 | 16,0 | 14,7 | 13,5 | 12,5 | 11,6 | 10,3 | 8,8 | – | 12 |
| 14 | 35,1 | 32,1 | 29,5 | 27,1 | 25,0 | 23,1 | 21,3 | 19,8 | 17,2 | 15,1 | 13,3 | 14 |
| 16 | 54,9 | 50,4 | 46,4 | 42,6 | 39,4 | 36,5 | 33,9 | 31,5 | 27,5 | 24,1 | 21,3 | 16 |
| 18 | 79,7 | 73,8 | 68,1 | 63,4 | 58,7 | 54,4 | 50,7 | 47,3 | 41,3 | 36,4 | 32,3 | 18 |
| 20 | 110 | 103 | 96,2 | 89,4 | 83,2 | 77,8 | 72,5 | 67,9 | 59,7 | 52,6 | 46,8 | 20 |
| 22 | 146 | 137 | 128 | 120 | 113 | 106 | 99,4 | 93,1 | 82,7 | 73,0 | 65,2 | 22 |
| 24 | 187 | 177 | 167 | 157 | 149 | 140 | 132 | 124 | 110 | 98,4 | 87,8 | 24 |
| 26 | 224 | 213 | 204 | 193 | 184 | 175 | 165 | 156 | 140 | 125 | 112 | 26 |
| 28 | 262 | 253 | 244 | 232 | 223 | 212 | 202 | 192 | 173 | 156 | 141 | 28 |
| 30 | 310 | 300 | 291 | 281 | 269 | 260 | 248 | 237 | 216 | 195 | 177 | 30 |
| 32 | 335 | 325 | 315 | 304 | 291 | 281 | 268 | 255 | 233 | 211 | 192 | 32 |
| 34 | 355 | 344 | 331 | 319 | 306 | 296 | 283 | 269 | 245 | 222 | 203 | 34 |
| 36 | 375 | 361 | 350 | 337 | 321 | 311 | 297 | 284 | 256 | 233 | 212 | 36 |
| 40 | 408 | 392 | 378 | 364 | 349 | 336 | 319 | 306 | 280 | 252 | 228 | 40 |
| 45 | 446 | 432 | 417 | 399 | 383 | 365 | 347 | 333 | 301 | 273 | 247 | 45 |
| 50 | 484 | 466 | 452 | 433 | 416 | 397 | 378 | 360 | 326 | 295 | 267 | 50 |
| 55 | 512 | 493 | 475 | 456 | 437 | 415 | 395 | 377 | 340 | 307 | 284 | 55 |
| 60 | 540 | 520 | 501 | 477 | 458 | 436 | 413 | 394 | 354 | 320 | 290 | 60 |

**Nota.**—La resistencia máxima de los medios perfiles HEB se expone en la tabla EA$_c$-12

# RESISTENCIA MÁXIMA PONDERADA N* A COMPRESIÓN DE MEDIOS PERFILES H EB

**TABLA EA$_c$-12**

Acero tipo A 42

$\sigma_u$ = 2,6 t/cm²

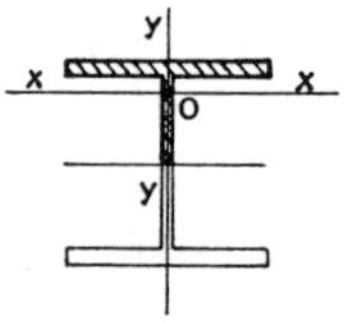


Para perfiles HEB 10 a 50 el eje de pandeo es el x-x ($i_x < i_y$); para perfiles HEB 55 y 60 el eje de pandeo es el y-y ($i_x > i_y$).

| Perfil T HEB | A cm² | $i_x$ cm | $i_y$ cm | $N^*_{máx}$ en toneladas para una longitud libre de pandeo $l_k$ en m. = 2,50 | 2,75 | 3,00 | 3,25 | 3,50 | 3,75 | 4,00 | 4,25 | 4,50 | Perfil T HEB |
|---|---|---|---|---|---|---|---|---|---|---|---|---|---|
| 10 | 13 | 1,12 | | 4,0 | 3,3 | – | | | | | | | 10 |
| 12 | 17 | 1,35 | | 7,5 | 6,2 | 5,3 | 4,5 | – | | | | | 12 |
| 14 | 21,5 | 1,58 | | 12,8 | 11,2 | 9,1 | 7,8 | 6,7 | 5,9 | – | | | 14 |
| 16 | 27,1 | 1,83 | | 21,1 | 17,7 | 15,1 | 13,0 | 11,3 | 9,9 | 8,7 | 7,7 | 6,9 | 16 |
| 18 | 32,6 | 2,07 | | 31,4 | 26,6 | 22,7 | 19,7 | 17,2 | 15,0 | 13,3 | 11,8 | 10,6 | 18 |
| 20 | 39 | 2,29 | | 44,2 | 37,9 | 32,6 | 28,3 | 24,8 | 21,8 | 19,3 | 17,2 | 15,5 | 20 |
| 22 | 45,5 | 2,52 | | 59,4 | 51,6 | 44,8 | 39,1 | 34,3 | 30,3 | 26,9 | 24,1 | 21,6 | 22 |
| 24 | 53 | 2,74 | | 77,9 | 68,2 | 59,9 | 52,6 | 46,4 | 41,1 | 36,5 | 32,7 | 29,5 | 24 |
| 26 | 59,2 | 2,94 | | 95,0 | 84,1 | 74,7 | 65,7 | 58,3 | 52,0 | 46,3 | 41,6 | 37,5 | 26 |
| 28 | 65,7 | 3,20 | | 116 | 103 | 93,3 | 83,3 | 74,2 | 66,7 | 59,7 | 53,7 | 48,5 | 28 |
| 30 | 74,5 | 3,42 | | 139 | 127 | 115 | 104 | 93,5 | 83,8 | 75,6 | 68,4 | 61,8 | 30 |
| 32 | 80,7 | 3,69 | | 160 | 148 | 136 | 124 | 112 | 102 | 92,4 | 84,2 | 76,3 | 32 |
| 34 | 85,4 | 3,99 | | 177 | 167 | 156 | 144 | 132 | 120 | 110 | 100 | 92,1 | 34 |
| 36 | 90,3 | 4,30 | | 195 | 186 | 175 | 164 | 152 | 140 | 129 | 119 | 109 | 36 |
| 40 | 98,9 | 4,96 | | 227 | 219 | 210 | 200 | 190 | 179 | 169 | 157 | 147 | 40 |
| 45 | 109 | 5,72 | | 260 | 253 | 248 | 234 | 230 | 221 | 211 | 201 | 191 | 45 |
| 50 | 119,3 | 6,49 | | 289 | 287 | 282 | 274 | 267 | 258 | 250 | 242 | 233 | 50 |
| 55 | 127 | | 7,17 | 314 | 308 | 305 | 300 | 294 | 289 | 279 | 272 | 264 | 55 |
| 60 | 135 | | 7,08 | 334 | 328 | 325 | 319 | 313 | 305 | 295 | 287 | 278 | 60 |

| Perfil T HEB | $N^*_{máx}$ en toneladas para una longitud libre de pandeo $l_k$ en m. = 4,75 | 5,00 | 5,25 | 5,50 | 5,75 | 6,00 | 6,25 | 6,50 | 6,75 | 7,00 | 7,50 | 8,00 | Perfil T HEB |
|---|---|---|---|---|---|---|---|---|---|---|---|---|---|
| 10 | | | | | | | | | | | | | 10 |
| 12 | | | | | | | | | | | | | 12 |
| 14 | | | | | | | | | | | | | 14 |
| 16 | – | | | | | | | | | | | | 16 |
| 18 | 9,6 | 8,6 | – | | | | | | | | | | 18 |
| 20 | 13,9 | 12,6 | 11,5 | 10,5 | – | | | | | | | | 20 |
| 22 | 19,5 | 17,7 | 16,1 | 14,7 | 13,5 | 12,4 | 11,5 | – | | | | | 22 |
| 24 | 26,6 | 24,2 | 22,0 | 20,1 | 18,5 | 17,0 | 15,7 | 14,6 | – | | | | 24 |
| 26 | 33,9 | 30,8 | 28,1 | 25,7 | 23,6 | 21,8 | 20,1 | 18,7 | 17,4 | 16,2 | – | | 26 |
| 28 | 44,0 | 40,0 | 36,6 | 33,5 | 31,4 | 28,4 | 26,3 | 24,4 | 22,7 | 21,1 | 18,3 | 16,3 | 28 |
| 30 | 56,3 | 51,2 | 46,9 | 43,0 | 39,6 | 36,6 | 33,9 | 31,5 | 29,4 | 27,3 | 23,9 | 21,1 | 30 |
| 32 | 69,7 | 63,5 | 58,4 | 53,6 | 49,4 | 45,7 | 42,3 | 39,3 | 36,6 | 34,2 | 30,0 | 26,5 | 32 |
| 34 | 84,1 | 77,3 | 70,9 | 65,4 | 60,3 | 55,9 | 51,8 | 48,1 | 45,0 | 42,0 | 36,8 | 32,5 | 34 |
| 36 | 100 | 92,4 | 85,3 | 78,7 | 72,9 | 67,6 | 62,7 | 58,5 | 54,6 | 51,0 | 44,9 | 39,7 | 36 |
| 40 | 136 | 126 | 118 | 109 | 101 | 94,8 | 88,6 | 82,6 | 77,4 | 72,6 | 64,1 | 56,7 | 40 |
| 45 | 180 | 169 | 159 | 150 | 140 | 131 | 123 | 116 | 109 | 102 | 91,1 | 81,4 | 45 |
| 50 | 223 | 212 | 202 | 192 | 182 | 172 | 163 | 154 | 145 | 138 | 123 | 110 | 50 |
| 55 | 256 | 246 | 237 | 226 | 218 | 208 | 199 | 187 | 179 | 170 | 153 | 139 | 55 |
| 60 | 270 | 260 | 250 | 238 | 229 | 218 | 207 | 197 | 188 | 178 | 160 | 145 | 60 |

**Nota.**—La resistencia de los medios perfiles HEB que se expone en esta tabla no es proporcional a la de los perfiles completos salvo en los HEB 55 y 60.

| La compresión en elementos estructurales | **RESISTENCIA MÁXIMA PONDERADA N* A COMPRESION DE DOS PERFILES H EB UNIDOS POR LAS ALAS** | **TABLA $EA_c$-13** |
|---|---|---|

Acero tipo A 42

$\sigma_u = 2{,}6\ t/cm^2$

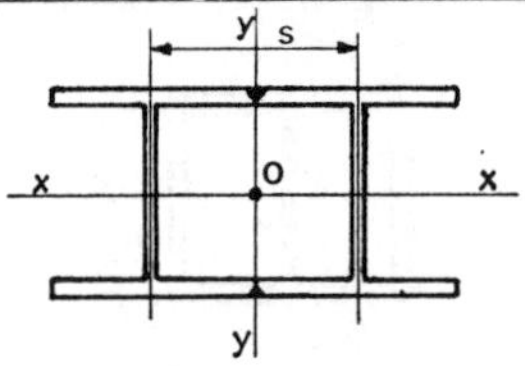


Para perfiles HEB 10 a 36 el eje de pandeo es el x-x ($i_x < i_y$); para perfies HEB 40 a 60 el eje de pandeo es el y-y ($i_x > i_y$).

| Perfil | $A$ | $s$ | $I_x$ | $i_x$ | $I_y$ | $i_y$ | $i_{y1}$ | $l_k$ en m. = | | | Perfil |
|---|---|---|---|---|---|---|---|---|---|---|---|
| *II HEB* | $cm^2$ | *cm* | $cm^4$ | *cm* | $cm^4$ | *cm* | *cm* | 2,50 | 2,75 | 3,00 | *II HEB* |
| 10 | 52 | 10 | 900 | 4,16 | | | 2,53 | 110 | 104 | 97,3 | 10 |
| 12 | 68 | 12 | 1728 | 5,04 | | | 3,06 | 156 | 151 | 145 | 12 |
| 14 | 86 | 14 | 3018 | 5,93 | | | 3,58 | 207 | 202 | 196 | 14 |
| 16 | 108 | 16 | 4984 | 6,78 | | | 4,05 | 266 | 263 | 259 | 16 |
| 18 | 130 | 18 | 7662 | 7,66 | | | 4,57 | 323 | 320 | 317 | 18 |
| 20 | 156 | 20 | 11392 | 8,54 | | | 5,07 | 391 | 389 | 387 | 20 |
| 22 | 182 | 22 | 16182 | 9,43 | | | 5,59 | 459 | 457 | 455 | 22 |
| 24 | 212 | 24 | 22518 | 10,3 | | | 6,08 | 540 | 535 | 530 | 24 |
| 26 | 237 | 26 | 29838 | 11,2 | | | 6,58 | 604 | 602 | 598 | 26 |
| 28 | 263 | 28 | 38540 | 12,1 | | | 7,09 | 670 | 669 | 663 | 28 |
| 30 | 298 | 30 | 50330 | 13,0 | | | 7,58 | 775 | 768 | 760 | 30 |
| 32 | 322 | 30 | 61640 | 13,8 | | | 7,57 | 838 | 830 | 822 | 32 |
| 34 | 342 | 30 | 73310 | 14,6 | | | 7,53 | 888 | 889 | 871 | 34 |
| 36 | 361 | 30 | 86380 | 15,5 | | | 7,49 | 939 | 939 | 920 | 36 |
| 40 | 395 | 30 | 115360 | (17,1) | 110640 | 16,72 | 7,40 | 1028 | 1029 | 1029 | 40 |
| 45 | 436 | 30 | | | 121540 | 16,70 | 7,33 | 1133 | 1134 | 1134 | 45 |
| 50 | 477 | 30 | | | 132610 | 16,67 | 7,27 | 1240 | 1241 | 1241 | 50 |
| 55 | 508 | 30 | | | 140500 | 16,63 | 7,17 | 1321 | 1321 | 1321 | 55 |
| 60 | 540 | 30 | | | 148560 | 16,59 | 7,08 | 1404 | 1404 | 1404 | 60 |

| Perfil | $N^*_{máx}$ en toneladas para una longitud libre de pandeo $l_k$ en m. = | | | | | | | | | | Perfil |
|---|---|---|---|---|---|---|---|---|---|---|---|
| *II HEB* | 3,50 | 4,00 | 4,50 | 5,00 | 5,50 | 6,00 | 6,50 | 7,00 | 7,50 | 8,00 | *II HEB* |
| 10 | 84,5 | 71,5 | 59,8 | 50,4 | 42,8 | 36,7 | 31,8 | 27,6 | 24,3 | 21,5 | 10 |
| 12 | 133 | 118 | 103 | 89,0 | 77,0 | 67,0 | 58,5 | 53,0 | 45,2 | 40,0 | 12 |
| 14 | 185 | 171 | 155 | 140 | 124 | 110 | 97,6 | 86,0 | 77,1 | 68,0 | 14 |
| 16 | 247 | 233 | 219 | 202 | 185 | 166 | 149 | 134 | 121 | 109 | 16 |
| 18 | 309 | 298 | 280 | 267 | 248 | 229 | 209 | 192 | 174 | 159 | 18 |
| 20 | 376 | 366 | 353 | 336 | 322 | 300 | 280 | 262 | 240 | 220 | 20 |
| 22 | 446 | 438 | 423 | 411 | 394 | 376 | 356 | 338 | 317 | 292 | 22 |
| 24 | 525 | 515 | 506 | 492 | 479 | 459 | 440 | 421 | 396 | 375 | 24 |
| 26 | 592 | 580 | 575 | 560 | 550 | 530 | 513 | 492 | 473 | 453 | 26 |
| 28 | 657 | 651 | 645 | 633 | 621 | 605 | 590 | 569 | 551 | 530 | 28 |
| 30 | 752 | 746 | 738 | 725 | 718 | 705 | 686 | 668 | 650 | 625 | 30 |
| 32 | 814 | 806 | 799 | 791 | 784 | 770 | 752 | 736 | 721 | 699 | 32 |
| 34 | 871 | 863 | 855 | 846 | 830 | 823 | 815 | 793 | 778 | 760 | 34 |
| 36 | 920 | 911 | 903 | 903 | 886 | 877 | 869 | 853 | 838 | 824 | 36 |
| 40 | 1008 | 1008 | 999 | 989 | 979 | 970 | 961 | 952 | 935 | 918 | 40 |
| 45 | 1111 | 1111 | 1100 | 1090 | 1080 | 1069 | 1059 | 1050 | 1030 | 1012 | 45 |
| 50 | 1216 | 1216 | 1205 | 1193 | 1182 | 1170 | 1159 | 1149 | 1128 | 1108 | 50 |
| 55 | 1295 | 1295 | 1283 | 1270 | 1258 | 1247 | 1235 | 1223 | 1201 | 1180 | 55 |
| 60 | 1376 | 1376 | 1363 | 1350 | 1337 | 1325 | 1312 | 1300 | 1276 | 1254 | 60 |

**Nota.**—Los perfiles se enlazarán por medio de soldadura.

# RESISTENCIA MÁXIMA PONDERADA N* A COMPRESIÓN DE UN PERFIL HEB CON PLATABANDAS LATERALES

**TABLA $EA_c$-14**

Acero tipo A 42

$\sigma_u = 2{,}6\ t/cm^2$

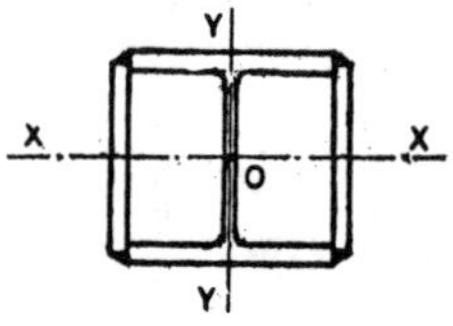


Eje de pandeo y · y

$(i_x > i_y)$

| *Perfil HEB* | *A* *cm²* | *$i_y$* *cm* | *$N^*_{máx.}$ en toneladas para una longitud libre de pandeo $l_k$ en m =* | | | | | | | *Platabanda* ▯ *mm* |
|---|---|---|---|---|---|---|---|---|---|---|
| | | | *2,50* | *2,75* | *3,00* | *3,25* | *3,50* | *3,75* | *4,00* | |
| 12 | 50,6 | 4,44 | 111 | 106 | 100 | 94,6 | 88,3 | 82,2 | 75,6 | 104 · 8 |
| 14 | 62,8 | 5,10 | 146 | 141 | 135 | 129 | 123 | 116 | 111 | 124 · 8 |
| 16 | 82,3 | 5,95 | 198 | 194 | 189 | 183 | 177 | 171 | 164 | 140 · 10 |
| 18 | 97,3 | 6,61 | 236 | 234 | 230 | 226 | 220 | 212 | 206 | 160 · 10 |
| 20 | 121 | 7,52 | 300 | 297 | 294 | 288 | 283 | 278 | 273 | 180 · 12 |
| 22 | 139 | 8,18 | 347 | 344 | 341 | 338 | 331 | 328 | 328 | 200 · 12 |
| 24 | 172 | 9,23 | 434 | 430 | 426 | 426 | 418 | 414 | 410 | 220 · 15 |
| 26 | 190 | 9,94 | 479 | 479 | 475 | 470 | 470 | 462 | 462 | 240 · 15 |
| 28 | 209 | 10,6 | 533 | 527 | 527 | 522 | 517 | 517 | 508 | 260 · 15 |
| 30 | 233 | 11,2 | 594 | 588 | 588 | 582 | 582 | 577 | 571 | 280 · 15 |
| 32 | 281 | 11,9 | 716 | 716 | 709 | 709 | 702 | 702 | 696 | 300 · 20 |
| 34 | 299 | 11,9 | 762 | 762 | 755 | 755 | 747 | 747 | 740 | 320 · 20 |
| 36 | 317 | 11,9 | 808 | 808 | 800 | 800 | 792 | 792 | 785 | 340 · 20 |
| 40 | 350 | 11,9 | 892 | 892 | 883 | 883 | 875 | 875 | 867 | 380 · 20 |
| 45 | 420 | 12,4 | 1.070 | 1.070 | 1.070 | 1.060 | 1.060 | 1.050 | 1.050 | 420 · 24 |
| 50 | 465 | 12,4 | 1.185 | 1.185 | 1.185 | 1.174 | 1.172 | 1.162 | 1.162 | 470 · 24 |
| 55 | 504 | 12,5 | 1.285 | 1.285 | 1.285 | 1.272 | 1.272 | 1.260 | 1.260 | 520 · 24 |
| 60 | 544 | 12,5 | 1.387 | 1.387 | 1.387 | 1.373 | 1.373 | 1.360 | 1.360 | 570 · 24 |

| *Perfil HEB* | *$N^*_{máx.}$ en toneladas para una longitud libre de pandeo $l_k$ en m =* | | | | | | | | | *Platabanda* ▯ *mm* |
|---|---|---|---|---|---|---|---|---|---|---|
| | *4,50* | *5,00* | *5,50* | *6,00* | *6,50* | *7,00* | *8,00* | *9,00* | *10,00* | |
| 12 | 64,8 | 54,4 | 46,7 | 40,2 | 34,9 | 30,2 | 23,7 | 18,8 | 15,5 | 104 · 8 |
| 14 | 96,6 | 83,7 | 72,6 | 68,2 | 55,5 | 48,6 | 38,0 | 30,7 | 25,0 | 124 · 8 |
| 16 | 148 | 134 | 119 | 105 | 93,4 | 82,3 | 66,2 | 53,5 | 43,8 | 140 · 10 |
| 18 | 193 | 176 | 161 | 144 | 130 | 115 | 93,4 | 76,2 | 63,2 | 160 · 10 |
| 20 | 258 | 244 | 226 | 208 | 192 | 174 | 144 | 118 | 98,6 | 180 · 12 |
| 22 | 309 | 294 | 278 | 260 | 241 | 220 | 185 | 156 | 131 | 200 · 12 |
| 24 | 399 | 385 | 366 | 352 | 334 | 310 | 269 | 229 | 199 | 220 · 15 |
| 26 | 449 | 437 | 422 | 405 | 389 | 369 | 327 | 281 | 243 | 240 · 15 |
| 28 | 503 | 489 | 477 | 456 | 442 | 421 | 383 | 335 | 295 | 260 · 15 |
| 30 | 566 | 551 | 541 | 522 | 505 | 484 | 445 | 401 | 354 | 280 · 15 |
| 32 | 683 | 676 | 664 | 646 | 624 | 603 | 562 | 507 | 456 | 300 · 20 |
| 34 | 726 | 720 | 707 | 688 | 664 | 642 | 598 | 540 | 486 | 320 · 20 |
| 36 | 770 | 763 | 749 | 729 | 704 | 681 | 634 | 572 | 515 | 340 · 20 |
| 40 | 850 | 842 | 827 | 805 | 778 | 752 | 700 | 632 | 569 | 380 · 20 |
| 45 | 1.030 | 1.020 | 1.002 | 975 | 958 | 925 | 860 | 785 | 714 | 420 · 20 |
| 50 | 1.140 | 1.130 | 1.109 | 1.079 | 1.060 | 1.024 | 952 | 870 | 790 | 470 · 20 |
| 55 | 1.236 | 1.225 | 1.202 | 1.179 | 1.149 | 1.110 | 1.040 | 956 | 868 | 520 · 20 |
| 60 | 1.334 | 1.322 | 1.297 | 1.263 | 1.241 | 1.198 | 1.125 | 1.032 | 937 | 570 · 20 |

**Nota.**—La resistencia máxima de los perfiles HEB se expone en la tabla $EA_c$-11.

# *RESISTENCIA MÁXIMA PONDERADA N* A COMPRESIÓN DE PERFILES HEA*

**TABLA $EA_c$-15**

Acero tipo A 42

$\sigma_u = 2{,}6\ t/cm^2$

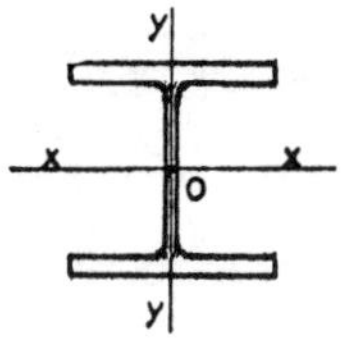


Eje de pandeo y · y

$(i_x > i_y)$

| Perfil HEA | A $cm^2$ | $i_y$ cm | $N^*_{máx.}$ en toneladas para una longitud libre de pandeo $l_k$ en m = 2,50 | 2,75 | 3,00 | 3,25 | 3,50 | 3,75 | 4,00 | Perfil HEA |
|---|---|---|---|---|---|---|---|---|---|---|
| 12 | 25,3 | 3,02 | 41,9 | 37,4 | 33,2 | 29,2 | 26,0 | 23,3 | 20,9 | 12 |
| 14 | 31,4 | 3,52 | 60,0 | 55,5 | 50,4 | 45,6 | 41,2 | 37,3 | 33,2 | 14 |
| 16 | 38,8 | 3,98 | 80,7 | 75,8 | 71,0 | 65,1 | 60,0 | 53,9 | 49,7 | 16 |
| 18 | 45,3 | 4,52 | 101 | 95,8 | 91,3 | 86,0 | 80,7 | 75,0 | 69,7 | 18 |
| 20 | 53,8 | 4,98 | 124 | 119 | 115 | 110 | 104 | 90,5 | 92,6 | 20 |
| 22 | 64,3 | 5,51 | 152 | 148 | 144 | 138 | 133 | 127 | 120 | 22 |
| 24 | 76,8 | 6,00 | 185 | 181 | 177 | 172 | 166 | 168 | 153 | 24 |
| 26 | 86,8 | 6,50 | 211 | 209 | 205 | 200 | 194 | 188 | 182 | 26 |
| 28 | 97,3 | 7,00 | 239 | 236 | 232 | 230 | 224 | 218 | 212 | 28 |
| 30 | 112,5 | 7,49 | 280 | 277 | 274 | 269 | 265 | 260 | 255 | 30 |
| 32 | 124,4 | 7,49 | 307 | 304 | 301 | 296 | 290 | 285 | 280 | 32 |
| 34 | 133,5 | 7,46 | 329 | 326 | 323 | 317 | 311 | 306 | 298 | 34 |
| 36 | 142,8 | 7,43 | 354 | 351 | 347 | 341 | 335 | 329 | 320 | 36 |
| 40 | 159,0 | 7,34 | 394 | 390 | 383 | 379 | 369 | 362 | 356 | 40 |
| 45 | 178,0 | 7,29 | 441 | 432 | 428 | 421 | 413 | 406 | 395 | 45 |
| 50 | 197,5 | 7,24 | 490 | 481 | 477 | 468 | 459 | 451 | 440 | 50 |
| 55 | 211,8 | 7,15 | 525 | 515 | 510 | 501 | 492 | 483 | 467 | 55 |
| 60 | 226,5 | 7,05 | 560 | 549 | 539 | 534 | 520 | 511 | 494 | 60 |

| Perfil HEA | $N^*_{máx.}$ en toneladas para una longitud libre de pandeo $l_k$ en m = 4,50 | 5,00 | 5,50 | 6,00 | 6,50 | 7,00 | 8,00 | 9,00 | 10,00 | Perfil HEA |
|---|---|---|---|---|---|---|---|---|---|---|
| 12 | 16,8 | 13,8 | 11,6 | 9,8 | 8,4 | 7,3 | | | | 12 |
| 14 | 27,4 | 22,8 | 19,2 | 16,4 | 14,0 | 12,1 | 9,4 | | | 14 |
| 16 | 41,7 | 34,8 | 29,7 | 25,2 | 21,9 | 19,0 | 14,7 | 11,8 | | 16 |
| 18 | 58,6 | 50,8 | 42,8 | 36,9 | 32,1 | 28,0 | 21,9 | 17,5 | 14,3 | 18 |
| 20 | 80,4 | 69,6 | 60,3 | 52,4 | 45,0 | 39,5 | 31,0 | 24,9 | 20,4 | 20 |
| 22 | 108 | 95,0 | 83,2 | 73,0 | 64,3 | 56,9 | 44,9 | 36,3 | 29,8 | 22 |
| 24 | 140 | 127 | 111 | 99,3 | 88,7 | 78,0 | 62,6 | 50,4 | 41,4 | 24 |
| 26 | 170 | 154 | 139 | 126 | 112 | 100 | 80,9 | 66,4 | 54,4 | 26 |
| 28 | 201 | 186 | 170 | 154 | 140 | 126 | 103 | 83,8 | 69,7 | 28 |
| 30 | 241 | 226 | 211 | 194 | 177 | 162 | 132 | 110 | 90,9 | 30 |
| 32 | 264 | 248 | 232 | 213 | 194 | 178 | 145 | 121 | 100 | 32 |
| 34 | 283 | 266 | 247 | 229 | 208 | 188 | 156 | 127 | 107 | 34 |
| 36 | 302 | 286 | 265 | 243 | 224 | 202 | 165 | 137 | 114 | 36 |
| 40 | 336 | 315 | 291 | 267 | 242 | 222 | 180 | 148 | 124 | 40 |
| 45 | 373 | 348 | 326 | 298 | 270 | 245 | 199 | 166 | 138 | 45 |
| 50 | 415 | 387 | 357 | 328 | 296 | 268 | 222 | 182 | 151 | 50 |
| 55 | 441 | 411 | 377 | 344 | 313 | 283 | 230 | 190 | 158 | 55 |
| 60 | 466 | 432 | 400 | 363 | 328 | 297 | 243 | 197 | 164 | 60 |

# RESISTENCIA MÁXIMA PONDERADA N* A COMPRESIÓN DE UN PERFIL HEA CON PLATABANDAS LATERALES

TABLA $EA_c$-16

Acero tipo A 42

$\sigma_u = 2{,}6\ t/cm^2$

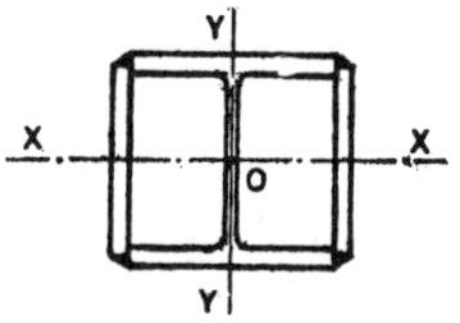


Eje de pandeo y · y

$(i_x > i_y)$

| Perfil HEA | A $cm^2$ | $i_y$ cm | $N^*_{máx.}$ en toneladas para una longitud libre de pandeo $l_k$ en m = 2,50 | 2,75 | 3,00 | 3,25 | 3,50 | 3,75 | 4,00 | Platabanda mm |
|---|---|---|---|---|---|---|---|---|---|---|
| 12 | 37,8 | 4,39 | 82,6 | 78,6 | 73,9 | 69,2 | 65,1 | 59,9 | 54,9 | 104 · 6 |
| 14 | 51,1 | 5,36 | 117 | 113 | 109 | 104 | 99,1 | 93,6 | 88,0 | 123 · 8 |
| 16 | 61,2 | 5,99 | 146 | 142 | 139 | 135 | 129 | 125 | 119 | 140 · 8 |
| 18 | 70,9 | 6,71 | 172 | 171 | 167 | 164 | 160 | 155 | 150 | 160 · 8 |
| 20 | 89,8 | 7,69 | 222 | 218 | 216 | 212 | 208 | 205 | 199 | 180 · 10 |
| 22 | 104 | 8,33 | 260 | 257 | 255 | 257 | 248 | 243 | 230 | 200 · 10 |
| 24 | 130 | 9,28 | 325 | 325 | 322 | 319 | 316 | 310 | 307 | 220 · 12 |
| 26 | 144 | 9,96 | 363 | 360 | 360 | 356 | 353 | 350 | 347 | 240 · 12 |
| 28 | 160 | 10,6 | 408 | 404 | 400 | 400 | 396 | 392 | 389 | 260 · 12 |
| 30 | 180 | 11,2 | 459 | 454 | 454 | 450 | 450 | 446 | 441 | 280 · 12 |
| 32 | 214 | 11,7 | 545 | 545 | 540 | 540 | 535 | 535 | 530 | 300 · 15 |
| 34 | 229 | 11,7 | 584 | 584 | 578 | 578 | 572 | 572 | 567 | 320 · 15 |
| 36 | 245 | 11,6 | 624 | 624 | 618 | 618 | 612 | 612 | 607 | 340 · 15 |
| 40 | 273 | 11,6 | 696 | 696 | 689 | 689 | 682 | 682 | 676 | 380 · 15 |
| 45 | 346 | 12,3 | 882 | 882 | 882 | 873 | 873 | 865 | 857 | 420 · 20 |
| 50 | 386 | 12,3 | 984 | 984 | 984 | 974 | 974 | 965 | 958 | 470 · 20 |
| 55 | 420 | 12,4 | 1.070 | 1.070 | 1.070 | 1.060 | 1.060 | 1.050 | 1.050 | 520 · 20 |
| 60 | 454 | 12,4 | 1.157 | 1.157 | 1.157 | 1.146 | 1.146 | 1.135 | 1.135 | 570 · 20 |

| Perfil HEA | $N^*_{máx.}$ en toneladas para una longitud libre de pandeo $l_k$ en m = 4,50 | 5,00 | 5,50 | 6,00 | 6,50 | 7,00 | 8,00 | 9,00 | 10,00 | Platabanda mm |
|---|---|---|---|---|---|---|---|---|---|---|
| 12 | 47,0 | 39,5 | 33,9 | 28,9 | 25,1 | 21,8 | 17,2 | 13,7 | 10,0 | 104 · 6 |
| 14 | 76,4 | 66,1 | 57,3 | 49,8 | 43,4 | 38,1 | 29,9 | 23,9 | 19,6 | 123 · 8 |
| 16 | 108 | 95,9 | 85,5 | 74,7 | 65,8 | 58,7 | 46,1 | 37,4 | 30,9 | 140 · 8 |
| 18 | 141 | 128 | 115 | 105 | 93,1 | 83,0 | 67,0 | 54,9 | 45,5 | 160 · 8 |
| 20 | 188 | 175 | 162 | 149 | 134 | 121 | 99,4 | 81,6 | 67,7 | 180 · 10 |
| 22 | 229 | 218 | 206 | 190 | 177 | 163 | 134 | 113 | 95,9 | 200 · 10 |
| 24 | 296 | 284 | 270 | 254 | 241 | 224 | 189 | 162 | 137 | 220 · 12 |
| 26 | 337 | 328 | 314 | 299 | 286 | 269 | 234 | 203 | 176 | 240 · 12 |
| 28 | 382 | 371 | 362 | 347 | 335 | 320 | 285 | 250 | 220 | 260 · 12 |
| 30 | 437 | 425 | 418 | 403 | 390 | 377 | 344 | 310 | 274 | 280 · 12 |
| 32 | 520 | 510 | 501 | 488 | 471 | 456 | 425 | 381 | 343 | 300 · 15 |
| 34 | 556 | 546 | 536 | 522 | 504 | 488 | 454 | 408 | 367 | 320 · 15 |
| 36 | 595 | 584 | 574 | 559 | 540 | 522 | 479 | 433 | 388 | 340 · 15 |
| 40 | 663 | 651 | 639 | 622 | 601 | 582 | 534 | 483 | 433 | 380 · 15 |
| 45 | 849 | 833 | 818 | 803 | 782 | 756 | 708 | 647 | 588 | 420 · 20 |
| 50 | 947 | 929 | 912 | 896 | 873 | 843 | 790 | 722 | 656 | 470 · 20 |
| 55 | 1.030 | 1.020 | 1.002 | 975 | 958 | 925 | 860 | 785 | 714 | 520 · 20 |
| 60 | 1.113 | 1.103 | 1.083 | 1.054 | 1.035 | 1.000 | 929 | 849 | 771 | 570 · 20 |

# *RESISTENCIA MÁXIMA PONDERADA N** *A COMPRESIÓN DE PERFILES HEM*



Acero tipo A 42

$\sigma_u = 2{,}6\ t/cm^2$

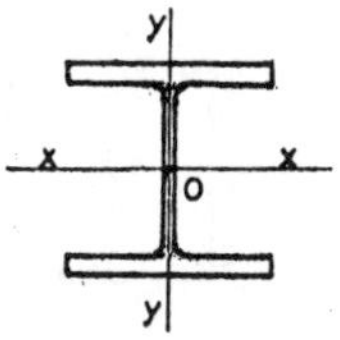


Eje de pandeo y · y

$(i_x > i_y)$

| *Perfil HEM* | *A* *cm²* | $i_y$ *cm* | *N*máx. en toneladas para una longitud libre de pandeo $l_k$ en m =* 2,50 | 2,75 | 3,00 | 3,25 | 3,50 | 3,75 | 4,00 | *Perfil HEM* |
|---|---|---|---|---|---|---|---|---|---|---|
| 12 | 66,4 | 3,25 | 118 | 106 | 96,3 | 85,8 | 76,6 | 69,2 | 61,8 | 12 |
| 14 | 80,6 | 3,77 | 162 | 151 | 139 | 128 | 116 | 106 | 95,7 | 14 |
| 16 | 97,1 | 4,26 | 209 | 199 | 188 | 175 | 163 | 149 | 137 | 16 |
| 18 | 113,3 | 4,77 | 258 | 245 | 235 | 225 | 212 | 198 | 184 | 18 |
| 20 | 131,3 | 5,27 | 307 | 299 | 287 | 275 | 264 | 250 | 236 | 20 |
| 22 | 149,4 | 5,79 | 355 | 348 | 339 | 328 | 317 | 305 | 291 | 22 |
| 24 | 199,6 | 6,39 | 485 | 476 | 468 | 455 | 443 | 429 | 415 | 24 |
| 26 | 219,6 | 6,90 | 538 | 534 | 524 | 514 | 501 | 493 | 476 | 26 |
| 28 | 240,2 | 7,40 | 594 | 589 | 578 | 572 | 562 | 547 | 538 | 28 |
| 30 | 303,1 | 8,00 | 757 | 750 | 736 | 729 | 723 | 709 | 697 | 30 |
| 32 | 312 | 7,95 | 780 | 772 | 758 | 744 | 744 | 731 | 718 | 32 |
| 34 | 315,8 | 7,90 | 790 | 782 | 768 | 754 | 754 | 740 | 727 | 34 |
| 36 | 318,8 | 7,83 | 797 | 790 | 775 | 764 | 761 | 740 | 727 | 36 |
| 40 | 325,8 | 7,70 | 815 | 799 | 792 | 770 | 770 | 757 | 743 | 40 |
| 45 | 335,4 | 7,59 | 829 | 822 | 814 | 792 | 792 | 778 | 757 | 45 |
| 50 | 344,3 | 7,46 | 852 | 844 | 836 | 806 | 806 | 791 | 771 | 50 |
| 55 | 354,4 | 7,35 | 876 | 868 | 852 | 822 | 822 | 807 | 793 | 55 |
| 60 | 363,7 | 7,22 | 901 | 884 | 876 | 845 | 845 | 830 | 809 | 60 |

| *Perfil HEM* | *N*máx. en toneladas para una longitud libre de pandeo $l_k$ en m =* 4,50 | 5,00 | 5,50 | 6,00 | 6,50 | 7,00 | 8,00 | 9,00 | 10,00 | *Perfil HEM* |
|---|---|---|---|---|---|---|---|---|---|---|
| 12 | 50,7 | 41,5 | 34,9 | 29,5 | 25,4 | 22,1 | 17,0 | | | 12 |
| 14 | 79,4 | 65,7 | 55,6 | 47,6 | 41,1 | 35,5 | 27,6 | 21,9 | | 14 |
| 16 | 117 | 98,6 | 83,6 | 71,3 | 61,6 | 54,2 | 41,9 | 33,6 | 27,3 | 16 |
| 18 | 160 | 130 | 118 | 101 | 88,0 | 77,0 | 63,0 | 48,0 | 39,0 | 18 |
| 20 | 210 | 183 | 160 | 138 | 122 | 107 | 84,0 | 67,0 | 55,0 | 20 |
| 22 | 263 | 236 | 208 | 182 | 162 | 143 | 114 | 92,0 | 75,0 | 22 |
| 24 | 387 | 353 | 316 | 282 | 252 | 224 | 181 | 146 | 122 | 24 |
| 26 | 450 | 417 | 378 | 344 | 310 | 281 | 226 | 186 | 153 | 26 |
| 28 | 507 | 476 | 446 | 408 | 369 | 335 | 277 | 227 | 191 | 28 |
| 30 | 667 | 630 | 593 | 555 | 515 | 466 | 392 | 325 | 275 | 30 |
| 32 | 682 | 649 | 610 | 571 | 523 | 480 | 399 | 335 | 280 | 32 |
| 34 | 690 | 657 | 613 | 570 | 530 | 480 | 405 | 334 | 279 | 34 |
| 36 | 697 | 658 | 619 | 568 | 528 | 485 | 402 | 333 | 278 | 36 |
| 40 | 706 | 667 | 623 | 576 | 530 | 482 | 398 | 330 | 277 | 40 |
| 45 | 720 | 675 | 636 | 584 | 531 | 487 | 403 | 330 | 276 | 45 |
| 50 | 733 | 688 | 639 | 592 | 539 | 486 | 403 | 330 | 277 | 50 |
| 55 | 748 | 702 | 648 | 594 | 545 | 495 | 402 | 335 | 277 | 55 |
| 60 | 763 | 711 | 657 | 603 | 544 | 493 | 402 | 331 | 274 | 60 |

# RESISTENCIA MÁXIMA PONDERADA N* A COMPRESIÓN DE UN PERFIL HEM CON PLATABANDAS LATERALES

**TABLA $EA_c$-18**

Acero tipo A 42

$\sigma_u = 2,6$ t/cm²

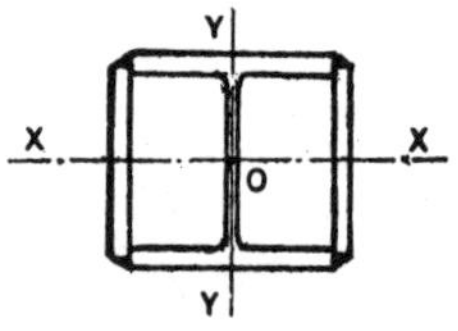


Eje de pandeo y · y

($i_x > i_y$)

| *Perfil HEM* | *A* $cm^2$ | $i_y$ *cm* | $N^*_{máx.}$ en toneladas para una longitud libre de pandeo $l_k$ en m = 2,50 | 2,75 | 3,00 | 3,25 | 3,50 | 3,75 | 4,00 | *Platabanda* ▯ *mm* |
|---|---|---|---|---|---|---|---|---|---|---|
| 12 | 95,2 | 4,67 | 213 | 204 | 196 | 185 | 174 | 164 | 151 | 120 · 12 |
| 14 | 120 | 5,54 | 283 | 276 | 269 | 258 | 249 | 238 | 228 | 130 · 15 |
| 16 | 142 | 6,20 | 345 | 339 | 329 | 324 | 313 | 302 | 291 | 150 · 15 |
| 18 | 164 | 6,87 | 402 | 398 | 391 | 384 | 374 | 364 | 355 | 170 · 15 |
| 20 | 188 | 7,52 | 465 | 461 | 457 | 448 | 440 | 432 | 425 | 190 · 15 |
| 22 | 233 | 8,73 | 582 | 582 | 577 | 571 | 566 | 556 | 551 | 210 · 20 |
| 24 | 310 | 9,60 | 782 | 775 | 775 | 767 | 760 | 753 | 746 | 230 · 24 |
| 26 | 340 | 10,3 | 867 | 858 | 850 | 850 | 842 | 834 | 826 | 250 · 24 |
| 28 | 370 | 11,0 | 943 | 934 | 934 | 925 | 925 | 916 | 907 | 270 · 24 |
| 30 | 447 | 11,5 | 1.139 | 1.139 | 1.128 | 1.128 | 1.117 | 1.107 | 1.107 | 300 · 24 |
| 32 | 504 | 12,2 | 1.285 | 1.285 | 1.272 | 1.272 | 1.260 | 1.260 | 1.248 | 320 · 30 |
| 34 | 520 | 12,3 | 1.325 | 1.325 | 1.325 | 1.312 | 1.312 | 1.300 | 1.287 | 340 · 30 |
| 36 | 529 | 12,3 | 1.348 | 1.348 | 1.348 | 1.335 | 1.335 | 1.322 | 1.310 | 350 · 30 |
| 40 | 560 | 12,4 | 1.427 | 1.427 | 1.427 | 1.413 | 1.413 | 1.400 | 1.387 | 390 · 30 |
| 45 | 599 | 12,6 | 1.527 | 1.527 | 1.527 | 1.512 | 1.512 | 1.497 | 1.483 | 440 · 30 |
| 50 | 632 | 12,6 | 1.611 | 1.611 | 1.611 | 1.595 | 1.595 | 1.580 | 1.565 | 480 · 30 |
| 55 | 672 | 12,7 | 1.713 | 1.713 | 1.713 | 1.696 | 1.696 | 1.680 | 1.680 | 530 · 30 |
| 60 | 712 | 12,8 | 1.815 | 1.815 | 1.815 | 1.797 | 1.797 | 1.780 | 1.780 | 580 · 30 |

| *Perfil HEM* | $N^*_{máx.}$ en toneladas para una longitud libre de pandeo $l_k$ en m = 4,50 | 5,00 | 5,50 | 6,00 | 6,50 | 7,00 | 8,00 | 9,00 | 10,00 | *Platabanda* ▯ *mm* |
|---|---|---|---|---|---|---|---|---|---|---|
| 12 | 131 | 111 | 95,2 | 83,1 | 71,1 | 62,5 | 49,1 | 39,0 | 32,1 | 120 · 12 |
| 14 | 204 | 179 | 157 | 139 | 122 | 107 | 85,0 | 68,4 | 55,6 | 130 · 15 |
| 16 | 265 | 241 | 216 | 192 | 171 | 152 | 123 | 99,2 | 81,9 | 150 · 15 |
| 18 | 330 | 307 | 282 | 257 | 229 | 207 | 168 | 137 | 113 | 170 · 15 |
| 20 | 401 | 379 | 352 | 324 | 298 | 270 | 223 | 183 | 153 | 190 · 15 |
| 22 | 531 | 509 | 484 | 455 | 433 | 401 | 338 | 290 | 243 | 210 · 20 |
| 24 | 726 | 707 | 677 | 645 | 615 | 580 | 513 | 438 | 378 | 230 · 24 |
| 26 | 811 | 789 | 769 | 737 | 707 | 675 | 601 | 532 | 460 | 250 · 24 |
| 28 | 891 | 874 | 851 | 822 | 795 | 763 | 692 | 620 | 546 | 270 · 24 |
| 30 | 1.086 | 1.066 | 1.038 | 1.019 | 976 | 945 | 867 | 790 | 700 | 300 · 24 |
| 32 | 1.236 | 1.213 | 1.191 | 1.170 | 1.139 | 1.101 | 1.016 | 936 | 845 | 320 · 30 |
| 34 | 1.275 | 1.252 | 1.229 | 1.207 | 1.175 | 1.136 | 1.064 | 973 | 884 | 340 · 30 |
| 36 | 1.297 | 1.273 | 1.250 | 1.228 | 1.196 | 1.156 | 1.083 | 989 | 899 | 350 · 30 |
| 40 | 1.373 | 1.361 | 1.336 | 1.300 | 1.277 | 1.234 | 1.146 | 1.047 | 951 | 390 · 30 |
| 45 | 1.469 | 1.455 | 1.429 | 1.390 | 1.366 | 1.320 | 1.246 | 1.145 | 1.045 | 440 · 30 |
| 50 | 1.550 | 1.536 | 1.507 | 1.467 | 1.441 | 1.392 | 1.314 | 1.208 | 1.103 | 480 · 30 |
| 55 | 1.664 | 1.633 | 1.603 | 1.574 | 1.532 | 1.493 | 1.398 | 1.285 | 1.173 | 530 · 30 |
| 60 | 1.763 | 1.730 | 1.698 | 1.668 | 1.624 | 1.528 | 1.481 | 1.381 | 1.259 | 580 · 30 |

**Nota.**—La resistencia máxima de los perfiles HEM se expone en la tabla $EA_c$-17.

# RESISTENCIA MÁXIMA PONDERADA N* A COMPRESIÓN DE PERFILES [ PN

**TABLA $EA_c$-19**

Acero tipo A 42

$\sigma_u = 2{,}6$ t/cm²

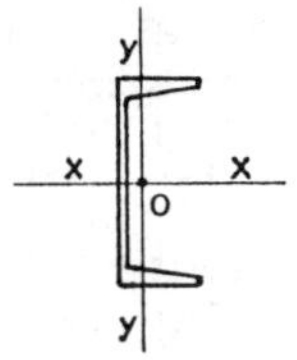


Eje de pandeo y-y

$(i_x > i_y)$

| Perfil [ PN | A cm² | $i_y$ cm | $N^*_{máx.}$ en toneladas para una longitud libre de pandeo $l_k$ en m. = 1,40 | 1,50 | 1,60 | 1,70 | 1,80 | 1,90 | 2,00 | 2,20 | 2,40 | 2,60 | 2,80 | Perfil [ PN |
|---|---|---|---|---|---|---|---|---|---|---|---|---|---|---|
| 8 | 11,0 | 1,33 | 13,2 | 11,9 | 10,7 | 9,6 | 8,7 | 7,9 | 7,2 | 6,0 | 5,1 | 4,4 | 3,8 | 8 |
| 10 | 13,5 | 1,47 | 18,9 | 17,0 | 15,4 | 14,0 | 12,7 | 11,6 | 10,6 | 8,9 | 7,6 | 6,5 | 5,7 | 10 |
| 12 | 17,0 | 1,59 | 26,1 | 23,9 | 21,8 | 19,9 | 18,1 | 16,6 | 15,3 | 12,9 | 11,0 | 9,5 | 8,3 | 12 |
| 14 | 20,4 | 1,75 | 35,1 | 32,5 | 30,0 | 27,6 | 25,4 | 23,4 | 21,4 | 18,4 | 15,8 | 13,6 | 11,9 | 14 |
| 16 | 24,0 | 1,89 | 44,5 | 41,6 | 38,8 | 35,9 | 33,3 | 30,9 | 28,6 | 24,6 | 21,2 | 18,5 | 16,1 | 16 |
| 18 | 28,0 | 2,02 | 54,7 | 51,6 | 48,9 | 45,5 | 42,6 | 39,6 | 36,7 | 31,8 | 27,7 | 24,2 | 21,2 | 18 |
| 20 | 32,2 | 2,14 | 65,4 | 61,6 | 59,4 | 55,8 | 52,3 | 49,0 | 45,7 | 40,1 | 34,9 | 30,7 | 27,0 | 20 |
| 22 | 37,4 | 2,30 | 79,0 | 76,5 | 72,6 | 69,5 | 65,7 | 62,3 | 58,6 | 51,7 | 45,4 | 40,0 | 35,5 | 22 |
| 24 | 42,3 | 2,42 | 91,6 | 88,7 | 84,6 | 82,1 | 78,0 | 74,3 | 70,5 | 62,5 | 55,3 | 49,3 | 43,6 | 24 |
| 26 | 48,3 | 2,56 | 107 | 103 | 100 | 97,3 | 93,0 | 89,7 | 85,4 | 76,6 | 68,6 | 61,3 | 54,6 | 26 |
| 28 | 53,3 | 2,74 | 121 | 118 | 115 | 111 | 108 | 104 | 99,7 | 91,2 | 82,5 | 74,5 | 67,0 | 28 |
| 30 | 58,8 | 2,90 | 136 | 134 | 130 | 126 | 123 | 119 | 115 | 106 | 97,4 | 88,4 | 80,0 | 30 |
| 32 | 75,8 | 2,81 | 174 | 171 | 165 | 160 | 156 | 150 | 145 | 133 | 121 | 109 | 98,5 | 32 |
| 35 | 77,3 | 2,72 | 176 | 172 | 166 | 161 | 156 | 150 | 144 | 131 | 118 | 107 | 96,1 | 35 |
| 38 | 80,4 | 2,77 | 185 | 180 | 174 | 170 | 164 | 157 | 152 | 139 | 126 | 113 | 103 | 38 |
| 40 | 91,5 | 3,04 | 216 | 212 | 207 | 201 | 196 | 190 | 186 | 172 | 159 | 146 | 133 | 40 |

| Perfil [ PN | $N^*_{máx.}$ en toneladas para una longitud libre de pandeo $l_k$ en m. = 3,00 | 3,25 | 3,50 | 3,75 | 4,00 | 4,25 | 4,50 | 4,75 | 5,00 | 5,25 | 5,50 | 5,75 | 6,00 | Perfil [ PN |
|---|---|---|---|---|---|---|---|---|---|---|---|---|---|---|
| 8 | 3,3 | 3,1 | – | | | | | | | | | | | 8 |
| 10 | 5,0 | 4,3 | 3,7 | – | | | | | | | | | | 10 |
| 12 | 7,2 | 6,2 | 4,9 | 4,7 | – | | | | | | | | | 12 |
| 14 | 10,5 | 9,0 | 7,8 | 6,9 | 6,0 | 5,3 | – | | | | | | | 14 |
| 16 | 14,2 | 12,2 | 10,7 | 9,3 | 8,3 | 7,3 | 6,6 | – | | | | | | 16 |
| 18 | 18,7 | 16,1 | 14,1 | 12,4 | 10,9 | 9,7 | 8,7 | 7,9 | 7,1 | – | | | | 18 |
| 20 | 23,9 | 20,7 | 18,0 | 15,9 | 14,0 | 12,5 | 11,2 | 10,1 | 9,2 | 8,3 | – | | | 20 |
| 22 | 31,6 | 27,3 | 24,0 | 21,1 | 18,7 | 16,7 | 15,0 | 13,5 | 12,2 | 11,1 | 10,2 | – | | 22 |
| 24 | 39,0 | 33,8 | 29,7 | 26,2 | 23,2 | 20,8 | 18,6 | 16,8 | 15,2 | 13,9 | 12,7 | 11,6 | 10,7 | 24 |
| 26 | 48,0 | 42,7 | 37,6 | 33,3 | 29,4 | 26,3 | 23,6 | 21,4 | 19,4 | 17,6 | 16,1 | 14,8 | 13,6 | 26 |
| 28 | 60,0 | 52,9 | 46,7 | 41,2 | 36,8 | 32,9 | 29,7 | 26,8 | 24,3 | 22,1 | 20,3 | 18,6 | 17,2 | 28 |
| 30 | 72,5 | 64,0 | 56,6 | 50,3 | 45,0 | 40,3 | 36,3 | 32,9 | 29,9 | 27,3 | 24,9 | 22,9 | 20,5 | 30 |
| 32 | 89,2 | 78,2 | 69,4 | 61,4 | 54,7 | 49,1 | 44,3 | 39,6 | 36,3 | 33,1 | 30,3 | 27,8 | 25,6 | 32 |
| 35 | 86,3 | 75,5 | 66,8 | 59,1 | 52,8 | 47,1 | 42,4 | 38,4 | 34,8 | 31,7 | 29,0 | 26,6 | 24,5 | 35 |
| 38 | 92,5 | 81,3 | 71,6 | 63,5 | 56,6 | 50,7 | 45,5 | 41,2 | 37,5 | 34,5 | 31,2 | 28,7 | 26,5 | 38 |
| 40 | 120 | 107 | 95,5 | 83,8 | 76,3 | 68,4 | 61,6 | 55,7 | 50,7 | 46,3 | 42,5 | 39,0 | 36,0 | 40 |

*NOTA.– No se consideran los medios perfiles de [ PN por ser más prácticos los de angulares de alas iguales o desiguales.*

## RESISTENCIA MÁXIMA PONDERADA N* A COMPRESIÓN DE PERFILES [ ] PN UNIDOS POR LAS ALAS

**TABLA $EA_c$-20**

Acero tipo A 42

$\sigma_u = 2{,}6$ t/cm$^2$

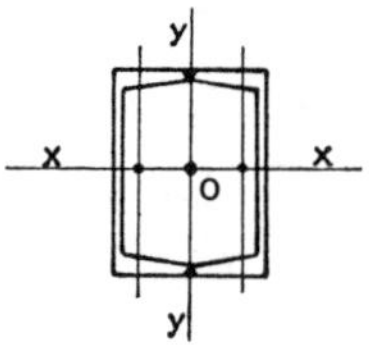


Eje de pandeo y-y excepto de perfiles [ ] PN 8, al que corresponde el x-x.

| *Perfil* [ ]*PN* | *A* *cm*$^2$ | $I_x$ *cm*$^4$ | $i_x$ *cm* | $I_y$ *cm*$^4$ | $i_y$ *cm* | $i_{y1}$ *cm* | $N^*_{máx}$ en toneladas para una longitud $l_k$ en m = 2,00 | 2,25 | 2,50 | 2,75 | 3,00 | 3,25 | *Perfil* [ ]*PN* |
|---|---|---|---|---|---|---|---|---|---|---|---|---|---|
| 8 | 22 | 212 | 3,10 | (243) | (3,33) | 1,33 | 45,0 | 41,4 | 37,6 | 33,6 | 29,9 | 26,6 | 8 |
| 10 | 27 | (412) | (3,91) | 380 | 3,75 | 1,47 | 61,0 | 57,5 | 54,0 | 50,5 | 46,5 | 42,3 | 10 |
| 12 | 34 | – | – | 603 | 4,21 | 1,59 | 78,9 | 76,8 | 73,1 | 69,1 | 65,0 | 60,5 | 12 |
| 14 | 40,8 | | | 862 | 4,60 | 1,75 | 97,3 | 94,7 | 91,4 | 87,0 | 83,5 | 78,6 | 14 |
| 16 | 48 | | | 1213 | 5,03 | 1,89 | 116 | 114 | 110 | 106 | 102 | 98,3 | 16 |
| 18 | 56 | | | 1673 | 5,47 | 2,02 | 137 | 135 | 132 | 128 | 124 | 120 | 18 |
| 20 | 64,4 | | | 2237 | 5,89 | 2,14 | 159 | 157 | 155 | 150 | 147 | 143 | 20 |
| 22 | 74,8 | | | 2807 | 6,29 | 2,30 | 187 | 184 | 181 | 178 | 176 | 170 | 22 |
| 24 | 84,6 | | | 3822 | 6,72 | 2,42 | 215 | 210 | 207 | 203 | 200 | 196 | 24 |
| 26 | 96,6 | | | 4893 | 7,12 | 2,56 | 244 | 241 | 239 | 235 | 233 | 228 | 26 |
| 28 | 106,6 | | | 5976 | 7,49 | 2,74 | 269 | 266 | 264 | 261 | 259 | 254 | 28 |
| 30 | 117,6 | | | 7257 | 7,86 | 2,90 | 297 | 294 | 294 | 291 | 286 | 283 | 30 |
| 32 | 151,6 | | | 9496 | 7,91 | 2,81 | 382 | 382 | 379 | 375 | 368 | 365 | 32 |
| 35 | 154,6 | | | 10070 | 8,07 | 2,72 | 390 | 390 | 387 | 383 | 379 | 375 | 35 |
| 38 | 160,8 | | | 11063 | 8,29 | 2,77 | 410 | 406 | 402 | 398 | 394 | 391 | 38 |
| 40 | 183 | | | 14451 | 8,88 | 3,04 | 466 | 462 | 462 | 457 | 453 | 449 | 40 |

| Perfil [ ]*PN* | $N^*_{máx}$ en toneladas para una longitud libre de pandeo $l_k$ en m = 3,50 | 3,75 | 4,00 | 4,25 | 4,50 | 4,75 | 5,00 | 5,25 | 5,50 | 5,75 | 6,00 | 7,00 | *Perfil* [ ]*PN* |
|---|---|---|---|---|---|---|---|---|---|---|---|---|---|
| 8 | 23,6 | 21,1 | 18,9 | 17,0 | 15,3 | 13,9 | 12,7 | 11,6 | 10,6 | 9,7 | 9,0 | 6,7 | 8 |
| 10 | 38,6 | 34,9 | 31,8 | 28,9 | 26,3 | 24,0 | 21,9 | 20,1 | 18,5 | 17,0 | 15,8 | 11,8 | 10 |
| 12 | 56,3 | 51,7 | 47,5 | 43,5 | 39,8 | 36,7 | 33,6 | 31,0 | 28,6 | 26,5 | 24,5 | 18,5 | 12 |
| 14 | 73,7 | 68,9 | 63,9 | 58,9 | 54,7 | 50,5 | 46,5 | 43,1 | 39,9 | 37,1 | 34,4 | 26,2 | 14 |
| 16 | 93,1 | 88,5 | 83,2 | 77,5 | 72,1 | 67,5 | 62,7 | 58,3 | 54,3 | 50,5 | 47,1 | 36,1 | 16 |
| 18 | 115 | 110 | 104 | 99,0 | 93,3 | 87,7 | 82,3 | 77,0 | 72,1 | 67,4 | 63,0 | 48,8 | 18 |
| 20 | 138 | 133 | 127 | 122 | 115 | 110 | 103 | 97,9 | 92,0 | 86,3 | 81,3 | 63,6 | 20 |
| 22 | 164 | 159 | 154 | 148 | 142 | 136 | 129 | 123 | 116 | 109 | 104 | 81,0 | 22 |
| 24 | 192 | 186 | 180 | 176 | 169 | 163 | 156 | 150 | 142 | 135 | 128 | 103 | 24 |
| 26 | 224 | 218 | 213 | 206 | 201 | 193 | 187 | 179 | 172 | 164 | 156 | 128 | 26 |
| 28 | 250 | 245 | 241 | 233 | 227 | 222 | 213 | 207 | 199 | 190 | 183 | 152 | 28 |
| 30 | 278 | 273 | 268 | 264 | 257 | 251 | 243 | 235 | 228 | 220 | 215 | 179 | 30 |
| 32 | 362 | 355 | 346 | 340 | 331 | 323 | 315 | 306 | 294 | 284 | 278 | 232 | 32 |
| 35 | 369 | 362 | 356 | 349 | 341 | 332 | 324 | 316 | 307 | 296 | 287 | 243 | 35 |
| 38 | 387 | 380 | 373 | 367 | 360 | 351 | 343 | 334 | 324 | 314 | 305 | 259 | 38 |
| 40 | 445 | 440 | 432 | 425 | 417 | 410 | 403 | 393 | 383 | 374 | 363 | 319 | 40 |

*NOTA.– Los perfiles se enlazarán por medio de soldadura.*

# RESISTENCIA MÁXIMA PONDERADA N* A COMPRESIÓN DE DOS PERFILES [ PN CON SEPARACIÓN DE ALAS VARIABLES

**TABLA $EA_c$ -21**

Acero tipo A 42

$\sigma_u$ = 2,6 t/cm²

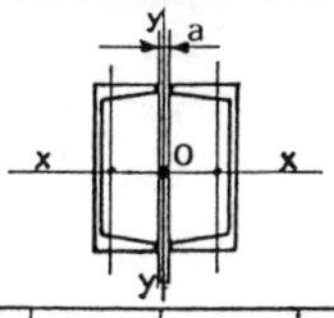


El eje de pandeo es el x-x para perfiles [ PN 8 y [ PN 10; eje y-y y x-x para [ PN 12, y el eje y-y para perfiles de [ PN 14 a [ PN 40

| Perfil []PN | A cm² | a mm | $i_x$ cm⁴ | $i_x$ cm | $I_y$ cm⁴ | $i_y$ cm | $i_{y1}$ cm | $N^*_{máx}$ en toneladas para una longitud $l_k$ en m = 2,00 | 2,25 | 2,50 | 2,75 | 3,00 | Perfil []PN |
|---|---|---|---|---|---|---|---|---|---|---|---|---|---|
| 8 | 22 | 8 | 212 | 3,10 | | | 1,33 | 45,0 | 41,4 | 37,6 | 33,6 | 29,9 | 8 |
| | | 10 | | | | | | 45,0 | 41,4 | 37,6 | 33,6 | 29,9 | |
| 10 | 27 | 8 | 412 | 3,91 | | | 1,47 | 61,5 | 58,5 | 55,7 | 52,0 | 48,4 | 10 |
| | | 10 | | | | | | 61,5 | 58,5 | 55,7 | 52,0 | 48,4 | |
| 12 | 34 | 8 | 728 | 4,62 | 715 | 4,59 | 1,59 | 81,1 | 78,9 | 76,2 | 72,4 | 69,1 | 12 |
| | | 10 | | | (745) | (4,68) | | 81,1 | 78,9 | 76,2 | 72,4 | 69,6 | |
| 14 | 40,8 | 10 | (1210) | (5,45) | 1046 | 5,06 | 1,75 | 99,1 | 97,3 | 94,7 | 91,5 | 87,7 | 14 |
| | | 12 | | | 1085 | 5,15 | | 99,1 | 97,3 | 94,7 | 92,2 | 88,4 | |
| 16 | 48 | 10 | | | 1448 | 5,49 | 1,89 | 118 | 115 | 113 | 110 | 106 | 16 |
| | | 12 | | | 1498 | 5,59 | | 118 | 115 | 113 | 111 | 107 | |
| 18 | 56 | 10 | | | 1972 | 5,93 | 2,02 | 138 | 136 | 135 | 132 | 128 | 18 |
| | | 12 | | | 2035 | 6,02 | | 138 | 136 | 135 | 132 | 129 | |
| 20 | 64,4 | 12 | | | 2680 | 6,45 | 2,14 | 161 | 159 | 156 | 153 | 150 | 20 |
| | | 15 | | | 2800 | 6,59 | | 161 | 159 | 156 | 153 | 152 | |
| 22 | 74,8 | 12 | | | 3515 | 6,86 | 2,30 | 189 | 187 | 184 | 182 | 178 | 22 |
| | | 15 | | | 3662 | 7,00 | | 189 | 187 | 184 | 182 | 178 | |
| 24 | 84,6 | 12 | | | 4489 | 7,28 | 2,42 | 213 | 211 | 209 | 206 | 204 | 24 |
| | | 15 | | | 4665 | 7,43 | | 213 | 211 | 209 | 208 | 206 | |
| 26 | 96,6 | 15 | | | 5910 | 7,82 | 2,56 | 244 | 244 | 242 | 239 | 235 | 26 |
| | | 20 | | | 6272 | 8,06 | | 244 | 244 | 242 | 239 | 237 | |
| 28 | 106,6 | 15 | | | 7210 | 8,22 | 2,74 | 272 | 269 | 266 | 264 | 261 | 28 |
| | | 20 | | | 7632 | 8,46 | | 272 | 269 | 266 | 264 | 261 | |
| 30 | 117,6 | 15 | | | 8610 | 8,56 | 2,90 | 300 | 297 | 297 | 294 | 291 | 30 |
| | | 20 | | | 9091 | 8,79 | | 300 | 297 | 297 | 294 | 291 | |
| 32 | 151,6 | 20 | | | 11890 | 8,85 | 2,81 | 386 | 382 | 382 | 379 | 375 | 32 |
| | | 25 | | | 12538 | 9,09 | | 386 | 382 | 382 | 379 | 375 | |
| 35 | 154,5 | 20 | | | 12574 | 9,02 | 2,72 | 394 | 390 | 390 | 386 | 382 | 35 |
| | | 25 | | | 13248 | 9,25 | | 394 | 390 | 390 | 386 | 386 | |
| 38 | 160,8 | 25 | | | 14458 | 9,48 | 2,77 | 410 | 410 | 406 | 406 | 402 | 38 |
| | | 30 | | | 15197 | 9,72 | | 410 | 410 | 406 | 406 | 402 | |
| 40 | 183 | 25 | | | 18557 | 10,07 | 3,04 | 476 | 466 | 462 | 462 | 457 | 40 |
| | | 30 | | | 19447 | 10,30 | | 476 | 466 | 466 | 462 | 457 | |

| Perfil []PN | $N^*_{máx}$ en toneladas para una longitud libre de pandeo $l_k$ en m = 3,25 | 3,50 | 3,75 | 4,00 | 4,25 | 4,50 | 4,75 | 5,00 | 5,25 | 5,75 | 5,75 | 6,00 | Perfil []PN |
|---|---|---|---|---|---|---|---|---|---|---|---|---|---|
| 8 | 26,6 | 23,6 | 21,1 | 18,9 | 17,0 | 15,3 | 13,9 | 12,7 | 11,6 | 10,6 | 9,7 | 9,0 | 8 |
| | 26,6 | 23,6 | 21,1 | 18,9 | 17,0 | 15,3 | 13,9 | 12,7 | 11,6 | 10,6 | 9,7 | 9,0 | |
| 10 | 44,7 | 40,6 | 37,1 | 33,9 | 30,8 | 28,2 | 26,0 | 23,6 | 21,7 | 19,9 | 18,4 | 17,0 | 10 |
| | 44,7 | 40,6 | 37,1 | 33,9 | 30,8 | 28,2 | 26,0 | 23,6 | 21,7 | 19,9 | 18,4 | 17,0 | |
| 12 | 65,0 | 61,4 | 57,4 | 53,3 | 49,1 | 45,3 | 41,7 | 38,8 | 35,8 | 33,2 | 30,6 | 28,7 | 12 |
| | 65,5 | 61,8 | 57,8 | 53,6 | 49,4 | 45,8 | 42,5 | 39,1 | 36,2 | 33,5 | 31,1 | 28,9 | |
| 14 | 84,2 | 79,8 | 75,8 | 71,2 | 66,3 | 62,0 | 57,7 | 53,8 | 50,0 | 46,5 | 43,8 | 40,5 | 14 |
| | 84,9 | 81,0 | 76,3 | 72,2 | 68,0 | 63,5 | 59,3 | 55,3 | 51,5 | 48,0 | 44,6 | 41,3 | |
| 16 | 103 | 99,0 | 95,3 | 89,8 | 85,5 | 80,5 | 75,6 | 70,9 | 66,4 | 62,1 | 58,0 | 54,3 | 16 |
| | 104 | 99,8 | 96,0 | 91,1 | 86,7 | 82,1 | 77,0 | 72,6 | 67,8 | 63,7 | 59,7 | 56,0 | |
| 18 | 124 | 120 | 116 | 111 | 106 | 101 | 96,0 | 90,0 | 86,0 | 81,0 | 76,0 | 72,0 | 18 |
| | 125 | 121 | 117 | 112 | 107 | 102 | 98,0 | 93,0 | 87,0 | 82,0 | 77,0 | 73,0 | |
| 20 | 148 | 144 | 139 | 135 | 129 | 125 | 119 | 114 | 198 | 103 | 98,0 | 92,0 | 20 |
| | 149 | 145 | 140 | 136 | 131 | 127 | 122 | 116 | 111 | 106 | 100 | 95,0 | |
| 22 | 175 | 170 | 166 | 162 | 157 | 152 | 146 | 140 | 134 | 129 | 122 | 116 | 22 |
| | 177 | 172 | 168 | 163 | 158 | 154 | 148 | 145 | 137 | 131 | 125 | 119 | |
| 24 | 200 | 196 | 193 | 188 | 183 | 177 | 173 | 167 | 161 | 154 | 148 | 141 | 24 |
| | 202 | 198 | 193 | 190 | 185 | 179 | 175 | 169 | 163 | 157 | 151 | 144 | |
| 26 | 233 | 228 | 224 | 220 | 216 | 209 | 204 | 199 | 193 | 186 | 179 | 173 | 26 |
| | 235 | 230 | 226 | 222 | 218 | 213 | 208 | 202 | 198 | 192 | 185 | 178 | |
| 28 | 259 | 254 | 252 | 247 | 243 | 237 | 231 | 225 | 220 | 213 | 207 | 199 | 28 |
| | 259 | 257 | 254 | 250 | 245 | 241 | 235 | 229 | 224 | 218 | 212 | 204 | |
| 30 | 286 | 283 | 280 | 275 | 271 | 266 | 259 | 255 | 249 | 243 | 235 | 235 | 30 |
| | 286 | 286 | 280 | 278 | 273 | 268 | 264 | 257 | 251 | 245 | 239 | 239 | |
| 32 | 371 | 368 | 365 | 358 | 352 | 345 | 339 | 331 | 325 | 317 | 310 | 300 | 32 |
| | 371 | 368 | 365 | 361 | 355 | 348 | 342 | 336 | 328 | 320 | 315 | 305 | |
| 35 | 379 | 375 | 372 | 368 | 362 | 355 | 349 | 340 | 328 | 320 | 312 | 309 | 35 |
| | 382 | 375 | 372 | 368 | 365 | 358 | 352 | 346 | 337 | 332 | 324 | 316 | |
| 38 | 398 | 394 | 390 | 387 | 380 | 376 | 370 | 363 | 357 | 348 | 340 | 334 | 38 |
| | 398 | 394 | 390 | 387 | 383 | 380 | 373 | 366 | 360 | 351 | 345 | 337 | |
| 40 | 457 | 453 | 448 | 440 | 440 | 432 | 428 | 421 | 417 | 406 | 399 | 390 | 40 |
| | 457 | 453 | 448 | 440 | 440 | 436 | 432 | 424 | 417 | 410 | 403 | 396 | |

# RESISTENCIA MÁXIMA PONDERADA N* A COMPRESIÓN DE DOS PERFILES [ PN CON SEPARACIÓN DE ALMAS VARIABLES

**TABLA $EA_c$-22**

Acero tipo A 42

$\sigma_u$ = 2,6 t/cm²

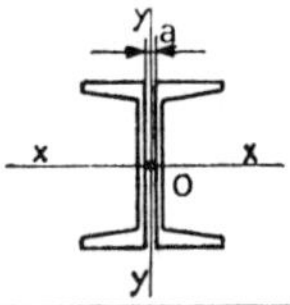


Eje de pandeo y-y

$(i_x > i_y)$

| Perfil ][ PN | A cm² | a mm | $i_x$ cm | $i_{y1}$ cm | $N^*_{máx}$ en toneladas para una longitud libre de pandeo $l_k$ en m = 1,25 | 1,50 | 1,75 | 2,00 | 2,25 | 2,50 | 2,75 | 3,00 | Perfil ][ PN |
|---|---|---|---|---|---|---|---|---|---|---|---|---|---|
| 8 | 22 | 8 | 2,28 | 1,33 | 48,8 | 44,3 | 39,2 | 34,0 | 29,0 | 24,8 | 21,3 | 18,3 | 8 |
| | | 10 | 2,35 | | 49,7 | 45,4 | 40,0 | 35,3 | 30,4 | 26,0 | 22,3 | 19,3 | |
| 10 | 27 | 8 | 2,44 | 1,47 | 61,5 | 56,6 | 51,2 | 45,3 | 39,2 | 33,7 | 29,1 | 25,2 | 10 |
| | | 10 | 2,52 | | 62,1 | 57,5 | 52,8 | 46,8 | 40,8 | 35,3 | 30,7 | 26,6 | |
| 12 | 34 | 8 | 2,56 | 1,59 | 78,9 | 73,1 | 67,0 | 60,1 | 52,3 | 45,6 | 39,6 | 34,4 | 12 |
| | | 10 | 2,64 | | 80,3 | 74,3 | 68,5 | 61,4 | 54,6 | 47,8 | 41,3 | 36,2 | |
| 14 | 40,8 | 10 | 2,85 | 1,75 | 97,3 | 92,2 | 86,2 | 79,2 | 71,2 | 63,1 | 55,5 | 48,9 | 14 |
| | | 12 | 2,93 | | 97,3 | 93,1 | 87,0 | 80 4 | 72,7 | 65,1 | 57,6 | 51,2 | |
| 16 | 48 | 10 | 3,00 | 1,89 | 115 | 110 | 104 | 96,0 | 87,9 | 79,0 | 70,1 | 62,1 | 16 |
| | | 12 | 3,08 | | 115 | 111 | 105 | 98,3 | 89,9 | 81,6 | 72,6 | 64,7 | |
| 18 | 56 | 10 | 3,14 | 2,02 | 136 | 130 | 123 | 115 | 106 | 97,1 | 86,7 | 77,4 | 18 |
| | | 12 | 3,23 | | 136 | 132 | 125 | 117 | 108 | 99,7 | 89,9 | 80,4 | |
| 20 | 64,4 | 12 | 3,38 | 2,14 | 160 | 153 | 147 | 138 | 129 | 119 | 108 | 97,9 | 20 |
| | | 15 | 3,51 | | 160 | 153 | 148 | 140 | 133 | 123 | 113 | 102 | |
| 22 | 74,8 | 12 | 3,57 | 2,30 | 185 | 180 | 174 | 165 | 156 | 145 | 133 | 122 | 22 |
| | | 15 | 3,69 | | 185 | 180 | 175 | 168 | 158 | 148 | 138 | 126 | |
| 24 | 84,6 | 12 | 3,73 | 2,42 | 209 | 206 | 198 | 190 | 180 | 169 | 157 | 145 | 24 |
| | | 15 | 3,84 | | 209 | 206 | 200 | 193 | 182 | 173 | 160 | 150 | |
| 26 | 96,6 | 15 | 4,03 | 2,56 | 241 | 237 | 230 | 222 | 212 | 202 | 192 | 176 | 26 |
| | | 20 | 4,23 | | 241 | 237 | 232 | 226 | 218 | 208 | 198 | 193 | |
| 28 | 106,6 | 15 | 4,27 | 2,74 | 266 | 264 | 257 | 247 | 241 | 229 | 220 | 205 | 28 |
| | | 20 | 4,47 | | 266 | 264 | 259 | 252 | 245 | 235 | 223 | 213 | |
| 30 | 117,6 | 15 | 4,51 | 2,90 | 297 | 291 | 286 | 280 | 271 | 261 | 245 | 235 | 30 |
| | | 20 | 4,70 | | 297 | 291 | 288 | 281 | 273 | 266 | 253 | 243 | |
| 32 | 151,6 | 20 | 4,56 | 2,81 | 382 | 375 | 368 | 361 | 352 | 336 | 323 | 308 | 32 |
| | | 25 | 4,76 | | 382 | 379 | 371 | 365 | 355 | 342 | 328 | 315 | |
| 35 | 154,6 | 20 | 4,35 | 2,72 | 386 | 382 | 375 | 365 | 352 | 337 | 321 | 302 | 35 |
| | | 25 | 4,54 | | 386 | 382 | 375 | 368 | 355 | 343 | 326 | 311 | |
| 38 | 160,8 | 25 | 4,56 | 2,77 | 406 | 398 | 390 | 383 | 373 | 357 | 342 | 326 | 38 |
| | | 30 | 4,76 | | 406 | 402 | 394 | 387 | 376 | 363 | 348 | 334 | |
| 40 | 183 | 25 | 4,95 | 3,04 | 466 | 457 | 453 | 444 | 432 | 417 | 403 | 386 | 40 |
| | | 30 | 5,14 | | 466 | 457 | 453 | 444 | 436 | 424 | 410 | 396 | |

| Perfil ][ PN | $N^*_{máx}$ en toneladas para una longitud libre de pandeo $l_k$ en m = 3,25 | 3,50 | 3,75 | 4,00 | 4,25 | 4,50 | 4,75 | 5,00 | 5,25 | 5,50 | 5,75 | 6,00 | Perfil ][ PN |
|---|---|---|---|---|---|---|---|---|---|---|---|---|---|
| 8 | 15,8 | 13,8 | 12,2 | 10,8 | 9,6 | 8,6 | 7,8 | 7,1 | 6,4 | 5,9 | — | | 8 |
| | 16,7 | 14,6 | 12,9 | 11,4 | 10,2 | 9,2 | 8,3 | 7,5 | 6,8 | 6,2 | — | | |
| 10 | 22,0 | 19,2 | 17,0 | 15,1 | 13,4 | 12,1 | 10,9 | 9,9 | 9,0 | 8,2 | 7,5 | 6,9 | 10 |
| | 23,2 | 20,3 | 18,0 | 16,0 | 14,3 | 12,8 | 11,6 | 10,5 | 9,6 | 8,7 | 8,0 | 7,4 | |
| 12 | 30,1 | 26,4 | 23,4 | 20,7 | 18,5 | 16,6 | 15,0 | 13,6 | 12,4 | 11,4 | 10,4 | 9,6 | 12 |
| | 31,7 | 27,9 | 24,7 | 21,9 | 19,6 | 17,6 | 15,9 | 14,5 | 13,2 | 12,1 | 11,1 | 10,2 | |
| 14 | 43,1 | 38,2 | 33,9 | 30,2 | 27,1 | 24,4 | 22,1 | 20,1 | 18,3 | 16,7 | 15,4 | 14,2 | 14 |
| | 45,1 | 39,9 | 35,6 | 31,8 | 28,5 | 25,7 | 23,2 | 21,1 | 19,3 | 17,7 | 16,2 | 14,9 | |
| 16 | 55,2 | 48,9 | 43,6 | 39,0 | 35,0 | 31,5 | 28,6 | 25,9 | 23,7 | 21,7 | 19,9 | 18,4 | 16 |
| | 57,2 | 51,1 | 45,5 | 40,8 | 36,7 | 33,1 | 30,0 | 27,2 | 24,9 | 22,8 | 21,0 | 19,3 | |
| 18 | 69,0 | 61,4 | 54,9 | 49,2 | 44,3 | 40,0 | 36,2 | 33,0 | 30,1 | 27,6 | 25,4 | 23,4 | 18 |
| | 72,1 | 64,1 | 57,6 | 51,8 | 46,5 | 42,0 | 38,1 | 34,5 | 31,7 | 29,1 | 26,8 | 24,7 | |
| 20 | 88,6 | 79,4 | 71,3 | 64,1 | 58,1 | 52,5 | 47,4 | 43,4 | 39,7 | 36,4 | 33,5 | 31,0 | 20 |
| | 93,0 | 83,7 | 75,8 | 68,1 | 61,8 | 56,0 | 50,9 | 46,4 | 42,5 | 39,0 | 36,0 | 33,2 | |
| 22 | 111 | 100 | 90,0 | 81,0 | 74,0 | 67,0 | 61,0 | 56,0 | 51,0 | 47,0 | 43,0 | 40,0 | 22 |
| | 115 | 105 | 95,0 | 86,0 | 78,0 | 71,0 | 65,0 | 59,0 | 54,0 | 50,0 | 46,0 | 43,0 | |
| 24 | 133 | 120 | 109 | 99,0 | 89,0 | 82,0 | 75,0 | 68,0 | 62,0 | 57,0 | 53,0 | 49,0 | 24 |
| | 137 | 125 | 113 | 103 | 94,0 | 86,0 | 78,0 | 72,0 | 66,0 | 60,0 | 56,0 | 52,0 | |
| 26 | 165 | 151 | 139 | 126 | 116 | 106 | 97,0 | 89,0 | 82,0 | 75,0 | 70,0 | 64,0 | 26 |
| | 172 | 160 | 148 | 136 | 124 | 114 | 105 | 97,0 | 89,0 | 82,0 | 76,0 | 70,0 | |
| 28 | 192 | 179 | 164 | 151 | 139 | 128 | 117 | 108 | 99,0 | 92,0 | 85,0 | 79,0 | 28 |
| | 199 | 187 | 173 | 160 | 149 | 137 | 126 | 116 | 107 | 99,0 | 92,0 | 86,0 | |
| 30 | 223 | 208 | 195 | 180 | 166 | 153 | 141 | 130 | 120 | 111 | 103 | 96,0 | 30 |
| | 230 | 217 | 202 | 189 | 175 | 163 | 151 | 140 | 130 | 119 | 111 | 103 | |
| 32 | 289 | 271 | 254 | 234 | 216 | 200 | 185 | 170 | 158 | 146 | 136 | 126 | 32 |
| | 300 | 281 | 266 | 246 | 229 | 213 | 197 | 182 | 169 | 157 | 146 | 136 | |
| 35 | 285 | 264 | 245 | 224 | 207 | 190 | 174 | 161 | 149 | 137 | 127 | 118 | 35 |
| | 293 | 275 | 257 | 237 | 219 | 203 | 187 | 173 | 160 | 148 | 137 | 127 | |
| 38 | 307 | 286 | 269 | 248 | 229 | 212 | 196 | 181 | 168 | 155 | 144 | 133 | 38 |
| | 319 | 298 | 282 | 261 | 243 | 226 | 209 | 193 | 180 | 166 | 154 | 144 | |
| 40 | 371 | 352 | 330 | 311 | 290 | 270 | 251 | 234 | 217 | 202 | 188 | 175 | 40 |
| | 380 | 363 | 342 | 323 | 305 | 283 | 264 | 246 | 231 | 214 | 200 | 186 | |

## RESISTENCIA MÁXIMA PONDERADA N* A COMPRESION DE DOS PERFILES [ PN UNIDOS POR MEDIO DE PRESILLAS O DIAGONALES

**TABLA EA$_c$-23**

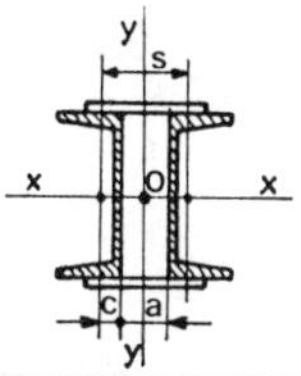


Acero tipo A 42    $\sigma_u = 2{,}6$ t/cm²

Eje de pandeo x-x ($i_x < i_y$)

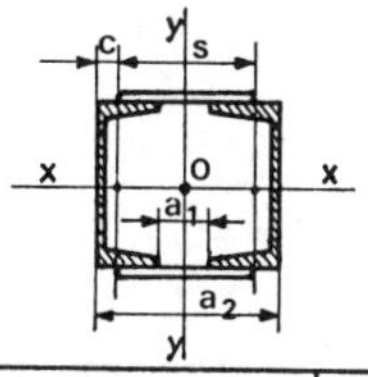


| Perfil ⊐⊏ PN | A cm² | Dimensiones en cm: a | s | $a_1$ | $s_1$ | $a_2$ | c | $i_x$ cm | $i_{y1}$ cm | $N^*_{máx}$ en toneladas para $l_k$ en m = 2,00 | 2,25 | 2,50 | 2,75 | 3,00 | Perfil ⊐⊏ PN |
|---|---|---|---|---|---|---|---|---|---|---|---|---|---|---|---|
| 8 | 22 | 6 | 8,9 | 9 | 15,1 | 18 | 1,45 | 3,1 | 1,33 | 45,0 | 41,4 | 37,6 | 33,6 | 29,9 | 8 |
| 10 | 27 | 8 | 11,1 | 10 | 16,9 | 20 | 1,55 | 3,91 | 1,47 | 61,5 | 58,5 | 55,7 | 52,0 | 48,4 | 10 |
| 12 | 34 | 8 | 11,2 | 11 | 18,8 | 22 | 1,60 | 4,62 | 1,59 | 81,1 | 78,9 | 76,2 | 72,5 | 69,6 | 12 |
| 14 | 40,8 | 10 | 13,5 | 12 | 20,5 | 24 | 1,75 | 5,45 | 1,75 | 100 | 98,2 | 96,4 | 93,9 | 91,3 | 14 |
| 16 | 48 | 12 | 15,7 | 13 | 22,3 | 26 | 1,84 | 6,21 | 1,89 | 120 | 118 | 116 | 114 | 111 | 16 |
| 18 | 56 | 14 | 17,8 | 14 | 24,2 | 28 | 1,92 | 6,95 | 2,02 | 140 | 140 | 137 | 136 | 133 | 18 |
| 20 | 64,4 | 16 | 20,0 | 15 | 26,0 | 30 | 2,01 | 7,7 | 2,14 | 162 | 162 | 161 | 158 | 156 | 20 |
| 22 | 74,8 | 18 | 22,3 | 16 | 27,7 | 32 | 2,14 | 8,48 | 2,30 | 191 | 189 | 187 | 187 | 185 | 22 |
| 24 | 84,6 | 20 | 24,5 | 17 | 29,5 | 34 | 2,23 | 9,22 | 2,42 | 216 | 216 | 214 | 212 | 209 | 24 |
| 26 | 96,6 | 22 | 26,7 | 18 | 31,3 | 36 | 2,36 | 9,99 | 2,56 | 246 | 246 | 244 | 244 | 242 | 26 |
| 28 | 106,6 | 24 | 29,1 | 19 | 32,9 | 38 | 2,53 | 10,9 | 2,74 | 272 | 272 | 272 | 269 | 269 | 28 |
| 30 | 117,6 | 26 | 31,4 | 20 | 34,6 | 40 | 2,70 | 11,7 | 2,90 | 305 | 305 | 300 | 300 | 297 | 30 |
| 32 | 151,6 | 28 | 33,2 | 22 | 36,5 | 42 | 2,60 | 12,1 | 2,81 | 394 | 394 | 386 | 386 | 383 | 32 |
| 35 | 154,6 | 30 | 34,8 | 24 | 38,8 | 44 | 2,40 | 12,9 | 2,72 | 402 | 402 | 402 | 394 | 394 | 35 |
| 38 | 160,8 | 32 | 36,8 | 25,6 | 41,2 | 46 | 2,38 | 14,0 | 2,77 | 418 | 418 | 418 | 418 | 410 | 38 |
| 40 | 183 | 34 | 39,3 | 26 | 42,7 | 48 | 2,65 | 14,9 | 3,04 | 476 | 476 | 476 | 476 | 466 | 40 |

| Perfil ⊐⊏ PN | $N^*_{máx}$ en toneladas para una longitud libre de pandeo $l_k$ en m = 3,25 | 3,50 | 3,75 | 4,00 | 4,25 | 4,50 | 4,75 | 5,00 | 5,25 | 5,50 | 5,75 | 6,00 | 7,00 | 8,00 | Perfil ⊐⊏ PN |
|---|---|---|---|---|---|---|---|---|---|---|---|---|---|---|---|
| 8 | 26,6 | 23,6 | 21,1 | 18,9 | 17,0 | 15,3 | 13,9 | 12,7 | 11,6 | 10,6 | 9,7 | 9,0 | 6,7 | – | 8 |
| 10 | 44,7 | 40,6 | 37,1 | 33,9 | 30,8 | 28,2 | 26,0 | 23,6 | 21,7 | 19,9 | 18,4 | 17,0 | 12,8 | 9,9 | 10 |
| 12 | 65,5 | 61,8 | 57,8 | 53,6 | 49,4 | 45,8 | 42,5 | 39,1 | 36,2 | 33,5 | 31,1 | 28,9 | 21,9 | 17,1 | 12 |
| 14 | 87,5 | 84,8 | 80,3 | 76,8 | 72,2 | 68,5 | 64,0 | 60,0 | 56,2 | 52,6 | 49,0 | 46,0 | 36,8 | 26,7 | 14 |
| 16 | 109 | 105 | 102 | 99,0 | 94,5 | 91,1 | 86,1 | 82,1 | 77,5 | 73,4 | 69,3 | 65,3 | 51,8 | 41,5 | 16 |
| 18 | 131 | 128 | 125 | 121 | 118 | 114 | 110 | 106 | 101 | 97,7 | 93,3 | 88,2 | 71,7 | 58,5 | 18 |
| 20 | 155 | 152 | 149 | 147 | 143 | 139 | 135 | 131 | 127 | 124 | 118 | 114 | 95,1 | 78,6 | 20 |
| 22 | 182 | 180 | 178 | 175 | 172 | 169 | 165 | 161 | 158 | 153 | 148 | 143 | 125 | 105 | 22 |
| 24 | 209 | 205 | 203 | 201 | 200 | 196 | 193 | 190 | 185 | 180 | 177 | 173 | 153 | 133 | 24 |
| 26 | 239 | 239 | 235 | 235 | 230 | 220 | 224 | 222 | 218 | 216 | 209 | 206 | 187 | 166 | 26 |
| 28 | 266 | 266 | 264 | 261 | 259 | 257 | 254 | 252 | 247 | 243 | 241 | 237 | 220 | 200 | 28 |
| 30 | 297 | 294 | 294 | 291 | 288 | 286 | 283 | 281 | 278 | 275 | 273 | 268 | 250 | 232 | 30 |
| 32 | 383 | 379 | 379 | 375 | 375 | 372 | 368 | 364 | 361 | 358 | 352 | 349 | 328 | 306 | 32 |
| 35 | 390 | 390 | 386 | 386 | 383′ | 383 | 379 | 376 | 372 | 369 | 365 | 362 | 346 | 324 | 35 |
| 38 | 410 | 406 | 402 | 402 | 402 | 402 | 398 | 394 | 391 | 391 | 387 | 384 | 370 | 351 | 38 |
| 40 | 466 | 466 | 462 | 462 | 458 | 458 | 458 | 453 | 453 | 448 | 444 | 444 | 428 | 410 | 40 |

*NOTA.— La separación s entre los ejes de gravedad de las barras es la conveniente para conseguir que $\lambda_x > \lambda_{yi}$ con la distancia apropiada entre presillas, para lograr el máximo aprovechamiento de la resistencia de los perfiles, pudiendo aumentar aquella separación s sin variación de la resistencia (como en la unión por medio de diagonales).*

| La compresión en elementos estructurales | RESISTENCIA PONDERADA N* A COMPRESIÓN DE ANGULARES DE ALAS IGUALES | TABLA $EA_c$-24 |
|---|---|---|

Acero tipo A 42

$\sigma_u$ = 2,6 t/cm²

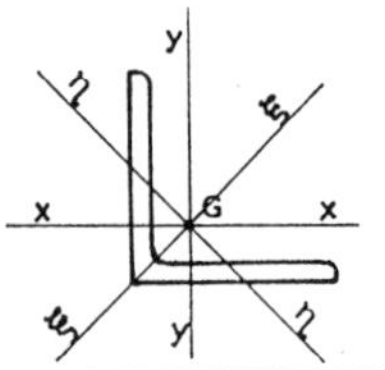


Eje de pando $\eta$-$\eta$

$(i_x > i_\eta)$

| Perfil L | | A cm² | $I_\eta$ cm⁴ | $i_\eta$ cm | $N^*_{máx}$ en toneladas para una longitud libre de pandeo $l_k$ en m = 0,70 | 0,80 | 0,90 | 1,00 | 1,10 | 1,20 | 1,30 | 1,40 | 1,50 | 1,60 | 1,70 | 1,80 | 1,90 | 2,00 | Perfil L | |
|---|---|---|---|---|---|---|---|---|---|---|---|---|---|---|---|---|---|---|---|---|
| 40 | 4 | 4,48 | 2,65 | 0,77 | 6,62 | 5,47 | 4,55 | 3,80 | 3,20 | 2,75 | 2,37 | 2,06 | 1,80 | 1,60 | 1,40 | 1,27 | 1,14 | | 4 | 40 |
| | 4 | 6,16 | 1,21 | 0,78 | 13,3 | 12,4 | 11,4 | 10,3 | 9,10 | 8,05 | 7,18 | 6,36 | 5,68 | 5,07 | 4,50 | 4,11 | 3,72 | 3,38 | 4 | |
| 50 | 5 | 4,80 | 4,54 | 0,97 | 9,11 | 8,00 | 6,90 | 5,97 | 5,11 | 4,44 | 3,86 | 3,38 | 2,98 | 2,63 | 2,36 | 2,14 | 1,91 | 1,73 | 5 | 50 |
| | 7 | 6,56 | 6,11 | 0,96 | 12,2 | 10,8 | 9,32 | 7,97 | 6,88 | 5,96 | 5,18 | 4,54 | 4,00 | 3,55 | 3,17 | 2,84 | 2,57 | 2,23 | 7 | |
| 60 | 6 | 6,91 | 9,43 | 1,17 | 14,8 | 13,6 | 12,3 | 10,9 | 9,76 | 8,64 | 7,64 | 6,75 | 6,46 | 5,36 | 4,80 | 4,34 | 3,92 | 3,56 | 6 | 60 |
| | 8 | 9,03 | 12,2 | 1,16 | 19,2 | 17,6 | 15,9 | 14,3 | 12,6 | 11,1 | 9,82 | 8,69 | 7,74 | 6,91 | 6,19 | 5,58 | 5,05 | 4,58 | 8 | |
| 70 | 7 | 9,40 | 17,5 | 1,36 | 21,4 | 20,2 | 18,9 | 17,5 | 16,0 | 14,5 | 13,0 | 11,7 | 10,5 | 9,47 | 8,55 | 7,71 | 7,02 | 6,41 | 7 | 70 |
| | 8 | 10,6 | 19,7 | 1,36 | 24,2 | 22,7 | 21,3 | 19,7 | 18,0 | 16,3 | 14,6 | 13,2 | 11,8 | 10,7 | 9,64 | 8,69 | 7,92 | 7,23 | 8 | |
| 80 | 8 | 12,3 | 29,9 | 1,56 | 29,0 | 28,1 | 26,7 | 25,4 | 23,7 | 21,9 | 20,2 | 18,5 | 16,8 | 15,3 | 14,0 | 12,7 | 11,8 | 10,7 | 8 | 80 |
| | 10 | 15,1 | 36,3 | 1,55 | 35,7 | 34,4 | 32,7 | 30,9 | 28,9 | 26,9 | 24,7 | 22,4 | 20,4 | 18,7 | 17,0 | 15,5 | 14,2 | 13,0 | 10 | |
| 90 | 8 | 13,9 | 43,1 | 1,76 | 33,8 | 32,8 | 31,7 | 30,4 | 28,9 | 27,4 | 25,6 | 24,1 | 22,3 | 20,5 | 18,9 | 17,5 | 16,1 | 14,8 | 8 | 90 |
| | 10 | 17,1 | 52,5 | 1,75 | 41,5 | 40,4 | 39,0 | 37,4 | 35,6 | 33,4 | 31,5 | 29,4 | 27,3 | 25,1 | 23,2 | 21,3 | 19,6 | 18,0 | 10 | |
| 100 | 10 | 19,2 | 72,9 | 1,95 | 47,1 | 46,2 | 45,4 | 43,8 | 42,3 | 40,2 | 38,4 | 36,4 | 34,2 | 32,2 | 29,9 | 27,7 | 25,9 | 24,0 | 10 | 100 |
| | 12 | 22,7 | 85,7 | 1,94 | 55,7 | 54,6 | 53,6 | 51,8 | 49,6 | 47,6 | 45,4 | 43,1 | 40,4 | 37,8 | 35,1 | 32,6 | 30,3 | 28,2 | 12 | |
| 120 | 12 | 27,5 | 152 | 2,35 | 68,7 | 68,1 | 66,8 | 65,6 | 64,4 | 62,7 | 61,1 | 58,6 | 56,7 | 54,6 | 51,8 | 49,0 | 46,7 | 44,1 | 12 | 120 |
| | 15 | 33,9 | 185 | 2,33 | 84,7 | 83,9 | 82,4 | 80,7 | 79,4 | 77,3 | 74,7 | 72,2 | 70,0 | 66,8 | 63,4 | 60,4 | 57,2 | 53,7 | 15 | |
| 150 | 15 | 43,0 | 370 | 2,93 | 109 | 108 | 107 | 106 | 104 | 103 | 102 | 99,8 | 98,1 | 95,5 | 93,2 | 90,9 | 88,0 | 84,7 | 15 | 150 |
| | 18 | 51,0 | 435 | 2,92 | 130 | 128 | 127 | 126 | 124 | 122 | 120 | 118 | 116 | 113 | 110 | 107 | 104 | 100 | 18 | |
| 180 | 18 | 61,9 | 768 | 3,52 | 161 | 157 | 156 | 155 | 154 | 153 | 151 | 150 | 147 | 146 | 143 | 141 | 138 | 135 | 18 | 180 |
| | 20 | 68,3 | 843 | 3,51 | 177 | 174 | 172 | 170 | 170 | 169 | 167 | 166 | 163 | 161 | 158 | 155 | 153 | 149 | 20 | |
| 200 | 20 | 76,3 | 1170 | 3,92 | 198 | 194 | 194 | 192 | 192 | 190 | 189 | 187 | 185 | 183 | 182 | 180 | 177 | 174 | 20 | 200 |
| | 24 | 90,6 | 1380 | 3,90 | 235 | 231 | 230 | 228 | 228 | 226 | 224 | 222 | 220 | 218 | 216 | 214 | 210 | 206 | 24 | |

| Perfil L | | $N^*_{máx}$ en toneladas para una longitud libre de pandeo $l_k$ en m = 2,20 | 2,40 | 2,60 | 2,80 | 3,00 | 3,25 | 3,50 | 3,75 | 4,00 | 4,25 | 4,50 | 4,75 | 5,00 | 5,25 | 5,50 | 5,75 | 6,00 | Perfil L | |
|---|---|---|---|---|---|---|---|---|---|---|---|---|---|---|---|---|---|---|---|---|
| 40 | 4 | | | | | | | | | | | | | | | | | | 4 | 40 |
| | 6 | | | | | | | | | | | | | | | | | | 6 | |
| 50 | 5 | 1,44 | 1,22 | – | | | | | | | | | | | | | | | 5 | 50 |
| | 7 | 1,93 | 1,63 | – | | | | | | | | | | | | | | | 7 | |
| 60 | 6 | 2,98 | 2,52 | 2,16 | 1,87 | – | | | | | | | | | | | | | 6 | 60 |
| | 8 | 3,83 | 3,24 | 2,78 | 2,40 | – | | | | | | | | | | | | | 8 | |
| 70 | 7 | 5,37 | 4,57 | 3,93 | 3,41 | 2,98 | 2,55 | – | | | | | | | | | | | 7 | 70 |
| | 8 | 6,06 | 5,15 | 4,43 | 3,84 | 3,36 | 2,88 | – | | | | | | | | | | | 8 | |
| 80 | 8 | 9,03 | 7,72 | 6,65 | 5,79 | 5,08 | 4,36 | 3,78 | 3,33 | – | | | | | | | | | 8 | 80 |
| | 10 | 11,0 | 9,40 | 8,08 | 7,02 | 6,16 | 5,28 | 4,58 | 4,01 | – | | | | | | | | | 10 | |
| 90 | 8 | 12,6 | 10,8 | 9,39 | 8,20 | 7,21 | 6,20 | 5,38 | 4,71 | 4,16 | 3,70 | – | | | | | | | 8 | 90 |
| | 10 | 15,4 | 13,2 | 11,4 | 10,0 | 8,79 | 7,55 | 6,57 | 6,14 | 5,07 | 4,50 | – | | | | | | | 10 | |
| 100 | 10 | 20,7 | 17,9 | 15,6 | 13,7 | 12,0 | 10,4 | 9,04 | 7,94 | 7,01 | 6,23 | 5,58 | 5,03 | – | | | | | 10 | 100 |
| | 12 | 24,2 | 21,0 | 18,3 | 16,0 | 14,1 | 12,2 | 10,6 | 9,28 | 8,21 | 7,30 | 6,53 | 5,89 | – | | | | | 12 | |
| 120 | 12 | 39,1 | 34,7 | 30,5 | 27,1 | 24,1 | 20,9 | 18,3 | 16,1 | 14,3 | 12,8 | 11,4 | 10,3 | 9,35 | 8,52 | 7,79 | 7,19 | – | 12 | 120 |
| | 15 | 47,6 | 42,2 | 35,1 | 32,9 | 29,3 | 25,4 | 22,2 | 19,6 | 17,3 | 15,5 | 13,9 | 12,5 | 11,4 | 10,3 | 9,44 | 8,66 | – | 15 | |
| 150 | 15 | 78,7 | 72,1 | 65,8 | 59,5 | 54,0 | 47,6 | 42,0 | 37,5 | 33,5 | 30,0 | 27,1 | 24,5 | 22,3 | 20,3 | 18,6 | 17,1 | 15,7 | 15 | 150 |
| | 18 | 92,7 | 85,5 | 77,5 | 70,2 | 63,7 | 56,2 | 49,7 | 44,2 | 39,5 | 35,4 | 21,9 | 28,8 | 26,3 | 23,9 | 21,9 | 20,2 | 18,5 | 18 | |
| 180 | 18 | 128 | 122 | 115 | 107 | 99,3 | 89,4 | 80,9 | 72,8 | 66,0 | 59,6 | 54,2 | 42,9 | 44,8 | 41,2 | 37,7 | 34,8 | 32,1 | 18 | 180 |
| | 20 | 142 | 134 | 126 | 117 | 109 | 98,6 | 88,8 | 80,3 | 72,2 | 65,5 | 59,4 | 54,0 | 49,2 | 45,0 | 41,4 | 38,2 | 35,2 | 20 | |
| 200 | 20 | 168 | 161 | 153 | 146 | 136 | 126 | 115 | 105 | 96,3 | 87,4 | 80,0 | 73,0 | 67,0 | 61,4 | 56,7 | 52,2 | 48,4 | 20 | 200 |
| | 24 | 199 | 190 | 181 | 172 | 161 | 149 | 136 | 124 | 113 | 103 | 93,8 | 86,0 | 78,8 | 72,5 | 66,5 | 61,5 | 56,9 | 24 | |

*NOTA.— Los valores de resistencia expresados en esta tabla corresponden al eje resistente $\eta$-$\eta$, de aplicación en diagonales de postes de celosía y en esfuerzos adicionales. Teniendo en cuenta la excentricidad de la fuerza de compresión N* puede efectuarse la comprobación de la barra mediante la expresión: $\sigma^* = N^* \cdot \omega / A + M^* / W_c \leq \sigma_u$.*

| La compresión en elementos estructurales | RESISTENCIA MÁXIMA PONDERADA N* A COMPRESIÓN DE DOS ANGULARES DE ALAS IGUALES OPUESTAMENTE DISPUESTAS | TABLA $EA_c$ -25 |
|---|---|---|

Acero tipo A 42

$\sigma_u$ = 2,6 t/m²

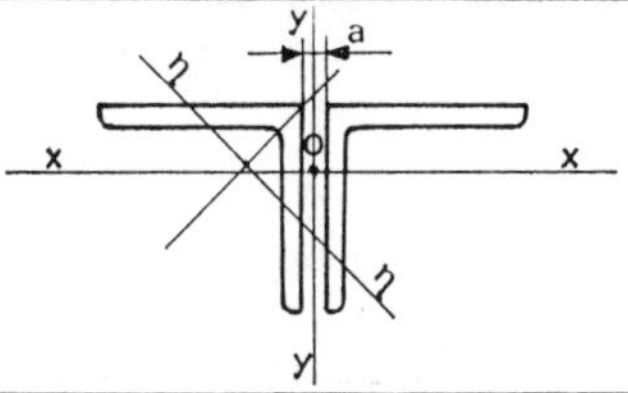


Eje de pandeo x-x

$(i_x < i_y)$

| Perfil ⅂Г | | A cm² | $i_x$ cm | $i_\eta$ cm | 0,70 | 0,80 | 0,90 | 1,00 | 1,10 | 1,20 | 1,30 | 1,40 | 1,50 | 1,60 | 1,70 | 1,80 | 1,90 | 2,00 | | Perfil ⅂Г |
|---|---|---|---|---|---|---|---|---|---|---|---|---|---|---|---|---|---|---|---|---|
| | | | | | $N^*_{máx}$, en toneladas para una longitud libre de pandeo $l_k$ en m = | | | | | | | | | | | | | | | |
| 40 | 4 | 6,16 | 1,21 | 0,78 | 13,3 | 12,4 | 11,4 | 10,3 | 9,10 | 8,05 | 7,18 | 6,36 | 5,68 | 5,07 | 4,50 | 4,11 | 3,72 | 3,38 | 4 | 40 |
| | 6 | 8,96 | 1,19 | 0,77 | 19,2 | 17,9 | 16,3 | 14,6 | 12,9 | 11,5 | 10,1 | 9,03 | 8,03 | 7,17 | 6,45 | 5,79 | 5,26 | 4,76 | 6 | |
| 50 | 5 | 9,60 | 1,51 | 0,97 | 22,7 | 21,7 | 20,4 | 19,3 | 18,0 | 16,6 | 15,2 | 13,8 | 12,5 | 11,4 | 10,4 | 9,42 | 8,61 | 7,87 | 5 | 50 |
| | 7 | 13,1 | 1,49 | 0,96 | 31,0 | 29,4 | 28,0 | 26,2 | 24,4 | 22,4 | 20,4 | 18,5 | 16,8 | 15,3 | 13,9 | 12,6 | 11,5 | 10,5 | 7 | |
| 60 | 6 | 13,8 | 1,82 | 1,17 | 33,6 | 33,0 | 31,1 | 30,7 | 29,4 | 27,8 | 26,4 | 24,6 | 23,0 | 21,3 | 19,6 | 18,7 | 16,8 | 15,4 | 6 | 60 |
| | 8 | 18,0 | 1,80 | 1,16 | 43,9 | 43,1 | 41,5 | 39,8 | 38,2 | 36,1 | 34,3 | 31,9 | 29,7 | 27,4 | 25,4 | 23,4 | 21,5 | 20,0 | 8 | |
| 70 | 7 | 18,8 | 2,12 | 1,36 | 46,5 | 45,7 | 44,8 | 44,0 | 42,9 | 41,1 | 39,7 | 37,9 | 35,9 | 34,2 | 32,4 | 30,1 | 28,2 | 26,4 | 7 | 70 |
| | 8 | 21,2 | 2,11 | 1,36 | 52,5 | 51,5 | 50,6 | 49,6 | 48,3 | 46,3 | 44,4 | 42,7 | 40,5 | 38,3 | 36,3 | 33,8 | 31,7 | 29,5 | 8 | |
| 80 | 8 | 24,6 | 2,43 | 1,56 | 61,5 | 60,9 | 60,3 | 59,2 | 58,1 | 57,1 | 55,1 | 53,3 | 51,6 | 49,6 | 47,7 | 45,7 | 43,5 | 41,0 | 8 | 80 |
| | 10 | 30,2 | 2,41 | 1,55 | 75,5 | 74,8 | 74,1 | 72,7 | 71,4 | 69,5 | 67,7 | 65,4 | 63,3 | 60,9 | 58,2 | 54,9 | 52,7 | 50,0 | 10 | |
| 90 | 8 | 27,8 | 2,74 | 1,76 | 70,1 | 69,5 | 68,8 | 68,2 | 67,5 | 66,3 | 65,1 | 63,4 | 61,8 | 60,2 | 58,3 | 56,4 | 54,3 | 52,0 | 8 | 90 |
| | 10 | 34,2 | 2,72 | 1,75 | 86,3 | 85,5 | 84,7 | 83,9 | 83,1 | 81,6 | 79,4 | 78,0 | 76,0 | 73,5 | 71,1 | 68,9 | 66,3 | 63,5 | 10 | |
| 100 | 10 | 38,4 | 3,04 | 1,95 | 97,9 | 96,9 | 96,0 | 95,1 | 94,2 | 93,3 | 91,6 | 90,7 | 89,1 | 86,8 | 84,6 | 82,5 | 79,9 | 78,6 | 10 | 100 |
| | 12 | 45,4 | 3,02 | 1,94 | 116 | 114 | 113 | 112 | 111 | 110 | 108 | 107 | 104 | 102 | 100 | 96,7 | 94,4 | 91,5 | 12 | |
| 120 | 12 | 55,0 | 3,65 | 2,35 | 143 | 140 | 138 | 138 | 137 | 136 | 135 | 133 | 132 | 131 | 128 | 127 | 125 | 122 | 12 | 120 |
| | 15 | 67,8 | 3,62 | 2,33 | 176 | 172 | 171 | 171 | 169 | 168 | 166 | 164 | 163 | 161 | 158 | 156 | 153 | 150 | 15 | |
| 150 | 15 | 86,0 | 4,57 | 2,93 | 223 | 223 | 223 | 219 | 219 | 217 | 217 | 215 | 213 | 213 | 211 | 209 | 207 | 205 | 15 | 150 |
| | 18 | 102 | 4,54 | 2,92 | 265 | 265 | 265 | 265 | 260 | 255 | 255 | 255 | 252 | 252 | 250 | 247 | 245 | 243 | 18 | |
| 180 | 18 | 124 | 5,49 | 3,52 | 322 | 322 | 322 | 322 | 322 | 315 | 315 | 312 | 312 | 309 | 309 | 306 | 306 | 303 | 18 | 180 |
| | 20 | 136 | 5,47 | 3,51 | 355 | 355 | 355 | 355 | 355 | 348 | 348 | 344 | 344 | 341 | 341 | 338 | 338 | 335 | 20 | |
| 200 | 20 | 152 | 6,11 | 3,92 | 396 | 396 | 396 | 396 | 396 | 389 | 389 | 389 | 385 | 385 | 385 | 381 | 381 | 377 | 20 | 200 |
| | 24 | 181 | 6,06 | 3,90 | 471 | 471 | 471 | 471 | 471 | 462 | 462 | 462 | 457 | 457 | 457 | 453 | 453 | 448 | 24 | |

| Perfil ⅂Г | | 2,20 | 2,40 | 2,60 | 2,80 | 3,00 | 3,25 | 3,50 | 3,75 | 4,00 | 4,25 | 4,50 | 4,75 | 5,00 | 5,25 | 5,50 | 5,75 | 6,00 | | Perfil ⅂Г |
|---|---|---|---|---|---|---|---|---|---|---|---|---|---|---|---|---|---|---|---|---|
| | | $N^*_{máx}$ en toneladas para una longitud libre de pandeo $l_k$ en m = | | | | | | | | | | | | | | | | | | |
| 40 | 4 | 2,83 | 2,39 | 2,06 | 1,78 | – | | | | | | | | | | | | | 4 | 40 |
| | 6 | 3,40 | 3,38 | 2,89 | 2,51 | – | | | | | | | | | | | | | 6 | |
| 50 | 5 | 6,64 | 5,67 | 4,88 | 4,25 | 3,73 | 3,20 | 2,77 | – | | | | | | | | | | 5 | 50 |
| | 7 | 8,86 | 7,56 | 6,51 | 5,67 | 4,96 | 4,25 | 3,69 | – | | | | | | | | | | 7 | |
| 60 | 6 | 13,2 | 11,4 | 9,90 | 8,66 | 7,66 | 6,57 | 5,71 | 5,00 | 4,41 | 3,93 | 3,51 | – | | | | | | 6 | 60 |
| | 8 | 17,0 | 14,7 | 12,7 | 11,1 | 9,76 | 8,40 | 7,31 | 6,41 | 5,66 | 5,02 | 4,49 | – | | | | | | 8 | |
| 70 | 7 | 23,1 | 20,1 | 17,6 | 15,5 | 13,7 | 11,9 | 10,3 | 9,10 | 8,04 | 7,17 | 6,42 | 5,78 | 5,24 | 4,77 | – | | | 7 | 70 |
| | 8 | 25,7 | 22,5 | 19,7 | 17,3 | 15,3 | 13,3 | 11,6 | 10,2 | 9,00 | 8,02 | 7,18 | 6,49 | 5,86 | 5,33 | – | | | 8 | |
| 80 | 8 | 36,3 | 32,5 | 28,8 | 25,6 | 22,8 | 19,9 | 17,4 | 15,3 | 13,6 | 12,1 | 10,9 | 9,84 | 8,92 | 8,12 | 7,43 | 6,82 | 6,28 | 8 | 80 |
| | 10 | 44,4 | 39,3 | 34,9 | 30,9 | 27,6 | 24,0 | 21,0 | 18,6 | 16,5 | 14,7 | 13,2 | 11,9 | 10,8 | 9,83 | 8,98 | 8,23 | 7,58 | 10 | |
| 90 | 8 | 47,5 | 43,0 | 38,8 | 34,9 | 31,3 | 27,6 | 24,3 | 21,5 | 19,2 | 17,5 | 15,5 | 14,0 | 12,7 | 11,5 | 10,6 | 9,71 | 8,95 | 8 | 90 |
| | 10 | 58,1 | 52,3 | 47,3 | 42,5 | 38,1 | 33,4 | 29,5 | 26,1 | 23,3 | 20,8 | 18,7 | 17,0 | 15,3 | 14,0 | 12,8 | 11,8 | 10,8 | 10 | |
| 100 | 10 | 72,3 | 67,0 | 61,2 | 57,8 | 50,7 | 44,9 | 40,0 | 35,6 | 31,9 | 30,2 | 26,2 | 23,4 | 21,3 | 19,4 | 17,8 | 16,3 | 15,1 | 10 | 100 |
| | 12 | 84,9 | 78,7 | 71,9 | 65,6 | 59,3 | 52,7 | 46,6 | 41,7 | 37,2 | 33,5 | 30,2 | 27,2 | 24,8 | 22,7 | 20,8 | 19,1 | 17,6 | 12 | |
| 120 | 12 | 117 | 111 | 105 | 98,6 | 92,2 | 83,6 | 75,7 | 68,7 | 61,9 | 56,3 | 51,1 | 46,5 | 42,5 | 39,1 | 35,8 | 33,0 | 30,5 | 12 | 120 |
| | 15 | 143 | 136 | 128 | 120 | 112 | 102 | 92,3 | 83,5 | 75,3 | 68,3 | 62,3 | 56,5 | 51,7 | 47,4 | 43,5 | 40,1 | 37,0 | 15 | |
| 150 | 15 | 199 | 194 | 188 | 181 | 174 | 164 | 154 | 144 | 133 | 123 | 113 | 105 | 97,2 | 89,8 | 83,1 | 77,3 | 71,6 | 15 | 150 |
| | 18 | 236 | 230 | 222 | 213 | 205 | 193 | 181 | 170 | 157 | 145 | 134 | 123 | 114 | 105 | 97,8 | 90,5 | 83,9 | 18 | |
| 180 | 18 | 300 | 295 | 290 | 282 | 275 | 266 | 255 | 243 | 231 | 220 | 207 | 195 | 183 | 171 | 160 | 149 | 140 | 18 | 180 |
| | 20 | 332 | 325 | 317 | 311 | 303 | 293 | 281 | 269 | 255 | 241 | 227 | 214 | 207 | 188 | 175 | 164 | 153 | 20 | |
| 200 | 20 | 374 | 370 | 364 | 360 | 354 | 345 | 333 | 322 | 310 | 296 | 283 | 270 | 256 | 240 | 232 | 215 | 202 | 20 | 200 |
| | 24 | 444 | 440 | 432 | 428 | 417 | 406 | 392 | 380 | 365 | 351 | 334 | 318 | 302 | 285 | 267 | 253 | 238 | 24 | |

*NOTA.— Se toma como eje de pandeo al x-x considerando que la esbeltez mecánica del angular simple $\lambda_1 \leq \sqrt{\lambda_x^2 - \lambda_y^2}$, si fuese mayor se comprobará la resistencia con relación al eje y-y.*

# RESISTENCIA MÁXIMA PONDERADA N* A COMPRESION DE DOS ANGULARES DE ALAS IGUALES DISPUESTOS EN CRUZ O EN CUADRADO

**TABLA $EA_c$-26**

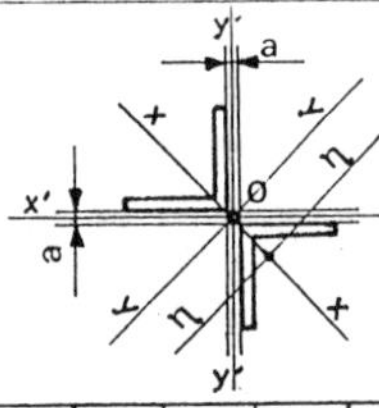

Acero tipo A 42

$\sigma_u$ = 2,6 t/cm²

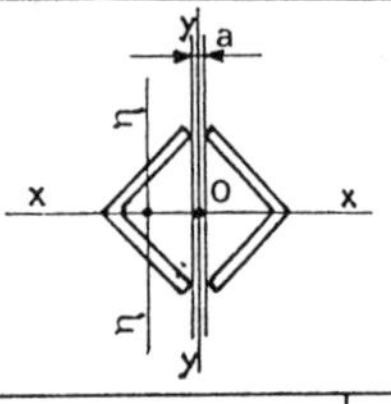

| Perfil | | A (cm²) | $i_x$ (cm) | $i_\eta$ (cm) | $N^*_{máx.}$ en toneladas para una longitud libre de pandeo $l_k$ en m = 0,70 | 0,80 | 0,90 | 1,00 | 1,10 | 1,20 | 1,30 | 1,40 | 1,50 | 1,60 | 1,70 | 1,80 | 1,90 | 2,00 | | Perfil |
|---|---|---|---|---|---|---|---|---|---|---|---|---|---|---|---|---|---|---|---|---|
| 40 | 4 | 6,16 | 1,52 | 0,78 | 14,5 | 13,9 | 13,2 | 12,4 | 11,6 | 10,7 | 9,82 | 8,94 | 8,01 | 7,38 | 6,73 | 6,11 | 5,60 | 5,11 | 4 | 40 |
| | 6 | 8,96 | 1,49 | 0,77 | 21,0 | 20,1 | 19,1 | 17,9 | 16,6 | 15,3 | 13,9 | 12,6 | 11,5 | 10,4 | 9,47 | 8,72 | 7,87 | 7,21 | 6 | |
| 50 | 5 | 9,60 | 1,90 | 0,97 | 23,5 | 23,1 | 22,5 | 21,7 | 20,8 | 19,9 | 18,9 | 17,8 | 16,7 | 15,6 | 14,4 | 13,5 | 12,4 | 11,5 | 5 | 50 |
| | 7 | 13,1 | 1,88 | 0,96 | 32,2 | 31,6 | 30,4 | 29,6 | 28,2 | 27,1 | 25,6 | 24,2 | 22,6 | 21,0 | 19,5 | 18,2 | 16,8 | 15,5 | 7 | |
| 60 | 6 | 13,8 | 2,29 | 1,17 | 34,5 | 34,2 | 33,6 | 32,9 | 32,1 | 31,5 | 30,2 | 29,2 | 28,1 | 26,8 | 25,6 | 24,3 | 22,9 | 21,5 | 6 | 60 |
| | 8 | 18,0 | 2,26 | 1,16 | 45,1 | 44,7 | 43,9 | 43,1 | 41,9 | 40,8 | 39,1 | 37,8 | 36,4 | 34,6 | 33,0 | 31,3 | 29,3 | 27,6 | 8 | |
| 70 | 7 | 18,8 | 2,67 | 1,36 | 47,4 | 47,0 | 46,5 | 46,1 | 45,3 | 44,1 | 43,6 | 42,8 | 41,4 | 40,0 | 38,8 | 37,6 | 35,9 | 34,4 | 7 | 70 |
| | 8 | 21,2 | 2,66 | 1,36 | 53,3 | 53,0 | 52,5 | 51,5 | 51,0 | 50,1 | 49,2 | 47,9 | 46,7 | 45,1 | 43,7 | 42,0 | 40,5 | 38,2 | 8 | |
| 80 | 8 | 24,6 | 3,06 | 1,56 | 62,7 | 62,1 | 61,5 | 60,9 | 60,3 | 59,7 | 58,7 | 58,1 | 57,1 | 56,1 | 54,2 | 52,8 | 51,5 | 49,9 | 8 | 80 |
| | 10 | 30,2 | 3,03 | 1,55 | 77,0 | 76,2 | 75,5 | 74,8 | 74,0 | 73,4 | 72,0 | 71,3 | 70,1 | 68,8 | 66,5 | 64,9 | 62,8 | 60,8 | 10 | |
| 90 | 8 | 27,8 | 3,45 | 1,76 | 70,8 | 70,8 | 70,1 | 69,5 | 69,5 | 68,8 | 67,5 | 66,9 | 66,3 | 65,7 | 65,5 | 63,4 | 61,7 | 60,2 | 8 | 90 |
| | 10 | 34,2 | 3,43 | 1,75 | 87,1 | 87,1 | 86,3 | 85,5 | 85,5 | 84,7 | 83,1 | 82,3 | 81,5 | 80,1 | 78,7 | 77,3 | 76,0 | 74,1 | 10 | |
| 100 | 10 | 38,4 | 3,83 | 1,95 | 99,0 | 97,9 | 97,9 | 96,9 | 96,0 | 96,0 | 95,0 | 94,1 | 93,3 | 92,4 | 91,6 | 89,9 | 88,3 | 87,5 | 10 | 100 |
| | 12 | 45,4 | 3,80 | 1,94 | 118 | 115 | 115 | 114 | 113 | 113 | 112 | 111 | 110 | 109 | 107 | 106 | 104 | 102 | 12 | |
| 120 | 12 | 55,0 | 4,60 | 2,35 | 143 | 143 | 143 | 140 | 140 | 138 | 138 | 137 | 136 | 136 | 135 | 133 | 132 | 131 | 12 | 120 |
| | 15 | 67,8 | 4,56 | 2,33 | 176 | 176 | 176 | 176 | 172 | 171 | 169 | 169 | 168 | 168 | 166 | 164 | 163 | 161 | 15 | |
| 150 | 15 | 86,0 | 5,76 | 2,93 | 223 | 223 | 223 | 223 | 223 | 219 | 219 | 219 | 217 | 217 | 215 | 215 | 213 | 213 | 15 | 150 |
| | 18 | 102 | 5,71 | 2,92 | 265 | 265 | 265 | 265 | 265 | 260 | 260 | 257 | 257 | 257 | 255 | 255 | 252 | 252 | 18 | |
| 180 | 18 | 124 | 6,92 | 2,52 | 322 | 322 | 322 | 322 | 322 | 322 | 322 | 315 | 315 | 315 | 312 | 312 | 312 | 309 | 18 | 180 |
| | 20 | 136 | 6,89 | 2,51 | 355 | 355 | 355 | 355 | 355 | 355 | 355 | 355 | 348 | 348 | 344 | 344 | 344 | 341 | 20 | |
| 200 | 20 | 152 | 7,70 | 3,92 | 396 | 396 | 396 | 396 | 396 | 396 | 396 | 396 | 396 | 389 | 389 | 389 | 385 | 385 | 20 | 200 |
| | 24 | 181 | 7,64 | 3,90 | 471 | 471 | 471 | 471 | 471 | 471 | 471 | 471 | 471 | 462 | 462 | 462 | 457 | 453 | 24 | |

| Perfil | | $N^*_{máx}$ en toneladas para una longitud libre de pandeo $l_k$ en m = 2,20 | 2,40 | 2,60 | 2,80 | 3,00 | 3,25 | 3,50 | 3,75 | 4,00 | 4,25 | 4,50 | 4,75 | 5,00 | 5,25 | 5,50 | 5,75 | 6,00 | | Perfil |
|---|---|---|---|---|---|---|---|---|---|---|---|---|---|---|---|---|---|---|---|---|
| 40 | 4 | 4,31 | 3,68 | 3,18 | 2,76 | 2,42 | 2,08 | 1,80 | – | | | | | | | | | | 4 | 40 |
| | 6 | 6,05 | 5,60 | 4,44 | 3,87 | 3,39 | 2,90 | 2,52 | – | | | | | | | | | | 6 | |
| 50 | 5 | 9,90 | 8,57 | 7,45 | 6,51 | 5,73 | 4,94 | 4,30 | 3,77 | 3,33 | 2,96 | 2,66 | – | | | | | | 5 | 50 |
| | 7 | 13,3 | 11,5 | 9,97 | 8,72 | 7,70 | 6,62 | 5,76 | 5,05 | 4,46 | 3,97 | 3,55 | – | | | | | | 7 | |
| 60 | 6 | 19,0 | 16,7 | 14,7 | 13,1 | 11,5 | 10,0 | 8,78 | 7,72 | 6,84 | 6,10 | 5,47 | 4,94 | 4,47 | 4,07 | 3,72 | – | | 6 | 60 |
| | 8 | 24,3 | 21,3 | 18,8 | 16,6 | 14,7 | 12,8 | 11,1 | 9,84 | 8,72 | 7,77 | 6,97 | 6,29 | 5,70 | 5,18 | 4,73 | – | | 8 | |
| 70 | 7 | 31,3 | 28,1 | 25,3 | 22,6 | 20,2 | 17,8 | 15,7 | 13,8 | 12,3 | 11,0 | 9,95 | 9,00 | 8,16 | 7,44 | 6,80 | 6,25 | 5,75 | 7 | 70 |
| | 8 | 35,3 | 31,6 | 28,4 | 25,4 | 22,8 | 19,9 | 17,6 | 15,5 | 13,8 | 12,4 | 11,1 | 10,0 | 9,14 | 8,33 | 7,61 | 7,00 | 6,41 | 8 | |
| 80 | 8 | 46,6 | 43,2 | 39,4 | 35,9 | 32,8 | 29,1 | 25,9 | 23,1 | 20,6 | 18,5 | 16,7 | 15,2 | 13,8 | 12,6 | 11,6 | 10,6 | 9,73 | 8 | 80 |
| | 10 | 56,9 | 52,7 | 47,8 | 43,6 | 39,6 | 35,2 | 31,2 | 27,9 | 24,9 | 22,3 | 20,1 | 18,3 | 16,6 | 15,1 | 13,9 | 12,7 | 11,8 | 10 | |
| 90 | 8 | 57,3 | 53,9 | 50,5 | 47,2 | 43,5 | 39,3 | 35,2 | 31,7 | 28,5 | 25,8 | 23,4 | 21,3 | 19,4 | 17,8 | 16,3 | 15,0 | 13,9 | 8 | 90 |
| | 10 | 70,5 | 66,3 | 61,7 | 57,7 | 52,9 | 48,0 | 43,1 | 38,6 | 34,8 | 31,5 | 28,5 | 25,9 | 23,6 | 21,6 | 19,9 | 18,3 | 16,9 | 10 | |
| 100 | 10 | 83,9 | 79,8 | 76,2 | 71,8 | 67,4 | 61,6 | 56,4 | 51,2 | 46,4 | 42,5 | 38,7 | 35,4 | 32,3 | 29,7 | 27,3 | 25,2 | 23,2 | 10 | 100 |
| | 12 | 98,3 | 94,4 | 89,4 | 84,3 | 79,2 | 72,4 | 65,9 | 59,9 | 54,4 | 49,6 | 45,0 | 41,2 | 37,7 | 34,6 | 31,8 | 29,3 | 27,1 | 12 | |
| 120 | 12 | 127 | 125 | 120 | 116 | 112 | 105 | 99,3 | 92,8 | 87,2 | 79,4 | 73,7 | 68,1 | 62,7 | 58,1 | 53,7 | 50,0 | 46,4 | 12 | 120 |
| | 15 | 157 | 153 | 148 | 143 | 136 | 129 | 120 | 113 | 106 | 96,8 | 89,5 | 82,3 | 76,3 | 70,8 | 65,3 | 60,8 | 56,3 | 15 | |
| 150 | 15 | 209 | 207 | 203 | 199 | 196 | 189 | 181 | 176 | 168 | 159 | 152 | 143 | 134 | 127 | 119 | 111 | 104 | 15 | 150 |
| | 18 | 247 | 245 | 241 | 236 | 230 | 222 | 215 | 207 | 198 | 188 | 178 | 167 | 157 | 148 | 139 | 131 | 122 | 18 | |
| 180 | 18 | 309 | 306 | 301 | 298 | 295 | 290 | 282 | 277 | 268 | 261 | 253 | 243 | 233 | 223 | 214 | 205 | 195 | 18 | 180 |
| | 20 | 341 | 338 | 332 | 328 | 325 | 320 | 311 | 306 | 296 | 286 | 277 | 267 | 257 | 246 | 235 | 223 | 214 | 20 | |
| 200 | 20 | 385 | 381 | 377 | 374 | 370 | 367 | 360 | 354 | 348 | 339 | 330 | 322 | 315 | 302 | 291 | 283 | 271 | 20 | 200 |
| | 24 | 453 | 453 | 448 | 444 | 440 | 436 | 428 | 420 | 410 | 400 | 389 | 380 | 369 | 357 | 343 | 331 | 318 | 24 | |

*NOTA.— Se toma como eje de pandeo al x-x considerando que la esbeltez mecánica del angular simple $\lambda_1 \leq \sqrt{\lambda_x^2 - \lambda_y^2}$, si fuese mayor se comprobará la resistencia con relación al eje y-y.*

| La compresión en elementos estructurales | **RESISTENCIA MÁXIMA PONDERADA N* A COMPRESIÓN DE PERFILES T** | **TABLA $EA_c$-27** |
|---|---|---|

Acero tipo A 42

$\sigma_u$ = 2,6 t/cm²

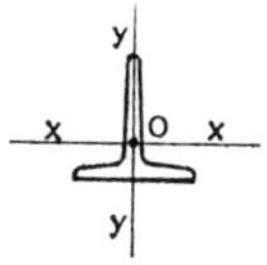


Eje de pandeo y-y
($i_x > i_y$)

| *Perfil* T | *A* *cm²* | $I_x = I_y$ *cm* | $I_x = I_y$ *cm* | $N^*_{máx}$ *en toneladas para una longitud libre de pandeo $l_k$ en m =* 0,60 | 0,70 | 0,80 | 0,90 | 1,00 | 1,10 | 1,20 | 1,30 | 1,40 | 1,50 | 1,60 | 1,70 | 1,80 | 1,90 | 2,00 | *Perfil* T |
|---|---|---|---|---|---|---|---|---|---|---|---|---|---|---|---|---|---|---|---|
| 40,5 | 3,77 | 1,18 | 0,83 | 6,4 | 5,5 | 4,6 | 3,8 | 3,2 | 2,7 | 2,3 | 2,0 | 1,7 | 1,5 | 1,3 | 1,2 | 1,1 | 1,0 | 0,9 | 40,5 |
| 50,6 | 5,66 | 1,46 | 1,03 | 12,2 | 11,2 | 10,0 | 8,8 | 7,7 | 6,7 | 5,8 | 5,1 | 4,4 | 3,9 | 3,5 | 3,1 | 2,8 | 2,5 | 2,3 | 50,6 |
| 60,7 | 7,94 | 1,73 | 1,24 | 18,4 | 17,5 | 16,3 | 15,0 | 13,6 | 12,1 | 10,8 | 9,6 | 8,5 | 7,6 | 6,8 | 6,1 | 5,5 | 5,0 | 4,6 | 60,7 |
| 70,8 | 10,6 | 2,05 | 1,44 | 25,5 | 24,6 | 23,4 | 22,1 | 20,7 | 19,0 | 17,4 | 15,7 | 14,3 | 12,9 | 11,7 | 10,5 | 9,8 | 8,7 | 8,0 | 70,8 |
| 80,9 | 13,6 | 2,33 | 1,65 | 33,3 | 32,7 | 31,6 | 30,2 | 28,7 | 27,2 | 25,6 | 23,7 | 21,8 | 20,0 | 18,5 | 16,9 | 15,4 | 14,1 | 13,0 | 80,9 |
| 100,11 | 20,9 | 2,92 | 2,05 | 52,2 | 51,7 | 50,8 | 49,9 | 48,5 | 46,8 | 44,9 | 43,5 | 41,2 | 39,1 | 37,0 | 34,6 | 32,3 | 30,2 | 28,0 | 100.11 |

| La compresión en elementos estructurales | **RESISTENCIA MAXIMA PONDERADA N* A COMPRESION DE PERFILES REDONDOS** | **TABLA $EA_c$-28** |
|---|---|---|

Acero tipo A 42

$\sigma_u$ = 2,6 t/cm²

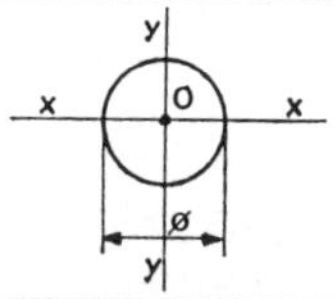


Eje de pandeo indiferente

| Perfil ○ | A cm² | $I_x = I_y$ cm⁴ | $i_x = i_y$ cm | $N^*_{máx}$ *en toneladas para una longitud libre de pandeo $l_k$ en m. =* 0,60 | 0,70 | 0,80 | 0,90 | 1,00 | 1,10 | 1,20 | 1,30 | 1,40 | 1,50 | 1,60 | 1,70 | 1,80 | 1,90 | 2,00 | *Perfil* ○ |
|---|---|---|---|---|---|---|---|---|---|---|---|---|---|---|---|---|---|---|---|
| 20 | 3,14 | 0,785 | 0,50 | 3,0 | 2,3 | 1,8 | 1,4 | 1,2 | 1,0 | 0,8 | – | | | | | | | | 20 |
| 22 | 3,80 | 1,15 | 0,55 | 4,3 | 3,3 | 2,6 | 2,1 | 1,7 | 1,4 | 1,2 | 1,0 | – | | | | | | | 22 |
| 25 | 4,91 | 1,92 | 0,625 | 6,7 | 5,3 | 4,3 | 3,5 | 2,8 | 2,4 | 2,0 | 1,7 | 1,5 | 1,3 | – | | | | | 25 |
| 28 | 6,16 | 3,02 | 0,70 | 9,7 | 7,9 | 6,5 | 5,3 | 4,4 | 3,7 | 3,1 | 2,7 | 2,3 | 2,0 | 1,8 | 1,6 | – | | | 28 |
| 30 | 7,07 | 3,98 | 0,75 | 12,1 | 10,1 | 8,4 | 6,9 | 5,7 | 4,8 | 4,1 | 3,5 | 3,1 | 2,7 | 2,4 | 2,1 | 1,9 | – | | 30 |
| 32 | 8,04 | 5,15 | 0,80 | 14,7 | 12,6 | 10,4 | 8,7 | 7,3 | 6,2 | 5,3 | 4,6 | 4,0 | 3,5 | 3,1 | 2,7 | 2,4 | 2,2 | 2,0 | 32 |
| 36 | 10,2 | 8,24 | 0,90 | 20,5 | 18,1 | 15,7 | 13,4 | 11,4 | 9,8 | 8,4 | 7,3 | 6,4 | 5,6 | 5,0 | 4,4 | 4,0 | 3,6 | 3,2 | 36 |
| 40 | 12,6 | 12,6 | 1,00 | 26,8 | 24,4 | 21,7 | 18,8 | 16,3 | 14,1 | 12,2 | 10,7 | 9,4 | 8,2 | 7,3 | 6,5 | 5,9 | 5,3 | 4,8 | 40 |
| 45 | 15,9 | 20,2 | 1,12 | 35,9 | 33,3 | 30,4 | 27,3 | 24,1 | 21,2 | 18,6 | 16,3 | 14,4 | 12,8 | 11,5 | 10,3 | 9,3 | 8,4 | 7,6 | 45 |
| 50 | 19,6 | 30,7 | 1,25 | 45,5 | 43,2 | 40,4 | 37,2 | 33,7 | 30,1 | 26,9 | 23,9 | 21,3 | 19,1 | 17,1 | 15,8 | 13,9 | 12,6 | 11,4 | 50 |

| La compresión en elementos estructurales | **RESISTENCIA MAXIMA PONDERADA N* A COMPRESION DE PERFILES CUADRADOS** | **TABLA $EA_c$-29** |
|---|---|---|

Acero tipo A 42

$\sigma_u$ = 2,6 t/cm²

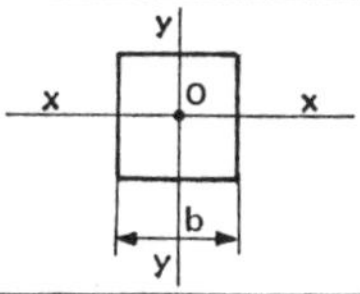


Eje de pandeo x-x ó y-y
($i_x = i_y$)

| *Perfil* □ | *A* *cm²* | $I_x = I_y$ *cm⁴* | $i_x = i_y$ *cm* | $N^*_{máx}$ *en toneladas para una longitud libre de pandeo $l_k$ en m =* 0,60 | 0,70 | 0,80 | 0,90 | 1,00 | 1,10 | 1,20 | 1,30 | 1,40 | 1,50 | 1,60 | 1,70 | 1,80 | 1,90 | 2,00 | *Perfil* □ |
|---|---|---|---|---|---|---|---|---|---|---|---|---|---|---|---|---|---|---|---|
| 20 | 4,00 | 1,33 | 0,577 | 4,9 | 3,8 | 3,0 | 2,4 | 2,0 | 1,7 | 1,4 | 1,2 | 1,0 | – | | | | | | 20 |
| 22 | 4,84 | 1,95 | 0,635 | 6,7 | 5,3 | 4,3 | 3,5 | 2,9 | 2,4 | 2,0 | 1,7 | 1,5 | 1,3 | – | | | | | 22 |
| 25 | 6,25 | 3,26 | 0,722 | 10,3 | 8,4 | 6,9 | 5,7 | 4,8 | 4,0 | 3,4 | 2,9 | 2,5 | 2,2 | 2,0 | 1,7 | 1,5 | – | | 25 |
| 28 | 7,84 | 5,12 | 0,808 | 14,5 | 12,4 | 10,3 | 8,6 | 7,2 | 6,1 | 5,3 | 4,5 | 3,9 | 3,5 | 3,0 | 2,7 | 2,4 | 2,2 | 2,0 | 28 |
| 30 | 9,00 | 6,75 | 0,876 | 17,6 | 15,3 | 13,0 | 11,0 | 9,4 | 7,9 | 6,7 | 5,9 | 5,2 | 4,5 | 4,0 | 3,6 | 3,2 | 2,9 | 2,6 | 30 |
| 32 | 10,2 | 8,74 | 0,926 | 20,9 | 18,6 | 16,1 | 13,8 | 11,8 | 10,0 | 8,7 | 7,6 | 6,6 | 5,8 | 5,2 | 4,6 | 4,1 | 3,7 | 3,3 | 32 |
| 36 | 13,0 | 14,0 | 1,04 | 28,1 | 26,0 | 23,1 | 20,6 | 17,9 | 15,4 | 13,5 | 11,8 | 10,4 | 9,2 | 8,1 | 7,3 | 6,5 | 5,9 | 5,4 | 36 |
| 40 | 16,0 | 21,3 | 1,15 | 36,5 | 33,8 | 31,3 | 28,3 | 25,3 | 22,3 | 19,5 | 17,2 | 15,3 | 13,6 | 12,0 | 10,7 | 9,8 | 8,8 | 8,0 | 40 |
| 45 | 20,3 | 34,2 | 1,30 | 48,0 | 45,5 | 42,9 | 39,6 | 36,1 | 33,0 | 29,5 | 26,2 | 23,7 | 21,2 | 18,9 | 16,9 | 15,5 | 14,0 | 12,7 | 45 |
| 50 | 25,0 | 52,1 | 1,44 | 60,2 | 58,0 | 55,1 | 52,4 | 48,9 | 45,1 | 41,4 | 37,3 | 33,8 | 30,5 | 27,6 | 25,0 | 22,7 | 20,6 | 18,8 | 50 |

*Los valores de resistencia que se expresan en la Tabla 86 corresponden al eje de pandeo y-y sin tener en cuenta la excentricidad de la unión (celosías simples). Considerando la excentricidad de la fuerza de compresión N* puede efectuarse la comprobación mediante la expresión:*

$$\sigma^* = \frac{N^* \cdot \omega}{A} + 0,9 \cdot \frac{M^*}{W_c} \leqslant \sigma_u$$

| | |
|---|---|
| **RESISTENCIA MÁXIMA PONDERADA N* A COMPRESIÓN DE PERFILES HUECOS REDONDOS** | **TABLA $EA_c$-30** |

Acero tipo A 42

$\sigma_u = 2,6\ t/cm^2$

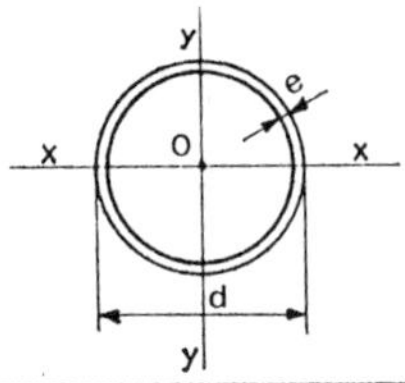


Eje de pandeo indiferente

| Perfil ○ | | A $cm^2$ | $i_x$ cm | $N^*_{máx}$ en toneladas para una longitud libre de pandeo $l_k$ en m = 0,70 | 0,80 | 0,90 | 1,00 | 1,10 | 1,20 | 1,30 | 1,40 | 1,50 | 1,60 | 1,70 | 1,80 | 1,90 | 2,00 | 2,20 | 2,40 | 2,60 | 2,80 | 3,00 | Perfil ○ | |
|---|---|---|---|---|---|---|---|---|---|---|---|---|---|---|---|---|---|---|---|---|---|---|---|---|
| 40 | 2 | 2,39 | 1,35 | 5,45 | 5,13 | 4,78 | 4,43 | 4,03 | 3,63 | 3,27 | 2,93 | 2,64 | 2,37 | 2,14 | 1,94 | 1,76 | 1,60 | 1,34 | 1,14 | 0,98 | 0,85 | 0,74 | 2 | 40 |
| | 3 | 3,49 | 1,31 | 7,89 | 7,37 | 6,87 | 6,25 | 5,67 | 5,09 | 4,56 | 3,92 | 3,65 | 3,30 | 2,97 | 2,68 | 2,44 | 2,22 | 1,86 | 1,58 | 1,35 | 1,17 | 1,03 | 3 | |
| | 4 | 4,52 | 1,28 | 10,0 | 9,40 | 8,70 | 7,99 | 7,16 | 6,42 | 5,73 | 5,11 | 4,59 | 4,11 | 3,69 | 3,33 | 3,02 | 2,75 | 2,30 | 1,94 | 1,68 | 1,45 | 1,28 | 4 | |
| 50 | 2 | 3,02 | 1,69 | 7,27 | 7,07 | 6,82 | 6,49 | 6,18 | 5,77 | 5,37 | 5,00 | 4,61 | 4,42 | 3,88 | 3,55 | 3,27 | 3,00 | 2,55 | 2,19 | 1,89 | 1,65 | 1,45 | 2 | 50 |
| | 3 | 4,43 | 1,66 | 10,6 | 10,3 | 9,93 | 9,44 | 8,92 | 8,40 | 7,78 | 7,15 | 6,58 | 6,06 | 5,56 | 5,07 | 4,66 | 4,28 | 3,63 | 3,11 | 2,69 | 2,34 | 2,06 | 3 | |
| | 4 | 5,78 | 1,63 | 13,8 | 13,4 | 12,8 | 12,1 | 11,5 | 10,7 | 10,0 | 9,16 | 8,39 | 7,70 | 7,02 | 6,45 | 5,89 | 5,40 | 4,59 | 3,93 | 3,39 | 2,95 | 2,59 | 4 | |
| 60 | 2 | 3,64 | 2,05 | 9,01 | 8,84 | 8,68 | 8,45 | 8,15 | 7,82 | 7,57 | 7,17 | 6,80 | 6,43 | 6,02 | 5,63 | 5,25 | 4,87 | 4,24 | 3,69 | 3,18 | 2,83 | 2,50 | 2 | 60 |
| | 3 | 5,37 | 2,01 | 13,3 | 13,0 | 12,7 | 12,3 | 11,9 | 11,4 | 11,0 | 10,4 | 9,90 | 9,30 | 8,67 | 8,07 | 7,54 | 6,98 | 6,07 | 5,26 | 4,60 | 4,03 | 3,56 | 3 | |
| | 4 | 7,04 | 1,98 | 17,4 | 17,1 | 16,6 | 16,0 | 15,5 | 14,9 | 14,3 | 13,5 | 12,8 | 11,9 | 11,1 | 10,4 | 9,68 | 9,01 | 7,78 | 6,73 | 5,86 | 5,14 | 4,54 | 4 | |
| 70 | 2 | 4,27 | 2,41 | 10,6 | 10,5 | 10,4 | 10,2 | 10,1 | 9,82 | 9,57 | 9,25 | 8,95 | 8,60 | 8,22 | 7,87 | 7,45 | 7,07 | 6,27 | 5,55 | 4,95 | 4,38 | 3,91 | 2 | 70 |
| | 3 | 6,31 | 2,37 | 15,7 | 15,6 | 15,3 | 15,2 | 14,9 | 14,4 | 14,0 | 13,5 | 13,1 | 12,5 | 11,9 | 11,4 | 10,8 | 10,2 | 9,06 | 8,04 | 7,10 | 6,31 | 5,61 | 3 | |
| | 4 | 8,29 | 2,34 | 20,7 | 20,5 | 20,1 | 19,7 | 19,4 | 18,9 | 18,2 | 17,6 | 17,1 | 16,3 | 15,6 | 14,7 | 14,1 | 13,2 | 11,7 | 10,3 | 9,17 | 8,10 | 7,56 | 4 | |
| 80 | 2 | 4,90 | 2,76 | 12,3 | 12,2 | 12,1 | 12,0 | 11,9 | 11,7 | 11,4 | 11,1 | 11,0 | 10,6 | 10,2 | 10,0 | 9,57 | 9,23 | 8,50 | 7,67 | 6,92 | 6,24 | 5,68 | 2 | 80 |
| | 3 | 7,26 | 2,72 | 18,3 | 18,1 | 18,0 | 17,8 | 17,6 | 17,3 | 16,8 | 16,5 | 16,1 | 15,6 | 15,1 | 14,6 | 14,1 | 13,5 | 12,3 | 11,1 | 10,0 | 9,03 | 8,10 | 3 | |
| | 4 | 9,55 | 2,69 | 24,1 | 23,9 | 23,6 | 23,4 | 23,0 | 22,5 | 22,1 | 21,8 | 21,0 | 20,5 | 19,8 | 19,1 | 18,4 | 17,6 | 16,1 | 14,4 | 13,0 | 11,6 | 10,4 | 4 | |

| Perfil ○ | | A $cm^2$ | $i_x$ cm | $N^*_{máx}$ en toneladas para una longitud libre de pandeo $l_k$ en m = 1,60 | 1,80 | 2,00 | 2,20 | 2,40 | 2,60 | 2,80 | 3,00 | 3,25 | 3,50 | 3,75 | 4,00 | 4,25 | 4,50 | 4,75 | 5,00 | 5,25 | 5,50 | 6,00 | Perfil ○ | |
|---|---|---|---|---|---|---|---|---|---|---|---|---|---|---|---|---|---|---|---|---|---|---|---|---|
| 90 | 3 | 8,19 | 3,07 | 18,6 | 17,6 | 16,7 | 15,5 | 14,5 | 13,2 | 12,1 | 10,9 | 9,7 | 8,6 | 7,7 | 6,9 | 6,2 | 5,6 | 5,1 | 4,6 | 4,2 | 3,8 | 3,3 | 3 | 90 |
| | 4 | 10,8 | 3,04 | 24,4 | 23,2 | 21,9 | 20,3 | 18,8 | 17,2 | 15,7 | 14,2 | 12,6 | 11,2 | 10,0 | 8,5 | 8,0 | 7,2 | 6,6 | 6,0 | 5,4 | 5,0 | 4,2 | 4 | |
| | 5 | 13,4 | 3,01 | 30,3 | 28,5 | 27,0 | 25,0 | 23,2 | 21,1 | 19,2 | 17,4 | 15,5 | 13,7 | 12,2 | 10,9 | 9,8 | 8,8 | 8,0 | 7,3 | 6,6 | 6,1 | 5,1 | 5 | |
| 100 | 3 | 9,14 | 3,43 | 21,4 | 20,8 | 19,8 | 18,8 | 17,7 | 16,5 | 15,4 | 14,2 | 12,8 | 11,5 | 10,3 | 8,3 | 8,4 | 7,6 | 6,9 | 6,3 | 5,8 | 5,3 | 4,5 | 3 | 100 |
| | 4 | 12,1 | 3,39 | 28,3 | 27,3 | 26,0 | 24,7 | 23,3 | 21,7 | 20,1 | 18,5 | 16,7 | 15,0 | 13,4 | 12,1 | 10,9 | 9,9 | 9,0 | 8,2 | 7,5 | 6,9 | 5,8 | 4 | |
| | 5 | 14,9 | 3,36 | 34,6 | 33,4 | 31,7 | 30,2 | 28,5 | 26,5 | 24,5 | 22,5 | 20,3 | 18.2 | 16,3 | 14,6 | 13,2 | 12,0 | 10,9 | 9,9 | 9,1 | 8,3 | 7,1 | 5 | |
| | 6 | 17,7 | 3,33 | 41,1 | 39,6 | 37,2 | 35,6 | 33,6 | 31,3 | 28,7 | 26,4 | 23,7 | 21,3 | 19,1 | 17,2 | 15,5 | 14,0 | 12,7 | 11,6 | 10,6 | 9,7 | 8,2 | 6 | |
| 125 | 4 | 15,2 | 4,28 | 37,3 | 36,6 | 35,6 | 34,6 | 33,5 | 32,1 | 30,8 | 29,5 | 27,4 | 25,6 | 23,5 | 21,7 | 19,8 | 18,3 | 16,8 | 15,5 | 14,2 | 13,1 | 11,3 | 4 | 125 |
| | 5 | 18,8 | 4,24 | 45,7 | 45,2 | 44,0 | 42,8 | 41,0 | 39,1 | 37,9 | 36,2 | 33,7 | 31,3 | 28,7 | 26,4 | 24,3 | 22,3 | 20,4 | 18,8 | 17,4 | 16,0 | 13,7 | 5 | |
| | 6 | 22,4 | 4,21 | 54,4 | 53,4 | 52,0 | 51,1 | 48,9 | 46,9 | 44,8 | 42,8 | 39,9 | 37,1 | 34,0 | 31,3 | 28,7 | 26,3 | 24,0 | 22,1 | 20,4 | 18,8 | 16,1 | 6 | |
| 155 | 5 | 23,6 | 5,30 | 59,0 | 58,4 | 57,3 | 56,8 | 55,8 | 54,8 | 53,3 | 51,5 | 50,0 | 47,5 | 45,4 | 42,9 | 40,6 | 37,8 | 35,4 | 33,1 | 31,0 | 28,9 | 25,2 | 5 | 155 |
| | 6 | 28,1 | 5,27 | 70,7 | 69,6 | 68,3 | 67,6 | 66,4 | 65,2 | 63,5 | 61,4 | 58,9 | 56,6 | 53,7 | 50,7 | 48,0 | 44,8 | 42,0 | 39,3 | 36,5 | 34,1 | 29,8 | 6 | |
| | 8 | 36,9 | 5,21 | 92,2 | 91,3 | 89,6 | 88,8 | 87,2 | 84,9 | 82,7 | 79,9 | 77,3 | 73,8 | 70,0 | 66,1 | 62,3 | 58,1 | 54,5 | 50,7 | 47,5 | 44,0 | 38,5 | 8 | |
| 175 | 5 | 26,7 | 6,01 | 67,4 | 66,7 | 66,1 | 65,5 | 64,8 | 63,7 | 62,5 | 61,4 | 59,8 | 57,8 | 56,0 | 53,4 | 51,4 | 48,9 | 46,6 | 43,9 | 41,5 | 39,0 | 34,7 | 5 | 175 |
| | 6 | 31,9 | 5,98 | 80,5 | 79,7 | 79,0 | 78,2 | 77,5 | 76,1 | 74,7 | 73,4 | 71,5 | 68,5 | 66,3 | 63,8 | 61,0 | 58,4 | 55,3 | 52,8 | 49,3 | 46,3 | 41,0 | 6 | |
| | 8 | 42,0 | 5,92 | 106 | 105 | 104 | 103 | 101 | 100 | 98,3 | 95,8 | 93,3 | 90,2 | 87,3 | 83,3 | 79,7 | 75,8 | 72,3 | 67,8 | 64,2 | 60,3 | 53,5 | 8 | |
| 200 | 5 | 30,6 | 6,91 | 78,0 | 77,2 | 76,5 | 76,5 | 75,7 | 74,3 | 73,6 | 73,0 | 71,6 | 69,8 | 68,6 | 66,3 | 64,1 | 62,6 | 60,2 | 57,6 | 55,2 | 53,0 | 47,9 | 5 | 200 |
| | 6 | 36,6 | 6,86 | 93,3 | 92,4 | 91,5 | 91,5 | 90,6 | 88,9 | 88,1 | 87,3 | 85,7 | 83,4 | 81,3 | 79,3 | 76,7 | 74,3 | 71,5 | 68,4 | 65,6 | 63,0 | 57,0 | 6 | |
| | 8 | 48,3 | 6,79 | 123 | 122 | 120 | 119 | 119 | 117 | 116 | 115 | 112 | 110 | 107 | 103 | 100 | 97,3 | 93,7 | 89,7 | 85,4 | 82,0 | 73,8 | 8 | |

*Nota.– Para celosías simples pueden utilizarse los tubos de menor espesor ($e \geqslant 2$ mm); en estructuras normales se tomarán tubos con espesor $e \geqslant 4$ mm.*

# RESISTENCIA MÁXIMA PONDERADA N* A COMPRESIÓN DE PERFILES HUECOS CUADRADOS

**TABLA $EA_c$ -31**

Acero tipo A 42

$\sigma_u$ = 2,6 t/cm²

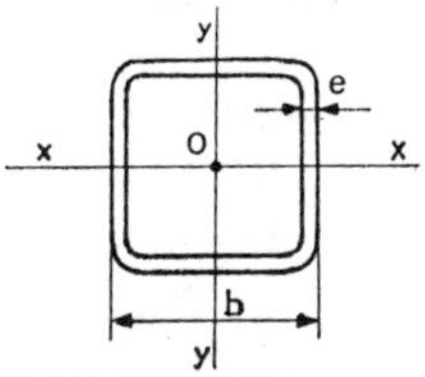


Eje de pandeo x-x o y-y

($i_x = i_y$)

| Perfil □ | | A cm² | $i_x$ cm | 0,70 | 0,80 | 0,90 | 1,00 | 1,10 | 1,20 | 1,30 | 1,40 | 1,50 | 1,60 | 1,70 | 1,80 | 1,90 | 2,00 | 2,20 | 2,40 | 2,60 | 2,80 | 3,00 | | Perfil □ |
|---|---|---|---|---|---|---|---|---|---|---|---|---|---|---|---|---|---|---|---|---|---|---|---|---|
| | | | | $N^*_{máx}$ en toneladas para una longitud libre de pandeo $l_k$ en m = | | | | | | | | | | | | | | | | | | | | |
| 40 | 2 | 2,90 | 1,53 | 6,85 | 6,61 | 6,23 | 5,89 | 5,50 | 5,09 | 4,65 | 4,23 | 3,86 | 3,50 | 3,20 | 2,92 | 2,67 | 2,43 | 2,06 | 1,75 | 1,51 | 1,31 | 1,15 | 2 | 40 |
| 40 | 3 | 4,13 | 1,48 | 9,67 | 9,25 | 8,73 | 8,19 | 7,61 | 7,01 | 6,35 | 5,80 | 5,26 | 4,77 | 4,33 | 3,93 | 3,59 | 3,27 | 2,75 | 2,35 | 2,02 | 1,76 | 1,54 | 3 | 40 |
| 40 | 4 | 5,21 | 1,42 | 12,1 | 11,5 | 10,8 | 10,0 | 9,27 | 8,41 | 7,61 | 6,87 | 6,21 | 5,62 | 5,09 | 4,62 | 4,20 | 3,83 | 3,22 | 2,74 | 2,36 | 2,05 | 1,78 | 4 | 40 |
| 50 | 2 | 3,70 | 1,94 | 9,0 | 8,90 | 8,74 | 8,43 | 8,08 | 7,75 | 7,40 | 7,02 | 6,59 | 6,16 | 5,72 | 5,34 | 4,78 | 4,60 | 3,94 | 3,42 | 2,97 | 2,60 | 2,30 | 2 | 50 |
| 50 | 3 | 5,33 | 1,89 | 13,0 | 12,8 | 12,3 | 12,0 | 11,5 | 11,1 | 10,5 | 9,89 | 9,23 | 8,60 | 7,96 | 7,41 | 6,86 | 6,35 | 5,45 | 4,71 | 4,10 | 3,58 | 3,15 | 3 | 50 |
| 50 | 4 | 5,81 | 1,83 | 14,1 | 13,8 | 13,5 | 12,9 | 12,4 | 11,8 | 11,1 | 10,4 | 9,74 | 9,04 | 8,34 | 7,70 | 7,12 | 6,56 | 5,63 | 4,85 | 4,22 | 3,68 | 3,24 | 4 | 50 |
| 60 | 2 | 4,50 | 2,35 | 11,2 | 11,1 | 10,9 | 10,7 | 10,5 | 10,2 | 10,0 | 9,59 | 9,28 | 8,93 | 8,47 | 8,06 | 7,64 | 7,22 | 6,39 | 5,82 | 5,00 | 4,43 | 3,95 | 2 | 60 |
| 60 | 3 | 6,53 | 2,30 | 16,3 | 16,1 | 15,8 | 15,5 | 15,1 | 14,9 | 14,2 | 13,8 | 13,3 | 12,6 | 12,1 | 11,5 | 10,9 | 10,2 | 9,03 | 7,93 | 7,01 | 6,19 | 5,51 | 3 | 60 |
| 60 | 4 | 8,41 | 2,24 | 21,0 | 20,6 | 20,4 | 19,8 | 19,5 | 18,8 | 18,2 | 17,5 | 16,8 | 16,0 | 15,2 | 14,4 | 13,5 | 12,7 | 11,1 | 9,84 | 8,64 | 7,64 | 6,77 | 4 | 60 |
| 60 | 5 | 10,1 | 2,19 | 25,2 | 24,7 | 24,3 | 23,8 | 23,2 | 22,4 | 21,7 | 20,8 | 19,9 | 18,9 | 17,8 | 16,9 | 15,9 | 14,8 | 13,0 | 11,3 | 9,98 | 8,84 | 7,81 | 5 | 60 |
| 70 | 2 | 5,30 | 2,76 | 13,7 | 13,2 | 13,1 | 13,0 | 12,8 | 12,6 | 12,4 | 12,1 | 11,9 | 11,5 | 11,1 | 10,8 | 10,4 | 9,98 | 9,18 | 8,30 | 7,49 | 6,75 | 6,04 | 2 | 70 |
| 70 | 3 | 7,73 | 2,71 | 19,5 | 19,3 | 19,1 | 18,9 | 18,6 | 18,4 | 17,9 | 17,6 | 17,1 | 16,6 | 16,0 | 15,6 | 15,0 | 14,3 | 13,1 | 11,8 | 10,6 | 9,57 | 8,58 | 3 | 70 |
| 70 | 4 | 10,0 | 2,65 | 25,2 | 25,0 | 24,7 | 24,3 | 24,0 | 23,6 | 23,1 | 22,6 | 21,8 | 21,3 | 20,6 | 19,8 | 18,9 | 18,2 | 16,5 | 14,8 | 13,3 | 11,9 | 10,7 | 4 | 70 |
| 70 | 5 | 12,1 | 2,60 | 30,5 | 30,2 | 29,9 | 29,4 | 29,1 | 28,6 | 27,8 | 27,1 | 26,2 | 25,3 | 24,5 | 23,6 | 22,9 | 21,5 | 19,5 | 17,4 | 15,6 | 14,0 | 12,6 | 5 | 70 |
| 80 | 3 | 8,93 | 3,11 | 22,7 | 22,5 | 22,3 | 22,3 | 22,1 | 21,7 | 21,5 | 21,1 | 20,7 | 20,3 | 19,8 | 19,3 | 18,8 | 18,4 | 17,2 | 15,9 | 14,6 | 13,3 | 12,2 | 3 | 80 |
| 80 | 4 | 11,6 | 3,06 | 29,5 | 29,3 | 29,0 | 28,7 | 28,4 | 28,2 | 27,9 | 27,4 | 26,9 | 26,4 | 25,5 | 24,9 | 24,3 | 23,5 | 22,0 | 20,3 | 18,6 | 16,9 | 15,4 | 4 | 80 |
| 80 | 5 | 14,1 | 3,01 | 35,9 | 35,6 | 35,2 | 34,9 | 34,6 | 34,2 | 33,6 | 33,0 | 32,4 | 31,8 | 31,0 | 30,0 | 29,3 | 28,4 | 26,3 | 24,4 | 22,2 | 20,2 | 18,3 | 5 | 80 |
| 80 | 6 | 16,5 | 2,95 | 42,0 | 41,6 | 41,2 | 40,8 | 40,5 | 39,7 | 39,5 | 38,6 | 37,6 | 37,0 | 35,7 | 34,8 | 34,0 | 32,7 | 30,4 | 27,8 | 25,4 | 23,0 | 20,9 | 6 | 80 |

| Perfil □ | | A cm² | $i_x$ cm | 1,60 | 1,80 | 2,00 | 2,20 | 2,40 | 2,60 | 2,80 | 3,00 | 3,25 | 3,50 | 3,75 | 4,00 | 4,25 | 4,50 | 4,75 | 5,00 | 5,25 | 5,50 | 6,00 | | Perfil □ |
|---|---|---|---|---|---|---|---|---|---|---|---|---|---|---|---|---|---|---|---|---|---|---|---|---|
| | | | | $N^*_{máx}$ en toneladas para una longitud libre de pandeo $l_k$ en m = | | | | | | | | | | | | | | | | | | | | |
| 90 | 3 | 10,1 | 3,52 | 23,8 | 23,0 | 22,0 | 21,0 | 20,0 | 18,7 | 17,5 | 16,2 | 14,6 | 13,2 | 11,8 | 10,7 | 9,7 | 8,8 | 8,0 | 7,3 | 6,7 | 6,1 | 5,2 | 3 | 90 |
| 90 | 4 | 13,2 | 3,47 | 31,1 | 30,0 | 28,5 | 27,4 | 25,7 | 24,1 | 22,5 | 20,7 | 18,7 | 16,8 | 15,2 | 13,7 | 12,3 | 11,2 | 10,2 | 9,3 | 8,5 | 7,8 | 6,6 | 4 | 90 |
| 90 | 5 | 16,1 | 3,42 | 37,7 | 36,4 | 34,9 | 33,2 | 31,2 | 29,0 | 27,0 | 24,9 | 22,5 | 20,2 | 18,1 | 16,3 | 14,8 | 13,3 | 12,1 | 11,0 | 10,1 | 9,3 | 7,9 | 5 | 90 |
| 90 | 6 | 18,9 | 3,36 | 43,8 | 42,3 | 40,2 | 38,7 | 36,1 | 33,6 | 31,1 | 28,5 | 25,7 | 23,0 | 20,7 | 18,6 | 16,8 | 15,2 | 13,8 | 12,6 | 11,5 | 10,5 | 9,0 | 6 | 90 |
| 100 | 3 | 11,3 | 3,93 | 27,2 | 26,7 | 25,7 | 24,9 | 23,9 | 22,7 | 21,2 | 20,2 | 18,8 | 17,2 | 15,7 | 14,3 | 13,0 | 11,8 | 10,9 | 9,9 | 9,1 | 8,4 | 7,2 | 3 | 100 |
| 100 | 4 | 14,8 | 3,88 | 35,6 | 35,0 | 33,7 | 32,3 | 31,0 | 29,6 | 28,1 | 26,3 | 24,2 | 22,5 | 20,1 | 18,4 | 16,6 | 15,2 | 13,9 | 12,8 | 11,7 | 10,7 | 9,1 | 4 | 100 |
| 100 | 5 | 18,1 | 3,83 | 43,5 | 42,4 | 41,3 | 39,5 | 37,6 | 35,9 | 33,8 | 31,8 | 29,0 | 26,6 | 24,1 | 22,0 | 20,0 | 18,2 | 16,7 | 15,2 | 14,0 | 12,9 | 11,0 | 5 | 100 |
| 100 | 6 | 21,3 | 3,77 | 51,2 | 49,4 | 48,1 | 46,1 | 43,9 | 41,6 | 39,5 | 36,9 | 33,7 | 30,6 | 27,8 | 25,3 | 23,0 | 20,9 | 19,1 | 17,4 | 16,0 | 14,7 | 12,5 | 6 | 100 |
| 120 | 4 | 18,0 | 4,70 | 44,5 | 43,7 | 42,9 | 42,1 | 41,0 | 40,0 | 38,3 | 37,1 | 35,2 | 33,2 | 31,2 | 28,9 | 26,7 | 24,9 | 23,0 | 21,2 | 19,6 | 18,3 | 15,8 | 4 | 120 |
| 120 | 5 | 22,1 | 4,64 | 54,7 | 53,7 | 52,7 | 51,7 | 50,4 | 48,7 | 47,1 | 45,2 | 44,9 | 40,2 | 37,5 | 35,0 | 32,3 | 29,9 | 27,7 | 25,6 | 23,7 | 21,9 | 18,9 | 5 | 120 |
| 120 | 6 | 20,1 | 4,59 | 64,6 | 63,4 | 62,2 | 60,6 | 59,5 | 57,0 | 55,1 | 53,0 | 49,9 | 47,1 | 44,0 | 40,8 | 37,7 | 34,8 | 32,1 | 29,6 | 27,4 | 25,5 | 21,9 | 6 | 120 |
| 140 | 5 | 26,1 | 5,46 | 65,2 | 64,6 | 64,0 | 63,4 | 62,2 | 60,6 | 59,5 | 58,0 | 55,6 | 53,8 | 51,4 | 48,8 | 46,1 | 43,5 | 40,8 | 39,4 | 35,9 | 33,6 | 29,2 | 5 | 140 |
| 140 | 6 | 30,9 | 5,41 | 77,2 | 76,5 | 75,8 | 74,4 | 73,7 | 71,7 | 70,4 | 68,6 | 65,8 | 63,2 | 60,4 | 57,4 | 54,3 | 51,1 | 47,8 | 44,6 | 41,8 | 39,2 | 34,2 | 6 | 140 |
| 140 | 8 | 40,0 | 5,30 | 100 | 99,0 | 97,2 | 96,3 | 94,5 | 92,8 | 90,4 | 87,4 | 84,5 | 80,6 | 77,0 | 71,7 | 68,8 | 64,2 | 60,1 | 56,2 | 52,5 | 49,0 | 42,8 | 8 | 140 |
| 160 | 5 | 30,1 | 6,28 | 76,0 | 75,2 | 75,2 | 74,5 | 73,1 | 72,4 | 71,1 | 69,8 | 68,6 | 66,3 | 64,1 | 62,1 | 59,7 | 57,1 | 54,7 | 52,1 | 49,2 | 46,6 | 41,6 | 5 | 160 |
| 160 | 6 | 35,7 | 6,23 | 90,1 | 89,2 | 89,2 | 88,4 | 86,7 | 85,9 | 84,4 | 82,8 | 81,4 | 78,6 | 76,1 | 73,6 | 70,8 | 67,2 | 64,4 | 61,0 | 58,0 | 54,9 | 48,8 | 6 | 160 |
| 160 | 8 | 46,4 | 6,12 | 117 | 116 | 115 | 114 | 112 | 111 | 109 | 107 | 105 | 101 | 98,1 | 94,2 | 90,7 | 86,1 | 82,0 | 77,3 | 73,5 | 69,7 | 61,8 | 8 | 160 |
| 170 | 5 | 32,1 | 6,69 | 81,8 | 81,0 | 80,2 | 79,5 | 78,7 | 78,0 | 77,2 | 75,8 | 74,5 | 73,2 | 70,7 | 68,4 | 66,2 | 64,2 | 61,3 | 59,2 | 56,4 | 53,8 | 48,2 | 5 | 170 |
| 170 | 6 | 38,1 | 6,64 | 97,1 | 96,1 | 95,2 | 94,3 | 93,4 | 92,6 | 91,7 | 90,0 | 88,4 | 86,1 | 83,9 | 81,2 | 78,6 | 75,6 | 72,3 | 69,2 | 66,5 | 63,1 | 56,6 | 6 | 170 |
| 170 | 8 | 49,6 | 6,53 | 126 | 125 | 124 | 123 | 120 | 120 | 118 | 117 | 114 | 111 | 108 | 105 | 101 | 96,9 | 93,4 | 88,9 | 84,8 | 80,6 | 72,4 | 8 | 170 |

*NOTA.– Para celosías simples pueden utilizarse los tubos de menor espesor (e ⩾ 2 mm); en estructuras normales se tomarán tubos con mayor espesor (e ⩾ 4 mm)*

# RESISTENCIA MÁXIMA PONDERADA $N^*$ A COMPRESIÓN DE PERFILES HUECOS RECTANGULARES

TABLA $EA_c$-32

Acero tipo A 42

$\sigma_u$ = 2,6 t/cm²

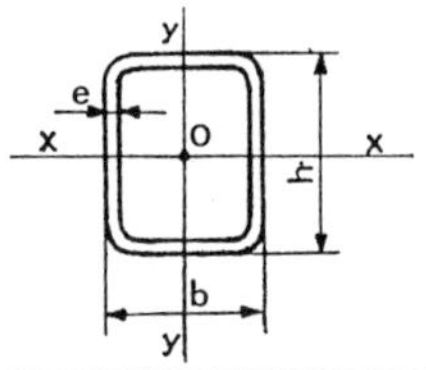


Eje de pandeo y-y

($i_x > i_y$)

| Perfil □ | | A cm² | $i_y$ cm | 0,70 | 0,80 | 0,90 | 1,00 | 1,10 | 1,20 | 1,30 | 1,40 | 1,50 | 1,60 | 1,70 | 1,80 | 1,90 | 2,00 | 2,20 | 2,40 | 2,60 | 2,80 | 3,00 | | Perfil □ |
|---|---|---|---|---|---|---|---|---|---|---|---|---|---|---|---|---|---|---|---|---|---|---|---|---|
| 60 | 2 | 3,70 | 1,62 | 8,82 | 8,59 | 8,15 | 7,75 | 7,34 | 6,87 | 6,37 | 5,83 | 5,34 | 4,88 | 4,45 | 4,10 | 3,74 | 3,43 | 2,90 | 2,49 | 2,14 | 1,87 | 1,64 | 2 | 60 |
| × | 3 | 5.33 | 1,57 | 12,6 | 12,1 | 11,6 | 11,0 | 10,3 | 9,55 | 8,82 | 8,10 | 7,37 | 6,72 | 6,13 | 5,58 | 5,11 | 4,69 | 3,96 | 3,38 | 2,91 | 2,53 | 2,23 | 3 | × |
| 40 | 4 | 6,81 | 1,52 | 16,1 | 15,4 | 14,6 | 13,8 | 12,8 | 11,9 | 10,8 | 9,89 | 8,98 | 8,16 | 7,44 | 6,75 | 6,19 | 5,65 | 4,77 | 4,07 | 3,51 | 3,05 | 2,67 | 4 | 40 |
| 70 | 2 | 4,50 | 2,03 | 11,1 | 10,9 | 10,7 | 10,4 | 10,1 | 9,66 | 9,28 | 8,79 | 8,35 | 7,85 | 7,35 | 6,88 | 6,39 | 5,94 | 5,17 | 4,48 | 3,92 | 3,44 | 3,03 | 2 | 70 |
| × | 3 | 6,53 | 1,98 | 16,1 | 15,8 | 15,4 | 14,9 | 14,4 | 13,8 | 13,2 | 12,5 | 11,8 | 11,1 | 10,3 | 9,64 | 8,98 | 8,36 | 7,22 | 6,24 | 5,44 | 4,77 | 4,21 | 3 | × |
| 50 | 4 | 8,41 | 1,93 | 20,6 | 20,2 | 19,7 | 19,2 | 18,3 | 17,6 | 16,8 | 15,8 | 14,8 | 13,9 | 12,9 | 12,1 | 11,1 | 10,3 | 8,88 | 7,72 | 6,70 | 5,87 | 5,18 | 4 | 50 |
| 80 | 3 | 7,73 | 2,39 | 19,3 | 19,1 | 18,8 | 18,6 | 18,2 | 17,8 | 17,6 | 16,6 | 16,0 | 15,4 | 14,7 | 14,0 | 13,4 | 12,6 | 11,2 | 9,95 | 8,81 | 7,85 | 6,97 | 3 | 80 |
| × | 4 | 10,0 | 2,34 | 25,0 | 24,7 | 24,3 | 23,8 | 23,4 | 22,8 | 22,0 | 21,3 | 20,6 | 19,7 | 18,8 | 17,8 | 17,0 | 15,9 | 14,1 | 12,5 | 11,0 | 9,77 | 8,69 | 4 | × |
| 60 | 5 | 12,1 | 2,29 | 30,2 | 29,9 | 29,4 | 28,8 | 28,1 | 27,6 | 26,4 | 25,5 | 24,5 | 23,4 | 22,4 | 21,2 | 20,0 | 18,8 | 16,6 | 14,6 | 12,9 | 11,4 | 10,1 | 5 | 60 |
| 100 | 4 | 11,6 | 2,41 | 29,0 | 28,7 | 28,4 | 27,9 | 27,4 | 26,7 | 26,0 | 25,1 | 24,3 | 23,3 | 22,3 | 21,4 | 20,2 | 19,2 | 17,0 | 15,1 | 13,4 | 11,9 | 10,6 | 4 | 100 |
| × | 5 | 14,1 | 2,36 | 35,2 | 34,9 | 34,2 | 33,9 | 33,0 | 32,1 | 31,3 | 30,3 | 29,1 | 28,0 | 26,7 | 25,4 | 24,1 | 22,7 | 20,1 | 17,9 | 15,8 | 14,0 | 12,4 | 5 | × |
| 60 | 6 | 16,5 | 2,31 | 41,2 | 40,8 | 40,1 | 39,3 | 38,3 | 37,6 | 36,3 | 34,8 | 33,8 | 32,2 | 30,6 | 29,2 | 27,6 | 26,0 | 22,9 | 20,1 | 17,8 | 15,5 | 14,0 | 6 | 60 |
| 100 | 4 | 13,2 | 3,16 | 33,6 | 33,3 | 33,3 | 33,0 | 32,7 | 32,0 | 31,7 | 31,5 | 30,6 | 30,1 | 29,6 | 28,8 | 28,1 | 27,4 | 25,6 | 23,8 | 22,1 | 20,2 | 18,4 | 4 | 100 |
| × | 5 | 16,1 | 3,11 | 41,0 | 40,6 | 40,2 | 40,2 | 39,8 | 39,1 | 38,7 | 38,0 | 37,3 | 36,7 | 35,7 | 34,9 | 34,0 | 33,3 | 31,0 | 28,6 | 26,3 | 24,0 | 22,0 | 5 | × |
| 80 | 6 | 18,9 | 3,06 | 48,1 | 47,7 | 47,2 | 46,8 | 46,3 | 45,9 | 45,5 | 44,6 | 43,8 | 43,1 | 41,6 | 40,6 | 39,6 | 38,4 | 35,8 | 33,0 | 30,5 | 27,6 | 25,2 | 6 | 80 |

$N^*_{máx}$ en toneladas para una longitud libre de pandeo $l_k$ en m =

| Perfil □ | | A cm² | $i_y$ cm | 1,60 | 1,80 | 2,00 | 2,20 | 2,40 | 2,60 | 2,80 | 3,00 | 3,25 | 3,50 | 3,75 | 4,00 | 4,25 | 4,50 | 4,75 | 5,00 | 5,25 | 5,50 | 6,00 | | Perfil □ |
|---|---|---|---|---|---|---|---|---|---|---|---|---|---|---|---|---|---|---|---|---|---|---|---|---|
| 120 | 4 | 14,8 | 3,24 | 34,3 | 32,6 | 31,0 | 29,3 | 27,5 | 25,5 | 23,3 | 21,3 | 19,0 | 17,1 | 15,2 | 13,7 | 12,3 | 11,2 | 9,7 | 9,2 | 8,4 | 7,7 | 6,5 | 4 | 120 |
| × | 5 | 18,1 | 3,19 | 41,6 | 39,9 | 37,6 | 35,4 | 33,1 | 30,5 | 28,0 | 25,5 | 22,9 | 20,3 | 18,2 | 16,4 | 14,7 | 13,3 | 12,0 | 10,9 | 10,0 | 9,2 | 7,8 | 5 | × |
| 80 | 6 | 21,3 | 3,14 | 48,5 | 46,5 | 43,9 | 41,3 | 38,2 | 35,2 | 32,4 | 29,4 | 26,2 | 23,3 | 20,9 | 18,7 | 16,8 | 15,2 | 13,8 | 12,5 | 11,4 | 10,5 | 8,9 | 6 | 80 |
| 120 | 4 | 16,4 | 3,98 | 39,8 | 38,7 | 37,7 | 36,4 | 34,9 | 33,3 | 31,8 | 29,8 | 27,7 | 25,2 | 23,1 | 21,1 | 19,3 | 17,6 | 16,1 | 14,8 | 13,5 | 12,5 | 10,7 | 4 | 120 |
| × | 5 | 20,1 | 3,93 | 48,4 | 47,5 | 45,8 | 44,2 | 42,5 | 40,5 | 38,4 | 36,0 | 33,5 | 30,5 | 27,9 | 25,5 | 23,2 | 21,0 | 19,3 | 17,7 | 16,3 | 14,9 | 12,8 | 5 | × |
| 100 | 6 | 23,7 | 3,88 | 57,0 | 56,0 | 54,0 | 51,8 | 49,7 | 47,4 | 44,9 | 42,0 | 38,7 | 35,4 | 32,2 | 29,5 | 26,6 | 24,3 | 22,2 | 20,4 | 18,7 | 17,2 | 14,7 | 6 | 100 |
| 140 | 4 | 16,4 | 3,30 | 38,0 | 36,4 | 34,6 | 32,8 | 30,9 | 28,8 | 26,3 | 24,2 | 21,2 | 19,4 | 17,4 | 15,6 | 14,1 | 12,8 | 11,6 | 10,6 | 9,6 | 8,8 | 7,5 | 4 | 140 |
| × | 5 | 20,1 | 3,25 | 46,6 | 44,6 | 42,1 | 39,9 | 37,3 | 34,6 | 31,8 | 29,0 | 26,0 | 23,3 | 20,9 | 18,7 | 16,8 | 15,3 | 13,8 | 12,6 | 11,5 | 10,5 | 9,1 | 5 | × |
| 80 | 6 | 23,7 | 3,20 | 54,5 | 52,2 | 49,3 | 46,7 | 43,4 | 40,2 | 36,7 | 33,6 | 30,0 | 26,8 | 24,0 | 21,5 | 19,3 | 17,5 | 15,9 | 14,4 | 13,2 | 12,1 | 10,2 | 6 | 80 |
| 140 | 4 | 18,0 | 4,06 | 43,7 | 42,9 | 41,8 | 40,3 | 38,6 | 37,1 | 35,2 | 33,4 | 31,0 | 28,5 | 26,0 | 23,7 | 21,7 | 20,0 | 18,3 | 16,7 | 15,4 | 14,2 | 12,1 | 4 | 140 |
| × | 5 | 22,1 | 4,01 | 53,7 | 52,2 | 50,8 | 49,1 | 47,1 | 45,2 | 42,9 | 40,4 | 37,5 | 34,4 | 31,4 | 28,7 | 26,2 | 23,9 | 21,9 | 20,1 | 18,4 | 17,1 | 14,6 | 5 | × |
| 100 | 6 | 26,1 | 3,96 | 63,4 | 61,7 | 59,5 | 57,5 | 55,6 | 53,0 | 50,2 | 47,4 | 43,8 | 39,9 | 36,7 | 33,4 | 30,4 | 27,8 | 25,4 | 23,3 | 21,4 | 19,7 | 16,8 | 6 | 100 |
| 160 | 4 | 18,0 | 3,34 | 41,8 | 40,3 | 38,3 | 36,3 | 34,1 | 31,8 | 29,4 | 27,0 | 24,2 | 21,7 | 19,5 | 17,6 | 15,8 | 14,3 | 13,0 | 11,8 | 10,8 | 9,9 | 8,4 | 4 | 160 |
| × | 5 | 22,1 | 3,30 | 51,3 | 49,1 | 46,7 | 44,2 | 41,6 | 38,8 | 35,4 | 32,6 | 29,3 | 26,2 | 23,5 | 21,1 | 19,1 | 17,2 | 15,6 | 14,2 | 13,0 | 11,9 | 10,1 | 5 | × |
| 70 | 6 | 26,1 | 3,25 | 60,6 | 58,0 | 54,7 | 51,8 | 48,4 | 44,9 | 41,3 | 37,7 | 33,7 | 30,3 | 27,1 | 24,3 | 21,9 | 19,8 | 18,0 | 16,4 | 14,9 | 13,7 | 11,6 | 6 | 80 |
| 160 | 5 | 26,1 | 4,83 | 64,6 | 64,0 | 62,8 | 61,7 | 60,0 | 58,5 | 56,5 | 54,7 | 52,2 | 49,1 | 46,1 | 43,2 | 40,1 | 37,5 | 34,6 | 32,1 | 29,7 | 27,7 | 23,9 | 5 | 160 |
| × | 6 | 30,9 | 4,78 | 76,5 | 75,1 | 74,4 | 73,0 | 71,1 | 69,2 | 66,4 | 64,2 | 61,3 | 57,8 | 54,6 | 50,5 | 47,0 | 43,6 | 40,3 | 37,3 | 34,8 | 32,2 | 27,9 | 6 | × |
| 120 | 8 | 40,0 | 4,68 | 99,0 | 97,2 | 95,4 | 93,7 | 91,2 | 88,1 | 85,2 | 82,5 | 78,2 | 73,7 | 68,7 | 63,8 | 59,1 | 55,0 | 51,0 | 47,0 | 43,5 | 40,1 | 34,8 | 8 | 120 |
| 180 | 5 | 26,1 | 4,13 | 63,4 | 62,5 | 60,6 | 59,0 | 56,5 | 54,3 | 51,8 | 49,2 | 45,8 | 42,1 | 38,5 | 35,5 | 32,4 | 29,6 | 27,2 | 25,0 | 23,1 | 21,2 | 18,2 | 5 | 180 |
| × | 6 | 30,9 | 4,09 | 75,1 | 73,7 | 71,7 | 69,2 | 66,4 | 63,7 | 60,8 | 57,8 | 53,5 | 49,3 | 45,1 | 41,1 | 37,7 | 34,6 | 31,7 | 29,1 | 26,8 | 24,7 | 21,1 | 6 | × |
| 100 | 8 | 40,0 | 3,99 | 97,2 | 94,5 | 92,0 | 88,9 | 85,2 | 81,9 | 77,6 | 73,2 | 67,5 | 61,9 | 56,5 | 51,7 | 47,0 | 43,1 | 39,4 | 36,2 | 33,2 | 30,6 | 26,2 | 8 | 100 |
| 180 | 5 | 30,1 | 5,65 | 76,0 | 75,2 | 74,5 | 73,1 | 72,4 | 71,1 | 69,2 | 68,0 | 65,2 | 63,1 | 60,6 | 57,5 | 55,1 | 52,1 | 48,9 | 46,0 | 43,2 | 40,5 | 35,7 | 5 | 180 |
| × | 6 | 35,7 | 5,60 | 89,2 | 89,2 | 87,5 | 86,7 | 85,1 | 84,4 | 82,1 | 80,0 | 77,3 | 74,2 | 71,4 | 68,2 | 64,4 | 61,0 | 57,3 | 54,3 | 50,7 | 47,6 | 41,8 | 6 | × |
| 140 | 8 | 46,4 | 5,50 | 116 | 115 | 114 | 112 | 110 | 108 | 106 | 101 | 99,7 | 95,7 | 92,1 | 87,4 | 82,6 | 77,8 | 73,1 | 68,5 | 64,5 | 60,0 | 52,7 | 8 | 140 |
| 200 | 5 | 30,1 | 4,96 | 75,2 | 73,8 | 73,1 | 71,8 | 69,8 | 68,5 | 66,3 | 64,1 | 61,1 | 57,9 | 54,7 | 51,5 | 48,0 | 44,7 | 41,6 | 38,5 | 35,9 | 33,4 | 28,8 | 5 | 200 |
| × | 6 | 35,7 | 4,92 | 88,4 | 87,5 | 85,9 | 84,4 | 82,8 | 80,7 | 78,0 | 75,4 | 71,9 | 68,2 | 64,4 | 60,2 | 56,2 | 52,4 | 48,6 | 45,2 | 42,0 | 39,0 | 33,7 | 6 | × |
| 120 | 8 | 46,8 | 4,82 | 115 | 114 | 112 | 109 | 106 | 104 | 100 | 97,3 | 92,8 | 87,4 | 82,0 | 76,8 | 71,3 | 66,3 | 61,2 | 56,9 | 52,7 | 49,0 | 42,7 | 8 | 120 |
| 200 | 5 | 33,1 | 6,10 | 83,5 | 82,7 | 81,9 | 81,2 | 80,4 | 78,9 | 78,2 | 76,8 | 74,8 | 72,3 | 69,9 | 67,2 | 64,2 | 61,4 | 58,5 | 55,5 | 52,4 | 49,4 | 43,9 | 5 | 200 |
| × | 6 | 39,3 | 6,05 | 99,2 | 98,2 | 97,3 | 96,4 | 95,5 | 93,7 | 92,9 | 90,4 | 88,1 | 85,1 | 82,4 | 79,2 | 76,2 | 72,4 | 69,0 | 65,5 | 61,9 | 58,0 | 51,6 | 6 | × |
| 150 | 8 | 51,2 | 5,95 | 129 | 128 | 126 | 125 | 124 | 122 | 120 | 118 | 113 | 110 | 106 | 102 | 97,9 | 93,1 | 88,1 | 83,2 | 78,7 | 73,9 | 65,5 | 8 | 150 |

*NOTA.– Para celosías simples pueden utilizarse los tubos de menor espesor (e > 2 mm); en estructuras normales se tomarán tubos con espesor e ⩾ 4 mm.*

La compresión en elementos estructurales

# RESISTENCIA MÁXIMA PONDERADA $N^*$ A COMPRESIÓN DE TUBOS SIN SOLDADURA

TABLA $EA_c$ -33

Acero tipo A 42

$\sigma_u$ = 2,6 t/cm²

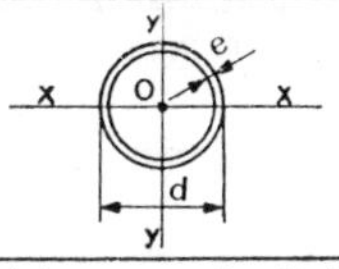


Eje de pandeo indiferente

| Perfil ○ | | A cm² | $i_x$ cm | $N^*_{máx}$ en toneladas para una longitud libre de pandeo $l_k$ en m = 0,70 | 0,80 | 0,90 | 1,00 | 1,10 | 1,20 | 1,30 | 1,40 | 1,50 | 1,60 | 1,70 | 1,80 | 1,90 | 2,00 | 2,20 | 2,40 | 2,60 | 2,80 | 3,00 | Perfil ○ | |
|---|---|---|---|---|---|---|---|---|---|---|---|---|---|---|---|---|---|---|---|---|---|---|---|---|
| 33,7 | 2,6 | 2,54 | 1,1 | 5,24 | 4,75 | 4,26 | 3,75 | 3,28 | 2,88 | 2,53 | 2,24 | 1,98 | 1,76 | 1,58 | 1,42 | 1,28 | 1,16 | 0,97 | 0,82 | 0,70 | — | | 2,6 | 33,7 |
| | 3,2 | 3,07 | 1,08 | 6,28 | 5,70 | 5,05 | 4,43 | 3,89 | 3,39 | 2,97 | 2,62 | 2,31 | 2,06 | 1,84 | 1,66 | 1,50 | 1,36 | 1,13 | 0,96 | 0,83 | — | | 3,2 | |
| | 4 | 3,73 | 1,06 | 7,51 | 6,78 | 5,98 | 5,24 | 4,57 | 3,99 | 3,50 | 3,08 | 2,72 | 2,42 | 2,17 | 1,94 | 1,76 | 1,59 | 1,33 | 1,12 | 0,96 | — | | 4 | |
| 42,4 | 2,6 | 3,25 | 1,41 | 7,47 | 7,10 | 6,70 | 6,21 | 5,74 | 5,21 | 4,72 | 4,24 | 3,84 | 3,46 | 3,14 | 2,85 | 2,59 | 2,36 | 1,98 | 1,69 | 1,45 | 1,26 | 1,10 | 2,6 | 42,4 |
| | 3,2 | 3,94 | 1,39 | 9,06 | 8,53 | 8,06 | 7,47 | 6,87 | 6,21 | 5,59 | 5,07 | 4,55 | 4,11 | 3,71 | 3,36 | 3,05 | 2,80 | 2,35 | 1,99 | 1,71 | 1,49 | 1,30 | 3,2 | |
| | 4 | 4,83 | 1,36 | 11,0 | 10,4 | 9,73 | 8,97 | 8,20 | 7,43 | 6,70 | 6,00 | 5,39 | 4,86 | 4,39 | 3,97 | 3,60 | 3,29 | 2,76 | 2,35 | 2,02 | 1,75 | 1,53 | 4 | |
| 51,0 | 3,2 | 4,81 | 1,69 | 11,6 | 11,3 | 10,9 | 10,3 | 9,84 | 9,19 | 8,56 | 7,96 | 7,35 | 6,76 | 6,19 | 5,65 | 5,21 | 4,79 | 4,07 | 3,49 | 3,02 | 2,62 | 2,31 | 3,2 | 51,0 |
| | 4 | 5,91 | 1,67 | 14,2 | 13,7 | 13,2 | 12,6 | 11,9 | 11,2 | 10,4 | 9,60 | 8,88 | 8,17 | 7,49 | 6,86 | 6,27 | 5,77 | 4,89 | 4,22 | 3,62 | 3,16 | 2,78 | 4 | |
| | 5 | 7,23 | 1,64 | 17,2 | 16,7 | 16,0 | 15,3 | 14,4 | 13,5 | 12,6 | 11,5 | 10,6 | 9,69 | 8,91 | 8,13 | 7,46 | 6,83 | 5,82 | 4,97 | 4,29 | 3,73 | 3,28 | 5 | |
| 63,5 | 3,2 | 6,06 | 2,13 | 15,0 | 14,7 | 14,5 | 14,2 | 13,8 | 13,3 | 12,8 | 12,3 | 11,6 | 11,1 | 10,4 | 9,78 | 9,16 | 8,56 | 7,50 | 6,53 | 5,73 | 5,03 | 4,46 | 3,2 | 63,5 |
| | 4 | 7,48 | 2,11 | 18,5 | 18,1 | 17,8 | 17,5 | 17,0 | 16,3 | 15,6 | 15,0 | 14,3 | 13,5 | 12,8 | 11,9 | 11,1 | 10,4 | 9,08 | 7,93 | 6,94 | 6,11 | 5,41 | 4 | |
| | 5 | 9,19 | 2,08 | 22,7 | 22,3 | 21,9 | 21,3 | 20,7 | 19,9 | 19,1 | 18,3 | 17,4 | 16,3 | 15,5 | 14,4 | 13,9 | 12,6 | 10,9 | 9,55 | 8,35 | 7,35 | 6,49 | 5 | |
| 76,1 | 4 | 9,06 | 2,55 | 22,8 | 22,6 | 22,4 | 22,0 | 21,6 | 21,2 | 20,6 | 20,1 | 19,4 | 18,8 | 18,1 | 17,4 | 16,7 | 15,9 | 14,3 | 12,8 | 11,4 | 10,2 | 9,13 | 4 | 76,1 |
| | 5 | 11,2 | 2,52 | 28,2 | 28,0 | 27,2 | 27,2 | 26,7 | 26,0 | 25,3 | 24,6 | 24,2 | 23,1 | 22,4 | 21,4 | 20,3 | 19,4 | 17,4 | 15,5 | 13,9 | 12,4 | 11,0 | 5 | |
| | 6,3 | 13,8 | 2,48 | 34,8 | 34,5 | 33,8 | 33,2 | 32,9 | 32,0 | 31,4 | 30,4 | 29,1 | 28,2 | 27,1 | 26,0 | 24,7 | 23,6 | 21,1 | 18,7 | 16,7 | 14,8 | 13,2 | 6,3 | |
| 88,9 | 4 | 10,7 | 3,00 | 27,2 | 27,0 | 26,7 | 26,5 | 26,2 | 26,0 | 25,5 | 25,0 | 24,6 | 24,2 | 23,3 | 22,8 | 22,2 | 21,4 | 20,0 | 18,4 | 16,8 | 15,3 | 13,8 | 4 | 88,9 |
| | 5 | 13,2 | 2,97 | 33,6 | 33,3 | 33,0 | 32,7 | 32,3 | 32,0 | 31,5 | 30,9 | 30,1 | 29,6 | 28,8 | 27,9 | 27,2 | 26,4 | 24,5 | 22,4 | 20,4 | 18,5 | 16,9 | 5 | |
| | 6,3 | 16,3 | 2,93 | 41,5 | 41,1 | 40,7 | 40,3 | 39,6 | 39,2 | 38,9 | 37,8 | 37,1 | 36,2 | 35,3 | 34,4 | 33,3 | 32,3 | 29,8 | 27,3 | 24,9 | 22,5 | 20,4 | 6,3 | |
| 101,6 | 5 | 15,2 | 3,42 | 38,7 | 38,7 | 38,3 | 38,0 | 38,0 | 37,6 | 36,9 | 36,6 | 36,2 | 35,6 | 34,9 | 34,3 | 33,5 | 32,9 | 31,3 | 29,5 | 27,4 | 25,5 | 23,5 | 5 | 101,6 |
| | 6,3 | 18,9 | 3,38 | 48,1 | 48,1 | 47,7 | 47,2 | 46,8 | 46,3 | 45,9 | 45,5 | 45,0 | 44,2 | 43,5 | 42,7 | 41,6 | 40,6 | 38,7 | 36,1 | 33,6 | 31,3 | 28,9 | 6,3 | |
| | 8 | 23,8 | 3,32 | 59,9 | 59,9 | 59,3 | 58,7 | 58,2 | 57,6 | 57,1 | 56,5 | 55,5 | 54,5 | 53,6 | 52,6 | 51,3 | 50,1 | 47,3 | 44,2 | 41,2 | 37,9 | 34,9 | 8 | |

| Perfil ○ | | A cm² | $i_x$ cm | $N^*_{máx}$ en toneladas para una longitud libre de pandeo $l_k$ en m = 1,60 | 1,80 | 2,00 | 2,20 | 2,40 | 2,60 | 2,80 | 3,00 | 3,25 | 3,50 | 3,75 | 4,00 | 4,25 | 4,50 | 4,75 | 5,00 | 5,50 | 6,00 | 7,00 | Perfil ○ | |
|---|---|---|---|---|---|---|---|---|---|---|---|---|---|---|---|---|---|---|---|---|---|---|---|---|
| 114,3 | 5 | 17,2 | 3,87 | 41,4 | 40,2 | 39,2 | 37,5 | 36,0 | 34,4 | 32,4 | 30,4 | 27,9 | 25,5 | 23,3 | 21,3 | 19,3 | 17,6 | 16,0 | 14,7 | 12,5 | 10,6 | 8,0 | 5 | 114,3 |
| | 6,3 | 21,4 | 3,82 | 51,5 | 50,1 | 48,8 | 46,3 | 44,5 | 42,4 | 40,0 | 37,3 | 34,3 | 31,2 | 28,5 | 25,8 | 23,6 | 21,4 | 19,6 | 17,9 | 15,1 | 12,9 | 9,7 | 6,3 | |
| | 8 | 26,7 | 3,77 | 64,2 | 61,9 | 60,3 | 57,8 | 55,1 | 52,2 | 49,5 | 46,2 | 42,3 | 38,3 | 34,8 | 31,7 | 28,8 | 26,2 | 23,9 | 21,9 | 18,4 | 15,7 | 11,8 | 8 | |
| 127 | 5 | 19,2 | 4,32 | 47,1 | 46,2 | 45,3 | 43,7 | 42,3 | 40,9 | 39,3 | 37,5 | 35,1 | 32,6 | 30,0 | 27,7 | 25,4 | 23,4 | 21,5 | 19,8 | 16,9 | 14,4 | 10,9 | 5 | 127 |
| | 6,3 | 23,9 | 4,27 | 58,6 | 57,5 | 55,9 | 54,5 | 52,6 | 50,5 | 48,5 | 46,3 | 43,1 | 40,1 | 36,9 | 33,9 | 31,2 | 28,6 | 26,3 | 24,2 | 20,6 | 17,6 | 13,3 | 6,3 | |
| | 8 | 29,9 | 4,22 | 72,6 | 71,3 | 70,0 | 68,2 | 65,3 | 62,7 | 60,2 | 57,1 | 53,2 | 49,5 | 45,4 | 42,0 | 38,4 | 35,1 | 32,2 | 29,6 | 25,2 | 21,6 | 16,3 | 8 | |
| 139,7 | 6,3 | 26,4 | 4,72 | 65,3 | 64,1 | 63,5 | 61,8 | 60,2 | 58,6 | 56,7 | 54,4 | 51,6 | 49,0 | 45,7 | 42,6 | 39,4 | 36,7 | 33,9 | 31,3 | 26,9 | 23,3 | 17,8 | 6,3 | 139,7 |
| | 8 | 33,1 | 4,66 | 81,9 | 80,4 | 78,9 | 77,5 | 75,5 | 72,9 | 70,5 | 68,3 | 64,2 | 60,6 | 56,6 | 52,4 | 48,6 | 45,0 | 41,7 | 38,6 | 33,1 | 28,6 | 21,7 | 8 | |
| | 10 | 40,7 | 4,60 | 100 | 98,9 | 97,0 | 94,4 | 92,8 | 88,9 | 86,0 | 83,3 | 78,3 | 73,4 | 68,7 | 63,7 | 58,8 | 54,5 | 50,6 | 46,4 | 39,7 | 34,3 | 26,1 | 10 | |
| 152,4 | 6,3 | 28,9 | 5,17 | 72,2 | 71,5 | 70,2 | 68,9 | 68,3 | 66,5 | 64,7 | 62,6 | 60,1 | 57,3 | 54,4 | 51,4 | 48,4 | 45,2 | 42,2 | 39,3 | 34,1 | 29,7 | 22,8 | 6,3 | 152,4 |
| | 8 | 36,3 | 5,11 | 90,7 | 89,9 | 88,2 | 86,5 | 85,0 | 82,8 | 80,6 | 78,0 | 74,9 | 70,9 | 67,9 | 64,2 | 60,1 | 55,8 | 52,1 | 48,6 | 42,1 | 36,5 | 28,1 | 8 | |
| | 10 | 44,7 | 5,05 | 111 | 109 | 108 | 106 | 103 | 102 | 99,3 | 96,0 | 92,2 | 87,3 | 83,0 | 78,0 | 72,6 | 67,9 | 63,1 | 58,7 | 50,7 | 44,1 | 33,9 | 10 | |
| 168,3 | 6,3 | 32,1 | 5,73 | 81,0 | 80,2 | 79,4 | 78,0 | 77,2 | 75,8 | 74,5 | 73,2 | 70,1 | 67,8 | 65,2 | 62,2 | 59,6 | 56,0 | 53,1 | 49,9 | 44,1 | 38,8 | 30,3 | 6,3 | 168,3 |
| | 8 | 40,3 | 5,67 | 101 | 100 | 99,8 | 97,9 | 97,0 | 95,2 | 93,5 | 91,1 | 88,0 | 84,5 | 81,2 | 77,6 | 73,8 | 69,8 | 65,9 | 62,0 | 54,5 | 48,5 | 37,4 | 8 | |
| | 10 | 49,7 | 5,61 | 124 | 124 | 122 | 120 | 118 | 117 | 114 | 112 | 107 | 104 | 99,4 | 95,0 | 90,3 | 85,5 | 80,2 | 75,5 | 66,2 | 58,2 | 45,3 | 10 | |
| 193,7 | 6,3 | 37,1 | 6,63 | 94,5 | 93,6 | 92,7 | 91,8 | 91,0 | 90,1 | 89,3 | 87,7 | 86,1 | 83,8 | 81,0 | 79,0 | 76,5 | 73,6 | 70,4 | 67,4 | 61,4 | 55,1 | 44,2 | 6,3 | 193,7 |
| | 8 | 46,7 | 6,57 | 119 | 118 | 116 | 115 | 114 | 113 | 111 | 110 | 108 | 105 | 102 | 98,7 | 95,6 | 92,6 | 88,6 | 84,3 | 76,3 | 68,6 | 54,9 | 8 | |
| | 10 | 57,7 | 6,50 | 145 | 145 | 144 | 142 | 141 | 140 | 137 | 136 | 132 | 129 | 125 | 121 | 117 | 112 | 108 | 102 | 93,1 | 83,3 | 66,9 | 10 | |
| 219,1 | 8 | 53,1 | 7,47 | 135 | 135 | 134 | 132 | 132 | 131 | 130 | 129 | 126 | 124 | 122 | 119 | 116 | 113 | 110 | 106 | 98,6 | 89,6 | 75,4 | 8 | 219,1 |
| | 10 | 65,7 | 7,40 | 167 | 167 | 165 | 164 | 164 | 162 | 159 | 158 | 156 | 154 | 149 | 147 | 143 | 138 | 135 | 130 | 121 | 111 | 92,3 | 10 | |
| | 12,5 | 81,1 | 7,32 | 206 | 204 | 204 | 202 | 200 | 199 | 197 | 195 | 193 | 188 | 185 | 180 | 175 | 171 | 166 | 159 | 148 | 136 | 112 | 12,5 | |
| 244,5 | 8 | 59,4 | 8,37 | 142 | 140 | 140 | 138 | 137 | 137 | 136 | 134 | 133 | 132 | 129 | 127 | 125 | 123 | 120 | 117 | 111 | 104 | 90,- | 8 | 244,5 |
| | 10 | 73,7 | 8,30 | 191 | 188 | 188 | 186 | 184 | 184 | 182 | 180 | 179 | 177 | 174 | 171 | 168 | 165 | 161 | 157 | 148 | 139 | 119 | 10 | |
| | 12,5 | 91,1 | 8,21 | 236 | 232 | 232 | 230 | 227 | 227 | 225 | 223 | 221 | 217 | 215 | 211 | 207 | 202 | 197 | 192 | 185 | 170 | 146 | 12,5 | |
| 273 | 8 | 66,6 | 9,37 | 173 | 170 | 170 | 169 | 168 | 168 | 166 | 166 | 165 | 163 | 161 | 158 | 157 | 154 | 152 | 150 | 143 | 139 | 122 | 8 | 273 |
| | 10 | [illegible] | 9,31 | 214 | 210 | 210 | 210 | 208 | 208 | 206 | 206 | 204 | 200 | 200 | 197 | 195 | 191 | 188 | 185 | 177 | 170 | 151 | 10 | |
| | 12,5 | 102 | 9,22 | 265 | 260 | 260 | 260 | 257 | 257 | 255 | [illegible] | 250 | 247 | 245 | 243 | 241 | 236 | 232 | 228 | 217 | 208 | 184 | 12,5 | |
| 298,5 | 8 | 73,0 | 10,3 | 189 | 189 | 189 | 186 | 184 | 184 | 184 | 182 | 180 | 180 | 179 | 177 | 175 | 174 | 172 | [illegible] | 165 | 158 | 144 | 8 | 298,5 |
| | 10 | 90,6 | 10,2 | 235 | 235 | 235 | 231 | 228 | 228 | 228 | 226 | 226 | 224 | 222 | 220 | 218 | 216 | 212 | 210 | 203 | 194 | 178 | 10 | |
| | 12,5 | 112 | 10,1 | 291 | 291 | 291 | 285 | 282 | 282 | 282 | 280 | 280 | 277 | 274 | 272 | 269 | 264 | 262 | 260 | 251 | 240 | 219 | 12,5 | |
| 355,6 | 10 | 109 | 12,5 | 283 | 283 | 283 | 283 | 277 | 277 | 277 | 275 | 275 | 272 | 272 | 270 | 270 | 267 | 264 | 262 | 257 | 253 | 238 | 10 | 355,6 |
| | 12,5 | 135 | 12,1 | 351 | 351 | 351 | 351 | 344 | 344 | 344 | 340 | 340 | 337 | 337 | 334 | 334 | 331 | 328 | 325 | 319 | 310 | 292 | 12,5 | |
| | 16 | 171 | 12,0 | 446 | 446 | 446 | 446 | 435 | 435 | 435 | 431 | 431 | 427 | 427 | 423 | 423 | 419 | 415 | 411 | 404 | 393 | 370 | 16 | |
| 406,4 | 10 | 125 | 14,0 | 325 | 325 | 325 | 325 | 325 | 325 | 318 | 318 | 318 | 315 | 315 | 312 | 312 | 312 | 309 | 306 | 303 | 298 | 287 | 10 | 406,4 |
| | 12,5 | 155 | 13,9 | 403 | 403 | 403 | 403 | 403 | 403 | 395 | 395 | 395 | 391 | 391 | 387 | 387 | 387 | 383 | 380 | 376 | 369 | 356 | 12,5 | |
| | 16 | 196 | 13,8 | 509 | 509 | 509 | 509 | 509 | 509 | 499 | 499 | 499 | 494 | 494 | 490 | 490 | 485 | 485 | 480 | 476 | 467 | 447 | 16 | |
| 457,2 | 12,5 | 175 | 15,7 | 455 | 455 | 455 | 455 | 455 | 455 | 455 | 455 | 446 | 446 | 446 | 441 | 441 | 437 | 437 | 437 | 433 | 425 | 413 | 12,5 | 457,2 |
| | 16 | 222 | 15,6 | 577 | 577 | 577 | 577 | 577 | 577 | 577 | 577 | 565 | 565 | 565 | 560 | 560 | 555 | 555 | 555 | 549 | 539 | 524 | 16 | |
| | 20 | 275 | 15,5 | 715 | 715 | 715 | 715 | 715 | 715 | 715 | 715 | 715 | 701 | 701 | 694 | 694 | 694 | 687 | 687 | 681 | 674 | 662 | 20 | |
| 508 | 12,5 | 195 | 17,5 | 507 | 507 | 507 | 507 | 507 | 507 | 507 | 507 | 507 | 497 | 497 | 497 | 497 | 492 | 492 | 487 | 487 | 482 | 473 | 12,5 | 508 |
| | 16 | 247 | 17,4 | 642 | 642 | 642 | 642 | 642 | 642 | 642 | 642 | 642 | 629 | 629 | 629 | 629 | 623 | 623 | 617 | 617 | 611 | 600 | 16 | |
| | 20 | 307 | 17,3 | 798 | 798 | 798 | 798 | 798 | 798 | 798 | 798 | 798 | 782 | 782 | 775 | 775 | 775 | 775 | 767 | 767 | 760 | 746 | 20 | |

# PRESILLAS PARA COLUMNAS METÁLICAS



| *Disposición de las presillas* | *N.° del perfil* | *A* *cm²* | *s* *cm* | *s′* *cm* | $i_{y1}$ *cm* | $15 \cdot i_{y1}$ *cm* | *Presillas* $s' \cdot h \cdot e$ *mm* | *a* *mm* | *N.° del perfil* |
|---|---|---|---|---|---|---|---|---|---|
| Perfiles IPN (tabla $EA_c$-4) 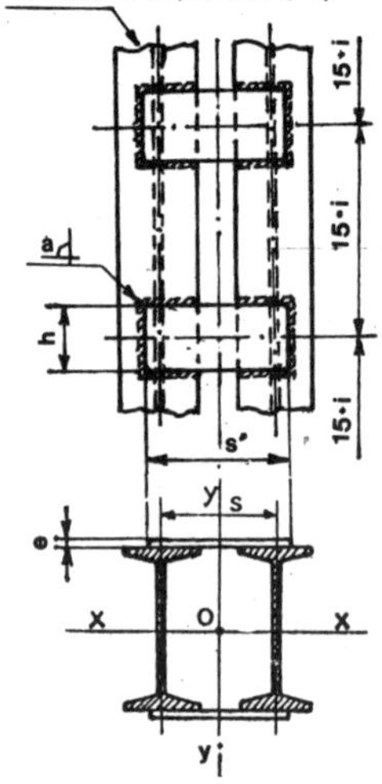 | 8 | 15,1 | 8 | 10 | 0,91 | 13,5 | 100 · 100 · 6 | 3,5 | 8 |
| | 10 | 21,2 | 10 | 12 | 1,07 | 16 | 100 · 100 · 6 | 3,5 | 10 |
| | 12 | 28,4 | 12 | 14 | 1,23 | 18 | 140 · 100 · 6 | 3,5 | 12 |
| | 14 | 36,6 | 14 | 16 | 1,40 | 21 | 160 · 100 · 6 | 3,5 | 14 |
| | 16 | 45,6 | 14 | 16 | 1,55 | 23 | 160 · 100 · 8 | 4 | 16 |
| | 18 | 55,8 | 16 | 18 | 1,71 | 25,5 | 180 · 100 · 8 | 4 | 18 |
| | 20 | 67,0 | 18 | 20 | 1,87 | 28 | 200 · 150 · 8 | 4 | 20 |
| | 22 | 79,2 | 20 | 22 | 2,02 | 30 | 220 · 150 · 8 | 4 | 22 |
| | 24 | 92,2 | 22 | 25 | 2,20 | 33 | 250 · 150 · 10 | 5 | 24 |
| | 26 | 107 | 24 | 27 | 2,32 | 35 | 250 · 150 · 10 | 5 | 26 |
| | 28 | 122 | 26 | 29 | 2,45 | 37 | 290 · 200 · 10 | 5 | 28 |
| | 30 | 138 | 28 | 31 | 2,56 | 38 | 310 · 200 · 12 | 6 | 30 |
| | 32 | 155 | 30 | 33 | 2,67 | 40 | 330 · 200 · 12 | 6 | 32 |
| | 34 | 173 | 32 | 35 | 2,80 | 42 | 350 · 200 · 12 | 6 | 34 |
| | 36 | 194 | 34 | 37 | 2,90 | 43,5 | 370 · 250 · 12 | 6 | 36 |
| | 38 | 214 | 36 | 39 | 3,02 | 45 | 390 · 300 · 12 | 6 | 38 |
| | 40 | 236 | 38 | 42 | 3,13 | 47 | 420 · 300 · 12 | 6 | 40 |
| | 45 | 294 | 40 | 44 | 3,43 | 51 | 440 · 350 · 12 | 7 | 45 |
| | 50 | 360 | 44 | 48 | 3,72 | 55 | 480 · 400 · 14 | 7 | 50 |
| | 55 | 426 | 48 | 52 | 4,02 | 60 | 520 · 400 · 16 | 8 | 55 |
| | 60 | 508 | 52 | 56 | 4,30 | 65 | 560 · 400 · 20 | 9 | 60 |
| Perfiles IPE (tabla $EA_c$-8) 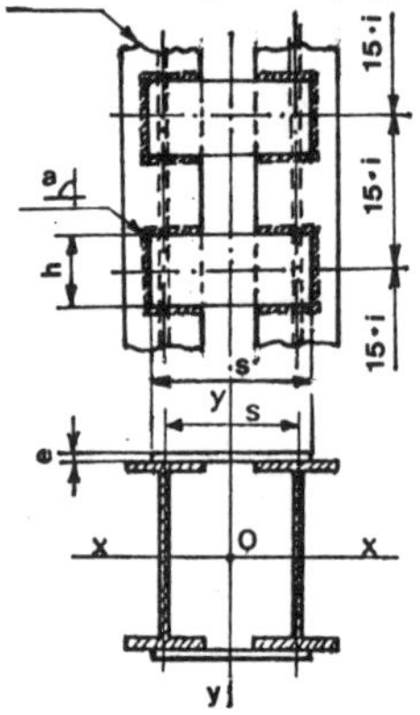 | 8 | 15,3 | 8 | 10 | 1,05 | 16 | 100 · 100 · 6 | 3,5 | 8 |
| | 10 | 20,6 | 10 | 12 | 1,24 | 19 | 100 · 100 · 6 | 3,5 | 10 |
| | 12 | 26,4 | 12 | 14 | 1,45 | 22 | 140 · 100 · 6 | 3,5 | 12 |
| | 14 | 32,8 | 14 | 16 | 1,65 | 25 | 160 · 100 · 6 | 3,5 | 14 |
| | 16 | 40,2 | 14 | 16 | 1,84 | 28 | 160 · 100 · 8 | 4 | 16 |
| | 18 | 47,8 | 16 | 18 | 2,05 | 31 | 180 · 100 · 8 | 4 | 18 |
| | 20 | 57,0 | 18 | 20 | 2,24 | 34 | 200 · 150 · 8 | 4 | 20 |
| | 22 | 66,8 | 20 | 22 | 2,48 | 37 | 220 · 150 · 8 | 4 | 22 |
| | 24 | 78,2 | 22 | 25 | 2,69 | 40 | 250 · 150 · 8 | 4 | 24 |
| | 27 | 91,8 | 25 | 28 | 3,02 | 45 | 280 · 200 · 10 | 5 | 27 |
| | 30 | 107 | 28 | 31 | 3,35 | 50 | 310 · 200 · 10 | 5 | 30 |
| | 33 | 125 | 30 | 33 | 3,55 | 53 | 340 · 200 · 10 | 5 | 33 |
| | 36 | 145 | 34 | 36 | 3,79 | 57 | 370 · 250 · 10 | 5 | 36 |
| | 40 | 169 | 38 | 40 | 3,95 | 59 | 400 · 300 · 12 | 6 | 40 |
| | 45 | 197 | 40 | 44 | 4,12 | 62 | 440 · 350 · 12 | 6 | 45 |
| | 50 | 232 | 44 | 48 | 4,31 | 65 | 480 · 400 · 14 | 7 | 50 |
| | 55 | 268 | 48 | 52 | 4,45 | 67 | 520 · 400 · 16 | 8 | 55 |
| | 60 | 312 | 52 | 56 | 4,66 | 70 | 560 · 400 · 20 | 9 | 60 |
| Perfiles UPN (tabla $EA_c$-23) 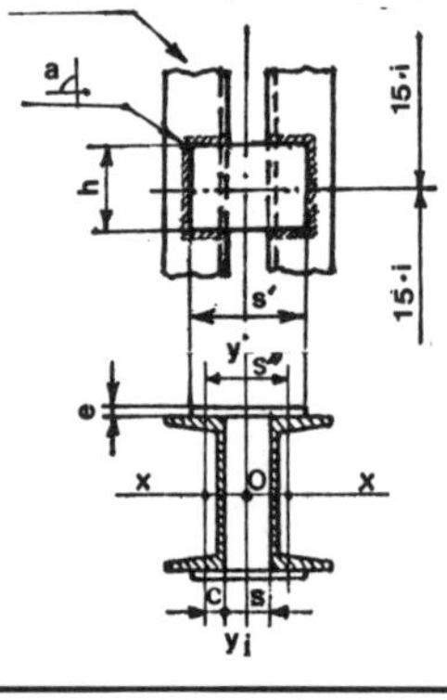 | 8 | 22 | 6 | 11 | 1,33 | 20 | 110 · 100 · 6 | 3,5 | 8 |
| | 10 | 27 | 8 | 14 | 1,47 | 22 | 140 · 100 · 6 | 3,5 | 10 |
| | 12 | 34 | 8 | 15 | 1,59 | 24 | 150 · 100 · 6 | 3,5 | 12 |
| | 14 | 40,8 | 10 | 17 | 1,75 | 26 | 170 · 120 · 8 | 4 | 14 |
| | 16 | 48 | 12 | 19 | 1,89 | 28 | 190 · 140 · 8 | 4 | 16 |
| | 18 | 56 | 14 | 22 | 2.02 | 30 | 220 · 160 · 8 | 4 | 18 |
| | 20 | 64,4 | 16 | 24 | 2,14 | 32 | 240 · 180 · 8 | 4 | 20 |
| | 22 | 74,8 | 18 | 27 | 2,30 | 34 | 270 · 200 · 8 | 4 | 22 |
| | 24 | 84,6 | 20 | 30 | 2,42 | 36 | 300 · 200 · 8 | 4 | 24 |
| | 26 | 96,6 | 22 | 33 | 2,56 | 38 | 330 · 220 · 10 | 5 | 26 |
| | 28 | 106,6 | 24 | 35 | 2,74 | 41 | 350 · 220 · 10 | 5 | 28 |
| | 30 | 117,6 | 26 | 38 | 2,90 | 43 | 380 · 240 · 10 | 5 | 30 |
| | 32 | 151,6 | 28 | 40 | 2,81 | 42 | 400 · 240 · 10 | 5 | 32 |
| | 35 | 154,6 | 30 | 42 | 2,72 | 41 | 420 · 250 · 10 | 5 | 35 |
| | 38 | 160,8 | 32 | 45 | 2,77 | 42 | 450 · 280 · 12 | 6 | 38 |
| | 40 | 183 | 34 | 47 | 3,04 | 45 | 470 · 300 · 12 | 6 | 40 |

# SECCIÓN SÉPTIMA

## PIEZAS O PERFILES DE DIRECTRIZ RECTA SOMETIDAS A FLEXIÓN

### 1.7. Clases de piezas o perfiles

Las piezas o perfiles de directriz recta, según su constitución se clasifican en simples y compuestas:

*a)* Son piezas simples las constituidas por un solo perfil laminado, considerando principalmente a las vigas IPN, IPE, HEB, HEA, HEM; la primera de estas vigas tiene, en proporción, el alma más gruesa y las alas más cortas que las otras, siendo la parte interior de las alas, en la primera oblicuas convergentes (14 °); y en las otras, ambas alas son paralelas, de mayor espesor, por lo que resultan en igualdad de peso, más eficientes que las primeras para soportar esfuerzos de flexión.

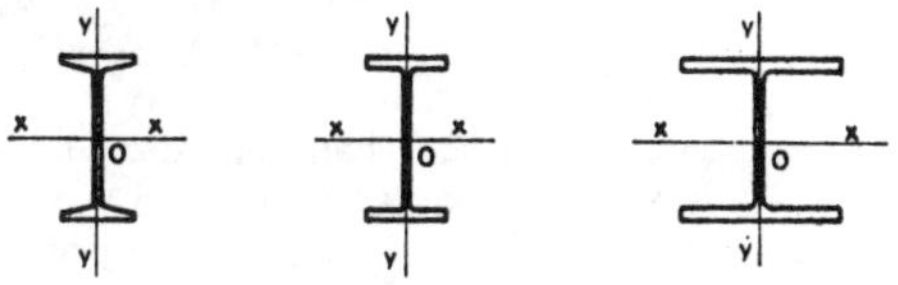


*b)* Las vigas compuestas o armadas pueden ser de alma llena o de celosía; las primeras formadas por un alma y platabandas, generalmente unidas por soldaduras, hoy raramente por angulares roblonados. En las vigas formadas por varias platabandas en cada cordón, el diagrama de momentos de agotamiento deberá envolver al de momentos flectores ponderados, y lo sobrepasarán a partir del punto donde no se precisan en una longitud igual a un medio del ancho de la platabanda. Las vigas de celosía son mucho más ligeras que las de alma llena, cubriendo grandes luces, siendo de altura mucho más elevada; las directrices de las barras que constituyen estas vigas deberán coincidir con los ejes de la celosía, debiendo evitarse la excentricidad de las mismas, y que de producirse se considerará en el cálculo.

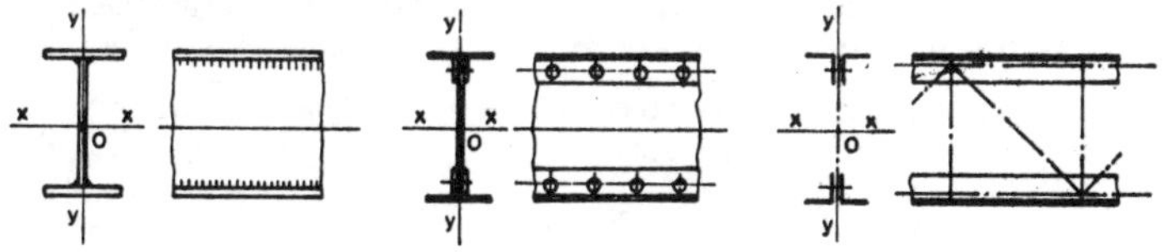


*c)* Las vigas múltiples formadas por dos o más vigas simples o compuestas adosadas, que se enlazarán por medio de presillas, contretes, pasadores, etc., debiendo justificarse la eficacia de la solidaridad de las vigas componentes ante las cargas que aisladamente reciben cada una de ellas.

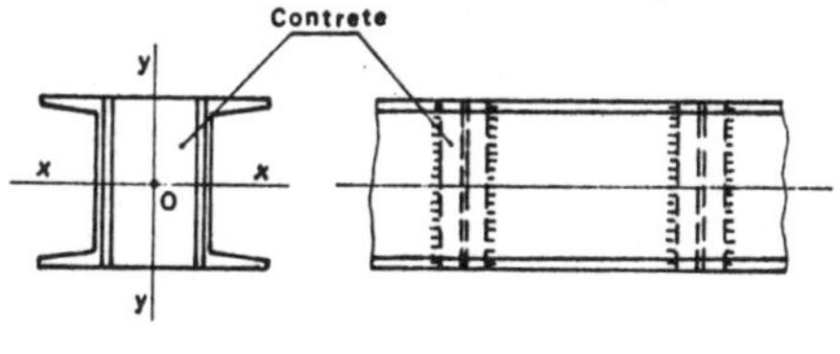


### 2.7. Efectos de la flexión de las vigas

Cuando una viga o barra es sometida a la acción de una fuerza F perpendicular a su eje, se arquea o flexa, desapareciendo la deformación producida al cesar la acción de la fuerza, siempre que no se haya rebasado el límite elástico del material; la fuerza F perpendicular al eje se equilibra por las reacciones de los apoyos A y B, también perpendiculares al eje.

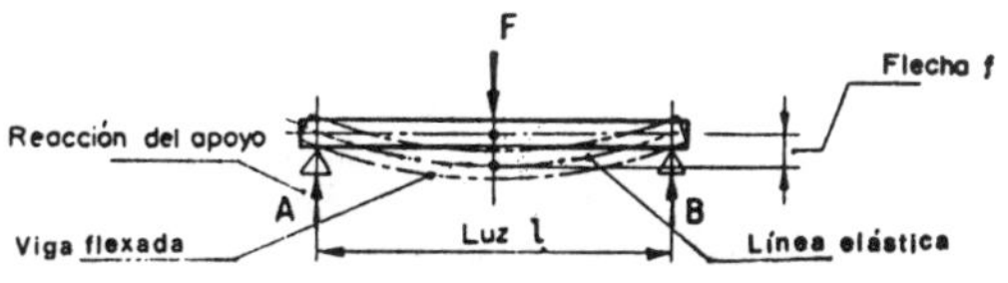

Como consecuencia de la flexión en la viga se producen fatigas de tracción y comprensión variables, que son máximas en las zonas o fibras más alejadas del eje de flexión (o centro de gravedad de la viga), lugar donde las fatigas se anulan.

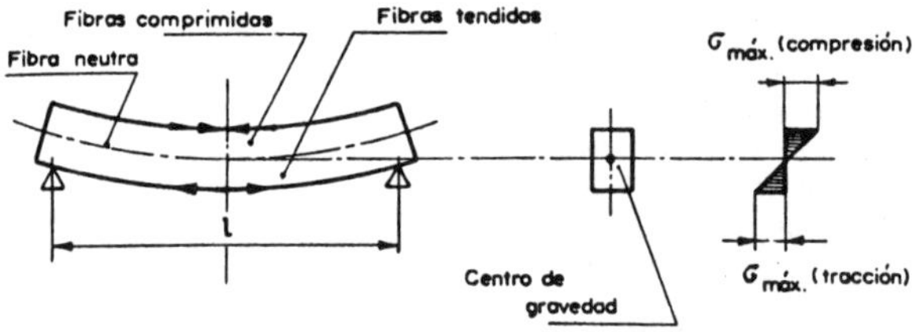


Las fibras situadas en la parte cóncava de la viga están sometidas a fatigas de compresión y de tracción en la parte convexa. Además de estas fatigas de flexión (tracción y compresión) se producen otras de cortadura, perpendiculares al eje de la viga, así como las longitudinales o de desgarramiento paralelas a aquel eje, fatigas que en determinados casos es preciso tener en cuenta para establecer la fatiga total resultante (tensiones compuestas); también pueden sumarse otras fatigas producidas por otros esfuerzos distintos del de flexión.

El valor de la deformación o flecha originada en la flexión puede determinarse numérica o gráficamente; la expresión que define la curvatura de la viga r ecuación de la deformación, es:

$$\frac{l}{r} = \frac{M}{EI},$$

siendo r el radio de curvatura de la línea elástica en el punto que se considere. Según la expresión indicada, el valor de la deformación es directamente proporcional al valor de M e inversamente proporcional al valor de E · I, representando este último término el valor de la rigidez del elemento resistente.

La línea elástica coincide con la línea de momentos cuando la viga se carga con la $\frac{l}{E \cdot I}$ ava parte del área de la superficie de momentos efectiva, resultando:

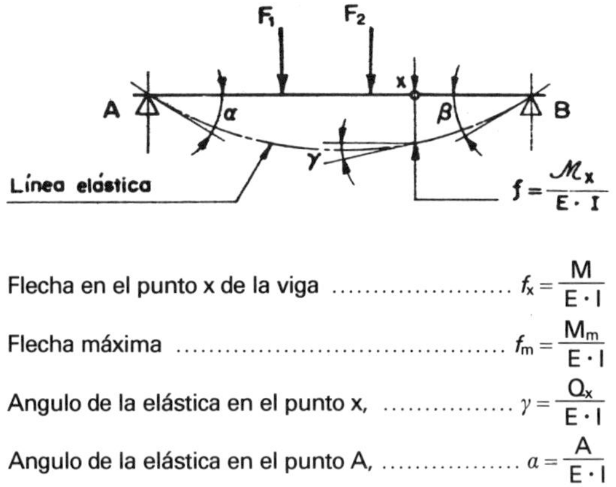


Flecha en el punto x de la viga ...................... $f_x = \frac{M}{E \cdot I}$

Flecha máxima ...................................... $f_m = \frac{M_m}{E \cdot I}$

Angulo de la elástica en el punto x, ............... $\gamma = \frac{Q_x}{E \cdot I}$

Angulo de la elástica en el punto A, ................ $\alpha = \frac{A}{E \cdot I}$

Angulo de la elástica en el punto B, ................ $\beta = \frac{B}{E \cdot I}$

siendo:

M, el momento flector correspondiente a los pesos elásticos.
A, la reacción en el apoyo A, correspondiente a los pesos elásticos.
B, la reacción en el apoyo B, correspondiente a los pesos elásticos.
Q, el esfuerzo cortante en x, correspondiente a los pesos elásticos.

La tabla $EA_f$ -1 $_{1\text{-}3}$ que expresa momentos flectores de vigas bajo la acción de diversos estados de cargas, también indica el valor de la fecha para los casos que se exponen.

# REACCIONES DE LOS APOYOS, MOMENTOS FLECTORES Y FLECHAS EN VIGAS RECTAS DE SECCION CONSTANTE

**TABLA $EA_f$-$1_1$**

Vigas apoyadas con cargas aisladas

| ESTADO DE CARGAS | Reacciones de apoyos | Momento flector | Flecha | Sección peligrosa |
|---|---|---|---|---|
| 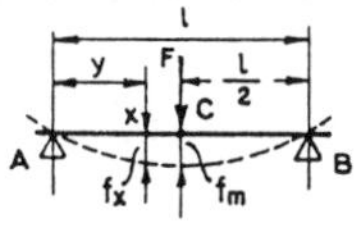 | $A = B = \frac{F}{2}$ | $M_x = \frac{F}{2} \cdot y$ <br> $M_m = \frac{F \cdot l}{4}$, (en C) | $f_m = \frac{F \cdot l^3}{48 \cdot E \cdot I}$ | C |
| 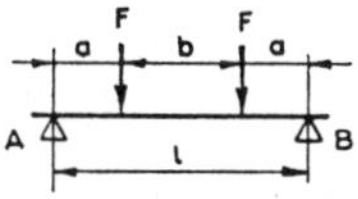 | $A = B = F$ | $M_m = F \cdot a$ <br> (en tramo b) | $f_m = \frac{F \cdot a}{24 \cdot E \cdot I}(3 \cdot l^2 - 4 \cdot a^2)$ | Tramo b |
| 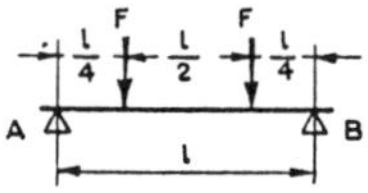 | $A = B = F$ | $M_m = \frac{F \cdot l}{4}$ <br> (en tramo central, $\frac{l}{2}$) | $f_m = \frac{11 \cdot F \cdot l^3}{384 \cdot E \cdot I}$ | Tramo $\frac{l}{2}$ (central) |
| 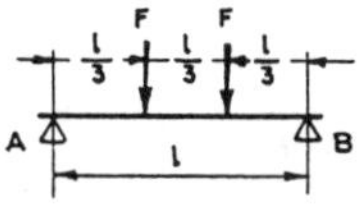 | $A = B = F$ | $M_m = \frac{F \cdot l}{3}$ <br> (en tramo central) | $f_m = \frac{23 \cdot F \cdot l^3}{648 \cdot E \cdot I}$ | en $\frac{l}{3}$ (central) |
| 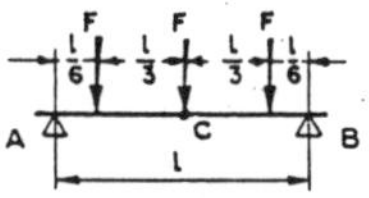 | $A = B = \frac{3 \cdot F}{2}$ | $M_m = \frac{5 \cdot F \cdot l}{12}$ <br> (en C) | $f_m = \frac{53 \cdot F \cdot l^3}{1296 \cdot E \cdot I}$ | C |
| 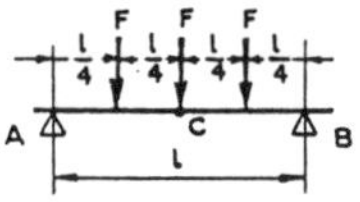 | $A = B = \frac{3 \cdot F}{2}$ | $M_m = \frac{F \cdot l}{2}$ <br> (en C) | $f_m = \frac{19 \cdot F \cdot l^3}{384 \cdot E \cdot I}$ | C |
| 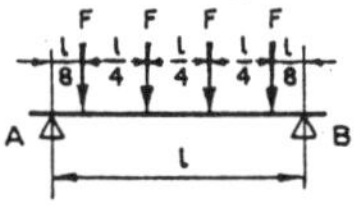 | $A = B = 2 \cdot F$ | $M_m = \frac{F \cdot l}{2}$ <br> (en tramo central) | $f_m = \frac{41 \cdot F \cdot l^3}{768 \cdot E \cdot I}$ | Tramo central $\frac{l}{4}$ |
| 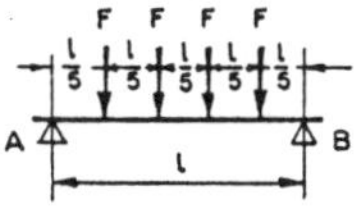 | $A = B = 2 \cdot F$ | $M_m = \frac{3 \cdot F \cdot l}{5}$ <br> (en tramo central) | $f_m = \frac{63 \cdot F \cdot l^3}{1000 \cdot E \cdot I}$ | Tramo central $\frac{l}{5}$ |
| 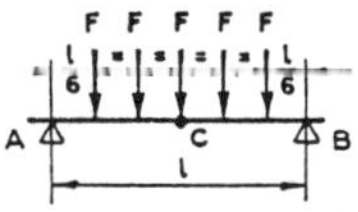 | $A = B = \frac{5 \cdot F}{2}$ | $M = \frac{3 \cdot F \cdot l}{4}$ <br> (en C) | $f_m = \frac{11 \cdot F \cdot l^3}{144 \cdot E \cdot I}$ | C |
| 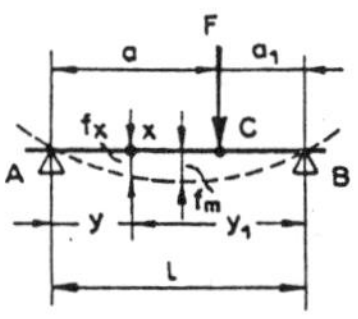 | $A = \frac{F \cdot a_1}{l}$ <br> $B = \frac{F \cdot a}{l}$ | $M_m = \frac{F \cdot a \cdot a_1}{l}$, (en C). <br> $M_x = \frac{F \cdot a_1 \cdot y}{l}$, (en $\overline{AC}$). <br> $M_{x_1} = \frac{F \cdot a \cdot y_1}{l}$, (en $\overline{BC}$). | $f = \frac{F}{3 \cdot E \cdot I} \cdot \frac{a^2 \cdot a_1^2}{l}$ <br> f máx. para <br> $x = a\sqrt{\frac{1}{3} + \frac{2}{3}\frac{a_1}{a}}$ <br> cuando $a > a_1$ | C |

# REACCIONES DE LOS APOYOS, MOMENTOS FLECTORES Y FLECHAS EN VIGAS RECTAS DE SECCION CONSTANTE

**TABLA $EA_f$-$1_2$**

## Vigas apoyadas con cargas aisladas

| ESTADO DE CARGAS | Reacciones de apoyos | Momento flector | Flecha | Sección peligrosa |
|---|---|---|---|---|
| 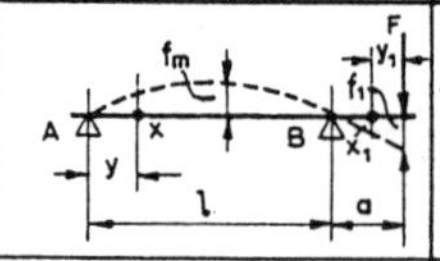 | $A = -\frac{F \cdot a}{l}$<br>$B = \frac{F}{l}(l+a)$ | $M_x = A \cdot y = \frac{P \cdot a \cdot y}{l}$<br>$M_B = F \cdot a$<br>$M_{x_1} = F \cdot y_1$ | $f_m = \frac{F \cdot l^2}{9 \cdot E \cdot I} \cdot \frac{a}{\sqrt{3}}$<br>para $y = 0{,}577 \cdot l$<br>$f_1 = \frac{F}{3 \cdot E \cdot I} a^2 (l + a)$ | B |
| 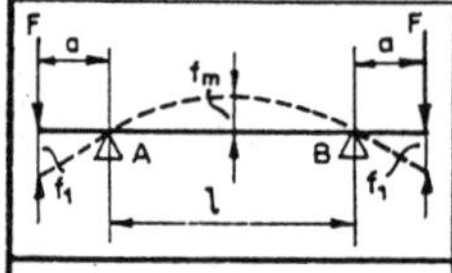 | $A = B = F$ | $M_m = -F \cdot a$<br>(en A y B y en el tramo AB) | $f = \frac{F \cdot l^2 \cdot a}{8 \cdot E \cdot I}$<br>$f_1 = \frac{F \cdot a^2}{3 \cdot E \cdot I}\left(a + \frac{3 \cdot l}{2}\right)$ | A y B |
| 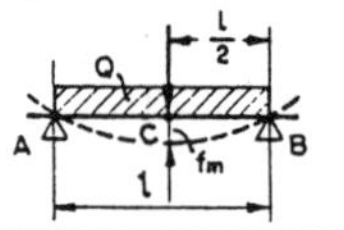 | $A = B = \frac{Q}{2}$ | $M_m = \frac{Q \cdot l}{8}$ | $f_m = \frac{5 \cdot Q \cdot l^3}{384 \cdot E \cdot I}$ | C |
| 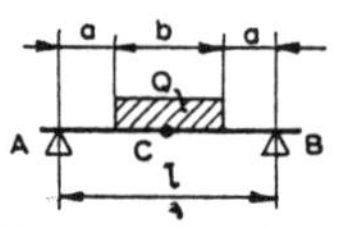 | $A = B = \frac{Q}{2}$ | $M_m = \frac{Q}{8}(2 \cdot l - b)$ | $f_m = \frac{Q}{384 \cdot E \cdot I}(8 \cdot l^3 - 4 \cdot l \cdot b^2 + b^3)$ | C |
| 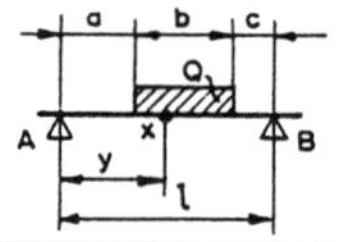 | $A = Q\frac{2 \cdot c + b}{2 \cdot l}$<br>$B = Q\frac{2 \cdot a + b}{2 \cdot l}$ | $M_x = A \cdot y - \frac{Q(y-a)^2}{2 \cdot b}$<br>$M_m$ para $y = a + \frac{A \cdot b}{Q}$ | | |
| 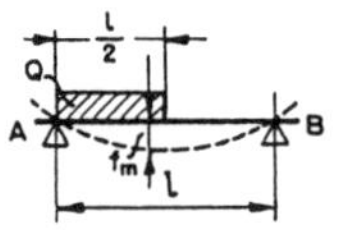 | $A = \frac{3}{4} \cdot Q$<br>$B = \frac{1}{4} \cdot Q$ | $M_m = \frac{9 \cdot Q \cdot l}{64}$,<br>para $y = \frac{3}{8} \cdot l$ | $f_m = \frac{5 \cdot Q \cdot l^3}{384 \cdot E \cdot I}$,<br>para $y = 0{,}46 \cdot l$ | En $y = \frac{3}{8} \cdot l$ |
| 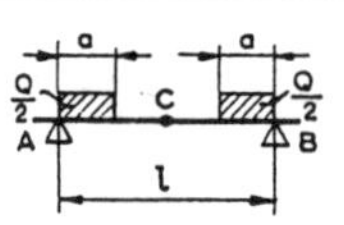 | $A = B = \frac{Q}{2}$ | $M_m = \frac{Q \cdot a}{4}$ | $f = \frac{Q \cdot a}{96 \cdot E \cdot I}(3 \cdot l^2 - 2 \cdot a^2)$ | C |
| 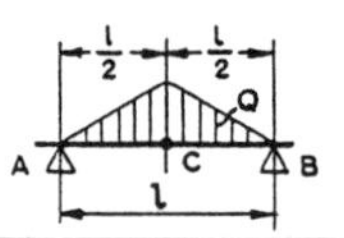 | $A = B = \frac{Q}{2}$ | $M_m = \frac{Q \cdot l}{6}$<br>(en C) | $f_m = \frac{Q \cdot l^3}{60 \cdot E \cdot I}$ | C |
| 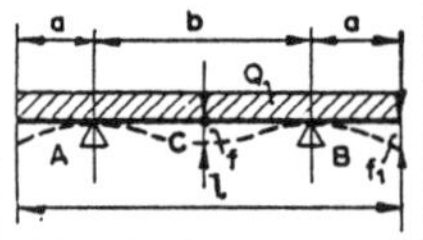 | $A = B = \frac{Q}{2}$ | $M_A = M_B = -\frac{Q \cdot a^2}{2 \cdot l}$<br>$M_C = \frac{Q}{2}\left(\frac{l}{4} - a\right)$ | $f = \frac{5}{384 \cdot E \cdot I} \cdot \frac{Q \cdot b^4}{l} \cdot \left(1 - \frac{24}{5} \cdot \frac{a^2}{b^2}\right)$<br>$f_1 = \frac{Q}{24 \cdot E \cdot I} \cdot \frac{b^4}{l}\left(3 \cdot \frac{a^4}{b^4} + 6\frac{a^3}{b^3} - \frac{a}{b}\right)$ | A, B y C |
| 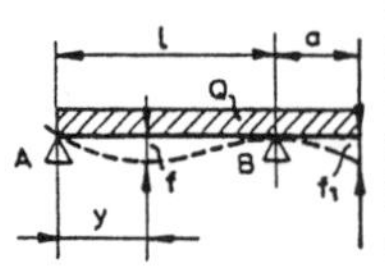 | $A = \frac{Q}{2}\left(1 - \frac{a}{l}\right)$<br>$B = \frac{Q}{2}\left(1 + \frac{a}{l}\right)$ | $M_B = -\frac{Q \cdot a^2}{2(l+a)}$<br>$M_m = \frac{Q}{8 \cdot l^2}(l+a)(l-a)^2$,<br>para $y = \frac{l^2 - a^2}{2 \cdot l}$ | $f_1 = \frac{Q \cdot a}{24(l+a)E \cdot I}(3a^3 + 4a^2 \cdot l - l^3)$<br>Para AB, $f_m = k \cdot \frac{Q \cdot l^3}{I}$, para,<br>$a = 0{,}0 \cdot l$, $k = 6{,}200$ ; $a = 0{,}3 \cdot l$, $k = 3{,}746$<br>$a = 0{,}1 \cdot l$, $k = 5{,}502$ ; $a = 0{,}4 \cdot l$, $k = 2{,}750$<br>$a = 0{,}2 \cdot l$, $k = 4{,}672$ ; $a = 0{,}5 \cdot l$, $k = 1{,}719$ | en x para $y = \frac{l^2 - a^2}{2l}$, y en B |

# REACCIONES DE LOS APOYOS, MOMENTOS FLECTORES Y FLECHAS EN VIGAS RECTAS DE SECCION CONSTANTE



## Vigas apoyadas con cargas aisladas

| ESTADO DE CARGAS | Reacciones de apoyos | Momento flector | Flecha | Sección peligrosa |
|---|---|---|---|---|
| 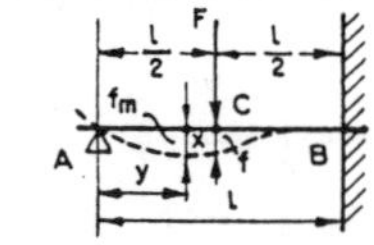 | $A = \frac{5 \cdot F}{16}$ <br> $B = \frac{11 \cdot F}{16}$ | $M_C = \frac{5 \cdot F \cdot l}{32}$ <br> $M_m = -M_B = -\frac{3 \cdot F \cdot l}{16}$ | $f = \frac{7 \cdot F \cdot l^3}{768 \cdot E \cdot I}$, (para C) <br> $f_m = \frac{F \cdot l^3}{48 \cdot \sqrt{5} \cdot E \cdot I}$ <br> (para $y = 0{,}447 \cdot l$) | B |
| 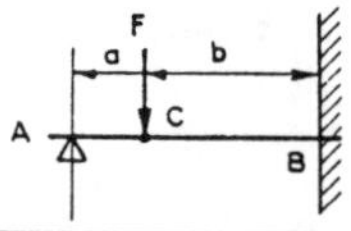 | $A = \frac{F \cdot b^2}{2 \cdot l^3}(a + 2 \cdot l)$ <br> $B = \frac{F}{2}\left(\frac{3 \cdot a}{l} - \frac{a^3}{l^3}\right)$ | $M_C = \frac{F \cdot a \cdot b^2}{2 \cdot l^3}(3 \cdot a + 2 \cdot b)$ <br> $M_B = \frac{-F \cdot a (l^2 - a^2)}{2 l^2}$ | $f_c = \frac{F \cdot b^3 \cdot a^2}{12 E \cdot I \cdot l^3}(4 \cdot l - b)$, <br> para $y = b$ | |
| 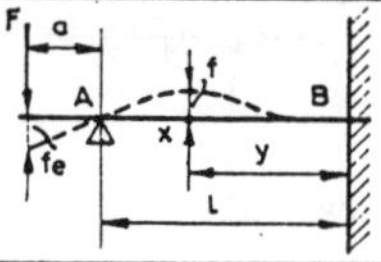 | $A = 0{,}5 \cdot \frac{F}{l}(2l + 3a)$ <br> $B = -1{,}5 \cdot \frac{F \cdot a}{l}$ | $M_x = -\frac{F \cdot a (3 \cdot y - l)}{2 l}$ <br> $M_B = 0{,}5 \cdot F \cdot a$ <br> $M_A = -F \cdot a$ | $f_e = \frac{F \cdot a^2}{12 \cdot E \cdot I}(3 \cdot l + 4 \cdot a)$ <br> $f_m = \frac{F \cdot a \cdot l^2}{27 \cdot E \cdot I}$ (para $y = 2/3\ l$). | B |
| 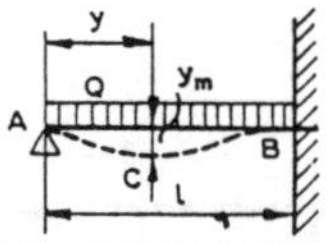 | $A = \frac{3 \cdot Q}{8}$ <br> $B = \frac{5 \cdot Q}{8}$ | $M_m = M_B = -\frac{Q \cdot l}{8}$ <br> $M_C = \frac{9 \cdot Q \cdot l}{128}$, para $y = \frac{3 \cdot l}{8}$ | $f_m = \frac{Q \cdot l^3}{185 \cdot E \cdot I}$, para <br> $y = 0{,}4215 \cdot l$ | B |
| 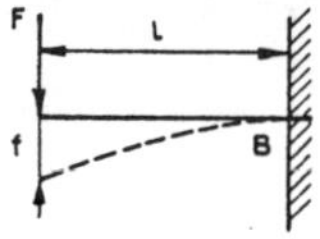 | $B = F$ | $M = F \cdot l$ | $f = \frac{F \cdot l^3}{3 \cdot E \cdot I}$ | B |
| 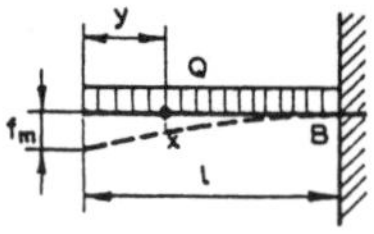 | $B = Q$ | $M_m = \frac{Q \cdot l}{2}$ <br> $M_x = \frac{Q \cdot y^2}{2 \cdot l}$ | $f_m = \frac{Q \cdot l^3}{8 \cdot E \cdot I}$ | B |
| 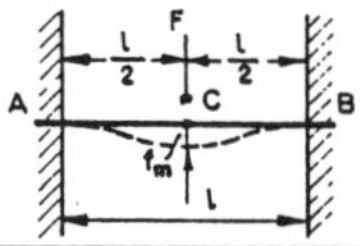 | $A = B = \frac{F}{2}$ | $M_A = M_B = -\frac{F \cdot l}{8}$ <br> $M_C = \frac{F \cdot l}{8}$ | $f_m = \frac{F \cdot l^3}{192 \cdot E \cdot I}$ | A, B y C |
| 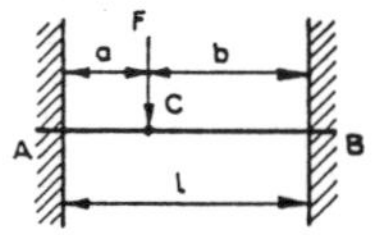 | $A = F \cdot \frac{b^2}{l^3}(l + 2a)$ <br> $B = F \cdot \frac{a^2}{l^3}(l + 2b)$ | $M_A = -F \cdot \frac{a \cdot b^2}{l^2}$ <br> $M_B = -F \cdot \frac{b \cdot a^2}{l^2}$ <br> $M_C = 2 \cdot F \cdot \frac{a^2 \cdot b^2}{l^3}$ | $f_m = \frac{2 \cdot F \cdot a^2\ b^3}{3 \cdot E \cdot I\ (3l - 2a)^2}$ para <br> $y = \frac{l^2}{3l - 2a}$, de A <br> $f_C = \frac{F \cdot a^3 \cdot b^3}{3 \cdot E \cdot I \cdot l^3}$ | A, B y C |
| 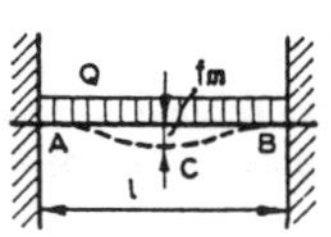 | $A = B = \frac{Q}{2}$ | $M_A = M_B = -\frac{Q \cdot l}{12}$ <br> $M_C = \frac{Q \cdot l}{24}$ | $f_m = \frac{Q \cdot l^3}{384 \cdot E \cdot I}$ | En A y B |
| 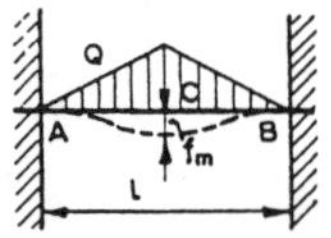 | $A = B = \frac{Q}{2}$ | $M_A = M_B = -\frac{5 \cdot Q \cdot l}{48}$ <br> $M_C = \frac{Q \cdot l}{16}$ | $f_m = \frac{7 \cdot Q \cdot l^3}{1920 \cdot E \cdot I}$ | En A y B |

## 3.7. Vigas armadas

Las vigas armadas generalmente se componen del alma y dos alas formadas por una o más platabandas, éstas soldadas al alma; cuando los cordones se componen de dos o más platabandas, estas platabandas se unirán entre sí soldándolas por sus cantos (anchuras diferentes).

En las alas comprimidas se considerará el pandeo lateral, consideración que no se tendrá en cuenta si se cumple:

*a)* Ala con borde libre

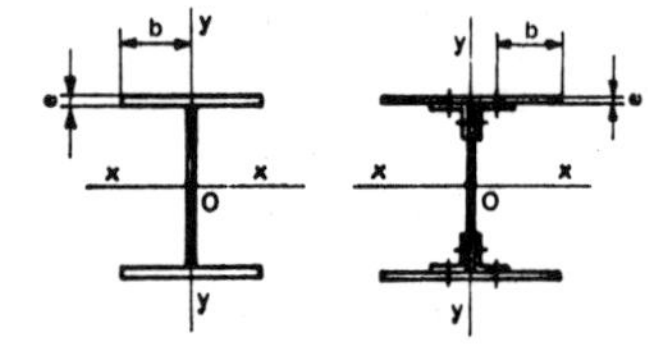


$\frac{b}{e} \leq 15 \cdot \sqrt{\frac{2400}{\sigma_u}}$, de donde:

$b \leq 14{,}41 \cdot e$, para el acero tipo A 42.

$b \leq 12{,}25 \cdot e$, para el acero tipo A 52.

*b)* Ala con el borde rigidizado.

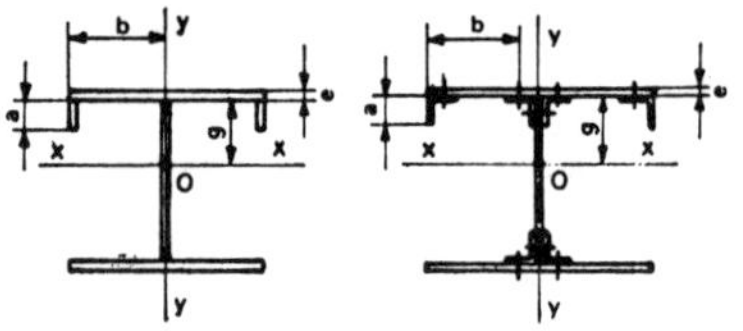


$\frac{b}{e} \leq \left(15 + 30 \cdot \sqrt{\frac{a}{g}}\right) \cdot \sqrt{\frac{2400}{\sigma_u}}$

*c)* Ala entre dos almas

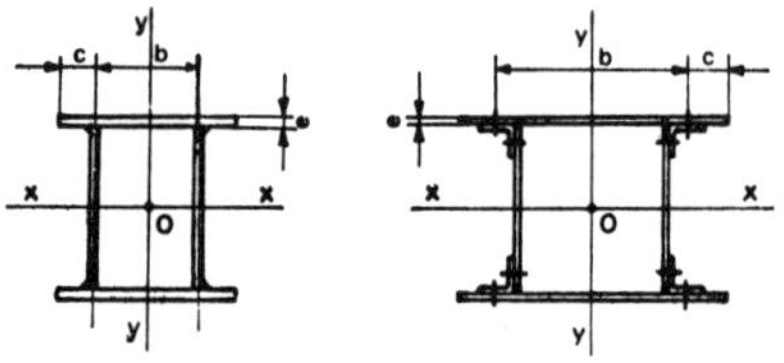


$\frac{c}{e} \leq 45 \cdot \sqrt{\frac{2400}{\sigma_u}}$, de donde:

$c \leq 43{,}23 \cdot e$, para el acero tipo A 42.

$c \leq 36{,}74 \cdot e$, para el acero tipo A 52.

siendo:

g La altura de la parte comprimida del alma.

a La altura del rigidizador.

$\sigma_u$ La resistencia de cálculo del acero.

Puede disponerse platabandas que no satisfagan las condiciones expuestas siempre que se efectúe la comprobación a pandeo local.

## 4.7. Unión de alma con las alas

La unión de la platabandas con el alma o con los angulares, y estos al alma se calculará para resistir un esfuerzo de deslizamiento longitudinal H* que por unidad de longitud, vale:

$$H^* = \frac{T^* S_x}{I_x}, \text{ y por simplificar se puede hacer, } H^* = \frac{T^*}{h_a}, \text{ siendo:}$$

T* El esfuerzo cortante ponderado.

$S_x$ El momento estático respecto al eje x – x de la sección del ala hasta el plano de unión.

$I_x$ El momento de inercia respecto al eje x – x.

$h_a$ La altura del alma.

## 5.7. Rigidizadores

En las vigas de alma llena se colocaron rigidizadores transversales en las secciones de apoyo y en todas aquéllas donde actúen cargas concentradas. Los rigidizadores se dimensionarán para soportar la solicitación local; se considerará la sección del rigidizador y una zona eficaz del alma de ancho igual a veinte veces su espesor.

Se puede prescindir de los rigidizadores si una zona del alma igual a veinte veces su espesor y con longitud de pandeo igual a su altura $h_a$, puede soportar la solicitud local (carga).

El momento de inercia del rigidizador deberá cumplir la condición:

$$I_r \geq 1{,}5 \left(\frac{h_a}{50}\right)^4$$

### 6.7. Vigas de celosía

En las vigas de celosía las directrices de las barras deberán coincidir con los ejes de la celosía; si no es posible la coincidencia se considerarán la excentricidad de la solicitud en el dimensionado de las barras. La unión de una barra se efectuará de modo que coincida el eje del medio de unión con el de la barra, y si no es posible se considerará la excentricidad (flexión).

Las cartelas serán de forma sencilla y sin entrantes; el peso propio, en el cálculo se dispondrá aplicado en los nudos. En las vigas cuya proyección horizontal sea superior a seis metros, se tendrá en cuenta el efecto de flexión por peso propio.

### 7.7. Consideraciones para el cálculo

Para la adopción de un perfil o viga en la flexión, es necesario el comprobar que las tensiones que se producen en ella no superan los límites establecidos para el material utilizado, y que la deformación o flecha que se produce tampoco supere el límite establecido para casos determinados, por lo que la primera condición fijará el valor del módulo resistente necesario, y la segunda comprobación establecerá el valor mínimo del momento de inercia que la viga deberá tener, por lo que aquella viga o perfil deberá poseer:

*a)* La resistencia suficiente a la flexión (determnada por el módulo resistente W).

*b)* La rigidez suficiente a la deformación (determinada por el momento de inercia I).

*c)* La capacidad de resistencia a la cortadura (determinada por el área del alma $A_a$).

### 8.7. Cálculo de las tensiones

La luz de cálculo de una viga es la distancia entre ejes de los apoyos; en elementos secundarios puede tomarse la luz del tramo incrementada en un 5 %.

Para el cálculo se utilizarán los momentos de inercia y los módulos resistentes de las secciones brutas. Las tensiones normales ponderadas $\sigma^*$ se calcularán teniendo en cuenta las características geométricas de la sección y la magnitud y posición respecto a los ejes de la misma de los esfuerzos solicitantes ponderados.

La tensión normal ponderada, es:

$\sigma^* = \frac{M^*}{W}$, kg/cm² en vigas simétricas, $\sigma_1^* = \frac{M^* y_1}{I}$ kg/cm² y $\sigma_2^* = \frac{M^* y_2}{I}$ kg/cm² en las asimétricas, siendo

M* El momento de flexión ponderado, en kg cm.

I El momento de inercia de la viga, en $cm^4$.

W El módulo resistente de la viga ($W_1$ y $W_2$ en las vigas asimétricas), en $cm^3$.

$y_1$ e $y_2$ Las distancias del eje de flexión a las fibras extremas (en las vigas asimétricas), cm.

En el caso de viga constituida por alma de sección $A_a$ y platabandas desiguales representando la más pequeña al menos el 15 % de la sección total, se puede admitir como tensión tangencial para todos los puntos del alma:

$\tau^* = \frac{T^*}{A_a}$, kg/cm² (igual que para las vigas simétricas).

Esta fórmula simplificada es aplicable a las vigas I (doble te) y a las de cajón, tomando para estas últimas $A_a$ igual a la suma del área de las almas.

Como comprobación, en todo punto de la viga se verificará que:

$$\sqrt{\sigma^{*2} + 3\,\tau^{*2}} \leq \sigma_u$$

### 9.7. Cálculo de las flechas

Las flechas serán compatibles con las necesidades específicas de cada caso; a menos que se establezcan exigencias especiales, se fijan para la relación flecha/luz bajo la acción de la carga característica (sin ponderación) los valores siguientes:

| | |
|---|---|
| Vigas o viguetas de cubierta | 1/250 |
| Vigas hasta 5 m de luz y viguetas de forjado que no soportan muros de fábrica | 1/300 |
| Vigas de más de 5 m de luz, que no soportan muros de fábrica | 1/400 |
| Vigas y viguetas de forjado que soportan muros de fábrica | 1/500 |
| Ménsulas, medida en el extremo libre | 1/300 |

En cualquier otro elemento solicitado a flexión y no incluido en la relación anterior, la flecha no excederá de 1/500 a menos que se justifique que superarla no acarrea consecuencias perjudiciales para el servicio o buen aspecto de la construcción.

En edificios, para luces mayores de 5 m, generalmente se hace f ≤ 1/300, y en vigas de importancia f ≤ 1/500.

Es aconsejable que en los elementos importantes se prevean contraflechas que por lo menos igualen a las flechas calculadas; las contraflechas se indicarán en los planos de construcción.

En el caso de vigas con varias cargas, las flechas resultantes se sumarán directamente.

En la tabla $EA_f$ -2 que sigue se expresan valores con los que se determinan directamente, en casos espedíficos de vigas de alma llena apoyadas en sus extremos, el momento de inercia necesario para que la flecha resultante no sea superior a una proporción determinada.

**La flexión en elementos estructurales** — ***VALORES PARA $I_n$ EN FUNCIÓN DE LAS FLECHAS*** — **TABLA $EA_f$ -2**

| *Estados de carga* | *M* | *$I_n$ para f =* | | | *Estados de carga* | *M* | *$I_n$ para f =* | | |
|---|---|---|---|---|---|---|---|---|---|
| | | *l/200* | *l/300* | *l/500* | | | *l/200* | *l/300* | *l/500* |
| 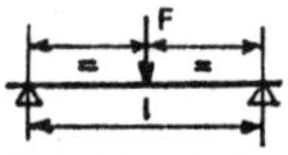 | $\frac{F \cdot l}{4}$ | 80 Ml | 120 Ml | 200 Ml | 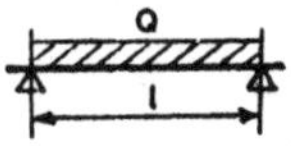 | $\frac{Q \cdot l}{8}$ | 99 Ml | 149 Ml | 248 Ml |
| 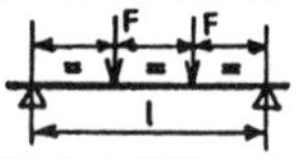 | $\frac{F \cdot l}{3}$ | 102 Ml | 153 Ml | 255 Ml |  | $\frac{Q \cdot l}{6}$ | 95 Ml | 143 Ml | 240 Ml |
| 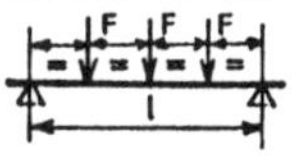 | $\frac{F \cdot l}{2}$ | 95 Ml | 142 Ml | 236 Ml | 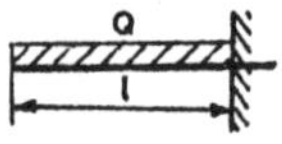 | $\frac{Q \cdot l}{2}$ | Para f = l/250<br>$I_n$ = 300 Ml | | |
| 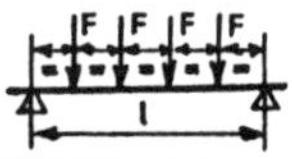 | $\frac{3 \cdot F \cdot l}{5}$ | 100 Ml | 150 Ml | 250 Ml | 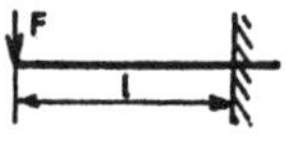 | F · l | Para f = l/250<br>$I_n$ = 400 Ml | | |

Momentos de flexión, M tm; Luz de la viga, l metros; Momento de inercia, I $cm^4$.
Para otras relaciones l/N, se interpolará linealmente.

En el caso de viga apoyada en sus extremos, para facilitar la determinación del momento de inercia mínimo correspondiente a una flechaa previamente fijada o impuesta, se pueden utilizar valores de la gráfica que sigue, con los cuales se determinan unas cargas virtuales que producen flechas o deformaciones iguales a las de las cargas reales; se consideran los tres casos que figuran con la gráfica.

**CUADRO 1**

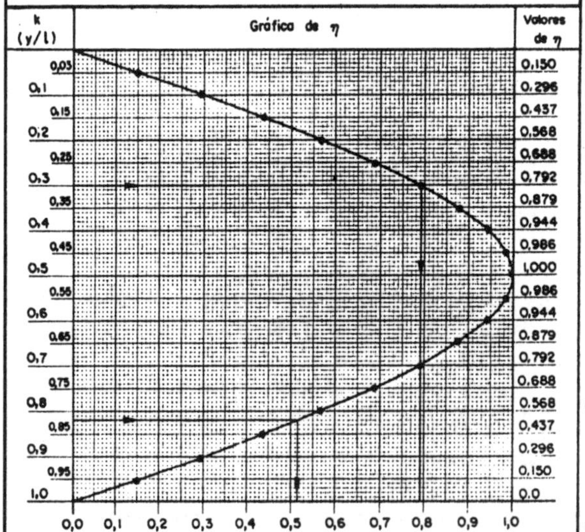


Ejemplo 1º - k = 0,3; η = 0,792
" 2º - k = 0,82; η = 0,515

a) Carga aislada

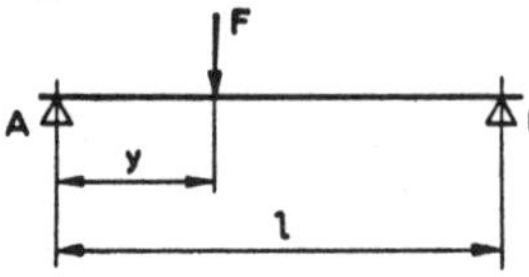


b) Carga uniforme, aislada

$k = \frac{y}{l}$

La carga uniforme se sustituye por otra aislada F' = p · l'.

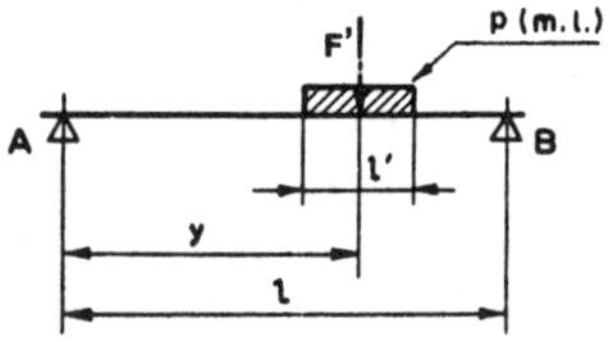


c) Carga uniforme repartida

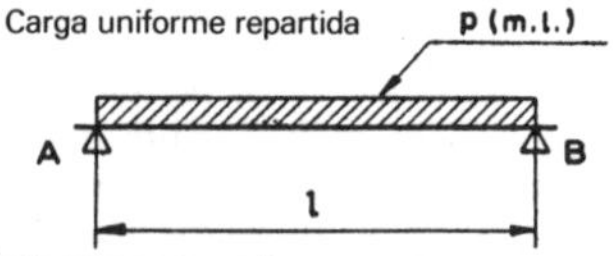


En este caso se tomará:

$F' = p \cdot l$, y $F = \frac{5}{8} \cdot F' = 0{,}63 \cdot F'$

En los dos primeros casos de carga, el valor de la carga virtual es $\mathcal{F} = \mathrm{F} \cdot \eta$, siendo F la carga real y $\eta$ el coeficiente tomado de la gráfica en función de k.

Los valores necesarios para los momentos de inercia I, son:

$$\text{Para } f = \ell/1000,\ I_n = 100 \cdot \mathcal{F} \cdot \ell^2$$
$$\text{Para } f = \ell/500,\ I_n = 50 \cdot \mathcal{F} \cdot \ell^2$$
$$\text{Para } f = \ell/300,\ I_n = 30 \cdot \mathcal{F} \cdot \ell^2$$
$$\text{Para } f = \ell/200,\ I_n = 20 \cdot \mathcal{F} \cdot \ell^2$$

En esta determinación se ha hecho:

$$f\,(\mathrm{cm}) = \frac{H\,(\mathrm{t.cm^2}) \cdot y\,(\mathrm{cm})}{E\,(\mathrm{t.cm^2}) \cdot I\,(\mathrm{cm^4})}\text{, pudiendo hacerse también:}$$

$$f\,(\mathrm{cm}) = \frac{H\,(\mathrm{kg/cm^2}) \cdot y\,(\mathrm{cm})}{E\,(\mathrm{kg/cm^2}) \cdot I\,(\mathrm{cm^4})}$$

En general, para $f = \ell/N$, $I_n = \frac{N}{10} \cdot \mathcal{F} \cdot \ell^2$, tomando en todo caso $\mathcal{F}$ en toneladas, $\ell$ en metros, y los valores de I en $\mathrm{cm}^4$.

De la última igualdad, se deduce:

$$N = \frac{10 \cdot I}{\mathcal{F} \cdot \ell^2}$$

y conocido este valor de N, con el se determinará el de la flecha, siendo $f = \ell/N$.

## 10.7. Momentos de inercia, $I_n$, para vigas de alma llena

La flecha f en el centro del vano de una viga apoyada de sección constante y perfil simétrico de canto h y luz $\ell$ puede calcularse por la fórmula:

$$f\,(\mathrm{mm}) \simeq a \cdot \frac{\sigma\,(\mathrm{kg/mm^2})\ \ell^2\,(\mathrm{m})}{h\,(\mathrm{cm})}\text{, siendo:}$$

$\sigma$ La máxima tensión producida pro el máximo momento flector característico M en $\mathrm{kg/mm^2}$.

$a$ Un coeficiente que depende de la clase de sustentación y del tipo de carga, especificado en la tabla que sigue para algunos casos usuales.

| La flexión en elementos estructurales | *MOMENTOS DE INERCIA ($I_n$) PARA VIGAS DE ALMA LLENA* | | TABLA $EA_f$ -3 |
|---|---|---|---|
| *Sustentación y tipo de carga* | $a$ | *Sustentación y tipo de carga* | $a$ |
| 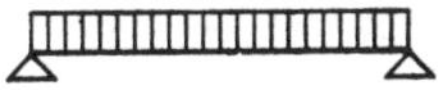 | 1,000 | 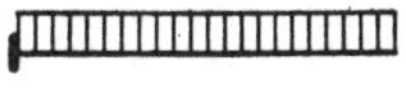 | 2,380 |
|  | 0,800 |  | 1,930 |
| 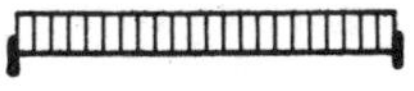 | 0,300 |  | 2,650 |
|  | 0,250 |  | 3,180 |
|  | 0,340 | 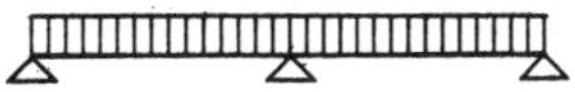 | 0,415 |
|  | 0,400 |  | 0,448 |

## 12.7. Pande lateral de las vigas

En las vigas flexadas deberá comprobarse su seguridad al pandeo lateral; cuando la viga es de celosía, su cordón comprimido se comprobará al pandeo fuera del plano de la viga (como si fuese una barra sometida a compresión centrada, de longitud de pandeo $\ell_k$ igual a la distancia entre puntos de apoyo o entre puntos de arriostramiento).

No será preciso el comprobar la seguridad al pandeo lateral cuando el cordón comprimido de la viga está fijado a un forjado rígido, o cuando está arriostrado transversalmente a distancias iguales a cuarenta veces el radio de giro de aquel cordón. Los elementos de arriostramiento del cordón comprimido se dimensionarán para soportar un esfuerzo normal al plano de la pieza, de valor:

$$\frac{N^*}{100}\text{, siendo:}$$

$N^*$ El máximo esfuerzo ponderado existente a uno y otro lado del punto considerado.

La comprobación al pande lateral de las vigas, el momento crítico, y el pandeo lateral en el dominio anelástico, se detalla en la Norma MV-103, y puede verse en la obra «Estructuras Metálicas de Acero» de la «Editorial Paraninfo, S. A.»

## 13.7. Abolladura en las vigas de alma llena

En las vigas de alma llena se comprobará que las cargas ponderadas que actúan sobre ellas, no producen la abolladura del alma de las mismas.

En las vgas sometidas a flexión simple no será preciso comprobar el alma a abolladura ni colocar más rigidizadores intermedios que los situados para las cargas locales cuando la relación e/h no sea menor que:

0,014 para el acero tipo A42.
0,016 para el acero tipo A52.

En el caso de que la relación e/h sea inferior a los valores indicados, será preciso estudiar el comportamiento del alma frente a la abolladura.

La comprobación del alma por abolladura, rigidizadores intermedios, los métodos anelásticos de cálculo, tipos de estructuras, la formación de rótulas, los arriostrmientos verticales, la influencia del esfuerzo cortante, los rigidizadores del alma, las uniones, los arriostramientos laterales, se exponen en la Norma MV-103, y se manifiestan en la obra «Estructuras Metálicas de Acero» de la «Editorial Paraninfo, S. A.»

# SECCIÓN OCTAVA
# CÁLCULO NUMÉRICO Y GRÁFICO DE FLECHAS

## 1.8. Cálculo numérico de flechas

Como ejemplo de cálculo, se considera el de una viga de 12,0 m de luz entre apoyos sometida a la acción de dos cargas situadas como se indica en la figura que acompaña; la acción de las cargas es permanente, la flecha máxima, $f \leq \ell/300$, y el material acero A42.

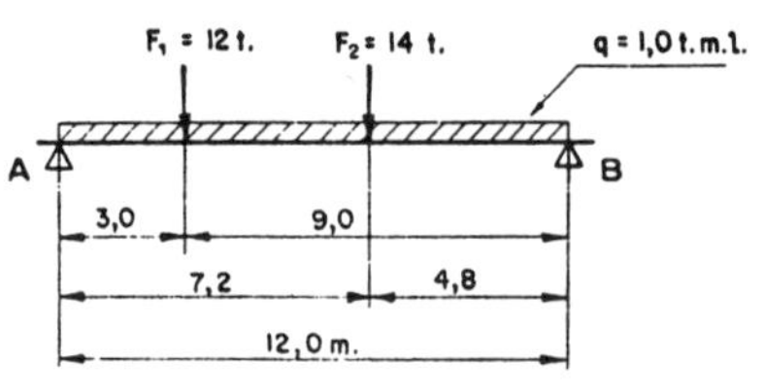


Para carga permanente, el coeficiente de ponderación es $\gamma = 1{,}33$ (tabla EA-1).

Cargas ponderadas:

$P_1^* = 12{,}0 \times 1{,}33 = 16{,}0$ t.

$P_2^* = 14{,}0 \times 1{,}33 = 18{,}6$ t.

Como la luz de la viga es superior a 6,0 m se considera el peso propio, que se estima en 250 kg/m l.

$q = 0{,}75 + 0{,}25 = 1{,}0$ t; $q^* = 1{,}0 \times 1{,}33 = 1{,}33$ t.

$$A = \frac{16{,}0 \times 9 + 18{,}6 \times 4{,}8 + 1{,}33 \times 12{,}0 \times 6{,}0}{12} = 27{,}41 \text{ t;}$$

$$B = \Sigma F - A = 16{,}0 + 18{,}6 + 1{,}33 \times 12 - 27{,}41 = 23{,}14 \text{ t.}$$

El esfuerzo cortante bajo $F_2$ cambia de signo, y por consiguiente, en aquel punto el momento flector es máximo.

$$M^* = 27{,}41 \times 7{,}2 - 16{,}0 \times 4{,}2 - 7{,}2 \times 1{,}33 \times \frac{7{,}2}{2} = 95{,}75 \text{ tm} = 9575 \text{ tcm } (\approx 23{,}14 \times 480 = 9487 \text{ tcm}).$$

Módulo resistente necesario, $W_n = \dfrac{9575}{1{,}955} = 4898 \text{ cm}^3 \left(1{,}955 = \dfrac{2{,}6}{1{,}33}\right)$.

Para el cálculo de la flecha: $k_1 = \frac{3,0}{12,0} = 0,25,\ \eta = 0,69.\ F_1 = 12,0 \times 0,69 = 8,28$ t.

**Nota.**—La flecha se calcula con sus cargas reales (sin mayorar).

$k_2 = \frac{7,2}{12} = 0,60,\ \eta = 0,94;\ F_2 = 14,0 \times 0,94 = 13,16$ t.

$F_3 = 12,0 \times 0,63 = \ 7,56$ t.

$\Sigma F$ .................. $= 29,0$ t.

Momento de inercia necesario, $I_n = 30 \times 29 \times 12,0^2 = 125.280$ cm$^4$.
Se adopta el perfil de la figura, para el que se tiene:
$I_x = 132.400$ cm$^4$ ($> I_n$), $W_x = 5.190$ cm$^3$ ($> W_n$); q = 233 kg ($\approx$ q = 250 kg/m $\ell$).

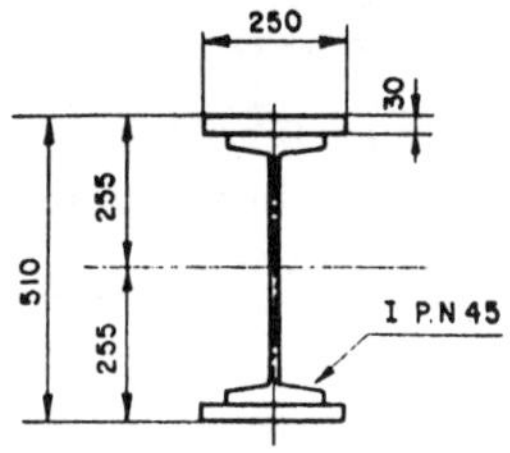


$$\sigma^* = \frac{9.575}{5.190} = 1,8 \text{ t/cm}^2 \text{ (ad.} < 1,955 \text{ t).}$$

$$N = \frac{10 \times 132.400}{29,0 \times 12,0^2} = 317$$

$$f = \frac{1.200}{317} = 3,8 \text{ cm (ad.} < \frac{1.200}{400} = 4,0 \text{ cm).}$$

También resulta:

$$f = 4,0 \times \frac{125.280}{132.400} = 3,8 \text{ cm.}$$

## 2.8. Cálculo gráfico de la flecha (trazado).

*a)* Se considera la viga de 12,0 m de luz, de la página anterior, con el mismo estado de cargas.
Reacciones de apoyo para las cargas reales:

$$A = \frac{12,0 \times 9,0 + 14,0 \times 4,8 + 1 \times 12,0 \times 6,0}{12,0} = 20,6 \text{ t.}$$

$$B = \Sigma F - A = 12,0 + 14,0 + 1 \times 12 - 20,6 = 17,4 \text{ t.}$$

El momento flector, máximo bajo la carga $P_2$, tiene por valor:

$$M_m = 20,6 \times 7,2 - 12,0 \times 4,2 - 7,2 \times \frac{7,2}{2} = 72 \text{ tm} = 7.200 \text{ tcm.}$$

Considerando el momento mayorado M* = 9.575 tcm (página anterior), resulta:

$$M_m = \frac{9.575}{1,33} = 7.199 \text{ (igual al calculado).}$$

*b)* Representada la viga con el estado de cargas (fig. 1 de la página siguiente) y los polígonos vectoriales (escala de longitudes 1:150, y de fuerzas 1 cm = 5 t) disponiendo la distancia polar H = 15 t, se han trazado el diagrama de esfuerzos cortantes y el de momentos flectores (disponiendo la línea parabólica correspondiente a las cargas uniformes en la parte superior), resultando (a escala 1:150) y = 4,8 m, y por consiguiente:

$$M_m = 480 \times 15 = 7.200 \text{ tcm (15 t es la distancia polar)}$$

La superficie de momentos flectores se ha dividido en franjas de 1,5 m y se han calculado las superficies resultantes, obteniendo las fuerzas virtuales $F_1 = 225.000$ tcm$^2$ ............ $F_e = 180.000$ tcm$^2$, con las que, a escala de fuerzas (virtuales) 1 cm = 1.000.000 tm$^2$, y con la distancia o radio polar H = 3.000.000 tm$^2$ (3 cm) se ha dispuesto el polígono vectorial.

Situando las cargas virtuales sobre los centros de gravedad correspondientes, desde estos centros de gravedad se hacen pasar rectas verticales, que cortadas por las paralelas a los radios vectores respectivos determinan la línea de momentos flectores de las cargas virtuales; en esa línea de momentos se obtiene con la escala de longitudes (1:150) el valor:

$y_{máx} = 3,5$ m, resultando

$$f = \frac{350 \times 3.000.000}{2.100 \times 132.400} = 3,776 \text{ cm, valor de la flecha igual al calculado numéricamente.}$$

Como puede deducirse de la exposición de cálculo gráfico de la flecha (página siguiente), ésta puede aplicarse para todo estado de cargas verticales.

# CÁLCULO GRÁFICO DE LAS FLECHAS

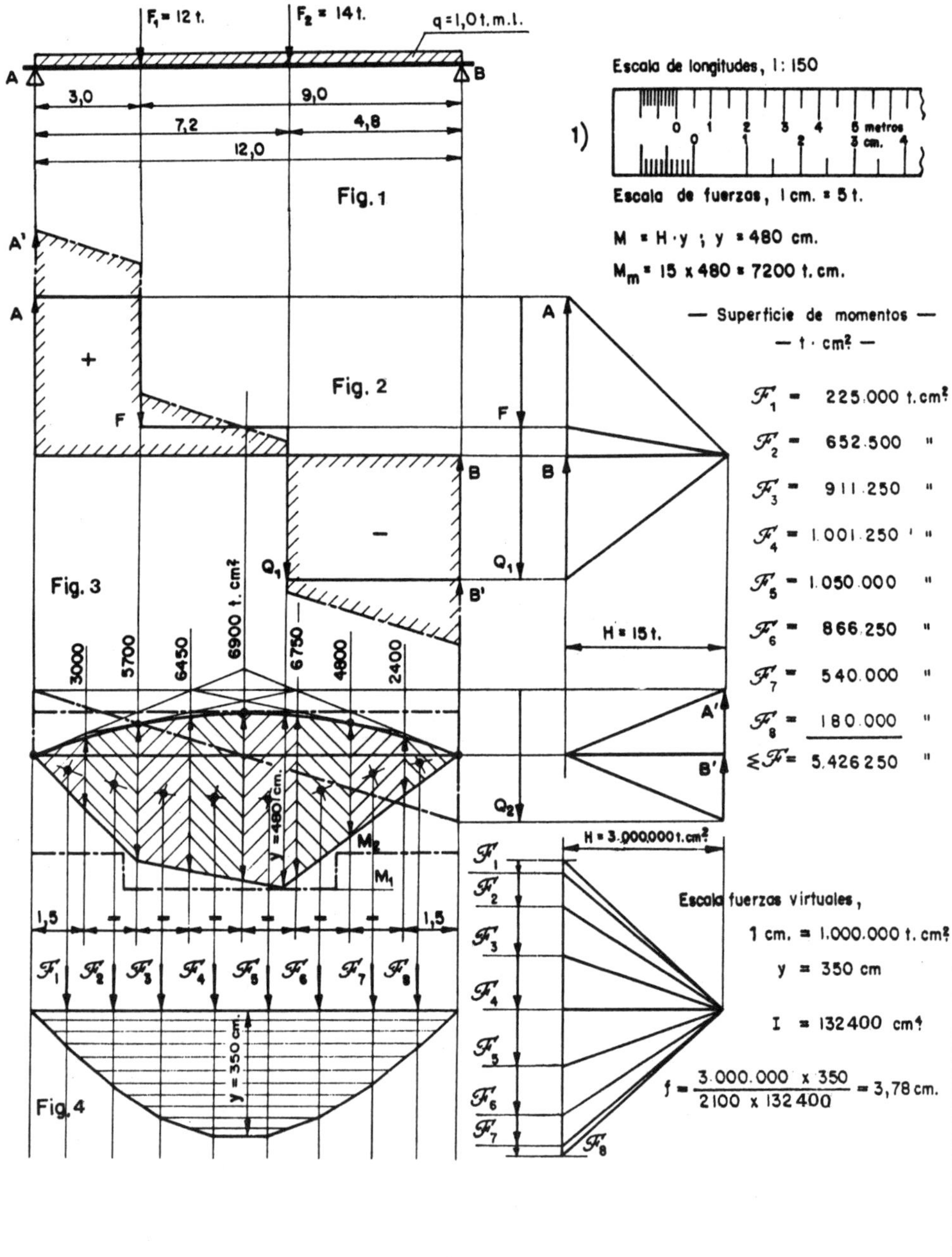


Observación.—Si por modificación del formato de esta página debida a la impresión, los valores de *y* se tomarán con la escala gráfica resultante (modificada, asimismo, proporcionalmente).

# SECCIÓN NOVENA

## TABLAS AUXILIARES PARA EL CÁLCULO DE PERFILES DE ACERO LAMINADO SOMETIDOS A ESFUERZOS DE FLEXIÓN

### 1.9. Generalidades

En las tablas $EA_f$-$1_1$ a $EA_f$-$1_3$ (estructuras acero, flexión), se han expresado valores relativos a los momentos de inercia necesarios ($I_n$) para el cálculo de determinadas vigas flexadas en función de sus deformaciones o flechas, que se manifiestan bajo la acción de las cargas que actuan sobre aquellas vigas.

En las tablas $EA_f$-4 y $EA_f$-39 se especifica el valor de cargas máximas ponderadas N* y q* que pueden soportar los perfiles doble T y U (I-U) de acero laminado tipo A42 hasta su agotamiento resistente ($\sigma_u = \sigma_e = 2{,}6$ t/cm$^2$), disponiéndolos como vigas apoyadas, empotradas y en voladizo, correspondientes a los casos más frecuentes en la flexión debida a cargas uniformemente repartidas y aisladas centradas.

Seguidamente y como justificación de las tablas, se exponen varios ejemplos de cálculo.

### 2.9. Estado de cargas en vigas o perfiles de acero tipo A42, laminado

a) *Viga apoyada en sus extremos, con carga q* (t/m) uniformemente repartida*

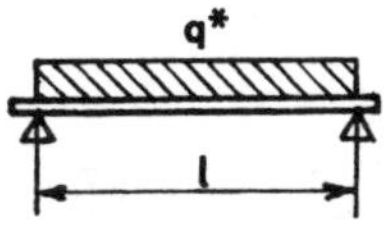


$$M^* = \frac{q^* \cdot \ell^2}{8}, \text{ tm; } M^* = \frac{100 \cdot q^* \cdot \ell^2}{8}, \text{ tcm; } \sigma = \frac{100 \cdot q^* \cdot \ell^2}{8W} 2{,}6 \text{ t; } q^* 0{,}208 \times \frac{W}{\ell^2} \text{ ,t/m.}$$

$$f = \frac{5 \cdot Q \cdot \ell^3}{384 \cdot E \cdot I} = \frac{6{,}200397}{I} \cdot Q \cdot \ell^3, \text{ siendo } k = \frac{6{,}200397}{I};$$

se hace:

- M* El momento de flexión máximo, ponderado.
- q* y Q* Las cargas ponderadas (t/m y t).
- $\ell$ La luz de la viga en m.
- f La flecha máxima en cm (corresponde a cargas reales).
- E El módulo de elasticidad (2.100 t/cm$^2$).
- I El momento de inercia (cm$^4$).
- W El módulo resistente (cm$^3$).

*Ejemplo 1.º:* Viga IPN 16 de 3,5 m de luz; $I_x = 935$ cm$^4$, $W_x = 117$ cm$^3$, p = 17,9 kg/m$\ell$.

$$q^* = 0{,}208 \times \frac{117}{3{,}5^2} = 1{,}99 \text{ t/m; } k = \frac{6{,}200397}{935} = 0{,}00663, \; f = 0{,}00663 \times \frac{1{,}99}{1{,}5} \times 3{,}5^4 = 1{,}32 \text{ cm} \left(= \frac{\ell}{265}\right)$$

*Ejemplo 2.º:* Viga HEA 40 de 8,0 m de luz; $I_x = 45.069$ cm$^4$, $W_x = 2.310$ cm$^3$, p = 125 kg/m$\ell$.

$$q^* = 0{,}208 \times \frac{2.310}{8{,}0^2} = 7{,}51 \text{ t/m; } k = \frac{6{,}200397}{45.069} = 0{,}0001376, \; f = 0{,}0001376 \times \frac{7{,}51}{1{,}5} \times 8{,}4^4 =$$

$$= 2{,}82 \text{ cm} \left(= \frac{\ell}{284}\right)$$

b) *Vigas apoyadas en sus extremos, con carga P* centrada*

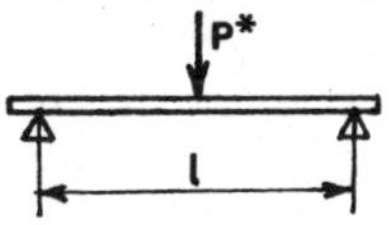


$$M^* = \frac{P^* \cdot \ell}{4} \text{ tm; } M^* = \frac{100 \times P^* \cdot \ell}{4}, \text{ tcm; } \sigma^* = \frac{100 \times P^* \cdot \ell}{4W} = 2{,}6 \text{ t; } P^* = 0{,}104 \times \frac{W}{\ell}, \text{ t.}$$

$$f = \frac{P \cdot l^3}{48 \cdot E \cdot I} = \frac{9{,}92063}{I} \times P \times \ell^3 = k \cdot P \cdot \ell^3 \left(k = \frac{9{,}92063}{I}\right).$$

*Ejemplo 1.º:* Viga IPE 24 de 5,0 m de luz; $I_x = 3.890$ cm$^4$, W = 324 cm$^4$, p = 30,7 kg/m.

$$P^* = 0{,}104 \times \frac{324}{5{,}0} = 6{,}74 \text{ t; } k = \frac{9{,}92063}{3.890} = 0{,}00255, \; f = 0{,}00255 \times \frac{6{,}74}{1{,}5} \times 5{,}0^3 = 1{,}43 \text{ cm} \left(= \frac{\ell}{350}\right).$$

*Ejemplo 2.º:* Viga HEM 55 de 10,0 m de luz; $I_x = 197.984$ cm$^4$, $W_x = 6.920$ cm$^3$, p = 278 kg/ml.

$$P^* = 0{,}104 \times \frac{6.920}{10{,}0} = 71{,}97 \text{ t; } k = \frac{9{,}92063}{197.984} = 0{,}0000501, \; f = 0{,}0000501 \times \frac{71{,}97}{1{,}5} \times 10{,}0^3 =$$

$$= 2{,}4 \text{ cm} \left(= \frac{\ell}{417}\right).$$

**Nota.**—En la determinación de las flechas se ha considerado que las cargas mayoradas están afectadas por $\gamma = 1{,}5$.

c) *Viga empotrada en sus extremos, con carga q* uniformemente repartida*

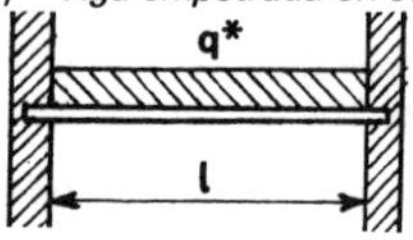


$$M^* = \frac{q^* \cdot \ell^2}{12}, \text{ tm}; \; M^* = \frac{100 \cdot q^* \cdot \ell^2}{12}, \text{ tcm}; \; \sigma^* = \frac{100 \cdot q^* \cdot \ell^2}{12W} = 2{,}6 \text{ t}, \; q^* = 0{,}312 \times \frac{W}{\ell^2}, \text{ t}.$$

$$f = \frac{Q \cdot l^3}{384 \cdot E \cdot I} = \frac{1{,}240079}{I} \times Q \cdot \ell^3 = k \cdot Q \cdot \ell^3 \left( k = \frac{1{,}240079}{I} \right).$$

*Ejemplo 1.º:* Viga HEB 32 de 6,5 m de luz; $I_x = 30.823$ cm$^4$, $W_x = 1.930$ cm$^3$, p = 127 kg/ml.

$$q^* = 0{,}312 \times \frac{1.930}{6{,}5^2} = 14{,}25 \text{ t/m}; \; k = \frac{1{,}240079}{30.823} = 0{,}0000402, \; f = 0{,}0000402 \times \frac{14{,}25}{1{,}5} \times 6{,}5^4 =$$

$$= 0{,}68 \text{ cm} \left( = \frac{\ell}{936} \right).$$

*Ejemplo 2.º:* Viga UPN 20 de 2,0 m de luz; $I_x = 1.910$ cm$^4$, $W_x = 191$ cm$^3$, p = 25,3 kg/ml.

$$q^* = 0{,}312 \times \frac{191}{2{,}0^2} = 14{,}9 \text{ t/m}; \; k = \frac{1{,}240079}{1.910} = 0{,}000649, \; f = 0{,}000649 \times \frac{14{,}9}{1{,}5} \times 2{,}0^4 = 0{,}103 \text{ cm} \left( = \frac{\ell}{1.940} \right).$$

d) *Viga empotrada en sus extremos, con carga P* centrada*

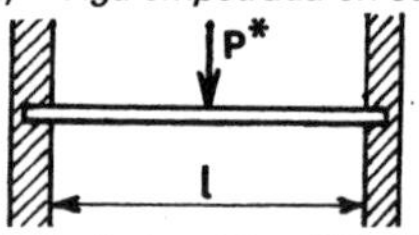


$$M^* = \frac{P^* \cdot \ell}{8}, \text{ tm}; \; M^* = \frac{100 \cdot P^* \cdot \ell}{8}, \text{ tcm}; \; \sigma^* = \frac{100 \cdot P^* \cdot \ell}{8W} = 2{,}6 \text{ t}, \; P^* = 0{,}208 \times \frac{W}{\ell}, \text{ t}.$$

$$f = \frac{P \cdot \ell^3}{192 \cdot E \cdot I} = \frac{2{,}480159}{I} \times P \cdot \ell^3 = k \cdot P \cdot \ell^3 \left( k = \frac{2{,}480159}{I} \right).$$

*Ejemplo 1.º:* Viga IPN 16 de 3,5 m de luz; $I_x = 935$ cm$^4$, $W_x = 117$ cm$^3$, p = 17,9 kg/ml.

$$P^* = 0{,}208 \times \frac{117}{3{,}5} = 6{,}95 \text{ t/m}; \; k = \frac{2{,}480159}{935} = 0{,}00265, \; f = 0{,}00265 \times \frac{6{,}95}{1{,}5} \times 3{,}5^3 = 0{,}53 \text{ cm} \left( = \frac{\ell}{665} \right).$$

*Ejemplo 2.º:* Viga HEA 40 de 8,0 m de luz; $I_x = 45.069$ cm$^4$, $W_x = 2.310$ cm$^3$, p = 125 kg/ml.

$$P^* = 0{,}208 \times \frac{2.310}{8{,}0} = 60{,}06 \text{ t}; \; k = \frac{2{,}480159}{45.069} = 0{,}000055, \; f = 0{,}000055 \times \frac{60{,}06}{1{,}5} \times 8{,}0^3 = 1{,}13 \text{ cm} \left( = \frac{\ell}{708} \right).$$

e) *Viga en voladizo, con carga q* uniformemente repartida*

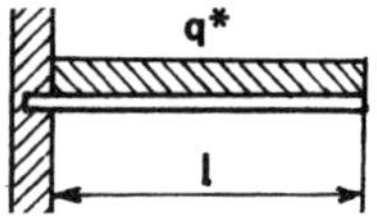


$$M^* = \frac{q^* \cdot \ell^2}{2}, \text{ tm}; \; M^* = \frac{100 \cdot q^* \cdot \ell^2}{2}, \text{ tcm}; \; \sigma^* = \frac{100 \cdot q^* \cdot \ell^2}{2W} = 2{,}6 \text{ t}, \; q^* = 0{,}052 \times \frac{W}{\ell^2}, \text{ t}.$$

$$f = \frac{Q \cdot \ell^3}{8 \cdot E \cdot I} = \frac{59{,}52381}{I} \times Q \times \ell^3 = k \cdot Q \cdot \ell^3 \left( k = \frac{59{,}52381}{I} \right).$$

*Ejemplo 1.º:* Viga IPE 24 de 5,0 m de luz; $I_x = 3.890$ cm$^4$, W = 324 cm$^3$, p = 30,7 kg/ml.

$$q^* = 0{,}052 \times \frac{324}{5{,}0^2} = 0{,}67 \text{ t/m}; \; k = \frac{59{,}52381}{3.890} = 0{,}01530, \; f = 0{,}01530 \times \frac{0{,}67}{1{,}5} \times 5{,}0^4 = 4{,}27 \text{ cm} \left( = \frac{\ell}{117} \right).$$

*Ejemplo 2.º:* Viga HEM 55 de 6,0 m de luz; $I_x = 197.984$ cm$^4$, W = 6.920 cm$^3$, p = 278 kg/ml.

$$q^* = 0{,}052 \times \frac{6.920}{6{,}0^2} = 10{,}0 \text{ t/m}; \; k = \frac{59{,}52381}{197.984} = 0{,}000301, \; f = 0{,}000301 \times \frac{10{,}0}{1{,}5} \times 6{,}0^4 = 2{,}6 \text{ cm} \left( = \frac{\ell}{230} \right).$$

f) *Viga en voladizo, con carga P* en el extremo volado*

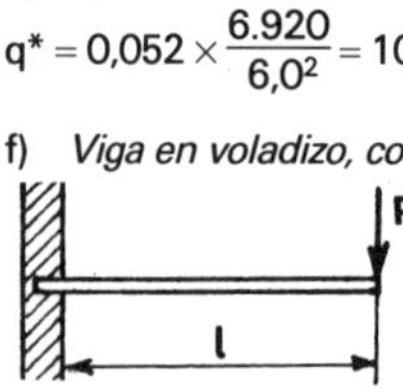


$$M^* = P^* \cdot \ell, \text{ tm}; \; M^* = 100 \cdot P^* \cdot \ell, \text{ tcm}; \; \sigma^* = \frac{100 \cdot P^* \cdot \ell}{W} = 2{,}6 \text{ t}, \; P^* = 0{,}026 \times \frac{W}{\ell}, \text{ t}.$$

$$f = \frac{P \cdot \ell^3}{3 \cdot E \cdot I} = \frac{158{,}73016}{I} \times P \times \ell^3 = k \cdot P \cdot \ell \left( k = \frac{158{,}73016}{I} \right).$$

*Ejemplo 1.º:* Viga HEB 32 de 4,0 m de luz; $I_x = 30.823$ cm$^4$, W = 1,930 cm$^3$, p = 127 kg/ml.

$$P^* = 0{,}026 \times \frac{1.930}{4{,}0} = 12{,}54 \text{ t}; \; k = \frac{158{,}73016}{30.823} = 0{,}00515, \; f = 0{,}00515 \times \frac{12{,}54}{1{,}5} \times 4{,}0^3 = 2{,}76 \text{ cm} \left( = \frac{\ell}{145} \right).$$

*Ejemplo 2.º:* Viga UPN 20 de 3,0 m de luz; $I_x = 1.910$ cm$^4$, $W_x = 195$ cm$^3$, p = 25,0 kg/ml.

$$P^* = 0{,}026 \times \frac{191}{3} = 1{,}65 \text{ t}; \; k = \frac{158{,}73016}{1.910} = 0{,}083105, \; f = 0{,}083105 \times \frac{1{,}65}{1{,}5} \times 3{,}0^3 = 2{,}47 \text{ cm} \left( = \frac{\ell}{121} \right).$$

**Nota.**—En los ejemplos de cálculo realizados se han determinado los valores de q* o P* y de flechas sin especificar que los valores de esta última en muchos casos son inadmisibles; en estos ejemplos, como en los anteriores, se ha considerado que las cargas están mayoradas en $\gamma = 1{,}5$ (sin mayorar para las flechas).

**Otra.**—En las vigas de 6,0 m o más de luz, se tendrá en cuenta que en los valores de q* o N* calculados, está incluido el peso propio $q_1^*$ o $N_1^*$ de la viga.

En las tablas $EA_f$ -4 a $EA_f$ -27 se exponen valores de 100 · k (en lugar de k) que se dividirán entre 100 para calcular el valor de las flechas.

**Relación de tablas para el cálculo de perfiles rectos sometidos a esfuerzos de flexión**

# RESISTENCIA MÁXIMA PONDERADA $q^*$ A FLEXIÓN DE PERFILES IPN

**TABLA EA$_f$-4**

Acero tipo A 42

$\sigma_u = \sigma_e = 2{,}6$ t/cm²

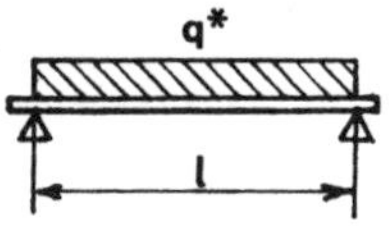


$$q^* = 0{,}208 \times \frac{W_x}{\ell^2}, \text{ t/m}$$

| *Perfil IPN* | *Peso kg* | *$I_x$ cm⁴* | *$W_x$ cm³* | *100 · k* | *q* en toneladas para una luz ℓ en m =* | | | | | *Perfil IPN* |
|---|---|---|---|---|---|---|---|---|---|---|
| | | | | | *2,00* | *2,50* | *3,00* | *3,50* | *4,00* | |
| 10 | 8,34 | 171 | 34,2 | 3,6260 | 1,78 | 1,14 | 0,79 | 0,58 | 0,44 | 10 |
| 12 | 11,1 | 328 | 54,7 | 1,8904 | 2,84 | 1,82 | 1,26 | 0,93 | 0,71 | 12 |
| 14 | 14,3 | 573 | 81,9 | 1,0821 | 4,26 | 2,73 | 1,89 | 1,39 | 1,06 | 14 |
| 16 | 17,9 | 935 | 117 | 0,6631 | 6,08 | 3,89 | 2,70 | 1,99 | 1,52 | 16 |
| 18 | 21,9 | 1.450 | 161 | 0,4276 | 8,37 | 5,36 | 3,72 | 2,73 | 2,09 | 18 |
| 20 | 26,2 | 2.140 | 214 | 0,2897 | 11,13 | 7,12 | 4,95 | 3,63 | 2,78 | 20 |
| 22 | 31,1 | 3.060 | 278 | 0,2026 | 14,46 | 9,25 | 6,42 | 4,72 | 3,61 | 22 |
| 24 | 36,2 | 4.250 | 354 | 0,1459 | 18,41 | 11,78 | 8,18 | 6,01 | 4,60 | 24 |
| 26 | 41,9 | 5.740 | 442 | 0,1080 | 22,98 | 14,71 | 10,21 | 7,50 | 5,75 | 26 |
| 28 | 47,9 | 7.590 | 542 | 0,0817 | 28,18 | 18,04 | 12,53 | 9,20 | 7,05 | 28 |
| 30 | 54,2 | 9.800 | 653 | 0,0633 | 34,22 | 21,73 | 15,09 | 11,09 | 8,49 | 30 |
| 32 | 61,0 | 12.510 | 782 | 0,0496 | 40,66 | 26,02 | 18,07 | 13,28 | 10,17 | 32 |
| 34 | 68,0 | 15.700 | 923 | 0,0395 | 48,00 | 30,72 | 21,33 | 15,67 | 12,00 | 34 |
| 36 | 76,1 | 19.610 | 1.090 | 0,0316 | 56,68 | 36,27 | 25,19 | 18,51 | 14,17 | 36 |
| 38 | 84,0 | 24.010 | 1.260 | 0,0258 | 65,52 | 41,93 | 29,12 | 21,39 | 16,38 | 38 |
| 40 | 92,4 | 29.210 | 1.460 | 0,0212 | 75,92 | 48,59 | 33,74 | 24,79 | 18,98 | 40 |
| 45 | 115 | 45.850 | 2.040 | 0,0135 | 106,1 | 67,89 | 47,16 | 34,69 | 26,52 | 45 |
| 50 | 141 | 68.740 | 2.750 | 0,00902 | 143,0 | 91,52 | 63,56 | 46,69 | 35,75 | 50 |
| 55 | 166 | 99.180 | 3.610 | 0,00625 | 187,7 | 120,1 | 83,43 | 61,30 | 46,93 | 55 |
| 60 | 199 | 139.000 | 4.630 | 0,00446 | 240,8 | 154,1 | 107,0 | 78,61 | 60,19 | 60 |

| *Perfil IPN* | *q* en toneladas para una luz ℓ en m =* | | | | | | | | | *Perfil IPN* |
|---|---|---|---|---|---|---|---|---|---|---|
| | *4,50* | *5,00* | *5,50* | *6,00* | *6,50* | *7,00* | *8,00* | *9,00* | *10,00* | |
| 10 | 0,35 | 0,28 | 0,23 | 0,20 | 0,17 | 0,14 | 0,11 | 0,09 | 0,07 | 10 |
| 12 | 0,56 | 0,45 | 0,38 | 0,32 | 0,27 | 0,23 | 0,18 | 0,14 | 0,11 | 12 |
| 14 | 0,84 | 0,68 | 0,56 | 0,47 | 0,40 | 0,35 | 0,27 | 0,21 | 0,17 | 14 |
| 16 | 1,20 | 0,97 | 0,80 | 0,68 | 0,58 | 0,50 | 0,38 | 0,30 | 0,24 | 16 |
| 18 | 1,65 | 1,34 | 1,11 | 0,93 | 0,79 | 0,68 | 0,52 | 0,41 | 0,33 | 18 |
| 20 | 2,20 | 1,78 | 1,47 | 1,24 | 1,05 | 0,91 | 0,69 | 0,55 | 0,44 | 20 |
| 22 | 2,86 | 2,31 | 1,91 | 1,61 | 1,37 | 1,18 | 0,90 | 0,71 | 0,58 | 22 |
| 24 | 3,64 | 2,94 | 2,43 | 2,04 | 1,74 | 1,50 | 1,15 | 0,91 | 0,74 | 24 |
| 26 | 4,54 | 3,68 | 3,04 | 2,55 | 2,18 | 1,88 | 1,44 | 1,13 | 0,92 | 26 |
| 28 | 5,57 | 4,51 | 3,73 | 3,13 | 2,67 | 2,30 | 1,76 | 1,39 | 1,13 | 28 |
| 30 | 6,71 | 5,43 | 4,49 | 3,77 | 3,21 | 2,77 | 2,12 | 1,68 | 1,36 | 30 |
| 32 | 8,03 | 6,51 | 5,38 | 4,52 | 3,85 | 3,32 | 2,54 | 2,01 | 1,63 | 32 |
| 34 | 9,48 | 7,68 | 6,35 | 5,33 | 4,54 | 3,92 | 3,00 | 2,37 | 1,92 | 34 |
| 36 | 11,20 | 9,07 | 7,49 | 6,30 | 5,37 | 4,63 | 3,54 | 2,80 | 2,27 | 36 |
| 38 | 12,94 | 10,48 | 8,66 | 7,28 | 6,20 | 5,35 | 4,09 | 3,24 | 2,62 | 38 |
| 40 | 15,00 | 12,15 | 10,04 | 8,44 | 7,19 | 6,20 | 4,74 | 3,75 | 3,04 | 40 |
| 45 | 20,95 | 16,97 | 14,03 | 11,79 | 10,04 | 8,66 | 6,63 | 5,24 | 4,24 | 45 |
| 50 | 28,25 | 22,88 | 18,91 | 15,89 | 13,54 | 11,67 | 8,94 | 7,06 | 5,72 | 50 |
| 55 | 37,08 | 30,03 | 24,82 | 20,86 | 17,77 | 15,32 | 11,73 | 9,27 | 7,51 | 55 |
| 60 | 47,56 | 38,52 | 31,84 | 26,75 | 22,79 | 19,65 | 15,05 | 11,89 | 9,63 | 60 |

Para $f = \frac{\ell}{300}$, $\frac{6{,}200397}{I} \cdot q\,\ell^4 = \frac{100 \times \ell}{300}$; $q = \frac{I}{3 \times 6{,}200397 \times \ell^3}$, $q^* = \frac{I}{12{,}40079 \times \ell^3}$ $(\gamma = 1{,}5)$

| La flexión en elementos estructurales | ***RESISTENCIA MÁXIMA PONDERADA q* A FLEXIÓN DE PERFILES IPE*** | **TABLA $EA_f$-5** |
|---|---|---|

Acero tipo A 42

$\sigma_u = \sigma_e = 2{,}6\ t/cm^2$

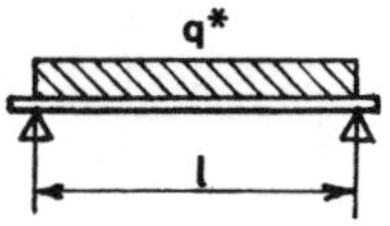


$$q^* = 0{,}208 \times \frac{W_x}{l^2},\ t/m$$

| *Perfil IPE* | *Peso kg* | *$I_x$ $cm^4$* | *$W_x$ $cm^3$* | *100 · k* | *q* en toneladas para una luz l en m =* | | | | | *Perfil IPE* |
|---|---|---|---|---|---|---|---|---|---|---|
| | | | | | *2,00* | *2,50* | *3,00* | *3,50* | *4,00* | |
| 8 | 6,00 | 80,1 | 20,0 | 7,7408 | 1,04 | 0,67 | 0,46 | 0,34 | 0,26 | 8 |
| 10 | 8,10 | 171 | 34,2 | 3,6260 | 1,78 | 1,14 | 0,79 | 0,58 | 0,44 | 10 |
| 12 | 10,4 | 318 | 53,0 | 1,9498 | 2,76 | 1,76 | 1,22 | 0,90 | 0,69 | 12 |
| 14 | 12,9 | 541 | 77,3 | 1,1461 | 4,02 | 2,57 | 1,79 | 1,31 | 1,00 | 14 |
| 16 | 15,8 | 869 | 109 | 0,7135 | 5,67 | 3,63 | 2,52 | 1,85 | 1,42 | 16 |
| 18 | 18,8 | 1.320 | 146 | 0,4697 | 7,59 | 4,86 | 3,37 | 2,48 | 1,90 | 18 |
| 20 | 22,4 | 1.940 | 194 | 0,3196 | 10,1 | 6,46 | 4,48 | 3,29 | 2,52 | 20 |
| | | | | | | | | | | |
| 22 | 26,2 | 2.770 | 252 | 0,2238 | 13,1 | 8,39 | 5,82 | 4,28 | 3,28 | 22 |
| 24 | 30,7 | 3.890 | 324 | 0,1594 | 16,8 | 10,8 | 7,49 | 5,50 | 4,21 | 24 |
| 27 | 36,1 | 5.790 | 429 | 0,1071 | 22,3 | 14,3 | 9,91 | 7,28 | 5,58 | 27 |
| 30 | 42,2 | 8.360 | 557 | 0,0742 | 29,0 | 18,5 | 12,9 | 9,46 | 7,24 | 30 |
| 33 | 49,1 | 11.770 | 713 | 0,0527 | 37,1 | 23,7 | 16,5 | 12,1 | 9,27 | 33 |
| 36 | 57,1 | 16.270 | 904 | 0,0381 | 47,0 | 30,1 | 20,9 | 15,3 | 11,7 | 36 |
| | | | | | | | | | | |
| 40 | 66,3 | 23.130 | 1.160 | 0,0268 | 60,3 | 38,6 | 26,8 | 19,7 | 15,1 | 40 |
| 45 | 77,6 | 33.740 | 1.500 | 0,0184 | 78,0 | 49,9 | 34,7 | 25,5 | 19,5 | 45 |
| 50 | 90,7 | 48.200 | 1.930 | 0,0127 | 100,3 | 64,2 | 44,6 | 32,8 | 25,1 | 50 |
| 55 | 106 | 67.120 | 2.440 | 0,00924 | 126,9 | 81,2 | 56,4 | 41,4 | 31,7 | 55 |
| 60 | 122 | 92.080 | 3.070 | 0,00673 | 159,6 | 102,2 | 71,0 | 52,1 | 39,9 | 60 |

| *Perfil IPE* | *q* en toneladas para una luz en m =* | | | | | | | | | *Perfil IPE* |
|---|---|---|---|---|---|---|---|---|---|---|
| | *4,50* | *5,00* | *5,50* | *6,00* | *6,50* | *7,00* | *8,00* | *9,00* | *10,00* | |
| 8 | 0,20 | 0,17 | 0,14 | 0,12 | 0,10 | 0,08 | 0,06 | | | 8 |
| 10 | 0,35 | 0,28 | 0,23 | 0,20 | 0,17 | 0,14 | 0,11 | 0,09 | | 10 |
| 12 | 0,54 | 0,44 | 0,36 | 0,31 | 0,26 | 0,22 | 0,17 | 0,14 | | 12 |
| 14 | 0,79 | 0,64 | 0,53 | 0,45 | 0,38 | 0,33 | 0,25 | 0,20 | | 14 |
| 16 | 1,12 | 0,91 | 0,75 | 0,63 | 0,54 | 0,46 | 0,35 | 0,28 | 0,23 | 16 |
| 18 | 1,50 | 1,21 | 1,00 | 0,84 | 0,72 | 0,62 | 0,47 | 0,38 | 0,30 | 18 |
| 20 | 1,99 | 1,61 | 1,33 | 1,12 | 0,95 | 0,82 | 0,63 | 0,50 | 0,40 | 20 |
| | | | | | | | | | | |
| 22 | 2,59 | 2,10 | 1,73 | 1,46 | 1,24 | 1,07 | 0,82 | 0,65 | 0,52 | 22 |
| 24 | 3,33 | 2,70 | 2,23 | 1,87 | 1,59 | 1,38 | 1,05 | 0,83 | 0,67 | 24 |
| 27 | 4,41 | 3,57 | 2,95 | 2,48 | 2,11 | 1,82 | 1,39 | 1,10 | 0,89 | 27 |
| 30 | 5,72 | 4,63 | 3,83 | 3,22 | 2,74 | 2,36 | 1,81 | 1,43 | 1,16 | 30 |
| 33 | 7,32 | 5,93 | 4,90 | 4,12 | 3,51 | 3,03 | 2,32 | 1,83 | 1,48 | 33 |
| 36 | 9,29 | 7,52 | 6,22 | 5,22 | 4,45 | 3,84 | 2,94 | 2,32 | 1,88 | 36 |
| | | | | | | | | | | |
| 40 | 11,9 | 9,65 | 7,98 | 6,70 | 5,71 | 4,92 | 3,77 | 2,98 | 2,41 | 40 |
| 45 | 15,4 | 12,5 | 10,3 | 8,67 | 7,38 | 6,37 | 4,88 | 3,85 | 3,12 | 45 |
| 50 | 19,8 | 16,1 | 13,3 | 11,1 | 9,50 | 8,19 | 6,27 | 4,96 | 4,01 | 50 |
| 55 | 25,1 | 20,3 | 16,8 | 14,1 | 12,0 | 10,4 | 7,93 | 6,27 | 5,07 | 55 |
| 60 | 31,5 | 25,5 | 21,1 | 17,7 | 15,1 | 11,0 | 9,98 | 7,88 | 6,39 | 60 |

Para $f = \frac{l}{300}$, $q^* = \frac{I}{12{,}40079 \times l^3}$; para $f = \frac{l}{n}$, $q_n^* = q_{300}^* \times \frac{n}{300}$

# *RESISTENCIA MÁXIMA PONDERADA q* A FLEXIÓN DE PERFILES HEB*

**TABLA $EA_f$-6**

Acero tipo A 42

$\sigma_u = \sigma_e = 2{,}6\ t/cm^2$

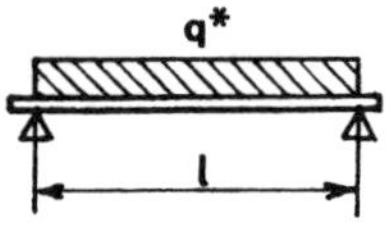


$$q^* = 0{,}208 \times \frac{W_x}{l^2},\ t/m$$

| *Perfil HEB* | *Peso kg* | *$I_x$ cm$^4$* | *$W_x$ cm$^3$* | *100 · k* | *q* en toneladas para una luz l en m =* 2,00 | 2,50 | 3,00 | 3,50 | 4,00 | *Perfil HEB* |
|---|---|---|---|---|---|---|---|---|---|---|
| 10 | 20,4 | 450 | 90 | 1,3779 | 4,68 | 2,99 | 2,08 | 1,53 | 1,17 | 10 |
| 12 | 26,7 | 864 | 144 | 0,7176 | 7,49 | 4,79 | 3,33 | 2,44 | 1,87 | 12 |
| 14 | 33,7 | 1.509 | 216 | 0,4109 | 11,23 | 7,19 | 4,99 | 3,67 | 2,81 | 14 |
| 16 | 42,6 | 2.492 | 311 | 0,2488 | 16,17 | 10,35 | 7,19 | 5,28 | 4,04 | 16 |
| 18 | 51,2 | 3.831 | 426 | 0,1618 | 22,15 | 14,18 | 9,84 | 7,23 | 5,54 | 18 |
| 20 | 61,3 | 5.696 | 570 | 0,1089 | 29,64 | 18,97 | 13,17 | 9,68 | 7,41 | 20 |
| 22 | 71,5 | 8.091 | 736 | 0,0766 | 38,27 | 24,49 | 17,01 | 12,50 | 9,57 | 22 |
| 24 | 83,2 | 11.259 | 938 | 0,0551 | 48,78 | 31,22 | 21,68 | 15,93 | 12,19 | 24 |
| 26 | 93,0 | 14.919 | 1.150 | 0,0416 | 59,80 | 38,27 | 26,58 | 19,53 | 14,95 | 26 |
| 28 | 103 | 19.270 | 1.380 | 0,0322 | 71,76 | 45,93 | 31,89 | 23,43 | 17,94 | 28 |
| 30 | 117 | 25.166 | 1.680 | 0,0246 | 87,36 | 55,91 | 38,83 | 28,53 | 21,84 | 30 |
| 32 | 127 | 30.823 | 1.930 | 0,0201 | 100,4 | 64,23 | 44,60 | 32,77 | 25,09 | 32 |
| 34 | 134 | 36.656 | 2.160 | 0,0169 | 112,3 | 71,88 | 49,92 | 36,68 | 28,08 | 34 |
| 36 | 142 | 43.193 | 2.400 | 0,0143 | 124,8 | 79,87 | 55,47 | 40,75 | 31,20 | 36 |
| 40 | 155 | 57.680 | 2.880 | 0,0107 | 149,8 | 95,85 | 65,56 | 48,90 | 37,44 | 40 |
| 45 | 171 | 79.887 | 3.550 | 0,00776 | 184,6 | 118,1 | 82,04 | 60,28 | 46,15 | 45 |
| 50 | 187 | 107.176 | 4.290 | 0,00579 | 223,1 | 142,8 | 99,15 | 72,84 | 55,77 | 50 |
| 55 | 199 | 136.691 | 4.970 | 0,00454 | 258,4 | 165,4 | 114,9 | 84,39 | 64,61 | 55 |
| 60 | 212 | 171.041 | 5.700 | 0,00363 | 296,4 | 189,7 | 131,7 | 96,78 | 74,10 | 60 |

| *Perfil HEB* | *q* en toneladas para una luz en m =* 4,50 | 5,00 | 5,50 | 6,00 | 6,50 | 7,00 | 8,00 | 9,00 | 10,00 | *Perfil HEB* |
|---|---|---|---|---|---|---|---|---|---|---|
| 10 | 0,92 | 0,75 | 0,62 | 0,52 | 0,44 | 0,38 | 0,29 | 0,23 | 0,19 | 10 |
| 12 | 1,48 | 1,20 | 0,99 | 0,83 | 0,71 | 0,61 | 0,47 | 0,37 | 0,30 | 12 |
| 14 | 2,22 | 1,80 | 1,48 | 1,25 | 1,06 | 0,92 | 0,70 | 0,55 | 0,45 | 14 |
| 16 | 3,19 | 2,59 | 2,14 | 1,80 | 1,53 | 1,32 | 1,01 | 0,80 | 0,65 | 16 |
| 18 | 4,38 | 3,54 | 2,93 | 2,46 | 2,10 | 1,81 | 1,38 | 1,09 | 0,89 | 18 |
| 20 | 5,85 | 4,74 | 3,92 | 3,29 | 2,81 | 2,42 | 1,85 | 1,46 | 1,19 | 20 |
| 22 | 7,56 | 6,12 | 5,06 | 4,25 | 3,62 | 3,12 | 2,39 | 1,89 | 1,53 | 22 |
| 24 | 9,63 | 7,80 | 6,45 | 5,42 | 4,62 | 3,98 | 3,05 | 2,41 | 1,95 | 24 |
| 26 | 11,81 | 9,57 | 7,91 | 6,64 | 5,66 | 4,88 | 3,74 | 2,95 | 2,39 | 26 |
| 28 | 14,17 | 11,48 | 9,49 | 7,97 | 6,79 | 5,86 | 4,48 | 3,54 | 2,87 | 28 |
| 30 | 17,26 | 13,98 | 11,55 | 9,71 | 8,27 | 7,13 | 5,46 | 4,31 | 3,49 | 30 |
| 32 | 19,82 | 16,06 | 13,27 | 11,15 | 9,50 | 8,19 | 6,27 | 4,96 | 4,01 | 32 |
| 34 | 22,19 | 17,97 | 14,85 | 12,48 | 10,63 | 9,17 | 7,02 | 5,55 | 4,49 | 34 |
| 36 | 24,65 | 19,97 | 16,50 | 13,87 | 11,81 | 10,19 | 7,80 | 6,16 | 4,99 | 36 |
| 40 | 29,58 | 23,96 | 19,80 | 16,64 | 14,18 | 12,22 | 9,36 | 7,40 | 5,99 | 40 |
| 45 | 36,46 | 29,54 | 24,41 | 20,51 | 17,48 | 15,07 | 11,54 | 9,12 | 7,38 | 45 |
| 50 | 44,07 | 35,69 | 29,50 | 24,79 | 21,12 | 18,21 | 13,94 | 11,02 | 8,92 | 50 |
| 55 | 51,05 | 41,35 | 34,17 | 28,72 | 24,47 | 21,10 | 16,15 | 12,76 | 10,34 | 55 |
| 60 | 58,55 | 47,42 | 39,19 | 32,93 | 28,06 | 24,20 | 18,52 | 14,64 | 11,86 | 60 |

Para $f = \frac{l}{300}$, $q^* = \frac{I}{12{,}40079 \times l^3}$; para $f = \frac{l}{n}$, $q^*_n = q^*_{300} \times \frac{n}{300}$

# RESISTENCIA MÁXIMA PONDERADA $q^*$ A FLEXIÓN DE PERFILES HEA



Acero tipo A 42

$\sigma_u = \sigma_e = 2{,}6$ t/cm²

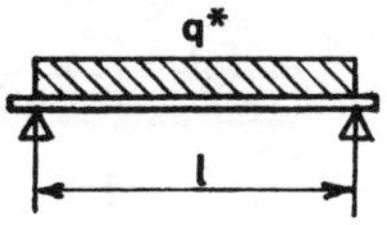


$$q^* = 0{,}208 \times \frac{W_x}{\ell^2}, \text{ t/m}$$

| *Perfil HEA* | *Peso kg* | $I_x$ *cm⁴* | $W_x$ *cm³* | *100 · k* | *q* en toneladas para una luz ℓ en m =* 2,00 | 2,50 | 3,00 | 3,50 | 4,00 | *Perfil HEA* |
|---|---|---|---|---|---|---|---|---|---|---|
| 10 | 16,7 | 349 | 73 | 1,7766 | 3,79 | 2,42 | 1,68 | 1,24 | 0,95 | 10 |
| 12 | 19,9 | 606 | 106 | 1,0232 | 5,51 | 3,53 | 2,45 | 1,80 | 1,38 | 12 |
| 14 | 24,7 | 1.033 | 155 | 0,6002 | 8,06 | 5,16 | 3,58 | 2,63 | 2,01 | 14 |
| 16 | 30,4 | 1.673 | 220 | 0,3706 | 11,44 | 7,32 | 5,08 | 3,74 | 2,86 | 16 |
| 18 | 35,5 | 2.510 | 294 | 0,2470 | 15,29 | 9,78 | 6,79 | 4,99 | 3,82 | 18 |
| 20 | 42,3 | 3.692 | 389 | 0,1679 | 20,23 | 12,95 | 8,99 | 6,60 | 5,06 | 20 |
| 22 | 50,6 | 5.410 | 515 | 0,1146 | 26,78 | 17,14 | 11,90 | 8,74 | 6,69 | 22 |
| 24 | 60,3 | 7.763 | 675 | 0,0799 | 35,10 | 22,46 | 15,60 | 11,46 | 8,77 | 24 |
| 26 | 68,2 | 10.455 | 836 | 0,0593 | 43,47 | 27,82 | 19,32 | 14,19 | 10,87 | 26 |
| 28 | 76,4 | 13.673 | 1.010 | 0,0453 | 52,52 | 33,61 | 23,34 | 17,15 | 13,13 | 28 |
| 30 | 88,3 | 18.263 | 1.260 | 0,0340 | 65,52 | 41,93 | 29,12 | 21,39 | 16,38 | 30 |
| 32 | 97,6 | 22.928 | 1.480 | 0,0270 | 76,96 | 49,25 | 34,20 | 25,13 | 19,24 | 32 |
| 34 | 105 | 27.693 | 1.680 | 0,0224 | 87,86 | 55,91 | 38,83 | 28,53 | 21,84 | 34 |
| 36 | 112 | 33.090 | 1.890 | 0,0187 | 98,28 | 62,90 | 43,68 | 32,09 | 24,57 | 36 |
| 40 | 125 | 45.069 | 2.310 | 0,0138 | 120,1 | 76,88 | 53,39 | 39,22 | 30,03 | 40 |
| 45 | 140 | 63.722 | 2.900 | 0,00973 | 150,8 | 96,51 | 67,02 | 49,24 | 37,70 | 45 |
| 50 | 155 | 86.975 | 3.550 | 0,00713 | 184,6 | 118,1 | 82,04 | 60,28 | 46,15 | 50 |
| 55 | 166 | 111.932 | 4.150 | 0,00554 | 215,8 | 138,1 | 95,91 | 70,47 | 53,95 | 55 |
| 60 | 176 | 141.208 | 4.790 | 0,00439 | 249,1 | 159,4 | 110,7 | 81,33 | 62,27 | 60 |

| *Perfil HEA* | *q* en toneladas para una luz en m =* 4,50 | 5,00 | 5,50 | 6,00 | 6,50 | 7,00 | 8,00 | 9,00 | 10,00 | *Perfil HEA* |
|---|---|---|---|---|---|---|---|---|---|---|
| 10 | 0,75 | 0,61 | 0,50 | 0,42 | 0,36 | 0,31 | 0,24 | 0,19 | 0,15 | 10 |
| 12 | 1,09 | 0,88 | 0,73 | 0,61 | 0,52 | 0,45 | 0,34 | 0,27 | 0,22 | 12 |
| 14 | 1,59 | 1,29 | 1,07 | 0,90 | 0,76 | 0,66 | 0,50 | 0,40 | 0,32 | 14 |
| 16 | 2,26 | 1,83 | 1,51 | 1,27 | 1,08 | 0,93 | 0,71 | 0,56 | 0,46 | 16 |
| 18 | 3,02 | 2,45 | 2,02 | 1,70 | 1,45 | 1,25 | 0,95 | 0,75 | 0,61 | 18 |
| 20 | 4,00 | 3,24 | 2,67 | 2,25 | 1,91 | 1,65 | 1,26 | 1,00 | 0,81 | 20 |
| 22 | 5,29 | 4,28 | 3,54 | 2,98 | 2,53 | 2,19 | 1,67 | 1,32 | 1,07 | 22 |
| 24 | 6,93 | 5,62 | 4,64 | 3,90 | 3,32 | 2,86 | 2,19 | 1,73 | 1,40 | 24 |
| 26 | 8,59 | 6,96 | 5,75 | 4,83 | 4,12 | 3,55 | 2,72 | 2,15 | 1,74 | 26 |
| 28 | 10,37 | 8,40 | 6,94 | 5,84 | 4,97 | 4,29 | 3,28 | 2,59 | 2,10 | 28 |
| 30 | 12,94 | 10,48 | 8,66 | 7,28 | 6,20 | 5,35 | 4,09 | 3,24 | 2,62 | 30 |
| 32 | 15,20 | 12,31 | 10,18 | 8,55 | 7,29 | 6,28 | 4,81 | 3,80 | 3,08 | 32 |
| 34 | 17,26 | 13,98 | 11,55 | 9,71 | 8,27 | 7,13 | 5,46 | 4,31 | 3,49 | 34 |
| 36 | 19,41 | 15,72 | 13,00 | 10,92 | 9,30 | 8,02 | 6,14 | 4,85 | 3,93 | 36 |
| 40 | 23,73 | 19,22 | 15,88 | 13,35 | 11,37 | 9,81 | 7,51 | 5,93 | 4,80 | 40 |
| 45 | 29,79 | 24,13 | 19,94 | 16,76 | 14,28 | 12,31 | 9,42 | 7,45 | 6,03 | 45 |
| 50 | 36,46 | 29,54 | 24,41 | 20,51 | 17,48 | 15,07 | 11,54 | 9,12 | 7,38 | 50 |
| 55 | 42,62 | 34,53 | 28,54 | 23,98 | 20,43 | 17,62 | 13,49 | 10,66 | 8,63 | 55 |
| 60 | 49,20 | 39,85 | 32,94 | 27,68 | 23,58 | 20,33 | 15,57 | 12,30 | 9,96 | 60 |

Para $f = \frac{\ell}{300}$, $q^* = \frac{I}{12{,}40079 \times \ell^3}$; para $f = \frac{\ell}{n}$, $q^*_n = q^*_{300} \times \frac{n}{300}$

| La flexión en elementos estructurales | **RESISTENCIA MÁXIMA PONDERADA q* A FLEXIÓN DE PERFILES HEM** | **TABLA EA$_f$-8** |
|---|---|---|

Acero tipo A 42

$\sigma_u = \sigma_e = 2{,}6$ t/cm²

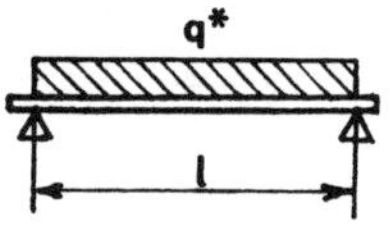


$$q^* = 0{,}208 \times \frac{W_x}{\ell^2},\ t/m$$

| *Perfil HEM* | *Peso kg* | *$I_x$ cm$^4$* | *$W_x$ cm$^3$* | *100 · k* | *q* en toneladas para una luz ℓ en m =* 2,00 | 2,50 | 3,00 | 3,50 | 4,00 | *Perfil HEM* |
|---|---|---|---|---|---|---|---|---|---|---|
| 10 | 41,8 | 1.143 | 190 | 0,5425 | 9,88 | 6,32 | 4,39 | 3,23 | 2,47 | 10 |
| 12 | 52,1 | 2.018 | 288 | 0,3073 | 14,98 | 9,58 | 6,66 | 4,89 | 3,74 | 12 |
| 14 | 63,2 | 3.291 | 411 | 0,1884 | 21,37 | 13,68 | 9,50 | 6,98 | 5,34 | 14 |
| 16 | 76,2 | 5.098 | 566 | 0,1216 | 29,43 | 18,84 | 13,08 | 9,61 | 7,36 | 16 |
| 18 | 88,9 | 7.483 | 748 | 0,0829 | 38,90 | 24,89 | 17,29 | 12,70 | 9,72 | 18 |
| 20 | 103 | 10.620 | 967 | 0,0584 | 50,28 | 32,18 | 22,35 | 16,42 | 12,57 | 20 |
| 22 | 117 | 14.605 | 1.220 | 0,0425 | 63,44 | 40,60 | 28,20 | 20,71 | 15,86 | 22 |
| 24 | 157 | 24.289 | 1.800 | 0,0255 | 93,60 | 59,90 | 41,60 | 30,56 | 23,40 | 24 |
| 26 | 172 | 31.307 | 2.160 | 0,0198 | 112,3 | 71,88 | 49,92 | 36,68 | 28,08 | 26 |
| 28 | 189 | 39.547 | 2.550 | 0,0157 | 132,6 | 84,86 | 58,93 | 43,30 | 33,15 | 28 |
| 30 | 238 | 59.201 | 3.480 | 0,0105 | 181,0 | 115,8 | 80,43 | 59,09 | 45,24 | 30 |
| 32 | 245 | 68.135 | 3.800 | 0,00910 | 197,6 | 126,5 | 87,82 | 64,52 | 49,40 | 32 |
| 34 | 248 | 76.372 | 4.050 | 0,00812 | 210,6 | 134,8 | 93,60 | 68,77 | 52,65 | 34 |
| 36 | 250 | 84.867 | 4.300 | 0,00731 | 223,6 | 143,1 | 99,38 | 73,01 | 55,90 | 36 |
| 40 | 256 | 104.119 | 4.820 | 0,00596 | 250,6 | 160,4 | 111,4 | 81,84 | 62,65 | 40 |
| 45 | 263 | 131.484 | 5.500 | 0,00472 | 286,0 | 183,0 | 127,1 | 93,39 | 71,50 | 45 |
| 50 | 270 | 161.929 | 6.180 | 0,00383 | 321,4 | 205,7 | 142,8 | 104,9 | 80,34 | 50 |
| 55 | 278 | 197.984 | 6.920 | 0,00313 | 359,8 | 230,3 | 159,9 | 117,5 | 89,96 | 55 |
| 60 | 285 | 237.447 | 7.660 | 0,00261 | 398,3 | 254,9 | 177,0 | 130,1 | 99,58 | 60 |

| *Perfil HEM* | *q* en toneladas para una luz en m =* 4,50 | 5,00 | 5,50 | 6,00 | 6,50 | 7,00 | 8,00 | 9,00 | 10,00 | *Perfil HEM* |
|---|---|---|---|---|---|---|---|---|---|---|
| 10 | 1,95 | 1,58 | 1,31 | 1,10 | 0,93 | 0,81 | 0,62 | 0,49 | 0,39 | 10 |
| 12 | 2,96 | 2,40 | 1,98 | 1,66 | 1,42 | 1,22 | 0,94 | 0,74 | 0,60 | 12 |
| 14 | 4,22 | 3,42 | 2,83 | 2,38 | 2,02 | 1,74 | 1,34 | 1,05 | 0,85 | 14 |
| 16 | 5,81 | 4,71 | 3,89 | 3,27 | 2,79 | 2,40 | 1,84 | 1,45 | 1,18 | 16 |
| 18 | 7,68 | 6,22 | 5,14 | 4,32 | 3,68 | 3,17 | 2,43 | 1,92 | 1,56 | 18 |
| 20 | 9,93 | 8,04 | 6,65 | 5,59 | 4,76 | 4,10 | 3,14 | 2,48 | 2,01 | 20 |
| 22 | 12,53 | 10,15 | 8,39 | 7,05 | 6,01 | 5,18 | 3,96 | 3,13 | 2,54 | 22 |
| 24 | 18,49 | 14,98 | 12,38 | 10,40 | 8,80 | 7,64 | 5,85 | 4,62 | 3,74 | 24 |
| 26 | 22,19 | 17,97 | 14,85 | 12,48 | 10,63 | 9,17 | 7,02 | 5,55 | 4,49 | 26 |
| 28 | 26,19 | 21,22 | 17,53 | 14,73 | 12,55 | 10,82 | 8,29 | 6,55 | 5,30 | 28 |
| 30 | 35,74 | 28,95 | 23,93 | 20,11 | 17,13 | 14,77 | 11,31 | 8,94 | 7,24 | 30 |
| 32 | 39,03 | 31,62 | 26,13 | 21,96 | 18,71 | 16,13 | 12,35 | 9,76 | 7,90 | 32 |
| 34 | 41,60 | 33,70 | 27,85 | 23,40 | 19,94 | 17,19 | 13,16 | 10,40 | 8,42 | 34 |
| 36 | 44,17 | 35,78 | 29,57 | 24,84 | 21,17 | 18,25 | 13,97 | 11,04 | 8,94 | 36 |
| 40 | 49,51 | 40,10 | 33,14 | 27,85 | 23,73 | 20,46 | 15,66 | 12,38 | 10,03 | 40 |
| 45 | 56,49 | 45,76 | 37,82 | 31,78 | 27,08 | 23,35 | 17,88 | 14,12 | 11,44 | 45 |
| 50 | 63,48 | 51,42 | 42,49 | 35,71 | 30,42 | 26,23 | 20,08 | 15,87 | 12,85 | 50 |
| 55 | 71,08 | 57,57 | 47,58 | 39,98 | 34,07 | 29,38 | 22,49 | 17,77 | 14,39 | 55 |
| 60 | 78,68 | 63,73 | 52,67 | 44,26 | 37,71 | 32,52 | 24,89 | 19,67 | 15,93 | 60 |

Para $f = \frac{\ell}{300}$, $q^* = \frac{I}{12{,}40079 \times \ell^3}$; para $f = \frac{\ell}{n}$, $q^*_n = q^*_{300} \times \frac{n}{300}$

# RESISTENCIA MÁXIMA PONDERADA $q^*$ A FLEXIÓN DE PERFILES UPN

**TABLA $EA_f$-9**

Acero tipo A 42

$\sigma_u = \sigma_e = 2{,}6\ t/cm^2$

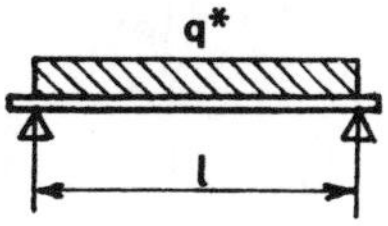


$$q^* = 0{,}208 \times \frac{W_x}{\ell^2},\ t/m$$

| Perfil UPN | Peso kg | $I_x$ $cm^4$ | $W_x$ $cm^3$ | $100 \cdot k$ | $q^*_{máx.}$ en toneladas para una luz $\ell$ en m = 2,00 | 2,50 | 3,00 | 3,50 | 4,00 | Perfil UPN |
|---|---|---|---|---|---|---|---|---|---|---|
| 8 | 8,64 | 106 | 26,3 | 5,8494 | 1,38 | 0,88 | 0,61 | 0,45 | 0,34 | 8 |
| 10 | 10,6 | 206 | 41,2 | 3,0099 | 2,14 | 1,37 | 0,95 | 0,70 | 0,54 | 10 |
| 12 | 13,4 | 364 | 60,7 | 1,7034 | 3,16 | 2,02 | 1,40 | 1,03 | 0,79 | 12 |
| 14 | 16,0 | 605 | 86,4 | 1,0249 | 4,49 | 2,88 | 2,00 | 1,47 | 1,12 | 14 |
| 16 | 18,8 | 925 | 116 | 0,6703 | 6,03 | 3,86 | 2,68 | 1,97 | 1,51 | 16 |
| 18 | 22,0 | 1.350 | 150 | 0,4593 | 7,80 | 4,99 | 3,47 | 2,55 | 1,95 | 18 |
| | | | | | | | | | | |
| 20 | 25,3 | 1.910 | 191 | 0,3246 | 9,93 | 6,36 | 4,41 | 3,24 | 2,48 | 20 |
| 22 | 29,4 | 2.690 | 245 | 0,2305 | 12,74 | 8,15 | 5,66 | 4,16 | 3,18 | 22 |
| 24 | 33,2 | 3.600 | 300 | 0,1722 | 15,60 | 9,98 | 6,93 | 5,09 | 3,90 | 24 |
| 26 | 37,9 | 4.820 | 371 | 0,1286 | 19,29 | 12,35 | 8,57 | 6,30 | 4,82 | 26 |
| 28 | 41,8 | 6.280 | 448 | 0,0987 | 23,30 | 14,91 | 10,35 | 7,61 | 5,82 | 28 |
| | | | | | | | | | | |
| 30 | 46,2 | 8.030 | 535 | 0,0772 | 27,82 | 17,80 | 12,36 | 9,08 | 6,95 | 30 |
| 32 | 59,5 | 10.870 | 679 | 0,0570 | 35,31 | 22,60 | 15,69 | 11,53 | 8,82 | 32 |
| 35 | 60,6 | 12.840 | 734 | 0,0483 | 38,17 | 24,43 | 16,96 | 12,46 | 9,54 | 35 |
| 38 | 63,1 | 15.760 | 829 | 0,0393 | 43,11 | 27,59 | 19,16 | 14,07 | 10,78 | 38 |
| 40 | 71,8 | 20.350 | 1.020 | 0,0305 | 53,04 | 33,94 | 23,57 | 17,32 | 13,26 | 40 |

| Perfil UPN | $q^*_{máx.}$ en toneladas para una luz $\ell$ en m = 4,50 | 5,00 | 5,50 | 6,00 | 6,50 | 7,00 | 8,00 | 9,00 | 10,00 | Perfil UPN |
|---|---|---|---|---|---|---|---|---|---|---|
| 8 | 0,27 | 0,22 | 0,18 | 0,15 | 0,13 | 0,11 | | | | 8 |
| 10 | 0,42 | 0,34 | 0,28 | 0,24 | 0,20 | 0,17 | 0,13 | 0,11 | | 10 |
| 12 | 0,62 | 0,50 | 0,42 | 0,35 | 0,30 | 0,26 | 0,20 | 0,16 | | 12 |
| 14 | 0,89 | 0,72 | 0,59 | 0,50 | 0,42 | 0,37 | 0,28 | 0,22 | | 14 |
| 16 | 1,19 | 0,96 | 0,80 | 0,67 | 0,57 | 0,49 | 0,38 | 0,30 | | 16 |
| 18 | 1,54 | 1,25 | 1,03 | 0,87 | 0,74 | 0,64 | 0,49 | 0,38 | | 18 |
| | | | | | | | | | | |
| 20 | 1,96 | 1,59 | 1,31 | 1,10 | 0,94 | 0,81 | 0,62 | 0,49 | 0,28 | 20 |
| 22 | 2,52 | 2,04 | 1,68 | 1,42 | 1,21 | 1,04 | 0,80 | 0,63 | 0,35 | 22 |
| 24 | 3,08 | 2,50 | 2,06 | 1,73 | 1,48 | 1,27 | 0,97 | 0,77 | 0,43 | 24 |
| 26 | 3,81 | 3,09 | 2,55 | 2,14 | 1,83 | 1,57 | 1,21 | 0,95 | 0,54 | 26 |
| 28 | 4,60 | 3,73 | 3,08 | 2,59 | 2,21 | 1,90 | 1,46 | 1,15 | 0,65 | 28 |
| | | | | | | | | | | |
| 30 | 5,49 | 4,45 | 3,68 | 3,09 | 2,63 | 2,77 | 1,74 | 1,37 | 0,77 | 30 |
| 32 | 6,97 | 5,65 | 4,67 | 3,92 | 3,34 | 2,88 | 2,21 | 1,74 | 1,41 | 32 |
| 35 | 7,54 | 6,11 | 5,05 | 4,24 | 3,61 | 3,16 | 2,39 | 1,88 | 1,53 | 35 |
| 38 | 8,52 | 6,90 | 5,70 | 4,79 | 4,08 | 3,52 | 2,69 | 2,13 | 1,72 | 38 |
| 40 | 10,48 | 8,49 | 7,01 | 5,89 | 5,02 | 4,33 | 3,31 | 2,62 | 2,12 | 40 |

Para $f = \frac{\ell}{300}$, $q^* = \frac{I}{12{,}40079 \times \ell^3}$; para $f = \frac{\ell}{n}$, $q^*_n = q^*_{300} \times \frac{n}{300}$

# RESISTENCIA MÁXIMA PONDERADA P* A FLEXIÓN DE PERFILES IPN

**TABLA $EA_f$-10**

Acero tipo A 42

$\sigma_u = \sigma_e = 2{,}6\ t/cm^2$

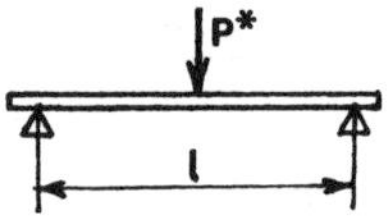


$$q^* = 0{,}104 \times \frac{W_x}{\ell},\ t/m$$

| *Perfil IPN* | *Peso kg* | *$I_x$ cm⁴* | *$W_x$ cm³* | *100 · k* | *P* en toneladas para una luz ℓ en m =* | | | | | *Perfil IPN* |
|---|---|---|---|---|---|---|---|---|---|---|
| | | | | | *2,00* | *2,50* | *3,00* | *3,50* | *4,00* | |
| 10 | 8,34 | 171 | 34,2 | 5,8015 | 1,78 | 1,42 | 1,19 | 1,02 | 0,89 | 10 |
| 12 | 11,1 | 328 | 54,7 | 2,6245 | 2,84 | 2,28 | 1,90 | 1,63 | 1,42 | 12 |
| 14 | 14,3 | 573 | 81,9 | 1,7313 | 4,26 | 3,41 | 2,84 | 2,43 | 2,13 | 14 |
| 16 | 17,9 | 935 | 117 | 1,0610 | 6,08 | 4,87 | 4,06 | 3,48 | 3,04 | 16 |
| 18 | 21,9 | 1.450 | 161 | 0,6842 | 8,37 | 6,70 | 5,58 | 4,78 | 4,19 | 18 |
| 20 | 26,2 | 2.140 | 214 | 0,4636 | 11,13 | 8,90 | 7,42 | 6,36 | 5,56 | 20 |
| 22 | 31,1 | 3.060 | 278 | 0,3242 | 14,46 | 11,56 | 9,64 | 8,26 | 7,23 | 22 |
| 24 | 36,2 | 4.250 | 354 | 0,2334 | 18,41 | 14,73 | 12,27 | 10,52 | 9,20 | 24 |
| 26 | 41,9 | 5.740 | 442 | 0,1728 | 22,98 | 18,39 | 15,32 | 13,13 | 11,49 | 26 |
| 28 | 47,9 | 7.590 | 542 | 0,1307 | 28,18 | 22,55 | 18,79 | 16,10 | 14,09 | 28 |
| 30 | 54,2 | 9.800 | 653 | 0,1012 | 33,96 | 27,16 | 22,64 | 19,40 | 16,98 | 30 |
| 32 | 61,0 | 12.510 | 782 | 0,0793 | 40,66 | 32,53 | 27,11 | 23,24 | 20,33 | 32 |
| 34 | 68,0 | 15.700 | 923 | 0,0632 | 48,00 | 38,40 | 32,00 | 27,43 | 24,00 | 34 |
| 36 | 76,1 | 19.610 | 1.090 | 0,0506 | 56,68 | 45,34 | 37,79 | 32,39 | 28,34 | 36 |
| 38 | 84,0 | 24.010 | 1.260 | 0,0413 | 65,52 | 52,42 | 43,68 | 37,44 | 32,76 | 38 |
| 40 | 92,4 | 29.210 | 1.460 | 0,0340 | 75,92 | 60,74 | 50,61 | 43,38 | 37,96 | 40 |
| 45 | 115 | 45.850 | 2.040 | 0,0216 | 106,1 | 84,86 | 70,72 | 60,62 | 53,04 | 45 |
| 50 | 141 | 68.740 | 2.750 | 0,0144 | 143,0 | 114,4 | 95,33 | 81,71 | 71,50 | 50 |
| 55 | 166 | 99.180 | 3.610 | 0,0100 | 187,7 | 150,2 | 125,2 | 107,3 | 93,86 | 55 |
| 60 | 199 | 139.000 | 4.630 | 0,00714 | 240,8 | 192,6 | 160,5 | 137,6 | 120,4 | 60 |

| *Perfil IPN* | *P* en toneladas para una luz ℓ en m =* | | | | | | | | | *Perfil IPN* |
|---|---|---|---|---|---|---|---|---|---|---|
| | *4,50* | *5,00* | *5,50* | *6,00* | *6,50* | *7,00* | *8,00* | *9,00* | *10,00* | |
| 10 | 0,79 | 0,71 | 0,65 | 0,59 | 0,55 | 0,51 | 0,44 | 0,39 | 0,36 | 10 |
| 12 | 1,26 | 1,14 | 1,03 | 0,95 | 0,88 | 0,81 | 0,71 | 0,63 | 0,57 | 12 |
| 14 | 1,89 | 1,70 | 1,55 | 1,42 | 1,31 | 1,22 | 1,06 | 0,95 | 0,85 | 14 |
| 16 | 2,70 | 2,43 | 2,21 | 2,03 | 1,87 | 1,74 | 1,52 | 1,35 | 1,22 | 16 |
| 18 | 3,72 | 3,35 | 3,04 | 2,79 | 2,58 | 2,39 | 2,09 | 1,86 | 1,67 | 18 |
| 20 | 4,95 | 4,45 | 4,05 | 3,71 | 3,42 | 3,18 | 2,78 | 2,47 | 2,23 | 20 |
| 22 | 6,42 | 5,78 | 5,26 | 4,82 | 4,45 | 4,13 | 3,61 | 3,21 | 2,89 | 22 |
| 24 | 8,18 | 7,36 | 6,69 | 6,14 | 5,66 | 5,26 | 4,60 | 4,09 | 3,68 | 24 |
| 26 | 10,21 | 9,19 | 8,36 | 7,66 | 7,07 | 6,57 | 5,75 | 5,11 | 4,60 | 26 |
| 28 | 12,53 | 11,27 | 10,25 | 9,39 | 8,67 | 8,05 | 7,05 | 6,26 | 5,64 | 28 |
| 30 | 15,09 | 13,58 | 12,35 | 11,32 | 10,45 | 9,70 | 8,49 | 7,55 | 6,79 | 30 |
| 32 | 18,07 | 16,27 | 14,79 | 13,55 | 12,51 | 11,62 | 10,17 | 9,04 | 8,13 | 32 |
| 34 | 21,33 | 19,20 | 17,45 | 16,00 | 14,77 | 13,71 | 12,00 | 10,67 | 9,60 | 34 |
| 36 | 25,19 | 22,67 | 20,61 | 18,89 | 17,44 | 16,19 | 14,17 | 12,60 | 11,34 | 36 |
| 38 | 29,12 | 26,21 | 23,82 | 21,84 | 20,16 | 18,72 | 16,38 | 14,56 | 13,10 | 38 |
| 40 | 33,74 | 30,37 | 27,61 | 25,31 | 23,36 | 21,69 | 18,98 | 16,87 | 15,18 | 40 |
| 45 | 47,15 | 42,43 | 38,57 | 35,36 | 32,64 | 30,31 | 26,52 | 23,57 | 21,22 | 45 |
| 50 | 63,56 | 57,20 | 52,00 | 47,67 | 44,00 | 40,86 | 35,75 | 31,78 | 28,60 | 50 |
| 55 | 83,43 | 75,09 | 68,26 | 62,57 | 57,76 | 53,63 | 46,93 | 41,72 | 37,54 | 55 |
| 60 | 107,0 | 96,30 | 87,55 | 80,25 | 74,08 | 68,79 | 60,19 | 53,50 | 48,15 | 60 |

Para $f = \frac{\ell}{300},\ \frac{9{,}920635}{I} \cdot P\,\ell^3 = \frac{100 \times \ell}{300};\ P = \frac{I}{3 \times 9{,}920635 \times \ell^2},\ P^* = \frac{I}{19{,}84127 \times \ell^2}$ $(\gamma = 1{,}5)$

## *RESISTENCIA MÁXIMA PONDERADA P* A FLEXIÓN DE PERFILES IPE*

**TABLA $EA_f$-11**

Acero tipo A 42

$\sigma_u = \sigma_e = 2,6\ t/cm^2$

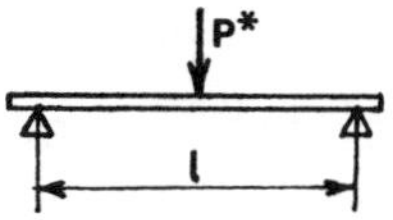


$$P^* = 0,104 \times \frac{W_x}{\ell},\ t$$

| *Perfil IPE* | *Peso kg* | $I_x$ $cm^4$ | $W_x$ $cm^3$ | *100 · k* | *P* en toneladas para una luz ℓ en m =* 2,00 | 2,50 | 3,00 | 3,50 | 4,00 | *Perfil IPE* |
|---|---|---|---|---|---|---|---|---|---|---|
| 8 | 6,00 | 80,1 | 20,0 | 12,3853 | 1,04 | 0,83 | 0,69 | 0,59 | 0,52 | 8 |
| 10 | 8,10 | 171 | 34,2 | 5,8015 | 1,78 | 1,42 | 1,19 | 1,02 | 0,89 | 10 |
| 12 | 10,4 | 318 | 53,0 | 3,1197 | 2,76 | 2,20 | 1,84 | 1,57 | 1,38 | 12 |
| 14 | 12,9 | 541 | 77,3 | 1,8338 | 4,02 | 3,22 | 2,68 | 2,30 | 2,01 | 14 |
| 16 | 15,8 | 869 | 109 | 1,1416 | 5,67 | 4,53 | 3,78 | 3,24 | 2,83 | 16 |
| 18 | 18,8 | 1.320 | 146 | 0,7516 | 7,59 | 6,07 | 5,06 | 4,34 | 3,80 | 18 |
| 20 | 22,4 | 1.940 | 194 | 0,5114 | 10,09 | 8,07 | 6,72 | 5,76 | 5,04 | 20 |
| 22 | 26,2 | 2.770 | 252 | 0,3581 | 13,10 | 10,48 | 8,74 | 7,49 | 6,55 | 22 |
| 24 | 30,7 | 3.890 | 324 | 0,2550 | 16,85 | 13,48 | 11,23 | 9,63 | 8,42 | 24 |
| 27 | 36,1 | 5.790 | 429 | 0,1713 | 22,31 | 17,85 | 14,87 | 12,75 | 11,15 | 27 |
| 30 | 42,2 | 8.360 | 557 | 0,1187 | 28,96 | 23,17 | 19,31 | 16,55 | 14,48 | 30 |
| 33 | 49,1 | 11.770 | 713 | 0,0843 | 37,08 | 29,66 | 24,72 | 21,19 | 18,54 | 33 |
| 36 | 57,1 | 16.270 | 904 | 0,0748 | 47,01 | 37,61 | 31,34 | 26,86 | 23,50 | 36 |
| 40 | 66,3 | 23.130 | 1.160 | 0,0429 | 60,32 | 48,26 | 40,21 | 34,47 | 30,16 | 40 |
| 45 | 77,6 | 33.740 | 1.500 | 0,0294 | 78,00 | 62,40 | 52,00 | 44,57 | 39,00 | 45 |
| 50 | 90,7 | 48.200 | 1.930 | 0,0206 | 100,4 | 80,29 | 66,91 | 57,35 | 50,18 | 50 |
| 55 | 106 | 67.120 | 2.440 | 0,0147 | 126,9 | 101,5 | 84,59 | 72,50 | 63,44 | 55 |
| 60 | 122 | 92.080 | 3.070 | 0,0108 | 159,6 | 127,7 | 106,4 | 91,22 | 79,82 | 60 |

| *Perfil IPE* | *P* en toneladas para una luz en m =* 4,50 | 5,00 | 5,50 | 6,00 | 6,50 | 7,00 | 8,00 | 9,00 | 10,00 | *Perfil IPE* |
|---|---|---|---|---|---|---|---|---|---|---|
| 8 | 0,46 | 0,42 | 0,38 | 0,35 | 0,32 | 0,30 | 0,26 | 0,23 | 0,21 | 8 |
| 10 | 0,79 | 0,71 | 0,65 | 0,59 | 0,55 | 0,51 | 0,44 | 0,39 | 0,36 | 10 |
| 12 | 1,22 | 1,10 | 1,00 | 0,92 | 0,85 | 0,79 | 0,69 | 0,61 | 0,55 | 12 |
| 14 | 1,79 | 1,61 | 1,46 | 1,34 | 1,24 | 1,15 | 1,00 | 0,89 | 0,80 | 14 |
| 16 | 2,52 | 2,27 | 2,06 | 1,89 | 1,74 | 1,62 | 1,42 | 1,26 | 1,13 | 16 |
| 18 | 3,37 | 3,04 | 2,76 | 2,53 | 2,34 | 2,17 | 1,90 | 1,69 | 1,52 | 18 |
| 20 | 4,48 | 4,03 | 3,67 | 3,36 | 3,10 | 2,88 | 2,52 | 2,24 | 2,02 | 20 |
| 22 | 5,82 | 5,24 | 4,76 | 4,37 | 4,03 | 3,74 | 3,28 | 2,91 | 2,62 | 22 |
| 24 | 7,49 | 6,74 | 6,13 | 5,62 | 5,18 | 4,81 | 4,21 | 3,74 | 3,37 | 24 |
| 27 | 9,91 | 8,92 | 8,11 | 7,44 | 6,86 | 6,37 | 5,58 | 4,96 | 4,46 | 27 |
| 30 | 12,87 | 11,59 | 10,53 | 9,65 | 8,91 | 8,27 | 7,24 | 6,44 | 5,79 | 30 |
| 33 | 16,48 | 14,83 | 13,48 | 12,36 | 11,41 | 10,59 | 9,27 | 8,24 | 7,41 | 33 |
| 36 | 20,89 | 18,80 | 17,09 | 15,67 | 14,46 | 13,43 | 11,75 | 10,45 | 9,40 | 36 |
| 40 | 26,81 | 24,13 | 21,93 | 20,11 | 18,56 | 17,23 | 15,08 | 13,40 | 12,06 | 40 |
| 45 | 34,67 | 31,20 | 28,36 | 26,00 | 24,00 | 22,29 | 19,50 | 17,33 | 15,60 | 45 |
| 50 | 44,60 | 40,14 | 36,49 | 33,45 | 30,88 | 28,67 | 25,09 | 22,30 | 20,07 | 50 |
| 55 | 56,39 | 50,75 | 46,14 | 42,29 | 39,04 | 36,25 | 31,72 | 28,20 | 25,38 | 55 |
| 60 | 70,95 | 63,86 | 58,05 | 53,21 | 49,12 | 45,61 | 39,91 | 35,48 | 31,93 | 60 |

Para $f = \frac{\ell}{300}$, $P^* = \frac{I}{19,84127 \times \ell^2}$; para $f = \frac{\ell}{n}$, $P^*_n = P^*_{300} \times \frac{n}{300}$

# RESISTENCIA MÁXIMA PONDERADA P* A FLEXIÓN DE PERFILES HEB

**TABLA $EA_f$-12**

Acero tipo A 42

$\sigma_u = \sigma_e = 2{,}6\ t/cm^2$

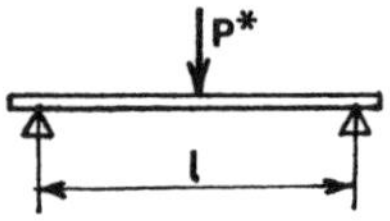


$$P^* = 0{,}104 \times \frac{W_x}{\ell},\ t$$

| Perfil HEB | Peso kg | $I_x$ $cm^4$ | $W_x$ $cm^3$ | $100 \cdot k$ | P* en toneladas para una luz ℓ en m = 2,00 | 2,50 | 3,00 | 3,50 | 4,00 | Perfil HEB |
|---|---|---|---|---|---|---|---|---|---|---|
| 10 | 20,4 | 450 | 90 | 2,2046 | 4,68 | 3,74 | 3,12 | 2,67 | 2,34 | 10 |
| 12 | 26,7 | 864 | 144 | 1,1482 | 7,49 | 5,99 | 4,99 | 4,28 | 3,74 | 12 |
| 14 | 33,7 | 1.509 | 216 | 0,6574 | 11,23 | 8,99 | 7,49 | 6,42 | 5,62 | 14 |
| 16 | 42,6 | 2.492 | 311 | 0,3981 | 16,17 | 12,94 | 10,78 | 9,24 | 8,09 | 16 |
| 18 | 51,2 | 3.831 | 426 | 0,2590 | 22,15 | 17,72 | 14,77 | 12,66 | 11,08 | 18 |
| 20 | 61,3 | 5.696 | 570 | 0,1742 | 29,64 | 23,71 | 19,76 | 16,94 | 14,82 | 20 |
| 22 | 71,5 | 8.091 | 736 | 0,1226 | 38,27 | 30,62 | 25,51 | 21,87 | 19,14 | 22 |
| 24 | 83,2 | 11.259 | 938 | 0,0881 | 48,78 | 39,02 | 32,52 | 27,87 | 24,39 | 24 |
| 26 | 93,0 | 14.919 | 1.150 | 0,0665 | 59,80 | 47,84 | 39,87 | 34,17 | 29,90 | 26 |
| 28 | 103 | 19.270 | 1.380 | 0,0515 | 71,76 | 57,41 | 47,84 | 41,01 | 35,88 | 28 |
| 30 | 117 | 25.166 | 1.680 | 0,0394 | 87,36 | 69,89 | 58,24 | 49,92 | 43,68 | 30 |
| 32 | 127 | 30.823 | 1.930 | 0,0322 | 100,4 | 80,29 | 66,91 | 57,35 | 50,18 | 32 |
| 34 | 134 | 36.656 | 2.160 | 0,0271 | 112,3 | 89,86 | 74,88 | 64,18 | 56,16 | 34 |
| 36 | 142 | 43.193 | 2.400 | 0,0230 | 124,8 | 99,84 | 83,20 | 71,31 | 62,40 | 36 |
| 40 | 155 | 57.680 | 2.880 | 0,0172 | 149,8 | 119,8 | 99,84 | 85,58 | 74,88 | 40 |
| 45 | 171 | 79.887 | 3.550 | 0,0124 | 184,6 | 147,7 | 123,1 | 105,5 | 92,30 | 45 |
| 50 | 187 | 107.176 | 4.290 | 0,00926 | 223,1 | 178,5 | 148,7 | 127,5 | 111,5 | 50 |
| 55 | 199 | 136.691 | 4.970 | 0,00726 | 258,4 | 206,8 | 172,3 | 147,7 | 129,2 | 55 |
| 60 | 212 | 171.041 | 5.700 | 0,00580 | 296,4 | 237,1 | 197,6 | 169,4 | 148,2 | 60 |

| Perfil HEB | P* en toneladas para una luz en m = 4,50 | 5,00 | 5,50 | 6,00 | 6,50 | 7,00 | 8,00 | 9,00 | 10,00 | Perfil HEB |
|---|---|---|---|---|---|---|---|---|---|---|
| 10 | 2,08 | 1,87 | 1,70 | 1,56 | 1,44 | 1,34 | 1,17 | 1,04 | 0,94 | 10 |
| 12 | 3,33 | 2,99 | 2,72 | 2,50 | 2,30 | 2,14 | 1,87 | 1,66 | 1,50 | 12 |
| 14 | 4,99 | 4,49 | 4,08 | 3,74 | 3,46 | 3,21 | 2,81 | 2,50 | 2,25 | 14 |
| 16 | 7,19 | 6,47 | 5,88 | 5,39 | 4,98 | 4,62 | 4,04 | 3,59 | 3,23 | 16 |
| 18 | 9,84 | 8,86 | 8,05 | 7,38 | 6,82 | 6,33 | 5,54 | 4,92 | 4,43 | 18 |
| 20 | 13,17 | 11,86 | 10,78 | 9,88 | 9,12 | 8,47 | 7,41 | 6,59 | 5,93 | 20 |
| 22 | 17,01 | 15,31 | 13,92 | 12,76 | 11,78 | 10,93 | 9,57 | 8,50 | 7,65 | 22 |
| 24 | 21,68 | 19,51 | 17,74 | 16,26 | 15,01 | 13,94 | 12,19 | 10,84 | 9,75 | 24 |
| 26 | 26,58 | 23,92 | 21,74 | 19,93 | 18,40 | 17,09 | 14,95 | 13,29 | 11,96 | 26 |
| 28 | 31,89 | 28,70 | 26,09 | 23,92 | 22,08 | 20,50 | 17,94 | 15,95 | 14,35 | 28 |
| 30 | 38,83 | 34,94 | 31,77 | 29,12 | 26,88 | 24,96 | 21,84 | 19,41 | 17,47 | 30 |
| 32 | 44,60 | 40,14 | 36,49 | 33,45 | 30,88 | 28,67 | 25,09 | 22,30 | 20,07 | 32 |
| 34 | 49,22 | 44,93 | 40,84 | 37,44 | 34,56 | 32,09 | 28,08 | 24,96 | 22,46 | 34 |
| 36 | 55,47 | 49,92 | 45,38 | 41,60 | 38,40 | 35,66 | 31,20 | 27,73 | 24,96 | 36 |
| 40 | 66,56 | 59,90 | 54,46 | 49,92 | 46,08 | 42,79 | 37,44 | 33,28 | 29,95 | 40 |
| 45 | 82,04 | 73,84 | 67,13 | 61,53 | 56,80 | 52,74 | 46,15 | 41,02 | 36,92 | 45 |
| 50 | 99,15 | 89,23 | 81,12 | 74,36 | 68,64 | 63,74 | 55,77 | 49,57 | 44,62 | 50 |
| 55 | 114,9 | 103,4 | 93,98 | 86,15 | 79,52 | 73,84 | 64,61 | 57,43 | 51,69 | 55 |
| 60 | 131,7 | 118,6 | 107,8 | 98,80 | 91,20 | 84,69 | 74,10 | 65,87 | 59,28 | 60 |

Para $f = \frac{\ell}{300}$, $P^* = \frac{I}{19{,}84127 \times \ell^2}$; para $f = \frac{\ell}{n}$, $P^*_n = P^*_{300} \times \frac{n}{300}$

| La flexión en elementos estructurales | ***RESISTENCIA MÁXIMA PONDERADA P* A FLEXIÓN DE PERFILES HEA*** | **TABLA $EA_f$-13** |
|---|---|---|

Acero tipo A 42

$\sigma_u = \sigma_e = 2,6\ t/cm^2$

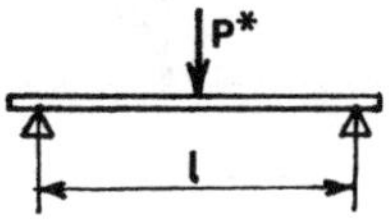


$$P^* = 0,104 \times \frac{W_x}{\ell}, t$$

| *Perfil HEA* | *Peso kg* | *$I_x$ $cm^4$* | *$W_x$ $cm^3$* | *100 · k* | *P* en toneladas para una luz ℓ en m =* | | | | | *Perfil HEA* |
|---|---|---|---|---|---|---|---|---|---|---|
| | | | | | *2,00* | *2,50* | *3,00* | *3,50* | *4,00* | |
| 10 | 16,7 | 349 | 73 | 2,8426 | 3,79 | 3,03 | 2,52 | 2,16 | 1,89 | 10 |
| 12 | 19,9 | 606 | 106 | 1,6371 | 5,51 | 4,41 | 3,67 | 3,15 | 2,76 | 12 |
| 14 | 24,7 | 1.033 | 155 | 0,9604 | 8,06 | 6,45 | 5,37 | 4,61 | 4,03 | 14 |
| 16 | 30,4 | 1.673 | 220 | 0,5930 | 11,44 | 9,15 | 7,63 | 6,54 | 5,72 | 16 |
| 18 | 35,5 | 2.510 | 294 | 0,3952 | 15,29 | 12,23 | 10,19 | 8,74 | 7,64 | 18 |
| 20 | 42,3 | 3.692 | 389 | 0,2687 | 20,23 | 16,18 | 13,48 | 11,56 | 10,11 | 20 |
| 22 | 50,5 | 5.410 | 515 | 0,1834 | 26,78 | 21,42 | 17,85 | 15,30 | 13,39 | 22 |
| 24 | 60,3 | 7.763 | 675 | 0,1278 | 35,10 | 28,08 | 23,40 | 20,06 | 17,55 | 24 |
| 26 | 68,2 | 10.455 | 836 | 0,0949 | 43,47 | 34,78 | 28,98 | 24,84 | 21,74 | 26 |
| 28 | 76,4 | 13.673 | 1.010 | 0,0726 | 52,52 | 42,02 | 35,01 | 30,01 | 26,26 | 28 |
| 30 | 88,3 | 18.263 | 1.260 | 0,0543 | 65,52 | 52,42 | 43,68 | 37,44 | 32,76 | 30 |
| 32 | 97,6 | 22.928 | 1.480 | 0,0433 | 76,96 | 61,57 | 51,31 | 43,98 | 38,48 | 32 |
| 34 | 105 | 27.693 | 1.680 | 0,0358 | 87,36 | 69,89 | 58,24 | 49,92 | 43,68 | 34 |
| 36 | 112 | 33.090 | 1.890 | 0,0300 | 98,28 | 78,62 | 65,52 | 56,16 | 49,14 | 36 |
| 40 | 125 | 45.069 | 2.310 | 0,0220 | 120,1 | 96,10 | 80,08 | 68,64 | 60,06 | 40 |
| 45 | 140 | 63.722 | 2.900 | 0,0156 | 150,8 | 120,6 | 100,5 | 86,17 | 75,40 | 45 |
| 50 | 155 | 86.975 | 3.550 | 0,0114 | 184,6 | 147,7 | 123,1 | 105,5 | 92,30 | 50 |
| 55 | 166 | 111.932 | 4.150 | 0,00886 | 215,8 | 172,6 | 143,9 | 123,3 | 107,9 | 55 |
| 60 | 176 | 141.208 | 4.790 | 0,00703 | 249,1 | 199,3 | 166,1 | 142,3 | 124,5 | 60 |

| *Perfil HEA* | *P* en toneladas para una luz en m =* | | | | | | | | | *Perfil HEA* |
|---|---|---|---|---|---|---|---|---|---|---|
| | *4,50* | *5,00* | *5,50* | *6,00* | *6,50* | *7,00* | *8,00* | *9,00* | *10,00* | |
| 10 | 1,68 | 1,51 | 1,38 | 1,26 | 1,16 | 1,08 | 0,95 | 0,84 | 0,76 | 10 |
| 12 | 2,45 | 2,20 | 2,00 | 1,84 | 1,70 | 1,57 | 1,38 | 1,22 | 1,10 | 12 |
| 14 | 3,58 | 3,22 | 2,93 | 2,69 | 2,48 | 2,30 | 2,01 | 1,79 | 1,61 | 14 |
| 16 | 5,08 | 4,58 | 4,16 | 3,81 | 3,52 | 3,27 | 2,86 | 2,54 | 2,29 | 16 |
| 18 | 6,79 | 6,11 | 5,56 | 5,10 | 4,70 | 4,37 | 3,82 | 3,40 | 3,06 | 18 |
| 20 | 8,99 | 8,09 | 7,36 | 6,74 | 6,22 | 5,78 | 5,06 | 4,49 | 4,05 | 20 |
| 22 | 11,90 | 10,71 | 9,74 | 8,93 | 8,24 | 7,65 | 6,69 | 5,95 | 5,36 | 22 |
| 24 | 15,60 | 14,04 | 12,76 | 11,70 | 10,80 | 10,03 | 8,77 | 7,80 | 7,02 | 24 |
| 26 | 19,32 | 17,39 | 15,81 | 14,49 | 13,38 | 12,42 | 10,87 | 9,66 | 8,69 | 26 |
| 28 | 23,34 | 21,01 | 19,10 | 17,51 | 19,16 | 15,01 | 13,13 | 11,67 | 10,50 | 28 |
| 30 | 29,12 | 26,21 | 23,82 | 21,84 | 20,16 | 18,72 | 16,38 | 14,56 | 13,10 | 30 |
| 32 | 34,20 | 30,78 | 27,98 | 25,65 | 23,68 | 21,99 | 19,24 | 17,10 | 15,39 | 32 |
| 34 | 38,83 | 34,94 | 31,77 | 29,12 | 26,88 | 24,96 | 21,84 | 19,41 | 17,47 | 34 |
| 36 | 43,68 | 39,31 | 35,74 | 32,76 | 30,24 | 28,08 | 24,57 | 21,84 | 19,66 | 36 |
| 40 | 53,39 | 48,05 | 43,68 | 40,04 | 36,96 | 34,32 | 30,03 | 26,69 | 24,02 | 40 |
| 45 | 67,02 | 60,32 | 54,84 | 50,27 | 46,40 | 43,09 | 37,70 | 33,51 | 30,16 | 45 |
| 50 | 82,04 | 73,84 | 67,13 | 61,53 | 56,80 | 52,74 | 46,15 | 41,02 | 36,92 | 50 |
| 55 | 95,91 | 86,32 | 78,47 | 71,93 | 66,40 | 61,66 | 53,95 | 47,96 | 43,16 | 55 |
| 60 | 110,7 | 99,63 | 90,57 | 83,03 | 76,64 | 71,17 | 62,27 | 55,35 | 49,82 | 60 |

Para $f = \frac{\ell}{300}$, $P^* = \frac{I}{19,84127 \times \ell^2}$; para $f = \frac{\ell}{n}$, $P^*_n = P^*_{300} \times \frac{n}{300}$

| La flexión en elementos estructurales | **RESISTENCIA MÁXIMA PONDERADA P* A FLEXIÓN DE PERFILES HEM** | **TABLA $EA_f$-14** |
|---|---|---|

Acero tipo A 42

$\sigma_u = \sigma_e = 2{,}6$ t/cm$^2$

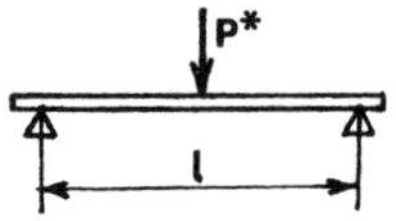


$$P^* = 0{,}104 \times \frac{W_x}{\ell}\text{, t/m}$$

| *Perfil HEM* | *Peso kg* | *$I_x$ cm$^4$* | *$W_x$ cm$^3$* | *100 · k* | *P* en toneladas para una luz ℓ en m =* 2,00 | 2,50 | 3,00 | 3,50 | 4,00 | *Perfil HEM* |
|---|---|---|---|---|---|---|---|---|---|---|
| 10 | 41,8 | 1.143 | 190 | 0,8679 | 9,88 | 7,90 | 6,59 | 5,65 | 4,94 | 10 |
| 12 | 52,1 | 2.018 | 288 | 0,4916 | 14,98 | 11,98 | 9,98 | 8,56 | 7,49 | 12 |
| 14 | 63,2 | 3.291 | 411 | 0,3014 | 21,37 | 17,10 | 14,25 | 12,21 | 10,69 | 14 |
| 16 | 76,2 | 5.098 | 566 | 0,1946 | 29,43 | 23,55 | 19,62 | 16,83 | 14,72 | 16 |
| 18 | 88,9 | 7.483 | 748 | 0,1326 | 38,90 | 31,12 | 25,93 | 22,23 | 19,45 | 18 |
| 20 | 103 | 10.620 | 967 | 0,0934 | 50,28 | 40,23 | 33,52 | 28,73 | 25,14 | 20 |
| 22 | 117 | 14.605 | 1.220 | 0,0679 | 63,44 | 50,75 | 42,29 | 36,25 | 31,72 | 22 |
| 24 | 157 | 24.289 | 1.800 | 0,0408 | 93,60 | 74,88 | 62,40 | 53,49 | 46,80 | 24 |
| 26 | 172 | 31.307 | 2.160 | 0,0317 | 112,3 | 89,86 | 74,88 | 64,18 | 56,16 | 26 |
| 28 | 189 | 39.547 | 2.550 | 0,0251 | 132,6 | 106,1 | 88,40 | 75,77 | 66,30 | 28 |
| 30 | 238 | 59.201 | 3.480 | 0,0168 | 181,0 | 144,8 | 120,6 | 103,4 | 90,48 | 30 |
| 32 | 245 | 68.135 | 3.800 | 0,0146 | 197,6 | 158,1 | 131,7 | 112,9 | 98,80 | 32 |
| 34 | 248 | 76.372 | 4.050 | 0,0130 | 210,6 | 168,5 | 140,4 | 120,3 | 105,3 | 34 |
| 36 | 250 | 84.867 | 4.300 | 0,0117 | 223,6 | 178,9 | 149,1 | 127,8 | 111,8 | 36 |
| 40 | 256 | 104.119 | 4.820 | 0,00953 | 250,6 | 200,5 | 167,1 | 148,2 | 125,3 | 40 |
| 45 | 263 | 131.484 | 5.500 | 0,00755 | 286,0 | 228,8 | 190,7 | 163,4 | 143,0 | 45 |
| 50 | 270 | 161.929 | 6.180 | 0,00613 | 321,4 | 257,1 | 214,2 | 183,6 | 160,7 | 50 |
| 55 | 278 | 197.984 | 6.920 | 0,00501 | 359,8 | 287,9 | 239,9 | 205,6 | 179,9 | 55 |
| 60 | 285 | 237.447 | 7.660 | 0,00418 | 398,3 | 318,7 | 265,5 | 227,6 | 199,2 | 60 |

| *Perfil HEM* | *P* en toneladas para una luz en m =* 4,50 | 5,00 | 5,50 | 6,00 | 6,50 | 7,00 | 8,00 | 9,00 | 10,00 | *Perfil HEM* |
|---|---|---|---|---|---|---|---|---|---|---|
| 10 | 4,39 | 3,95 | 3,59 | 3,29 | 3,04 | 2,82 | 2,47 | 2,20 | 1,98 | 10 |
| 12 | 6,66 | 5,99 | 5,45 | 4,99 | 4,61 | 4,28 | 3,74 | 3,33 | 2,99 | 12 |
| 14 | 9,50 | 8,55 | 7,77 | 7,12 | 6,58 | 6,11 | 5,34 | 4,75 | 4,27 | 14 |
| 16 | 13,08 | 11,77 | 10,70 | 9,81 | 9,06 | 8,41 | 7,36 | 6,54 | 5,89 | 16 |
| 18 | 17,29 | 15,56 | 14,14 | 12,96 | 11,97 | 11,11 | 9,72 | 8,64 | 7,78 | 18 |
| 20 | 22,35 | 20,11 | 18,28 | 16,76 | 15,47 | 14,37 | 12,57 | 11,17 | 10,06 | 20 |
| 22 | 28,20 | 25,38 | 23,07 | 21,15 | 19,52 | 18,13 | 15,86 | 14,10 | 12,69 | 22 |
| 24 | 41,60 | 37,44 | 34,04 | 31,20 | 28,80 | 26,74 | 23,40 | 20,80 | 18,72 | 24 |
| 26 | 49,92 | 44,93 | 40,84 | 37,44 | 34,56 | 32,09 | 28,08 | 24,96 | 22,46 | 26 |
| 28 | 58,93 | 53,04 | 48,22 | 44,20 | 40,80 | 37,89 | 33,15 | 29,47 | 26,52 | 28 |
| 30 | 80,43 | 72,38 | 65,80 | 60,32 | 55,68 | 51,70 | 45,24 | 40,21 | 36,19 | 30 |
| 32 | 87,82 | 79,04 | 71,85 | 65,87 | 60,80 | 56,46 | 49,40 | 43,91 | 39,52 | 32 |
| 34 | 93,60 | 84,24 | 76,58 | 70,20 | 64,80 | 60,17 | 52,65 | 46,80 | 42,12 | 34 |
| 36 | 99,38 | 89,44 | 81,31 | 74,53 | 68,80 | 63,89 | 55,90 | 49,69 | 44,72 | 36 |
| 40 | 111,4 | 100,3 | 91,14 | 83,55 | 77,12 | 71,61 | 62,66 | 55,70 | 50,13 | 40 |
| 45 | 127,1 | 114,4 | 104,0 | 95,33 | 88,00 | 81,71 | 71,50 | 63,56 | 57,20 | 45 |
| 50 | 142,8 | 128,5 | 116,9 | 107,1 | 98,88 | 91,82 | 80,34 | 71,41 | 64,27 | 50 |
| 55 | 159,9 | 143,9 | 130,8 | 120,0 | 110,7 | 102,8 | 89,96 | 79,96 | 71,97 | 55 |
| 60 | 177,0 | 159,3 | 144,8 | 132,8 | 122,6 | 113,8 | 99,58 | 88,52 | 79,66 | 60 |

Para $f = \frac{\ell}{300}$, $P^* = \frac{I}{19{,}84127 \times \ell^2}$; para $f = \frac{\ell}{n}$, $P^*_n = P^*_{300} \times \frac{n}{300}$

# RESISTENCIA MÁXIMA PONDERADA P* A FLEXIÓN DE PERFILES UPN

**TABLA EA$_f$-15**

Acero tipo A 42

$\sigma_u = \sigma_e = 2{,}6$ t/cm$^2$

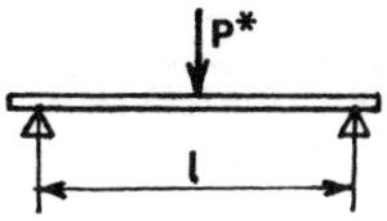


$$P^* = 0{,}104 \times \frac{W_x}{\ell}\text{, t/m}$$

| Perfil UPN | Peso kg | $I_x$ cm$^4$ | $W_x$ cm$^3$ | 100 · k | $P^*_{máx.}$ en toneladas para una luz $\ell$ en m = 2,00 | 2,50 | 3,00 | 3,50 | 4,00 | Perfil UPN |
|---|---|---|---|---|---|---|---|---|---|---|
| 8 | 8,64 | 106 | 26,3 | 9,3591 | 1,38 | 1,10 | 0,92 | 0,79 | 0,69 | 8 |
| 10 | 10,6 | 206 | 41,2 | 4,8158 | 2,14 | 1,71 | 1,43 | 1,22 | 1,07 | 10 |
| 12 | 13,4 | 364 | 60,7 | 2,7254 | 3,16 | 2,52 | 2,10 | 1,80 | 1,58 | 12 |
| 14 | 16,0 | 605 | 86,4 | 1,6398 | 4,49 | 3,59 | 2,99 | 2,57 | 2,25 | 14 |
| 16 | 18,8 | 925 | 116 | 1,0725 | 6,03 | 4,83 | 4,02 | 3,45 | 3,02 | 16 |
| 18 | 22,0 | 1.350 | 150 | 0,7349 | 7,80 | 6,24 | 5,20 | 4,46 | 3,90 | 18 |
| | | | | | | | | | | |
| 20 | 25,3 | 1.910 | 191 | 0,5194 | 9,93 | 7,95 | 6,62 | 5,67 | 4,97 | 20 |
| 22 | 29,4 | 2.690 | 245 | 0,3688 | 12,74 | 10,19 | 8,49 | 7,28 | 6,37 | 22 |
| 24 | 33,2 | 3.600 | 300 | 0,2756 | 15,60 | 12,48 | 10,40 | 8,91 | 7,80 | 24 |
| 26 | 37,9 | 4.820 | 371 | 0,2058 | 19,29 | 15,43 | 12,86 | 11,02 | 9,65 | 26 |
| 28 | 41,8 | 6.280 | 448 | 0,1580 | 23,30 | 18,64 | 15,53 | 13,31 | 11,65 | 28 |
| | | | | | | | | | | |
| 30 | 46,2 | 8.030 | 535 | 0,1235 | 27,82 | 22,26 | 18,55 | 15,90 | 13,91 | 30 |
| 32 | 59,5 | 10.870 | 679 | 0,0913 | 35,31 | 28,25 | 23,53 | 20,18 | 17,65 | 32 |
| 35 | 60,6 | 12.840 | 734 | 0,0773 | 38,17 | 30,53 | 25,45 | 21,81 | 19,08 | 35 |
| 38 | 63,1 | 15.760 | 829 | 0,0629 | 43,11 | 34,49 | 28,74 | 24,63 | 21,55 | 38 |
| 40 | 71,8 | 20.350 | 1.020 | 0,0488 | 53,04 | 42,43 | 35,36 | 30,31 | 26,52 | 40 |

| Perfil UPN | $P^*_{máx.}$ en toneladas para una luz $\ell$ en m = 4,50 | 5,00 | 5,50 | 6,00 | 6,50 | 7,00 | 8,00 | 9,00 | 10,00 | Perfil UPN |
|---|---|---|---|---|---|---|---|---|---|---|
| 8 | 0,61 | 0,55 | 0,50 | 0,46 | 0,42 | 0,39 | 0,34 | 0,31 | 0,28 | 8 |
| 10 | 0,95 | 0,86 | 0,78 | 0,71 | 0,66 | 0,61 | 0,54 | 0,48 | 0,43 | 10 |
| 12 | 1,40 | 1,26 | 1,15 | 1,05 | 0,97 | 0,90 | 0,79 | 0,70 | 0,63 | 12 |
| 14 | 2,00 | 1,80 | 1,63 | 1,50 | 1,38 | 1,28 | 1,12 | 1,00 | 0,90 | 14 |
| 16 | 2,68 | 2,41 | 2,19 | 2,01 | 1,86 | 1,72 | 1,51 | 1,34 | 1,21 | 16 |
| 18 | 3,47 | 3,12 | 2,84 | 2,60 | 2,40 | 2,23 | 1,95 | 1,73 | 1,56 | 18 |
| | | | | | | | | | | |
| 20 | 4,41 | 3,97 | 3,61 | 3,31 | 3,06 | 2,84 | 2,48 | 2,21 | 1,99 | 20 |
| 22 | 5,66 | 5,10 | 4,63 | 4,25 | 3,92 | 3,64 | 3,18 | 2,83 | 2,55 | 22 |
| 24 | 6,93 | 6,24 | 5,67 | 5,20 | 4,80 | 4,46 | 3,90 | 3,47 | 3,12 | 24 |
| 26 | 8,57 | 7,72 | 7,01 | 6,43 | 5,94 | 5,51 | 4,82 | 4,29 | 3,86 | 26 |
| 28 | 10,35 | 9,32 | 8,47 | 7,70 | 7,17 | 6,66 | 5,82 | 5,18 | 4,66 | 28 |
| | | | | | | | | | | |
| 30 | 12,36 | 11,13 | 10,12 | 9,27 | 8,56 | 7,95 | 6,95 | 6,18 | 5,56 | 30 |
| 32 | 15,69 | 14,12 | 12,84 | 11,77 | 10,86 | 10,09 | 8,83 | 7,85 | 7,06 | 32 |
| 35 | 16,96 | 15,27 | 13,88 | 12,72 | 11,74 | 10,90 | 9,54 | 8,48 | 7,63 | 35 |
| 38 | 19,16 | 17,24 | 15,68 | 14,37 | 13,26 | 12,32 | 10,78 | 9,58 | 8,62 | 38 |
| 40 | 23,57 | 21,22 | 19,29 | 17,68 | 16,32 | 15,15 | 13,26 | 11,79 | 10,61 | 40 |

Para $f = \frac{\ell}{300}$, $P^* = \frac{I}{19{,}84127 \times \ell^2}$; para $f = \frac{\ell}{n}$, $P^*_n = P^*_{300} \times \frac{n}{300}$

# RESISTENCIA MÁXIMA PONDERADA $q^*$ A FLEXIÓN DE PERFILES IPN

**TABLA $EA_f$-16**

Acero tipo A 42

$\sigma_u = \sigma_e = 2{,}6$ t/cm²

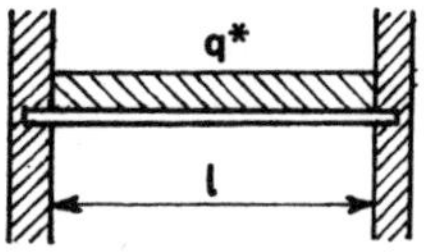


$$q^* = 0{,}312 \times \frac{W_x}{\ell^2}\text{, t/m}$$

| *Perfil IPN* | *Peso kg* | $I_x$ *cm⁴* | $W_x$ *cm³* | *100 · k* | *q* en toneladas para una luz ℓ en m =* 2,00 | 2,50 | 3,00 | 3,50 | 4,00 | *Perfil IPN* |
|---|---|---|---|---|---|---|---|---|---|---|
| 10 | 8,34 | 171 | 34,2 | 0,72519 | 2,67 | 1,71 | 1,19 | 0,87 | 0,67 | 10 |
| 12 | 11,1 | 328 | 54,7 | 0,37807 | 4,27 | 2,73 | 1,90 | 1,39 | 1,07 | 12 |
| 14 | 14,3 | 573 | 81,9 | 0,21642 | 6,39 | 4,09 | 2,84 | 2,09 | 1,60 | 14 |
| 16 | 17,9 | 935 | 117 | 0,13263 | 9,13 | 5,84 | 4,06 | 2,98 | 2,28 | 16 |
| 18 | 21,9 | 1.450 | 161 | 0,08552 | 12,56 | 8,04 | 5,58 | 4,10 | 3,14 | 18 |
| 20 | 26,2 | 2.140 | 214 | 0,05795 | 16,69 | 10,68 | 7,42 | 5,45 | 4,17 | 20 |
| 22 | 31,1 | 3.060 | 278 | 0,04053 | 21,68 | 13,88 | 9,64 | 7,08 | 5,42 | 22 |
| 24 | 36,2 | 4.250 | 354 | 0,02918 | 27,61 | 17,67 | 12,27 | 9,02 | 6,90 | 24 |
| 26 | 41,9 | 5.740 | 442 | 0,02160 | 34,48 | 22,06 | 15,32 | 11,26 | 8,62 | 26 |
| 28 | 47,9 | 7.590 | 542 | 0,01634 | 42,28 | 27,06 | 18,79 | 13,80 | 10,57 | 28 |
| 30 | 54,2 | 9.800 | 653 | 0,01265 | 50,93 | 32,60 | 22,64 | 16,63 | 12,73 | 30 |
| 32 | 61,0 | 12.510 | 782 | 0,00991 | 61,00 | 39,04 | 27,11 | 19,92 | 15,25 | 32 |
| 34 | 68,0 | 15.700 | 923 | 0,00790 | 71,99 | 46,08 | 32,00 | 23,51 | 18,00 | 34 |
| 36 | 76,1 | 19.610 | 1.090 | 0,00632 | 85,02 | 54,41 | 37,79 | 27,76 | 21,25 | 36 |
| 38 | 84,0 | 24.010 | 1.260 | 0,00516 | 98,28 | 62,90 | 43,68 | 32,09 | 24,57 | 38 |
| 40 | 92,4 | 29.210 | 1.460 | 0,00425 | 113,9 | 72,88 | 50,61 | 37,19 | 28,47 | 40 |
| 45 | 115 | 45.850 | 2.040 | 0,00270 | 159,1 | 101,8 | 70,72 | 51,96 | 39,78 | 45 |
| 50 | 141 | 68.740 | 2.750 | 0,00180 | 214,5 | 137,3 | 95,33 | 70,04 | 53,63 | 50 |
| 55 | 166 | 99.180 | 3.610 | 0,00125 | 281,6 | 180,2 | 125,1 | 91,94 | 70,40 | 55 |
| 60 | 199 | 139.000 | 4.630 | 0,000892 | 361,1 | 231,1 | 160,5 | 117,9 | 90,29 | 60 |

| *Perfil IPN* | *q* en toneladas para una luz ℓ en m =* 4,50 | 5,00 | 5,50 | 6,00 | 6,50 | 7,00 | 8,00 | 9,00 | 10,00 | *Perfil IPN* |
|---|---|---|---|---|---|---|---|---|---|---|
| 10 | 0,53 | 0,43 | 0,35 | 0,30 | 0,25 | 0,22 | 0,17 | 0,13 | 0,11 | 10 |
| 12 | 0,84 | 0,68 | 0,56 | 0,47 | 0,40 | 0,35 | 0,27 | 0,21 | 0,17 | 12 |
| 14 | 1,26 | 1,02 | 0,84 | 0,71 | 0,60 | 0,52 | 0,40 | 0,31 | 0,26 | 14 |
| 16 | 1,80 | 1,46 | 1,21 | 1,01 | 0,86 | 0,74 | 0,57 | 0,45 | 0,36 | 16 |
| 18 | 2,48 | 2,01 | 1,66 | 1,39 | 1,19 | 1,02 | 0,78 | 0,62 | 0,50 | 18 |
| 20 | 3,30 | 2,67 | 2,21 | 1,85 | 1,58 | 1,36 | 1,04 | 0,82 | 0,67 | 20 |
| 22 | 4,28 | 3,47 | 2,87 | 2,41 | 2,05 | 1,77 | 1,35 | 1,07 | 0,87 | 22 |
| 24 | 5,45 | 4,42 | 3,65 | 3,07 | 2,61 | 2,25 | 1,73 | 1,36 | 1,10 | 24 |
| 26 | 6,81 | 5,52 | 4,56 | 3,83 | 3,26 | 2,81 | 2,15 | 1,70 | 1,38 | 26 |
| 28 | 8,35 | 6,76 | 5,59 | 4,70 | 4,00 | 3,45 | 2,64 | 2,09 | 1,69 | 28 |
| 30 | 10,06 | 8,15 | 6,73 | 5,66 | 4,82 | 4,16 | 3,18 | 2,51 | 2,04 | 30 |
| 32 | 12,05 | 9,76 | 8,07 | 6,78 | 5,77 | 4,98 | 3,81 | 3,01 | 2,44 | 32 |
| 34 | 14,22 | 11,52 | 9,52 | 8,00 | 6,82 | 5,88 | 4,50 | 3,55 | 2,88 | 34 |
| 36 | 16,79 | 13,60 | 11,24 | 9,45 | 8,05 | 6,94 | 5,31 | 4,20 | 3,40 | 36 |
| 38 | 19,41 | 15,72 | 13,00 | 10,92 | 9,30 | 8,02 | 6,14 | 4,85 | 3,93 | 38 |
| 40 | 22,49 | 18,22 | 15,06 | 12,65 | 10,78 | 9,30 | 7,12 | 5,62 | 4,55 | 40 |
| 45 | 31,43 | 25,46 | 21,04 | 17,68 | 15,06 | 12,99 | 9,94 | 7,86 | 6,36 | 45 |
| 50 | 42,37 | 34,32 | 28,36 | 23,83 | 20,31 | 17,51 | 13,41 | 10,59 | 8,58 | 50 |
| 55 | 55,62 | 45,05 | 37,23 | 31,29 | 26,66 | 22,99 | 17,60 | 13,90 | 11,26 | 55 |
| 60 | 71,34 | 57,78 | 47,75 | 40,13 | 34,19 | 29,48 | 20,57 | 17,83 | 14,45 | 60 |

Para $f = \frac{\ell}{300}$, $\frac{1{,}240794}{I} \cdot q\,\ell^4 = \frac{100 \times \ell}{300}$; $q = \frac{I}{3 \times 1{,}240794 \times \ell^3}$, $q^* = \frac{I}{2{,}481589 \times \ell^3}$ $(\gamma = 1{,}5)$

# *RESISTENCIA MÁXIMA PONDERADA $q^*$ A FLEXIÓN DE PERFILES IPE*

**TABLA $EA_f$-17**

Acero tipo A 42

$\sigma_u = \sigma_e = 2{,}6\ t/cm^2$

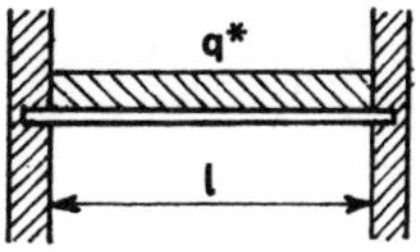


$$q^* = 0{,}312 \times \frac{W_x}{\ell^2},\ t$$

| *Perfil IPE* | *Peso kg* | *$I_x$ $cm^4$* | *$W_x$ $cm^3$* | *100 · k* | *$q^*$ en toneladas para una luz $\ell$ en m =* | | | | | *Perfil IPE* |
|---|---|---|---|---|---|---|---|---|---|---|
| | | | | | *2,00* | *2,50* | *3,00* | *3,50* | *4,00* | |
| 8 | 6,00 | 80,1 | 20,0 | 1,5482 | 1,56 | 1,00 | 0,69 | 0,51 | 0,39 | 8 |
| 10 | 8,10 | 171 | 34,2 | 0,7252 | 2,67 | 1,71 | 1,19 | 0,87 | 0,67 | 10 |
| 12 | 10,4 | 318 | 53,0 | 0,3900 | 4,13 | 2,65 | 1,84 | 1,35 | 1,03 | 12 |
| 14 | 12,9 | 541 | 77,3 | 0,2292 | 6,03 | 3,86 | 2,68 | 1,97 | 1,51 | 14 |
| 16 | 15,8 | 869 | 109 | 0,1427 | 8,50 | 5,44 | 3,78 | 2,78 | 2,13 | 16 |
| 18 | 18,8 | 1.320 | 146 | 0,0939 | 11,39 | 7,29 | 5,06 | 3,72 | 2,85 | 18 |
| 20 | 22,4 | 1.940 | 194 | 0,0639 | 15,13 | 9,68 | 6,72 | 4,94 | 3,78 | 20 |
| | | | | | | | | | | |
| 22 | 26,2 | 2.770 | 252 | 0,0448 | 19,66 | 12,58 | 8,74 | 6,42 | 4,91 | 22 |
| 24 | 30,7 | 3.890 | 324 | 0,0319 | 25,27 | 16,17 | 11,23 | 8,25 | 6,32 | 24 |
| 27 | 36,1 | 5.790 | 429 | 0,0214 | 33,46 | 21,42 | 14,87 | 10,93 | 8,37 | 27 |
| 30 | 42,2 | 8.360 | 557 | 0,0148 | 43,45 | 27,81 | 19,31 | 14,19 | 10,86 | 30 |
| 33 | 49,1 | 11.770 | 713 | 0,0105 | 55,61 | 35,59 | 24,72 | 18,16 | 13,90 | 33 |
| 36 | 57,1 | 16.270 | 904 | 0,00762 | 70,51 | 45,13 | 31,34 | 23,02 | 17,63 | 36 |
| | | | | | | | | | | |
| 40 | 66,3 | 23.130 | 1.160 | 0,00536 | 90,48 | 57,91 | 40,21 | 29,54 | 22,62 | 40 |
| 45 | 77,6 | 33.740 | 1.500 | 0,00368 | 117,0 | 74,88 | 52,00 | 38,20 | 29,25 | 45 |
| 50 | 90,7 | 48.200 | 1.930 | 0,00257 | 150,5 | 96,35 | 66,91 | 49,16 | 37,64 | 50 |
| 55 | 106 | 67.120 | 2.440 | 0,00185 | 190,3 | 121,8 | 84,59 | 62,15 | 47,58 | 55 |
| 60 | 122 | 92.080 | 3.070 | 0,00135 | 239,5 | 153,3 | 106,4 | 78,19 | 59,87 | 60 |

| *Perfil IPE* | *$q^*$ en toneladas para una luz en m =* | | | | | | | | | *Perfil IPE* |
|---|---|---|---|---|---|---|---|---|---|---|
| | *4,50* | *5,00* | *5,50* | *6,00* | *6,50* | *7,00* | *8,00* | *9,00* | *10,00* | |
| 8 | 0,31 | 0,25 | 0,21 | 0,17 | 0,15 | 0,13 | 0,10 | 0,08 | 0,06 | 8 |
| 10 | 0,53 | 0,43 | 0,35 | 0,30 | 0,25 | 0,22 | 0,17 | 0,13 | 0,11 | 10 |
| 12 | 0,82 | 0,66 | 0,55 | 0,46 | 0,39 | 0,34 | 0,26 | 0,20 | 0,16 | 12 |
| 14 | 1,19 | 0,96 | 0,80 | 0,67 | 0,57 | 0,49 | 0,38 | 0,30 | 0,24 | 14 |
| 16 | 1,68 | 1,36 | 1,12 | 0,94 | 0,80 | 0,69 | 0,53 | 0,42 | 0,34 | 16 |
| 18 | 2,25 | 1,82 | 1,51 | 1,26 | 1,08 | 0,93 | 0,71 | 0,56 | 0,46 | 18 |
| 20 | 2,99 | 2,42 | 2,00 | 1,68 | 1,43 | 1,23 | 0,95 | 0,75 | 0,60 | 20 |
| | | | | | | | | | | |
| 22 | 3,88 | 3,14 | 2,60 | 2,18 | 1,86 | 1,60 | 1,23 | 0,97 | 0,79 | 22 |
| 24 | 4,99 | 4,04 | 3,34 | 2,81 | 2,39 | 2,06 | 1,58 | 1,25 | 1,01 | 24 |
| 27 | 6,61 | 5,35 | 4,42 | 3,72 | 3,17 | 2,73 | 2,09 | 1,65 | 1,34 | 27 |
| 30 | 8,58 | 6,95 | 5,74 | 4,83 | 4,11 | 3,55 | 2,71 | 2,14 | 1,74 | 30 |
| 33 | 10,99 | 8,90 | 7,35 | 6,18 | 5,26 | 4,54 | 3,48 | 2,75 | 2,22 | 33 |
| 36 | 13,93 | 11,28 | 9,32 | 7,83 | 6,68 | 5,76 | 4,41 | 3,48 | 2,82 | 36 |
| | | | | | | | | | | |
| 40 | 17,87 | 14,48 | 11,96 | 10,05 | 8,57 | 7,39 | 5,65 | 4,47 | 3,62 | 40 |
| 45 | 23,11 | 18,72 | 15,47 | 13,00 | 11,08 | 9,55 | 7,31 | 5,78 | 4,68 | 45 |
| 50 | 29,74 | 24,09 | 19,91 | 16,73 | 14,25 | 12,29 | 9,41 | 7,43 | 6,02 | 50 |
| 55 | 37,59 | 30,45 | 25,17 | 21,15 | 18,02 | 15,54 | 11,89 | 9,40 | 7,61 | 55 |
| 60 | 47,30 | 38,31 | 31,66 | 26,61 | 22,67 | 19,55 | 14,97 | 11,82 | 9,58 | 60 |

Para $f = \frac{\ell}{300}$, $q^* = \frac{I}{2{,}481589 \times \ell^3}$; para $f = \frac{\ell}{n}$, $q^*_n = q^*_{300} \times \frac{n}{300}$

# *RESISTENCIA MÁXIMA PONDERADA q* A FLEXIÓN DE PERFILES HEB*

**TABLA $EA_f$-18**

Acero tipo A 42

$\sigma_u = \sigma_e = 2,6\ t/cm^2$

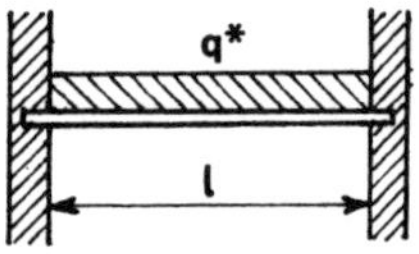


$$q^* = 0,312 \times \frac{W_x}{\ell^2},\ t$$

| *Perfil HEB* | *Peso kg* | *$I_x$ $cm^4$* | *$W_x$ $cm^3$* | *100 · k* | *q* en toneladas para una luz ℓ en m =* 2,00 | 2,50 | 3,00 | 3,50 | 4,00 | *Perfil HEB* |
|---|---|---|---|---|---|---|---|---|---|---|
| 10 | 20,4 | 450 | 90 | 0,2755 | 7,02 | 4,49 | 3,12 | 2,29 | 1,75 | 10 |
| 12 | 26,7 | 864 | 144 | 0,1435 | 11,23 | 7,19 | 4,99 | 3,67 | 2,81 | 12 |
| 14 | 33,7 | 1.509 | 216 | 0,0822 | 16,85 | 10,78 | 7,49 | 5,50 | 4,21 | 14 |
| 16 | 42,6 | 2.492 | 311 | 0,0498 | 24,26 | 15,53 | 10,78 | 7,92 | 6,06 | 16 |
| 18 | 51,2 | 3.831 | 426 | 0,0324 | 33,23 | 21,27 | 14,77 | 10,85 | 8,31 | 18 |
| 20 | 61,3 | 5.696 | 570 | 0,0218 | 44,46 | 28,45 | 19,76 | 14,52 | 11,12 | 20 |
| 22 | 71,5 | 8.091 | 736 | 0,0153 | 57,41 | 36,74 | 25,51 | 18,75 | 14,35 | 22 |
| 24 | 83,2 | 11.259 | 938 | 0,0110 | 73,16 | 46,82 | 32,52 | 23,89 | 18,29 | 24 |
| 26 | 93,0 | 14.919 | 1.150 | 0,00831 | 89,70 | 57,41 | 39,87 | 29,29 | 22,43 | 26 |
| 28 | 103 | 19.270 | 1.380 | 0,00644 | 107,6 | 68,89 | 47,84 | 35,15 | 26,91 | 28 |
| 30 | 117 | 25.166 | 1.680 | 0,00493 | 131,0 | 83,87 | 58,24 | 42,79 | 32,76 | 30 |
| 32 | 127 | 30.823 | 1.930 | 0,00402 | 150,5 | 96,35 | 66,91 | 49,16 | 37,64 | 32 |
| 34 | 134 | 36.656 | 2.160 | 0,00338 | 168,5 | 107,8 | 74,88 | 55,01 | 42,12 | 34 |
| 36 | 142 | 43.193 | 2.400 | 0,00287 | 187,2 | 119,8 | 83,20 | 61,13 | 46,80 | 36 |
| 40 | 155 | 57.680 | 2.880 | 0,00215 | 224,6 | 143,8 | 99,84 | 73,35 | 56,16 | 40 |
| 45 | 171 | 79.887 | 3.550 | 0,00155 | 276,9 | 177,2 | 123,1 | 90,42 | 69,22 | 45 |
| 50 | 187 | 107.176 | 4.290 | 0,00116 | 334,6 | 214,2 | 148,7 | 109,3 | 83,66 | 50 |
| 55 | 199 | 136.691 | 4.970 | 0,000907 | 387,7 | 248,1 | 172,3 | 126,6 | 96,91 | 55 |
| 60 | 212 | 171.041 | 5.700 | 0,000752 | 444,6 | 284,5 | 197,6 | 145,2 | 112,2 | 60 |

| *Perfil HEB* | *q* en toneladas para una luz en m =* 4,50 | 5,00 | 5,50 | 6,00 | 6,50 | 7,00 | 8,00 | 9,00 | 10,00 | *Perfil HEB* |
|---|---|---|---|---|---|---|---|---|---|---|
| 10 | 1,39 | 1,12 | 0,93 | 0,78 | 0,66 | 0,57 | 0,44 | 0,35 | 0,28 | 10 |
| 12 | 2,22 | 1,80 | 1,48 | 1,25 | 1,06 | 0,92 | 0,70 | 0,55 | 0,45 | 12 |
| 14 | 3,33 | 2,70 | 2,23 | 1,87 | 1,59 | 1,38 | 1,05 | 0,83 | 0,67 | 14 |
| 16 | 4,79 | 3,88 | 3,21 | 2,69 | 2,30 | 1,98 | 1,52 | 1,20 | 0,97 | 16 |
| 18 | 6,56 | 5,32 | 4,39 | 3,69 | 3,15 | 2,71 | 2,08 | 1,64 | 1,33 | 18 |
| 20 | 8,78 | 7,11 | 5,88 | 4,94 | 4,21 | 3,63 | 2,78 | 2,20 | 1,78 | 20 |
| 22 | 11,34 | 9,19 | 7,59 | 6,38 | 5,43 | 4,69 | 3,59 | 2,83 | 2,30 | 22 |
| 24 | 14,45 | 11,71 | 9,67 | 8,13 | 6,93 | 5,97 | 4,57 | 3,61 | 2,93 | 24 |
| 26 | 17,72 | 14,35 | 11,86 | 9,97 | 8,49 | 7,32 | 5,61 | 4,43 | 3,59 | 26 |
| 28 | 21,26 | 17,22 | 14,23 | 11,96 | 10,19 | 8,77 | 6,73 | 5,32 | 4,31 | 28 |
| 30 | 25,88 | 20,97 | 17,33 | 14,56 | 12,41 | 10,70 | 8,19 | 6,47 | 5,24 | 30 |
| 32 | 29,74 | 24,09 | 19,91 | 16,73 | 14,25 | 12,29 | 9,41 | 7,43 | 6,02 | 32 |
| 34 | 33,28 | 26,96 | 22,28 | 18,72 | 15,95 | 13,75 | 10,53 | 8,32 | 6,74 | 34 |
| 36 | 36,98 | 29,95 | 24,75 | 20,80 | 17,72 | 15,28 | 11,70 | 9,24 | 7,49 | 36 |
| 40 | 44,37 | 35,94 | 29,70 | 24,96 | 21,27 | 18,34 | 14,04 | 11,09 | 8,99 | 40 |
| 45 | 54,70 | 44,30 | 36,61 | 30,77 | 26,22 | 22,60 | 17,31 | 13,67 | 11,08 | 45 |
| 50 | 66,10 | 53,54 | 44,25 | 37,18 | 31,68 | 27,32 | 20,91 | 16,52 | 13,38 | 50 |
| 55 | 76,57 | 62,03 | 51,26 | 43,07 | 36,70 | 31,65 | 24,23 | 19,14 | 15,51 | 55 |
| 60 | 87,82 | 71,14 | 58,79 | 49,40 | 42,09 | 36,29 | 27,79 | 21,96 | 17,78 | 60 |

Para $f = \frac{\ell}{300}$, $q^* = \frac{I}{2,481589 \times \ell^3}$; para $f = \frac{\ell}{n}$, $q^*_n = q^*_{300} \times \frac{n}{300}$

# *RESISTENCIA MÁXIMA PONDERADA q* A FLEXIÓN DE PERFILES HEA*

**TABLA $EA_f$-19**

Acero tipo A 42

$\sigma_u = \sigma_e = 2{,}6\ t/cm^2$

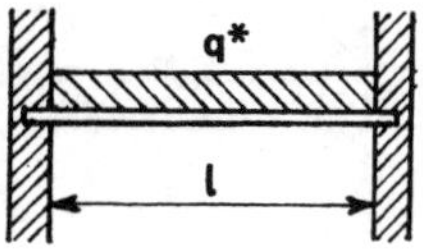


$$q^* = 0{,}312 \times \frac{W_x}{\ell^2},\ t$$

| *Perfil HEA* | *Peso kg* | $I_x$ *cm⁴* | $W_x$ *cm³* | *100 · k* | *q* en toneladas para una luz ℓ en m =* 2,00 | 2,50 | 3,00 | 3,50 | 4,00 | *Perfil HEA* |
|---|---|---|---|---|---|---|---|---|---|---|
| 10 | 16,7 | 349 | 73 | 0,3553 | 5,69 | 3,63 | 2,53 | 1,86 | 1,42 | 10 |
| 12 | 19,9 | 606 | 106 | 0,2046 | 8,27 | 5,29 | 3,67 | 2,70 | 2,07 | 12 |
| 14 | 24,7 | 1.033 | 155 | 0,1200 | 12,09 | 7,74 | 5,37 | 3,95 | 3,02 | 14 |
| 16 | 30,4 | 1.673 | 220 | 0,0741 | 17,16 | 10,98 | 7,63 | 5,60 | 4,29 | 16 |
| 18 | 35,5 | 2.510 | 294 | 0,0494 | 22,93 | 14,68 | 10,19 | 7,49 | 5,73 | 18 |
| 20 | 42,3 | 3.692 | 389 | 0,0336 | 30,34 | 19,42 | 13,49 | 9,91 | 7,59 | 20 |
| 22 | 50,5 | 5.410 | 515 | 0,0229 | 40,17 | 25,71 | 17,85 | 13,12 | 10,04 | 22 |
| 24 | 60,3 | 7.763 | 675 | 0,0160 | 52,65 | 33,70 | 23,40 | 17,19 | 13,16 | 24 |
| 26 | 68,2 | 10.455 | 836 | 0,0119 | 65,21 | 41,73 | 28,98 | 21,29 | 16,30 | 26 |
| 28 | 76,4 | 13.673 | 1.010 | 0,00907 | 78,78 | 50,42 | 35,01 | 25,72 | 19,70 | 28 |
| 30 | 88,3 | 18.263 | 1.260 | 0,00679 | 98,28 | 62,90 | 43,68 | 32,09 | 24,57 | 30 |
| 32 | 97,6 | 22.928 | 1.480 | 0,00541 | 115,4 | 73,88 | 51,31 | 37,69 | 28,86 | 32 |
| 34 | 105 | 27.693 | 1.680 | 0,00448 | 131,0 | 83,87 | 58,24 | 42,79 | 32,76 | 34 |
| 36 | 112 | 33.090 | 1.890 | 0,00375 | 147,4 | 94,35 | 65,52 | 48,14 | 36,86 | 36 |
| 40 | 125 | 45.069 | 2.310 | 0,00275 | 180,2 | 115,3 | 80,08 | 58,83 | 45,05 | 40 |
| 45 | 140 | 63.722 | 2.900 | 0,00195 | 226,2 | 144,8 | 100,5 | 73,86 | 56,55 | 45 |
| 50 | 155 | 86.975 | 3.550 | 0,00143 | 276,9 | 177,2 | 123,1 | 90,42 | 69,23 | 50 |
| 55 | 166 | 111.932 | 4.150 | 0,00111 | 323,7 | 207,2 | 143,9 | 105,7 | 80,92 | 55 |
| 60 | 176 | 141.208 | 4.790 | 0,000878 | 373,6 | 239,1 | 166,1 | 122,0 | 93,41 | 60 |

| *Perfil HEA* | *q* en toneladas para una luz en m =* 4,50 | 5,00 | 5,50 | 6,00 | 6,50 | 7,00 | 8,00 | 9,00 | 10,00 | *Perfil HEA* |
|---|---|---|---|---|---|---|---|---|---|---|
| 10 | 1,12 | 0,91 | 0,75 | 0,63 | 0,54 | 0,46 | 0,35 | 0,28 | 0,23 | 10 |
| 12 | 1,63 | 1,32 | 1,09 | 0,92 | 0,78 | 0,67 | 0,52 | 0,41 | 0,33 | 12 |
| 14 | 2,39 | 1,93 | 1,60 | 1,34 | 1,14 | 0,99 | 0,76 | 0,60 | 0,48 | 14 |
| 16 | 3,39 | 2,75 | 2,27 | 1,91 | 1,63 | 1,40 | 1,07 | 0,85 | 0,69 | 16 |
| 18 | 4,53 | 3,67 | 3,03 | 2,55 | 2,17 | 1,87 | 1,43 | 1,13 | 0,92 | 18 |
| 20 | 5,99 | 4,85 | 4,01 | 3,37 | 2,87 | 2,48 | 1,90 | 1,50 | 1,21 | 20 |
| 22 | 7,93 | 6,43 | 5,31 | 4,46 | 3,80 | 3,28 | 2,51 | 1,98 | 1,61 | 22 |
| 24 | 10,39 | 8,42 | 6,96 | 5,85 | 4,98 | 4,30 | 3,29 | 2,60 | 2,11 | 24 |
| 26 | 12,88 | 10,43 | 8,62 | 7,25 | 6,17 | 5,32 | 4,07 | 3,22 | 2,61 | 26 |
| 28 | 15,56 | 12,60 | 10,42 | 8,75 | 7,46 | 6,43 | 4,92 | 3,89 | 3,15 | 28 |
| 30 | 19,41 | 15,72 | 13,00 | 10,92 | 9,30 | 8,02 | 6,14 | 4,85 | 3,93 | 30 |
| 32 | 22,80 | 18,47 | 15,26 | 12,83 | 10,93 | 9,42 | 7,22 | 5,70 | 4,62 | 32 |
| 34 | 25,88 | 20,97 | 17,33 | 14,56 | 12,41 | 10,70 | 8,19 | 6,47 | 5,24 | 34 |
| 36 | 29,12 | 23,59 | 19,49 | 16,38 | 13,96 | 12,03 | 9,21 | 7,28 | 5,90 | 36 |
| 40 | 35,59 | 28,83 | 23,83 | 20,02 | 17,06 | 14,71 | 11,26 | 8,90 | 7,21 | 40 |
| 45 | 44,68 | 36,19 | 29,91 | 25,13 | 21,42 | 18,47 | 14,14 | 11,17 | 9,05 | 45 |
| 50 | 54,69 | 44,30 | 36,61 | 30,77 | 26,22 | 22,60 | 17,31 | 13,67 | 11,01 | 50 |
| 55 | 63,94 | 51,79 | 42,80 | 35,97 | 30,65 | 26,42 | 20,23 | 15,99 | 12,94 | 55 |
| 60 | 73,80 | 59,78 | 49,40 | 41,51 | 35,37 | 30,50 | 23,35 | 18,45 | 14,94 | 60 |

Para $f = \frac{\ell}{300}$, $q^* = \frac{I}{2{,}481589 \times \ell^3}$; para $f = \frac{\ell}{n}$, $q^*_n = q^*_{300} \times \frac{n}{300}$

# *RESISTENCIA MÁXIMA PONDERADA q* A FLEXIÓN DE PERFILES HEM*

**TABLA $EA_f$-20**

Acero tipo A 42

$\sigma_u = \sigma_e = 2{,}6\ t/cm^2$

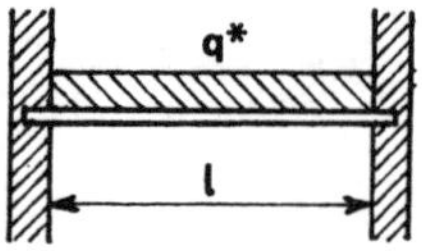


$$q^* = 0{,}312 \times \frac{W_x}{l^2},\ t/m$$

| *Perfil HEM* | *Peso kg* | $I_x$ *cm⁴* | $W_x$ *cm³* | *100 · k* | *q* en toneladas para una luz l en m =* 2,00 | 2,50 | 3,00 | 3,50 | 4,00 | *Perfil HEM* |
|---|---|---|---|---|---|---|---|---|---|---|
| 10 | 41,8 | 1.143 | 190 | 0,1085 | 14,82 | 9,48 | 6,59 | 4,84 | 3,70 | 10 |
| 12 | 52,1 | 2.018 | 288 | 0,0615 | 22,46 | 14,38 | 9,98 | 7,33 | 5,62 | 12 |
| 14 | 63,2 | 3.291 | 411 | 0,0377 | 32,06 | 20,52 | 14,25 | 10,47 | 8,01 | 14 |
| 16 | 76,2 | 5.098 | 566 | 0,0243 | 44,15 | 28,25 | 19,62 | 14,42 | 11,04 | 16 |
| 18 | 88,9 | 7.483 | 748 | 0,0166 | 58,34 | 37,34 | 25,93 | 19,05 | 14,59 | 18 |
| 20 | 103 | 10.620 | 967 | 0,0117 | 75,43 | 48,27 | 33,52 | 24,63 | 18,86 | 20 |
| 22 | 117 | 14.605 | 1.220 | 0,00849 | 95,16 | 60,90 | 42,29 | 31,07 | 23,79 | 22 |
| 24 | 157 | 24.289 | 1.800 | 0,00511 | 140,4 | 89,85 | 62,40 | 45,84 | 35,10 | 24 |
| 26 | 172 | 31.307 | 2.160 | 0,00396 | 168,5 | 107,8 | 74,88 | 55,01 | 42,12 | 26 |
| 28 | 189 | 39.547 | 2.550 | 0,00314 | 198,9 | 127,3 | 88,40 | 64,95 | 49,73 | 28 |
| 30 | 238 | 59.201 | 3.480 | 0,00209 | 271,4 | 173,7 | 120,6 | 88,63 | 67,86 | 30 |
| 32 | 245 | 68.135 | 3.800 | 0,00182 | 296,4 | 189,7 | 131,7 | 96,78 | 74,10 | 32 |
| 34 | 248 | 76.372 | 4.050 | 0,00163 | 315,9 | 202,2 | 140,4 | 103,1 | 78,98 | 34 |
| 36 | 250 | 84.867 | 4.300 | 0,00146 | 335,4 | 214,7 | 149,1 | 109,5 | 83,85 | 36 |
| 40 | 256 | 104.119 | 4.820 | 0,00119 | 376,0 | 240,6 | 167,1 | 122,8 | 93,99 | 40 |
| 45 | 263 | 131.484 | 5.500 | 0,000943 | 429,0 | 274,6 | 190,7 | 140,1 | 107,3 | 45 |
| 50 | 270 | 161.929 | 6.180 | 0,000766 | 482,0 | 308,5 | 214,2 | 157,4 | 120,5 | 50 |
| 55 | 278 | 197.984 | 6.920 | 0,000626 | 539,8 | 345,4 | 239,9 | 176,2 | 134,9 | 55 |
| 60 | 285 | 237.447 | 7.660 | 0,000522 | 597,5 | 382,4 | 265,5 | 195,1 | 149,4 | 60 |

| *Perfil HEM* | *q* en toneladas para una luz en m =* 4,50 | 5,00 | 5,50 | 6,00 | 6,50 | 7,00 | 8,00 | 9,00 | 10,00 | *Perfil HEM* |
|---|---|---|---|---|---|---|---|---|---|---|
| 10 | 2,93 | 2,37 | 1,96 | 1,65 | 1,40 | 1,21 | 0,93 | 0,73 | 0,59 | 10 |
| 12 | 4,44 | 3,59 | 2,97 | 2,50 | 2,13 | 1,83 | 1,40 | 1,11 | 0,90 | 12 |
| 14 | 6,33 | 5,13 | 4,24 | 3,56 | 3,03 | 2,62 | 2,00 | 1,58 | 1,28 | 14 |
| 16 | 8,72 | 7,06 | 5,84 | 4,90 | 4,18 | 3,60 | 2,76 | 2,18 | 1,77 | 16 |
| 18 | 11,52 | 9,33 | 7,71 | 6,48 | 5,52 | 4,76 | 3,65 | 2,88 | 2,33 | 18 |
| 20 | 14,90 | 12,07 | 9,97 | 8,38 | 7,14 | 6,16 | 4,71 | 3,72 | 3,02 | 20 |
| 22 | 18,80 | 15,23 | 12,58 | 10,57 | 9,01 | 7,77 | 5,95 | 4,70 | 3,81 | 22 |
| 24 | 27,73 | 22,46 | 18,56 | 15,60 | 13,29 | 11,46 | 8,77 | 6,93 | 5,62 | 24 |
| 26 | 33,28 | 26,96 | 22,28 | 18,72 | 15,95 | 13,75 | 10,53 | 8,32 | 6,74 | 26 |
| 28 | 39,29 | 31,82 | 26,30 | 22,10 | 18,83 | 16,24 | 12,43 | 9,82 | 7,96 | 28 |
| 30 | 53,62 | 43,43 | 35,89 | 30,16 | 25,70 | 22,16 | 16,96 | 13,40 | 10,86 | 30 |
| 32 | 58,55 | 47,42 | 39,19 | 32,93 | 28,06 | 24,20 | 18,52 | 14,64 | 11,86 | 32 |
| 34 | 62,40 | 50,54 | 41,77 | 35,10 | 29,91 | 25,79 | 19,74 | 15,60 | 12,64 | 34 |
| 36 | 66,25 | 53,66 | 44,35 | 37,27 | 31,75 | 27,38 | 20,96 | 16,56 | 13,42 | 36 |
| 40 | 74,26 | 60,15 | 49,71 | 41,77 | 35,59 | 30,69 | 23,50 | 18,57 | 15,04 | 40 |
| 45 | 84,74 | 68,64 | 56,73 | 47,67 | 40,62 | 35,02 | 26,81 | 21,18 | 17,16 | 45 |
| 50 | 95,22 | 77,13 | 63,74 | 53,56 | 45,64 | 39,35 | 30,13 | 23,80 | 19,28 | 50 |
| 55 | 106,62 | 86,36 | 71,37 | 59,97 | 51,10 | 44,06 | 33,73 | 26,65 | 21,59 | 55 |
| 60 | 118,0 | 95,60 | 79,01 | 66,39 | 56,57 | 48,77 | 37,34 | 29,51 | 23,90 | 60 |

Para $f = \frac{l}{300}$, $q^* = \frac{I}{2{,}481589 \times l^3}$; para $f = \frac{l}{n}$, $q^*_n = q^*_{300} \times \frac{n}{300}$

# RESISTENCIA MÁXIMA PONDERADA $q^*$ A FLEXIÓN DE PERFILES UPN



Acero tipo A 42

$\sigma_u = \sigma_e = 2,6\ t/cm^2$

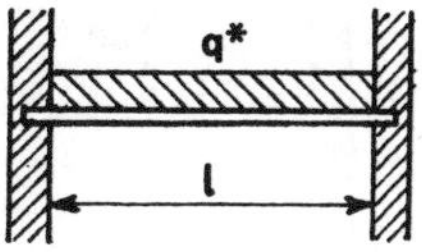


$$q^* = 0,312 \times \frac{W_x}{l^2},\ t/m$$

| *Perfil UPN* | *Peso kg* | *$I_x$ $cm^4$* | *$W_x$ $cm^3$* | *100 · k* | *$q^*_{máx.}$ en toneladas para una luz $l$ en m =* | | | | | *Perfil UPN* |
|---|---|---|---|---|---|---|---|---|---|---|
| | | | | | *2,00* | *2,50* | *3,00* | *3,50* | *4,00* | |
| 8 | 8,64 | 106 | 26,5 | 1,1699 | 2,07 | 1,32 | 0,92 | 0,67 | 0,52 | 8 |
| 10 | 10,6 | 206 | 41,2 | 0,6020 | 3,21 | 2,06 | 1,43 | 1,05 | 0,80 | 10 |
| 12 | 13,4 | 364 | 60,7 | 0,3407 | 4,73 | 3,03 | 2,10 | 1,55 | 1,18 | 12 |
| 14 | 16,0 | 605 | 86,4 | 0,2050 | 6,74 | 4,31 | 2,99 | 2,20 | 1,68 | 14 |
| 16 | 18,8 | 925 | 116 | 0,1341 | 9,05 | 5,79 | 4,02 | 2,95 | 2,26 | 16 |
| 18 | 22,0 | 1.350 | 150 | 0,0919 | 11,70 | 7,49 | 5,20 | 3,82 | 2,92 | 18 |
| | | | | | | | | | | |
| 20 | 25,3 | 1.910 | 191 | 0,0649 | 14,90 | 9,53 | 6,62 | 4,86 | 3,72 | 20 |
| 22 | 29,4 | 2.690 | 245 | 0,0461 | 19,11 | 12,23 | 8,49 | 6,24 | 4,78 | 22 |
| 24 | 33,2 | 3.600 | 300 | 0,0344 | 23,40 | 14,98 | 10,40 | 7,64 | 5,85 | 24 |
| 26 | 37,9 | 4.820 | 371 | 0,0257 | 28,94 | 18,52 | 12,86 | 9,45 | 7,23 | 26 |
| 28 | 41,8 | 6.280 | 448 | 0,0197 | 34,94 | 22,36 | 15,53 | 11,41 | 8,74 | 28 |
| | | | | | | | | | | |
| 30 | 46,2 | 8.030 | 535 | 0,0154 | 41,73 | 26,71 | 18,55 | 13,63 | 10,43 | 30 |
| 32 | 59,5 | 10.870 | 679 | 0,0114 | 52,96 | 33,90 | 23,54 | 17,29 | 13,24 | 32 |
| 35 | 60,6 | 12.840 | 734 | 0,00966 | 57,25 | 36,64 | 25,45 | 18,69 | 14,31 | 35 |
| 38 | 63,1 | 15.760 | 829 | 0,00787 | 64,66 | 41,38 | 28,74 | 21,11 | 16,17 | 38 |
| 40 | 71,8 | 20.350 | 1.020 | 0,00609 | 79,56 | 50,92 | 35,36 | 25,98 | 19,89 | 40 |

| *Perfil UPN* | *$q^*_{máx.}$ en toneladas para una luz $l$ en m =* | | | | | | | | | *Perfil UPN* |
|---|---|---|---|---|---|---|---|---|---|---|
| | *4,50* | *5,00* | *5,50* | *6,00* | *6,50* | *7,00* | *8,00* | *9,00* | *10,00* | |
| 8 | 0,41 | 0,33 | 0,27 | 0,23 | 0,20 | 0,17 | 0,13 | 0,10 | 0,08 | 8 |
| 10 | 0,63 | 0,51 | 0,42 | 0,36 | 0,30 | 0,26 | 0,20 | 0,16 | 0,13 | 10 |
| 12 | 0,93 | 0,76 | 0,63 | 0,53 | 0,45 | 0,39 | 0,30 | 0,23 | 0,19 | 12 |
| 14 | 1,33 | 1,08 | 0,89 | 0,75 | 0,64 | 0,55 | 0,42 | 0,33 | 0,27 | 14 |
| 16 | 1,79 | 1,45 | 1,20 | 1,00 | 0,86 | 0,74 | 0,56 | 0,45 | 0,36 | 16 |
| 18 | 2,31 | 1,87 | 1,55 | 1,30 | 1,11 | 0,95 | 0,73 | 0,58 | 0,47 | 18 |
| | | | | | | | | | | |
| 20 | 2,94 | 2,38 | 1,97 | 1,65 | 1,41 | 1,22 | 0,93 | 0,74 | 0,60 | 20 |
| 22 | 3,77 | 3,06 | 2,53 | 2,12 | 1,81 | 1,56 | 1,19 | 0,94 | 0,76 | 22 |
| 24 | 4,62 | 3,74 | 3,09 | 2,60 | 2,21 | 1,91 | 1,46 | 1,16 | 0,94 | 24 |
| 26 | 5,72 | 4,63 | 3,83 | 3,21 | 2,74 | 2,36 | 1,81 | 1,43 | 1,16 | 26 |
| 28 | 6,90 | 5,59 | 4,62 | 3,88 | 3,31 | 2,85 | 2,18 | 1,73 | 1,40 | 28 |
| | | | | | | | | | | |
| 30 | 8,24 | 6,68 | 5,52 | 4,64 | 3,95 | 3,41 | 2,61 | 2,06 | 1,67 | 30 |
| 32 | 10,46 | 8,47 | 7,00 | 5,88 | 5,01 | 4,32 | 3,31 | 2,61 | 2,12 | 32 |
| 35 | 11,31 | 9,16 | 7,57 | 6,36 | 5,42 | 4,67 | 3,58 | 2,83 | 2,29 | 35 |
| 38 | 12,77 | 10,35 | 8,55 | 7,18 | 6,12 | 5,28 | 4,04 | 3,19 | 2,59 | 38 |
| 40 | 15,72 | 12,73 | 10,52 | 8,84 | 7,53 | 6,49 | 4,97 | 3,93 | 3,18 | 40 |

Para $f = \frac{l}{300}$, $q^* = \frac{\text{I}}{2,481589 \times l^3}$ ; para $f = \frac{l}{n}$, $q^*_n = q^*_{300} \times \frac{n}{300}$

# RESISTENCIA MÁXIMA PONDERADA P* A FLEXIÓN DE PERFILES IPN



Acero tipo A 42

$\sigma_u = \sigma_e = 2,6$ t/cm$^2$

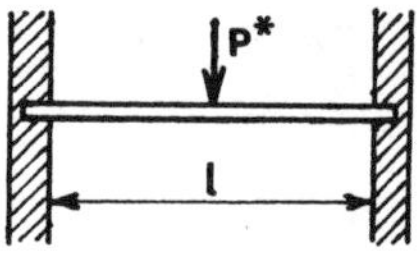


$$P^* = 0,208 \times \frac{W_x}{l}, \text{ t/m}$$

| *Perfil IPN* | *Peso kg* | *$I_x$ cm$^4$* | *$W_x$ cm$^3$* | *100 · k* | *P* en toneladas para una luz l en m =* 2,00 | 2,50 | 3,00 | 3,50 | 4,00 | *Perfil IPN* |
|---|---|---|---|---|---|---|---|---|---|---|
| 10 | 8,34 | 171 | 34,2 | 1,4504 | 3,56 | 2,84 | 2,37 | 2,03 | 1,78 | 10 |
| 12 | 11,1 | 328 | 54,7 | 0,7561 | 5,69 | 4,55 | 3,79 | 3,25 | 2,84 | 12 |
| 14 | 14,3 | 573 | 81,9 | 0,4328 | 8,52 | 6,81 | 5,68 | 4,87 | 4,26 | 14 |
| 16 | 17,9 | 935 | 117 | 0,2653 | 12,17 | 9,73 | 8,11 | 6,95 | 6,08 | 16 |
| 18 | 21,9 | 1.450 | 161 | 0,1710 | 16,74 | 13,39 | 11,16 | 9,57 | 8,37 | 18 |
| 20 | 26,2 | 2.140 | 214 | 0,1159 | 22,26 | 17,80 | 14,84 | 12,72 | 11,13 | 20 |
| 22 | 31,1 | 3.060 | 278 | 0,0811 | 28,91 | 23,13 | 19,27 | 16,52 | 14,46 | 22 |
| 24 | 36,2 | 4.250 | 354 | 0,0584 | 36,82 | 29,45 | 24,54 | 21,04 | 18,41 | 24 |
| 26 | 41,9 | 5.740 | 442 | 0,0432 | 45,97 | 36,77 | 30,64 | 26,27 | 22,98 | 26 |
| 28 | 47,9 | 7.590 | 542 | 0,0327 | 56,37 | 45,09 | 37,58 | 32,21 | 28,18 | 28 |
| 30 | 54,2 | 9.800 | 653 | 0,0253 | 67,91 | 54,33 | 45,27 | 38,81 | 33,96 | 30 |
| 32 | 61,0 | 12.510 | 782 | 0,0198 | 81,33 | 65,06 | 54,22 | 46,47 | 40,66 | 32 |
| 34 | 68,0 | 15.700 | 923 | 0,0158 | 95,99 | 76,79 | 63,99 | 54,85 | 48,00 | 34 |
| 36 | 76,1 | 19.610 | 1.090 | 0,0126 | 113,4 | 90,69 | 75,57 | 64,78 | 56,68 | 36 |
| 38 | 84,0 | 24.010 | 1.260 | 0,0103 | 131,0 | 104,8 | 87,36 | 74,88 | 65,52 | 38 |
| 40 | 92,4 | 29.210 | 1.460 | 0,00849 | 151,8 | 121,5 | 101,2 | 86,77 | 75,92 | 40 |
| 45 | 115 | 45.850 | 2.040 | 0,00541 | 212,2 | 169,7 | 141,4 | 121,23 | 106,08 | 45 |
| 50 | 141 | 68.740 | 2.750 | 0,00361 | 286,0 | 228,8 | 190,7 | 163,43 | 143,00 | 50 |
| 55 | 166 | 99.180 | 3.610 | 0,00250 | 375,4 | 300,4 | 250,5 | 214,5 | 187,72 | 55 |
| 60 | 199 | 139.000 | 4.630 | 0,00178 | 481,5 | 385,2 | 321,0 | 275,2 | 240,76 | 60 |

| *Perfil IPN* | *P* en toneladas para una luz l en m =* 4,50 | 5,00 | 5,50 | 6,00 | 6,50 | 7,00 | 8,00 | 9,00 | 10,00 | *Perfil IPN* |
|---|---|---|---|---|---|---|---|---|---|---|
| 10 | 1,58 | 1,42 | 1,29 | 1,19 | 1,09 | 1,02 | 0,89 | 0,79 | 0,71 | 10 |
| 12 | 2,53 | 2,28 | 2,07 | 1,90 | 1,75 | 1,63 | 1,42 | 1,26 | 1,14 | 12 |
| 14 | 3,79 | 3,41 | 3,10 | 2,84 | 2,62 | 2,43 | 2,13 | 1,89 | 1,70 | 14 |
| 16 | 5,41 | 4,87 | 4,42 | 4,06 | 3,74 | 3,48 | 3,04 | 2,70 | 2,43 | 16 |
| 18 | 7,44 | 6,70 | 6,09 | 5,58 | 5,15 | 4,78 | 4,19 | 3,72 | 3,35 | 18 |
| 20 | 9,89 | 8,90 | 8,09 | 7,42 | 6,85 | 6,36 | 5,56 | 4,95 | 4,45 | 20 |
| 22 | 12,85 | 11,56 | 10,51 | 9,64 | 8,90 | 8,26 | 7,23 | 6,42 | 5,78 | 22 |
| 24 | 16,36 | 14,73 | 13,39 | 12,27 | 11,33 | 10,52 | 9,20 | 8,18 | 7,36 | 24 |
| 26 | 20,43 | 18,39 | 16,72 | 15,32 | 14,14 | 13,13 | 11,49 | 10,21 | 9,19 | 26 |
| 28 | 25,05 | 22,55 | 20,50 | 18,79 | 17,34 | 16,10 | 14,09 | 12,53 | 11,27 | 28 |
| 30 | 30,18 | 27,16 | 24,69 | 22,64 | 20,90 | 19,40 | 16,98 | 15,09 | 13,58 | 30 |
| 32 | 36,15 | 32,53 | 29,57 | 27,11 | 25,02 | 23,24 | 20,33 | 18,07 | 16,27 | 32 |
| 34 | 42,66 | 38,40 | 34,91 | 32,00 | 29,54 | 27,43 | 24,00 | 21,33 | 19,20 | 34 |
| 36 | 50,38 | 45,34 | 41,22 | 37,79 | 34,88 | 32,39 | 28,34 | 25,19 | 22,67 | 36 |
| 38 | 58,24 | 52,42 | 47,65 | 43,68 | 40,32 | 37,44 | 32,76 | 29,12 | 26,21 | 38 |
| 40 | 67,48 | 60,74 | 55,21 | 50,61 | 46,72 | 43,38 | 37,96 | 33,74 | 30,37 | 40 |
| 45 | 94,29 | 84,86 | 77,15 | 70,72 | 65,28 | 60,62 | 53,04 | 47,15 | 42,43 | 45 |
| 50 | 127,1 | 114,4 | 104,0 | 95,33 | 88,00 | 81,71 | 71,50 | 63,56 | 57,20 | 50 |
| 55 | 166,9 | 150,2 | 136,5 | 125,2 | 115,5 | 107,3 | 93,86 | 83,43 | 75,09 | 55 |
| 60 | 214,0 | 192,6 | 175,1 | 160,5 | 148,2 | 137,6 | 120,4 | 107,0 | 96,30 | 60 |

Para $f = \frac{l}{300}$, $\frac{2,481589}{I} \cdot P\,l^3 = \frac{100 \times l}{300}$; $P = \frac{I}{3 \times 2,481589 \times l^2}$, $P^* = \frac{I}{4,963176 \times l^2}$ $(\gamma = 1,5)$

| La flexión en elementos estructurales | RESISTENCIA MÁXIMA PONDERADA P* A FLEXIÓN DE PERFILES IPE | TABLA $EA_f$-23 |
|---|---|---|

Acero tipo A 42

$\sigma_u = \sigma_e = 2,6\ t/cm^2$

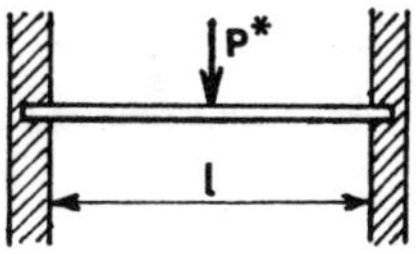


$$P^* = 0,208 \times \frac{W_x}{\ell},\ t$$

| Perfil IPE | Peso kg | $I_x$ $cm^4$ | $W_x$ $cm^3$ | 100 · k | P* en toneladas para una luz ℓ en m = 2,00 | 2,50 | 3,00 | 3,50 | 4,00 | Perfil IPE |
|---|---|---|---|---|---|---|---|---|---|---|
| 8 | 6,00 | 80,1 | 20,0 | 3,0963 | 2,08 | 1,66 | 1,39 | 1,19 | 1,04 | 8 |
| 10 | 8,10 | 171 | 34,2 | 1,4504 | 3,56 | 2,84 | 2,37 | 2,03 | 1,78 | 10 |
| 12 | 10,4 | 318 | 53,0 | 0,7799 | 5,51 | 4,41 | 3,67 | 3,15 | 2,76 | 12 |
| 14 | 12,9 | 541 | 77,3 | 0,4584 | 8,04 | 6,43 | 5,36 | 4,59 | 4,02 | 14 |
| 16 | 15,8 | 869 | 109 | 0,2854 | 11,34 | 9,07 | 7,56 | 6,48 | 5,67 | 16 |
| 18 | 18,8 | 1.320 | 146 | 0,1879 | 15,18 | 12,15 | 10,12 | 8,68 | 7,59 | 18 |
| 20 | 22,4 | 1.940 | 194 | 0,1278 | 20,18 | 16,14 | 13,45 | 11,53 | 10,09 | 20 |
| | | | | | | | | | | |
| 22 | 26,2 | 2.770 | 252 | 0,0895 | 26,21 | 20,97 | 17,47 | 14,98 | 13,10 | 22 |
| 24 | 30,7 | 3.890 | 324 | 0,0638 | 33,69 | 26,96 | 22,46 | 19,25 | 16,85 | 24 |
| 27 | 36,1 | 5.790 | 429 | 0,0428 | 44,62 | 35,69 | 29,74 | 25,49 | 22,31 | 27 |
| 30 | 42,2 | 8.360 | 557 | 0,0297 | 57,93 | 46,34 | 38,62 | 33,10 | 28,96 | 30 |
| 33 | 49,1 | 11.770 | 713 | 0,0211 | 74,15 | 59,32 | 49,43 | 42,37 | 37,08 | 33 |
| 36 | 57,1 | 16.270 | 904 | 0,0152 | 94,02 | 75,21 | 26,68 | 53,72 | 47,01 | 36 |
| | | | | | | | | | | |
| 40 | 66,3 | 23.130 | 1.160 | 0,0107 | 120,6 | 96,51 | 80,43 | 68,94 | 60,32 | 40 |
| 45 | 77,6 | 33.740 | 1.500 | 0,00735 | 156,0 | 124,8 | 104,0 | 89,14 | 78,00 | 45 |
| 50 | 90,7 | 48.200 | 1.930 | 0,00513 | 200,7 | 160,6 | 133,8 | 114,7 | 100,4 | 50 |
| 55 | 106 | 67.120 | 2.440 | 0,00370 | 253,8 | 203,0 | 169,2 | 145,0 | 126,9 | 55 |
| 60 | 122 | 92.080 | 3.070 | 0,00269 | 319,3 | 255,4 | 212,9 | 182,4 | 159,6 | 60 |

| Perfil IPE | P* en toneladas para una luz en m = 4,50 | 5,00 | 5,50 | 6,00 | 6,50 | 7,00 | 8,00 | 9,00 | 10,00 | Perfil IPE |
|---|---|---|---|---|---|---|---|---|---|---|
| 8 | 0,92 | 0,83 | 0,76 | 0,69 | 0,64 | 0,59 | 0,52 | 0,46 | 0,42 | 8 |
| 10 | 1,58 | 1,42 | 1,29 | 1,19 | 1,09 | 1,02 | 0,89 | 0,79 | 0,71 | 10 |
| 12 | 2,45 | 2,20 | 2,00 | 1,84 | 1,70 | 1,57 | 1,38 | 1,22 | 1,10 | 12 |
| 14 | 3,57 | 3,22 | 2,92 | 2,68 | 2,47 | 2,30 | 2,01 | 1,79 | 1,61 | 14 |
| 16 | 5,04 | 4,53 | 4,12 | 3,78 | 3,49 | 3,24 | 2,83 | 2,52 | 2,27 | 16 |
| 18 | 6,75 | 6,07 | 5,52 | 5,06 | 4,67 | 4,34 | 3,80 | 3,37 | 3,04 | 18 |
| 20 | 8,97 | 8,07 | 7,34 | 6,72 | 6,21 | 5,76 | 5,04 | 4,48 | 4,03 | 20 |
| | | | | | | | | | | |
| 22 | 11,65 | 10,48 | 9,53 | 8,74 | 8,06 | 7,49 | 6,55 | 5,82 | 5,24 | 22 |
| 24 | 14,98 | 13,48 | 12,25 | 11,23 | 10,37 | 9,63 | 8,42 | 7,49 | 6,74 | 24 |
| 27 | 19,83 | 17,85 | 16,22 | 14,87 | 13,73 | 12,75 | 11,15 | 9,91 | 8,92 | 27 |
| 30 | 25,75 | 23,17 | 21,06 | 19,31 | 17,82 | 16,55 | 14,48 | 12,87 | 11,59 | 30 |
| 33 | 32,96 | 29,66 | 26,96 | 24,72 | 22,82 | 21,19 | 18,54 | 16,48 | 14,83 | 33 |
| 36 | 41,78 | 37,61 | 34,19 | 31,34 | 28,93 | 26,86 | 23,50 | 20,89 | 18,80 | 36 |
| | | | | | | | | | | |
| 40 | 53,62 | 48,26 | 43,87 | 40,21 | 37,12 | 34,47 | 30,16 | 26,81 | 24,13 | 40 |
| 45 | 69,33 | 62,40 | 56,73 | 52,00 | 48,00 | 44,57 | 39,00 | 34,67 | 31,20 | 45 |
| 50 | 89,21 | 80,29 | 72,99 | 66,91 | 61,76 | 57,35 | 50,18 | 44,60 | 40,14 | 50 |
| 55 | 112,8 | 101,5 | 92,28 | 84,59 | 78,08 | 72,50 | 63,44 | 56,39 | 50,75 | 55 |
| 60 | 141,9 | 127,7 | 116,1 | 106,4 | 98,24 | 91,22 | 79,82 | 70,95 | 63,86 | 60 |

Para $f = \frac{\ell}{300}$, $P^* = \frac{I}{4,963176 \times \ell^2}$; para $f = \frac{\ell}{n}$, $P^*_n = P^*_{300} \times \frac{n}{300}$

# *RESISTENCIA MÁXIMA PONDERADA P* A FLEXIÓN DE PERFILES HEB*

**TABLA $EA_f$-24**

Acero tipo A 42

$\sigma_u = \sigma_e = 2{,}6\ t/cm^2$

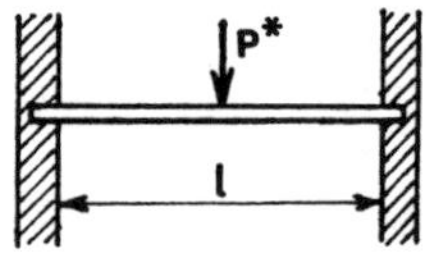


$$P^* = 0{,}208 \times \frac{W_x}{\ell}$$

| *Perfil HEB* | *Peso kg* | *$I_x$ $cm^4$* | *$W_x$ $cm^3$* | *100 · k* | *P* en toneladas para una luz ℓ en m =* 2,00 | 2,50 | 3,00 | 3,50 | 4,00 | *Perfil HEB* |
|---|---|---|---|---|---|---|---|---|---|---|
| 10 | 20,4 | 450 | 90 | 0,5512 | 9,36 | 7,49 | 6,24 | 5,35 | 4,68 | 10 |
| 12 | 26,7 | 864 | 144 | 0,2871 | 14,98 | 11,98 | 9,98 | 8,56 | 7,49 | 12 |
| 14 | 33,7 | 1.509 | 216 | 0,1644 | 22,46 | 17,97 | 14,98 | 12,84 | 11,23 | 14 |
| 16 | 42,6 | 2.492 | 311 | 0,0995 | 32,24 | 25,88 | 21,56 | 18,48 | 16,17 | 16 |
| 18 | 51,2 | 3.831 | 426 | 0,0647 | 44,30 | 35,44 | 29,54 | 25,32 | 22,15 | 18 |
| 20 | 61,3 | 5.696 | 570 | 0,0435 | 59,28 | 47,42 | 39,52 | 33,87 | 29,64 | 20 |
| 22 | 71,5 | 8.091 | 736 | 0,0307 | 76,54 | 61,23 | 51,03 | 43,74 | 38,27 | 22 |
| 24 | 83,2 | 11.259 | 938 | 0,0220 | 97,55 | 78,04 | 65,03 | 55,74 | 48,78 | 24 |
| 26 | 93,0 | 14.919 | 1.150 | 0,0166 | 119,6 | 95,68 | 79,73 | 68,34 | 59,80 | 26 |
| 28 | 103 | 19.270 | 1.380 | 0,0129 | 143,5 | 114,8 | 95,68 | 82,01 | 71,76 | 28 |
| 30 | 117 | 25.166 | 1.680 | 0,00986 | 174,7 | 139,8 | 116,5 | 99,84 | 87,36 | 30 |
| 32 | 127 | 30.823 | 1.930 | 0,00805 | 200,7 | 160,6 | 133,8 | 114,7 | 100,4 | 32 |
| 34 | 134 | 36.656 | 2.160 | 0,00677 | 224,6 | 179,7 | 149,8 | 128,4 | 112,3 | 34 |
| 36 | 142 | 43.193 | 2.400 | 0,00574 | 249,6 | 199,7 | 166,4 | 142,6 | 124,8 | 36 |
| 40 | 155 | 57.680 | 2.880 | 0,00430 | 299,5 | 239,6 | 199,7 | 171,2 | 149,8 | 40 |
| 45 | 171 | 79.887 | 3.550 | 0,00310 | 369,2 | 295,4 | 246,1 | 211,0 | 184,6 | 45 |
| 50 | 187 | 107.176 | 4.290 | 0,00231 | 446,2 | 356,9 | 297,4 | 254,9 | 223,1 | 50 |
| 55 | 199 | 136.691 | 4.970 | 0,00181 | 516,9 | 413,5 | 332,1 | 295,4 | 258,4 | 55 |
| 60 | 212 | 171.041 | 5.700 | 0,00145 | 592,8 | 474,2 | 395,2 | 338,7 | 296,4 | 60 |

| *Perfil HEB* | *P* en toneladas para una luz en m =* 4,50 | 5,00 | 5,50 | 6,00 | 6,50 | 7,00 | 8,00 | 9,00 | 10,00 | *Perfil HEB* |
|---|---|---|---|---|---|---|---|---|---|---|
| 10 | 4,16 | 3,74 | 3,40 | 3,12 | 2,88 | 2,67 | 2,34 | 2,08 | 1,87 | 10 |
| 12 | 6,66 | 5,99 | 5,45 | 4,99 | 4,61 | 4,28 | 3,74 | 3,33 | 2,99 | 12 |
| 14 | 9,98 | 8,99 | 8,17 | 7,49 | 6,91 | 6,42 | 5,62 | 4,99 | 4,49 | 14 |
| 16 | 14,38 | 12,94 | 11,76 | 10,78 | 9,95 | 9,24 | 8,09 | 7,19 | 6,47 | 16 |
| 18 | 19,69 | 17,72 | 16,11 | 14,77 | 13,63 | 12,66 | 11,08 | 9,84 | 8,86 | 18 |
| 20 | 26,35 | 23,71 | 21,56 | 19,76 | 18,24 | 16,94 | 14,82 | 13,17 | 11,86 | 20 |
| 22 | 34,02 | 30,62 | 27,83 | 25,51 | 23,55 | 21,87 | 19,14 | 17,01 | 15,31 | 22 |
| 24 | 43,36 | 39,02 | 35,47 | 32,52 | 30,02 | 27,87 | 24,39 | 21,68 | 19,51 | 24 |
| 26 | 53,16 | 47,84 | 43,49 | 39,87 | 36,80 | 34,17 | 29,90 | 26,58 | 23,92 | 26 |
| 28 | 63,78 | 57,41 | 52,19 | 47,84 | 44,16 | 41,01 | 35,88 | 31,89 | 28,70 | 28 |
| 30 | 77,65 | 69,89 | 63,53 | 58,24 | 53,76 | 49,92 | 43,68 | 38,83 | 34,94 | 30 |
| 32 | 89,21 | 80,29 | 72,99 | 66,91 | 61,76 | 57,35 | 50,18 | 44,60 | 40,14 | 32 |
| 34 | 99,84 | 89,86 | 81,69 | 74,88 | 69,12 | 64,18 | 56,16 | 49,92 | 44,93 | 34 |
| 36 | 110,9 | 99,84 | 90,76 | 83,20 | 76,80 | 71,31 | 62,40 | 55,47 | 49,92 | 36 |
| 40 | 133,1 | 119,8 | 108,9 | 99,84 | 92,16 | 85,58 | 74,88 | 66,56 | 59,90 | 40 |
| 45 | 164,1 | 147,7 | 134,3 | 123,1 | 113,6 | 105,5 | 92,30 | 82,04 | 73,84 | 45 |
| 50 | 198,3 | 178,5 | 162,2 | 148,7 | 137,3 | 127,5 | 111,5 | 99,15 | 89,23 | 50 |
| 55 | 229,7 | 206,8 | 188,0 | 172,3 | 159,0 | 147,7 | 129,2 | 114,9 | 103,4 | 55 |
| 60 | 263,5 | 237,1 | 215,6 | 197,6 | 182,4 | 169,4 | 148,2 | 131,7 | 118,6 | 60 |

Para $f = \frac{\ell}{300}$, $P^* = \frac{I}{4{,}963176 \times \ell^2}$; para $f = \frac{\ell}{n}$, $P^*_n = P^*_{300} \times \frac{n}{300}$

# *RESISTENCIA MÁXIMA PONDERADA P* A FLEXIÓN DE PERFILES HEA*



Acero tipo A 42

$\sigma_u = \sigma_e = 2,6$ t/cm²

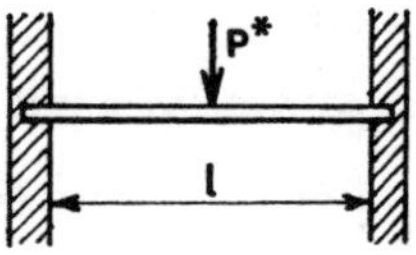


$$P^* = 0,208 \times \frac{W_x}{\ell}, \text{ t}$$

| *Perfil HEA* | *Peso kg* | *$I_x$ cm⁴* | *$W_x$ cm³* | *100 · k* | *P* en toneladas para una luz ℓ en m =* 2,00 | *2,50* | *3,00* | *3,50* | *4,00* | *Perfil HEA* |
|---|---|---|---|---|---|---|---|---|---|---|
| 10 | 16,7 | 349 | 73 | 0,7106 | 7,57 | 6,06 | 5,05 | 4,33 | 3,79 | 10 |
| 12 | 19,9 | 606 | 106 | 0,4093 | 11,02 | 8,82 | 7,35 | 6,30 | 5,51 | 12 |
| 14 | 24,7 | 1.033 | 155 | 0,2401 | 16,12 | 12,90 | 10,75 | 9,21 | 8,06 | 14 |
| 16 | 30,4 | 1.673 | 220 | 0,1482 | 22,88 | 18,30 | 15,25 | 13,07 | 11,44 | 16 |
| 18 | 35,5 | 2.510 | 294 | 0,0988 | 30,58 | 24,46 | 20,38 | 17,47 | 15,29 | 18 |
| 20 | 42,3 | 3.692 | 389 | 0,0672 | 40,46 | 32,36 | 26,97 | 23,11 | 20,23 | 20 |
| 22 | 50,5 | 5.410 | 515 | 0,0458 | 53,56 | 42,85 | 35,71 | 30,61 | 26,78 | 22 |
| 24 | 60,3 | 7.763 | 675 | 0,0319 | 70,20 | 56,16 | 46,80 | 40,11 | 35,10 | 24 |
| 26 | 68,2 | 10.455 | 836 | 0,0237 | 86,94 | 69,56 | 57,96 | 49,68 | 47,47 | 26 |
| 28 | 76,4 | 13.673 | 1.010 | 0,0181 | 105,0 | 84,03 | 70,03 | 60,02 | 52,52 | 28 |
| 30 | 88,3 | 18.263 | 1.260 | 0,0136 | 131,0 | 104,8 | 87,36 | 74,88 | 65,52 | 30 |
| 32 | 97,6 | 22.928 | 1.480 | 0,0108 | 153,9 | 123,1 | 102,6 | 87,95 | 76,96 | 32 |
| 34 | 105 | 27.693 | 1.680 | 0,00896 | 174,7 | 139,8 | 116,5 | 99,84 | 87,36 | 34 |
| 36 | 112 | 33.090 | 1.890 | 0,00750 | 196,6 | 157,2 | 131,0 | 112,3 | 98,28 | 36 |
| 40 | 125 | 45.069 | 2.310 | 0,00550 | 240,2 | 192,2 | 160,2 | 137,3 | 120,1 | 40 |
| 45 | 140 | 63.722 | 2.900 | 0,00389 | 301,6 | 241,3 | 201,1 | 172,3 | 150,8 | 45 |
| 50 | 155 | 86.975 | 3.550 | 0,00285 | 369,2 | 295,4 | 246,1 | 211,0 | 184,6 | 50 |
| 55 | 166 | 111.932 | 4.150 | 0,00222 | 431,6 | 345,3 | 287,7 | 246,6 | 215,8 | 55 |
| 60 | 176 | 141.208 | 4.790 | 0,00176 | 498,2 | 398,5 | 332,1 | 284,7 | 249,1 | 60 |

| *Perfil HEA* | *P* en toneladas para una luz en m =* 4,50 | *5,00* | *5,50* | *6,00* | *6,50* | *7,00* | *8,00* | *9,00* | *10,00* | *Perfil HEA* |
|---|---|---|---|---|---|---|---|---|---|---|
| 10 | 3,36 | 3,03 | 2,75 | 2,52 | 2,33 | 2,16 | 1,89 | 1,68 | 1,51 | 10 |
| 12 | 4,90 | 4,41 | 4,01 | 3,67 | 3,39 | 3,15 | 2,76 | 2,45 | 2,20 | 12 |
| 14 | 7,16 | 6,45 | 5,86 | 5,37 | 4,96 | 4,61 | 4,03 | 3,58 | 3,22 | 14 |
| 16 | 10,17 | 9,15 | 8,32 | 7,63 | 7,04 | 6,54 | 5,72 | 5,08 | 4,58 | 16 |
| 18 | 13,59 | 12,23 | 11,12 | 10,19 | 9,41 | 8,74 | 7,64 | 6,79 | 6,11 | 18 |
| 20 | 17,98 | 16,18 | 14,71 | 13,48 | 12,45 | 11,56 | 10,11 | 8,99 | 8,09 | 20 |
| 22 | 23,80 | 21,42 | 19,48 | 17,85 | 16,48 | 15,30 | 13,39 | 11,90 | 10,71 | 22 |
| 24 | 31,20 | 28,08 | 25,53 | 23,40 | 21,60 | 20,06 | 17,55 | 15,60 | 14,04 | 24 |
| 26 | 38,64 | 34,78 | 31,62 | 28,98 | 26,75 | 24,84 | 21,74 | 13,92 | 17,39 | 26 |
| 28 | 46,68 | 42,02 | 38,20 | 35,01 | 32,32 | 30,01 | 26,26 | 23,34 | 21,01 | 28 |
| 30 | 58,24 | 52,42 | 47,65 | 43,68 | 40,32 | 37,44 | 32,76 | 29,12 | 26,21 | 30 |
| 32 | 68,41 | 61,57 | 55,97 | 51,31 | 47,36 | 43,98 | 38,48 | 34,20 | 30,78 | 32 |
| 34 | 77,65 | 69,89 | 63,53 | 58,24 | 53,76 | 49,92 | 43,68 | 38,83 | 34,94 | 34 |
| 36 | 87,36 | 78,62 | 71,48 | 65,52 | 60,48 | 56,16 | 49,14 | 43,68 | 39,31 | 36 |
| 40 | 106,8 | 96,10 | 87,35 | 80,08 | 73,92 | 68,64 | 60,06 | 53,59 | 48,05 | 40 |
| 45 | 134,0 | 120,6 | 109,6 | 100,5 | 92,80 | 86,17 | 75,40 | 67,02 | 60,32 | 45 |
| 50 | 164,1 | 147,7 | 134,3 | 123,1 | 113,6 | 105,5 | 92,30 | 82,04 | 73,84 | 50 |
| 55 | 191,8 | 172,6 | 156,9 | 143,9 | 132,8 | 122,8 | 107,9 | 95,91 | 86,32 | 55 |
| 60 | 221,4 | 199,3 | 181,1 | 166,0 | 153,3 | 140,2 | 124,5 | 110,7 | 99,63 | 60 |

Para $f = \frac{\ell}{300}$, $P^* = \frac{I}{4,963176 \times \ell^2}$; para $f = \frac{\ell}{n}$, $P^*_n = P^*_{300} \times \frac{n}{300}$

# *RESISTENCIA MÁXIMA PONDERADA P* A FLEXIÓN DE PERFILES HEM*

**TABLA $EA_f$-26**

Acero tipo A 42

$\sigma_u = \sigma_e = 2{,}6\ t/cm^2$

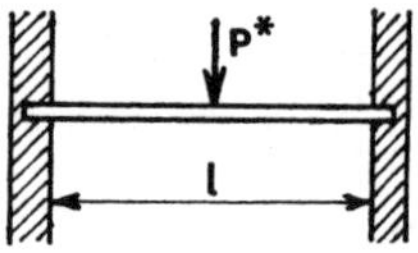


$$P^* = 0{,}208 \times \frac{W_x}{l}\ ,\ t/m$$

| *Perfil HEM* | *Peso kg* | $I_x$ $cm^4$ | $W_x$ $cm^3$ | *100 · k* | *P* en toneladas para una luz l en m =* 2,00 | 2,50 | 3,00 | 3,50 | 4,00 | *Perfil HEM* |
|---|---|---|---|---|---|---|---|---|---|---|
| 10 | 41,8 | 1.143 | 190 | 0,2170 | 19,76 | 15,81 | 13,17 | 11,29 | 9,88 | 10 |
| 12 | 52,1 | 2.018 | 288 | 0,1229 | 29,95 | 23,96 | 19,97 | 17,11 | 14,98 | 12 |
| 14 | 63,2 | 3.291 | 411 | 0,0754 | 42,74 | 34,19 | 28,50 | 24,42 | 21,37 | 14 |
| 16 | 76,2 | 5.098 | 566 | 0,0486 | 58,86 | 47,09 | 39,24 | 33,64 | 29,43 | 16 |
| 18 | 88,9 | 7.483 | 748 | 0,0327 | 77,79 | 62,23 | 51,86 | 44,45 | 38,90 | 18 |
| 20 | 103 | 10.620 | 967 | 0,0234 | 100,6 | 80,45 | 67,04 | 57,47 | 50,28 | 20 |
| 22 | 117 | 14.605 | 1.220 | 0,0170 | 126,9 | 101,5 | 84,57 | 72,50 | 63,44 | 22 |
| 24 | 157 | 24.289 | 1.800 | 0,0102 | 187,2 | 149,8 | 124,8 | 107,0 | 93,60 | 24 |
| 26 | 172 | 31.307 | 2.160 | 0,00792 | 224,6 | 179,8 | 149,8 | 128,4 | 112,3 | 26 |
| 28 | 189 | 39.547 | 2.550 | 0,00627 | 265,2 | 212,2 | 176,8 | 151,5 | 132,6 | 28 |
| 30 | 238 | 59.201 | 3.480 | 0,00419 | 361,9 | 289,5 | 241,3 | 206,8 | 181,0 | 30 |
| 32 | 245 | 68.135 | 3.800 | 0,00364 | 395,2 | 316,2 | 263,5 | 225,8 | 197,6 | 32 |
| 34 | 248 | 76.372 | 4.050 | 0,00325 | 421,2 | 337,0 | 280,8 | 240,7 | 210,6 | 34 |
| 36 | 250 | 84.867 | 4.300 | 0,00292 | 447,2 | 357,8 | 298,1 | 255,5 | 223,6 | 36 |
| 40 | 256 | 104.119 | 4.820 | 0,00238 | 501,3 | 401,0 | 334,2 | 286,4 | 250,6 | 40 |
| 45 | 263 | 131.484 | 5.500 | 0,00187 | 572,0 | 457,6 | 381,3 | 326,9 | 286,0 | 45 |
| 50 | 270 | 161.929 | 6.180 | 0,00153 | 642,7 | 514,2 | 428,5 | 367,3 | 321,4 | 50 |
| 55 | 278 | 197.984 | 6.920 | 0,00125 | 719,7 | 575,7 | 479,8 | 411,2 | 359,8 | 55 |
| 60 | 285 | 237.447 | 7.660 | 0,00104 | 796,6 | 637,3 | 531,1 | 455,2 | 398,3 | 60 |

| *Perfil HEM* | *P* en toneladas para una luz en m =* 4,50 | 5,00 | 5,50 | 6,00 | 6,50 | 7,00 | 8,00 | 9,00 | 10,00 | *Perfil HEM* |
|---|---|---|---|---|---|---|---|---|---|---|
| 10 | 8,78 | 7,90 | 7,18 | 6,59 | 6,08 | 5,65 | 4,94 | 4,39 | 3,95 | 10 |
| 12 | 13,31 | 11,98 | 10,89 | 9,98 | 9,22 | 8,56 | 7,49 | 6,66 | 5,99 | 12 |
| 14 | 19,00 | 17,10 | 15,54 | 14,25 | 13,15 | 12,21 | 10,69 | 9,50 | 8,55 | 14 |
| 16 | 26,16 | 23,55 | 21,40 | 19,62 | 18,11 | 16,82 | 14,72 | 13,08 | 11,77 | 16 |
| 18 | 34,57 | 31,12 | 28,29 | 25,93 | 23,94 | 22,23 | 19,45 | 17,29 | 15,56 | 18 |
| 20 | 44,70 | 40,23 | 36,57 | 33,52 | 30,94 | 28,73 | 25,14 | 22,35 | 20,11 | 20 |
| 22 | 56,39 | 50,75 | 46,14 | 42,29 | 39,04 | 36,25 | 31,72 | 28,20 | 25,38 | 22 |
| 24 | 83,20 | 74,88 | 68,07 | 62,40 | 57,60 | 53,49 | 46,80 | 41,60 | 37,44 | 24 |
| 26 | 99,84 | 89,86 | 81,69 | 74,88 | 69,12 | 64,18 | 56,16 | 49,92 | 44,93 | 26 |
| 28 | 117,9 | 106,1 | 96,44 | 88,40 | 81,60 | 75,77 | 66,30 | 58,93 | 53,04 | 28 |
| 30 | 160,9 | 144,8 | 131,6 | 120,6 | 111,4 | 103,4 | 90,48 | 80,43 | 72,38 | 30 |
| 32 | 175,6 | 158,1 | 143,7 | 131,7 | 121,6 | 112,9 | 98,80 | 87,82 | 79,04 | 32 |
| 34 | 187,2 | 168,5 | 153,2 | 140,4 | 129,6 | 120,3 | 105,3 | 93,60 | 84,24 | 34 |
| 36 | 198,8 | 178,9 | 162,6 | 149,1 | 137,6 | 127,8 | 111,8 | 99,38 | 89,44 | 36 |
| 40 | 222,8 | 200,5 | 182,3 | 167,1 | 154,2 | 143,2 | 125,3 | 111,4 | 100,3 | 40 |
| 45 | 254,2 | 228,8 | 208,0 | 190,7 | 176,0 | 163,4 | 143,0 | 127,1 | 114,4 | 45 |
| 50 | 285,7 | 257,1 | 233,7 | 214,2 | 197,8 | 183,6 | 160,7 | 142,8 | 128,5 | 50 |
| 55 | 319,9 | 287,9 | 261,7 | 239,9 | 221,4 | 205,6 | 179,9 | 159,9 | 143,9 | 55 |
| 60 | 354,1 | 318,7 | 289,7 | 265,5 | 245,1 | 227,6 | 199,2 | 177,0 | 159,3 | 60 |

Para $f = \frac{l}{300}$, $P^* = \frac{I}{4{,}963176 \times l^2}$; para $f = \frac{l}{n}$, $P^*_n = P^*_{300} \times \frac{n}{300}$

# *RESISTENCIA MÁXIMA PONDERADA P* A FLEXIÓN DE PERFILES UPN*

**TABLA $EA_f$-27**

Acero tipo A 42

$\sigma_u = \sigma_e = 2{,}6\ t/cm^2$

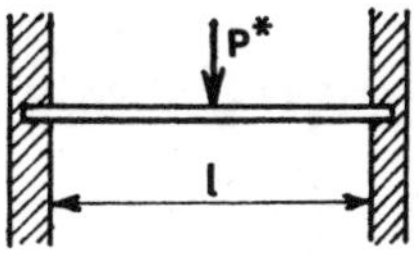


$$P^* = 0{,}208 \times \frac{W_x}{\ell},\ t/m$$

| *Perfil UPN* | *Peso kg* | *$I_x$ $cm^4$* | *$W_x$ $cm^3$* | *100 · k* | *$P^*_{máx.}$ en toneladas para una luz $\ell$ en m =* 2,00 | 2,50 | 3,00 | 3,50 | 4,00 | *Perfil UPN* |
|---|---|---|---|---|---|---|---|---|---|---|
| 8 | 8,64 | 106 | 26,3 | 2,3398 | 2,76 | 2,20 | 1,84 | 1,57 | 1,38 | 8 |
| 10 | 10,6 | 206 | 41,2 | 1,2040 | 4,28 | 3,43 | 2,86 | 2,45 | 2,14 | 10 |
| 12 | 13,4 | 364 | 60,7 | 0,6814 | 6,31 | 5,05 | 4,21 | 3,61 | 3,16 | 12 |
| 14 | 16,0 | 605 | 86,4 | 0,4099 | 8,99 | 7,19 | 5,99 | 5,13 | 4,49 | 14 |
| 16 | 18,8 | 925 | 116 | 0,2681 | 12,06 | 9,65 | 8,04 | 6,89 | 6,03 | 16 |
| 18 | 22,0 | 1.350 | 150 | 0,1837 | 15,60 | 12,48 | 10,40 | 8,91 | 7,80 | 18 |
| | | | | | | | | | | |
| 20 | 25,3 | 1.910 | 191 | 0,1299 | 19,86 | 15,89 | 13,24 | 11,35 | 9,93 | 20 |
| 22 | 29,4 | 2.690 | 245 | 0,0922 | 25,48 | 20,38 | 16,99 | 14,56 | 12,74 | 22 |
| 24 | 33,2 | 3.600 | 300 | 0,0689 | 31,20 | 24,96 | 20,80 | 17,83 | 15,60 | 24 |
| 26 | 37,9 | 4.820 | 371 | 0,0515 | 38,58 | 30,87 | 25,72 | 22,05 | 19,29 | 26 |
| 28 | 41,8 | 6.280 | 448 | 0,0395 | 46,59 | 37,27 | 31,06 | 26,62 | 23,30 | 28 |
| | | | | | | | | | | |
| 30 | 46,2 | 8.030 | 535 | 0,0389 | 55,64 | 44,51 | 37,09 | 31,79 | 27,82 | 30 |
| 32 | 59,5 | 10.870 | 679 | 0,0228 | 70,62 | 56,49 | 47,08 | 40,35 | 35,31 | 32 |
| 35 | 60,6 | 12.840 | 734 | 0,0193 | 76,34 | 61,07 | 50,89 | 43,62 | 38,17 | 35 |
| 38 | 63,1 | 15.760 | 829 | 0,0157 | 86,22 | 68,97 | 57,47 | 49,27 | 43,11 | 38 |
| 40 | 71,8 | 20.350 | 1.020 | 0,0122 | 106,1 | 84,86 | 70,72 | 60,62 | 53,04 | 40 |

| *Perfil UPN* | *$P^*_{máx.}$ en toneladas para una luz $\ell$ en m =* 4,50 | 5,00 | 5,50 | 6,00 | 6,50 | 7,00 | 8,00 | 9,00 | 10,00 | *Perfil UPN* |
|---|---|---|---|---|---|---|---|---|---|---|
| 8 | 1,22 | 1,10 | 1,00 | 0,92 | 0,85 | 0,79 | 0,69 | 0,61 | 0,55 | 8 |
| 10 | 1,90 | 1,71 | 1,56 | 1,43 | 1,32 | 1,22 | 1,07 | 0,95 | 0,86 | 10 |
| 12 | 2,81 | 2,52 | 2,30 | 2,10 | 1,94 | 1,80 | 1,58 | 1,40 | 1,26 | 12 |
| 14 | 3,99 | 3,59 | 3,27 | 2,99 | 2,76 | 2,57 | 2,25 | 2,00 | 1,80 | 14 |
| 16 | 5,36 | 4,83 | 4,39 | 4,02 | 3,71 | 3,45 | 3,02 | 2,68 | 2,41 | 16 |
| 18 | 6,93 | 6,24 | 5,67 | 5,20 | 4,80 | 4,46 | 3,90 | 3,47 | 3,12 | 18 |
| | | | | | | | | | | |
| 20 | 8,83 | 7,95 | 7,22 | 6,62 | 6,11 | 5,67 | 4,97 | 4,41 | 3,97 | 20 |
| 22 | 11,32 | 10,19 | 9,26 | 8,49 | 7,84 | 7,28 | 6,37 | 5,66 | 5,10 | 22 |
| 24 | 13,87 | 12,48 | 11,34 | 10,40 | 9,60 | 8,91 | 7,80 | 6,93 | 6,24 | 24 |
| 26 | 17,15 | 15,43 | 14,03 | 12,86 | 11,87 | 11,02 | 9,65 | 8,57 | 7,72 | 26 |
| 28 | 20,71 | 18,64 | 16,94 | 15,53 | 14,34 | 13,31 | 11,65 | 10,35 | 9,32 | 28 |
| | | | | | | | | | | |
| 30 | 24,73 | 22,26 | 20,23 | 18,55 | 17,12 | 15,90 | 13,91 | 12,36 | 11,13 | 30 |
| 32 | 31,38 | 28,25 | 25,68 | 23,54 | 21,73 | 20,18 | 17,65 | 15,69 | 14,12 | 32 |
| 35 | 33,93 | 30,53 | 27,76 | 25,45 | 23,49 | 21,81 | 19,08 | 16,96 | 15,27 | 35 |
| 38 | 38,32 | 34,49 | 31,35 | 28,74 | 26,53 | 24,63 | 21,55 | 19,16 | 17,24 | 38 |
| 40 | 47,15 | 42,43 | 38,57 | 35,36 | 32,64 | 30,31 | 26,52 | 23,57 | 21,22 | 40 |

Para $f = \frac{\ell}{300}$, $P^* = \frac{I}{4{,}963176 \times \ell^2}$; para $f = \frac{\ell}{n}$, $P^*_n = P^*_{300} \times \frac{n}{300}$

| La flexión en elementos estructurales | **RESISTENCIA MÁXIMA PONDERADA $q^*$ A FLEXIÓN DE PERFILES IPN** | TABLA $EA_f$-28 |
|---|---|---|

Acero tipo A 42

$\sigma_u = \sigma_e = 2{,}6$ t/cm$^2$

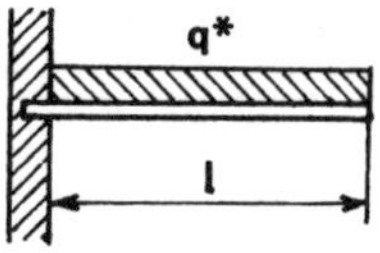


$$q^* = 0{,}052 \times \frac{W_x}{\ell^2}, \text{ t/m}$$

| Perfil IPN | Peso kg | $I_x$ cm$^4$ | $W_x$ cm$^3$ | k | $q^*$ en toneladas para una luz $\ell$ en m = 2,00 | 2,50 | 3,00 | 3,50 | 4,00 | Perfil IPN |
|---|---|---|---|---|---|---|---|---|---|---|
| 10 | 8,34 | 171 | 34,2 | 0,3481 | 0,44 | 0,28 | 0,20 | 0,14 | 0,11 | 10 |
| 12 | 11,1 | 328 | 54,7 | 0,1815 | 0,71 | 0,45 | 0,32 | 0,23 | 0,18 | 12 |
| 14 | 14,3 | 573 | 81,9 | 0,1039 | 1,06 | 0,68 | 0,47 | 0,35 | 0,27 | 14 |
| 16 | 17,9 | 935 | 117 | 0,0713 | 1,52 | 0,97 | 0,68 | 0,50 | 0,38 | 16 |
| 18 | 21,9 | 1.450 | 161 | 0,0411 | 2,09 | 1,34 | 0,93 | 0,68 | 0,52 | 18 |
| 20 | 26,2 | 2.140 | 214 | 0,0278 | 2,78 | 1,78 | 1,24 | 0,91 | 0,69 | 20 |
| 22 | 31,1 | 3.060 | 278 | 0,0195 | 3,61 | 2,31 | 1,61 | 1,18 | 0,90 | 22 |
| 24 | 36,2 | 4.250 | 354 | 0,0140 | 4,60 | 2,94 | 2,04 | 1,50 | 1,15 | 24 |
| 26 | 41,9 | 5.740 | 442 | 0,0104 | 5,75 | 3,68 | 2,55 | 1,88 | 1,44 | 26 |
| 28 | 47,9 | 7.590 | 542 | 0,00784 | 7,05 | 4,51 | 3,13 | 2,30 | 1,76 | 28 |
| 30 | 54,2 | 9.800 | 653 | 0,00607 | 8,49 | 5,43 | 3,77 | 2,77 | 2,12 | 30 |
| 32 | 61,0 | 12.510 | 782 | 0,00476 | 10,17 | 6,51 | 4,52 | 3,22 | 2,54 | 32 |
| 34 | 68,0 | 15.700 | 923 | 0,00379 | 12,00 | 7,68 | 5,33 | 3,92 | 3,00 | 34 |
| 36 | 76,1 | 19.610 | 1.090 | 0,00304 | 14,17 | 9,07 | 6,30 | 4,63 | 3,54 | 36 |
| 38 | 84,0 | 24.010 | 1.260 | 0,00248 | 16,38 | 10,48 | 7,28 | 5,35 | 4,09 | 38 |
| 40 | 92,4 | 29.210 | 1.460 | 0,00204 | 18,98 | 12,15 | 8,44 | 6,20 | 4,74 | 40 |
| 45 | 115 | 45.850 | 2.040 | 0,00130 | 26,52 | 16,97 | 11,79 | 8,66 | 6,63 | 45 |
| 50 | 141 | 68.740 | 2.750 | 0,000866 | 35,75 | 22,88 | 15,89 | 11,67 | 8,94 | 50 |
| 55 | 166 | 99.180 | 3.610 | 0,000600 | 46,93 | 30,03 | 20,86 | 15,32 | 11,73 | 55 |
| 60 | 199 | 139.000 | 4.630 | 0,000428 | 60,19 | 38,52 | 26,75 | 19,65 | 15,05 | 60 |

| Perfil IPN | $q^*$ en toneladas para una luz $\ell$ en m = 4,50 | 5,00 | 5,50 | 6,00 | 6,50 | 7,00 | 8,00 | 9,00 | 10,00 | Perfil IPN |
|---|---|---|---|---|---|---|---|---|---|---|
| 10 | 0,09 | 0,07 | 0,06 | 0,05 | 0,04 | 0,04 | 0,03 | 0,02 | 0,02 | 10 |
| 12 | 0,14 | 0,11 | 0,09 | 0,08 | 0,07 | 0,06 | 0,04 | 0,03 | 0,03 | 12 |
| 14 | 0,21 | 0,17 | 0,14 | 0,12 | 0,10 | 0,09 | 0,07 | 0,05 | 0,04 | 14 |
| 16 | 0,30 | 0,24 | 0,20 | 0,17 | 0,14 | 0,12 | 0,09 | 0,07 | 0,06 | 16 |
| 18 | 0,41 | 0,33 | 0,28 | 0,23 | 0,20 | 0,17 | 0,13 | 0,10 | 0,08 | 18 |
| 20 | 0,55 | 0,44 | 0,37 | 0,31 | 0,26 | 0,23 | 0,17 | 0,14 | 0,11 | 20 |
| 22 | 0,71 | 0,58 | 0,48 | 0,40 | 0,34 | 0,29 | 0,23 | 0,18 | 0,14 | 22 |
| 24 | 0,91 | 0,74 | 0,61 | 0,51 | 0,44 | 0,38 | 0,29 | 0,23 | 0,18 | 24 |
| 26 | 1,13 | 0,92 | 0,76 | 0,64 | 0,54 | 0,47 | 0,36 | 0,28 | 0,23 | 26 |
| 28 | 1,39 | 1,13 | 0,93 | 0,78 | 0,67 | 0,57 | 0,44 | 0,35 | 0,28 | 28 |
| 30 | 1,68 | 1,36 | 1,12 | 0,94 | 0,80 | 0,69 | 0,53 | 0,42 | 0,34 | 30 |
| 32 | 2,01 | 1,63 | 1,34 | 1,13 | 0,96 | 0,83 | 0,63 | 0,50 | 0,41 | 32 |
| 34 | 2,37 | 1,92 | 1,59 | 1,33 | 1,14 | 0,98 | 0,75 | 0,59 | 0,48 | 34 |
| 36 | 2,80 | 2,27 | 1,87 | 1,57 | 1,34 | 1,16 | 0,89 | 0,70 | 0,57 | 36 |
| 38 | 3,24 | 2,62 | 2,17 | 1,82 | 1,55 | 1,34 | 1,02 | 0,81 | 0,65 | 38 |
| 40 | 3,75 | 3,04 | 2,51 | 2,11 | 1,80 | 1,55 | 1,19 | 0,94 | 0,76 | 40 |
| 45 | 5,24 | 4,24 | 3,51 | 2,95 | 2,51 | 2,16 | 1,66 | 1,31 | 1,06 | 45 |
| 50 | 7,06 | 5,72 | 4,73 | 3,97 | 3,38 | 2,92 | 2,23 | 1,76 | 1,43 | 50 |
| 55 | 9,27 | 7,51 | 6,21 | 5,21 | 4,44 | 3,83 | 2,93 | 2,32 | 1,88 | 55 |
| 60 | 11,89 | 9,63 | 7,96 | 6,69 | 5,70 | 4,91 | 3,76 | 2,97 | 2,41 | 60 |

Para $f = \frac{\ell}{300}$, $\frac{59{,}52381}{I} \cdot q\,\ell^4 = \frac{100 \times \ell}{300}$; $q = \frac{I}{3 \times 59{,}52381 \times \ell^3}$, $q^* = \frac{I}{119{,}04762 \times \ell^3}$ $(\gamma = 1{,}5)$

# RESISTENCIA MÁXIMA PONDERADA $q^*$ A FLEXIÓN DE PERFILES IPE



Acero tipo A 42

$\sigma_u = \sigma_e = 2{,}6$ t/cm$^2$

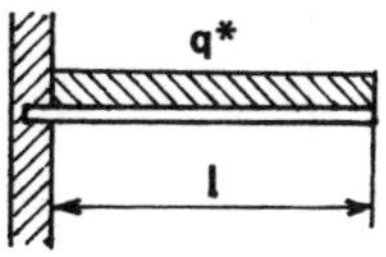


$$q^* = 0{,}052 \times \frac{W_x}{\ell^2}, \text{ t}$$

| *Perfil IPE* | *Peso kg* | *$I_x$ cm$^4$* | *$W_x$ cm$^3$* | *k* | *q* en toneladas para una luz ℓ en m =* 2,00 | 2,50 | 3,00 | 3,50 | 4,00 | *Perfil IPE* |
|---|---|---|---|---|---|---|---|---|---|---|
| 8 | 6,00 | 80,1 | 20,0 | 0,7431 | 0,26 | 0,17 | 0,12 | 0,08 | 0,06 | 8 |
| 10 | 8,10 | 171 | 34,2 | 0,3481 | 0,44 | 0,28 | 0,20 | 0,14 | 0,11 | 10 |
| 12 | 10,4 | 318 | 53,0 | 0,1872 | 0,69 | 0,44 | 0,31 | 0,22 | 0,17 | 12 |
| 14 | 12,9 | 541 | 77,3 | 0,1100 | 1,00 | 0,64 | 0,45 | 0,33 | 0,25 | 14 |
| 16 | 15,8 | 869 | 109 | 0,0685 | 1,42 | 0,91 | 0,63 | 0,46 | 0,35 | 16 |
| 18 | 18,8 | 1.320 | 146 | 0,0451 | 1,90 | 1,21 | 0,84 | 0,62 | 0,47 | 18 |
| 20 | 22,4 | 1.940 | 194 | 0,0307 | 2,52 | 1,61 | 1,12 | 0,82 | 0,63 | 20 |
| | | | | | | | | | | |
| 22 | 26,2 | 2.770 | 252 | 0,0215 | 3,28 | 2,10 | 1,46 | 1,07 | 0,82 | 22 |
| 24 | 30,7 | 3.890 | 324 | 0,0153 | 4,21 | 2,70 | 1,87 | 1,38 | 1,05 | 24 |
| 27 | 36,1 | 5.790 | 429 | 0,0103 | 5,58 | 3,57 | 2,48 | 1,82 | 1,39 | 27 |
| 30 | 42,2 | 8.360 | 557 | 0,00712 | 7,24 | 4,63 | 3,22 | 2,36 | 1,81 | 30 |
| 33 | 49,1 | 11.770 | 713 | 0,00506 | 9,27 | 5,93 | 4,12 | 3,03 | 2,32 | 33 |
| 36 | 57,1 | 16.270 | 904 | 0,00366 | 11,75 | 7,52 | 5,22 | 3,84 | 2,94 | 36 |
| | | | | | | | | | | |
| 40 | 66,3 | 23.130 | 1.160 | 0,00257 | 15,08 | 9,65 | 6,70 | 4,92 | 3,77 | 40 |
| 45 | 77,6 | 33.740 | 1.500 | 0,00176 | 19,50 | 12,48 | 8,67 | 6,37 | 4,88 | 45 |
| 50 | 90,7 | 48.200 | 1.930 | 0,00123 | 25,09 | 16,06 | 11,15 | 8,19 | 6,27 | 50 |
| 55 | 106 | 67.120 | 2.440 | 0,000887 | 31,72 | 20,30 | 14,10 | 10,36 | 7,93 | 55 |
| 60 | 122 | 92.080 | 3.070 | 0,000646 | 39,91 | 25,54 | 17,74 | 13,03 | 9,98 | 60 |

| *Perfil IPE* | *q* en toneladas para una luz en m =* 4,50 | 5,00 | 5,50 | 6,00 | 6,50 | 7,00 | 8,00 | 9,00 | 10,00 | *Perfil IPE* |
|---|---|---|---|---|---|---|---|---|---|---|
| 8 | 0,05 | 0,04 | 0,03 | 0,03 | 0,02 | 0,02 | 0,02 | 0,01 | 0,01 | 8 |
| 10 | 0,09 | 0,07 | 0,06 | 0,05 | 0,04 | 0,04 | 0,03 | 0,02 | 0,02 | 10 |
| 12 | 0,14 | 0,11 | 0,09 | 0,08 | 0,06 | 0,06 | 0,04 | 0,03 | 0,03 | 12 |
| 14 | 0,20 | 0,16 | 0,13 | 0,11 | 0,09 | 0,08 | 0,06 | 0,05 | 0,04 | 14 |
| 16 | 0,28 | 0,24 | 0,19 | 0,16 | 0,13 | 0,12 | 0,09 | 0,07 | 0,06 | 16 |
| 18 | 0,38 | 0,30 | 0,25 | 0,21 | 0,18 | 0,15 | 0,12 | 0,09 | 0,08 | 18 |
| 20 | 0,50 | 0,40 | 0,33 | 0,28 | 0,24 | 0,21 | 0,16 | 0,13 | 0,10 | 20 |
| | | | | | | | | | | |
| 22 | 0,65 | 0,52 | 0,43 | 0,36 | 0,31 | 0,27 | 0,20 | 0,16 | 0,13 | 22 |
| 24 | 0,83 | 0,67 | 0,56 | 0,47 | 0,40 | 0,34 | 0,26 | 0,21 | 0,17 | 24 |
| 27 | 1,10 | 0,89 | 0,74 | 0,62 | 0,53 | 0,45 | 0,35 | 0,27 | 0,22 | 27 |
| 30 | 1,43 | 1,16 | 0,96 | 0,80 | 0,69 | 0,59 | 0,45 | 0,36 | 0,29 | 30 |
| 33 | 1,83 | 1,48 | 1,23 | 1,03 | 0,88 | 0,76 | 0,58 | 0,46 | 0,37 | 33 |
| 36 | 2,32 | 1,88 | 1,55 | 1,31 | 1,11 | 0,96 | 0,73 | 0,58 | 0,47 | 36 |
| | | | | | | | | | | |
| 40 | 2,98 | 2,41 | 1,99 | 1,68 | 1,43 | 1,23 | 0,94 | 0,74 | 0,60 | 40 |
| 45 | 3,85 | 3,12 | 2,58 | 2,17 | 1,85 | 1,59 | 1,22 | 0,96 | 0,78 | 45 |
| 50 | 4,96 | 4,01 | 3,32 | 2,79 | 2,38 | 2,05 | 1,57 | 1,24 | 1,00 | 50 |
| 55 | 6,27 | 5,07 | 4,19 | 3,52 | 3,00 | 2,59 | 1,98 | 1,57 | 1,27 | 55 |
| 60 | 7,88 | 6,39 | 5,28 | 4,43 | 3,78 | 3,26 | 2,49 | 1,97 | 1,60 | 60 |

Para $f = \dfrac{\ell}{300}$, $q^* = \dfrac{I}{119{,}04762 \times \ell^3}$; para $f = \dfrac{\ell}{n}$, $q^*_n = q^*_{300} \times \dfrac{n}{300}$

# *RESISTENCIA MÁXIMA PONDERADA q* A FLEXIÓN DE PERFILES HEB*

**TABLA $EA_f$-30**

Acero tipo A 42

$\sigma_u = \sigma_e = 2,6$ t/cm²

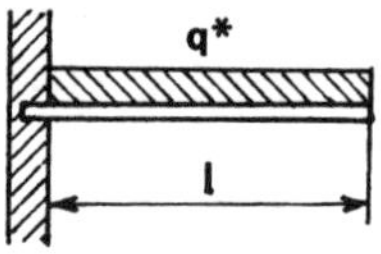


$$q^* = 0{,}052 \times \frac{W_x}{\ell^2}$$

| *Perfil HEB* | *Peso kg* | *$I_x$ cm⁴* | *$W_x$ cm³* | *k* | *q* en toneladas para una luz ℓ en m =* 2,00 | 2,50 | 3,00 | 3,50 | 4,00 | *Perfil HEB* |
|---|---|---|---|---|---|---|---|---|---|---|
| 10 | 20,4 | 450 | 90 | 0,1323 | 1,17 | 0,75 | 0,52 | 0,38 | 0,29 | 10 |
| 12 | 26,7 | 864 | 144 | 0,0689 | 1,87 | 1,20 | 0,83 | 0,61 | 0,47 | 12 |
| 14 | 33,7 | 1.509 | 216 | 0,0395 | 2,81 | 1,80 | 1,25 | 0,92 | 0,70 | 14 |
| 16 | 42,6 | 2.492 | 311 | 0,0239 | 4,04 | 2,59 | 1,80 | 1,32 | 1,01 | 16 |
| 18 | 51,2 | 3.831 | 426 | 0,0155 | 5,54 | 3,54 | 2,46 | 1,81 | 1,38 | 18 |
| 20 | 61,3 | 5.696 | 570 | 0,0105 | 7,41 | 4,74 | 3,29 | 2,42 | 1,85 | 20 |
| 22 | 71,5 | 8.091 | 736 | 0,00736 | 9,57 | 6,12 | 4,25 | 3,12 | 2,39 | 22 |
| 24 | 83,2 | 11.259 | 938 | 0,00529 | 12,19 | 7,80 | 5,42 | 3,98 | 3,05 | 24 |
| 26 | 93,0 | 14.919 | 1.150 | 0,00399 | 14,95 | 9,57 | 6,64 | 4,88 | 3,74 | 26 |
| 28 | 103 | 19.270 | 1.380 | 0,00309 | 17,94 | 11,48 | 7,97 | 5,86 | 4,48 | 28 |
| 30 | 117 | 25.166 | 1.680 | 0,00237 | 21,84 | 13,98 | 9,71 | 7,13 | 5,46 | 30 |
| 32 | 127 | 30.823 | 1.930 | 0,00193 | 25,09 | 16,06 | 11,15 | 8,19 | 6,27 | 32 |
| 34 | 134 | 36.656 | 2.160 | 0,00162 | 28,08 | 17,97 | 12,48 | 9,17 | 7,02 | 34 |
| 36 | 142 | 43.193 | 2.400 | 0,00138 | 31,20 | 19,97 | 13,87 | 10,19 | 7,80 | 36 |
| 40 | 155 | 57.680 | 2.880 | 0,00103 | 37,44 | 23,96 | 16,64 | 12,22 | 9,36 | 40 |
| 45 | 171 | 79.887 | 3.550 | 0,000745 | 46,15 | 29,54 | 20,51 | 15,07 | 11,54 | 45 |
| 50 | 187 | 107.176 | 4.290 | 0,000555 | 55,77 | 35,69 | 24,79 | 18,21 | 13,94 | 50 |
| 55 | 199 | 136.691 | 4.970 | 0,000436 | 64,61 | 41,35 | 28,72 | 21,10 | 16,15 | 55 |
| 60 | 212 | 171.041 | 5.700 | 0,000348 | 74,10 | 47,42 | 32,93 | 24,20 | 18,52 | 60 |

| *Perfil HEB* | *q* en toneladas para una luz en m =* 4,50 | 5,00 | 5,50 | 6,00 | 6,50 | 7,00 | 8,00 | 9,00 | 10,00 | *Perfil HEB* |
|---|---|---|---|---|---|---|---|---|---|---|
| 10 | 0,23 | 0,19 | 0,15 | 0,13 | 0,11 | 0,10 | 0,07 | 0,06 | 0,05 | 10 |
| 12 | 0,37 | 0,30 | 0,25 | 0,21 | 0,18 | 0,15 | 0,12 | 0,09 | 0,07 | 12 |
| 14 | 0,55 | 0,45 | 0,37 | 0,31 | 0,27 | 0,23 | 0,17 | 0,14 | 0,11 | 14 |
| 16 | 0,80 | 0,65 | 0,53 | 0,45 | 0,38 | 0,33 | 0,25 | 0,20 | 0,16 | 16 |
| 18 | 1,09 | 0,89 | 0,73 | 0,61 | 0,52 | 0,45 | 0,35 | 0,27 | 0,22 | 18 |
| 20 | 1,46 | 1,19 | 0,98 | 0,82 | 0,70 | 0,60 | 0,46 | 0,37 | 0,30 | 20 |
| 22 | 1,89 | 1,53 | 1,26 | 1,06 | 0,91 | 0,78 | 0,60 | 0,47 | 0,38 | 22 |
| 24 | 2,41 | 1,95 | 1,61 | 1,35 | 1,15 | 0,99 | 0,76 | 0,60 | 0,49 | 24 |
| 26 | 2,95 | 2,39 | 1,98 | 1,66 | 1,41 | 1,22 | 0,93 | 0,74 | 0,60 | 26 |
| 28 | 3,54 | 2,87 | 2,37 | 1,99 | 1,70 | 1,46 | 1,12 | 0,89 | 0,72 | 28 |
| 30 | 4,31 | 3,49 | 2,89 | 2,43 | 2,07 | 1,78 | 1,36 | 1,08 | 0,87 | 30 |
| 32 | 4,96 | 4,01 | 3,32 | 2,79 | 2,38 | 2,05 | 1,57 | 1,24 | 1,00 | 32 |
| 34 | 5,55 | 4,49 | 3,71 | 3,12 | 2,66 | 2,29 | 1,75 | 1,39 | 1,12 | 34 |
| 36 | 6,16 | 4,99 | 4,13 | 3,47 | 2,95 | 2,55 | 1,95 | 1,54 | 1,25 | 36 |
| 40 | 7,40 | 5,99 | 4,95 | 4,16 | 3,54 | 3,06 | 2,34 | 1,85 | 1,50 | 40 |
| 45 | 9,12 | 7,38 | 6,10 | 5,13 | 4,37 | 3,77 | 2,88 | 2,28 | 1,85 | 45 |
| 50 | 11,02 | 8,92 | 7,38 | 6,20 | 5,28 | 4,55 | 3,49 | 2,75 | 2,23 | 50 |
| 55 | 12,76 | 10,34 | 8,54 | 7,18 | 6,12 | 5,27 | 4,04 | 3,19 | 2,58 | 55 |
| 60 | 14,64 | 11,86 | 9,80 | 8,23 | 7,01 | 6,05 | 4,63 | 3,66 | 2,96 | 60 |

Para $f = \frac{\ell}{300}$, $q^* = \frac{I}{119{,}04762 \times \ell^3}$; para $f = \frac{\ell}{n}$, $q^*_n = q^*_{300} \times \frac{n}{300}$

| La flexión en elementos estructurales | ***RESISTENCIA MÁXIMA PONDERADA q* A FLEXIÓN DE PERFILES HEA*** | **TABLA $EA_f$-31** |
|---|---|---|

Acero tipo A 42

$\sigma_u = \sigma_e = 2{,}6\ t/cm^2$

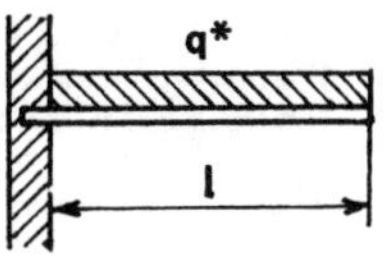


$$q^* = 0{,}052 \times \frac{W_x}{\ell^2}\ ,\ t$$

| *Perfil HEA* | *Peso kg* | $I_x$ *cm⁴* | $W_x$ *cm³* | *k* | *q* en toneladas para una luz ℓ en m =* 2,00 | 2,50 | 3,00 | 3,50 | 4,00 | *Perfil HEA* |
|---|---|---|---|---|---|---|---|---|---|---|
| 10 | 16,7 | 349 | 73 | 0,1706 | 0,95 | 0,61 | 0,42 | 0,31 | 0,24 | 10 |
| 12 | 19,9 | 606 | 106 | 0,0982 | 1,38 | 0,88 | 0,61 | 0,45 | 0,34 | 12 |
| 14 | 24,7 | 1.033 | 155 | 0,0576 | 2,01 | 1,29 | 0,90 | 0,66 | 0,50 | 14 |
| 16 | 30,4 | 1.673 | 220 | 0,0356 | 2,86 | 1,83 | 1,27 | 0,93 | 0,71 | 16 |
| 18 | 35,5 | 2.510 | 294 | 0,0237 | 3,82 | 2,45 | 1,70 | 1,25 | 0,95 | 18 |
| 20 | 42,3 | 3.692 | 389 | 0,0161 | 5,06 | 3,24 | 2,25 | 1,65 | 1,26 | 20 |
| 22 | 50,5 | 5.410 | 515 | 0,0110 | 6,69 | 4,28 | 2,98 | 2,19 | 1,67 | 22 |
| 24 | 60,3 | 7.763 | 675 | 0,00767 | 8,77 | 5,62 | 3,90 | 2,86 | 2,19 | 24 |
| 26 | 68,2 | 10.455 | 836 | 0,0712 | 10,87 | 6,96 | 4,83 | 3,55 | 2,72 | 26 |
| 28 | 76,4 | 13.673 | 1.010 | 0,00435 | 13,13 | 8,40 | 5,84 | 4,29 | 3,28 | 28 |
| 30 | 88,3 | 18.263 | 1.260 | 0,00326 | 16,38 | 10,48 | 7,28 | 5,35 | 4,09 | 30 |
| 32 | 97,6 | 22.928 | 1.480 | 0,00260 | 19,24 | 12,31 | 8,55 | 6,28 | 4,81 | 32 |
| 34 | 105 | 27.693 | 1.680 | 0,00215 | 21,84 | 13,98 | 9,71 | 7,13 | 5,46 | 34 |
| 36 | 112 | 33.090 | 1.890 | 0,00180 | 24,57 | 15,72 | 10,92 | 8,02 | 6,14 | 36 |
| 40 | 125 | 45.069 | 2.310 | 0,00132 | 30,03 | 19,22 | 13,35 | 9,81 | 7,51 | 40 |
| 45 | 140 | 63.722 | 2.900 | 0,000934 | 37,70 | 24,13 | 16,72 | 12,31 | 9,42 | 45 |
| 50 | 155 | 86.975 | 3.550 | 0,000684 | 46,15 | 29,54 | 20,51 | 15,07 | 11,54 | 50 |
| 55 | 166 | 111.932 | 4.150 | 0,000532 | 53,95 | 34,53 | 23,98 | 17,62 | 13,49 | 55 |
| 60 | 176 | 141.208 | 4.790 | 0,000422 | 62,27 | 39,85 | 27,68 | 20,33 | 15,57 | 60 |

| *Perfil HEA* | *q* en toneladas para una luz en m =* 4,50 | 5,00 | 5,50 | 6,00 | 6,50 | 7,00 | 8,00 | 9,00 | 10,00 | *Perfil HEA* |
|---|---|---|---|---|---|---|---|---|---|---|
| 10 | 0,19 | 0,15 | 0,13 | 0,10 | 0,09 | 0,08 | 0,06 | 0,05 | 0,04 | 10 |
| 12 | 0,27 | 0,22 | 0,18 | 0,15 | 0,13 | 0,11 | 0,09 | 0,07 | 0,05 | 12 |
| 14 | 0,40 | 0,32 | 0,27 | 0,22 | 0,19 | 0,16 | 0,13 | 0,10 | 0,08 | 14 |
| 16 | 0,56 | 0,46 | 0,38 | 0,32 | 0,27 | 0,23 | 0,18 | 0,14 | 0,11 | 16 |
| 18 | 0,75 | 0,61 | 0,50 | 0,42 | 0,36 | 0,31 | 0,24 | 0,19 | 0,15 | 18 |
| 20 | 1,00 | 0,81 | 0,67 | 0,56 | 0,48 | 0,41 | 0,32 | 0,25 | 0,20 | 20 |
| 22 | 1,32 | 1,07 | 0,88 | 0,74 | 0,63 | 0,55 | 0,42 | 0,33 | 0,27 | 22 |
| 24 | 1,73 | 1,40 | 1,16 | 0,97 | 0,83 | 0,72 | 0,55 | 0,43 | 0,35 | 24 |
| 26 | 2,15 | 1,74 | 1,44 | 1,21 | 1,03 | 0,89 | 0,68 | 0,54 | 0,43 | 26 |
| 28 | 2,59 | 2,10 | 1,74 | 1,46 | 1,24 | 1,07 | 0,82 | 0,65 | 0,52 | 28 |
| 30 | 3,24 | 2,62 | 2,17 | 1,82 | 1,55 | 1,34 | 1,02 | 0,81 | 0,65 | 30 |
| 32 | 3,80 | 3,08 | 2,54 | 2,14 | 1,82 | 1,57 | 1,20 | 0,95 | 0,77 | 32 |
| 34 | 4,31 | 3,49 | 2,89 | 2,43 | 2,07 | 1,78 | 1,36 | 1,08 | 0,87 | 34 |
| 36 | 4,85 | 3,93 | 3,25 | 2,73 | 2,33 | 2,01 | 1,54 | 1,21 | 0,98 | 36 |
| 40 | 5,93 | 4,80 | 3,97 | 3,34 | 2,84 | 2,45 | 1,88 | 1,48 | 1,20 | 40 |
| 45 | 7,45 | 6,03 | 4,98 | 4,19 | 3,57 | 3,08 | 2,36 | 1,86 | 1,51 | 45 |
| 50 | 9,12 | 7,38 | 6,10 | 5,13 | 4,37 | 3,77 | 2,88 | 2,28 | 1,85 | 50 |
| 55 | 10,66 | 8,63 | 7,13 | 5,99 | 5,11 | 4,40 | 3,37 | 2,66 | 2,16 | 55 |
| 60 | 12,30 | 9,96 | 8,23 | 6,92 | 5,89 | 5,08 | 3,89 | 3,07 | 2,49 | 60 |

Para $f = \frac{\ell}{300}$, $q^* = \frac{I}{119{,}04762 \times \ell^3}$; para $f = \frac{\ell}{n}$, $q^*_n = q^*_{300} \times \frac{n}{300}$

| La flexión en elementos estructurales | **RESISTENCIA MÁXIMA PONDERADA $q^*$ A FLEXIÓN DE PERFILES HEM** | **TABLA $EA_f$-32** |
|---|---|---|

Acero tipo A 42

$\sigma_u = \sigma_e = 2{,}6\ t/cm^2$

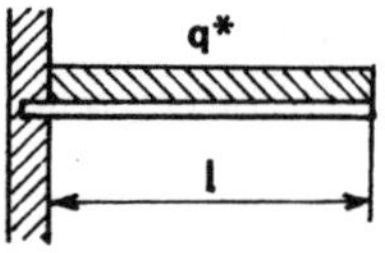


$$q^* = 0{,}052 \times \frac{W_x}{\ell^2},\ t/cm^2$$

| *Perfil HEM* | *Peso kg* | $I_x$ $cm^4$ | $W_x$ $cm^3$ | *k* | *q* en toneladas para una luz ℓ en m =* 2,00 | 2,50 | 3,00 | 3,50 | 4,00 | *Perfil HEM* |
|---|---|---|---|---|---|---|---|---|---|---|
| 10 | 41,8 | 1.143 | 190 | 0,0521 | 2,47 | 1,58 | 1,10 | 0,81 | 0,62 | 10 |
| 12 | 52,1 | 2.018 | 288 | 0,0295 | 3,74 | 2,40 | 1,66 | 1,22 | 0,94 | 12 |
| 14 | 63,2 | 3.291 | 411 | 0,0181 | 5,34 | 3,42 | 2,38 | 1,74 | 1,34 | 14 |
| 16 | 76,2 | 5.098 | 566 | 0,0117 | 7,36 | 4,71 | 3,27 | 2,40 | 1,84 | 16 |
| 18 | 88,9 | 7.483 | 748 | 0,00795 | 9,72 | 6,22 | 4,32 | 3,17 | 2,43 | 18 |
| 20 | 103 | 10.620 | 967 | 0,00560 | 12,57 | 8,04 | 5,59 | 4,10 | 3,14 | 20 |
| 22 | 117 | 14.605 | 1.220 | 0,00408 | 15,86 | 10,15 | 7,05 | 5,18 | 3,96 | 22 |
| 24 | 157 | 24.289 | 1.800 | 0,00245 | 23,40 | 14,98 | 10,40 | 7,64 | 5,85 | 24 |
| 26 | 172 | 31.307 | 2.160 | 0,00190 | 28,08 | 17,97 | 12,48 | 9,17 | 7,02 | 26 |
| 28 | 189 | 39.547 | 2.550 | 0,00151 | 33,15 | 21,22 | 14,73 | 10,82 | 8,29 | 28 |
| 30 | 238 | 59.201 | 3.480 | 0,00101 | 45,24 | 28,95 | 20,11 | 14,77 | 11,31 | 30 |
| 32 | 245 | 68.135 | 3.800 | 0,000874 | 49,40 | 31,62 | 21,96 | 16,13 | 12,35 | 32 |
| 34 | 248 | 76.372 | 4.050 | 0,000779 | 52,65 | 33,70 | 23,40 | 17,19 | 13,16 | 34 |
| 36 | 250 | 84.867 | 4.300 | 0,000701 | 55,90 | 35,78 | 24,84 | 18,25 | 13,97 | 36 |
| 40 | 256 | 104.119 | 4.820 | 0,000572 | 62,66 | 40,10 | 27,85 | 20,46 | 15,66 | 40 |
| 45 | 263 | 131.484 | 5.500 | 0,000453 | 71,50 | 45,76 | 31,78 | 23,35 | 17,88 | 45 |
| 50 | 270 | 161.929 | 6.180 | 0,000368 | 80,34 | 51,42 | 35,71 | 26,23 | 20,08 | 50 |
| 55 | 278 | 197.984 | 6.920 | 0,000301 | 89,96 | 57,57 | 39,98 | 29,38 | 22,49 | 55 |
| 60 | 285 | 237.447 | 7.660 | 0,000251 | 99,58 | 63,73 | 44,26 | 32,52 | 24,89 | 60 |

| *Perfil HEM* | *q* en toneladas para una luz en m =* 4,50 | 5,00 | 5,50 | 6,00 | 6,50 | 7,00 | 8,00 | 9,00 | 10,00 | *Perfil HEM* |
|---|---|---|---|---|---|---|---|---|---|---|
| 10 | 0,49 | 0,39 | 0,33 | 0,27 | 0,23 | 0,20 | 0,15 | 0,12 | 0,10 | 10 |
| 12 | 0,74 | 0,60 | 0,49 | 0,42 | 0,35 | 0,31 | 0,23 | 0,18 | 0,15 | 12 |
| 14 | 1,05 | 0,85 | 0,71 | 0,59 | 0,51 | 0,44 | 0,33 | 0,26 | 0,21 | 14 |
| 16 | 1,45 | 1,18 | 0,97 | 0,82 | 0,70 | 0,60 | 0,46 | 0,36 | 0,29 | 16 |
| 18 | 1,92 | 1,56 | 1,29 | 1,08 | 0,92 | 0,79 | 0,61 | 0,48 | 0,39 | 18 |
| 20 | 2,48 | 2,01 | 1,66 | 1,40 | 1,19 | 1,03 | 0,79 | 0,62 | 0,50 | 20 |
| 22 | 3,13 | 2,54 | 2,10 | 1,76 | 1,50 | 1,29 | 0,99 | 0,78 | 0,63 | 22 |
| 24 | 4,62 | 3,74 | 3,09 | 2,60 | 2,21 | 1,91 | 1,46 | 1,16 | 0,94 | 24 |
| 26 | 5,55 | 4,49 | 3,71 | 3,12 | 2,66 | 2,29 | 1,75 | 1,39 | 1,12 | 26 |
| 28 | 6,55 | 5,30 | 4,38 | 3,68 | 3,14 | 2,71 | 2,07 | 1,64 | 1,33 | 28 |
| 30 | 8,94 | 7,24 | 5,98 | 5,03 | 4,28 | 3,69 | 2,83 | 2,23 | 1,81 | 30 |
| 32 | 9,76 | 7,90 | 6,53 | 5,49 | 4,68 | 4,03 | 3,09 | 2,44 | 1,98 | 32 |
| 34 | 10,40 | 8,42 | 6,96 | 5,85 | 4,98 | 4,30 | 3,29 | 2,60 | 2,11 | 34 |
| 36 | 11,04 | 8,94 | 7,39 | 6,21 | 5,29 | 4,56 | 3,49 | 2,76 | 2,24 | 36 |
| 40 | 12,38 | 10,03 | 8,29 | 6,96 | 5,93 | 5,11 | 3,93 | 3,09 | 2,51 | 40 |
| 45 | 14,12 | 11,44 | 9,45 | 7,94 | 6,77 | 5,84 | 4,47 | 3,53 | 2,86 | 45 |
| 50 | 15,87 | 12,85 | 10,62 | 8,93 | 7,61 | 6,56 | 5,02 | 3,97 | 3,21 | 50 |
| 55 | 17,77 | 14,39 | 11,90 | 10,00 | 8,52 | 7,34 | 5,62 | 4,44 | 3,60 | 55 |
| 60 | 19,67 | 15,93 | 13,17 | 11,06 | 9,43 | 8,13 | 6,22 | 4,92 | 3,98 | 60 |

Para $f = \frac{\ell}{300}$, $q^* = \frac{I}{119{,}04762 \times \ell^3}$; para $f = \frac{\ell}{n}$, $q^*_n = q^*_{300} \times \frac{n}{300}$

# RESISTENCIA MÁXIMA PONDERADA q* A FLEXIÓN DE PERFILES UPN

**TABLA $EA_f$-33**

Acero tipo A 42

$\sigma_u = \sigma_e = 2{,}6$ t/cm²

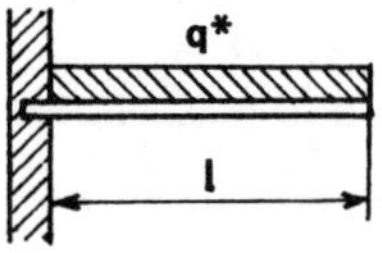


$$q^* = 0{,}052 \times \frac{W_x}{\ell^2},\ \text{t/m}$$

| *Perfil UPN* | *Peso kg* | $I_x$ $cm^4$ | $W_x$ $cm^3$ | *k* | $q^*_{máx.}$ en toneladas para una luz $\ell$ en m = 2,00 | 2,50 | 3,00 | 3,50 | 4,00 | *Perfil UPN* |
|---|---|---|---|---|---|---|---|---|---|---|
| 8 | 8,64 | 106 | 26,5 | 0,5615 | 0,34 | 0,22 | 0,15 | 0,11 | 0,09 | 8 |
| 10 | 10,6 | 206 | 41,2 | 0,2890 | 0,54 | 0,34 | 0,24 | 0,17 | 0,13 | 10 |
| 12 | 13,4 | 364 | 60,7 | 0,1635 | 0,79 | 0,50 | 0,35 | 0,26 | 0,20 | 12 |
| 14 | 16,0 | 605 | 86,4 | 0,0984 | 1,12 | 0,72 | 0,50 | 0,37 | 0,28 | 14 |
| 16 | 18,8 | 925 | 116 | 0,0644 | 1,51 | 0,96 | 0,67 | 0,49 | 0,38 | 16 |
| 18 | 22,0 | 1.350 | 150 | 0,0441 | 1,95 | 1,25 | 0,87 | 0,64 | 0,49 | 18 |
| | | | | | | | | | | |
| 20 | 25,3 | 1.910 | 191 | 0,0312 | 2,48 | 1,59 | 1,10 | 0,81 | 0,62 | 20 |
| 22 | 29,4 | 2.690 | 245 | 0,0221 | 3,18 | 2,04 | 1,42 | 1,04 | 0,80 | 22 |
| 24 | 33,2 | 3.600 | 300 | 0,0165 | 3,90 | 2,50 | 1,73 | 1,27 | 0,97 | 24 |
| 26 | 37,9 | 4.820 | 371 | 0,0123 | 4,82 | 3,09 | 2,14 | 1,57 | 1,21 | 26 |
| 28 | 41,8 | 6.280 | 448 | 0,00948 | 5,82 | 3,73 | 2,59 | 1,90 | 1,46 | 28 |
| | | | | | | | | | | |
| 30 | 46,2 | 8.030 | 535 | 0,00741 | 6,95 | 4,45 | 3,09 | 2,27 | 1,74 | 30 |
| 32 | 59,5 | 10.870 | 679 | 0,00548 | 8,83 | 5,65 | 3,92 | 3,92 | 2,21 | 32 |
| 35 | 60,6 | 12.840 | 734 | 0,00464 | 9,54 | 6,11 | 4,24 | 4,24 | 2,39 | 35 |
| 38 | 63,1 | 15.760 | 829 | 0,00378 | 10,78 | 6,90 | 4,79 | 4,79 | 2,69 | 38 |
| 40 | 71,8 | 20.350 | 1.020 | 0,00293 | 13,26 | 8,49 | 5,89 | 5,89 | 3,32 | 40 |

| *Perfil UPN* | $q^*_{máx.}$ en toneladas para una luz $\ell$ en m = 4,50 | 5,00 | 5,50 | 6,00 | 6,50 | 7,00 | 8,00 | 9,00 | 10,00 | *Perfil UPN* |
|---|---|---|---|---|---|---|---|---|---|---|
| 8 | 0,07 | 0,05 | 0,05 | 0,04 | 0,03 | 0,03 | 0,02 | 0,02 | 0,01 | 8 |
| 10 | 0,11 | 0,09 | 0,07 | 0,06 | 0,05 | 0,04 | 0,03 | 0,03 | 0,02 | 10 |
| 12 | 0,16 | 0,13 | 0,10 | 0,09 | 0,07 | 0,06 | 0,05 | 0,04 | 0,03 | 12 |
| 14 | 0,22 | 0,18 | 0,15 | 0,13 | 0,11 | 0,09 | 0,07 | 0,05 | 0,04 | 14 |
| 16 | 0,30 | 0,24 | 0,20 | 0,17 | 0,14 | 0,12 | 0,09 | 0,07 | 0,06 | 16 |
| 18 | 0,38 | 0,31 | 0,26 | 0,22 | 0,18 | 0,16 | 0,12 | 0,10 | 0,08 | 18 |
| | | | | | | | | | | |
| 20 | 0,49 | 0,40 | 0,33 | 0,28 | 0,23 | 0,20 | 0,15 | 0,12 | 0,10 | 20 |
| 22 | 0,63 | 0,51 | 0,42 | 0,35 | 0,30 | 0,26 | 0,20 | 0,16 | 0,13 | 22 |
| 24 | 0,77 | 0,62 | 0,52 | 0,43 | 0,37 | 0,32 | 0,24 | 0,19 | 0,16 | 24 |
| 26 | 0,95 | 0,77 | 0,64 | 0,54 | 0,46 | 0,39 | 0,30 | 0,24 | 0,19 | 26 |
| 28 | 1,15 | 0,93 | 0,77 | 0,65 | 0,55 | 0,47 | 0,36 | 0,29 | 0,23 | 28 |
| | | | | | | | | | | |
| 30 | 1,37 | 1,11 | 0,92 | 0,77 | 0,66 | 0,57 | 0,43 | 0,34 | 0,28 | 30 |
| 32 | 1,74 | 1,41 | 1,17 | 0,98 | 0,84 | 0,72 | 0,55 | 0,44 | 0,35 | 32 |
| 35 | 1,88 | 1,53 | 1,26 | 1,06 | 0,90 | 0,78 | 0,60 | 0,47 | 0,38 | 35 |
| 38 | 2,19 | 1,72 | 1,43 | 1,20 | 1,02 | 0,89 | 0,67 | 0,53 | 0,43 | 38 |
| 40 | 2,62 | 2,12 | 1,75 | 1,47 | 1,26 | 1,08 | 0,83 | 0,65 | 0,53 | 40 |

Para $f = \frac{\ell}{300}$, $q^* = \frac{I}{119{,}04762 \times \ell^3}$; para $f = \frac{\ell}{n}$, $q^*_n = q^*_{300} \times \frac{n}{300}$

# RESISTENCIA MÁXIMA PONDERADA P* A FLEXIÓN DE PERFILES IPN

**TABLA $EA_f$-34**

Acero tipo A 42

$\sigma_u = \sigma_e = 2,6\ t/cm^2$

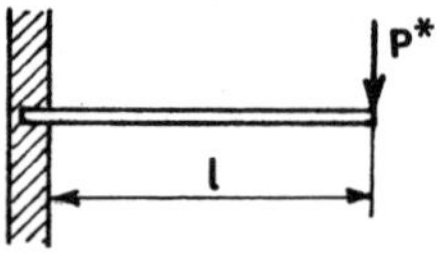


$q^* = 0,026 \times \frac{W_x}{l}$, $t/cm^2$

| *Perfil IPN* | *Peso kg* | *$I_x$ $cm^4$* | *$W_x$ $cm^3$* | *k* | *P* en toneladas para una luz l en m =* 1,50 | 1,75 | 2,00 | 2,25 | 2,50 | *Perfil IPN* |
|---|---|---|---|---|---|---|---|---|---|---|
| 10 | 8,34 | 171 | 34,2 | 0,9282 | 0,59 | 0,51 | 0,44 | 0,39 | 0,36 | 10 |
| 12 | 11,1 | 328 | 54,7 | 0,4839 | 0,95 | 0,81 | 0,71 | 0,63 | 0,57 | 12 |
| 14 | 14,3 | 573 | 81,9 | 0,2770 | 1,42 | 1,22 | 1,06 | 0,95 | 0,85 | 14 |
| 16 | 17,9 | 935 | 117 | 0,1698 | 2,03 | 1,74 | 1,52 | 1,35 | 1,22 | 16 |
| 18 | 21,9 | 1.450 | 161 | 0,1094 | 2,79 | 2,39 | 2,09 | 1,86 | 1,67 | 18 |
| 20 | 26,2 | 2.140 | 214 | 0,0742 | 3,71 | 3,18 | 2,78 | 2,47 | 2,23 | 20 |
| 22 | 31,1 | 3.060 | 278 | 0,0519 | 4,82 | 4,13 | 3,61 | 3,21 | 2,89 | 22 |
| 24 | 36,2 | 4.250 | 354 | 0,0373 | 6,14 | 5,26 | 4,60 | 4,09 | 3,68 | 24 |
| 26 | 41,9 | 5.740 | 442 | 0,0277 | 7,66 | 6,57 | 5,75 | 5,11 | 4,60 | 26 |
| 28 | 47,9 | 7.590 | 542 | 0,0209 | 9,39 | 8,05 | 7,05 | 6,26 | 5,64 | 28 |
| 30 | 54,2 | 9.800 | 653 | 0,0162 | 11,32 | 9,70 | 8,49 | 7,55 | 6,79 | 30 |
| 32 | 61,0 | 12.510 | 782 | 0,01269 | 13,55 | 11,62 | 10,17 | 9,04 | 8,13 | 32 |
| 34 | 68,0 | 15.700 | 923 | 0,01011 | 16,00 | 13,71 | 12,00 | 10,67 | 9,60 | 34 |
| 36 | 76,1 | 19.610 | 1.090 | 0,00809 | 18,89 | 16,19 | 14,17 | 12,60 | 11,34 | 36 |
| 38 | 84,0 | 24.010 | 1.260 | 0,00661 | 21,84 | 18,72 | 16,38 | 14,56 | 13,10 | 38 |
| 40 | 92,4 | 29.210 | 1.460 | 0,00543 | 25,31 | 21,69 | 18,98 | 16,87 | 15,18 | 40 |
| 45 | 115 | 45.850 | 2.040 | 0,00346 | 35,36 | 30,31 | 26,52 | 23,57 | 21,22 | 45 |
| 50 | 141 | 68.740 | 2.750 | 0,00231 | 47,67 | 40,86 | 35,75 | 31,78 | 28,60 | 50 |
| 55 | 166 | 99.180 | 3.610 | 0,00160 | 62,57 | 53,63 | 46,93 | 41,72 | 37,54 | 55 |
| 60 | 199 | 139.000 | 4.630 | 0,00114 | 80,25 | 68,79 | 60,19 | 53,50 | 48,15 | 60 |

| *Perfil IPN* | *P* en toneladas para una luz en m =* 2,75 | 3,00 | 3,25 | 3,50 | 4,00 | 4,50 | 5,00 | 5,50 | 6,00 | *Perfil IPN* |
|---|---|---|---|---|---|---|---|---|---|---|
| 10 | 0,32 | 0,30 | 0,27 | 0,25 | 0,22 | 0,20 | 0,18 | 0,16 | 0,15 | 10 |
| 12 | 0,52 | 0,47 | 0,44 | 0,41 | 0,36 | 0,32 | 0,28 | 0,26 | 0,24 | 12 |
| 14 | 0,77 | 0,71 | 0,65 | 0,61 | 0,53 | 0,47 | 0,43 | 0,39 | 0,35 | 14 |
| 16 | 1,11 | 1,01 | 0,94 | 0,87 | 0,76 | 0,68 | 0,61 | 0,55 | 0,51 | 16 |
| 18 | 1,52 | 1,39 | 1,29 | 1,20 | 1,05 | 0,93 | 0,84 | 0,76 | 0,70 | 18 |
| 20 | 2,02 | 1,85 | 1,71 | 1,59 | 1,39 | 1,24 | 1,11 | 1,01 | 0,93 | 20 |
| 22 | 2,63 | 2,41 | 2,22 | 2,06 | 1,81 | 1,61 | 1,45 | 1,31 | 1,20 | 22 |
| 24 | 3,35 | 3,07 | 2,83 | 2,63 | 2,30 | 2,04 | 1,84 | 1,67 | 1,53 | 24 |
| 26 | 4,18 | 3,83 | 3,54 | 3,28 | 2,87 | 2,55 | 2,30 | 2,09 | 1,91 | 26 |
| 28 | 5,12 | 4,70 | 4,34 | 4,03 | 3,52 | 3,13 | 2,82 | 2,56 | 2,35 | 28 |
| 30 | 6,17 | 5,66 | 5,22 | 4,85 | 4,24 | 3,77 | 3,40 | 3,09 | 2,83 | 30 |
| 32 | 7,39 | 6,78 | 6,26 | 5,81 | 5,08 | 4,52 | 4,07 | 3,70 | 3,39 | 32 |
| 34 | 8,73 | 8,00 | 7,38 | 6,86 | 6,00 | 5,33 | 4,80 | 4,36 | 4,00 | 34 |
| 36 | 10,30 | 9,45 | 8,72 | 8,10 | 7,08 | 6,30 | 5,67 | 5,15 | 4,72 | 36 |
| 38 | 11,91 | 10,92 | 10,08 | 9,36 | 8,19 | 7,28 | 6,55 | 5,96 | 5,46 | 38 |
| 40 | 13,80 | 13,65 | 11,68 | 10,85 | 9,49 | 8,44 | 7,59 | 6,90 | 6,33 | 40 |
| 45 | 19,29 | 17,68 | 16,32 | 15,15 | 13,26 | 11,79 | 10,61 | 9,64 | 8,84 | 45 |
| 50 | 26,00 | 23,83 | 22,00 | 20,43 | 17,83 | 15,89 | 14,30 | 13,00 | 11,92 | 50 |
| 55 | 34,13 | 31,29 | 28,88 | 26,82 | 23,46 | 20,86 | 18,77 | 17,06 | 15,64 | 55 |
| 60 | 43,77 | 40,13 | 37,04 | 34,39 | 30,09 | 26,75 | 24,08 | 21,89 | 20,06 | 60 |

Para $f = \frac{l}{300}$, $\frac{158,73016}{I} \cdot P\,l^3 = \frac{100 \times l}{300}$; $P = \frac{I}{3 \times 158,73016 \times l^2}$, $P^* = \frac{I}{317,46033 \times l^2}$ $(\gamma = 1,5)$

# RESISTENCIA MÁXIMA PONDERADA P* A FLEXIÓN DE PERFILES IPE

**TABLA $EA_f$-35**

Acero tipo A 42

$\sigma_u = \sigma_e = 2{,}6\ t/cm^2$

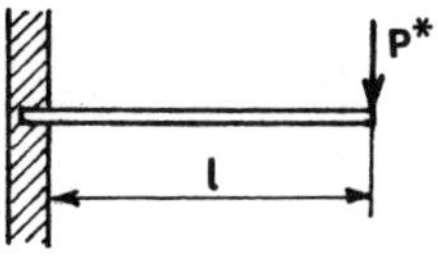


$$P^* = 0{,}026 \times \frac{W_x}{\ell},\ t$$

| *Perfil IPE* | *Peso kg* | $I_x$ *cm⁴* | $W_x$ *cm³* | *k* | *P* en toneladas para una luz ℓ en m =* 1,50 | 1,75 | 2,00 | 2,25 | 2,50 | *Perfil IPE* |
|---|---|---|---|---|---|---|---|---|---|---|
| 8 | 6,00 | 80,1 | 20,0 | 1,9816 | 0,35 | 0,30 | 0,26 | 0,23 | 0,21 | 8 |
| 10 | 8,10 | 171 | 34,2 | 0,9282 | 0,59 | 0,51 | 0,44 | 0,39 | 0,36 | 10 |
| 12 | 10,4 | 318 | 53,0 | 0,4992 | 0,92 | 0,79 | 0,69 | 0,61 | 0,55 | 12 |
| 14 | 12,9 | 541 | 77,3 | 0,2934 | 1,34 | 1,15 | 1,00 | 0,89 | 0,80 | 14 |
| 16 | 15,8 | 869 | 109 | 0,1827 | 1,89 | 1,62 | 1,42 | 1,26 | 1,13 | 16 |
| 18 | 18,8 | 1.320 | 146 | 0,1205 | 2,53 | 2,17 | 1,90 | 1,68 | 1,52 | 18 |
| 20 | 22,4 | 1.940 | 194 | 0,0818 | 3,36 | 2,88 | 2,52 | 2,24 | 2,02 | 20 |
| 22 | 26,2 | 2.770 | 252 | 0,0573 | 4,37 | 3,74 | 3,28 | 2,91 | 2,62 | 22 |
| 24 | 30,7 | 3.890 | 324 | 0,0408 | 5,62 | 4,81 | 4,21 | 3,74 | 3,37 | 24 |
| 27 | 36,1 | 5.790 | 429 | 0,0274 | 7,44 | 6,37 | 5,58 | 4,96 | 4,46 | 27 |
| 30 | 42,2 | 8.360 | 557 | 0,0190 | 9,65 | 8,27 | 7,24 | 6,44 | 5,79 | 30 |
| 33 | 49,1 | 11.770 | 713 | 0,0135 | 12,36 | 10,59 | 9,27 | 8,24 | 7,41 | 33 |
| 36 | 57,1 | 16.270 | 904 | 0,00976 | 15,67 | 13,43 | 11,75 | 10,45 | 9,40 | 36 |
| 40 | 66,3 | 23.130 | 1.160 | 0,00686 | 20,11 | 17,23 | 15,08 | 13,40 | 12,06 | 40 |
| 45 | 77,6 | 33.740 | 1.500 | 0,00470 | 26,00 | 22,29 | 19,50 | 17,33 | 15,60 | 45 |
| 50 | 90,7 | 48.200 | 1.930 | 0,00329 | 33,45 | 28,67 | 25,09 | 22,30 | 20,07 | 50 |
| 55 | 106 | 67.120 | 2.440 | 0,00236 | 42,29 | 36,25 | 31,72 | 28,20 | 25,38 | 55 |
| 60 | 122 | 92.080 | 3.070 | 0,00172 | 53,21 | 45,61 | 39,91 | 35,48 | 31,93 | 60 |

| *Perfil IPE* | *P* en toneladas para una luz en m =* 2,75 | 3,00 | 3,25 | 3,50 | 4,00 | 4,50 | 5,00 | 5,50 | 6,00 | *Perfil IPE* |
|---|---|---|---|---|---|---|---|---|---|---|
| 8 | 0,19 | 0,17 | 0,16 | 0,15 | 0,13 | 0,12 | 0,10 | 0,09 | 0,09 | 8 |
| 10 | 0,32 | 0,30 | 0,27 | 0,25 | 0,22 | 0,20 | 0,18 | 0,16 | 0,15 | 10 |
| 12 | 0,50 | 0,46 | 0,42 | 0,39 | 0,34 | 0,31 | 0,28 | 0,26 | 0,23 | 12 |
| 14 | 0,73 | 0,67 | 0,62 | 0,57 | 0,50 | 0,45 | 0,40 | 0,36 | 0,33 | 14 |
| 16 | 1,03 | 0,94 | 0,87 | 0,81 | 0,71 | 0,63 | 0,57 | 0,51 | 0,47 | 16 |
| 18 | 1,38 | 1,26 | 1,17 | 1,08 | 0,95 | 0,84 | 0,76 | 0,69 | 0,63 | 18 |
| 20 | 1,83 | 1,68 | 1,55 | 1,44 | 1,26 | 1,12 | 1,01 | 0,92 | 0,84 | 20 |
| 22 | 2,38 | 2,18 | 2,02 | 1,87 | 1,64 | 1,46 | 1,31 | 1,19 | 1,09 | 22 |
| 24 | 3,06 | 2,81 | 2,59 | 2,41 | 2,11 | 1,87 | 1,68 | 1,53 | 1,40 | 24 |
| 27 | 4,06 | 3,72 | 3,43 | 3,19 | 2,79 | 2,48 | 2,23 | 2,03 | 1,86 | 27 |
| 30 | 5,27 | 4,83 | 4,46 | 4,14 | 3,62 | 3,22 | 2,90 | 2,63 | 2,41 | 30 |
| 33 | 6,74 | 6,18 | 5,70 | 5,30 | 4,63 | 4,12 | 3,71 | 3,37 | 3,09 | 33 |
| 36 | 8,55 | 7,83 | 7,23 | 6,71 | 5,88 | 5,22 | 4,70 | 4,27 | 3,92 | 36 |
| 40 | 10,97 | 10,05 | 9,28 | 8,62 | 7,54 | 6,70 | 6,03 | 5,48 | 5,03 | 40 |
| 45 | 14,18 | 13,00 | 12,00 | 11,14 | 9,75 | 8,67 | 7,80 | 7,09 | 6,50 | 45 |
| 50 | 18,25 | 16,73 | 15,44 | 14,34 | 12,54 | 11,15 | 10,04 | 9,12 | 8,36 | 50 |
| 55 | 23,07 | 21,15 | 19,52 | 18,13 | 15,86 | 14,10 | 12,69 | 11,53 | 10,57 | 55 |
| 60 | 29,02 | 26,61 | 24,56 | 22,81 | 19,95 | 17,74 | 15,96 | 14,51 | 13,30 | 60 |

Para $f = \frac{\ell}{300}$, $P^* = \frac{I}{317{,}46033 \times \ell^2}$; para $f = \frac{\ell}{n}$, $P^*_n = q^*_{300} \times \frac{n}{300}$

# *RESISTENCIA MÁXIMA PONDERADA P* A FLEXIÓN DE PERFILES HEB*

**TABLA $EA_f$-36**

Acero tipo A 42

$\sigma_u = \sigma_e = 2,6$ t/cm²

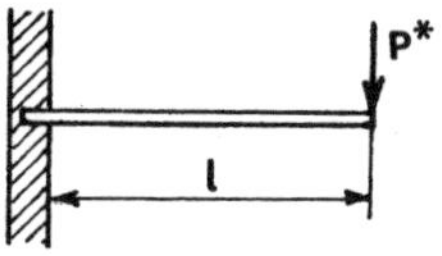


$$P^* = 0,026 \times \frac{W_x}{\ell}, \ t/cm^2$$

| *Perfil HEB* | *Peso kg* | *$I_x$ cm⁴* | *$W_x$ cm³* | *k* | *P* en toneladas para una luz ℓ en m =* 1,50 | 1,75 | 2,00 | 2,25 | 2,50 | *Perfil HEB* |
|---|---|---|---|---|---|---|---|---|---|---|
| 10 | 20,4 | 450 | 90 | 0,3527 | 1,56 | 1,34 | 1,17 | 1,04 | 0,94 | 10 |
| 12 | 26,7 | 864 | 144 | 0,1837 | 2,50 | 2,14 | 1,87 | 1,66 | 1,50 | 12 |
| 14 | 33,7 | 1.509 | 216 | 0,1052 | 3,74 | 3,21 | 2,81 | 2,50 | 2,25 | 14 |
| 16 | 42,6 | 2.492 | 311 | 0,0637 | 5,39 | 4,62 | 4,04 | 3,59 | 3,23 | 16 |
| 18 | 51,2 | 3.831 | 426 | 0,04143 | 7,38 | 6,33 | 5,54 | 4,92 | 4,43 | 18 |
| 20 | 61,3 | 5.696 | 570 | 0,02787 | 9,88 | 8,47 | 7,41 | 6,59 | 5,93 | 20 |
| 22 | 71,5 | 8.091 | 736 | 0,01962 | 12,76 | 10,93 | 9,57 | 8,50 | 7,65 | 22 |
| 24 | 83,2 | 11.259 | 938 | 0,01410 | 16,26 | 13,94 | 12,19 | 10,84 | 9,75 | 24 |
| 26 | 93,0 | 14.919 | 1.150 | 0,01064 | 19,93 | 17,09 | 14,95 | 13,29 | 11,96 | 26 |
| 28 | 103 | 19.270 | 1.380 | 0,00824 | 23,92 | 20,50 | 17,94 | 15,95 | 14,35 | 28 |
| 30 | 117 | 25.166 | 1.680 | 0,00631 | 29,12 | 24,96 | 21,84 | 19,41 | 17,47 | 30 |
| 32 | 127 | 30.823 | 1.930 | 0,00515 | 33,45 | 28,67 | 25,09 | 22,30 | 20,07 | 32 |
| 34 | 134 | 36.656 | 2.160 | 0,00433 | 37,44 | 32,09 | 28,08 | 24,96 | 22,46 | 34 |
| 36 | 142 | 43.193 | 2.400 | 0,00367 | 41,60 | 35,66 | 31,20 | 27,13 | 24,96 | 36 |
| 40 | 155 | 57.680 | 2.880 | 0,00275 | 49,92 | 42,79 | 37,44 | 33,28 | 29,95 | 40 |
| 45 | 171 | 79.887 | 3.550 | 0,00199 | 61,53 | 52,74 | 46,15 | 41,02 | 36,92 | 45 |
| 50 | 187 | 107.176 | 4.290 | 0,00148 | 74,36 | 63,74 | 55,77 | 49,57 | 44,62 | 50 |
| 55 | 199 | 136.691 | 4.970 | 0,00116 | 86,15 | 73,84 | 64,61 | 57,43 | 51,69 | 55 |
| 60 | 212 | 171.041 | 5.700 | 0,000928 | 98,80 | 84,69 | 74,10 | 65,87 | 59,28 | 60 |

| *Perfil HEB* | *P* en toneladas para una luz en m =* 2,75 | 3,00 | 3,25 | 3,50 | 4,00 | 4,50 | 5,00 | 5,50 | 6,00 | *Perfil HEB* |
|---|---|---|---|---|---|---|---|---|---|---|
| 10 | 0,85 | 0,78 | 0,72 | 0,67 | 0,58 | 0,52 | 0,47 | 0,42 | 0,39 | 10 |
| 12 | 1,36 | 1,25 | 1,15 | 1,07 | 0,94 | 0,83 | 0,75 | 0,68 | 0,62 | 12 |
| 14 | 2,04 | 1,87 | 1,73 | 1,60 | 1,40 | 1,25 | 1,12 | 1,02 | 0,94 | 14 |
| 16 | 2,94 | 2,69 | 2,49 | 2,31 | 2,02 | 1,80 | 1,62 | 1,47 | 1,35 | 16 |
| 18 | 4,03 | 3,69 | 3,41 | 3,16 | 2,77 | 2,46 | 2,21 | 2,01 | 1,85 | 18 |
| 20 | 5,39 | 4,94 | 4,56 | 4,23 | 3,70 | 3,29 | 2,96 | 2,69 | 2,47 | 20 |
| 22 | 6,96 | 6,38 | 5,89 | 5,47 | 4,78 | 4,25 | 3,83 | 3,48 | 3,19 | 22 |
| 24 | 8,87 | 8,13 | 7,50 | 6,97 | 6,10 | 5,42 | 4,88 | 4,43 | 4,06 | 24 |
| 26 | 10,87 | 9,97 | 9,20 | 8,54 | 7,47 | 6,64 | 5,98 | 5,44 | 4,98 | 26 |
| 28 | 13,05 | 11,96 | 11,04 | 10,25 | 8,97 | 7,97 | 7,18 | 6,52 | 5,98 | 28 |
| 30 | 15,88 | 14,56 | 13,44 | 12,48 | 10,92 | 9,71 | 8,74 | 7,94 | 7,28 | 30 |
| 32 | 18,25 | 16,73 | 15,44 | 14,34 | 12,54 | 11,15 | 10,04 | 9,12 | 8,36 | 32 |
| 34 | 20,42 | 18,72 | 17,28 | 16,05 | 14,04 | 12,48 | 11,23 | 10,21 | 9,36 | 34 |
| 36 | 22,69 | 20,80 | 19,20 | 17,83 | 15,60 | 13,87 | 12,48 | 11,34 | 10,40 | 36 |
| 40 | 27,23 | 24,96 | 23,04 | 21,39 | 18,72 | 16,64 | 14,98 | 13,61 | 12,48 | 40 |
| 45 | 33,56 | 30,77 | 28,40 | 26,37 | 23,07 | 20,51 | 18,46 | 16,78 | 15,38 | 45 |
| 50 | 40,56 | 37,18 | 34,32 | 31,87 | 27,88 | 24,79 | 22,31 | 20,28 | 18,59 | 50 |
| 55 | 46,99 | 43,07 | 39,76 | 36,92 | 32,30 | 28,72 | 25,84 | 23,49 | 21,54 | 55 |
| 60 | 53,89 | 49,40 | 45,60 | 42,34 | 37,05 | 32,93 | 29,64 | 26,94 | 24,70 | 60 |

Para $f = \frac{\ell}{300}$, $P^* = \frac{I}{317,46033 \times \ell^2}$; para $f = \frac{\ell}{n}$, $P^*_n = P^*_{300} \times \frac{n}{300}$

| La flexión en elementos estructurales | RESISTENCIA MÁXIMA PONDERADA P* A FLEXIÓN DE PERFILES HEA | TABLA EA$_f$-37 |
|---|---|---|

Acero tipo A 42

$\sigma_u = \sigma_e = 2{,}6\ t/cm^2$

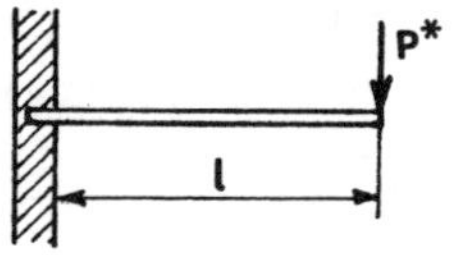


$$P^* = 0{,}026 \times \frac{W_x}{\ell}\ ,\ t$$

| *Perfil HEA* | *Peso kg* | *$I_x$ $cm^4$* | *$W_x$ $cm^3$* | *k* | *P* en toneladas para una luz $\ell$ en m =* 1,50 | 1,75 | 2,00 | 2,25 | 2,50 | *Perfil HEA* |
|---|---|---|---|---|---|---|---|---|---|---|
| 10 | 16,7 | 349 | 73 | 0,4548 | 1,26 | 1,08 | 0,95 | 0,84 | 0,76 | 10 |
| 12 | 19,9 | 606 | 106 | 0,2619 | 1,84 | 1,57 | 1,38 | 1,22 | 1,10 | 12 |
| 14 | 24,7 | 1.033 | 155 | 0,1537 | 2,69 | 2,30 | 2,01 | 1,79 | 1,61 | 14 |
| 16 | 30,4 | 1.673 | 220 | 0,0949 | 3,81 | 3,27 | 2,86 | 2,54 | 2,29 | 16 |
| 18 | 35,5 | 2.510 | 294 | 0,0632 | 5,10 | 4,37 | 3,82 | 3,40 | 3,06 | 18 |
| 20 | 42,3 | 3.692 | 389 | 0,0430 | 6,74 | 5,78 | 5,06 | 4,49 | 4,05 | 20 |
| 22 | 50,5 | 5.410 | 515 | 0,0293 | 8,93 | 7,65 | 6,69 | 5,95 | 5,36 | 22 |
| 24 | 60,3 | 7.763 | 675 | 0,0204 | 11,70 | 10,03 | 8,77 | 7,80 | 7,02 | 24 |
| 26 | 68,2 | 10.455 | 836 | 0,0152 | 14,49 | 12,42 | 10,87 | 9,66 | 8,69 | 26 |
| 28 | 76,4 | 13.673 | 1.010 | 0,0116 | 17,51 | 15,01 | 13,13 | 11,67 | 10,50 | 28 |
| 30 | 88,3 | 18.263 | 1.260 | 0,00869 | 21,84 | 18,72 | 16,38 | 14,56 | 13,10 | 30 |
| 32 | 97,6 | 22.928 | 1.480 | 0,00692 | 25,65 | 21,99 | 19,24 | 17,10 | 15,39 | 32 |
| 34 | 105 | 27.693 | 1.680 | 0,00573 | 29,12 | 24,96 | 21,84 | 19,41 | 17,47 | 34 |
| 36 | 112 | 33.090 | 1.890 | 0,00480 | 32,76 | 28,08 | 24,57 | 21,84 | 19,66 | 36 |
| 40 | 125 | 45.069 | 2.310 | 0,00532 | 40,04 | 34,32 | 30,03 | 26,69 | 24,02 | 40 |
| 45 | 140 | 63.722 | 2.900 | 0,00249 | 50,27 | 43,09 | 37,70 | 33,51 | 30,16 | 45 |
| 50 | 155 | 86.975 | 3.550 | 0,00183 | 61,53 | 52,74 | 46,15 | 41,02 | 36,92 | 50 |
| 55 | 166 | 111.932 | 4.150 | 0,00132 | 71.93 | 61,66 | 53,95 | 47,96 | 43,16 | 55 |
| 60 | 176 | 141.208 | 4.790 | 0,00112 | 83,03 | 71,17 | 62,27 | 55,35 | 49,82 | 60 |

| *Perfil HEA* | *P* en toneladas para una luz en m =* 2,75 | 3,00 | 3,25 | 3,50 | 4,00 | 4,50 | 5,00 | 5,50 | 6,00 | *Perfil HEA* |
|---|---|---|---|---|---|---|---|---|---|---|
| 10 | 0,69 | 0,63 | 0,58 | 0,54 | 0,47 | 0,42 | 0,38 | 0,34 | 0,31 | 10 |
| 12 | 1,00 | 0,92 | 0,85 | 0,79 | 0,69 | 0,61 | 0,55 | 0,50 | 0,46 | 12 |
| 14 | 1,46 | 1,34 | 1,24 | 1,15 | 1,01 | 0,90 | 0,81 | 0,73 | 0,67 | 14 |
| 16 | 2,08 | 1,91 | 1,76 | 1,63 | 1,43 | 1,27 | 1,14 | 1,04 | 0,95 | 16 |
| 18 | 2,78 | 2,55 | 2,35 | 2,18 | 1,91 | 1,70 | 1,53 | 1,39 | 1,27 | 18 |
| 20 | 3,68 | 3,37 | 3,11 | 2,89 | 2,53 | 2,25 | 2,02 | 1,84 | 1,69 | 20 |
| 22 | 4,87 | 4,46 | 4,12 | 3,83 | 3,35 | 2,98 | 2,68 | 2,43 | 2,23 | 22 |
| 24 | 6,38 | 5,85 | 5,40 | 5,01 | 4,39 | 3,90 | 3,51 | 3,19 | 2,92 | 24 |
| 26 | 7,90 | 7,24 | 6,69 | 6,21 | 5,43 | 4,83 | 4,35 | 3,95 | 3,62 | 26 |
| 28 | 9,55 | 8,75 | 8,08 | 7,50 | 6,56 | 5,84 | 5,25 | 4,77 | 4,38 | 28 |
| 30 | 11,91 | 10,92 | 10,08 | 9,36 | 8,19 | 7,28 | 6,55 | 5,96 | 5,46 | 30 |
| 32 | 13,99 | 12,88 | 11,84 | 10,99 | 9,62 | 8,55 | 7,70 | 7,00 | 6,41 | 32 |
| 34 | 15,88 | 14,56 | 13,44 | 12,48 | 10,92 | 9,71 | 8,74 | 7,94 | 7,28 | 34 |
| 36 | 17,87 | 16,38 | 15,12 | 14,04 | 12,28 | 10,92 | 9,83 | 8,93 | 8,19 | 36 |
| 40 | 21,84 | 20,02 | 18,48 | 17,17 | 15,01 | 13,35 | 12,01 | 10,92 | 10,01 | 40 |
| 45 | 27,42 | 25,13 | 23,20 | 21,54 | 18,85 | 16,76 | 15,08 | 13,71 | 12,57 | 45 |
| 50 | 33,56 | 30,77 | 28,40 | 26,37 | 23,07 | 20,51 | 18,46 | 16,78 | 15,38 | 50 |
| 55 | 39,24 | 35,97 | 33,20 | 30,83 | 26,97 | 28,98 | 21,88 | 19,62 | 17,98 | 55 |
| 60 | 45,29 | 41,51 | 38,32 | 35,58 | 31,13 | 27,68 | 24,91 | 22,64 | 20,76 | 60 |

Para $f = \frac{\ell}{300}$, $P^* = \frac{I}{317{,}46033 \times \ell^2}$ ; para $f = \frac{\ell}{n}$, $P^*_n = P^*_{300} \times \frac{n}{300}$

# RESISTENCIA MÁXIMA PONDERADA P* A FLEXIÓN DE PERFILES HEM



Acero tipo A 42

$\sigma_u = \sigma_e = 2{,}6\ t/cm^2$

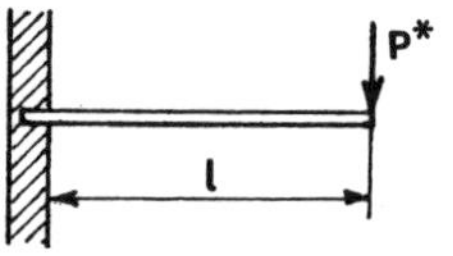


$$P^* = 0{,}026 \times \frac{W_x}{l},\ t/m^2$$

| *Perfil HEM* | *Peso kg* | $I_x$ $cm^4$ | $W_x$ $cm^3$ | *k* | *P* en toneladas para una luz l en m =* | | | | | *Perfil HEM* |
|---|---|---|---|---|---|---|---|---|---|---|
| | | | | | *1,50* | *1,75* | *2,00* | *2,25* | *2,50* | |
| 10 | 41,8 | 1.143 | 190 | 0,1389 | 3,29 | 2,82 | 2,47 | 2,20 | 1,98 | 10 |
| 12 | 52,1 | 2.018 | 288 | 0,0787 | 4,99 | 4,28 | 3,74 | 3,33 | 2,99 | 12 |
| 14 | 63,2 | 3.291 | 411 | 0,0482 | 7,12 | 6,11 | 5,34 | 4,75 | 4,27 | 14 |
| 16 | 76,2 | 5.098 | 566 | 0,0311 | 9,81 | 8,41 | 7,36 | 6,54 | 5,89 | 16 |
| 18 | 88,9 | 7.483 | 748 | 0,0212 | 12,96 | 11,11 | 9,72 | 8,64 | 7,78 | 18 |
| 20 | 103 | 10.620 | 967 | 0,0149 | 16,76 | 14,37 | 12,57 | 11,17 | 10,06 | 20 |
| 22 | 117 | 14.605 | 1.220 | 0,0109 | 21,15 | 18,13 | 15,86 | 14,10 | 12,69 | 22 |
| 24 | 157 | 24.289 | 1.800 | 0,00654 | 31,20 | 26,74 | 23,40 | 20,80 | 18,72 | 24 |
| 26 | 172 | 31.307 | 2.160 | 0,00407 | 37,44 | 32,09 | 28,08 | 24,96 | 22,46 | 26 |
| 28 | 189 | 39.547 | 2.550 | 0,00401 | 44,20 | 37,89 | 33,15 | 29,47 | 26,52 | 28 |
| 30 | 238 | 59.201 | 3.480 | 0,00268 | 60,32 | 51,70 | 45,24 | 40,21 | 36,19 | 30 |
| 32 | 245 | 68.135 | 3.800 | 0,00233 | 65,87 | 56,46 | 49,40 | 43,91 | 39,52 | 32 |
| 34 | 248 | 76.372 | 4.050 | 0,00208 | 70,20 | 60,17 | 52,65 | 46,80 | 42,12 | 34 |
| 36 | 250 | 84.867 | 4.300 | 0,00187 | 74,53 | 63,89 | 55,90 | 49,69 | 44,72 | 36 |
| 40 | 256 | 104.119 | 4.820 | 0,00152 | 83,55 | 71,61 | 62,66 | 55,70 | 50,13 | 40 |
| 45 | 263 | 131.484 | 5.500 | 0,00121 | 95,33 | 81,71 | 71,50 | 63,56 | 57,20 | 45 |
| 50 | 270 | 161.929 | 6.180 | 0,00098 | 107,1 | 91,82 | 80,34 | 71,41 | 64,27 | 50 |
| 55 | 278 | 197.984 | 6.920 | 0,000801 | 119,9 | 102,8 | 89,96 | 79,96 | 71,97 | 55 |
| 60 | 285 | 237.447 | 7.660 | 0,000668 | 132,8 | 113,8 | 99,58 | 88,52 | 79,66 | 60 |

| *Perfil HEM* | *P* en toneladas para una luz en m =* | | | | | | | | | *Perfil HEM* |
|---|---|---|---|---|---|---|---|---|---|---|
| | *2,75* | *3,00* | *3,25* | *3,50* | *4,00* | *4,50* | *5,00* | *5,50* | *6,00* | |
| 10 | 1,80 | 1,65 | 1,52 | 1,41 | 1,23 | 1,10 | 0,99 | 0,90 | 0,82 | 10 |
| 12 | 2,72 | 2,50 | 2,30 | 2,14 | 1,87 | 1,66 | 1,50 | 1,36 | 1,25 | 12 |
| 14 | 3,89 | 3,56 | 3,29 | 3,05 | 2,67 | 2,38 | 2,14 | 1,94 | 1,78 | 14 |
| 16 | 5,35 | 4,90 | 4,53 | 4,20 | 3,68 | 3,27 | 2,94 | 2,68 | 2,45 | 16 |
| 18 | 7,07 | 6,48 | 5,98 | 5,56 | 4,86 | 4,32 | 3,89 | 3,54 | 3,24 | 18 |
| 20 | 9,14 | 8,38 | 7,74 | 7,18 | 6,28 | 5,59 | 5,03 | 4,57 | 4,19 | 20 |
| 22 | 11,53 | 10,57 | 9,76 | 9,06 | 7,93 | 7,05 | 6,34 | 5,77 | 5,29 | 22 |
| 24 | 17,02 | 15,60 | 14,40 | 13,27 | 11,70 | 10,40 | 9,36 | 8,51 | 7,80 | 24 |
| 26 | 20,42 | 18,72 | 17,28 | 16,05 | 14,04 | 12,48 | 11,23 | 10,21 | 9,36 | 26 |
| 28 | 24,11 | 22,10 | 20,40 | 18,94 | 16,57 | 14,73 | 13,26 | 12,05 | 11,05 | 28 |
| 30 | 32,90 | 30,16 | 27,84 | 25,85 | 22,62 | 20,11 | 18,10 | 16,45 | 15,08 | 30 |
| 32 | 35,93 | 32,93 | 30,40 | 28,23 | 24,70 | 21,96 | 19,76 | 17,96 | 16,47 | 32 |
| 34 | 38,29 | 35,10 | 32,40 | 30,09 | 26,32 | 23,40 | 21,06 | 19,14 | 17,55 | 34 |
| 36 | 40,65 | 37,27 | 34,40 | 31,94 | 27,95 | 24,84 | 22,36 | 20,33 | 18,63 | 36 |
| 40 | 45,57 | 41,77 | 38,56 | 35,81 | 31,33 | 27,85 | 25,06 | 22,78 | 20,89 | 40 |
| 45 | 52,00 | 47,67 | 44,00 | 40,86 | 35,75 | 28,78 | 28,60 | 26,00 | 23,83 | 45 |
| 50 | 58,43 | 53,56 | 49,44 | 45,91 | 40,17 | 35,71 | 32,14 | 29,21 | 26,78 | 50 |
| 55 | 65,42 | 59,97 | 55,36 | 51,41 | 44,98 | 39,98 | 35,98 | 32,71 | 29,99 | 55 |
| 60 | 72,42 | 66,39 | 61,28 | 56,90 | 49,79 | 44,26 | 39,83 | 36,21 | 33,19 | 60 |

Para $f = \frac{l}{300}$, $P^* = \frac{I}{317{,}46033 \times l^2}$; para $f = \frac{l}{n}$, $P^*_n = P^*_{300} \times \frac{n}{300}$

# RESISTENCIA MÁXIMA PONDERADA P* A FLEXIÓN DE PERFILES UPN

**TABLA $EA_f$-39**

Acero tipo A 42

$\sigma_u = \sigma_e = 2{,}6$ t/cm²

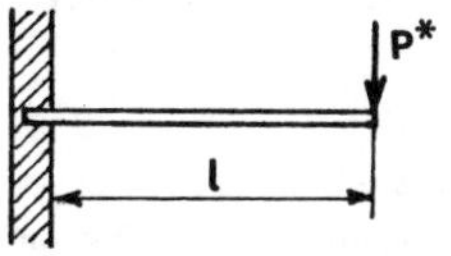


$$P^* = 0{,}026 \times \frac{W_x}{\ell},\ \text{t/m}$$

| *Perfil UPN* | *Peso kg* | *$I_x$ cm⁴* | *$W_x$ cm³* | *k* | *$P^*_{máx.}$ en toneladas para una luz $\ell$ en m =* 1,50 | 1,75 | 2,00 | 2,25 | 2,50 | *Perfil UPN* |
|---|---|---|---|---|---|---|---|---|---|---|
| 8 | 8,64 | 106 | 26,5 | 1,4975 | 0,46 | 0,39 | 0,34 | 0,31 | 0,28 | 8 |
| 10 | 10,6 | 206 | 41,2 | 0,7705 | 0,71 | 0,61 | 0,54 | 0,48 | 0,43 | 10 |
| 12 | 13,4 | 364 | 60,7 | 0,4361 | 1,05 | 0,90 | 0,79 | 0,70 | 0,63 | 12 |
| 14 | 16,0 | 605 | 86,4 | 0,2624 | 1,50 | 1,28 | 1,12 | 1,00 | 0,90 | 14 |
| 16 | 18,8 | 925 | 116 | 0,1716 | 2,01 | 1,72 | 1,51 | 1,34 | 1,21 | 16 |
| 18 | 22,0 | 1.350 | 150 | 0,1176 | 2,60 | 2,23 | 1,95 | 1,73 | 1,56 | 18 |
| | | | | | | | | | | |
| 20 | 25,3 | 1.910 | 191 | 0,0831 | 3,31 | 2,84 | 2,48 | 2,21 | 1,99 | 20 |
| 22 | 29,4 | 2.690 | 245 | 0,0590 | 4,25 | 3,64 | 3,18 | 2,83 | 2,55 | 22 |
| 24 | 33,2 | 3.600 | 300 | 0,0441 | 5,20 | 4,46 | 3,90 | 3,47 | 3,12 | 24 |
| 26 | 37,9 | 4.820 | 371 | 0,0329 | 6,43 | 5,51 | 4,82 | 4,29 | 3,86 | 26 |
| 28 | 41,8 | 6.280 | 448 | 0,0253 | 7,76 | 6,66 | 5,82 | 5,18 | 4,66 | 28 |
| | | | | | | | | | | |
| 30 | 46,2 | 8.030 | 535 | 0,0198 | 9,27 | 7,95 | 6,95 | 6,18 | 5,56 | 30 |
| 32 | 59,5 | 10.870 | 679 | 0,0146 | 11,77 | 10.09 | 8,83 | 7,85 | 7,06 | 32 |
| 35 | 60,6 | 12.840 | 734 | 0,0124 | 12,72 | 10,90 | 9,54 | 8,48 | 7,63 | 35 |
| 38 | 63,1 | 15.760 | 829 | 0,0101 | 14,37 | 12,32 | 10,78 | 9,58 | 8,62 | 38 |
| 40 | 71,8 | 20.350 | 1.020 | 0,0078 | 17,68 | 15,15 | 13,26 | 11,78 | 10,61 | 40 |

| *Perfil UPN* | *$P^*_{máx.}$ en toneladas para una luz $\ell$ en m =* 2,75 | 3,00 | 3,25 | 3,50 | 4,00 | 4,50 | 5,00 | 5,50 | 6,00 | *Perfil UPN* |
|---|---|---|---|---|---|---|---|---|---|---|
| 8 | 0,25 | 0,23 | 0,21 | 0,20 | 0,17 | 0,15 | 0,14 | 0,13 | 0,11 | 8 |
| 10 | 0,39 | 0,36 | 0,33 | 0,31 | 0,27 | 0,24 | 0,21 | 0,19 | 0,18 | 10 |
| 12 | 0,57 | 0,53 | 0,49 | 0,45 | 0,39 | 0,35 | 0,32 | 0,29 | 0,26 | 12 |
| 14 | 0,82 | 0,75 | 0,69 | 0,64 | 0,56 | 0,50 | 0,45 | 0,41 | 0,37 | 14 |
| 16 | 1,10 | 1,00 | 0,93 | 0,86 | 0,75 | 0,67 | 0,60 | 0,55 | 0,50 | 16 |
| 18 | 1,42 | 1,30 | 1,20 | 1,11 | 0,97 | 0,87 | 0,78 | 0,71 | 0,65 | 18 |
| | | | | | | | | | | |
| 20 | 1,81 | 1,65 | 1,53 | 1,42 | 1,24 | 1,10 | 0,99 | 0,90 | 0,83 | 20 |
| 22 | 2,32 | 2,12 | 1,96 | 1,82 | 1,59 | 1,42 | 1,27 | 1,16 | 1,06 | 22 |
| 24 | 2,84 | 2,60 | 2,40 | 2,23 | 1,95 | 1,73 | 1,56 | 1,42 | 1,30 | 24 |
| 26 | 3,51 | 3,21 | 2,97 | 2,76 | 2,41 | 2,14 | 1,93 | 1,75 | 1,61 | 26 |
| 28 | 4,24 | 3,88 | 3,58 | 3,33 | 2,91 | 2,59 | 2,33 | 2,12 | 1,94 | 28 |
| | | | | | | | | | | |
| 30 | 5,06 | 4,64 | 4,28 | 3,97 | 3,48 | 3,09 | 2,78 | 2,53 | 2,32 | 30 |
| 32 | 6,42 | 5,88 | 5,43 | 5,04 | 4,41 | 3,92 | 3,53 | 3,21 | 2,94 | 32 |
| 35 | 6,94 | 6,36 | 5,87 | 5,45 | 4,77 | 4,28 | 3,82 | 3,47 | 3,18 | 35 |
| 38 | 7,84 | 7,18 | 6,63 | 6,16 | 5,39 | 4,79 | 4,31 | 3,92 | 3,59 | 38 |
| 40 | 9,64 | 8,84 | 8,16 | 7,58 | 6,63 | 5,89 | 5,30 | 4,82 | 4,42 | 40 |

Para $f = \frac{\ell}{300}$, $P^* = \frac{I}{317{,}46033 \times \ell^2}$ ; para $f = \frac{\ell}{n}$, $P^*_n = P^*_{300} \times \frac{n}{300}$

# SECCIÓN DÉCIMA

## OTRAS VIGAS DE DIRECTRIZ RECTA SOMETIDAS A ESFUERZOS DE FLEXIÓN

### 1.10. Tipos de vigas que se consideran

Son muchos los tipos de vigas sometidas a flexión que pueden considerarse como vigas apoyadas en sus extremos o de varios apoyos, especificándose principalmente las vigas carriles de dos apoyos (extremos) y las vigas carriles continuas, las vigas continuas sometidas a cargas uniformemente repartidas, y las vigas articuladas también sometidas a cargas uniformemente repartidas.

a) *Vigas carriles apoyadas en sus extremos*

Considerando las cargas que transmiten las dos ruedas del cabecero (más cargado) de una grúa sobre la viga carril, el cálculo de los momentos flectores máximos, reacciones de apoyo, y flechas en aquella viga carril, depende del valor de las cargas, de la separación o distancia entre ruedas, y de la luz de la viga carril.

En las figuras de la página 253 se representa una viga carril con el tren de cargas correspondiente a un cabecero de grúa, y las posiciones de este tren de cargas con relación a los apoyos de aquella viga carril para obtener el mayor momento de flexión, así como también las máximas reacciones de apoyo y flechas de la viga carril.

Asimismo se expresan valores para poder determinar el momento de inercia necesario ($I_n$) que ha de tener la viga carril para que la relación luz-flecha se halle entre los límites aceptables.

b) *Vigas carriles continuas*

En la tabla $EA_f$ -40 se exponen valores para el cálculo de vigas carriles continuas, especificando coeficientes para poder calcular momentos flectores, reacciones de apoyo, y esfuerzos cortantes en vanos extremos y centrales de las vigas carriles debidos al peso propio de las mismas, así como también los mismos valores debidos al tren de cargas, fijando la posición de las ruedas de este tren separadas a distancia a para que los valores obtenidos sean los máximos (más desfavorables).

Como en las vigas anteriores, se especifican coeficientes precisos para el cálculo del momento de inercia necesario que ha de tener la viga, tanto en los vanos extremos como en los centrales.

c) *Vigas continuas sometidas a cargas uniformemente repartidas*

En la tabla $EA_f$ -41 se exponen coeficientes para poder determinar o calcular vigas continuas sometidas a cargas q/m uniformemente repartidas; con aquellos coeficientes se calcularán, tanto para vanos extremos como para los centrales, valores máximos de los momentos flectores entre apoyos de la viga y sobre estos apoyos, reacciones de apoyo, y distancias a los puntos entre apoyos sobre los cuales se producen los momentos flectores máximos, y a los puntos de inflexión de la elástica.

También se exponen coeficientes para calcular las flechas máximas en los distintos vanos (bajo la acción de q/m), así como otros coeficientes para determinar los momentos de inercia necesarios ($I_n$) que han de tener estas vigas continuas.

d) *Vigas articuladas (gerber)*

En la página 256 se hace referencia a la constitución de las vigas articuladas sometidas a cargas uniformemente repartidas q/m en todos sus vanos.

En la tabla $EA_f$ -42 se expone la disposición de vigas articuladas de cinco vanos, de siete y más vanos (como en las anteriores, de luces $\ell$ iguales), y de cinco y más vanos con los de los extremos de luces más reducidas que la de los centrales para conseguir momentos flectores iguales y flechas con poca diferencia.

Para cada tipo de viga se exponen coeficientes necesarios para el cálculo de los momentos flectores, flechas, reacciones de apoyo, máximos, y distancias a los puntos de articulación.

**Nota.**—Ejemplos de aplicación de las vigas carriles (apoyadas en sus extremos y continuas), vigas continuas y articuladas sometidas a cargas uniformemente repartidas, pueden verse en el cálculo de un pabellón industrial verificado en la Segundo Grupo de esta obra.

## 2.10. Vigas carriles apoyadas en ambos extremos

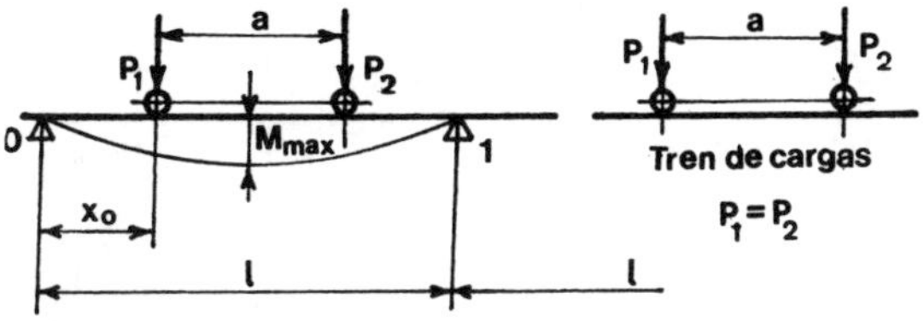


Las vigas carriles se disponen como simplemente apoyadas en sus extremos o como vigas continuas de varios vanos, en la generalidad de las casos de la misma luz $l$.

El tren de cargas, generalmente los cabeceros de las grúas con el carro en la posición más desfavorable, producirá las mayores presiones sobre las ruedas, las cuales darán lugar a momentos flectores, esfuerzos cortantes y reacciones de apoyos en las vigas carriles, variables según los desplazamientos de aquel tren, considerándose los máximos valores en los cálculos:

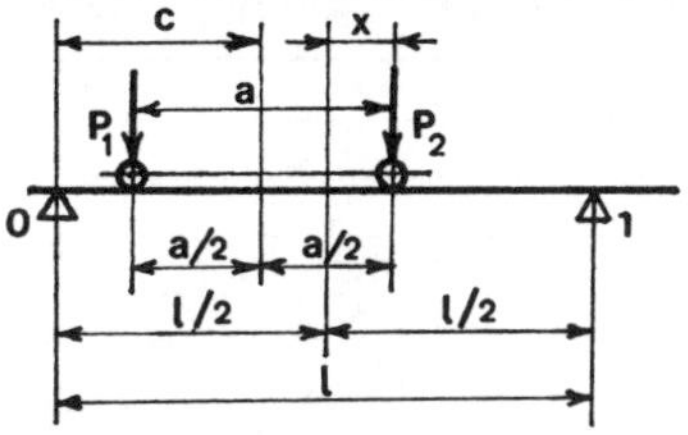


a) *Tren de cargas de modo que $a < 0{,}586\,l$*

Momento máximo para $P_1$ situada a $x = \frac{a}{4}$ del centro de la viga.

$$M_{máx} = \frac{Pl}{2}\left(1 - \frac{a}{2l}\right)^2 = \frac{2Pc^2}{l}\ ;\ c = \frac{l}{2} - \frac{a}{4}$$

$$R_o = P \cdot \frac{2l + a}{2l}\ ;\ R_1 = P \cdot \frac{2l - a}{2l}$$

La reacción máxima resulta cuando una de las ruedas se halla sobre el apoyo.

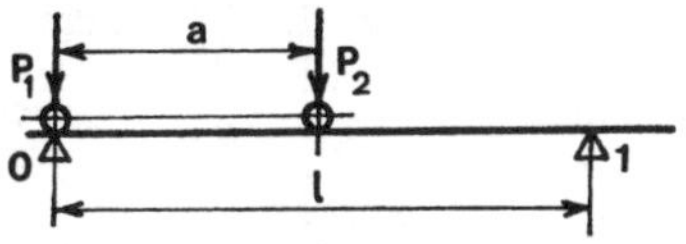


$$R_o = P + \frac{P\,(l - a)}{l}$$

b) *Tren de cargas para $a > 0{,}586\,l$*

El momento $M_{máx}$ resulta cuando una rueda (P) se halla sobre el centro de la viga:

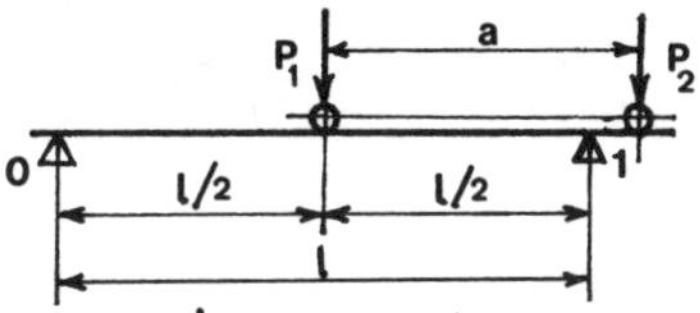


$$M_{máx} = \frac{Pl}{4}\ ;\ R_0 = R_1 = \frac{P}{2}$$

c) *Flechas*

Para $a \leq 0{,}65\,l$, $f_{máx} = \dfrac{P(l - a)\,[3l^2 - (l - a)^2]}{48\,E\,I_x}$

Para $a \geq 0{,}65\,l$, $f_{máx} = \dfrac{Pl^3}{48\,E\,I_x}$

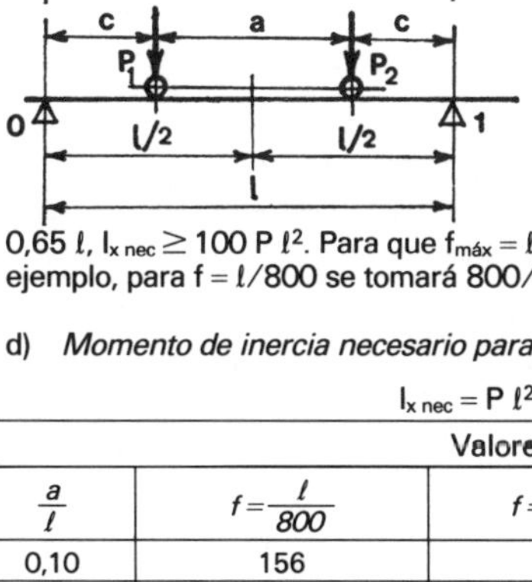


Generalmente la flecha se hace $f = l/800$ para grúas normales, y $f = l/1.000$ para grúas pesadas.

Con P en tons. y $l$ en m, para $f = l/1.000$ el momento de inercia, siendo $a \leq 0{,}65\,l$, $I_{x\,nec} \geq 100\,P\left(2l^2 - 3a^2 + \frac{a^3}{l}\right)$, y con $a > 0{,}65\,l$, $I_{x\,nec} \geq 100\,P\,l^2$. Para que $f_{máx} = l/x$ en ambas fórmulas, en $I_{x\,nec}$ se tomará x/10 en lugar de 100; por ejemplo, para $f = l/800$ se tomará 800/10 = 80.

d) *Momento de inercia necesario para la viga, por flecha*

$$I_{x\,nec} = P\,l^2\,k;\ \text{P en tons, } l \text{ en metros, k en la tabla}$$

Valores de k para $f = l/800$ y $f = l/1.000$

| $\frac{a}{l}$ | $f = \frac{l}{800}$ | $f = \frac{l}{1.000}$ | $\frac{a}{l}$ | $f = \frac{l}{800}$ | $f = \frac{l}{1.000}$ |
|---|---|---|---|---|---|
| 0,10 | 156 | 196 | 0,40 | 126 | 157 |
| 0,15 | 153 | 192 | 0,45 | 118 | 147 |
| 0,20 | 150 | 187 | 0,50 | 109 | 136 |
| 0,25 | 145 | 181 | 0,55 | 100 | 125 |
| 0,30 | 139 | 174 | 0,60 | 90 | 113 |
| 0,35 | 133 | 166 | 0,65 a 1,0 | 79,5 | 100 |

**Nota.**—Con los valores $Pl^2k$ se determinará una viga cuyo peso servirá para efectuar el cálculo de la viga definitiva, y si el peso de esta difiere sensiblemente del de la primera, con el suyo se efectuará un nuevo cálculo.

# *VIGAS CARRILES CONTINUAS*

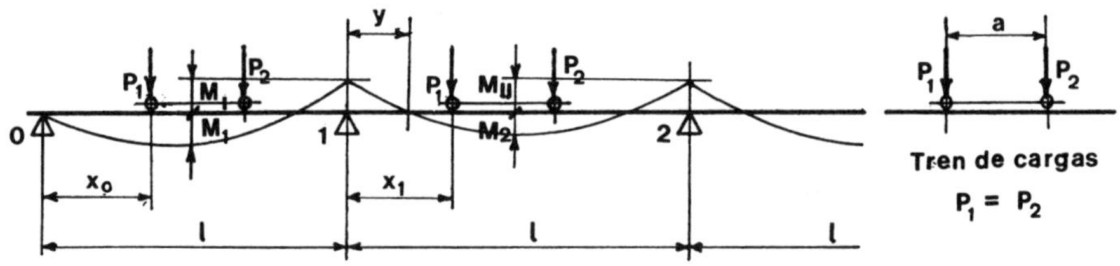


*PESO PROPIO, g/M*

*Momento, reacciones y esfuerzos cortantes*

| $a/l$ | Vanos extremos | | | Vanos centrales | | | $a/l$ |
|---|---|---|---|---|---|---|---|
| | Momento | Reacción | Esf. cortante | Momento | Reacción | Esf. cortante | |
| | $M_1$ | $A_0$ | $Q_{0\text{-}1}$ | $M_2$ | $A_1$ | $Q_{1\text{-}2}$ | |
| 0,0 a 1,0 | 1/11 g$l^2$ | 0,396 g$l$ | – 604 g$l$ | 1/16 g$l^2$ | 1,131 g$l$ | 0,526 g$l$ | 0,0 a 1,0 |

*CARGAS MÓVILES*

*Valores $\eta$ para varios conceptos*

| $a/l$ | Vanos extremos | | | | Vanos centrales | | | | | Punto de inflexión |
|---|---|---|---|---|---|---|---|---|---|---|
| | Longitud | Momento | Reacción | Esf. cort. | Longitud | Momento | Longitud | Reacción | Esf. cort. | |
| | $x_0 = l\eta$ | $M_1 = Pl\eta$ | $A_0 = P\eta$ | $Q_{0\text{-}1} = P\eta$ | $x_1 = l\eta$ | $M_2 = Pl\eta$ | $x_0 = l\eta$ | $A_1 = P\eta$ | $Q_{1\text{-}2} = P\eta$ | $y = l\eta$ |
| | $\eta$ | $\eta$ | $\eta$ | $\eta$ | $\eta$ | $\eta$ | $\eta$ | $\eta$ | $\eta$ | $\eta$ |
| 0,0 | 0,393 | 0,350 | 2,000 | – 2,000 | 0,500 | 0,256 | 0,960 | 2,005 | 2,000 | 0,297 |
| 0,1 | 0,379 | 0,318 | 1,875 | – 1,943 | 0,484 | 0,232 | 0,909 | 1,997 | 1,926 | 0,282 |
| 0,2 | 0,365 | 0,289 | 1,752 | – 1,872 | 0,469 | 0,209 | 0,853 | 1,972 | 1,835 | 0,272 |
| 0,3 | 0,354 | 0,261 | 1,632 | – 1,789 | 0,454 | 0,187 | 0,798 | 1,931 | 1,731 | 0,272 |
| 0,4 | 0,340 | 0,233 | 1,516 | – 1,696 | 0,440 | 0,167 | 0,743 | 1,876 | 1,618 | 0,272 |
| 0,5 | 0,336 | 0,214 | 1,406 | – 1,594 | 0,429 | 0,165 | 0,690 | 1,807 | 1,500 | 0,140 |
| 0,6 | 0,338 | 0,200 | 1,304 | – 1,484 | 0,421 | 0,163 | 0,644 | 1,724 | 1,382 | 0,100 |
| 0,7 | 0,345 | 0,189 | 1,211 | – 1,368 | 0,410 | 0,161 | 0,585 | 1,631 | 1,280 | 0,100 |
| 0,8 | 0,360 | 0,180 | 1,128 | – 1,248 | 0,412 | 0,158 | 0,535 | 1,528 | 1,165 | 0,100 |
| 0,9 | 0,375 | 0,176 | 1,057 | – 1,125 | 0,430 | 0,155 | 0,488 | 1,414 | 1,074 | 0,100 |
| 1,0 | 0,392 | 0,173 | 1,000 | – 1,000 | 0,449 | 0,151 | 0,446 | 1,289 | 1,000 | 0,100 |

*MOMENTOS EN LOS APOYOS*

| $a/l$ | Vanos extremos | | Vanos centrales | |
|---|---|---|---|---|
| | Longitud | Momento | Longitud | Momento |
| | $x_0 = l\eta$ | $M_I = Pl\eta$ | $x_1 = l\eta$ | $M_{II} = Pl\eta$ |
| | $\eta$ | $\eta$ | $\eta$ | $\eta$ |
| 0,0 | 0,578 | 0,206 | 0,616 | 0,172 |
| 0,1 | 0,525 | 0,204 | 0,563 | 0,171 |
| 0,2 | 0,469 | 0,197 | 0,504 | 0,164 |
| 0,3 | 0,408 | 0,186 | 0,438 | 0,153 |
| 0,4 | 0,342 | 0,170 | 0,365 | 0,139 |
| 0,5 | 0,725 | 0,160 | 0,748 | 0,153 |
| 0,6 | 0,675 | 0,172 | 0,698 | 0,164 |
| 0,7 | 0,627 | 0,180 | 0,648 | 0,170 |
| 0,8 | 0,579 | 0,182 | 0,598 | 0,171 |
| 0,9 | 0,532 | 0,180 | 0,549 | 0,167 |
| 1,0 | 0,487 | 0,174 | 0,499 | 0,159 |

*MOMENTO DE INERCIA NECESARIO PARA $f \leq l/800$*

$I_{x\,nec} = Pl^2\,k$

*P en t; $l$ en m; I en cm$^4$*

| $a/l$ | Valores de k | |
|---|---|---|
| | Vanos extremos | Vanos centrales |
| 0,0 | 115,0 | 83,8 |
| 0,1 | 113,2 | 82,3 |
| 0,2 | 107,9 | 78,6 |
| 0,3 | 99,6 | 71,3 |
| 0,4 | 89,0 | 62,7 |
| 0,5 | 76,3 | 52,9 |
| 0,6 | 62,1 | 42,1 |
| 0,7 | 46,9 | 31,0 |
| 0,8 | 37,8 | 27,6 |
| 0,9 | 37,1 | 27,1 |
| 1,0 | 38,5 | 28,1 |

**Nota.**—Con el momento de inerciaa $f \leq l/800$ se calculará un perfil cuyo valor de g/M se utilizará para el cálculo; si el g/M del perfil resultante difiere del primero, se rehará el cálculo con el segundo g/M (peso propio).

Momentos flectores ($M_m$, tm), reacciones de apoyo (A, B, ..., t), distancias x e y (m), flechas f (cm), momentos de inercia necesarios ($I_n$, $cm^4$), en vigas continuas con carga g (t/m) uniformemente repartidas. Apoyos a la misma altura.

| *Valores de...* | *Número de vanos* | | | | | | | | *Conceptos* |
|---|---|---|---|---|---|---|---|---|---|
| | *1* | *2* | *3* | *4* | *5* | *6* | *7* | *8...* | |
| Reacciones de apoyo | Carga uniforme por unidad de longitud = q | | | | | | | | $R_A$, $R_B$, ... (t) |
| Momentos flectores | | | | | | | | | $M_1$, $M_I$, ... (tm) |
| Esfuerzos cortantes | | | | | | | | | $T_1$, $T_2$, ... (t) |
| Flechas | | | | | | | | | $f_1$, $f_2$, ... (cm) |

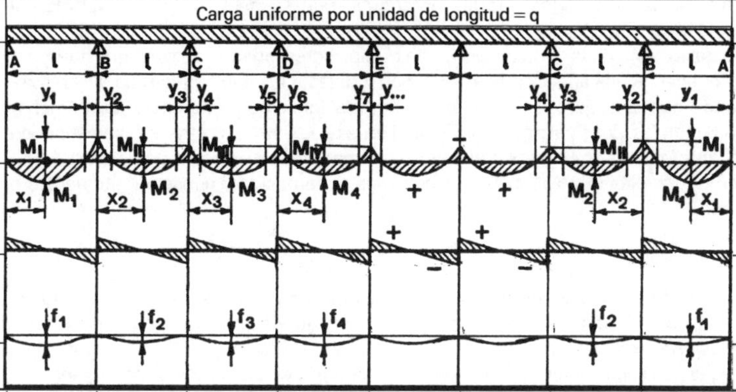


| Valores de... | | 1 | 2 | 3 | 4 | 5 | 6 | 7 | 8... | Conceptos |
|---|---|---|---|---|---|---|---|---|---|---|
| Momentos máximos en los vanos. | $M_1$ = | 0,1250 | 0,0703 | 0,0800 | 0,0772 | 0,0779 | 0,0777 | 0,0778 | 0,0777 | $ql^2$ |
| | $M_2$ = | — | — | 0,0250 | 0,0364 | 0,0332 | 0,0340 | 0,0338 | 0,0339 | |
| | $M_3$ = | — | — | | | 0,0461 | 0,0433 | 0,0440 | 0,0438 | |
| | $M_4$ = | — | — | | | | | 0,0405 | 0,0412 | (tm) |
| Momentos en los apoyos | $M_I$ = | — | 0,1250 | 0,1000 | 0,1071 | 0,1053 | 0,1058 | 0,1056 | 0,1057 | $ql^2$ |
| | $M_{II}$ = | — | — | — | 0,0714 | 0,0789 | 0,0769 | 0,0775 | 0,0773 | |
| | $M_{III}$ = | — | — | — | | | 0,0865 | 0,0845 | 0,0850 | (tm) |
| | $M_{IV}$ = | — | — | — | | | | | 0,0825 | |
| Reacciones de apoyos | A = | 0,5000 | 0,3750 | 0,4000 | 0,3929 | 0,3947 | 0,3942 | 0,3944 | 0,3943 | $ql$ |
| | B = | — | 1,2500 | 1,1000 | 1,1428 | 1,1317 | 1,1346 | 1,1337 | 1,1340 | |
| | C = | — | — | — | 0,9286 | 0,9736 | 0,9616 | 0,9649 | 0,9640 | |
| | D = | — | — | — | — | — | 1,0192 | 1,0070 | 1,0103 | (t) |
| | E = | — | — | — | — | — | — | — | 0,9948 | |
| Distancia al punto de flexión máxima | $x_1$ = | 0,5000 | 0,3750 | 0,4000 | 0,3930 | 0,3947 | 0,3942 | 0,3944 | 0,3943 | $l$ |
| | $x_2$ = | — | — | 0,5000 | 0,5357 | 0,5264 | 0,5327 | 0,5281 | 0,5283 | |
| | $x_3$ = | — | — | — | — | 0,5000 | 0,4904 | 0,4930 | 0,4923 | (m) |
| | $x_4$ = | — | — | — | — | — | — | 0,5000 | 0,5026 | |
| Distancia al punto de inflexión de la elástica | $y_1$ = | — | 0,7500 | 0,8000 | 0,7860 | 0,7894 | 0,7884 | 0,7887 | 0,7887 | |
| | $y_2$ = | — | — | 0,2760 | 0,2659 | 0,2680 | 0,2675 | 0,2680 | 0,2680 | |
| | $y_3$ = | — | — | 0,2760 | 0,1945 | 0,2170 | 0,2101 | 0,2116 | 0,2110 | $l$ |
| | $y_4$ = | — | — | — | — | 0,1964 | 0,1960 | 0,1962 | 0,1960 | |
| | $y_5$ = | — | — | — | — | 0,1964 | 0,2150 | 0,2103 | 0,2120 | |
| | $y_6$ = | — | — | — | — | — | — | 0,2153 | 0,2150 | |
| | $y_7$ = | — | — | — | — | — | — | 0,2153 | 0,2100 | (m) |
| Flechas | V. exts. $\eta$ = | 6,20 | 2,48 | 3,22 | 3,01 | 3,07 | 3,05 | 3,05 | ... | $f = \eta \cdot \frac{ql^4}{I}$ |
| | V. cents. $\eta$ = | — | 2,48 | 0,248 | 0,885 | 1,50 | 1,34 | 1,34 | ... | (cm) |
| $I_n$ $cm^4$ f = l/500 | V. exts. k = | — | 12,4 | 17,04 | 16,12 | 16,40 | 16,33 | 16,33 | ... | $I_n = k\,q\,l^3$ |
| | V. cents. k = | — | — | 3,09 | 4,96 | 7,07 | 6,66 | 6,66 | ... | |
| $I_n$ $cm^4$ f = l/300 | V. exts. k = | — | 7,44 | 10,23 | 9,67 | 9,84 | 9,80 | 9,80 | ... | ($cm^4$) |
| | V. cents. k = | — | — | 1,85 | 2,98 | 4,24 | 3,99 | 3,99 | ... | |

## 3.10. Vigas articuladas (Gerber)

a) *Disposición de las vigas articuladas*

Las vigas articuladas (Gerber), son vigas continuas con articulaciones en lugar de juntas, que se disponen en los puntos de inflexión de la elástica (momentos de flexión nulos), con las que se obtienen momentos de flexión y flechas de valores inferiores a los que se producen en las vigas isostáticas (de dos apoyos) sometidas a las mismas cargas. Las correas o vigas articuladas, cubriendo varios tramos, están formadas por vigas parciales de dos apoyos (sobre las armaduras), y extremos en voladizo en los que se hallan las articulaciones, y por otras vigas más cortas que las anteriores, que se apoyan en los extremos de aquellas correas, completando la articulación.

Por la disposición de las articulaciones en puntos determinados, se consigue que los momentos de flexión que se producen en los apoyos (negativos) sean iguales a los que resultan en el centro de las vigas parciales de los vanos interiores, así como también, las flechas tienen poca diferencia; los momentos flectores y flechas que resultan en las vigas parciales correspondientes a los tramos extremos, son superiores a los de las vigas parciales intermedias, motivo por el que, para mantener el mismo perfil en toda la viga articulada, es necesario reforzar las vigas parciales de los vanos extremos para conseguir momentos resistentes y flechas adecuados.

b) *Articulaciones*

El número de articulaciones, en una correa o viga articulada, es menor en una que el número de tramos de la viga, y generalmente se disponen a partir del segundo vano, para que en los vanos extremos puedan situarse los arriostrados de cubierta.

Las vigas parciales con extremos en voladizo, además de las cargas uniformemente repartidas por unidad de longitud a las que están sometidas, deben soportar en sus extremos o articulaciones, una carga vertical igual a la reacción de apoyo de las vigas cortas sometidas a las mismas cargas unitarias.

*Acciones y reacciones en las vigas articuladas*

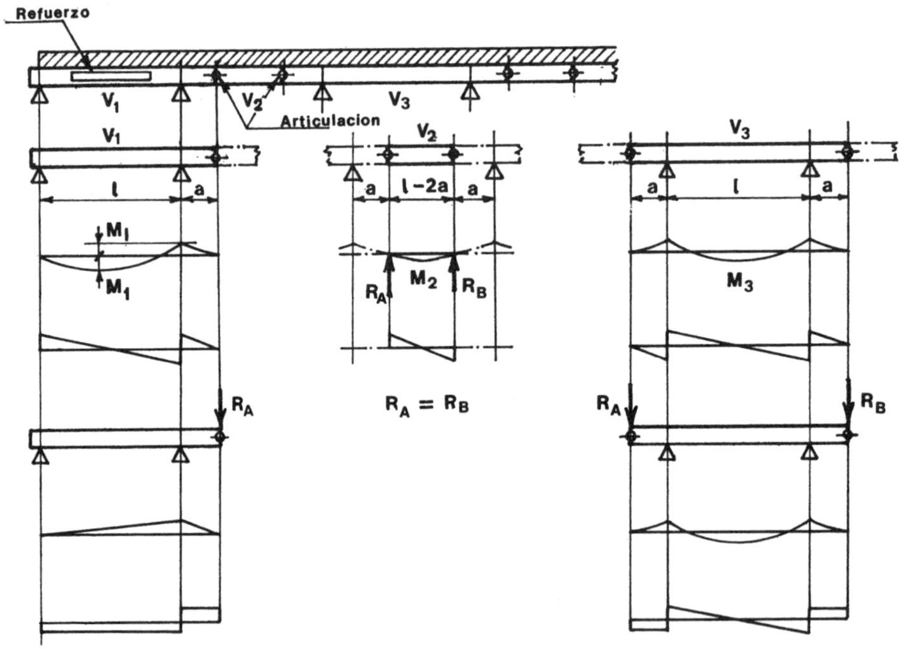


Reforzando los tramos extremos y disponiendo en toda la viga un perfil uniforme, se consigue que éste se halle al mismo nivel en los apoyos, sobre las armaduras de cubierta.

—5 vanos (simétricos)—

$y = q\ell^2$

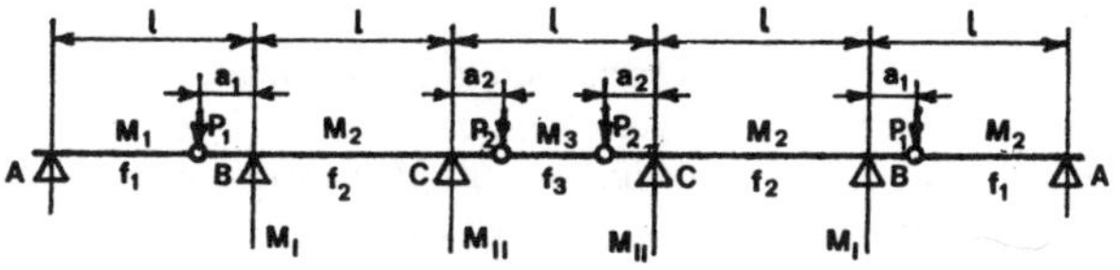


$x = \frac{q\ell^4}{E\,I}$

$a_1 = 0{,}125 \cdot \ell$; $a_2 = 0{,}1465 \cdot \ell$. $f_1 = 0{,}007633 \cdot x$, $f_2 = 0{,}005208 \cdot x$; $f_3 = 0{,}003255 \cdot x$.
$M_1 = 0{,}09570 \cdot y$; $M_2 = M_3 = 0{,}0625 \cdot y$. $M_I = M_{II} = 0{,}0625 \cdot y$.
$A = 0{,}4375 \cdot q\ell$; $B = 1{,}0625 \cdot q\ell$; $C = q\ell$. $P_1 = 0{,}4375 \cdot q\ell$; $P_2 = 0{,}3535 \cdot q\ell$.

—7 y más vanos nones (simétricos)—

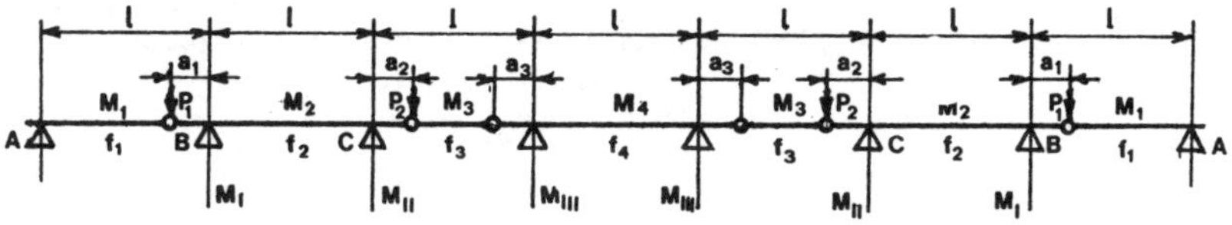


$a_1 = 0{,}125 \cdot \ell$; $a_2 = 0{,}1465 \cdot \ell$. $f_1 = 0{,}007623 \cdot x$; $f_2 = 0{,}005208 \cdot x$; $f_3 = 0{,}003255 \cdot x$; $f_4 = 0{,}005208 \cdot x$.
$M_1 = 0{,}09570 \cdot y$; $M_2 = M_3 = M_4 = 0{,}0625 \cdot y$. $M_I = M_{II} = M_{III} = 0{,}0625 \cdot y$.
$A = 0{,}4375 \cdot q\ell$; $B = 1{,}0625 \cdot q\ell$; $C = D = q\ell$. $P_1 = 0{,}4375 \cdot q\ell$; $P_2 = 0{,}3535 \cdot q\ell$.

—7 y más vanos nones (simétricos)—

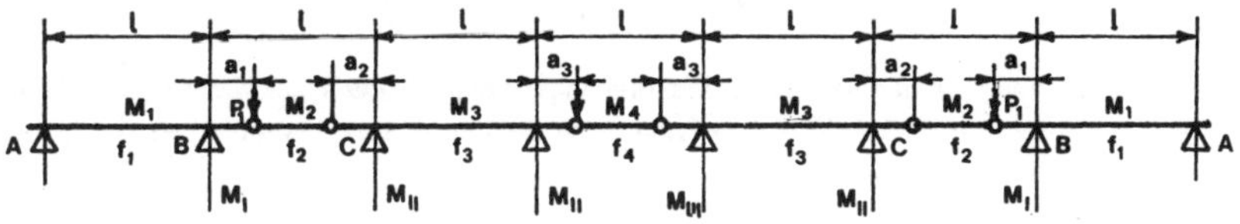


$a_1 = 0{,}1465 \cdot \ell$. $f_1 = 0{,}007736 \cdot x$; $f_2 = 0{,}002178 \cdot x$; $f_3 = 0{,}005208 \cdot y$; $f_4 = 0{,}003255 \cdot x$.
$M_1 = 0{,}09570 \cdot y$; $M_2 = M_3 = M_4 = 0{,}0625 \cdot y$. $M_I = M_{II} = M_{III} = 0{,}0625 \cdot y$.
$A = 0{,}4375 \cdot q\ell$; $B = 1{,}0625 \cdot q\ell$; $C = D = q\ell$. $P_1 = 0{,}3535 \cdot q\ell$.

**Nota.**—Las vigas de 8 y más vanos se compondrán substituyendo los dos últimos vanos (derecha) de la viga 3.ª por los tres últimos vanos (derecha) de la viga 2.ª; todos los valores de $a_1$ son iguales a $0{,}1465 \cdot \ell$, menos el último (derecha) que será igual a $0{,}125 \cdot \ell$ (como el de la viga 2.ª).

—5 vanos, con extremos reducidos—

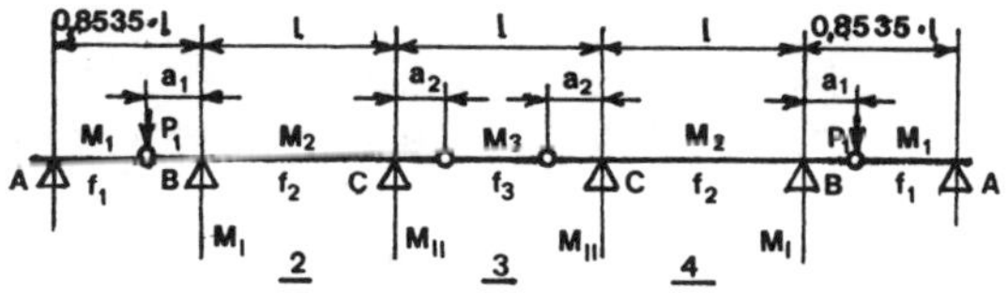


$a_2 = 0{,}1465 \cdot \ell$. $f_1 = f_3 = 0{,}003255 \cdot x$; $f_2 = 0{,}005208 \cdot x$.
$M_1 = M_2 = M_3 = 0{,}0625 \cdot y$. $M_I = M_{II} = 0{,}0625 \cdot y$.
$A = 0{,}3535 \cdot q\ell$; $B = C = q\ell$. $P_1 = 0{,}3535 \cdot q\ell$; $P_2 = 0{,}3535 \cdot q\ell$.

En esta última viga, reduciendo la luz de los tramos extremos se ha conseguido que todos los momentos flectores sean iguales, y poca diferencia en las fechas. La disposición puede mantenerse para otras vigas de vanos nones introduciendo los vanos 3 y 4 después del 2.

# SECCIÓN UNDÉCIMA

## PIEZAS O PERFILES DE DIRECTRIZ RECTA SOMETIDAS A TORSIÓN

### 1.11. Tipos de piezas

En las piezas sometidas a torsión se consideraron dos tipos: unas, cuya función principal es la de transmitir un par torsor; solo o combinado con esfuerzos de flexión o axiales, y otras en las que la torsión es un efecto secundario no deseable, que puede producir una deformación excesiva o rotura prematura. Las piezas del primer tipo se proyectan con secciones macizas o cerradas, no siendo apropiados los perfiles abiertos, que deben evitarse.

### 2.11. Torsión pura o uniforme

Cuando una pieza prismática de directriz recta cuyos extremos se pueden alabear libremente, se dice que está sometida a torsión uniforme cuando sus extremos están solicitados por momentos de torsión iguales y opuestos. En este caso, el momento torsor es constante a lo largo de la barra y se produce el mismo alabeo en todas las secciones.

El ángulo girado, por unidad de longitud, es constante y se calculará según la expresión.

$$\theta_t = \frac{M_T}{GI_T}, \text{ siendo:}$$

$\theta_t$ El ángulo girado por unidad de longitud.
$M_T$ El momento torsor.
$G$ El módulo de elasticidad transversal ( = 810.000 kg/cm$^2$).
$I_T$ El módulo de torsión (que se calculará según la tabla $EA_T$ -1).
$GI_T$ La rigidez torsional (cuya acción es similar a la de EI en la flexión).

La torsión uniforme sólo produce tensiones tangenciales; su valor máximo, es:

$$\tau^*_{max} = \frac{M^*_t}{W_T}, \text{ siendo:}$$

$\tau^*_{max}$ La máxima tensión tangencial ponderada, que se produce en una sección cualquiera de la pieza.
$W_T$ El módulo resistente a la torsión, cuyos valores se calcularán según la tabla $EA_T$ -1.

### 3.11. Torsión no uniforme

Esta torsión tiene lugar cuando no se cumplen las condiciones del caso anterior, resultando que alguna sección de la pieza no puede alabearse libremente o que el momento torsor varía a lo largo de la pieza, creándose tensiones normales además de las tangenciales y diferencias de alabeo en las secciones rectas.

Las piezas sometidas a tensión no uniforme en las que el módulo de alabeo de su sección $I_A$ sea nulo o de poca labor respecto al módulo de torsión $I_r$, se calcularán como piezas sometidas a torsión uniforme; se consideran secciones de módulos de alabeo nulo o pequeño las siguientes:

*a)* Las secciones llenas, como las de redondos, cuadrados, exagonales, etc.
*b)* Las secciones formadas por rectángulos que se cortan en un punto, como angulares, simples T, y secciones en cruz.
*c)* Secciones en corona circular de débil espesor (tubos).
*d)* Secciones en cajón, tales que el cociente de sus dos dimensiones no exceda de cuatro (como tubos cuadrados, rectangulares, etc.).

Se tendrá en cuenta que el ángulo $\theta_t$ no es constante por no serlo el momento torsor, siendo el ángulo relativo entre dos secciones cualesquiera A y B; se calculará por:

$$\theta_{AB} = \frac{1}{GI_T}\int_A^B M_T dz$$

Las tensiones se calcularán de acuerdo con las fórmulas de la tabla $EA_T$ -1.

No se recomienda el empleo de las secciones abiertas de débil espesor, debiendo evitarlas en lo posible mediante las oportunas disposiciones constructivas.

## 4.11. Piezas con sección I simétricas

Para piezas con sección I simétricas se puede emplear el procedimiento simplificado siguiente:
El momento torsor exterior $M_T^*$se descompondrá en dos momentos torsores $M_{T_1}^*$ y $M_{T_2}^*$ tales que:

$$M_{T_1}^* = \alpha M_T^*;\ M_{T_2}^* = (1 - \alpha)\, M_T^*$$

Para la obtención del coeficiente $\alpha$ se determinará:

*a)* El giro máximo $\varphi_{max \cdot 1}$ que se produce en la pieza entre dos secciones cualesquiera, supuesto que el momento torsor $M_T$ actúa como si la torsión fuese uniforme, haciendo:

$$\varphi_{max \cdot 1} = \frac{1}{GI_T} \int_A^B M_T^* dz, \text{ siendo}$$

A, B Las secciones de la pieza entre las que el giro relativo es máximo.
$GI_T$ La rigidez de torsión.
z La directriz de la pieza (se tomará como triedro de referencia el de la figura 1).

*b)* El giro máximo $\varphi_{max \cdot 2}$ que se produce en la pieza cuando se absorbe el momento torsor $M_T^*$ por flexión de las alas, para lo cual se substituirá este momento torsor $M_T^*$ por dos fuerzas paralelas al eje X, aplicadas en el centro de gravedad de las alas, tales que:

$$M_T^* = F^* \cdot d, \text{ siendo:}$$

d La distancia entre centros de gravedad de las alas.

Se calculará la flecha máxima $f_{max}$ de un ala sometida a estas fuerzas F*, teniendo en cuenta la vinculación de los extremos. En este caso:

$$\varphi_{max \cdot 2} = \frac{2 \text{ f max}}{d}$$

*c)* Obtenidos los valores $\varphi_{max \cdot 1}$ y $\varphi_{max \cdot 2}$, el coeficiente $\sigma$ vendrá dado por la expresión:

$$\alpha = \frac{\varphi_{max \cdot 2}}{\varphi_{max \cdot 1} + \varphi_{max \cdot 2}}$$

Las tensiones normales y tangenciales se determinarán a partir de las solicitaciones $M_{T_1}^*$, F* y M* (M* momento flector ponderado producido por las fuerzas F* en la flexión horizontal de las alas), teniendo en cuenta su significación física.

En el cuadro que sigue, se indican las tensiones que se producen en las alas de un perfil I sometido a torsión no uniforme.

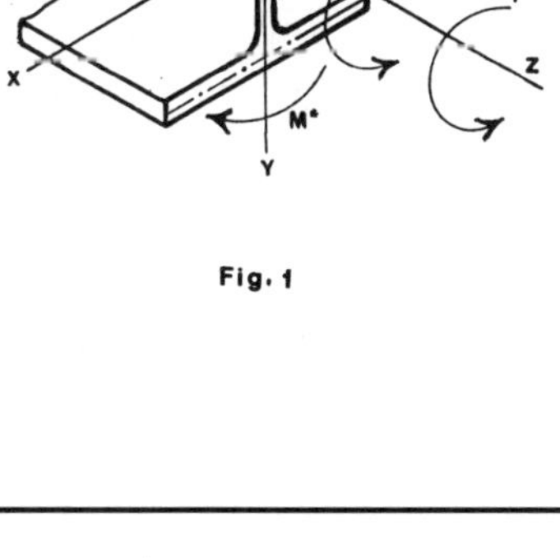


Fig. 1

| | | |
|---|---|---|
| ALAS | 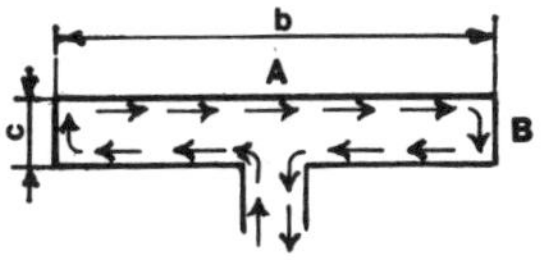 TORSION UNIFORME | 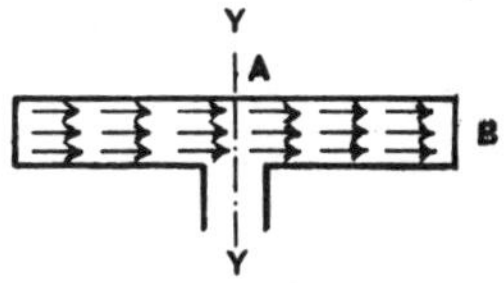 FLEXION DE LAS ALAS |
| PUNTOS | DEBIDAS A LA TORSION | DEBIDAS A LA FLEXION |
| PUNTO A | $\sigma_z^* = 0$ <br> $\tau_{xz}^* = \frac{M_{T_1}^*}{I_T} \cdot e$ <br> $\tau_{yz}^* = 0$ | $\sigma_z^* = 0$ <br> $\tau_{xz}^* = \frac{3}{2}\ \frac{F^*}{be}$ <br> $\tau_{yz}^* = 0$ |
| PUNTO B | $\sigma_z^* = 0$ <br> $\tau_{xz}^* = 0$ <br> $\tau_{yz}^* = \frac{3}{4}\ \frac{M_{T_1}^*}{I_T} \cdot e$ | $\sigma_z^* = \frac{M^*}{\frac{W_y}{2}}$ <br> $\tau^*_{xz} = 0$ <br> $\tau^*_{yz} = 0$ |

# CARACTERÍSTICAS DE PIEZAS SOLICITADAS A TORSIÓN UNIFORME

**TABLA $EA_T$-1**

<table>
<tr><th>N.º</th><th>Especificación de las piezas</th><th>Fórmulas para el cálculo</th><th>Especificaciones para el cálculo</th></tr>
<tr><td>1</td><td>Pieza prismática de directriz recta.</td><td>$\tau^*_{max} = \frac{M^*_T}{W_T} = \frac{\theta_t G I_T}{W_T}$</td><td>—</td></tr>
<tr><td>2</td><td>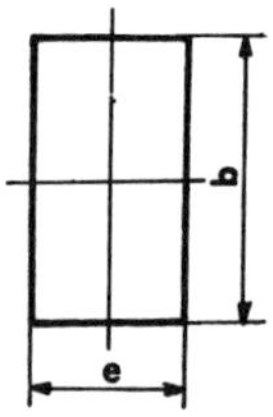<br>Pieza de sección rectangular.</td><td>$I_T = \beta b e^3$<br>$W_T = \mu b e^2$<br>$\tau^* = \frac{M^*_T}{W_T}$<br>La $\tau^*_{max}$ se presenta en el centro del lado mayor. En el centro del lado menor, la $\tau^*_e$ tiene el valor<br>$\tau^*_e = \tau^*_{max} \frac{e}{b}$<br>$\beta, \mu$ = coeficientes<br>b = lado mayor<br>e = lado menor</td><td><table>
<tr><th>$m = \frac{b}{e}$</th><th>$\mu$</th><th>$\beta$</th></tr>
<tr><td>1</td><td>0,208</td><td>0,141</td></tr>
<tr><td>1,5</td><td>0,238</td><td>0,196</td></tr>
<tr><td>2</td><td>0,256</td><td>0,229</td></tr>
<tr><td>2,5</td><td>0,269</td><td>0,249</td></tr>
<tr><td>3</td><td>0,278</td><td>0,263</td></tr>
<tr><td>4</td><td>0,290</td><td>0,281</td></tr>
<tr><td>5</td><td>0,298</td><td>0,291</td></tr>
<tr><td>6</td><td>0,303</td><td>0,299</td></tr>
<tr><td>7</td><td>0,307</td><td>0,303</td></tr>
<tr><td>8</td><td>0,310</td><td>0,307</td></tr>
<tr><td>9</td><td>0,312</td><td>0,310</td></tr>
<tr><td>10</td><td>0,314</td><td>0,313</td></tr>
<tr><td>$>10$</td><td>0,333</td><td>0,333</td></tr>
</table></td></tr>
<tr><td>3</td><td>Pieza de sección abierta formada por varios rectángulos.</td><td>$I_{Ti} = \beta b_i e_i^3$<br>$I_T = \alpha \sum_{i=1}^{n} I_{Ti}$<br>$W_{Ti} = \frac{I_T}{e_i}$<br>$\tau^*_{max \cdot i} = \frac{M^*_T}{I_T} e_i = \frac{M^*_T}{W_{Ti}}$</td><td>Se supone descompuesta la sección en n rectángulos.<br>$\alpha$ = coeficiente función de la forma de la sección.<table>
<tr><th>$\alpha$</th><th>Sección</th></tr>
<tr><td>1,0</td><td>L +</td></tr>
<tr><td>1,1</td><td>[ ˥ ⊥</td></tr>
<tr><td>1,3</td><td>I (en doble T)</td></tr>
</table>$\tau_{max}$ = en el centro del lado mayor del rectángulo de mayor espesor.</td></tr>
<tr><td>4</td><td>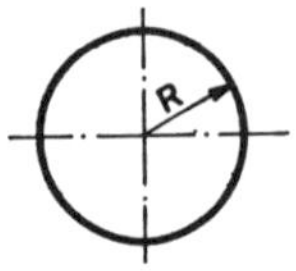<br>Pieza de sección circular llena, de radio R.</td><td>$I_T = \frac{\pi R^4}{2}$<br>$W_T = \frac{\pi R^3}{2}$<br>$\tau^*_{max} = \frac{2M^*_T}{\pi R^3}$<br>$\tau^* = \tau^*_{max} \frac{r}{R}$</td><td>$\tau^*_{max}$ = en la circunferencia exterior.<br>$0 < r < R$</td></tr>
<tr><td>5</td><td><br>Pieza de sección corona circular.</td><td>$I_T = \frac{\pi}{2}(R_2^4 - R_1^4)$<br>$W_T = \frac{\pi}{2r}(R_2^4 - R_1^4)$<br>$\tau^* = \frac{2M^*_T r}{(R_2^4 - R_1^4)} = \tau_{max} \frac{r}{R_2}$<br>$\tau^*_{max} = \frac{2M^*_T R_2}{\pi (R_2^4 - R_1^4)}$</td><td>$R_1$ = radio interior.<br>$R_2$ = radio exterior.<br>$R_1 < r < R_2$<br>$\tau^*_{max}$ = en la circunferencia exterior.</td></tr>
<tr><td>6</td><td>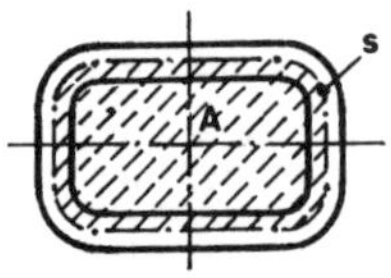<br>Pieza de sección cerrada con pared de débil espesor.</td><td>$I_T = \frac{4A^2 e}{s}$<br>$W_T = 2eA$<br>$\tau^* = \frac{M^*_T}{2eA}$</td><td>$\tau^*$ = constante.<br>s = perímetro de la línea media.</td></tr>
</table>

# SECCIÓN DUODÉCIMA
## MEDIOS DE UNIÓN EN ESTRUCTURAS DE ACERO LAMINADO

### 1.12. Tipos de unión

Como medios de unión de las barras o perfiles y chapas utilizados en la construcción de estructuras metálicas de acero laminado, se utilizan los roblones, los tornillos y la soldadura (eléctrica).

Con el roblonado se consiguen uniones fijas, si bien, con aprovechamiento de los materiales empleados si se deshace la unión destruyendo los roblones. Este tipo de unión, en otro tiempo muy utilizado, hoy está en desuso, sustituido principalmente por la soldadura de los metales (eléctrica).

Los tornillos son empleados principalmente en uniones de montaje de altura, en la que presenta dificultad la soldadura, y cuando ésta no se puede efectuar con garantía; las uniones atornilladas permiten el aprovechamiento del material por desmontaje, y pueden hacerse fijas impidiendo el movimiento de las tuercas por medio de pasadores o por puntos de soldadura.

La soldadura (eléctrica) es sin duda el medio de unión más utilizado en las construcciones metálicas de acero, tanto en el taller como en el montaje, permitiendo juntas más simples con notable economía de material; las uniones soldadas son fijas y rígidas, y el desmontaje solamente puede efectuarse destruyendo parte del material.

### 2.12. Uniones roblonadas

Para estas uniones se seguirán las prescripciones de la Norma MV-105. En la página 264 se exponen valores de resistencia de los roblones solicitados por aplastamiento, cortadura, tracción, y tracción y cortadura, relacionando estos esfuerzos con los espesores de las piezas que se han de unir.

En la tabla $AE_u$-1 se exponen valores de la resistencia máxima o de agotamiento de los roblones sometidos a los esfuerzos expresados, en estructuras de acero tipos A42 y A52.

### 3.12. Uniones atornilladas

Para la utilización de los tornillos ordinarios y calibrados como medios de unión en estructuras metálicas de acero, se seguirán las prescripciones de la Norma MV-106, y para la de los tornillos de alta resistencia, las de la Norma MV-107.

En la página 262 se exponen valores de resistencia máxima de los tornillos ordinarios, calibrados y de alta resistencia, solicitados por esfuerzos de aplastamiento, de cortadura, de tracción, y de tracción y cortadura, relacionados con los espesores de las piezas que se unirán.

De acuerdo con los esfuerzos especificados, en la tabla $EA_u$-2 se exponen valores de la resistencia que pueden soportar tornillos de diversos diámetros (normalizados) utilizados en estructuras de acero tipo A42 y A52.

### 4.12. Uniones soldadas

En la tabla $EA_u$-4 se fijan los valores de las gargantas a de los cordones de soldadura en ángulo para uniones de fuerza de: chapas y alas con caras paralelas en perfiles H, perfiles IPN, perfiles UPN, angulares de alas iguales y desiguales, y perfiles en T.

En la tabla $EA_u$-4 se fijan los valores o relaciones para el cálculo de soldaduras en ángulo en uniones planas sometidas a esfuerzos de tracción y flexión simple, y en la tabla $EA_u$-5 los valores o relaciones para el cálculo de uniones planas sometidas a esfuerzos de torsión y esfuerzo cortante combinados.

Otros valores para el cálculo de soldaduras en ángulo de secciones planas sometidas a esfuerzos de flexión y torsión y esfuerzo cortante combinados, así como de otros esfuerzos de tracción y flexión simple combinados, pueden verse en la Norma MV-103, y también en la obra «Estructuras Metálicas de Acero» de la Editorial Paraninfo.

En las tablas $EA_u$-6 se expone la resistencia de cordones de soldadura de gargantas de 3 a 28 mm, para aplicación en estructuras metálicas de acero tipo A42 y A52, especificando la tensión normal ponderada de agotamiento $\sigma^*$ por cm de longitud.

### 5.12. Resistencia de los roblones

a) *Solicitación por aplastamiento*

Se considera como solicitud de agotamiento por aplastamiento de la espiga del roblón contra la chapa o perfil, al producto:

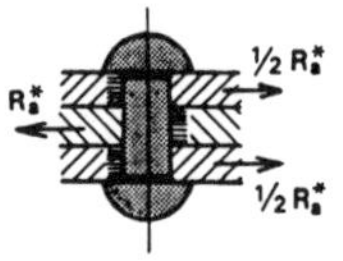


$$2{,}5 \cdot \sigma_u \cdot A_a \; (= R_a^*), \text{ siendo:}$$

$\sigma_u$ La resistencia de cálculo del acero que forma la estructura.
$A_a$ El área de contacto entre espiga y perfil ($= d \cdot e$).
($R_a^*$ La solicitación por aplastamiento para cargas mayoradas).

b) *Solicitación por cortadura*

Se considera como solicitud de agotamiento por cortadura, al producto:

$$0{,}80 \cdot \sigma_t \cdot n \cdot A_c \; (= R_c^*), \text{ siendo:}$$

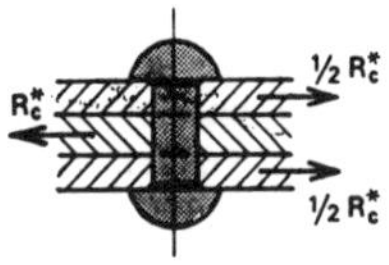


$\sigma_t$ La resistencia de cálculo del roblón, $= 2.400$ kg/cm$^2$ para acero A $34_c$ o similar, y 3.000 kg/cm$^2$ para el acero A 42.
n El número de secciones transversales que soportan conjuntamente el esfuerzo cortante.
$A_c$ El área de la sección del agujero.
($R_c^*$ La solicitación por cortadura para cargas mayoradas).

c) *Solicitación a tracción*

Cuando excepcionalmente un roblón está solicitado a tracción, se considera como solicitud de agotamiento, al producto:

$$0{,}25 \cdot \sigma_t \cdot A_t \; (= R_t^*), \text{ siendo:}$$

$\sigma_t$ La resistencia de cálculo del roblón (a cortadura).
$A_t$ El área de la sección del agujero.

**Nota.**—Deben evitarse las uniones con roblones sometidos a esfuerzos de tracción.

d) *Solicitación por tracción y cortadura*

Cuando excepcionalmente un roblón está solicitado simultáneamente a tracción y cortadura, se comprobará que

$$\left(\frac{N^*}{R_t}\right) + \left(\frac{T^*}{R_c}\right)^2 \leq 1, \text{ siendo:}$$

$N^*$ El esfuerzo normal ponderado a tracción.
$T^*$ El esfuerzo cortante ponderado.
$R_t = 0{,}25 \cdot \sigma_t \cdot A_t$ La solicitud de agotamiento a tracción.
$R_c = 0{,}80 \cdot n \cdot \sigma_t \cdot A_c$ La solicitud de agotamiento a esfuerzo cortante.

### 6.12. Resistencia de los tornillos

a) *Solicitación por aplastamiento*

Se considera como solicitud de agotamiento de la espiga del tornillo contra la chapa o perfil, al producto:

$$2 \cdot \sigma_u \cdot A_a \; (= R_a^*), \text{ para los tornillos ordinarios.}$$
$$2{,}5 \cdot \sigma_u \cdot A_a \; (= R_a^*), \text{ para los tornillos calibrados.}$$
$$3 \cdot \sigma_u \cdot A_a \; (= R_a^*), \text{ para los tornillos de alta resistencia, siendo:}$$

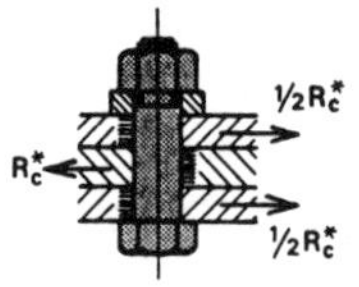


$\sigma_u$ La resistencia de cálculo del acero que forma la estructura.
$A_a$ El área de contacto entre espiga y la chapa ($= d \cdot e$).
($R_a^*$ La solicitación por aplastamiento para cargas ponderadas).

b) *Solicitación por cortadura*

Se considera como solicitud de agotamiento por cortadura, al producto:

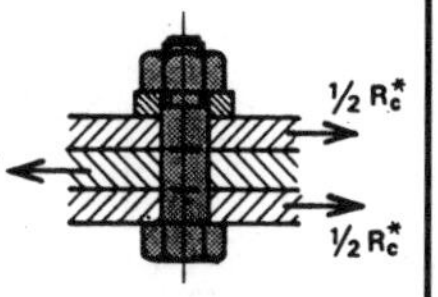


$0,65 \cdot \sigma_t \cdot n \cdot A_c$, para los tornillos ordinarios.
$0,80 \cdot \sigma_t \cdot n \cdot A_c$, para los tornillos calibrados, siendo

$\sigma_r$ La resistencia de cálculo del tornillo = 2440 kg/cm$^2$ para acero 4 D (similar a A 4t), y 3000 kg/cm$_2$ para acero 5 D (similar a 5t).
$A_c$ El área de la sección de la caña del tornillo.
($R_c^*$ La solicitación por cortadura para cargas mayoradas).

c) *Solicitación a tracción*

Se considera como solicitud de agotamiento por tracción, al producto:

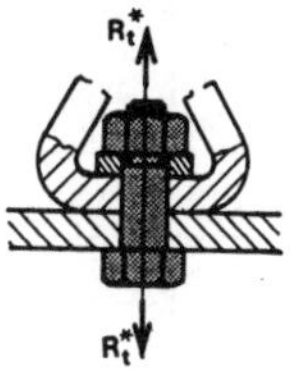


$$0,80 \cdot \sigma_t \cdot A_t, \text{ siendo}$$

$\sigma_t$ La resistencia de cálculo del tornillo (a cortadura)
$A_t$ El área resistente del tornillo (en la rosca).

d) *Solicitación por tracción y cortadura*

Cuando un tornillo está sometido simultáneamente a esfuerzos de tracción y de cortadura, se comprobará que:

*a)* El esfuerzo de tracción es inferior a la solicitud de agotamiento considerada en el caso anterior.

*b)* En la espiga se verificaría:

$$\sigma_{co} = \sqrt{\sigma^{*2} + 3 \cdot \tau^{*2}} \leq \sigma_t \text{, siendo:}$$

$\sigma^*$ La tensión normal ponderada por tracción.
$\tau^*$ La tensión ponderada por esfuerzo cortante.
$\sigma_t$ La resistencia de cálculo del tornillo (especificada en la solicitud por cortadura).

---

Nota.—En la Tabla $EA_u$-2 se exponen valores de resistencia de tornillos normalizados, para carga mayoradas (*).

## 7.12 Resistencia de la soldadura

*Cálculo de las soldaduras de ángulo que constituyen una unión*

En las Tablas $EA_u$-4 y $EA_u$-5 se resumen los casos más usuales de uniones planas constituidas con soldaduras de ángulo.

Para la confección de estas Tablas se han seguido los criterios y procedimientos de la Norma UNE 14.035, transformando las fórmulas para expresarlas en función de los esfuerzos ponderados y de la resistencia de cálculo del acero $\sigma_u$.

Además de los casos expuestos en las Tablas $EA_u$-4 y $EA_u$-5, pueden verse otros en la Norma MV-103.

En la Tabla $EA_u$-6 se expresa la resistencia por cm de longitud de las soldaduras de ángulo en estructuras metálicas construidas con acero del tipo A 42, correspondientes a uniones planas efectuadas con cordones de soldaduras laterales, frontales y oblicuos.

Del mismo modo, en la Tabla $EA_u$-6 se expresa la resistencia de las soldaduras de ángulo en estructuras metálicas construidas con acero del tipo A 52, correspondientes a uniones planas efectuadas con cordones de soldadura laterales, frontales y oblicuos.

Las tensiones ponderadas de agotamiento $\sigma^*$ para los distintos valores a de las gargantas, se han calculado haciendo:

$$\sigma^* = \beta \cdot \sigma_u \cdot a$$

Considerando para $\beta$ los valores 0,75, 0,77, 0,81 y 0,85 conforme está establecido en la Tabla $EA_u$-4, se ha tomado para $\sigma_u$ los valores 2,6 t/cm$^2$ y 3,6 t/cm$^2$, para estructuras metálicas construidas con acero de los tipos A42 y A52 respectivamente.

| Medios de unión | **RESISTENCIA DE LOS ROBLONES** | TABLA $EA_u$-1 |
|---|---|---|

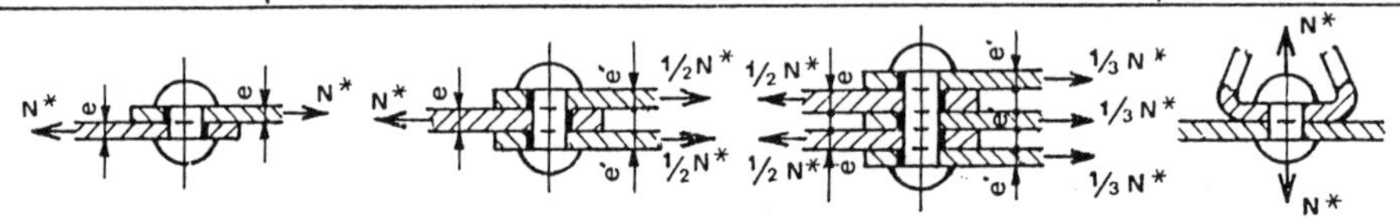


1 Sección $A_c$ (cort.) 1 Superficie $A_a$ (aplast.)

2 Secciones $A_c$ (cort.) 1 Superficie $A_a$ (aplast.) $\Sigma e' \geqslant e$

4 Secciones $A_c$ (cort.) 2 Superficies $A_a$ (aplast.) $\Sigma e' \geqslant \Sigma e$

1 Sección $A_t$ (tracc.)

| Roblón | | Agujero | | Solicitación a cortadura | | | Solicitación a aplastamiento | | | | Solicitación de agotamiento por aplastamiento $R_a^*$ para espesores de chapa e... mm. | | | | | | | | | | Tracción | |
|---|---|---|---|---|---|---|---|---|---|---|---|---|---|---|---|---|---|---|---|---|---|---|
| Acero | $\phi d$ mm. | $\phi a$ mm. | $A_c$ cm² | Toneladas por secciones $A_c$ 1 | 2 | 4 | Por $\phi$ con e = 1 cm | Espesor para $N_c^* = N_a^*$, por ... 1 $A_c$ | 2 $A_c$ | 4 $A_c$ | 6 | 8 | 10 | 12 | 15 | 18 | 20 | 22 | 25 | 30 | $A_c$ cm² | $R_t^*$ tons. |
| **ESTRUCTURAS METALICAS CONSTRUIDAS CON ACERO TIPO A 42** | | | | | | | | | | | | | | | | | | | | | | |
| Acero similar a A 34 | 10 | 11 | 0,95 | 1,8 | 3,6 | 7,3 | 7,15 | 2,5 | 5,0 | 10,0 | 4,3 | 5,7 | 7,1 | 8,6 | | | | | | | 0,95 | 0,57 |
| | 12 | 13 | 1,32 | 2,5 | 5,0 | 10,1 | 8,45 | 2,9 | 5,8 | 11,6 | 5,0 | 6,7 | 8,4 | 10,1 | 12,6 | | | | | | 1,32 | 0,79 |
| | 14 | 15 | 1,76 | 3,3 | 6,7 | 13,5 | 9,75 | 3,4 | 6,8 | 13,6 | 5,8 | 7,8 | 9,7 | 11,7 | 14,6 | | | | | | 1,76 | 1,05 |
| | 16 | 17 | 2,27 | 4,3 | 8,7 | 14,4 | 11,05 | 3,9 | 7,8 | 15,6 | 6,6 | 8,8 | 11,0 | 13,2 | 16,5 | | | | | | 2,27 | 1,36 |
| | 18 | 19 | 2,83 | 5,4 | 10,8 | 21,7 | 12,35 | 4,3 | 8,6 | 17,2 | 7,4 | 9,9 | 12,3 | 14,8 | 18,5 | 22,2 | | | | | 2,83 | 1,70 |
| | 20 | 21 | 3,46 | 6,6 | 13,3 | 26,4 | 13,65 | 4,8 | 9,6 | 19,2 | 8,2 | 10,9 | 13,6 | 16,4 | 20,4 | 24,5 | 27,3 | | | | 3,46 | 2,07 |
| | 22 | 23 | 4,15 | 7,9 | 15,9 | 31,8 | 14,95 | 5,3 | 10,6 | 21,2 | 8,9 | 11,9 | 14,9 | 17,9 | 22,4 | 26,9 | 29,9 | 32,9 | | | 4,15 | 2,49 |
| | 24 | 25 | 4,91 | 9,4 | 18,8 | 37,7 | 16,25 | 5,7 | 11,6 | 23,2 | 9,7 | 13,0 | 16,2 | 19,5 | 24,4 | 29,2 | 32,5 | 35,7 | 40,6 | | 4,91 | 2,94 |
| | 27 | 28 | 6,15 | 11,8 | 23,6 | 47,2 | 18,20 | 6,4 | 12,8 | 25,6 | 10,9 | 14,5 | 18,2 | 21,8 | 27,3 | 32,7 | 36,4 | 40,0 | 45,5 | 54,6 | 6,15 | 3,69 |
| | 30 | 31 | 7,54 | 14,4 | 28,9 | 57,9 | 20,15 | 7,1 | 14,2 | 28,4 | 12,1 | 16,1 | 20,1 | 24,2 | 30,2 | 36,2 | 40,3 | 44,3 | 50,3 | 60,4 | 7,54 | 4,52 |
| | 33 | 34 | 9,08 | 17,4 | 34,8 | 69,7 | 22,10 | 7,8 | 15,6 | 31,2 | 13,2 | 17,6 | 22,1 | 26,5 | 33,1 | 39,7 | 44,2 | 48,6 | 55,2 | 66,3 | 9,08 | 5,45 |
| | 36 | 37 | 10,75 | 20,6 | 41,8 | 83,6 | 24,05 | 8,5 | 17,0 | 34,0 | 14,3 | 19,2 | 24,0 | 28,8 | 36,0 | 43,3 | 48,1 | 52,9 | 60,1 | 72,1 | 10,75 | 6,45 |
| | | | | | | | | | | | <1 cort. | | <2 cort. | | | <4 cortaduras | | | | | | |

$R_c^* = 0,8 \times 2,4 \times A_c$ $R_a^* = 2,5 \times 2,6 \times A_a$ $R_t^* = 0,25 \times 2,4 \times A_c$

| Acero | $\phi d$ mm. | $\phi a$ mm. | $A_c$ cm² | 1 | 2 | 4 | Por $\phi$ con e = 1 cm | 1 $A_c$ | 2 $A_c$ | 4 $A_c$ | 6 | 8 | 10 | 12 | 15 | 18 | 20 | 22 | 25 | 30 | $A_c$ cm² | $R_t^*$ tons. |
|---|---|---|---|---|---|---|---|---|---|---|---|---|---|---|---|---|---|---|---|---|---|---|
| **ESTRUCTURAS METALICAS CONSTRUIDAS CON ACERO TIPO A 52** | | | | | | | | | | | | | | | | | | | | | | |
| Acero A 42 o similar | 10 | 11 | 0,95 | 2,3 | 4,5 | 9,1 | 9,9 | 2,3 | 4,6 | 9,3 | 5,9 | 7,9 | 9,9 | | | | | | | | 0,95 | 0,71 |
| | 12 | 13 | 1,32 | 3,1 | 6,3 | 12,6 | 11,7 | 2,6 | 5,3 | 10,6 | 7,0 | 9,3 | 11,7 | 14,0 | | | | | | | 1,32 | 0,99 |
| | 14 | 15 | 1,76 | 4,2 | 8,4 | 16,9 | 13,5 | 3,1 | 6,2 | 12,4 | 8,1 | 10,8 | 13,5 | 16,2 | 20,5 | | | | | | 1,76 | 1,32 |
| | 16 | 17 | 2,27 | 5,4 | 10,9 | 21,8 | 15,3 | 3,5 | 7,0 | 14,1 | 9,1 | 12,2 | 15,3 | 18,3 | 22,9 | | | | | | 2,27 | 1,70 |
| | 18 | 19 | 2,83 | 6,8 | 13,6 | 27,1 | 17,1 | 3,9 | 7,9 | 15,9 | 10,2 | 13,6 | 17,1 | 20,5 | 25,6 | 30,7 | | | | | 2,83 | 2,12 |
| | 20 | 21 | 3,46 | 8,3 | 16,6 | 33,2 | 18,9 | 4,4 | 8,8 | 17,5 | 11,3 | 15,1 | 18,9 | 22,6 | 28,3 | 34,0 | | | | | 3,46 | 2,59 |
| | 22 | 23 | 4,15 | 9,9 | 19,9 | 39,8 | 20,7 | 4,7 | 9,5 | 19,1 | 12,4 | 16,5 | 20,7 | 24,8 | 31,0 | 37,2 | 41,4 | | | | 4,15 | 3,11 |
| | 24 | 25 | 4,91 | 11,7 | 23,5 | 47,1 | 22,5 | 5,2 | 10,4 | 20,8 | 13,5 | 18,0 | 22,5 | 27,0 | 33,7 | 40,5 | 45,0 | 49,5 | | | 4,91 | 3,68 |
| | 27 | 28 | 6,15 | 14,7 | 29,5 | 59,0 | 25,2 | 5,8 | 11,6 | 23,3 | 15,1 | 20,1 | 25,2 | 30,2 | 37,8 | 45,3 | 50,4 | 55,4 | 63,0 | | 6,15 | 4,61 |
| | 30 | 31 | 7,54 | 18,1 | 36,2 | 72,4 | 27,9 | 6,4 | 12,9 | 25,9 | 16,7 | 22,3 | 27,9 | 33,4 | 41,8 | 50,2 | 55,8 | 61,3 | 69,7 | 83,7 | 7,54 | 5,65 |
| | 33 | 34 | 9,08 | 21,8 | 43,6 | 87,1 | 30,6 | 7,1 | 14,2 | 28,5 | 18,3 | 24,4 | 30,6 | 36,7 | 45,9 | 55,0 | 61,2 | 67,3 | 76,5 | 91,8 | 9,08 | 6,81 |
| | 36 | 37 | 10,75 | 25,8 | 51,6 | 103,2 | 33,3 | 7,7 | 15,5 | 31,0 | 20,0 | 26,6 | 33,3 | 39,9 | 49,9 | 59,9 | 66,6 | 73,2 | 83,2 | 99,9 | 10,75 | 8,06 |
| | | | | | | | | | | | <1 cort. | | <2 cort. | | | <4 cortaduras | | | | | | |
| Diámetro a recomendado | | | | | | | | | | | 15 | 17 | 19 | 23 | 25 | 28 | 31 | 31 | 34 | 37 | | |

$R_c^* = 0,8 \times 3,0 \times A_c$ $R_a^* = 2,5 \times 3,6 \times A_a$ $R_t^* = 0,25 \times 3 \times A_c$

| Medios de unión | RESISTENCIA DE LOS TORNILLOS | TABLA $EA_u$-2 |
|---|---|---|

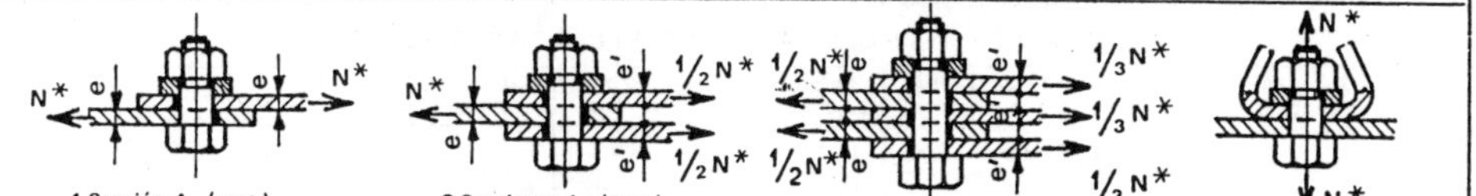


1 Sección $A_c$ (cort.)
1 Superficie $A_a$ (aplast.)

2 Secciones $A_c$ (cort.)
1 Superficie $A_a$ (aplast.)
$\Sigma e' \geqslant e$

4 Secciones $A_c$ (cort.)
2 Superficies $A_a$ (aplast.)
$\Sigma e' \leqslant e$

1 Sección $A_t$(trac.)

| Tornillo | | Agujero | | Solicitación a cortadura | | | Solicitación a aplastamiento | | | | Solicitación de agotamiento por aplastamiento | | | | | | | | | | Tracción | |
|---|---|---|---|---|---|---|---|---|---|---|---|---|---|---|---|---|---|---|---|---|---|---|
| Acero | $\phi d$ | $\phi a$ | Caña $A_c$ | Toneladas por secciones $A_c$ | | | Por $\phi$ con | Espesor para $N_c^* = N_a^*$, por | | | $R_a^*$ para espesores de chapa e ... mm. | | | | | | | | | | $A_r$ | $R_t^*$ |
| | mm | mm | $cm^2$ | 1 | 2 | 4 | e=1 cm | 1 $A_c$ | 2 $A_c$ | 4 $A_c$ | 6 | 8 | 10 | 12 | 15 | 18 | 20 | 22 | 25 | 30 | $cm^2$ | Tons. |
| **Tornillos ordinarios en estructuras metálicas construidas con acero tipo A 42** | | | | | | | | | | | | | | | | | | | | | | |
| Acero A 4t | 10 | 11 | 0,78 | 1,2 | 2,4 | 4,8 | 5,20 | 2,3 | 4,6 | 9,3 | 3,1 | 4,1 | 5,2 | | | | | | | | 0,58 | 1,11 |
| Acero A 4t | 12 | 13 | 1,13 | 1,7 | 3,5 | 7,0 | 6,24 | 2,8 | 5,6 | 11,3 | 3,7 | 5,0 | 6,2 | 7,4 | | | | | | | 0,84 | 1,62 |
| Acero A 4t | 16 | 17 | 2,01 | 3,1 | 6,2 | 12,5 | 8,32 | 3,7 | 7,5 | 15,0 | 5,0 | 6,6 | 8,3 | 10,0 | 12,4 | 14,9 | | | | | 1,57 | 3,01 |
| Acero A 4t | 20 | 21 | 3,14 | 4,9 | 9,8 | 19,5 | 10,40 | 4,7 | 9,4 | 18,8 | 6,2 | 8,3 | 10,4 | 12,4 | 15,6 | 18,7 | 20,8 | | | | 2,75 | 5,28 |
| Acero A 4t | 22 | 23 | 3,80 | 5,9 | 11,8 | 23,7 | 11,44 | 5,1 | 10,3 | 20,7 | 6,8 | 9,1 | 11,4 | 13,7 | 17,1 | 20,6 | 22,8 | 25,1 | | | 3,03 | 5,81 |
| Acero A 4t | 24 | 25 | 4,52 | 7,0 | 14,1 | 28,2 | 12,48 | 5,6 | 11,3 | 22,6 | 7,5 | 10,0 | 12,5 | 15,0 | 18,7 | 22,4 | 25,0 | 27,4 | 31,2 | | 3,53 | 6,77 |
| Acero A 4t | 27 | 28 | 5,72 | 8,9 | 17,8 | 35,7 | 14,04 | 6,3 | 12,7 | 25,4 | 8,4 | 11,2 | 14,0 | 16,8 | 21,0 | 25,2 | 28,0 | 30,8 | 35,1 | 42,1 | 4,59 | 8,81 |
| Acero A 4t | 30 | 31 | 7,06 | 11,0 | 22,0 | 44,0 | 15,60 | 7,0 | 14,1 | 28,2 | 9,3 | 12,5 | 15,6 | 18,7 | 23,4 | 28,1 | 31,2 | 34,3 | 39,0 | 46,8 | 5,61 | 10,77 |
| Acero A 4t | 33 | 34 | 8,55 | 13,3 | 26,6 | 53,3 | 17,16 | 7,7 | 15,5 | 31,1 | 10,3 | 13,7 | 17,1 | 20,6 | 25,7 | 30,9 | 34,3 | 37,7 | 42,9 | 51,5 | 6,94 | 13,32 |
| Acero A 4t | 36 | 37 | 10,17 | 15,8 | 31,7 | 63,4 | 18,72 | 8,4 | 16,9 | 33,9 | 12,2 | 14,9 | 18,7 | 22,4 | 28,0 | 33,7 | 37,4 | 41,2 | 46,8 | 56,1 | 8,17 | 15,68 |
| | | | | | | | | | | | < 1 cort. | | < 2 cort. | | | < 4 cortaduras | | | | | | |
| $R_c^* = 0,65 \times 2,4 \times A_c$ | | | | | | | | $R_a^* = 2,0 \times 2,6 \times A_a$ | | | | | | | | | | $R_t = 0,8 \times 2,4 \times A_r$ | | | | |
| **Tornillos calibrados en estructuras metálicas construídas con acero tipo A 42** | | | | | | | | | | | | | | | | | | | | | | |
| Acero A 4t (4D) | 10 | 11 | 0,95 | 1,8 | 3,6 | 7,3 | 7,15 | 2,5 | 5,1 | 10,2 | 4,3 | 5,7 | 7,1 | 8,6 | | | | | | | 0,58 | 1,11 |
| Acero A 4t (4D) | 12 | 13 | 1,32 | 2,5 | 5,0 | 10,1 | 8,45 | 3,0 | 6,0 | 12,0 | 5,0 | 6,7 | 8,4 | 10,1 | 12,6 | | | | | | 0,84 | 1,62 |
| Acero A 4t (4D) | 16 | 17 | 2,27 | 4,3 | 8,7 | 17,4 | 11,05 | 3,9 | 7,9 | 15,7 | 6,6 | 8,8 | 11,0 | 13,2 | 16,5 | 19,9 | | | | | 1,57 | 3,01 |
| Acero A 4t (4D) | 20 | 21 | 3,46 | 6,6 | 13,3 | 26,5 | 13,65 | 4,8 | 9,7 | 19,4 | 8,2 | 10,9 | 13,6 | 16,3 | 20,4 | 24,5 | 27,3 | | | | 2,75 | 5,28 |
| Acero A 4t (4D) | 22 | 23 | 4,15 | 7,9 | 15,9 | 31,8 | 14,95 | 5,3 | 10,6 | 21,3 | 8,9 | 11,9 | 14,9 | 17,9 | 22,4 | 26,9 | 29,9 | 32,9 | | | 3,03 | 5,81 |
| Acero A 4t (4D) | 24 | 25 | 4,91 | 9,4 | 18,8 | 37,7 | 16,25 | 5,8 | 11,6 | 23,2 | 9,7 | 13,0 | 16,2 | 19,5 | 24,3 | 29,2 | 32,5 | 35,7 | 40,6 | | 3,53 | 6,77 |
| Acero A 4t (4D) | 27 | 28 | 6,15 | 11,8 | 23,6 | 47,2 | 18,20 | 6,5 | 12,9 | 25,9 | 10,9 | 14,5 | 18,2 | 21,8 | 27,3 | 32,7 | 36,4 | 40,0 | 45,5 | 54,6 | 4,59 | 8,81 |
| Acero A 4t (4D) | 30 | 31 | 7,54 | 14,4 | 28,9 | 57,9 | 20,15 | 7,2 | 14,3 | 28,7 | 12,1 | 16,1 | 20,1 | 24,2 | 30,2 | 36,2 | 40,3 | 44,3 | 50,3 | 60,4 | 5,61 | 10,77 |
| Acero A 4t (4D) | 33 | 34 | 9,08 | 17,4 | 34,8 | 69,7 | 22,10 | 7,9 | 15,7 | 31,5 | 13,2 | 17,7 | 22,1 | 26,5 | 33,1 | 39,8 | 44,2 | 48,6 | 55,2 | 66,3 | 6,94 | 13,32 |
| Acero A 4t (4D) | 36 | 39 | 11,94 | 22,9 | 45,8 | 91,7 | 25,35 | 9,0 | 18.0 | 36,1 | 15,2 | 20,3 | 25,3 | 30,4 | 38,0 | 45,6 | 50,7 | 55,7 | 63,3 | 76,0 | 8,17 | 15,68 |
| | | | | | | | | | | | < 1 cort. | | < 2 cort. | | | < 4 cortaduras | | | | | | |
| $R_c^* = 0,8 \times 2,4 \times A_c$ | | | | | | | | $R_a = 2,5 \times 2,6 \times A_a$ | | | | | | | | | | $R_t^* = 0,8 \times 2,4 \times A_r$ | | | | |
| **Tornillos calibrados en estructuras metálicas construídas con acero tipo A 52** | | | | | | | | | | | | | | | | | | | | | | |
| Acero A 5t (5D) | 10 | 11 | 0,95 | 2,3 | 4,5 | 9,1 | 9,9 | 2,3 | 4,6 | 9,2 | 5,9 | 7,9 | 9,9 | | | | | | | | 0,58 | 1,39 |
| Acero A 5t (5D) | 12 | 13 | 1,32 | 3,1 | 6,3 | 12,6 | 11,7 | 2,7 | 5,4 | 10,8 | 7,0 | 9,3 | 11,7 | 14,0 | | | | | | | 0,84 | 2,02 |
| Acero A 5t (5D) | 16 | 17 | 2,27 | 5,4 | 10,9 | 21,8 | 15,3 | 3,5 | 7,1 | 14,2 | 9,2 | 12,2 | 15,3 | 18,3 | 22,9 | | | | | | 1,57 | 3,77 |
| Acero A 5t (5D) | 20 | 21 | 3,46 | 8,3 | 16,6 | 32,2 | 18,9 | 4,4 | 8,8 | 17,5 | 11,3 | 15,1 | 18,9 | 22,7 | 28,3 | 34,0 | | | | | 2,75 | 0,00 |
| Acero A 5t (5D) | 22 | 23 | 4,15 | 9,9 | 19,9 | 39,8 | 20,7 | 4,0 | 9,0 | 19,2 | 12,4 | 16,5 | 20,7 | 24,8 | 31,0 | 37,2 | 41,4 | | | | 3,03 | 7,27 |
| Acero A 5t (5D) | 24 | 25 | 4,91 | 11,8 | 23,5 | 47,1 | 22,5 | 5,2 | 10,4 | 20,9 | 13,5 | 18,0 | 22,5 | 27,0 | 33,7 | 40,5 | 45,0 | 49,5 | | | 3,53 | 8,47 |
| Acero A 5t (5D) | 27 | 28 | 6,15 | 14,7 | 29,5 | 59,0 | 25,2 | 5,8 | 11,7 | 23,4 | 15,1 | 20,1 | 25,2 | 30,2 | 37,8 | 45,3 | 50,4 | 55,4 | 63,0 | | 4,59 | 11,01 |
| Acero A 5t (5D) | 30 | 31 | 7,54 | 18,1 | 36,2 | 72,4 | 27,9 | 6,5 | 12,9 | 25,9 | 16,7 | 22,3 | 27,9 | 33,5 | 41,8 | 50,2 | 55,8 | 61,4 | 69,7 | 83,7 | 5,61 | 13,46 |
| Acero A 5t (5D) | 33 | 34 | 9,08 | 21,8 | 43,6 | 87,1 | 30,6 | 7,1 | 14,2 | 28,5 | 18,3 | 24,5 | 30,6 | 36,7 | 45,9 | 55,1 | 61,2 | 67,3 | 76,5 | 91,8 | 6,94 | 16,65 |
| Acero A 5t (5D) | 36 | 39 | 11,94 | 28,6 | 57,3 | 114,6 | 35,1 | 8,1 | 16,3 | 32,6 | 21,0 | 28,1 | 35,1 | 42,1 | 52,6 | 63,2 | 70,2 | 77,2 | 87,7 | 105,3 | 8,17 | 19,61 |
| | | | | | | | | | | | < 1 cort. | | < 2 cort. | | | < 4 cortaduras | | | | | | |
| $R_c = 0,8 \times 3,0 \times A_c$ | | | | | | | | $R_a = 2,5 \times 3,6 \times A_a$ | | | | | | | | | | $R_t = 0,8 \times 3,0 \times A_r$ | | | | |
| Diámetro a recomendado | | | | | | | | | | | 13 | 17 | 21 | 23 | 25 | 28 | 31 | 34 | 34 | 34 | | |

| Medios de unión | GARGANTAS a DE SOLDADURAS EN ÁNGULO PARA UNIONES DE FUERZA | TABLA $EA_u$ -3 |
|---|---|---|

## CHAPAS Y ALAS CON CARAS PARALELAS EN PERFILES H

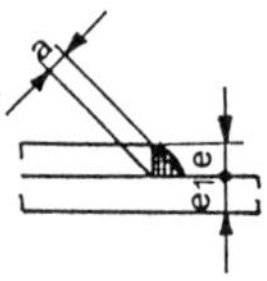


e₁ ≧ e

| Espesor e mm. | a máx. mm. | a mín. mm. | Espesor e mm. | a máx. mm. | a mín. mm. | Espesor e mm. | a máx. mm. | a mín. mm |
|---|---|---|---|---|---|---|---|---|
| 4,0 - 4,2 | 2,5 | 2,5 | 10,7 - 11,3 | 7,5 | 4,0 | 21,3 - 22,6 | 15,0 | 6,5 |
| 4,3 - 4,9 | 3,0 | 2,5 | 11,4 - 12,0 | 8,0 | 4,0 | 22,7 - 24,0 | 16,0 | 6,5 |
| 5,0 - 5,6 | 3,5 | 2,5 | 12,1 - 12,7 | 8,5 | 4,5 | 24,1 - 25,4 | 17,0 | 7,0 |
| 5,7 - 6,3 | 4,0 | 2,5 | 12,8 - 13,4 | 9,0 | 4,5 | 25,5 - 26,8 | 18,0 | 7,0 |
| 6,4 - 7,0 | 4,5 | 2,5 | 13,5 - 14,1 | 9,5 | 5,0 | 26-9 - 28,2 | 19,0 | 7,5 |
| 7,1 - 7,7 | 5,0 | 3,0 | 14,2 - 15,5 | 10,0 | 5,0 | 28,3 - 31,1 | 20,0 | 7,5 |
| 7,8 - 8,4 | 5,5 | 3,0 | 15,6 - 16,9 | 11,0 | 5,5 | 31,2 - 33,9 | 22,0 | 8,0 |
| 8,5 - 9,1 | 6,0 | 3,5 | 17,0 - 18,3 | 12,0 | 5,5 | 34,0 - 36,0 | 24,0 | 8,0 |
| 9,2 - 9,9 | 6,5 | 3,5 | 18,4 - 19,7 | 13,0 | 6,0 | 36,1 - 40,0 | 27,0 | 9,0 |
| 10,0 - 10,6 | 7,0 | 4,0 | 19,8 - 21,2 | 14,0 | 6,0 | | | |

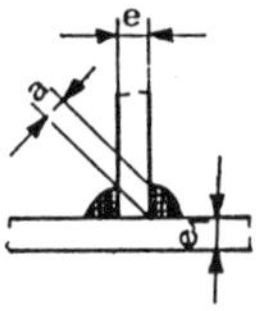


e₁ ≧ e

Los valores de las gargantas a también se consideran para las almas de perfiles laminados I PN, IPE y IHE

## PERFILES I PN

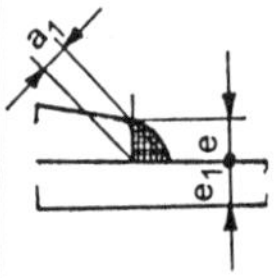


| IPN | $a_1$ mm. | $a_2$ mm. | $a_3$ mm. | IPN | $a_1$ mm. | $a_2$ mm. | $a_3$ mm. | IPN | $a_1$ mm. | $a_2$ mm. | $a_3$ mm. |
|---|---|---|---|---|---|---|---|---|---|---|---|
| 8 | 3,0 | 4,0 | 2,5 | 22 | 6,5 | 8,5 | 5,5 | 36 | 10,0 | 13,5 | 9,0 |
| 10 | 3,5 | 4,5 | 3,0 | 24 | 6,5 | 9,0 | 6,0 | 38 | 10,0 | 14,5 | 9,5 |
| 12 | 4,0 | 5,0 | 3,5 | 26 | 7,0 | 9,5 | 6,5 | 40 | 11,0 | 15,0 | 10,0 |
| 14 | 4,0 | 6,0 | 4,0 | 28 | 8,0 | 10,5 | 7,0 | 45 | 13,0 | 17,0 | 11,0 |
| 16 | 4,5 | 6,5 | 4,0 | 30 | 8,0 | 11,0 | 7,5 | 50 | 14,0 | 19,0 | 12,5 |
| 18 | 5,0 | 7,0 | 4,5 | 32 | 8,5 | 12,0 | 8,0 | 55 | 15,0 | 21,0 | 13,5 |
| 20 | 5,5 | 7,5 | 5,0 | 34 | 9,5 | 12,5 | 8,5 | 60 | 17,0 | 22,5 | 15,0 |

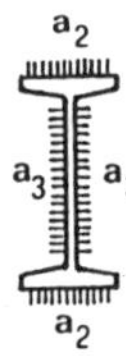


## PERFILES [ PN

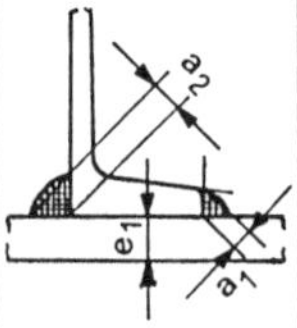


| [ PN | $a_1$ mm. | $a_2$ mm. | $a_3$ mm. | $a_4$ mm. | [ PN | $a_1$ mm. | $a_2$ mm. | $a_3$ mm. | $a_4$ mm. |
|---|---|---|---|---|---|---|---|---|---|
| 8 | 4,0 | 6,5 | 5,5 | 4,0 | 24 | 6,5 | 11,5 | 9,0 | 6,5 |
| 10 | 4,5 | 7,0 | 6,0 | 4,0 | 26 | 7,0 | 12,0 | 9,5 | 7,0 |
| 12 | 4,5 | 7,5 | 6,0 | 4,5 | 28 | 7,5 | 13,0 | 10,5 | 7,0 |
| 14 | 5,0 | 8,5 | 7,0 | 4,5 | 30 | 8,0 | 14,0 | 11,0 | 7,0 |
| 16 | 5,5 | 9,0 | 7,0 | 5,0 | 32 | 10,5 | 14,0 | 12,0 | 9,5 |
| 18 | 5,5 | 9,5 | 7,5 | 5,5 | 35 | 9,5 | 13,0 | 11,0 | 9,5 |
| 20 | 6,0 | 10,0 | 8,0 | 6,0 | 38 | 9,5 | 13,5 | 10,0 | 9,0 |
| 22 | 6,5 | 11,0 | 8,5 | 6,0 | 40 | 10,5 | 14,5 | 12,5 | 9,5 |

## ANGULARES DE ALAS IGUALES Y DESIGUALES

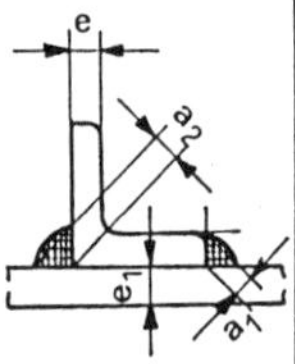


e₁ ≧ e

| e | $a_1$ | $a_2$ | e | $a_1$ | $a_2$ | e | $a_1$ | $a_2$ |
|---|---|---|---|---|---|---|---|---|
| 4 | 2,5 | 3,0 | 11 | 7,5 | 9,0 | 18 | 12,0 | 15,0 |
| 5 | 3,5 | 4,0 | 12 | 8,0 | 10,0 | 19 | 13,0 | 16,0 |
| 6 | 4,0 | 5,0 | 13 | 9,0 | 11,0 | 20 | 14,0 | 16,0 |
| 7 | 4,5 | 5,5 | 14, | 9,5 | 11,0 | 22 | 15,0 | 18,0 |
| 8 | 5,5 | 6,5 | 15 | 10,0 | 12,0 | 24 | 16,0 | 20,0 |
| 9 | 6,0 | 7,5 | 16 | 11,0 | 13,0 | 28 | 19,0 | 22,0 |
| 10 | 7,0 | 8,0 | 17 | 12,0 | 14,0 | | | |

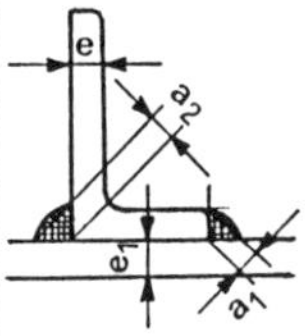


## PERFILES T

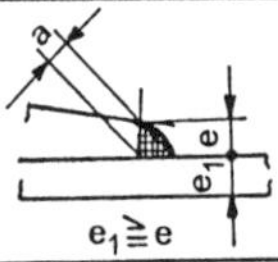


e₁ ≧ e

| Perfil | a | Perfil | a |
|---|---|---|---|
| 40 x 5 | 3,5 | 70 x 8 | 5,5 |
| 50 x 6 | 4,0 | 80 x 9 | 6,0 |
| 60 x 7 | 4,5 | 100 x 11 | 7,5 |

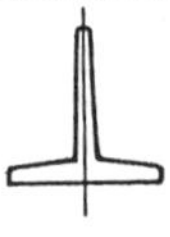

| Medios de unión | *CÁLCULO DE SOLDADURAS DE ÁNGULO EN UNIONES PLANAS, TRACCIÓN Y FLEXIÓN SIMPLES* | TABLA $EA_u$-4 |
|---|---|---|

## TRACCION SIMPLE

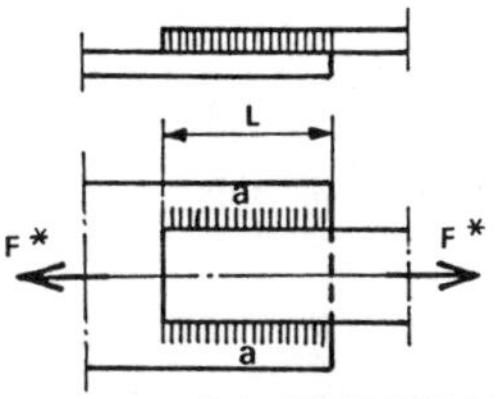


$$\frac{F^*}{0{,}75\,\Sigma\, aL} \leqslant \sigma_u$$

C - I.– SOLDADURAS LATERALES

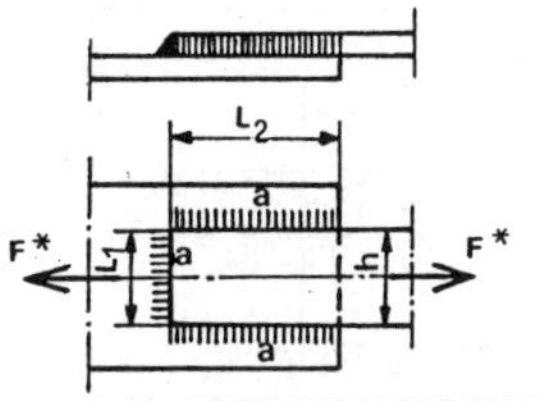


Para $L_2 \geqslant 1{,}5h$.
Sólo se consideran los cordones laterales.

$$\frac{F^*}{0{,}75\,\Sigma\, aL} \leqslant \sigma_u$$

C - III.– SOLDADURAS FRONTALES Y LATERALES

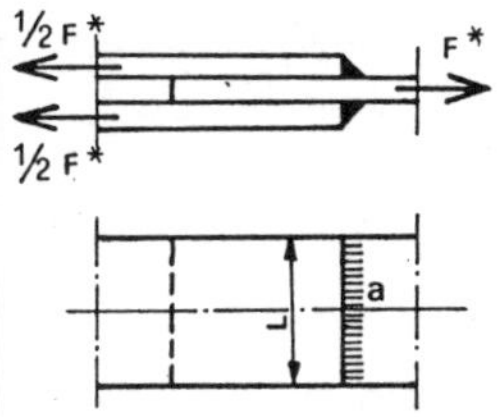


$$\frac{F^*}{0{,}85\,\Sigma\, aL} \leqslant \sigma_u$$

C - II.– SOLDADURAS FRONTALES

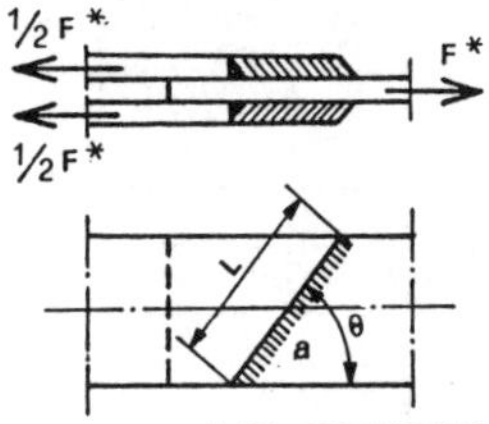


$$\frac{F^*}{\beta\,\Sigma\, aL} \leqslant \sigma_u$$

| θ° | β |
|---|---|
| 0 | 0,75 |
| 30 | 0,77 |
| 60 | 0,81 |
| 90 | 0,85 |

C - IV.– SOLDADURAS OBLICUAS

## FLEXION SIMPLE

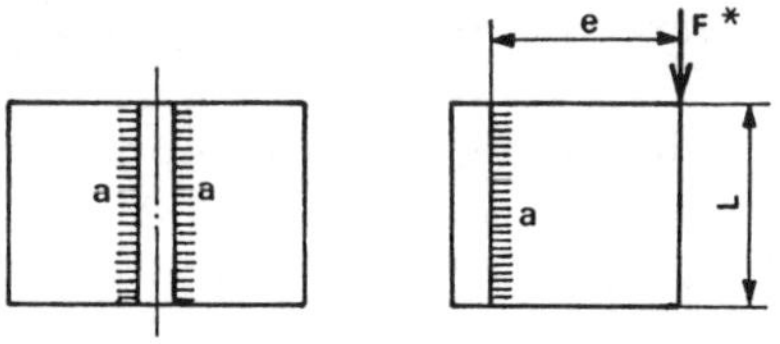


C - V.– SOLDADURAS FRONTALES LONGITUDINALES

Debe cumplirse

$$\sigma_c \leqslant \sqrt{\sigma^2 + 1{,}8(\tau_n^2 + \tau_a^2)} \leqslant \sigma_u$$

En estas expresiones:

$$\sigma = \frac{6}{2}\cdot\frac{F^*e}{aL^2}$$

$$\tau_n = \frac{3}{\sqrt{2}}\cdot\frac{F^*e}{aL^2}$$

$$\tau_a = \frac{F^*}{2aL}$$

Para $e \gg L$

$$\sigma_c = 3{,}55\,\frac{F^*e}{aL^2} \leqslant \sigma_u$$

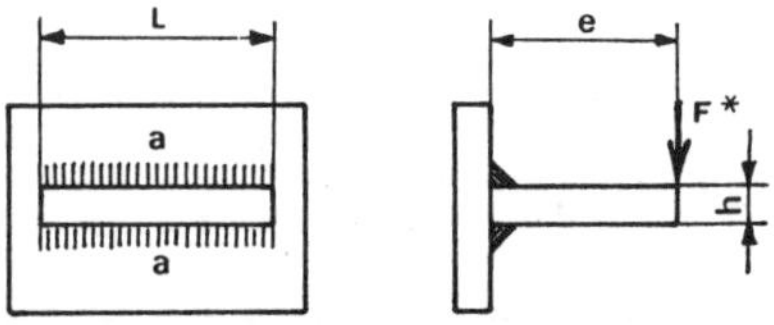


C - VI.– SOLDADURAS FRONTALES TRANSVERSALES

$$\sigma = \frac{F^*e}{W}$$

$$\tau_n = \frac{1}{\sqrt{2}}\cdot\frac{F^*e}{W}$$

$$\sigma_c = \sqrt{\sigma^2 + 1{,}8\tau_n^2} = \frac{F^*e}{W}\sqrt{1{,}4} \simeq 1{,}18\,\frac{F^*e}{W} \leqslant \sigma_u$$

Siendo $W$ el módulo resistente de las soldaduras.

Para $h \gg e$

$$\sigma_c \simeq 1{,}18\,\frac{F^*e}{Lha} \leqslant \sigma_u$$

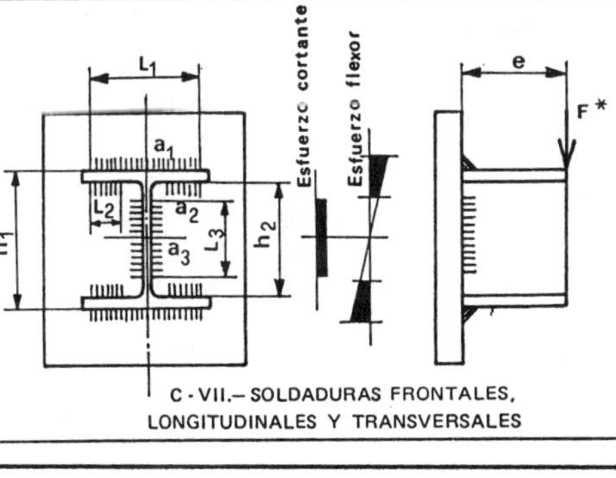


C - VII.– SOLDADURAS FRONTALES, LONGITUDINALES Y TRANSVERSALES

Soldaduras $a_1$:

$$\sigma_c = \sqrt{1{,}4}\,\frac{F^*e}{W} \simeq 1{,}18\,\frac{F^*e}{W} \leqslant \sigma_u$$

Soldaduras $a_2$:

$$\sigma_c \simeq 1{,}18\,\frac{h_2 - a_2}{h_1 + a_1}\cdot\frac{F^*e}{W} \leqslant \sigma_u$$

Soldaduras $a_3$:

$$\sigma_c = \sqrt{1{,}4\left(\frac{F^*e}{W}\cdot\frac{L_3}{h_1 + a_1}\right)^2 + 1{,}8\left(\frac{F^*}{2L_3a_3}\right)^2} \leqslant \sigma_u$$

Siendo $W$ el módulo resistente de las soldaduras.

Puede también considerarse absorbido el momento por las soldaduras $a_1$ y $a_2$ y el esfuerzo cortante por las soldaduras $a_3$.

| Medios de unión | *CÁLCULO DE SOLDADURAS DE ÁNGULO EN UNIONES PLANAS, TORSIÓN Y ESFUERZO CORTANTE COMBINADOS* | TABLA $EA_u$ -5₁ |
|---|---|---|

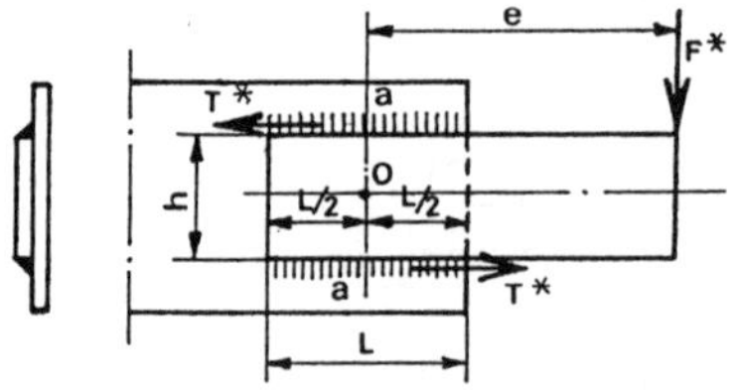


C - I.– UNION POR SOLDADURAS LATERALES

Para $0{,}5h < L < 2h$

$$\sigma_c = \sqrt{0{,}35\left(\frac{F^*}{La}\right)^2 + 1{,}8\left(\frac{F^*e}{h+a}\cdot\frac{1}{La}\right)^2} =$$

$$= \frac{F^*}{La}\sqrt{0{,}35 + 1{,}8\left(\frac{e}{h+a}\right)^2} \leqslant \sigma_u$$

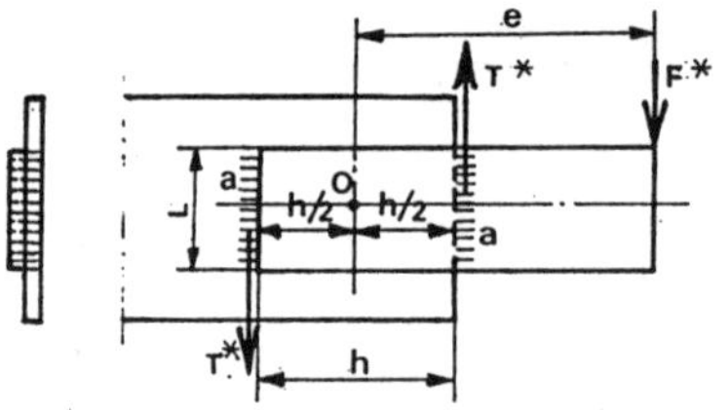


C - II.– UNION POR SOLDADURAS FRONTALES

Para $0{,}5h < L < 2h$

$$\sigma_c = \sqrt{1{,}8}\,\frac{F^*}{La}\left(\frac{1}{2} + \frac{e}{h+a}\right) \simeq$$

$$\simeq 1{,}34\,\frac{F^*}{La}\left(\frac{1}{2} + \frac{e}{h+a}\right) \leqslant \sigma_u$$

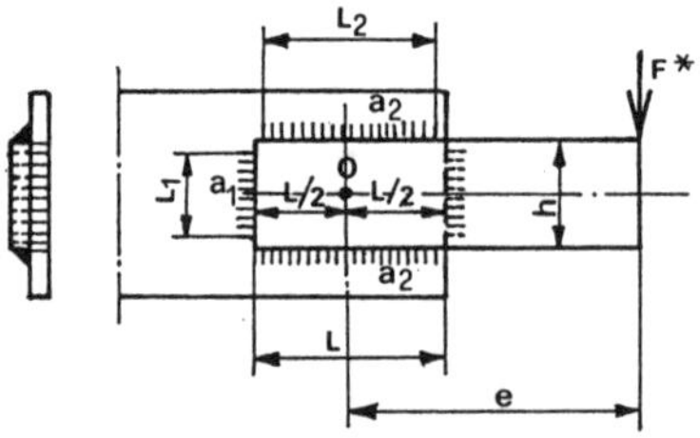


C - III.– UNION POR DOS SOLDADURAS LATERALES Y DOS FRONTALES

Para $0{,}5h < L_2 < 2h$.

Máximo momento torsor admisible para las soldaduras 1:

$$M_1 = 0{,}75\sigma_u L_1 a_1 (L + a_1)$$

Máximo momento torsor admisible para las soldaduras 2:

$$M_2 = 0{,}75\sigma_u L_2 a_2 (h + a_2)$$

Máximo esfuerzo cortante admisible para las soldaduras 1:

$$F_1 = 1{,}5\sigma_u L_1 a_1$$

Máximo esfuerzo cortante admisible para las soldaduras 2:

$$F_2 = 1{,}7\sigma_u L_2 a_2$$

El momento torsor $M_t^* = F^* \cdot e$ se descompone proporcionalmente a $M_1$ y $M_2$.
El esfuerzo cortante $F^*$ se descompone proporcionalmente a $F_1$ y $F_2$.
Las soldaduras 1 se calculan como el caso C-II
Las soldaduras 2 se calculan como el caso C-I

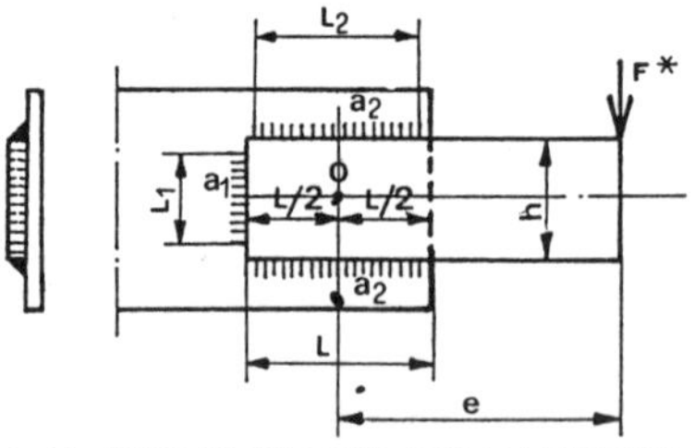


C - IV.– UNION POR DOS SOLDADURAS LATERALES Y UNA FRONTAL

Para $0{,}5h < L_2 < 2h$.

Máximo momento admisible para la soldadura 1:

$$M_1 = 0{,}14\sigma_u L_1^2 a_1$$

Máximo momento torsor admisible para las soldaduras 2:

$$M_2 = 0{,}75\sigma_u L_2 a_2 (h + a_2)$$

El momento $M^* = F^* e$ se descompone proporcionalmente a $M_1$ y $M_2$.
El esfuerzo cortante $F^*$ (si está contenido en el plano de la junta, o su excentricidad es pequeña) se considera absorbido por las soldaduras 2.
La soldadura 1 se calcula a flexión pura.
Las soldaduras 2 se calculan como el caso C-I

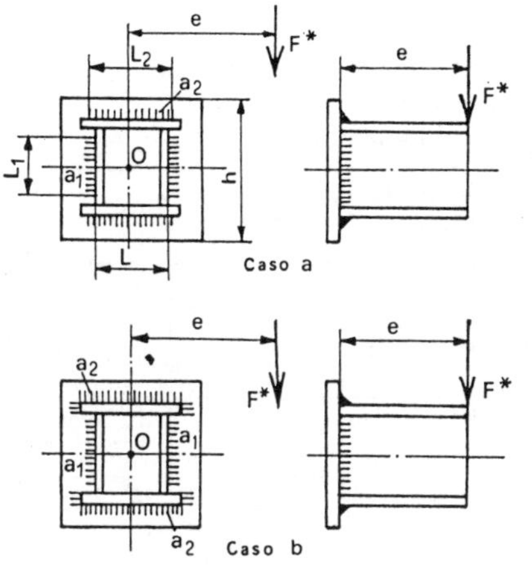


C - I.– UNIONES POR SOLDADURAS LATERALES Y FRONTALES EN VIGAS DE CAJON

Para $0{,}5h < L < 2h$.

Caso *a:*

$$M_t^* = F^* e_2 \quad ; \quad M_t^* = F^* e_1$$

Los valores de $\sigma$, $\tau_n$ y $\tau_a$, debidos a $M_t$ y $F^*$, se obtienen como en el caso 13.
Los valores de $\sigma$ y $\tau_n$, debidos a $M_t^*$, se obtienen como en el caso 10($\tau_a^{M_t} = 0$).

Caso *b*:

Debido a $M_t^*$ obtenemos unas tensiones:

$$\tau_a^{M_t} = \frac{M_t^*}{2Aa} \quad ; \quad \sigma^{M_t} = 0 \quad ; \quad \tau_n^{M_t} = 0$$

Donde:

$A$ = Área encerrada por la línea media de la sección de garganta de las soldaduras, abatida sobre el plano de la unión.
$a$ = Dimensión de garganta de la soldadura en el punto que se considera.

El resto de las tensiones y la comprobación de las soldaduras como en el caso *a*.
Debe cumplirse en todos los casos:

$$\sigma_c = \sqrt{\sigma^2 + 1{,}8(\tau_a^2 + \tau_n^2)} \leqslant \sigma_u$$

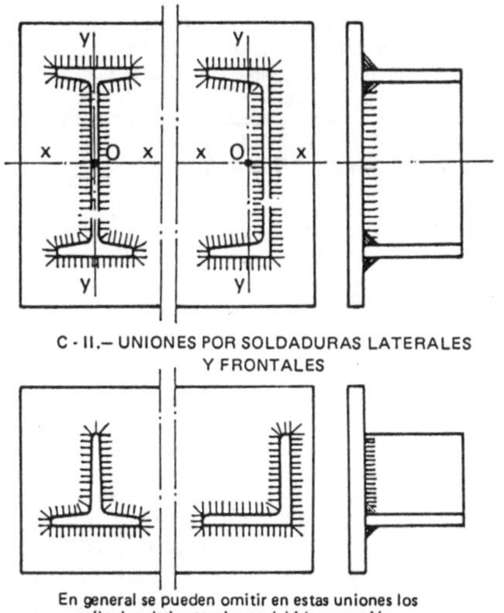


C - II.– UNIONES POR SOLDADURAS LATERALES Y FRONTALES

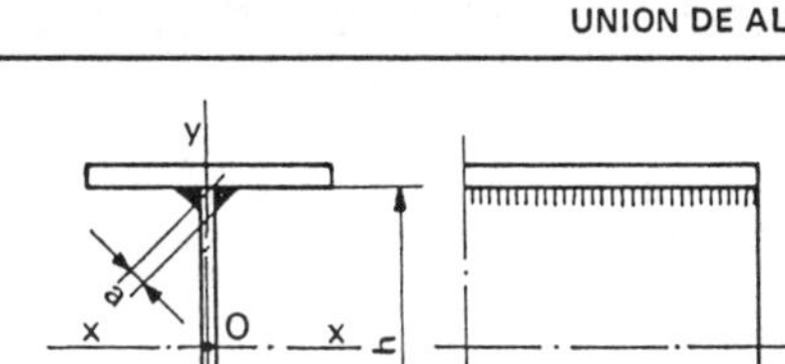

En general se pueden omitir en estas uniones los cálculos de las tensiones debidas a torsión

*a*) Cuando existen soldaduras a ambos lados de las alas:

$$n_{max} = \frac{M_t^*}{W_y} \cdot k$$

$$\sigma = \tau_n = \frac{1}{\sqrt{2}} \cdot \frac{e}{a_1 + a_2} \cdot \frac{M_t^*}{W_y} \cdot k$$

$$\sigma_c = 1{,}18 \frac{e}{a_1 + a_2} \cdot \frac{M_t^*}{W_y} \cdot k \leqslant \sigma_u$$

*b*) Cuando hay solamente soldaduras en el lado exterior de las alas·

$$\sigma = \tau_n = \frac{1}{\sqrt{2}} \cdot \frac{e}{a_1} \cdot \frac{M_t^*}{W_y} \cdot k$$

$$\sigma_c \simeq 1{,}18 \cdot \frac{e}{a_1} \cdot \frac{M_t^*}{W_y} \cdot k \leqslant \sigma_u$$

Siendo:

$W_y$ = Módulo resistente de las soldaduras respecto a *Y*.
$e$ = Espesor medio del alma.
$a_1$ = Garganta de las soldaduras exteriores.
$a_2$ = Garganta de las soldaduras interiores.
$k$ = Coeficiente de forma.

| Perfil | I | H | ⊔ | ⅂ |
|---|---|---|---|---|
| $k$ | 4,5 | 6 a 10 | 5,5 | 7,5 |

## UNION DE ALMA CON PLATABANDA

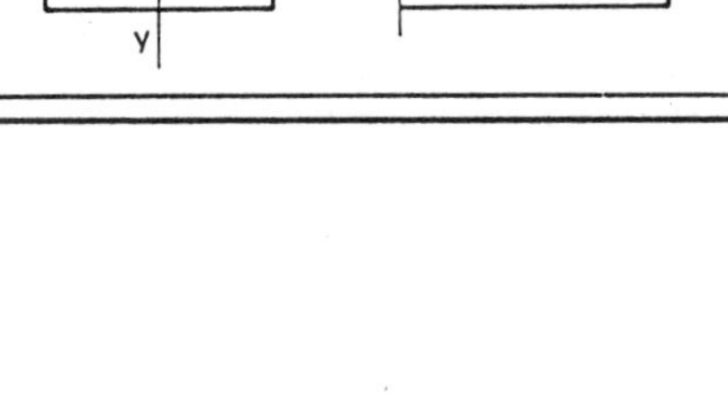


Debe cumplirse:

$$\frac{T^* \cdot S}{0{,}75 \cdot 2aI_x} \leqslant \sigma_u$$

Siendo:

$T^*$ = Esfuerzo cortante que solicita a la sección.
$S$ = Momento estático de la platabanda respecto al eje de flexión pura.
$I_x$ = m. d. i. de la sección completa respecto al mismo eje.

Puede, del lado de la seguridad, utilizar la fórmula simplificada siguiente:

$$\frac{T^*}{0{,}75 \cdot 2 \cdot a \cdot h} \leqslant \sigma_u$$

| Medios de unión | *RESISTENCIA DE LAS SOLDADURAS DE ÁNGULO EN ESTRUCTURAS METÁLICAS CONSTRUIDAS CON ACERO TIPO A 42* | TABLA $EA_u$ -6 |
|---|---|---|

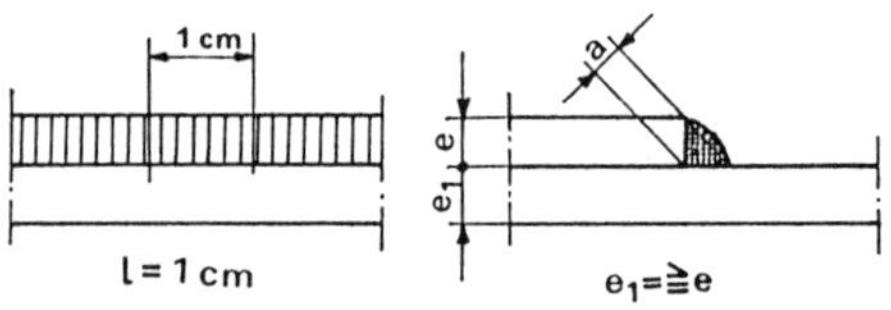


| β | *Tensión normal ponderada de agotamiento σ* por cm. de longitud para cordones con a... mm.* | | | | | | | | | | | | | | β |
|---|---|---|---|---|---|---|---|---|---|---|---|---|---|---|---|
| | 3 | 3,5 | 4 | 4,5 | 5 | 5,5 | 6 | 6,5 | 7 | 7,5 | 8 | 8,5 | 9 | 9,5 | |
| 0,75 | 0,58 | 0,68 | 0,78 | 0,87 | 0,97 | 1,07 | 1,17 | 1,26 | 1,36 | 1,46 | 1,56 | 1,65 | 1,75 | 1,85 | 0,75 |
| 0,77 | 0,60 | 0,70 | 0,80 | 0,90 | 1,00 | 1,10 | 1,20 | 1,30 | 1,40 | 1,50 | 1,60 | 1,70 | 1,80 | 1,90 | 0,77 |
| 0,81 | 0,63 | 0,73 | 0,84 | 0,94 | 1,05 | 1,16 | 1,26 | 1,37 | 1,47 | 1,57 | 1,68 | 1,79 | 1,89 | 2,00 | 0,81 |
| 0,85 | 0,66 | 0,77 | 0,88 | 0,99 | 1,10 | 1,21 | 1,32 | 1,43 | 1,54 | 1,65 | 1,77 | 1,87 | 1,99 | 2,10 | 0,85 |
| | 10 | 11 | 12 | 13 | 14 | 15 | 16 | 17 | 18 | 19 | 20 | 22 | 24 | 28 | |
| 0,75 | 1,95 | 2,14 | 2,34 | 2,53 | 2,73 | 2,92 | 3,12 | 3,31 | 3,51 | 3,70 | 3,90 | 4,29 | 4,68 | 5,46 | 0,75 |
| 0,77 | 2,00 | 2,20 | 2,40 | 2,60 | 2,80 | 3,00 | 3,20 | 3,40 | 3,60 | 3,80 | 4,00 | 4,40 | 4,80 | 5,60 | 0,77 |
| 0,81 | 2,10 | 2,31 | 2,52 | 2,73 | 2,95 | 3,16 | 3,37 | 3,58 | 3,79 | 4,00 | 4,21 | 4,63 | 5,05 | 5,89 | 0,81 |
| 0,85 | 2,21 | 2,43 | 2,65 | 2,87 | 3,09 | 3,31 | 3,53 | 3,75 | 3,98 | 4,20 | 4,42 | 4,86 | 5,30 | 6,19 | 0,85 |

Ejemplo.– Longitud de cordón lateral precisa para transmitir un esfuerzo ponderado $N^* = 64$ t. en chapa de 15 mm. e.
Cordón recomendado, a = 10 mm. (Tabla 40)
Tensión ponderada para cordón de 10 mm. $\sigma^* = 1,95$ t.
Longitud de cordón necesaria, L = 64/1,95 = 32,8 cm.
En el gráfico, L ≈ 33 cm.

Ejemplo.– Longitud de cordón frontal precisa para transmitir un esfuerzo ponderado $N^* = 86$ t. en chapa de 22 mm. e.
Cordón recomendado, a = 15 mm. (Tabla 40).
Tensión ponderada para cordón de 15 mm., $\sigma^* = 3,31$ t
Longitud de cordón necesaria, L = 86/3,31 = 25,98 cm.
En el gráfico, L = 26 cm.

## *RESISTENCIA DE LAS SOLDADURAS DE ÁNGULO EN ESTRUCTURAS METÁLICAS CONSTRUIDAS CON ACERO TIPO A 52*

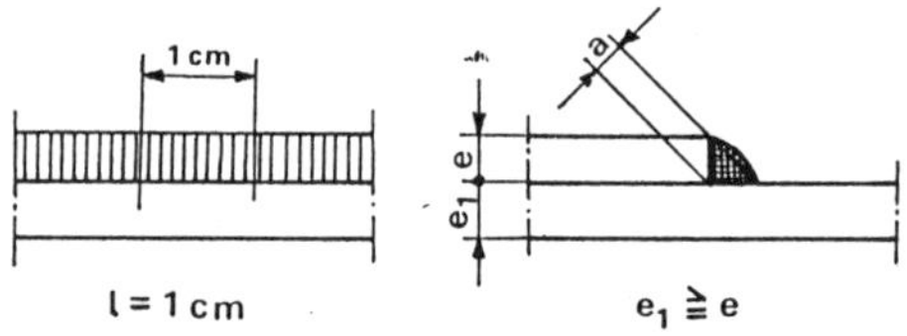


| β | *Tensión normal ponderada de agotamiento σ* por cm. de longitud para cordones con a... mm.* | | | | | | | | | | | | | | β |
|---|---|---|---|---|---|---|---|---|---|---|---|---|---|---|---|
| | 3 | 3,5 | 4 | 4,5 | 5 | 5,5 | 6 | 6,5 | 7 | 7,5 | 8 | 8,5 | 9 | 9,5 | |
| 0,75 | 0,81 | 0,94 | 1,08 | 1,21 | 1,35 | 1,48 | 1,62 | 1,75 | 1,89 | 2,02 | 2,16 | 2,99 | 2,43 | 2,56 | 0,75 |
| 0,77 | 0,83 | 0,97 | 1,11 | 1,24 | 1,38 | 1,52 | 1,66 | 1,80 | 1,94 | 2,08 | 2,21 | 2,35 | 2,49 | 2,63 | 0,77 |
| 0,81 | 0,87 | 1,02 | 1,16 | 1,31 | 1,46 | 1,60 | 1,75 | 1,89 | 2,04 | 2,18 | 2,33 | 2,48 | 2,62 | 2,77 | 0,81 |
| 0,85 | 0,92 | 1,07 | 1,22 | 1,37 | 1,53 | 1,68 | 1,83 | 1,99 | 2,14 | 2,29 | 2,45 | 2,60 | 2,75 | 2,90 | 0,85 |
| | 10 | 11 | 12 | 13 | 14 | 15 | 16 | 17 | 18 | 19 | 20 | 22 | 24 | 28 | |
| 0,75 | 2,70 | 2,97 | 3,24 | 3,51 | 3,78 | 4,05 | 4,32 | 4,59 | 4,86 | 5,13 | 5,40 | 5,94 | 6,48 | 7,56 | 0,75 |
| 0,77 | 2,77 | 3,05 | 3,36 | 3,60 | 3,88 | 4,16 | 4,43 | 4,71 | 4,99 | 5,26 | 5,54 | 6,10 | 6,65 | 7,76 | 0,77 |
| 0,81 | 2,91 | 3,20 | 3,50 | 3,79 | 4,08 | 4,37 | 4,66 | 4,95 | 5,25 | 5,54 | 5,83 | 6,41 | 7,00 | 8,10 | 0,81 |
| 0,85 | 3,06 | 3,36 | 3,67 | 3,98 | 4,28 | 4,59 | 4,89 | 5,20 | 5,51 | 5,81 | 6,12 | 6,73 | 7,34 | 8,57 | 0,85 |

Ejemplo.– Longitud de cordón lateral precisa transmitir un esfuerzo ponderado $N^* = 74$ t. en chapa de 12 mm. e
Cordón recomendado, a = 8 mm. (Tabla 40).
Tensión ponderada para cordón de 8 mm. $\sigma^* = 2,16$ t.
Longitud de cordón necesaria, L = 74/2,16 = 34,3 cm.
En el gráfico, L ≈ 34,5 cm.

Ejemplo.– Longitud de cordón frontal precisa para transmitir un esfuerzo ponderado $N^* = 74$ t. en chapa de 15 mm. e
Cordón recomendado, a = 10 mm. (Tabla 40).
Tensión ponderada para cordón de 10 mm. $\sigma^* = 3,06$ t.
Longitud de cordón necesaria, L = 74/3,06 = 24,2 cm.
En el gráfico, L ≈ 24,5 cm.

GRUPO SEGUNDO

# CONSTRUCCIONES

## METÁLICAS

PRIMERA PARTE

## NAVE INDUSTRIAL DE 21,6 M DE LUZ Y 12 M DE ALTURA DE COLUMNAS

SEGUNDA PARTE

## VIGAS CARRILES Y COLUMNAS. ESPECIFICACIONES

# DISPOSICIÓN GENERAL ESQUEMÁTICA DE PABELLONES METÁLICOS

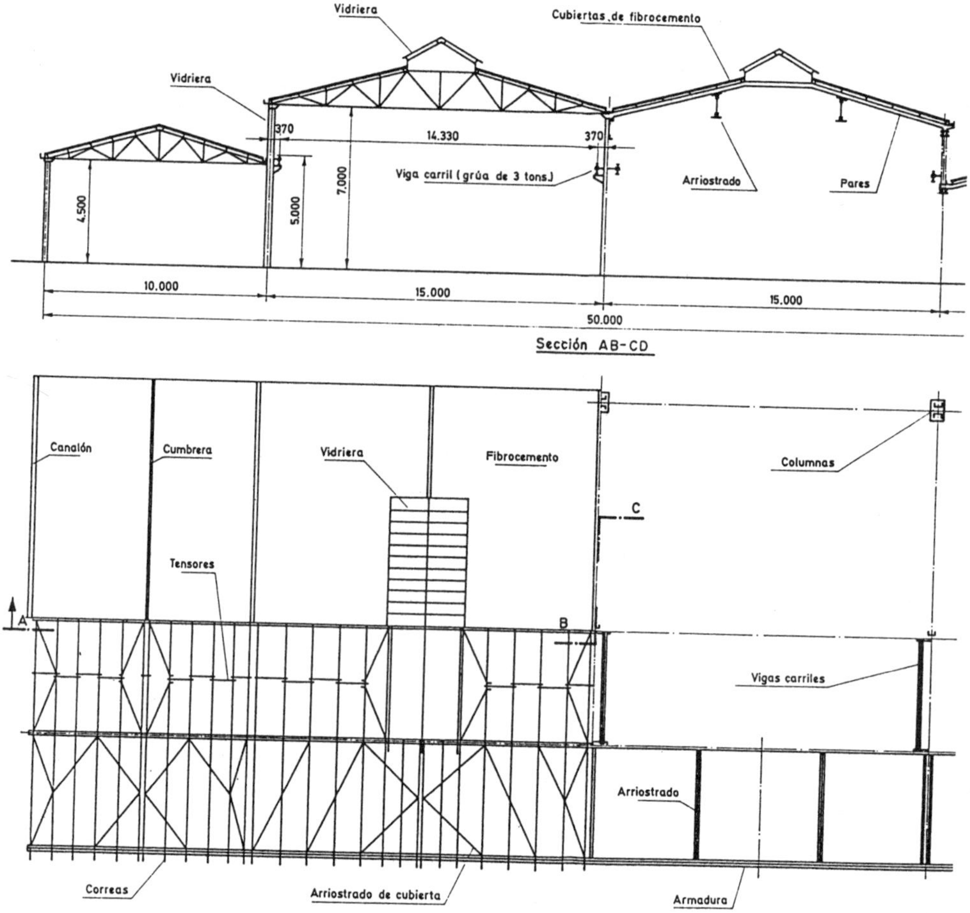


Construcciones metálicas

PRIMERA PARTE

# NAVE INDUSTRIAL DE 21,6 M DE LUZ Y 12,0 M DE ALTURA DE COLUMNAS

**SECCIONES:**

# RELACIÓN DE TABLAS



PARES (VIGA METÁLICA) SOLDADOS PARA
CUBIERTA DE PABELLÓN

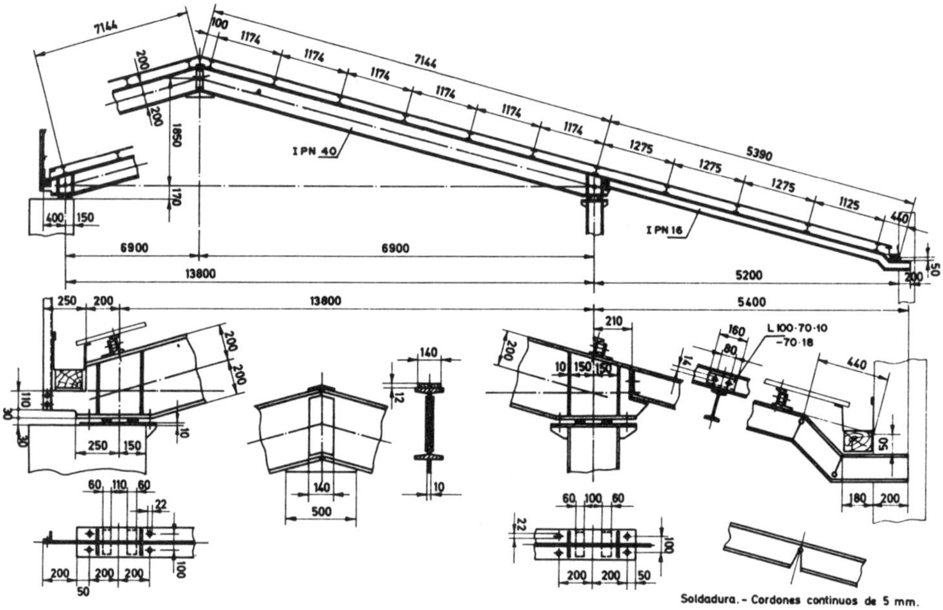

EDIFICIOS INDUSTRIALES

# NAVE INDUSTRIAL DE 21,6 M DE LUZ Y 12,0 M DE ALTURA DE COLUMNAS

## SECCIÓN PRIMERA

## GENERALIDADES. EL MATERIAL DE COBERTURA

### 1.1. Generalidades

En el proyecto de construcción de estructuras metálicas empleando el acero laminado como componente de los elementos resistentes, se consideran variadas formas estructurales.

Entre las construcciones metálicas destinadas a talleres de fabricación, almacenes, etc. generalmente naves de una sola planta, excepcionalmente con pisos que ocupan la totalidad o parte de la superficie de la nave, existen grandes diferencias estructurales considrando por una parte las que no disponen de grúas y aquellas otras que cuentan con estos medios de movimiento de materiales, destacando las que disponen de dos vías de rodadura a distinta altura. En el estudio que se hace, se considera que la nave industrial está servida por una grúa de 10,0 toneladas.

Las estructuras metálicas de las naves industriales se caracterizan por la gran separación entre las alineaciones de las columnas que las soportan, que suelen ser de diez, veinte, treinta, y más metros; en alineaciones de columnas interiores de naves adosadas, cuando es necesario disponer de grandes espacios libres, la separación entre columnas se aumenta colocando armaduras de grandes luces o vigas que soportan a las armaduras.

En la composición de las naves industriales, como cuerpos o estructuras parciales, principalmente se consideran:

1.° El material de cobertura.
2.° Las correas de la cubierta.
3.° Las armaduras para la cubierta.
4.° Los arriostrados entre armaduras.
5.° Los arriostrados en el plano de la cubierta.
6.° Los canalones y bajadas de agua (de lluvia).
7.° Los entramados que forman los cierres laterales.
8.° Los entramados de los cierres frontales.
9.° Los arriostrados o pórticos de viento de los cierres laterales.
10.° Los arriostrados o pórticos de viento de los cierres frontales.
11.° Las vigas carriles, las vigas auxiliares de frenado, y los pórticos de frenado, en las naves dispuestas con grúa-puente.
12.° Los soportes o columnas.
13.° Las cimentaciones de los soportes o columnas.

Según disposiciones de proyecto, tanto las armaduras de cubierta como las columnas, vigas auxiliares pueden ser de celosía o de alma llena.

**Nota importante:**

Para el cálculo de la nave, teniendo en cuenta que además de acciones constantes hay otras que no lo son (cargas de grúas, etc.), y también las acciones del viento y de la nieve, variables, se adoptará como coeficiente de ponderación (tabla EA-1) $\gamma = 1{,}50$. No mayorando las cargas, en este cálculo, el coeficiente de agotamiento o máximo de trabajo del material (acero tipo A42) será $\sigma_{ad} = 2{,}6/1{,}5 = 1{,}73$ t/cm$^2$.

## 2.1. Materiales de cobertura para naves industriales

Los materiales de cobertura utilizados para las cubiertas de edificios industriales, generalmente son: las tejas planas y curvadas, las planchas onduladas de fibrocemento y metálicas, las planchas metálicas perfiladas, las planchas plásticas acanaladas y las placas ligeras de hormigón armado.

a) *Tejas planas y curvadas*

Estas tejas se disponen apoyando unos pequeños salientes situados en su parte posterior sobre listones, que impedirán su deslizamiento a favor de la vertiente; los listones están clavados sobre una entablación de madera, dispuesta a su vez clavada sobre cabios de madera, que se apoyan sobre las correas situadas sobre el cordón superior de la armadura (la entablación es de madera simple de 20 a 25 mm de espesor). En disposición metálica, los listones son substituidos por angulares (generalmente de 35 × 35 × 5) o simples tes (de 30 a 40 mm), que se apoyan sobre cabios metálicos (formados por I o [), que a su vez se apoyan sobre las correas; la separación entre cabios no suele ser superior a un metro. Estos cabios se calcularán para soportar el peso de las tejas más la presión del viento y de la nieve, y como mínimo, para soportar una caga centrada de 100 kg (peso de una persona con herramientas de trabajo); la disposición de teja curvada es similar a la de teja plana, y supone un aumento de peso de 10 kg sobre el de la primera. La pendiente de los planos de las vertientes está comprendida entre los 20° y 45°, normalmente de 25° a 30°.

b) *Planchas onduladas de fibrocemento*

Este tipo de planchas o placas se fabrican con longitudes de 2500 y 2000 mm (granonda y canaleta) y otra especial de 3750 mm, que para su aplicación sobre las correas exige una separación entre éstas de 1175, 925 y 1200 mm respectivamente como máximo, con solapas de 150 mm, permitiendo estas separaciones una carga centrada de 100 kg (según catálogo de sus fabricantes).

La pendiente mínima de las cubiertas dispuestas con fibrocemento ondulado, para evitar el paso del agua de lluvia por la solapa, se hace:

Hasta 6,00 m de proyección, pendiente de 7° a 8°(12 a 14 %).
Hasta 10,00 m de proyección, pendiente de 14° (17,6 %).
Superior a 10 m de proyección, pendiente de 17° a 18° (30 a 32 %).

Para pendientes inferiores a las expresadas se dispondrá entre juntas un cordón de masilla plástica (silicona), proyectado a pistola.

Las placas de fibrocemento pueden trabajarse (serrarse, taladrarse, etc.) con relativa facilidad, y se fijan a las correas por medio de tornillos galvanizados (normalmente M8 o 3/8"), con uno de sus extremos en forma de gancho que encajará o comprenderá el ala inferior de la correa (I ó [).

c) *Placas de chapa ondulada*

Galvanizadas y con ondas similares a las de fibrocemento, se fabrican normalmente con longitudes de 2000 a 2500 mm; son muy resistentes y con recubrimiento de 150 mm pueden montarse sobre correas separadas 1850 y 2350 mm respectivamente. Se utilizan en cubiertas con pendiente de 15° y más (a partir del 25 %), y se fijan a las correas con tornillos galvanizados, iguales a los que se emplean para fijar las placas onduladas de fibrocemento. Con separación de 2 m entre correas, admiten cargas centradas de 100 kg.

d) *Placas con ondas trapezoidales*

Son de longitud igual a la de las placas onduladas, galvanizadas tienen la misma aplicación que la de aquellas placas. Las placas con ondas trapezoidales fabricadas con chapa de bobinas obtenidas en los trenes de laminación de chapa en bandas, son preparadas en las líneas automáticas (enderezadas y cortadas a largos comerciales) y después acanaladas, consiguiendo así planchas de grandes longitudes (de hasta 12 m), que después de galvanizadas o tratadas, son utilizadas para cubrir sin junta vertientes de más de 10 m de proyección horizontal, y también en los cierres laterales de los pabellones o naves, montándose en uno y otro caso sobre correas con dos o más metros de separación.

Además de las placas de acero con ondas trapeciales, se fabrican otras iguales o similares en aluminio, que tienen las mismas aplicaciones que las anteriores, y que como aquellas, se fijan con tornillos galvanizados o inoxidables.

e) *Planchas de plástico (cloruro de polivinilo)*

Se fabrican planchas de plástico traslúcido (y de colores) onduladas longitudinalmente, que solas o intercaladas con otras (generalmente con las de fibrocemento), permiten conseguir cierta iluminación natural, tanto en cubiertas como en cierres laterales o frontales de las naves industriales; con este tipo de placas, de color, se pueden conseguir efectos especiales. La longitud de las placas de plástico corresponde a largos comerciales; para su aplicación, normalmente se mantendrá la misma separación entre correas que la que se dispone para las planchas de fibrocemento (1175, 1200 y 925 mm), fijándose también con tornillos galvanizados.

f) *Planchas o placas de hormigón ligero*

Para cobertura de edificios industriales con pendientes mínimas (hasta 2°), se han utilizado placas fabricadas con cemento y escoria de calderas, de longitudes 2000 a 2500 mm, ancho de 500 mm y espesor de 60 mm, armadas con cinco redondos de 8 mm ∅ dispuestos longitudinalmente y otros de 6 mm ∅ dispuestos transversalmente separados 250 mm (aproximadamente). La separación entre correas se corresponde con la longitud de la placa, disponiendo las juntas bien centradas sobre aquellas correas y uniéndolas con mortero fluido de cemento, impermeabilizando la cubierta con cartón embreado.

g) Cubiertas con vidrieras

El vidrio se utiliza en cubiertas de una o dos vertientes, y principalmente en las caras verticales o casi verticales de las cubiertas en diente de sierra. Como cabios para las vidrieras, generalmente se utilizan perfiles simple te, de 40 a 70 mm según su separación, que depende del ancho del vidrio y de la distancia entre correas, cabios que se calcularán para resistir la presión del viento y el peso de la nieve, o de una carga aislada en su centro, de 100 kg admitiendo flechas de 1/300 a 1/500 de su luz.

Los cristales se fijan con masilla, disponiendo pasadores o espigas de retención de 4 o 5 mm ∅ en el alma de la te (en los extremos y cada 200 mm aproximadamente) para evitar que por la acción del viento se levanten; generalmente y por seguridad, se utiliza el vidrio armado.

El ancho a del vidrio para un espesor e, según la pendiente $\alpha$ de la vidriera, se hace:
para $\alpha = 0°$ a $60°$, $a \approx 95 \cdot e$, y para $\alpha = 75°$ a $90°$, $a = 85 \cdot e$; el ancho b de la junta se hace

$\alpha = 20°$, b = 90 mm. $\alpha = 30°$, b = 80 mm. $\alpha = 40°$, b = 70 mm.
$\alpha = 50°$, b = 60 mm. $\alpha = 60°$, b = 50 mm. $\alpha = 90°$, b = 40 mm.

Recubrimiento de las placas

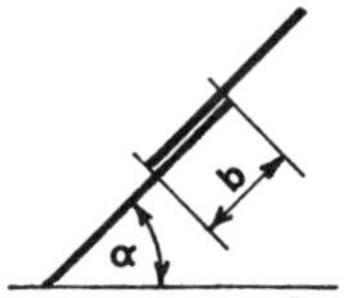


| Chapa ondulada | Fibrocemento |
|---|---|
| $\alpha = 10°$, b = 200 mm | $\alpha = 10°$ a $15°$, b = 200 mm |
| $\alpha = 15°$, b = 150 mm | $\alpha = 15°$ a $80°$, b = 150 mm |
| $\alpha = 20°$, b = 100 mm | $\alpha > 80°$, b = 100 mm |

Para $\alpha < 10°$ se dispondrá junta con masilla.

### 3.1. Peso de los materiales de cobertura

Considerados anteriormente los materiales utilizados para cubrir las naves o pabellones metálicos destinados para usos civiles (fabricación), seguidamente se exponen los pesos de los mismos, así como los de los medios de fijación a los elementos que generalmente los han de soportar (correas de la cubierta).

1. *Pesos de los materiales de cobertura (Tabla AE-1₂)*

*a)* Cubiertas de teja plana

| | |
|---|---|
| Teja plana | 40 kg/m² |
| Mortero para juntas | 3 kg/m² |
| Listones | 5 kg/m² |
| Entablación (≈ 2,5 cm de espesor) | 15 kg/m² |
| Cabios (80 × 50 mm) | 13 kg/m² |
| Total | 76 kg/m² |

*a')* Cubiertas con teja curva

| | |
|---|---|
| Teja curva (10 kg más que la plana) | 10 kg/m² |
| Total | 86 kg/m² |

*b)* Cubierta de fibrocemento

| | |
|---|---|
| Placa ondulada de fibrocemento | 15 kg/m² |
| Elementos de fijación y recubrimiento | 5 kg/m² |
| Total | 20 kg/m² |

*c)* Cubiertas de chapa ondulada, y trapecial, de acero.

| | |
|---|---|
| Planchas de chapa | 12 kg/m² |
| Medios de fijación | 2 kg/m² |
| Total | 14 kg/m² |

*d)* Cubiertas de planchas de plástico (cloruro de polivinilo).

| | |
|---|---|
| Planchas de plástico | 4,0 kg/m² |
| Medios de fijación | 2,0 kg/m² |
| Total | 6,0 kg/m² |

*e)* Cubiertas de planchas de aluminio.

| | |
|---|---|
| Planchas de aluminio | 4,0 kg/m² |
| Medios de fijación | 2,0 kg/m² |
| Total | 6,0 kg/m² |

*f)* Cubiertas de vidrio (vidrieras) de 5 mm de espesor (3 kg/mm e)

| | |
|---|---|
| Vidrio plano | 15 kg/m² |
| Medios de fijación | 4 kg/m² |
| Perfiles de vidriera (cabios) | 6 kg/m² |
| Total | 25 kg/m² |

*f')* Cubiertas con vidrio armado de 5 mm (5 kg por cada milímetro de espesor)

| | |
|---|---|
| Vidrio plano armado | 25 kg/m² |
| Total (+ 4, + 6) | 35 kg/m² |

2. *Peso del material de cobertura por m² de planta*

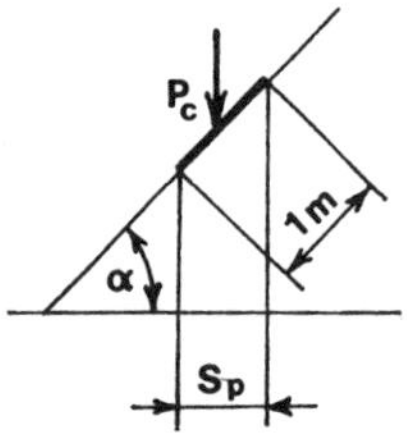


El peso $P_c$ de 1 m² del material de cobertura cubre una superficie $Sp = 1 \cos \alpha$; a un m² de superficie de planta corresponderá un peso:

$$P_v = \frac{1 \cdot P_c}{S_p} = \frac{P}{\cos \alpha},$$ siendo este peso el considerado para los cálculos.

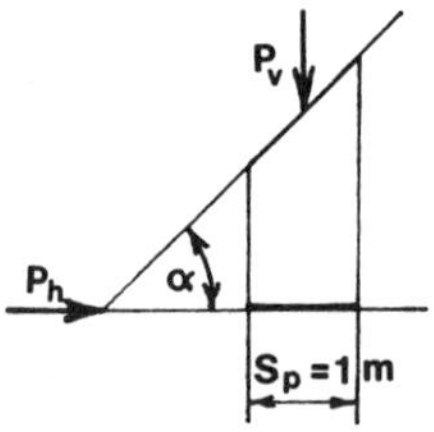

## 4.1. Acción del viento sobre las cubiertas de los edificios

La acción del viento se considera que actúa horizontalmente o con 10° de inclinación (descentente), produciendo efectos de carga vertical sobre la estructura de la cubierta y empujes horizontales, que esta estructura de cubierta transmite a los muros o columnas que la soportan.

Siendo w la presión horizontal del viento por metro cuadrado, esta presión actúa sobre una superficie de cubierta,

$$S_c = \frac{1}{\text{sen}\, \alpha}\,,\ m^2$$

La presión dinámica w se descompone en $P_n = w$ sen $\alpha$, que actúa normalmente a la cubierta sobre la superficie $S_c$, y en $P_d = w \cos \alpha$ que se desvanece rozando a todo lo largo de aquella cubierta. Para una superficie de cubierta $S_c' = 1\ m^2$, resulta:

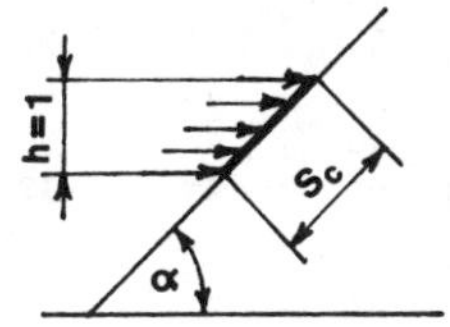


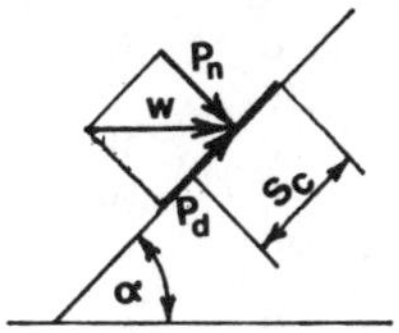


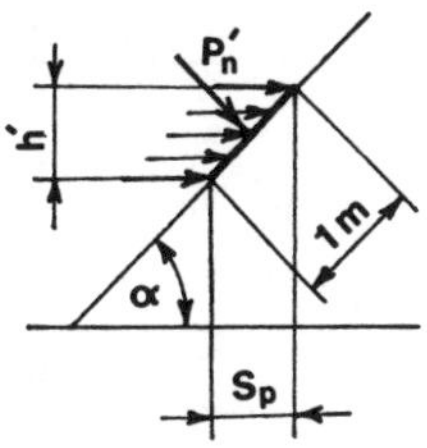


$P_n' = \frac{P_n \cdot w_h'}{w_h} = \frac{w\ \text{sen}\, \alpha \cdot 1\ \text{sen}\, \alpha}{1} = w\ \text{sen}^2\, \alpha$, presión correspondiente a una superficie de planta $S_p' = 1 \cos \alpha$; para una superficie de planta $S_p' = 1\ m^2$, la presión normal será

$$P_n'' = \frac{P_n' \cdot 1}{S_p} = \frac{w\ \text{sen}^2\, \alpha \cdot 1}{1 \cdot \cos \alpha} = w\ \text{sen}\, \alpha \cdot \text{tg}\, \alpha$$

La presión normal $P_n''$ (por $m^2$ de planta) se descompone en $P_v$ que actúa verticalmente sobre 1 $m^2$ de planta, y $P_h$ que por medio de los apoyos de las armaduras actúa horizontalmente sobre los muros o columnas que soportan a la cubierta.

$\left(\frac{\text{sen}\, \alpha}{\cos \alpha} = \text{tg}\, \alpha\right)$

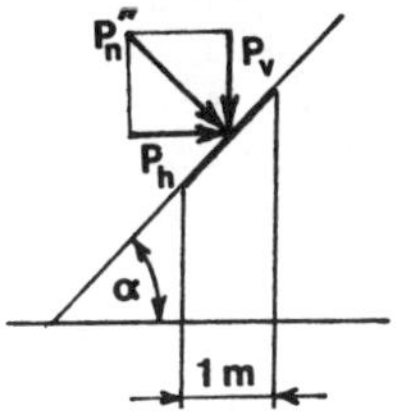


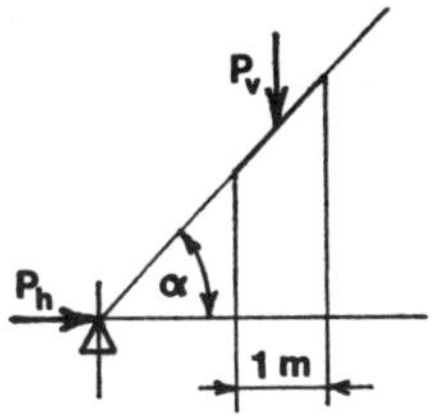


(sen $\alpha = \cos \alpha \cdot \text{tg}\, \alpha$)

Presión vertical, $P_v = P_n'' \cos \alpha = w\ \text{sen}\, \alpha \cdot \text{tg}\, \alpha \cdot \cos \alpha = w\ \text{sen}^2\, \alpha$ (por $m^2$ de planta).

Presión horizontal, $P_h = P_n'' \cdot \text{sen}\, \alpha = w\ \text{sen}\, \alpha \cdot \text{tg}\, \alpha \cdot \text{sen}\, \alpha = w\ \text{sen}^2\, \alpha \cdot \text{tg}\, \alpha$ (por $m^2$ de planta).

Si la acción de viento se considera actuando con 10° de inclinación sobre la horizontal, la presión normal por $m^2$ de vertiente es $P_n' = w\ \text{sen}^2 (\alpha + \beta)$, y para la superficie de planta $S_p' = 1\ m^2$, es $P_n'' = w\ \text{sen}\, (\alpha + \beta) \cdot \text{tg}\, \alpha$, que se descompone en:

Presión vertical, $P_v = w\ \text{sen}^2 (\alpha + \beta)$, y presión horizontal $P_h = w\ \text{sen}^2 (\alpha + \beta) \cdot \text{tg}\, \alpha$

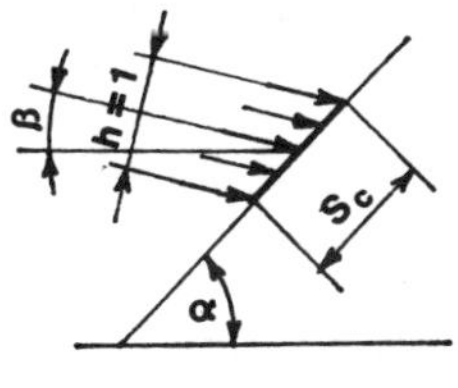


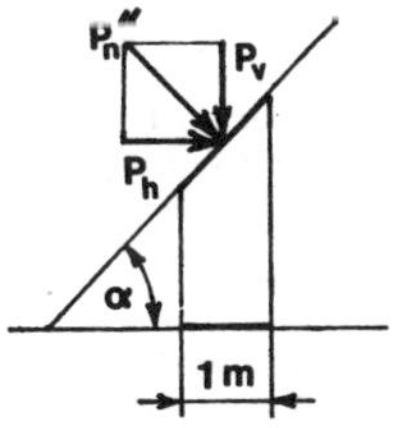


**Nota.**—En la tabla 1 de la página siguiente se expresan valores de $P_n''$ y de sus componentes $P_v$ y $P_h$ para ángulos $\alpha$ 5° a 45°, actuando w horizontalmente.

## *PRESIONES PRODUCIDAS POR EL VIENTO PARA w = 120 KG/M² POR M² DE SUPERFICIE CUBIERTA* — TABLA 1

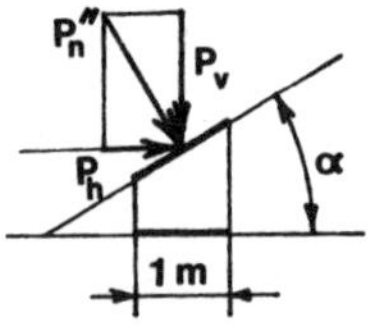


| $\alpha$ | $P''_n$ | $P_v$ | $P_h$ | $\alpha$ | $P''_n$ | $P_v$ | $P_h$ | $\alpha$ | $P''_n$ | $P_v$ | $P_h$ |
|---|---|---|---|---|---|---|---|---|---|---|---|
| 5 | 1 | 1 | 0 | — | — | — | — | — | — | — | — |
| 6 | 1 | 1 | 0 | 21 | 16 | 15 | 6 | 36 | 51 | 41 | 30 |
| 7 | 2 | 2 | 0 | 22 | 18 | 17 | 7 | 37 | 55 | 43 | 33 |
| 8 | 2 | 2 | 0 | 23 | 20 | 18 | 8 | 38 | 58 | 45 | 35 |
| 9 | 3 | 3 | 0 | 24 | 22 | 20 | 9 | 39 | 61 | 48 | 38 |
| 10 | 4 | 4 | 1 | 25 | 24 | 21 | 10 | 40 | 64 | 50 | 41 |
| 11 | 5 | 5 | 1 | 26 | 26 | 23 | 12 | 41 | 68 | 52 | 45 |
| 12 | 6 | 6 | 1 | 27 | 28 | 25 | 12 | 42 | 72 | 54 | 48 |
| 13 | 6 | 6 | 1 | 28 | 30 | 27 | 14 | 43 | 76 | 56 | 52 |
| 14 | 8 | 7 | 2 | 29 | 33 | 28 | 15 | 44 | 81 | 58 | 56 |
| 15 | 9 | 8 | 2 | 30 | 35 | 30 | 17 | 45 | 85 | 60 | 60 |
| 16 | 10 | 9 | 3 | 31 | 37 | 32 | 19 | | | | |
| 17 | 11 | 11 | 3 | 32 | 39 | 34 | 21 | | | | |
| 18 | 12 | 12 | 4 | 33 | 42 | 35 | 23 | | | | |
| 19 | 13 | 12 | 5 | 34 | 45 | 37 | 25 | | | | |
| 20 | 15 | 14 | 5 | 35 | 48 | 39 | 28 | | | | |

La presión normal a la cubierta $P''_n$, la presión vertical $P_v$ y la horizontal $P_h$, por m² de planta, que la tabla expone para w = 120 kg/m², pueden servir para obtener las correspondientes a otros valores de w, al multiplicarla por la razón de w = 120 con w = x; así, por ejemplo, para W = 150 kg/m² en una cubierta de 30°, se tiene r = 150:120 = 1,25, razón que multiplicada por las presiones $P''_n$, 1,25 × 35 = 43,8 kg/m²; $P_v$, 1,25 × 30 = 37,5 kg/m²; $P_h$, 1,25 × 17 = 21,3 kg/m², ha proporcionado los valores de las presiones correspondientes a w = 150 kg/m².

*Ejemplo:* Determinación de las presiones sobre una cubierta de 22,5° de inclinación, en un edificio industrial situado en la zona de la costa.

Se toma w = 120 kg/m² (viento muy fuerte o huracanado de unos 150 km por hora).

Presión normal, $P''_n = w \cdot \text{sen}\ \alpha \cdot \text{tg}\ \alpha = 120 \times 0{,}383 \times 0{,}414 = 19{,}0$ kg/m² (planta).
Presión vertical, $P_v = w \cdot \text{sen}^2\ \alpha = 120 \times 0{,}383^2 = 17{,}6$ kg/m² (planta).
Presión horizontal $P_h = w\ \text{sen}^2\ \alpha \cdot \text{tg}\ \alpha = 120 \cdot 0{,}383^2 \times 0{,}414 = 7{,}28$ kg/m² (planta).

Los valores calculados coinciden con los de la tabla 1.

Considerando la cubierta con viento y nieve (a 200 m de altitud), el peso de ésta es $P_v = 40$ kg/m² de planta (tabla EA-4) y viento w = 120 kg/m², se tiene:

Presión del viento reducida, 0,6 w = 0,6 × 120 = 72 kg/m².
Presión vertical, $P_v = 0{,}6 \times 17{,}6 + 40 = 50{,}6$ kg/m² de planta.
Presión horizontal $P_h = 0{,}6 \times 7{,}3 = 4{,}4$ kg/m² de planta.

**Nota.**—Para el cálculo de la estructura metálica de la nave industrial, como carga vertical por viento y nieve se tomará $P_v = 50{,}6$ kg/m² de planta, y para el empuje horizontal sobre los muros o columnas $P_h = 7{,}28$ kg/m² de planta, considerados como los valores mayores o más desfavorables, como podrá observarse en cálculos que seguirán.

# SECCIÓN SEGUNDA
## LAS CORREAS DE LA CUBIERTA

### 1.2. Disposición de las correas de la cubierta

El material de cobertura, bien directamente o por medio de cambios, se apoya o descansa sobre correas, a las que transmite su propio peso, el de la nieve que puede depositarse sobre la cubierta, y la presión del viento que actúa sobre ésta ($P_v$ total).

Las correas son vigas, generalmente perfiles en U o doble T, que se apoyan sobre las armaduras de la cubierta; se disponen como vigas simplemente apoyadas (cubriendo un vano entre armaduras), como vigas continuas, o como vigas articuladas (cubriendo varios vanos entre armaduras en estos dos últimos casos).

Como las correas se apoyan directamente sobre las armaduras, su eje o plano vertical formará con la horizontal un ángulo $\beta$ complementario del $\alpha$ de inclinación de la vertiente de la cubierta.

En las correas continuas y articuladas se dispondrán juntas de dilatación cada 40 a 50 metros (una variación de temperatura de 30° supone una modificación en la longitud de una barra de acero, de 14,4 a 18 mm; el coeficiente de dilatación es de 0,000012 mm por grado y milímetro de longitud).

a) *Consideraciones para el cálculo de las correas*

La fuerza normal $Q_v$ que actúa sobre las correas, se descompone en las $Q_x$ y $Q_y$ que obran según los ejes de aquellas (fig. 1); el valor de estas componentes, es:

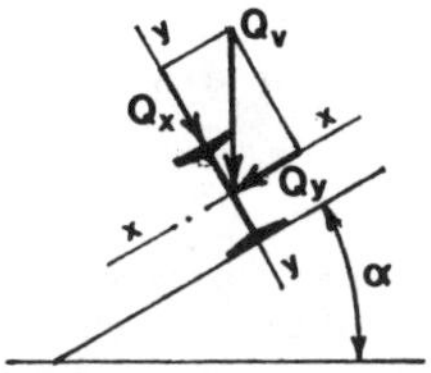

Fig. 1

$Q_x = Q_v \cdot \cos \alpha$, y $Q_y = Q_v \cdot \operatorname{sen} \alpha$,
siendo el valor de $Q_v = P_v \cdot a \cdot \ell$, en la que:
$P_v$, es la sobrecarga de la cubierta por m² de planta.
a, la separación de las correas en planta (fig. 2).
$\ell$, la distancia entre armaduras (luz del vano).
En la sobrecarga $P_v$ está incluido el peso de la nieve y la presión del viento (págs. 279-280) el peso del material de cobertura, el peso propio de la correa, todo ello por metro cuadrado de planta.

El peso propio de la correa solamente se considera en grandes cargas y para luces o vanos iguales o superiores a los seis metros.

Con objeto de disminuir la longitud entre apoyos según el eje y − y, y para valores de $\alpha \geq 8°$, se disponen tirantes entre las correas (fig. 3) que se llevan al apoyo de la correa o a la armadura en los cambios de vertiente, calculándose los tirantes a la tracción correspondiente.

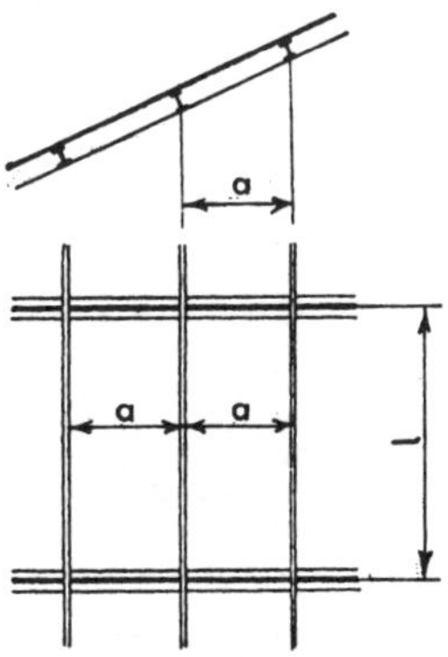


El coeficiente de trabajo de la correa, tiene por valor:

$$\sigma = \frac{M_x}{W_x} + \frac{M_y}{W_y} \leq \sigma_{ad}$$

La flecha admisible en las correas, es $f = \frac{\ell}{300}$, y en las cubiertas con vidriera, $f = \frac{\ell}{500}$

Fig. 2

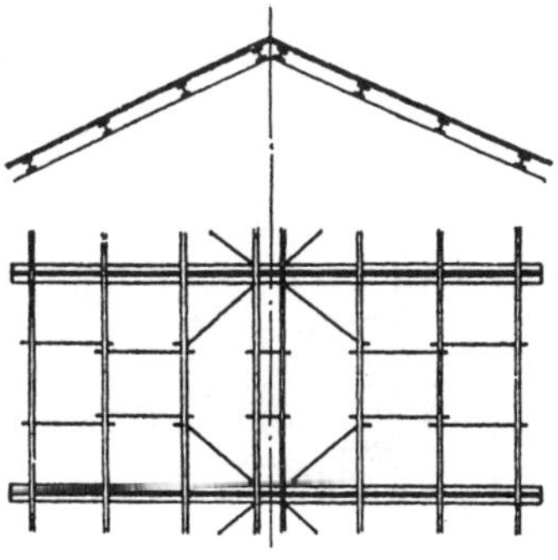

Fig. 3

b) *Como peso propio de las correas, se considera*

| | |
|---|---|
| En cubiertas de chapa ondulada | 10 a 14 kg/m² de planta |
| En cubiertas con teja plana | 12 a 16 kg/m² de planta |
| En cubiertas con vidriera | 12 a 18 kg/m² de planta |
| En cubiertas pesadas | 14 a 20 kg/m² de planta |

### 2.2. Correas apoyadas en sus extremos (para un solo vano)

El cálculo de las correas (vigas) de dos apoyos, es más simple que el de las correas continuas o de las articuladas, pero en este caso, los momentos flectores y las flechas resultan mayores que los que corresponderán a aquéllas, lo que supone tener que tomar un perfil mayor (más peso de perfil laminado), pero es menor su labor o trabajo de preparación, siendo también más fácil su montaje.

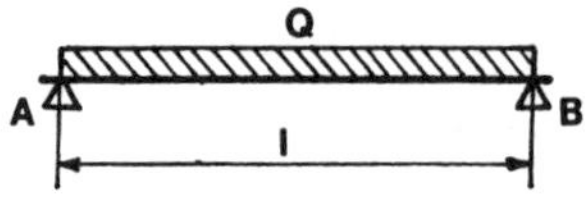


Siendo Q la carga total $(q \cdot l)$ uniformemente dispuesta sobre la correa, se tiene:

Momento flector,

$$M_{máx} = \frac{Q \cdot l}{8} \text{ (en el centro de la correa).}$$

Reacciones de los apoyos,

$$R_A = R_B = \frac{Q \cdot l}{2}$$

Flecha,

$$f = \frac{5 \cdot Q \cdot l^3}{384 \cdot E \cdot I} = 0{,}013 \cdot \frac{Q \cdot l^3}{E \cdot I}$$

siendo,

$E = 2.100.000$ kg/cm², y $l$ la longitud en cm.

Si se tiene flexión en los dos ejes, y siendo $f_x$ y $f_y$ las flechas respectivas, la flecha resultante es:

$$f_r = \sqrt{f_x^2 + f_y^2}$$

En la determinación del coeficiente de trabajo en la correa, se tendrá en cuenta que generalmente no corresponden los momentos flectores máximos en el centro de la correa, ya que si se disponen tirantes, el momento según el eje y – y de aquélla no será máximo en el centro, al resultar como viga continua según dicho eje.

Para facilitar el cálculo de las correas teniendo presente el valor de la flecha, que en muchos casos fijará por su limitación el perfil conveniente, en la tabla 2 se expresan valores para el momento de inercia necesario ($I_n$) para que el perfil que se adopte reúna las condiciones convenientes.

**TABLA 2**

Momentos de inercia necesarios ($I_n$) para vigas de alma llena

| *Estados de carga* | *M* | *$I_n$ para f =* | | | *Estados de carga* | *M* | *$I_n$ para f =* | | |
|---|---|---|---|---|---|---|---|---|---|
| | | *$l$/200* | *$l$/300* | *$l$/500* | | | *$l$/200* | *$l$/300* | *$l$/500* |
| 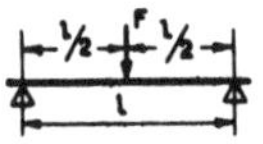 | $\frac{F \cdot l}{4}$ | 80 M $l$ | 120 M $l$ | 200 M $l$ | 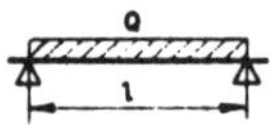 | $\frac{Q \cdot l}{8}$ | 99 M $l$ | 149 M $l$ | 248 M $l$ |
| 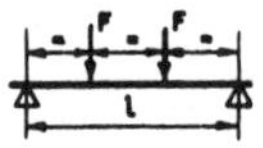 | $\frac{F \cdot l}{3}$ | 102 M $l$ | 153 M $l$ | 255 M $l$ | 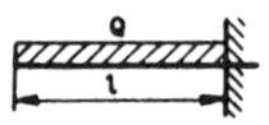 | $\frac{Q \cdot l}{2}$ | Para f = $l$/250 $I_n$ = 300 M $l$ | | |
| 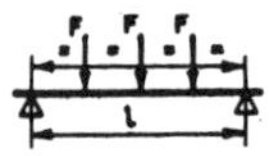 | $\frac{F \cdot l}{2}$ | 95 M $l$ | 142 M $l$ | 236 M $l$ | 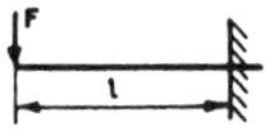 | F · $l$ | Para f = $l$/250 I = 400 M $l$ | | |
| 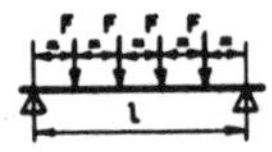 | $\frac{3 \cdot F \cdot l}{5}$ | 100 M $l$ | 150 M $l$ | 250 M $l$ | **Nota.**—Para otros valores de $l$/N, se interpolará directamente. | | | | |

M, en tm. $l$, en m.
Esta tabla es similar a la $EA_f$-2

## 3.2. Correas continuas

Las correas continuas son vigas, generalmente de perfil en forma de U o de doble T, que cubren varios vanos entre armaduras; su montaje en obra tiene mayores dificultades que el de las correas de dos apoyos, ya que sus juntas se disponen fuera de los apoyos (armaduras). Los momentos flectores, reacciones de apoyo, esfuerzos cortantes y flechas, se exponen en la tabla $EA_f$-41, consideradas como vigas continuas sometidas a cargas uniformemente repartidas por unidad de longitud.

El cálculo de las correas (perfil uniforme), se efectuará considerando el mayor momento flector y flecha (admisible), que corresponde al apoyo $M_{III}$ en las vigas de ocho o más vanos ($M_{III} = 0{,}085\ q\ell^2$; valor inferior en otros vanos), procediendo a reforzar la correa en el apoyo $M_I$ (cuyo momento flector es $M_I = 0{,}1057\ q\ell^2$), debiendo cubrir el refuerzo la diferencia de momentos flectores (tabla 3).

Si $N_x$ es el momento resistente correspondiente a $M_{III} = 0{,}085$, el de $M_I$ será:

$$W_{x1} = \frac{0{,}1057}{0{,}085} = 1{,}2435 \text{ (se admite la misma razón para } W_{y1}\text{)}$$

La disposición del refuerzo de las correas sobre el segundo apoyo se representa en las figuras 1 y 2. El refuerzo se fijará por medio de soldadura o con tornillos ($h_s$ o $h_t$).

*Fig. 1* *Fig. 2*

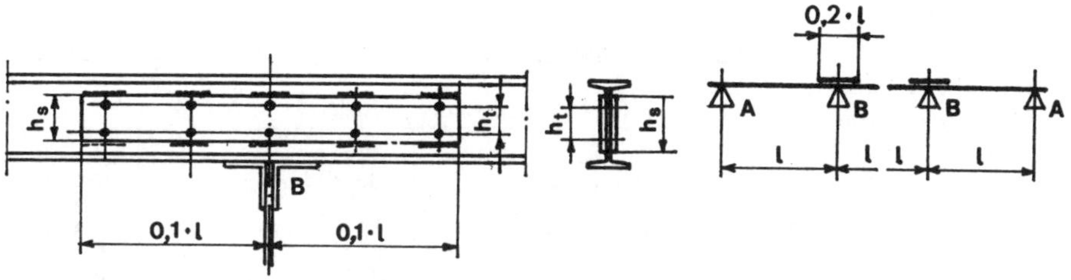


En el caso de que las reacciones de apoyo sean de importancia, se tendrá en cuenta las tensiones o fatigas en las correas, por flexión y cortadura, con objeto de componerlas para obtener la tensión reducida según las hipótesis correspondientes (de alargamiento, de la tensión transversal, o de la invariabilidad de cambio de forma, como puede verse en la página 153).

### *Refuerzo de las correas IPN sobre los segundos apoyos (B dcha, B izqda.)* — TABLA 3

| *Correa I.P.N.* | *Momentos de las correas* | | | | *Refuerzo* | | *Momentos del refuerzo* | | | | *Diferencias* | |
|---|---|---|---|---|---|---|---|---|---|---|---|---|
| | $I_x$ cm⁴ | $I_y$ cm⁴ | $W_x$ cm³ | $W_y$ cm³ | $W_x \cdot 1{,}2435$ | *Perfil* | $I_x$ cm⁴ | $I_y$ cm⁴ | $W_{xr}$ cm³ | $W_y$ cm³ | $W_{xr} - W_x$ | *%* |
| 10 | 171 | 12,2 | 34,2 | 4,88 | 42,6 | − 75 · 8 | 227 | 23,1 | 45,5 | 9,24 | 11,3 | 24,8 |
| 12 | 328 | 21,5 | 54,7 | 7,41 | 68,0 | − 90 · 8 | 425 | 36,0 | 70,9 | 12,41 | 16,2 | 22,8 |
| 14 | 573 | 35,2 | 81,9 | 10,7 | 102 | − 100 · 10 | 740 | 70,7 | 106 | 21,41 | 24,1 | 27,7 |
| 16 | 935 | 54,7 | 117 | 14,8 | 146 | − 120 · 10 | 1224 | 102 | 153 | 27,66 | 36 | 23,5 |
| 18 | 1450 | 81,3 | 161 | 19,8 | 200 | − 140 · 10 | 1908 | 142 | 212 | 34,67 | 51 | 24,0 |
| 20 | 2140 | 117 | 214 | 26,0 | 266 | − 155 · 10 | 2760 | 191 | 276 | 42,33 | 62 | 22,4 |
| 22 | 3060 | 162 | 278 | 33,1 | 346 | − 175 · 10 | 3950 | 253 | 359 | 51,49 | 81 | 22,5 |
| 24 | 4250 | 221 | 354 | 41,7 | 440 | − 190 · 10 | 5390 | 327 | 449 | 65,01 | 95 | 21,1 |
| 26 | 5740 | 288 | 442 | 51,0 | 550 | − 210 · 10 | 7280 | 417 | 560 | 73,80 | 118 | 21,1 |

**Nota.**—Los cordones de soldadura o tornillos de unión del refuerzo a la vigueta, están sometidos a un esfuerzo T, determinado por el valor de la parte de momento flector que ha de soportar el refuerzo, dividido por el brazo o distancia h correspondiente ($h_s$ o $h_t$. fig. 1).

### 4.2. Juntas de correas continuas

El empalme o junta está formado por dos barras de forma en U, disponiéndolas a uno y otro lado del alma de la vigueta, quedando el eje de la junta a 0,20 · $\ell$ del apoyo.

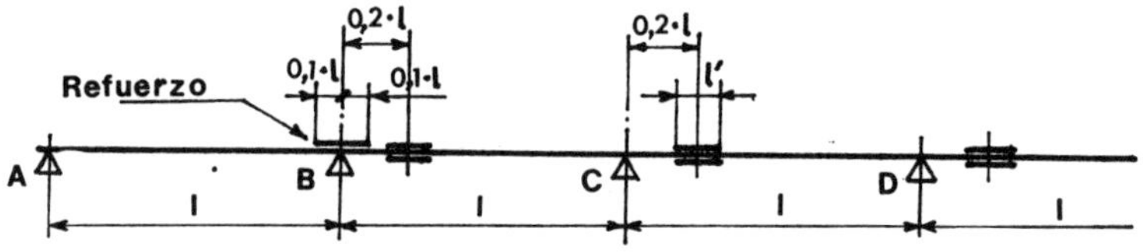


Disposición de los empalmes.

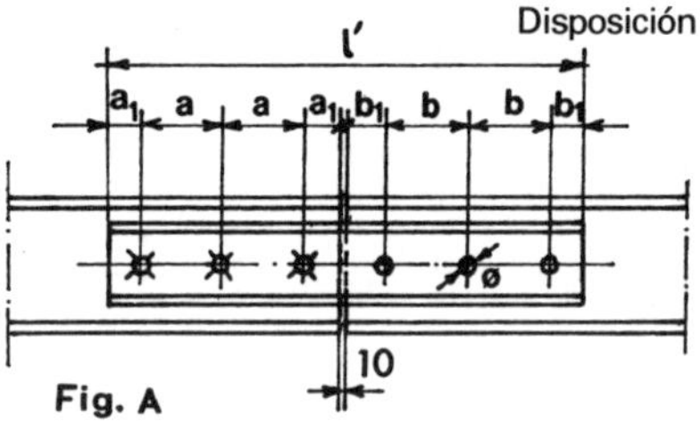


Fig. A

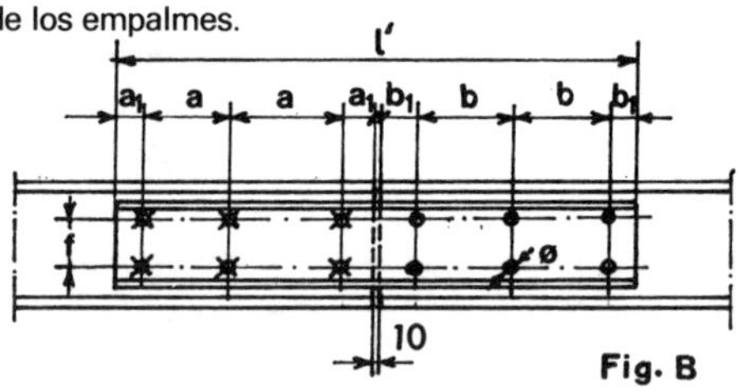


Fig. B

| *Juntas de correas continuas* | | | | | | | | | | | TABLA 4 |
|---|---|---|---|---|---|---|---|---|---|---|---|
| *Figura* | *Perfil* I | *Junta* ][ | *Dimensiones en milímetros* | | | | | | | | *Figura* |
| | | | *Tornillos* | $a_1$ | *a* | Ø | $b_1$ | *b* | *f* | $\ell'$ | |
| A | 10 | 6 1/2 | M16 - 5/8 | 35 | 90 | 17 | 35 | 70 | — | 470 | A |
| | 12 | 6 1/2 | M16 - 5/8 | 35 | 125 | 17 | 35 | 70 | — | 540 | |
| | 14 | 8 | M20 - 3/4 | 40 | 140 | 21-20 | 40 | 110 | — | 670 | |
| | 16 | 10 | M22 - 7/8 | 45 | 160 | 23 | 45 | 120 | — | 750 | |
| | 18 | 10 | M22 - 7/8 | 45 | 200 | 23 | 45 | 160 | — | 910 | |
| B | 20 | 12 | M12 - 1/2 | 30 | 210 | 13-14 | 30 | 150 | 40 | 850 | B |
| | 22 | 14 | M16 - 5/8 | 35 | 200 | 17 | 35 | 150 | 50 | 850 | |
| | 24 | 16 | M20 - 3/4 | 40 | 200 | 21-20 | 40 | 150 | 60 | 870 | |
| | 26 | 18 | M22 - 7/8 | 45 | 200 | 23 | 45 | 160 | 70 | 910 | |

**Nota.**—Como el refuerzo de las correas ocupa el espacio e = 0,1 · $\ell$ a partir del apoyo, la junta no interferirá con este refuerzo si es $\ell' : 2 < 0{,}1 \cdot \ell$ $(0{,}1 \cdot \ell + \ell' : 2 < 2 \cdot \ell)$.

a) *Correas continuas de barras en forma de U*

El cálculo se efectúa para $M_{III}$ disponiendo las correas como se indica en la figura (juntas de igual resistencia).

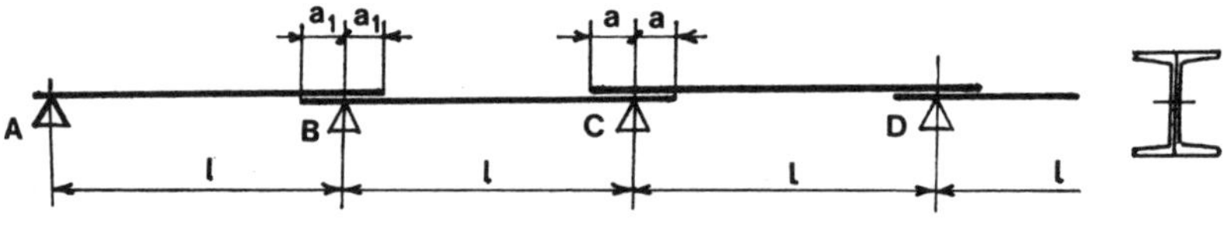


Las longitudes voladas tienen por valor, a = 0,1 · $\ell$ y $a_1$ = 0,15 · $\ell$; el esfuerzo de los tornillos se determinará por, $N = \left(0{,}25 + 0{,}6 \times \frac{\ell}{t}\right) \cdot q\,\ell$, siendo t la distancia entre tornillos.

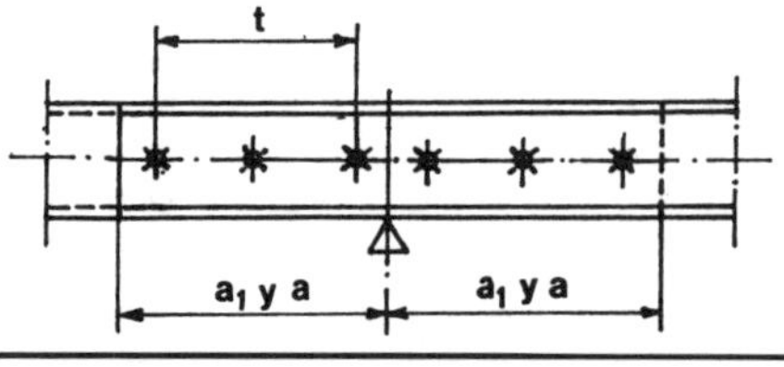


**Nota.**—En las correas continuas de barras en U, no es necesario reforzarlas sobre el apoyo B, por superposición de las mismas, resultando las condiciones resistentes de las dos barras muy superiores a las que se precisan por hacer $W_x = W_x \cdot 1{,}2435$, siendo a la longitud del refuerzo.

## 5.2. Correas articuladas

Las correas articuladas son vigas continuas articuladas como las descritas en la página 256 sometidas a cargas q uniformemente repartidas, cuyos coeficientes de cálculo se expresan en la tabla $EA_f$ -42.

Comparando los coeficientes de la tabla $EA_f$ -41, Vigas articuladas (Gerber), con los de la tabla $EA_f$ -42. Vigas continuas, se aprecia que, reforzados los tramos extremos de las vigas articuladas el coeficente para el cálculo de aquel momento flector de la viga, $M_1$ ... o $M_2$ ... igual a 0,0625, es inferior al $M_{IV}$ igual a 0,0850, de las vigas continuas, que se utilizará para el cálculo de aquel momento flector.

a) *Refuerzo de los tramos extremos*

La disposición se efectuará como se representa en la fig. 1; la soldadura o los tornillos de unión de refuerzo al perfil de la viga o correa, se calcularán para que puedan soportar la parte del momento flector que corresponde a aquel refuerzo, que se expresa en la tabla 5 abajo expuesta. El esfuerzo total T que han de soportar los cordones de soldadura de cada lado del refuerzo, o el que actúa sobre cada fila longitudinal de tornillos es:

$T_s = \frac{M}{h_s}$, para la soldadura, o $T_t = \frac{M}{h_t}$, para los tornillos, siendo:

M, El momento flector que soporta el refuerzo.
$h_s$, La separación o distancia entre los cordones de soldadura (verticalmente).
$h_t$, La separación o distancia entre los ejes de las filas de tornillos (verticalmente).

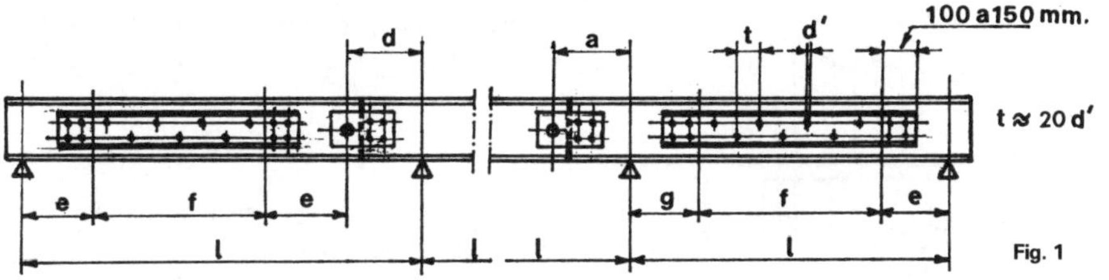


Fig. 1

En la fig. 1, $e = 0{,}18 \cdot l$; $f = 0{,}515 \cdot l$; $g = 0{,}305 \cdot l$

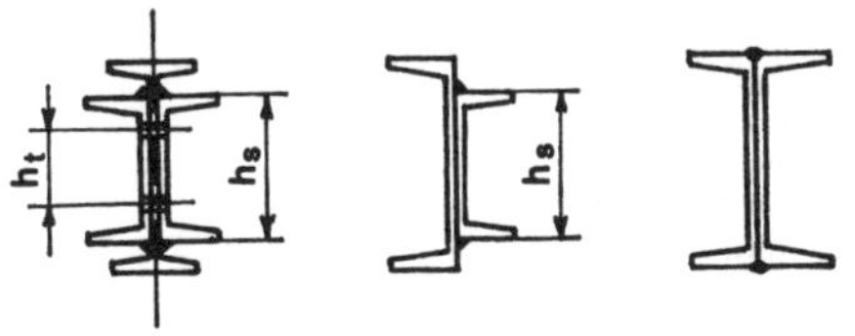


Disposición del refuerzo

Efectuando el cálculo considerando el momento flector, $M = 0{,}0625 \cdot q\, l^2$, y flechas correspondientes, y siendo $M_1 = 0{,}0957 \cdot q\, l^2$, y $W_x$ el momento resistente del perfil de los tramos centrales, el momento resistente de los tramos extremos será:

$$W_{xr} = \frac{0{,}0957}{0{,}0625} \cdot W_x = 1{,}5321 \cdot W_x$$

En la tabla 5 que sigue se indican los refuerzos, y el % del momento flector que soportan.

**_Refuerzo de las correas IPN en los primeros vanos (parte del centro)_** — **TABLA $5_1$**

| Correa I.P.N. | Momentos de las correas | | | | Refuerzo | | Momentos del refuerzo | | | | Diferencias | |
|---|---|---|---|---|---|---|---|---|---|---|---|---|
| | $I_x$ cm⁴ | $I_y$ cm⁴ | $W_x$ cm³ | $W_y$ cm³ | $W_x \cdot 1{,}5321$ | Perfil [ | $I_x$ cm⁴ | $I_y$ cm⁴ | $W_x$ cm³ | $W_y$ cm³ | $W_{xr} - W_x$ | % |
| 10 | 171 | 12,2 | 34,2 | 4,88 | 52,4 | 6,5 | 286 | 89,2 | 57,2 | 17,8 | 23,0 | 40,2 |
| 12 | 328 | 21,5 | 54,7 | 7,41 | 83,8 | 8 | 542 | 124 | 90,0 | 20,7 | 35,3 | 39,2 |
| 14 | 573 | 35,2 | 81,9 | 10,7 | 125 | 10 | 985 | 185 | 141 | 26,4 | 59,1 | 41,9 |
| 16 | 935 | 54,7 | 117 | 14,8 | 179 | 12 | 1663 | 266 | 208 | 33,2 | 91,0 | 43,7 |
| 18 | 1450 | 81,3 | 161 | 19,8 | 247 | 14 | 2660 | 386 | 296 | 42,9 | 135 | 45,6 |
| 20 | 2140 | 117 | 214 | 26,0 | 328 | 14 | 3350 | 427 | 335 | 42,7 | 121 | 36,1 |
| 22 | 3060 | 162 | 278 | 33,1 | 426 | 16 | 4910 | 575 | 446 | 52,2 | 168 | 37,7 |
| 24 | 4250 | 221 | 354 | 41,7 | 542 | 18 | 6950 | 760 | 579 | 63,3 | 225 | 38,9 |
| 26 | 5740 | 288 | 442 | 51,0 | 677 | 20 | 9560 | 904 | 735 | 69,5 | 293 | 39,9 |

| *Refuerzo de las correas [PN en los primeros vanos (parte del centro)* | | | | | | | | | | | | **TABLA 5₂** |
|---|---|---|---|---|---|---|---|---|---|---|---|---|
| *Correa* | *Momentos de las correas* | | | | *Refuerzo* | | *Momentos del refuerzo* | | | | *Diferencias* | |
| *[PN.* | $I_x$ $cm^4$ | $I_y$ $cm^4$ | $W_x$ $cm^3$ | $W_y$ $cm^3$ | $W_x \cdot 1{,}5321$ | *Perfil [* | $I_x$ $cm^4$ | $I_y$ $cm^4$ | $W_x$ $cm^3$ | $W_y$ $cm^3$ | $W_{xr} - W_x$ | *%* |
| 10 | 206 | 29,3 | 41,2 | 8,49 | 63,1 | 10 | 412 | 122 | 82,4 | 24,5 | 41,2 | 50,0 |
| 12 | 364 | 43,2 | 60,7 | 11,1 | 92,9 | 10 | 570 | 147 | 95,0 | 21,3 | 34,3 | 36,1 |
| 14 | 605 | 62,7 | 86,4 | 14,8 | 132 | 12 | 969 | 210 | 138 | 27,9 | 51,6 | 37,4 |
| 16 | 925 | 85,3 | 116 | 18,3 | 178 | 14 | 1530 | 290 | 191 | 35,6 | 75,0 | 39,3 |
| 18 | 1350 | 114 | 150 | 22,4 | 230 | 16 | 2275 | 382 | 253 | 43,7 | 103 | 40,7 |
| 20 | 1910 | 148 | 191 | 27,0 | 292 | 18 | 3260 | 482 | 326 | 51,9 | 135 | 41,4 |
| 22 | 2690 | 197 | 245 | 33,6 | 375 | 20 | 4600 | 643 | 418 | 66,1 | 173 | 41,4 |
| 24 | 3600 | 248 | 300 | 39,6 | 459 | 22 | 6290 | 823 | 524 | 78,0 | 224 | 42,7 |
| 26 | 4820 | 317 | 371 | 47,7 | 568 | 22 | 7510 | 989 | 578 | 88,7 | 207 | 35,8 |

### 6.2. Cálculo de las articulaciones de las vigas o correas articuladas (Gerber)

Las articulaciones de vigas o correas articuladas, están formadas por un par de placas o llantas, soldadas o atornilladas al alma de una de las correas, y con un saliente o voladizo con agujero para paso del tornillo o pasador que será el eje de la articulación; entre las plancas encajará el alma de la otra correa que forma la articulación, que también tiene un agujero, y al colocar a través de estos agujeros el pasador o eje, queda dispuesta la junta articulada.

a) *Cálculo de la articulación*

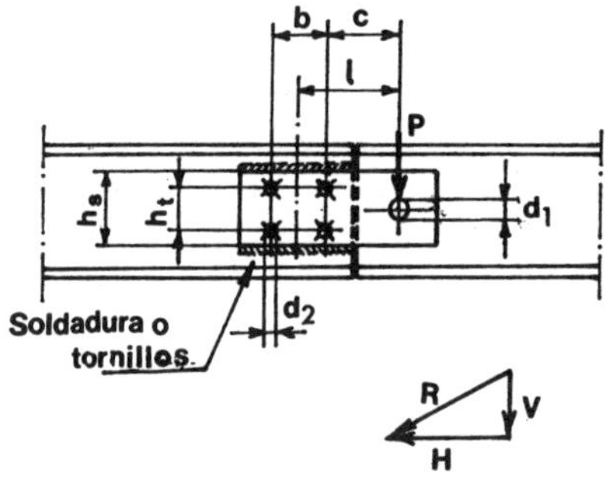


La presión de aplatasmiento en el alma de la correa queda determinada por:

$$\sigma_a = \frac{P}{d \cdot e}$$

siendo d el diámetro de la caña del tornillo o pasador-eje, y e el espesor del alma.

Las placas o llantas de la articulación, se calcularán para poder soportar el momento:

$$M = P \cdot \ell$$

siendo $\ell$ la distancia del eje al centro de las placas.

Los tornillos o los cordones de soldadura de fijación de las llantas al alma de la correa, soportan una carga vertical cuyo valor es

$$V = \frac{P}{n}$$

siendo n el número de tornillos (o roblones), o igual a los cuatro cordones de soldadura, y a otra carga o fuerza horizontal

$$H = \frac{M}{2a}$$

siendo a la distancia vertical entre ejes de tornillos o cordones de soldadura, fuerzas que se compondrán para obtener la presión o fuerza total sobre cada tornillo o cordón de soldadura.

$$R = \sqrt{V^2 + H^2}$$

Teniendo en cuenta la dilatación que la viga puede sufrir por cambios de temperatura, cada 40 ó 50 m de viga o correa, éstas se dispondrán, en la junta o articulación de dilatación, una separación igual al valor de la dilatación más 2 a 5 mm, y se rasgará el agujero de las placas el mismo valor (en sentido horizontal).

## 7.2. Gráfica para facilitar el cálculo de correas

La fuerza o carga $P_v$ que actúa verticalmente sobre las correas, se descompone según los ejes de ésta, en $P_x = P_v \cdot \cos \alpha$ y en $P_y = P_v \cdot \operatorname{sen} \alpha$.

Estas fuerzas dan lugar a los momentos flectores $M_x$ y $M_v$, a los que se opondrán los momentos resistentes $W_x$ y $W_y$, para que el coeficiente de trabajo o fatiga de la correa no sea superior al admisible para el tipo de acero correspondiente.

$$\sigma = \frac{M_x}{W_x} + \frac{M_y}{W_y} \leqq \sigma_{ad}$$

Conocidos por el cálculo $M_x$ y $M_y$, para estos momentos la gráfica señalará el perfil que puede soportarlos.

Ejemplo: Momento flector $M^*_x = 260$ tcm y $M^*_y =$ tcm.

En la gráfica, dispuestos los momentos sobre la misma, su punto de intersección, por proximidad señala la I PN 20 o la [ PN 20, en acero tipo A 42.

Se considerarán cargas mayoradas, con coeficiente de ponderación $\gamma = 1{,}5$ (para $\sigma^*$ 2,6 t/cm²).

Momentos, t cm (mayorados, $\gamma = 1{,}5$)

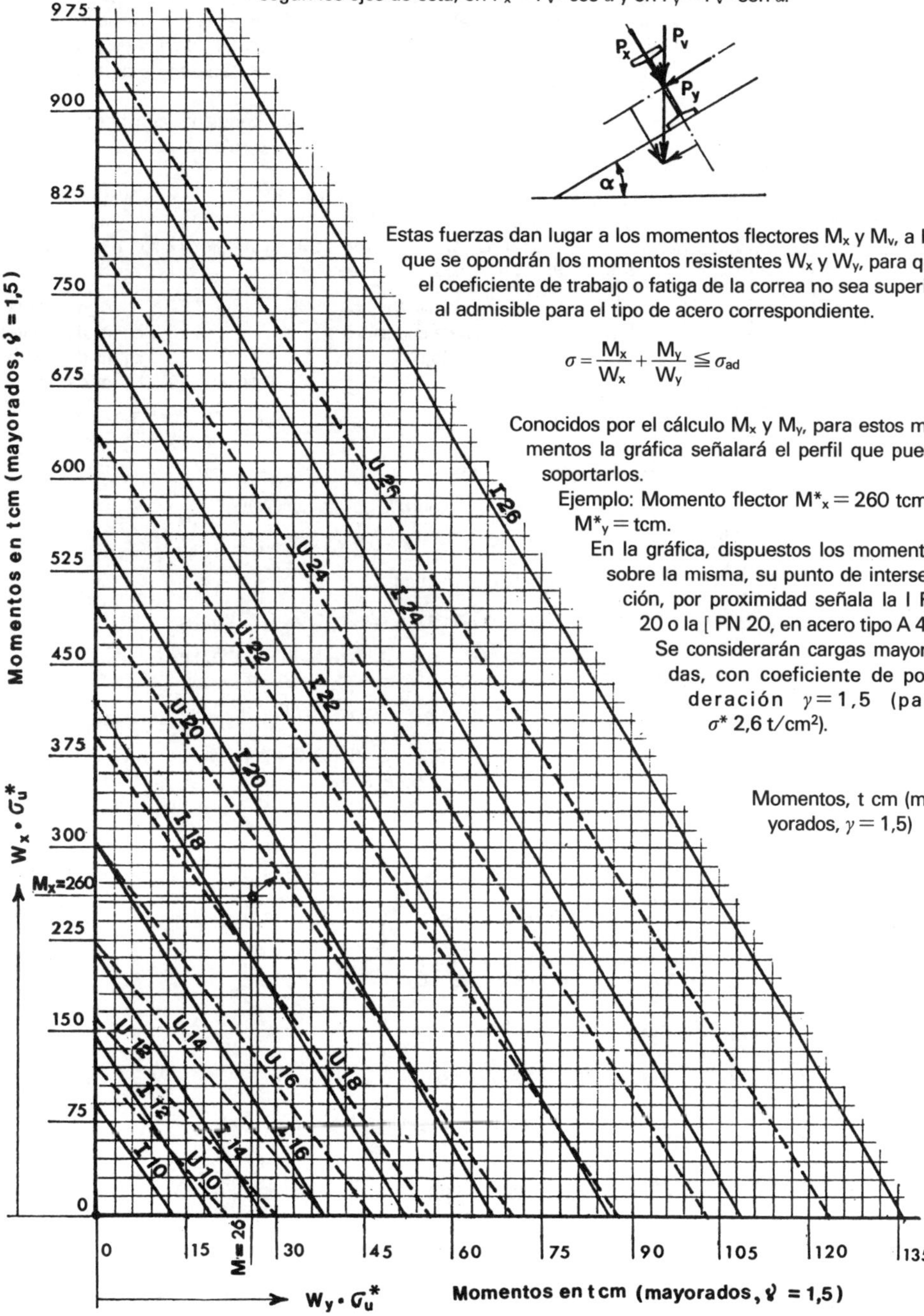

## 8.2. Cálculo de las correas

El cálculo de las correas puede efectuarse considerándolas: como vigas apoyadas en sus extremos, como vigas continuas, y como vigas articuladas; para comprobar los resultados que pueden obtenerse según las aplicaciones expuestas, se presenta un problema que será resuelto aplicando aquellas tres consideraciones.

*Ejemplo:* Cálculo de correas para la cubierta de un edificio industrial situado en la zona de la costa; la pendiente de las vertientes de la cubierta es de 22,5°, la separación entre armaduras es de 6,0 m, y la proyección de la distancia entre correas es de 1,8 m (horizontal).

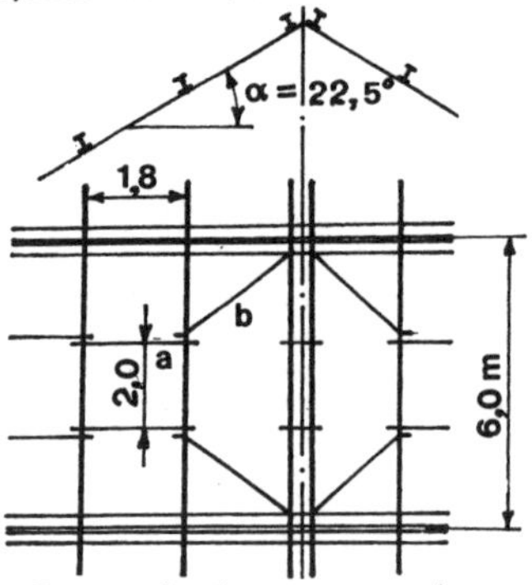


Material de cobertura, chapa ondulada, con peso de 14,0 kg/m² (pág. 278); su peso por m² de planta, es:

$$P'_v = \frac{14}{\cos\alpha} = \frac{14}{0,924} = 15,2 \text{ kg.}$$

Peso propio de las correas (página 281), ≈ 12 kg/m² de planta.
Presión vertical por m² de planta:

| | |
|---|---|
| Viento y nieve (página 280) ............ | 50,6 kg m² de planta |
| Material de cobertura .................... | 15,2 kg m² de planta |
| Peso propio de correas ................. | 12,0 kg m² de planta |
| Total · q = | 77,8 kg m² de planta |

Presión para el cálculo (mayorada), $q^* = 77,8 \times 1,5 = 117$ kg/m².

a) *Correas simplemente apoyadas en sus dos extremos*

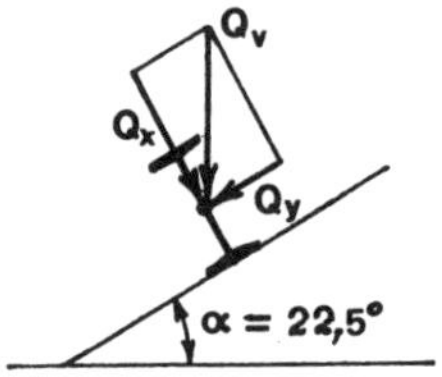


Presión total sobre la correa por planta,

$$Q_v^* = 117 \times 1,8 \times 6,0 = 1260 \text{ kg (1)}$$

para la que resulta:

$$Q_x^* = Q_v^* \cos\alpha = 1260 \times 0,924 = 1160 \text{ kg.}$$

$$Q_y^* = Q_v^* \operatorname{sen}\alpha = 1260 \times 0,383 = 480 \text{ kg.}$$

$$M_x^* = \frac{1160 \times 6,0}{8} = 870 \text{ kg m} = 87,0 \text{ tcm.}$$

Disponiendo dos tirantes (apoyos) por correa, $M_y^* = 0,025 \times 0,48 \times 200 = 2,4$ tcm ($M_2$ en viga 3 vanos), según la gráfica de la página 287 se puede tomar la IPN 12 para la que:

$$I_x = 328 \text{ cm}^4,\ I_y = 21,5 \text{ cm}^4;\ W_x = 54,7 \text{ cm}^3.\ W_y = 7,41 \text{ cm}^3.$$

$$\sigma^* = \frac{87,0}{54,7} + \frac{2,4}{7,41} = 1,59 + 0,32 = 1,91 \text{ t/cm}^2 \text{ (ad.} < 2,60 \text{ t/cm}^2\text{).}$$

$$f_x = 0,013 \times \frac{1,16 \times 600^3}{1,5 \times 2100 \times 328} = 3,15 \text{ cm, inad.} > \frac{600}{300} = 2,0 \text{ cm (1,5 coef. ponderación).}$$

Según la tabla 2, para $f = l/300$, $I_n = 149 \cdot l \cdot M = 149 \times 6,0 \times \frac{0,87}{1,5} = 519$ cm⁴.

Tomando IPN 14, $I_x = 573$ cm⁴, $I_y = 35,6$ cm⁴; $W_x = 81,9$ cm³, $W_y = 10,7$ cm³.

$$\sigma^* = \frac{87,0}{81,9} + \frac{2,4}{10,7} = 1,06 + 0,22 = 1,28 \text{ t/cm}^2 \text{ (ad.).}$$

$$f_x = 0,013 \times \frac{1,16 \times 600^3}{1,5 \times 2100 \times 573} = 1,80 \text{ cm (ad.} < 2,0 \text{ cm).}$$

$$f_y = 0,248 \times \frac{0,48 \times 2,0^3}{1,5 \times 35,6} = 0,018 \text{ cm (viga continua de 3 tramos, tabla EA}_f\text{ -41)}$$

$$f_r = \sqrt{1,80^2 + 0,018^2} = 1,80 \text{ cm (ad.} < 2,0 \text{ cm).}$$

**Nota.**—Se ha comprobado como la IPN 12 servía como perfil resistente, pero ha sido preciso, por razones de flecha, adoptar el perfil IPN 14.

(1) Las expresiones $ql^2$ y $ql^4$, haciendo $Q = ql$, son substituidas por las $Ql$ y $Ql^3$ respectivamente.

b) *Correas dispuestas como vigas continuas*

Según el cálculo a), pág. 288, $Q_v^* = 1260$ kg, $Q_x^* = 1160$ kg, $Q_y^* = 480$ kg, por correa.
Momentos de flexión. Vanos centrales (Tabla $EA_f - 41$).

$$M_x^* = M_{III} \cdot q_x^* \cdot \ell_x^2 = M_{III} \cdot Q_x^* \cdot \ell_x = 0{,}085 \times 1{,}16 \times 600 = 59{,}2 \text{ t cm.}$$

$$M_y^* = M_{III} \cdot Q_y^* \cdot \ell_y = 0{,}085 \times 0{,}48 \times 200 = 8{,}2 \text{ t cm } (\ell y = 2{,}0 \text{ por disponer tirantes}).$$

Tomando I PN 12 (según la gráfica de la pág. 287), se tiene:

$$\text{I PN 12, } I_x = 328 \text{ cm}^4;\ I_y = 21{,}5 \text{ cm}^4;\ W_x = 54{,}7 \text{ cm}^3,\ W_y = 7{,}41 \text{ cm}^3$$

$$\sigma^* = \frac{59{,}2}{54{,}7} + \frac{8{,}2}{7{,}41} = 1{,}08 + 1{,}11 = 2{,}19 \text{ t/cm}^2 \text{ (ad} < 2{,}60 \text{ t/cm}^2)$$

Flechas, $f_x = 1{,}34 \times \dfrac{1{,}16 \times 6{,}0^3}{1{,}5 \times 328} = 0{,}68$ cm (Tabla $EA_f - 41$)

$$f_y = 1{,}34 \times \frac{0{,}48 \times 2^3}{1{,}5 \times 21{,}5} = 0{,}16 \text{ cm}$$

$$f_r = \sqrt{0{,}68^2 + 0{,}16^2} = 0{,}70 \text{ cm (ad.} < 600{:}300 = 2{,}0 \text{ cm).}$$

Vanos extremos:

$$M_x^* = M_I \cdot Q_x^* \cdot l_x = 0{,}1057 \times 1{,}16 \times 6{,}0 = 0{,}74 \text{ tm} = 74{,}0 \text{ t cm.}$$

$$M_y^* = M_I \cdot Q_y^* \cdot l_y = 0{,}1057 \times 0{,}48 \times 2{,}0 = 0{,}10 \text{ tm} = 10{,}0 \text{ t cm.}$$

$$\sigma^* = \frac{74{,}0}{54{,}7} + \frac{10{,}0}{7{,}44} = 1{,}35 + 1{,}34 = 2{,}69 \text{ t/cm}^2 \text{ (inad} > 2{,}60 \text{ t/cm}^2)$$

**Nota.**—La diferencia, resultante entre la tensión máxima y la admisible, es mínima, 0,09* t/cm², por lo que bien podía tomarse como admisible, pero para ejemplo de cálculo con valores mayores a los que resultarían siguiendo el cálculo iniciado, se considerará que $Q_x^* = 1{,}36$ t y $Q_y^* = 0{,}56$ t.

Para los valores supuestos:

$$M_x^* = 0{,}1057 \times 1{,}36 \times 6{,}0 = 0{,}86 \text{ tm};\ M_y^* = 0{,}1057 \times 0{,}56 \times 2{,}0 = 0{,}12 \text{ tm.}$$

$$\sigma^* = \frac{86{,}0}{54{,}7} + \frac{12{,}0}{7{,}41} = 1{,}57 + 1{,}62 = 3{,}19 \text{ t/cm}^2, \text{ inad. por lo que se dispondrá}$$

el refuerzo formado por dos llantas de 75 × 8 (cuadro de la pág. 283), y para I PN 12 se tiene:

$$I_x = 425 \text{ cm}^4,\ I_y = 36{,}0 \text{ cm}^4;\ W_x = 70{,}9 \text{ cm}^3,\ W_y = 12{,}41 \text{ cm}^3 \text{ (pág. 283).}$$

$$\sigma^* = \frac{86{,}0}{70{,}9} + \frac{12{,}0}{12{,}41} = 1{,}21 + 0{,}97 = 2{,}18 \text{ t/cm}^2 \text{ (ad.} < 2{,}60 \text{ t/cm}^2)$$

$$f_x = 3{,}05 \times \frac{1{,}36 \times 6{,}0^3}{1{,}5 \times 425} = 1{,}41 \text{ cm};\ f_y = \frac{0{,}56 \times 2{,}0^3}{1{,}5 \times 36{,}0} = 0{,}25 \text{ cm (Tabla } EA_f - 41).$$

$$f_r = \sqrt{1{,}41^2 + 0{,}25^2} = 1{,}43 \text{ cm (adm} < 2{,}0 \text{ cm)}$$

Refuerzo. 2 llantas 75 × 8; longitud del refuerzo, $\ell' = 0{,}2 \cdot \ell = 0{,}2 \times 6{,}0 = 1{,}2$ m (pág. 284).

Momento flector asignado al refuerzo, $M_r^* = \dfrac{86{,}0 \times 22{,}8}{100} = 19{,}6$ cm. (Tabla 3)

Esfuerzo en los cordones de soldadura, $T^* = \dfrac{19{,}6}{2 \times 7{,}5} = 1{,}30$ t.

Un cordón de soldadura de 4 mm y 1 cm de longitud soporta *0,78 t de carga ponderada (Tab. $EA_u$-3 y 6) por lo que con un cordón de 2 cm quedaría sobradamente soportado el esfuerzo T. Como disposición de unión práctica, se darán cordones de 40 mm long. con paso (alternativos) de 250 mm, aprox. (Estructuras Metálicas de Acero.—Editorial Paraninfo).

Las juntas de las correas se dispondrán de acuerdo con la figura A de la pág. 284.

Si en lugar de correas de I PN se hubiesen dispuesto correas de [ PN los tornillos de la unión sobre apoyos (pág. 284) soportarán:

$N = \left(0{,}25 \times 0{,}6 \times \dfrac{6}{0{,}5}\right) \times 910 = 6780$ kg, esfuerzo absorbido por tornillos de M24, o por cordones de soldadura (a = 5 mm).

c) *Correas dispuestas como vigas articuladas*

Según el cálculo de a) página 288, $Q_v^* = 1{,}26$ t; $Q_x^* = 1{,}16$ t; $Q_y^* = 0{,}48$ t, por correa.

Disponiendo las articulaciones a partir del segundo vano (grupo en tercer lugar de la página 257) que permite arriostrados de cubierta en el primer tramo, se tiene:

$$M^*_{\text{máx x}} = M_{1\ldots} = M_{2\ldots} = 0{,}0625 \cdot Q_x^* \cdot l_x = 0{,}0625 \times 1{,}16 \times 600 = 43{,}5 \text{ tcm.}$$
$$M^*_{\text{máx y}} = 0{,}0625 \cdot Q_y^* \cdot l_y = 0{,}0625 \times 0{,}48 \times 200 = 6{,}0 \text{ tcm.}$$

Tomando IPN 10 (gráfica de la página 287) se tiene:

IPN 10, $I_x = 171$ cm$^4$, $I_y = 12{,}2$ cm$^4$; $W_x = 34{,}2$ cm$^3$, $W_y = 4{,}88$ cm$^3$.

$$\sigma^* = \frac{43{,}5}{34{,}2} + \frac{6{,}0}{4{,}88} = 1{,}27 + 1{,}22 = 2{,}49 \text{ t/cm}^2 \text{ (ad.} < 2{,}6 \text{ t/cm}^2\text{).}$$

Flechas, $f_x = 0{,}005208 \times \dfrac{1{,}16 \times 600^3}{1{,}5 \times 2100 \times 171} = 2{,}42$ cm; siendo esta flecha superior a 2 cm es inadmisible; se tomará IPN 12.

Para IPN 12, $I_x = 328$ cm$^4$, $I_y = 21{,}5$ cm$^4$; $W_x = 54{,}7$ cm$^3$, $W_y = 7{,}41$ cm$^3$.

$$\sigma^* = \frac{43{,}5}{54{,}7} + \frac{6{,}0}{7{,}41} = 0{,}80 + 0{,}81 = 1{,}61 \text{ t/cm}^2 \text{ (ad.).}$$

Flechas, $f_x = 0{,}005208 \times \dfrac{1{,}16 \times 600^3}{1{,}5 \times 2100 \times 328} = 1{,}26$ cm; $f_y = 0{,}005208 \times \dfrac{0{,}48 \times 200^3}{1{,}5 \times 2100 \times 21{,}5} = 0{,}30$ cm.

$$f_r = \sqrt{1{,}26^2 + 0{,}30^2} = 1{,}30 \text{ cm (ad.)}$$

Vanos extremos, $M_x^* = 0{,}0957 \cdot Q_x^* \cdot l_x = 0{,}0957 \times 1{,}16 \times 600 = 66{,}6$ tcm.

$$M_y^* = 0{,}0957 \times 0{,}48 \times 200 = 9{,}2 \text{ tcm.}$$
$$\sigma^* = \frac{66{,}6}{54{,}7} + \frac{9{,}2}{7{,}41} = 2{,}46 \text{ t/cm}^2 \text{ (ad.).}$$

Flechas, $f_x = 0{,}007633 \times \dfrac{1{,}16 \times 600^3}{1{,}5 \times 2100 \times 328} = 1{,}85$ cm; $f_y = 0{,}005208 \times \dfrac{0{,}48 \times 200^3}{1{,}5 \times 2100 \times 21{,}5} = 0{,}30$ cm.

$$f_r = \sqrt{1{,}85^2 + 0{,}30^2} = 1{,}87 \text{ cm (ad.)}$$

**Nota.**—La viga calculada, IPN 12 sirve para todos los vanos, sin necesidad de refuerzo en los primeros. Como ejemplo y para calcular refuerzo en el primer vano, se supone que $Q_x^* = 1{,}36$ t y $Q_y^* = 0{,}56$ t.

Momentos flectores en los vanos extremos:

$$M_x^* = 0{,}0957 \times 1{,}36 \times 600 = 78{,}1 \text{ tcm; } M^*_y = 0{,}0957 \times 0{,}56 \times 200 = 10{,}7 \text{ tcm.}$$
$$\sigma^* = \frac{78{,}1}{54{,}07} + \frac{10{,}7}{7{,}41} = 1{,}43 + 1{,}44 = 2{,}87 \text{ t/cm}^2 \text{ (inad.} > 2{,}60 \text{ t/cm}^2\text{).}$$

Se dispone refuerzo formado por ] [ PN (tabla $5_1$), y con la IPN 12, se obtiene:

I reforzada, $I_x = 542$ cm$^4$, $I_y = 124$ cm$^4$; $W_x = 90{,}0$ cm$^3$, $W_y = 20{,}7$ cm$^3$.

$$\sigma^* = \frac{78{,}1}{90{,}0} + \frac{10{,}7}{20{,}7} = 0{,}87 + 0{,}52 = 1{,}39 \text{ t/cm}^2 \text{ (ad.).}$$

Flechas, $f_x = 0{,}007633 \times \dfrac{1{,}16 \times 600^3}{1{,}5 \times 2100 \times 542} = 1{,}31$ cm; $f_y = 0{,}005208 \times \dfrac{0{,}56 \times 200^3}{1{,}5 \times 2100 \times 124} = 0{,}60$ cm.

$$f_r = \sqrt{1{,}31^2 + 0{,}60^2} = 1{,}44 \text{ cm (ad.} < 2{,}0 \text{ cm).}$$

El momento flector que corresponde al refuerzo, es:

$$M_r^* = 78{,}1 \times \frac{39{,}2}{100} = 30{,}6 \text{ tcm.}$$

El esfuerzo en cada uno de los cuatro cordones de soldadura,

$$T^* = \frac{30{,}6}{8{,}0} = 3{,}83 \text{ t.}$$ (8,0 cm es la distancia entre cordones o ancho de alma [).

El esfuerzo 3,83 t es absorbido por $\dfrac{3{,}83}{0{,}78} = 4{,}9$ cm de cordón de 4 mm.

Siendo la longitud del refuerzo, $l' = 0{,}515 \cdot l = 0{,}515 \times 6{,}0 = 3{,}09$ m, para la unión de las barras de refuerzo, se pueden disponer cordones de 40 mm longitud cor paso de 300 mm aproximadamente.

## 9.2. Disposición y cálculo de tirantes o tensores, y apoyos de correas

Siguiendo los cálculos de correas, anteriores, se considera una cubierta metálica de 21,60 m de luz, con separación entre armaduras igual a 6,00 m, y la de correas, en planta, igual a 1,80 m, y con dos filas de tirantes, separadas 2,00 m.

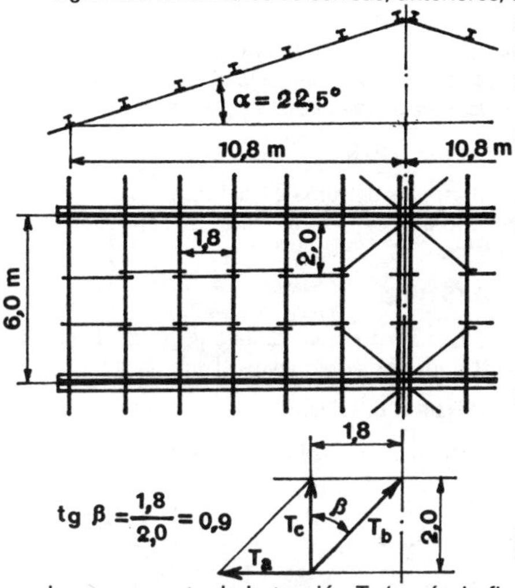


El esfuerzo normal al alma de correas es $Q_h^* = 480$ kg (página 288); el tirante a soporta una tensión (tracción) de:

$$T_a^* = \frac{480}{3} \times 6 = 960 \text{ kg};$$ la tensión (tracción); en el tirante oblicuo b, cuyo ángulo es:

$$\text{tg}\,\beta = \frac{1,8}{2,0} = 0,9,\ \beta = 42°, \text{ resulta:}$$

$$T_b^* = \frac{T_a^*}{\text{sen}\,\beta} = \frac{960}{0,669} = 1435 \text{ kg.}$$

Segun el cuadro que sigue, $T_b$ puede ser soportado por un tirante M12, con $A_n = 0,718$ cm$^2$,

$$\sigma_b = \frac{1,44}{0,718} = 2,0 \text{ t/cm}^2 \text{ (ad.} < 2,6 \text{ t/cm}^2\text{)}.$$

El tirante M12 se utilizará para todos los de la cubierta

$$\left(\sigma_a^* = \frac{0,96}{0,718} = 1,33 \text{ t/cm}^2\right). \ (1)$$

La componente de la tensión $T_a$ (según la figura) es $T_c^* = T_a^* \text{ cotg}\,\beta = 960 \times 1,111 = 1070$ kg, fuerza de compresión que actúa sobre la correa, y que ésta transmite a la armadura (quedando anulada en las armaduras intermedias).

### *Tensión admisible en los tirantes o tensors de correas ($\sigma_{ad}^* = 2600$ kg/cm$^2$).*

| *Tirante Ø* | *M10* | *M12 (1/2")* | *M14* | *M16 (5/8")* | *M18* | *M20 (3/4")* | *M22 (7/8")* | *M24 (1")* | *M27 (1 1/8")* | *M30 (1 1/4")* |
|---|---|---|---|---|---|---|---|---|---|---|
| Sección núcleo cm$^2$ | 0,492 | 0,718 | 0,989 | 1,373 | 1,657 | 2,145 | 2,696 | 3,089 | 4,094 | 4,963 |
| Tensión ad. kg* | 1280 | 1870 | 2570 | 3570 | 4310 | 5580 | 7010 | 8030 | 10640 | 12900 |

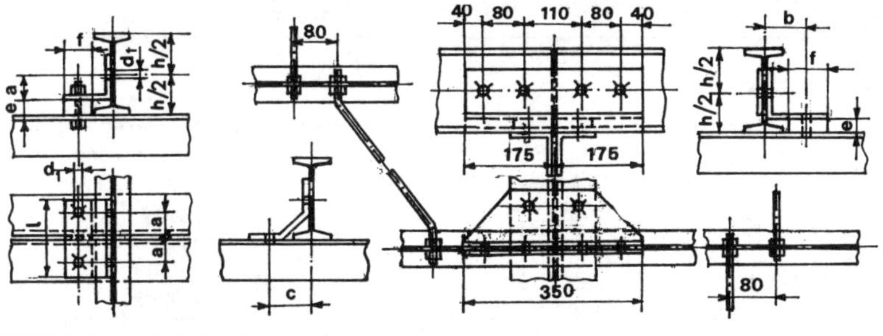


### *Apoyo para correas formadas por IPN* — TABLA 6

| *I* | *Dimensiones en mm* | | | | | | *Agujeros y tornillos* | | | | |
|---|---|---|---|---|---|---|---|---|---|---|---|
| *h cm* | *L* | *f · e* | *h/2* | *a* | *b* | *c* | *Ø d₁ mm* | *Torn. M* | *Ø d$_l$ mm* | *Torn. W* | *Long. mm* |
| 8 | 80 · 50 · 8 | 60 · 12 | 40 | 28 | 51 | 53 | 15 | 14 | 14 | 1/2" | 30 |
| 10 | 90 · 60 · 9 | 65 · 15 | 50 | 35 | 57 | 59,5 | 17 | | 17 | 5/8" | 35 |
| 12 | 100 · 70 · 10 | 70 · 18 | 60 | 42 | 65 | 68,5 | 21 | M20 | 20 | 3/4" | 35 |
| 14 | 110 · 90 · 10 | 75 · 20 | 70 | 50 | 73 | 76 | 21 | M20 | 20 | 3/4" | 35 |
| 16 | 110 · 90 · 10 | 70 · 20 | 80 | 60 | 75 | 78,5 | 21 | M20 | 20 | 3/4" | 40 |
| 18 | 100 · 100 · 10 | 60 · 20 | 90 | 70 | 70 | 73,5 | 21 | M20 | 20 | 3/4" | 40 |
| 20 | 120 · 120 · 11 | 70 · 25 | 100 | 75 | 85 | 89 | 21 | M20 | 20 | 3/4" | 40 |
| 22 | 120 · 120 · 11 | 70 · 25 | 110 | 85 | 85 | 89,5 | 21 | M20 | 20 | 3/4" | 40 |
| 24 | 140 · 140 · 13 | 85 · 30 | 120 | 90 | 98 | 102,5 | 23 | M22 | 23 | 7/8" | 45 |
| 26 | 140 · 140 · 13 | 80 · 30 | 130 | 100 | 100 | 105 | 23 | M22 | 23 | 7/8" | 50 |

$l = e' + 2g + 3d_1$ Gramil g y diámetro $d_2$ de acuerdo con el perfil del par o cordón de la armadura.

(1) Por razones constructivas, puede tomarse el tirante M14.

## 10.2. Articulaciones en las correas (vigas Gerber)

a) *Cálculo de las articulaciones*

El cálculo de las articulaciones de las correas como vigas Gerber, se efectuará como se indica en la página 286. Como ejemplo de cálculo y como continuidad del seguido para las correas articuladas de la página 290, para fijar la presión (reacción) $P_v$ sobre la articulación se tomará el valor expuesto en la tabla $EA_f$ -42, resultando:

$$P_v = 0{,}3535 \cdot q \cdot \ell = 0{,}3535 \times 1160 = 410 \text{ kg.}$$

La correa del cálculo (página 290) es una IPN 12, siendo el espesor del alma e = 5,1 mm.

Para el cálculo de la articulación, como condición más desfavorable se toma la solicitud de aplastamiento, para la que $\sigma_a^* = 2$ a $2{,}5\ \sigma_{ad}^* = 2 \times 2600 = 5200$ kg/cm², resultando:

$$d = \frac{P_v}{\sigma_a^* \cdot e} = \frac{0{,}41}{5{,}2 \times 0{,}51} = 0{,}15 \text{ cm } \varnothing$$

En la tabla que sigue, se especifica en función del diámetro el eje o tornillo de la articulación haciendo $\sigma_a^* = 5{,}0$ t/cm². Siguiendo el cálculo anterior se toma eje de 10 mm de diámetro para el que resulta:

$$\sigma_a^* = \frac{P_v}{A_a \cdot e} = \frac{0{,}41}{1{,}0 \times 0{,}51} = 0{,}80 \text{ t/cm}^2 \text{ (ad.} < 5{,}0 \text{ t/cm}^2\text{).}$$

El tornillo-eje se dispondrá con una arandela (lado de la rosca) y con un pasador, para evitar que se afloje.

### *Carga admisible por aplastamiento*, para tornillos-eje de articulaciones, de diámetro d* — TABLA 7

| Correa / PN | | 8 | 10 | 12 | 14 | 16 | 18 | 20 | 22 | 24 | 26 |
|---|---|---|---|---|---|---|---|---|---|---|---|
| *l* | *e* | *3,9* | *4,5* | *5,1* | *5,7* | *6,3* | *6,9* | *7,5* | *8,1* | *8,7* | *9,4* |
| Diámetro d del tornillo o pasador-eje | 10 | 1,95 | 2,25 | | | | | | | | |
| | 12 (1/2") | 2,34 | 2,70 | 3,06 | 3,42 | | | | | | |
| | 14 | 2,73 | 3,15 | 3,57 | 3,99 | 4,41 | 4,83 | | | | |
| | 16 (5/8") | | 3,60 | 4,08 | 4,56 | 5,04 | 5,52 | 6,0 | 6,48 | | |
| | 18 | | | 4,59 | 5,13 | 5,67 | 6,21 | 6,75 | 7,29 | 7,83 | 8,46 |
| | 20 (3/4") | | | 5,10 | 5,70 | 6,30 | 6,90 | 7,50 | 8,10 | 8,70 | 9,40 |
| | 22 (7/8") | | | | | 6,93 | 7,59 | 8,25 | 8,91 | 9,57 | 10,34 |
| | 24 (1") | | | | | | | 9,00 | 9,72 | 10,44 | 11,28 |
| | 27 (1 1/8") | | | | | | | | | 11,75 | 12,69 |
| | 30 (1 1/2") | | | | | | | | | 13,05 | 14,10 |

b) *Disposición de la articulación*

La disposición de la articulación se efectuará de acuerdo con los datos que figuran en la página 286. Para el cálculo se tomará la carga admisible máxima (la más desfavorable), establecida para cada diámetro de tornillo o pasador-eje en el cuadro anterior (por ejemplo, $P_v = 9{,}40$ t para ∅ 20).

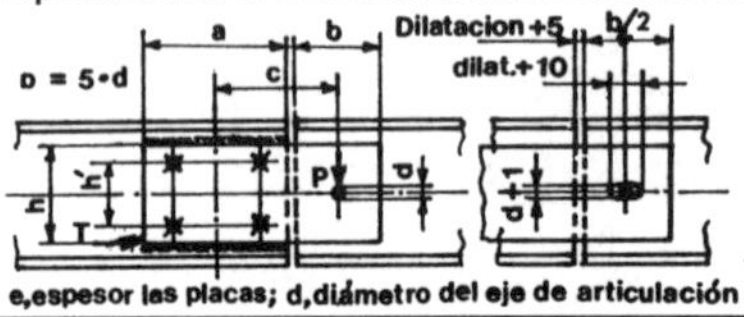


e,espesor las placas; d,diámetro del eje de articulación

$$T^* = \frac{m \text{ (tcm)}}{h \text{ (cm)}} = \text{(tons.)}$$

### *Dimensiones de las articulaciones (la soldadura, cordón continuo, es más que suficiente)* — TABLA 8

| Correa | Pasador-eje | | Placas | | | Valores para el cálculo | | | | Cordón de soldaduras |
|---|---|---|---|---|---|---|---|---|---|---|
| | *∅* | *Agujero* | *a* | *h* | *e* | $P_v^*$ *t* | *c mm* | *M* tcm* | *T* tons.* | *mm* |
| IPN 8 | 14 | 15 | 85 | 55 | 5 | 2,73 | 82,5 | 22,5 | 4,1 | 2,5 |
| IPN 10 | 16 | 17 | 105 | 70 | 6 | 3,60 | 97,5 | 35,1 | 5,0 | 3 |
| IPN 12 | 20 | 21 | 120 | 80 | 6 | 5,10 | 115 | 58,6 | 7,3 | 3,5 |
| IPN 14 | 20 | 21 | 135 | 90 | 7 | 5,70 | 122,5 | 69,8 | 7,8 | 3,5 |
| IPN 16 | 22 | 23 | 165 | 110 | 7 | 6,93 | 142,5 | 98,8 | 9,0 | 4,5 |
| IPN 18 | 22 | 23 | 180 | 120 | 8 | 7,59 | 150 | 114 | 9,5 | 4,5 |
| IPN 20 | 24 | 25 | 210 | 140 | 8 | 9,00 | 170 | 153 | 10,9 | 5,5 |
| IPN 22 | 24 | 25 | 240 | 160 | 9 | 9,72 | 185 | 180 | 11,3 | 5,5 |
| IPN 24 | 30 | 31 | 285 | 190 | 9 | 13,05 | 222,5 | 290 | 15,3 | 6 |
| IPN 26 | 30 | 31 | 315 | 210 | 10 | 14,10 | 232,5 | 328 | 15,6 | 6 |

**Nota.**—Entre una de las placas y el alma de la correa, se dispondrá un forro de 0,5 a 1 mm de espesor, para facilitar, por holgura, el montaje de la viga.

# SECCIÓN TERCERA
# LAS ARMADURAS EN LA CUBIERTA

## 1.3. Armaduras de retícula plana, y de alma llena

Los sistemas reticulares o de celosía, planos, en grandes luces tienen sobre los de alma llena (para la misma flecha por deformación de flexión) la ventaja de ser su peso más reducido; estos sistemas reticulares planos permiten salvar grandes espacios o luces, si bien, su altura es considerable comparada con la de las vigas de alma llena; se observará como en las cubiertas con armaduras reticulares con sus arriostrados, que forman una especie de barras entrecruzadas, resultan ligeras pero de mucha longitud, mientras que las armaduras de alma llena aparecen como ceñidas al material de cobertura.

Para que un sistema reticular plano sea perfectamente estable, es preciso que:

$s = 2 \cdot k - 3$, siendo s el número de barras y k el de nudos.

Una estructura se encontrará en equilibrio si resulta:

La suma de las fuerzas verticales sea igual a cero, $\Sigma V = 0$
La suma de las fuerzas horizontales sea igual a cero, $\Sigma H = 0$
La suma de momentos sea igual a cero, $\Sigma M = 0$

En todo apoyo empotrado existen tres incógnitas, intensidad de la reacción, punto de aplicación, y dirección.

El apoyo articulado son dos las incógnitas, intensidad y dirección de la reacción, puesto que el punto de aplicación es conocido (centro del apoyo).

Finalmente, en los apoyos móviles existe una sola incógnita, la intensidad de la reacción, puesto que el punto de aplicación y dirección son conocidas (centro del apoyo y normal al mismo).

Para que una estructura sea estáticamente determinada, es preciso que:

$a = (n - 1) \cdot 3$, siendo:

a el número de cantidades incógnitas, y n el número de elementos (incluido el terrestre).

**Nota.**—Los empotramientos en sistemas elásticos (vigas o armaduras en paredes delgadas, etc.) pueden considerarse como apoyos parcialmente móviles (estructura estáticamente determinada), absorbiendo cada apoyo la semisuma de los empujes horizontales).

## 2.3. Especificaciones para el cálculo de las armaduras

Para que una armadura de celosía sea estáticamente determinada, es preciso que:

$2k = n + 3$, siendo

k el número de nudos, y n el número de barras de la armadura.

Se verificará que:

$$\Sigma V = 0 \qquad \Sigma H = 0 \qquad \Sigma M = 0$$

En la determinación de los esfuerzos en las barras, para un cálculo completo se trazarán diagramas para:

*a)* Peso propio y cargas fijas.
*b)* Nieve sobre media cubierta.
*c)* Nieve sobre toda la cubierta (basta con sumar los esfuerzos en las barras del mismo número, 1 y 1′ por ejemplo en la figura que sigue, si la armadura es simétrica).
*d)* Viento en la vertiente opuesta a la nieve.
*d′)* Viento tomando $0{,}6 \cdot w$ para el caso de considerar la carga de nieve completa (en toda la cubierta).

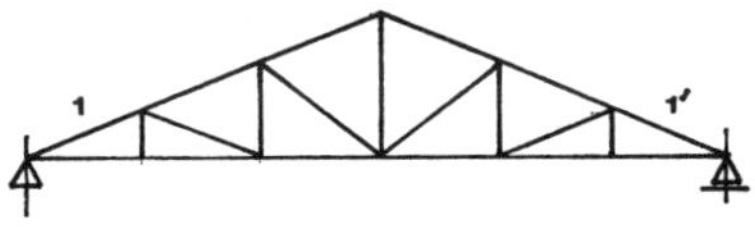


Generalmente se considera:

*a)* Peso propio y cargas fijas.
*b)* Nieve sobre toda la cubierta.
*c)* Viento sobre toda la cubierta, tomando $0{,}6 \cdot W$.

También se puede considerar:

*a)* Peso propio y cargas fijas.

*b)* Media sobrecarga de nieve.

*c)* Viento tomando 1,0 · w.

siendo este último estado de cargas el que produce mayores momentos en los apoyos ($H_{máx}$).

Se tendrá en cuenta en los dos estados de cargas considerados, la componente horizontal del viento, H, que produce momentos de flexión en los apoyos (columnas) y esfuerzos en las barras (fig. 1).

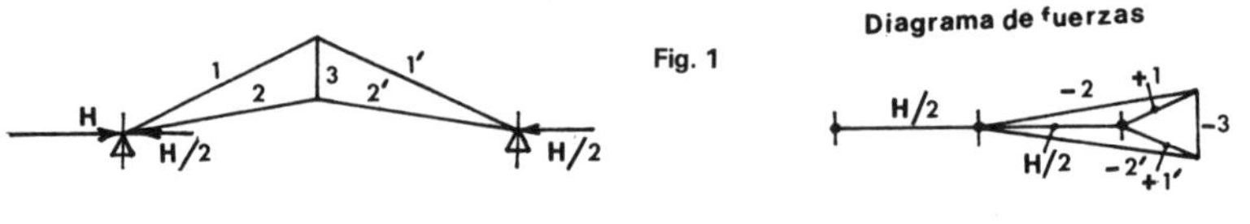

Fig. 1

Las fuerzas situadas fuera de los nudos, producen esfuerzos de flexión locales, sumándose las tensiones producidas por éstos, a las de tracción o compresión de la barra correspondiente.

En los pares, estos esfuerzos de flexión se calcularán considerándolos como vigas continuas o semiempotradas.

En las armaduras, en las que por la disposición de las barras no se puede completar el diagrama de fuerzas en alguno de los nudos, se calculará el esfuerzo de la barra conveniente en función de los momentos, continuándose después el diagrama aplicando dicha fuerza en la forma correspondiente.

En la armadura de la fig. 2 es preciso calcular los valores de $T_1$ y $T_2$, siendo:

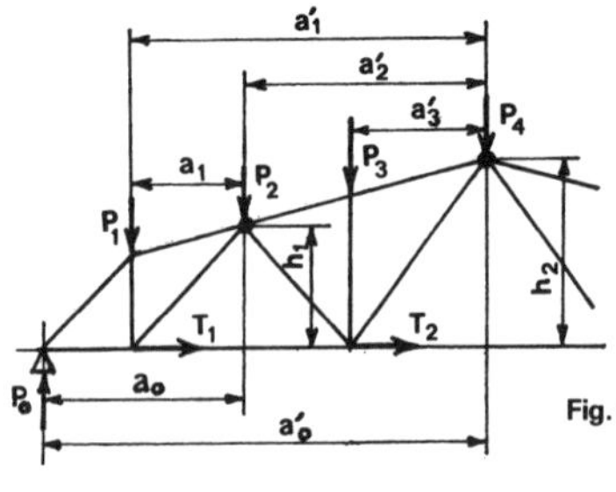

Fig. 2

$$T_1 = \frac{\Sigma P \cdot a}{h_l}$$

$$T_2 = \frac{\Sigma P \cdot a'}{h_2}$$

En las barras asimétricas (angulares) o descentradas, los esfuerzos que se transmiten según la línea de remaches (más próxima al centro de gravedad), producen flexión, que es preciso tener en cuenta por dar lugar a fatigas de consideración en las barras, en algunos casos.

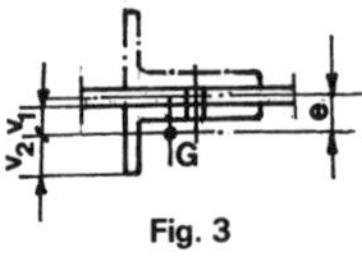

Fig. 3

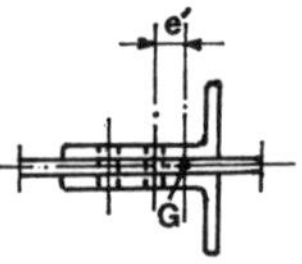

Fig. 3'

En el caso de la fig. 3, el momento es igual a

$$M = P \cdot e$$

y en el de la fig. 3'

$$M = P \cdot e'$$

En previsión de cargas accidentales durante el montaje o conservación, la sección mínima de la barra será:

Para $l = 2{,}0$ m. ⌉⌈ 40 · 40 · 4

Para $l = 3{,}0$ m. ⌉⌈ 45 · 45 · 5

Para $l = 4{,}0$ m. ⌉⌈ 50 · 50 · 5

Para $l = 6{,}0$ m. ⌉⌈ 60 · 60 · 6 (1)

El espesor de las cartelas, generalmente se hace igual al espesor de las alas de los angulares de las barras más 1 ó 2 mm, comprobándose para los esfuerzos correspondientes en caso de cargas importantes.

### 3.3. Peso propio de las armaduras de celosía

Armaduras metálicas, hasta 14 m de luz ........ 10 kg/m² planta.

Armaduras metálicas, de 10 a 20 m de luz ........ de 10 a 14 kg/m² planta.

Armaduras metálicas, de 20 a 30 m de luz ........ de 12 a 18 kg/m² planta.

En armaduras pesadas ........ de 18 a 25 kg/m² planta.

Peso propio del arriostrado en el plano de la cubierta ........ 3 a 4 kg/m² planta.

Peso del arriostrado entre armaduras ........ de 40 a 50 kg/m de longitud.

### 4.3. Armaduras de alma llena

Se calcularán determinando los momentos flectores como en vigas apoyadas en dos puntos, y considerando el esfuerzo cortante, oblicuo al eje, que se descompondrá en N (compresión) y C (cortadura).

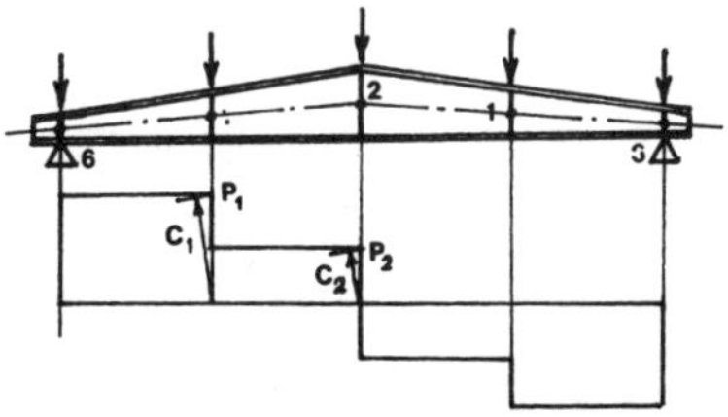


Los coeficientes de trabajo resultantes son:

$$\sigma_1 = \frac{P_1}{A_{n_1}} + \frac{M_1}{W_{n_1}}$$

$$\sigma_2 = \frac{P_2}{A_{n_2}} + \frac{M_2}{W_{n_2}}, \text{ etc.}$$

(1) El número de remaches o tornillos a disponer en el extremo de cada barra será, como mínimo, igual a dos; la soldadura, dos cordones de 40 mm como mínimo.

### 5.3. Disposición o forma de las armaduras de celosía

a) *Generalidades*

Las armaduras de cubierta se puede considerar como vigas, generalmente de celosía, de forma triangular, cuyo cordón superior o vertientes (lados oblicuos) reciben las cargas de la cobertura que le transmiten las correas, y que éstas, las armaduras, mediante sus apoyos a su vez transmiten las resultantes de aquellas cargas a los muros o columnas sobre las que descansan o se apoyan. La disposición o forma de las armaduras es muy variable, considerando entre muchas las que siguen.

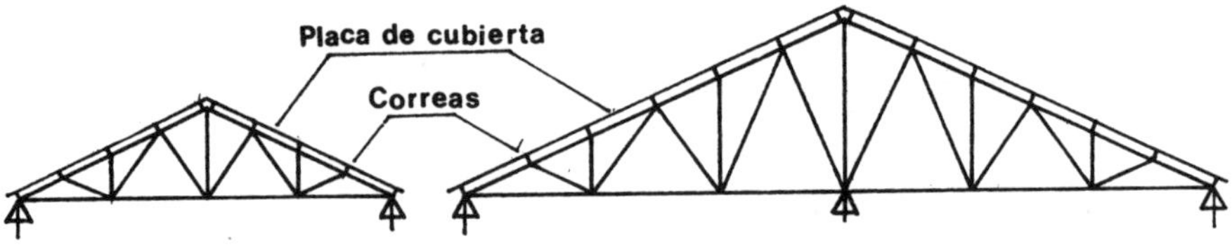


1.ª Las armaduras de doble vertiente, generalmente simétricas, apoyadas en sus dos extremos, y excepcionalmente con un tercer apoyo central, las primeras para pequeñas o medias luces o distancia entre apoyos, y las segundas para grandes luces, que evitan la disposición de dos naves gemelas o de luces más o menos iguales, pero con fila central de columnas; resultan de gran altura.

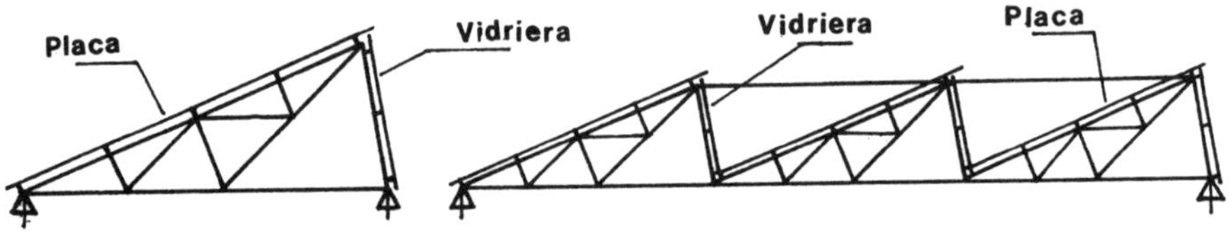


2.ª Las armaduras de una sola vertiente con cobertura, y la otra con vidriera dispuesta verticalmente o con ligera inclinación hacia afuera, armaduras en diente de sierra, simples o de una sola forma, o las de dos o tres formas (generalmente tres), con las que se salvan grandes luces o distancia entre apoyos (extremos).

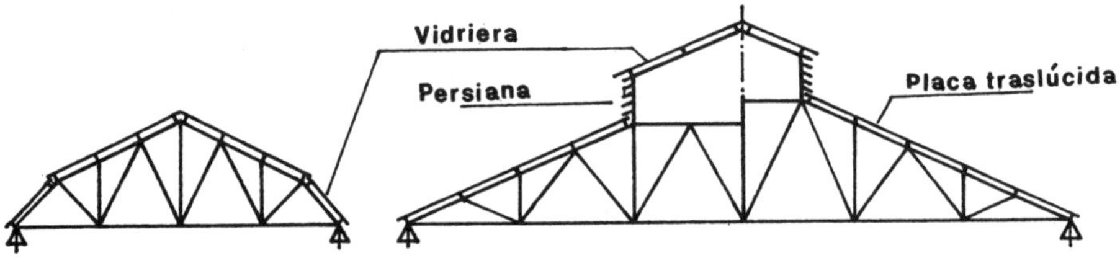


3.ª Las armaduras con vidrieras, que pueden estar dispuestas según los planos de las vertientes, en los tramos extremos, más oblicuos (tipo abuhardillado), y las dispuestas con un linternón o parte elevada en el centro, sobre la que también en muchas ocasiones se disponen las persianas de aireación.

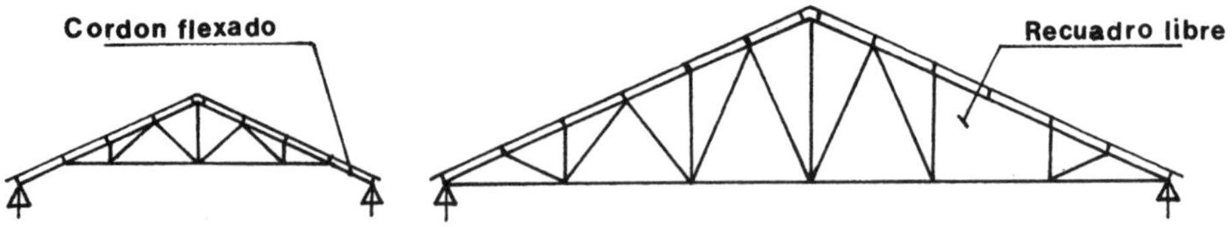


4.ª Pueden darse casos de armaduras con reticulado insuficiente o con supresión de algunas barras o diagonales, en las que, por este motivo, se originan en otras barras de la armadura, además de las correspondientes fuerzas de tracción o de compresión, otras de flexión, que obligarán a reforzar estas barras para compensar los esfuerzos que se originarían sobre la barra o barras suprimidas.

## 6.3. Disposiciones para el cálculo de armaduras

a) *Generalidades*

Cargas que soportan las armaduras:

1.ª Se ha indicado (pág. 293) que las cargas que actúan simultáneamente, son:

*a)* Peso propio y cargas fijas (se incluirán arriostrados si están previstos).

*b)* Nieve sobre toda la cubierta.

*c)* Viento sobre la cubierta (0,6 W si se considera la nieve).

Esta disposición de cargas, generalmente es la que produce mayores esfuerzos en todas las barras (cordón superior o par, cordón inferior o tirante, diagonales y pies derechos o montantes); la acción del viento w sin nieve con peso propio y cargas fijas, producen menores esfuerzos.

2.ª Las correas pueden estar situadas directamente sobre los nudos, en cuyo caso transmiten toda su carga sobre la armadura; si se apoyan directamente sobre el par, se calculará la carga que transmiten a los nudos considerando a este par como una viga continua, o lo que generalmente se hace, considerando al tramo correspondiente como viga semiempotrada en los dos nudos próximos a la correa. La fatiga resultante en el par por flexión se sumará a la que resulte como barra de la armadura (según cálculo o diagrama de fuerzas).

3.ª Los esfuerzos a que están sometidas las barras de la armadura, pueden calcularse (procedimiento laborioso) o determinarse mediante el trazado del diagrama de fuerzas (cremona), siendo este último procedimiento el generalmente empleado.

Si la armadura es simétrica (eje vertical) con sólo cargas también simétricamente dispuestas, las reacciones de apoyo $R_A$ y $R_B$, son iguales a la mitad de la suma de las cargas verticales; si no se produce aquella simetría, se determinará con la mayor exactitud prosible el valor de ambas reacciones, valores fundamentales para el trazado del diagrama de fuerzas.

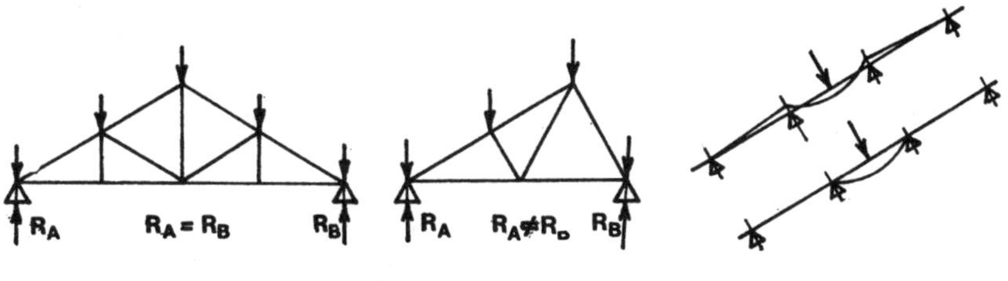


b) *Determinación de fuerzas y tensiones en las barras de las armaduras*

Una vez trazado el diagrama de fuerzas, los esfuerzos resultantes en las barras se determinarán por medición con la escala de fuerzas correspondiente, así como también se tomarán las longitudes de las barras comprimidas utilizando la escala de longitudes empleada para el trazado esquemático de la armadura, longitudes que serán las de pandeo de las barras comprimidas, incluso para el par, para el que se tomará la distancia entre nudos, con el esfuerzo correspondiente al tramo medido (arriostrado por las correas).

En el plano de taller (de construcción) se dispondrán las juntas convenientes si las dimensiones de las partes componentes así lo exigieran, por facilidad de transporte de dichas partes a pie de obra o de montaje; estas juntas se harán coincidir con los nudos, o mejor, se dispondrán próximas a los mismos.

En el trazado de la armadura (plano de taller), los centros de gravedad de los perfiles, coincidirán en el mismo punto del nudo (para evitar flexiones por excentricidad).

Si la longitud del tirante entre nudos es grande, para evitar su flexión puede suspenderse del nudo superior mediante una llanta o redondo (tirante de suspensión).

Para proceder al cálculo de estructuras metálicas parciales de un conjunto o edificación (nave o pabellón en el estudio que se sigue) a construir con acero laminado (perfiles y planos), se tendrá presente:

1.° Las acciones sobre la edificación, especificadas en las tablas AE-1 a AE-7.

2.° Las dimensiones, términos de sección, y valores estáticos de los perfiles laminados, y de los compuestos con estos perfiles, que figuran en el PRONTUARIO de esta obra, especificados en las tablas AL-1 a AL-38, conociendo así las características de aquellos laminados y compuestos, para su más correcta y mejor aplicación.

3.° Las disposiciones básicas para la aplicación de los perfiles de acero laminado, estudiando las tensiones a que son sometidos, tensiones cuyo límite es el correspondiente al de elasticidad del acero, $\sigma = 2{,}6$ t/cm$^2$ en el A 42, tensiones que se especifican en las páginas 147 a 153 con la tabla EA-1 (coeficientes de ponderación).

4.° Las tensiones de tracción en barras o piezas de acero laminado, especificándose en las tablas $EA_t$-1 a $EA_t$-12 la resistencia de perfiles laminados, hasta su límite de agotamiento ($\sigma_u = 2{,}6$ t/cm$^2$).

5.° Las tensiones de compresión en perfiles laminados y compuestos, de acero, especificándose en las tablas $EA_c$-1 a $EA_c$-34 la resistencia de aquellos perfiles y de sus compuestos hasta su límite de agotamiento, $\sigma_u = \sigma_e = 2{,}6$ t/cm$^2$ en el acero A 42.

6.° Las tensiones de flexión en barras o piezas de acero laminado, especificándose en las tablas $EA_f$-1 a $EA_f$-39 la resistencia a la flexión de vigas de acero laminado (doble T y U) hasta el límite de agotamiento ($\sigma_u = \sigma_e = 2{,}6$ t/cm$^2$).

7.° Tensiones por torsión de barras o perfiles laminados (tabla $EA_t$-1).

8.° Resistencia de los medios de unión, como roblones, tornillos y soldadura, especificada en las tablas $EA_u$-1 a $EA_u$-6.

c) *Determinación de perfiles y fatiga resultante*

Efectuado el cálculo de tres tipos de armadura para luces de 21,6 m y 24,3 m para nave o pabellón industrial, con separación de seis metros entre armaduras, seguidamente se realizarán ejemplos para facilitar el empleo de las tablas que se han citado, considerando previamente:

1.° La carga de cobertura que transmiten las correas, pueden aplicarse sobre los nudos o cordones de la armadura, produciendo en la segunda aplicación momentos de flexión en los cordones. Los cálculos se inician con cargas reales (sin mayorar) aplicándolas seguidamente el coeficiente de compensación que proceda, para después utilizar las tablas tomando los valores máximos (fatiga de agotamiento).

2.° Establecidas las cargas que actúan sobre los nudos de la armadura y determinadas las reacciones de apoyos, se representará esquemáticamente la armadura a escala, y numeradas las barras, se trazará el diagrama de fuerzas (cremona) partiendo de las reacciones de apoyo; si la armadura y cargas son simétricas, el diagrama se trazará para media armadura (hasta el eje de simetría).

3.° Se dispondrá el cuadro de barras con las fuerzas resultantes (del diagrama), diferenciando las comprimidas de las tendidas, señalando la longitud de las primeras, tomada a escala de la representación gráfica primeramente realizada.

Como previamente las fuerzas han sido mayoradas al multiplicarlas por un coeficiente de compensación ($\gamma$), se tomará de acuerdo con las tablas el menor perfil que pueda soportar aquella fuerza mayorada.

4.° La fatiga del perfil seleccionado se calculará considerando secciones netas para las barras tendidas, y brutas para las comprimidas.

### 7.3. Aplicación de las Tablas

*Ejemplo 1.º*. Determinación del perfil del cordón comprimido, y del tendido, y de diagonales de la armadura representada en la pág. 300, con cuadro de fuerzas de la pág. 301.

Barra 1, $P^* = 19{,}7$ t (compresión), $\ell = 194$ cm; se dispondrá $^1/_2$ IPN 20, tabla $EA_c - 2$. En esta tabla, una IPN 20 de 2 m de longitud resiste 39,2 t y su mitad (para este ejemplo) 19,6 t ($\approx$ 19,7 t).

$^1/_2$ IPN = 20, $A = 16{,}7$ cm², $i_x = 1{,}87$ cm, resultando $\lambda = \dfrac{194}{1{,}87} = 104$, $\omega = 2{,}13$ (Tabla $EA_c - 1$, pág. 169);

$$\sigma^* = \frac{19{,}7 \times 2{,}13}{16{,}7} = 2{,}5 \text{ t/cm}^2 \text{ (ad.} < 2{,}6 \text{ t/cm}^2)$$

Barra 7. $P^* = 18{,}2$ t (tracción), perfil escogido $^1/_2$ IPN 18 (Tabla $EA_t - 1$, para $P^* = 18{,}1$ t).

$$\tau^* = \frac{18{,}2}{13{,}9} = 1{,}31 \text{ t}$$

Barra 10. $P^* = 1{,}7$ t (compresión), $\ell = 194$ cm perfil ⅂⌐ 40.40.4 (para 3,38 t, Tabla $EA_c - 25$)

$$A = 6{,}16 \text{ cm}^2,\ i_x = 1{,}2/\text{cm},\ \lambda = \frac{194}{1{,}91} = 160,\ \omega = 4{,}45,\ \sigma^* = \frac{1{,}7 \times 4{,}45}{6{,}16} = 1{,}23 \text{ t}$$

Barra 17. $P^* = 6{,}9$ t (tracción), perfil escogido ⅂⌐ 40.40.4 (Tabla $EA_t - 7$, para $P^* = 16{,}0$ t).

$$A_n = 6{,}16 \text{ cm}^2 \text{ (unión soldadura)},\ \tau^* = \frac{6{,}9}{6{,}16} = 1.12 \text{ t/cm}^2$$

1.º Considerando la armadura construida con tubos sin soldadura, de 4 mm de espesor.

Barra 1. $P^* = 19{,}7$ (compresión), $\ell = 194$ cm; tubo 88,9 mm ∅, 21,4 t con 2 m $\ell$, según la Tabla $EA_c - 33$;

$$A = 10{,}7 \text{ cm}^2,\ i_x = 3{,}0 \text{ cm},\ \lambda = \frac{194}{3{,}0} = 65,\ \omega = 1{,}27,\ \sigma^* = \frac{19{,}7 \times 1{,}27}{10{,}7} = 2{,}34 \text{ t/cm}^2$$

Barra 7. $P^* = 18{,}2$ t (tracción), perfil 51,0 mm ∅ × 5 mm e para 18,8 t., Tabla $EA_c - 15$.

$$A_n = 7{,}23 \text{ cm}^2;\ \tau^* = \frac{18{,}2}{7{,}23} = 2{,}52 \text{ t/cm}^2$$

Barra 16. $P^* = 4{,}1$ t, $\ell = 420$ cm; perfil escogido, tubo 76,1 mm ∅ y 4 mm e. $A = 9{,}06$ cm², $i_x = 2{,}55$ cm

$$\lambda = \frac{420}{2{,}55} = 165,\ \omega = 4{,}72,\ \sigma^* = \frac{4{,}1 \times 4{,}72}{9{,}06} = 2{,}14 \text{ t/cm}^2$$

Barra 17. $P^* = 6{,}9$ t (tracción); perfil, tubo 33,7 mm ∅ × 4 e; $A = 3{,}73$ cm², $\tau^* = \dfrac{6{,}9}{3{,}72} = 1{,}85$ t/cm²

*Ejemplo 2.* Armadura de la pág. 303; cuadro de fuerzas, pág. 304.

Barra 1. $P^* = 15{,}8$ t (compresión), $\ell = 350$ cm; según Tabla $EA_c - 23$, ][PN 8 admite 23,6 t, pero como esta barra también está sometida a flexión, $M^* = 99{,}3$ t cm, se toma ][PN 10, con $A = 27{,}0$ cm². $i_x = 3{,}91$ cm, $W_x = 82{,}4$ cm³ (Tabla AL-6), $\lambda = \dfrac{350}{3{,}91} = 90$, $\omega = 1{,}98$, resultando:

$$\sigma^*_t = \frac{15{,}8 \times 1{,}98}{27{,}0} + \frac{99{,}3}{82{,}4} = 1{,}16 + 1{,}20 = 2{,}36 \text{ t/cm}^2 \text{ (ad} < 2{,}6 \text{ t/cm}^2)$$

Para el cordón inferior, diagonales y montantes, se han dispuesto angulares ⅂⌐, que se calcularán del modo expuesto en el ejemplo anterior (n.º 1).

*Ejemplo 3.º* Armadura de la pág. 905; cuadro de fuerzas de la pág. 307.

Barra 1. $P^* = 25{,}9$ t, $\ell = 370$ cm; también soporta un momento flector $M^* = 28{,}3$ t cm.

Por compresión serviría un perfil ⅂⌐ 90.90.9 (para 26,1 t según la Tabla $EA_c - 25$); se toma ⅂⌐ 100.100.10, con $A = 38{,}4$ cm², $i_x = 3{,}04$, $W_x = 49{,}2$ cm³ (Tabla $AL - 7_1$); $\lambda = \dfrac{370}{3{,}04} = 122$, $\omega = 2{,}75$; $\sigma^* = \dfrac{25{,}9 \times 2{,}75}{38{,}4} + \dfrac{28{,}3}{49{,}2} = 1{,}86 + 0{,}58 = 2{,}44$ t/cm² (ad < 2,6 t/cm²).

Barra 8. $P^* = 22{,}8$ t (compresión), $\ell = 810$ cm; de acuerdo con la Tabla $EA_c - 20$, y por aproximación se toma [] PN 16, cuyos bordes se unirán mediante soldadura (forma de cajón impermeable por cierre, para evitar oxidación al quedar a la intemperie).

[] PN 16, $A = 48{,}0$ cm², $i_y = 5{,}03$ cm ($< i_x$), $\lambda = \dfrac{810}{5{,}03} = 161$, $\omega = 4{,}51$, $\sigma^* = \dfrac{22{,}8 \times 4{,}51}{48{,}0} = 2{,}14$ t/cm²

**Nota.** Las correas, unidas a la cubierta, arriostran al cordón superior de la armadura (comprimido, y los arriostrados entre armaduras realizan la misma función respecto del cordón inferior (tendido), que puede resultar comprimido al transmitir empujes horizontales por viento.

## 8.3. Cálculo de armaduras

*Ejemplo 1.º:* Cálculo de las armaduras correspondientes a una nave industrial de 21,6 m de luz, y 22,5° de pendiente de los faldones de la cubierta, con separación entre armaduras de 6,0 m y la proyección de correas en planta de 1,80 m; material de cobertura, chapa ondulada, y correas IPN 12, de acuerdo con los cálculos de la página 288.

Disposición de la armadura

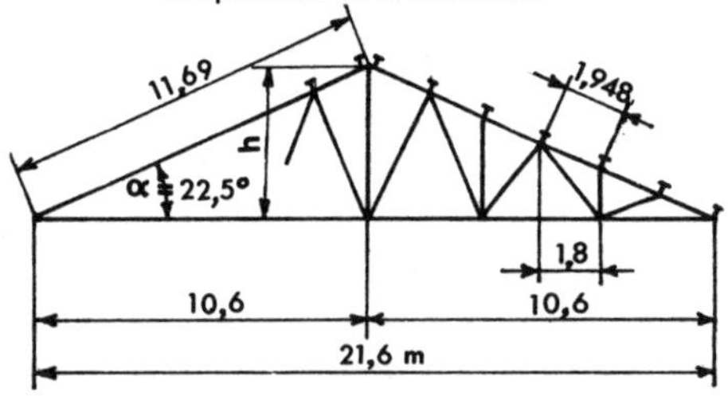


Cargas:

Carga por correa (material de cobertura, nieve, viento, peso propio) (página 288) 840 kg/m² de planta

Peso propio de las armaduras (página 295) .................................... 15

Arriostrado de cubierta (página 295) .. 3

Peso total ............................ 858 = 1300*

Arriostrados entre armaduras en barra 14 (40 kg/m),

$40 \times 6{,}0 = 240$ kg = 360* ($\gamma = 1{,}5$)

Reacciones de apoyo (armadura simétrica):

$R^*_A = R^*_B = 1{,}30 \times 6{,}0 + 0{,}36 = 8{,}10$ t.

Dimensiones generales:

Altura, $h = 10{,}8 \text{ tg } \alpha = 10{,}8 \times 0{,}414 = 4{,}47$ m.

Vertiente, $L = \dfrac{10{,}8}{\cos \alpha} = \dfrac{10{,}8}{0{,}924} = 11{,}69$ m

Cargas sobre los nudos:

$P^*_1 = 1{,}30 : 2 = 0{,}65$ t.

$P^*_2\ P^*_3\ P^*_4\ P^*_6\ P^*_7 = 1{,}30$ t.

$P^*_5 = 1{,}30 + 0{,}36 = 1{,}66$ t.

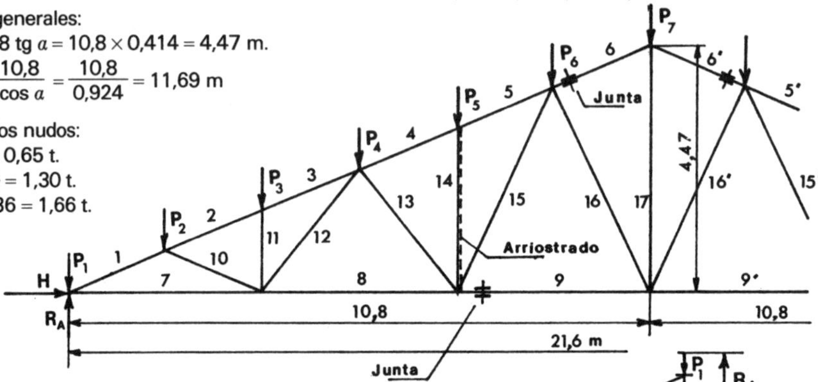


Escala de longitudes, 1 cm = 1 m.

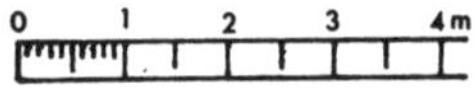


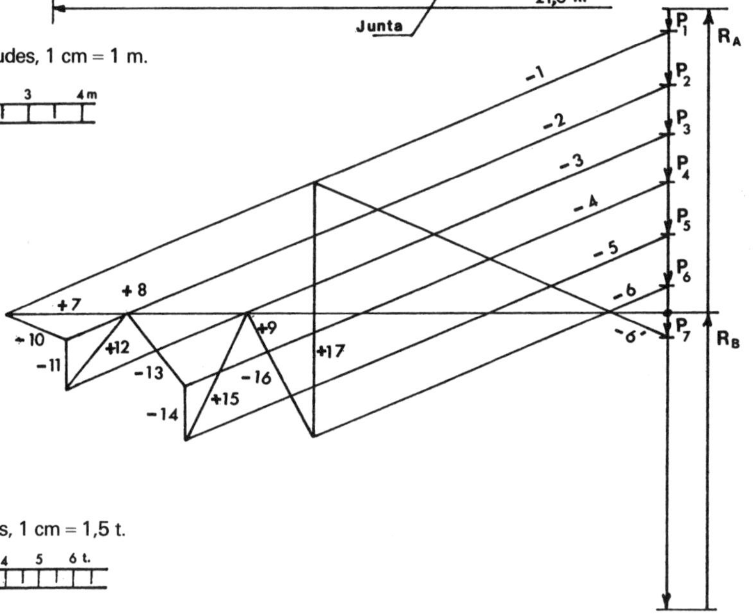


Escala de fuerzas, 1 cm = 1,5 t.

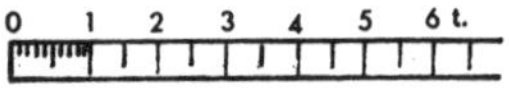


El empuje o fuerza horizontal sobre el apoyo de la armadura por la presión w del viento es, $P_h = w \text{ sen}^2 \alpha \text{ tg } \alpha$ (página 279) = 7,28 kg/m² de planta (página 280), resultando:

$H = 7{,}28 \times A = 7{,}28 \times 6{,}0 \times 10{,}8 = 472$ kg; H* 710 kg ($\gamma = 1{,}5$).

## CUADRO DE BARRAS DE LA ARMADURA

| Barra | *Esfuerzo, ton.* + | *Esfuerzo, ton.* − | *Longitud.* cm | *Perfiles* | *Sección, cm²* $A_n$ | *Sección, cm²* $A$ | $i_y$ cm | $\lambda$ | $\omega$ | *Fatiga, t/cm²* $\frac{P}{A_n}$ | *Fatiga, t/cm²* $\frac{P\omega}{A}$ | *Soldadura* Cordón a mm | *Soldadura* Longitud cm | *Peso* kg |
|---|---|---|---|---|---|---|---|---|---|---|---|---|---|---|
| 1 | | 19,7 | 194 | $\frac{1}{2}$ IPN 20 | | 16,7 | 1,87 | 104 | 2,13 | | 2,51 | 5 | 22 | 25,4 |
| 2 | | 18,0 | 194 | $\frac{1}{2}$ IPN 20 | | 16,7 | 1,87 | | | | | | 21 | 25,4 |
| 3 | | 18,0 | 194 | $\frac{1}{2}$ IPN 20 | | 16,7 | 1,87 | | | | | | 21 | 25,4 |
| 4 | | 14,6 | 194 | $\frac{1}{2}$ IPN 20 | | 16,7 | 1,87 | | | | | | 16 | 25,4 |
| 5 | | 14,6 | 194 | $\frac{1}{2}$ IPN 20 | | 16,7 | 1,87 | | | | | | 16 | 25,4 |
| 6 | | 10,7 | 194 | $\frac{1}{2}$ IPN 20 | | 16,7 | 1,87 | | | | | | 12 | 25,4 |
| 7 | 18,2 | | 360 | $\frac{1}{2}$ PN 18 | 13,9 | | | | | 1,31 | | 5 | 21 | 39,6 |
| 8 | 15,2 | | 360 | $\frac{1}{2}$ PN 18 | 13,9 | | | | | | | | 18 | 39,6 |
| 9 | 11,7 | | 360 | $\frac{1}{2}$ PN 18 | 13,9 | | | | | | | | 14 | 39,6 |
| 10 | | 1,7 | 194 | ┐┌ 40 · 40 · 4 | | 6,16 | 1,21 | 160 | 4,45 | | 1,23 | 3 | 4 | 9,4 |
| 11 | | 1,4 | 150 | ┐┌ 40 · 40 · 4 | | 6,16 | 1,21 | 124 | 2,82 | | 0,62 | 3 | 4 | 7,3 |
| 12 | 2,4 | | 290 | ┐┌ 40 · 40 · 4 | 6,16 | | | | | 0,39 | | 3 | 4 | 14,1 |
| 13 | | 2,7 | 290 | ┐┌ 50 · 50 · 5 | | 9,60 | 1,51 | 192 | 6,27 | | 1,76 | 3,5 | 6 | 21,9 |
| 14 | | 1,4 | 300 | ┐┌ 50 · 50 · 5 | | 9,60 | 1,51 | 199 | 6,72 | | 0,95 | 3,5 | 4 | 22,6 |
| 15 | 3,9 | | 420 | ┐┌ 40 · 40 · 4 | 6,16 | | | | | 0,63 | | 3 | 8 | 20,3 |
| 16 | | 4,1 | 420 | ┐┌ 70 · 70 · 7 | | 18,8 | 2,12 | 198 | 6,65 | | 1,49 | 5 | 8 | 62,0 |
| 17 | 6,9 | | 447 | ┐┌ 40 · 40 · 4 | | | | | | 1,12 | | 3,5 | 12 | 21,6 |
| | | | | | | | | | | Peso de las barras ......... | | | | 450,4 |

Considerando un 20 % por peso de apoyos de correas, juntas, cartelas, etc. ............................................ 90,0

TOTAL ............ 540,4

El peso resultante por m² de planta, 540 : (6,0 × 10,8) = 8,3 kg, es inferior a los 15 kg supuestos para el cálculo.

**Notas.**—Se han dispuesto juntas entre barras 6 – 6′ y 9 – 9′ por razones de transporte; las barras 6 – 6′ y 9 – 9′ se trasladarán con sus cartelas montadas, y las barras 16, 17, 16′ sueltas con sus presillas montadas, formando los dos angulares de cada barra una sola pieza.

Para el montaje de la armadura en el taller (armado), se puede hacer un agujero para tornillo en las diagonales y montantes, así como en las correspondientes cartelas, agujeros que se rellenarán con soldadura después de realizada esta operación de taller.

En el cuadro de barras, se ha dispuesto todo el cordón superior con el mismo perfil ($\frac{1}{2}$ de IPN 20), y se ha tomado este perfil por facilidad de asiento de los apoyos para correas, y por disponer un mínimo de cartelas (llantas de 8 mm soldadas al alma del perfil; por el mismo motivo se ha tomado $\frac{1}{2}$ IPN 18 como cordón inferior o tirante).

Por razones constructivas y de conservación, el perfil mínimo para diagonales y montantes está formado por ┐┌ 40 · 40 · 4.

La longitud de los cordones de soldadura de unión de las diagonales y montantes con las cortelas de la armadura, son como mínimo iguales al ancho de las alas de aquéllos (diagonales y montantes).

Los dos angulares que forman las barras comprimidas se unirán entre sí por medio de presillas, cuya separación o distancia entre ellas no será superior a 50 veces el radio de giro ($\ell' \leqq 50 \cdot i$); en las barras tendidas, esta separación será igual o inferior a 150 veces el radio de giro ($\ell' \leqq 150 \cdot i$).

*Ejemplo 2.º:* Disposición de una armadura con extremo abuhardillado (mansarda), y con linternón, contando con persianas de ventilación.

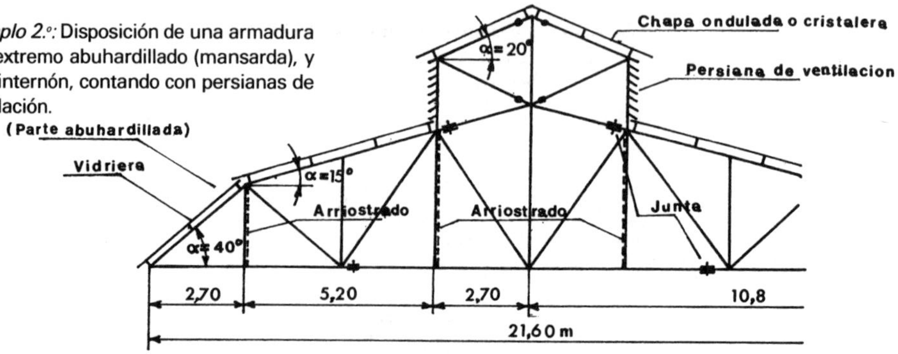


| | | | | | | |
|---|---|---|---|---|---|---|
| Cargas. | Vidriera 25 kg/m² | | Chapa ondul. 14 kg/m² | | Chapa ondul. 14 kg/m² | |
| Material de cobertura | $\alpha = 40°$; cos $\alpha = 0{,}839$ | | $\sigma = 15°$; cos $\alpha = 0{,}839$ | | $\sigma = 20°$; cos $\alpha = 0{,}966$ | |
| (pág. 278) $P_v = \frac{q}{\cos \alpha} \ldots$ | $\frac{25}{0{,}839} =$ | 32,6 | $\frac{14}{0{,}966} =$ | 14,5 | $\frac{14}{0{,}966} =$ | 14,9 |
| Nieve | kg/m² planta | 40,0 | | 40,0 | | 40,0 |
| Viento, $0{,}6 \cdot P_v$ (pág. 280) | $0{,}6 \times P_v = 0{,}6 \times 50 = 30{,}0$ | | $(0{,}6 \times 8 =)$ | 4,8 | $(0{,}6 \times 14 =)$ | 8,4 |
| | ($P_v$ en tabla, pág. 280) | | | | | |
| Correas (pág. 281) | | 15,0 | | 12,0 | | 12,0 |
| Arriost. cub. (pág. 395) | | 3,0 | | 3,0 | | 3,0 |
| Armaduras (pág. 295) | | 15,0 | | 15,0 | | 15,0 |
| Total | kg/m² planta | 135,6 | kg/m² planta | 89,3 | kg/m² planta | 93,3 |
| Cargas totales ponderadas | kg/m² planta | 203,0* | kg/m² planta | 134,0* | kg/m²planta | 140,0* |
| Arriost. entre armad. (pág. 295) | $40 \times 6 = 240 = 360^*$ | | $50 \times 6 = 300 = 450^*$ | | $40 \times 6 = 240 = 360^*$ | |
| Persianas de linternon con entranmado de apoyo, | | | $\approx 60$ kg/m = 90* | | | |

(Coeficiente de ponderación, $\gamma = 1{,}5$; cargas mayoradas, con *)

Cargas en los nudos:

Para $P_1^*$, carga por m² planta, 203,0 kg.

Carga en el nudo, $P_1^* = 203{,}0 \times \frac{2{,}7}{2} \times 6{,}0 = 1644$ kg, $\approx 1{,}65$ t.

Para $P_2^*$, carga por m² planta, 203 kg y 134 kg.

Carga en el nudo, $P_2^* = \left(203 \times \frac{2{,}7}{2} + 134 \times \frac{2{,}7}{2}\right) \times 6{,}0 = 2730$ kg, $= 2{,}73$ t.

Arriostrado entre armaduras (se dispone apoyado en el tirante), $P_2^{\prime *} = 60 \times 6 = 360$ kg $= 0{,}36$ t.

Para $P_3^*$, carga por m² planta, 134 kg.

Carga en el nudo, $P_3^* = 134 \times 2{,}7 \times 6{,}0 = 2170$ kg $= 2{,}17$ t.

Para $P_4^*$, carga por m² planta, 134 kg y 140 kg.

Carga en el nudo, $P_4^* = \left(134 \times \frac{2{,}7}{2} + 140 \times \frac{2{,}7}{2}\right) \times 6{,}0 = 2220$ kg.

Arriostrado con persianas ($\approx 60 + 90$), $150 \times 6{,}0$ . . . . . 900 kg.

3120 kg, $= 3{,}12$ t.

Arriostrado entre armaduras (se dispone apoyado en el tirante), $P_4^{\prime *} = 450 = 0{,}45$ t.

Para $P_5^*$, carga por m² planta, 140 kg.

Carga en el nudo, $P_5^* = 140 \times 2{,}7 \times 6{,}0 = 2270$ kg $= 2{,}27$ t.

Reacciones en los apoyos (armadura simétrica, y cargas dispuestas simétricamente).

$$R_A^* = R_B^* = 1{,}65 + 2{,}73 + 0{,}36 + 2{,}17 + 3{,}12 + 0{,}45 + \frac{2{,}27}{2} = 11{,}62 \text{ t.}$$

Empuje horizontal del viento

Según tabla de página 280, $P_h$, para $40° = 41$ kg, para $15° = 2$ kg, para $20° = 5$ kg; persianas, $w = 120$ kg/m².

$H = (41 \times 2{,}7 + 2 \times 5{,}4 + 5 \times 2{,}7) \times 6{,}0 + 120 \times 2{,}0 \times 6{,}0 = 810 + 1440 = 2250$ kg; $H^* = 3{,}38$ t.

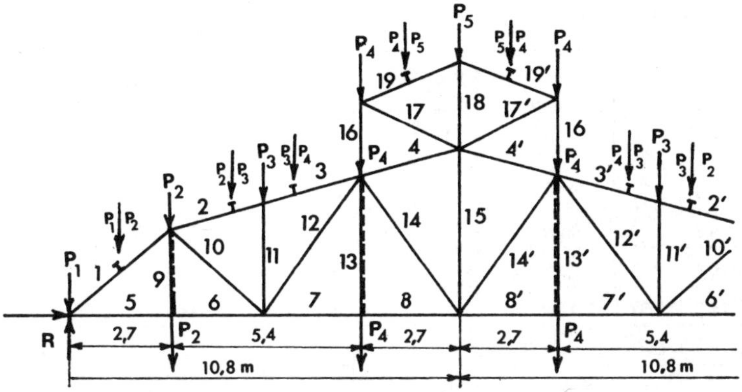


Escala de longitudes, 1:50

1 cm = 1,50 m

Escala de fuerzas, 1 cm = 1,5 t

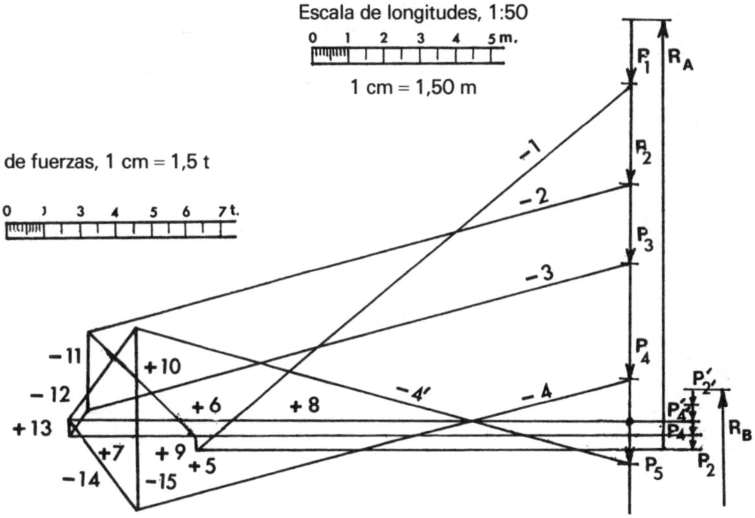


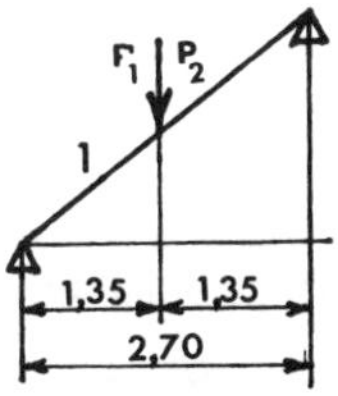


Carga por m² de planta,

$P_v = 135{,}6 - 15 = 120{,}6$ kg; $P_v^* = 181$ kg

$$P = 120{,}6 \times \frac{2{,}7}{2} \times 6{,}0 = 977 \text{ kg};\ P^* = 1{,}47 \text{ t.}$$

$$M^* = \frac{P \cdot \ell}{4} = \frac{1{,}47 \times 270}{4} = 99{,}3 \text{ t cm.}$$

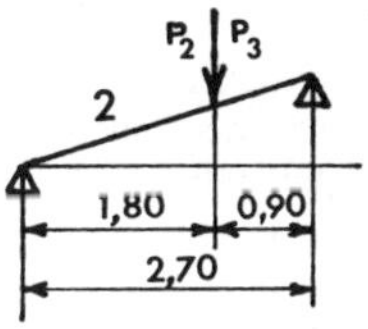


$P_v = 89{,}3 - 15 = 74{,}3$ kg.

$$P = 74{,}3 \times \frac{2{,}7}{2} \times 6{,}0 = 602 \text{ kg};\ P^* = 0{,}90$$

$$M^* = \frac{0{,}90 \times 180 \times 90}{270} = 54 \text{ t cm}$$

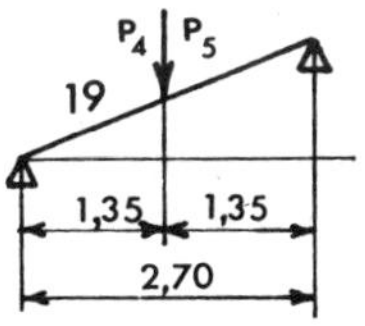


$P_v = 93{,}3 - 15 = 78{,}3$ kg

$$P = 78{,}3 \times \frac{2{,}7}{2} \times 6{,}0 = 635 \text{ kg};\ P^* = 0{,}96 \text{ t}$$

$$M^* = \frac{0{,}96 \times 270}{4} = 64{,}0 \text{ t cm}$$

**Notas:** Las barras 17 y 19 se disponen con agujeros rasgados (no forman parte del diagrama de fuerzas); las barras 16 y 18 son pies derechos o montantes sometidos a las cargas $P_4'^*$ y $P_5'^*$ respectivamente.

Las barras 1, 2 y 3 del cordón superior (par), así como la 19 del linternón, están sometidas a esfuerzos de flexión (como se expresa en el lado izquierdo); para la carga por m² de planta no se considera el peso propio de la armadura (15 kg).

La fatiga por flexión se sumará a la de compresión, en las barras 1, 2 y 3.

## CUADRO DE BARRAS DE LA ARMADURA ABUHARDILLADA (mansarda)

| *Barra* | *Esfuerzos, ton.* + | *Esfuerzos, ton.* − | *Longitud.* *cm* | *Perfiles* | *Sección, cm²* $A_n$ | *Sección, cm²* $A$ | $i_x$ *cm* | $\lambda$ | $\omega$ | *Fatiga, t/cm²* $\frac{P}{A_n}$ | *Fatiga, t/cm²* $\frac{P\omega}{A}$ | *Remaches o tornillos* Ø | *Remaches o tornillos* *N.º* | *Peso* *kg* |
|---|---|---|---|---|---|---|---|---|---|---|---|---|---|---|
| 1 | | 15,8 | 350 | ][PN 10 | | 27,0 | 3,91 | 90 | 1,98 | | 1,16 | 12 | 4 | 74,2 |
| 2 | | 15,8 | 280 | ][PN 10 | | 27,0 | 3,91 | 72 | 1,37 | | 0,80 | 12 | 4 | 59,4 |
| 3 | | 15,8 | 280 | ][PN 10 | | 27,0 | 3,91 | 72 | 1,37 | | 1,05 | 12 | 4 | 59,4 |
| 4 | | 14,3 | 280 | ][PN 10 | | 27,0 | 3,91 | 72 | 1,37 | | 0,75 | 12 | 4 | 59,4 |
| 5 | 12,2 | | 270 | ⌋⌊ 50 · 50 · 5 | 8,2 | | | | | 1,47 | | 14 | 2 | 20,4 |
| 6 | 12,2 | | 270 | ⌋⌊ 50 · 50 · 5 | 8,2 | | | | | 1,47 | | 14 | 2 | 20,4 |
| 7 | 15,8 | | 270 | ⌋⌊ 50 · 50 · 5 | 8,2 | | | | | 1,9 | | 14 | 3 | 20,4 |
| 8 | 15,8 | | 270 | ⌋⌊ 50 · 50 · 5 | 8,2 | | | | | 1,9 | | 14 | 3 | 20,4 |
| 9 | 0,36 | | 230 | ⌉⌈ 50 · 50 · 5 | 8,3 | | | | | 0,04 | | 14 | 2 | 17,3 |
| 10 | 2,7 | | 350 | ⌉⌈ 50 · 50 · 5 | 8,3 | | | | | 0,33 | | 14 | 2 | 26,4 |
| 11 | | 1,4 | 300 | ⌉⌈ 50 · 50 · 5 | | 9,6 | 1,51 | 199 | 6,72 | | 0,98 | 14 | 2 | 22,6 |
| 12 | | 0,9 | 460 | ⌉⌈ 80 · 80 · 8 | | 24,6 | 2,43 | 189 | 6,09 | | 0,22 | 20 | 2 | 88,9 |
| 13 | 0,5 | | 370 | ⌉⌈ 50 · 50 · 5 | 8,2 | | | | | 0,05 | | 14 | 2 | 27,9 |
| 14 | | 3,2 | 460 | ⌉⌈ 80 · 80 · 8 | | 24,6 | 2,43 | 189 | 6,09 | | 0,79 | 20 | 2 | 88,9 |
| 15 | 5,0 | | 440 | ⌉⌈ 50 · 50 · 5 | 8,2 | | | | | 0,61 | | 14 | 2 | 33,2 |
| 16 | | 2,3 | 260 | ⌉⌈ 50 · 50 · 5 | | 9,6 | 1,51 | 172 | 5,10 | | 1,22 | 14 | 2 | 19,6 |
| 17 | — | — | 300 | ⌉⌈ 50 · 50 · 5 | | 9,6 | | | | — | — | 14 | 2 | 22,6 |
| 18 | | 2,3 | 240 | ⌉⌈ 50 · 50 · 5 | | 9,6 | 1,51 | 159 | 4,40 | | 1,10 | 14 | 2 | 18,1 |
| | | | | | | | | | | | | | | 699,5 |

| *Barra* | | *Perfiles* | $M_f$ *tcm* | *W* *cm³* | $M_f/W$ $\sigma_m$ *t/cm²* | $\Sigma\sigma + \sigma_m$ | *20 % 699,5 = 139,9; Σ = 839,4 kg* *839,4 : (6,0 × 10,8) = 13 < 15 kg* |
|---|---|---|---|---|---|---|---|
| 1 | | ][PN 10 | 99,3 | 82,4 | 1,20 | 2,36 t/cm² | |
| 2 | | ][PN 10 | 54,0 | 82,4 | 0,66 | 1,46 t/cm² | **Nota.**—Para alguna de las barras calculadas con ⌉⌈ 50 · 50 · 5 es suficiente ⌉⌈ 40 · 40 · 4 (se ha dispuesto por unificación de perfiles). |
| 3 | | ][PN 10 | 54,0 | 82,4 | 0,66 | 1,71 t/cm² | |
| 19 | | ⌉⌈ 80 · 80 · 8 | 64 | 25,2 | 2,54 | 2,54 t/cm² | |

**Notas.**—En las barras comprimidas, la esbeltez mecánica $\lambda$ no será superior a 200 (en otros casos puede ser hasta 250); en estas barras comprimidas compuestas por dos perfiles (][, ⌉⌈, etc.), se dispondrán presillas de enlace separadas $l \leqq 15 \cdot i$ (radio de giro); en las barras tendidas se hará $l' \leq 150 \cdot i$.

Los roblones pueden ser substituidos por tornillos ajustados del mismo diámetro.

En las barras, que por su disposición como medios de arriostramiento se disponen con agujeros rasgados (barras 17 y 19 en este ejemplo), no intervienen en el cálculo gráfico, y pueden considerarse como sometidas a un esfuerzo de compresión igual a un centésimo de la carga que actúa sobre la barra que arriostran.

En toda barra, se dispondrán, como mínimo, dos roblones o tornillos en sus extremos, para su enlace en el nudo. Los agujeros rasgados serán 5 mm más largos que el diámetro de los tornillos y serán lisos (sin rababas). En las barras con quiebro (1 y 2), se dispondrá un corte con agujero, para poder efectuar dicho quiebro, soldando después la junta, que será reforzada con placas tapajuntas.

Ejemplo 3.º: Disposición de una armadura en diente de sierra múltiple.

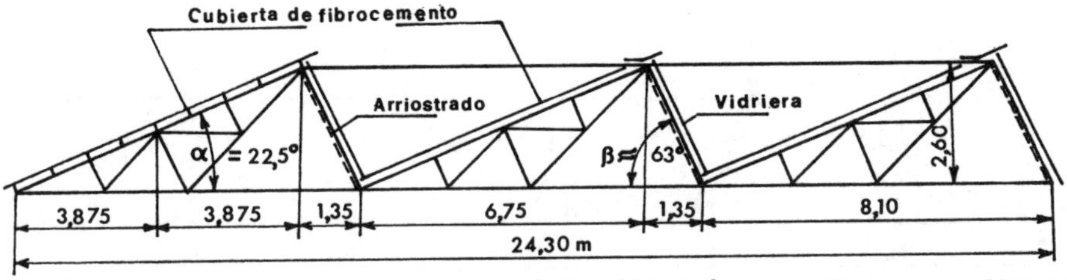


| Cargas | | Vidriera, 25 kg/m² | Fibrocemento, 20 kg/m² |
|---|---|---|---|
| Material de cobertura | | $\alpha = 63°$, $\cos \alpha = 0{,}454$ | $\alpha = 22{,}5°$, $\cos \alpha = 0{,}924$ |
| $P_v = \dfrac{Q}{\cos \alpha}$ (pág. 278) | | $P'_v = \dfrac{25}{0{,}454} = 55$ kg/m² planta | $P'_v = \dfrac{20}{0{,}924} = 22$ kg/m² planta |
| Nieve (pág. 288) | $\alpha > 45°$ | 0 kg/m² planta | 40 kg/m² planta |
| Viento (0,6 W, por nieve, pág. 280) | | – kg/m² planta | 0 kg/m² planta |
| $P_v = 18$ kg (pág. 280; $18 \times 0{,}6 \approx 11$ kg) | | 11 kg/m² planta | 11 kg/m² planta |
| Correas (pág. 281) | | 15 kg/m² planta | 12 kg/m² planta |
| Arriostrado de cubierta (pág. 295) | | 3 kg/m² planta | 3 kg/m² planta |
| Armaduras (pág. 295) | | 15 kg/m² planta | 15 kg/m² planta |
| | Total | 99 kg/m² planta | 103 kg/m² planta |
| Coeficiente de ponderación, $\gamma = 1{,}5$; carga mayorada, | | 150 kg/m² planta | 155 kg/m² planta |

Arriostrado entre armaduras (pág. 295) $40 \times 6 = 240$ kg; carga mayorada, * 360 kg = 0,36 t

Cargas en los nudos.

Para $P_1^*$, carga por m² de planta, 155 kg.

Carga en el nudo, $P_1^* = 155 \times \dfrac{6{,}75}{4} \cdot \times 6{,}0 = 1.570 \text{ kg} = 1{,}57 \text{ t}$

Para $P_2^*$, carga por m² de planta, 155 kg.

Carga en el nudo, $P_2^* = 155 \times \dfrac{6{,}75}{2} \cdot \times 6{,}0 = 3.140 \text{ kg} = 3{,}14 \text{ t}$

Para $P_3^*$, carga por m² de planta, 155 kg y 150 kg.

Carga en el nudo, $P_3^* = (155 \times \dfrac{6{,}75}{4} + 150 \cdot \dfrac{1{,}35}{2}) \times 6{,}0 = 2.180 \text{ kg} = 2{,}18 \text{ t}$

Para $P_4^*$, carga por m² de planta, 150 kg y 155 kg.

Carga en el nudo, $P_4^* = (150 \times \dfrac{1{,}35}{2} + 155 \times \dfrac{6{,}75}{4}) \times 6{,}0 + 360 = 2.590 \text{ kg} = 2{,}59 \text{ t}$

Para $P_{10}^*$, carga por m² de planta, 150 kg.
Carga en el nudo, $P_{10} = 150 \times \dfrac{1{,}35}{2} \times 6{,}0 + 360 = 970 \text{ kg} = 0{,}97 \text{ t}$.

Carga total, $P_t = 1{,}57 + 3{,}14 + 2{,}18 + 2{,}59 + 3{,}14 + 2{,}18 + 2{,}59 + 3{,}14 + 2{,}18 + 0{,}97 = 23{,}68$ t.

Reacciones de apoyo:

$$R_A = \frac{1{,}57 \times 24{,}3 + 3{,}14 \times 20{,}925 + 2{,}18 \times 17{,}55 + 2{,}59 \times 16{,}2 + 3{,}14 \times 12{,}825 + 2{,}18 \times 9{,}45 + 2{,}59 \times 8{,}10 + 3{,}14 \times 4{,}725 + 2{,}18 \times 1{,}35}{24{,}3} = 11{,}676 \text{ t.}$$

$R_B = 23{,}68 - 11{,}68 = 12{,}0$ t.

Nota: El material de cubertura es placa de fibrocemento. Otra: No se ha considerado viento sobre las vidrieras.

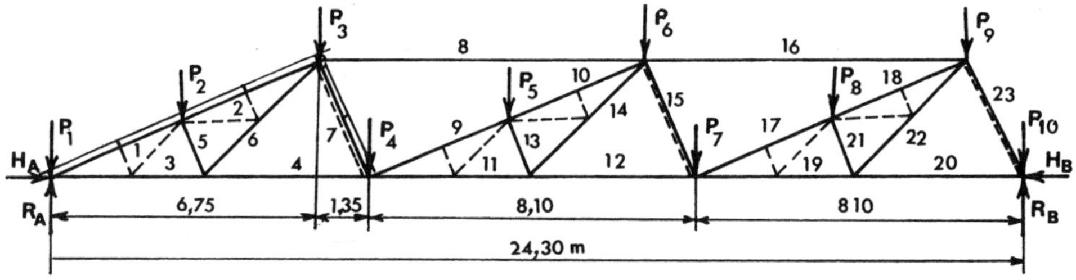


Escala de longitudes, 1 cm = 1,5 m

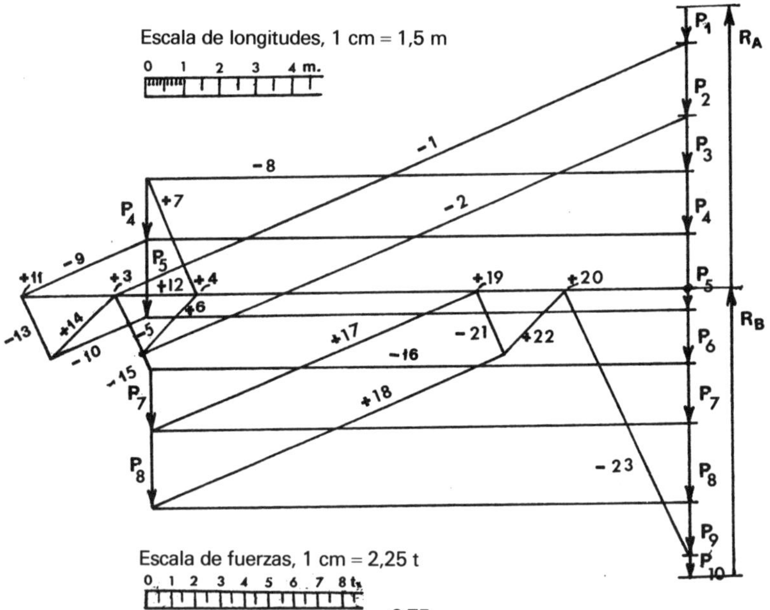


Escala de fuerzas, 1 cm = 2,25 t

Momento flector en el par,
1-2, 9-10, 17-18

$$l = \frac{6{,}75}{4} = 1{,}69 \text{ m}$$

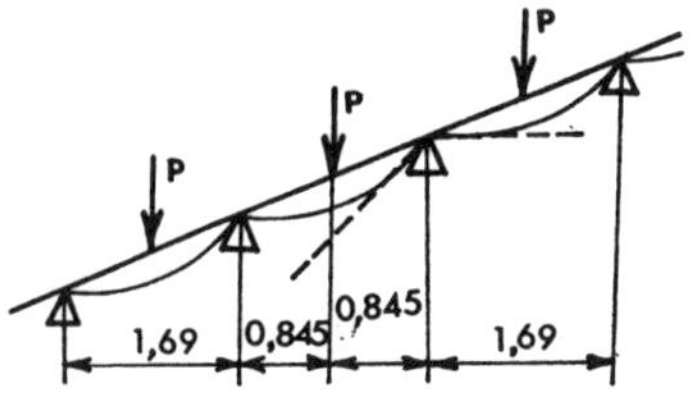


$P_v = 103 - 15 = 88$ kg (sin $P_v$ de armadura)

$$P = 88 \times \frac{6{,}75}{8} \times 6{,}0 = 446 \text{ kg; } P^* = 670 \text{ kg}$$

$$M^* = \frac{0{,}67 \times 169}{4} = 28{,}3 \text{ t cm}$$

Empuje horizontal del viento.

Apoyo A, para $\alpha = 22{,}5°$, $P_v = 7{,}5$ kg/m² planta (pág. 280).

$$H_A = 7{,}5 \times 6{,}75 \times 6{,}0 = 304 \text{ kg; } H_A^* = 456 \text{ kg.}$$

Apoyo B, $\alpha = 63°$; $w \cdot \cos^2 \alpha \operatorname{tg} \alpha = 120 \times 0{,}891^2 \times 0{,}414 = 39{,}5$ kg (pág. 279)

$$H_B = 39{,}5 \times 6{,}75 \times 6{,}0 = 1600 \text{ kg; } H_B^* = 2400 \text{ kg.}$$

**Nota.** $H_B$ es compatible con la nieve (las vertientes están cubiertas por las vidrieras).

## CUADRO DE BARRAS DE LA ARMADURA EN DIENTE DE SIERRA MULTIPLE

| *Barras* | *Esfuerzos, ton.* | | *Longitud.* | *Perfiles* | *Sección, cm²* | | $i_x$ | $\lambda$ | $\omega$ | *Fatiga, t/cm²* | | *Roblones o tornillos* | | *Peso* |
|---|---|---|---|---|---|---|---|---|---|---|---|---|---|---|
| | + | − | *cm* | | $A_n$ | $A$ | *cm* | | | $\frac{P}{A_n}$ | $\frac{P\omega}{A}$ | Ø | *N.°* | *kg* |
| 1 | | 25,9 | 370 | ⌉⌈ 100·100·10 | | 38,4 | 3,04 | 122 | 2,75 | | 1,86 | 22 | 2 | 111,7 |
| 2 | | 24,7 | 370 | ⌉⌈ 100·100·10 | | 38,4 | 3,04 | 122 | 2,75 | | 1,77 | 22 | 2 | 111,7 |
| 3 | 24,0 | | 410 | ⌋⌊ 60·60·6 | 11,8 | | | | | 2,04 | | 16 | 2 | 44,4 |
| 4 | 20,5 | | 410 | ⌋⌊ 60·60·6 | 11,8 | | | | | 1,74 | | 16 | 2 | 44,4 |
| 5 | | 2,7 | 160 | ⌋⌊ 50·50·5 | | 9,6 | 1,51 | 106 | 2,19 | | 0,62 | 14 | 2 | 12,1 |
| 6 | 3,6 | | 410 | ⌋⌊ 50·50·5 | 8,30 | | | | | 0,44 | | 14 | 2 | 30,9 |
| 7 | 5,3 | | 320 | [ ] PN 10 | 23,9 | | | | | 0,22 | | 12 | 2 | 67,8 |
| 8 | | 22,8 | 810 | [ ] PN 16 | | 48,0 | $I_y$ 5,03 | 161 | 4,51 | | 2,14 | 14 | 4 | 304,6 |
| 9 | | 5,8 | 370 | ⌉⌈ 80·80·8 | | 24,6 | 2,43 | 152 | 4,05 | | 0,96 | 20 | 2 | 71,3 |
| 10 | | 4,4 | 370 | ⌉⌈ 80·80·8 | | 24,6 | 2,43 | 152 | 4,05 | | 0,72 | 20 | 2 | 71,3 |
| 11 | 7,6 | | 410 | ⌋⌊ 50·50·5 | 8,30 | | | | | 0,92 | | 14 | 2 | 30,9 |
| 12 | 2,4 | | 410 | ⌉⌈ 50·50·5 | 8,30 | | | | | 0,29 | | 14 | 2 | 30,9 |
| 13 | | 3,0 | 160 | ⌉⌈ 50·50·5 | | 9,6 | 1,51 | 106 | 2,19 | | 0,69 | 14 | 2 | 12,1 |
| 14 | 3,6 | | 410 | ⌉⌈ 50·50·5 | 8,30 | | | | | 0,43 | | 14 | 2 | 30,9 |
| 15 | | 3,5 | 320 | ] [ PN 10 | | 27,0 | 2,52 | 176 | 2,94 | | 0,38 | 12 | 2 | 67,8 |
| 16 | | 22,5 | 810 | [ ] PN 16 | | 48,0 | 5,03 | 161 | 4,51 | | 2,11 | 14 | 2 | 304,6 |
| 17 | 14,7 | | 370 | ⌋⌊ 80·80·8 | 21,7 | | | | | 0,68 | | 20 | 2 | 71,3 |
| 18 | 16,1 | | 370 | ⌋⌊ 80·80·8 | 21,7 | | | | | 0,74 | | 20 | 2 | 71,3 |
| 19 | 9,0 | | 410 | ⌋⌊ 50·50·5 | 8,30 | | | | | 1,10 | | 14 | 2 | 30,9 |
| 20 | 5,3 | | 410 | ⌋⌊ 50·50·5 | 8,30 | | | | | 0,66 | | 14 | 2 | 30,9 |
| 21 | | 2,9 | 160 | ⌋⌊ 50·50·5 | | 9,6 | 1,51 | 106 | 2,19 | | 0,65 | 14 | 2 | 12,1 |
| 22 | 3,6 | | 410 | ⌉⌈ 50·50·5 | 8,30 | | | | | 0,43 | | 14 | 2 | 12,1 |
| 23 | | 12,0 | 320 | ] [ PN 10 | | 27,0 | 3,91 | 82 | 1,55 | | 0,69 | 12 | 2 | 67,8 |

| Barras | | PERFILES | $M_f$ t cm | W cm³ | Mt/W $\sigma_m$ t/cm² | $\Sigma\sigma + \sigma_m$ |
|---|---|---|---|---|---|---|
| 1 | | ⌉⌈ 100·100·10 | 28,3 | 49,2 | 0,58 | 2,44 t/cm² |
| 9 | | ⌉⌈ 80·80·8 | 28,3 | 25,2 | 1,12 | 2,08 t/cm² |
| 18 | | ⌉⌈ 80·80·8 | 28,3 | 25,2 | 1,12 | 1,86 t/cm² |
| 23 | | ] [ PN 10 | 123,2 | 82,4 | 1,50 | 2,19 t/cm² |

Kg = 1662,6
20 % carterlas, etc. 332,5
Total kg 1994,1

1994,1: (60 × 24,3) = 13,7 kg

13,7 < 15 kg supuestos para el cálculo.

(Barra 23 de vidriera)

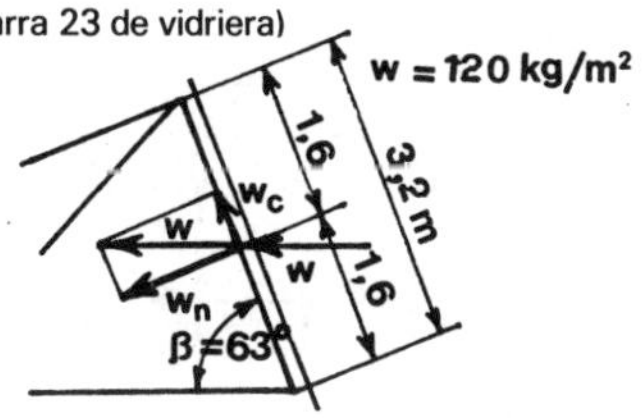


$w_n = w \text{ sen } \beta = 120 \times 0{,}981 = 107$ kg

$P_n = 107 \times 1{,}6 \times 6{,}0 = 1027$ kg

$M^* = 1{,}5 \times \frac{1027 \times 320}{4} = 123{,}2$

**Notas**

Se ha procurado que las barras 8 y 16 tengan una forma compacta (de caja) para prevenir oxidaciones, puesto que estarán a la intemperie.

Para las barras de vidrieras, 7 y 15, se ha dispuesto el mismo perfil de la barra 23, aunque las primeras no están, como la última, expuestas a la acción directa del viento.

Las barras de arriostramiento representadasde trazos, estarán formadas por dos angulares de 40 × 4 (⌉⌈ 40 · 40 · 4).

En el cálculo de correas, se puede tener en cuenta que las correas de los extremos de las vertientes, soportan una carga igual a la mitad de la que soportan las correas intermedias.

## SECCIÓN CUARTA
## ARRIOSTRADOS, CANALONES Y BAJADAS DE AGUA

### 1.4. Arriostrados de cubierta

Como acciones principales sobre las estructurales metálicas de edificios industriales, se consideran principalmente a las cargas verticales (cargas, concargas, sobrecargas) permanentes y transitorias, y después de estas acciones son muy importantes las cargas o presions producidas por la acción del viento, que generalmente se considera actuando horizontalmente, en direcciones variables, por lo que normalmente, están expuestas a esta acción todas las superficies exteriores de la edificación. La acción del viento presionando sobre la estructura, tiende a deformarla, curvando sus líneas y alabeando sus superficies, efectos que normalmente se evitan arriostrando convenientemente aquella estructura.

Las cubiertas metálicas, en la generalidad de los casos, son de planta rectangular, susceptible de deformación por su articulación (juntas y uniones no rígidas), circunstancia que se evitará arriostrando zonas o superficies convenientes; se consideran:

a) *Arriostrados verticales entre armaduras.* Se disponen entre determinadas barras de las armaduras; durante el montaje evitan el alabeo del conjunto de la armadura, y en obra montada, mantienen invariable la separación entre armaduras.
b) *Arriostrados en el plano de la cubierta.* Se disponen entre los cordones superiores de las armaduras, estando formados por barras que, como diagonales, enlazan apoyos contiguos de correas, formando con estas y con los cordones de las armaduras redes triangulares, y por consiguiente indeformables. Cubren vanos completos entre armaduras, y se disponen de modo que no queden más de cinco vanos sin arriostrar; las vigas de viento de los cierres frontales y laterales, debidamente enlazadas, cumplen también la condición de arriostrados.

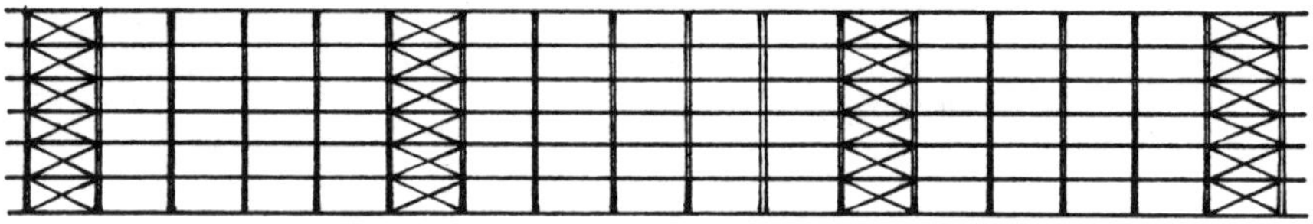

*Arriostrados de cubierta con correas de un tramo, o continuas.*

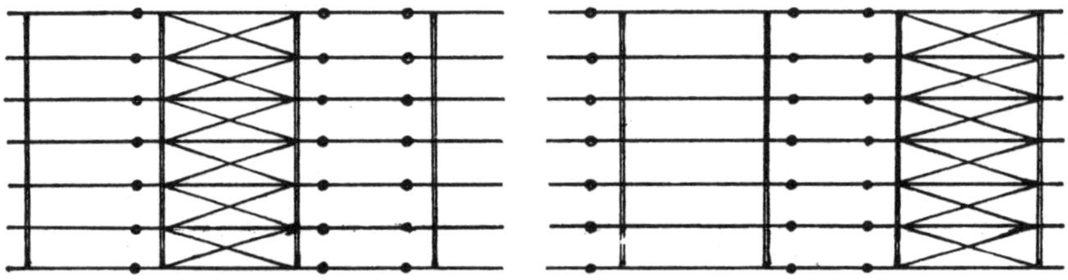

*Arriostrados de cubierta con correas articuladas.*

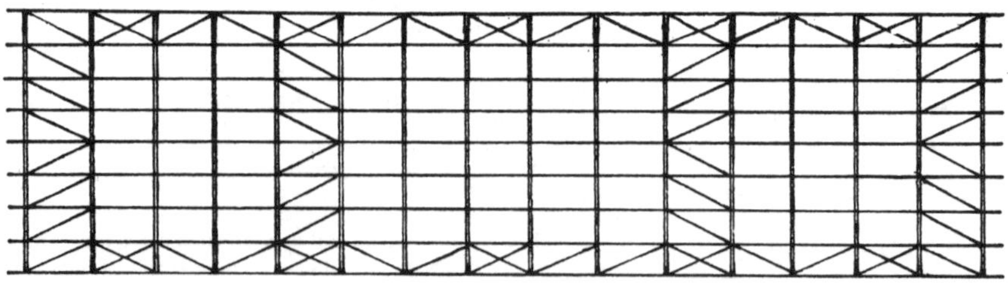

*Vigas de viento frontales y laterales, enlazadas como arriostrado de cubierta.*

## 2.4. Arriostrados entre armaduras

Los arriostrados entre armaduras no se disponen para poder realizar una función resistente específica, si bien se pueden considerar casi imprescindibles durante la operación de montaje de la cubierta, ya que por su disposición entre las armaduras impiden que éstas, al situarlas verticalmente, puedan alabearse o deformarse transversalmente, con peligro de caída de la estructura (como ha ocurrido); los arriostrados entre armaduras también sirven para dar rigidez al conjunto de la estructura.

La forma de los arriostrados entre armaduras es variable, pero generalmente se adopta la de vigas de celosía de gran altura, que se corresponde con la separación de los cordones de las armaduras. Considerando las armaduras calculadas (págs. 300 a 308), aquellas alturas son de $\approx$ 3,0 m en la primera, 2,3 m y 3,7 m en la segunda y 3,0 m en la tercera. A título de ejemplo, seguidamente se representan formas de arriostrados con dichas alturas, de cordones paralelos en unos casos y oblicuos en otros.

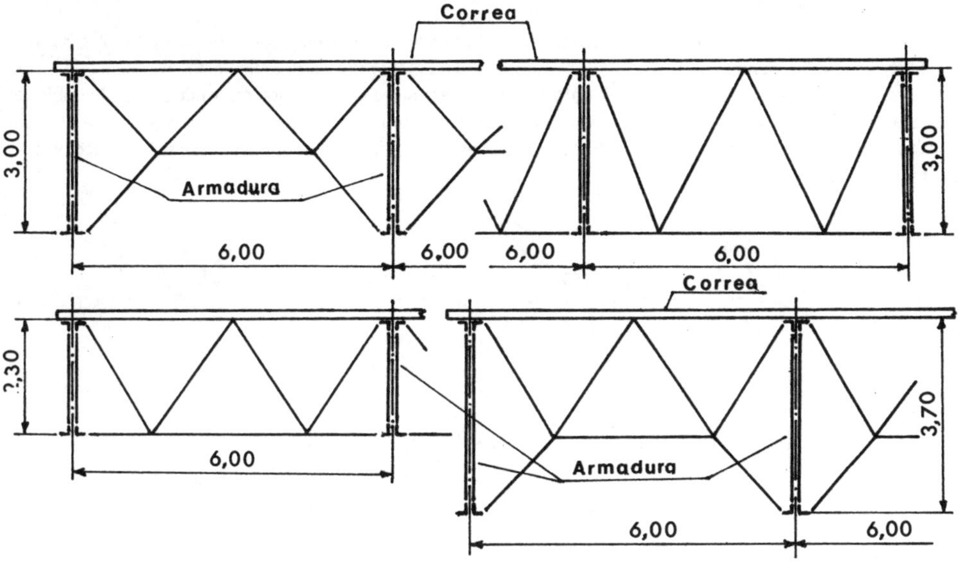


Para el cálculo de las barras de arriostramiento, se puede admitir que éstas soportarán una compresión igual a $^1/_{100}$ de la que soportan las barras que arriostran, tomando 0,197 t para la 1ª armadura (pág. 300), 0,158 t para la 2ª (pág. 302), y 0,259 t para la 3ª armadura (pág. 305).

Tomando para el cordón inferior la barra de mayor longitud, l = 3,0 m, ┘└ 50 · 50 · 5, resulta:

$$A = 9{,}6\ \text{cm}^2,\ i = 1{,}51\ \text{cm},\ \lambda = \frac{3{,}0}{1{,}51} = 199,\ \omega = 6{,}72$$

$$\sigma = \frac{0{,}259 \times 6{,}72}{9{,}6} = 0{,}18\ \text{t/cm}^2$$

Por razones constructivas, para el resto de las barras también se tomará ┐┌ 50 · 50 · 5.

El cordón superior del arriostrado suele ser la correa correspondiente, a la que se soldará la cartela de unión, del nudo.

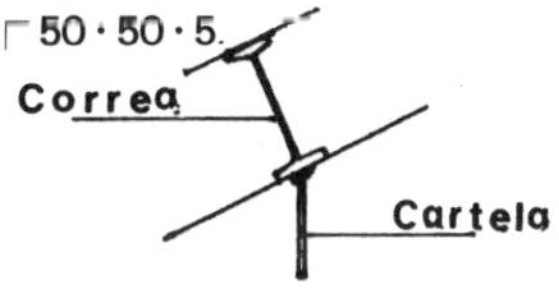


**Nota.**—Normalmente y por costumbre, para las barras de los arriostrados entre armaduras, suele tomarse ┐┌ 40 · 40 · 40 · 4 ó ┐┌ 50 · 50 · 5 según la separación de las armaduras; excepcionalmente ┐┌ 60 · 60 · 6. Estos arriostrados en la transmisión de las reacciones $-X_1$, acortan la posible longitud de pandeo del cordón inferior (tendido) de la armadura.

## 3.4. Canalones y bajadas de agua

Para poder recoger y canalizar el agua de lluvia que cae sobre las cubiertas de los edificios industriales, se disponen canalones en los extremos inferiores de aquellas cubiertas a todo lo largo de las mismas; los tubos de bajada, situados en puntos determinados de los canalones, generalmente próximos o junto a las columnas y a los pies derechos de los cierres.

Los canalones se apoyan sobre barras o ménsulas unidas a la barra o parte superior del cierre lateral, y mejor, sobre pasarelas horizontales situadas a aquella altura, que provistas de pasamanos de seguridad, también servirán para inspección y limpieza de las cubiertas; en muchos casos, estas pasarelas se disponen y calculan como vigas de viento-pasillo.

El montaje de los canalones, se hará disponiéndolos con una ligera pendiente con caída hacia la posición de las bajadas de agua, pendiente que se consigue colocando cuñas o calces en puntos de apoyo del canalón; la parte más alta quedará en el punto medio del espacio existente entre dos bajadas contiguas (0,005 a 0,01 %).

Los canalones y bajadas de agua se fabrican con: fibrocemento, plástico, chapa de acero (de 2 a 3 mm), y de hierro fundido, siendo los de este último material los de mayor duración e indeformabilidad.

La sección de los canalones se hace igual a un centímetro cuadrado por cada metro de planta de cubierta que vierte el agua sobre él; su forma o sección puede ser la semicircular, rectangular, trapecial, y en forma de ángulo (invertido). La primera forma ofrece menos resistencia al paso del agua (centímetro de sección por metro cuadrado de planta).

$S' = S \times 1{,}05$ a $1{,}1$ $\qquad$ $S'' = S \times 1{,}1$ a $1{,}2$

Los tubos de bajada se montarán como se indica en las figuras que siguen.

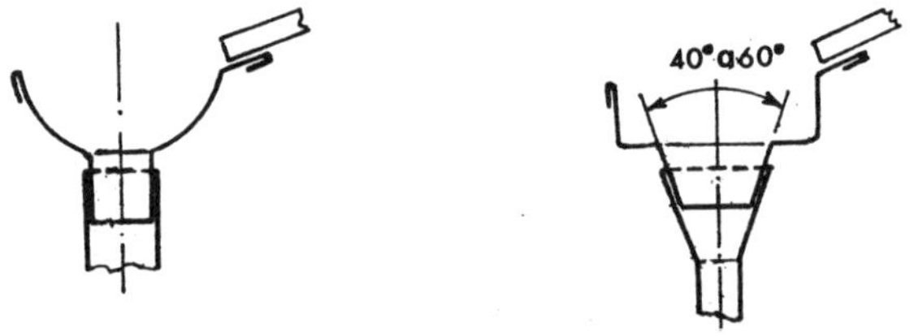


*Ejemplo de cálculo*

Canalones y bajadas de agua para la nave de 21,6 m de luz, disponiendo las bajadas junto a las columnas (cada 18,0 m).

Canalones, $s = \dfrac{21{,}6}{2 \times 2} \times 18{,}0 = 97\ \text{cm}^2$. Calces máximos, $h_c = \dfrac{18.000}{2} \times 0{,}005 = 45\ \text{mm.} \approx 50\ \text{mm.}$

Bajadas, $S = \dfrac{21{,}6}{2} \times 18{,}0 = 194\ \text{cm}^2$, que se cubre con tubo de 16 cm ∅ (201 $\text{cm}^2$ de sección).

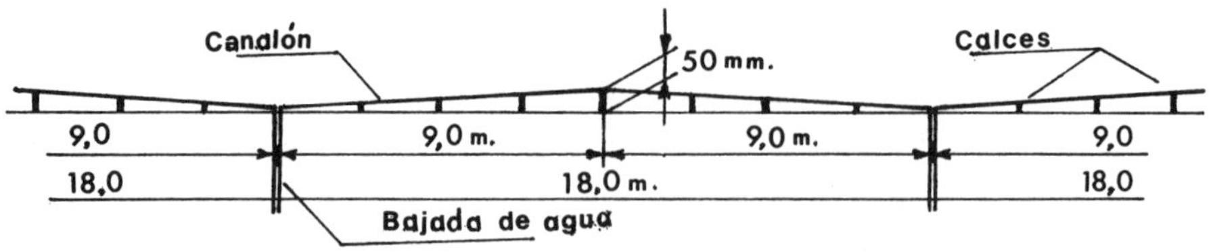

## SECCIÓN QUINTA
## ENTRAMADO DE CIERRES LATERALES

### 1.5. Disposición de los cierres laterales

En las grandes naves o pabellones industriales, la altura de estas naves y en consecuencia de sus cierres laterales, depende o se corresponderá con el servicio o trabajo previsto en dicho pabellón, altura que probablemente aumentará si se instalan puentes-grúa.

Siguiendo estudios anteriores de correas y armaduras de cubierta, se considerará un pabellón industrial de 21,6 m de luz, con armaduras dispuestas a 6,0 m de separación (tipo de abuhardillado, «mansarda», pág. 289). Las columnas se disponen cada 18,0 m alternando con dos pies derechos dispuestos a 6,0 m, para apoyo de las armaduras (en otros casos solamente se disponen columnas).

Exteriormente y en la parte superior del cierre lateral, se dispone una viga de viento-pasillo que servirá para transmitir el empuje o presión del viento ejercido sobre la parte correspondiente del cierre, a las columnas, para soportar los canalones de recogida de aguas de la cubierta, y también como pasillo (con su barandilla) para inspección y acceso a la cubierta, en su limpieza y reparación si fuese preciso.

Se adopta una disposición de cierre de ladrillo (cara vista o raseado por ambas caras) de unos 250 kg/m$^2$, y zona acristalada de 3,0 m de altura a 3,5 m del suelo; las barras de entramado será IPN con su alma dispuesta horizontalmente (mayor resistencia a la flexión por la acción del viento), y montantes de $\perp$ para las vidrieras.

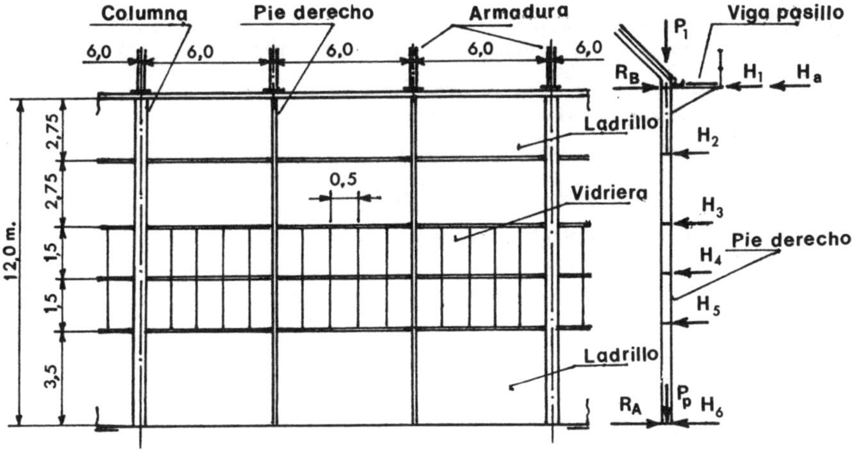


### 2.5. Cargas y cálculo de barras

| | |
|---|---|
| Armaduras (pág. 289), carga vertical .................. | $P_1^* = 11{,}62$ t (por armadura) |
| carga horizontal ................ | $H_1^* = 3{,}38$ t (por armadura) |
| Peso propio pie derecho (se supone IPN 36) ........... | $P_2 = \sim 0{,}80$ t (12 metros); $P_2^* = 1{,}2$ t |
| Canalón fundido, con agua ............................. | $C_a = \sim 150$ kg m/l |
| Pasarela (300 kg m/l × 0,7 m ancho) .................. | $P_a \approx$ 200 kg m/l |
| Peso propio pasarela .................................. | $P_p \approx$ 60 kg m/l |
| TOTAL ............................................ | 410 kg m/l |
| Viga de viento-pasillo (6,0 × 0,41) ...................... | $P_3 \approx 2{,}40$ t; $P_3^* = 3{,}6$ t ($\gamma = 1{,}5$) |
| Carga vertical total sobre el pie derecho, | $P_1^* = 11{,}62 + 1{,}20 + 3{,}60 = 16{,}42$ t |
| Acción del viento sobre el cierre lateral, | $w = 120$ kg/m$^2$, $w^* = 180$ kg/m$^2$. |

Cargas por viento sobre el cierre lateral

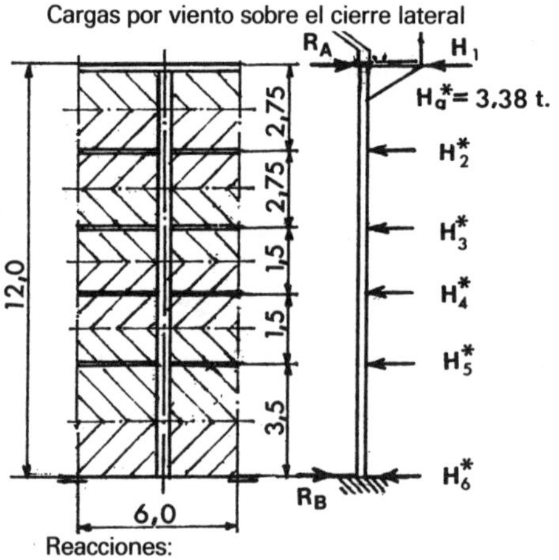


$$H_1^* = \frac{2,75}{2} \times 6,0 \times 180 \;\ldots\ldots\ldots\ldots\ldots = 1480 \text{ kg}$$

$$H_2^* = 2,75 \times 6,0 \times 180 \;\ldots\ldots\ldots\ldots\ldots\ldots\; 2970 \text{ Kg}$$

$$H_3^* = \frac{2,75 + 1,5}{2} \times 6,0 \times 180 \;\ldots\ldots\ldots = 2300 \text{ kg}$$

$$H_4^* = 1,50 \times 6,0 \times 180 \;\ldots\ldots\ldots\ldots\ldots = 1620 \text{ kg}$$

$$H_5^* = \frac{1,5 + 3,5}{2} \times 6,0 \times 180 \;\ldots\ldots\ldots\ldots = 2700 \text{ kg}$$

$$H_6^* = \frac{3,5}{2} \times 6,0 \times 180 \;\ldots\ldots\ldots\ldots\ldots\ldots = 1890 \text{ kg}$$

$$\Sigma_H^* = 1480 + 2970 + 2300 + 1620 + 2700 + 1890 = 12960 \text{ kg.}$$

Reacciones:

$$R^*_A = 1480 + \frac{2970 \times 9,25 + 2300 \times 6,5 + 1620 \times 5 + 2700 \times 3,5}{12,0} = 6480 \text{ kg.}$$

$$R^*_B = 1890 + \frac{2700 \times 8,5 + 1600 \times 7,0 + 2300 \times 5,5 + 2970 \times 2,75}{12,0} = 6480 \text{ Kg.}$$

Momento flector en el pie derecho, por viento:

$$M^*_{máx} = M^*_{H_3} = (3380 + 1480) \times 5,75 - 2970 \times 2,75 = 19780 \text{ Kgm} = 1978 \text{ t cm.}$$

Por compresión, se considera el tramo de 2,75 m próximo al punto de flexión máxima ($H_3$), y para el pandeo se toma el eje x – x (la pared impide que sea el y – y).

El momento resistente, sin considerar el pandeo, será:

$$W_{mín} = \frac{1978}{2,60} = 760 \text{ cm}^3$$

Para determinar el momento de inercia para que la flecha sea:

$$f = \frac{l}{300},$$

se considerarán cargas reales (páginas 208 y 209).

$$\text{Para } H_2,\; k = \frac{2,75}{12} = 0,30;\quad \eta = 0,792 \quad — \quad F' = \frac{2,97}{1,5} \times 0,792 = 1,57 \text{ t}$$

$$\text{Para } H_3,\; k = \frac{5,5}{12} = 0,46;\quad \eta = 0,99 \quad — \quad F' = \frac{2,30}{1,5} \times 0,99 = 1,52 \text{ t}$$

$$\text{Para } H_4,\; k = \frac{7,0}{12} = 0,58;\quad \eta = 0,96 \quad — \quad F' = \frac{1,62}{1,5} \times 0,96 = 1,04 \text{ t}$$

$$\text{Para } H_5,\; k = \frac{8,5}{12} = 0,71;\quad \eta = 0,79 \quad — \quad F' = \frac{2,70}{1,5} \times 0,79 = 1,42 \text{ t}$$

$$\Sigma F' \ldots = 5,55 \text{ t}$$

En la determinación de la flecha se toman las cargas reales (sin mayorar)

$$I_n = \frac{300}{10} \times 5,55 \times 12^2 = 23980 \text{ cm}^4$$

Tomando I PN 38, $I_x = 24010$ cm$^4$, $W_x = 1260$ cm$^3$, $i_x = 15$ cm, $A = 107$ cm$^2$

$$\lambda = \frac{1200}{15} = 80,\; \omega = 1,51$$

$$\sigma^* = \frac{1978}{1260} + \frac{16,42 \times 1,51}{107} = 1,57 + 0,23 = 1,80 \text{ t/cm}^2 \text{ (ad.).}$$

El valor real de $\sigma^*$ es algo inferior al calculado por no coincidir el punto de pandeo máximo, con el de máximo momento flector.

La flecha correspondiente a las cargas reales, resulta:

$$f = \ell/n = 600 : \frac{10 \times 24010}{5{,}55 \times 12^2} = 600 : 301 \approx 2{,}0 \text{ cm (ad} < \frac{1200}{300} = 4{,}0 \text{ cm)}$$

Considerando que el pie derecho soporta la presión del viento como carga uniformemente repartida, se tiene:

$$Q^* = 12 \times 6{,}0 \times 180 = 12960 \text{ kg} = 12{,}96 \text{ t; } M = \frac{12{,}96 \times 12}{8} = 19{,}44 \text{ t cm}$$

$$\sigma^* = \frac{1944}{1260} + 0{,}23 = 1{,}77 \text{ t/cm}^2\text{; } f = 0{,}013 \times \frac{12{,}96 \times 1200^3}{1{,}5 \times 2100 \times 24010} = 3{,}85 \text{ cm (ad} < \frac{1200}{300} = 4{,}0 \text{ cm}$$

Los empujes (presiones) del viento sobre la cubierta y sobre el cierre lateral, son absorbidos por las columnas (empotradas) o por los dos pórticos de viento de los cierres de testero.

Barras o vigas horizontales (entramado) del cierre lateral.

Para $H_2^*$, $Q^* = 2{,}97$ t; momento flector, $M^* = \frac{2{,}97 \times 600}{8} = 223$ tcm

Momento de inercia necesario, $I_n = 149 \times \frac{2{,}23}{1{,}5} \times 6{,}0 = 1330 \text{ cm}^4$ (por flecha, Tabla 2, pág. 282)

$W_n = \frac{2{,}23}{2{,}6} = 87 \text{ cm}^3$ ; con IPN 18, $I_x = 1450 \text{ cm}^4$, $W_x = 161 \text{ cm}^3$

$\sigma^* = \frac{223}{161} = 1{,}39 \text{ t/cm}^2$ (ad $< 2{,}6 \text{ t/cm}^2$)

$f = 0{,}013 \times \frac{2{,}23 \times 600^3}{1{,}5 \times 2100 \times 1450} = 1{,}37$ cm (adm $< \frac{600}{300} = 2{,}0$ cm)

Se dispondrá la misma vigueta para $H_3^*$ y $H_5^*$ por soportar empujes ligeramente inferiores a los de la $H_2^*$.

Para $H_4^*$, $Q^* = 1{,}62$ t; $M^* = \frac{1{,}62 \times 600}{8} = 122$ t cm

$$I_{x\,nec} = 149 \times \frac{1{,}62}{1{,}5} \times 6 = 965 \text{ cm}^4\text{; } W_{nec} = \frac{122}{2{,}6} = 46{,}9 \text{ cm}^2$$

Con I PN 16, $I_x = 935 \text{ cm}^4$; $W_x = 117 \text{ cm}^3$.

$$\sigma^* \frac{122}{117} = 1{,}04 \text{ t/cm}^2\text{; } f = 0{,}013 \times \frac{1{,}62 \times 600^3}{1{,}5 \times 2100 \times 935} = 1{,}54 \text{ cm (ad} < \frac{600}{300} = 2{,}0 \text{ cm)}$$

**Notas.** $H_3^*$ no es montante de la vidriera, motivo por el cual su flecha será $\frac{\ell}{300}$ máx. La separación entre las barras de los cierres no suele hacerse superior a 3,5 m (aprox.), para asegurar la unión de los ladrillos como pared de cierre. Los valores del momento de inercia mínimo, se han fijado según la tabla 2 de la página 282. No se considera flexión por peso propio, por impedirla el cierre de ladrillo.

### 3.5 Cimentación

Se considera que el terreno de cimentación es arenoso grueso, sin cohesión, que admite una presión de 2,5 kg/cm², o bien arcilloso semiduro, que a su vez admite una presión de 2,0 kg/cm² (Tabla AE-6, pág. 25); el hormigón será del tipo de 30 kg/cm².

Las cargas actuantes son $P = \frac{16{,}42}{1{,}5} \approx 11{,}0$ t (pág. 311), y $H = \frac{6{,}48}{1{,}5} = 4{,}3$ t ($R_B$, pág. 312) (en el cálculo de las cimentaciones se consideran las cargas reales, sin mayorar).

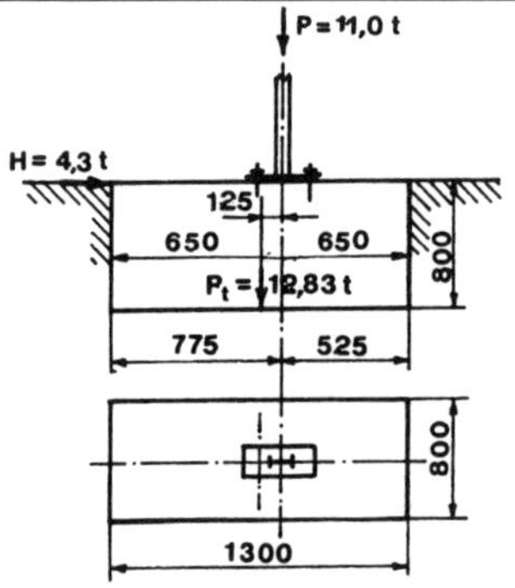


La superficie mínima de la placa de asiento del pie derecho, es:

$$A = \frac{11000}{30} = 367 \text{ cm}$$

Se considera como bloque de cimentación a un paralelepípedo de $1{,}30 \times 0{,}8 \times 0{,}8$, y se dispone el pie derecho desplazado longitudinalmente 0,125 m del eje del bloque; la superficie de asiento del bloque, es:

$$A = 130 \times 80 = 10400 \text{ cm}^2$$

Peso del bloque (peso específico, 2,2).

$$P_c = 1{,}30 \times 0{,}8 \times 2{,}2 = 1{,}83 \text{ t}$$

Peso o carga total sobre el terreno, $P_t = 11{,}0 + 1{,}83 = 12{,}83$ t.

Empuje de deslizamiento del bloque sobre el terreno, considerando el coeficiente de rozamiento:

$\delta = 0{,}5$, $d = \dfrac{12830 \times 0{,}5}{4.300} = 1{,}49 \approx 1{,}5$ (ad. según pág. 25).

Momento respecto del eje del pie derecho, $M = 4{,}3 \times 0{,}8 + 1{,}83 \times 0{,}125 = 3{,}67$ tm.

Excentricidad de la resultante respecto del pie derecho es:

$$e' = \frac{M}{\Sigma P} = \frac{3{,}67}{12{,}83} = 0{,}28 \text{ m}$$

Excentricidad con relación al eje del cimiento, $e = 52{,}5 + 28 - 65 = 15{,}5$ cm

$$k = \frac{1}{6} = \frac{130}{6} = 21{,}7 \text{ cm} > e,$$

por lo que resulta compresión sobre todo el terreno de cimentación; compresión media,

$$\sigma_m = \frac{12830}{10400} = 1{,}24 \text{ kg/cm}^2$$

Compresión máxima, $\sigma_{max} = 1{,}24 \times (1 + \dfrac{6 \times 15{,}5}{130}) = 1{,}24 \times 1{,}72 = 2{,}13 \text{ kg/cm}^2$ (ad $< 2{,}5$ kg/cm$^2$)

Compresión mínima, $\sigma_{mín} = 1{,}24 \times (1 - \dfrac{6 \times 15{,}5}{130}) = 1{,}24 \times 0{,}28 = 0{,}35 \text{ kg/cm}^2$

Tornillos de anclaje del pie derecho, 2 tors. M20, $A_n = 3{,}14 \times 2 = 6{,}28$ cm$^2$ (sección de la caña).

$$\tau = \frac{4300}{6{,}28} = 685 \text{ kg/cm}^2 \text{ (ad.)}$$

## 4.5. Montantes de las vidrieras

La carga vertical sobre los montantes, es la del ladrillo situado sobre la vidriera (5,5 m altura).

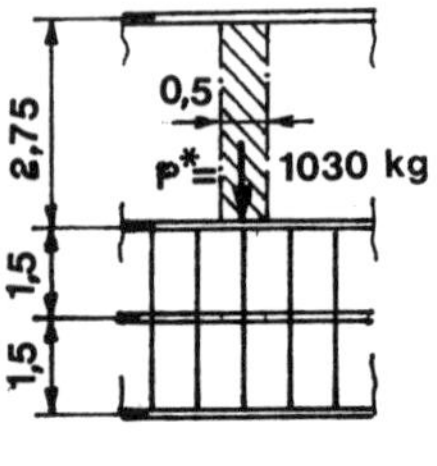


Separación entre montantes, s = 0,5 m; $P = 5{,}5 \times 0{,}5 \times 2{,}2 = 688$ kg;
$P^* = 688 \times 1{,}5 = 1030$ kg.
Presión del aire, $P_w^* = 0{,}5 \times 1{,}5 \times 180 = 135$ kg sobre cada vano de la vidriera.
Momento flector, $M^* = 0{,}125 \times 135 \times 150 = 2530$ kgm (viga continua de dos vanos).
Considerando $\perp$ 40 · 40 · 5, $A = 3{,}77$ cm$^2$, $W_x = 1{,}84$ cm$^3$, $i_x = 1{,}03$ cm

$$\lambda = \frac{150}{1{,}03} = 146, \ \omega = 3{,}77$$

$$\sigma^* = \frac{2530}{1{,}84} + \frac{1030 \times 3{,}77}{3{,}77} = 1375 + 1030 = 2405 \text{ kg/cm}^2 \text{ (ad.} < 2{,}6 \text{ t/cm}^2\text{)}$$

Para el cálculo se ha tomado $W_x$ e $i_x$ por considerar que tanto la flexión como el pandeo se efectuará según el eje x – x, ya que la acción del viento actúa contra este eje, y que el pandeo difícilmente se efectuará según el eje y – y, por evitarlo el vidrio, fijado con masilla.

### 5.5. Viga de viento-pasillo

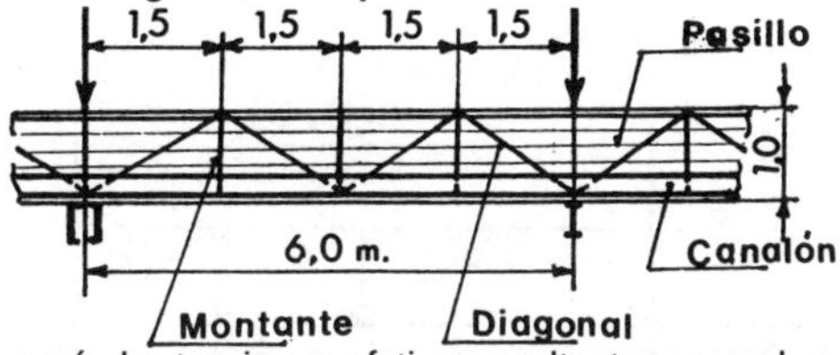


La viga de viento-pasillo, como viga de viento horizontal está sometida a las cargas que le transmiten los pies derechos del cierre lateral, y como viga pasillo o pasarela, soporta al canalón con agua y la sobrecarga a la que supuestamente está sometida. Los cordones de esta viga de viento pasillo, son a la vez las vigas laterales del pasillo, por lo que en su cálculo, se sumarán las tensiones o fatigas resultantes por ambos conceptos. Como la viga es simétrica en su disposición y cargas, y al no tener carga alguna central (por viento), del tramo central solamente los cordones trabajan, aunque se mantienen los montantes y diagonales como barras de arriostramiento. Se considera que los montantes soportan como vigas, cargas parciales del canalón y pasillo.

Como cargas en el pasillo se han considerado:

| | |
|---|---|
| Canalón fundido, con agua ................. | ≈ 150 kg/ml |
| Pasarela (300 kg/ml × 0,70 m ancho) ..... | ≈ 200 kg/ml |
| Peso propio del pasillo o pasarela .......... | ≈ 60 kg/ml |
| Total ...................................... | 410 kg/ml; se hace $q^* = 410 \times 1{,}5 = 615$ kg/ml. |

El montante, como viga, soporta $Q_m^* = 615 \times 1{,}5 = 923$ kg; $R_A = R_B = \dfrac{923}{2} = 462$ kg.

Momento flector, $M^* = \dfrac{923 \times 100}{8} = 11540$ kg cm.

Tomando ⅃⌐ 50 · 50 · 5, $A = 9{,}6$ cm², $I_{xx} = 22{,}0$ cm⁴.

$= \dfrac{11540}{22} \times 1{,}4 = 734$ kg/cm² (compresión); $\sigma_2^* = \dfrac{11540}{22} \times 3{,}6 = 1890$ kg/cm² (tracción).

Los cordones, como vigas, soportan las reacciones de los montantes

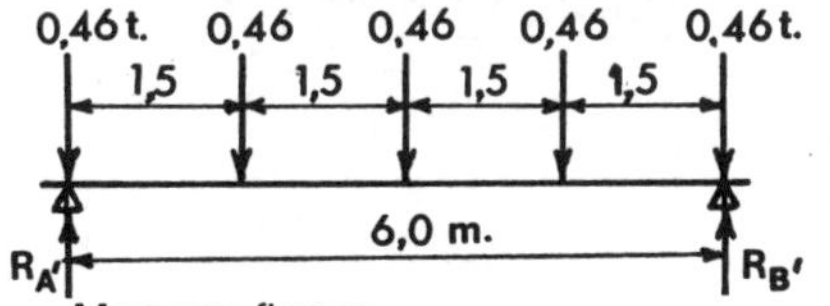


Peso propio, considerando que será [ PN 20 (25,3 kg m)

$Q^* = 6 \times 25{,}3 \times 1{,}5 = 228 \approx 230$ kg; $R_A = R_B = \dfrac{230}{2} = 115$ kg.

$R_{A'}^* = R_{B'}^* = \dfrac{3 \times 0{,}46}{2} = 0{,}69$ t.

Momento flector:

$$M^* = \frac{228 \times 600}{8} + (690 \times 300 - 460 \times 150) = 17100 + 138000 = 155100 \text{ kg cm.}$$

Tomando [PN 20, $W_x = 191$ cm³; $\sigma^* = \dfrac{155100}{191} = 812$ kg/cm², que se sumará con los correspondientes a viga de viento.

### 6.5. Ménsulas de la viga de viento

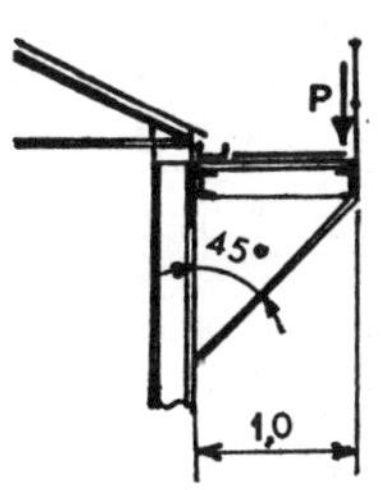


Cargas, $P^* = \dfrac{615 \times 6}{2} = 1850$ (carga de la mitad del pasillo).

Tornapuntas, $l = \dfrac{1{,}0}{\text{sen } 45°} = \dfrac{10}{0{,}707} = 1{,}414$ m (comprimido).

$P^* = \dfrac{1850}{0{,}707} = 2620$ kg.

⅃⌐ 50 · 50 · 5, $A = 9{,}6$ cm², $i_{xx} = 1{,}51$; $\lambda = 93$, $\omega = 1{,}81$;

$\sigma^* = \dfrac{2620 \times 1{,}81}{9{,}6} = 494$ kg/cm²

Tirante (montante tendido).

Tensión, $T = 2620$ kg. ⅃⌐ 50 · 50 · 5, $A = 9{,}6$ cm², $\tau^* = \dfrac{2620}{9{,}6} = 265$ kg/cm².

Los 265 kg/cm² como tirante, se sumarán a los 1890 kg/cm² como montante, resultando:

$$\tau^*_t = 265 + 1890 = 2155 \text{ kg/cm}^2 \text{ (ad).}$$

### 7.5. Viga de viento ( – pasillo ) entre columnas del cierre lateral

Cargas $P_1^* = P_2^* = P_h^* = 6{,}48$ t (página 299); reacciones $R_A^* = R_B^* = 6{,}48$ t.

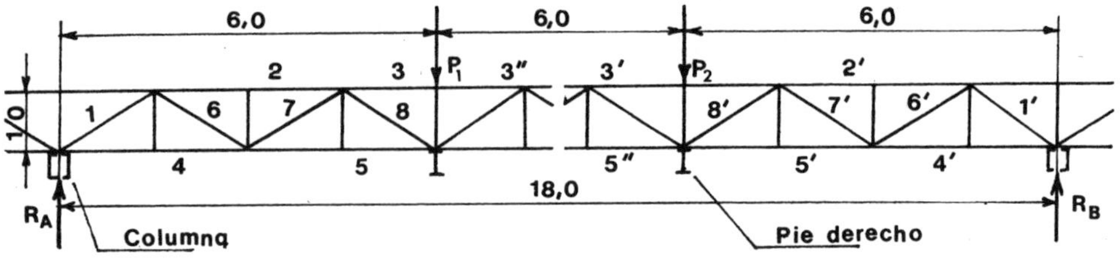


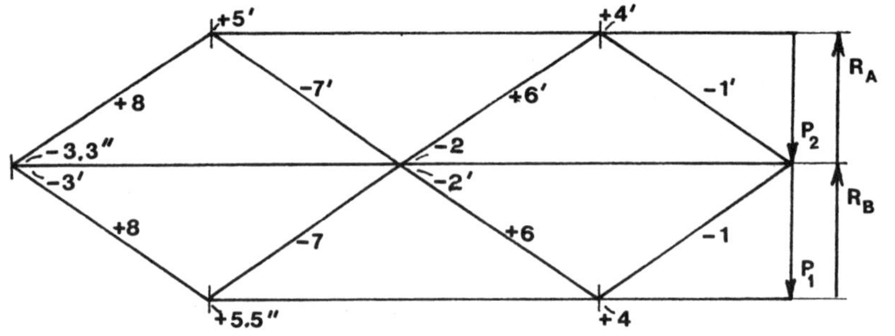


Escala de longitudes, 1 cm = 1 m

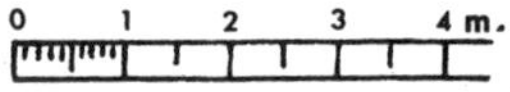


Escala de fuerzas, 1 cm = 3 t.

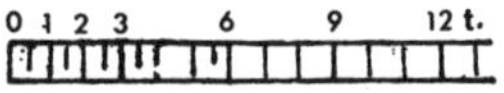


Cuadro de barras

| Barra | Esfuerzos, ton. | | Longitud. | Perfiles | Sección, $cm^2$ | | $i_x$ | $\lambda$ | $\omega$ | Fatiga, $t/cm^2$ | | Remaches o tornillos | | Peso |
|---|---|---|---|---|---|---|---|---|---|---|---|---|---|---|
| | + | − | cm | | $A_n$ | $A$ | cm | | | $\frac{P}{A_n}$ | $\frac{P\omega}{A}$ | Ø | N.º | kg |
| 1-1′ | | 11,7 | 180 | ┐┌ 60 · 60 · 6 | | 13,8 | 1,82 | 99 | 1,98 | | 1,68 | 16 | 2 | 58 |
| 2-2′ | | 19,5 | 150 | [ PN 20 | | 32,2 | 7,7 | 19,5 | 1,02 | | 0,62 | 21 | 3 | |
| 3-3′ | | 39,0 | 150 | [ PN 20 | | 32,2 | 7,7 | 19,5 | 1,02 | | 1,24 | 21 | 5 | |
| 4-4′ | 9,8 | | 150 | [ PN 20 | 27,5 | | | | | 0,36 | | 21 | 2 | |
| 5-5′ | 29,0 | | 150 | [ PN 20 | 27,5 | | | | | 1,05 | | 21 | 4 | 910 |
| 6-6′ | 11,7 | | 180 | ┐┌ 50 · 50 · 5 | 8,2 | | | | | 1,43 | | 14 | 2 | 41 |
| 7-7′ | | 11,7 | 180 | ┐┌ 60 · 60 · 6 | | 13,8 | 1,82 | 99 | 1,98 | | 1,68 | 16 | 2 | 117 |
| 8-8′ | 11,7 | | 180 | ┐┌ 50 · 50 · 5 | 8,2 | | | | | 1,43 | | 14 | 2 | 41 |

**Notas.**—Las barras 2, 3, 3′, 2′, cordón comprimido de la viga de viento, forman parte de la viga-pasillo, motivo por el que a la fatiga máxima resultante, $\sigma^* = 1{,}24$ t/cm², se le sumará la fatiga como parte de aquella viga, $\sigma^* = 0{,}812$ t/cm² (página anterior), resultando la fatiga máxima, $\sigma^* = 1{,}24 + 0{,}812 = 2{,}052$ t/cm² (adm).

Las diagonales del tramo central no sufren fatiga, y servirán como barras de arriostramiento de los cordones 3″ y 5″, sometidos a esfuerzos de compresión y tracción respectivamente.

Los montantes no trabajan como barras de la viga de viento, pero arriostran a sus cordones (han sido calculados como vigas transversales de la viga pasillo, página anterior).

**Nota.**—Si la viga de viento-pasillo también se dispone para transmitir la presión del viento sobre la cubierta a las columnas empotradas, a las fuerzas $P_1^* = P_2^* = P_h^*$, se sumará la presión $H^* = 3{,}38$ t de la armadura (página 302).

# SECCIÓN SEXTA
# ENTRAMADO DE CIERRES FRONTALES

## 1.6. Cierres frontales (de testero)

Los cierres frontales pueden estar dispuestos entre las columnas extremas, o situados paralelamente al plano de éstas, pero próximos a este plano.

Los cierres frontales propiamente dichos soportan la presión del viento sobre los mismos mediante el entramado de vigas secundarias, pies derechos y vigas de viento horizontales del cierre, y de la viga de viento en el plano de la cubierta (detrás de estos cierres, se hallarán dispuestas las columnas y la armadura de cubierta extremas). Si el cierre frontal sustituye a la armadura extrema, necesariamente se dispondrá una parte del cierre, aporticada, para absorber la presión del viento que la armadura transmitiría a las columnas extremas.

En otros cierres frontales se deja o dispone una parte inferior libre, adintelada, que obligará a colocar una viga vertical que soporte el peso de parte del cierre, así como también otra viga del viento horizontal a la altura del dintel; la parte adintelada libre, puede ocupar todo el ancho del cierre frontal.

La presión del viento sobre los cierres frontales, será absorbida por los pórticos de viento de los cierres laterales, situados entre las dos columnas extremas, ya que estas columnas no están dispuestas para soportar empujes transversales (normales a los cierres frontales).

## 2.6. Disposición de cierres frontales

Seguidamente se exponen tres cierres frontales, que podían servir para la nave considerada anteriormente.

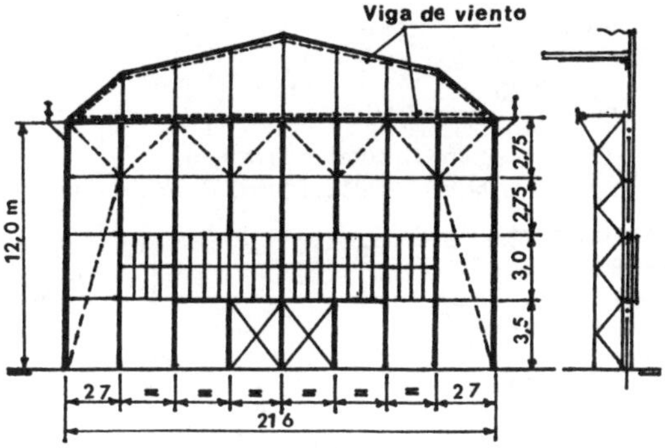


1.° Este cierre cubre la totalidad del espacio frontal; puede llevar una zona acristalada y puertas más o menos altas, levadizas o correderas mecánicamente.

Por medio de líneas de trazo, finas, se representa un pórtico de viento (presión sobre la cubierta y costado lateral).

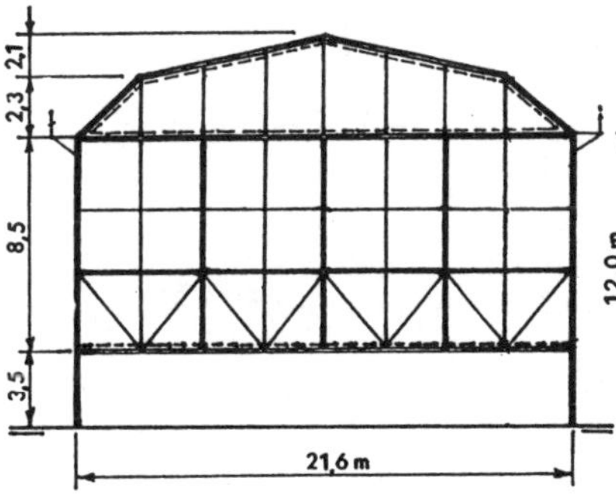


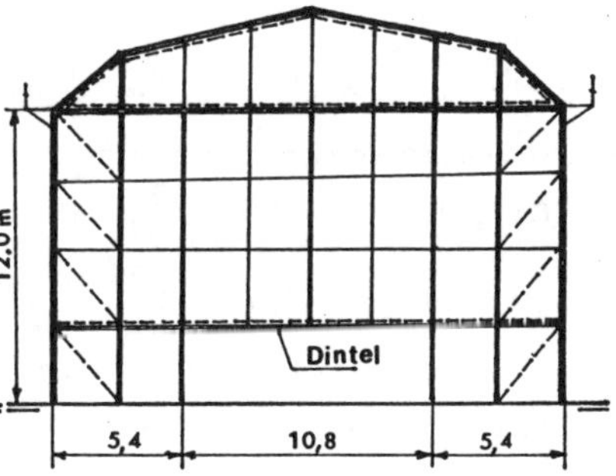


2.° Cierre frontal totalmente abierto en su parte inferior (adintelado). Toda la pared del cierre, está suspendida de la viga inferior; no tiene dispuesto pórtico de viento.

3.° Cierre frontal parcialmente abierto en su parte inferior (adintelado). La pared de la parte abierta está soportada por una viga inferior; tiene disposición para pórticos laterales (líneas de trazo largo).

## 3.6. Cierre frontal totalmente cubierto

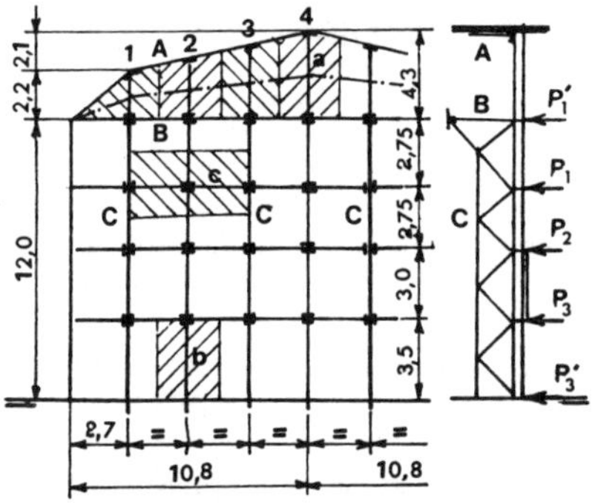


Este cierre frontal, como puede apreciarse en la figura correspondiente de la página anterior, está totalmente cerrado por la pared de ladrillo a media asta dispuesta entre el entramado del cierre, y por la vidriera, si ésta se coloca en parte del mismo cierre.

Se dispone una viga de viento A en el plano de la cubierta, y otra horizontal B situada a la altura del cierre lateral (12,0 m); el entramado está constituido por los pies derechos C, y vigas horizontales y verticales secundarias a, b y c. Todo el cierre expuesto a la acción del viento w de 120 kg/m² (sobre el plano vertical).

Cargas (coeficiente de ponderación, $\gamma = 1{,}5$):

Superficie 1, $Q_1^*$ z $2{,}7 \times 2{,}5 \times 120 \times 1{,}5 = 1220$ kg; $1/2\ Q_1^* = 610$ kg

Superficie 2, $Q_2^* = 2{,}7 \times 2{,}9 \times 120 \times 1{,}5 = 1410$ kg; $1/2\ Q_2^* = 705$ kg

Superficie 3, $Q_3^* = 2{,}7 \times 3{,}6 \times 120 \times 1{,}5 = 1760$ kg; $1/2\ Q_3^* = 880$ kg

Superficie 4, $Q_4^*$ z $2{,}7 \times 4{,}2 \times 120 \times 1{,}5 = 2040$ kg; $1/2\ Q_4^* = 1020$ kg

Superficie 5, $Q_5^* = 5{,}4 \times 2{,}75 \times 120 \times 1{,}5 = 2670$ kg; $1/2\ Q_5^* = 1335$ kg

Superficie 6, $Q_6^* = 5{,}4 \times \frac{2{,}75 + 3{,}0}{2} \times 120 \times 1{,}5 = 2790$ kg; $1/2\ Q_6^* = 1395$ kg

Superficie 7, $Q_7^* = 5{,}4 \times \frac{3{,}0 + 3{,}5}{2} \times 120 \times 1{,}5 = 3170$ kg; $1/2\ Q_7^* = 1585$ kg

Viga de viento A en el plano de la cubierta.—Cargas:

$P_1^* = 610$ kg, $P_2^* = 705$ kg, $P_3^* = 880$ kg, $P_4^* = 1020$ kg

$$R_A^* = R_B^* = 160 + 705 + 880 + \frac{1020}{2} = 2705 \text{ kg}$$

Pies derechos (vigas de viento verticales).—Cargas (se toma $C_2$ como más cargado):

$P_1'^* = 880 + 1335 = 2215$ kg; $P_1^* = 2670$; $P_2^* = 1395 + 1585 = 2980$ kg; $P_3^* = 3170$ kg; $P_3'^* = 1585$ kg

$$R_A = 1335 + \frac{2670 \times 9{,}25 + 2790 \times 6{,}5 + 3170 \times 3{,}5}{12{,}0} = 5830 \text{ kg}$$

$$R_B = \frac{3170 \times 8{,}5 + 2790 \times 5{,}5 + 2670 \times 2{,}75}{12{,}0} + 1700 = 5830 \text{ kg}$$

$$\Sigma = 11660 \text{ kg}$$

Viga de viento B, a la altura superior del cierre lateral.—Cargas.

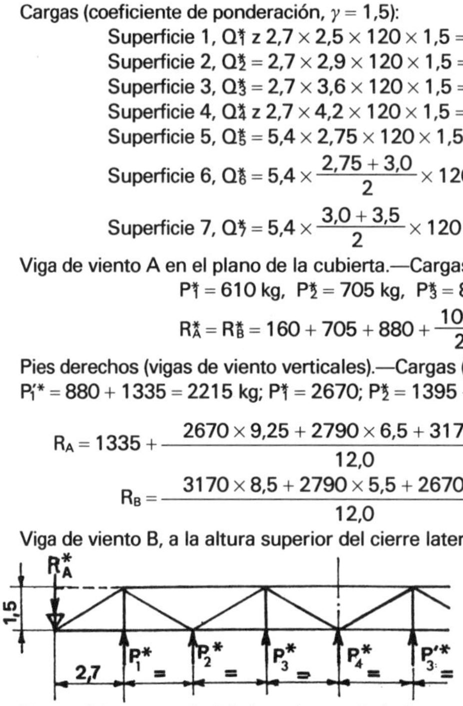


$P_1^* = 610 + 5830 = 6440$ kg

$P_2^* = 705 + 1335 = 2040$ kg

$P_3^* = 880 + 5830 = 6710$ kg

$P_4^* = 1020 + 1335 = 2360$ kg

$$R_A^* = R_B^* = 6440 + 2040 + 6710 + \frac{2360}{2} = 16370 \text{ kg}$$

Barras del entramado del cierre (secundarias).

Barra a $Q_a^* = 2{,}04$ t; $M_a^* = \frac{2{,}04 \times 430}{8} = 110$ t cm

IPN 14; $I_x = 573$ cm⁴, $W_x = 81{,}9$; $\sigma^* = \frac{110}{81{,}9} = 1{,}34$ kg/cm²; $f = 0{,}013 \times \frac{2{,}04 \times 430^3}{1{,}5 \times 2100 \times 573} = 1{,}17$ cm (ad. $< \frac{430}{300} = 1{,}43$ cm). El perfil IPN 14 es el mínimo para poder encajar los ladrillos a media asta; se utilizará este perfil para todas las barras menores que a (4,3 m).

Barra c. $Q_c^* = 2{,}67$ t. $M_c^* = \frac{2{,}67 \times 540}{8} = 180$ tcm.

IPN 16; $I = 935$ cm⁴, $W_x = 117$ cm³; $\sigma^* = \frac{180}{117} = 1{,}54$ t/cm² (ad $< 2{,}6$ t/cm²)

$f = 0{,}013 \times \frac{2{,}67 \times 540^3}{1{,}5 \times 2100 \times 935} = 1{,}86$ cm (adm $< \frac{570}{300} = 1{,}9$ cm).

### 4.6. Cierre frontal con parte inferior libre adintelada

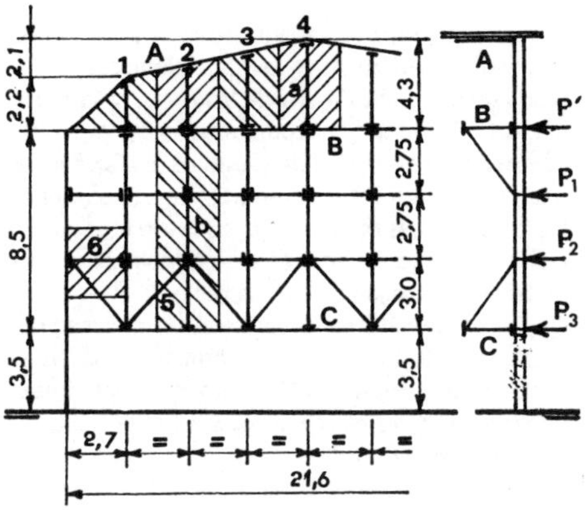

Cierre frontal con pared de ladrillo a media asta, suspendido mediante una viga vertical situada en la parte inferior del cierre.

Dispone de viga de viento en el plano de la cubierta, A; otra viga de viento B a la altura de la parte superior del cierre lateral; y la C situada en la parte inferior del cierre. El entramado está formado por montantes verticales entre vigas A y B, y las secundarias horizontales.

Cargas (coeficiente de compensación, $\gamma = 1{,}5$):

Superficie 1. $Q_1^* = 2{,}7 \times 2{,}5 \times 120 \times 1{,}5 = 1220$ kg; $1/2\ Q_1^* = 610$ kg
Superficie 2. $Q_2^* = 2{,}7 \times 2{,}9 \times 120 \times 1{,}5 = 1410$ kg; $1/2\ Q_2^* = 705$ kg
Superficie 3. $Q_3^* = 2{,}7 \times 3{,}6 \times 120 \times 1{,}5 = 1750$ kg; $1/2\ Q_3^* = 875$ kg
Superficie 4. $Q_4^* = 2{,}7 \times 4{,}2 \times 120 \times 1{,}5 = 2040$ kg; $1/2\ Q_2^* = 1020$ kg
Superficie 5. $Q_5^* = 2{,}7 \times 8{,}5 \times 120 \times 1{,}5 = 4130$ kg; $1/2\ Q_5^* = 2065$ kg
Superficie 6. $Q_6^* = 2{,}7 \times 3{,}0 \times 120 \times 1{,}5 = 1460$ kg; $1/2\ Q_6^* = 730$ kg

A. *Viga de viento a la altura de la cubierta. Cargas*

$P_1^* = 610$ kg, $P_2^* = 705$ kg, $P_3^* = 875$ kg, $P_4^* = 1020$ kg.    $R_A^* = R_B^* = 610 + 705 + 875 + \dfrac{1020}{2} = 2700$ kg

B. *Viga de viento a la altura superior del cierre lateral. Cargas*

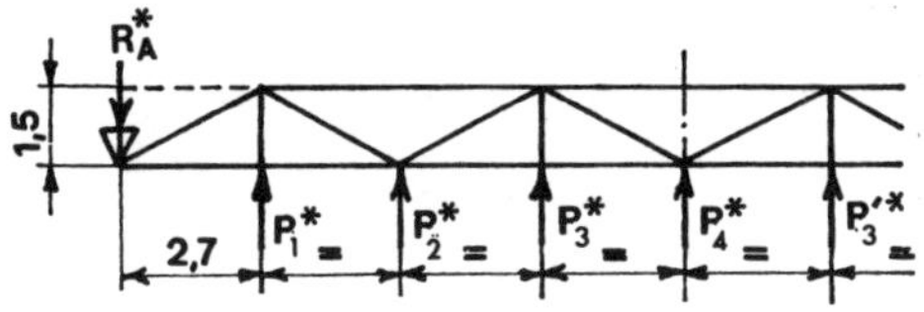

$P_1^* = 610 + 2065 = 2675$ kg

$P_2^* = 705 + 2065 = 2770$ kg

$P_3^* = 875 + 2065 = 2940$ kg

$P_4^* = 1020 + 2065 = 3085$ kg

$R_A^* = R_B^* = 2675 + 2770 + 2940 + \dfrac{3085}{2} = 9930$ kg

C. *Viga de viento en el dintel. Cargas*

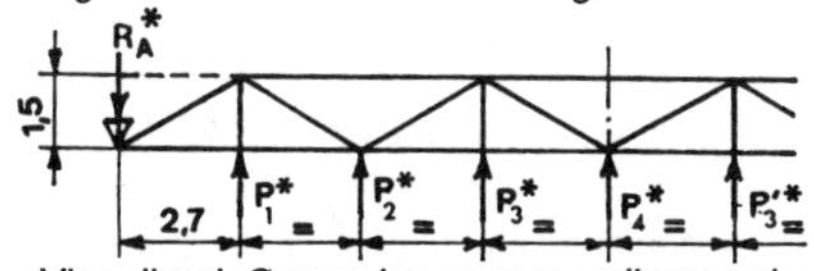

$P_1^* = P_2^* = P_3^* = P_4^* = 2065$ kg

$R_A^* = R_B^* = 3 \times 2065 + \dfrac{2065}{2} = 7230$ kg

Viga dintel. Cargas las correspondientes al peso del ladrillo ($\approx 250$ kg/m²)

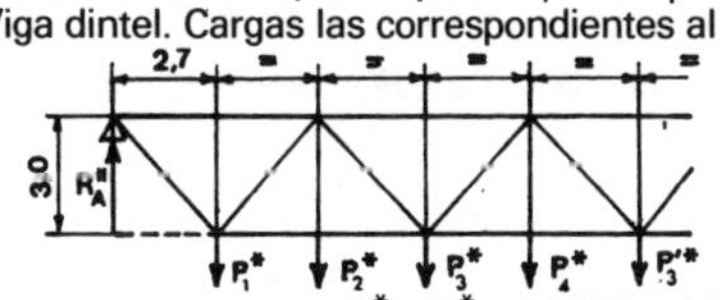

$P_1^* = (2{,}5 + 8{,}5) \times 2{,}7 \times 250 \times 1{,}5 = 12030$ kg
$P_2^* = (2{,}9 + 8{,}5) \times 2{,}7 \times 250 \times 1{,}5 = 12470$ kg
$P_3^* = (3{,}6 + 8{,}5) \times 2{,}7 \times 250 \times 1{,}5 = 13230$ kg
$P_4^* = (4{,}2 + 8{,}5) \times 2{,}7 \times 250 \times 1{,}5 = 14340$ kg

$R_A^* = R_B^* = 12030 + 12470 + 13230 + \dfrac{14340}{2} = 44900$ kg

Montantes verticales. Carga $Q^* = 4130$ kg, $M^* = \dfrac{4{,}13 \times 8{,}5}{8} = 4{,}39$ t m $= 439$ tcm

IPN 24, $I_x = 4250$ cm⁴, $W_x = 354$ cm³; $\sigma^* = \dfrac{439}{354} = 1{,}24$ t/cm²

$f = 0{,}013 \times \dfrac{4{,}13 \times 850^3}{1{,}5 \times 2100 \times 4250} = 2{,}46$ cm (ad $< \dfrac{850}{300} = 2{,}83$ cm)

Las barras secundarias, como en el cierre de testero anterior.

## 5.6. Cierre de testero, con parte central inferior abierta, con dintel

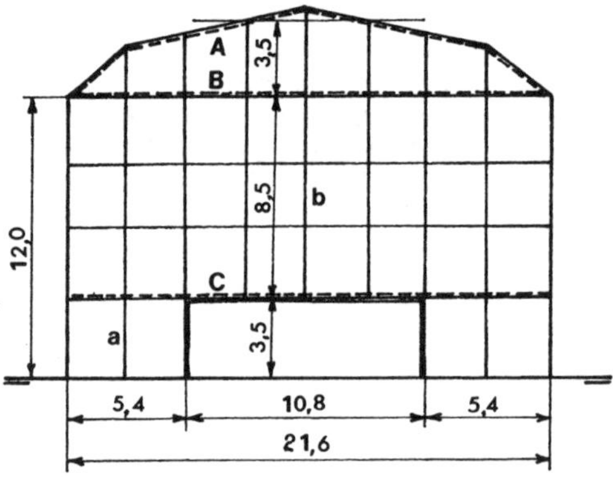


Este cierre es una variante de los dos anteriores, ya que tiene sus zonas extremas totalmente cerradas, como en el primero de aquéllos, y la parte central inferior abierta, como en el segundo.

Se disponen la viga de viento de cubierta igual a la de los dos frentes anteriores; la viga de viento B, con cargas de montantes b, como en el segundo cierre, y la viga C como en el segundo cierre con aumento de cargas por las barras a.

Para soportar la pared vertical en la zona central, se puede disponer una viga vertical, como en el segundo cierre, o un dintel apoyado en columnas, que quedarán arriostradas por la viga de viento C, como se representa.

a) *Cálculo de la viga dintel*

La viga dintel soporta una carga que puede considerarse uniformemente repartida de 250 kg/m², más 1500 kg por peso propio, resultando para $\gamma = 1{,}5$:

$$Q^* = [1500 + (8{,}5 + 3{,}5) \times 10{,}8 \times 250] \times 1{,}5 = 50850 \text{ kg}; \; M^* = \frac{50{,}85 \times 10{,}8}{8} = 68{,}65 \text{ tm} = 6865 \text{ tcm}.$$

$$I_n = 149 \times \frac{50{,}85}{1{,}5} \times 10{,}8 = 54550 \text{ cm}^4; \; W_n = \frac{68{,}65}{2{,}6} = 2640 \text{ cm}^3.$$

Tomando una viga IPN 50, se tiene: $I_x = 68740 > I_n$, $W_x = 2750 > W_n$.

$$\sigma = \frac{6865}{2750} = 2{,}50 \text{ t/cm}^2 \text{ (ad} < 2{,}6 \text{ t/cm}^2\text{)}; \; f = 0{,}013 \times \frac{50{,}85 \times 1080^3}{1{,}5 \times 2100 \times 68740} = 3{,}8 \text{ cm } \left(\approx \frac{1080}{300} = 3{,}6 \text{ cm}\right).$$

b) *Apoyos o columnas del dintel*

$$\text{Carga, } P^* = \frac{50{,}85}{2} = 25{,}45 \text{ t}; \; l = 350 \text{ cm}.$$

Como perfil, se toma [] unidas con soldadura ([] PN 10, $P^* = 38{,}6$ t, tabla $EA_c$ -20).
[] PN 10, $I_x = 2 \times 206 = 412$ cm⁴; $i_x = 3{,}91$ cm, $i_y = 3{,}75$ cm.

$$A = 27{,}0 \text{ cm}^2; \; \lambda_y = \frac{350}{3{,}75} = 93, \; \omega = 1{,}81; \; \sigma^* = \frac{1{,}81 \times 25{,}45}{27{,}0} = 1{,}71 \text{ t/cm}^2 \text{ (ad.} < 2{,}6 \text{ t/cm}^2\text{)}.$$

c) *Cimentación de las columnas*

Hormigón de 30 kg/cm², peso específico 2,2; terreno, 2 a 2,5 kg/cm² (página 25).

$$\text{Superficie de la placa de asiento, } S = \frac{50850}{1{,}5 \times 2 \times 30} = 565 \text{ cm}^2; \text{ placa de } 25 \times 25 \text{ cm}.$$

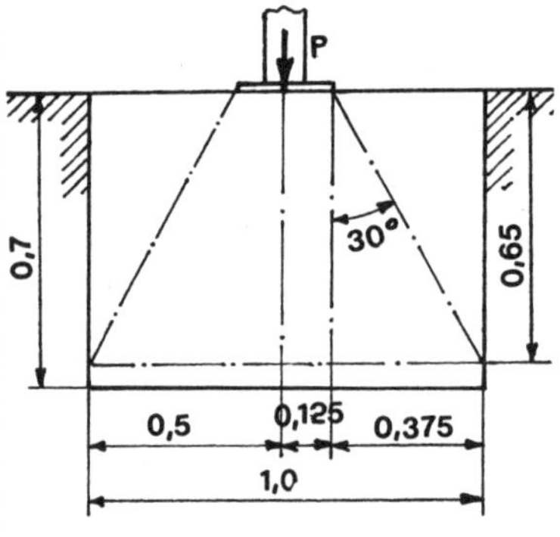


$$\text{Superficie de la base dle cimiento, } S_c = \frac{50850}{1{,}5 \times 2 \times 2} = 8475 \text{ cm}^2.$$

Se toma una superficie de $100 \times 90 = 9000$ cm² ($> 8475$).

$$\text{Profundidad del cimiento, } h = \frac{37{,}5}{\text{tg } 30^\circ} = 65 \text{ cm, se toma 70 cm.}$$

Peso del cimiento $P_c = 0{,}7 \times 0{,}9 \times 1{,}0 \times 2{,}2 = 1{,}4$ t.

$$\text{Peso total } P_t = \frac{50{,}58}{1{,}5 \times 2} + 1{,}4 = 18{,}26 \text{ t}.$$

Presión sobre el terreno,

$$\sigma^* = \frac{18260}{100 \times 90} = 2{,}03 \text{ kg/cm}^2 \text{ (ad.)}$$

### 6.6. Viga de viento B en el cierre frontal a la altura del cierre lateral

Cargas, las establecidas para la viga B en la pág. 319

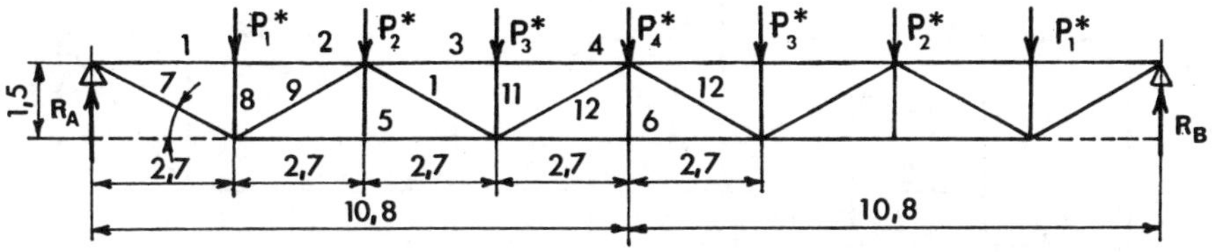


Escala 1:150

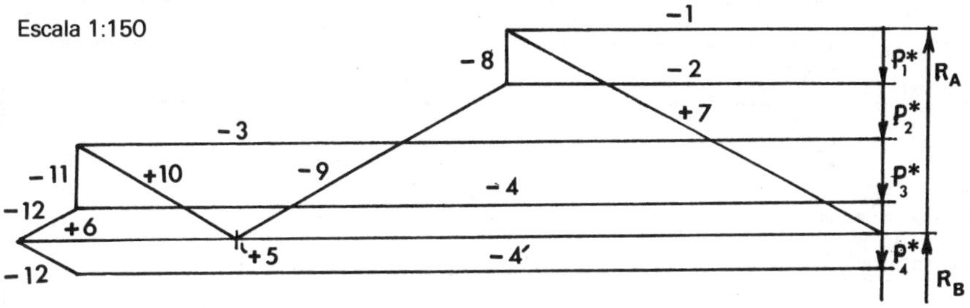


Escala de fuerzas, 1 cm = 3,0 t.

Cargas:

$P_1 = 2675$ kg, $P_2 = 2770$ kg, $P_3 = 2940$, $P_4 = 3085$ kg, $R_A = R_B = 9930$

Numéricamente, se tiene:

$M^* = 9{,}93 \times 10{,}8 - (2{,}68 \times 8{,}1 + 2{,}77 \times 5{,}4 + 2{,}94 \times 2{,}7) = 107{,}2 - 44{,}6 = 62{,}6$ tm.

Cordones, $P^* = \pm \dfrac{62{,}6}{1{,}5} = \pm 41{,}7$ t.

$\text{tg}\alpha = \dfrac{1{,}5}{2{,}7} = 0{,}556$; $\alpha = 29{,}05°$, $\cos\alpha = 0{,}874$; $\text{sen}\alpha = 0{,}486$

Diagonal tendida, $T^* = \dfrac{9{,}93}{0{,}486} = 20{,}4$ t; diagonal comprimida, $C^* = \dfrac{9{,}93 - 2{,}68}{0{,}486} = 14{,}9$ t.

Cordón tendido, ⅂⌐ 70 · 70 · 7, $A = 18{,}8$ cm²; $\tau^* = \dfrac{41{,}7}{18{,}8} = 2{,}22$ t/cm² (ad $<$ 2,6 t/cm²).

Cordón comprimido, $l = 2{,}7$ m; I.P.N. 16, $A = 22{,}8^2$, $i_x = 6{,}4$ cm (no puede pondear según el eje y-y por impedirlo el ladrillo de cierre), $\lambda = \dfrac{270}{6{,}4} = 42$, $\omega = 1{,}08$; $\sigma^* = \dfrac{41{,}7 \times 1{,}08}{22{,}8} = 1{,}98$ t/cm².

Diagonal tendida, ⅂⌐ 50 · 50 · 5, $A = 9{,}6$ cm²; $\tau = \dfrac{20{,}4}{9{,}6} = 2{,}13$ kg/cm².

Diagonal comprimida, $l = \dfrac{2{,}7}{0{,}874} = 3{,}1$ m; con ⅂⌐ 80 · 80 · 8, $i_x = 2{,}43$ cm, $\lambda = \dfrac{310}{2{,}43} = 128$

$\omega = 2{,}98$, $A = 24{,}6$ cm²; $\sigma^* = \dfrac{14{,}9 \times 2{,}98}{24{,}6} = 1{,}80$ t/cm².

Las diagonales restantes, y los montantes, ⅂⌐ 50 · 50 · 5

Para apoyo (horizontal) se dispondrán tornapuntas en los puntos $P_1^*$, $P_2^*$, $P_3^*$ y $P_4^*$.

**Nota.**—La viga de viento horizontal C del dintel, cuyas cargas se expresan en la pág. 319, se calculará de modo similar al arriba seguido para la viga B, y se dispone de forma que su cordón comprimido también forme parte del cordón tendido de la viga dintel (pág. 319); se tendrán presente los esfuerzos correspondientes para sumarlos algebraicamente.

## 7.6. Viga dintel en el cierre frontal

Cargas.—Las correspondientes al cierre de ladrillo, establecidas en la pág. 319.

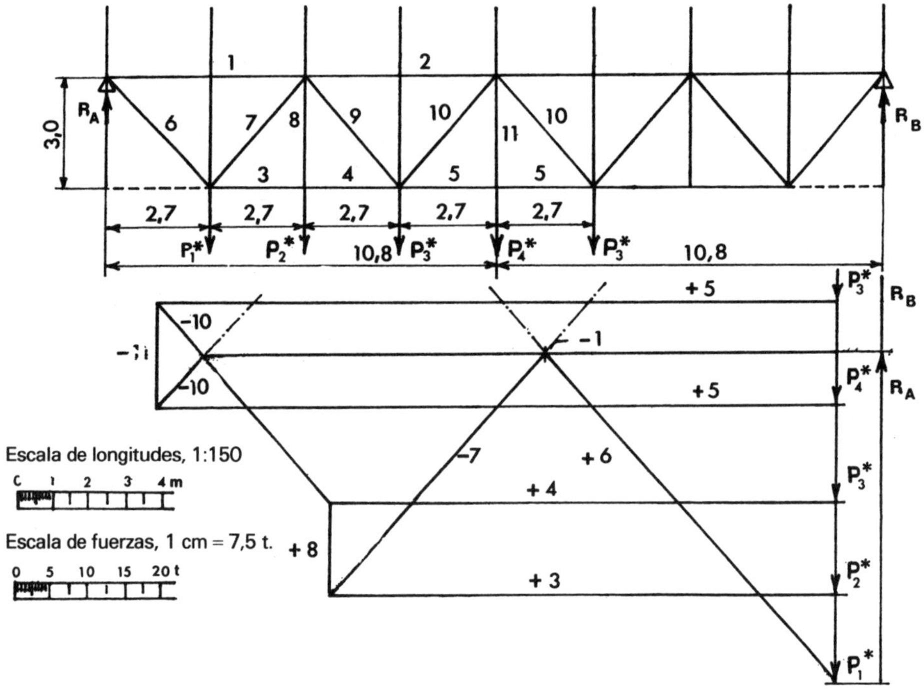


Cargas:

$P_1^* = 12030$ kg, $P_2^* = 12470$ kg, $P_3^* = 13230$ kg, $P_4^* = 14340$ kg, $R_A^* = R_B^* = 44900$ kg.

Numéricamente, se tiene:

$M^* = 44{,}90 \times 10{,}8 - (12{,}47 \times 8{,}1 + 13{,}23 \times 5{,}4 + 14{,}34 \times 2{,}7) = 485 - 211 = 274$ tcm.

$$P^* = \pm \frac{274}{3{,}0} = \pm 91{,}3 \text{ t.}$$

$\text{tg}\alpha = \frac{2{,}7}{3{,}0} = 0{,}9$; $\alpha = 41{,}99°$; $\cos\alpha = 0{,}743$; longitud de diagonales, $l = \frac{3{,}0}{0{,}743} = 4{,}02$ m.

Diagonal tendida, $T^* = \frac{44{,}9}{0{,}743} = 60{,}4$ t; diagonal comprimida, $C^* = \frac{44{,}9 - 12{,}03}{0{,}743} = 44{,}24$ t.

Como estado de carga más desfavorable, se puede admitir que el recuadro o pared inferior descansa sobre el cordón o barra inferior de la viga; así se tiene:

$$Q^* = 2{,}7 \times 3 \times 250 \times 1{,}5 = 3040 \text{ kg.}$$

Considerando este cordón como viga semicontinua, resulta:

$$M^* = \frac{3040 \times 300}{10} = 91200 \text{ kg cm} = 91{,}20 \text{ t cm.}$$

Cordón inferior (tendido), ]⊔[ P.N. 14, $A = 61{,}2$ cm², $I_x = 1520$ cm⁴, $W = 180$ cm³ (sección total por unión soldada). $\sigma^* = \frac{91{,}3}{61{,}2} + \frac{91{,}2}{180} = 1{,}49 + 0{,}51 = 2{,}00$ t/cm² (ad. $< 2{,}6$ t/cm²).

Cordón superior ][ PN 14, $A = 40{,}8$ cm², $i_x = 5{,}45$, $\lambda = \frac{270}{5{,}45} = 49$, $\omega = 1{,}12$; $\sigma^* = \frac{91{,}3 \times 1{,}12}{40{,}8} = 2{,}51$ t/cm².

Diagonal tendida, ][ P.N. 14, $A = 40{,}8$; $\tau = \frac{60{,}4}{40{,}8} = 1{,}48$ t/cm².

Diagonal comprimida, ][ P.N. 14; $\lambda = \frac{402}{5{,}45} = 74$; $\omega = 1{,}4$; $\sigma^* = \frac{44{,}24 \times 1{,}4}{40{,}8} = 1{,}52$ t/cm².

Por razones constructivas, el resto de las diagonales, ][ P.N. 14.

Montantes, I P.N. 24 (pág. 319), $A = 46{,}1$ cm²; $\sigma^* = 1{,}24 + \frac{14{,}34}{46{,}1} = 1{,}24 + 0{,}31 = 1{,}55$ t/cm².

## 8.6. Pies derechos del cierre frontal

Las cargas, especificadas en la página 318, son: $P_1^* = 2670$ kg, $P_2^* = 2980$ kg, $P_3^* = 3170$ kg. $P_1^* + P_2^* + P_3^* = 8{,}82$ t.

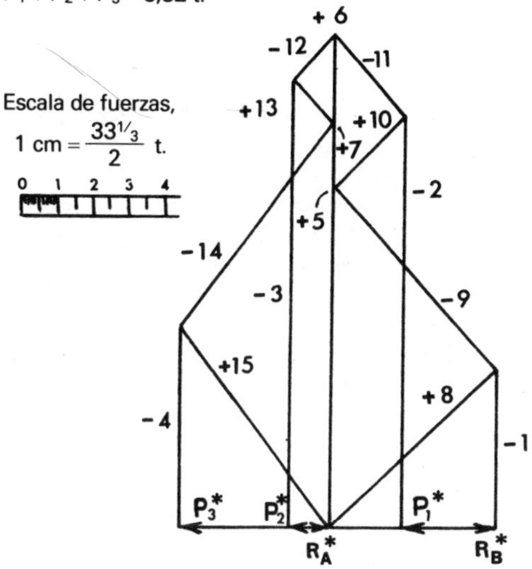


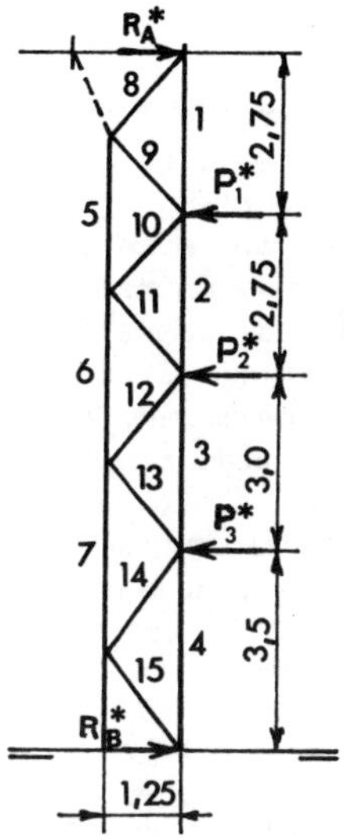


Escala de longitudes
1 cm = 1,5 m.

$$R_A^* = \frac{2{,}67 \times 9{,}25 + 2{,}98 \times 6{,}5 + 3{,}17 \times 3{,}5}{12} = 4{,}60 \text{ t}, \quad R_B^* = \frac{3{,}17 \times 8{,}5 + 2{,}98 \times 5{,}5 + 2{,}67 \times 2{,}75}{12} = 4{,}22 \text{ t}.$$

$$R_A^* + R_B^* = 8{,}82 \text{ t}.$$

Cordón comprimido, $P_{máx}^* = P_3^* = 12{,}3$ t. Por razones constructivas (pared de ladrillo) se dispone ][ PN 14

$A = 40{,}8$ cm², $i_x = 5{,}45$ (el pondeo según el eje y-y lo impide el ladrillo del cierre), $\lambda = \frac{300}{5{,}45} = 55$, $\omega = 1{,}17$

$$\sigma^* = \frac{12{,}3 \times 1{,}17}{40{,}8} = 0{,}35 \text{ t/cm}^2 \text{ (ad.)}$$

Cordón vertical tendido, $T_{máx}^* = T_6^* = 13{,}5$ t. Perfil ⁻|⁻ 50 · 50 · 5, $A_n = 9{,}6$ cm² (unión soldada).

$$\tau = \frac{13{,}5}{9{,}6} = 1{,}41 \text{ t/cm}^2 \text{ (ad.} < 2{,}6 \text{ t/cm}^2\text{)}.$$

Diagonales comprimidas, $P_{máx}^* = P_{14}^* = 7{,}0$ t; $l = 220$ cm, perfil ⁻|⁻ 50 · 50 · 7 (tabla $EA_c$ -25, 8,86 t).

$$A = 13{,}1 \text{ cm}^2\ i_x = 1{,}49 \text{ cm}, \ \lambda = \frac{220}{1{,}49} = 148, \ \omega = 3{,}86; \ \sigma^* = \frac{7{,}0 \times 3{,}86}{13{,}1} = 2{,}06 \text{ t/cm}^2.$$

Para la diagonal 9, ⁻|⁻ 50 · 50 · 7, y para las diagonales 11 y 12 ⁻|⁻ 40 · 40 · 6 ó 50 · 50 · 5.
Diagonales tendidas, $T_{máx}^* = T_{15}^* = 7{,}0$ t. Perfil ⁻|⁻ 40 · 40 · 4 (para T* = 16,0 t, tabla $EA_t$ -7).

$$A = 6{,}16 \text{ cm}^2, \ \tau^* = \frac{7{,}0}{6{,}16} = 1{,}14 \text{ t/cm}^2 \text{ (ad.} < 2{,}6 \text{ t/cm}^2\text{)}.$$

*Cimentación*

La cimentación soportará el empuje correspondiente a la reacción $R_B = \frac{4{,}22}{1{,}5} = 2{,}8$ t, más la del empuje de viento de la parte inferior, $P_w = 2{,}7 \times \frac{3{,}5}{2} \times 120 = 570$ kg (figura de la página 318).

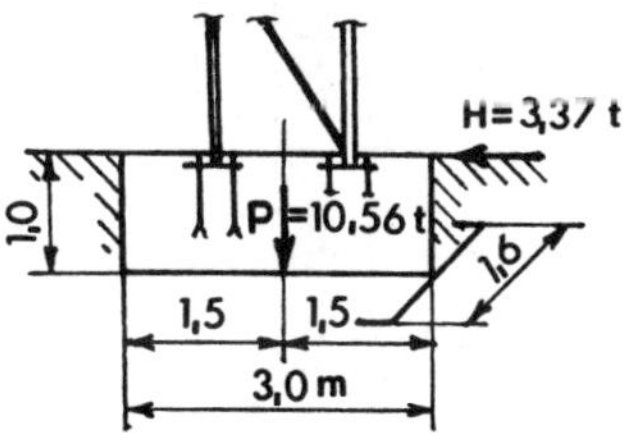


$$H_t = 2{,}8 + 0{,}57 = 3{,}37 \text{ t}.$$

El peso del bloque de cimentación evitará, por rozamiento (0,5) el desplazamiento del pie derecho. $P_c = 3{,}0 \times 1{,}6 \times 1{,}02{,}2 = 10{,}56$ t.

Seguridad al deslizamiento, $d = \frac{10{,}56 \times 0{,}5}{3{,}37} = 1{,}57$ (ad. > 1,5, página 25).

Excentricidad de la resultante, $e = \frac{3{,}37}{10{,}56} = 0{,}32 \text{ m} < \frac{3{,}0}{6} = 0{,}5$ (compresión en el terreno. $\sigma = \frac{10560}{300 \times 160} \times \left(1 \pm \frac{6 \times 0{,}32}{3{,}00}\right) = 0{,}22 \times (1 \pm 0{,}64)$.

$\sigma_{máx} = 0{,}22 \times 1{,}64 = 0{,}36$ kg/cm²; $\sigma_{mín} = 0{,}22 \times 0{,}36 = 0{,}08$ kg/cm².

**Nota.**—Se dispondrá anclaje de tracción para la barra 7 (prolongada) para $T = \frac{11}{1{,}5} = 7{,}3$ t, y anclaje de posicionamiento para el cordón comprimido (barra 4).

# SECCIÓN SÉPTIMA
# VIGAS Y PÓRTICOS DE VIENTO

## 1.7. Disposición de vigas y pórticos

En las edificaciones metálicas se disponen vigas y pórticos de viento en los cierres frontales y laterales, para que transmitan los empujes o presiones que el viento ejerce sobre aquellas edificaciones a sus cimentaciones. La acción del viento sobre las cubiertas y cierres laterales de la edificación, se transmite a las fundaciones de las columnas por medio de éstas cuando son empotradas, presiones que a su vez reciben a través de las armaduras de cubierta y del entramado metálico del cierre lateral; cuando la edificación no cuenta con columnas intermedias empotradas, son las vigas de viento dispuestas en el plano de la cubierta o las situadas suspendidas del cordón inferior de las armaduras, las que transmiten aquellas acciones a las columnas extremas empotradas, o en su defecto, a los muros que las substituyen.

También serán otros pórticos de viento dispuestos en los cierres frontales, los que recibiendo las fuerzas originadas por el viento, las transmiten a sus fundaciones (las de los pórticos).

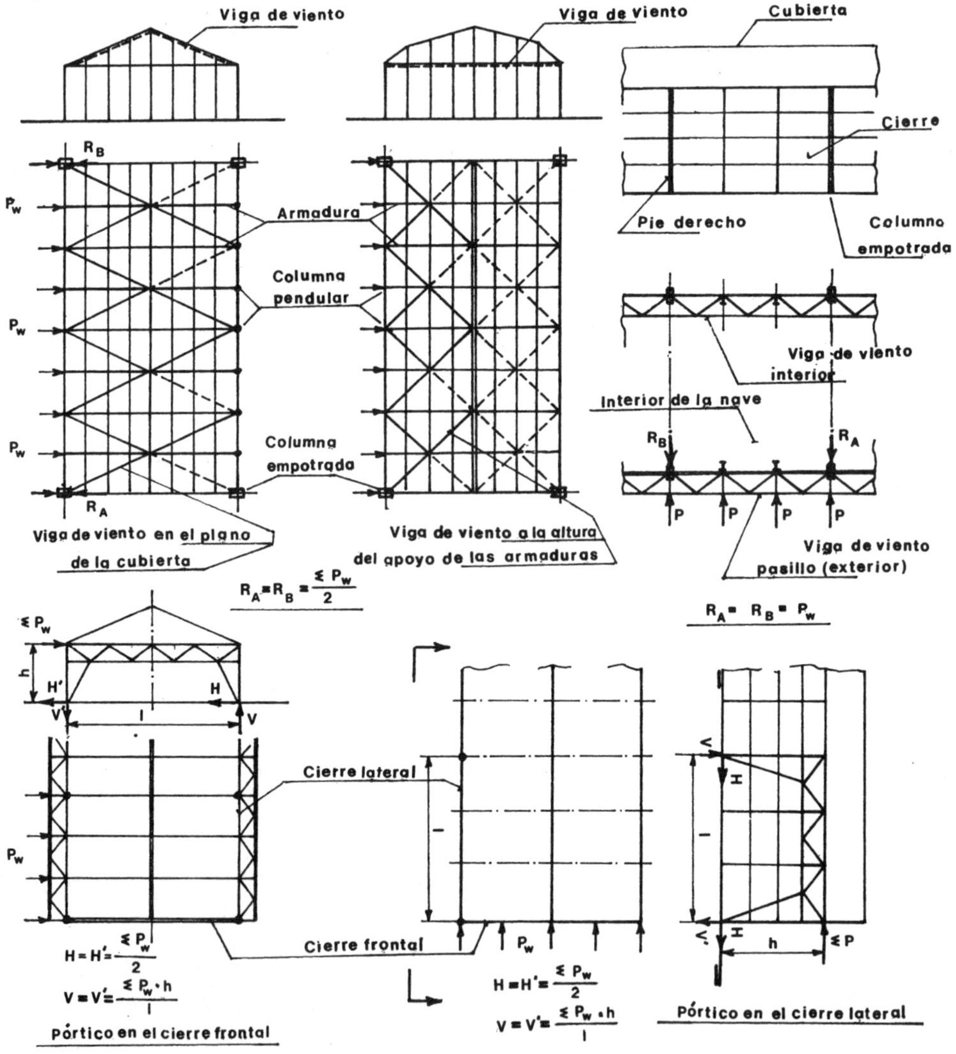

## 2.7. Vigas de viento para el cierre lateral en el plano de la cubierta

El empuje horizontal H del viento (w) sobre la cubierta, es transmitido por medio de las armaduras a las columnas empotradas sobre las que se apoyan, y cuando las armaduras descansan sobre pies derechos situados entre aquellas columnas, es preciso disponer vigas de viento entre las referidas columnas, situándolas en el plano de la cubierta; también la transmisión de aquellos empujes puede hacerse por medio de la viga de viento-pasillo.

En el caso que se estudia, se considerará el empuje H* = 3,38 t transmitido por las armaduras (abuhardilladas o con «mansarda») de la pág. 302.

Se dispone la viga de viento entre las correas primera y tercera, como seguidamente se presenta, haciendo que dichas correas sean los cordones de la viga.

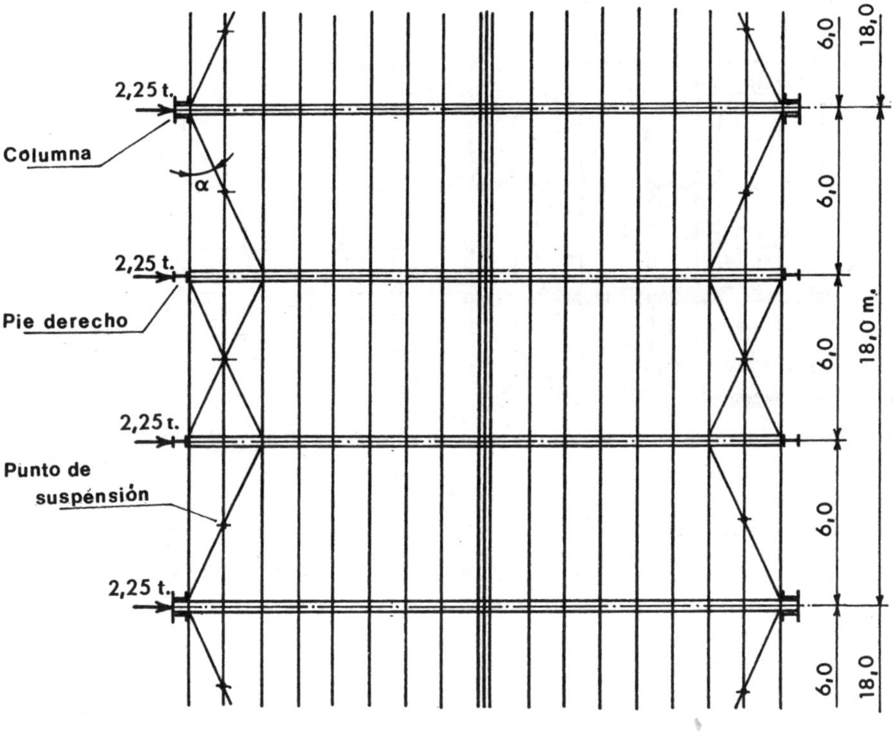


Cálculo numérico.—Cordones, $P^* = \pm \dfrac{3{,}38 \times 6{,}00}{2{,}7} = \pm 7{,}5$ t

Diagonal, $\operatorname{tg} \alpha = \dfrac{2{,}7}{6{,}0} = 0{,}45$; $\alpha = 24{,}23°$; sen $\alpha = 0{,}410$; $T^* = \dfrac{3{,}38}{0{,}410} = 8{,}24$ t

El cordón exterior como correa, también exterior, soporta $\sigma'^* = \dfrac{2{,}19}{2} = 1{,}10$ t/cm² (pág. 289), siendo IPN 12, A = 14,2 cm², se tiene $\sigma^* = \dfrac{7{,}5}{14{,}2} = 0{,}53$ t, resultando $\sigma_t^* = 0{,}53 + 1{,}10 = 1{,}63$ t/cm².

Utilizando la correa reforzada como cordón tendido (interior, pág. 289) se tiene:

$A = 14{,}2 + 2 \times 7{,}5 \times 0{,}8 = 26{,}2$ cm² (ılı), $\tau =^* = 2{,}19 + \dfrac{7{,}5}{26{,}2} = 2{,}19 + 0{,}29 = 2{,}48$ t/cm² (ad.)

En la correa comprimida no se considera pandeo, por su unión a la cubierta.

Diagonal, L 50 · 50 · 50 · 5, A = 4,8 cm² $\quad \tau = \dfrac{8{,}24}{4{,}8} = 1{,}72$ $t/cm_2$ (ad < 2,6 t/cm²).

En las diagonales que no trabajan se mantendrá el mismo perfil, L 50 · 50 · 5. Para evitar su flexión, las diagonales se suspenderán de las correas intermedias.

### 3.7. Viga de viento para el cierre frontal, en el plano de la cubierta

Esta viga de viento se dispone entre los cordones superiores (comprimidos) de las armaduras extremas (1ª y 2ª), cordones que a la vez lo serán de la viga de viento (comprimido y tendido). Si el cierre frontal substituye a la armadura extrema, las barras o cordón superior de este cierre, además de servir de apoyo a las correas, forman el cordón comprimido de la viga de viento.

Adoptando para la viga de viento la disposición expresada en las figuras que siguen, las correas (una sí y otra no) forman parte como barras de la viga de viento; las diagonales extremas pueden formar parte de la viga de viento del cierre lateral.

Valores de las cargas, en la pág. 318.

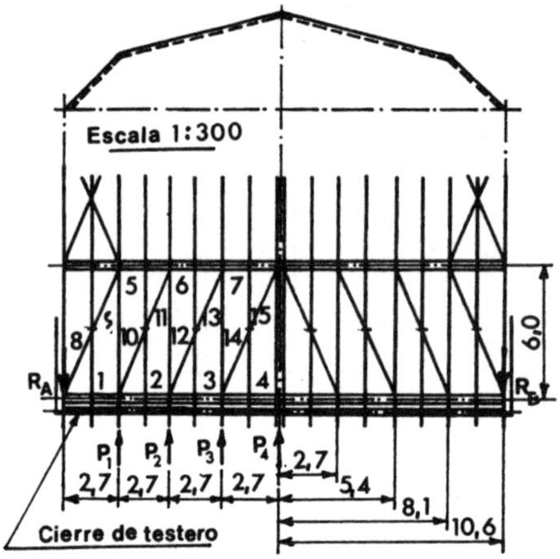


Escala 1:300

Escala de fuerzas 1 cm = 400 kg

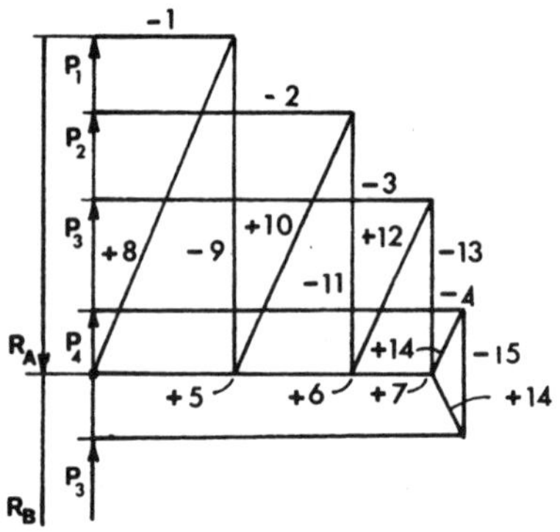


Valores gráficos, iguales a los numéricos

Númericamente, se tiene:

$M^* = 2{,}71 \times 10{,}8 - (0{,}61 \times 8{,}1 + 0{,}71 \times 5{,}4 + 0{,}88 \times 2{,}7) = 29{,}7 - 11{,}15 = 18{,}12$ tm

Cordones, $P^* = \dfrac{18{,}12}{6} = \pm 3{,}02$ t

Barra comprimida (2ª correa), $P^* = R_A^* = 2{,}71$ t

Diagonales; $\operatorname{tg} \alpha = \dfrac{2{,}7}{6{,}0} = 0{,}45$; $\alpha = 24{,}288°$

$\cos \alpha = 0{,}912$; 1ª diagonal, $T^* = \dfrac{2{,}71}{0{,}912} = 2{,}97$ t; 2ª, $= \dfrac{2{,}71 - 0{,}61}{0{,}912} = +2{,}30$

En la armadura (pág. 304) el cordón más comprimido (barra 1) está sometida a un coeficiente de trabajo de 1,16 t/cm²; en la armadura extrema, por media carga, este coeficiente será 1,16 : 2 = 0,58 t/cm², al que sumando el que le corresponde como viga de viento, resultará:

$\sigma^* = 0{,}58 + \dfrac{3{,}02 \times 1{,}98}{27{,}0} = 0{,}58 + 0{,}22 = 0{,}80$ t/cm² (valores en la pág. 304).

El cordón tendido de la viga de viento (2ª armadura), reduce en 3,02 t su esfuerzo de compresión a que está sometido como barra de la armadura ($\sigma^* > 1{,}16$ t cm²).

Barra comprimida (correa). No se considera pandeo por estar unida a las placas de la cubierta. Con IPN 12 sometida a 2,19 t/cm² (pág. 289) y siendo A = 14,2 cm², resulta:

$\sigma^* = 2{,}19 + \dfrac{2{,}71}{14{,}2} = 2{,}19 + 0{,}19 = 2{,}38$ t/cm² (esfuerzos no simultáneos).

Para las diagonales por razones constructivas se tomará ∟ 50 · 50 · 5 con A = 4,8 cm² o ∟ 60 · 40 · 5 con A = 4,79 cm², resultando $\dfrac{2{,}97}{4{,}8} = 0{,}62$ t/cm²; para evitar su pandeo se suspenderá de las correas intermedias.

## 4.7. Pórticos de viento en los cierres laterales

Las columnas de las naves metálicas industriales generalmente se disponen empotradas según su eje principal, no calculándose para resistir empujes transversales o perpendiculares a su plano principal.

Considerando los cierres frontales y la acción del viento (w) sobre los mismos, para transmitir las presiones correspondientes se disponen vigas de viento A en el plano de la cubierta, y otras horizontales B que a través de los apoyos transmiten sus reacciones a los pórticos de viento situados en los cierres laterales, dispuestos entre las columnas extremas (vigas A y B en la pág. 318).

Generalmente, además de la viga de viento A en el plano de la cubierta se dispone la otra horizontal B a la altura superior del cierre lateral, y según la altura de éste, otra u otras en planos horizontales inferiores.

En el cierre frontal de la pág. 318 puede verse el punto $R_1$, sobre el que reaccionan aquellas dos vigas A y B que transmiten la presión del viento sobre la mitad $S_1$ de la superficie del cierre situado en la parte alta del cierre, y la que transmite la viga B correspondiente a la superficie $S_2$ situada en la parte inferior de dicha viga.

En los cierres frontales de pabellones adosados, en su punto $R_2$ reaccionan las referidas superficies correspondientes a los dos pabellones o naves.

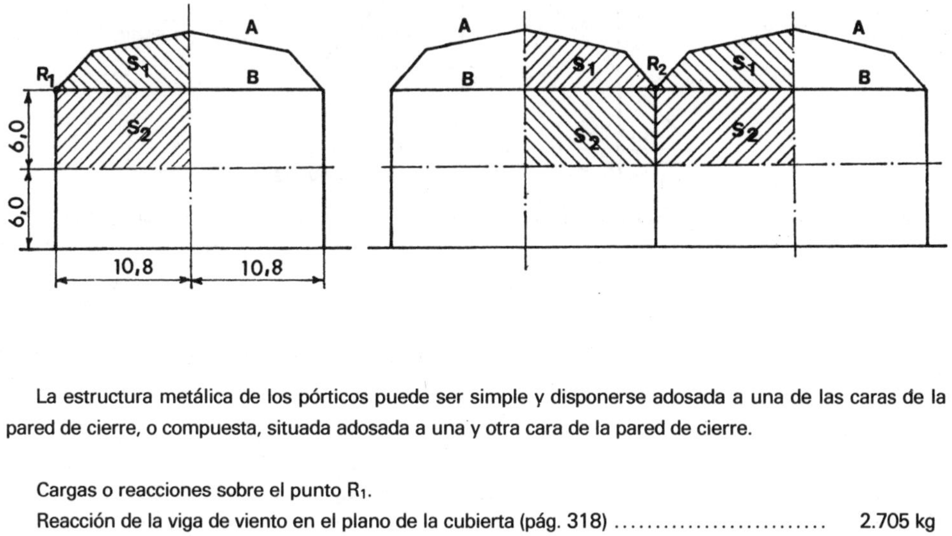


La estructura metálica de los pórticos puede ser simple y disponerse adosada a una de las caras de la pared de cierre, o compuesta, situada adosada a una y otra cara de la pared de cierre.

Cargas o reacciones sobre el punto $R_1$.

Reacción de la viga de viento en el plano de la cubierta (pág. 318) .......... 2.705 kg

La misma reacción, correspondiente o transmitida por la viga de viento horizontal, por la superficie situada sobre esta viga .......... 2.705 kg

(Ambas reacciones corresponden a la superficie $S_1$).

Reacción de la viga de viento horizontal, correspondiente a la superficie $S_2$, $6{,}0 \times 10{,}8 \times 120 \times 1{,}5$ (coeficiente de compensación, $\gamma = 1{,}5$) .......... 11.660 kg

TOTAL .......... 17.070 kg

**Nota.**—En los cierres con más de una viga horizontal, se considerarán otro u otros puntos de aplicación de reacción o reacciones, además de $R_1$.

## 5.7. Pórtico de viento en el cierre lateral (cálculo)

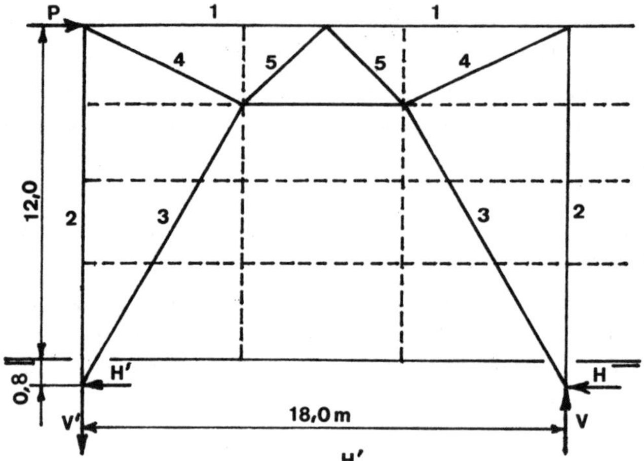


Fuerzas y reacciones:

Presión del viento sobre el cierre frontal, P* = 17,07 t (pág. 327)

$$H = H' = \frac{17{,}07}{2} = 8{,}54 \text{ t}$$

$$V = V' = \frac{17{,}07 \times 12{,}8}{18} = 12{,}15 \text{ t}$$

Escala de longitudes, 1:200

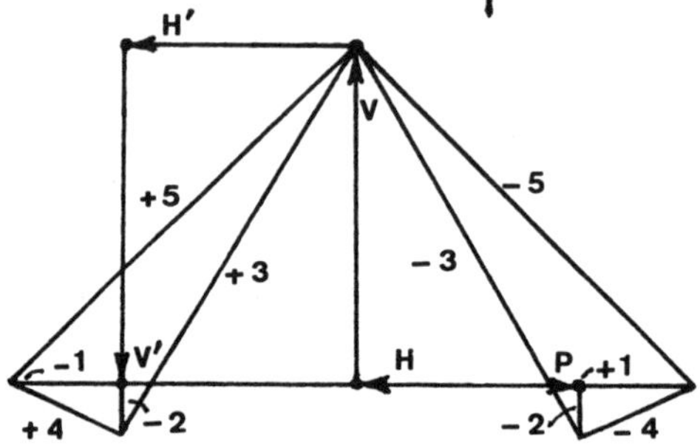


Escala de fuerzas, 1 cm = 3,0 t

**Nota.**—Se ha supuesto que la base de las columnas tienen 0,8 m de altura, bajo el nivel del suelo.

| *Barras* | *Esfuerzos, ton.* | | *Longitud.* | *Perfiles* | *Sección, cm²* | | $i_x$ | $\lambda$ | $\omega$ | *Fatiga, t/cm²* | | *Roblones o tornillos* | | *Peso* |
|---|---|---|---|---|---|---|---|---|---|---|---|---|---|---|
| | + | − | *cm* | | $A_n$ | $A$ | *cm* | | | $\frac{P}{A_n}$ | $\frac{P\omega}{A}$ | Ø | *N.º* | *kg* |
| 1 | | 21,6 | 600 | ][ PN 12 | | 34 | 4,62 | 130 | 3,08 | | 1,87 | 14 | 4 | |
| 1' | 4,2 | | 600 | ][ PN 12 | 30 | | | | | 0,14 | | 14 | 4 | |
| 2 | | 2,0 | | Columna | | | | | | | | | | |
| 2' | 2,0 | | | Columna | | | | | | | | | | |
| 3 | 16,8 | | 500 | ][ PN 10 | 25,2 | | | | | 0,67 | | 14 | 4 | |
| 3' | | 16,8 | 500 | ][ PN 10 | | 27 | 3,91 | 128 | 2,98 | | 1,85 | 14 | 4 | |
| 4' | | 5,2 | 660 | ][ PN 10 | | 27 | 3,91 | 169 | 4,93 | | 0,95 | 14 | 4 | |
| 4 | 5,2 | | 600 | ][ PN 10 | 25,2 | | | | | 0,21 | | 14 | 4 | |
| 5 | 17,8 | | 400 | ][ PN 10 | 25,2 | | | | | 0,71 | | 14 | 4 | |
| 5' | | 17,8 | 400 | ][ PN 10 | | 27 | 3,91 | 102 | 2,06 | | 1,31 | 14 | 4 | |
| 6 | — | — | | ][ PN 10 | | | | | | | | | | |

**Nota.**—El doble perfil ] [ se adopta para que sus almas se adosen a la pared del cierre, una por cada cara.

### 6.7. Pórticos de viento en el cierre frontal

Cuando las columnas externas de una nave industrial no se han dispuesto empotradas según su eje principal, o cuando se dispone un cierre frontal que resista las acciones del viento sobre la cubierta y demás presiones que el transmiten las correas, y también el empuje del viento sobre una parte del cierre lateral, es necesario que este cierre frontal cuente con barras o pórticos de viento que puedan transmitir aquellas acciones (del viento) al suelo o cimentación.

Los pórticos de viento del cierre pueden disponerse abarcando todo el ancho del cierre, o cubriendo una franja vertical de cierre, a patir de los extremos.

En el caso de la nave que ha servido para los cálculos anteriores, las presiones laterales que pueden actuar sobre el pórtico de viento del cierre frontal, son iguales a la mitad de las que actúan sobre los pies derechos del cierre lateral (pág. 312).

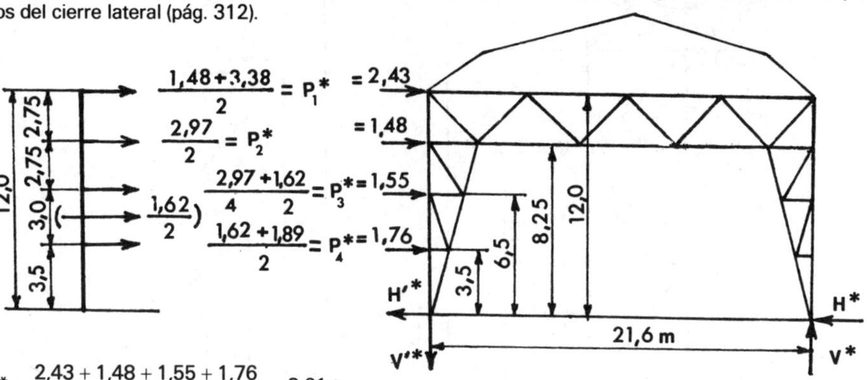


$$H^* = H'^* = \frac{2{,}43 + 1{,}48 + 1{,}55 + 1{,}76}{2} = 3{,}61 \text{ t;}$$

$$V = V' = \frac{1{,}76 \times 3{,}5 + 1{,}55 \times 6{,}5 + 1{,}48 \times 9{,}25 + 2{,}43 \times 12{,}0}{21{,}6} = 2{,}73 \text{ t.}$$

### 7.7. Pórtico de viento en el cierre frontal cubriendo parcialmente el frente, junto a las columnas

a) *Cálculo numérico*

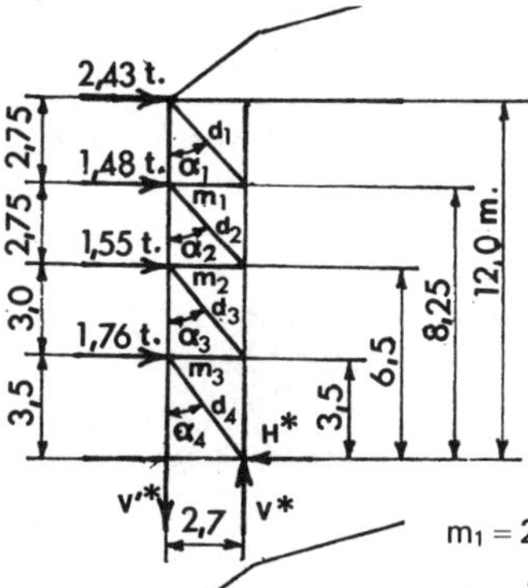


$$(H^* = H'^* = \frac{7{,}22}{2} = 3{,}61 \text{ t.}) \; H^* = 7{,}22 \text{ t.}$$

$$V^* = V'^* = \frac{1{,}76 \times 3{,}5 + 1{,}55 \times 6{,}5 + 1{,}48 \times 9{,}25 + 2{,}43 \times 12{,}0}{2{,}7} = 21{,}88 \text{ t.}$$

$$\mathrm{tg}\alpha_1 = \mathrm{tg}\alpha_2 = \frac{2{,}7}{2{,}75} = 0{,}919;\; \alpha_1 = 44{,}474°,\; \mathrm{sen}\alpha_1 = 0{,}701$$

$$\mathrm{tg}\alpha_3 = \frac{2{,}7}{3{,}0} = 0{,}9;\; \alpha_3 = 41{,}987°,\; \mathrm{sen}\alpha_3 = 0{,}669$$

$$\mathrm{tg}\alpha_4 = \frac{2{,}7}{3{,}5} = 0{,}771;\; \alpha_4 = 37{,}648°,\; \mathrm{sen}\alpha_4 = 0{,}611$$

$$\cos\alpha_1 = \cos\alpha_2 = 0{,}714;\; \cos\alpha_3 = 0{,}743;\; \cos\alpha_4 = 0{,}792.$$

$$m_1 = 2{,}43 \text{ t},\; m_2 = 2{,}43 + 1{,}48 = 3{,}91 \text{ t},\; m_3 = 3{,}91 + 1{,}55 = 5{,}46 \text{ t},\; m_4 = 7{,}22 \text{ t.}$$

$$d_1^* = \frac{2{,}43}{0{,}701} = 3{,}47 \text{ t},\; d_2^* = \frac{3{,}91}{0{,}701} = 5{,}58 \text{ t},\; d_3^* = \frac{5{,}46}{0{,}669} = 8{,}16 \text{ t.}$$

$$d_4^* = \frac{7{,}22}{0{,}611} = 11{,}82 \text{ t.}$$

$$T^* = 21{,}88 \text{ t; } + T^*_1 = -C_1 = T^* - d_4 \times \cos\alpha_4 = 21{,}88 - 11{,}82 \times 0{,}729 = 13{,}26 \text{ t.}$$

$$+T_2 = -C_2 = 13{,}26 - 8{,}16 \times 0{,}743 = 7{,}20 \text{ t.}$$

$$+T_3 = -C_3 = 3{,}47 \times 0{,}714 = 2{,}48 \text{ t.}$$

**Nota.**—Como ejercicio de cálculo se ha supuesto que el cierre frontal está desplzado de las columnas, y que recibe todo el empuje del viento transmitido por la parte del cierre lateral y armadura extrema.

b) *Cálculo gráfico de fuerzas o tensiones en las barras*

Escala de dimensiones, 1 cm = 1,5 m.

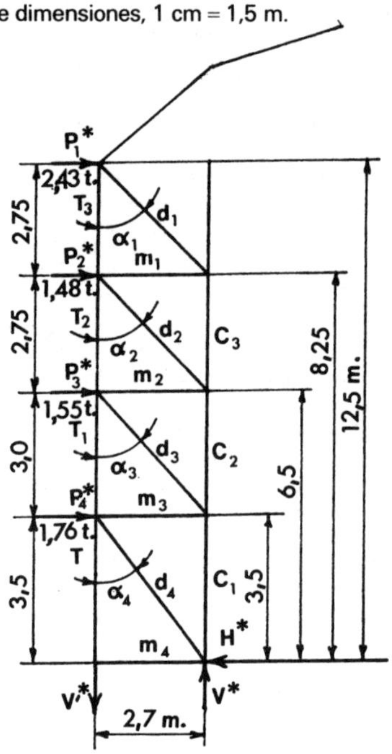


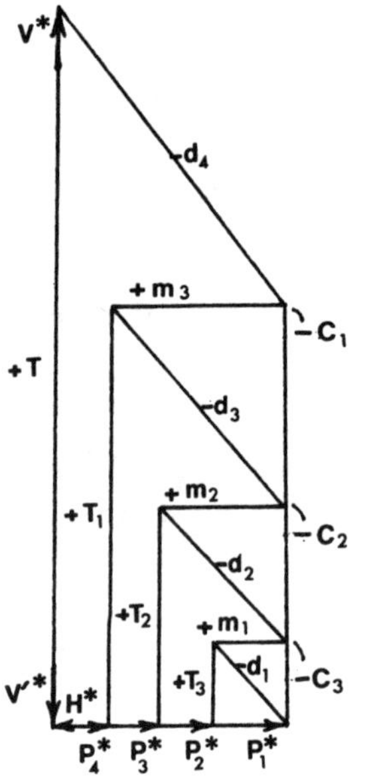


Escala de fuerzas. 1 cm = 2,25 t

Cordón vertical comprimido, $C_{máx} = C_1 = 12{,}5$ t; $l = 3{,}5$ m

Perfil ] [ P.N. 14 (cordón comprimido del cierre frontal) (pie derecho, pág. 323).

$A = 40{,}8\ cm^2$; $i_x = 5{,}45$; $\lambda = \dfrac{350}{5{,}45} = 64$; $\omega = 1{,}26$

$\sigma^* = \dfrac{12{,}5 \times 1{,}26}{40{,}8} = 0{,}39\ t/cm^2$. Esta fatiga no se suma a la correspondiente a este cordón como también cordón del pie derecho, por no simultanearse las cargas respectivas.

Las cargas que actúan sobre el cordón tendido T, $T_1$, $T_2$ y $T_3$, se tendrán en cuenta al hacer el cálculo de esta barra, como componente del cierre frontal cuando no se dispone columna extrema.

Diagonales, tensión máxima, $d_4 = -13{,}3$ t; $l = 450$ cm. Con I PN 14 (por razones constructivas), $A = 18{,}3\ cm^2$, $i_x = 5{,}61$ cm (por el cierre de ladrillo no pandea según y-y), $\lambda = \dfrac{450}{5{,}61} = 80$, $\omega = 1{,}51$, $\sigma^* = \dfrac{13{,}3 \times 1{,}51}{18{,}3} = 1{,}10\ t/cm^2$

Montantes, tracción máxima, $+m_3 = +3{,}91$ t. Como barra del entramado del cierre frontal, IPN 14, $A = 18{,}3\ cm^2$, $\tau = \dfrac{3{,}91}{18{,}3} = 0{,}21\ t/cm^2$

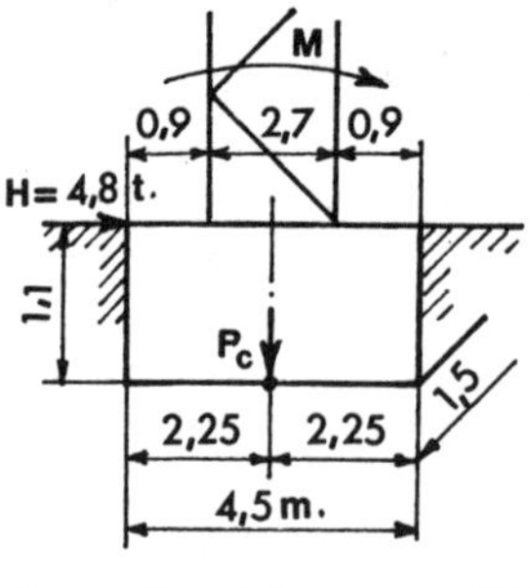


Cimentación.

Empuje sobre el cimiento, $H = (2{,}43 + 1{,}48 + 1{,}55 + 1{,}76) : 1{,}5 = 4{,}8$ t.

$M = (2{,}43 \times 12{,}0 + 1{,}48 \times 9{,}25 + 1{,}55 \times 6{,}5 + 1{,}76 \times 3{,}5) : 1{,}5 = 39{,}4$ tm.

Previo tanteo, se dispone un bloque de $4{,}5 \times 1{,}5 \times 1{,}1 = 7{,}42\ m^3$

Peso del cimiento, $P_c = 7{,}42 \times 2.2 = 16{,}32$ t.

Seguridad al deslizamiento, $d = \dfrac{16{,}32 \times 0{,}5}{4{,}8} = 1{,}7$ (ad > 1,5)

Excentricidad de la resultante, $e = \dfrac{4{,}8}{16{,}32} = 0{,}29$ m $\left(< \dfrac{4{,}5}{6} = 0{,}75\right)$

Compresión del terreno, $\sigma = \dfrac{16320}{450 \times 150} \times \left(1 \pm \dfrac{6 \times 29}{450}\right) = 0{,}24 \times (1 \pm 0{,}39)$

Compresión máxima, $\sigma_{máx} = 0{,}24 \times 1{,}39 = 0{,}33\ kg/cm^2$ (ad < 2,5 kg/cm²; $\sigma_{min} = 0{,}24 \times 0{,}61 = 0{,}15\ kg/cm^2$

## 8.7. Pórtico de viento en el cierre de testero, cubriendo toda la fachada

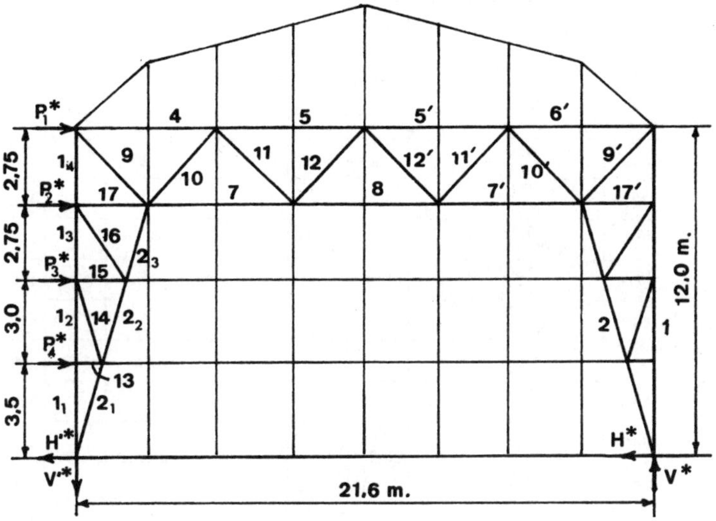


Escala de longitudes, 1 cm = 2,0 m.

a) *Cálculo gráfico de las tensiones en las barras (cargas o fuerzas en la pág. 329)*

$P_1^* = 2{,}43$ t, $P_2^* = 1{,}48$ t, $P_3^* = 1{,}55$ t, $P_4^* = 1{,}76$ t.
Reacciones, $H^* = H'^* = 3{,}61$ t; $V^* = V'^* = 2{,}73$ t.

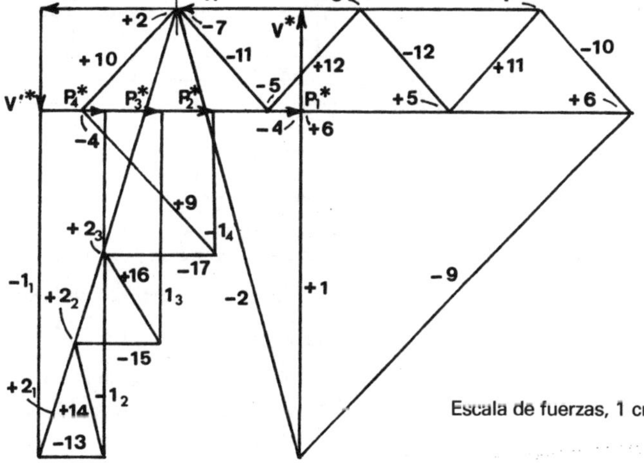


Escala de fuerzas, 1 cm = 1,5 t.

**Notas.**—Para que los pórticos de viento de los cierres frontales puedan estar sometidos a la acción de las cargas que por viento transmitan los cierres laterales, es preciso que las columnas extremas de la nave sean pendulares, y que hayan sido substituidas por las barras correspondientes del pórtico de viento, en cuyo caso estas barras soportarán también las cargas de columnas, y así mismo, el cierre soportará las cargas de cubierta.

Los cierres frontales se disponen adosados a las columnas extremas de la nave, y sus barras periféricas forman un cerco o marco que retiene el ladrillo; las correas volarán ligeramente el cierre para formar el alero.

b) *Cuadro de esfuerzos y de barras*

| Barras | Esfuerzos, ton. + | Esfuerzos, ton. − | Longitud. cm | Perfiles | Sección, cm² $A_n$ | Sección, cm² $A$ | $i_x$ cm | $\lambda$ | $\omega$ | Fatiga, t/cm² $\frac{P}{A_n}$ | Fatiga, t/cm² $\frac{P}{A}$ | Soldadura $a$ mm | Soldadura $l$ mm | Peso kg |
|---|---|---|---|---|---|---|---|---|---|---|---|---|---|---|
| $1_1$ | | 1) 9,4 + 5,8 | 350 | ][ PN 14 | | 40,8 | 5,45 | 64 | | | | 4 de 6 | 50 | |
| $1_2$ | | 9,4 | 300 | ][ PN 14 | | | | | | | | 4 de 6 | | |
| $1_3$ | | 6,3 | 275 | ][ PN 14 | | | | | | | | 4 de 6 | | |
| $1_4$ | | 3,9 | 275 | ][ PN 14 | | | | | | | | 4 de 6 | | |
| 1 | 9,4 | | 1200 | ][ PN 14 | | | | | | | | 4 de 6 | | |
| $2_1$ | 12,8 | | 360 | ⊣⊢← 150 ][ PN 14 | 40,8 | (Soldadura) | | | | 0,31 | | 4 de 6 | 50 | |
| $2_2$ | 9,6 | | 320 | ⊣⊢← 150 ][ PN 14 | | | | | | | | 4 de 6 | | |
| $2_3$ | 7,1 | | 280 | ⊣⊢← 150 ][ PN 14 | | | | | | | | 4 de 6 | | |
| 2 | | 12,7 | 960 | ⊣⊢← 150 ][ PN 14 | | 40,8 | $i_y$=9,42 | 102 | 2,06 | | 0,64 | 4 de 6 | | |
| 4 | | 5,4 | 540 | ⊣⊢← 150 ][ PN 14 | | | | | | | | 4 de 6 | | |
| 5 | | 1,0 | 540 | ⊣⊢← 150 ][ PN 14 | | | | | | | | 4 de 6 | | |
| 5′ | 4,2 | | 540 | ⊣⊢← 150 ][ PN 14 | | | | | | | | 4 de 6 | | |
| 6′ | 19,3 | | 540 | ⊣⊢← 150 ][ PN 14 | | | | | | | | 4 de 6 | | |
| 7 | | — | 540 | ⊣⊢← 150 ][ PN 14 | | | | | | | | 4 de 6 | | |
| 8 | | 5,2 | 540 | ⊣⊢← 150 ][ PN 14 | | | | | | | | 4 de 6 | | |
| 7′ | | 10,4 | 540 | ⊣⊢← 150 ][ PN 14 | | | | | | | | 4 de 6 | | |
| 9 | 5,4 | | 380 | ][ PN 14 | | | | | | | | 4 de 6 | | |
| 10 | 3,8 | | 380 | I PN 14 | 14,5 | | | | | | | 4 a 4 | 40 | |
| 11 | | 3,8 | 380 | I PN 14 | | 18,3 | 5,61 | 68 | 1,31 | | 0,27 | 4 de 4 | | |
| 12 | 3,8 | | 380 | I PN 14 | 14,5 | | | | | | | 4 de 4 | | |
| 12′ | | 3,8 | 380 | I PN 14 | | 18,3 | | | | | | 4 de 4 | | |
| 11′ | 3,8 | | 380 | I PN 14 | 14,5 | | | | | | | 4 de 4 | | |
| 10′ | | 3,8 | 380 | I PN 14 | | 18,3 | | | | | | 4 de 6 | | |
| 9′ | | 13,2 | 380 | ⊣⊢← 150 ][ PN 14 | | | | | | | | 4 de 6 | 50 | |
| 13 | | 1,9 | 100 | I PN 14 | | 18,3 | | | | | | 4 de 4 | 40 | |
| 14 | 3,2 | | 360 | I PN 14 | 14,5 | | | | | | | 4 de 4 | | |
| 15 | 2,5 | | 180 | I PN 14 | | 18,3 | | | | | | 4 de 6 | | |
| 16 | 3,0 | | 320 | I PN 14 | 14,5 | | | | | | | 4 de 6 | | |
| 17 | | 3,2 | 270 | I PN 14 | | 18,3 | | | | | | 4 de 6 | | |
| 17′ | | — | 270 | I PN 14 | 14,5 | | | | | | | 4 de 6 | | |

1) 5,8 t. Corresponde esta carga a la transmitida por la cubierta (11,62 : 2, pág. 302)
Las barras 2, 4 a 6, 7 a 9, ][ PN 14, se disponen abrazando al cierre de ladrillo.

c) *Cimentación*

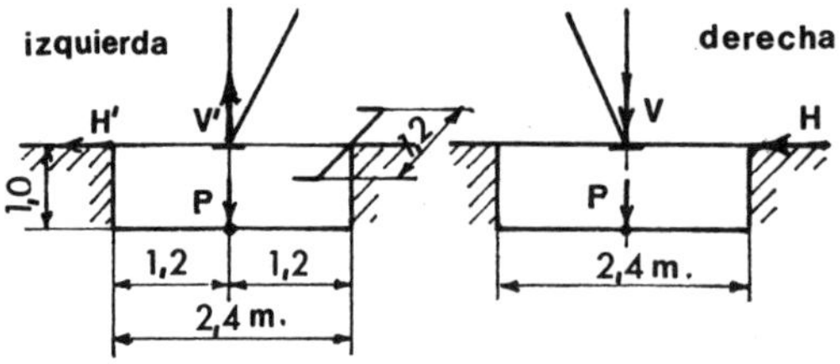


Estado de cargas más desfavorable, H y V.

$H = \frac{3,61}{1,5} = 2,4$ t, $V = \frac{2,73}{1,5} = 1,8$ t ($\gamma = 1,5$)

($M = 2,4 \times 1,0 = 2,4$ tm).

Se dispone de un bloque de $2,4 \times 1,2 = 1,0$ m.

Peso del cimiento, $P_c = 24 \times 1,2 \times 1 \times 2,2 = 6,34$ t.

Carga vertical, $P_v = 6,34 + 1,8 = 8,14$ t.

Seguridad al deslizamiento, $d = \frac{8,14 \times 0,5}{2,4} = 1,7$ (ad)

Excentridad de la resultante, $e = \frac{2,4}{8,14} = 0,29$ m ($< \frac{2,4}{6} = 0,4$ m)

Compresión del terreno, $\sigma = \frac{8140}{240 \times 120} \times \left(1 \pm \frac{6 \times 29}{240}\right) = 0,28 \times (1 \pm 0,73)$

Compresión máxima, $\sigma_{máx} = 0,28 \times 1,73 = 0,48$ kg/cm²; $\sigma_{mín} = 0,28 \times 0,27 = 0,08$ kg/cm².

# SECCIÓN OCTAVA

## VIGAS CARRILES, DE FRENADO Y PÓRTICOS

### 1.8. Consideraciones generales

Las naves industriales, según su servicio, generalmente cuentan con grúas-puente que se trasladan sobre las vigas carriles a todo lo largo de la nave; estas vigas carriles se apoyan sobre las columnas, y cuando la separación entre éstas es grande se disponen soportes metálicos intermedios, caso poco frecuente.

Establecido el tonelaje máximo que ha de trasladar la grúa, los caminos de rodadura se proyectarán según sus condiciones de trabajo (pág. 345). Las presiones que ejercen las ruedas de las grúas sobre las vigas carriles, y sus dimensiones principales relativas a los espacios de paso, se especifican en la tabla 3, pág. 346.

Para tener en cuenta la influencia de la frecuente repetición de la solicitud del servicio de las grúas, la variabilidad y los impactos, las fuerzas, momentos flectores y esfuerzos transversales provocados por las sobrecargas han de multiplicarse por un coeficiente de compensación cuyo valor depende del grupo de la grúa, valor que se expone en la tabla 1. Los esfuerzos horizontales de frenado, tanto los longitudinales como los transversales, no están afectados por el coeficiente de compensación.

Las grúas, además de las presiones verticales, ejercen sobre los caminos de rodadura esfuerzos horizontales en sentido longitudinal y transversal a la altura del borde de las ruedas, considerándose aquellos esfuerzos longitudinales iguales a $^1/_7$ de la carga que actúa sobre las ruedas frenadas, y los transversales iguales a $^1/_{10}$ de la carga máxima de cada una de las ruedas en la posición más desfavorable del carro.

Las vigas carriles pueden ser de alma llena, sin variación de altura, tomándose esta altura $h = l/10$ a $l/20$, disponiéndose para grandes luces vigas carriles de celosía, que como vigas de alma llena pueden estar apoyadas en sus dos extremos (cubriendo un vano), o como vigas continuas de varios vanos. Los esfuerzos de frenado longitudinales de las grúas, son transmitidos a las cimentaciones de columnas, mediante pórticos de frenado dispuestos en los vanos extremos, y según el número de vanos intermedios, pueden colocarse otros pórticos de frenado en estos vanos centrales (generalmente, 4 ó 5 vanos libres entre pórticos).

Las vigas de frenado se sitúan a altura del cordón superior de las vigas carriles, y por su disposición horizontal, también se utilizan como pasillo; su luz es igual a la distancia entre columnas, pudiendo apoyarse horizontalmente en pies derechos intermedios. La altura o ancho de la vigas de frenado será el máximo posible entre la viga carril y la pared del cierre lateral de la nave; el cordón comprimido de la viga de frenado, lo constituye el cordón superior de la viga carril.

Como ejemplo de cálculo, se considera que la nave industrial en estudio dispone de una grúa-puente de 10 toneladas de carga, clasificada en el II grupo, y que en atención a su servicio, variabilidad e impactos, el coeficiente de compensación se ha establecido en $\varphi = 1{,}4$.

Según la tabla 3, la presión de las ruedas frenadas es de 10,4 y 4,8 toneladas, y las de las ruedas sin frenar 8,5 y 2,8 toneladas; el intereje entre ruedas es de 3,64 metros (estas cargas pueden modificarse al establecer la luz de la grúa, previo estudio de las columnas de la nave).

## 2.8. Vigas de frenado

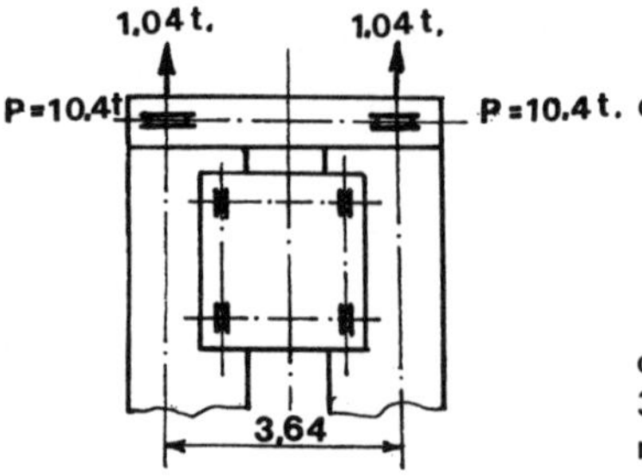


Las vigas de frenado no están afectadas por el coeficiente $\varphi$.

Para el tren de cargas, se considera como más desfavorable, dos cargas iguales de 10,4 t separadas 3,64 m.

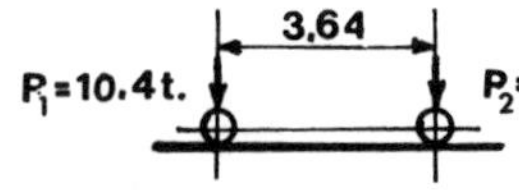


$P^* = 10{,}4 \times 1{,}5 = 15{,}6$ t.

Para el frenado del carro de la grúa (viga de frenado), resultan dos cargas $P^*_{f1}$ y $P^*_{f2}$ iguales a 1,56 t (15,6:10), con un intereje de 3,64 m; el esfuerzo de frenado longitudinal (una rueda frenada) resulta $P^*_l = 15{,}6{:}7 = 2{,}23$ t (carga sobre el pórtico de frenado).

Se estima la altura de la viga (a ancho del pasillo) igual a 0,8 m, considerando su peso igual a 60 kg/m, y la sobrecarga igual a 300 kg/m², resultando:

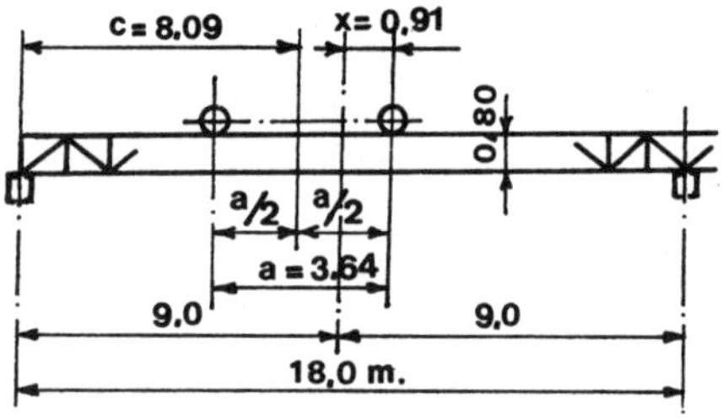


$g = 300 \times 0{,}8 + 60 = 300$ kg/m; $g^* = 300 \times 15 = 450$ kg.

Para determinar el momento flector máximo, tanto el de la viga de frenado como la de carril, siendo $a = 3{,}64 < 0{,}586\, l = 10{,}6$ m, el tren de cargas se colocará con una de las ruedas o cargas situada a $a/4 = 0{,}91$ m del centro de la viga, resultando también $c = 8{,}09$ m.

Esfuerzo en los cordones:

$$M^* = \frac{2\,P^*c^2}{l} = \frac{2 \times 1{,}56 \times 8{,}09^2}{18} 11{,}34 \text{ tm};\ P^* = \pm\frac{11{,}34}{0{,}8} = 14{,}18 \text{ t.}$$

La viga de frenado, como pasarela, está apoyada en las columnas y en los pies derechos.

Por peso propio, $M^* = \frac{ql^2}{10}$ (viga semicontinua); $M^* = \frac{225 \times 6^2}{10} = 810$ kgm $= 81000$ kg cm.

(Se han tomado 225 kg considerando la parte de g para cada cordón).

Disponiendo 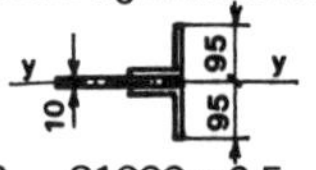 90 · 90 · 9, $A_n = 26{,}4$ cm² y $I_y = 520$ cm², para el cordón comprimido,


resulta $\sigma^* = \frac{14180}{26{,}4} + \frac{81000 \times 9{,}5}{520} = 537 + 1480 = 2017$ kg/cm² (ad.).

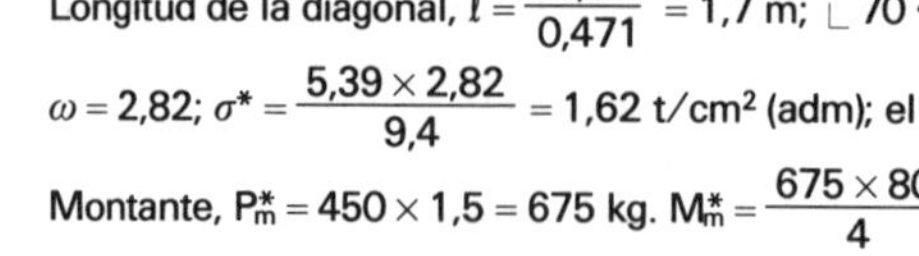


Diagonales y montantes.

Se considera el pasillo apoyado en los montantes.

$\operatorname{tg} a = \frac{1{,}5}{0{,}8} 1{,}875,\ a = 61{,}928°;\ \cos a = 0{,}471$

$R^*_A = \frac{1{,}56\,(16{,}5 + 12{,}86)}{18{,}0} = 2{,}54$ t.

$P^*_d = \pm\frac{2{,}54}{\cos a} = \frac{2{,}54}{0{,}471} = 5{,}39$ t.

Longitud de la diagonal, $l = \frac{0{,}8}{0{,}471} = 1{,}7$ m; ∟ 70 · 70 · 7, $A = 9{,}4$ cm², $i_\eta = 1{,}37$; $\lambda = \frac{170}{1{,}37} = 124$

$\omega = 2{,}82$; $\sigma^* = \frac{5{,}39 \times 2{,}82}{9{,}4} = 1{,}62$ t/cm² (adm); el mismo perfil para todas diagonales.

Montante, $P^*_m = 450 \times 1{,}5 = 675$ kg. $M^*_m = \frac{675 \times 80}{4} = 13500$ kg cm.

∟ 70 · 70 · 7; $W_x = 8{,}41$ cm³, $\sigma^* = \frac{13500}{8{,}41} = 1605$ kg/cm² (ad.).

Presión máxima en la columna por frenado, $R^*_o = 1{,}56 + \frac{1{,}56 \times (18{,}0 - 3{,}64)}{18{,}0} = 2{,}8$ t.

### 3.8. Cálculo de las vigas carriles

Las vigas carriles, generalmente de alma llena, suelen disponerse apoyadas en sus extremos cubriendo un vano entre columnas, o como vigas continuas cubriendo varios vanos; normalmente no suelen construirse con variación de altura, que se hace $h = \ell/10$ a $\ell/20$. Para grandes luces, se construyen de celosía.

a) *Vigas carriles apoyadas en sus extremos (para un vano)*

Cargas:

Las de la grúa-puente consideradas en el cálculo de la viga de frenado de la página anterior; coeficiente de compensación por funcionamiento de la grúa, $\varphi = 1{,}4$.

Tren de cargas, $P_1^* = P_2^* = 10{,}4 \times 1{,}5 = 15{,}6$ t; $P^* \cdot \varphi = 15{,}6 \times 1{,}4 = 21{,}8$ t.

Como $a = 3{,}64$ m $< 0{,}586 \cdot \ell = 10{,}6$ m, una de las ruedas se situará a $x = 0{,}91$ m del eje de la viga (véase página 253).

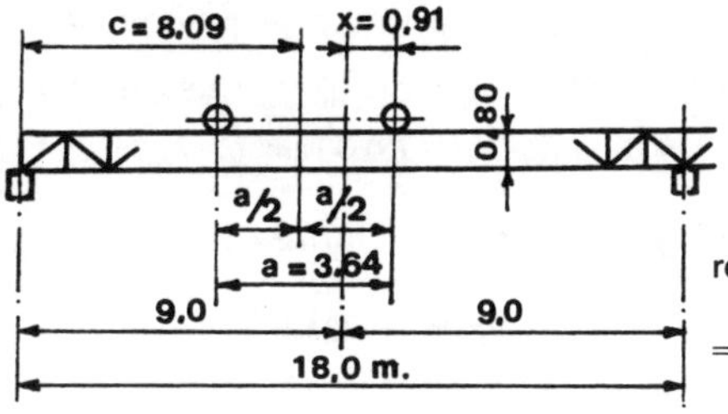


$$M^*_{máx} = \frac{2 \times 21{,}8 \times 8{,}09^2}{18} = 159 \text{ tm.}$$

$$\frac{a}{\ell} = \frac{3{,}64}{18} = 0{,}2; \text{ para } f = \ell/800,\ k = 150 \text{ (página 253).}$$

$I_n = P\,\ell^2\,k = 10{,}4 \times 18{,}0^2 \times 150 = 505440$ cm$^4$ (por flecha).

Tomando I $1000 \times 350$, e = 15 mm, e' = 25 (tabla AL-35$_2$) resulta:

$I_x = 523150$ cm$^4$, $W_x = 10450$ cm$^3$. $A' = 87{,}5$ cm$^2$, $g = 249$ kg m/l.

Carril, grapas tornillos, $p \approx 75$ kg m/l; $g^* = (249 + 7{,}5) \times 1{,}5 = 486$ kg m/$\ell$.

$$\text{Momentos flectores; por carga, } M^* = \frac{2 \times 21{,}8 \times 8{,}09^2}{18{,}0} = 158{,}5 \text{ tm}$$

$$\text{por peso de la viga, } M^* = \frac{0{,}486 \times 18^2}{4} = 39{,}7 \text{ tm}$$

$$M_t^* = 198{,}2 \text{ tm} = 19820 \text{ tcm.}$$

Esfuerzo sobre la platabanda superior por frenado del carro, $P^* = 11{,}34$ t (página anterior).

$\sigma^* = \dfrac{11{,}34}{87{,}5} + \dfrac{19820}{10460} = 0{,}13 + 1{,}89 = 2{,}02$ t/cm$^2$. El perfil considerado es admisible por resistencia y flecha.

Reacciones de apoyo (una rueda sobre el apoyo).

$$\text{En apoyo A. Por grúa, } R_A^* = 21{,}8 + \frac{21{,}8\,(18{,}0 - 3{,}64)}{18{,}0} = 35{,}4 \text{ t.}$$

$$\text{Por peso de la viga carril, } R_A^* = \frac{0{,}486 \times 18{,}0}{2} = 4{,}4 \text{ t.}$$

$$R_A^* = 39{,}8 \text{ t.}$$

b) *Vigas carriles continuas*

a-b) Vanos extremos

Para $a < 0{,}586 \times \ell$, se sitúa una de las ruedas a $x = 0{,}91$ m del centro de la viga.

Cargas para el cálculo, $P_1^* = P_2^* = 21{,}8$ t, con intereje de 3,64 m ($\varphi = 1{,}4$), $a/\ell = 3{,}64 : 18 = 0{,}2$.

Momento de inercia para $f = \ell/800$, $P\,\ell^2 k = 10{,}4 \times 18{,}0 \times 107{,}9 = 363580$ cm$^4$ (k = 107,9, tabla EA$_f$ -40).

Se toma I$1000 \times 300$, e = 12, e' = 20; $I_x = 376600$ cm$^4$, $W_x = 7530$ cm$^3$, $A' \cdot 60$ cm$^2$, g = 185 kg/ml (tabla AL-35$_1$).

Peso de la viga con carril, grapas y tornillos, $q_t = 185 + 75 = 260$ kg; $g^* = 260 \times 1{,}5 = 390$ kg/ml.

Momentos flectores: Por carga $M^* = 21{,}8 \times 18{,}0 \times 0{,}289... = 113{,}40$ tm ($\eta = 0{,}289$, tabla EA$_f$ -40).

$$\text{Por peso, } M^* = \frac{1}{11} \cdot g^*\,\ell^2 = \frac{0{,}39 \times 18^2}{11} = \frac{11{,}49 \text{ tm}}{124{,}89 \text{ tm}} \quad \text{(Tabla EA}_f\text{ -40).}$$

Esfuerzo en la platabanda superior por frenado del carro, $P^* = 11{,}34$ t (página anterior).

$\sigma^* = \dfrac{11{,}34}{60{,}0} + \dfrac{12489}{7530} = 0{,}19 + 1{,}66 = 1{,}85$ t/cm$^2$. El perfil considerado es admisible.

Reacciones de apoyo:

En apoyo 0 (extremo).

Por grúa, $R^* = 1{,}752 \times 21{,}8 = 38{,}19$ (tabla EA$_f$ -40).

$$\text{Por peso de la viga, } R^* = \frac{0{,}39 \times 18}{2} = 3{,}51$$

$$R_0^* = 41{,}70 \text{ t.}$$

b-b) Vanos centrales

Tren de cargas, $P_1^* = P_2^* = 21{,}8$ t (como en los vanos extremos).

x = 0,91 m del eje de la viga (como en tramos extremos).

$$\frac{a}{\ell} = 3{,}64 : 18{,}0 = 0{,}2;\ k = 78{,}6 \text{ (tabla } EA_f\text{ -40).}$$

Momento de inercia necesario para $f = \ell/800$, $P\,\ell^2\,k = 10{,}4 \times 18{,}0^2 \times 78{,}6 = 264850$ cm⁴.

Con I $1000 \times 250$, e = 10, e' = 15 mm, $I_x = 257950$ cm⁴.

El momento de inercia es ligeramente inferior al necesario, pudiendo admitirlo como bueno, pero como el alma de la viga, e = 10 mm, es inferior a la de los tramos extremos, e = 12 mm, motivo por el cual y para facilitar la junta de almas, se dispone otra viga con alma de 12 mm para la que resulta:

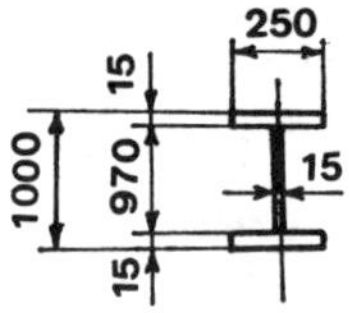


Momento de inercia del alma ............ $76056 \times 1{,}2 = 91267$ cm⁴ (tabla $AL\text{-}34_2$).

Momento de inercia de las platablandas $7277{,}2 \times 25 = \underline{181930\text{ cm}^4}$ (tabla $AL\text{-}34_5$).

Momento de inercia de la viga, $I_x = 273200$ cm⁴ (> 264850).

Momento resistente, $W_x = \dfrac{273200}{50} = 5464$ cm³; $A' = 25 \times 1{,}5 = 37{,}5$ cm².

Peso de la viga.—Platabandas .......................... $29{,}40 \times 12 = 59{,}8$ kg (tabla AL-12)

Alma ............................... $77{,}72 + 6{,}45 = \underline{84{,}2\text{ kg}}$ (tabla AL-15)

Total .................................... P = 144,0 kg

Peso de la viga con carril, grapas, tornillos, $P = 144{,}0 + 75 = 219$ kg; $P^* = 219 \times 1{,}5 = 329$ kg/ml.

Momentos flectores:

Por carga, $M^* = 21{,}8 \times 18{,}0 \times 0{,}209 = 82{,}1$ tcm (0,209, tabla $EA_f$ -40).

Por peso, $M^* = \dfrac{0{,}329 \times 18{,}0^2}{4}$ ..... $= \underline{26{,}7\text{ tcm}}$ (tabla $EA_f$ -40)

$M_t^* = 108{,}8$ tcm = 10880 tcm.

Esfuerzo en la platabanda superior por frenado del carro, $P^* = 11{,}34$ (página 334).

$$\sigma^* = \frac{11{,}34}{37{,}5} + \frac{10880}{5464} = 0{,}30 + 1{,}99 = 2{,}29 \text{ t/cm}^2.$$ El perfil considerado, es admisible.

Reacciones de apoyo:

En apoyos centrales 1, 2,...

Por grúa, $R^* = 1{,}972 \times 21{,}8 = 43{,}0$ t (tabla $EA_f$ -40).

Por peso de la viga, $R^* = \dfrac{0{,}329 \times 18{,}0}{2} \times 2 = \underline{5{,}9\text{ t}}$

$R_1^* = R_2^* = 48{,}9$ t

**Notas.**—En las tres vigas carriles calculadas, la relación b/e (b media platabanda y e su espesor) es menor que $15 \times \sqrt{\dfrac{2400}{2600}} = 14{,}4$, por lo que no se producirá el alabeo de las vigas (página 206).

Considerando la abolladura del alma de las vigas, para la primera de las calculadas resulta e/h = = 0,016 > 0,014, por lo que no se producirá aquella abolladura; para la segunda viga e/h = 0,0125, y e/h = 0.0124 valores sensiblemente iguales a 0,014, por lo que se estima que no se producirá la abolladura (página 210).

Para el cálculo del pandeo lateral, abolladura del alma, rigidizadores, y empalmes o juntas, de las vigas de alma llena, puede verse la obra «Estructuras Metálicas de Acero» de la Editorial Paraninfo, S. A.

### 4.8. Pórticos de frenado

La altura máxima de los apoyos para las vigas carriles en las columnas, se dispondrá teniendo en cuenta la altura de la viga carril y la del puente de la grúa, de modo que a partir del pasillo de esta, el especio libre entre este pasillo y el cordón inferior de la armadura, sea de 1,80 m a 2,0 m, altura que permitirá que un operario permanezca de pie al trasladarse la grúa.

El pórtico se sitúa debajo de la viga carril de modo que ésta pueda flexarse (flecha) sin tocarlo; la platabanda inferior de la viga carril llevará junto a los nudos del pórtico, unas guías o topes, para que el cordón superior del pórtico no se alabee transversalmente (pandeo).

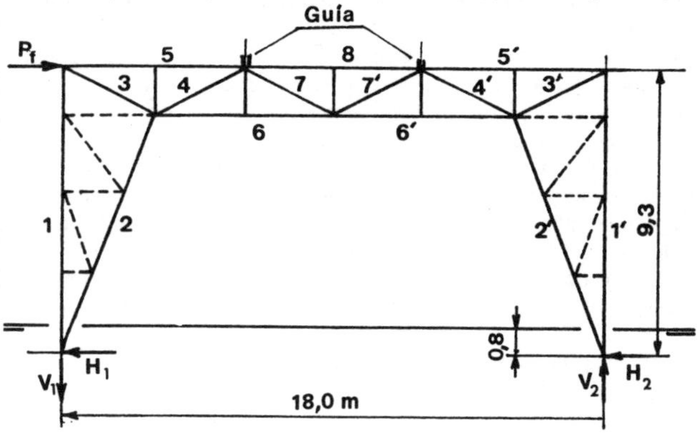


Fuerza de frenado, $H^* = P_x^* = (10{,}5 : 7) \times 1{,}5 = 2{,}23$ t

$$H_1^* = H_2^* = \frac{H^*}{2} = \frac{2{,}23}{2} = 1{,}1 \text{ t.}$$

$$V_1^* = V_2^* = \frac{2{,}23 \times 9{,}3}{18} = 1{,}15 \text{ t.}$$

Escala de longitudes, 1:200

Escala de fuerzas, 1 cm = 0,6 t.

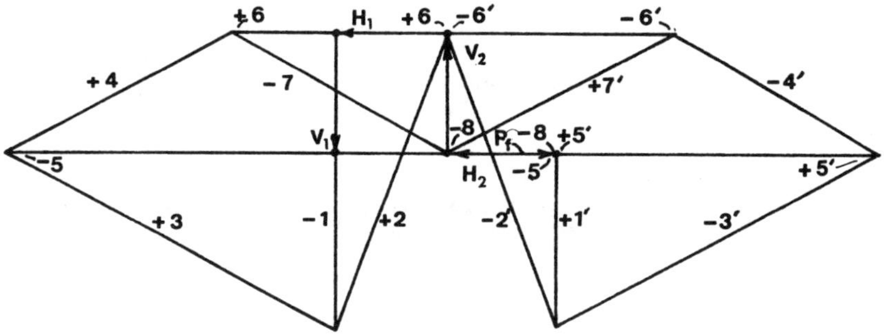


| Barra | Esfuerzos, ton. + | Esfuerzos, ton. − | Longitud. cm | Perfiles | Sección, cm² $A_n$ | Sección, cm² $A$ | $i_x$ cm | $\lambda$ | $\omega$ | Fatiga, t/cm² $\frac{P}{A_n}$ | Fatiga, t/cm² $\frac{P\omega}{A}$ | Soldadura $a$ mm | Soldadura $l$ mm | Peso kg |
|---|---|---|---|---|---|---|---|---|---|---|---|---|---|---|
| 1 | 1,73 | 1,73 | | Columna | | | | | | | | | | |
| 2-2′ | 3,15 | 3,15 | 830 | ⊣\|←10 mm ⊤⊤ 90 · 90 · 9 | | 62,0 | 4,09 | 203 | 9,56 | | 0,49 | 4 de 5 | 40 | |
| 3-3′ | 3,75 | 3,75 | 340 | ⊣\|←10 mm ⊤⊤ 70 · 70 · 7 | | 37,6 | 3,26 | 104 | 2,76 | | 0,28 | 4 de 4 | 40 | |
| 4-4′ | 2,55 | 2,55 | 340 | ⊣\|←10 mm ⊤⊤ 70 · 70 · 7 | | 37,6 | 3,26 | 104 | 2,76 | | 0,19 | 4 de 4 | 40 | |
| 5 | | 5,70 | 600 | ⊣\|←10 mm ⊤⊤ 70 · 70 · 7 | | 37,6 | 3,26 | 184 | 7,90 | | 1,20 | 4 de 4 | 40 | |
| 5′ | 3,30 | | 600 | ⊣\|←10 mm ⊤⊤ 70 · 70 · 7 | | 37,6 | 3,26 | 184 | 7,90 | | | | | |
| 6-6′ | 2,10 | 2,10 | 600 | ⊣\|←10 mm ⊤⊤ 70 · 70 · 7 | | 37,6 | 3,26 | 184 | 7,90 | | | | | |
| 7-7′ | 2,55 | 2,55 | 340 | ⊣\|←10 mm ⊤⊤ 70 · 70 · 7 | | 37,6 | 3,26 | 104 | 2,76 | | | | | |
| | | 1,20 | 600 | ⊣\|←10 mm ⊤⊤ 70 · 70 · 7 | | 37,6 | 3,26 | 184 | 7,90 | | | | | |

**Nota.**—La barra 2,2′ se ha tomado con toda su longitud de pandeo (8,30 m); se ha calculado considerando que puede pandear transversalmente al eje longitudinal del pórtico, radio de giro $i_y$. Para las barras 5, 6 y 8 se ha seguido el mismo criterio, como disposición más desfavorable (longitud de pandeo, 6,0 m).

# SECCIÓN NOVENA

## COLUMNAS DE LA NAVE

### 1.9. Disposición de las columnas

En las naves industriales aisladas, la forma y disposición de las columnas generalmente suele hacerse igual para las dos alineaciones situándolas empotradas en su base y articuladas en su parte superior (lugar de apoyo de la armadura y de enlace con los cierres laterales), variando su forma cuando las columnas de una de las alineaciones se dispone articulada en sus extremos, en cuyo caso todos los esfuerzos horizontales serán soportados por las columnas empotradas.

Las columnas pueden construirse sin variación de perfil (momento de inercia invariable), disposición frecuente en las naves sin grúa o con grúa para carga reducida), o bien, de sección menor o reducida en la parte superior respecto de la inferior, que comprende la altura resultante entre el apoyo de la viga carril y la base de la columna, disposición que es normal en naves con grúas para cargas más pesadas.

Cuando en las dos alineaciones se disponen columnas empotradas e iguales, todos los esfuerzos laterales son absorbidos por partes medias, ya que las deformaciones o flechas serán también iguales por coincidencia de sus momentos de inercia (las presiones laterales que actúan sobre una de las alineaciones son transmitidas por medio de los cordones inferiores de las armaduras a la otra alineación, así como también lo son los momentos, producidos por la excentricidad de las cargas verticales). Otras cargas, asimismo son absorbidas por las columnas de ambas alineaciones, a partes iguales, como ocurre con los de las presiones o cargas horizontales.

Como ejemplo de cálculo, se considerarán las columnas correspondientes a la nave industrial, objeto de cálculos anteriores.

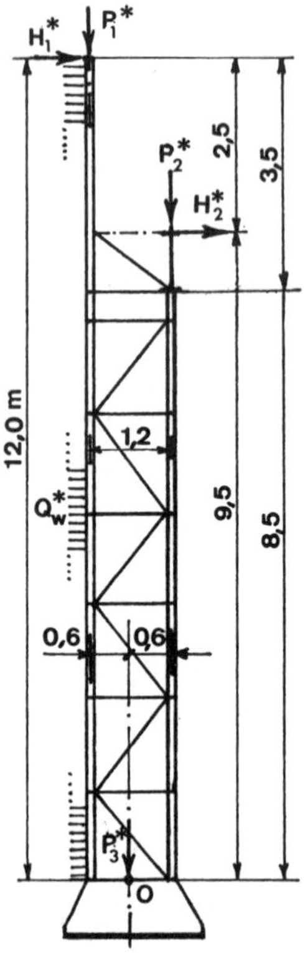


CARGAS

| | | |
|---|---|---|
| $P_1^*$ | Por armadura ($R_A^*$, pág. 302) ................................ | 11,62 t |
| | Por viga de viento-pasillo (pág. 311) .......................... | 3,60 t |
| | | 15,22 t |
| $P_2^*$ | Por grúa ($R^*_{máx}$, pág. 336) .................................... | 48,90 t |
| | Por peso propio viga carril (336) ............................. | 5,90 t |
| | | 54,80 t |
| $P_3^*$ | Peso propio de la columna (≈) ............................... | 5,25 t |
| $H_1^*$ | Viento sobre la cubierta (pág. 302) ........................... | 6,76 t |
| | Viga de viento-pasillo (2 × 6,48, pág. 316) .................... | 12,96 t |
| | | 19,72 t |
| $H_2^*$ | Viga de frenado (pág. 334) .................................. | 2,80 t |
| $Q_W^*$ | Viento en el cierre lateral (tramo correspondiente a la columna 0,18 × 6 × 12) ................................................ | 12,96 t |

**2.9. Cálculo de las reacciones por desplazamiento o flechas (valores de X).**

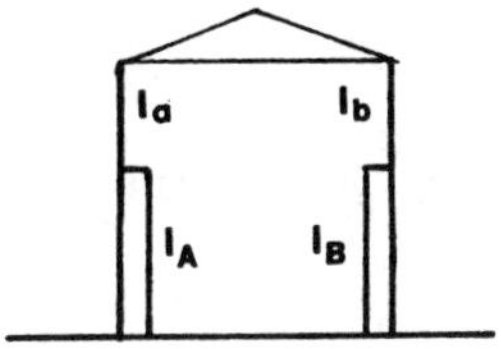


$I_a = I_b$; $I_A = I_B$ (columnas de las dos alineaciones, iguales)
Por cálculo comparativo, se hace $I_A = 1$, $I_a = 0{,}012$

$$k_A = k_B = \frac{I_a - I_A}{I_a} = \frac{1\text{-}0{,}012}{0{,}012} = 82{,}3$$

La fórmula para el cálculo es $X = \dfrac{\delta_{bm} - \delta_{am}}{\delta_{aa} + \delta_{bb}}$ (tablas 4 y 6).

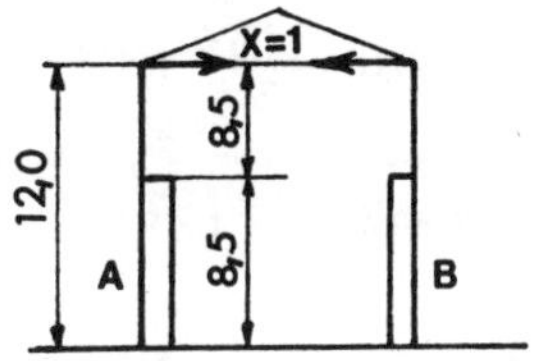


Estado X = 1

$$\delta_{aa} = \delta_{bb} = \frac{H}{3\, I_A}(h^3 + t^3\, k)$$

$$\delta_{aa} = \delta_{bb} = \frac{1{,}0}{3 \times 1}(12^3 + 3{,}5^3 \times 82{,}3) = 1752$$

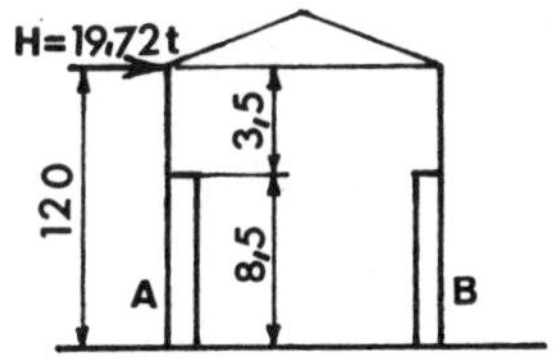


Estado $H_1^* = 19{,}72$ t.

$$\delta_{am} = \frac{19{,}72}{3 \times 1}(12^3 + 3{,}5^3 \times 82{,}3) = 34550;\ \delta_{bm} = 0;$$

$X_1^* = \dfrac{0\text{-}34550}{1752 + 1752} = -9{,}86$ t. (este valor es $= \dfrac{H_1^*}{2}$ por ser iguales las columnas de las dos alineaciones).

Estado $H_2^* = 2{,}3$ t.

$$X_1^* = -\frac{2{,}3}{2} = -1{,}2 \text{ t.}$$

Estado $Q_w^* = 12{,}96$ t.

$$X_1^* = -\frac{19{,}96}{2} \times \frac{1}{2} = -3{,}24 \text{ t}$$

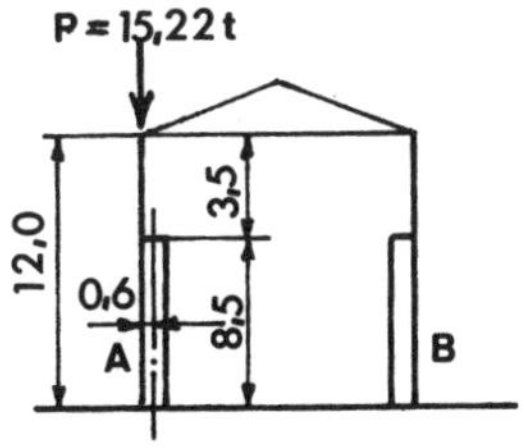


Estado $P_1^* = 15{,}22$ t.

$$\delta_{am} = \frac{15{,}22 \times 0{,}6}{2 \times 1}\left[12^2 - 3{,}5^2 + \frac{0}{0{,}6} \times (1 + 82{,}3) \times 3{,}5\right] = 602;\ \delta_{bm} = 0;$$

$X_1^* = \dfrac{0 - 602}{11752 + 1752} = -0{,}17$ t (este valor es positivo por la excentricidad de $P_1^*$ respecto del eje de la columna).

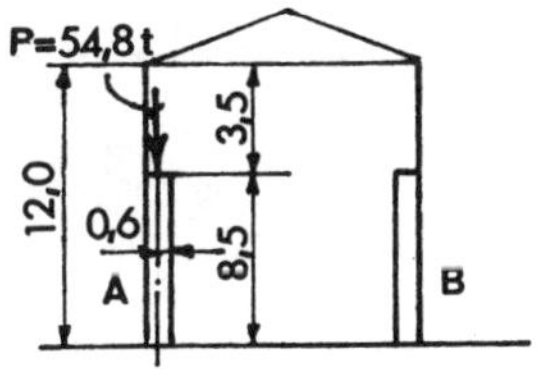


Estado $P_2^* = 54{,}8$ t.

$$\sigma_{am} = \frac{54{,}8 \times 0{,}6 \times 8{,}5}{1}\left(\frac{8{,}5}{2} + 3{,}5\right) = 2166;\ \delta_{bm} = 0;$$

$$X_1^* = \frac{0 - 2166}{1752 + 1752} = -0{,}62$$

Para el estado $P_3 = 3{,}5$ t, $X_1 = 0$ (carga centrada, respecto de 0)

$$\Sigma X_1 = -9{,}86 - 1{,}2 - 3{,}24 + 0{,}17 - 0{,}62 = -14{,}75 \text{ t.}$$

La transmisión de X, se hace por medio del cordón inferior de la armadura, que soporta en $T_5 + 12{,}5$ t y $T_7 + 15{,}8$ t (página 304), que con X, supone $T_5 - 2{,}55$ t y $T_7 + 1{,}05$ t. Para $T_5$, ⫪ 50 · 50 · 5, con $A = 9{,}6$ cm², 

$i_x = 1{,}51$, $\lambda = \dfrac{270}{1{,}51} = 189$, $\omega = 5{,}49$, y $\sigma = \dfrac{2{,}55 \times 5{,}49}{9{,}6} = 1{,}46$ t/cm².

### 3.9. Cálculo de las barras de la columna

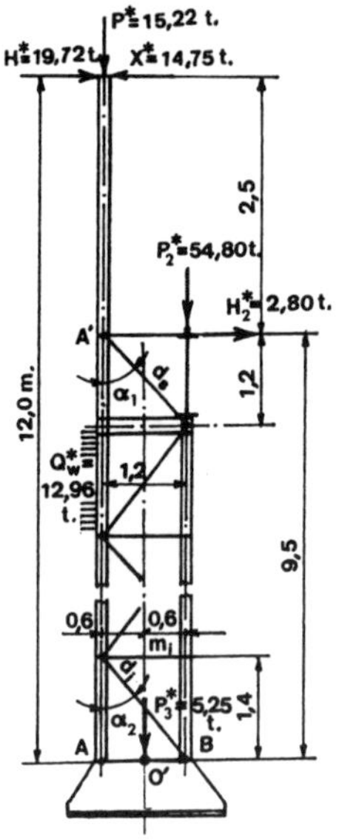


Se dispondrán las barras soldadas (secciones brutas).

Fuerzas en las barras.

$H_1'^{*} = H_1^{*} - X_1^{*} = 19{,}72 - 14{,}75 = 4{,}97$ t.

Momento respecto del centro O':

$$M_{o'}^{*} = -19{,}72 \times 0{,}6 + 4{,}97 \times 12 + 54{,}8 \times 0{,}6 + 2{,}8 \times 9{,}5 + 12{,}95 \times \frac{12{,}0}{2} =$$

$$= 185{,}0 \text{ tm}$$

$$F_{o'}^{*} = \pm \frac{185{,}0}{1{,}2} = \pm 154{,}2 \text{ t}$$

$$\Sigma P^{*} = 15{,}22 + 54{,}80 + 5{,}25 = 75{,}27 \text{ t.}$$

$$F_A^{*} = -185{,}0 - \frac{5{,}25}{2} = -182{,}4 \text{ t; } F_B^{*} = 185{,}0 + \frac{5{,}25}{2} = 187{,}6 \text{ t}$$

Montante inferior ($m_i$)

$\Sigma H^{*} = 5{,}25 + 2{,}8 + 12{,}96 = 21{,}0$ t (compresión); $\ell = 1{,}2$ m

Diagonal inferior ($d_i$)

$$\text{tg } \alpha_2 = \frac{1{,}2}{1{,}4} = 0{,}857, \ \alpha_2 = 40{,}6°; \text{ sen } a_2 = 0{,}615$$

$$F_d^{*} = \frac{\Sigma H^{*}}{\text{sen } \alpha_2} = \frac{21{,}0}{0{,}615} = 34{,}15 \text{ t (compresión); } \ell = \frac{1{,}4}{0{,}615} = 2{,}15 \text{ m}$$

Caña de la columna (parte superior)

Momento flector en A', $M_{A'}^{*} = 4{,}97 \times 2{,}5 = 12{,}43$ tm

Diagonal superior ($d_s$)

$$\text{tg } \alpha_1 = \frac{1{,}2}{1{,}2} = 1{,}0; \ \alpha_1 = 45°; \text{ sen } \alpha_1 = 0{,}707, \ \ell = \frac{1{,}2}{0{,}707} = 1{,}41 \text{ m; } P_d^{*} = \frac{5{,}25}{0{,}707} = 7{,}43 \text{ t}$$

Perfiles de las barras.

Barra A. Perfil ⊏⊐ (ejes x, y) PN 24; $A = 84{,}6$ cm², $I_x = 2 \times 3600 = 7200$ cm⁴, $W_x = 600$ cm³, $i_x = 9{,}22$ cm

En el punto A', $\lambda = \frac{250}{9{,}22} = 27$, $\omega = 1{,}04$ (Presillas a $9{,}22 \times 15 = 138$ cm)

$$\sigma^{*} = \frac{15{,}22 \times 1{,}04}{84{,}6} + \frac{1243}{600} = 0{,}19 + 2{,}07 = 2{,}26 \text{ t/cm}^2 \text{ (compresión).}$$

En el punto A, $\tau = \frac{182{,}4}{84{,}6} = 2{,}16$ t/cm² (tracción)

Barra B. $P_{min}^{*}$ ( $= P_{B'}^{*}$) $= 54{,}8$ t, $P_{máx} = 187{,}6$ t; $\ell = 8{,}5$ m

Longitud de pandeo reducida, $\ell_r = \ell \left(0{,}72 + 0{,}28 \frac{P_{min}}{P_{máx}}\right) = 8{,}5 \left(0{,}72 \times \frac{32{,}6}{100{,}3}\right) = 6{,}89$ m

I PN 34; $A = 86{,}8$ cm², $I_y = 674$ cm², $i_x = 13{,}5$ cm, $i_y = 2{,}80$ cm, $\lambda_x = \frac{689}{13{,}5} = 51$, $\omega = 1{,}14$

$$\sigma^{*} = \frac{187{,}6 \times 1{,}14}{86{,}8} = 2{,}46 \text{ t/cm}^2 \text{ (ad} < \sigma_u = 2{,}6 \text{ t/cm}^2\text{)}$$

Diagonal superior ($d_s$). ⌐⌙ (eje x) ∟ 60 · 60 · 6; $A = 13{,}8$ cm², $i_x = 1{,}82$ cm, $\lambda = \frac{141}{1{,}82} = 77$, $\omega = 1{,}46$

$$\sigma^{*} = \frac{7{,}43 \times 1{,}46}{13{,}8} = 0{,}79 \text{ t/cm}^2\text{; Presillas a } 15 \times i = 15 \times 1{,}82 = 27 \text{ cm}$$

Diagonal inferior ($d_i$).— x ⊓⊔ x $\llcorner$ 80 · 80 · 8, A = 24,6 cm², $i_x$ = 2,43 cm, $\lambda = \frac{215}{2{,}43} = 88$, $\omega = 1{,}69$

$$\sigma^* = \frac{34{,}15 \times 1{,}69}{24{,}6} = 2{,}35 \text{ t/cm}^2.$$ Presillas a 15 · $i_x$ = 15 × 2,43 = 36 cm (separación).

El resto de las diagonales, igual a $d_i$.

Montaje inferior ($m_i$).— x ⊓⊔ x $\llcorner$ 70 · 70 · 7, A = 18,8 cm², $i_x$ = 2,12 cm, $\lambda = \frac{120}{2{,}12} = 66$, $\omega = 1{,}29$

$$\sigma = \frac{21{,}0 \times 1{,}29}{18{,}8} = 1{,}44 \text{ t/cm}^2.$$ Presillas a 15 × 2,12 = 32 cm (separación).

### 4.9. Base de la columna

Se toma $\sigma^*_e = 1600$ kg/cm²; $\sigma_h = 35$ kg/cm².

En la tabla 8, $\alpha = 304$, $k_1 = 0{,}209$, $k_2 = 1{,}113$.

Previo cálculo aproximado, se hace b (ancho de la base) = 62 cm.

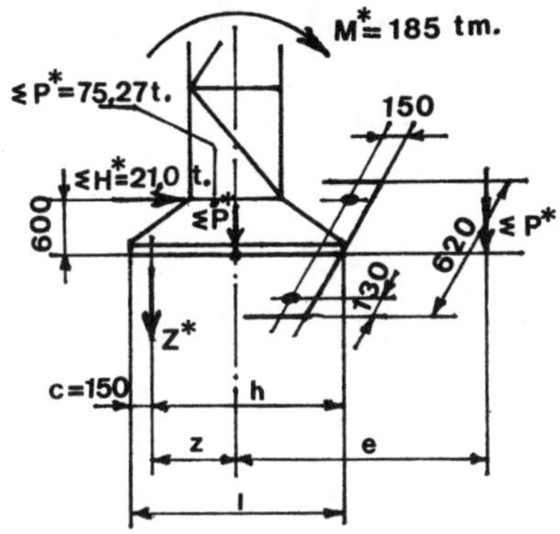


Excentricidad, $e = \frac{75{,}27}{21{,}0} = 3{,}58$ m

$$\frac{N\,k_1}{4\,b} = \frac{75270 \times 0{,}209}{1{,}5 \times 4 \times 62} = 42{,}3 \; (\gamma = 1{,}5, \text{ carga real})$$

$$h = 42{,}3\left(1 + \sqrt{1 + 2 \times \frac{2 \times 358 - 15}{42{,}3}}\right) = 289 \approx 290 \text{ cm}$$

$$l = 290 + 15 = 305 \text{ cm};\; z = \frac{305}{2} - 15 = 137{,}5 \text{ cm}$$

$$e + z = 358 + 137{,}5 = 495{,}5 \text{ cm.}$$

$$Z = 75{,}27 \times \left(1{,}113 \times \frac{495{,}5}{290} - 1\right) = 59{,}37 \text{ t.}$$

Se disponen 2 tornillos M 64; $A_n = 2 \times 24{,}34 = 48{,}68$ cm²; $\tau^* = \frac{59370}{48{,}68 \times 0{,}75} = 1626$ kg/cm² (ad. < 1800 kg/cm²).

Se dispondrá bastidor de anclaje; en el extremo opuesto a Z, 2 tornillos M 40.

$$x = 290 \times 0{,}304 = 88 \text{ cm};\; \sigma_h = \frac{2 \times 75270 \times 495{,}5}{1{,}5 \times 62 \times 88 \times \left(290 - \frac{88}{3}\right)} = 34{,}7 \text{ kg/cm}^2 \; (< 35).$$

$$\text{Espesor de la placa de base, } e = c\sqrt{\frac{35}{600}} = 150 \times \sqrt{\frac{35}{600}} = 36{,}2 \approx 40 \text{ mm.}$$

Disposición de la base de la columna

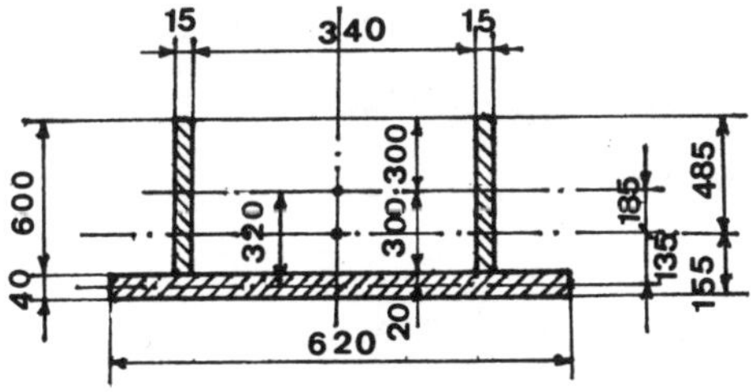


Centro de gravedad

| | A | $l$ | $Al$ |
|---|---|---|---|
| II | 180 | 32 | 5760 |
| — | 248 | 0 | 0 |
| | 428 | | 5760 |

$$l' = \frac{5760}{428} = 13{,}5 \text{ cm}$$

Sección, momento de inercia y módulos resistentes.

| | A | $I'_x$ | $Al^2$ | $I_x = I' + Al^2$ |
|---|---|---|---|---|
| II | 180 | 54000 | 61600 | 115600 |
| — | 248 | 330 | 45200 | 45530 |
| | 428 | | $I_{xx}$ = | 161130 |

$$W_{x1} = \frac{161130}{15{,}5} = 10400 \text{ cm}^3$$

$$W_{x2} = \frac{161130}{48{,}5} = 3320 \text{ cm}^3$$

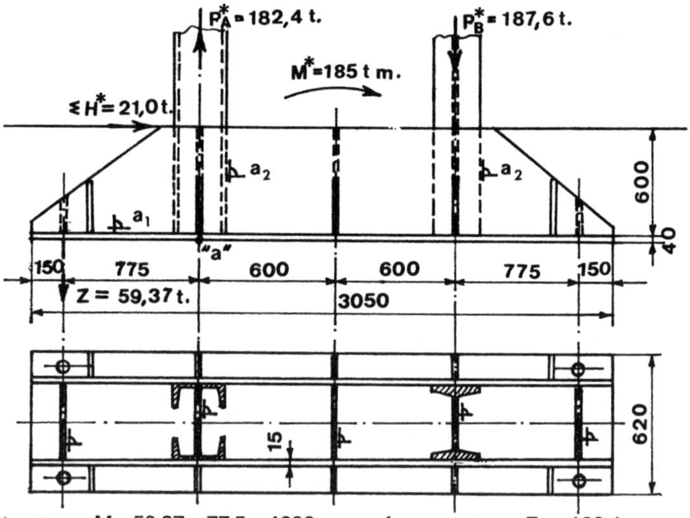


Momento flector en «a», M = 59,37 × 77,5 = 4600 tcm; esfuerzo cortante, T = −182,4 t.

$\sigma_a^* = \frac{4600}{10400} = 0{,}44$ t/cm²; $\sigma_b^* = \frac{4600}{3320} = 1{,}39$ t/cm²; $\tau^* = \frac{182{,}4}{428} = 0{,}43$ t/cm².

$\sigma_r^* = 0{,}35 \cdot \sigma_a^* + 0{,}65\sqrt{\sigma^{*2} + 3{,}7 \cdot \tau^{*2}} = 0{,}35 \times 1{,}39 + 0{,}65 \times \sqrt{1{,}39^2 + 3{,}7 \times 0{,}43^2} = 0{,}49 + 1{,}62 = 2{,}11$ t/cm² (pág. 153).

Cordón de soldadura, $\sigma^* = 0{,}75 \times 2{,}6$ t/cm². (Tablas $EA_u$ − 3, 4 y 5).

Cordón $a_1$ (4 cordones), $a = \frac{TS}{n \cdot 0{,}75 \cdot \sigma_u \cdot I} = \frac{21 \times 45530}{4 \times 0{,}75 \times 2{,}6 \times 161130} = 0{,}76$ cm; se dipone a = 10 mm.

Cordón $a_2$ (4 cordones), $a = \frac{P_B^*}{n \cdot l \cdot 0{,}75 \cdot \sigma_u} = \frac{187{,}6}{4 \times 60 \times 0{,}75 \times 2{,}6} = 0{,}4$ cm; se dispone a = 6 mm.

Cordones auxiliares, continuos de a = 5 mm.

### 5.9. Cimentación para las columnas

Carga vertical, $\Sigma P = \frac{75{,}27}{1{,}5 \times 1{,}4} = 35{,}8$ t (sin coeficiente de ponderación, y de compensación $\psi$).

Carga horizontal, $\Sigma H = \frac{21{,}0}{1{,}5} = 14{,}0$ t (sin coeficiente de ponderación $\gamma$).

Previo cálculo aproximado, se dispone un bloque de hormigón de 5,5 × 2,5 × 3,0 situando el eje de la columna descentrado 0,75 m.

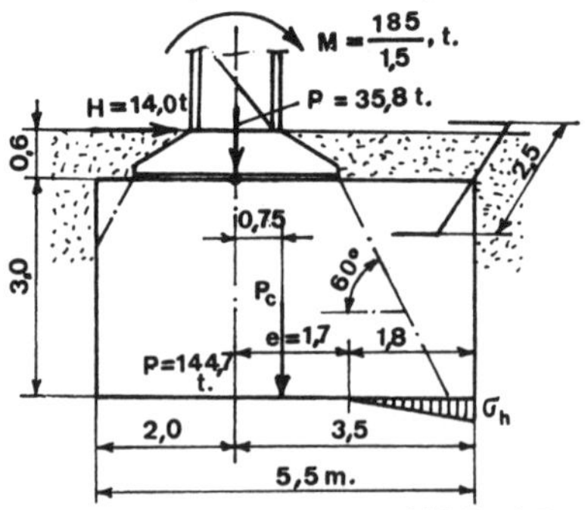


$P_c = 5{,}5 \times 2{,}5 \times 3{,}6 \times 2{,}2 = 108{,}9$ t.

Peso total $P_v = 35{,}8 + 108{,}9 = 144{,}7$ t.

Momento:

$M = \frac{185}{1{,}5} + 14{,}0 \times 3{,}6 + 108{,}9 \times 0{,}75 = 255{,}4$ tm.

$e = \frac{255{,}4}{144{,}7} = 1{,}7\ (> \frac{5{,}5}{6} = 0{,}92$ m).

$\sigma_h = \frac{2 \times 144700}{3 \times 180 \times 250} = 2{,}14$ kg/cm² (ad.).

Seguridad al deslizamiento, $d = \frac{144{,}7 \times 0{,}5}{14{,}0} = 5{,}2$ (ad. > 1,5, terreno seco, pág. 25).

La disposición de aparatos de apoyo de columnas (placas, articulaciones, rodillos y el cálculo de elementos de anclaje, puede verse en la obra «Estructuras Metálicas de Acero» de Editorial PARANINFO, S. A.).

SEGUNDA PARTE

# VIGAS CARRILES Y COLUMNAS. ESPECIFICACIONES

**SECCIONES:**

1.ª FUERZAS O CARGAS SOBRE LAS VIGAS CARRILES.

2.ª DETERMINACIÓN DE LOS EMPUJES X EN FUNCION DE LAS DEFORMACIONES (FLECHAS).

3.ª DIMENSIONES DE LAS PLACAS DE ASIENTO DE LAS COLUMNAS.

4.ª CÁLCULO DE LA CIMENTACIÓN DE LAS COLUMNAS.

5.ª DISPOSITIVOS DE ANCLAJE DE LAS COLUMNAS.

# RELACIÓN DE TABLAS



COLUMNA METÁLICA, SOLDADA

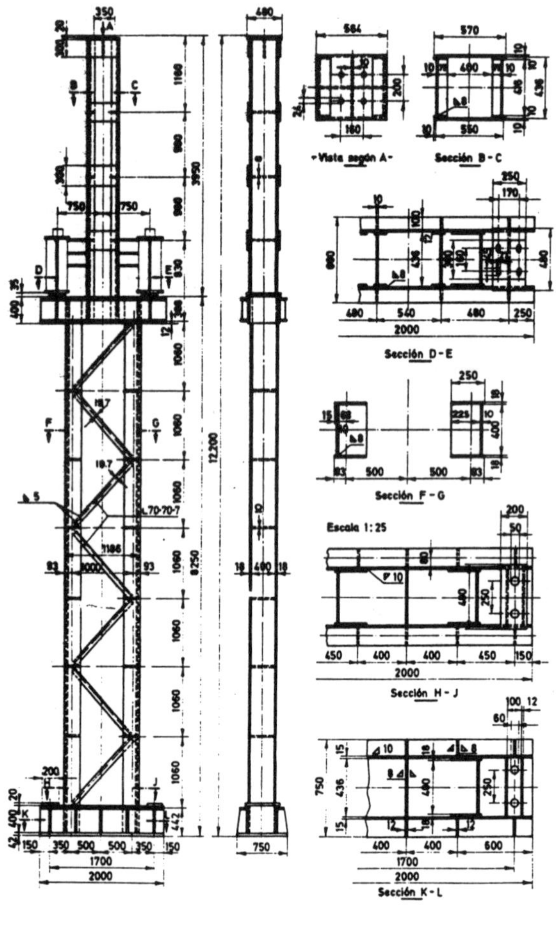


Construcciones metálicas

# SEGUNDA PARTE. ESPECIFICACIONES

## SECCION PRIMERA

## FUERZAS O CARGA SOBRE LAS VIGAS CARRILES

### 1.1. Clasificación de las grúas puente

En las naves industriales que cuentan con grúas puente que se trasladan longitudinalmente sobre las vigas carriles dispuestas o apoyadas sobre las columnas de la nave, en el cálculo de ésta, además de las acciones sobre la edificación expuestas en la Primera Parte de esta obra, asimismo es necesario tener en cuenta las acciones que sobre la edificación producen aquellas grúas, que a través de las ruedas de rodadura son transmitidas a las vigas carriles, y también los esfuerzos horizontales que estas ruedas, al ser frenadas, asimismo transmiten a las vigas carriles. El carro de la grúa, al desplazarse sobre su vía y ser frenado, origina otro esfuerzo transversal que, mediante las pestañas de las ruedas de la grúa, son transmitidos perpendicularmente a la viga carril, que tendrá resistencia suficiente para absorberlo, o que mediante su viga de frenado lo transmitirá a las columnas.

Las grúas, según Normas vigentes, se clasifican según sus condiciones de trabajo en cuatro grupos, y para tener en cuenta la frecuente repetición de sus servicios, variabilidad e impacto de las cargas, las fuerzas transmitidas, los momentos flectores y esfuerzos transversales producidos por las sobrecargas se multiplicarán por un coeficiente de compensación, $\varphi$, relacionado con los grupos de división como se expone en la Tabla 1.

***CLASIFICACION DE LAS GRUAS PUENTE SEGUN LA INTENSIDAD DE LAS CONDICIONES DE TRABAJO*** — **TABLA 1**

| *GRUPO* | *Tiempo de servicio* | *Carga específica* | *Impactos* | *Coeficiente de compensación $\psi$* |
|---|---|---|---|---|
| I | Pequeño | Pequeño | Normal | 1,2 |
| II | Grande<br>Pequeño<br>Pequeño | Pequeño<br>Grande<br>Pequeño | Normal<br>Normal<br>Fuerte | 1,4 |
| III | Grande<br>Grande<br>Pequeño | Grande<br>Pequeño<br>Grande | Normal<br>Fuerte<br>Fuerte | 1,6 |
| IV | Grande | Grande | | 1,9 |

Los caminos de rodadura (vigas carriles) pueden clasificarse en el grupo próximo inferior de la grúa, siempre que el carro trabaje a todo lo largo de su vía de rodadura.

En el cálculo de las cargas transmitidas a las vigas carriles así como en las que éstas transmiten a las columnas, se tendrá en cuenta el coeficiente de compensación $\psi$, pero no en las transmitidas a las cimentaciones y terreno sobre el que aquellas se asientan. En las fuerzas de frenado no es necesario tener en cuenta dicho coeficiente de compensación.

***CLASIFICACION DE LOS TIPOS DE GRUAS SEGUN SU SERVICIO DE CARGA*** — **TABLA 2**

| *N.º* | *Clasificación de los tipos de grúas* | *GRUPO* | *N.º* | *Clasificación de los tipos de grúas* | *GRUPO* |
|---|---|---|---|---|---|
| 1 | Elevadores de pequeña potencia y grúas manuales | I | 12 | Vigas de puentes de carga, teleféricos y similares: | |
| 2 | Grúas de salas de máquinas | I y II | | a) Servicio para bultos | II |
| 3 | Grúa para levantar locomotoras | II | | b) servicio con cuchara automática | II y III |
| 4 | Grúas de talleres y almacenes de pequeña carga | II y III | 13 | Puentes basculantes | III |
| 5 | Grúas de gran carga | II | 14 | Grúas torres para todo tipo de construcciones | I y II |
| 6 | Grúas de montaje | I a III | | GRUAS ESPECIALES PARA SIDERURGIAS | |
| 7 | Grúas de fundiciones | II y III | 15 | Grúas ligeras, grúas de montaje, grúas de cambio de cilindros | I a III |
| 8 | Grúas de remachar | II y III | 16 | Grúas de carga | III y IV |
| 9 | Grúas para astilleros | II | 17 | Grúas para el transporte de aceros laminados | II a IV |
| 10 | Grúas para cargas pesadas | I y II | 18 | Grúas de mezclador y de colada | II a IV |
| 11 | Grúas giratorias, grúas pórtico y grúas flotantes: | | 19 | Grúas de lingoteras y coquillas | III |
| | a) servicio para bultos | II | 20 | Grúas para hornos pit (de fosa) | III y IV |
| | b) servicio con cuchara automática y electromagnético | III y IV | 21 | Grúa Stripper (de deslingotar) | IV |
| | | | 22 | Grúas de rompedor de caída | II a IV |

## 2.1. Cargas, presiones de las ruedas y perfil de paso (gálibo) de las grúas puente

Las presiones que las ruedas de las grúas transmiten a las vigas carriles, están normalidades para los cálculos, y se especifican en la tabla 3, así como también se exponen los valores del gálibo de las grúas.

Para las grúas del grupo I se pueden reducir las presiones de las ruedas en un 6 %; para las del grupo II se mantienen sin modificación, y para las comprendidas en los grupos III y IV se aumentarán aquellas presiones del 4 al 6 %.

## 3.1. Fuerzas de frenado

Las fuerzas que se originan por el frenado de las ruedas de las grúas, se transmiten longitudinalmente a las vigas carriles según el nivel superior de sus carriles, siendo el valor de estas fuerzas igual a $^1/_7$ de la presión o carga que las ruedas frenadas transmiten a las vigas carriles. A su vez, el carro de la grúa al ser frenado en su situación más desfavorable, transmite por mediación de las pestañas de las ruedas de rodadura de la grúa de modo transversal, perpendicularmente a la viga carril en sentido horizontal, una fuerza igual a $^1/_{10}$ de la carga que soportan las ruedas situadas sobre aquella viga carril. Cuando hay diferencia entre las cargas de las ruedas, para los cálculos pueden tomarse fuerzas de frenado del carro las correspondientes a la rueda más cargada.

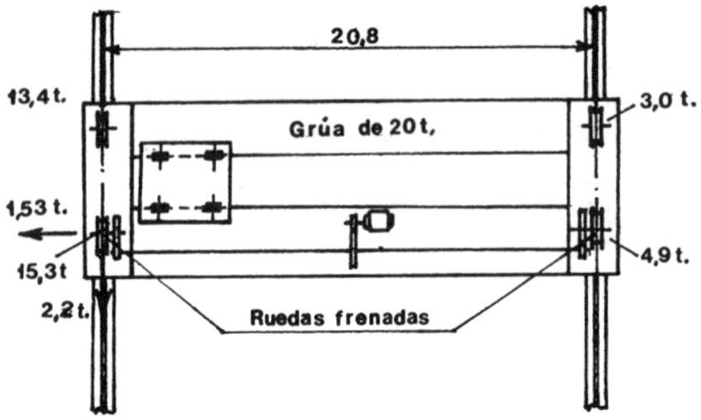


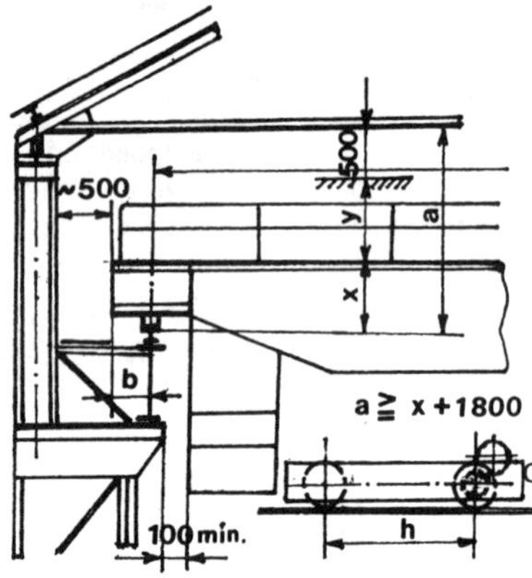


GALIBO DE LA GRUA

| PUENTES GRÚA ACCIONADOS MEDIANTE MOTOR PARA CARGAS HASTA 100T | | | | | | | | | | | | | TABLA 3₁ |
|---|---|---|---|---|---|---|---|---|---|---|---|---|---|
| Carga t | Luz | | Rueda móvil Ø mm | Intereje de las ruedas h mm | x mm | b mm | Carro | | Presiones de la rueda en t | | | | Ancho de carriles de grúa mm |
| | Dirigido desde el suelo mm | Dirigido desde una jaula mm | | | | | Altura mm | Ancho de la vía mm | max | | min | | |
| | | | | | | | | | $R_1$ | $R_2$ | $R_1$ | $R_2$ | |
| | 8750 | 8350 | | | | | | | 4,5 | 3,4 | 2,4 | 1,0 | |
| | 11250 | 10850 | | | | | | | 4,9 | 3,5 | 2,7 | 1,3 | |
| | 13750 | 13350 | | | | | | | 5,2 | 3,6 | 2,9 | 1,4 | |
| | 16250 | 15850 | | 3540 | | | | 2240 | 5,4 | 3,8 | 3,1 | 1,5 | |
| 3 | 18750 | 18350 | 400 | | 440 | 175 | 1000 | | 5,7 | 4,0 | 3,4 | 1,7 | 45 |
| | 21250 | 20850 | | | | | | | 6,1 | 4,3 | 3,8 | 2,0 | |
| | — | 23350 | | | | | | | 6,5 | 4,6 | 4,1 | 2,2 | |
| | — | 25850 | | 4100 | | | | 2800 | 7,0 | 5,0 | 4,6 | 2,7 | |
| | — | 28350 | | | | | | | 7,4 | 5,4 | 5,0 | 3,0 | |
| | 8750 | 8350 | | | | | | | 5,5 | 4,1 | 2,5 | 1,1 | |
| | 11250 | 10850 | | | | | | | 5,9 | 4,4 | 2,8 | 1,3 | |
| | 13750 | 13350 | | | | | | | 6,1 | 4,6 | 3,0 | 1,4 | |
| | 16250 | 15850 | | 3540 | | | | 2240 | 6,4 | 4,8 | 3,2 | 1,6 | 45 |
| 5 | 18750 | 18350 | 400 | | 440 | 175 | 1000 | | 6,8 | 5,1 | 3,5 | 1,8 | |
| | 21250 | 20850 | | | | | | | 7,1 | 5,3 | 3,8 | 2,1 | |
| | — | 23350 | | | | | | | 7,6 | 5,8 | 4,3 | 2,5 | |
| | — | 25850 | | 4100 | | | | 2800 | 8,0 | 6,4 | 4,7 | 2,8 | 55 |
| | — | 28350 | | | | | | | 8,5 | 6,5 | 5,1 | 3,1 | |
| | 8750 | 8350 | | | | | | | 6,9 | 5,5 | 2,6 | 1,2 | |
| | 11250 | 10850 | | | | | | | 7,3 | 5,8 | 2,9 | 1,4 | 45 |
| | 13750 | 13350 | | | | | | | 7,5 | 6,0 | 3,0 | 1,5 | |
| | 16250 | 15850 | 400 | 3640 | 440 | 175 | | 2240 | 7,9 | 6,3 | 3,3 | 1,7 | |
| 8 | 18750 | 18350 | | | | | 1000 | | 8,3 | 6,6 | 3,7 | 2,0 | |
| | 21250 | 20850 | | | | | | | 8,5 | 6,8 | 3,8 | 2,1 | |
| | — | 23350 | | | | | | | 9,2 | 7,4 | 4,5 | 2,7 | 55 |
| | — | 25850 | 500 | | 485 | 185 | | | 9,7 | 7,8 | 5,0 | 3,0 | |
| | — | 28350 | | 4200 | | | | 2800 | 10,2 | 8,2 | 5,4 | 3,4 | |

## PUENTES GRÚA ACCIONADOS MEDIANTE MOTOR PARA CARGAS HASTA 100 T

**TABLA $3_2$**

| Carga t | Luz: Dirigido desde el suelo mm | Luz: Dirigido desde una jaula mm | Rueda móvil Ø mm | Intereje de las ruedas h mm | x mm | b mm | Carro: Altura mm | Carro: Ancho de la vía mm | Presiones de la rueda en t: max $R_1$ | max $R_2$ | min $R_1$ | min $R_2$ | Ancho de carriles de grúa mm |
|---|---|---|---|---|---|---|---|---|---|---|---|---|---|
| | 8750 | 8350 | | | | | | | 7,9 | 6,5 | 2,8 | 1,4 | |
| | 11250 | 10850 | | | | | | | 8,4 | 6,8 | 3,1 | 1,5 | |
| | 13750 | 13350 | | | | | | | 8,7 | 7,1 | 3,3 | 1,7 | |
| | 16250 | 15850 | | 3640 | | | | 2240 | 9.0 | 7,3 | 3,5 | 1,8 | |
| 10 | 18750 | 18350 | 500 | | 485 | 185 | 1000 | | 9,5 | 7,7 | 3,9 | 2,1 | 55 |
| | 21250 | 20850 | | | | | | | 9,9 | 8,0 | 4,2 | 2,4 | |
| | — | 23350 | | | | | | | 10,4 | 8,5 | 4,8 | 2,8 | |
| | — | 25850 | | 4200 | | | | 2800 | 10,7 | 8,7 | 5,0 | 3,0 | |
| | — | 28350 | | | | | | | 11,3 | 9,2 | 5,6 | 3,5 | |
| | 8750 | 8350 | | | | | | | 9,0 | 7,6 | 2,9 | 1,5 | |
| | 11250 | 10850 | | | | | | | 9,6 | 8,0 | 3,2 | 1,6 | |
| | 13750 | 13350 | | | | | | | 9,9 | 8,3 | 3,4 | 1,7 | |
| | 16250 | 15850 | 500 | 3640 | 485 | 185 | | 2240 | 10,3 | 8,6 | 3,7 | 2,0 | |
| 12,5 | 18750 | 18350 | | | | | 1000 | | 10,7 | 8,9 | 4,0 | 2,2 | 55 |
| | 21250 | 20850 | | | | | | | 11,1 | 9,2 | 4,3 | 2,4 | |
| | — | 23350 | | | | | | | 11,7 | 9,8 | 4,9 | 2,9 | |
| | — | 25850 | 630 | 4400 | 600 | 195 | | 2800 | 12,3 | 10,3 | 5,4 | 3,4 | |
| | — | 28350 | | | | | | | 12,7 | 10,6 | 5,8 | 3,7 | |
| | 8750 | 8350 | | | | | | | 10,9 | 9,4 | 3,2 | 1,7 | |
| | 11250 | 10850 | | | | | | | 11,4 | 9,8 | 3,4 | 1,8 | |
| | 13750 | 13350 | | | | | | | 11,8 | 10,1 | 3,6 | 2,0 | |
| | 16250 | 15850 | | 3840 | | | | 2240 | 12,3 | 10,5 | 4,0 | 2,2 | |
| 16 | 18750 | 18350 | 630 | | 600 | 195 | 1000 | | 12,7 | 10,9 | 4,3 | 2,5 | 55 |
| | 21250 | 20850 | | | | | | | 13,2 | 11,3 | 4,7 | 2,8 | |
| | — | 23350 | | | | | | | 13,8 | 11,8 | 5,3 | 3,3 | |
| | — | 25850 | | 4400 | | | | 2800 | 14,3 | 12,2 | 5,7 | 3,7 | |
| | — | 28350 | | | | | | | 15,0 | 12,9 | 6,4 | 4,3 | |
| | 8750 | 8350 | | | | | | | 12,8 | 11,3 | 3,4 | 2,0 | |
| | 11250 | 10850 | | | | | | | 13,3 | 11,8 | 3,6 | 2,0 | |
| | 13750 | 13350 | | | | | | | 13,8 | 12,1 | 3,8 | 2,2 | 55 |
| | 16250 | 15850 | | 3840 | | | | 2240 | 14,3 | 12,5 | 4,1 | 2,4 | |
| 20 | 18750 | 18350 | 630 | | 600 | 195 | 1000 | | 14,8 | 13,0 | 4,5 | 2,7 | |
| | 21250 | 20850 | | | | | | | 15,3 | 13,4 | 4,9 | 3,0 | |
| | — | 23350 | | | | | | | 15,9 | 14,0 | 5,5 | 3,6 | |
| | — | 25850 | | 4400 | | | | 2800 | 16,4 | 14,4 | 6,0 | 4,0 | 65 |
| | — | 28350 | | | | | | | 17,0 | 15,0 | 6,5 | 4,5 | |
| | 8.750 | 8.350 | | | | | | | 21,0 | 19,0 | 6,3 | 4,3 | |
| | 11250 | 10850 | | | | | | | 22,0 | 20,0 | 6,4 | 4,4 | |
| | 13750 | 13350 | | | | | | | 23,0 | 21,0 | 6,9 | 4,8 | |
| | 16250 | 15850 | 710 | 3740 | 710 | 250 | | 2240 | 23,7 | 21,5 | 7,1 | 5,0 | |
| 32 | 18750 | 18350 | | | | | 1500 | | 24,9 | 22,7 | 7,9 | 5,7 | 75 |
| | 21250 | 20850 | | | | | | | 25,5 | 23,2 | 8,2 | 6,0 | |
| | — | 23350 | | | | | | | 26,6 | 24,3 | 9,2 | 6,8 | |
| | — | 25850 | 800 | 4300 | 800 | 300 | | 2800 | 27,5 | 25,0 | 9,9 | 7,4 | |
| | — | 28350 | | | | | | | 28,3 | 25,7 | 10,4 | 7,9 | |
| | 8500 | 8350 | | | | | | | 29,9 | 27,7 | 9,9 | 7,8 | |
| | 11250 | 10850 | | | | | | | 31,6 | 29,4 | 9,5 | 7,3 | |
| | 13750 | 13350 | | | | | | | 32,8 | 31,0 | 9,4 | 7,5 | |
| | 16259 | 15850 | 800 | | 800 | 300 | | | 34,4 | 32,0 | 9,8 | 7,4 | |
| 50 | 18750 | 18350 | | 5000 | | | 1650 | 3550 | 35,5 | 33,2 | 10,3 | 7,9 | 100 |
| | 21250 | 20850 | | | | | | | 37,1 | 34,7 | 11,2 | 8,8 | |
| | — | 23350 | | | | | | | 38,1 | 35,6 | 11,7 | 9,2 | |
| | — | 25850 | | | | | | | 39,3 | 36,8 | 12,9 | 10,4 | |
| | — | 28350 | 900 | | 900 | 340 | | | 40,8 | 38,2 | 14,0 | 11,5 | |
| | 8750 | 8350 | 900 | | 900 | 340 | | | 42,8 | 41,3 | 14,9 | 12,7 | |
| | 11250 | 10850 | | | | | | | 45,9 | 43,3 | 13,8 | 11,6 | 100 |
| | 13750 | 13350 | | | | | | | 48,0 | 45,6 | 13,8 | 11,4 | |
| | 16250 | 15850 | | | | | | | 50,2 | 47,7 | 14,3 | 11,8 | |
| 80 | 18750 | 18350 | | 5000 | | | 1900 | 3550 | 52,8 | 50,2 | 14,9 | 12,4 | |
| | 21250 | 20850 | 1000 | | 1000 | 360 | | | 53,5 | 50,9 | 15,3 | 12,7 | |
| | — | 23350 | | | | | | | 55,3 | 52,7 | 16,6 | 14,0 | 120 |
| | | 25850 | | | | | | | 56,9 | 54,2 | 18,2 | 15,5 | |
| | — | 28350 | | | | | | | 58,0 | 55,3 | 19,0 | 16,2 | |
| | 8750 | 8350 | | | | | | | 51,7 | 49,3 | 19,4 | 17,0 | |
| | 11250 | 10850 | | | | | | | 54,5 | 52,1 | 17,8 | 15,4 | |
| | 13750 | 13350 | | | | | | | 57,9 | 55,4 | 17,2 | 14,7 | |
| | 16250 | 15850 | | | | | | | 60,6 | 58,1 | 17,3 | 14,8 | |
| 100 | 18750 | 18350 | 1000 | 5700 | 1000 | 360 | 2000 | 4200 | 62,8 | 60,2 | 17,9 | 15,3 | 120 |
| | 21250 | 20850 | | | | | | | 65,1 | 62,5 | 18,6 | 15,9 | |
| | — | 23350 | | | | | | | 66,9 | 64,2 | 19,3 | 16,6 | |
| | — | 25850 | | | | | | | 69,2 | 66,5 | 20,4 | 17,7 | |
| | — | 28350 | | | | | | | 72,7 | 69,9 | 23,2 | 20,4 | |

**Nota.**—Los datos y diseños de las tres páginas de la Sección Primera (página 345) para la normalización de grúas, proceden de estudio realizado por la DEMAG, A. G. de Duisburg.

# SECCIÓN SEGUNDA

## DETERMINACIÓN DE LOS EMPUJES X EN FUNCIÓN DE LAS DEFORMACIONES

### 1.2. Empujes X en columnas empotradas

Las reacciones (empujes) horizontales que actúan en la parte superior de las columnas (apoyos de las armaduras) son producidas por las fuerzas horizontales ($H_1$*, $H_2$*, y $Q_W$* en el cálculo de las columnas de la página 338), y por las cargas verticales excéntricas con relación al eje vertical de la columna (las cargas $P_1$* y $P_2$* en la misma columna de la página 338), fuerzas y cargas que dan lugar a un momento flector M* con la consiguiente deformación o flecha.

Al estar las columnas de la nave enlazadas en su parte superior por medio de las armaduras, este enlace hace que la deformación o flecha de la columna sometida a las fuerzas y cargas se reduzca por la oposición o reacción que por su deformación o flecha que se produce, en sentido opuesto, en la columna de la otra alineación, presentándose así la fuerza X, en sentido horizontal que actúa en la parte superior por mediación de la armadura.

En la determinación del empuje X, se considerarán las columnas de momento de inercia invariable (de un solo cuerpo o sección), y las de momento de inercia variable, reducido en el cuerpo superior o caña al compararlo con el momento de inercia del cuerpo inferior.

En las columnas con momento de inercia variable con cuerpo superior también variable, se tomará como momento de inercia de este cuerpo el correspondiente a su sección media.

### 2.2. Determinación de los empujes X en edificios de una sola nave

En la determinación de los empujes X producidas por la reacción (flechas) de las columnas empotradas en los edificios de una sola nave, se aplicarán las relaciones que se exponen en la tabla 4 para distintos casos de fuerzas y cargas.

**Nota.**—Un ejemplo de aplicación para la determinación de empujes X en un edificio de una sola nave, puede verse en la página 339.

| ***EMPUJES X EN FUNCIÓN DE LOS DESPLAZAMIENTOS (FLECHAS)*** | **TABLA 4** |
|---|---|

a) *Empuje horizontal de la reacción $X_1$*

Para este caso resulta:

$$X_1 = \frac{\delta_{bm} - \delta_{am}}{\delta_{aa} + \delta_{bb}}$$

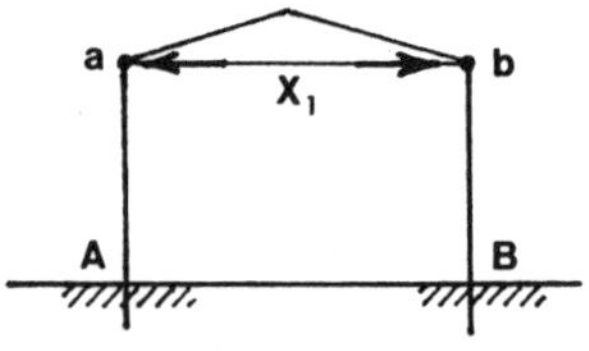


(Sigue...

## EMPUJES X EN FUNCIÓN DE LOS DESPLAZAMIENTOS (FLECHAS) — TABLA 4

b) *Empujes producidos por fuerzas horizontales* *(Continuación)*

Para este caso se tiene: $X_1 = \dfrac{\delta_{bm} - \delta_{am}}{\delta_{aa} + \delta_{bb}}$

$\delta_{am} \geqq = \delta_{bm}$

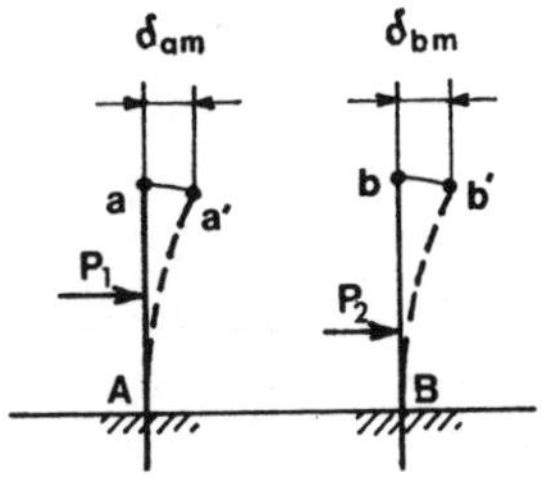


Extado X = 0

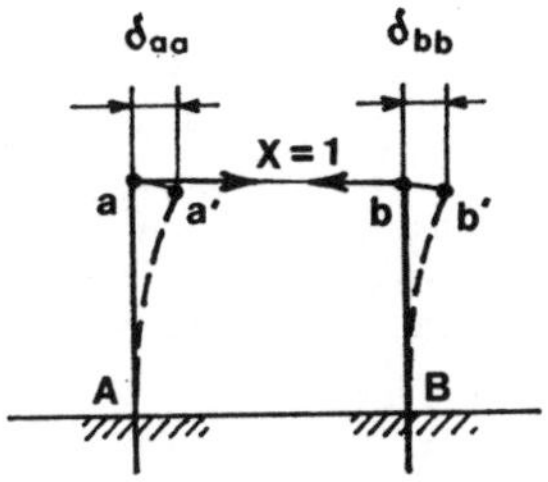


Extado X = 1

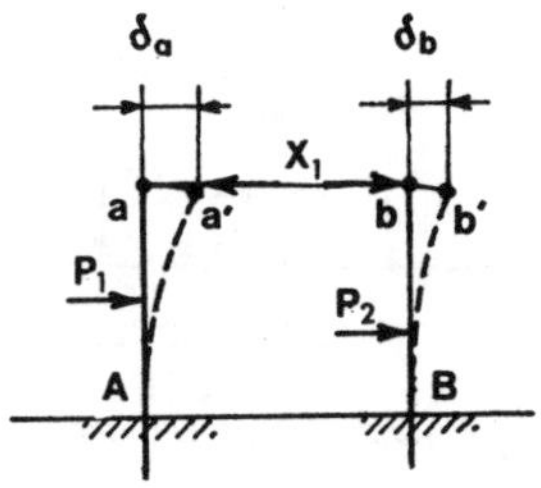


Estado real

c) *Empujes producidos por fuerzas verticales interiores*

En este caso: $X_1 = \dfrac{\delta_{bm} - \delta_{am}}{\delta_{aa} + \delta_{bb}}$

$\delta_a = \delta_b$

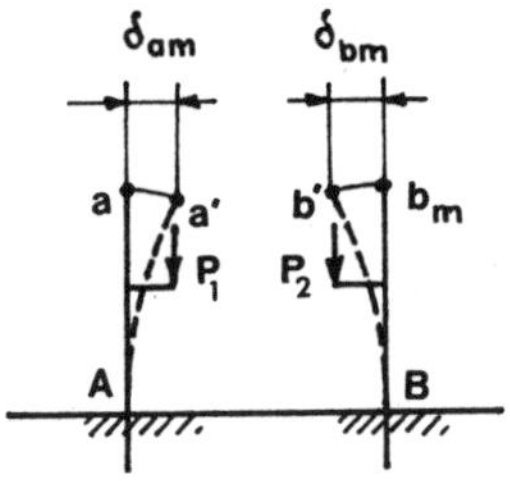


Extado X = 0

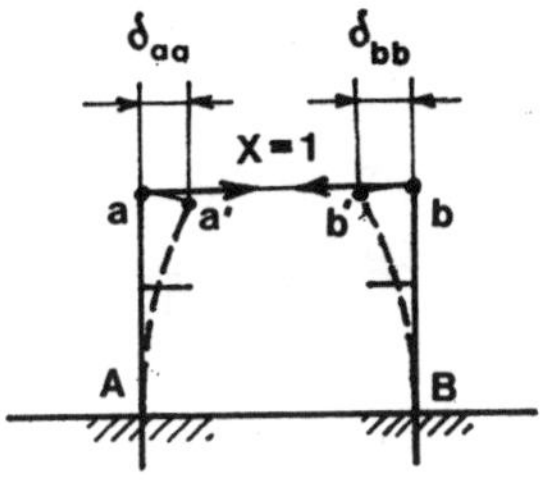


Extado X = 1

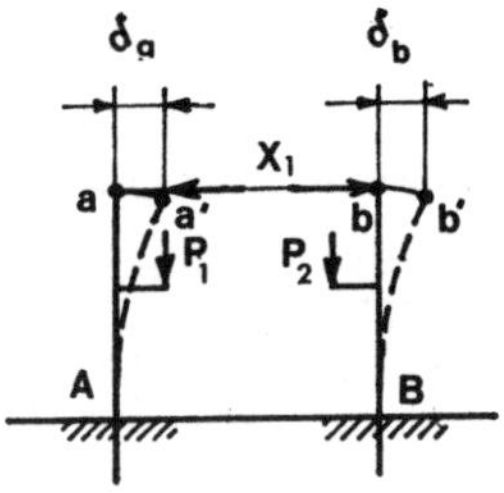


Estado real

d) *Empujes producidos por fuerzas verticales exteriores*

Para este caso resulta: $X_1 = \dfrac{\delta_{bm} + \delta_{am}}{\delta_{aa} + \delta_{bb}}$

$\delta_a = \delta_b$

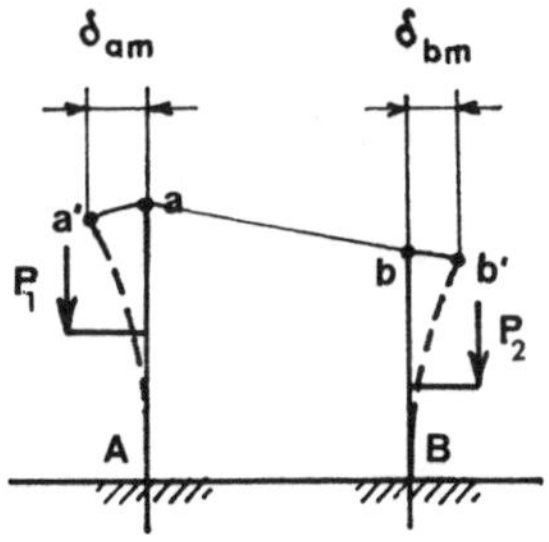


Extado X = 0

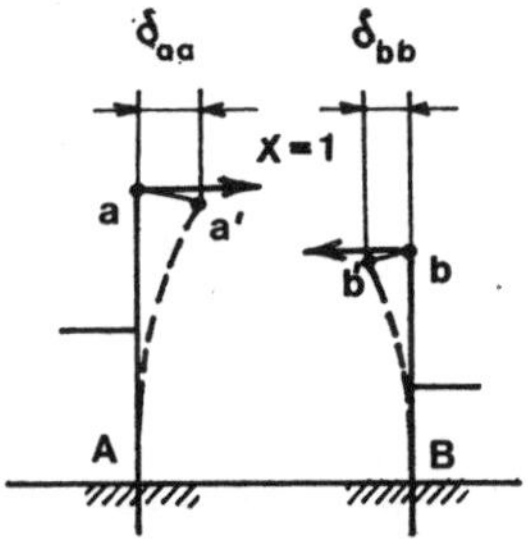


Extado X = 1

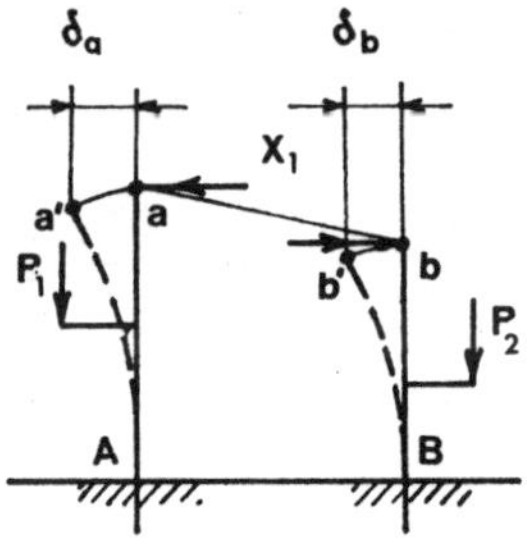


Estado real

| **DESPLAZAMIENTOS (FLECHAS) EN COLUMNAS DE MOMENTO DE INERCIA INVARIABLE** | **TABLA 5₁** |
|---|---|

a) *Fuerza en el extremo superior*

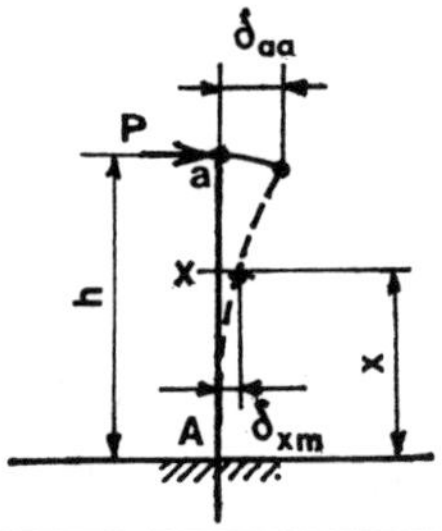


$$E \cdot \delta_{aa} = \frac{P \cdot h^3}{3 \cdot I}$$ ........ en a.

$$E \cdot \delta_{xm} = \frac{P \cdot x^2}{2 \cdot I} \cdot \left(h - \frac{x}{3}\right),$$ ........ en aA.

b) *Fuerza horizontal intermedia*

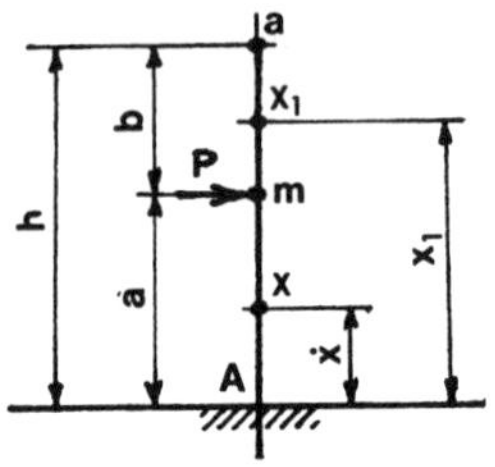


$$E \cdot \delta_{am} = \frac{P \cdot a^2}{6 \cdot I} \cdot (3h - a),$$ ........ en a.

$$E \cdot \delta_{mm} = \frac{P \cdot a^3}{3 \cdot I}$$ ........ en m.

$$E \cdot \delta_{xm} = \frac{P \cdot x^2}{2 \cdot I} \cdot \left(a - \frac{x}{3}\right)$$ ........ en Am.

$$E \cdot \delta_{x_1m} = \frac{P \cdot a^2}{2 \cdot I} \cdot \left(x_1 - \frac{a}{3}\right),$$ ........ en ma.

c) *Fuerza vertical excéntrica*

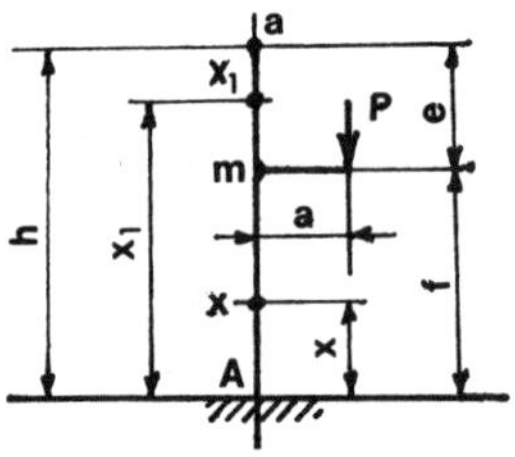


$$E \cdot \delta_{am} = \frac{P \cdot a \cdot f}{I} \cdot \left(\frac{f}{2} + e\right),$$ ........ en a.

$$E \cdot \delta_{am} = \frac{P \cdot a \cdot x^2}{2 \cdot I},$$ ........ en Am.

$$E \cdot \delta_{x_1m} = \frac{P \cdot a \cdot f}{I} \cdot \left(x_1 - \frac{f}{2}\right),$$ ........ en ma.

d) *Fuerzas horizontales opuestas y vertical excéntrica (grúa de pared)*

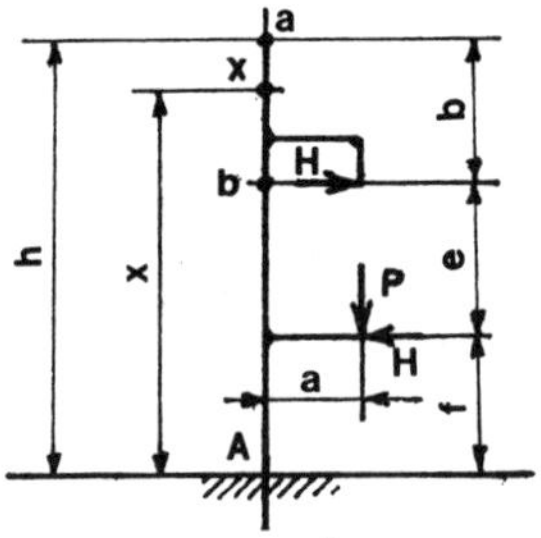


Tomando $\omega = x + b - h$

$$E \cdot \delta_{am} = \frac{1}{6 \cdot I} \left[H\, e^2 (3b + 2e) \times 6f \left(h - \frac{f}{2}\right) (H\, e + P\, a)\right],$$ ........ en a.

$$E \cdot \delta_{am} = \frac{1}{6 \cdot I} \left[H\, e^2 (3\omega + 2e) + 6f \left(x - \frac{f}{2}\right) (H\, e + P\, a)\right],$$ ........ en ba.

# DESPLAZAMIENTOS EN COLUMNAS DE MOMENTOS DE INERCIA INVARIABLE

**TABLA $5_2$**

e) *Fuerza horizontal uniformemente repartida (viento)*

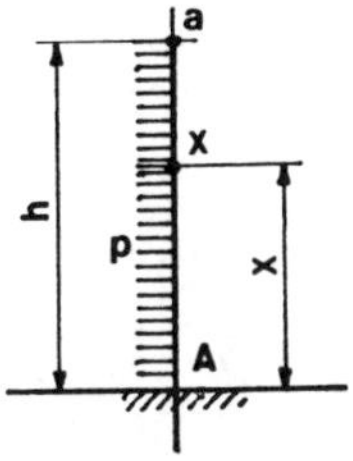


$$Q = p\,h$$

$$E \cdot \delta_{am} = \frac{p\,h^4}{8\,I} \quad \text{.......... en a.}$$

$$E \cdot \delta_{xm} = \frac{p\,x^2\,h^2}{2 \cdot I} \cdot \left(\frac{1}{2} - \frac{1}{3} \cdot \frac{x}{h} + \frac{1}{12} \cdot \frac{x^2}{h^2}\right), \quad \text{.......... en aA.}$$

f) *Fuerza horizontal uniforme en la parte inferior*

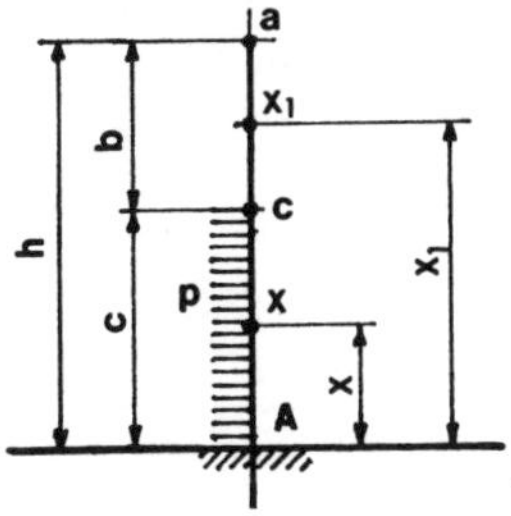


$$E \cdot \delta_{am} = \frac{p\,c^3}{6 \cdot I} \cdot \left(h - \frac{c}{4}\right), \quad \text{.......... en a.}$$

$$E \cdot \delta_{cm} = \frac{p\,c^4}{8 \cdot I}, \quad \text{.......... en c.}$$

$$E \cdot \delta_{xm} = \frac{p\,x^2\,c^2}{2\,I} \cdot \left(\frac{1}{2} - \frac{1}{3} \cdot \frac{x}{c} + \frac{1}{12} \cdot \frac{x^2}{c^2}\right), \quad \text{.......... en aA.}$$

$$E \cdot \delta_{x_1m} = \frac{p\,c^3}{6 \cdot I} \cdot \left(x_1 - \frac{c}{4}\right), \quad \text{.......... en ca.}$$

g) *Fuerzas horizontales uniformes en la parte intermedia y superior*

Fig. 1

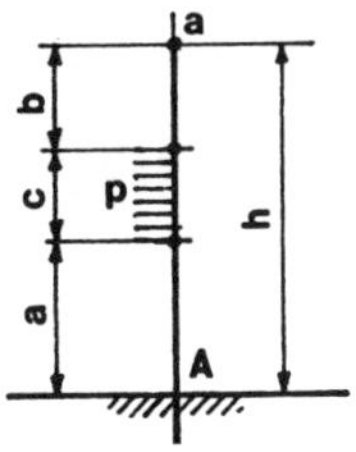


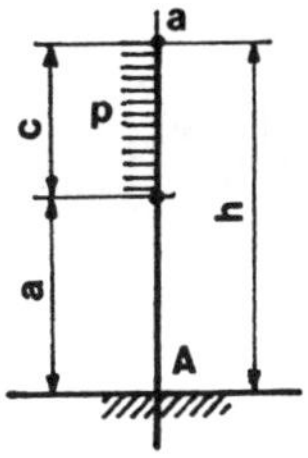


Fig. 2

Para la fig. 1, $E \cdot \delta_{am} = \frac{p}{24\,I} \cdot \left[(b+c)^4 - b^4 + 2\,h^2\,c\,[\,h + 3\,(a-b)]\right]$ .......... en a

Para la fig. 2, $E \cdot \delta_{am} = \frac{p\,c}{24\,I}\,[c^3 + 2\,h^2\,(h + 3\,a)]$, .......... en a.

h) *Fuerza horizontal uniformemente variable*

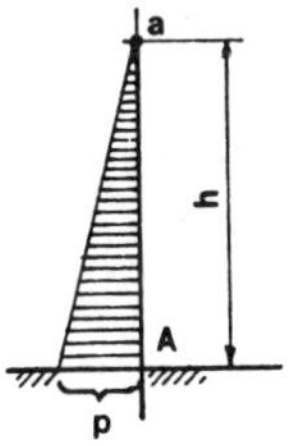


$$E \cdot \delta_{am} = \frac{p\,h^4}{30\,I}, \quad \text{.......... en a}$$

I Es el momento de inercia de la columna

| ***DESPLAZAMIENTOS (FLECHAS) EN COLUMNAS DE MOMENTO DE INERCIA VARIABLE*** | **TABLA $6_1$** |
|---|---|

$$k = \frac{I - I_1}{I_1}$$

a) *Fuerza en el extremo superior*

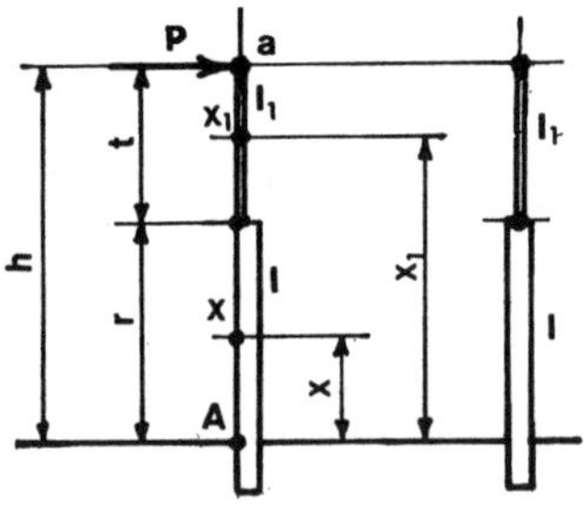


$E \cdot \delta_{aa} = \dfrac{P}{3\,I}\,(h^3 + t^3\,k)$, . . . . . . . . . . . . . . . . . . . . . . . . . . . . . en a.

$E \cdot \delta_{xm} = \dfrac{P\,x^2}{6\,I}\,(3\,h - x)$, . . . . . . . . . . . . . . . . . . . . . . . . . . . . en Ab.

$E \cdot \delta_{x_1m} = \dfrac{P}{2\,I}\left[\left(r\,t - \dfrac{r^2}{3} - x_1\,h - x_1\,t\right) r\,k + \left(h - \dfrac{x_1}{3}\right) x_1^2\,(k+1)\right]$, en ba.

b) *Fuerza intermedia en el tramo superior*

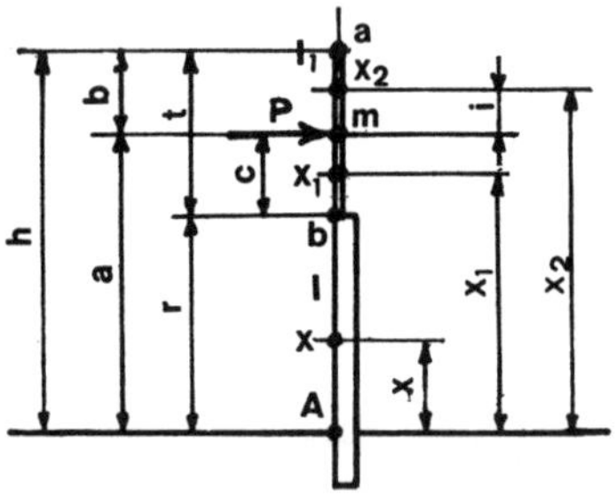


$E \cdot \delta_{am} = \dfrac{P}{6\,I}\,[a^2\,(2\,a + 3\,b) + c^2\,k\,(2\,c + 3\,b)]$, . . . . . . . . . . . . . en a.

$E \cdot \delta_{mm} = \dfrac{P}{3\,I}\,(a^3 + c^3\,k)$, . . . . . . . . . . . . . . . . . . . . . . . . . . . en m.

$E \cdot \delta_{xm} = \dfrac{P\,x^2}{2\,I}\left(a - \dfrac{x}{3}\right)$, . . . . . . . . . . . . . . . . . . . . . . . . . . . en Ab.

$E \cdot \delta_{x_1m} = \dfrac{P}{2\,I}\left[\left(r\,c - \dfrac{r^2}{2} - x_1\,a - x_1\,c\right) r\,k + \left(a - \dfrac{x_1}{3}\right) x_1^2\,(k+1)\right]$, en bm.

$E \cdot \delta_{x_2m} = \dfrac{P}{6\,I}\,[a^2\,(2\,a + 3\,i) + c^2\,k\,(2\,c + 3\,i)]$, . . . . . . . . . . . . . . . . . . . . . . . . . . . . . . . . . . . . . . . . en ma.

c) *Fuerza intermedia en el tramo inferior*

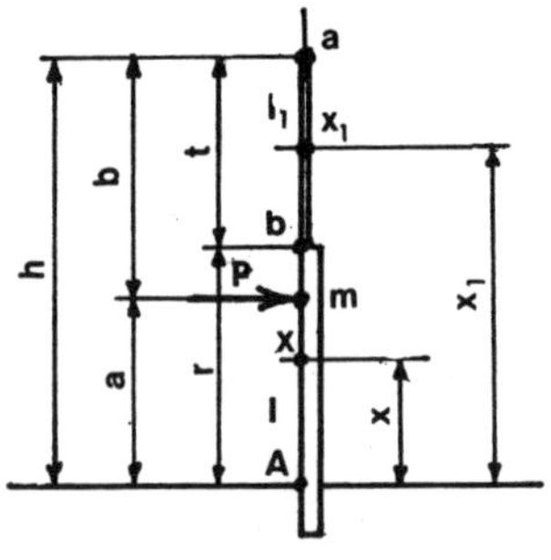


$E \cdot \delta_{am} = \dfrac{P\,a^2}{6\,I}\,(3\,h - a)$, . . . . . . . . . . . . . . . . . . . . . . . . . . . . en a.

$E \cdot \delta_{mm} = \dfrac{P\,a^3}{3\,I}$, . . . . . . . . . . . . . . . . . . . . . . . . . . . . . . . . . . . en m.

$E \cdot \delta_{xm} = \dfrac{P\,x^2}{3\,I}\left(a - \dfrac{x}{3}\right)$, . . . . . . . . . . . . . . . . . . . . . . . . . . . . en Am.

$E \cdot \delta_{x_1m} = \dfrac{P\,a^2}{2\,I}\left(x_1 - \dfrac{a}{3}\right)$, . . . . . . . . . . . . . . . . . . . . . . . . . . . . en ma.

| DESPLAZAMIENTOS (FLECHAS) EN COLUMNAS DE MOMENTO DE INERCIA VARIABLE | TABLA $6_2$ |
|---|---|

d) *Carga vertical excéntrica*

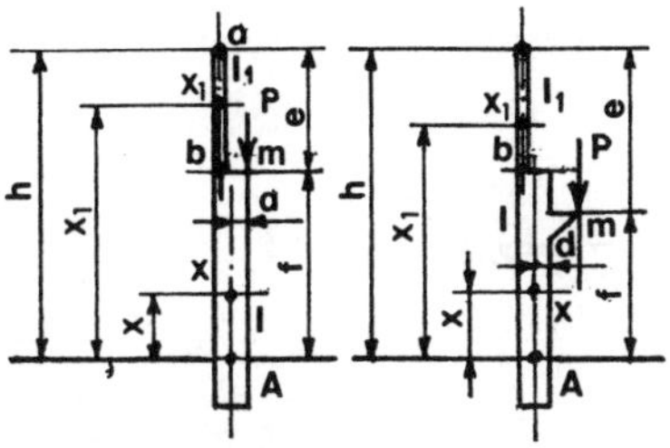


$$E \cdot \delta_{am} = \frac{P\,a\,f}{I}\left(\frac{f}{2} + e\right), \quad \ldots\ldots \text{ en a.}$$

$$E \cdot \delta_{xm} = \frac{P\,a\,x^2}{2\,I}, \quad \ldots\ldots \text{ en Am.}$$

$$E \cdot \delta_{x_1 m} = \frac{P\,a\,f}{I}\left(x_1 - \frac{f}{2}\right), \quad \ldots\ldots \text{ en ma.}$$

e) *Fuerza vertical exterior excéntrica*

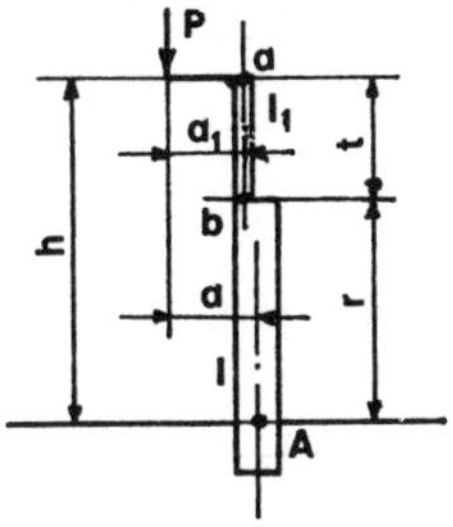


$$E \cdot \delta_{am} = \frac{P\,a}{2\,I}\left[h^2 - t^2 + \frac{a_1}{a}\,(1 + k)\,t^2\right], \quad \ldots\ldots \text{ en a.}$$

f) *Fuerzas horizontales y vertical excéntrica (grúa de pared)*

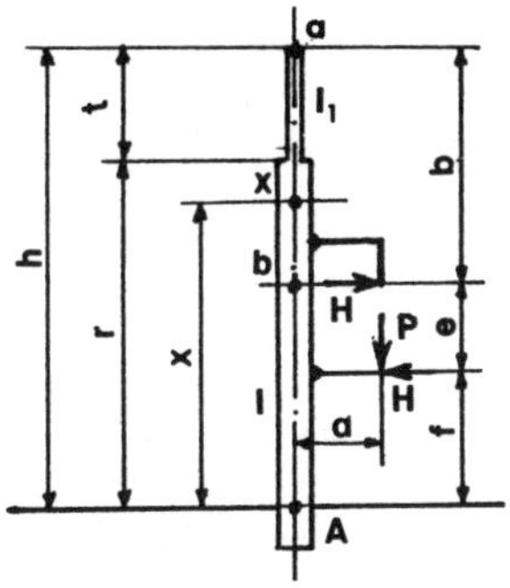


$$E \cdot \delta_{am} = \frac{1}{6\,I}\left[H\,e^2\,(3\,b + 2\,e) + 6\,f\left(h - \frac{f}{2}\right) \cdot (H\,e + P\,a)\right], \quad \ldots\ldots \text{ en a.}$$

$$E \cdot \delta_{xm} = \frac{1}{6\,I}\left[H\,e^2\,(3\,\omega + 2\,e) + 6\,f\left(x - \frac{f}{2}\right) \cdot (H\,e + P\,a)\right], \quad \ldots\ldots \text{ en ba.}$$

siendo $\omega = x + b - h$.

g) *Fuerza horizontal uniformemente repartida (viento)*

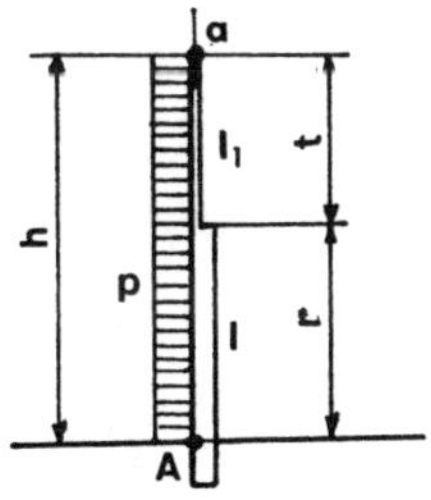


$$E \cdot \delta_{am} = \frac{p}{8\,I}\,(h^4 + t^4\,k), \quad \ldots\ldots \text{ en a.}$$

$(Q = p\,h)$

| VALORES DE LOS EMPUJES X EN DOS COLUMNAS DE MOMENTOS DE INERCIA IGUALES E INVARIABLES | TABLA 7 |
|---|---|

a) *Fuerza horizontal superior*

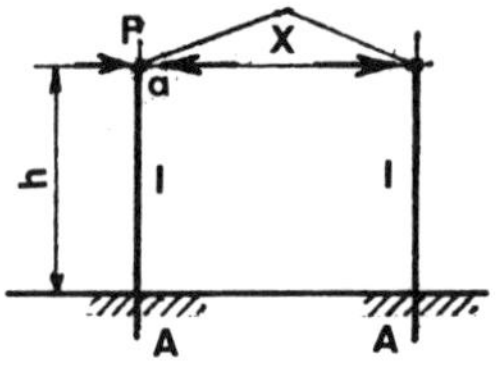


$$X = \frac{P}{2}$$

b) *Fuerza horizontal intermedia*

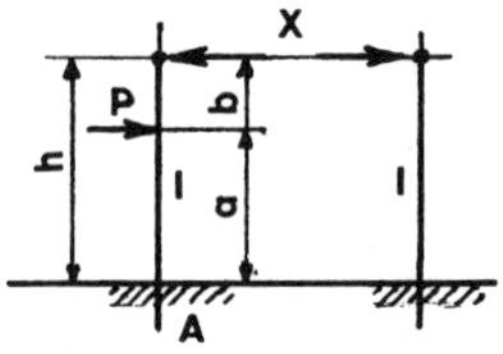


$$X = \frac{P\,a^2}{4\,h^3}\,(b + 2\,h)$$

d) *Fuerzas horizontales y vertical excéntrica (grúa de pared)*

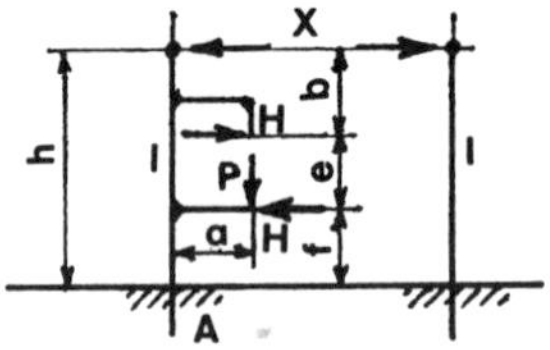


$$X = \frac{1}{4\,h^3}\left[H\,e^2\,(3\,b + 2\,e) + 6\,f\left(h - \frac{f}{2}\right)(H\,e + P\,a)\right]$$

c) *Fuerzas verticales excéntricas*

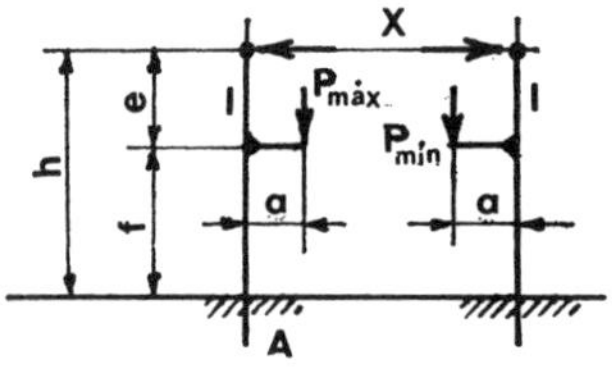


$$X = \frac{3}{2\,h^3}\,(P_{máx} + P_{mín})\;a\,f\left(\frac{f}{2} + e\right)$$

e) *Fuerzas horizontales*

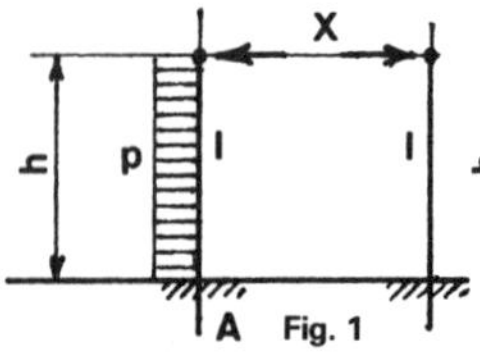


Fig. 1

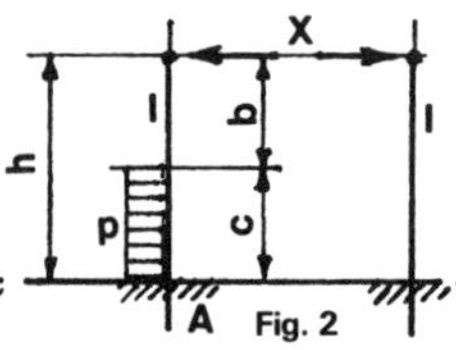


Fig. 2

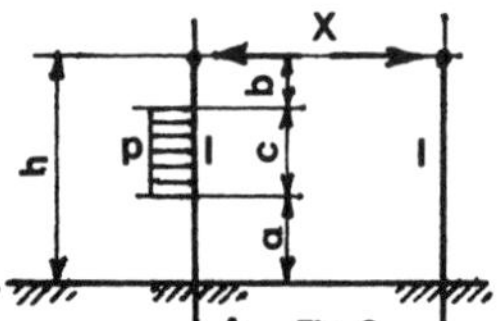


Fig. 3

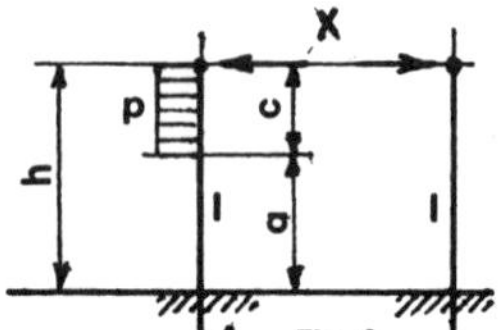


Fig. 4

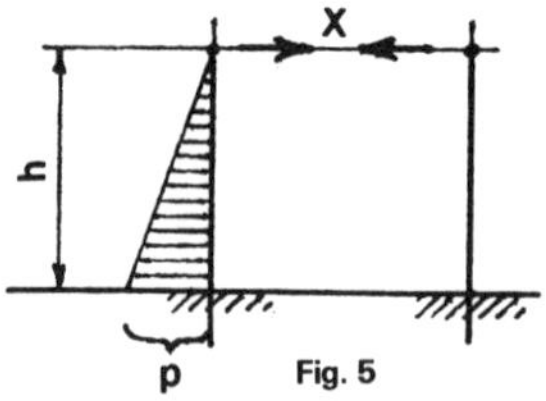


Fig. 5

Para la fig. 1, $X = \frac{3}{16}\,p\,h \qquad (Q = p\,h)$

Para la fig. 2, $X = \frac{p\,c^3}{16\,h^3} \cdot (4\,b + 3\,c)$

Para la fig. 3, $X = \frac{p\,c^3}{16\,h^3}\left\{(b + c)^4 - b^4 + 2\,h^2\,c\left[h + 3\,(a - b)\right]\right\}$

Para la fig. 4, $X = \frac{p\,c}{16\,h^3}\left[c^3 + 2\,h^2\,(h + 3\,a)\right]$

Para la fig. 5, $X = \frac{p\,h}{20}$

# SECCIÓN TERCERA
## DIMENSIONES DE LAS PLACAS DE ASIENTO DE LAS COLUMNAS

### 1.3. Datos para el cálculo

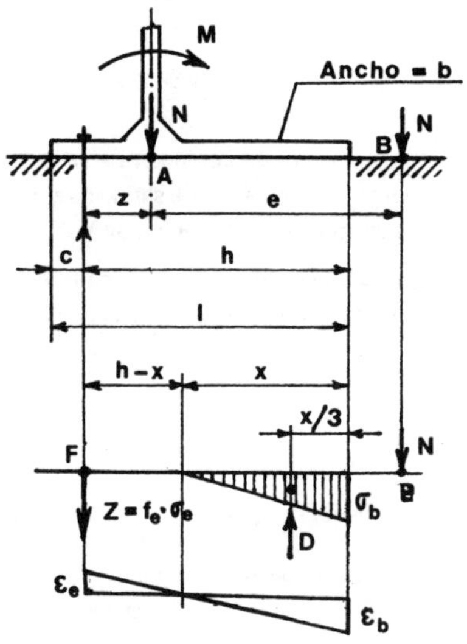


DATOS { Momento flector, M
Carga vertical, N

DATOS A FIJAR SEGÚN LA COLUMNA.

Ancho de la placa, b.

Distancia desde el centro del tornillo al borde de la columna, c.

COEFICIENTES DE TRABAJO

Para el acero, $\sigma_e$

Para el hormigón, $\sigma_b$

### 2.3. Fórmulas para el cálculo

Excentricidad de la resultante, $e = \frac{M}{N}$

$$h = \sqrt{\frac{N(e+z)}{4} \cdot \frac{2}{\alpha\left(1 - \frac{\alpha}{3}\right)\sigma_b}} = \sqrt{k_1 \frac{N(e+z)}{b}}$$ , en placas asimétricas.

$$h = \frac{N k_1}{4 b}\left[1 + \sqrt{1 + \frac{8 b}{N k_1}(2e - c)}\right]$$ , en placas simétricas, y como

$$\frac{8 b}{N k_1} = \frac{2}{\frac{N k_1}{4 b}}, \quad h = \frac{N k_1}{4 b}\left[1 + \sqrt{1 + 2\frac{2e - c}{\frac{N k_1}{4 b}}}\right]$$

$z = \frac{h - c}{2}$ en las placas simétricas, fijándose su valor en las asimétricas.

Longitud de la placa, $l = h + c$.

$$Z = N\left[\frac{e+z}{h} \cdot \frac{1}{1 - \frac{\alpha}{3}} - 1\right] = N\left[k_2 \cdot \frac{e+z}{h} - 1\right]$$

Longitud de la zona comprimida, $x = \alpha\, h$.

**Notas.**—Los valores de $\alpha$, $k_1$ y $k_2$, se dan en la tabla 8 (página 358) para ciertos valores de $\sigma_e$ y $\sigma_b$, tomando $n = \frac{\sigma_e}{\sigma_b} = 15$, pudiendo calcularse para otros valores de $\sigma_e$, $\sigma_b$ y n por las fórmulas que se indican en la misma tabla.

El valor de $\sigma_e$ se tomará normalmente en los tornillos de anclaje, igual a 1067 kg/cm² para el núcleo (800 kg/cm² en la espiga), tomando valores inferiores en placas poco cargadas y superiores en las muy cargadas ($\sigma_e = 1730$ kg/cm² en tirantes de perfiles laminados).

El valor de $\sigma_b$ se tomará igual a 25 kg/cm² en columnas pequeñas, 35 kg/cm² en columnas medianas y 45 a 60 kg/cm² en columnas grandes.

Cuando existen empujes horizontales H en la base de la columna, no se considerarán para el cálculo si $1{,}5\ H \leq N\delta$, siendo $\delta$ el coeficiente de rozamiento del cimiento sobre el terreno (página 25); sin no se cumple esta condición se modificará la cimentación para conseguirla (véase cimentación en la página 342).

Al establecer las hipótesis de cálculo, puede resultar que se tenga para la misma columna una hipótesis que proporcione el valor máximo de h, y otra que proporcione el máximo de Z con el valor $h_1$ correspondiente, calculándose los tornillos en este caso para un valor

$$Z_m = Z\frac{h_1}{h}$$

En la determinación de la tensión Z, puede ocurrir cuando e es pequeño que $k_2 \cdot \frac{e+z}{h} < 1$, siendo necesario determinar otro valor para h tomando $\sigma_e$ menor que el considerado ($k_1$ disminuye), por ejemplo, para $\sigma_b = 30$ kg/cm² y $\sigma_e = 800$ kg/cm², $k_2 = 1{,}167$, resultando como mínimo $1{,}167 \cdot \frac{e+z}{h} - 1 = 0$, de donde el valor de $\frac{e+z}{h} = 0{,}857$, no pudiendo verificarse Z para valores inferiores al determinado.

Cuando esto ocurre, es más conveniente considerar que Z = 0, resultando solamente compresiones. La longitud de la zona comprimida es en este caso:

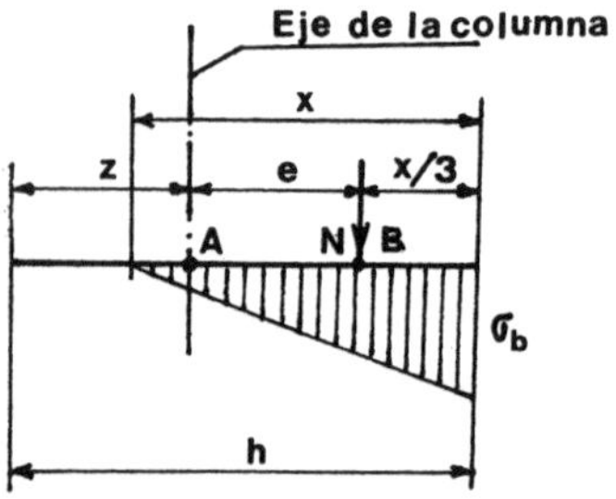


$$x = \frac{2N}{b\,\sigma_b}\ ; \qquad h = z + e + \frac{x}{3}$$

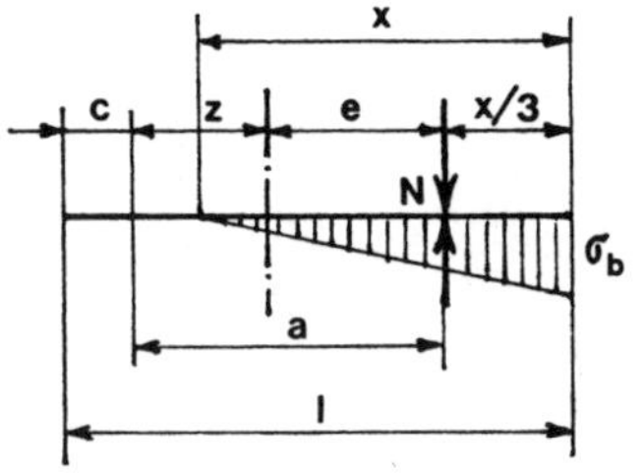


Aunque no se precisen tornillos, es conveniente disponer éstos considerando que absorben un 10 % del momento M, calculando Z con un brazo de palanca

$$a = z + e$$

Determinadas las dimensiones de la placa, se comprobarán los coeficientes de trabajo por las fórmulas:

$$\sigma_e = n \left( \frac{h}{x} - 1 \right) \sigma_b$$

$$\sigma_b = \frac{2\,N\,(e + z)}{b\,x \left( h - \frac{x}{3} \right)}$$

$$Z = N \frac{a + \frac{x}{3}}{h - \frac{x}{3}}$$ deduciéndose x de la igualdad

$$x^3 + 3\,a\,x^2 - \frac{6\,n\,F}{b}\,(e + z)\,(h - x) = 0$$

siendo $a = e + z - h$, y F la sección de la espiga.

### 3.3. Cálculo del espesor de la placa de asiento

Considerando a la placa de asiento de la columna como una viga empotrada sometida a la acción de una carga uniformemente repartidca igual a $\sigma_h$ (coeficiente de trabajo adoptado para el hormigón) resulta un momento flector, referido a la figura que se presenta:

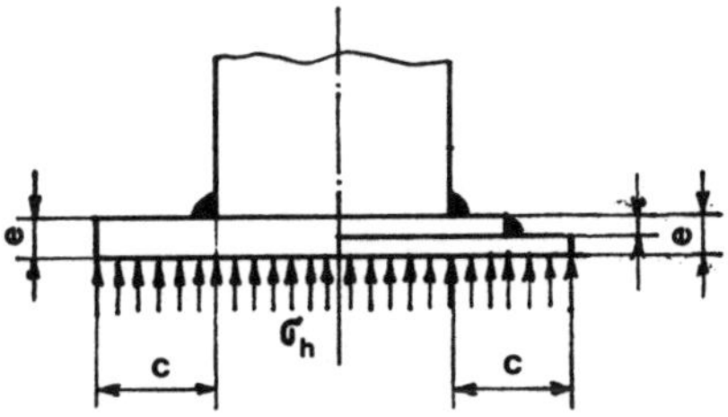


$$M = \frac{\sigma_h\,c}{2}$$

El momento resistente de la placa como viga de sección rectangular, es $W = \frac{a\,e^2}{6}$, que para un ancho igual a la unidad es $W = \frac{e^2}{6}$ .

El coeficiente de trabajo resultante es:

$$\sigma = \frac{M}{W} = \frac{\sigma_h\,c^2}{2} : \frac{e^2}{6},$$

y haciendo $\sigma = \sigma^* = 2600$ kg/cm², resultará, $e \approx c\sqrt{\frac{\sigma_h}{800}}$

Para mayor seguridad ante el empotramiento considerado y para conseguir una mayor rigidez de la placa, se hace que el espesor e de la misma, sea:

$$e = \sqrt{\frac{\sigma_h}{600}}$$

**Nota.** Para ejemplo de cálculo de placa de asiento de columna, véase la página 341; para espesores de placas de asiento de columnas, véase la tabla 9 (pág. 359).

## *CIMENTACIÓN DE COLUMNAS.—COEFICIENTES $a$, $k_1$, $k_2$* — TABLA 8

| | Valores de $\sigma_e$ en kg/cm$^2$ | | | | | | |
|---|---|---|---|---|---|---|---|
| En el núcleo | 267 | 533 | 800 | 933 | 1067 | 1600 | 1730 |
| En la espiga | 200 | 400 | 600 | 700 | 800 | 1200 | 1300 |
| $\sigma_b$ | $a = \dfrac{15}{15 + \dfrac{\sigma_e}{\sigma_b}} =$ | | | | | | |
| 15 | 0,529 | 0,360 | 0,273 | 0,243 | 0,220 | 0,158 | 0,148 |
| 20 | 600 | 428 | 333 | 300 | 273 | 200 | 188 |
| 25 | 652 | 484 | 385 | 349 | 319 | 238 | 224 |
| 30 | 692 | 529 | 428 | 391 | 360 | 273 | 257 |
| 35 | 724 | 568 | 467 | 428 | 396 | 304 | 288 |
| 40 | 750 | 600 | 500 | 462 | 428 | 333 | 316 |
| 45 | 771 | 628 | 529 | 491 | 457 | 360 | 342 |
| 50 | 789 | 652 | 556 | 517 | 484 | 385 | 366 |
| 55 | 804 | 674 | 579 | 541 | 508 | 407 | 388 |
| 60 | 818 | 692 | 600 | 563 | 529 | 428 | 409 |
| $\sigma_b$ | $k_1 = \dfrac{2}{a\left(1 - \dfrac{a}{3}\right)\sigma_b} =$ | | | | | | |
| 15 | 0,305 | 0,421 | 0,538 | 0,598 | 0,654 | 0,895 | 0,948 |
| 20 | 208 | 272 | 338 | 371 | 403 | 521 | 567 |
| 25 | 155 | 197 | 239 | 260 | 281 | 365 | 385 |
| 30 | 125 | 153 | 182 | 196 | 210 | 269 | 283 |
| 35 | 104 | 124 | 145 | 156 | 166 | 209 | 219 |
| 40 | 89 | 104 | 120 | 128 | 136 | 169 | 170 |
| 45 | 78 | 89 | 102 | 108 | 115 | 140 | 146 |
| 50 | 69 | 78 | 88 | 93 | 99 | 119 | 124 |
| 55 | 62 | 70 | 78 | 82 | 87 | 103 | 108 |
| 60 | 56 | 63 | 69 | 73 | 77 | 91 | 094 |
| $\sigma_b$ | $k_2 = \dfrac{1}{1 - \dfrac{a}{3}} =$ | | | | | | |
| 15 | 1,214 | 1,136 | 1,100 | 1,088 | 1,079 | 1,056 | 1,052 |
| 20 | 250 | 167 | 125 | 111 | 100 | 72 | 067 |
| 25 | 277 | 191 | 147 | 131 | 119 | 86 | 081 |
| 30 | 300 | 214 | 167 | 149 | 136 | 100 | 094 |
| 35 | 317 | 233 | 185 | 167 | 152 | 113 | 106 |
| 40 | 333 | 250 | 200 | 182 | 166 | 125 | 118 |
| 45 | 1,345 | 1,264 | 1,214 | 1,196 | 1,179 | 1,136 | 129 |
| 50 | 357 | 277 | 227 | 208 | 192 | 147 | 139 |
| 55 | 366 | 290 | 239 | 220 | 203 | 157 | 149 |
| 60 | 376 | 300 | 250 | 232 | 213 | 167 | 158 |

## *SALIENTE O VUELO c DE LAS PLACAS DE APOYO DE LAS COLUMNAS* | TABLA 9

$$e = c\sqrt{\frac{\sigma_h}{600}}$$

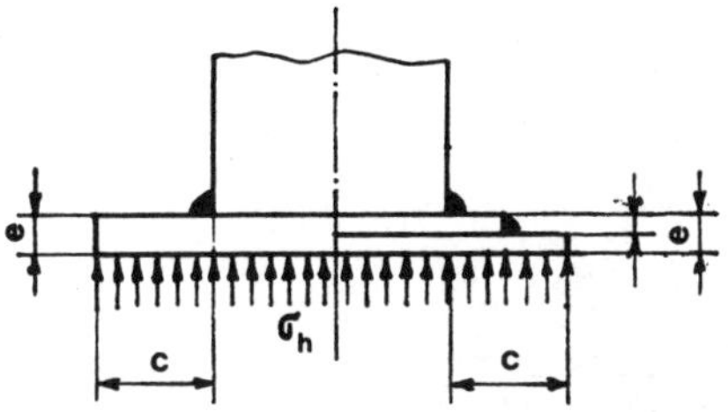


| *Espesor de la chapa mm* | *Coeficiente de trabajo del hormigón, $\sigma_h$ kg/cm²* | | | | | | | | | | *Espesor de la chapa mm* |
|---|---|---|---|---|---|---|---|---|---|---|---|
| | *10* | *12* | *15* | *20* | *25* | *30* | *35* | *40* | *45* | *50* | |
| | *Saliente de la placa, c en mm...* | | | | | | | | | | |
| 10 | 77 | 71 | 63 | 55 | 49 | 45 | 41 | 39 | 37 | 34 | 10 |
| 12 | 93 | 85 | 76 | 66 | 59 | 54 | 50 | 46 | 44 | 42 | 12 |
| 14 | 108 | 99 | 89 | 77 | 69 | 63 | 58 | 52 | 51 | 48 | 14 |
| 16 | 124 | 113 | 101 | 88 | 78 | 72 | 66 | 62 | 58 | 55 | 16 |
| 18 | 139 | 127 | 114 | 99 | 88 | 80 | 75 | 70 | 66 | 62 | 18 |
| 20 | 155 | 141 | 126 | 110 | 98 | 89 | 83 | 77 | 73 | 69 | 20 |
| 22 | 170 | 156 | 139 | 120 | 108 | 98 | 91 | 85 | 80 | 76 | 22 |
| 24 | 186 | 170 | 152 | 131 | 118 | 107 | 99 | 93 | 88 | 83 | 24 |
| 26 | 201 | 184 | 164 | 142 | 127 | 116 | 108 | 101 | 95 | 90 | 26 |
| 28 | 217 | 198 | 177 | 153 | 137 | 125 | 116 | 108 | 102 | 97 | 28 |
| 30 | 232 | 212 | 190 | 164 | 147 | 134 | 124 | 116 | 110 | 104 | 30 |
| 32 | 248 | 226 | 202 | 175 | 157 | 143 | 132 | 124 | 117 | 111 | 32 |
| 34 | 263 | 240 | 215 | 186 | 167 | 152 | 141 | 132 | 124 | 118 | 34 |
| 36 | 279 | 255 | 228 | 197 | 176 | 161 | 149 | 139 | 131 | 125 | 36 |
| 38 | 294 | 269 | 240 | 208 | 186 | 170 | 157 | 147 | 139 | 132 | 38 |
| 40 | 310 | 283 | 253 | 219 | 196 | 179 | 166 | 155 | 146 | 139 | 40 |
| 42 | 325 | 297 | 266 | 230 | 206 | 188 | 174 | 163 | 153 | 145 | 42 |
| 44 | 340 | 311 | 278 | 241 | 216 | 197 | 182 | 170 | 161 | 152 | 44 |
| 46 | 356 | 325 | 291 | 252 | 225 | 206 | 190 | 178 | 168 | 159 | 46 |
| 48 | 372 | 339 | 304 | 263 | 235 | 215 | 199 | 186 | 175 | 166 | 48 |
| 50 | 387 | 354 | 316 | 274 | 245 | 224 | 207 | 194 | 182 | 173 | 50 |

# SECCIÓN CUARTA

## CÁLCULO DE LA CIMENTACIÓN DE COLUMNAS

### 4.1. Estado y disposición de cargas

Para calcular la cimentación de las columnas se considerarán las cargas, fuerzas y momento, que actúan sobre su base, son:

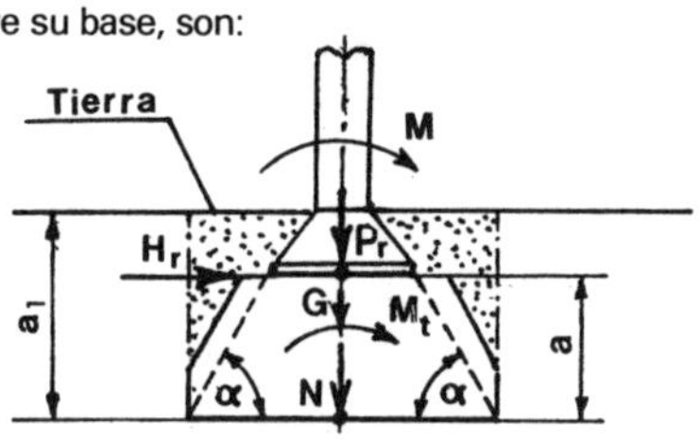


La carga vertical $P_t$* centrada respecto del eje de la columna.

La fuerza horizontal H* aplicada en la base de la columna.

El momento flector M*.

$\alpha = 60°$ en fundaciones de hormigón.

Estos datos se habrán determinado al calcular la columna.

Previo tanteo se fijarán las dimensiones del bloque de cimentación, centrado o descentrado respecto del eje de la columna; el peso del hormigón es de 2,2 t/m$^3$ y el de la tierra 1,6 t/m$^3$ (cuando el espesor de la tierra sobre la columna es reducido, se puede considerar como hormigón).

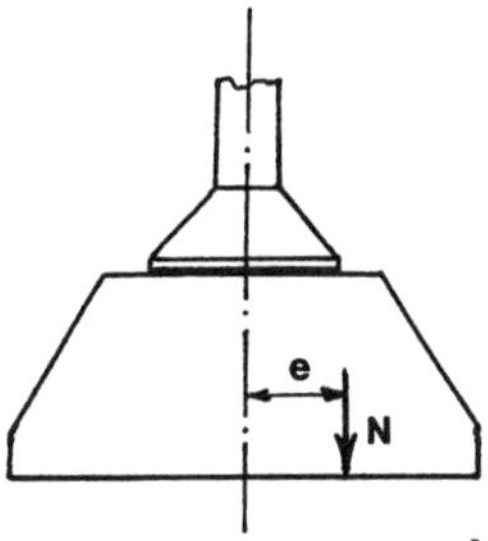


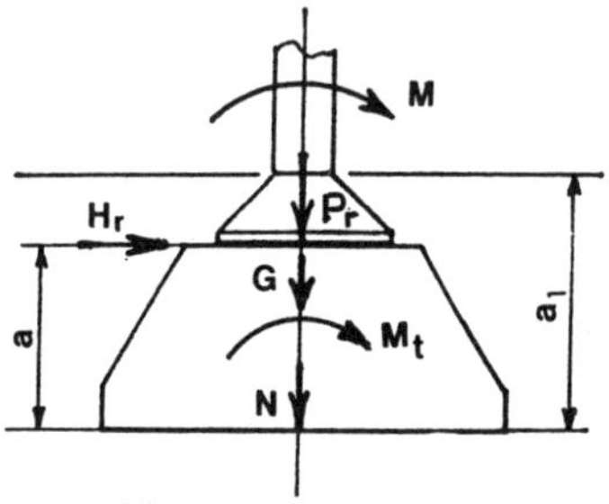


$M_t = M + H_r \cdot a;$ $\quad N = P_r + G;$ $\quad e = \dfrac{M_t}{N}$

**Fórmulas para la determinación de las presiones sobre el terreno**

a) *Resultante vertical centrada* (fig. 111).

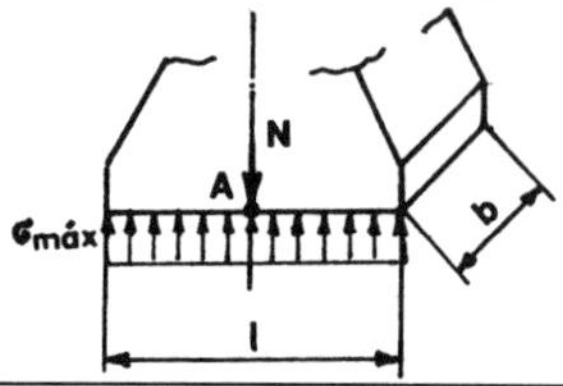


$(M_t = 0)$

$$\sigma_{máx} = \frac{N}{\ell \cdot b}$$

b) *Resultante vertical excéntrica, y dentro del núcleo central*

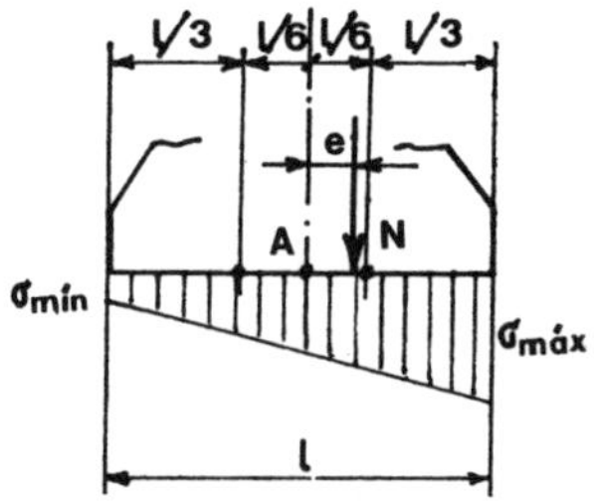


$(e < \frac{\ell}{6})$

$$\sigma_{máx} = \frac{N}{\ell \cdot b}\left(1 + \frac{6 \cdot e}{\ell}\right)$$

$$\sigma_{mín} = \frac{N}{\ell \cdot b}\left(1 - \frac{6 \cdot e}{\ell}\right)$$

c) *Resultante vertical excéntrica, y fuera del núcleo central*

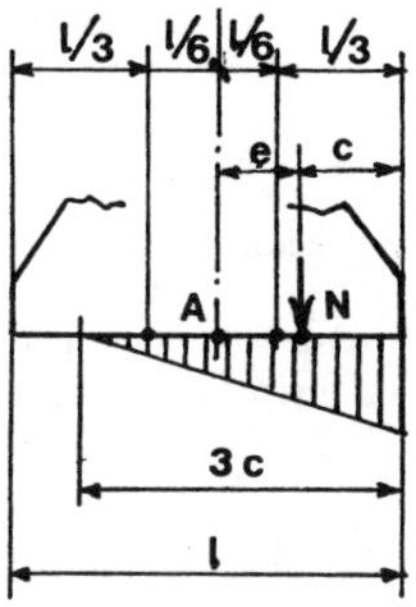


$$\left(e \leqq \frac{\ell}{6}\right)$$

$$\sigma_{máx} = \frac{2 \cdot N}{3\,c\,b}$$

**Nota.**—En este caso, debe verificarse:

$$c \geqq \frac{\ell}{8}$$

d) *Resultante vertical fuera de los ejes de la*

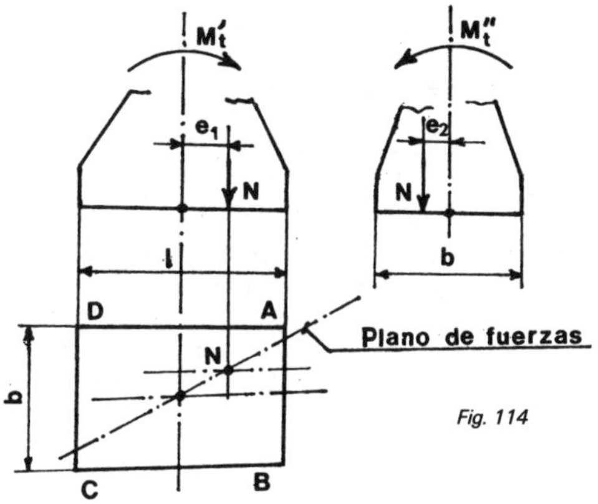


Fig. 114

$$e_1 = \frac{M_{t'}}{N}$$

$$e_2 = \frac{M_{t''}}{N}$$

Considerando que

$$e_1 < \frac{\ell}{6} \text{ y } e_2 < \frac{b}{6},$$

$$\sigma = \frac{N}{\ell \cdot b}\left(1 \pm \frac{6 \cdot e_1}{\ell} \pm \frac{6 \cdot e_2}{b}\right)$$

$$\sigma_A = \frac{N}{\ell \cdot b}\left(1 + \frac{6 \cdot e_1}{\ell} + \frac{6 \cdot e_2}{b}\right) \qquad \sigma_B = \frac{N}{\ell \cdot b}\left(1 + \frac{6 \cdot e_1}{\ell} - \frac{6 \cdot e_2}{b}\right)$$

$$\sigma_C = \frac{N}{\ell \cdot b}\left(1 - \frac{6 \cdot e_1}{\ell} - \frac{6 \cdot e_2}{b}\right) \qquad \sigma_D = \frac{N}{\ell \cdot b}\left(1 - \frac{6 \cdot e_1}{\ell} + \frac{6 \cdot e_2}{b}\right)$$

**Nota.**—Para otros valores de e (según *b* o *c*), se hará la composición de fórmulas correspondientes.

e) *Eje de la columna y fundación excéntricos*

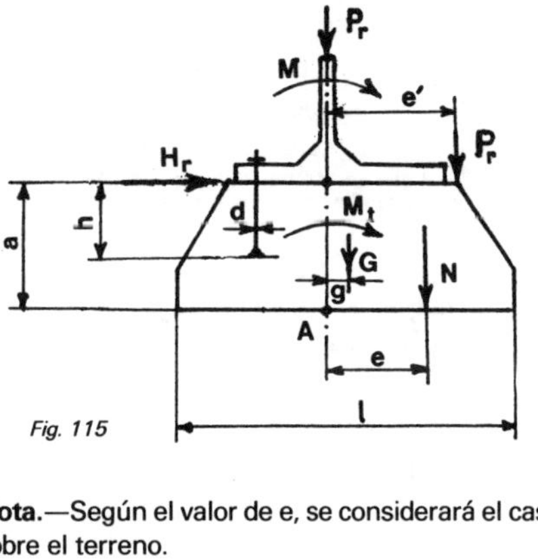


Fig. 115

$$\left(e' = \frac{M}{P_r}\;;\; h \approx 45\,d\right)$$

$$M_t = M + H_r \cdot a + G \cdot g$$

$$N = P_r + G$$

$$e = \frac{M_t}{N}$$

**Nota.**—Según el valor de e, se considerará el caso procedente correspondiente para determinar las presiones sobre el terreno.

## SECCIÓN QUINTA
## DISPOSITIVOS DE ANCLAJE PARA LAS COLUMNAS

### 1.5. Tornillos de anclaje

En cimentaciones de poca importancia, para absorber los esfuerzos de tracción que pueden originarse en uno de los extremos de la placa de asiento de las columnas, se disponen tornillos de anclaje, que por la adherencia entre la superficie de su caña y el hormigón pueda ser absorbido aquel esfuerzo de tracción, siempre que el tornillo según la sección del núcleo de la rosca pueda resistir en condiciones de seguridad dicho esfuerzo.

En este caso, se tiene:

$$\frac{\pi\, d_n^2}{4} \cdot \sigma_{ad} = \pi\, d_c\, \ell \cdot \tau_{ad}; \text{ de donde, } \ell = \frac{d_n^2}{4} \cdot \frac{\sigma_{ad}}{\tau_{ad}}, \text{ siendo:}$$

$\ell$ La longitud de la caña del tornillo en contacto con el hormigón.
$d_n$ El diámetro del núcleo de la rosca.
$d_c$ El diámetro de la caña del tornillo.
$\sigma_{ad}$ El coeficiente de trabajo del acero del tornillo, en el núcleo de la rosca.
$\tau_{ad}$ El coeficiente de adherencia del acero y del hormigón (se hace igual a 4 a 5 kg/cm$^2$ de superficie de contacto.

El peso del bloque de hormigón (cimiento) será como mínimo 1,5 a 2 veces el esfuerzo de tracción.

### 2.5. Anclajes de tipo medio y fuerte

Los primeros están constituidos por traviesas de angular embebidas en el hormigón, con una de las alas dispuesta horizontalmente para presionar al hormigón, y sobre la otra, vertical, se fijan los tornillos de anclaje (extremo en forma de cachava o gancho).

Los anclajes de tipo fuerte están formados por dos barras U dispuestas como traviesa con sus almas verticales, entre las cuales pasan los tornillos con cabeza de martillo, que se fijan al girarlos 90°.

ANCLAJES TIPO LIGERO

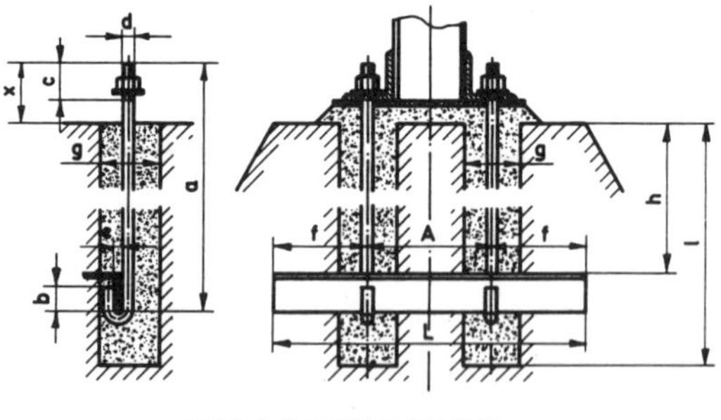

ANCLAJES TIPO FUERTE

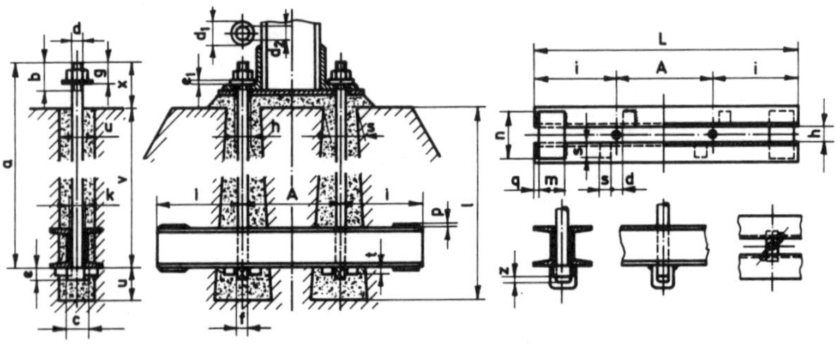

**Nota.**—Las dimensiones de estos anclajes se exponen en la obra «Estructuras Metálicas de Acero», de la Editorial PARANINFO, S.A.

*Obra complementaria*

*publicada por* THOMSON PARANINFO

## *Otras obras afines*

*publicadas por* THOMSON PARANINFO

THOMSON
PARANINFO
José Mª Rivas Arias
SOLDADURA
ELÉCTRICA
y sistemas T.I.G. y M.A.G.